本教材第9版曾获首届全国教材建设奖全国优秀教材二等奖

国家卫生健康委员会"十四五"规划教材
全 国 高 等 学 校 教 材
供基础、临床、预防、口腔医学类专业用

新形态教材

生物化学
与分子生物学

Biochemistry
and Molecular Biology

第 **10** 版

主　　审 | 周春燕　药立波
主　　编 | 高国全　汤其群
副 主 编 | 方定志　解　军　张晓伟　孔　英

数 字 主 编 | 高国全　赵　晶
数字副主编 | 孙　军　卜友泉　吕立夏

U0207928

人民卫生出版社
·北京·

图书在版编目（CIP）数据

生物化学与分子生物学 / 高国全，汤其群主编. -- 10 版. -- 北京：人民卫生出版社，2024. 5（2024. 11重印）

全国高等学校五年制本科临床医学专业第十轮规划教材

ISBN 978-7-117-36336-5

Ⅰ. ①生… Ⅱ. ①高…②汤… Ⅲ. ①生物化学 – 高等学校 – 教材②分子生物学 – 高等学校 – 教材 Ⅳ. ①Q5 ②Q7

中国国家版本馆 CIP 数据核字（2024）第 095596 号

人卫智网	www.ipmph.com	医学教育、学术、考试、健康，购书智慧智能综合服务平台
人卫官网	www.pmph.com	人卫官方资讯发布平台

生物化学与分子生物学

Shengwu Huaxue yu Fenzi Shengwuxue

第 10 版

主　　编：高国全　汤其群
出版发行：人民卫生出版社（中继线 010-59780011）
地　　址：北京市朝阳区潘家园南里 19 号
邮　　编：100021
E - mail：pmph @ pmph.com
购书热线：010-59787592　010-59787584　010-65264830
印　　刷：人卫印务（北京）有限公司
经　　销：新华书店
开　　本：850×1168　1/16　印张：36
字　　数：1065 千字
版　　次：1978 年 12 月第 1 版　2024 年 5 月第 10 版
印　　次：2024 年 11 月第 3 次印刷
标准书号：ISBN 978-7-117-36336-5
定　　价：108.00 元

打击盗版举报电话：010-59787491　E-mail：WQ @ pmph.com
质量问题联系电话：010-59787234　E-mail：zhiliang @ pmph.com
数字融合服务电话：4001118166　E-mail：zengzhi @ pmph.com

编委名单

新形态教材使用说明

　　新形态教材是充分利用多种形式的数字资源及现代信息技术，通过二维码将纸书内容与数字资源进行深度融合的教材。本套教材全部以新形态教材形式出版，每本教材均配有特色的数字资源和电子教材，读者阅读纸书时可以扫描二维码，获取数字资源、电子教材。

　　电子教材是纸质教材的电子阅读版本，其内容及排版与纸质教材保持一致，支持手机、平板及电脑等多终端浏览，具有目录导航、全文检索功能，方便与纸质教材配合使用，进行随时随地阅读。

获取数字资源与电子教材的步骤

① 扫描封底红标二维码，获取图书"使用说明"。

② 揭开红标，扫描绿标激活码，注册/登录人卫账号获取数字资源与电子教材。

③ 扫描书内二维码或封底绿标激活码，随时查看数字资源和电子教材。

④ 登录 zengzhi.ipmph.com 或下载应用体验更多功能和服务。

扫描下载应用

客户服务热线 400-111-8166

读者信息反馈方式

人卫e教
medu.pmph.com

　　欢迎登录"人卫e教"平台官网"medu.pmph.com"，在首页注册登录后，即可通过输入书名、书号或主编姓名等关键字，查询我社已出版教材，并可对该教材进行读者反馈、图书纠错、撰写书评以及分享资源等。

序言

百年大计，教育为本。教育立德树人，教材培根铸魂。

过去几年，面对突如其来的新冠疫情，以习近平同志为核心的党中央坚持人民至上、生命至上，团结带领全党全国各族人民同心抗疫，取得疫情防控重大决定性胜利。在这场抗疫战中，我国广大医务工作者为最大限度保护人民生命安全和身体健康发挥了至关重要的作用。事实证明，我国的医学教育培养出了一代代优秀的医务工作者，我国的医学教材体系发挥了重要的支撑作用。

党的二十大报告提出到 2035 年建成教育强国、健康中国的奋斗目标。我们必须深刻领会党的二十大精神，深刻理解新时代、新征程赋予医学教育的重大使命，立足基本国情，尊重医学教育规律，不断改革创新，加快建设更高质量的医学教育体系，全面提高医学人才培养质量。

尺寸教材，国家事权，国之大者。面对新时代对医学教育改革和医学人才培养的新要求，第十轮教材的修订工作落实习近平总书记的重要指示精神，用心打造培根铸魂、启智增慧、适应时代需求的精品教材，主要体现了以下特点。

1. 进一步落实立德树人根本任务。遵循《习近平新时代中国特色社会主义思想进课程教材指南》要求，努力发掘专业课程蕴含的思想政治教育资源，将课程思政贯穿于医学人才培养过程之中。注重加强医学人文精神培养，在医学院校普遍开设医学伦理学、卫生法以及医患沟通课程基础上，新增蕴含医学温度的《医学人文导论》，培养情系人民、服务人民、医德高尚、医术精湛的仁心医者。

2. 落实"大健康"理念。将保障人民全生命周期健康体现在医学教材中，聚焦人民健康服务需求，努力实现"以治病为中心"转向"以健康为中心"，推动医学教育创新发展。为弥合临床与预防的裂痕作出积极探索，梳理临床医学教材体系中公共卫生与预防医学相关课程，建立更为系统的预防医学知识结构。进一步优化重组《流行病学》《预防医学》等教材内容，撤销内容重复的《卫生学》，推进医防协同、医防融合。

3. 守正创新。传承我国几代医学教育家探索形成的具有中国特色的高等医学教育教材体系和人才培养模式，准确反映学科新进展，把握跟进医学教育改革新趋势新要求，推进医科与理科、工科、文科等学科交叉融合，有机衔接毕业后教育和继续教育，着力提升医学生实践能力和创新能力。

4. 坚持新形态教材的纸数一体化设计。数字内容建设与教材知识内容契合,有效服务于教学应用,拓展教学内容和学习过程;充分体现"人工智能+"在我国医学教育数字化转型升级、融合发展中的促进和引领作用。打造融合新技术、新形式和优质资源的新形态教材,推动重塑医学教育教学新生态。

5. 积极适应社会发展,增设一批新教材。包括:聚焦老年医疗、健康服务需求,新增《老年医学》,维护老年健康和生命尊严,与原有的《妇产科学》《儿科学》等形成较为完整的重点人群医学教材体系;重视营养的基础与一线治疗作用,新增《临床营养学》,更新营养治疗理念,规范营养治疗路径,提升营养治疗技能和全民营养素养;以满足重大疾病临床需求为导向,新增《重症医学》,强化重症医学人才的规范化培养,推进实现重症管理关口前移,提升应对突发重大公共卫生事件的能力。

我相信,第十轮教材的修订,能够传承老一辈医学教育家、医学科学家胸怀祖国、服务人民的爱国精神,勇攀高峰、敢为人先的创新精神,追求真理、严谨治学的求实精神,淡泊名利、潜心研究的奉献精神,集智攻关、团结协作的协同精神。在人民卫生出版社与全体编者的共同努力下,新修订教材将全面体现教材的思想性、科学性、先进性、启发性和适用性,以全套新形态教材的崭新面貌,以数字赋能医学教育现代化、培养医学领域时代新人的强劲动力,为推动健康中国建设作出积极贡献。

教育部医学教育专家委员会主任委员

教育部原副部长

林蕙青

2024 年 5 月

全国高等学校五年制本科临床医学专业
第十轮 规划教材修订说明

　　全国高等学校五年制本科临床医学专业国家卫生健康委员会规划教材自 1978 年第一轮出版至今已有 46 年的历史。近半个世纪以来,在教育部、国家卫生健康委员会的领导和支持下,以吴阶平、裘法祖、吴孟超、陈灏珠等院士为代表的几代德高望重、有丰富的临床和教学经验、有高度责任感和敬业精神的国内外著名院士、专家、医学家、教育家参与了本套教材的创建和每一轮教材的修订工作,使我国的五年制本科临床医学教材从无到有、从少到多、从多到精,不断丰富、完善与创新,形成了课程门类齐全、学科系统优化、内容衔接合理、结构体系科学的由纸质教材与数字教材、在线课程、专业题库、虚拟仿真和人工智能等深度融合的立体化教材格局。这套教材为我国千百万医学生的培养和成才提供了根本保障,为我国培养了一代又一代高水平、高素质的合格医学人才,为推动我国医疗卫生事业的改革和发展作出了历史性巨大贡献,并通过教材的创新建设和高质量发展,推动了我国高等医学本科教育的改革和发展,促进了我国医药学相关学科或领域的教材建设和教育发展,走出了一条适合中国医药学教育和卫生事业发展实际的具有中国特色医药学教材建设和发展的道路,创建了中国特色医药学教育教材建设模式。老一辈医学教育家和科学家们亲切地称这套教材是中国医学教育的"干细胞"教材。

　　本套第十轮教材修订启动之时,正是全党上下深入学习贯彻党的二十大精神之际。党的二十大报告首次提出要"加强教材建设和管理",表明了教材建设是国家事权的重要属性,体现了以习近平同志为核心的党中央对教材工作的高度重视和对"尺寸课本、国之大者"的殷切期望。第十轮教材的修订始终坚持将贯彻落实习近平新时代中国特色社会主义思想和党的二十大精神进教材作为首要任务。同时以高度的政治责任感、使命感和紧迫感,与全体教材编者共同把打造精品落实到每一本教材、每一幅插图、每一个知识点,与全国院校共同将教材审核把关贯穿到编、审、出、修、选、用的每一个环节。

　　本轮教材修订全面贯彻党的教育方针,全面贯彻落实全国高校思想政治工作会议精神、全国医学教育改革发展工作会议精神、首届全国教材工作会议精神,以及《国务院办公厅关于深化医教协同进一步推进医学教育改革与发展的意见》(国办发〔2017〕63 号)与《国务院办公厅关于加快医学教育创新发展的指导意见》(国办发〔2020〕34 号)对深化医学教育机制体制改革的要求。认真贯彻执行《普通高等学校教材管理办法》,加强教材建设和管理,推进教育数字化,通过第十轮规划教材的全面修订,打造新一轮高质量新形态教材,不断拓展新领域、建设新赛道、激发新动能、形成新优势。

其修订和编写特点如下：

1. **坚持教材立德树人课程思政** 认真贯彻落实教育部《高等学校课程思政建设指导纲要》，以教材思政明确培养什么人、怎样培养人、为谁培养人的根本问题，落实立德树人的根本任务，积极推进习近平新时代中国特色社会主义思想进教材进课堂进头脑，坚持不懈用习近平新时代中国特色社会主义思想铸魂育人。在医学教材中注重加强医德医风教育，着力培养学生"敬佑生命、救死扶伤、甘于奉献、大爱无疆"的医者精神，注重加强医者仁心教育，在培养精湛医术的同时，教育引导学生始终把人民群众生命安全和身体健康放在首位，提升综合素养和人文修养，做党和人民信赖的好医生。

2. **坚持教材守正创新提质增效** 为了更好地适应新时代卫生健康改革及人才培养需求，进一步优化、完善教材品种。新增《重症医学》《老年医学》《临床营养学》《医学人文导论》，以顺应人民健康迫切需求，提高医学生积极应对突发重大公共卫生事件及人口老龄化的能力，提升医学生营养治疗技能，培养医学生传承中华优秀传统文化、厚植大医精诚医者仁心的人文素养。同时，不再修订第9版《卫生学》，将其内容有机融入《预防医学》《医学统计学》等教材，减轻学生课程负担。教材品种的调整，凸显了教材建设顺应新时代自我革新精神的要求。

3. **坚持教材精品质量铸就经典** 教材编写修订工作是在教育部、国家卫生健康委员会的领导和支持下，由全国高等医药教材建设学组规划，临床医学专业教材评审委员会审定，院士专家把关，全国各医学院校知名专家教授编写，人民卫生出版社高质量出版。在首届全国教材建设奖评选过程中，五年制本科临床医学专业第九轮规划教材共有13种教材获奖，其中一等奖5种、二等奖8种，先进个人7人，并助力人卫社荣获先进集体。在全国医学教材中获奖数量与比例之高，独树一帜，足以证明本套教材的精品质量，再造了本套教材经典传承的又一重要里程碑。

4. **坚持教材"三基""五性"编写原则** 教材编写立足临床医学专业五年制本科教育，牢牢坚持教材"三基"（基础理论、基本知识、基本技能）和"五性"（思想性、科学性、先进性、启发性、适用性）编写原则。严格控制纸质教材编写字数，主动响应广大师生坚决反对教材"越编越厚"的强烈呼声；提升全套教材印刷质量，在双色印制基础上，全彩教材调整纸张类型，便于书写、不反光。努力为院校提供最优质的内容、最准确的知识、最生动的载体、最满意的体验。

5. **坚持教材数字赋能开辟新赛道** 为了进一步满足教育数字化需求，实现教材系统化、立体化建设，同步建设了与纸质教材配套的电子教材、数字资源及在线课程。数字资源在延续第九轮教材的教学课件、案例、视频、动画、英文索引词读音、AR互动等内容基础上，创新提供基于虚拟现实和人工智能等技术打造的数字人案例和三维模型，并在教材中融入思维导图、目标测试、思考题解题思路，拓展数字切片、DICOM等图像内容。力争以教材的数字化开发与使用，全方位服务院校教学，持续推动教育数字化转型。

第十轮教材共有56种，均为国家卫生健康委员会"十四五"规划教材。全套教材将于2024年秋季出版发行，数字内容和电子教材也将同步上线。希望全国广大院校在使用过程中能够多提供宝贵意见，反馈使用信息，以逐步修改和完善教材内容，提高教材质量，为第十一轮教材的修订工作建言献策。

周春燕

北京大学基础医学院生物化学与分子生物学系教授。《中国生物化学与分子生物学报》主编。

从事生物化学与分子生物学教学30余年,参加24部统编教材的编写。曾任全国高等学校五年制本科临床医学专业规划教材《生物化学与分子生物学》第9版主编(获首届全国教材建设奖全国优秀教材二等奖)和研究生规划教材《医学分子生物学》第2版主编;国家级医学院校八年制规划教材《医学分子生物学》第3版副主编;五年制规划教材《生物化学与分子生物学》第8版、《生物化学》第7版、《医学分子生物学》第2版、第3版副主编。曾主持国家自然科学基金委员会、科技部、教育部等资助项目17项,主要研究方向为干细胞分化的基因表达调控机制基础研究和应用基础研究;培养博士研究生、硕士研究生数十人。曾获得北京市教育创新标兵、北京市师德先进个人、中国女医师协会五洲女子科学技术奖基础医学科研创新奖等荣誉。

药立波

空军军医大学教授。第八届全国高等学校五年制本科临床医学专业教材评审委员会委员。曾任中国生物化学与分子生物学会教育专业分会主任委员及名誉主任委员、医学分会副理事长,陕西省生物化学与分子生物学学会理事长。

从事生物化学与分子生物学教学37年。担任全国高等学校五年制本科临床医学专业规划教材《医学分子生物学》第2版、第3版主编;全国高等学校五年制本科临床医学专业规划教材《生物化学与分子生物学》第8版、第9版主编;国家级医学院校八年制规划教材《生物化学与分子生物学》第3版主编;医学院校研究生规划教材《医学分子生物学实验技术》第1~3版主编;《医学分子生物学》英文版第2版主编;国家医学电子书包《生物化学与分子生物学》分册主编。获国家教学成果奖二等奖和全军教学成果奖一等奖各1项。从事肿瘤分子生物学研究,承担过国家杰出青年科学基金、国家973计划、国家863计划、国家自然科学基金重点项目等12项国家课题。以通信作者发表SCI收录论文64篇,获发明专利7项。以第一完成人获国家科学技术进步奖二等奖、陕西省科学技术奖一等奖、全军科学技术进步奖一等奖各1项。曾获"全国优秀科技工作者""陕西省教学名师"荣誉称号。

高国全

中山大学二级教授、逸仙杰出学者，博士研究生导师。现任中山大学精准医学中心副主任，中山大学中山医学院基础医学系主任、生物化学与分子生物学系主任。《中山大学学报（医学科学版）》主编，中国生物化学与分子生物学会教育专业分会主任委员，广东省生物化学与分子生物学会理事长，广东省基因操作和生物大分子产物工程技术研究中心主任。曾任中山大学中山医学院副院长。入选教育部新世纪优秀人才，广东省高等学校千百十工程国家级培养对象，"广东特支计划"百千万工程领军人才，享受国务院政府特殊津贴。

从事教学科研工作 38 年。开展肿瘤与代谢性疾病的研究工作。主持国家自然科学基金、科技部新药重大专项、国家重点研发计划等项目，在 PNAS, STTT, Diabetes, Diabetologia, J Biol Chem 等国际期刊发表 SCI 收录通信作者论文 100 余篇。研究成果获高等学校（教育部）和广东省自然科学奖二等奖各 1 项、江苏省科技进步奖一等奖 1 项，获发明专利授权 4 项。主编或副主编人民卫生出版社出版的研究生、临床医学长学制和五年制、护理学本科系列国家级规划教材《生物化学》以及教育部基础医学"101 计划"核心教材。曾获国家级教学成果奖二等奖，首届全国教材建设奖全国优秀教材集体奖、二等奖，广东省教育教学成果奖一等奖和二等奖。入选宝钢优秀教师、广东省高等学校教学名师、中山大学教学名师。

汤其群

复旦大学基础医学院生物化学与分子生物学系教授，博士研究生导师。现任复旦大学学术委员会副主任（医学部主任），"代谢分子医学"教育部重点实验室主任，担任教育部高等学校基础医学教育指导委员会副主任委员。教育部"长江学者奖励计划"特聘教授，国家自然科学基金委员会"杰出青年基金"获得者，美国 Johns Hopkins 大学生物化学系兼职教授和国际著名生物化学期刊 JBC 副主编，美国中华医学基金会杰出教授。曾任复旦大学上海医学院副院长、基础医学院院长，中国生物化学与分子生物学学会副理事长，国际著名糖尿病杂志 Diabetes 副主编。

从事医学生化教育 17 年，主要从事脂肪细胞发育分化的机制和代谢性疾病关系研究。曾获国家科学技术进步奖二等奖、原卫生部科学技术进步奖一等奖、教育部高等学校优秀科学技术成果奖、"霍英东优秀青年教师"一等奖（生物类）、谈家桢生命科学创新奖。担任多部教材主编、副主编。

方定志

四川大学华西基础医学与法医学院教授,博士研究生导师。教育部"全国医学(西医)专业来华留学生教育专家工作组"专家。2004年教育部"新世纪优秀人才支持计划"入选者,第十一批四川省有突出贡献优秀专家。

从事教学工作 38 年。主持国际重大临床医学教育研究子课题 1 项、省部级课题 4 项。在国内率先主持编写并出版《医学教学方法》、率先开设"医学教学方法"本科和教师培训课程,发表教学论文 30 余篇。主持多项国家级及省部级科研课题,发表中文及英文论文 127 篇(101 篇为第一作者或通信作者)。编写教材及专著 26 部,其中主编专著 1 部,主编高等教育本科国家级规划教材 1 部、副主编 9 部。曾获首届全国教材建设奖全国优秀教材二等奖等奖励。

解 军

山西医科大学教授,博士研究生导师。现任山西医科大学校长,第十四届全国人大代表,中国农工民主党中央委员,中国农工民主党山西省委员会副主任委员。兼任国务院特约教育督导员,教育部基础医学专业与课程教学指导委员会委员,中国生物化学与分子生物学会副理事长,煤炭环境致病与防治教育部重点实验室主任,国家级创业导师。

致力于煤炭环境下人口质量提升研究。发现汉族人群基因表观调控致出生缺陷的发生机制。曾获山西省科技进步奖一等奖等省部级奖励 10 余项,获得发明专利 10 余项。带领教学团队进行课程思政教学和教学创新,主讲"生物化学与分子生物学"获批国家级线上一流课程。获国家教学成果奖二等奖 2 项、山西省教学成果奖特等奖 2 项等。曾获山西省教学名师、山西省五一劳动奖章、山西省青年五四奖章等荣誉。

张晓伟

北京大学教授,博士研究生导师。现任北京大学医学部生物化学与分子生物学系副主任,全国高等学校临床医学专业研究生国家级规划教材评审委员会委员,北京生物化学与分子生物学会理事,《生理科学进展》常务编委。

从事生物化学与分子生物学教学工作 25 年。参加 15 部国家级规划教材的编写,担任研究生规划教材《医学分子生物学》主编,长学制规划教材《生物化学与分子生物学》副主编,本科规划教材《生物化学》(英文版)主编。主要研究方向为细胞衰老和肿瘤发生的分子机制及应用研究,主持国家自然科学基金委员会、北京市自然科学基金委员会、科技部、教育部等资助项目 16 项,以通信作者发表 SCI 收录论文 30 余篇,以主要完成人获教育部自然科学奖一等奖。

孔 英

大连医科大学教授,博士研究生导师。现任大连医科大学教务处处长,中国生物化学与分子生物学会理事,糖生物学、基础医学专业委员会理事。

从事生物化学与分子生物学教学工作 23 年,参与 19 部国家级规划教材的编写。主编人民卫生出版社出版的《生物化学》获首届全国教材建设奖全国优秀教材特等奖。获国家教学成果奖 2 项,为教育部课程思政示范课程及教学团队负责人、课程思政教学名师,辽宁省"兴辽英才计划"教学名师,辽宁省特聘教授,辽宁省优秀博士学位论文指导教师。围绕糖生物学与生殖医学研究,主持国家自然科学基金、省部级重点研发及人才计划 17 项,培养博士研究生、硕士研究生 60 余人,在 J Adv Res 等国际期刊发表论文 40 余篇。曾获辽宁省科学技术进步奖二等奖、大连市科学技术进步奖一等奖。

前言

生物化学和分子生物学是生物学领域的基础学科和前沿学科之一,也是医学院校的核心学科之一。《生物化学》作为人民卫生出版社的"干细胞"教材,自1978年出版至今整整46年,经历了7轮再版,并在第8轮再版时与《医学分子生物学》合并为《生物化学与医学分子生物学》以适应各医学院校生物化学与分子生物学教学的需要。2023年5月,人民卫生出版社启动全国高等学校五年制本科临床医学专业第十轮规划教材的编写。7月,本版教材的全体编者在编写会议上,对编写思路、修订原则以及结构设计等进行了充分的讨论,取得了共识;12月,在定稿会上,进一步对各编写章节内容进行了最后审定,统一了编写风格和交稿要求。

作为五年制本科临床医学专业教材,本版教材的修订紧密结合"5+3"为主体的临床医学人才培养体系要求,强调基础理论、基本知识和基本技能,突出医学特色,融入思政元素,在内容上保持繁简适当,在章节安排上进行了调整,以满足生物化学与分子生物学课程教学需求。同时,根据生物化学与分子生物学的最新发展,更新知识,纠正错误。修订的第10版《生物化学与分子生物学》教材内容分为四篇共二十七章。最主要的变化是将原来的医学生化和医学分子生物学专题篇整合为医学专题一篇,以信号转导和疾病基因研究为牵引,补充了癌症分子基础、其他重要器官组织的生物化学等内容,强化本学科核心内容和医学与疾病的相关性,引导学生深刻理解分子医学的发展在推动重大疾病精准防治中的基础地位。具体调整如下:

第一篇:生物分子结构与功能。第一篇篇名从"生物大分子结构与功能"改为"生物分子结构与功能"。考虑到维生素和无机盐是酶和一些蛋白质发挥功能的必要分子,将"医学生化专题"篇中"维生素""钙、磷及微量元素"两章前移到本篇;"钙、磷及微量元素"更名为"水和无机元素",补充了水是生命存在的基础等相关内容。"核酶"的内容从第二篇"核苷酸代谢"章移至本篇"核酸的结构与功能"一章。

第二篇:代谢及其调节。本篇的章节设置同第9版教材。考虑到"生物氧化"是三大物质分解代谢的共同和最终途径,因此将其调至糖代谢、脂质代谢和氨基酸代谢之后;原"蛋白质消化吸收和氨基酸代谢"章名简化为"氨基酸代谢"。

第三篇:分子生物学。本篇将第9版的"遗传信息的传递"更名为"分子生物学"。主要编写思路是将分子生物学相关的理论和技术整合在一起,也呼应分子生物学作为生物化学发展的新阶段、具备相对的学科独立性这一特点和趋势。章节设置的主要变化是将专题篇的"常用的分子生物学技术"和"DNA重组和重组DNA技术"两章前移到本篇;将"DNA损伤和损伤修复"后移到医学专题篇。

第四篇:医学专题。本篇是由第9版的"医学生化专题"和"医学分子生物学专题"两篇合并调整而成。主要目的是为了强化本学科核心内容和医学与疾病的相关性。以信号转导和疾病基因研究为牵引,将第 9 版"细胞信号转导的分子机制"章从第三篇移至本篇开始,完善内容并更名为"细胞信号转导与疾病";将第 9 版的"基因结构功能分析和疾病相关基因鉴定克隆"章和"组学与系统生物学"两章的内容有机整合、凝练为"疾病相关基因"新的一章,同时将组学的具体内容分别放置在对应的章节。将"癌基因和抑癌基因"章更名为"癌症的分子基础",增加了癌症分子基础概述的内容;新编写第二十七章"其他重要器官和组织的生物化学"介绍了脑、心肌、肾、骨骼肌和脂肪的生物化学,在已有的肝、血液章节基础上,补充完善了本篇作为"医学专题"的知识体系。

本轮教材修订全面推进教育数字化,为达成挖掘理论知识内涵、拓展个性化学习资源的数字教材编写目标,遵循概念可视化、原理动态化、学生主体化的数字编写理念,传承并升级了一系列数字资源库(如高清彩图、带讲解动画、疾病案例、拓展阅读、习题测试);新增了迷你整合微课视频,主要用于凝练章内和章间知识点的整体联系,突出了与临床疾病发生机制及诊断治疗的关联;设计了可与学生交互的折叠式思维导图,期望打造成为纸数融合、纸电一体的新形态教材。为达成这一目标,在赵晶等教授的共同努力下集中了全国有丰富数字化教学经验的优秀教师单独成立数字编写团队,在编写过程中也得到全国兄弟院校编委单位许多一线教师和研究生的大力帮助,在此一并表示由衷的感谢。

由于编委学术水平有限,书中难免存在缺点与不当之处,期盼同行专家、使用本教材的师生和其他读者批评指正。

高国全　汤其群

2024 年 5 月

目录

22

绪　论

　　生物化学与分子生物学（biochemistry and molecular biology）是在分子水平研究和阐明生命现象的本质和规律的基础学科，既是生物学和医学各学科的共同基础，又是自然科学领域中发展最为迅速的前沿学科。

　　生物化学（biochemistry）早期是生理学的分支学科，曾被称为生理化学（physiological chemistry）。生物化学主要利用化学、物理学和数学的原理和方法，通过研究生物的化学组成、化学结构及其在生理过程中的变化，诠释生命体结构与功能形成的基本机制和规律。在过去的 70 年里，随着学科的发展和研究的深入，生物大分子的结构与功能成为生物化学研究的热点和前沿，因而形成了分子生物学（molecular biology）这一新兴领域，将生物化学带入了一个新时代。

　　生物化学与分子生物学相关理论与技术的诸多突破性进展正在迅速而广泛地渗透到包括医学在内的生命科学各个领域，其理论体系和前沿技术，对于临床医学生的专业学习、临床实践和科学研究及未来的创新发展具有毋庸置疑的重要地位。因此，学习和掌握生物化学与分子生物学知识，除理解生命现象的本质与人体正常生理过程的分子机制外，也为进一步学习基础医学和临床医学课程打下扎实的基础。

第一节 ｜ 生物化学与分子生物学发展简史

　　生物化学一词出自德国的 Felix H.，他于 1877 年提出 "biochemie" 一词，译成英语为 "biochemistry"，即生物化学。生物化学直到 19 世纪末才真正发展成为一门独立的学科，并在 20 世纪初期蓬勃发展起来，近 50 年来又有许多重大的进展和突破，成为生命科学领域重要的前沿学科之一。20 世纪 50年代，苏联生物化学家提出，生物化学的发展可分为叙述生物化学、动态生物化学和机能生物化学三个阶段。第三个阶段正是分子生物学崛起并迅速发展成为一门独立学科的阶段，故亦称为分子生物学阶段。

一、生物化学的开创依赖其他学科的发展和先辈科学家们的不懈努力

　　科学技术在 18—19 世纪逐步得到发展，到 20 世纪初，化学、物理学和数学已经发展成为比较成熟的学科，随后生理学、细胞生物学、遗传学也得到了迅速发展，这些学科的理论和技术为生物化学学科的出现和发展奠定了基础。

　　今天看来，生物化学融合化学、生物学、物理学等科学的原理和方法研究生命，是一件理所当然的事情。但在近代生物化学发展的初期，生物化学专家却需要很大的努力去说服其他学科的专家，发挥其学科的特点和优势，采用其原理和方法与生物化学融合，从而研究生命。生物化学家 HopkinsF.G. 在这方面作出了巨大的努力，不仅极力倡导用化学的方法研究生命物质及生物化学反应，大力主张学术思想的交叉融合，还坚定地坚持生物化学应该主要研究所有生物最根本的生命规律，有力地推进了生物化学的发展，他的学术研究也在多个领域取得了优异的成果。

　　18 世纪中叶，瑞典化学家 Scheele C.W. 研究生物体（植物及动物）各种组织的化学组成，分离得到甘油、柠檬酸、苹果酸、乳酸、尿酸、酒石酸等，被认为是奠定现代生物化学基础的工作。1785 年，法国化学家 Lavoisier A.L. 首先提出了呼吸的本质，认为生物体呼吸过程的本质与燃烧过程一样，均需要消

耗氧气,释放二氧化碳和水,同时产生热能,这是生物氧化及能量代谢研究的开端。1828 年,德国化学家 Wöhler F. 采用化学方法,在体外合成了尿素,打破了化学方法不适合生命物质研究的观念,突破了无机化合物和有机化合物之间的研究界限。1896 年,德国化学家 Buchner E. 发现酵母的提取液仍然具有发酵作用,表明细胞的一些水溶性成分发挥作用不依赖完整的活细胞。随着一批化学家、医生和药剂师不断加入生命体的化学研究,特别是色谱技术等分析方法的成熟和运用,逐渐阐明了生命体的主要成分。1921 年,加拿大外科医生 Banting F.G. 从狗胰腺提取了胰岛素,并成功用于糖尿病治疗。20 世纪 30 年代前后,先后有一批化学家和物理学家意识到,生物学家研究的生物是由元素周期表里的化学元素组成的,应该可以用化学反应和物理的原子结构解释"生命是什么"这个科学史上最古老的问题。

自此至 20 世纪初期,通过众多科学家的努力、学科合作与交叉,对脂质、糖类及氨基酸等各种生物体有机物的性质开始了较为系统的研究,生物体内的一些重要物质也相继被发现。初步揭示了生命体的基本成分、变化特点和功能,于是形成了解释生命现象本质的新学科即生物化学学科。

二、叙述生物化学阶段主要研究生物体的化学组成

18 世纪中叶至 20 世纪初是生物化学的初期阶段,也称为叙述生物化学阶段,主要研究生物体的化学组成,并对其进行分离、纯化、合成、结构测定及理化性质的研究。期间的重要贡献有:发现了生物氧化作用的本质;对脂质、糖类及氨基酸的性质进行了较为系统的研究;发现并分离了核酸;发现了维生素对人体的作用;从血液中分离了血红蛋白;证实了连接相邻氨基酸的肽键的形成,提出了蛋白质分子结构的多肽学说;体外合成了尿素、嘌呤和简单的多肽;发现酵母发酵可产生醇并产生 CO_2,酵母发酵过程中存在"可溶性催化剂",奠定了酶学的基础等。

三、动态生物化学阶段主要研究生物体内物质代谢规律

从 20 世纪 20 年代开始,生物化学学科蓬勃发展,开始认识体内各种分子的代谢变化,进入了动态生物化学阶段。例如:在营养方面,发现了人类必需氨基酸、必需脂肪酸及多种维生素;在内分泌方面,发现了多种激素,并将其分离、合成;在酶学方面,认识到酶的化学本质是蛋白质,酶晶体制备获得成功;在物质代谢方面,由于化学分析及核素示踪技术的发展与应用,对生物体内主要物质的代谢途径已基本确定,包括糖代谢途径的酶促反应过程、脂肪酸 β 氧化、尿素合成途径及三羧酸循环等。在生物能研究中,提出了生物能产生过程中的 ATP 循环学说。在这一阶段,一些技术方法在生物化学研究中的应用,如放射性核素标记、电泳和 X 射线晶体学等,极大推动了学科发展。

四、机能生物化学阶段以建立分子生物学为主要标志

20 世纪后半叶以来,生物化学发展的显著特征是分子生物学的崛起。其间,物质代谢途径的研究继续发展,并进入合成代谢与代谢调节的研究。其主要领域和重要成就如下。

1. **DNA 双螺旋结构和中心法则**　关于遗传物质 DNA 的研究可以看作是第三阶段的标志性研究。著名的肺炎球菌实验证明 DNA 是细胞遗传信息的基本物质;1953 年,Watson J.D. 和 Crick F.H. 提出 DNA 双螺旋结构模型,为揭示遗传信息传递规律奠定了基础,这是生物化学进入分子生物学时代的重要标志;1958 年 Crick F.H. 提出了遗传信息传递的"中心法则",为分子生物学奠定了基础;同年,Brenner S. 提出信使 RNA 的概念,并证实了其在指导合成蛋白质中的作用;随后,tRNA 的序列和结构被确立,核苷酸结构被确定并合成了低分子的核苷酸,遗传密码被破译。此后,对 DNA 的复制机制、RNA 的转录过程以及蛋白质合成过程进行了深入研究;通过对大肠埃希菌乳糖代谢的研究,阐明了基因通过控制酶的生物合成调节细胞代谢的模式,提出了操纵子学说。这些成果深化了人们对核酸与蛋白质的关系及其在生命活动中作用的认识。

2. **蛋白质结构与生物合成**　20 世纪 50 年代初期发现了蛋白质的 α- 螺旋的二级结构形式;完成

了胰岛素和核糖核酸酶的氨基酸序列分析;发现了转运 RNA 和氨酰 tRNA 合成酶以及它们在蛋白质合成中的作用,阐明了氨基酸参与蛋白质合成的活化机制;利用 X 射线衍射和冷冻电镜技术解析了烟草花叶病病毒的结构等。

3. 重组 DNA 技术得到广泛应用　20 世纪 70 年代,由于 DNA 连接酶、限制性内切核酸酶、逆转录酶以及各种载体的发现和应用,使得重组 DNA 技术取得了极大的突破。重组 DNA 技术的建立不仅促进了对基因表达调控机制的研究,而且使人们主动改造生物体成为可能。由此,相继获得了多种基因工程产品,极大地推动了医药工业和农业的发展。转基因动植物和基因敲除(gene knock out)动物模型的成功是重组 DNA 技术发展的结果。基因诊断与基因治疗也是重组 DNA 技术在医学领域应用的重要方面。20 世纪 80 年代,核酶(ribozyme)的发现是人们对生物催化剂认识的补充。聚合酶链反应技术的发明,使人们有可能在体外高效率扩增 DNA。这些成果都是分子生物学发展的重大事件。

4. 基因组学及其他组学的研究　20 世纪末启动的人类基因组计划(human genome project)是人类生命科学中的伟大创举。人类基因组计划是描述人类基因组特征,包括物理图谱、遗传图谱、基因组 DNA 序列测定。2001 年 2 月,人类基因组草图公布;2003 年 4 月,覆盖人常染色体基因组 99% 序列的人类基因组图绘制完成。

2003 年 9 月,DNA 元件百科全书(the Encyclopedia of DNA Elements,ENCODE)计划正式启动,其目的在于鉴定人类基因组中所有的功能片段。

蛋白质组学(proteomics)研究包括阐明蛋白质的定位、结构与功能、相互作用以及特定时空的蛋白质表达谱等,已成为生物化学的又一研究热点。由于蛋白质具有更为复杂的三维结构,无疑确定人类所有蛋白质的结构比测定人类基因组序列更具挑战性。

转录物组学(transcriptomics)研究细胞在某一功能状态下基因组转录产生的全部转录物的种类、结构和功能。RNA 组学(RNomics)主要研究 snmRNA 的种类、结构、功能等,探讨同一生物不同组织细胞或同一细胞在不同时空状态下 snmRNA 的表达谱及其功能的变化及其与蛋白质的相互作用。

代谢组学(metabonomics)研究的是生物体对外源性物质的刺激、环境变化或遗传修饰所作出的所有代谢应答的全貌和动态变化过程,其研究对象为完整的多细胞生物系统,包括了生命个体与环境的相互作用。

糖组学(glycomics)主要研究单个生物体所包含的所有聚糖的结构、功能(包括与蛋白质的相互作用)等生物学作用,糖组学的出现使人类可以更深刻理解第三类生物信息大分子——聚糖在生命活动中的作用。

总之,阐明人类基因组功能是一项多学科的任务,正吸引着生物学、医学、化学、物理、数学、工程和计算机等领域的学者共同参与,从中整合所有基因组信息,分析各种数据并提取其生物学意义,因而产生了一门前景广阔的新兴学科——生物信息学(bioinformatics)。尽管生物化学与分子生物学的发展异常迅速,但人类基因组序列的揭晓仅是序幕而已,生命本质的阐明任重而道远。

五、中国科学家对生物化学发展作出了重要贡献

早在西方生物化学诞生之前,我们的祖先就已在生产、饮食及医疗等方面积累了丰富的经验,其中许多成为现代生物化学的发展源头。

公元前 22 世纪,我国人民已能酿酒,这是我国古代用"曲"作"媒"(即酶)催化谷物淀粉发酵的实践。《周礼》中有造酱、制饴的记载,《伤寒论》中用豆豉作为健胃剂;《黄帝内经素问》中有关于糖的营养价值的记载,并记载了完全膳食必备的条件,且区分了谷、畜、果、蔬四类食物的营养性质。我们现在也已知道,古人用于治疗预防"脚气病""夜盲症"的药品或食品富含维生素 B_1 或维生素 A。《本草纲目》中不仅记录了上千种的药物,并且对人体的代谢物及分泌物进行了比较详细的记载。

近代生物化学发展时期,我国生物化学家吴宪等在血液化学分析方面,创立了血滤液的制备和血

糖测定法;在蛋白质研究中提出了蛋白质变性学说。我国生物化学家刘思职在免疫化学领域,用定量分析方法研究抗原抗体反应机制,成为免疫化学的创始人之一。1965年,我国科学家首先采用人工方法合成了具有生物活性的牛胰岛素,解出了猪胰岛素的晶体结构;1981年,采用了有机合成和酶促相结合的方法成功地合成了酵母丙氨酰tRNA。此外,在酶学、蛋白质结构、生物膜结构与功能方面的研究都有举世瞩目的成就。近年来,我国科学家在基因工程、蛋白质工程、新基因的克隆与功能、疾病相关基因的定位克隆及其功能研究、蛋白质结构研究、基因编辑研究等领域均取得了重要成果。特别要指出的是,人类基因组序列草图的完成也有我国科学家的一份贡献。

第二节 │ 当代生物化学与分子生物学研究的主要内容

生物化学与分子生物学因其应用领域不同,可分为工业、农业、海洋、医学生物化学与分子生物学等。又可因研究对象不同,分为动物、植物、微生物生物化学与分子生物学等。生物化学与分子生物学的研究内容十分广泛,包括生物个体的物质结构、化学组成、化学变化、生物合成及其调节,以及这些物质组成、变化、调节与功能的关系等。生物化学与分子生物学自学科建立至今,其基本使命一直是从分子水平阐明生物体生命活动的本质和规律。尽管其已经成为生命科学和医学研究的工具和"语言"学科,涉及多领域并与其他学科发生广泛交叉,但其核心内容仍是围绕中心法则的基本生物大分子及其相互关系开展研究,破译生命及其疾病的基本规律。因此,当代生物化学与分子生物学的研究聚焦以下几个方面。

一、生物大分子的结构与功能

核酸、蛋白质、多糖、蛋白聚糖和复合脂质等是体内重要的生物大分子,生物大分子的重要特征之一是具有信息功能,由此也称之为生物信息分子。对生物大分子的研究,除了确定其一级结构(基本组成单位的种类、排列顺序和方式)外,更重要的是研究其空间结构及其与功能的关系。分子结构是功能的基础,而功能则是结构的体现。生物大分子的功能还需通过分子之间的相互识别和相互作用而实现。例如,蛋白质与蛋白质的相互作用在细胞信号转导中起重要作用;蛋白质与蛋白质、蛋白质与核酸、核酸与核酸的相互作用在基因表达调控中发挥着决定性作用。由此可见,分子结构、分子识别和分子的相互作用是执行生物信息分子功能的基本要素,而这一领域的研究是当今生物化学的热点之一。

二、物质代谢及其调节

生命体不同于无生命体的基本特征是新陈代谢。据估计,以60岁年龄计算,一个人在一生中与环境进行着大量的物质交换,约相当于60 000kg水、10 000kg糖类、600kg蛋白质以及1 000kg脂质。因此,正常的物质代谢是正常生命过程的必要条件,若物质代谢发生紊乱则可引起疾病。目前对生物体内的主要物质代谢途径已基本清楚,但仍有众多的问题有待探讨。例如,物质代谢中的绝大多数化学反应是由酶催化的,酶的结构和酶量的变化对物质代谢的调节起着重要作用。物质代谢有序性调节的分子机制尚需进一步阐明。此外,细胞信息传递参与多种物质代谢及与其相关的生长、增殖、分化等生命过程的调节。细胞信息传递的机制及网络也是现代生物化学研究的重要课题。疾病状态下的物质代谢紊乱及其发生机制是当前物质代谢研究的热点,也是促进代谢机制研究及其向临床医学转化的新增长点。例如,肿瘤细胞的代谢特点和发生机制的研究成果已经在临床诊断和治疗中得以体现。

三、基因信息传递及其调控

基因信息传递涉及遗传、变异、生长、分化等诸多生命过程,也与遗传病、恶性肿瘤、心血管病等多种疾病的发病机制有关。因此,基因信息的研究在生命科学中的作用越显重要。关于基因信息的研究,不仅包括 DNA 的结构与功能,更重要的是对 DNA 复制、基因转录、蛋白质生物合成等基因信息传递过程的机制及基因表达的时空规律进行研究。目前基因表达调控主要集中在细胞信号转导研究、转录因子研究和 RNA 剪辑研究三个方面。DNA 重组、转基因、基因敲除、新基因克隆、人类基因组及功能基因组研究等的发展,将大大推动这一领域的研究进程。

四、前沿技术领域频现突破性进展

科学和技术相辅相成,曾经电泳,层析,分光光度和离心技术成为生物化学的四大基本技术,推动了生物化学的理论研究;后来以基因工程技术为核心的分子克隆技术的出现推动了分子生物学理论和应用的发展。当今,随着组学研究的深入开展,出现了各种高通量核酸和氨基酸测序及分析技术,更为精准定位的单细胞测序技术、空间转录组学技术,以质谱、色谱等联用为基础的中间代谢物测定技术等,实现对体内各种分子进行定性定量定位和动态分析,使得疾病的精准防治成为可能;表观遗传调控修饰和调控因子的研究促进了包括 DNA 修饰、RNA 修饰、组蛋白修饰等技术的出现,并应用于控制基因表达、核酸疫苗研制等领域;以 CRISPR/Cas9 为代表的基因编辑技术可针对具体基因进行精确的靶向编辑,在构建疾病动物模型、疾病基因治疗中发挥重要作用。

此外,大分子合成、组装和定向插入技术,冷冻电镜技术,细胞治疗,类器官研究,超分辨成像技术,人工智能生物技术等的不断发展也将从整体上推动生物化学与分子生物学学科的发展。新技术的开放和应用,特别是人工智能生物技术的潜在风险如生物武器的制造等受到全球范围的高度关注,人工智能生物技术的规范与管理成为世界各国和地区亟待解决的问题。

第三节 │ 生物化学与分子生物学是生物学、医学的基础和前沿学科

以研究生命现象与本质为基础的生物学是一个涵盖众多学科的生命科学领域,包括形态学、分类学、生理学、生物化学、遗传学、生态学等。当今生物化学又是生命科学中进展迅速的重要学科之一,它的理论和技术已渗透到生物学各学科乃至基础医学和临床医学的各个领域,使之产生了许多新兴的交叉学科,如分子遗传学、分子免疫学、分子微生物学、分子病理学和分子药理学等。总而言之,生物化学与分子生物学已成为生物学各学科之间、医学各学科之间相互联系的共同语言。

一、生物化学与分子生物学是生物学、医学的基础学科

虽然生命体之间具有十分复杂的多样性,但生命的本质是共同的。生命体的化学元素组成相同,它们通过特定的化学规律形成生命体内共同的糖、脂质、蛋白质和核酸等生物大分子和各种小分子,与无机元素一起,组成各种复合体,形成细胞器、细胞,再构建成组织、器官、系统,最终形成各种复杂的生命体。这些生命体都需要与环境进行物质和能量交换,具有相同的代谢基本规律和代谢调节体系。各种生命体具有基本相同的信息(包括遗传信息)编码体系和传递体系,按基本相同的传递规律在体内、个体之间和亲子代之间传递。所以,无论从什么角度、什么层面认识这些生命体及其相关异常和疾病,都需要了解它们的化学组成、代谢及其调节规律、体内大分子的结构与功能的关系。生物化学与分子生物学也就成了生命科学和医学的重要基础学科。

二、生物化学与分子生物学带领医学进入分子医学新时代

生物化学与分子生物学的形成和发展,使人们对人体的认识逐渐进入分子水平,从分子水平研究疾病的发生机制、诊断方法、治疗措施(包括药物治疗)。特别是 Pauling L. 于 1940 年采用 X 射线分析发现,珠蛋白结构改变导致了镰状细胞贫血。1956 年,Ingram V. 证实珠蛋白第 6 位氨基酸由谷氨酸突变为缬氨酸是镰状细胞贫血的致病原因。医学从此进入了分子医学新时代。生物化学与分子生物

学不仅是重要的临床医学基础课程，也是医学研究的理论基础，还为临床技术、方法和药物的开发提供强大的技术支撑，是进展最快的医学前沿学科之一。

1. 生物化学与分子生物学带领医学从分子水平认识疾病的发生发展机制　镰状细胞贫血发病机制的阐明，使人们第一次认识到一种疾病由特定分子的改变引起，从此开启了在分子水平研究疾病发生发展机制的新时代。早期从分子水平阐明发病机制的疾病均为先天性代谢疾病，即遗传性酶缺陷。低密度脂蛋白受体基因缺陷导致家族性高胆固醇血症机制的阐明，将疾病发生机制的认识推进到一个新的水平，即调节蛋白质的缺陷也能导致疾病。癌基因、肿瘤抑制基因的发现及其功能的阐明，更是将调节蛋白质改变在维持生命体正常功能和疾病发生发展中作用的认识推向高潮。今天，疾病发生发展机制的研究已经进入了一个全新的时代。什么原因，通过什么调节途径，调节了什么靶分子，引起了细胞的什么代谢或其他功能改变，导致了什么疾病或症状，已经成为对疾病发生发展机制研究和认识的基本范式。

2. 生物化学与分子生物学引领临床诊断进入分子诊断新时代　当在分子水平弄清发病机制后，就可能基于发病机制在分子水平上准确诊断。早期在分子水平阐明发病机制的遗传性代谢疾病，就是通过分析患者体内代谢物（缺陷酶的底物或产物）水平的变化，在分子水平上对疾病作出准确的诊断。后来，体内代谢物的分析被更广泛地开发应用于疾病的诊断，并进一步发展到酶活性分析、蛋白质分子水平检测，包括异位酶活性分析和异位蛋白质分子检测。随着分子生物学技术的不断产生和发展，以核酸分子杂交技术、核酸扩增技术、基因芯片技术、基因测序技术等为基础，建立了一系列分子诊断方法，通过分析受检个体（或其携带的病原体）的遗传物质结构或表达水平变化，为疾病的预防、诊断、治疗和预后判断提供依据，大大提高了疾病诊断的准确性、特异性和效率。分子诊断已经成为体外诊断中最重要的发展方向和最快速的发展领域。

3. 生物化学与分子生物学引领医学进入分子治疗新时代　在分子水平准确诊断疾病后，就可以针对特定的分子进行靶向性治疗。如早期建立的苯丙酮尿症诊断方法，在新生儿出生时就可以判断是否患有苯丙酮尿症，并通过调整膳食结构，限制苯丙氨酸摄入，就可以几乎消除苯丙酮尿症的临床症状。随着生物化学与分子生物学的进步和相应技术的发展，人们发现了一些蛋白质含量异常在疾病发生发展中的作用，先是用分离纯化的天然蛋白质治疗一些因蛋白质含量降低造成的疾病。后来，由于基因工程技术的成熟和应用，人们利用该技术产业化生产相应蛋白质，用于疾病的治疗。对一些含量或活性过高而导致疾病的蛋白质，人们采用抗体中和、抑制基因转录或 mRNA 翻译、活性抑制等方法降低相应蛋白质的含量或活性，治疗相应疾病，如肿瘤靶向药物的快速发展。上述一些技术的应用已经产业化，成为当今最活跃、最具发展前景的新兴产业，基因工程药物、基因工程疫苗已经广泛用于疾病的治疗和预防。随着基因敲入技术、基因编辑技术、表观遗传修饰技术的不断发展和成熟，人们正在努力探索在基因水平上纠正疾病的基因变异和／或进行基因的靶向稳定表达，实现更为精准的基因治疗。

（高国全　汤其群）

第一篇
生物分子结构与功能

　　本篇讨论组成生物体的主要生物分子,包括蛋白质、酶、核酸、糖蛋白和蛋白聚糖等生物大分子,以及水、无机元素和维生素等生命活动必需的分子。重点阐述生物大分子的组成、结构、生理功能以及结构和功能的关系。

　　生物大分子是由一种或几种生物分子为基本结构单位按一定顺序通过共价键连接起来的多聚体,如蛋白质、核酸、糖复合物。生物大分子是生命体的基本结构基础,也是生命活动的分子基础。因此,研究生物大分子的结构以及结构与功能的关系,有助于全面阐释生命现象的本质。

　　蛋白质是由 20 种氨基酸以肽键组成的生物大分子,是机体各种生理功能的物质基础,是生命活动的直接体现者,几乎涉及所有的生理过程。酶是催化特定化学反应的生物分子(蛋白质、RNA),其中绝大部分酶是蛋白质,体内几乎所有的化学反应都由特异性的酶来催化,这为生物体进行复杂而周密的新陈代谢及精细调节提供了基本保证。绝大多数的酶的本质是蛋白质,催化作用有赖于酶分子的一级结构及空间结构。若酶分子变性或亚基解聚均可能导致酶活性丧失。核酸由核苷酸或脱氧核苷酸通过 3',5'-磷酸二酯键连接组成,具有储存和传递遗传信息的功能,与蛋白质相互配合,调控遗传、繁殖、生长、运动、物质代谢等生命现象。糖蛋白、蛋白聚糖是蛋白质和糖的共价化合物,不仅是细胞的结构成分,也与细胞的一些重要生理功能如分子识别、信号转导等密切相关,在各种生命活动中发挥作用。

　　水是人体的基本组成成分,液态水是生命存在的基础,在维持组织、细胞的形态、物质在体内的运输、调节体温、润滑关节以及参与物质代谢等方面具有十分重要的作用。维生素是维持机体正常生理功能所必需,必须从食物中获取的一类低分子量有机化合物,分为水溶性和脂溶性两类。不同的维生素有不同的化学本质、性质、生化作用和缺乏症。钙、磷等体内无机元素,在骨代谢、信号转导中有重要作用,亦有自己的代谢特点,其他的无机微量元素,尽管所需甚微,但生理作用却十分重要。

　　学习这一部分内容时,要重点掌握上述重要分子的结构特性、功能及基本的理化性质与应用,这对理解生命的本质具有重要意义,也为后续课程的学习打下基础。

(孔 英)

第一章 | 蛋白质的结构与功能

蛋白质（protein）是生命活动的最主要的载体，更是功能执行者。因此，蛋白质是生物体内最重要的生物大分子之一。早在 1838 年，荷兰科学家 Mulder G.J. 引入"protein"（源自希腊字 proteios，意为 primary）一词来表示这类分子。1833 年从麦芽中分离淀粉酶，随后从胃液中分离到类似胃蛋白酶的物质，推动了以酶为主体的蛋白质研究；1864 年，血红蛋白被分离并结晶；19 世纪末，证明蛋白质由氨基酸组成，并利用氨基酸合成了多种短肽；20 世纪初，应用 X 线衍射技术发现了蛋白质的二级结构——α- 螺旋，以及完成了胰岛素一级结构测定；20 世纪中叶各种蛋白质分析技术相继建立，促进了蛋白质研究迅速发展；1962 年，确定了血红蛋白的四级结构；20 世纪 90 年代以后，随着人类基因组计划实施，功能基因组与蛋白质组计划的展开，特别是对蛋白质复杂多样的结构功能、相互作用与动态变化的深入研究，使蛋白质结构与功能的研究达到新的高峰。

第一节 | 蛋白质的分子组成

生物体结构越复杂，其蛋白质种类和功能也越繁多。具有复杂空间结构的蛋白质不仅是生物体的重要结构物质之一，而且承担着各种生物学功能，其动态功能包括化学催化反应、免疫反应、血液凝固、物质代谢调控、基因表达调控和肌收缩等；就其结构功能而言，蛋白质提供结缔组织和骨的基质、形成组织形态等。显而易见，普遍存在于生物界的蛋白质是生物体的重要组成成分和生命活动的基本物质基础，也是生物体中含量最丰富的生物大分子（biomacromolecule），约占人体固体成分的 45%，而在细胞中可达细胞干重的 70% 以上。蛋白质分布广泛，几乎所有的器官组织都含有蛋白质。一个真核细胞可有数万种蛋白质，各自有特殊的结构和功能。

尽管蛋白质的种类繁多，结构各异，但元素组成相似，主要有碳（50%～55%）、氢（6%～7%）、氧（19%～24%）、氮（13%～19%）和硫（0～4%）。有些蛋白质还含有少量磷或金属元素铁、铜、锌、锰、钴、钼等，个别蛋白质还含有碘。各种蛋白质的含氮量很接近，平均为 16%。由于蛋白质是体内的主要含氮物质，因此测定生物样品的含氮量就可按下式推算出蛋白质大致含量：

$$每克样品含氮克数 \times 6.25 \times 100 = 100g\ 样品中蛋白质含量（g\%）$$

一、L-α- 氨基酸是蛋白质的基本结构单位

人体内蛋白质是以 20 种氨基酸（amino acid）为原料合成的多聚体，因此氨基酸是组成蛋白质的基本单位，只是不同蛋白质的各种氨基酸的含量与排列顺序不同而已。蛋白质受酸、碱或蛋白酶作用而水解产生游离氨基酸。存在于自然界中的氨基酸有 300 余种，参与蛋白质合成的氨基酸一般有 20 种，通常是 L-α- 氨基酸（除甘氨酸外）。

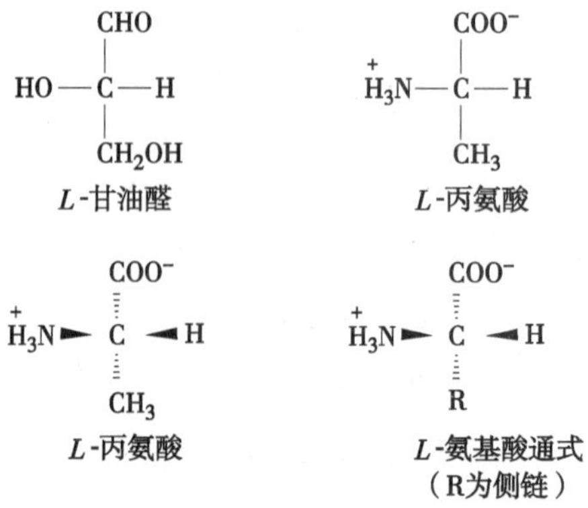

由图 1-1 可见，连在—COO⁻ 基上的碳称为 α- 碳原子，为不对称碳原子（甘氨酸除外），不同的氨基酸其侧链（R）结构各异。

除了 20 种基本的氨基酸外，近年发现硒半胱氨酸在某

图 1-1 L- 甘油醛和 L- 氨基酸

些情况下也可用于合成蛋白质。硒半胱氨酸从结构上来看,硒原子替代了半胱氨酸分子中的硫原子。硒半胱氨酸存在于少数天然蛋白质中,包括过氧化物酶和电子传递链中的还原酶等。硒半胱氨酸参与蛋白质合成时,并不是由目前已知的密码子编码,具体机制尚不完全清楚。另外在产甲烷菌的甲胺甲基转移酶中发现了吡咯赖氨酸。*D* 型氨基酸至今仅发现于微生物膜内的 *D*- 谷氨酸、个别抗生素中(例如短杆菌肽含有 *D*- 苯丙氨酸)及低等生物体内(例如蚯蚓 *D*- 丝氨酸)。

体内也存在若干不参与蛋白质合成但具有重要生理作用的 *L*-α- 氨基酸,如参与合成尿素的鸟氨酸(ornithine)、瓜氨酸(citrulline)和精氨酸代琥珀酸(argininosuccinate)。

二、氨基酸可根据其侧链结构和理化性质进行分类

20 种氨基酸根据其侧链的结构和理化性质可分成 5 类:①非极性脂肪族氨基酸;②极性中性氨基酸;③芳香族氨基酸;④酸性氨基酸;⑤碱性氨基酸(表 1-1)。

表 1-1　氨基酸分类

结构式	中文名	英文名	缩写	符号	等电点(pl)
1. 非极性脂肪族氨基酸					
$H-CH-COO^-$，NH_3^+	甘氨酸	Glycine	Gly	G	5.97
$CH_3-CH-COO^-$，NH_3^+	丙氨酸	Alanine	Ala	A	6.00
H_3C，H_3C $CH-CH-COO^-$，NH_3^+	缬氨酸	Valine	Val	V	5.96
H_3C，H_3C $CH-CH_2-CH-COO^-$，NH_3^+	亮氨酸	Leucine	Leu	L	5.98
CH_3，CH_2，$CH-CH-COO^-$，CH_3 NH_3^+	异亮氨酸	Isoleucine	Ile	I	6.02
脯氨酸结构式 COO^-	脯氨酸	Proline	Pro	P	6.30
$CH_2-CH_2-CH-COO^-$，$S-CH_3$ NH_3^+	甲硫氨酸	Methionine	Met	M	5.74
2. 极性中性氨基酸					
$CH_2-CH-COO^-$，OH NH_3^+	丝氨酸	Serine	Ser	S	5.68
$CH_2-CH-COO^-$，SH NH_3^+	半胱氨酸	Cysteine	Cys	C	5.07
$H_2N-C-CH_2-CH-COO^-$，O NH_3^+	天冬酰胺	Asparagine	Asn	N	5.41

结构式	中文名	英文名	缩写	符号	等电点（pl）
$H_2N-C-CH_2-CH_2-CH-COO^-$ (O, NH_3^+)	谷氨酰胺	Glutamine	Gln	Q	5.65
$CH_3-CH-CH-COO^-$ (OH, NH_3^+)	苏氨酸	Threonine	Thr	T	5.60

3. 芳香族氨基酸

结构式	中文名	英文名	缩写	符号	等电点（pl）
$C_6H_5-CH_2-CH-COO^-$ (NH_3^+)	苯丙氨酸	Phenylalanine	Phe	F	5.48
$HO-C_6H_4-CH_2-CH-COO^-$ (NH_3^+)	酪氨酸	Tyrosine	Tyr	Y	5.66
吲哚$-CH_2-CH-COO^-$ (NH_3^+)	色氨酸	Tryptophan	Trp	W	5.89

4. 酸性氨基酸

结构式	中文名	英文名	缩写	符号	等电点（pl）
$^-OOC-CH_2-CH-COO^-$ (NH_3^+)	天冬氨酸	Aspartic acid	Asp	D	2.97
$^-OOC-CH_2-CH_2-CH-COO^-$ (NH_3^+)	谷氨酸	Glutamic acid	Glu	E	3.22

5. 碱性氨基酸

结构式	中文名	英文名	缩写	符号	等电点（pl）
$H-N-CH_2-CH_2-CH_2-CH-COO^-$ (C=NH_2^+, NH_2, NH_3^+)	精氨酸	Arginine	Arg	R	10.76
$CH_2-CH_2-CH_2-CH_2-CH-COO^-$ (NH_3^+, NH_3^+)	赖氨酸	Lysine	Lys	K	9.74
咪唑$-CH_2-CH-COO^-$ (NH_3^+)	组氨酸	Histidine	His	H	7.59

　　一般而言,非极性脂肪族氨基酸在水溶液中的溶解度小于极性中性氨基酸;芳香族氨基酸中苯基的疏水性较强,酚基和吲哚基在一定条件下可解离;酸性氨基酸的侧链都含有羧基;而碱性氨基酸的侧链分别含有氨基、胍基或咪唑基。

　　脯氨酸和半胱氨酸结构较为特殊。脯氨酸应属亚氨基酸,N 在杂环中移动的自由度受限制,但其亚氨基仍能与另一羧基形成肽键。脯氨酸在蛋白质合成加工时可被修饰成羟脯氨酸;半胱氨酸巯基失去质子的倾向较其他氨基酸为大,其极性最强;2 个半胱氨酸通过脱氢后以二硫键相连接,形成胱氨酸(图 1-2)。蛋白质中有不少半胱氨酸以胱氨酸形式存在。

　　在蛋白质翻译后的修饰过程中,脯氨酸和赖氨酸可分别被羟化为羟脯氨酸和羟赖氨酸。蛋白质

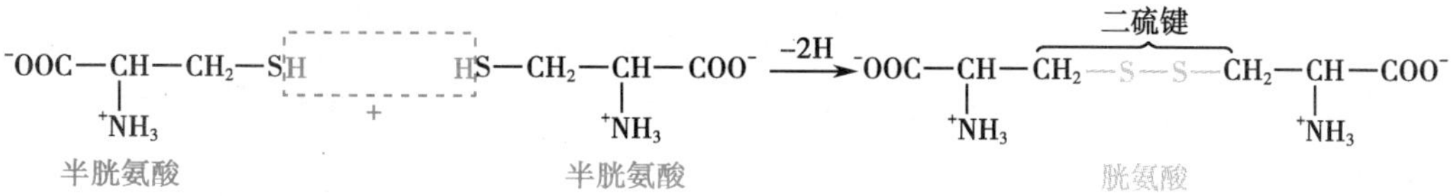

$$\text{}^-\text{OOC}-\underset{\underset{\text{}^+\text{NH}_3}{|}}{\text{CH}}-\text{CH}_2-\text{S}\fbox{H} \quad + \quad \text{H}\fbox{S}-\text{CH}_2-\underset{\underset{\text{}^+\text{NH}_3}{|}}{\text{CH}}-\text{COO}^- \xrightarrow{-2\text{H}} \text{}^-\text{OOC}-\underset{\underset{\text{}^+\text{NH}_3}{|}}{\text{CH}}-\text{CH}_2\overset{\overset{\text{二硫键}}{\frown}}{-\text{S}-\text{S}-}\text{CH}_2-\underset{\underset{\text{}^+\text{NH}_3}{|}}{\text{CH}}-\text{COO}^-$$

半胱氨酸 　　　　　　　　　半胱氨酸 　　　　　　　　胱氨酸

图 1-2 　胱氨酸和二硫键

分子中 20 种氨基酸残基的某些基团还可被甲基化、甲酰化、乙酰化、异戊二烯化和磷酸化等。这些翻译后修饰,可改变蛋白质的溶解度、稳定性、亚细胞定位和与其他细胞蛋白质相互作用的性质等,体现了蛋白质生物多样性的一个方面。

三、氨基酸具有共同或特异的理化性质

(一)氨基酸具有两性解离的性质

由于所有氨基酸都含有碱性的 α-氨基和酸性的 α-羧基,可在酸性溶液中与质子(H⁺)结合呈带正电荷的阳离子(—NH₃⁺),也可在碱性溶液中与 OH⁻ 结合,失去质子变成带负电荷的阴离子(—COO⁻),因此氨基酸是一种两性电解质,具有两性解离的特性。氨基酸的解离方式取决于其所处溶液的酸碱度。在某一 pH 的溶液中,氨基酸解离成阳离子和阴离子的趋势及程度相等,成为兼性离子,呈电中性,此时溶液的 pH 称为该氨基酸的等电点(amino acid isoelectric point,pI)。

通常氨基酸的 pI 是由 α-羧基和 α-氨基的解离常数的负对数 pK_1 和 pK_2 决定的。pI 计算公式为:$pI=\dfrac{1}{2}(pK_1+pK_2)$。如丙氨酸 pK–COOH=2.34,pK–NH₂=9.69,所以丙氨酸的 $pI=\dfrac{1}{2}(2.34+9.69)=6.02$。若一个氨基酸有 3 个可解离基团,写出它们电离式后取兼性离子两边的 pK 的平均值,即为此氨基酸的 pI。

(二)含共轭双键的氨基酸具有紫外线吸收性质

根据氨基酸的吸收光谱,含有共轭双键的色氨酸、酪氨酸的最大吸收峰在 280nm 波长附近(图 1-3)。由于大多数蛋白质含有酪氨酸和色氨酸残基,所以测定蛋白质溶液 280nm 的光吸收值,是分析溶液中蛋白质含量的快速简便的方法。

(三)氨基酸与茚三酮反应生成蓝紫色化合物

茚三酮反应(ninhydrin reaction)指的是茚三酮水合物在弱酸性溶液中与氨基酸共加热时,氨基酸被氧化脱氨、脱羧,而茚三酮水合物被还原,其还原物可与氨基酸加热分解产生的氨结合,再与另一分子茚三酮缩合成为蓝紫色的化合物,此化合物最大吸收峰在 570nm 波长处。由于此吸收峰值的大小与氨基酸释放出的氨量成正比,因此可作为氨基酸定量分析方法。

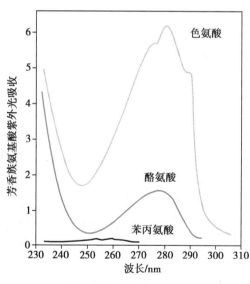

图 1-3 　芳香族氨基酸的紫外线吸收对比

四、氨基酸通过肽键连接而形成蛋白质或肽

早在 1890—1910 年间,德国化学家 Fischer E. 已充分证明蛋白质中的氨基酸相互结合而生成肽(peptide),例如 1 分子甘氨酸的 α-羧基和 1 分子甘氨酸的 α-氨基脱去 1 分子水缩合成为甘氨酰甘氨酸,这是最简单的肽,即二肽。在甘氨酰甘氨酸分子中连接两个氨基酸的酰胺键称为肽键(peptide bond)(图 1-4)。二肽通过肽键与另一分子氨基酸缩合生成三肽。此反应可继续进行,依次生成四肽、五肽……一般而言,由 2～20 个氨基酸相连而成的肽称为寡肽(oligopeptide),而更多的氨基酸相连而成的肽称为多肽(polypeptide)。多肽链有两端,其游离 α-氨基的一端称氨基末端(amino terminal)或 N-端,游离 α-羧基的一端称为羧基末端(carboxyl terminal)或 C-端。肽链中的氨基酸分子因脱水缩

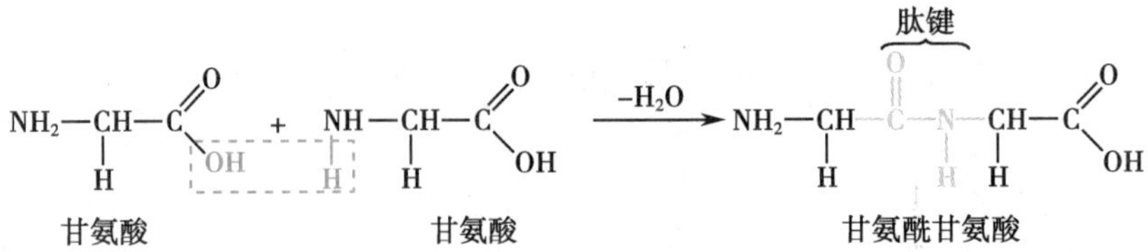

图 1-4 肽与肽键

合而基团不全,被称为氨基酸残基(amino acid residue)。

蛋白质是由许多氨基酸残基组成、折叠成特定的空间结构、并具有特定生物学功能的多肽。一般而论,蛋白质的氨基酸残基数通常在 50 个以上,50 个氨基酸残基以下则仍称为多肽。例如,常把由 39 个氨基酸残基组成的促肾上腺皮质激素称作为多肽,而把含有 51 个氨基酸残基、分子量为 5 733 的胰岛素称作蛋白质。

五、生物活性肽具有生理活性及多样性

人体内存在许多具有生物活性的低分子量的肽,有的仅三肽,有的属寡肽或多肽,在代谢调节、神经传导等方面起着重要的作用。随着肽类药物的发展,许多化学合成或重组 DNA 技术制备的肽类药物和疫苗已在疾病预防和治疗方面取得成效。

1. 谷胱甘肽 谷胱甘肽(glutathione,GSH)是由谷氨酸、半胱氨酸和甘氨酸组成的三肽。第一个肽键是非 α 肽键,由谷氨酸 γ- 羧基与半胱氨酸的氨基组成(图 1-5),分子中半胱氨酸的巯基是该化合物的主要功能基团。

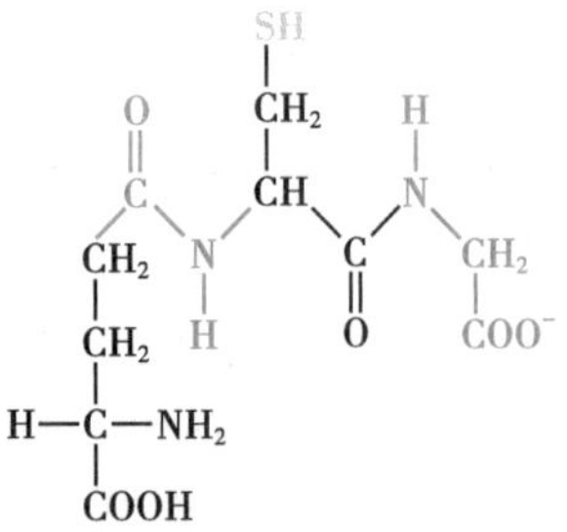

GSH 的巯基具有还原性,可作为体内重要的还原剂保护体内蛋白质或酶分子中巯基免遭氧化,使蛋白质或酶处在活性状态。在谷胱甘肽过氧化物酶的催化下,GSH 可还原细胞内产生的 H_2O_2,使其变成 H_2O,与此同时,GSH 被氧化成氧化型谷胱甘肽(GSSG)(图 1-6),后者在谷胱甘肽还原酶催化下,再生成 GSH。此外,GSH 的巯基还有嗜核特性,能与外源

图 1-5 谷胱甘肽

的嗜电子毒物如致癌剂或药物等结合,从而阻断这些化合物与 DNA、RNA 或蛋白质结合,以保护机体免遭毒物损害。

2. 多肽类激素及神经肽 体内有许多激素属寡肽或多肽,例如属于下丘脑 - 垂体 - 肾上腺皮质轴的催产素(9 肽)、加压素(9 肽)、促肾上腺皮质激素(39 肽)、促甲状腺素释放激素(3 肽)等。促甲状腺素释放激素是一个特殊结构的三肽(图 1-7),其 N- 端的谷氨酸环化成为焦谷氨酸(pyroglutamic acid),C- 端的脯氨酸残基酰化成为脯氨酰胺,它由下丘脑分泌,可促进腺垂体分泌促甲状腺素。

有一类在神经传导过程中起信号转导作用的肽类被称为神经肽(neuropeptide)。较早发现的有脑啡肽(5 肽)、β- 内啡肽(31 肽)和强啡肽(17 肽)等。1995 年发现孤啡肽(17 肽),其一级结构类似于强啡肽。它们与中枢神经系统产生痛觉抑制有密切关系。因此很早就被用于临床的镇痛治疗。除此以外,神经肽还包括 P 物质(10 肽)、神经肽 Y 等。随着脑科学的发展,相信将发现更多在神经系统中起着重要作用的生物活性肽或蛋白质。

图 1-6 GSH 与 GSSG 间的转换

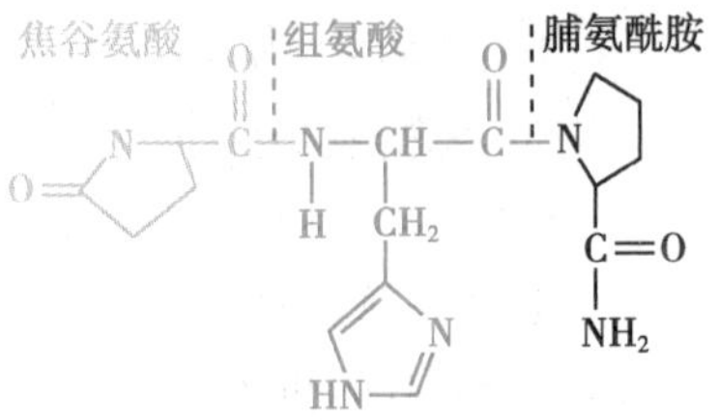

图 1-7 促甲状腺素释放激素的结构

第二节 | 蛋白质的分子结构

蛋白质分子是由许多氨基酸通过肽键相连形成的生物大分子。人体内具有生理功能的蛋白质大都是有序结构,每种蛋白质都有其一定的氨基酸种类、组成百分比、氨基酸排列顺序以及肽链空间的特定排布位置。因此由氨基酸排列顺序及肽链的空间排布等所构成的蛋白质分子结构,才真正体现蛋白质的个性,是每种蛋白质具有独特生理功能的结构基础。由于参与蛋白质生物合成的氨基酸有20种,且蛋白质的分子量均较大,因此蛋白质的氨基酸排列顺序和空间位置几乎是无穷尽的,足以为人体多达数以万计的蛋白质提供各异的氨基酸序列和特定的空间结构,使蛋白质完成生命所赋予的数以千万计的生理功能。

1952年丹麦科学家Linderstrom L. 建议将蛋白质复杂的分子结构分成4个层次,即一级、二级、三级、四级结构,后三者统称为高级结构或空间构象(conformation)。蛋白质的空间构象涵盖了蛋白质分子中的每一原子在三维空间的相对位置,它们是蛋白质特有性质和功能的结构基础。但并非所有的蛋白质都有四级结构,由一条肽链形成的蛋白质只有一级、二级和三级结构,由2条或2条以上肽链形成的蛋白质才有四级结构。

一、氨基酸的排列顺序决定蛋白质的一级结构

蛋白质一级结构是理解蛋白质结构、作用机制以及生理功能的必要基础。在蛋白质分子中,从N-端至C-端的氨基酸排列顺序称为蛋白质一级结构(protein primary structure)。蛋白质一级结构中的主要化学键是肽键;此外,蛋白质分子中所有二硫键的位置也属于一级结构范畴。牛胰岛素是第一个被测定一级结构的蛋白质分子,由英国化学家Sanger F. 于1953年完成,因此他于1958年获得诺贝尔化学奖。图1-8为牛胰岛素的一级结构,胰岛素有A和B二条多肽链,A链有21个氨基酸残基,B链有30个氨基酸残基。如果把氨基酸序列(amino acid sequence)标上数码,应以氨基末端为1号,依次向羧基末端排列。牛胰岛素分子中有3个二硫键,1个位于A链内,称为链内二硫键,由A链的第6位和第11位半胱氨酸的巯基脱氢而形成,另2个二硫键位于A、B两链间(图1-8),称为链间二硫键。

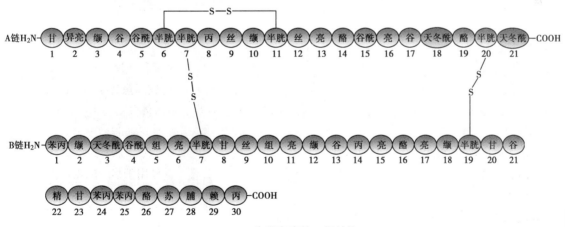

图 1-8　牛胰岛素的一级结构

体内种类繁多的蛋白质,其一级结构各不相同,一级结构是蛋白质空间构象和特异生物学功能的基础。然而,随着对蛋白质结构研究的深入,已认识到蛋白质一级结构并不是决定蛋白质空间构象的唯一因素。

目前已知一级结构的蛋白质数量已相当可观,并且还以更快的速度增加。国际互联网有若干重要的蛋白质数据库(Updated Protein Database),例如EMBL(European Molecular Biology Laboratory Data Library)、Genbank(Genetic Sequence Databank)和PIR(Protein Identification Resource Sequence Database)等,收集了大量最新的蛋白质一级结构及其他资料,为蛋白质结构与功能的深入研究提供了便利。

二、多肽链的局部有规则重复的主链构象为蛋白质二级结构

蛋白质二级结构（protein secondary structure）是指蛋白质分子中某一段肽链的局部空间结构，也就是该段肽链主链骨架原子的相对空间位置，并不涉及氨基酸残基侧链的构象。所谓肽链主链骨架原子即 N（氨基氮原子）、C_α（α- 碳原子）和 C（羰基碳原子）3 个原子依次重复排列。蛋白质二级结构主要包括 α- 螺旋、β- 折叠、β- 转角和 Ω- 环。由于蛋白质的分子量硕大，因此，一个蛋白质分子可含有多种二级结构或多个同种二级结构，而且在蛋白质分子内空间上相邻的 2 个以上的二级结构还可协同完成特定的功能。

（一）参与肽键形成的 6 个原子构成一个肽单元

20 世纪 30 年代末，Pauling L. 和 Corey R.B. 应用 X 射线衍射技术研究氨基酸和寡肽的晶体结构，其目的是要获得一组标准键长和键角，以推导肽的构象，最终提出了肽单元（peptide unit）概念。参与肽键的 6 个原子 $C_{\alpha 1}$、C、O、N、H、$C_{\alpha 2}$ 位于同一平面，$C_{\alpha 1}$ 和 $C_{\alpha 2}$ 在平面上所处的位置为反式（trans）构型，此同一平面上的 6 个原子构成了所谓的肽单元（图 1-9）。其中肽键（C—N）的键长为 0.132nm，该键长介于 C—N 的单键长（0.149nm）和双键长（0.127nm）之间，所以有一定程度双键性能，不能自由旋转。而 C_α 分别与 N 和 C（羰基碳）相连的键都是典型的单键，可以自由旋转，N 与 C_α 的键角以 Φ 表示，C_α 与 C 的键旋转角度以 ψ 表示（图 1-9）。也正由于肽单元上 C_α 原子所连的两个单键的自由旋转角度，决定了两个相邻的肽单元平面的相对空间位置。

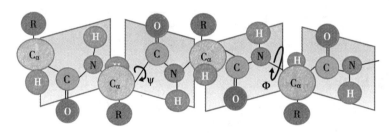

图 1-9　肽键与肽单元

N 与 C_α 的键角以 Φ 表示，C_α 与 C 的键旋转角度以 ψ 表示。

（二）α- 螺旋是常见的蛋白质二级结构

Pauling L. 和 Corey R.B. 根据实验数据提出了两种肽链局部主链原子的空间构象的分子模型，称为 α- 螺旋（α-helix）和 β- 折叠（β-pleated sheet），它们是蛋白质二级结构的主要形式。在 α- 螺旋结构（图 1-10）中，多肽链的主链围绕中心轴作有规律的螺旋式上升，螺旋的走向为顺时针方向，即所谓右手螺旋，其 ψ 为 –47°，Φ 为 –57°，氨基酸侧链伸向螺旋外侧。每 3.6 个氨基酸残基螺旋上升一圈（即旋转 360°），螺距为 0.54nm。α- 螺旋的每个肽键的 N—H 和第四个肽键的羰基氧形成氢键，氢键的方向与螺旋长轴基本平行。

一般而言，20 种氨基酸均可参与组成 α- 螺旋结构，但是 Ala、Glu、Leu 和 Met 比 Gly、Pro、Ser 及 Tyr 更常见。在蛋白质表面存在的 α- 螺旋，常具有两亲特点，其亲水性和疏水性氨基酸残基有规律地集中排列在与对称轴平行的两个侧面，使之能在极性或非极性环境中存在。这种两亲 α- 螺旋可见于血浆脂蛋白、多肽激素和钙调蛋白激酶等。肌红蛋白和血红蛋白分子中有许多肽链段落呈 α- 螺旋结构。毛发的角蛋白、肌组织的肌球蛋白以及血凝块中的纤维蛋白，它们的多肽链几乎全长都卷曲成 α-螺旋。数条 α- 螺旋状的多肽链可缠绕起来，形成缆索，从而增强其机械强度，并具有可伸缩性（弹性）。

（三）β- 折叠使多肽链形成片层结构

β- 折叠与 α- 螺旋的形状截然不同，呈折纸状。在 β- 折叠结构（图 1-11）中，多肽链充分伸展，每个肽单元以 C_α 为旋转点，依次折叠成锯齿状结构，氨基酸残基侧链交替地位于锯齿状结构的上下方。所形成的锯齿状结构一般比较短，只含 5～8 个氨基酸残基。一条肽链内的若干肽段的锯齿状结构

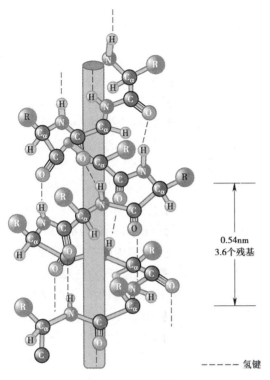

图 1-10 α- 螺旋

0.54nm
3.6个残基

------ 氢键

可平行排列,分子内相距较远的两个肽段可通过折叠而形成相同走向,也可通过回折而形成相反走向。两条肽链走向相同时肽链重复节段为 0.65nm,相反时肽链重复节段为 0.70nm,并通过肽链间的肽键羰基氧和亚氨基氢形成氢键,来稳固 β- 折叠结构,蚕丝蛋白几乎都是 β- 折叠结构,许多蛋白质既有 α- 螺旋又有 β- 折叠结构。

(四)β- 转角和 Ω- 环存在于球状蛋白质中

除 α- 螺旋和 β- 折叠外,蛋白质二级结构还包括 β- 转角(β-turn)(图 1-12)和 Ω- 环(Ω-loop)。β- 转角常发生于肽链进行 180° 回折时的转角上。β- 转角通常由 4 个氨基酸残基组成,其第一个残基的羰基氧(O)与第四个残基的氨基氢(H)可形成氢键。β- 转角的结构较特殊,第二个残基常为脯氨酸,其他常见残基有甘氨酸、天冬氨酸、天冬酰胺和色氨酸。有 2 种类型的 β- 转角,分别是转角 Ⅰ 和转角 Ⅱ。Ⅰ 型 β- 转角和 Ⅱ 型 β- 转角非常相似,只是其中肽键的二面角 ψ 和 Φ 角有所不同。Ⅱ 型 β- 转角的第 3 个残基往往是

动画

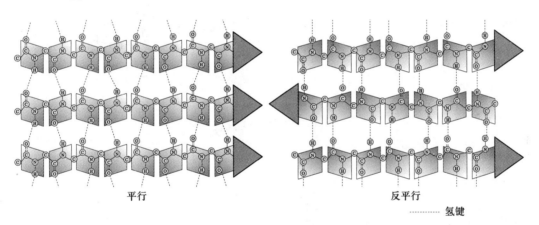

平行   反平行

.... 氢键

图 1-11 β- 折叠

动画

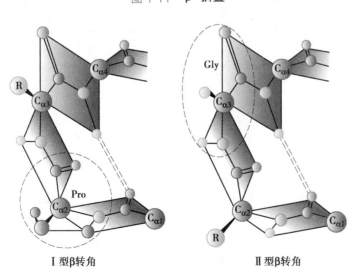

Ⅰ 型β转角   Ⅱ 型β转角

图 1-12 β- 转角

甘氨酸。Ω- 环是存在于球状蛋白质中的一种二级结构。这类肽段形状像希腊字母 Ω，所以称 Ω- 环。Ω- 环这种结构总是出现在蛋白质分子的表面，而且以亲水残基为主，在分子识别中可能起重要作用。

（五）氨基酸残基的侧链影响二级结构的形成

蛋白质二级结构是以一级结构为基础的。一段肽链其氨基酸残基的侧链适合形成 α- 螺旋或 β- 折叠，它就会出现相应的二级结构。例如一段肽链有多个谷氨酸或天冬氨酸残基相邻，则在 pH 7.0 时这些残基的游离羧基都带负电荷，彼此相斥，妨碍 α- 螺旋的形成。同样，多个碱性氨基酸残基在一肽段内，由于正电荷相斥，也妨碍 α- 螺旋的形成。此外天冬酰胺、苏氨酸、半胱氨酸的侧链较大，如果这些氨基酸在一级结构中非常接近，也会影响 α- 螺旋形成。脯氨酸的 N 原子在刚性的五元环中，其形成的肽键 N 原子上没有 H，所以不能形成氢键，结果肽链走向转折，不形成 α- 螺旋。形成 β- 折叠的肽段，氨基酸残基的侧链要比较小，能容许两条肽段彼此靠近。

三、多肽链进一步折叠成蛋白质三级结构

（一）三级结构是指整条肽链中全部氨基酸残基的相对空间位置

蛋白质三级结构（protein tertiary structure）是指整条肽链中全部氨基酸残基的相对空间位置，也就是整条肽链所有原子在三维空间的排布位置。已知球状蛋白质的三级结构有些共同特征，如折叠成紧密的球状或椭球状；含有多种二级结构并具有明显的折叠层次，即一级结构上相邻的二级结构常在三级结构中彼此靠近并形成超二级结构，进一步折叠成相对独立的三维空间结构；以及疏水侧链常分布在分子内部等。

肌红蛋白是由 153 个氨基酸残基构成的单一肽链蛋白质，含有 1 个血红素辅基。图 1-13 显示肌红蛋白的三级结构。肌红蛋白分子中 α- 螺旋占 75%，构成 A 至 H 8 个螺旋区，两个螺旋区之间有一段柔性连接肽，脯氨酸位于转角处。由于侧链 R 基团的相互作用，多肽链缠绕，形成一个球状分子

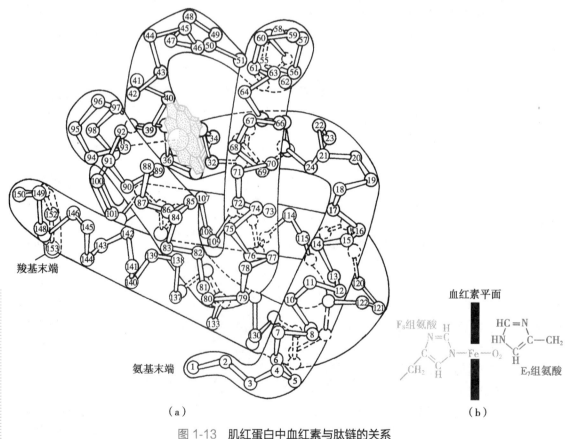

（a）   （b）

图 1-13　肌红蛋白中血红素与肽链的关系

（a）肌红蛋白；（b）结合氧示意图。

（4.5nm×3.5nm×2.5nm），球表面主要有亲水侧链，疏水侧链位于分子内部。蛋白质三级结构的形成和稳定主要靠次级键如疏水键、盐键、氢键和范德华力（van der Waals force）等（图 1-14）。

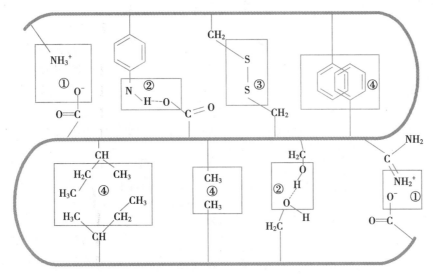

图 1-14　维持蛋白质分子构象的各种化学键
①离子键；②氢键；③二硫键；④疏水相互作用。

（二）结构模体可由 2 个或 2 个以上二级结构肽段组成

结构模体（structural motif）是蛋白质分子中具有特定空间构象和特定功能的结构成分。一个模体总有其特征性的氨基酸序列，并发挥特殊的功能。一般而言，常见的结构模体可以有以下几种形式：α- 螺旋 -β- 转角（或环）-α- 螺旋模体（见于多种 DNA 结合蛋白）；链 -β- 转角 - 链（见于反平行 β- 折叠的蛋白质）；链 -β- 转角 -α- 螺旋 -β- 转角 - 链模体（见于多种 α- 螺旋 /β- 折叠蛋白质）。在这些结构模体中，β- 转角常为含 3～4 个氨基酸残基的片段；而环（loop）为较大的片段，常连接非规则的二级结构。

在许多蛋白质分子中，可由 2 个或 2 个以上具有二级结构的肽段在空间上相互接近，形成一个有规则的二级结构组合，称为超二级结构，此概念由 Rossman M.G. 于 1973 年提出。目前已知的二级结构组合有 αα、βαβ、ββ 等几种形式（图 1-15）。研究发现，α- 螺旋之间、β- 折叠之间以及 α- 螺旋与 β- 折叠之间的相互作用，主要是由非极性氨基酸残基参与的。

亮氨酸拉链（leucine zipper）（图 1-15c）是出现在 DNA 结合蛋白和其他蛋白质中的一种结构模体。当来自同一个或不同多肽链的两个两用性的 α- 螺旋的疏水面（常含有亮氨酸残基）相互作用形成一个圈对圈的二聚体结构，亮氨酸有规律地每隔 6 个氨基酸就出现一次，亮氨酸拉链常出现在真核生物 DNA 结合蛋白的 C- 端，往往与癌基因表达调控功能有关。

在许多钙结合蛋白分子中通常有一个结合钙离子的模体，它由螺旋 - 环 - 螺旋（helix-loop-helix）三个肽段组成（图 1-15d），在环中有几个恒定的亲水侧链，侧链末端的氧原子通过氢键而结合钙离子。近年发现的锌指（zinc finger）结构也是一个常见的模体例子，它由 1 个 α- 螺旋和 2 个反平行的 β- 折叠三个肽段组成（图 1-15e），具有结合锌离子功能。该模体的 N- 端有 1 对半胱氨酸残基，C- 端有 1 对组氨酸残基，此 4 个残基在空间上形成一个洞穴，恰好容纳 1 个 Zn^{2+}。由于 Zn^{2+} 可稳固模体中的 α- 螺旋结构，使此 α- 螺旋能镶嵌于 DNA 的大沟中，因此含锌指结构的蛋白质都能与 DNA 或 RNA 结合。可见结构模体的特征性空间构象是其特殊功能的结构基础。

动画

（三）结构域是三级结构层次上具有独立结构与功能的区域

分子量较大的蛋白质常可折叠成多个结构较为紧密且稳定的区域，并各行其功能，称为结构域（domain）。大多数结构域含有序列上连续的 100～200 个氨基酸残基，若用限制性蛋白酶水解，含多个结构域的蛋白质常分解出独立的结构域，而各结构域的构象可以基本不改变，并保持其功能。超二级

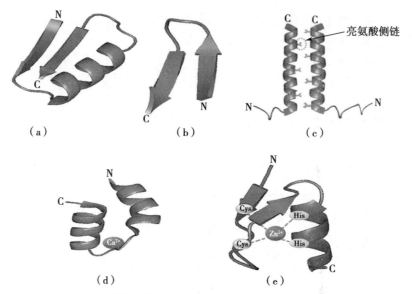

图 1-15　蛋白质超二级结构与模体
（a）βαβ；（b）ββ；（c）亮氨酸拉链；（d）α- 螺旋 - 环 -α- 螺旋；（e）锌指结构。

结构则不具备这种特点。因此,结构域也可看作是球状蛋白质的独立折叠单位,有较为独立的三维空间结构。

　　例如,由 2 个亚基构成的 3- 磷酸甘油醛脱氢酶,每个亚基由 2 个结构域组成,N- 端第 1～146 个氨基酸残基形成的第一个结构域能与 NAD⁺ 结合,第二个结构域（第 147～333 氨基酸残基）与底物 3- 磷酸甘油醛结合(图 1-16)。有些蛋白质各结构域之间接触较紧密,从结构上很难划分,因此,并非所有蛋白质的结构域都明显可分。

（四）蛋白质的多肽链须折叠成正确的空间构象

　　理论上讲,如果蛋白质的多肽链随机折叠,可能产生成千上万种可能的空间构象。而实际上,蛋白质合成后,在一定的条件下,可能只形成一种正确的空间构象。除一级结构为决定因素外,还需要在一类称为分子伴侣（molecular chaperone）的蛋白质辅助下,合成中的蛋白质才能折叠成正确的空间构象。只有形成正确的空间构象的蛋白质才具有生物学功能。

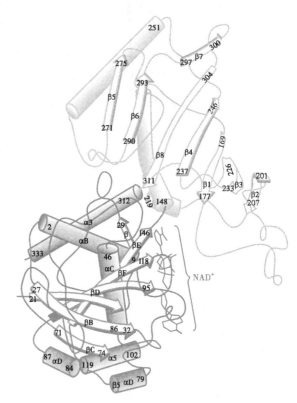

图 1-16　3- 磷酸甘油醛脱氢酶亚基的结构示意图

四、含有两条以上多肽链的蛋白质可具有四级结构

　　体内许多功能性蛋白质含有两条或两条以上多肽链。每一条多肽链都有其完整的三级结构,称为亚基（subunit）,亚基与亚基之间呈特定的三维空间排布,并以非共价键相连接。蛋白质分子中各个亚基的空间排布及亚基接触部位的布局和相互作用,称为蛋白质四级结构（protein quaternary structure）。

　　在四级结构中,各亚基间的结合力主要是氢键和离子键。在 2 个亚基组成的四级结构蛋白质中,若亚基结构相同,称之为同二聚体（homodimer）,若亚基分子不同,则称之为异二聚体（heterodimer）,

多个亚基可以此类推。对于 2 个以上亚基构成的蛋白质,单一亚基一般没有生物学功能,完整的四级结构是其发挥生物学功能的保证。

成人血红蛋白的 α 亚基和 β 亚基分别含有 141 个和 146 个氨基酸。两种亚基的三级结构颇为相似,且每个亚基都可结合 1 个血红素(heme)辅基(图 1-17)。4 个亚基通过 8 个离子键相连,形成血红蛋白四聚体,具有运输 O_2 和 CO_2 的功能。但每一个亚基单独存在时,虽可结合氧且与氧亲和力增强,但在体内组织中难于释放氧,失去了血红蛋白原有的运输氧的作用。

图 1-17　蛋白质的四级结构——血红蛋白结构示意图

五、蛋白质可依其组成、结构或功能进行分类

除氨基酸外,某些蛋白质还含有其他非氨基酸组分。因此根据蛋白质组成成分可分成单纯蛋白质和缀合蛋白质,前者只含氨基酸,而后者除蛋白质部分外,还含有非蛋白质部分,为蛋白质的生物学活性或代谢所依赖。缀合蛋白质中的非蛋白质部分被称为辅基,绝大部分辅基是通过共价键方式与蛋白质部分相连。构成蛋白质辅基的种类也很广,常见的有色素化合物、寡糖、脂质、磷酸、金属离子甚至分子量较大的核酸。细胞色素 c(cytochrome c,Cyt c)是含有色素的缀合蛋白质,其铁卟啉环上的乙烯基侧链与蛋白质部分的半胱氨酸残基以硫醚键相连,铁卟啉中的铁离子是细胞色素 c 的重要功能位点。免疫球蛋白是一类糖蛋白,作为辅基的数支寡糖链通过共价键与蛋白质部分连接。

蛋白质还可根据其形状分为纤维状蛋白质和球状蛋白质两大类。一般来说,纤维状蛋白质形似纤维,其分子长轴的长度比短轴长 10 倍以上。纤维状蛋白质多数为结构蛋白质,较难溶于水,作为细胞坚实的支架或连接各细胞、组织和器官的细胞外成分,如胶原蛋白、弹性蛋白、角蛋白等。大量存在于结缔组织中的胶原蛋白就是典型的纤维状蛋白质,其长轴为 300nm,而短轴仅为 1.5nm。球状蛋白质的形状近似于球形或椭球形,多数可溶于水,许多具有生理学功能的蛋白质如酶、转运蛋白、蛋白质类激素、代谢调节蛋白质、基因表达调节蛋白质及免疫球蛋白等都属于球状蛋白质。

随着蛋白质结构与功能研究的不断深入,发现体内氨基酸序列相似而且空间结构与功能也十分相近的蛋白质有若干,即产生了"蛋白质家族(protein family)"这一概念。属于同一蛋白质家族的成员,称为同源蛋白质(homologous protein)。人们通过对蛋白质家族成员的比较,可得到许多物种进化的重要证据。在体内还发现,2个或2个以上的蛋白质家族之间,其氨基酸序列的相似性并不高,但含有发挥相似作用的同一模体结构,通常将这些蛋白质家族归类为超家族(superfamily)。这些超家族成员是由共同祖先进化而来的一大类蛋白质。

第三节 │ 蛋白质结构与功能的关系

人体的每一个细胞和所有重要组成部分都有蛋白质存在。蛋白质是生命活动的执行者,参与完成体内的各种生理生化反应。

一、蛋白质是生命活动的主要执行分子

已知有些蛋白质具有多种功能,也有些蛋白质功能至今尚未阐明,蛋白质在机体内几乎无处不发挥各种特有的功能。

1. **构成细胞和生物体结构** 蛋白质是组成人体各种组织、器官、细胞的重要成分。人的肌肉、内脏、神经、血液、骨骼等,包括皮肤、毛发都含有丰富的蛋白质。蛋白质是细胞的重要结构组分,如膜蛋白质、细胞器的组成蛋白质、染色体蛋白质等。这些组织细胞每天都在不断地更新。因此,人体必须每天摄入一定量的蛋白质,作为构成和补充组织细胞的原料。

2. **物质运输** 体内的各种物质主要通过血液进行运输。人体不断地将从外界获取的营养物质和氧气运输到组织细胞,将代谢产生的废物排出体外。血红蛋白可以携带氧气到身体的各个部分,供组织细胞代谢使用。体内有许多营养素必须与某种特异的蛋白质结合,将其作为载体才能运转,例如血液中的载脂蛋白不仅运输脂质,还具有调节被运输脂质代谢的作用。清蛋白能与脂肪酸、Ca^{2+}、胆红素、磺胺等多种物质结合。此外,血浆中还有皮质激素传递蛋白质、运铁蛋白、铜蓝蛋白等。

3. **催化功能** 人体内每时每刻都进行着化学反应来实施新陈代谢。大量的酶类快速精准地催化化学反应,所有的生命活动都离不开酶和水的参与,没有酶就没有生命。这些各具特殊功能的酶,绝大多数是蛋白质。

4. **信息交流** 存在于细胞膜上使细胞对外界刺激产生相应的效应的受体是蛋白质。信号转导通路中的衔接蛋白,含有各种能与其他蛋白质结合的结构域,能形成各种信号复合体。通过特异性的蛋白质-蛋白质相互作用形成蛋白质复合体来激活下游信号通路。

5. **免疫功能** 保护机体抵抗相应病原体的感染的抗体、淋巴因子等免疫分子都是蛋白质。

6. **氧化供能** 体内的蛋白质可以彻底氧化分解为水、二氧化碳,并释放能量。正常膳食情况下,机体首先利用糖提供能量。饥饿时,组织蛋白质分解增加,故氧化供能是蛋白质的生理功能。

7. **维持机体的酸碱平衡** 机体内组织细胞必须处于合适的酸碱度范围内,才能完成其正常的生理活动。机体的这种维持酸碱平衡的能力是通过肺、肾以及血液缓冲系统来实现的。蛋白质缓冲体系是血液缓冲系统的重要组成部分,因此,蛋白质在维持机体酸碱平衡方面起着十分重要的作用。

8. **维持正常的血浆渗透压** 血浆胶体渗透压主要由蛋白质分子构成,其中,血浆清蛋白分子量较小,数目较多,决定血浆胶体渗透压的大小。血浆渗透压能使血浆和组织之间的物质交换保持平衡,如果血浆蛋白质特别是清蛋白的含量降低,血液内的水分便会过多地渗入周围组织,造成临床上的营养不良性水肿。

二、蛋白质通过与其他生物分子相互作用执行功能

(一)蛋白质与小分子相互作用行使生物学功能

生物体内众多生命活动是与物质代谢及能量代谢密切相关的。细胞在特定时间或环境下含有众多低分子量代谢物,其中包括各种代谢路径的酶催化底物、抑制剂、代谢中间和产物、副产物等小分

子代谢物。蛋白质通过与小分子代谢物的相互作用,参与众多的生命活动过程,如酶的催化作用、物质转运、信息传递等,从整体上维持生物体新陈代谢活动的进行。

(二) 蛋白质与核酸的相互作用发挥生物学效应

蛋白质和核酸是组成生物体的两种重要的生物大分子。蛋白质是基因表达的产物,基因的表达又离不开蛋白质的作用。蛋白质与核酸的相互作用存在于生物体内基因表达的各个水平之中。蛋白质有几种模体,如锌指模体、亮氨酸拉链、螺旋 - 转角 - 螺旋等专门结合 DNA 并发挥生物学效应。

RNA 存在于细胞质和细胞核中,目前发现的 RNA 除了少部分能以 "核酶" 形式单独发挥功能以外,绝大部分 RNA 都是与蛋白质形成 RNA- 蛋白质复合物。例如核糖体是细胞内蛋白质合成的场所,核糖体的两个亚基由精确折叠的蛋白质和 rRNA 组成;端粒酶(telomerase)是一种由催化蛋白和 RNA 模板组成的酶,可合成染色体末端的 DNA;剪接体(spliceosome)是指进行 RNA 剪接时形成的多组分复合物,主要是由小分子的核 RNA 和蛋白质组成。蛋白质与 RNA 的相互作用在蛋白质合成、细胞发育调控等生理过程中起着决定性的作用。

(三) 蛋白质相互作用是蛋白质执行功能的主要方式

蛋白质 - 蛋白质相互作用(protein-protein interaction,PPI)是指两个或两个以上的蛋白质分子通过非共价键相互作用并发挥功能的过程。细胞进行生命活动过程是蛋白质在一定时空下相互作用的结果。生物学中的许多现象如物质代谢、信号转导、蛋白质翻译、蛋白质分泌、蛋白质剪切、细胞周期调控等均受蛋白质间相互作用的调控。通过蛋白质间相互作用,可改变细胞内酶的动力学特征,也可产生新的结合位点,改变蛋白质对底物的亲和力。蛋白质相互作用控制着大量的细胞活动事件,如细胞的增殖、分化和凋亡。

人体具有非常复杂的生物学功能,即使简单的功能也需要若干蛋白质共同参与完成。两个或多个蛋白质相互作用时,通过各自分子中特殊的局部空间结构,通过稳定的相互作用或瞬间的相互作用而相互识别并结合。

下面列举蛋白质相互作用的实例。

1. **胰岛素与胰岛素受体的相互作用**　人胰岛素与牛胰岛素的氨基酸序列高度相似。其种族差异,只在 A 链或 B 链中的个别氨基酸残基有所不同,51 个氨基酸残基中有 3 个不同。人胰岛素通过与体细胞膜表面的胰岛素受体相互作用发挥生物学作用。胰岛素受体属于受体酪氨酸激酶家族(receptor tyrosine kinases,RTK)成员,是一种糖蛋白。胰岛素受体由 α、β 各两个亚基组成。两个 α 亚基之间、α 亚基与 β 亚基之间通过二硫键连接。α 亚基一端暴露在细胞膜表面,具有胰岛素结合位点。β 亚基由细胞膜向胞质延伸,其胞内结构域具有蛋白质激酶活性,可将酪氨酸残基进行磷酸化修饰,是胰岛素引发细胞内效应的功能单位。胰岛素与胰岛素受体 α 亚基结合后,导致 β 亚基构象改变并激活其酪氨酸激酶活性,催化胰岛素受体发生自身磷酸化(图 1-18)。胰岛素通过两个结合位点激活胰岛素受体,磷酸化的胰岛素受体暴露其活性部位用于结合并磷酸化其他蛋白质。胰岛素受体的一个重要底物就是胰岛素受体底物(insulin receptor substrate,IRS)。活化后的胰岛素受体可将 IRS 上具有重要作用的十几个酪氨酸残基磷酸化,磷酸化的 IRS 能够结合并激活下游效应物,将胰岛素信号向下游传递。胰岛素通过与胰岛素受体结合,启动胰岛素信号通路,发挥促进体细胞对葡萄糖的吸收,增强糖原、脂肪、蛋白质合成等作用,从而使血糖稳定在一定范围内。在 2 型糖尿病患者体内,由于体细胞胰岛素受体数量降低,或者胰岛素信号不敏感,导致胰岛素与胰岛素受体之间亲和力下降,蛋白质 - 蛋白质之间相互作用变弱,同样数量的胰岛素就不能发挥应有的降低血糖的作用,因此 2 型糖尿病患者的血糖处于较高水平。

2. **抗原与抗体的特异性结合**　免疫球蛋白(immunoglobulin,Ig)指具有抗体活性的蛋白质。主要存在于血浆中,也见于其他体液、组织和一些分泌液中。抗体是机体免疫细胞被抗原激活后,由 B 淋巴细胞分化成熟为浆细胞后所合成、分泌的一类能与相应抗原特异性结合的具有免疫功能的球蛋白。在电泳时主要出现于 γ 球蛋白区域,占血浆蛋白质的 20%;某些 β 球蛋白和 $α_2$ 球蛋白也含有免疫球蛋白。Ig 能识别、结合特异抗原,形成抗原 - 抗体复合物,激活补体系统从而解除抗原对机体的损伤。

（1）免疫球蛋白的结构特点:免疫球蛋白可分为 IgG、IgA、IgM、IgD、IgE,结构相类似,均由两条相同的重链（heavy chain,H 链）和两条相同的轻链（light chain,L 链）组成。其中 IgG、D、E 为四聚体,IgA 为二聚体,IgM 是五聚体（图 1-19）。IgM 的 H 链由 450～550 个氨基酸残基组成,L 链由 212～230 个氨基酸残基组成,两条链由二硫键相连。IgM 的分子量在免疫球蛋白中最大,为 970kD,称为巨球蛋白（macroglobulin）。

图 1-20 显示 IgG 的分子结构。每条 L 链由可变区（V_L）和恒定区（C_L）组成。每条 H 链也可由可变区（V_H）和恒定区（C_H）组成,其中恒定区分为三个结构域（C_H1、C_H2、C_H3）,C_H2 结构域含有补体

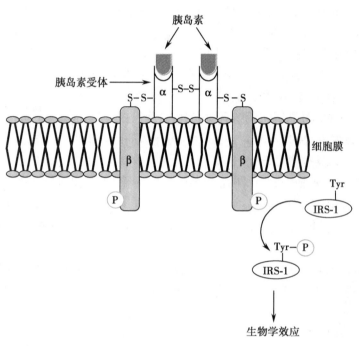

图 1-18 胰岛素与胰岛素受体结合,启动胰岛素信号通路

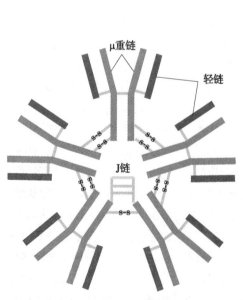

图 1-19 IgM 的五聚体形式

μ 链是 IgM 分子所特有的重链;J 链是由 124 个
氨基酸组成的酸性糖蛋白,通过二硫键连接到
μ 链的羧基端的半胱氨酸。

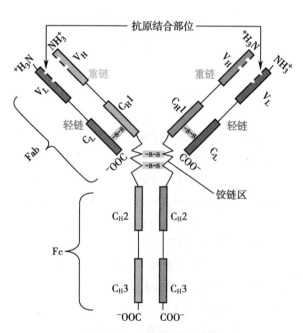

图 1-20 IgG 的分子结构

结合部位。C_H3 结构域含有与中性粒细胞和巨噬细胞受体接触的部位。由 L 链和 H 链可变区形成的高变区是抗原结合的部位。L 链和 H 链之间由二硫键连接，H 链之间也由二硫键连接。

从 N- 端起，H 链的 1/4 肽段及 L 链的 1/2 肽段在各类 Ig 的排列顺序可变性大，称可变区（variable region，V 区），其功能是决定不同 Ig 与抗原结合的特异性。H 及 L 链的其余肽段称为恒定区（constant region，C 区）。C 区的功能是决定 Ig 的效应作用，也是 Ig 的分类基础（α、γ、δ、ε、μ 五大类）。L 链有两个基本型，即 κ 和 λ 型。一个特异的免疫球蛋白通常只含有两条 κ 链或两条 λ 链，不存在 κ 和 λ 的混合型。根据 H 链抗原性的差异可将其分为 5 类：μ 链、γ 链、α 链、δ 链和 ε 链，不同 H 链与 L 链（κ 或 λ 链）组成完整免疫球蛋白的分子，分别称之为免疫球蛋白 M、免疫球蛋白 G、免疫球蛋白 A、免疫球蛋白 D 和免疫球蛋白 E。

（2）抗原 - 抗体的特异性结合反应：由于抗原、抗体在结构上具有互相识别互相嵌合的构象，抗原分子的抗原决定簇（抗原表位）与抗体分子的超变区中沟槽分子表面的抗原结合点之间在化学结构和空间结构上是互补关系（图 1-21），所以抗原 - 抗体结合反应是特异性的。如果抗原抗体结合处的结构有很小的不匹配就会阻止两者的特异性结合。高亲和性的抗原抗体结合位点在空间构型上非常合适，两者结合牢固，不易解离；低亲和性抗体与抗原形成的复合物较易解离。在一定的外界环境下，如低 pH、高浓度盐、反复冻融，抗原抗体复合物也可被解离，解离后的抗原抗体仍保持原有的结构、活性及特异性。天然抗原表面常常带有多种抗原表位，每种表位均能刺激机体产生一种特异性抗体，即一个抗原分子会刺激机体产生多种特异性抗体。

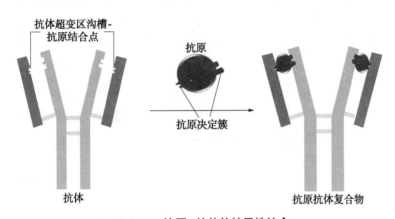

图 1-21　抗原 - 抗体的特异性结合

三、蛋白质一级结构是高级结构与功能的基础

（一）一级结构是空间构象的基础

20 世纪 60 年代，Anfinsen C.B. 在研究核糖核酸酶 A 时发现，蛋白质的功能与其三级结构密切相关，而特定三级结构是以氨基酸顺序为基础的。核糖核酸酶 A 由 124 个氨基酸残基组成，有 4 对二硫键（Cys26 和 Cys84，Cys40 和 Cys95，Cys58 和 Cys110，Cys65 和 Cys72）（图 1-22a）。用尿素（或盐酸胍）和 β- 巯基乙醇处理该酶溶液，分别破坏次级键和二硫键，使其二、三级结构遭到破坏，但肽键不受影响，故一级结构仍存在，此时该酶活性丧失殆尽。核糖核酸酶 A 中的 4 对二硫键被 β- 巯基乙醇还原成—SH 后，若要再形成 4 对二硫键，从理论上推算有 105 种不同配对方式，唯有与天然核糖核酸酶 A 完全相同的配对方式，才能呈现酶活性。当用透析方法去除尿素和 β- 巯基乙醇后，松散的多肽链，循其特定的氨基酸序列，卷曲折叠成天然酶的空间构象，4 对二硫键也正确配对，这时酶活性又逐渐恢复至原来水平（图 1-22b）。这充分证明空间构象遭破坏的核糖核酸酶 A 只要其一级结构（氨基酸序列）未被破坏，就有可能回复到原来的三级结构，功能依然存在。

（二）一级结构相似的蛋白质具有相似的高级结构与功能

蛋白质一级结构的比较，常被用来预测蛋白质之间结构与功能的相似性。同源性较高的蛋白质之

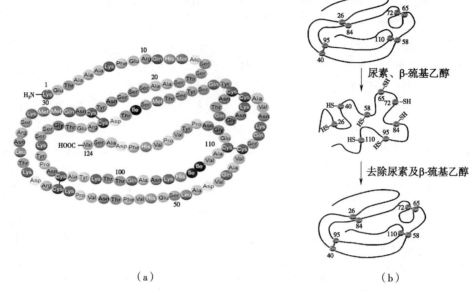

图 1-22　牛核糖核酸酶 A 一级结构与空间结构的关系

（a）牛核糖核酸酶 A 的氨基酸序列；（b）β- 巯基乙醇及尿素对核糖核酸酶 A 的作用。

间,可能具有相类似的功能。值得指出的是,同源蛋白质是指由同一基因进化而来的相关基因所表达的一类蛋白质。已有大量的实验结果证明,一级结构相似的多肽或蛋白质,其空间构象以及功能也相似。例如不同哺乳类动物的胰岛素分子都是由 A 和 B 两条肽链组成,且二硫键的配对位置和空间构象也极相似,一级结构中仅个别氨基酸有差异,因而它们都执行着相同的调节糖代谢等的生理功能(表 1-2)。

表 1-2　哺乳类动物胰岛素氨基酸序列的差异

胰岛素	氨基酸残基序号 *			
	A8	A9	A10	B30
人	Thr	Ser	Ile	Thr
猪	Thr	Ser	Ile	Ala
狗	Thr	Ser	Ile	Ala
兔	Thr	Ser	Ile	Ser
牛	Ala	Ser	Val	Ala
羊	Ala	Gly	Val	Ala
马	Thr	Gly	Ile	Ala

注:*A 为 A 链,B 为 B 链;A8 表示 A 链第 8 位氨基酸,其余类推。

在对不同物种中具有相同功能的蛋白质进行结构分析时,发现它们具有相似的氨基酸序列。例如,泛素是一个含 76 个氨基酸残基的调节其他蛋白质降解的多肽,物种相差甚远的果蝇与人类的泛素蛋白却含有完全相同的一级结构。当然,在相隔甚远的两种物种中,执行相似功能的蛋白质,其氨基酸序列、分子量大小等也可有很大的差异。

然而,有些蛋白质的氨基酸序列也不是绝对固定不变的,而是有一定的可塑性。据估算,人类有 20%～30% 的蛋白质具有多态性(polymorphism),即在人类群体中的不同个体间,这些蛋白质存在着氨基酸序列的多样性,但几乎不影响蛋白质的功能。

(三) 某些蛋白质氨基酸序列可反映生物进化信息

通过比较一些广泛存在于生物界不同种系的蛋白质的一级结构,可以帮助了解物种进化间的关系。如细胞色素 c(图 1-23),物种间越接近,则一级结构越相似,其空间构象和功能也相似。猕猴与人类很接近,两者一级结构只相差 1 个氨基酸残基,即第 102 位氨基酸猕猴为精氨酸,人类为酪氨酸;人类和黑猩猩的 Cyt c 一级结构完全相同;面包酵母与人类从物种进化距离极远,所以两者 Cyt c 一级结构相差达 51 个氨基酸。灰鲸是哺乳类动物,是由陆上动物演化而来,所以它与猪、牛及羊等的 Cyt c 只有 2 个氨基酸的差异。

(四) 重要蛋白质的氨基酸序列改变可引起疾病

通过大量蛋白质的结构与功能相关性的研究,发现具有不同生物学功能的蛋白质,含有不同的氨基酸序列即不同的一级结构。同样,从大量人类遗传性疾病的基因与相关蛋白质分析结果,获知这些疾病的病因可以是基因点突变引起 1 个氨基酸的改变,如镰状细胞贫血(sickle-cell anemia);也可以是基因大片段碱基缺失导致大片段肽链的缺失,如肌营养不良症(muscular dystrophy),这说明蛋白质一级结构的变化,可导致其功能的改变。

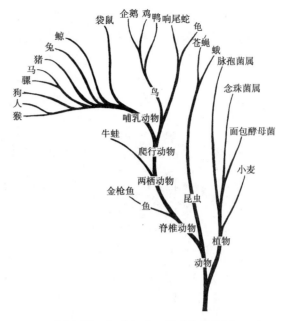

图 1-23　细胞色素 c 的生物进化树

蛋白质分子中起关键作用的氨基酸残基缺失或被替代,都会严重影响空间构象乃至生理功能,甚至导致疾病产生。例如,正常人血红蛋白 β 亚基的第 6 位氨基酸是谷氨酸,而镰状细胞贫血患者的血红蛋白中,谷氨酸变成了缬氨酸,即酸性氨基酸被中性氨基酸替代,仅此一个氨基酸之差,原是水溶性的血红蛋白,就聚集成丝,相互黏着,导致红细胞变形成为镰刀状而极易破碎,产生贫血。这种蛋白质分子发生变异所导致的疾病,被称为"分子病(molecular disease)",其病因为基因突变所致。

但并非一级结构中的每个氨基酸都很重要,如 Cyt c,这个蛋白质分子中在某些位点即使置换数十个氨基酸残基,其功能依然不变。

四、蛋白质的功能依赖特定空间结构

体内蛋白质所具有的特定空间构象都与其发挥特殊的生理功能有着密切的关系。例如角蛋白含有大量 α- 螺旋结构,与富含角蛋白组织的坚韧性并富有弹性直接相关;而丝心蛋白分子中含有大量 β- 折叠结构,致使蚕丝具有伸展和柔软的特性。以下阐述肌红蛋白和血红蛋白与蛋白质空间结构和功能的关系。

(一) 血红蛋白亚基与肌红蛋白结构相似

肌红蛋白(myoglobin,Mb)与血红蛋白都是含有血红素辅基的蛋白质。血红素是铁卟啉化合物(图 1-24),它由 4 个吡咯环通过 4 个次甲基相连成为一个环形,Fe^{2+} 居于环中。Fe^{2+} 有 6 个配位键,其中 4 个与吡咯环的 N 配位结合,1 个配位键和肌红蛋白的第 93 位(F8)组氨酸残基结合,氧则与 Fe^{2+} 形成第 6 个配位键,接近第 64 位(E7)组氨酸。

从 X 射线衍射法分析获得的肌红蛋白的三维结构(见图 1-13)中,可见它是一个只有三级结构的单链蛋白质,有 8 个 α- 螺旋结构肽段,分别用字母 A～H 命名。整条多肽链折叠成紧密球状分子,氨基酸残基上的疏水侧链大都在分子内部,而含极性及电荷的侧链则大多在分子表面,因此其水溶性较好。Mb 分子内部有一个袋形空穴,血红素居于其中。血红素分子中的两个丙酸侧链以离子键形式与肽链中的两个碱性氨基酸侧链上的正电荷相连,加之肽链中的 F8 组氨酸残基还与 Fe^{2+} 形成配位结合,所以血红素辅基可与蛋白质部分稳定结合。

血红蛋白(hemoglobin,Hb)是由 4 个亚基组成的四级结构(见图 1-17)蛋白质,每个亚基结构中间有一个疏水局部,可结合 1 个血红素并携带 1 分子氧,因此一分子 Hb 共结合 4 个氧分子。成年人红细胞中的 Hb 主要由 2 条 α 肽链和 2 条 β 肽链（$\alpha_2\beta_2$）组成，α 链含 141 个氨基酸残基，β 链含 146 个氨基酸残基。胎儿期的 Hb 主要为 $\alpha_2\gamma_2$，胚胎期为 $\alpha_2\varepsilon_2$。此外，在成人 Hb 中存在较少的 $\alpha_2\delta_2$ 型，而镰状细胞贫血患者红细胞中的 Hb 为 α_2S_2。Hb 的 β、γ 和 δ 亚基的一级结构高度保守。Hb 各亚基的三级结构与 Mb 极为相似。Hb 亚基之间通过 8 对盐键（图 1-25），使 4 个亚基紧密结合而形成亲水的球状蛋白质。

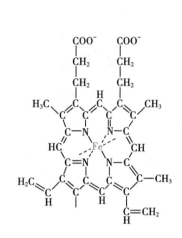

图 1-24　血红素结构

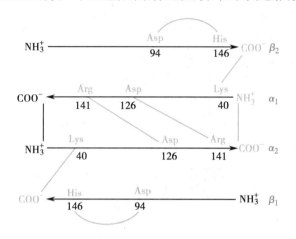

图 1-25　脱氧 Hb 亚基间和亚基内的盐键

（二）血红蛋白亚基构象变化可影响亚基与氧结合

Hb 与 Mb 一样可逆地与 O_2 结合，氧合 Hb 占总 Hb 的百分数（称百分饱和度）随 O_2 浓度变化而变化。图 1-26 为 Hb 和 Mb 的氧解离曲线，前者为 S 状曲线，后者为直角双曲线。可见，Mb 易与 O_2 结合，而 Hb 与 O_2 的结合在 O_2 分压较低时较难。Hb 与 O_2 结合的"S"形曲线提示 Hb 的 4 个亚基与 4 个 O_2 结合时有 4 个不同的平衡常数。Hb 最后一个亚基与 O_2 结合时其常数最大，从"S"形曲线的后半部呈直线上升可证明此点。根据"S"形曲线的特征可知，Hb 中第一个亚基与 O_2 结合以后，促进第二及第三个亚基与 O_2 的结合，当前 3 个亚基与 O_2 结合后，又大大促进第四个亚基与 O_2 结合，这种效应称为正协同效应（positive cooperativity）。协同效应的定义是指一个亚基与其配体（Hb 中的配体为 O_2）结合后，能影响此寡聚体中另一亚基与配体的结合能力。如果是促进作用则称为正协同效应；反之则为负协同效应。

Perutz M. 等利用 X 射线衍射技术，分析 Hb 和氧合 Hb 晶体的三维结构图谱，提出了解释 O_2 与 Hb 结合的正协同效应的理论。

未结合 O_2 时，Hb 的 α_1/β_1 和 α_2/β_2 呈对角排列，结构较为紧密，称为紧张态（tense state，T 态），T 态 Hb 与 O_2 的亲和力小。随着 O_2 的结合，4 个亚基的羧基末端之间的盐键断裂，其二级、三级和四级结构也发生变化，使 α_1/β_1 和 α_2/β_2 的长轴形成 15° 的夹角（图 1-27），结构显得相对松弛，称为松弛态（relaxed state，R 态）。图 1-28 显示了 Hb 氧合与脱氧时 T 态和 R 态相互转换的可能方式。T 态转变成 R 态是逐个结合 O_2 而完成的。在脱氧 Hb 中，Fe^{2+} 半径比卟啉环中间的孔大，因此 Fe^{2+} 高出卟啉环平面 0.04nm（0.4Å），而靠近 F8 位组氨酸残基。当第 1 个 O_2 与血红素 Fe^{2+} 结合后，使 Fe^{2+} 的半径变小，进入到卟啉环中间的小孔中（图 1-29），引起 F 肽段等一系列微小的移动，同时影响附近肽段的构象，造成两个 α 亚基间盐键断裂，使亚基间结合松弛，可促进第二个亚基与 O_2 结合，依此方式可影响第三、四个亚基与 O_2 结合，最后使 4 个亚基全处于 R 态。

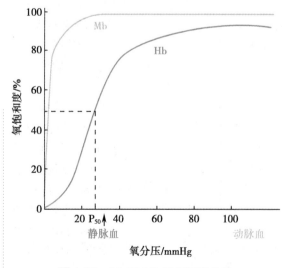

图 1-26　Hb 和 Mb 的氧解离曲线

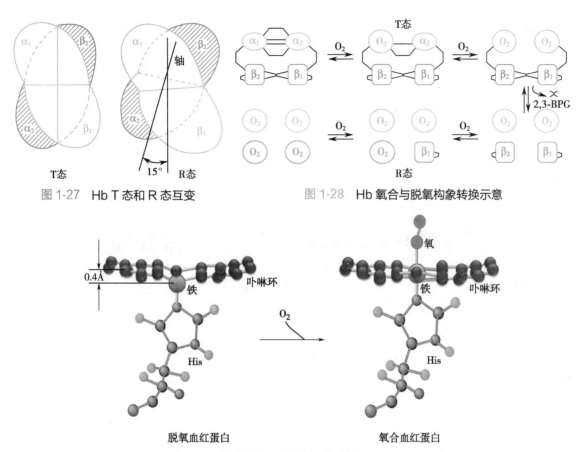

图 1-27　Hb T 态和 R 态互变

图 1-28　Hb 氧合与脱氧构象转换示意

图 1-29　血红素与 O_2 结合

此种一个氧分子与 Hb 亚基结合后引起其他亚基构象变化,称为别构效应(allosteric effect)。小分子 O_2 称为别构剂或效应剂,Hb 则被称为别构蛋白。别构效应不仅发生在 Hb 与 O_2 之间,一些酶与别构剂的结合,配体与受体结合也存在着别构效应,所以它具有普遍生物学意义。

为了适应高海拔氧气稀薄的状态,人体内可通过多种调控,如增加红细胞数量、Hb 浓度和甘油酸 -2,3- 二磷酸(2,3-BPG)浓度等,提供充足的氧,以保障正常新陈代谢。2,3-BPG 是调节 Hb 运氧功能的重要因素。2,3-BPG 的负电基团可与血红蛋白 β 亚基的带正电基团形成盐键从而使血红蛋白分子的 T 态更趋稳定(图 1-28),使组织中氧的释放量增加。

(三)蛋白质构象改变可引起疾病

生物体内蛋白质的合成、加工和成熟是一个复杂的过程,其中多肽链的正确折叠对其正确构象形成和功能至关重要。若蛋白质的折叠发生错误,尽管其一级结构不变,但蛋白质的构象发生改变,仍可影响其功能,严重时可导致疾病发生,有人将此类疾病称为蛋白质构象疾病。有些蛋白质错误折叠后相互聚集,常形成抗蛋白水解酶的淀粉样纤维沉淀,产生毒性而致病,这类疾病包括人纹状体脊髓变性病、阿尔茨海默病(Alzheimer disease)、亨廷顿病(Huntington disease)、疯牛病等。

疯牛病是由朊病毒蛋白(prion protein,PrP)引起的一组人和动物神经退行性病变,这类疾病具有传染性、遗传性或散在发病的特点,其在动物间的传播是由 PrP 组成的传染性蛋白质颗粒(不含核酸)完成的。PrP 是染色体基因编码的蛋白质。正常动物和人 PrP 为分子量 33～35kD 的蛋白质,其水溶性强、对蛋白酶敏感,二级结构为多个 α- 螺旋,称为 PrP^C。富含 α- 螺旋的 PrP^C 在某种未知因素(分子)的作用下可转变成大多数为 β- 折叠的 PrP 蛋白质,称为 PrP^{Sc}。但 PrP^C 和 PrP^{Sc} 两者的一级结构完全相同,可见 PrP^C 转变成 PrP^{Sc} 涉及蛋白质分子 α- 螺旋重新折叠成 β- 折叠的过程。外源或新生的 PrP^{Sc} 可以作为模板,通过复杂的机制诱导含 α- 螺旋的 PrP^C 重新折叠成为富含 β- 折叠的 PrP^{Sc},并可形成聚合体(图 1-30)。PrP^{Sc} 对蛋白酶不敏感,水溶性差,而且对热稳定,可以相互聚集,最终形成淀粉样纤维沉淀而致病。

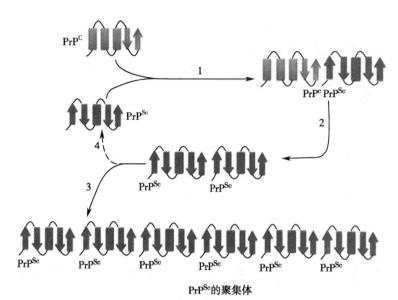

图 1-30 PrP^C 转变成 PrP^{Sc} 的过程

第四节 | 蛋白质的理化性质

蛋白质是由氨基酸组成的,故其理化性质必然与氨基酸相同或相似。例如,两性电离及等电点、紫外吸收性质、呈色反应等;但蛋白质又是生物大分子,具有氨基酸没有的理化性质。

一、蛋白质具有两性电离性质

蛋白质分子除两端的氨基和羧基可解离外,氨基酸残基侧链中某些基团,如谷氨酸、天冬氨酸残基中的 γ 和 β- 羧基,赖氨酸残基中的 ε- 氨基、精氨酸残基的胍基和组氨酸残基的咪唑基,在一定的溶液 pH 条件下都可解离成带负电荷或正电荷的基团。当蛋白质溶液处于某一 pH 时,蛋白质解离成正、负离子的趋势相等,即成为兼性离子,净电荷为零,此时溶液的 pH 称为蛋白质的等电点(protein isoelectric point,pI)。溶液的 pH 大于某一蛋白质的等电点时,该蛋白质颗粒带负电荷,反之则带正电荷。

体内各种蛋白质的等电点不同,但大多数接近于 pH 5.0。所以在人体体液 pH 7.4 的环境下,大多数蛋白质解离成阴离子。少数蛋白质含碱性氨基酸较多,其等电点偏于碱性,被称为碱性蛋白质,如鱼精蛋白、组蛋白等。也有少量蛋白质含酸性氨基酸较多,其等电点偏于酸性,被称为酸性蛋白质,如胃蛋白酶和丝蛋白等。

二、蛋白质具有胶体性质

蛋白质属于生物大分子,分子量可达 1 万至 100 万之巨,其分子的直径可达 1~100nm,为胶粒范围之内。蛋白质颗粒表面大多为亲水基团,可吸引水分子,使颗粒表面形成一层水化膜,从而阻断蛋白质颗粒的相互聚集,防止溶液中蛋白质沉淀析出。除水化膜是维持蛋白质胶体稳定的重要因素外,蛋白质胶粒表面可带有电荷,也可起胶粒稳定的作用。若去除蛋白质胶体颗粒表面电荷和水化膜两个稳定因素,蛋白质极易从溶液中析出。

三、很多因素可导致蛋白质变性

蛋白质的二级结构以氢键维系局部主链构象稳定,三、四级结构主要依赖于氨基酸残基侧链之间的相互作用,从而保持蛋白质的天然构象。但在某些物理和化学因素作用下,其特定的空间构象被破坏,也即有序的空间结构变成无序的空间结构,从而导致其理化性质的改变和生物学活性的丧失,称为蛋白质变性(denaturation)。一般认为蛋白质的变性主要发生二硫键和非共价键的破坏,不涉及一级结构中氨基酸序列的改变。蛋白质变性后,其理化性质及生物学性质发生改变,如溶解度降低、黏度增加、结晶能力消失、生物学活性丧失、易被蛋白酶水解等。造成蛋白质变性的因素有多种,常见的有加热、乙醇等有机溶剂、强酸、强碱、重金属离子及生物碱试剂等。在临床医学领域,变性因素常被应用来消毒及灭菌。此外,为保存蛋白质制剂(如疫苗、抗体等)的有效,也必须考虑防止蛋白质变性,如采用低温贮存等。

蛋白质变性后,疏水侧链暴露在外,肽链相互缠绕继而聚集,因而从溶液中析出,这一现象被称为蛋白质沉淀。变性的蛋白质易于沉淀,有时蛋白质发生沉淀,但并不变性。

若蛋白质变性程度较轻,去除变性因素后,有些蛋白质仍可恢复或部分恢复其原有的构象和功能,称为复性(renaturation)。图 1-22 所示,在核糖核酸酶 A 溶液中加入尿素和 β- 巯基乙醇,可解除其分子中的 4 对二硫键和氢键,使空间构象遭到破坏,丧失生物学活性。变性后如经透析方法去除尿素和 β- 巯基乙醇,并设法使巯基氧化成二硫键,核糖核酸酶 A 又恢复其原有的构象,生物学活性也几乎全部重现。但是许多蛋白质变性后,空间构象被严重破坏,不能复原,称为不可逆性变性。

0108
动画

蛋白质经强酸、强碱作用发生变性后,仍能溶解于强酸或强碱溶液中,若将 pH 调至等电点,则变性蛋白质立即结成絮状的不溶解物,此絮状物仍可溶解于强酸和强碱中。如再加热则絮状物可变成比较坚固的凝块,此凝块不易再溶于强酸和强碱中,这种现象称为蛋白质的凝固作用(protein coagulation)。实际上凝固是蛋白质变性后进一步发展的不可逆的结果。

四、蛋白质在紫外光谱区有特征性光吸收

由于蛋白质分子中含有共轭双键的酪氨酸和色氨酸,因此在 280nm 波长处有特征性吸收峰。在此波长范围内,蛋白质的 A_{280} 与其浓度成正比关系,因此可进行蛋白质定量测定。

五、应用蛋白质呈色反应可测定溶液中蛋白质含量

1. **茚三酮反应** 蛋白质经水解后产生的氨基酸也可发生茚三酮反应,详见本章第一节。

2. **双缩脲反应** 蛋白质和多肽分子中的肽键在稀碱溶液中与硫酸铜共热,呈现紫色或红色,称为双缩脲反应(biuret reaction)。氨基酸不出现此反应。当蛋白质溶液中蛋白质的水解不断增多时,氨基酸浓度上升,其双缩脲呈色的深度就逐渐下降,因此双缩脲反应可检测蛋白质的水解程度。

第五节 │ 蛋白质的分离、纯化与结构分析

蛋白质是生物大分子,具有胶体性质、沉淀、变性和凝固等特点。人体的细胞和体液中存在成千上万种蛋白质,要分析其中某种蛋白质的结构和功能,需要从混合物分离纯化出单一蛋白质。蛋白质分离通常是利用其特殊理化性质,采取盐析、透析、电泳、层析及超速离心等不损伤蛋白质空间构象的物理方法,以满足研究蛋白质结构与功能的需要。

一、蛋白质沉淀用于蛋白质浓缩及分离

蛋白质在溶液中一般含量较低,需要经沉淀浓缩,以利进一步分离纯化。

1. **有机溶剂沉淀蛋白质** 丙酮、乙醇等有机溶剂可以使蛋白质沉淀,再将其溶解在小体积溶剂中即可获得浓缩的蛋白质溶液。为保持蛋白质的结构和生物活性,需要在 0~4℃低温下进行丙酮或乙醇沉淀,沉淀后应立即分离,否则蛋白质会发生变性。

2. **盐析分离蛋白质** 盐析(salt precipitation)是将硫酸铵、硫酸钠或氯化钠等加入蛋白质溶液,使蛋白质表面电荷被中和以及水化膜被破坏,导致蛋白质在水溶液中的稳定性因素去除而沉淀。各种蛋白质盐析时所需的盐浓度及 pH 均不同,可据此将不同的蛋白质予以分离。例如血清中的清蛋白和球蛋白,前者可溶于 pH 7.0 左右的半饱和硫酸铵溶液中,而后者在此溶液中则发生沉淀。当硫酸铵溶液达到饱和时,清蛋白也随之析出。所以盐析法可将蛋白质初步分离,但欲得纯品,尚需用其他方法。许多蛋白质经纯化后,在盐溶液中长期放置逐渐析出,成为整齐的结晶。

NOTES

29

3. 免疫沉淀分离蛋白质　蛋白质具有抗原性,将某种纯化蛋白质免疫动物可获得抗该蛋白质的特异抗体。利用特异抗体识别相应抗原并形成抗原抗体复合物的性质,可从蛋白质混合溶液中分离获得抗原蛋白。这就是可用于特定蛋白质定性和定量分析的免疫沉淀法。在具体实验中,常将抗体交联至固相化的琼脂糖珠上,易于获得抗原抗体复合物。进一步将抗原抗体复合物溶于含十二烷基硫酸钠和二巯丙醇的缓冲液后加热,使抗原从抗原抗体复合物分离而得以纯化,并用于分析。

二、透析和超滤法去除蛋白质溶液中的小分子化合物

利用透析袋将大分子蛋白质与小分子化合物分开的方法称为透析(dialysis)。透析袋是用具有超小微孔的膜,如硝酸纤维素膜制成,一般只允许分子量为 10kD 以下的化合物通过。将蛋白质溶液装在透析袋内,置于水中,硫酸铵、氯化钠等小分子物质可透过薄膜进入水溶液,由此可对盐析浓缩后的蛋白质溶液进行除盐。如果透析袋外放置吸水剂如聚乙二醇,则袋内水分伴同小分子物质透出袋外,高分子量的蛋白质留在袋内,可达到浓缩目的。同样,应用正压或离心力使蛋白质溶液透过有一定截留分子量的超滤膜,达到浓缩蛋白质溶液的目的,称为超滤法。此法简便且回收率高,是常用的浓缩蛋白质溶液方法。

三、电泳是分离蛋白质的常用方法

蛋白质在高于或低于其 pI 的溶液中成为带电颗粒,在电场中能向正极或负极方向移动。这种通过蛋白质在电场中泳动而达到分离各种蛋白质的技术称为电泳(electrophoresis)。根据支撑物的不同,有纤维薄膜电泳、凝胶电泳等。薄膜电泳是将蛋白质溶液点样于薄膜上,薄膜两端分别加正、负电极,此时带正电荷的蛋白质向负极泳动;带负电荷的蛋白质向正极泳动;带电多、分子量小的蛋白质泳动速率快;带电少、分子量大的则泳动慢,于是蛋白质被分离。凝胶电泳的支撑物为琼脂糖、淀粉或聚丙烯酰胺凝胶。凝胶置于玻璃板上或玻璃管中,凝胶两端分别加上正、负电极,蛋白质混合液即在凝胶中泳动。电泳结束后,用蛋白质显色剂显色,即可看到多条已被分离的蛋白质色带。

1. SDS- 聚丙烯酰胺凝胶电泳分离蛋白质　若蛋白质样品和聚丙烯酰胺凝胶系统中加入带负电荷较多的十二烷基硫酸钠(sodium dodecylsulfate,SDS),使所有蛋白质颗粒表面覆盖一层 SDS 分子,导致蛋白质分子间的电荷差异消失,此时蛋白质在电场中的泳动速率仅与蛋白质颗粒大小有关,加之聚丙烯酰胺凝胶具有分子筛效应,因而此种称之为 SDS- 聚丙烯酰胺凝胶电泳(SDS-polyacrylamide gel electrophoresis,SDS-PAGE)。

2. 等点聚焦电泳分离蛋白质　如果在聚丙烯酰胺凝胶中加入系列两性电解质载体,在电场中可形成一个连续而稳定的线性 pH 梯度,即 pH 从凝胶的正极向负极依次递增。在这种介质中电泳时,被分离的蛋白质处在偏离其等电点的 pH 位置时带有电荷而移动,当蛋白质泳动至与其自身的 pI 相等的 pH 区域时,其净电荷为零而不再移动,这种通过蛋白质等电点的差异而分离蛋白质的电泳方法称为等电聚焦电泳(isoelectric equilibrium electrophoresis,IEE)。

3. 双向凝胶电泳分离蛋白质　人类基因组计划完成后迎来了后基因组时代,其中蛋白质组学的研究颇受重视。双向凝胶电泳(two-dimentional gel electrophoresis,2-DE)是蛋白质组学研究的重要技术之一。双向凝胶电泳的第一向是蛋白质的 IEE,第二向为 SDS-PAGE,利用被分离蛋白质等电点和分子量的差异,将复杂蛋白质混合物在二维平面上分离。

四、层析是分离和纯化蛋白质的重要手段

层析(chromatography)是分离、纯化蛋白质的重要手段之一。一般而言,待分离蛋白质溶液(流动相)经过一个固态物质(固定相)时,根据溶液中待分离的蛋白质颗粒大小、电荷多少及亲和力等,使待分离的蛋白质组分在两相中反复分配,并以不同速度流经固定相而达到分离蛋白质的目的。层析种类很多,有离子交换层析、凝胶过滤和亲和层析等。其中离子交换层析和凝胶过滤应用最广。

蛋白质和氨基酸一样,是两性电解质,在某一特定 pH 时,各蛋白质的电荷量及性质不同,故可以通过离子交换层析得以分离。图 1-31 介绍的是阴离子交换层析,将阴离子交换树脂颗粒填充在层析管内,由于阴离子交换树脂颗粒上带正电荷,能吸引溶液中的阴离子(图 1-31a)。然后再用含阴离子(如 Cl⁻)的溶液洗柱。含负电量小的蛋白质首先被洗脱下来(图 1-31b);增加 Cl⁻ 浓度,含负电量多的蛋白质也被洗脱下来(图 1-31c),于是两种蛋白质被分开。

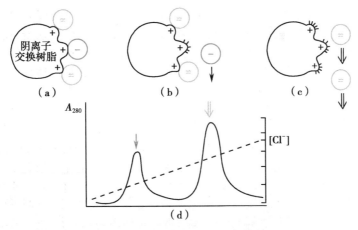

图 1-31　**离子交换层析分离蛋白质**

（a）样品全部交换并吸附到树脂上；（b）负电荷较少的分子用较稀的 Cl^- 或其他负离子溶液洗脱；（c）电荷多的分子随 Cl^- 浓度增加依次洗脱；（d）洗脱图 A_{280} 表示为 280nm 的吸光度。

凝胶过滤（gel filtration）又称分子筛层析。层析柱内填满带有小孔的颗粒，一般由葡聚糖制成。蛋白质溶液加于柱之顶部，任其往下渗漏，小分子蛋白质进入孔内，因而在柱中滞留时间较长，大分子蛋白质不能进入孔内而径直流出，因此不同大小的蛋白质得以分离（图 1-32）。

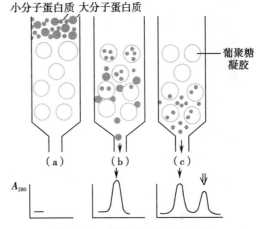

图 1-32　**凝胶过滤分离蛋白质**

（a）大球是葡聚糖凝胶颗粒；（b）样品上柱后，小分子进入凝胶微孔，大分子不能进入，故洗脱时大分子先洗脱下来；（c）小分子后洗脱出来。

五、利用蛋白质颗粒沉降行为差异可进行超速离心分离

超速离心法（ultracentrifugation）既可以用来分离纯化蛋白质也可以用作测定蛋白质的分子量。蛋白质在高达 500 000g（g 为 gravity，即地心引力单位）的重力作用下，在溶液中逐渐沉降，直至其浮力（buoyant force）与离心所产生的力相等，此时沉降停止。不同蛋白质其密度与形态各不相同，因此用上述方法可将它们分开。蛋白质在离心力场中的沉降行为用沉降系数（sedimentation coefficient，S）表示，沉降系数（S）使用 Svedberg 单位（$1S=10^{-13}$ 秒）。S 与蛋白质的密度和形状相关（表 1-3）。

表 1-3　**蛋白质的分子量和沉降系数**

蛋白质	分子量 /D	S	蛋白质	分子量 /D	S
细胞色素 c（牛心）	13 370	1.17	血清清蛋白（人）	68 500	4.60
肌红蛋白（马心）	16 900	2.04	过氧化氢酶（马肝）	247 500	11.30
糜蛋白酶原（牛胰）	23 240	2.54	脲酶（刀豆）	482 700	18.60
β- 乳球蛋白（羊奶）	37 100	2.90	纤维蛋白原	339 700	7.60
血红蛋白（人）	64 500	4.50			

六、利用化学方法可分析蛋白质的一级结构

Sanger F. 耗时多年才在 1953 年基本完成了胰岛素的一级结构测定，现今由于方法学改进及自动化分析仪器的产生，已有越来越多蛋白质的氨基酸序列问世。

1. 离子交换层析分析蛋白质的氨基酸组分　首先分析已纯化蛋白质的氨基酸残基组成。蛋白

质经盐酸水解后成为个别氨基酸,用离子交换树脂将各种氨基酸分开,测定它们的量,算出各氨基酸在蛋白质中的百分组成或个数(图 1-33)。

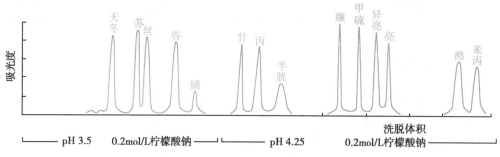

图 1-33　离子交换层析分析蛋白质的氨基酸组分

2. 测定多肽链的氨基端和羧基端的氨基酸残基　第二步测定多肽链的氨基端与羧基端为何种氨基酸残基。Sanger F. 最初用二硝基氟苯与多肽链的 α- 氨基作用生成二硝基苯氨基酸,然后将多肽水解,分离出带有二硝基苯基的氨基酸。目前多用丹酰氯使之生成丹酰衍生物,该物质具强烈荧光,更易鉴别。羧基端氨基酸残基可用羧肽酶将其水解下来进行鉴定。

3. 肽链序列的测定　第三步是将肽链水解成片段,分别进行分析。常用胰蛋白酶法、胰凝乳蛋白酶法、溴化氰法等。胰蛋白酶能水解赖氨酸或精氨酸的羧基所形成的肽键。所以如果蛋白质分子中有 4 个精氨酸及赖氨酸残基,则可得 5 个片段。胰凝乳蛋白酶水解芳香族氨基酸(苯丙氨酸、酪氨酸及色氨酸)羧基侧的肽键,溴化氰水解甲硫氨酸羧基侧的肽键。

蛋白质水解生成的肽段,可通过层析和电泳及质谱将其分离纯化并鉴定,得到的图谱称为肽图(peptide map),由此可明确肽段的大小和数量。各肽段的氨基酸排列顺序一般采用 Edman 降解法进行分析。将待测肽段先与异硫氰酸苯酯反应,该试剂只与氨基端氨基酸的游离 α- 氨基作用。再用冷稀酸处理,氨基端残基即自肽链脱落下来,成为异硫氰酸苯酯衍生物,用层析可鉴定为何种氨基酸衍生物。残留的肽链可继续与异硫氰酸苯酯作用,依次逐个鉴定出氨基酸的排列顺序(图 1-34)。对分析出的各肽段中的氨基酸顺序,进行组合排列对比,最终得出完整肽链中的氨基酸排列顺序。

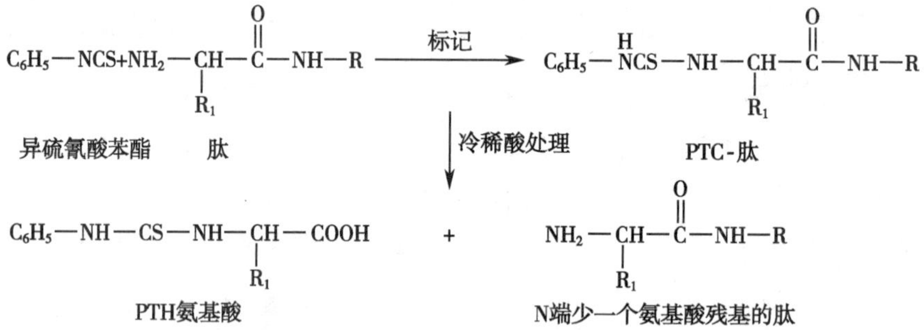

图 1-34　肽的氨基酸末端测定法

近年来,由于核酸研究在理论上及技术上的迅猛发展,尤其是人全基因组测序的完成,各种蛋白质的氨基酸序列已经可以通过核酸序列来推演。然而,蛋白质组学研究、生物制药产品的鉴定等仍需要进行高效而准确的蛋白质一级结构的分析。

七、利用物理学或生物信息方法可测定或预测蛋白质的空间结构

大量生物体内存在的蛋白质空间结构的解析,对于研究蛋白质结构与功能的内在关系至关重要,也为蛋白质或多肽药物的结构改造增强功效减弱副作用提供了理论依据。由于蛋白质的空间结构十分复杂,因而其测定的难度也较大,而且还需昂贵的仪器设备和先进的技术。随着结构生物学的发展,蛋白质二级结构和三维空间结构的测定得到普遍开展。

1. 圆二色光谱法测定蛋白质二级结构　通常采用圆二色光谱(circular dichroism,CD)测定溶液状态下的蛋白质二级结构。CD 谱对二级结构非常敏感,α- 螺旋的 CD 峰有 222nm 处的负峰、208nm

处的负峰和 198nm 处的正峰 3 个成分;而 β- 折叠的 CD 谱不太固定。可见测定含 α- 螺旋较多的蛋白质,所得结果更为准确。

2. 蛋白质三维空间结构解析 X 射线衍射(X-ray diffraction)和核磁共振(nuclear magnetic resonance,NMR)技术是研究蛋白质三维空间结构的经典方法。X 射线衍射法需要首先将蛋白质制备成晶体,X 射线射至蛋白质晶体上,产生不同方向的衍射,收集衍射光束所产生的电子密度图,可计算出空间结构。核磁共振技术主要用于测定蛋白质的液相三维空间结构。

冷冻电镜(cryo-electron microscopy)技术的发明极大提高了蛋白质三维结构的解析速度和分辨率,而且可以分析蛋白质在相对天然状态下的结构,当前已经成为结构生物学的主要研究手段。

3. 生物信息学预测蛋白质空间结构 由于蛋白质空间结构的基础是一级结构,参照已经完成的各种蛋白质的三维结构数据库,可以初步预测各种蛋白质的三维空间结构。

小 结

蛋白质是重要的生物大分子,其组成的基本单位为 *L*-α- 氨基酸(除甘氨酸外)。氨基酸通过肽键相连而成肽。

蛋白质一级结构是指蛋白质分子中氨基酸自 N- 端至 C- 端的排列顺序,即氨基酸序列。二级结构是指蛋白质主链局部的空间结构,不涉及氨基酸残基侧链构象,主要为 α- 螺旋、β- 折叠、β- 转角和 Ω- 环。三级结构是指多肽链主链和侧链的全部原子的空间排布位置。四级结构是指蛋白质亚基之间的聚合。

体内存在数万种蛋白质,各有其特定的结构和特殊的生物学功能。一级结构是空间构象的基础,也是功能的基础。

体内有一些肽可直接以肽的形式发挥生物学作用,称为生物活性肽。

蛋白质空间构象与功能有着密切关系。血红蛋白亚基与 O_2 结合可引起另一亚基构象变化,使之更易与 O_2 结合,所以血红蛋白的氧解离曲线呈 "S" 形。这种别构效应是蛋白质中普遍存在的功能调节方式之一。

蛋白质的空间构象发生改变,可导致其理化性质变化和生物活性的丧失。蛋白质发生变性后,只要其一级结构未遭破坏,可在一定条件下复性,恢复原有的空间构象和功能。

人体的细胞和体液中存在多种蛋白质,要分析其中某种蛋白质的结构和功能,需要从混合物中分离纯化该蛋白质。通常可采取盐析、透析、电泳、层析及超速离心等不损伤蛋白质结构和功能的物理方法来纯化蛋白质。通过肽图分析和肽段的 Edman 降解法可以获得蛋白质的一级结构。X 射线衍射、核磁共振和冷冻电镜是解析蛋白质三维结构的主要技术。

思考题:
1. 叙述 *L*-α- 氨基酸的结构特征,比较其结构异同并分析结构与性质的关系。
2. 简述蛋白质一级结构、二级结构、三级结构、四级结构基本概念及各结构层次间的内在关系。
3. 解释蛋白质分子中结构模体和结构域概念及其与二、三级结构的关系。
4. 举例说明蛋白质结构与功能的关系。
5. 简要叙述蛋白质理化性质在蛋白质分离、纯化中的应用。

思考题解题思路

本章目标测试

本章思维导图

(汤其群)

第二章 | 酶与酶促反应

生物体内的新陈代谢过程是通过有条不紊、连续不断的化学反应来体现的。这些化学反应如果在体外进行，通常需要在高温、高压、强酸、强碱等剧烈条件下才能发生。而生物体内这些反应是在极为温和的条件下就能高效、特异地进行，其原因是生物体内存在着一类极为重要的生物催化剂（biocatalyst）——酶。酶（enzyme）是自然界存在的或人工合成的、具有催化特定化学反应的生物分子，如催化性的蛋白质和 RNA 等。酶能通过降低反应的活化能加快反应速度，但不改变反应的平衡点，具有催化效率高、专一性强、作用条件温和等特点。酶学（enzymology）即是研究酶的化学本质、结构、作用机制、分类、辅因子及酶促反应动力学的学科领域。酶学与医学的关系十分密切，人体的许多疾病与酶的异常密切相关，许多酶还被用于疾病的诊断和治疗。酶学研究不仅在医学领域具有重要意义，亦对科学实践、工农业生产实践影响深远。

第一节 | 酶的分子结构与功能

酶的化学本质是蛋白质（核酶除外）。由一条多肽链组成的酶称为单体酶（monomeric enzyme），如牛胰核糖核酸酶 A、溶菌酶、羧肽酶 A 等。由多个相同或不同的亚基以非共价键连接组成的酶称为寡聚酶（oligomeric enzyme），如蛋白质激酶 A、磷酸果糖激酶。此外，几种具有不同催化功能的酶可彼此聚合形成多酶复合物（multienzyme complex）或称多酶体系（multienzyme system），其催化底物反应的过程如同流水线，上一个酶的产物即成为下一个酶的底物，形成连锁反应，如哺乳类动物丙酮酸脱氢酶复合物含有 3 种酶和 5 种辅因子。还有在一条肽链上同时具有多种不同的催化功能及 / 或结合功能的酶称为多功能酶（multifunctional enzyme）或串联酶（tandem enzyme），如氨基甲酰磷酸合成酶Ⅱ、天冬氨酸氨基甲酰转移酶和二氢乳清酸酶。

一、酶的分子组成中常含有辅因子

酶按其分子组成可分为单纯酶和缀合酶。水解后仅有氨基酸的酶称为单纯酶（simple enzyme），如脲酶、某些蛋白酶、淀粉酶、脂酶、核酸酶等；缀合酶（conjugated enzyme）（亦称结合酶）是除了蛋白质部分外还含有非蛋白质部分的酶，其中蛋白质部分称为酶蛋白（apoenzyme），非蛋白质部分称为酶的辅因子（cofactor）。酶蛋白主要决定酶促反应的特异性及其催化机制；辅因子主要决定酶促反应的类型。酶蛋白与辅因子结合在一起的一种结合酶，或含有表达全部酶活性和调节活性所需的所有亚基的一种全寡聚酶称为全酶（holoenzyme），全酶的酶蛋白和辅因子单独存在时均无催化活性。

辅因子按其与酶蛋白结合的紧密程度与作用特点不同可分为辅酶（coenzyme）和辅基（prosthetic group）。辅酶是与脱辅基酶结合的有机辅因子。这种结合比较疏松，可以用透析或超滤的方法除去。如辅酶Ⅰ和辅酶Ⅱ等。但在酶促反应中，辅酶本身无催化作用，一般在酶促反应中有传递电子、质子或某些功能基团等的作用。辅基则与酶蛋白形成共价键，结合较为紧密，不易通过透析或超滤将其除去。在酶促反应中，辅基不能离开酶蛋白。

辅因子多为小分子的有机化合物或金属离子。作为辅因子的有机化合物多为 B 族维生素的衍生物或卟啉化合物，它们在酶促反应中主要参与传递电子、质子（或基团）或起运载体作用（表 2-1）。

表 2-1　部分辅酶 / 辅基在催化中的作用

辅酶或辅基	缩写	转移的基团	所含的维生素
烟酰胺腺嘌呤二核苷酸，辅酶 I	NAD^+	氢原子、电子	烟酰胺（维生素 PP）
烟酰胺腺嘌呤二核苷酸磷酸，辅酶 II	$NADP^+$	氢原子、电子	烟酰胺（维生素 PP）
黄素单核苷酸	FMN	氢原子	维生素 B_2
黄素腺嘌呤二核苷酸	FAD	氢原子	维生素 B_2
焦磷酸硫胺素	TPP	醛基	维生素 B_1
磷酸吡哆醛		氨基	维生素 B_6
辅酶 A	CoA	酰基	泛酸
生物素		二氧化碳	生物素
四氢叶酸	FH_4	一碳单位	叶酸
甲基钴胺素		甲基	维生素 B_{12}
5′- 脱氧腺苷钴胺素		相邻碳原子上氢原子、烷基、羧基的互换	维生素 B_{12}

　　金属酶（metalloenzyme）是以一个或几个金属离子作为辅因子的酶。金属离子是最常见的辅因子，可能直接参加催化作用或是对保持酶的活性构象起稳定作用，约 2/3 的酶含有金属离子（表 2-2）。金属离子作为酶的辅因子的主要作用是：①作为酶活性中心的组成部分参加催化反应，使底物与酶活性中心的必需基团形成正确的空间排列，有利于酶促反应的发生；②作为连接酶与底物的桥梁，形成三元复合物；③金属离子可以中和电荷，减小静电斥力，有利于底物与酶的结合；④金属离子与酶的结合可以稳定酶的空间构象。

表 2-2　某些金属酶和金属激活酶

金属酶	金属离子	金属激活酶	金属离子
过氧化氢酶	Fe^{2+}	丙酮酸激酶	K^+、Mg^{2+}
过氧化物酶	Fe^{2+}	丙酮酸羧化酶	Mn^{2+}、Zn^{2+}
β- 内酰胺酶	Zn^{2+}	蛋白质激酶	Mg^{2+}、Mn^{2+}
固氮酶	Mo^{2+}	精氨酸酶	Mn^{2+}
核糖核苷酸还原酶	Mn^{2+}	磷脂酶 C	Ca^{2+}
羧基肽酶	Zn^{2+}	细胞色素氧化酶	Cu^{2+}
超氧化物歧化酶	Cu^{2+}、Zn^{2+}、Mn^{3+}	己糖激酶	Mg^{2+}
碳酸酐酶	Zn^{2+}	脲酶	Ni^{2+}

　　金属酶的金属离子与酶结合紧密，提取过程中不易丢失。金属离子与酶蛋白结合不牢固，在纯化过程中易丢失，但需加入金属离子方具有酶活性的酶称为金属激活酶（metal activated enzyme）。

　　有些酶可以同时含有多种不同类型的辅因子，如细胞色素氧化酶既含有血红素又含有 Cu^+/Cu^{2+}，琥珀酸脱氢酶同时含有 Fe^{2+} 和 FAD。

二、酶的活性中心是酶分子执行其催化功能的部位

　　酶分子中能与底物特异结合并催化底物转变为产物的区域称为酶的活性中心（active center）或活性部位（active site）（图 2-1）。辅酶和辅基往往是酶活性中心的组成成分。酶分子中与酶活性密切相关的化学基团称为酶的必需基团（essential group）。常见的酶的必需基团有丝氨酸残基的羟基、

组氨酸残基的咪唑基、半胱氨酸残基的巯基以及酸性氨基酸残基的羧基等。有些必需基团位于酶的活性中心内,有些必需基团位于酶的活性中心外。酶活性中心内的必需基团可有结合基团(binding group)和催化基团(catalytic group)之分。结合基团是识别底物并与之专一性结合,形成酶-底物复合物,决定酶专一性的基团;催化基团是负责催化底物中的某些化学键的断裂和形成新键,催化底物发生化学反应转变成产物的基团。酶活性中心外的必需基团虽然不直接参与催化作用,却为维持酶活性中心的空间构象和/或作为调节剂的结合部位所必需。

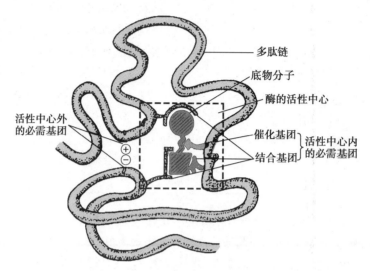

图 2-1 酶的活性中心示意图

酶的活性中心具有三维结构,往往形成裂缝或凹陷。这些裂缝或凹陷由酶的特定空间构象所维持,深入到酶分子内部,且多由氨基酸残基的疏水基团组成,形成疏水"口袋"。例如,溶菌酶的活性中心是一裂隙结构,可以容纳6个 N-乙酰氨基葡萄糖环(A、B、C、D、E、F)。溶菌酶的催化基团是 35 位 Glu 和 52 位 Asp,催化 D 环的糖苷键断裂。101 位 Asp 和 108 位 Trp 是该酶的结合基团(图 2-2)。

三、同工酶催化相同的化学反应

同工酶(isoenzyme)是指催化相同的化学反应,但酶蛋白的分子结构、理化性质和免疫学特性各不相同的一组酶。同工酶是一种酶具有的不同形式,存在于同一种属的不同个体、同一个体的不同组织、同一细胞的不同亚细胞结构或细胞的不同发育阶段。同工酶虽然在一级结构上存在差异,但其活性中心的三维结构相同或相似,故可以催化相同的化学反应。由同一基因转录的 mRNA

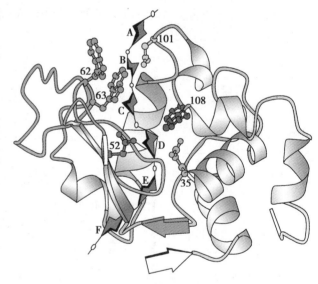

图 2-2 溶菌酶的活性中心

溶菌酶催化肽多糖中糖苷键水解,其活性中心是一裂隙,可以容纳肽多糖的 6 个 N-乙酰氨基葡萄糖环;图中 A、B、C、D、E、F 代表每个单糖基的位置,活性中心中的必需基团有 Glu35、Asp52、Asp101 和 Trp108,其中前两个必需基团是催化基团,水解 D、E 之间的糖苷键。

前体经过不同的剪接过程,生成的多种不同 mRNA 的翻译产物(一系列酶)也属于同工酶。

动物的乳酸脱氢酶(lactate dehydrogenase,LDH)是一种含锌的四聚体酶。LDH 由骨骼肌型(M 型)和心肌型(H 型)两种类型的亚基以不同的比例组成 5 种同工酶,即 LDH_1(H_4)、LDH_2(H_3M)、LDH_3(H_2M_2)、LDH_4(HM_3)、LDH_5(M_4)(图 2-3),它们均能催化 L-乳酸与丙酮酸之间的氧化还原反应。

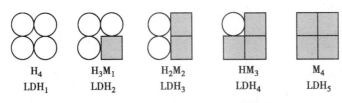

图 2-3　乳酸脱氢酶同工酶的亚基构成

在 LDH 的活性中心附近,两种亚基之间有极少数的氨基酸残基不同,如 M 型亚基的 30 位为丙氨酸残基,H 亚基则为谷氨酰胺残基,且 H 亚基中的酸性氨基酸残基较多。这些微小差别引起 LDH 同工酶解离程度不同、分子表面电荷不同,在 pH 8.6 的缓冲液中电泳的速率不同,自负极向正极泳动排列的次序为 LDH_5、LDH_4、LDH_3、LDH_2 和 LDH_1。两种亚基氨基酸序列和构象差异,表现出对底物的亲和力不同。如 LDH_1 对乳酸的亲和力较大($K_m=4.1×10^{-3}mol/L$),而 LDH_5 对乳酸的亲和力较小($K_m=14.3×10^{-3}mol/L$),这主要是由于 H 型亚基对乳酸的 K_m 小于 M 亚基的缘故。

同一个体不同发育阶段和不同组织器官中,编码不同亚基的基因开放程度不同,形成不同的同工酶谱。表 2-3 列出了人体各组织器官中 LDH 同工酶的分布。

表 2-3　人体各组织器官 LDH 同工酶谱占比活性　　　　　　　　　　单位:%

LDH 同工酶	红细胞	白细胞	血清	骨骼肌	心肌	肺	肾	肝	脾
LDH_1	43	12	27	0	73	14	43	2	10
LDH_2	44	49	34.7	24	34	44	4	25	
LDH_3	12	33	20.9	5	3	35	12	11	40
LDH_4	1	6	11.7	16	0	5	1	27	20
LDH_5	0	0	5.7	79	0	12	0	56	5

当组织细胞存在病变时,该组织细胞特异的同工酶可释放入血。因此,临床上检测血清中同工酶活性、分析同工酶谱有助于疾病的诊断和预后判定。例如,肌酸激酶(creatine kinase,CK)是由 M 型(肌型)和 B 型(脑型)亚基组成的二聚体酶。脑中含 CK_1(BB 型),心肌中含 CK_2(MB 型),骨骼肌中含 CK_3(MM 型)。CK_2 仅见于心肌,且含量很高,约占人体 CK 总量的 14%~42%。正常血液中的 CK 主要是 CK_3,几乎不含 CK_2;心肌梗死后 3~6 小时血中 CK_2 活性升高,12~24 小时达峰值(升高近 6 倍),3~4 天恢复正常。因此,CK_2 常作为临床早期诊断心肌梗死的指标之一。

第二节 │ 酶的工作原理

酶与一般催化剂一样,在化学反应前后都没有质和量的改变。它们都只能催化热力学允许的化学反应;只能加速反应的进程,而不改变反应的平衡点,即不改变反应的平衡常数。作为生物催化剂的酶,其化学本质是蛋白质,因此酶促反应又具有不同于一般催化剂催化反应的特点和反应机制。

一、酶具有不同于一般催化剂的显著特点

(一) 酶对底物具有极高的催化效率
酶的催化效率通常比非催化反应高 10^8~10^{20} 倍,比一般催化剂高 10^7~10^{13} 倍。例如,在 H_2O_2 分解成 H_2O 和 O_2 的反应中,无催化剂时反应的活化能为 75 312J/mol,用胶体钯作催化剂时,反应的活化能降至 48 953J/mol,用过氧化氢酶催化时,反应的活化能降至 8 368J/mol(表 2-4)。

(二) 酶对底物具有高度的特异性
与一般催化剂不同,酶对其所催化的底物具有较严格的选择性。即一种酶只作用于一种或一类

NOTES

表 2-4　某些酶与一般催化剂催化效率的比较

底物	催化剂	反应温度 /℃	速率常数
苯酰胺	H^+	52	2.4×10^{-6}
	OH^-	53	8.5×10^{-6}
	α- 胰凝乳蛋白酶	25	14.9
尿素	H^+	62	7.4×10^{-7}
	脲酶	21	5.0×10^{6}
H_2O_2	Fe^{2+}	56	22
	过氧化氢酶	22	3.5×10^{6}

化合物,或一定的化学键,催化特定的化学反应生成特定的产物,称为酶特异性(enzyme specificity)或专一性。根据酶对底物选择的严格程度,酶特异性可分为绝对特异性和相对特异性。

1. **绝对特异性**　某种酶只能作用于特定结构的底物,进行一种专一的反应,生成一种特定结构产物的现象,称为绝对特异性(absolute specificity)。例如,脲酶仅能催化尿素水解生成 CO_2 和 NH_3,而不能催化甲基尿素水解;琥珀酸脱氢酶仅催化琥珀酸与延胡索酸之间的氧化还原反应。

某些具有绝对特异性的酶对底物的立体异构体具有严格的选择性,只能与立体异构体中的一种类型发生反应的现象,称为立体异构特异性(stereospecificity)。例如,体内代谢氨基酸的酶绝大多数只能作用于 L- 氨基酸,而不能作用于 D- 氨基酸;乳酸脱氢酶仅催化 L- 乳酸脱氢生成丙酮酸,而对 D- 乳酸无作用(图 2-4);延胡索酸酶仅催化反 - 丁烯二酸(延胡索酸)加水产生苹果酸,而对顺 - 丁烯二酸(马来酸)无作用。

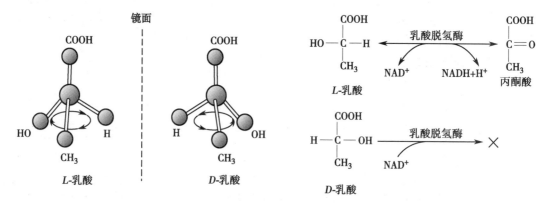

图 2-4　乳酸脱氢酶对乳酸立体异构体的选择性催化

2. **相对特异性**　某种酶可以作用于一类化合物或一种化学键催化一类化学反应的现象,称为相对特异性(relative specificity)。例如,磷酸酶对一般的磷酸酯键都有水解作用,可水解甘油或酚与磷酸形成的酯键;脂肪酶不仅水解脂肪,也水解简单的酯类;蔗糖酶不仅水解蔗糖,也水解棉子糖中的同一种糖苷键;消化系统中的蛋白酶仅对蛋白质中肽键的氨基酸残基种类有选择性,而对具体的底物蛋白质种类无严格要求(图 2-5)。

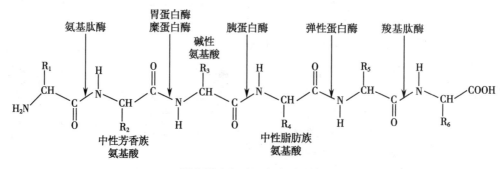

图 2-5　消化道中各种蛋白酶对肽键的专一性

（三）酶具有可调节性

体内许多酶的酶活性和酶的含量受体内代谢物或激素的调节。例如，磷酸果糖激酶-1 的活性受 AMP 的别构激活，而受 ATP 的别构抑制。有些酶的合成受物质的诱导或阻遏，从而改变细胞内的酶量。例如，胰岛素诱导 HMG-CoA 还原酶的合成，而胆固醇则阻遏该酶合成。机体通过对酶的活性与酶量的调节使得体内代谢过程受到精确调控，以使机体适应内外环境的不断变化。

（四）酶具有不稳定性

酶的化学本质是蛋白质。在某些理化因素（如高温、强酸、强碱等）的作用下，酶会发生变性而失去催化活性。因此，酶促反应往往都是在常温、常压和接近中性的条件下进行的。

二、酶通过促进底物形成过渡态而提高反应速率

（一）酶比一般催化剂更有效地降低反应的活化能

化学反应中，由于反应物分子所含的能量高低不一，所含自由能较低的反应物分子，很难发生化学反应。只有那些达到或超过一定能量水平的分子，才有可能发生相互碰撞并进入化学反应过程，这样的分子称为活化分子。在酶催化反应中，酶与底物或底物类似物间，将低自由能的反应物分子（基态）瞬时生成具有高自由能的不稳定状态复合物，称为过渡态（transition state）分子。活化能（activation energy）是指在一定温度下，1mol 反应物从基态转变成过渡态所需要的自由能，即过渡态中间物与基态反应物间的能量差。活化能是决定化学反应速率的内因，是化学反应的能障（energy barrier）。欲使反应速率加快，给予反应物活化能（如加热）或降低反应的活化能，均能使基态反应物转化为过渡态。酶与一般催化剂一样，通过降低反应的活化能，从而提高反应速率。但酶能使其底物分子获得更少的能量便可进入过渡态（图 2-6）。据计算，在 25℃时活化能每减少 4.184kJ/mol，反应速率可增高 5.4 倍。衍生于酶与底物相互作用的能量叫做结合能（binding energy），这种结合能的释放是酶降低反应活化能所利用的自由能的主要来源。

（二）酶与底物结合形成中间复合物

酶催化底物反应中，酶首先与底物结合形成的过渡态中间物，即酶-底物复合物（enzyme-substrate complex），可转化成产物和酶。酶与底物结合的过程释放结合能，是降低反应活化能的主要能量来源。酶活性部位的结合基团能否有效地与底物结合，并将底物转化为过渡态，是酶能否发挥其催化作用的关键。

1958 年，Koshland D.E. 提出酶-底物结合的诱导契合学说（induced-fit theory），认为酶分子的构象与其所催化的底物结构并非完全吻合，与底物分子结合时，酶与底物的结构相互诱导、相互形变、相互适应，进而使酶活性中心与底物紧密结合形成酶-底物复合物（图 2-7），从而发挥催化功能。此假说后来得到 X 射线衍射分析的有力支持。诱导契合作用使得具有相对特异性的酶能够结合一组结构并不完全相同的底物分子，酶构象的变化有利于其与底物结合，并使底物转变为不稳定的过渡态，易受酶的催化攻击而转化为产物。

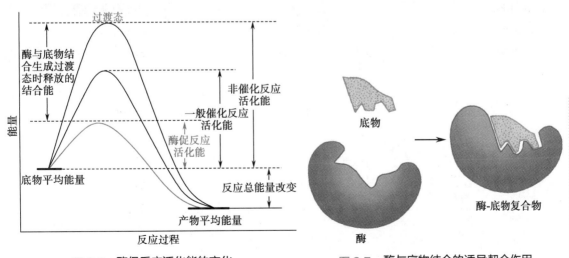

图 2-6 酶促反应活化能的变化　　　　图 2-7 酶与底物结合的诱导契合作用

（三）酶催化机制有邻近效应、定向排列、表面效应，并呈现多元催化

1. 邻近效应与定向排列使诸底物正确定位于酶的活性中心 在两个以上底物参加的反应中，酶将诸底物结合到酶的活性中心，使它们相互接近并形成有利于反应的正确定向关系（图2-8）。这种邻近效应（proximity effect）与定向排列（orientation arrangement）实际上是将分子间的反应变成类似于分子内的反应，从而提高反应速率。

2. 表面效应使底物分子去溶剂化 酶的活性中心多形成疏水"口袋"（图2-9），酶促反应在此疏水环境中进行，使底物分子去溶剂化（desolvation），排除周围大量水分子对酶和底物分子中功能基团的干扰性吸引和排斥，防止水化膜的形成，利于底物与酶分子的密切接触和结合，这种现象称为表面效应（surface effect）。

3. 多元催化可提高催化效率 酶具有两性解离性质，酶分子含有多种功能基团具有各不相同的解离常数。酶活性中心上有些基团是质子供体（酸），有些基团是质子受体（碱）（表2-5）因此兼有酸、碱双重催化作用，这种多功能集团的协同作用，可实现多元催化（multielement catalysts）。

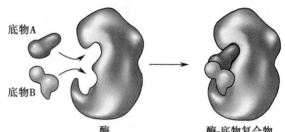

图 2-8 酶与底物的邻近效应与定向排列

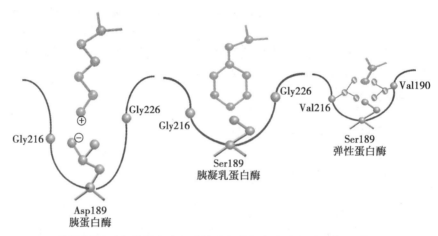

图 2-9 胰蛋白酶、胰凝乳蛋白酶和弹性蛋白酶与底物结合时的"口袋"状活性中心

表 2-5 **酶分子中具有酸 - 碱催化作用的基团**

氨基酸残基	酸（质子供体）	碱（质子受体）
天冬氨酸、谷氨酸	R—COOH	R—COO$^-$
赖氨酸	R—$\overset{+}{N}H_3$	R—NH$_2$
精氨酸	R—N—C$\overset{\overset{+}{N}H_2}{NH_2}$ H	R—N—C$\overset{NH}{NH_2}$ H
半胱氨酸	R—SH	R—S$^-$
组氨酸	R\[HN⬡$\overset{+}{N}$H\]	R\[HN⬡N\]
丝氨酸	R—OH	R—O$^-$
酪氨酸	R—⬡—OH	R—⬡—O$^-$

当酶分子催化底物反应时,它可通过其活性中心上的亲核催化基团给底物中具有部分正电性的原子提供一对电子形成共价中间物(亲核催化),或通过其酶活性中心上的亲电子催化基团与底物分子的亲核原子形成共价中间物(亲电子催化),使底物上被转移基团传递给其辅酶或另外一个底物。许多酶催化的基团转移反应都是通过共价催化方式进行的。例如,胰凝乳蛋白酶 195 位丝氨酸残基的—OH 是该酶活性中心的催化基团,当底物结合在酶上后,由于此—OH 基团中 O 原子含有孤对电子,在 57 位组氨酸残基碱催化的帮助下,能对底物蛋白肽键中羰基 C(具有部分正电性)进行亲核攻击,导致肽键的断裂,形成一个不稳定的中间产物——酰基化酶,后者易将酰基转移给水完成水解作用(图 2-10)。

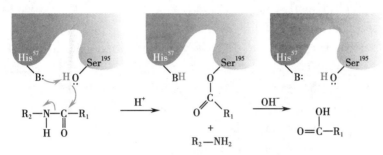

图 2-10　胰凝乳蛋白酶的催化机制

第三节 ｜ 酶促反应动力学

酶促反应动力学(kinetics of enzyme-catalyzed reaction)是探讨酶催化反应机制,研究酶催化反应的速度及影响反应速度因素的学科领域。酶促反应速率可受多种因素的影响,如酶浓度、底物浓度、pH、温度、抑制剂及激活剂等。研究酶促反应动力学具有重要的理论和实践意义。

一、底物浓度对酶促反应速率的影响呈矩形双曲线

在酶浓度和其他反应条件不变的情况下,反应速率(v)对底物浓度[S]作图呈矩形双曲线。当[S]很低时,v 随[S]的增加而升高,呈一级反应(曲线的 a 段);随着[S]的不断增加,v 上升的幅度不断变缓,呈现出一级反应与零级反应的混合级反应(曲线的 b 段);再随着[S]的不断增加,以至于所有酶的活性中心均被底物所饱和,v 便不再增加,此时 v 达最大反应速率(maximum velocity, V_{max}),此时的反应可视为零级反应(曲线的 c 段)(图 2-11)。

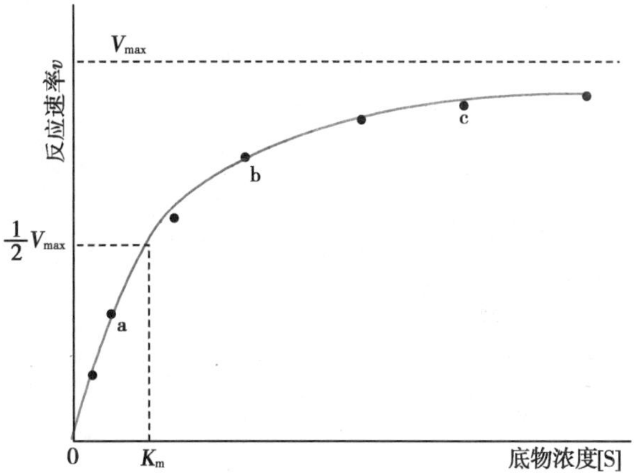

图 2-11　底物浓度对酶促反应速率的影响

(一)米氏方程揭示单底物反应的动力学特性

1902 年 Henri V. 提出了酶 - 底物中间复合物学说,认为首先是酶(E)与底物(S)生成酶 - 底物中间复合物(ES),然后 ES 分解生成产物(P)和游离的酶。

$$E + S \underset{k_2}{\overset{k_1}{\rightleftharpoons}} ES \xrightarrow{k_3} E + P$$

（式 2-1）

式 2-1 中的 k_1、k_2 和 k_3 分别为各向反应的速率常数。

1913 年 Michaelis L. 和 Menten M. 根据酶 - 底物复合物学说,经过大量实验,得出表示酶促反应动力学基本原理的数学表达式,即单底物浓度 [S] 与酶反应速度 v 的定量关系,即著名的米氏方程(Michaelis equation)。

$$v = \frac{V_{\max}[S]}{K_m + [S]} \qquad \text{(式 2-2)}$$

式 2-2 中的 K_m 为米氏常数(Michaelis constant),$V_{\max}$ 为最大反应速率。当 [S] 远远小于 K_m 时,式 2-2 分母中的 [S] 可以忽略不计,米氏方程可以简化为 $v = \frac{V_{\max}}{K_m}[S]$,此时 v 与 [S] 成正比关系,反应呈一级反应(相当于图 2-10 中曲线的 a 段)。当 [S] 远远大于 K_m 时,方程中的 K_m 可以忽略不计,此时 $v = V_{\max}$,反应呈零级反应(相当于图 2-10 中曲线的 c 段)。

米氏方程的推导基于这样的假设(或前提):①反应是单底物反应;②测定的反应速率为初速率(即指反应刚刚开始,各种影响因素尚未发挥作用时的酶促反应速率);③当 [S] 远远大于 [E] 时,在初速率范围内,底物的消耗很少(<5%),可以忽略不计。米氏方程的推导如下:

根据式 2-1,ES 的生成速率 $= k_1([Et] - [ES])[S]$,ES 的分解速率 $= k_2[ES] + k_3[ES]$。式中 [Et] 表示酶的总浓度,[Et] - [ES] 表示游离酶的浓度 [E]。

当反应系统处于稳态时,ES 的生成速率 =ES 的分解速率,即:

$$k_1([Et] - [ES])[S] = k_2[ES] + k_3[ES] \qquad \text{(式 2-3)}$$

对式 2-3 整理得:

$$\frac{([Et] - [ES])[S]}{[ES]} = \frac{k_2 + k_3}{k_1} \qquad \text{(式 2-4)}$$

令

$$K_m = \frac{k_2 + k_3}{k_1} \qquad \text{(式 2-5)}$$

将式 2-5 代入式 2-4 并整理得:

$$[ES] = \frac{[Et][S]}{K_m + [S]} \qquad \text{(式 2-6)}$$

由于在初速率范围内,反应体系中剩余的底物浓度(>95%)远超过生成的产物浓度。因此,逆反应可不予考虑,整个反应的速率与 ES 的浓度成正比,即:

$$v = k_3[ES] \qquad \text{(式 2-7)}$$

将式 2-6 代入式 2-7 得:

$$v = \frac{k_3[Et][S]}{K_m + [S]} \qquad \text{(式 2-8)}$$

当所有的酶均形成 ES 时(即 [ES] = [Et]),反应速率达到最大,即:

$$V_{\max} = k_3[Et] \qquad \text{(式 2-9)}$$

将式 2-9 代入式 2-8 即得米氏方程:

$$v = \frac{V_{\max}[S]}{K_m + [S]}$$

(二)K_m 与 $V_{\max}$ 是重要的酶促反应动力学参数

1. K_m 值等于酶促反应速率为最大反应速率一半时的底物浓度　当 v 等于 $V_{\max}$ 的一半时,米氏方程可变换为:

$$\frac{V_{\max}}{2} = \frac{V_{\max}[S]}{K_m + [S]}$$

经整理得 $K_m = [S]$。

2. K_m 值是酶的特征性常数　K_m 值的大小并非固定不变,它与酶的结构、底物结构、反应环境的 pH、温度和离子强度有关,而与酶浓度无关。各种酶的 K_m 值是不同的,酶的 K_m 值多在 $10^{-6} \sim 10^{-2}$ mol/L(表 2-6)。

表 2-6　某些酶对其底物的 K_m

酶	底物	K_m/(mol/L)
己糖激酶(脑)	ATP	4×10^{-4}
	D- 葡萄糖	5×10^{-5}
	D- 果糖	1.5×10^{-3}
碳酸酐酶	HCO_3^-	2.6×10^{-2}
胰凝乳蛋白酶	甘氨酰酪氨酰甘氨酸	1.08×10^{-1}
	N- 苯甲酰酪氨酰胺	2.5×10^{-3}
β- 半乳糖苷酶	D- 乳糖	4.0×10^{-3}
过氧化氢酶	H_2O_2	2.5×10^{-2}
溶菌酶	N- 乙酰氨基葡萄糖	6.0×10^{-3}

3. K_m 在一定条件下可表示酶对底物的亲和力　米氏常数(K_m)是单底物反应中 3 个速率常数的综合,即 $K_m = \dfrac{k_2 + k_3}{k_1}$。已知,$k_3$ 为限速步骤的速率常数。当 k_3 远远小于 k_2 时,$K_m \approx k_2/k_1$。即相当于 ES 分解为 E+S 的解离常数(dissociation constant,Ks)。此时,K_m 代表酶对底物的亲和力。K_m 越大,表示酶对底物的亲和力越小;K_m 越小,酶对底物的亲和力越大。但并非所有的酶促反应都是 k_3 远远小于 k_2,有时甚至 k_3 远远大于 k_2,这时的 K_m 就不能表示酶对底物的亲和力。

4. V_{max} 是酶被底物完全饱和时的反应速率　当所有的酶均与底物形成 ES 时(即 $[ES] = [Et]$),反应速率达到最大,即 $V_{max} = k_3 [Et]$。

5. 酶的转换数　当酶被底物完全饱和时(V_{max}),单位时间内每个酶分子(或活性中心)催化底物转变成产物的分子数称为酶的转换数(turnover number),即 k_3 为酶的转换数,单位是 s^{-1}。酶的转换数可用来表示酶的催化效率。如果酶的总浓度($[Et]$)已知,便可从 V_{max} 计算酶的转换数。例如,10^{-6} mol/L 的碳酸酐酶溶液在一秒钟内催化生成 0.6mol/L H_2CO_3,则酶的转换数 k_3 为:

$$k_3 = \frac{V_{max}}{[Et]} = \frac{0.6 \text{mol/L} \cdot s}{10^{-6} \text{mol/L}} = 6 \times 10^5 / s$$

对于生理性底物来说,大多数酶的转换数在 $1 \sim 10^4$/s 之间(表 2-7)。

表 2-7　某些酶的转换数

酶	转换数 /s⁻¹*	酶	转换数 /s⁻¹*
碳酸酐酶	600 000	(肌肉)乳酸脱氢酶	200
过氧化氢酶	80 000	胰凝乳蛋白酶	100
乙酰胆碱酯酶	25 000	醛缩酶	11
磷酸丙糖异构酶	4 400	溶菌酶	0.5
α- 淀粉酶	300	果糖 -2,6- 二磷酸酶	0.1

注:* 转换数是在酶被底物饱和的条件下测定的,受反应温度和 pH 等因素影响。

(三) K_m 和 V_{max} 常通过林 - 贝作图法求取

酶促反应的 v 对 [S] 作图为矩形双曲线,从此曲线上很难准确地求得反应的 K_m 和 V_{max}。于是,人们对米氏方程进行种种变换,采用直线作图法准确求得 K_m 和 V_{max},其中以林 - 贝(Lineweaver-Burk)作图法最为常用。

林 - 贝作图法又称双倒数作图法。即将米氏方程的两边同时取倒数,并加以整理得一线性方程,即林 - 贝方程:

$$\frac{1}{v} = \frac{K_m}{V_{max}} \cdot \frac{1}{[S]} + \frac{1}{V_{max}}$$

以 $1/v$ 对 $1/[S]$ 作图,纵轴上的截距为 $1/V_{max}$,横轴上的截距为 $-1/K_m$(图 2-12)。

二、底物足够时酶浓度对酶促反应速率的影响呈直线关系

当 [S] 远远大于 [E] 时,反应中 [S] 浓度的变化量可以忽略不计。此时,随着酶浓度的增加,酶促反应速率增大,两者呈现正比关系(图 2-13)。

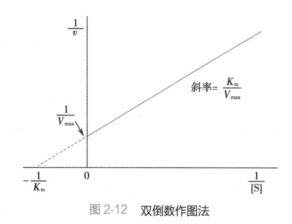

图 2-12　双倒数作图法

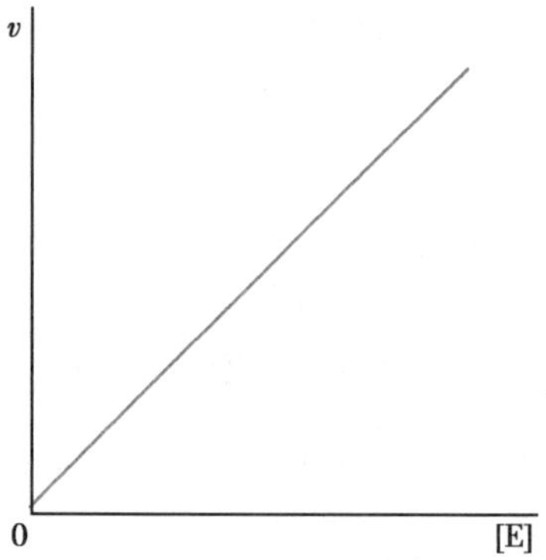

图 2-13　酶浓度对酶促反应速率的影响

三、温度对酶促反应速率的影响具有双重性

酶促反应时,随着反应体系温度的升高,底物分子的热运动加快,增加分子碰撞的机会,提高酶促反应速率;但当温度升高达到一定临界值时,温度的升高可使酶变性,使酶促反应速率下降。大多数酶在 60℃时开始变性,80℃时多数酶的变性已不可逆。酶促反应速率达最大时的反应系统的温度称为酶的最适温度(optimum temperature)。反应系统的温度低于最适温度时,温度每升高 10℃反应速率可增加 1.7~2.5 倍。当反应温度高于最适温度时,反应速率则因酶变性失活而降低(图 2-14)。

酶的最适温度不是酶的特征性常数,它与反应时间有关。酶在低温下活性降低,随着温度的回升酶活性逐渐恢复。医学上用低温保存酶和菌种等生物制品就是利用了酶的这一特性。临床上采用低温麻醉时,机体组织细胞中的酶在低温下活性降低,物质代谢速率减慢,组织细胞耗氧量减少,对缺氧的耐受性升高,对机体具有保护作用。

哺乳类动物组织中酶的最适温度多在 35~40℃。能在较高温度生存的生物,细胞内酶的最适反应温度亦较高。

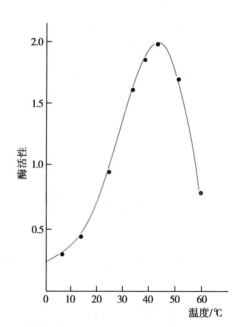

图 2-14　温度对酶促反应速率的影响

1969 年从美国黄石国家森林公园火山温泉中分离得到一种能在 70～75℃环境中生长的栖热水生菌（*Thermus aquaticus*），从该菌的 YT1 株中提取到的 *Taq* DNA 聚合酶，其最适温度为 72℃，95℃时该酶的半衰期长达 40 分钟。此酶作为工具酶已被应用于 DNA 的体外扩增。

四、pH 通过改变酶分子及底物分子的解离状态影响酶促反应速率

酶分子中的许多极性基团，在不同的 pH 条件下解离状态不同，酶活性中心的某些必需基团往往仅在某一解离状态时才最容易同底物结合或具有最大的催化活性。许多具有可解离基团的底物和辅酶的荷电状态也受 pH 改变的影响，从而影响酶对它们的亲和力。此外，pH 还可影响酶活性中心的空间构象，从而影响酶的活性。因此，pH 的改变对酶的催化作用影响很大。酶催化活性最高时反应体系的 pH 称为酶促反应的最适 pH（optimum pH）（图 2-15）。

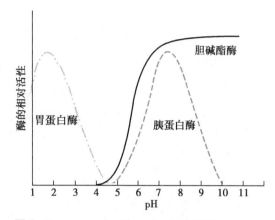

图 2-15　pH 对胃蛋白酶、胆碱酯酶和胰蛋白酶活性的影响

虽然不同酶的最适 pH 各不相同，但除少数酶（如胃蛋白酶的最适 pH 约为 1.8，肝精氨酸酶的最适 pH 为 9.8）外，动物体内多数酶的最适 pH 接近中性。

酶的最适 pH 也不是酶的特征性常数，它受底物浓度、缓冲液种类与浓度以及酶的纯度等因素的影响。溶液 pH 高于或低于最适 pH 时，酶活性降低，远离最适 pH 时还会导致酶变性失活。在测定酶活性时，应选用适宜的缓冲液以保持酶活性的相对恒定。

五、抑制剂可降低酶促反应速率

与酶结合使酶催化活性降低或丧失，而不引起酶蛋白变性的一类化合物称为酶抑制剂（inhibitor of enzyme）。抑制剂可与酶结合使酶的活性降低或丧失，从而使酶催化反应速率下降的现象，称酶抑制作用（enzyme inhibition）。根据抑制剂和酶结合的紧密程度不同，酶的抑制作用分为不可逆性抑制与可逆性抑制两类。去除可逆性抑制剂，可使酶活性得以恢复。

（一）不可逆性抑制剂与酶共价结合

不可逆性抑制剂和酶活性中心的必需基团或活性部位共价结合而引起酶活性丧失，不能用透析、超滤等方法去除抑制剂而使酶活性恢复。例如，有机磷农药（敌百虫、敌敌畏、乐果和马拉硫磷等）特异地与胆碱酯酶（choline esterase）活性中心丝氨酸残基的羟基结合，使胆碱酯酶活性丧失，导致乙酰胆碱堆积，引起胆碱能神经兴奋，病人可出现恶心、呕吐、多汗、肌肉震颤、瞳孔缩小、惊厥等一系列症状。

有机磷化合物　　羟基酶　　　　　　　　　磷酰化酶
R_1：烷基、胺基、羟胺基等；R_2：烷基、胺基、氨基等；X：卤基、烷氧基、酚氧基等。

解救有机磷农药中毒时，可给予乙酰胆碱拮抗剂阿托品和胆碱酯酶复活剂解磷定。

解磷定　　　　　　磷酰化酶　　　　　　　磷酰化解磷定　　　　游离的羟基酶

低浓度的重金属离子（Hg^{2+}、Ag^+、Pb^{2+} 等）及 As^{3+} 等可与巯基酶分子中的巯基结合使酶失活。例如，路易斯气（一种化学毒气）能不可逆地抑制体内巯基酶的活性，从而引起神经系统、皮肤、黏膜、毛细血管等病变和代谢功能紊乱。

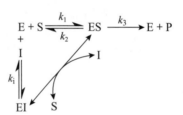

路易斯气   巯基酶   失活的酶   酸

二巯丙醇（British anti-lewisite，BAL）可以解除这类抑制剂对巯基酶的抑制。

失活的酶   BAL   巯基酶   BAL与砷化物的复合物

（二）可逆性抑制剂与酶非共价结合

可逆性抑制剂与酶以非共价键可逆结合，使酶活性降低或消失。采用透析、超滤或稀释等物理方法可将抑制剂除去，使酶的活性恢复。可逆性抑制遵守米氏方程。这里仅介绍三种典型的可逆性抑制。

1. 竞争性抑制剂与底物竞争结合酶的活性中心 抑制剂与底物结构类似并与底物竞争结合酶活性中心造成的可逆性抑制称为竞争性抑制（competitive inhibition）。

反应式中 k_i 为 EI 的解离常数，又称抑制常数。抑制剂与酶形成二元复合物 EI，增加底物浓度可使 EI 转变为 ES。

按照米氏方程的推导方法，竞争性抑制剂存在时的米氏方程为：

$$v = \frac{V_{max}[S]}{K_m\left(1+\dfrac{[I]}{k_i}\right)+[S]}$$

将上述方程两边同时取倒数，则得其双倒数方程为：

$$\frac{1}{v} = \frac{K_m}{V_{max}}\left(1+\frac{[I]}{k_i}\right)\frac{1}{[S]} + \frac{1}{V_{max}}$$

若以 $1/v$ 对 $1/[S]$ 作图，得图 2-16。

与无抑制剂时相比，竞争性抑制剂存在时的直线斜率增大，此时横轴截距所代表的表观 K_m（apparent K_m）增大，即酶对底物的亲和力降低，但不影响 V_{max}。

由于抑制剂和酶的结合是可逆的，抑制程度取决于抑制剂与酶的相对亲和力及与底物浓度的相对比例。例如，丙二酸对琥珀酸脱氢酶的抑制作用是竞争性抑制，当丙二酸与琥珀酸的浓度比为 1：50 时，酶活性便被抑制 50%。若增大琥珀酸浓度，此抑

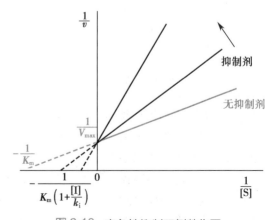

图 2-16 竞争性抑制双倒数作图

制作用可被削弱。

　　磺胺类药物的抑菌机制属于对酶的竞争性抑制。细菌利用鸟苷三磷酸（GTP）从头合成四氢叶酸（FH₄）（图 2-17），其中 6- 羟甲基 -7,8- 二氢蝶呤焦磷酸和对氨基苯甲酸生成 7,8- 二氢蝶酸这步反应是由二氢蝶酸合酶（dihydropteroate synthase）来催化。磺胺类药物与对氨基苯甲酸的化学结构相似，竞争性地与二氢蝶酸合酶结合，抑制 FH_2 以至于 FH_4 的合成，干扰一碳单位代谢，进而干扰核酸合成，使细菌的生长受到抑制。人类可直接利用食物中的叶酸，体内核酸合成不受磺胺类药物的干扰。

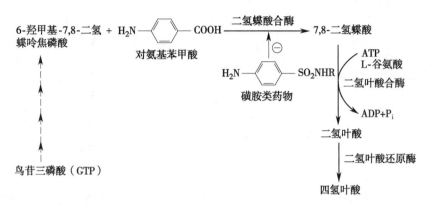

图 2-17　细菌从头合成四氢叶酸的途径和磺胺类药物抑菌的作用机制

　　根据竞争性抑制的特点，服用磺胺类药物时必须保持血液中足够高的药物浓度，以发挥其有效的抑菌作用。

　　2. 非竞争性抑制剂结合活性中心之外的调节位点　有些抑制剂与酶的结合能力同与酶 - 底物复合物结合能力相同所形成的可逆性抑制，是混合性抑制的一种特殊情况。底物和抑制剂之间无竞争关系，但抑制剂 - 酶 - 底物复合物（IES）不能进一步释放出产物。这种抑制作用称为非竞争性抑制（noncompetitive inhibition）。

动画

$$
\begin{array}{ccccc}
E & + & S & \underset{k_2}{\overset{k_1}{\rightleftharpoons}} & ES & \overset{k_3}{\longrightarrow} & E + P \\
+ & & & & + & & \\
I & & & & I & & \\
\Big\updownarrow k_i & & & & \Big\updownarrow k_i' & & \\
EI & + & S & \rightleftharpoons & IES & &
\end{array}
$$

非竞争性抑制剂存在时的米氏方程为：

$$
v = \frac{V_{max}[S]}{(K_m + [S])\left(1 + \dfrac{[I]}{k_i}\right)}
$$

其双倒数方程为：

$$
\frac{1}{v} = \frac{K_m}{V_{max}}\left(1 + \frac{[I]}{k_i}\right)\frac{1}{[S]} + \frac{1}{V_{max}}\left(1 + \frac{[I]}{k_i}\right)
$$

若以 $1/v$ 对 $1/[S]$ 作图，得图 2-18。

　　非竞争性抑制剂存在时，直线的斜率增大，而 K_m 不变，即非竞争性抑制剂不影响酶对底物的亲和力，但使 V_{max} 降低，抑制程度取决于抑制剂的浓度。亮氨酸对精氨酸酶的抑制、哇巴因对细胞膜 Na^+，K^+-ATP 酶的抑制、麦芽糖对 α 淀粉酶的抑制都属于

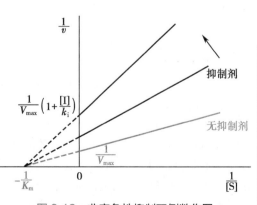

图 2-18　非竞争性抑制双倒数作图

NOTES

47

非竞争性抑制。

3. 反竞争性抑制剂的结合位点由底物诱导产生 抑制剂只能与酶 - 底物复合物结合所形成的可逆性抑制称为反竞争性抑制（uncompetitive inhibition）。

$$E + [S] \underset{k_2}{\overset{k_1}{\rightleftharpoons}} ES \xrightarrow{k_3} E + P$$
$$+$$
$$I$$
$$\big\updownarrow k_i$$
$$IES$$

反竞争性抑制剂存在时的米氏方程为：

$$v = \frac{V_{max}[S]}{K_m + \left(1 + \frac{[I]}{k_i}\right)[S]}$$

其双倒数方程为：

$$\frac{1}{v} = \frac{K_m}{V_{max}} \cdot \frac{1}{[S]} + \frac{1}{V_{max}}\left(1 + \frac{[I]}{k_i}\right)$$

同样，若以 $1/v$ 对 $1/[S]$ 作图，得图 2-19。

反竞争性抑制剂不改变直线的斜率，但使酶促反应的 V_{max} 降低，这是由于一部分 ES 与 I 结合，生成不能转变为产物的 IES。反竞争性抑制剂使酶促反应的表观 K_m 降低，其原因是 IES 的形成，使 ES 量下降，增加酶对底物的亲和力，从而增进底物与酶结合的作用。苯丙氨酸对胎盘型碱性磷酸酶的抑制属于反竞争性抑制。

现将三种可逆性抑制的特点比较列于表 2-8。

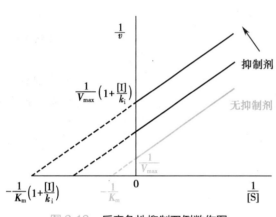

图 2-19　反竞争性抑制双倒数作图

表 2-8　三种可逆性抑制的比较

作用特点	无抑制剂	竞争性抑制剂	非竞争性抑制剂	反竞争性抑制剂
I 的结合部位		E	E、ES	ES
动力学特点				
表观 K_m	K_m	增大	不变	减小
V_{max}	V_{max}	不变	降低	降低
双倒数作图				
横轴截距	$-1/K_m$	增大	不变	减小
纵轴截距	$1/V_{max}$	不变	增大	增大
斜率	K_m/V_{max}	增大	增大	不变

六、激活剂可提高酶促反应速率

在酶促反应中能增强酶活性的物质称为酶激活剂（activator of enzyme）。大多为金属离子，如 Mg^{2+}、K^+、Mn^{2+} 等；少数为阴离子，如 Cl^-。也有许多有机化合物激活剂，如胆汁酸盐。按是否使酶由无活性变为有活性分为必需激活剂与非必需激活剂两种。

大多数金属离子激活剂对酶促反应是不可缺少的，否则将测不到酶活性的激活剂称为酶的必需激活剂（essential activator）。其作用与底物类似，但自身不转化为产物。例如，己糖激酶中的 Mg^{2+} 与底物 ATP 结合生成 Mg^{2+}-ATP 复合物，加速酶促反应。激活剂不存在时，酶仍有一定的催化活性，激活剂则可使其活性增加，这类激活剂称为非必需激活剂（nonessential activator）。非必需激活剂通过与酶或底物或酶-底物复合物结合，提高酶的活性。例如，Cl^- 是唾液淀粉酶的非必需激活剂。

第四节 | 酶的调节

细胞内许多酶的活性是可以受调节的。通过调节，有些酶可在有活性和无活性、高活性和低活性两种状态之间转变。此外，某些酶在细胞内的含量也可以发生改变，从而改变酶在细胞内的总活性。细胞根据内外环境的变化而调整细胞内代谢时，主要是通过对催化限速反应的调节酶（亦称为关键酶）的活性进行调节而实现的（见第十二章）。

一、酶活性的调节是对酶促反应速率的快速调节

细胞对现有酶活性的调节包括酶的别构调节和酶的化学修饰调节，它们属于对酶促反应速率的快速调节。

（一）别构调节物通过改变酶的构象而调节酶活性

酶分子的非催化部位与某些化合物可逆地非共价结合后发生构象改变，进而改变酶活性状态的现象，称为酶的别构调节（allosteric regulation），亦曾称变构调节。

受别构调节的酶称为别构酶（allosteric enzyme），曾称变构酶。结合在别构酶的调节部位调节酶催化活性的生物分子称为别构调节物（allosteric modulator）。别构酶上结合效应物的部位称为别构部位（allosteric site）。能使酶发生别构作用，导致酶活性增强的物质称为别构激活剂（allosteric activator）。能够与酶的非催化部分结合，导致酶发生构象变化抑制酶活性的物质称为别构抑制剂（allosteric inhibitor）。别构调节物可以是代谢途径的终产物、中间产物、酶的底物或其他物质。

别构酶分子中常含有多个（偶数）亚基，具有多亚基的别构酶存在着协同效应，包括正协同效应和负协同效应。如果调节物与酶的一个亚基结合，此亚基的别构效应使相邻亚基也发生构象改变，并增加对此调节物的亲和力，这种协同效应称为正协同效应；如果后续亚基的构象改变降低对此调节物的亲和力，则称为负协同效应。如果调节物是底物本身，正协同效应的反应速率-底物浓度曲线呈 S 形（图 2-20）。

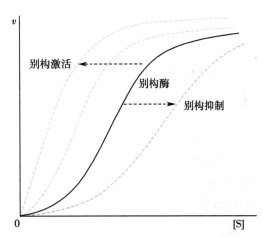

图 2-20 **别构酶的正协同效应速率-底物浓度作图**
别构激活剂使别构酶的 S 形曲线左移，别构抑制剂使 S 形曲线右移。

（二）酶的化学修饰调节是通过某些化学基团与酶的共价可逆结合来实现

酶蛋白肽链上的某些小分子基团可以共价结合到被修饰酶的特定氨基酸残基上，引起酶分子构象变化，从而调节酶活性变化，这种调节方式称为酶的化学修饰（chemical modification）或称酶的共价修饰（covalent modification）。酶的化学修饰有多种形式，其中最常见的形式是磷酸化和去磷酸化。酶蛋白的磷酸化是在蛋白质激酶的催化下，来自 ATP 的 γ-磷酸基共价地结合在酶蛋白的 Ser、Thr 或 Tyr 残基的侧链羟基上。反之，磷酸化的酶蛋白在磷蛋白磷酸酶催化下，磷酸酯键被水解而脱去磷酸基（图 2-21）。

（三）酶原需要通过激活过程才能转变为有活性的酶

有些酶在细胞内合成或初分泌，或在其发挥催化功能前处于无活性状态，这种无活性的酶的前体

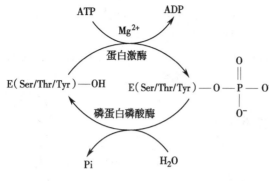

图 2-21 酶的磷酸化和去磷酸化调节

称作酶原（zymogen）。在一定条件下，酶原向有催化活性的酶的转变过程称为酶原的激活。酶原的激活大多是经过蛋白酶的水解作用，去除一个或几个肽段后，导致分子构象改变，从而表现出催化活性。酶原激活的实质是酶的活性中心形成或暴露。例如，胰蛋白酶原进入小肠后，在 Ca^{2+} 存在下受肠激酶的作用，第 6 位赖氨酸残基与第 7 位异亮氨酸残基之间的肽键断裂，水解掉一个六肽，分子构象发生改变，形成酶的活性中心，从而成为有催化活性的胰蛋白酶（图 2-22）。

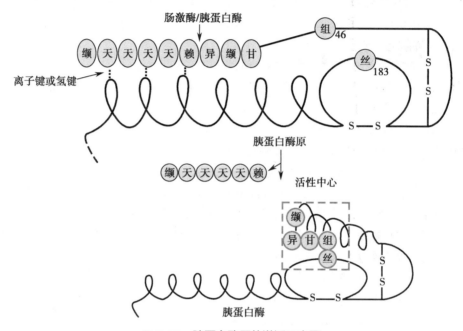

图 2-22 胰蛋白酶原的激活示意图

此外，胃蛋白酶原、胰凝乳蛋白酶原、弹性蛋白酶原及羧基肽酶原等均需水解掉一个或几个肽段后，才具有消化蛋白质的活性（表 2-9）。

表 2-9 某些酶原的激活需水解掉一个或几个肽段

酶原	激活因素	激活形式	激活部位
胃蛋白酶原	H^+ 或胃蛋白酶	胃蛋白酶 + 六肽	胃腔
胰凝乳蛋白酶原	胰蛋白酶	胰凝乳蛋白酶 + 两个二肽	小肠腔
弹性蛋白酶原	胰蛋白酶	弹性蛋白酶 + 几个肽段	小肠腔
羧基肽酶原 A	胰蛋白酶	羧基肽酶 A + 几个肽段	小肠腔

酶原的存在和酶原激活具有重要的生理意义。消化道蛋白酶以酶原形式分泌可避免胰腺的自身消化和细胞外基质蛋白遭受蛋白酶的水解破坏，同时还能保证酶在特定环境和部位发挥其催化作用。生理情况下，血管内的凝血因子以酶原形式存在，不发生血液凝固，可保证血流畅通。一旦血管破损，一系列凝血因子被激活，凝血酶原被激活生成凝血酶，后者催化纤维蛋白原转变成纤维蛋白，产生血凝块以阻止大量失血，对机体起保护作用。

二、酶含量的调节是对酶促反应速率的缓慢调节

酶是机体的组成成分，各种酶都处于不断合成与降解的动态平衡过程中。因此，除改变酶的活性

外,细胞也可通过改变酶蛋白合成与降解的速率来调节酶的含量,进而影响酶促反应速率。

(一) 酶蛋白合成可被诱导或阻遏

某些底物、产物、激素、生长因子及某些药物等可以在转录水平上影响酶蛋白的生物合成。一般在转录水平上能促进酶合成的物质称之为诱导物(inducer),诱导物诱发酶蛋白合成的作用称为诱导作用(induction)。反之,在转录水平上能减少酶蛋白合成的物质称为辅阻遏物(co-repressor),辅阻遏物与无活性的阻遏蛋白结合而影响基因的转录,这种作用称为阻遏作用(repression)。酶基因被诱导表达后,尚需经过转录水平和翻译水平的加工修饰才能发挥效应,一般需要几小时以上。但是,一旦酶被诱导合成后,即使去除诱导因素,酶的活性仍然持续存在,直到该酶被降解或抑制。因此,与酶活性的调节相比,酶合成的诱导与阻遏是一种缓慢而长效的调节。例如,胰岛素可诱导合成 HMG-CoA还原酶,促进体内胆固醇合成,而胆固醇则阻遏 HMG-CoA 还原酶的合成;糖皮质激素可诱导磷酸烯醇式丙酮酸羧激酶的合成,促进糖异生。镇静催眠类药物苯巴比妥可诱导肝微粒体单加氧酶合成。

(二) 酶的降解与一般蛋白质降解途径相同

细胞内各种酶的半衰期相差很大。如鸟氨酸脱羧酶的半衰期很短,仅 30 分钟,而乳酸脱氢酶的半衰期可长达 130 小时。组织蛋白的降解途径有:①组织蛋白降解的溶酶体途径(非 ATP 依赖性蛋白质降解途径),由溶酶体内的组织蛋白酶非选择性催化分解一些膜结合蛋白、长半衰期蛋白和细胞外的蛋白;②组织蛋白降解的胞质途径(ATP 依赖性泛素介导的蛋白质降解途径),主要降解异常或损伤的蛋白质,以及几乎所有短半衰期(10 分钟至 2 小时)的蛋白质。

第五节 ｜ 酶的分类与命名

目前已发现 4 000 多种酶,为了研究和使用方便,1961 年国际生物化学与分子生物学会酶学专业委员会推荐一套系统命名法及分类方法。

一、酶可根据其催化的反应类型予以分类

根据酶催化的反应类型,酶可以分为 7 大类。

1. **氧化还原酶类**　催化氧化还原反应的酶属于氧化还原酶类(oxidoreductases),包括催化传递电子、氢以及需氧参加反应的酶。例如乳酸脱氢酶、琥珀酸脱氢酶、细胞色素氧化酶、过氧化氢酶、过氧化物酶等。

2. **转移酶类**　催化底物之间基团转移或交换的酶属于转移酶类(transferases)。例如甲基转移酶、氨基转移酶、乙酰转移酶、转硫酶、激酶和多聚酶等。

3. **水解酶类**　催化底物发生水解反应的酶属于水解酶类(hydrolases)。按其所水解的底物不同可分为蛋白酶、核酸酶、脂肪酶和脲酶等。根据蛋白酶对底物蛋白的作用部位,可进一步分为内肽酶和外肽酶。同样,核酸酶也可分为外切核酸酶和内切核酸酶。

4. **裂合酶类**　催化从底物移去一个基团并形成双键的反应或其逆反应的酶属于裂合酶类(lyases)。例如脱水酶、脱羧酶、醛缩酶、水化酶等。

5. **异构酶类**　催化分子内部基团的位置互变,几何或光学异构体互变,以及醛酮互变的酶属于异构酶类(isomerases)。例如变位酶、表异构酶、异构酶、消旋酶等。

6. **连接酶类**　催化两种底物形成一种产物并同时偶联有高能键水解和释能的酶属于连接酶类(ligases)。此类酶催化分子间的缩合反应,或同一分子两个末端的连接反应;在催化反应时需核苷三磷酸(NTP)水解释能。例如 DNA 连接酶、氨酰 tRNA 合成酶、谷氨酰胺合成酶等。

7. **易位酶类**　将离子或分子从膜的一面易位到另一面的酶属于易位酶类(translocase),又称"转位酶",是 2018 年新增加的一类。例如 ABC 型硫酸转运体、线粒体蛋白质转运 ATP 酶等。

系统命名法最初对合酶(synthase)和合成酶(synthetase)进行了区分,合酶催化反应时不需要

NTP供能,而合成酶需要。生物化学命名联合委员会(JCBN)规定:无论利用NTP与否,合酶能够被用于催化合成反应的任何一种酶。因此合酶属于连接酶类。

国际系统分类法除按上述7类将酶依次编号外,还根据酶所催化的化学键的特点和参加反应的基团不同,将每一大类又进一步分类。每种酶的分类编号均由4组数字组成,数字前冠以EC(enzyme classification)。编号中第1个数字表示该酶属于7大类中的哪一类;第2个数字表示该酶属于哪一亚类;第3个数字表示亚-亚类;第4个数字是该酶在亚-亚类中的排序(表2-10)。

表2-10 酶的分类与命名举例

酶的分类	系统名称	编号	催化反应	推荐名称
氧化还原酶类	L-乳酸:NAD^+-氧化还原酶	EC.1.1.1.27	L-乳酸+NAD^+ $\rightleftharpoons$ 丙酮酸+$NADH+H^+$	L-乳酸脱氢酶
转移酶类	L-丙氨酸:α-酮戊二酸氨基转移酶	EC.2.6.1.2	L-丙氨酸+α-酮戊二酸 $\rightleftharpoons$ 丙酮酸+L-谷氨酸	谷丙转氨酶
水解酶类	1,4-α-D-葡聚糖-聚糖水解酶	EC.3.2.1.1	水解含有3个以上1,4-α-D-葡萄糖基的多糖中1,4-α-D-葡萄糖苷键	α-淀粉酶
裂合酶类	D-果糖-1,6-二磷酸-D-甘油醛-3-磷酸裂合酶	EC.4.1.2.13	D-果糖-1,6-二磷酸 $\rightleftharpoons$ 磷酸二羟丙酮+D-甘油醛-3-磷酸	果糖双磷酸醛缩酶
异构酶类	D-甘油醛-3-磷酸醛-酮-异构酶	EC.5.3.1.1	D-甘油醛-3-磷酸 $\rightleftharpoons$ 磷酸二羟丙酮	磷酸丙糖异构酶
连接酶类	L-谷氨酸:氨连接酶(生成ADP)	EC.6.3.1.2	$ATP+L$-谷氨酸+$NH_3\rightarrow ADP+P_i+L$-谷氨酰胺	谷氨酰胺合成酶
易位酶类	线粒体蛋白质转运ATP酶	EC.7.4.2.3	线粒体蛋白质跨膜转运	线粒体蛋白质转运ATP酶

二、每一种酶均有其系统名称和推荐名称

在酶学研究早期,酶的命名缺乏系统的规则,酶的名称多由发现者确定。虽然这些习惯名称多是根据酶所催化的底物、反应的性质以及酶的来源而定的,但常出现混乱。有的名称(如心肌黄酶、触酶等)完全不能说明酶促反应的本质。为了克服习惯名称的弊端,国际生物化学与分子生物学学会(IUBMB)以酶的分类为依据,于1961年提出系统命名法。系统命名法规定每一个酶都有一个系统名称(systematic name),它标明酶的所有底物与反应性质。底物名称之间以":"分隔。由于许多酶促反应是双底物或多底物反应,且许多底物的化学名称太长,这使许多酶的系统名称过长和过于复杂。为了应用方便,国际酶学委员会又从每种酶的数个习惯名称中选定一个简便实用的推荐名称(recommended name)(表2-10)。

第六节 | 酶在医学中的应用

酶在医学中的应用十分广泛和重要,多种遗传病与酶的先天缺陷有关,许多酶已成为临床上诊断疾病的良好指标,有些酶还可作为药物用来治疗疾病。

一、酶与疾病的发生、诊断及治疗密切相关

(一)许多疾病与酶的质和量的异常相关

1. 酶的先天性缺陷是先天性疾病的重要病因之一 现已发现140多种先天性代谢缺陷中,多由酶的先天性或遗传性缺损所致。例如,酪氨酸酶缺乏引起白化病;苯丙氨酸羟化酶缺乏使苯丙氨酸和苯丙酮酸在体内堆积,高浓度的苯丙氨酸可抑制5-羟色胺的生成,导致精神幼稚化;肝细胞中葡萄糖-6-磷酸酶缺陷,可引起Ⅰa型糖原贮积症。

2. 一些疾病可引起酶活性或量的异常 许多疾病引起酶的异常,这种异常又使病情加重。例如,急性胰腺炎时,胰蛋白酶原在胰腺中被激活,造成胰腺组织被水解破坏。许多炎症都可以导致弹性蛋白酶从浸润的白细胞或巨噬细胞中释放,对组织产生破坏作用。激素代谢障碍或维生素缺乏可引起某些酶的异常。例如,维生素 K 缺乏时,凝血因子 Ⅱ、Ⅶ、Ⅸ、Ⅹ 的前体不能在肝内进一步羧化生成成熟的凝血因子,病人表现出因这些凝血因子的异常所导致的临床征象。

酶活性受到抑制多见于中毒性疾病。例如,有机磷中毒时,抑制胆碱酯酶活性,引起乙酰胆碱堆积,导致神经肌肉和心脏功能的严重紊乱。重金属中毒时,一些巯基酶的活性被抑制而导致代谢紊乱。

(二) 体液中酶活性的改变可作为疾病的诊断指标

组织器官损伤可使其组织特异性的酶释放入血,有助于对组织器官疾病的诊断。如急性肝炎时血清谷丙转氨酶(又称丙氨酸转氨酶)活性升高;急性胰腺炎时血、尿淀粉酶活性升高;前列腺癌病人血清酸性磷酸酶含量增高;骨癌病人血中碱性磷酸酶含量升高;卵巢癌和睾丸肿瘤病人血中胎盘型碱性磷酸酶升高。因此,血清中酶的增多或减少可用于辅助诊断和预后判断。

(三) 某些酶可作为药物用于疾病的治疗

1. 有些酶作为助消化的药物 酶作为药物最早用于助消化。如消化腺分泌功能下降所致的消化不良,可服用胃蛋白酶、胰蛋白酶、胰脂肪酶、胰淀粉酶等予以纠正。

2. 有些酶用于清洁伤口和抗炎 在清洁化脓伤口的洗涤液中,加入胰蛋白酶、溶菌酶、木瓜蛋白酶、菠萝蛋白酶等可加强伤口的净化、抗炎和防止浆膜粘连等。在某些外敷药中加入透明质酸酶可以增强药物的扩散作用。

3. 有些酶具有溶解血栓的疗效 临床上常用链激酶、尿激酶及纤溶酶等溶解血栓,用于治疗心、脑血管栓塞等疾病。

此外,许多药物的作用机制是通过抑制体内的某些酶来达到治疗目的。前述的磺胺类药物是细菌二氢蝶酸合酶的竞争性抑制剂;氯霉素可抑制某些细菌转肽酶的活性从而抑制其蛋白质的合成;抗抑郁药通过抑制单胺氧化酶而减少儿茶酚胺的灭活,治疗抑郁症;洛伐他汀通过竞争性抑制 HMG-CoA 还原酶的活性,减少胆固醇合成。甲氨蝶呤、5-氟尿嘧啶、6-巯基嘌呤等用于治疗肿瘤也是因为它们都是核苷酸合成途径中相关酶的竞争性抑制剂。

二、酶可作为试剂用于临床检验和科学研究

(一) 有些酶可作为酶偶联测定法中的指示酶或辅助酶

有些酶促反应的底物或产物含量极低,不易直接测定。此时,可偶联另一种或两种酶,使初始反应产物定量地转变为另一种较易定量测定的产物,从而测定初始反应中的底物、产物或初始酶活性。这种方法称为酶偶联测定法。若偶联一种酶,这个酶即为指示酶(indicator enzyme);若偶联两种酶,则前一种酶为辅助酶(auxiliary enzyme),后一种酶为指示酶。例如,临床上测定血糖时,利用葡萄糖氧化酶将葡萄糖氧化为葡萄糖酸,并释放 H_2O_2,过氧化物酶催化 H_2O_2 与 4-氨基安替比林及苯酚反应生成水和红色醌类化合物,测定红色醌类化合物在 505nm 处的吸光度即可计算出血糖浓度。此反应中的过氧化物酶即为指示酶。

(二) 有些酶可作为酶标记测定法中的标记酶

临床上经常需检测许多微量分子,过去一般都采用放射性核素标记法。鉴于其应用不便,现今多以酶标记代替核素标记。例如,酶联免疫吸附测定(enzyme-linked immunosorbent assays,ELISA)法就是利用抗原-抗体特异性结合的特点,将标记酶与抗体偶联,对抗原或抗体作出检测的一种方法。常用的标记酶有辣根过氧化物酶、碱性磷酸酶、葡萄糖氧化酶、β-*D*-半乳糖苷酶等。

(三) 多种酶成为基因工程常用的工具酶

多种酶现已常规用于基因工程操作过程中,例如Ⅱ型限制性内切核酸酶、DNA 连接酶、逆转录酶、DNA 聚合酶等。

小　结

酶是具有催化特定化学反应的生物分子,本章只介绍对其特异底物起高效催化作用的蛋白质。缀合酶由酶蛋白和辅因子组成,只有全酶才具有催化作用。同工酶是指催化相同的化学反应,但酶蛋白的分子结构、理化性质和免疫学特性各不相同的一组酶。

酶对底物具有极高的催化效率、高度的特异性、可调节性及不稳定性。酶的特异性包括绝对特异性与相对特异性。

酶的活性中心是酶分子中能与底物特异结合并催化底物转变为产物的区域。活性中心内外的必需基团对于维持酶活性中心的构象是不可或缺的。

酶催化反应时,先与底物结合形成酶-底物复合物,通过邻近效应、定向排列、表面效应使底物转变成过渡态,并呈现多元催化作用。

酶促反应速率受底物浓度、酶浓度、温度、pH、抑制剂和激活剂等影响。米氏方程揭示了单底物反应的动力学特性,米氏方程的双倒数作图常用来准确求取 K_m 和 V_{max}。K_m 值等于反应速率为最大反应速率一半时的底物浓度,在一定条件下可反映酶与底物的亲和力大小。

三种可逆性抑制剂作用的特点:竞争性抑制剂存在时表观 K_m 增大,V_{max} 不变;非竞争性抑制剂存在时 K_m 不变,V_{max} 下降;反竞争性抑制剂存在时表观 K_m 和 V_{max} 均降低。

别构调节是由于别构调节物与别构酶的调节部位结合调节酶的催化活性。化学修饰调节是指酶蛋白多肽链上的某些小分子基团在其他酶的催化下,共价结合到被修饰酶的特定氨基酸残基上,引起酶分子构象变化,从而调节酶活性变化。

酶原是无活性的酶前体。酶原激活的实质是酶的活性中心形成或暴露过程。

根据酶催化的反应类型将其分为7大类:氧化还原酶类、转移酶类、水解酶类、裂合酶类、异构酶类、连接酶类以及易位酶类。

思考题:

1. 用什么方法来证明酶的化学本质是蛋白质?

2. 在测定某一酶活性时,应当注意控制哪些条件?

3. 欲使一个酶促反应的速率(v)达到最大反应速率(V_{max})的 80%,则[S]与 K_m 的关系如何?

4. 温度如何对酶促反应速率有双重影响?

5. 当某种酶制剂中混有抑制剂时,怎样来鉴别这是可逆性抑制剂还是不可逆性抑制剂?假如混有的是可逆性抑制剂,怎样来证明?

思考题解题思路

本章目标测试

本章思维导图

（孔　英）

第三章 | 核酸的结构与功能

核酸(nucleic acid)是以核苷酸为基本组成单位的生物大分子,具有复杂的空间结构和重要的生物学功能。核酸可以分为脱氧核糖核酸(deoxyribonucleic acid,DNA)和核糖核酸(ribonucleic acid,RNA)两类。DNA 存在于细胞核和线粒体内,携带遗传信息,并通过复制的方式将遗传信息进行传代。细胞以及生物体的性状是由这种遗传信息决定的。一般而言,RNA 是 DNA 的转录产物,参与遗传信息的复制和表达。RNA 存在于细胞质、细胞核和线粒体内。在某些情况下,RNA 也可以作为遗传信息的载体。

第一节 | 核酸的化学组成及其一级结构

核酸在核酸酶作用下水解成核苷酸(nucleotide),而核苷酸完全水解后可释放出等摩尔的碱基、戊糖和磷酸。这表明构成核酸的基本组分之间具有一定的比例关系。DNA 的基本组成单位是脱氧核糖核苷酸(deoxyribonucleotide),而 RNA 的基本组成单位是核糖核苷酸(ribonucleotide)。

动画

一、脱氧核糖核苷酸和核糖核苷酸是构成核酸的基本组成单位

(一) 碱基是含氮杂环化合物

碱基(base)是构成核苷酸的基本组分之一。碱基是含氮的杂环化合物,可分为嘌呤(purine)和嘧啶(pyrimidine)两类(图 3-1)。常见的嘌呤包括腺嘌呤(adenine,A)和鸟嘌呤(guanine,G),常见的嘧啶包括尿嘧啶(uracil,U)、胸腺嘧啶(thymine,T)和胞嘧啶(cytosine,C)。A、G、C 和 T 是构成 DNA的碱基,A、G、C 和 U 是构成 RNA 的碱基。碱基的各个原子分别加以编号以便于区分。受到所处环境 pH 的影响,碱基的酮基和氨基可以形成酮式 - 烯醇式(keto-enol)互变异构体或氨基 - 亚氨基(amino-imino)互变异构体(图 3-2),这为碱基之

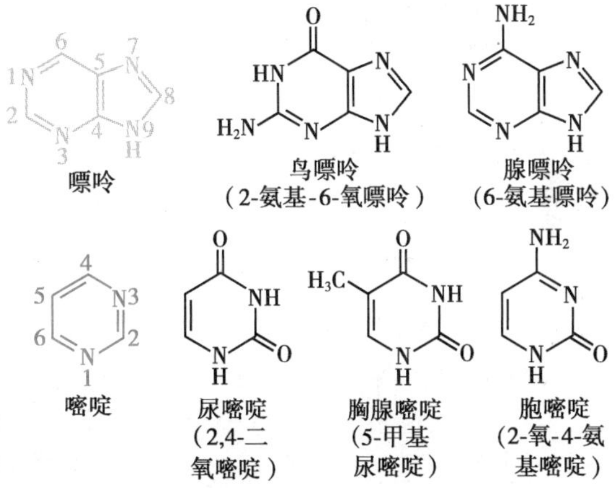

图 3-1 构成核苷酸的嘌呤和嘧啶的化学结构式

间以及碱基与其他化学功能基团之间形成氢键提供了结构基础。

自然界还存在一些碱基衍生物,常见的碱基衍生物有次黄嘌呤、黄嘌呤、尿酸、茶碱、可可碱、咖啡碱等。

(二) 核苷是由戊糖和碱基缩合而成的一种糖苷

核苷(nucleoside)是碱基与核糖的缩合反应的产物。核糖(ribose)是构成核苷酸的一个基本组分。为了有别于碱基的原子,核糖的碳原子标以 C-1′、C-2′、…、C-5′(图 3-3)。核糖有 β-D- 核糖(β-*D*-ribose)和 β-*D*-2′- 脱氧核糖(β-*D*-2′-deoxyribose)之分。两者的差别仅在于 C-2′ 原子所连接的基团。核糖存在于 RNA 中,而脱氧核糖存在于 DNA 中;脱氧核糖的化学稳定性优于核糖。

核糖的第一位碳原子(C-1′)和嘌呤碱基的第九位氮原子(N-9)或者嘧啶碱基的第一位氮原子(N-1)通过缩合反应形成了 N-C 糖苷键,一般称为 β-*N*- 糖苷键(β-*N*-glycosidic bond)。由于糖苷键是饱和共价键,可以自由旋转,核苷可以形成不同的空间构象;在天然条件下,由于空间位阻效应,核

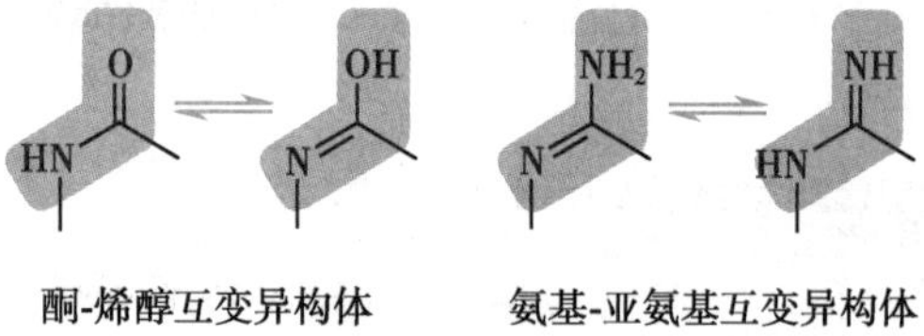

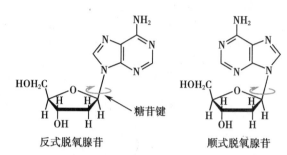

图 3-2 碱基的互变异构式

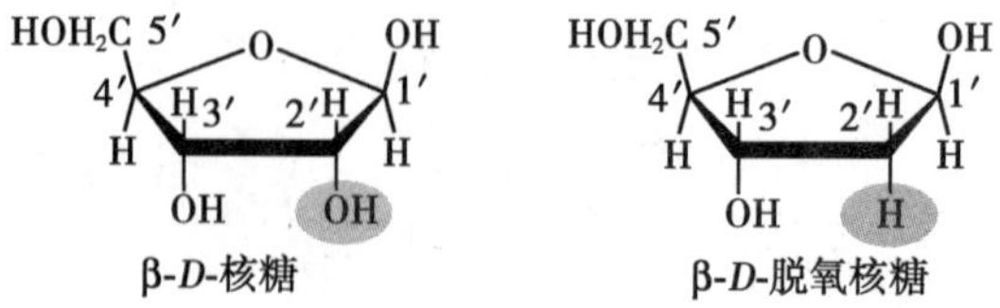

图 3-3 构成核苷酸的核糖和脱氧核糖的化学结构式

糖和碱基处在反式构象（trans conformation）。同理，碱基与脱氧核糖的反应可以生成脱氧核苷（deoxynucleoside）（图 3-4）。

（三）核苷酸是核苷与磷酸通过酯键连接形成

尽管核糖环上的所有游离羟基（核糖的 C-2′、C-3′、C-5′ 及脱氧核糖的 C-3′、C-5′）都能够与磷酸发生酯化反应，而生物体内游离存在的核苷酸多是 5′-核苷酸，即核苷或脱氧核苷 C-5′ 原子上的羟基与磷

图 3-4 核苷和脱氧核苷的化学结构式

酸反应，脱水后形成一个磷酯键，生成相应的核苷酸（nucleotide）或脱氧核苷酸（deoxynucleotide）。根据连接的磷酸基团的数目多少，核苷酸可分为核苷一磷酸（nucleoside 5′-monophosphate，NMP）、核苷二磷酸（nucleoside 5′-diphosphate，NDP）和核苷三磷酸（nucleoside 5′-triphosphate，NTP）。核苷三磷酸的磷原子分别命名为 α-、β- 和 γ- 磷原子（图 3-5）。构成核酸的碱基、核苷（或脱氧核苷）以及核苷酸（或脱氧核苷酸）的中英文名称见表 3-1 和表 3-2。表中核苷和核苷酸名称均采用缩写，如腺苷代表腺嘌呤核苷。

在生物体内，核苷酸还会以其他衍生物的形式存在，并参与各种物质代谢的调控和蛋白质功能的调节。首先，核苷酸是细胞内化学能的载体。核苷三磷酸的 α- 磷原子和 β- 磷原子之间、β- 磷原子和 γ- 磷原子之间是通过酸酐键连接的。在标准条件下，酸酐键水解所释放的能量可达 30kJ/mol，比酯键水解所释放的能量高出一倍还多。因此，核苷二磷酸和核苷三磷酸均属于高能有机磷酸化合物。细胞活动所需的化学能主要来自核苷三磷酸，其中 ATP 是最重要的能量载体。其次，核苷三磷酸 ATP 和 GTP 可以环化形成环腺苷酸（cyclic AMP，cAMP）和环鸟苷酸（cyclic GMP，cGMP），它们都是细胞信号转导过程中的第二信使，具有调控基因表达的作用（图 3-5）。此外，细胞内一些参与物质代谢的酶分子的辅酶结构中都含有腺苷酸，如辅酶 I（烟酰胺腺嘌呤二核苷酸，nicotinamide adenine dinucleotide，NAD⁺）、辅酶 II（烟酰胺腺嘌呤二核苷酸磷酸，nicotinamide adenine dinucleotide phosphate，NADP⁺）、黄素腺嘌呤二核苷酸（flavin adenine dinucleotide，FAD）及辅酶 A（coenzyme A，CoA）等，它们是生物氧化体系的重要成分，在传递质子或电子的过程中发挥重要的作用。最后，核苷酸及核苷酸组分的衍生物具有临床药用价值。6- 巯基嘌呤（6-mercaptopurine，6-MP）、阿糖胞苷（cytosine

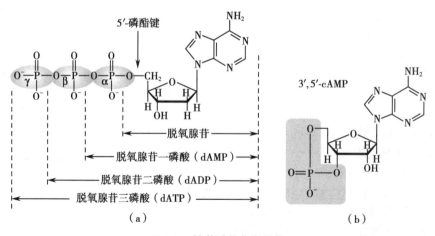

图 3-5 核苷酸的化学结构

（a）脱氧腺苷一磷酸、脱氧腺苷二磷酸和脱氧腺苷三磷酸；（b）3′,5′- 环腺苷酸。

arabinoside，araC）和 5- 氟尿嘧啶（5-fluorouracil，5-FU）都是碱基的衍生物，可以通过干扰肿瘤细胞的核苷酸代谢、抑制核酸合成来发挥抗肿瘤作用。

表 3-1 构成 RNA 的碱基、核苷以及核苷一磷酸的名称和符号

碱基（base）	核苷（nucleoside）	核苷一磷酸（nucleoside monophosphate，NMP）
腺嘌呤（adenine，A）	腺苷（adenosine）	腺苷一磷酸（adenosine monophosphate，AMP*）
鸟嘌呤（guanine，G）	鸟苷（guanosine）	鸟苷一磷酸（guanosine monophosphate，GMP）
胞嘧啶（cytosine，C）	胞苷（cytidine）	胞苷一磷酸（cytidine monophosphate，CMP）
尿嘧啶（uracil，U）	尿苷（uridine）	尿苷一磷酸（uridine monophosphate，UMP）

注：*AMP 的英文名称还有 adenylate 或 adenylytic acid，其他核苷酸和脱氧核苷酸亦有类似的英文名称。

表 3-2 构成 DNA 的碱基、脱氧核苷以及脱氧核苷一磷酸的名称和符号

碱基（base）	脱氧核苷（deoxynucleoside）	脱氧核苷一磷酸（deoxynucleoside monophosphate，dNMP）
腺嘌呤（adenine，A）	脱氧腺苷（deoxyadenosine）	脱氧腺苷一磷酸（deoxyadenosine monophosphate，dAMP）
鸟嘌呤（guanine，G）	脱氧鸟苷（deoxyguanosine）	脱氧鸟苷一磷酸（deoxyguanosine monophosphate，dGMP）
胞嘧啶（cytosine，C）	脱氧胞苷（deoxycytidine）	脱氧胞苷一磷酸（deoxycytidine monophosphate，dCMP）
胸腺嘧啶（thymine，T）	脱氧胸苷（deoxythymidine 或 thymidine）	脱氧胸苷一磷酸（deoxythymidine monophosphate，dTMP）

二、核酸的一级结构是核苷酸的排列顺序

（一）DNA 是脱氧核糖核苷酸通过 3′,5′- 磷酸二酯键聚合形成的线性大分子

DNA 是多个脱氧核糖核苷酸聚合而成的线性大分子，脱氧核糖核苷酸之间是通过 3′,5′- 磷酸二酯键（phosphodiester bond）共价连接的。这条多聚脱氧核糖核苷酸分子的一端是连接在 C-5′ 原子上的磷酸基团，另一端是 C-3′ 原子上的羟基，它们分别称为 5′-端（5′-end）和 3′- 端（3′-end）。这条多聚脱氧核糖核苷酸链的 3′- 羟基可以与另一个游离的脱氧核苷三磷酸的 α- 磷酸基团发生缩合反应，生成了一个新的 3′,5′- 磷酸二酯键，并将原来的多聚脱氧核糖核苷酸链在 3′- 端增加一个脱氧核糖核苷酸。这个延长的多聚脱氧核糖核苷酸链的 3′- 端保留一个羟基，它可以继续与游离的脱氧核苷三磷酸 α- 磷酸基团反应，继续生成一个新的 3′,5′- 磷酸二酯键。这样的反应可以反复进行下去生成一条多聚脱氧核苷酸链（polydeoxyribonucleotides），即 DNA 链（图 3-6）。多聚脱氧核苷酸链只能从它的 3′- 端得以延长，由此，DNA 链有了 5′→3′ 的方向性。

（二）RNA 是核糖核苷酸通过 3′,5′-磷酸二酯键聚合形成的线性大分子

与 DNA 相似，RNA 是多个核苷酸分子在 RNA 聚合酶催化下通过 3′,5′- 磷酸二酯键连接形成的线性大分子，并且也具有 5′→3′ 的方向性。虽然核糖核苷酸的 C-2′ 原子也有一个羟基，但是多聚核糖核苷酸分子的磷酸二酯键一

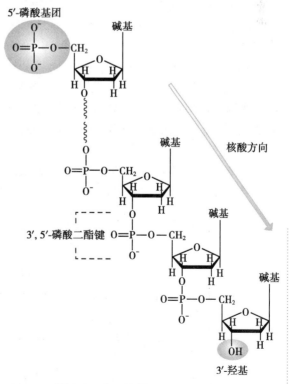

图 3-6 多聚核苷酸的化学结构式

一般只能在 C-3′ 原子和 C-5′ 原子之间形成。RNA 与 DNA 的差别仅在于:①RNA 的戊糖环是核糖而不是脱氧核糖;②RNA 的嘧啶是胞嘧啶和尿嘧啶,一般没有胸腺嘧啶,所以构成 RNA 的 4 种基本核苷酸是 AMP、GMP、CMP 和 UMP。

(三)核酸的一级结构蕴藏遗传信息

基于 DNA 链和 RNA 链的方向性,人们把 RNA 的核苷酸和 DNA 的脱氧核苷酸从 5′- 端至 3′- 端的排列顺序定义为核酸的一级结构(primary structure)。核苷酸之间的差异仅在于碱基的不同,因此核酸的一级结构也就是它的碱基序列(base sequence)。核酸一级结构的书写方式如图 3-7 所示。

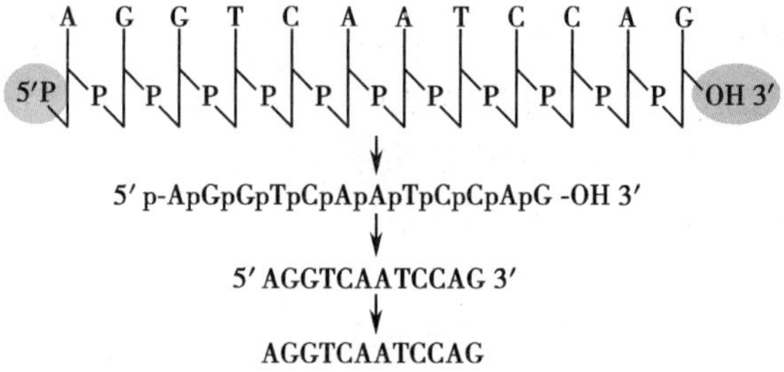

5′ p-ApGpGpTpCpApApTpCpCpApG -OH 3′

5′ AGGTCAATCCAG 3′

AGGTCAATCCAG

图 3-7 核酸的一级结构以及书写法

核酸分子的大小常用核苷酸数目(nucleotide 或 nt,用于单链 DNA 和 RNA)或碱基对数目(base pair,bp 或 kilobase pair,kb,用于双链 DNA)来表示。长度短于 50 个核苷酸的核酸的片段常被称为寡核苷酸(oligonucleotide)。自然界中的 DNA 的长度可以高达几十万个碱基对。DNA 携带的遗传信息完全依靠碱基排列顺序变化。可以想象,一个由 n 个脱氧核苷酸组成的 DNA 会有 4^n 种不同的排列组合,从而提供了巨大的遗传信息编码潜力。

第二节 | DNA 的空间结构与功能

在特定的环境条件下(pH、离子特性、离子浓度等),DNA 链上的功能基团可以产生特殊的氢键、离子键、疏水相互作用以及空间位阻效应等,从而使得 DNA 分子的各个原子在三维空间里具有了确定的相对位置关系,这称为 DNA 的空间结构(spatial structure)。DNA 的空间结构可分为二级结构(secondary structure)和高级结构。

一、DNA 的二级结构是双螺旋结构

(一)一些经典实验为 DNA 双螺旋结构的提出奠定了基础

20 世纪 40 年代末,美国生物化学家 Chargaff E. 利用层析和紫外吸收光谱等技术研究了 DNA 的化学组分,并在 1950 年提出了有关 DNA 中四种碱基的 Chargaff 规则。它们是:①不同生物个体的 DNA,其碱基组成不同;②同一个体的不同器官或不同组织的 DNA 具有相同的碱基组成;③对于一个特定组织的 DNA,其碱基组分不随其年龄、营养状态和环境而变化;④对于一个特定的生物体,A 的摩尔数与 T 的摩尔数相等,G 的摩尔数与 C 的摩尔数相等。表 3-3 列举了几种生物体的 DNA 碱基组分的相对比例。Chargaff 规则揭示了 DNA 的碱基之间存在着某种对应的关系,为碱基之间的互补配对关系奠定了基础。

20 世纪 50 年代初,英国帝国学院的 Franklin R. 和 Wilkins M. 进行了大量的工作,利用 X 射线衍射技术来解析 DNA 分子空间结构。凭借丰富的经验和细致耐心的工作,Franklin R. 取得了突破性的

表 3-3 不同生物种类的 DNA 碱基组分和相对比例

生物种类	A	G	C	T	A/T	G/C	G+C	嘌呤 / 嘧啶
大肠埃希菌	26.0%	24.9%	25.2%	23.9%	1.09	0.99	50.1%	1.04
结核分枝杆菌	15.1%	34.9%	35.4%	14.6%	1.03	0.99	70.3%	1.00
酵母	31.7%	18.3%	17.4%	32.6%	0.97	1.05	35.7%	1.00
牛	29.0%	21.2%	21.2%	28.7%	1.01	1.00	42.4%	1.01
猪	29.8%	20.7%	20.7%	29.1%	1.02	1.00	41.4%	1.01
人	30.4%	19.9%	19.9%	30.1%	1.01	1.00	39.8%	1.01

进展。1951 年 11 月,Franklin R. 获得了高质量的 DNA 分子 X 线衍射照片,并从衍射图像得出 DNA 分子呈螺旋状的推论。当时开展 DNA 分子空间结构研究工作的还有英国剑桥大学的 Watson J.D. 和 Crick F.H.。他们综合了前人的研究结果,提出了 DNA 双螺旋结构(the double helix structure)的模型,并在 1953 年 4 月 25 日将该模型发表在 *Nature* 杂志上。这一发现不仅解释了当时已知的 DNA 的理化性质,而且还将 DNA 的功能与结构联系起来,它诠释了生物界遗传性状得以世代相传的分子机制,奠定了现代生命科学的基础。DNA 双螺旋结构揭示了 DNA 作为遗传信息载体的物质本质,为 DNA 作为复制模板和基因转录模板提供了结构基础。DNA 双螺旋结构的发现被认为是现代生物学和医学发展史的一个里程碑。

(二) DNA 呈现反向平行的右手双螺旋结构

Watson J.D. 和 Crick F.H. 提出的 DNA 双螺旋结构具有下列特征:

1. DNA 由两条多聚脱氧核苷酸链组成 两条多聚脱氧核苷酸链围绕着同一个螺旋轴形成反平行的右手螺旋(right-handed helix)的结构(图 3-8)。两条链中一条链的 $5' \rightarrow 3'$ 方向是自上而下,而另一条链的 $5' \rightarrow 3'$ 方向是自下而上,呈现出反向平行(anti-parallel)的特征。DNA 双螺旋结构的直径为 2.37nm,螺距为 3.54nm。

2. DNA 的两条多聚脱氧核苷酸链之间形成了互补碱基对 碱基的化学结构特征决定了两条链之间的特有相互作用方式:一条链上的腺嘌呤与另一条链上的胸腺嘧啶形成了两对氢键;一条链上的鸟嘌呤与另一条链上的胞嘧啶形成了三对氢键(图 3-9)。这种特定的碱基之间的作用关系称为互补碱基对(complementary base pair),DNA 的两条链则称为互补链(complementary strand)。碱基对平面与双螺旋结构的螺旋轴近乎垂直。

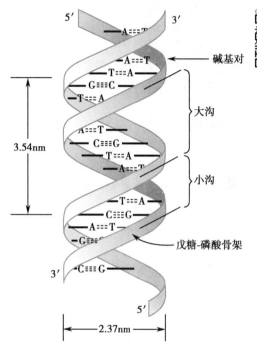

图 3-8 DNA 双螺旋结构的示意图(侧视图)

平均而言,每一个螺旋有 10.5 个碱基对,碱基对平面之间的垂直距离为 0.34nm。

3. 两条多聚脱氧核苷酸链的亲水性骨架将互补碱基对包埋在 DNA 双螺旋结构内部 多聚脱氧核苷酸链的脱氧核糖和磷酸基团构成了亲水性骨架(backbone),该骨架位于双螺旋结构的外侧,而疏水性的碱基对包埋在双螺旋结构的内侧(图 3-10)。DNA 双链的反向平行走向使得碱基对与磷酸骨架的连接呈现非对称性,从而在 DNA 双螺旋结构的表面上产生一个大沟(major groove)和一个小沟(minor groove)。

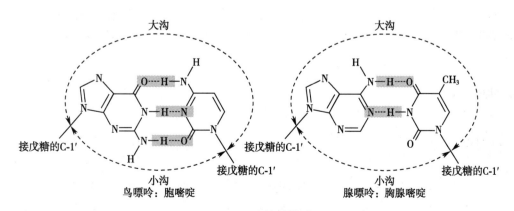

图 3-9 互补碱基对

腺嘌呤与胸腺嘧啶通过两对氢键形成碱基对;鸟嘌呤与胞嘧啶通过三对氢键形成碱基对。

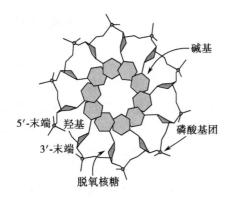

图 3-10 DNA 双螺旋结构的示意图(侧视图)
为清晰起见,图中只显示了双链中的一条。脱氧核糖和磷酸基团构成的亲水性骨架位于双螺旋结构的外侧,而疏水的碱基位于内侧。

4. 两个碱基对平面重叠产生了碱基堆积作用 在 DNA 双螺旋结构的旋转过程中,相邻的两个碱基对平面彼此重叠(overlapping),由此产生了疏水性的碱基堆积力(base stacking force)(图 3-11)。这种碱基堆积作用十分重要,它和互补链之间碱基对的氢键共同维系着 DNA 双螺旋结构的稳定。

(三) DNA 双螺旋结构具有多样性

Watson J.D. 和 Crick F.H. 提出的 DNA 双螺旋结构模型是基于在 92% 相对湿度下得到的 DNA 纤维 X 射线衍射图像的分析结果,这是 DNA 在水性环境下和生理条件下最稳定的结构。由于历史原因,人们将 Watson J.D. 和 Crick F.H. 提出的双螺旋结构称为 B 型 DNA。随着研究的深入,人们发现 DNA 的结构不是一成不变的,溶液的离子强度或相对湿度的变化可以使 DNA 双螺旋结构的沟槽、螺距、旋转角度、碱基对倾角等发生变化。当环境的相对湿度降低后,DNA 仍然保持着稳定的右手双螺旋结构,但是它的空间结构参数不同于 B 型 DNA,人们将其称为 A 型 DNA(图 3-12)。1979 年,美国科学家 Rich A. 等科学家在研究人工合成的寡核酸链 CGCGCG 的晶体结构时,意外发现这种 DNA 具有左手双螺旋(left-handed helix)的结构特征(图 3-12)。后来证明这种结构在天然 DNA 分子中同样存在,并称为 Z 型 DNA。三种不同类型 DNA 双螺旋结构的结构参数见表 3-4。因此,DNA 的右手双

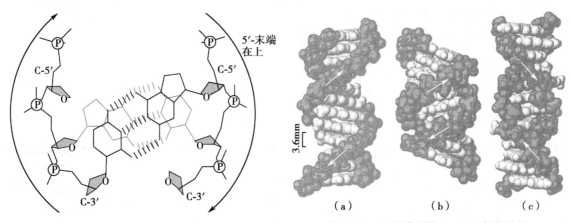

图 3-11 碱基堆积力示意图

图 3-12 不同类型的 DNA 双螺旋结构
(a) B 型 DNA;(b) A 型 DNA;(c) Z 型 DNA。

表 3-4 不同类型 DNA 的结构参数

参数	A 型 DNA	B 型 DNA	Z 型 DNA
螺旋旋向	右手螺旋	右手螺旋	左手螺旋
螺旋直径	2.55nm	2.37nm	1.84nm
每一螺旋的碱基对数目	11 个	10.5 个	12 个
螺距	2.53nm	3.54nm	4.56nm
相邻碱基对之间的垂直间距	0.23nm	0.34nm	0.38nm
糖苷键构象	反式	反式	嘧啶为反式,嘌呤为顺式,反式和顺式交替
使构象稳定的相对环境湿度	75%	92%	—
碱基对平面法线与主轴的夹角	19°	1°	9°
大沟	窄深	宽深	相当平坦
小沟	宽浅	窄深	窄深

螺旋结构不是 DNA 在自然界中唯一存在方式,存在多样性。在体内,不同的 DNA 双螺旋结构是与基因表达的调节和控制相适应的。

(四) 特殊序列的 DNA 能够形成多链结构

Watson J.D. 和 Crick F.H. 提出的碱基互补配对,即 Watson Crick 配对(Watson Crick pairing),是 DNA 双链结构中最常见的现象。然而随着对 DNA 研究的不断深入,科学家发现,自然界中还存在着多条链结合在一起的 DNA 结构。在酸性的溶液中,胞嘧啶 N-3 原子可以被质子化,这使得它可以在 DNA 双链的大沟一侧与已有的 GC 碱基对中的鸟嘌呤 N-7 原子形成新的氢键,同时,胞嘧啶的 C-4 位氨基的氢原子也可以与鸟嘌呤的 C-6 位氧形成新的氢键(图 3-13)。这种氢键最早是生物学家 Hoogsteen K. 于 1959 年在研究碱基对时发现的,故命名为 Hoogsteen 氢键。Hoogsteen 氢键的形成并不破坏原有碱基对中的 Watson-Crick 氢键,这样就形成了含有三个碱基的 C+:G:C 平面,其中 GC 之间是以 Watson-Crick 氢键结合,而 C+G 之间是以 Hoogsteen 氢键结合的。同理,DNA 也可以形成 T:A:T 的三碱基平面(图 3-13)。

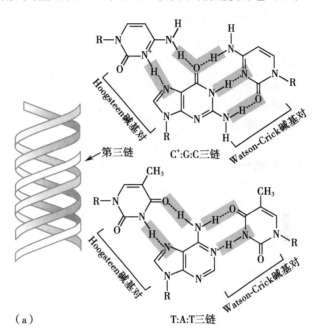

当 DNA 双链中一条链的核苷酸序列富含嘌呤时,对应的互补链必然是富含嘧啶,它们形成了正常的 DNA 双链。如果还有一条富含嘧啶的单链(其序列与富含嘧啶链具有极高的相似度),并且环境条件为酸性时,这条链上的嘧啶就会与双链中的嘌呤形成 Hoogsteen 氢键,从而生成了 DNA 的三链结构(triplex)。人们曾经利用这样的三链结构来尝试着调控基因的表达。根据某些基因的序列特征(例如富含嘌呤的序列),人们设计了富含嘧啶的寡核苷酸链。由于这条寡核苷酸链与这一段双链 DNA 的序列有着碱基互补关系,它可以嵌入在双链 DNA 的大沟中形成三链结构,以此干扰调控因子的结合,影响该基因的复制或转录。

真核生物染色体 3'- 端是一段高度重复的富含 GT 的单链,被称为端粒(telomere),例如人端粒区的碱基序列是(TTAGGG)$_n$,其重复度可达数百乃至上千。作为单链结构的端

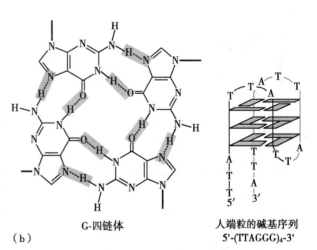

G-四链体

人端粒的碱基序列
5'-(TTAGGG)₄-3'

图 3-13　DNA 的多链螺旋结构
(a)由 Watson-Crick 氢键和 Hoogsteen 氢键共同构成的三链结构;(b)由 Hoogsteen 氢键构成的四链结构。

粒,具有较大的柔韧度,可以自身回折形成一个称为 G- 四链(G-quadruplex)的特殊结构。这个 G- 四链结构的核心是由 4 个鸟嘌呤通过 8 对 Hoogsteen 氢键形成的 G- 平面(tetrad 或 quartet)(图 3-13)。若干个 G- 平面的堆积使富含鸟嘌呤的重复序列形成 G 四链结构。人们推测这种 G- 四链结构是用来保护端粒的完整性。近来,人们还发现某些癌基因的启动子和 mRNA 的 3' 非翻译区都有一些富含鸟嘌呤的序列。这些序列可以通过形成特定的 G- 四链结构对基因转录和蛋白质合成进行适度的调控。受离子类型、离子浓度、鸟嘌呤 G 排列顺序的影响,富含鸟嘌呤的序列可以形成具有不同拓扑构象的 G- 四链体。

二、DNA 双链经过盘绕折叠形成致密的高级结构

自然界的 DNA 分子是巨大的信息高分子,储存着庞大的遗传信息。而进化程度越高的生物体其 DNA 的分子构成越大,越复杂;而 DNA 必须通过紧密折叠后储存于细胞内。

线性的 DNA 双链不是一条刚性分子,具有一定程度的柔韧性。一旦发生弯曲,DNA 双链就会在其内部产生一定的应力。DNA 双链需要形成一种超螺旋结构(superhelix 或 supercoil),释放出这些应力使 DNA 处在一个低能量的稳定状态。当盘绕方向与 DNA 双螺旋方向相同时,其超螺旋结构为正超螺旋(positive supercoil);反之则为负超螺旋(negative supercoil)。在生物体内,DNA 的超螺旋结构是在拓扑异构酶参与下形成的。拓扑异构酶可以改变超螺旋结构的数量和类型。

自然条件下的 DNA 双链主要是以负超螺旋形式存在的,经过一系列的盘绕、折叠和压缩后,形成了高度致密的高级结构。自然状态下的环状 DNA 分子表现出松弛的双链结构,在拓扑异构酶作用下形成超螺旋结构。两种结构处在动态平衡之中。

(一) 原核生物封闭环状的 DNA 具有超螺旋结构

绝大部分原核生物的 DNA 是环状的双螺旋分子。在细胞内经过进一步盘绕后,形成了类核(nucleoid)结构。类核占据了细胞的大部分空间,并通过与蛋白质的相互作用黏附在细胞内壁。在细菌 DNA 中,不同的 DNA 区域可以有不同程度的超螺旋结构,超螺旋结构可以相互独立存在(图 3-14)。分析表明,在大肠埃希菌的环状 DNA 中,平均每 200 个碱基就有一个负超螺旋形成。负超螺旋的 DNA 双链只能以封闭环状的形式或者在与蛋白质结合的条件下存在,以避免它们之间的相互纠缠。这种负超螺旋形式产生了 DNA 双链的局部解链效应,有助于诸如复制、转录等生物过程的进行。

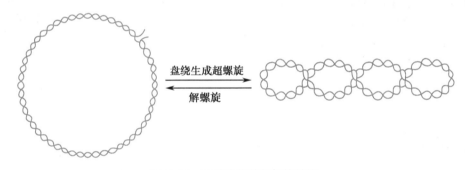

图 3-14　原核生物的超螺旋结构

(二) 真核生物基因组 DNA 被逐级有序地组装成高级结构

人类基因组大约有 $3×10^9$ 个碱基对,这是一条长度约为 1.7m 的线性大分子。将这样的一条 DNA 双链组装在细胞核内,DNA 双链需要进行一系列的盘绕、折叠和压缩。在细胞周期的大部分时间里,细胞核内的 DNA 以松散的染色质(chromatin)形式存在,只有在细胞分裂期间,细胞核内的 DNA 才形成高度致密的染色体(chromosome)。

在电子显微镜下观察到的染色质具有串珠样的结构(图 3-15a)。染色质基本组成单位是核小体(nucleosome),它是由一段双链 DNA 和 4 种碱性的组蛋白(histone,H)共同构成的。八个组蛋白分子(H2A×2,H2B×2,H3×2 和 H4×2)共同形成八聚体的核心组蛋白,长度约 146bp 的 DNA 双链在核心组蛋白上盘绕 1.75 圈,形成核小体的核心颗粒(core particle)(图 3-15b)。核心颗粒是尺寸约 11nm×6nm 的盘状颗粒。连接相邻核小体之间的一段 DNA 称为连接段 DNA(linker DNA),其长度在 0～50bp 之间不等,是非组蛋白结合的区域。组蛋白 H1 结合在盘绕在核心组蛋白上的 DNA 双链的进出口处,发挥稳定核小体结构的作用(图 3-15c)。至此,核小体核心颗粒和 DNA 双链形成了 10nm 的串珠状结构,也称为染色质纤维。这是 DNA 在核内形成致密结构的第一次折叠,使 DNA 的长度压缩了约 7 倍。

染色质纤维按照左手螺旋方式进一步盘绕卷曲,在组蛋白 H1 的参与下形成外径为 30nm、内径

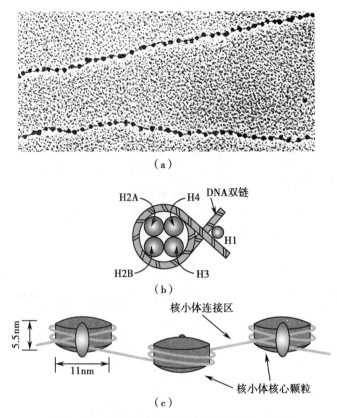

图 3-15　真核生物 DNA 形成核小体的示意图
（a）电子显微镜图像观察到的 DNA 染色质的串珠样结构。（b）核小体的核心颗粒结构。146bp 长的 DNA 双链盘绕在组蛋白核心颗粒上。（c）核小体的核心颗粒由约 50bp 长的 DNA 双链连接在一起，形成串珠样的结构。

为 10nm 的中空状螺线管（solenoid）。每个螺旋有 6 个核小体，组蛋白 H1 位于螺线管的内侧，继续发挥稳定螺线管的作用。染色质纤维中空状螺线管的形成与 DNA 特定区间的转录活性相关：正在进行转录的区间处在一种明显的无序状态之中，组蛋白质 H1 的数量也较少。染色质纤维中空状螺线管的形成是 DNA 在细胞内的第二次折叠，使 DNA 的压缩程度达到 40～60 倍。

关于 30nm 中空状螺线管如何压缩成染色体，尚存争议。目前得到较为广泛认可的是多级螺线化模型（multiple coiling model）。染色质纤维螺线管的进一步卷曲和折叠形成了直径为 400nm 的超螺线管（supersolenoid），这一过程将 DNA 的长度又压缩了 40 倍。之后，超螺线管的再度盘绕和压缩形成染色单体，在核内组装成染色体，使 DNA 长度又压缩了 5～6 倍（图 3-16）。这样，在染色体形成的过程中，DNA 的长度总共被压缩了 8 000～10 000 倍，从而将近 2m 长的 DNA 有效地组装在直径只有几微米的细胞核中。

真核生物染色体有端粒（telomere）和着丝粒（centromere）两个功能区。端粒是染色体端膨大的粒状结构，由染色体端 DNA（也称端粒 DNA）与 DNA 结合蛋白共同构成。端粒 DNA 由简单重复序列构成，人的端粒 DNA 的重复序列是 TTAGGG，以 G- 四链体的结构存在。端粒在维持染色体结构的稳定性和维持复制过程中的 DNA 的完整性方面具有重要作用，此外，端粒 DNA 的结构和稳定性还与衰老及肿瘤的发生发展密切相关。着丝粒是两个染色单体的连接位点，富含 AT 序列。细胞分裂时，着丝粒可分开使染色体均等有序地进入子代细胞。

动画

（三）真核生物中存在环形结构的线粒体 DNA

真核生物细胞内，还存在细胞核外的遗传物质，线粒体 DNA（mitochondrial DNA，mtDNA）。mtDNA 是一个裸露的、环状的双链 DNA 分子。与核 DNA 不同的是，mtDNA 没有任何蛋白质的结合和吸附。人线粒体 DNA 位于线粒体基质中，全长 16 569bp，为闭合双链环状分子，含有编码区和非编码区。mtDNA 可编码 2 种 rRNA（12S 和 16S）、22 种 tRNA 和 13 种多肽（每种约含 50 个氨基酸残基）。mtDNA 具有自己的遗传密码子，结构基因主要编码线粒体内膜呼吸链的组分，参与细胞的氧化磷酸化过程，并且呈母系遗传。

（四）DNA 是主要的遗传物质

早在 20 世纪 30 年代，人们就已经知道了染色体是遗传物质，也知道了 DNA 是染色体的组成部分。但是直到 1944 年，美国细菌学家 Avery O. 才首次证明了 DNA 是细菌性状的遗传物质。他们从有荚膜的致病的 III 型肺炎球菌中提取出 DNA，它可以使另一种无荚膜的非致病性的 II 型肺炎球菌细胞转变成了致病菌，而蛋白质和多糖物质没有这种功能。如果 DNA 被脱氧核糖核酸酶降解后，则失

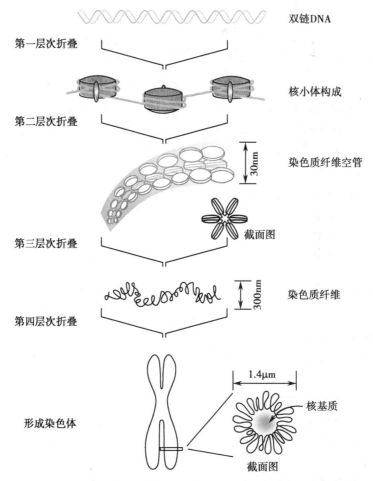

图 3-16 DNA 双链经历折叠、盘绕形成高度有序和高度致密染色体的示意图

去转化功能。但是已经转化了的细菌,其后代仍保留了合成Ⅲ型荚膜的能力。这些实验结果证明了 DNA 是携带生物体遗传信息的物质基础。1952 年,Hershey A. 和 Chase M. 用大肠埃希菌噬菌体的 DNA 进行的性状表达实验,进一步确认了 DNA 是遗传信息的载体。

生物体的遗传信息是以基因的形式存在的。基因(gene)是一段含有特定遗传信息的核苷酸序列(大多数生物中是 DNA 序列,少数是 RNA 序列),能够编码蛋白质或 RNA 等具有特定功能产物、负载遗传信息的基本单位。DNA 的核苷酸序列以遗传密码的方式决定了蛋白质的氨基酸排列顺序。依据这一原理,DNA 利用四种碱基的不同排列编码了生物体的遗传信息,并通过复制的方式遗传给子代。此外,DNA 还利用转录过程,合成出各种 RNA。后者将参与蛋白质的合成,确保细胞内的生命活动的有序进行和遗传信息的世代相传。

一个生物体的基因组(genome)是指生物体或细胞中一套完整单体具有的遗传信息的总和。各种生物体基因组的大小、所包含的基因数量和种类都有所不同。一般来讲,进化程度越高的生物体,其基因组越大越复杂。简单生物的基因组仅含有几千个碱基对,而高等动物的基因组可高达 10^9 碱基对,使可编码的信息量大大增加。病毒颗粒的基因组可以由 DNA 组成,也可以由 RNA 组成,两者一般不共存。病毒基因组的 DNA 和 RNA 可以是单链的,也可以是双链的,可以是环形分子,也可以是线性分子。

DNA 是生物体遗传信息的载体,并为基因复制和转录提供了模板。它是生命遗传的物质基础,也是个体生命活动的信息基础。DNA 具有高度稳定性的特点,用来保持生物体系遗传特征的相对稳定性。同时,DNA 又表现出高度复杂性的特点,它可以发生各种重组和突变,适应环境的变迁,为自然选择提供机会,使大自然表现出丰富的生物多样性。

第三节 | RNA 的空间结构与功能

一般而言,RNA 是 DNA 的转录产物。和 DNA 一样,RNA 在生命活动中发挥着重要的作用。RNA 可以分为编码 RNA(coding RNA)和非编码 RNA(non-coding RNA)。编码 RNA 是那些从基因组上转录而来、其核苷酸序列可以翻译成蛋白质的 RNA,编码 RNA 仅有信使 RNA(messenger RNA,mRNA)一种。非编码 RNA 不编码蛋白质。非编码 RNA 可以分为两类。一类是确保实现基本生物学功能的 RNA,包括转运 RNA(transfer RNA,tRNA)、核糖体 RNA(ribosomal RNA,rRNA)、端粒 RNA、信号识别颗粒(signal recognition particle,SRP)RNA 等,它们的丰度基本恒定,故称为组成性非编码 RNA(constitutive non-coding RNA)。另一类是调控性非编码 RNA(regulatory non-coding RNA),它们的丰度随外界环境(应激条件等)和细胞性状(成熟度、代谢活跃度、健康状态等)而发生改变,在基因表达过程中发挥重要的调控作用。

0304

动画

一、RNA 的化学本质与空间结构均不同于 DNA

(一)RNA 由核糖核苷酸组成

构成 RNA 的核苷酸含核糖而不含脱氧核糖,含尿嘧啶(U)而几乎不含胸腺嘧啶(T)。因此,构成 RNA 的四种常规核苷酸是一磷酸腺苷(AMP)、一磷酸鸟苷(GMP)、一磷酸胞苷(CMP)和一磷酸尿苷(UMP)。并且 RNA 含有较多的稀有碱基,具有特殊的生理功能。

(二)RNA 通常以单链形式存在

RNA 通常以单链形式存在,较长的 RNA 可以通过链内的碱基互补配对形成局部的双螺旋二级结构以及复杂的高级结构。RNA 的种类、丰度、大小和空间结构要比 DNA 复杂得多,这与它的功能多样性密切相关。

(三)RNA 具有复杂的空间结构

RNA 分子具有编码蛋白质信息的功能,是遗传信息传递的重要介质,还可以像蛋白质一样具有酶的催化功能。绝大多数 RNA 为线性单链结构,其构象没有像 DNA 那样典型的双螺旋结构;但是绝大多数 RNA 都会通过分子内的碱基配对形成链内二级结构,并在 RNA 结合蛋白的介导下折叠成复杂的三维结构。而高度结构化的不同种类的 RNA 在催化、转录和翻译过程中发挥重要的生物学功能;然而目前人类对于 RNA 分子的三维立体结构的认识还比较局限。

二、mRNA 是蛋白质生物合成的模板

20 世纪 40 年代,科学家发现细胞质内蛋白质的合成速度与 RNA 水平相关。1960 年,Jacob F. 和 Monod J. 等人用放射性核素示踪实验证实,一类大小不一的 RNA 才是细胞内合成蛋白质的真正模板。后来这类 RNA 被证明是在核内以 DNA 为模板的合成产物,然后转移至细胞质内,然后被命名为信使 RNA(mRNA)。

在生物体内,mRNA 的丰度最低,仅占细胞 RNA 总重量的 2%~5%。但是 mRNA 的种类最多,约有 10^5 个之多,而且它们的大小也各不相同。mRNA 的平均寿命也相差甚大,从几分钟到几小时不等。在真核细胞中,细胞核内新生成的 mRNA 初级产物被称为核不均一 RNA(heterogeneous nuclear RNA,hnRNA)。hnRNA 在细胞核内合成后,经过一系列的转录后修饰,剪接成为成熟 mRNA,最后被转运到细胞质中。

(一)真核生物 mRNA 的 5′- 端有帽结构

大部分真核细胞 mRNA 的 5′- 端都有一个反式 7- 甲基鸟嘌呤 - 三磷酸核苷(m^7Gppp)的起始结构,被称为 5′- 帽结构(5′-cap structure)(图 3-17)。5′- 帽结构是鸟苷酸转移酶将鸟嘌呤三磷酸核苷加到转录后的 mRNA 的 5′- 端,形成了一个 5′-5′ 三磷酸键,使 mRNA 的 5′- 端不再具有磷酸基团。5′- 帽结构下游的第一个和第二个核苷酸中 C-2′ 的羟基通常也会被甲基化成为甲氧基戊糖,由此产生数种不同的帽结构(图 3-17)。原核生物 mRNA 没有这种特殊的 5′- 帽结构。

真核生物 mRNA 的 5′- 帽结构可以与一类称为帽结合蛋白质(cap binding protein,CBP)的分子

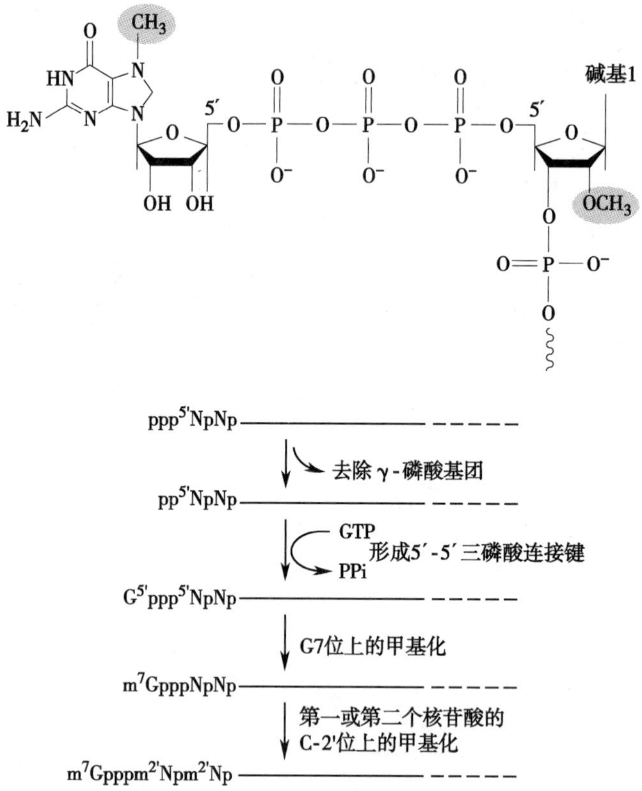

结合形成复合体。这种复合体有助于维持 mRNA 的稳定性,协同 mRNA 从细胞核向细胞质的转运,以及在蛋白质生物合成中促进核糖体和翻译起始因子的结合。

ppp⁵'NpNp
↓ 去除 γ-磷酸基团
pp⁵'NpNp
↓ GTP 形成5′-5′三磷酸连接键 / PPi
G⁵'pppp⁵'NpNp
↓ G7位上的甲基化
m⁷GpppNpNp
↓ 第一或第二个核苷酸的 C-2'位上的甲基化
m⁷Gpppm²'Npm²'Np

图 3-17　真核生物 mRNA 的 5′- 帽结构以及加帽过程

(二) 真核生物 mRNA 的 3′- 端有多聚腺苷酸尾的结构

真核生物 mRNA 的 3′ 端是一段由 80～250 个腺苷酸连接而成的多聚腺苷酸结构,称为多聚腺苷酸尾或多聚(A)尾[poly(A)-tail]结构。多聚(A)尾结构是在 mRNA 转录完成以后加入的,催化这一反应的酶是多聚腺苷酸聚合酶(图 3-18)。在细胞内,多聚(A)尾结构与 poly(A)结合蛋白[poly(A)-binding protein,PABP]结合,大约每 20 个腺苷酸结合一个 PABP 分子。目前认为,这种 3′- 多聚(A)尾结构和 5′- 帽结构共同负责 mRNA 从细胞核向细胞质的转运、维持 mRNA 的稳定性以及翻译起始的调控。去除 3′- 多聚(A)尾和 5′- 帽结构可导致细胞内的 mRNA 的迅速被降解。有些原核生物 mRNA 的 3′- 端也有这种多聚(A)尾结构,虽然它的长度较短,但是同样具有重要的生物学功能。

(三) 真核生物 mRNA 的成熟需要系列加工修饰

比较 hnRNA 和成熟 mRNA 发现,前者的长度远远大于后者。细胞核内的初级转录产物 hnRNA 含有许多交替相隔的外显子(exon)和内含子(intron)。外显子是构成 mRNA 的序列片段,而内含子是非编码序列。在 hnRNA 向细胞质转移的过程中,内含子被剪切掉,外显子连接在一起。再经过加帽和加尾修饰后,hnRNA 成为成熟 mRNA(图 3-19)。

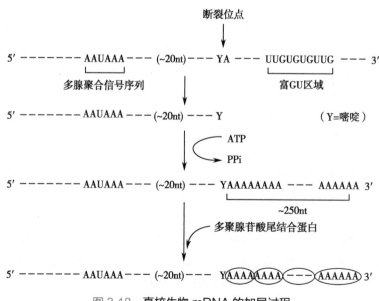

图 3-18　真核生物 mRNA 的加尾过程

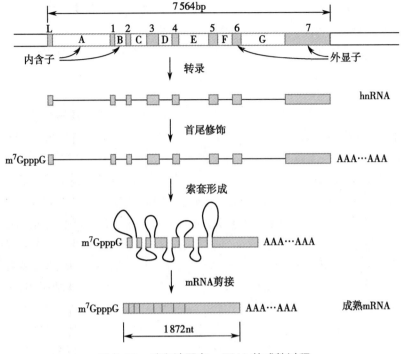

图 3-19　鸡卵清蛋白 mRNA 的成熟过程

该基因有 8 个外显子（L 和 1～7）和 7 个内含子（A～G）。经过加帽、加尾和修饰剪接后，原来 7 564 个碱基对长的基因变成了 1 872 个核苷酸长的 mRNA。

（四）mRNA 的核苷酸序列决定蛋白质的氨基酸序列

一条成熟的真核 mRNA 包括 5′- 非翻译区、编码区和 3′- 非翻译区。从成熟 mRNA 的 5′- 帽结构到核苷酸序列中第一个 AUG（即起始密码子）之间的核苷酸序列被定义为 5′- 非翻译区（5′-untranslated region，5′-UTR）。从这个 AUG 开始，每三个连续的核苷酸组成一个遗传密码子（genetic codon），每个密码子编码一个氨基酸，直到由三个核苷酸（UAA，或 UAG，或 UGA）组成的终止密码子。由起始密码子和终止密码子所限定的区域定义为 mRNA 的编码区，也称可读框（open reading frame，ORF）。该区域是编码蛋白质多肽链的核苷酸序列。从 mRNA 可读框的下游直到多聚 A 尾的区域称为 3′- 非翻译区（3′-untranslated region，3′-UTR）（图 3-20）。这些非翻译区通过与调控因子或非编码 RNA 的相互作用调控蛋白质生物合成。

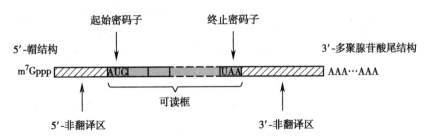

图 3-20　成熟的真核生物 mRNA 的结构示意图

可读框的前三个核苷酸序列是起始密码子 AUG，最后三个核苷酸序列是终止密码子。

三、tRNA 是蛋白质合成中氨基酸的载体

转运 RNA（transfer RNA，tRNA）作为蛋白质合成的底物——氨基酸的载体参与蛋白质合成，为合成中的多肽链提供活化的氨基酸，也是细胞内分子量最小的一类核酸。tRNA 占细胞 RNA 总质量的 15% 左右，一级结构一致的 100 多种 tRNA 都是由 74～95 个核苷酸组成的。tRNA 具有稳定的空间结构，其结构具有如下特点。

（一）tRNA 含有稀有碱基

稀有碱基（rare base）是指除 A、G、C 和 U 外的一些碱基，包括双氢尿嘧啶（dihydrouracil，DHU）、假尿嘧啶核苷（pseudouridine，ψ）和甲基化的嘌呤（m^7G、m^7A）等（图 3-21）。正常的嘧啶核苷是杂环的 N-1 原子与戊糖的 C-1′ 原子连接形成糖苷键，而假尿嘧啶核苷则是杂环的 C5 原子与戊糖的 C-1′ 原子相连。tRNA 中的稀有碱基占所有碱基的 10%～20%。tRNA 分子中的稀有碱基均是转录后修饰而成的。

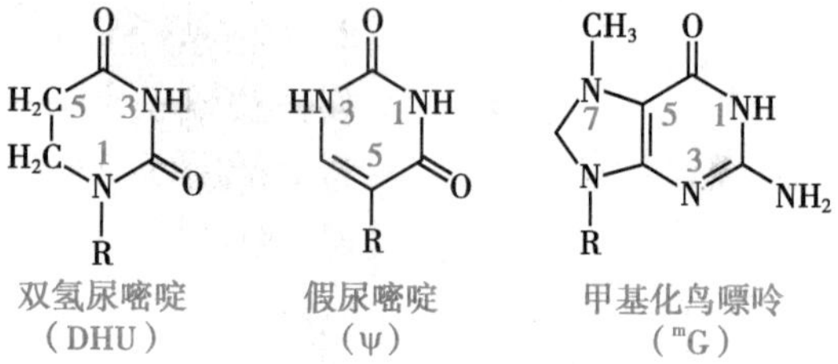

双氢尿嘧啶
（DHU）

假尿嘧啶
（ψ）

甲基化鸟嘌呤
（^mG）

图 3-21 tRNA 的稀有碱基

（二）tRNA 具有特定的"茎 - 环"结构和倒"L"形空间结构

tRNA 存在着一些核苷酸序列，能够通过碱基互补配对的原则，形成局部的链内的双螺旋结构。在这些局部的双螺旋结构之间的核苷酸序列不能形成互补的碱基对则膨出形成环状或襻状结构。这样的结构称为茎环（stem-loop）结构或发夹（hairpin）结构。由于这些茎环结构的存在，tRNA 的二级结构呈现出酷似三叶草（cloverleaf）的形状（图 3-22）。位于两侧的发夹结构含有稀有碱基，分别称为 DHU 环和 TψC 环；位于上方的茎称为氨基酸臂（amino acid arm），亦称接纳茎；位于下方的发夹结构则称为反密码子环（anticodon loop）。此外，在反密码子环与 TψC 环之间还有一个可变臂。不同 tRNA 的可变臂的长短不一，从几个到十几个核苷酸数不等。除可变臂和 DHU 环外，其他部位的核苷酸数目和碱基对具有高度保守性。X 射线晶体衍射图分析表明，所有的 tRNA 都具有相似的倒"L"形的空间结构。稳定 tRNA 的三级结构的力是某些碱基之间产生的特殊氢键和碱基堆积力。

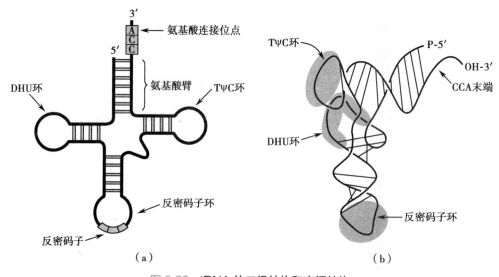

图 3-22 tRNA 的二级结构和空间结构

（a）tRNA 的二级结构形似三叶草；（b）tRNA 的空间结构是一个"倒 L"形的形状。

（三）tRNA 存在反密码子，能够识别 mRNA 中的密码子

所有 tRNA 的 3′- 端都是以 CCA 三个核苷酸结束的，氨酰 tRNA 合成酶将氨基酸通过酯键连接在腺嘌呤 A 的 C3′ 原子上，生成了氨酰 tRNA，从而使 tRNA 成为氨基酸的载体。只有连接在 tRNA 的氨基酸才能参与蛋白质的生物合成。tRNA 所携载的氨基酸种类是由 tRNA 的反密码子（anticodon）所决定的。有的氨基酸只有一种 tRNA，而有的氨基酸有几种 tRNA 作为载体，以适应 mRNA 上密码子简并性的需求。

tRNA 的反密码子环由 7～9 个核苷酸组成，居中的 3 个核苷酸通过碱基互补配对的关系识别 mRNA 上的密码子，因此被称为反密码子。密码子与反密码子的结合使 tRNA 能够转运正确的氨基酸参与蛋白质多肽链的合成。例如，携带酪氨酸的 tRNA 反密码子是 GUA，可以与 mRNA 上编码酪

氨酸的密码子 UAC 互补配对。在蛋白质合成中，氨酰 tRNA 的反密码子依靠碱基互补的方式辨认 mRNA 的密码子，将其所携带的氨基酸正确地转递到合成中的多肽链上（图 3-23）。

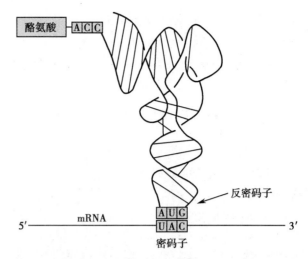

图 3-23 tRNA 反密码子与 mRNA 密码子相互识别的示意图 在蛋白质生物合成过程中，通过正确的碱基配对，mRNA 密码子与密码子所编码的氨基酸建立了一一对应的关系。

四、以 rRNA 为主要成分的核糖体是蛋白质合成的场所

核糖体 RNA（ribosomal RNA，rRNA）是细胞中含量最多的 RNA，约占 RNA 总重量的 80% 以上。rRNA 有确定的种类和保守的核苷酸序列。rRNA 与核糖体蛋白质（ribosomal protein）共同构成核糖体（ribosome），它将蛋白质生物合成所需要的 mRNA、tRNA 以及多种蛋白质因子募集在一起，为蛋白质生物合成提供了必需的场所。

（一）核糖体由 rRNA 和核糖体蛋白组成

原核细胞有三种 rRNA，依照分子量的大小分为 5S、16S 和 23S（S 是大分子物质在超速离心沉降中的沉降系数）。它们与不同的核糖体蛋白结合分别形成了核糖体的大亚基（large subunit）和小亚基（small subunit）（表 3-5）。真核细胞的四种 rRNA 也利用相类似的方式构成了真核细胞核糖体的大亚基和小亚基。

表 3-5 核糖体的组成

核糖体组分	细胞类型	
	原核细胞（以大肠埃希菌为例）	真核细胞（以小鼠肝细胞为例）
小亚基	30S	40S
rRNA	16S 1 542 个核苷酸	18S 1 874 个核苷酸
蛋白质	21 种 占总重量的 40%	33 种 占总重量的 50%
大亚基	50S	60S
rRNA	23S 2 940 个核苷酸	28S 4 718 个核苷酸
	5S 120 个核苷酸	5.8S 160 个核苷酸
		5S 120 个核苷酸
蛋白质	31 种 占总重量的 30%	49 种 占总重量的 35%

（二）rRNA 的二级结构具有许多茎环结构

人们已经完成了 rRNA 的核苷酸测序，并解析了它们的空间结构。rRNA 的二级结构有许多茎环结构，图 3-24 是真核细胞 18S rRNA 的二级结构。这些茎环结构为核糖体蛋白结合和组装在 rRNA 上提供了结构基础。原核细胞 16S rRNA 的二级结构也有众多相类似的茎环结构。

将纯化的核糖体蛋白和 rRNA 在试管内混合，它们就可以自动组装成具有活性的大亚基和小亚基。大亚基和小亚基进一步组装成核糖体。大小亚基的结合区域的沟槽是

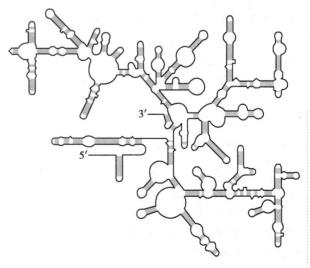

图 3-24 真核细胞的 18S rRNA 的二级结构

mRNA 的结合部位。核糖体有三个重要的部位,它们分别是 A 位:结合氨酰 tRNA 的氨酰位(aminoacyl site);P 位:结合肽酰 -tRNA 的肽酰位(peptidyl site);和 E 位:释放已经卸载了氨基酸的 tRNA 的排出位(exit site)(图 3-25)。mRNA 结合在核糖体的大小亚基之间的缝隙中。核糖体的大小亚基形成了三个主要部位用以接受氨酰 tRNA、保留肽酰 -tRNA 和释放已经卸载了氨基酸的 tRNA。

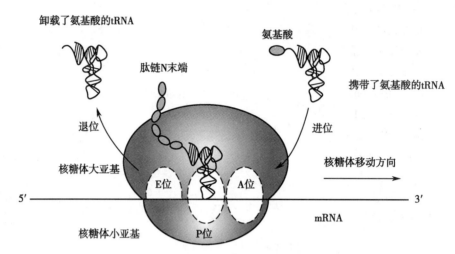

图 3-25 由核糖体、mRNA 和 tRNA 形成的复合体

五、非编码 RNA 在遗传信息传递、基因表达调控过程中发挥重要作用

除了 tRNA 和 rRNA 外,细胞内还存在一些其他的非编码 RNA。非编码 RNA 包括组成性非编码 RNA 和调控性非编码 RNA。

(一)组成性非编码 RNA 参与 RNA 修饰及蛋白质转运

组成性非编码 RNA 的表达丰度相对恒定,作为关键因子参与 RNA 的剪接、修饰以及蛋白质的转运过程。除 tRNA 和 rRNA 外,组成性非编码 RNA 主要有以下几种。

1. 催化小 RNA 催化小 RNA 也称为核酶(ribozyme),是细胞内具有催化功能的一类小分子 RNA 统称,具有催化特定 RNA 降解的活性,在 RNA 合成后的剪接修饰中具有重要作用(详见本节"核酶")。

2. 核仁小 RNA(small nucleolar RNA,snoRNA) snoRNA 定位于核仁,主要参与 rRNA 的加工。rRNA 的核糖 C-2′ 的甲基化过程和假尿嘧啶化修饰都需要 snoRNA 的参与。

3. 核小 RNA(small nuclear RNA,snRNA) 细胞核内的短片段 RNA,长度 100～215 个核苷酸,研究较多的为 7 类,由于含 U 丰富,故编号为 U1～U7。其中 U3 存在于核仁中,其他 6 种存在于非核仁区的核液里。U3 snRNA 与核仁内 28S rRNA 的成熟有关。U7 与组蛋白前体 mRNA 的茎环结构的加工有关。其他 5 种小核 RNA 是真核生物转录后加工过程中 RNA 剪接体(spliceosome)的主要成分,参与前体 mRNA 的加工过程。

4. 胞质小 RNA(small cytoplasmic RNA,scRNA) scRNA 存在细胞质中,与蛋白质结合形成复合体后发挥生物学功能。例如,SRP-RNA 与六种蛋白质共同形成信号识别颗粒(signal recognition particle,SRP),引导含有信号肽的蛋白质进入内质网进行合成。

(二)调控性非编码 RNA 在基因表达过程中发挥调控作用

调控性非编码 RNA 的表达丰度会随外界环境(应激条件等)和细胞性状(成熟度、代谢活跃度等)的改变而改变,在基因表达过程中发挥重要调控作用。调控性非编码 RNA 主要有以下几种。

1. 非编码小 RNA(small non-coding RNA,sncRNA) 通常认为,sncRNA 的长度小于 200nt。sncRNA 包括微 RNA(microRNA,miRNA)、干扰小 RNA(small interfering RNA,siRNA)和 piRNA(PIWI-interacting RNA)。

miRNA 是研究较多的内源性 sncRNA,主要是通过与细胞质中靶 mRNA 的 3′-UTR 部分互补结合

（少量与 5′-UTR 或编码区结合），从而调节 mRNA 的寿命或抑制 mRNA 翻译等。

siRNA 有内源性和外源性之分，内源性 siRNA 是由细胞自身产生的。外源性 siRNA 来源于外源入侵的基因表达的双链 RNA，经 Dicer 切割所产生的具有特定长度（21～23bp）和特定序列的小片段 RNA。siRNA 可以诱导 mRNA 的降解，还有抑制转录的功能。利用这一机制发展起来的 RNA 干扰（RNA interference，RNAi）技术是用来研究基因功能的有力工具。

piRNA 是从哺乳动物生殖细胞中分离得到的一类长度约为 30nt 的小 RNA。这类小 RNA 与 PIWI 蛋白家族成员结合才能发挥其调控作用，故称为 piRNA。piRNA 主要存在哺乳动物生殖细胞和干细胞中，通过与 PIWI 蛋白家族成员结合形成 piwi 复合物来调控基因沉默。

2. 长非编码 RNA（long non-coding RNA，lncRNA）　长非编码 RNA 是一类长度为 200～100 000 个核苷酸的 RNA 分子。它们不编码任何蛋白质。

lncRNA 由 RNA 聚合酶Ⅱ转录生成，经剪切加工后，形成具有类似于 mRNA 的结构。lncRNA 有 poly（A）尾巴和启动子，但序列中不存在可读框。lncRNA 定位于细胞核内和细胞质内。lncRNA 具有强烈的组织特异性与时空特异性。

3. 环状 RNA（circular RNA，circRNA）　circRNA 分子呈封闭环状结构，没有 5′- 端和 3′- 端，因此不受 RNA 外切酶的影响，表达更稳定，不易降解。已知的 circRNA 分子或来自外显子，或兼有外显子和内含子的部分。circRNA 几乎完全定位于细胞核中。circRNA 具有序列的高度保守性，具有一定的组织、时序和疾病特异性。

六、核酶是具有生物催化功能的 RNA 分子

核酶（ribozyme）是一类具有生物催化功能的 RNA 分子，是生物催化剂。核酶又称核酸类酶、酶 RNA、核酶类酶 RNA；ribozyme 是核糖核酸和酶两个词的缩合词。

（一）具有催化功能的 RNA 分子被发现

酶的化学本质从发现开始直至 20 世纪 80 年代初，一直被认为是蛋白质。1981 年美国科罗斯拉多大学博尔分校的 Cech T. 等人在研究 rRNA 前体加工成熟时发现四膜虫的 26S rRNA 前体中插入含有插入序列（intervening sequence，IVS），在 rRNA 前体成熟过程中，IVS 可以通过剪切反应被除去，并证实这一剪切反应不需要任何蛋白质的参与，是四膜虫的基因内部自行拼接的。与此同时，耶鲁大学 Altman S. 等在从事 RNase P 的研究中也发现了这一现象。1983 年，就在 Cech T. 等发现 RNA 能自行拼接后的两年后，S. Altman 等就证明：在较高的 Mg^{2+} 浓度下，RNase P 中的 RNA（M1RNA）具有催化 tRNA 前体成熟的功能，而其蛋白质组分却不具备此催化功能。1984 年 *Science* 发表的题为 *First true RNA catalyst found* 的报道标志着 RNA 催化剂的正式诞生，也正式改变了生物体内所有的酶都是蛋白质的传统观念，表明 RNA 不仅含有遗传信息，而且还有催化功能。两位科学家也因此共同获得 1989 年度诺贝尔化学奖。T. Cech 把这类具有催化裂解活性的 RNA（catalytic RNA）分子取名为 Ribozyme，我国 1994 年科学出版社出版的《英汉分子生物学与生物工程词汇》中将其译为核酶。

动画

（二）核酶通常分为剪接型与剪切型

核酶的分类有很多种方式，一般常根据分子的催化机制将核酶分为剪接型（splicing）核酶和剪切型（cleavage）核酶。

剪接型核酶具有序列特异的核酸内切酶、RNA 连接酶等酶活性。其作用机制是通过既剪又接的方式除去内含子，整个过程中需要鸟苷酸或鸟苷及镁离子参与。剪接型核酶主要包括Ⅰ类内含子的自我剪接与Ⅱ类内含子的自我剪接。

剪切型核酶（只进行位点特异性切割）主要包括锤头核酶；发夹核酶；丁型肝炎病毒（human hepatitis delta virus，HDV）核酶；RNase P。剪切型核酶可以催化自体或者异体 RNA 的切割，相当于核酸内切酶。

（三）核酶具有不同的空间构象

自然界存在一些不同的核酶，如锤头状核酶（hammerhead ribozyme，HHR）、发夹状核酶（hairpin ribozyme）等，核酶的结构与催化机制差异较大。

锤头状核酶属于自剪切核酶,功能依赖于 RNA 正确的空间构象,HHR 二级结构与锤头结构(hammerhead structure)相似,因此得名。典型的锤头结构是由 11~13 个保守的核苷酸和三个茎区构成,而茎区是由互补碱基构成的局部双链结构,包围保守的和核苷酸构成催化中心;锤头核酶很有可能是分布最为广泛的核酶。

发夹核酶的催化基序最早是在植物卫星病毒(plant satellite virus)中发现的,典型的发夹型结构是由 50 个核苷酸组成,包括四个螺旋区、三个连接区和两个环。目前人工合成的发夹核酶已成为第一个进入基因治疗临床试验阶段的核酶。

大多数核酶主要是催化转酯反应,即通过催化靶位点 RNA 链中磷酸二酯键的断裂,特异性地剪切底物 RNA 分子,从而阻断基因的表达。核酶的发现推动了对于生命活动多样性的理解,而针对人类免疫缺陷病毒(human immunodeficiency virus,HIV)的人工合成发夹核酶已经进入临床试验。理论上讲,核酶可以广泛应用于基因产物异常相关疾病的治疗领域。

第四节 │ 核酸的理化性质

核酸的分子组成及空间结构使得核酸具有一些特殊的理化性质,这些理化性质已被广泛应用到科学研究及临床疾病诊断等工作中。

一、核酸具有紫外吸收特性

嘌呤和嘧啶是含有共轭双键的杂环分子。因此,碱基、核苷、核苷酸和核酸在紫外波段都有较强烈的吸收。在中性条件下,它们的最大吸收值在 260nm 附近(图 3-26)。根据 260nm 处的吸光度(absorbance at 260nm,A_{260}),可以判断出溶液中的 DNA 或 RNA 的含量。实验中常以 A_{260}=1.0 对应于 50μg/ml 双链 DNA,或 40μg/ml 单链 DNA 或者 RNA,或 20μg/ml 寡核苷酸为标准定量溶液中的核酸含量。利用 260nm 与 280nm 的吸光度比值(A_{260}/A_{280})还可以判断从生物样品中提取的核酸样品的纯度。DNA 纯品的 A_{260}/A_{280} 的比值应为 1.8;而 RNA 纯品的 A_{260}/A_{280} 的比值应为 2.0。

核酸为多元酸,具有较强的酸性。DNA 和 RNA 都是线性高分子,因此它们溶液的黏滞度极大,但是,RNA 的长度远小于 DNA,含有 RNA 的溶液的黏滞度也小得多。DNA 大分子在机械力的作用下易发生断裂,因此在提取基因组 DNA 时应该格外小心,避免破坏基因组 DNA 的完整性。

溶液中的核酸分子在引力场中可以沉淀。在超速离心形成的引力场中,不同构象的核酸分子(如环状、超螺旋和线性等)的沉降速率有很大差异。这是超速离心法提取和纯化不同构象核酸的理论基础。

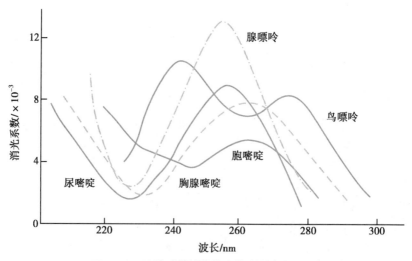

图 3-26 五种碱基的紫外吸收光谱(pH 7.0)

二、DNA 双链解离发生变性

某些极端的理化条件(温度、pH、离子强度等)可以断裂 DNA 双链互补碱基对之间的氢键以及破坏碱基堆积力,使一条 DNA 双链解离成为两条单链。这种现象称为 DNA 变性(DNA denaturation)。虽然 DNA 变性破坏了 DNA 的空间结构,但是没有改变 DNA 的核苷酸序列(图 3-27)。

在变性条件下,一条 DNA 双链经历部分解离,大部解离,直到全部解离为两条 DNA 单链的过程。在 DNA 解链过程中,有更多的包埋在双螺旋结构内部的碱基得以暴露,因此含有 DNA 的溶液在 260nm 处的吸光度随之增加。这种现象称为 DNA 的增色效应(hyperchromic effect)。监测 DNA 在 260nm 吸光度的变化是判断 DNA 双链是否发生变性的一个常用的方法(图 3-28a)。在实验室条件下,使 DNA 变性的最简单和最直接的方法是加热。如果以温度相对于 A_{260} 值作图,所得的曲线称为 DNA 解链曲线(melting curve,或熔解曲线)(图 3-28b)。从曲线中可以看出,随着温度的升高,A_{260} 缓慢上升,表明 DNA 双链开始解链。当接近某个温度时,A_{260} 发生了急剧的增加,并到达饱和,表明一条 DNA 双链解离成了两条 DNA 单链。解链后,温度的进一步升高并没有导致 A_{260} 发生太大的变化。解链曲线显示解链过程是在一个相对较窄的温度范围内完成的。在解链曲线上,紫外吸光度的变化(ΔA_{260})达到最大变化值的一半时所对应的温度被定义为 DNA 的解链温度(melting temperature,T_m 称熔解温度)。在此温度时,50% 的 DNA 双链解离成为单链。DNA 的 T_m 值与 DNA 长短以及碱基的 GC 含量相关。GC 的含量越高,T_m 值越高;离子强度越高,T_m 值也越高。T_m 值可以根据 DNA 的长度、GC

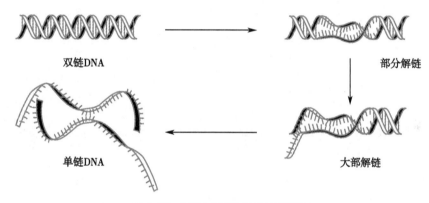

双链DNA　　　　　　　　　　　　　部分解链

单链DNA　　　　　　　　　　　　　大部解链

图 3-27　DNA 解链过程的示意图

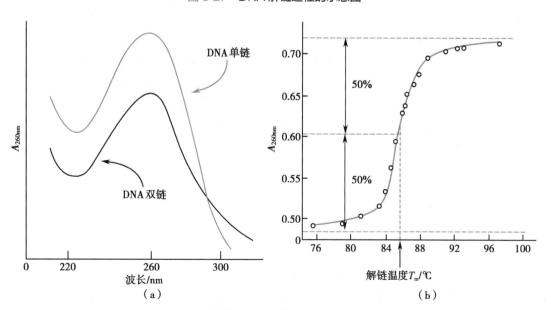

(a)　　　　　　　　　　　　　　(b)

图 3-28　DNA 解链过程中的增色效应和对应的解链曲线

含量以及离子浓度来简单地估算出来。小于 20bp 的寡核苷酸片段的 T_m 值可用公式 $T_m=4(G+C)+2(A+T)$ 来估算,其中 G、C、A 和 T 是寡核苷酸片段中所含有的碱基个数。

三、变性的核酸可以复性或形成杂交双链

把变性条件缓慢地除去后,两条解离的 DNA 互补链可重新互补配对形成 DNA 双链,恢复原来的双螺旋结构。这一现象称为复性(renaturation)。例如,热变性的 DNA 经缓慢冷却后可以复性,这一过程也称为退火(annealing)。但是,将热变性的 DNA 迅速冷却至 4℃时,两条解离的互补链还来不及形成双链,所以 DNA 不能发生复性。这一特性被用来保持解链后的 DNA 单链处在变性状态。

如果将不同种类的 DNA 单链或 RNA 单链混合在同一溶液中,只要这两种核酸单链之间存在着一定程度的碱基互补关系,它们就有可能形成杂化双链(heteroduplex)。这种双链可以在两条不同的 DNA 单链之间形成,也可以在两条 RNA 单链之间形成,甚至还可以在一条 DNA 单链和一条 RNA 单链之间形成(图 3-29)。这种现象称为核酸分子杂交(hybridization)。核酸分子杂交是一项被广泛地应用在分子生物学和医学中的技术,Southern 印迹、Northern 印迹、斑点印迹、原位杂交、PCR 扩增、基因芯片等核酸检测方法都利用了核酸分子杂交的原理。这一技术被广泛地用来研究 DNA 片段在基因组中的定位、鉴定核酸分子间的序列同源性、检测靶基因在待检样品中存在与否等。

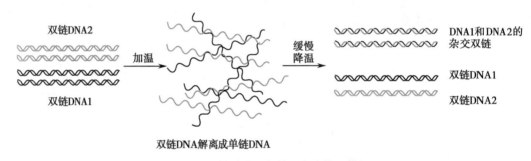

图 3-29 **核酸分子复性和杂交的示意图**

来自不同样品的双链 DNA1 和双链 DNA2 解离后,如果它们的序列具有互补性,当温度缓慢降低时,单链的 DNA1 可以和单链的 DNA2 形成互补的杂化双链。

小 结

核酸有 DNA 和 RNA 之分,它们是由脱氧核糖核苷酸或核糖核苷酸为基本单位,通过 3′,5′-磷酸二酯键聚合而成的生物信息大分子。

DNA 的一级结构是脱氧核糖核苷酸的排列顺序。DNA 携带的遗传信息来自碱基排列的方式。DNA 是由两条反向平行的多聚核苷酸链组成,其二级结构是双螺旋。两条链上的碱基满足互补关系,即腺嘌呤与胸腺嘧啶形成两对氢键的碱基对;鸟嘌呤与胞嘧啶形成三对氢键的碱基对。具有双螺旋结构的 DNA 在细胞内还将进一步折叠成为超螺旋结构。DNA 的生物功能是作为生物遗传信息复制的模板和基因转录的模板。

RNA 一般是 DNA 的转录产物。编码 RNA 是指 mRNA,它是细胞质中蛋白质合成的模板。真核细胞核中的 hnRNA 经过一系列的修饰后成为成熟的 mRNA。真核成熟 mRNA 含有 5′-帽结构、编码区和 3′-多聚(A)尾结构。mRNA 编码区中的每 3 个核苷酸构成了一个密码子,决定了对应多肽链上的一个氨基酸。

非编码 RNA 包括直接参与蛋白质合成的 tRNA、rRNA 和一些其他 RNA 分子。tRNA 在蛋白质合成过程中作为氨基酸的载体,为新生多肽链提供合成底物。mRNA 密码子与 tRNA 的反密码子通过碱基互补关系相互识别。rRNA 与核糖体蛋白共同构成了核糖体,核糖体是蛋白质合成的场所。核糖体为 mRNA、tRNA 和肽链合成所需的多种蛋白质因子提供结合位点和相互作用所需的空间环

境。其他非编码 RNA 包括 snRNA、snoRNA、scRNA、miRNA、lncRNA 等，它们的主要生物学功能是参与基因表达调控。核酶是一类具有生物催化功能的 RNA 分子，是生物催化剂。

核酸有紫外吸收的特性，其最大吸收峰在 260nm。核酸在酸、碱或加热情况下可发生变性，即一条双链解离成为两条单链。在适当的条件下，热变性的两条互补单链可以重新结合成为双链，称为复性。基于核酸变性和复性的核酸分子杂交是一种分子生物学常用技术。

思考题：
1. 请比较和总结 DNA 和 RNA 在分子组成、一级结构、空间结构上的异同及特点。
2. 比较蛋白质 α-螺旋和 DNA 双螺旋结构中的氢键并阐释其在稳定这两种结构中的作用。
3. 结合核酸的结构与功能查阅文献，试解释 RNA 的全能性并阐述"RNA 的世界"学说可能的证据及存在的问题。

思考题解题思路

本章目标测试

本章思维导图

（王华芹）

第四章 | 糖蛋白和蛋白聚糖的结构与功能

细胞中存在着种类各异的由糖基分子与蛋白质或脂以共价键连接而形成的复合生物大分子,如糖蛋白、蛋白聚糖和糖脂等,统称为复合糖类(complex carbohydrate),又称为糖缀合物(glycoconjugate)。组成复合糖类中的糖组分是由单糖通过糖苷键聚合而成的寡糖或多糖,称为聚糖(glycan)。就结构而言,糖蛋白和蛋白聚糖均由共价连接的蛋白质和聚糖两部分组成,而糖脂则由聚糖与脂质组成。体内也存在着蛋白质、糖与脂质三位一体的复合物,主要利用糖基磷脂酰肌醇(glycosylphosphatidyl inositol,GPI)将蛋白质锚定于细胞膜中。

大多数真核细胞都能合成一定数量和类型的糖蛋白和蛋白聚糖,分布于细胞表面、细胞内分泌颗粒和细胞核内;也可被分泌出细胞,构成细胞外基质成分。糖蛋白分子中蛋白质重量百分比大于聚糖,而蛋白聚糖中聚糖所占重量在一半以上,甚至高达95%,以致大多数蛋白聚糖中聚糖分子质量高达10万以上。由于组成糖蛋白和蛋白聚糖的聚糖结构迥然不同,因此两者在合成途径和功能上存在显著差异。

第一节 | 糖蛋白分子中的聚糖

糖蛋白(glycoprotein)由糖类分子与蛋白质分子共价结合而成。其分子中的含糖量因蛋白质不同而异,有的可达20%,有的仅为5%以下。此外,糖蛋白分子中的单糖种类、组成比和聚糖的结构也存在显著差异。组成糖蛋白分子中聚糖的单糖有7种:葡萄糖(glucose,Glc)、半乳糖(galactose,Gal)、甘露糖(mannose,Man)、N-乙酰半乳糖胺(N-acetylgalactosamine,GalNAc)、N-乙酰葡萄糖胺(N-acetylglucosamine,GlcNAc)、岩藻糖(fucose,Fuc)和N-乙酰神经氨酸(N-acetylneuraminic acid,NeuAc)。

由上述单糖构成结构各异的聚糖可经两种方式与糖蛋白的蛋白质部分连接,由此,根据连接方式不同将糖蛋白聚糖分为N-连接型聚糖(N-linked glycan)和O-连接型聚糖(O-linked glycan)。N-连接型聚糖是指与蛋白质分子中天冬酰胺残基的酰胺氮相连的聚糖;O-连接型聚糖是指与蛋白质分子中丝氨酸或苏氨酸羟基相连的聚糖(图4-1)。所以,糖蛋白也相应分成N-连接糖蛋白和O-连接糖蛋白。

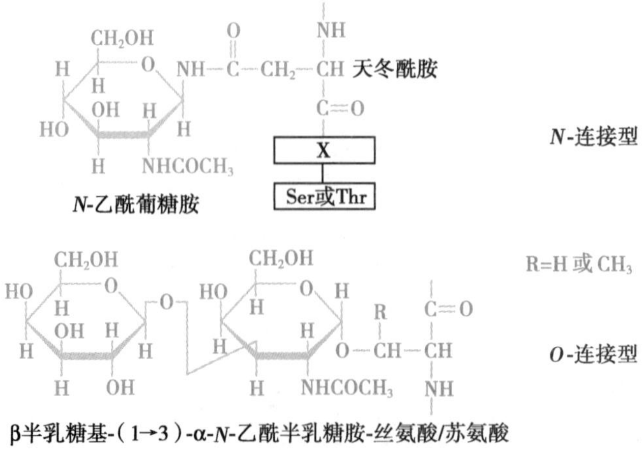

图 4-1　糖蛋白聚糖的 N-连接型和 O-连接型
X 为脯氨酸以外的任何氨基酸。

不同种属、组织的同一种糖蛋白的 *N*- 连接型聚糖结合位置、糖基数目、糖基序列不同,可以产生不同的糖蛋白分子形式。即使是同一组织中的某种糖蛋白,不同分子的同一糖基化位点的 *N*- 连接型聚糖结构也可以不同,这种糖蛋白聚糖结构的不均一性称为糖形(glycoform)。

一、*N*- 连接型糖蛋白的糖基化位点为 Asn-X-Ser/Thr

聚糖中的 *N*- 乙酰葡萄糖胺与蛋白质中天冬酰胺残基的酰胺氮以共价键连接,形成 *N*- 连接型糖蛋白,这种蛋白质等非糖生物分子与糖形成共价结合的反应过程称为糖基化。但是并非糖蛋白分子中所有天冬酰胺残基都可连接聚糖,只有糖蛋白分子中与糖形成共价结合的特定氨基酸序列,即 Asn-X-Ser/Thr(其中 X 为脯氨酸以外的任何氨基酸)3 个氨基酸残基组成的序列子(sequon)才有可能,这一序列子被称为糖基化位点。一个糖蛋白分子可存在若干个 Asn-X-Ser/Thr 序列子,这些序列子只能视为潜在糖基化位点,能否连接上聚糖还取决于周围的立体结构等。

二、*N*- 连接型聚糖结构具有五糖核心

根据结构可将 *N*- 连接型聚糖分为 3 型:高甘露糖型、复杂型和杂合型。这 3 型 *N*- 连接型聚糖都有一个由 2 个 *N*-GlcNAc 和 3 个 Man 形成的五糖核心(图 4-2)。高甘露糖型在核心五糖上连接了 2～9 个甘露糖;复杂型在核心五糖上可连接 2、3、4 或 5 个分支聚糖,宛如天线状,天线末端常连有 *N*- 乙酰神经氨酸;杂合型则兼有两者的结构。

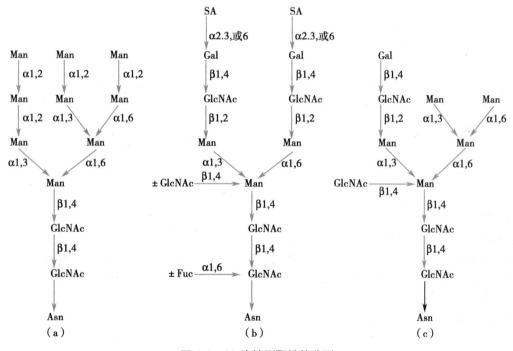

图 4-2 *N*- 连接型聚糖的分型

(a)高甘露糖型;(b)复杂型;(c)杂合型。

Man:甘露糖;GlcNAc:*N*- 乙酰葡萄糖胺;SA:唾液酸;Gal:半乳糖;Fuc:岩藻糖;Asn:天冬酰胺。

三、*N*- 连接型聚糖以长萜醇为载体合成

N- 连接型聚糖的合成场所是粗面内质网和高尔基体,可与蛋白质肽链的合成同时进行。在内质网内以长萜醇(dolichol,dol)作为聚糖载体,在糖基转移酶(一种催化糖基从糖基供体转移到受体化合物的酶)的作用下先将 UDP-GlcNAc 分子中的 GlcNAc 转移至长萜醇,然后再逐个加上糖基。糖基必须活化成 UDP 或 GDP 的衍生物,才能作为糖基供体底物参与反应,直至形成含有 14 个糖基的长萜醇焦磷酸聚糖结构,后者作为一个整体被转移至肽链的糖基化位点中的天冬酰胺的酰胺氮上。聚

糖链依次在内质网和高尔基体进行加工,先由糖苷水解酶除去葡萄糖和部分甘露糖,再加上不同的单糖,最终形成成熟的各型 N- 连接型聚糖。图 4-3 显示从内质网到高尔基体,三种不同类型聚糖逐步加工的过程。

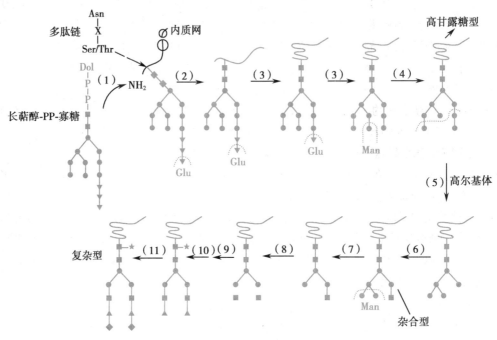

图 4-3　三种不同类型 N- 连接型聚糖的加工过程

在生物体内,有些糖蛋白的加工比较简单,仅形成较为单一的高甘露糖型聚糖,有些形成杂合型,而有些糖蛋白则通过多种加工形成复杂型的聚糖。不同组织的同一种糖蛋白分子中的聚糖结构可以不同,说明 N- 连接型聚糖存在极大的多样性。即使同一种糖蛋白,其相同糖基化位点的聚糖结构也可不同,显示出相当大的微观不均一性,这可能与不完全糖基化以及糖苷酶和糖基转移酶缺乏绝对的专一性相关。

四、O- 连接型聚糖合成不需载体

聚糖中的 N- 乙酰半乳糖胺与多肽链的丝氨酸或苏氨酸残基的羟基以共价键相连而形成 O- 连接糖蛋白。其糖基化位点的确切序列子尚不清楚,但通常存在于糖蛋白分子表面丝氨酸和苏氨酸比较集中且周围常有脯氨酸的序列中,提示 O- 连接糖蛋白的糖基化位点由多肽链的二、三级结构决定。

O- 连接型聚糖常由 N- 乙酰半乳糖胺与半乳糖构成核心二糖,核心二糖可重复延长及分支,再连接上岩藻糖、N- 乙酰葡萄糖胺等单糖。与 N- 连接型聚糖合成不同,O- 连接型聚糖合成是在多肽链合成后进行的,且不需要聚糖载体。在 GalNAc 转移酶作用下,将 UDP-GalNAc 中的 GalNAc 基转移至多肽链的丝 / 苏氨酸的羟基上,形成 O- 连接,然后逐个加上糖基。每一种糖基都有其相应的专一性糖基转移酶。整个过程在内质网开始,到高尔基体内完成。

五、蛋白质 β-N- 乙酰葡萄糖胺的单糖基修饰可逆

蛋白质糖基化修饰除 N- 连接型聚糖修饰和 O- 连接型聚糖修饰外,还有 β-N- 乙酰葡萄糖胺的单糖基修饰(O-GlcNAc),主要发生于膜蛋白和分泌蛋白。蛋白质的 O-GlcNAc 糖基化修饰是在 O-GlcNAc 糖基转移酶(O-GlcNAc transferase,OGT)作用下,将 β-N- 乙酰葡萄糖胺以共价键方式结合于蛋白质的丝 / 苏氨酸残基上。与 N- 或 O- 连接型聚糖修饰不同,这种糖基化修饰不在内膜(如内质网、高尔基体)系统中进行,主要存在于细胞质或细胞核中。

蛋白质在 *O*-GlcNAc 糖基化后,其解离需要特异性的 β-*N*-乙酰葡萄糖胺酶(*O*-GlcNAcase)作用。*O*-GlcNAc 糖基化与去糖基化是个动态平衡的过程。糖基化后,蛋白质肽链的构象将发生改变,从而影响蛋白质功能。可见,蛋白质在 OGT 与 *O*-GlcNAcase 作用下的这种糖基化过程与蛋白质磷酸化调节具有相似特性。此外,*O*-GlcNAc 糖基化位点也经常位于蛋白质丝/苏氨酸磷酸化位点处或其邻近部位,糖基化后即会影响磷酸化的进行,反之亦然。因此,*O*-GlcNAc 糖基化与蛋白质磷酸化可能是一种相互拮抗的修饰行为,共同参与信号通路调节过程。

六、聚糖影响蛋白质的半衰期、结构和功能

人体细胞内的蛋白质约三分之一为糖蛋白,执行不同的功能。糖蛋白分子中聚糖不但能影响蛋白部分的构象、聚合、溶解及降解,还参与糖蛋白的相互识别、结合等过程。

(一)聚糖可稳固多肽链的结构并延长半衰期

糖蛋白的聚糖通常存在于蛋白质表面环或转角的序列处,并突出于蛋白质的表面。有些聚糖可能通过限制与它们连接的多肽链的构象自由度而发挥结构性作用。*O*-连接型聚糖常成簇地分布在蛋白质高度糖基化的区段上,有助于稳固多肽链的结构。一般来说,去除聚糖的糖蛋白,容易受蛋白酶水解,说明聚糖可保护肽链,延长半衰期。有些酶的活性依赖其聚糖,如羟甲基戊二酸单酰辅酶A(HMG-CoA)还原酶去聚糖后其活性降低 90% 以上;脂蛋白脂肪酶 N-连接型聚糖的核心五糖为酶活性所必需。当然,蛋白质的聚糖也可起屏障作用,抑制糖蛋白的作用。

(二)聚糖参与糖蛋白新生肽链的折叠或聚合

不少糖蛋白的 N-连接型聚糖参与新生肽链的折叠,维持蛋白质正确的空间构象。如用 DNA 定点突变方法去除某一病毒 G 蛋白的两个糖基化位点,此 G 蛋白就不能形成正确的链内二硫键而错配成链间二硫键,空间构象也会发生改变。运铁蛋白受体有 3 个 N-连接型聚糖,分别位于 Asn251、Asn317 和 Asn727。已发现 Asn727 与肽链的折叠和运输密切相关;Asn251 连接有三天线复杂型聚糖,此聚糖对于形成正常二聚体起重要作用,可见聚糖能影响亚基聚合。在哺乳类动物新生蛋白质折叠过程中,具有凝集素活性的分子伴侣——钙连蛋白(calnexin)和/或钙网蛋白(calreticulin)等,通过识别并结合折叠中的蛋白质(聚糖)部分,帮助蛋白质进行准确折叠,同样也能使错误折叠的蛋白质进入降解系统。

(三)聚糖可影响糖蛋白在细胞内的靶向运输

糖蛋白的聚糖可影响糖蛋白在细胞内靶向运输的典型例子是溶酶体酶合成后向溶酶体的靶向运输。溶酶体酶在内质网合成后,其聚糖末端的甘露糖在高尔基体被磷酸化成 6-磷酸甘露糖,然后与溶酶体膜上的 6-磷酸甘露糖受体识别、结合,定向转送至溶酶体内。若聚糖末端甘露糖不被磷酸化,那么溶酶体酶只能被分泌至血浆,而溶酶体内几乎没有酶,可导致疾病产生。

(四)聚糖参与分子间的相互识别

聚糖中单糖间的连接方式有 1,2 连接、1,3 连接、1,4 连接和 1,6 连接;这些连接又有 α 和 β 之分。这种结构的多样性是聚糖分子识别作用的基础。

猪卵细胞透明带中分子质量为 5.5 万的 ZP-3 蛋白,含有 *O*-连接型聚糖,能识别精子并与之结合。受体与配体识别、结合也需聚糖的参与。如整合素(integrin)与其配体纤连蛋白结合,依赖完整的整合素 N-连接型聚糖的结合;若用聚糖加工酶抑制剂处理白血病 K562 细胞,使整合素聚糖改变成高甘露糖型或杂合型,均可降低与纤连蛋白识别和结合的能力。

红细胞的血型物质含糖达 80%～90%。ABO 血型物质是存在于细胞表面糖脂中的聚糖组分。ABO 系统中血型物质 A 和 B 均是在血型物质 O 的聚糖非还原端各加上 GalNAc 或 Gal,仅一个糖基之差,使红细胞能分别识别不同的抗体,产生不同的血型。细菌表面存在各种凝集素样蛋白,可识别人体细胞表面的聚糖结构,进而侵袭细胞。

细胞表面复合糖类的聚糖还能介导细胞-细胞的结合。血液循环中的白细胞需通过沿血管壁排

列的内皮细胞,才能出血管至炎症组织。白细胞表面存在一类黏附分子称选凝素(selectin),能识别并结合内皮细胞表面糖蛋白分子中的特异聚糖结构。白细胞以此与内皮细胞黏附,再通过其他黏附分子的作用,完成细胞移动及出血管的过程。

免疫球蛋白 G(IgG)属于 N-连接糖蛋白,其聚糖主要存在于 Fc 段。IgG 的聚糖可结合单核细胞或巨噬细胞上的 Fc 受体,并与补体 C1q 的结合和激活以及诱导细胞毒等过程有关。若 IgG 去除聚糖,其铰链区的空间构象遭到破坏,上述与 Fc 受体和补体的结合功能将会丢失。

第二节 | 蛋白聚糖分子中的糖胺聚糖

蛋白聚糖(proteoglycan)是一类非常复杂的复合糖类,以聚糖含量为主,由糖胺聚糖(glycosaminoglycan,GAG)共价连接于不同核心蛋白质形成的糖复合体。一种蛋白聚糖可含有一种或多种糖胺聚糖。糖胺聚糖是由二糖单位重复连接而成的杂多糖,不分支。二糖单位中一个是糖胺(N-乙酰葡萄糖胺或 N-乙酰半乳糖胺),另一个是糖醛酸(葡萄糖醛酸或艾杜糖醛酸)。由于糖胺聚糖的二糖单位含有糖胺故而得名。除糖胺聚糖外,蛋白聚糖还含有一些 N- 或 O-连接型聚糖。核心蛋白质种类颇多,加之核心蛋白质相连的糖胺聚糖的种类、长度以及硫酸化程度等复杂因素,使蛋白聚糖的种类更为繁多。

一、糖胺聚糖是己糖醛酸和己糖胺组成的重复二糖单位

体内重要的糖胺聚糖有 6 种:硫酸软骨素(chondroitin sulfate)、硫酸皮肤素(dermatan sulfate)、硫酸角质素(keratan sulfate)、透明质酸(hyaluronic acid)、肝素(heparin)和硫酸类肝素(heparan sulfate)。这些糖胺聚糖都是由重复的二糖单位组成(图 4-4)。除透明质酸外,其他的糖胺聚糖均带有硫酸。

硫酸软骨素的二糖单位由 N-乙酰半乳糖胺和葡萄糖醛酸组成,最常见的硫酸化部位是 -N-乙酰半乳糖胺残基的 C_4 和 C_6 位。单个聚糖约有 250 个二糖单位,许多这样的聚糖与核心蛋白质以 O-连接方式相连,形成蛋白聚糖。

硫酸角质素的二糖单位由半乳糖和 N-乙酰葡萄糖胺组成。它所形成的蛋白聚糖可分布于角膜中,也可与硫酸软骨素共同组成蛋白聚糖聚合物,分布于软骨和结缔组织中。

硫酸皮肤素分布广泛,其二糖单位与硫酸软骨素很相似,仅一部分葡萄糖醛酸为艾杜糖醛酸所取代,所以硫酸皮肤素含有两种糖醛酸。葡萄糖醛酸转变为艾杜糖醛酸是在聚糖合成后进行,由差向异构酶催化。

肝素的二糖单位为葡萄糖胺和艾杜糖醛酸(iduronic acid),葡萄糖胺的氨基氮和 C_6 位均带有硫酸。肝素合成时都是葡萄糖醛酸,然后差向异构化为艾杜糖醛酸,并随之进行 C_2 位硫酸

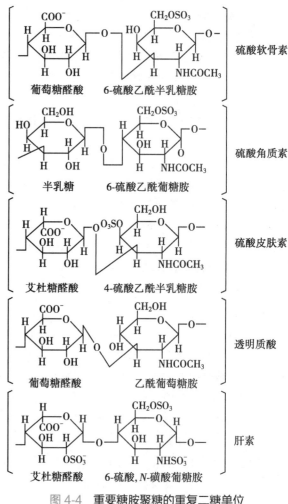

图 4-4 重要糖胺聚糖的重复二糖单位

化。肝素所连接的核心蛋白质几乎仅由丝氨酸和甘氨酸组成。肝素分布于肥大细胞内,有抗凝作用。硫酸类肝素是细胞膜成分,突出于细胞外。

透明质酸的二糖单位为葡萄糖醛酸和 N- 乙酰葡萄糖胺。一分子透明质酸可由 50 000 个二糖单位组成,但它所连接的蛋白质部分很小。透明质酸分布于关节滑液、眼的玻璃体及疏松的结缔组织中。

二、糖胺聚糖共价连接于核心蛋白质

与糖胺聚糖链共价结合的蛋白质称为核心蛋白质。核心蛋白质均含有相应的糖胺聚糖取代结构域,一些蛋白聚糖通过核心蛋白质特殊结构域锚定在细胞表面或细胞外基质的大分子中。

核心蛋白质最小的蛋白聚糖称为丝甘蛋白聚糖(serglycan),含有肝素,主要存在于造血细胞和肥大细胞的贮存颗粒中,是一种典型的细胞内蛋白聚糖。

饰胶蛋白聚糖(decorin)的核心蛋白质分子质量为 3.6 万,富含亮氨酸重复序列的模体,能与胶原相互作用,调节胶原纤维的形成和细胞外基质的组装。

黏结蛋白聚糖(syndecan)的核心蛋白质分子质量为 3.2 万,含有胞质结构域、插入质膜的疏水结构域和胞外结构域。细胞外结构域连接有硫酸肝素和硫酸软骨素,是细胞膜表面主要蛋白聚糖之一。

蛋白聚糖聚合体(aggrecan)是细胞外基质的重要成分之一,由透明质酸长聚糖两侧经连接蛋白而结合许多蛋白聚糖而成。由于糖胺聚糖上羧基或硫酸根均带有负电荷,彼此相斥,所以在溶液中蛋白聚糖聚合物呈瓶刷状(图 4-5)。

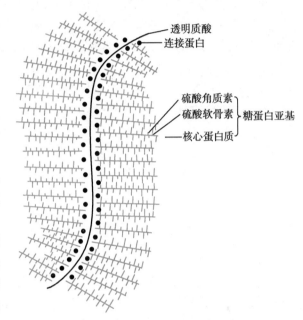

图 4-5　骨骺软骨蛋白聚糖聚合物

三、蛋白聚糖合成时在多肽链上逐一加上糖基

在内质网上,蛋白聚糖先合成核心蛋白质的多肽链部分,多肽链合成的同时即以 O- 连接或 N- 连接的方式在丝氨酸或天冬酰胺残基上进行聚糖加工。聚糖的延长和加工修饰主要是在高尔基体内进行,以单糖的 UDP 衍生物为供体,在多肽链上逐个加上单糖,而不是先合成二糖单位。每一单糖都有其特异性的糖基转移酶,使聚糖依次延长。聚糖合成后再予以修饰,糖胺的氨基来自谷氨酰胺,硫酸则来自“活性硫酸”,即 3′- 磷酸腺苷 5′- 磷酰硫酸。差向异构酶可将葡萄糖醛酸转变为艾杜糖醛酸。

四、蛋白聚糖是细胞间基质的重要成分

(一) 蛋白聚糖最主要的功能是构成细胞间基质

在细胞基质中各种蛋白聚糖以特异的方式与弹性蛋白、胶原蛋白相连,赋予基质特殊的结构。基质中含有大量透明质酸,可与细胞表面的透明质酸受体结合,影响细胞与细胞的黏附、细胞迁移、增殖和分化等过程。由于蛋白聚糖中的糖胺聚糖是多阴离子化合物,可结合 Na^+、K^+,从而吸收水分子;糖的羟基也是亲水的,所以基质内的蛋白聚糖可以吸引、保留水而形成凝胶,容许小分子化合物自由扩散但阻止细菌通过,发挥保护作用。

细胞表面也有众多类型的蛋白聚糖,大多数含有硫酸肝素,分布广泛,在神经发育、细胞识别结合和分化等方面起重要的调节作用。有些细胞还存在丝甘蛋白聚糖,它的主要功能是与带正电荷的蛋

白酶、羧肽酶或组织胺等相互作用,参与这些生物活性分子的贮存和释放。

(二) 各种蛋白聚糖有其特殊功能

肝素是重要的抗凝剂,能使凝血酶失活;还能特异地与毛细血管壁的脂蛋白脂肪酶结合,促使后者释放入血。在软骨中硫酸软骨素含量丰富,维持软骨的机械性能。角膜的胶原纤维之间充满硫酸角质素和硫酸皮肤素,使角膜透明。在肿瘤组织中各种蛋白聚糖的合成发生改变,可能与肿瘤增殖和转移有关。

第三节 │ 聚糖结构蕴藏大量生物信息

聚糖参与细胞识别、细胞黏附、细胞分化、免疫识别、细胞信号转导、微生物致病过程和肿瘤转移过程等。糖生物学研究表明,特异的聚糖结构被细胞用来编码若干重要信息。在细胞内,聚糖参与并影响糖蛋白从初始合成至最后亚细胞定位的各个阶段及其功能。

一、聚糖组分是糖蛋白执行功能所必须

各类多糖或聚糖的合成并没有类似核酸、蛋白质合成所需模板的指导,而聚糖中的糖基序列或不同糖苷键的形成,主要取决于糖基转移酶的特异性识别糖底物和催化作用。依靠多种糖基转移酶特异性地、有序地将供体分子中糖基转运至接受体上,在不同位点以不同糖苷键的方式,形成有序的聚糖结构。

鉴于糖基转移酶由基因编码,糖基转移酶继续了基因至蛋白质信息流,将信息传递至聚糖分子。另外,聚糖(如血型物质)作为某些蛋白质组分与生物表型密切相关,体现生物信息。

二、结构多样性的聚糖富含生物信息

聚糖结构的多样性和复杂性很可能赋予其携带大量生物信息的能力。上述复合糖类分子中聚糖在细胞间通信、蛋白质折叠、蛋白质转运与定位、细胞黏附和免疫识别等方面发挥的功能,就是聚糖所携带生物信息的具体体现。目前对聚糖携带生物信息的详细方式、传递途径所知甚少。

(一) 聚糖空间结构多样性是其携带信息的基础

聚糖结构具有复杂性与多样性。复合糖类中的各种聚糖结构存在单糖种类、化学键连接方式及分支异构体的差异,形成千变万化的聚糖空间结构。尽管哺乳类动物单糖种类有限,但由于单糖连接方式、修饰方式的差异,使存在于聚糖中的单糖结构不计其数。例如,2个相同己糖的连接就有 α 与 β1,2 连接、1,3 连接、1,4 连接和 1,6 连接 8 种方式,加之聚糖中的单糖修饰(如甲基化、硫酸化、乙酰化、磷酸化等),所以从理论上计算,组成复合糖类中聚糖的己糖结构可能达 10^{12} 之多(尽管并非所有的结构都天然存在)。目前已知糖蛋白 N- 连接型聚糖中的己糖结构已有 2 000 种。这种聚糖的结构多样性可能是其携带生物信息的基础。

(二) 聚糖空间结构多样性受基因编码的糖基转移酶和糖苷酶调控

聚糖空间结构的多样性提示所含信息量可能不亚于核酸。每一聚糖都有一个独特的能被单一蛋白质阅读、并与其相结合的特定空间构象,这就是现代糖生物学家假定的糖密码(sugar code)。如果真的存在糖密码的话,那么糖密码是如何产生的,其上游分子又是什么? 这是糖生物学研究领域面临的挑战。

已知构成聚糖的单糖种类与单糖序列是特定的,即存在于同一糖蛋白同一糖基化位点的聚糖结构通常是相同的(但也存在不均一性),提示"糖蛋白聚糖合成规律可能由上游分子控制"。目前,从复合糖类中聚糖的生物合成过程(包括糖基供体、合成所需酶类、合成的亚细胞部位、合成的基本过程)得知,聚糖的合成受基因编码的糖基转移酶和糖苷酶调控。糖基转移酶的种类繁多,已被克隆的糖基转移酶就多达 130 余种,其主要分布于内质网或高尔基体,参与聚糖的生物合成。除了受糖基转移酶和糖苷酶调控外,聚糖结构可能还受到其他因素的影响与调控。

小　结

在细胞表面和细胞间质中存在着丰富的糖蛋白和蛋白聚糖,两者均由蛋白质部分和聚糖部分所组成。糖蛋白聚糖有 N- 连接型和 O- 连接型之分,前者聚糖以共价键方式与糖基化位点即 Asn-X-Ser/Thr 模体中的天冬酰胺的酰胺氮连接,后者与糖蛋白特定丝 / 苏氨酸残基侧链的羟基共价结合。N- 连接型聚糖可分成高甘露糖型、复杂型和杂合型三型,都是由特异的糖苷酶和糖基转移酶催化加工而成。糖蛋白的聚糖参与许多生物学功能,如影响新生肽链的加工、运输和糖蛋白的生物半衰期,参与糖蛋白的分子识别和生物活性等。

蛋白聚糖由糖胺聚糖和核心蛋白质组成。体内重要的糖胺聚糖有硫酸软骨素、硫酸肝素、透明质酸等。蛋白聚糖是主要的细胞外基质成分,与胶原以特异的方式相连而赋予基质以特殊的结构。细胞表面的蛋白聚糖还参与细胞黏附、迁移、增殖和分化等功能。

复合糖类中的各种聚糖结构存在单糖种类、化学键连接方式及分支异构体的差异,形成千变万化的聚糖空间结构,其复杂程度远高于核酸或蛋白质结构,很可能赋予其具有携带大量生物信息的能力。聚糖空间结构多样性受到多种因素的调控。

思考题:

1. 配体和受体相互作用时存在多重结合方式,有共受体参与的多体结合,以及同时具有蛋白质 - 蛋白质、蛋白质 - 糖类不同性质的多点结合。请举例说明配体与受体识别、结合也需要聚糖的参与。

2. 就糖蛋白而言,其寡糖链影响着蛋白质的整体构象,从而影响由构象决定的所有功能。试举例说明糖蛋白寡糖链的主要功能。

3. 有研究表明,蛋白聚糖与肿瘤特别是恶性肿瘤的发生、发展有密切联系。请进一步查阅文献,并阐述肿瘤组织中蛋白聚糖发生哪些变化,变化的可能原因是什么? 蛋白聚糖及其变化对肿瘤进程有什么影响?

思考题解题思路

本章目标测试

本章思维导图

(解　军)

第五章 | 水和无机元素

组成人体的元素和物质很多,其中无机元素对维持人体正常生理功能必不可少,而液态水是生命存在的基础。水是人体的基本组成成分,在维持组织、细胞的形态、物质在体内的运输、调节体温、润滑关节以及参与物质代谢等方面具有十分重要的作用。无机元素按人体每日需要量的多少可分为微量元素(trace element / microelement)和常量元素(macroelement)。微量元素指人体每日需要量在100mg以下的化学元素,主要包括铁、碘、铜、锌、锰、硒、氟、钼、钴、铬等。常量元素主要有钠、钾、氯、钙、磷、镁等。钠、钾、氯、镁的代谢和生理功能将在病理生理学中详细介绍。

第一节 | 水

地球上的生命经历了被称为"化学演变"复杂的分子形成过程。这一过程涉及许多不同物质的混合和反应。反应需要溶剂,液态水是最好的溶剂,尤其适合溶解生命世界中的许多物质,提供相互碰撞和反应的介质。生命在进入陆地之前已在海洋中产生并生存了数亿年,这一事实充分地证明了水的重要性。如果没有液态水,生命无法进化。水具有十分重要的生理功能,因生理或病理原因导致体内缺水时,机体多种功能受到影响,并随缺水程度的不同,引起相应的病理生理变化,甚至危及生命。

一、水是生命之源

(一)水以多种形态存在于自然界

水分子以液、气、固等多种形态存在。常温常压液态的被称为水;气态的水被称为水蒸气;固态的水被称为冰。冰的熔点是0℃,其密度为0.9g/cm³。水体积最小时为4℃,当水冻结成冰时,体积可增大约1/9。水蒸气冷凝后成为液态小水滴。当在临界温度及压力(647K 及 22.064MPa)时,水分子为一种"超临界"状态,液态般的水滴漂浮于气态之中。水具有反常的热胀冷缩特性,当水低于4℃时热缩冷胀,导致密度下降,而高于4℃时,则恢复热胀冷缩。普通水中的氢原子被其核素氘所取代而形成的水被称为重水,其化学性质和普通水基本一致,常用于核反应堆中减速中子。标准大气压下,水的冰点为0℃,沸点为100℃。重水的冰点是3.8℃。许多物质加入水中都可以降低水的冰点,如甲醇、乙醇、甘油、氯化钙等。水的这种特性是设计抗冻物质的基础。

(二)水在人体内具有十分重要的生理功能

水是人体的基础组成成分之一。人体含有大量水,水在人体的比重随年龄的增长不断减少。胎儿时约占90%,婴儿时约为80%,青壮年时约占70%,老年时仅为60%~50%。人的老化过程也包含了水丢失的过程。人体内不同组织器官含水比重不同,以成年人为例,含水最多的是脑脊髓组织,约占99%;血液约有83%的水;肌肉含水约为77%;骨骼虽硬,但也含约20%的水。

水是生物大分子(蛋白质、核酸、酶、糖复合物等)组成之一,没有水,体现生命现象的功能就不能实现。水是媒介和载体,与生物大分子共同完成生命的能量产生与利用、物质代谢和信息传递等生命活动。水的生理功能主要有:

1. **维持组织、细胞的形态** 体内的水以自由水的形式分布于细胞内液和细胞外液之中,此外,还有一部分水与蛋白质、核酸和蛋白多糖等物质结合,以结合水的形式存在。结合水参与构成细胞的原生质,维持组织器官的特殊形态、硬度和弹性,是某些特殊生理功能正常发挥的物质基础。例如心肌和血液均含 80% 左右的水,血液中结合水较少,而心肌含较多的结合水,使得心肌呈坚实形态。

2. 运输物质　水是良好的溶剂,因其黏度小而易流动,有利于营养物质和代谢产物在体内的运输。人体血液含水量较高,是血液循环的基础,具有载体和流通作用。水溶性物质可溶解在水中进行运输,而一些不溶于水的物质如脂质,可通过与亲水的蛋白质分子结合而稳定地存在于水中,通过血液循环被输送至身体各个部位。水在血管、细胞之间进行流动,将氧和营养物质运送到组织细胞,再把代谢废物排出体外。

3. 参与物质代谢　人的各种生理活动都需要水。水可以溶解各种营养物质,脂肪和蛋白质等需要成为悬浮于水中的胶体状态才能被吸收;许多代谢反应需要水的直接参与,如水解反应、加水反应和加水脱氢反应等。

4. 润滑作用　水是体内的润滑剂,具有良好的润滑作用。皮肤缺水就会变得干燥而失去弹性;泪液可以防止眼球干燥,有利于眼球的转动;唾液湿润咽部,有利于食物吞咽;胸腔和腹腔的浆液以及呼吸道和消化道的黏液可以减少摩擦,有利于呼吸和消化功能的发挥;关节液能滑润关节,使关节灵活运动。

5. 调节体温　水参与体温的调节与其特性密切相关。

(1)水的比热容高:体内因含有大量的水,在代谢过程中所产生的热能多被水吸收,保持体温相对恒定。

(2)水的蒸发热大:当机体在 37℃ 时,每毫升水的蒸发热为 2 424.6J,蒸发少量水即可散发体内贮存的大量热。

(3)水的导热性强:水为非金属导热体,虽各组织代谢强度、产热量不一样,但可通过水的导热作用来保证机体各组织和器官间的温度趋于一致。

环境温度高于体温时,通过出汗,使水蒸发并带走一部分热量而降低体温;环境温度低于体温时,水因其有较大的贮备热量能力,使得人体不致因外界温度低而导致体温发生明显的波动。

二、水溶液中的非共价键是稳定生物大分子结构和功能的重要因素之一

(一) 水分子由两个氢原子与一个氧原子以单键结合而成

由于水分子氧的电负性很高,共用电子强烈地偏向于氧原子的一边,而使氢原子显示出较大的电正性,即氧原子带有部分负电荷,而氢原子带有部分正电荷,导致水分子具有明显的极性(图 5-1)。游离状态下的水分子因电性吸引由氢键而形成二个至几十个水分子的结合体(图 5-2)。

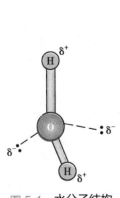

图 5-1　水分子结构

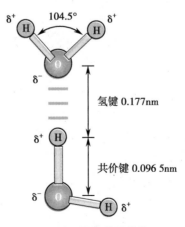

图 5-2　双水分子结构

(二) 氢键是水分子之间形成的非共价键

水分子中的氧原子和氢原子电子云分布不均匀,使其成为一个强偶极子。水分子发生电荷的共用及再分配,一个水分子中的氢原子能够与附近另一水分子中的氧原子发生正负电荷相吸现象,从而

在邻近水分子之间形成一种相互连接的作用力，即在电子供体与受体之间形成了"氢键"。一个水分子可以形成 4 个氢键，与 4 个水分子结合，形成四面体。水分子亦可进入四面体中，形成配位数大于4 的水结构。氢键属于非共价键，在自身热运动和外环境的影响下易断裂与重建。水结构的易变性及氢键网络把水分子聚集在一起的集团作用，赋予水对生命具有重要意义的特性。

氢键具有方向性和饱和性。形成氢键的原子只能大致处于一条直线上且仅能形成一个氢键。生物大分子间的互相识别是一个结构域构象互补的识别过程。只有两个分子相互结合的结构域内的每一个成氢键原子都能在另一分子上找到对位的原子，才能形成稳定的氢键。

(三) 水溶液中的非共价键影响大分子物质的结构与功能

水溶液中除氢键外，还存在离子键、疏水键和范德瓦耳斯力（又称范德华力）等非共价键。这四种非共价键各自单独与共价键相比其键能均较弱，但多个非共价键共同作用后的累积效应对稳定大分子物质的结构十分重要。大分子物质（DNA、蛋白质等）的空间结构的稳定需多种非共价键，如 DNA的双螺旋结构、蛋白质的 α- 螺旋、β- 折叠等均需要氢键等非共价键的存在。当一些因素影响这些非共价键的稳定性，大分子物质的空间结构将受影响，若溶液 pH 的改变将影响蛋白质分子中氢键的形成，从而改变蛋白质的空间结构，使其生物学性质发生变化。如酸、碱溶液引起蛋白质的变性等。

大分子物质的空间结构的正确是其功能的保证。大分子之间相互作用也需要非共价键的参与。如激素或神经递质与细胞膜受体的结合是多种非共价键相互作用的结果。在分子水平上，生物大分子之间的相互作用反映了分子表面的极性、带电和疏水基团之间的互补性和弱相互作用。当任何改变分子表面基团的极性和非共价键形成的因素均影响大分子之间的相互作用，其功能将部分或全部丧失。酶与底物的结合也遵循上述原则，如图 5-3 所示。

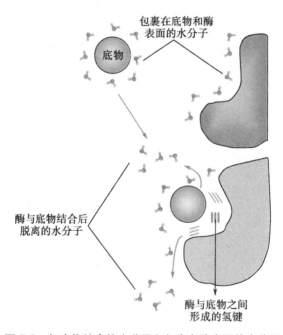

图 5-3　与底物结合的水分子和包裹在酶表面的水分子

三、水是一种既能释放质子也能接受质子的两性物质

(一) 水可电离为 H_3O^+ 离子和 OH^- 离子

水是一种酸碱两性物质，在水分子之间可以发生质子的传递，1 个水分子能从另 1 个水分子中得到质子而形成 H_3O^+ 离子（水合氢离子，hydronium ion），而失去质子的水分子则成为 OH^- 离子，即水分子既能释放质子也能接受质子。也可理解为 1 分子水可电离成 H^+ 和 OH^-。这类发生在同种溶剂分子之间的质子传递作用称为质子自递反应（也称水的电离反应）。

（二）水溶液的酸碱度可用 pH 来表示

在一定温度下水的电离反应达到平衡时，存在如下关系：

$$[H_3O^+][OH^-]=K[H_2O]2=K_W$$

公式中 K_W 称为水的离子积常数。在一定温度下，纯水中 H_3O^+ 离子的平衡浓度与 OH^- 离子的平衡浓度的乘积为一定值（室温下一般为 $K_W=1.0\times10^{-14}$）。此关系也适用于任何水溶液，若已知溶液中 H_3O^+ 离子浓度，利用该公式可计算出溶液中 OH^- 离子浓度。因此，水溶液的酸度或碱度均可用 H_3O^+（H^+）或 OH^- 的浓度来表示。

（三）水分子参与缓冲体系的形成

缓冲溶液是一种特殊的水溶液系统，能在一定程度上抵消或减轻外加强酸或强碱对溶液酸碱度的影响，从而保持溶液的 pH 相对稳定，与维持人体正常的血液 pH、肺的呼吸功能、肾的排泄和重吸收功能以及物质代谢产生的酸碱性代谢产物清除等密切相关。缓冲体系主要由弱酸（H^+ 供体）和它的共轭碱（H^+ 受体）组成。在缓冲溶液中发生的质子反应，使得水分子产生 H_3O^+ 和 OH^-，水合氢离子浓度取决于弱酸与其共轭碱的浓度比。当加入少量强碱时，酸被中和，导致溶液中 OH^- 的累积很少，H_3O^+ 浓度变化也很小；反之加入少量弱酸则是相似的结果。因此，由于水分子参与缓冲体系的形成和对外来酸、碱物质引起质子变化的缓冲，维持了体系内 H_3O^+ 和 OH^- 浓度的平衡而导致溶液 pH 的相对恒定。

四、水摄入不足或丢失过多可引起脱水

水以细胞外液和细胞内液形式存在于机体内。细胞外液占体重的 20%，细胞内液占体重的 40%～50%。总体液百分含量超过或低于正常范围均可发生生理性改变，机体可通过许多机制进行调节。下丘脑是水调节的神经中枢，控制口渴和排尿。随着缺水程度的不断增加，机体出现不同的症状。当机体失水量为体重的 2% 左右时，以细胞外液水丢失为主。此时下丘脑的口渴中枢受到刺激，出现摄水需求，同时排尿减少。若失水量达体重的 4% 左右，细胞内外液水的丢失量大致相等，导致脱水综合征的出现，表现为严重口渴感、心率加快、体温升高、疲劳及体温下降等症状。当失水量为体重的 6%～10% 时，细胞内液水丢失的比例增加，表现呼吸频率增加、血容量减少、恶心、厌食、易激怒、肌肉抽搐、精神活动减弱，甚至发生幻觉、谵语和昏迷等。

水摄入不足或水丢失过多，引起体内失水的现象被称为脱水。根据水与电解质丧失比例的不同可分为高渗性脱水、低渗性脱水和等渗性脱水三种类型，其发病机制将在病理生理学等课程介绍。

第二节 ｜ 无机元素

无机元素绝大多数为金属元素，在体内一般结合成化合物或络合物，广泛分布于各组织中，含量较恒定。无机元素主要来自食物，动物性食物含量较高，种类也较植物性食物多。无机元素通过与酶、其他蛋白质、激素和维生素等结合而在体内发挥多种多样作用。其主要生理作用为：①酶的辅因子。人体内一半以上酶的活性部位含有无机元素。许多酶需要金属离子才有活性或高活性（见第二章）。②参与体内物质运输。如血红蛋白含 Fe^{2+} 参与 O_2 的运输，碳酸酐酶含锌参与 CO_2 的运输。③参与激素和维生素的形成。如碘是甲状腺素合成的必需成分，钴是维生素 B_{12} 的组成成分等。

一、钙既是骨的主要成分又具有重要的调节作用

（一）钙在体内分布广泛

成人血浆（或血清）中的钙含量为 2.25～2.75mmol/L，不到人体总量的 0.1%，约一半是游离 Ca^{2+}；另一半为蛋白结合钙，主要与清蛋白结合，少量与球蛋白结合。游离钙与蛋白结合钙在血浆中呈动态平衡状态。血浆 pH 可影响它们的平衡，当血浆偏酸时，蛋白结合钙解离，血浆游离钙增多；当 pH 升高时，蛋白结合钙增多，而游离钙减少。平均每增减 1 个 pH 单位，每 100ml 血浆游离钙浓度相应改

变 0.42mmol(1.68mg)。分布于体液和其他组织中的钙不足总钙量的 1%。细胞外液游离钙的浓度为 1.12～1.23mmol/L。人体内 99% 以上的钙分布于骨中,以羟基磷灰石[hydroxyapatite,$Ca_{10}(PO_4)_6(OH)_2$] 的形式构成骨和牙的主要成分,起着支持和保护作用。

(二)钙离子具有重要的调节功能

细胞内钙浓度极低,且 90% 以上储存于内质网和线粒体内,胞质钙浓度仅 0.01～0.1mol/L。胞钙 作为第二信使在信号转导中发挥许多重要的生理作用。胞质钙对许多参与细胞代谢的酶具有重要的 调节作用,如鸟苷酸环化酶、磷酸二酯酶等。

钙离子可与细胞膜的蛋白和各种阴离子基团结合,具有调节细胞受体结合、离子通道通透性及神 经递质释放等作用,从而维持神经肌肉的正常生理功能,包括神经肌肉的兴奋性、神经冲动的传导和心 脏的波动等。钙可参与血液凝固、激素分泌、维持体液酸碱平衡以及调节细胞正常生理功能等作用,如 对血液中的酶复活作用、调整细胞或血管的渗透作用、促进细胞再生、旺盛其活力、提高人体免疫力等。

(三)钙代谢紊乱可引起多种疾病

维生素 D 缺乏可引起钙吸收障碍,导致儿童佝偻病(rickets)和成人骨软化症(osteomalacia)。 骨基质丧失和进行性骨骼脱盐可导致中、老年人骨质疏松(osteoporosis)。甲状旁腺功能亢进与维 生素 D 中毒可引起高钙血症(hypercalcemia)、尿路结石等。甲状旁腺功能减退可引起低钙血症 (hypocalcemia)。

二、磷是体内许多重要生物分子的组成成分

(一)磷主要分布于骨

磷主要分布于骨(约占 85.7%),其次为各组织细胞(约 14%),仅少量(约 0.03%)分布于体液。成 人血浆中无机磷的含量为 1.1～1.3mmol/L。正常人血液中钙和磷的浓度相当恒定,每 100ml 血液中 钙与磷含量之积为一常数,即[Ca]×[P]=35～40。因此,血钙降低时,血磷会略有增加。

(二)磷主要以磷酸根的形式构成高分子化合物

磷除了构成骨盐成分、参与成骨作用外,主要以磷酸根的形式构成许多重要的高分子化合物,如 核酸、核苷酸、磷脂、辅酶等,发挥各自重要的生理功能;还可形成 ATP 提供生理活动所需的能量。许 多生化反应和代谢的调节均需要磷酸根的参与。此外,磷还是体液中磷酸氢盐缓冲体系的组成成分 参与调节酸碱平衡。

(三)磷代谢紊乱可引起多种疾病

高磷血症常见于慢性肾病患者,与冠状动脉、心瓣膜钙化等严重心血管并发症密切相关;是引起 继发性甲状旁腺功能亢进、维生素 D 代谢障碍、肾性骨病等的重要因素。维生素 D 缺乏也可减少肠 腔磷酸盐的吸收,是引起低磷血症的原因之一。

三、铁是体内含量最多的微量元素

(一)运铁蛋白和铁蛋白分别运输和储存铁

铁(iron)是体内含量最多的一种微量元素,成年男性平均含铁量约为 50mg/kg 体重,女性约为体 重 30mg/kg 体重。

铁的吸收部位主要在十二指肠及空肠上段。无机铁只有 Fe^{2+} 可以通过小肠黏膜细胞。酸性 pH、 维生素 C 和谷胱甘肽可将 Fe^{3+} 还原为 Fe^{2+},有利于铁的吸收。鞣酸、草酸、植酸、大量无机磷酸、含磷 酸的抗酸药等可与铁形成不溶性或不能吸收的铁复合物,从而影响铁的吸收。络合物中铁的吸收率 大于无机铁,氨基酸、柠檬酸、苹果酸等能与铁离子形成络合物,有利于铁的吸收。

吸收的 Fe^{2+} 在小肠黏膜上皮细胞中氧化为 Fe^{3+},并与铁蛋白(ferritin)结合。铁(Fe^{3+})在血液中 与运铁蛋白(transferrin)结合而运输。正常人血清运铁蛋白浓度为 200～300mg/dl。

体内多余的铁通过结合铁蛋白而储存,主要储存于肝、脾、骨髓、小肠黏膜、胰等器官。铁蛋白是

由 24 个亚基组成的中空分子,其内可结合多达 4 500 个铁离子。

小肠黏膜上皮细胞的生命周期为 2～6 天,细胞内铁蛋白中的铁随着细胞的脱落而排泄于肠腔。这几乎是体内铁的唯一排泄途径。

(二) 体内铁主要存在于含铁卟啉和非铁卟啉的蛋白质中

铁是血红蛋白、肌红蛋白、细胞色素系统、铁硫蛋白、过氧化物酶及过氧化氢酶等的重要组成部分,在气体运输、生物氧化和酶促反应中均发挥重要作用。体内铁约 75% 存在于铁卟啉化合物中,25% 存在于非铁卟啉类含铁化合物(如含铁的黄素蛋白、铁硫蛋白、运铁蛋白等)中。成年男性及绝经后的妇女每日约需铁 10mg,生育期妇女每日约需铁 15mg,儿童在生长发育期、妇女在妊娠哺乳期对铁的需要量增加。

(三) 铁的缺乏与中毒均可引起严重的疾病

铁的缺乏可引起小细胞低色素性贫血。引起缺铁性贫血的原因不限于铁摄入的不足,急性大量出血、慢性小量出血(如消化道溃疡、妇女月经失调出血等)以及儿童生长期和妇女妊娠、哺乳期得不到铁的额外补充等均可引起缺铁性贫血。

Fe^{2+} 非常活泼,可与氧反应产生羟自由基和过氧化自由基。Fe^{2+} 还像重金属离子那样,与体内蛋白质结合,破坏其结构。在 Fe^{2+} 或酯氧合酶的作用下,细胞膜上高表达的不饱和脂肪酸,发生脂质过氧化可诱导铁死亡。所以体内铁在储存与运输过程中均为 Fe^{3+},并与特异的蛋白相结合。铁摄入过剩,部分铁蛋白变性生成血铁黄素(hemosiderin),体内铁沉积过多时可出现血色素沉着病(hemochromatosis),引起器官损伤,可出现肝硬化、肝癌、糖尿病、心肌病、皮肤色素沉着、内分泌紊乱、关节痛等。

四、锌是含锌金属酶和锌指蛋白的组成成分

(一) 清蛋白和金属硫蛋白分别参与锌的运输和储存

锌(zinc)在人体内的含量仅次于铁,为 1.5～2.5g。成人每日需锌 15～20mg。肉类、豆类、坚果、麦胚等含锌丰富。锌主要在小肠吸收,但不完全。某些地区的谷物中含有较多的能与锌形成不溶性复合物的 6- 磷酸肌醇,从而影响锌的吸收。血中锌与清蛋白或运铁蛋白结合而运输。血锌浓度为 0.1～0.15mmol/L。体内储存的锌主要与金属硫蛋白(metallothionein)结合。锌主要经粪排泄,其次为尿、汗、乳汁等。

(二) 锌参与体内的多种生理作用

锌是含锌金属酶的组成成分,与 80 多种酶的活性有关,如碳酸酐酶、铜 - 锌 - 超氧化物歧化酶、醇脱氢酶、羧基肽酶 A 和 B、DNA 和 RNA 聚合酶等。许多蛋白质,如反式作用因子、类固醇激素和甲状腺素受体的 DNA 结合区,都有锌参与形成的锌指结构。锌指结构在转录调控中起重要作用。锌是重要的免疫调节剂、生长辅因子,在抗氧化、抗细胞凋亡和抗炎症中均起重要作用。锌也是合成胰岛素所必需的元素。

(三) 锌缺乏可引起多种疾病

锌的补充依赖体外摄入,如果各种原因引起锌的摄入不足或吸收困难,均可引起锌的缺乏。锌缺乏可引起消化功能紊乱、生长发育滞后、智力发育不良、皮肤炎、伤口愈合缓慢、脱发、神经精神障碍等;儿童可出现发育不良和睾丸萎缩。

五、铜主要与铜蓝蛋白结合和构成酶的辅因子

(一) 铜在血液中主要与铜蓝蛋白结合而运输

成人体内铜(copper)的含量为 80～110mg,肌肉中约占 50%,10% 存在于肝。成人每日需铜 1～3mg,孕妇和成长期的青少年可略有增加。铜主要在十二指肠吸收。血液中约 60% 的铜与铜蓝蛋白(ceruloplasmin)紧密结合,其余的与清蛋白疏松结合或与组氨酸形成复合物。铜主要随胆汁排泄。

（二）铜是多种含铜酶的辅基

铜是体内多种酶的辅基，含铜的酶多以氧分子或氧的衍生物为底物。如细胞色素氧化酶、多巴胺β-羟化酶、单胺氧化酶、酪氨酸酶、胞质超氧化物歧化酶等。铜蓝蛋白可催化 Fe^{2+} 氧化成 Fe^{3+}，后者结合运铁蛋白，有利于铁的运输。

（三）铜缺乏可导致小细胞低色素性贫血等疾病

铜缺乏的特征性表现为小细胞低色素性贫血、白细胞减少、出血性血管改变、骨脱盐、高胆固醇血症和神经疾患等。铜摄入过多也会引起中毒现象，如蓝绿粪便、唾液及行动障碍等。

六、锰主要为多种酶的组成成分或活性剂

（一）大部分锰与血浆中 γ- 球蛋白和清蛋白结合而运输

正常人体内含锰（manganese）12～20mg。成人每日需 2～5mg。锰主要从小肠吸收，入血后大部分与血浆中 γ- 球蛋白和清蛋白结合而运输。少量与运铁蛋白结合。锰在体内主要储存于骨、肝、胰和肾。锰主要从胆汁排泄，少量随胰液排出，尿中排泄很少。

（二）体内锰对多种酶具有激活作用

锰金属酶有精氨酸酶、谷氨酰胺合成酶、磷酸烯醇式丙酮酸脱羧酶、Mn- 超氧化物歧化酶、RNA 聚合酶等。体内锰对多种酶的激活作用可被镁所代替。体内正常免疫功能、血糖与细胞能量调节、生殖、消化、骨骼生长、抗自由基等均需要锰。缺锰时生长发育会受到影响。

（三）过量摄入锰可引起中毒

过量摄入锰可引起中毒。锰可抑制呼吸链中复合物 I 和 ATP 酶的活性，造成氧自由基的过量产生。锰干扰多巴胺的代谢，导致精神病和帕金森病等神经功能障碍（锰狂症）。

七、硒主要作为谷胱甘肽过氧化物酶活性中心的组成成分

（一）大部分硒与 α 和 β 球蛋白结合而运输

人体含硒（selenium）为 14～21mg。成人日需要量在 30～50μg。硒在十二指肠吸收。入血后与 α 和 β 球蛋白结合，小部分与 VLDL 结合而运输，主要随尿及汗液排泄。

（二）硒以硒半胱氨酸形式参与多种重要硒蛋白的组成

硒在体内以硒半胱氨酸（selenocysteine）的形式存在于近 30 种蛋白质中。这些含硒半胱氨酸的蛋白质称为硒蛋白（selenoprotein）。谷胱甘肽过氧化物酶、硒蛋白 P、硫氧还蛋白还原酶、碘甲腺原氨酸脱碘酶均属硒蛋白。谷胱甘肽过氧化物酶是重要的含硒抗氧化蛋白，通过氧化谷胱甘肽来降低细胞内 H_2O_2 的含量，防止细胞遭受破坏。碘甲腺原氨酸脱碘酶可激活或去激活甲状腺激素，这是硒通过调节甲状腺激素水平来维持机体生长、发育与代谢的重要途径。此外，硒还参与辅酶 Q 和辅酶 A 的合成。

（三）硒缺乏可引发多种疾病

缺硒可引发很多疾病，如糖尿病、心血管疾病、神经变性疾病、某些癌症等。世界上不同地区的土壤中含硒量不同，影响食用植物中硒的含量，从而影响人类硒的摄取量。克山病便是由于地域性生长的庄稼中含硒量低引起的地方性心肌病。

由于硒的抗氧化作用，服用硒（如 200μg/d）或含硒制剂可以明显降低某些癌症（如前列腺癌、肺癌、大肠癌）的危险性。硒过多也会引起中毒症状。

八、碘是甲状腺素合成的必需成分

（一）碘在甲状腺中富集

成人体内含碘（iodine）30～50mg，其中约 30% 集中在甲状腺内，用于合成甲状腺激素。60%～80% 以非激素的形式分散于甲状腺外。成人每日需碘 100～300mg。碘的吸收部位主要在小肠。碘

主要随尿排出,尿碘约占总排泄量的 85%,其他由汗腺排出。

(二) 碘参与甲状腺激素的组成同时具有抗氧化作用

碘在人体内的一个主要作用是参与甲状腺激素的合成。碘的另一重要功能是抗氧化作用。在含碘细胞中有 H_2O_2 和过氧脂质存在时,碘可作为电子供体发挥作用。碘可与活性氧竞争细胞成分和中和羟自由基,防止细胞遭受破坏。碘还可以与细胞膜多不饱和脂肪酸的双键接触,使之不易产生自由基。因此,碘在预防癌症方面有一定的积极作用。

(三) 碘缺乏可引起地方性甲状腺肿

缺碘可引起地方性甲状腺肿,严重可致发育停滞、痴呆,如胎儿期缺碘可致呆小病。若摄入碘过多又可致高碘性甲状腺肿,表现为甲状腺功能亢进及一些中毒症状。

九、钴是维生素 B_{12} 的组成成分

(一) 钴参与合成维生素 B_{12}

人体对钴(cobalt)的最小需要量为 1μg。来自食物中的钴必须在肠内经细菌合成维生素 B_{12} 后才能被吸收利用。钴主要从尿中排泄。体内的钴主要以维生素 B_{12} 的形式发挥作用(见第六章)。

(二) 钴缺乏可引起巨幼细胞贫血等疾病

钴的缺乏可使维生素 B_{12} 缺乏,而维生素 B_{12} 缺乏可引起巨幼细胞贫血等疾病。由于人体排钴能力强,很少有钴蓄积的现象发生。

十、氟与骨、牙的形成及钙磷代谢密切相关

(一) 氟主要与球蛋白结合而运输

成人体内含氟(fluorine)2~6g,其中 90% 分布于骨、牙中,少量存在于指甲、毛发及神经肌肉中。氟的生理需要量每日为 0.5~1.0mg。氟主要从胃肠和呼吸道吸收,入血后与球蛋白结合,小部分以氟化物形式运输。血中氟含量约为 20μmol/L。氟主要从尿中排泄。

(二) 氟主要被羟基磷灰石吸附参与代谢

氟可被羟基磷灰石吸附,生成氟磷灰石,从而加强对龋牙的抵抗作用,与骨、牙的形成及钙磷代谢密切相关。

(三) 氟缺乏可引起骨质疏松

缺氟可致骨质疏松,易发生骨折;牙釉质受损易碎。氟过多可引起骨脱钙和白内障,并可影响肾上腺、生殖腺等多种器官的功能。

十一、铬与胰岛素的作用密切相关

(一) 铬的最好来源是肉类

整粒的谷类、豆类、海藻类、啤酒酵母、乳制品和肉类是铬(chromium)的最好来源,尤以肝脏和其他内脏,是生物有效性高的铬的来源。人体每日摄入铬 30~40μg 便足以满足人体的需要。

(二) 铬与胰岛素的作用关系密切

铬是铬调素(chromodulin)的组成成分。铬调素通过促进胰岛素与细胞受体的结合,增强胰岛素的生物学效应。铬缺乏主要表现为胰岛素功效降低,导致葡萄糖耐量受损,血清胆固醇和血糖上升。动物实验证明,铬还具有预防动脉硬化和冠心病的作用,并为生长发育所需要。

(三) 铬失调对人体具有危害

因膳食因素所致铬摄取不足而引起的缺乏症未见报道。但过量可出现铬中毒。六价铬的毒性比三价铬高约 100 倍,但不同化合物毒性不同。临床上铬及其化合物主要侵害皮肤和呼吸道,出现皮肤黏膜的刺激和腐蚀作用,如皮炎、溃疡、咽炎、胃痛、胃肠道溃疡,伴有周身酸痛、乏力等,严重者发生急性肾衰竭。

小 结

水分子以液、气、固等多种形态存在于自然界。常温常压的液态我们称之为水,气态的水被称为水蒸气,固态的水被称为冰。冰的熔点是0℃,其密度为0.9g/cm³。水体积最小时为4℃,当水冻结成冰时,体积可增大约1/9。普通水中的氢原子被其核素氘所取代而形成的水被称为重水,标准大气压下,水的冰点为0℃,沸点为100℃。重水的冰点是3.8℃。水分子由两个氢原子与一个氧原子以单键结合而成;水分子之间可形成氢键,具有方向性和饱和性。水是人体的基础组成成分之一,也以结合水的形式参与生物大分子(蛋白质、核酸、酶、碳水化合物等)的组成。水是媒体和载体,水溶液中的非共价键影响大分子物质的结构与功能,与生物大分子共同完成生命的能量、物质和信息等生命活动。水的生理功能主要为维持组织、细胞的形态,运输物质,参与物质代谢,润滑作用,调节体温等。水是一种酸碱两性物质,可电离为H_3O^+离子和OH^-离子。水分子参与缓冲体系的形成。水摄入不足或丢失过多可引起脱水。

无机元素绝大多数为金属元素。在体内一般结合成化合物或络合物,广泛分布于各组织中,含量较恒定。无机元素通过构成酶活性中心或辅酶、参与体内物质运输、参与激素和维生素的生成等形式在体内发挥重要作用。钙与磷除了作为骨的主要组成外,还具有重要的生理调节功能,血钙与血磷相对恒定,PTH、CT和$1,25\text{-}(OH)_2\text{-}D_3$调节钙磷代谢。铁是血红蛋白、肌红蛋白、细胞色素系统、呼吸链复合物、过氧化物酶及过氧化氢酶等的重要组成部分,在气体运输、生物氧化和酶促反应中均发挥重要的作用。运铁蛋白和铁蛋白分别是铁的运输和储存形式。铁的缺乏可引起小细胞低色素性贫血。锌是含锌金属酶和许多锌指蛋白的组成成分。铜是体内多种酶的辅基。锰是多种酶的组成成分和激活剂。硒在体内以硒半胱氨酸的形式存在于硒蛋白中,具有抗氧化和维持机体生长、发育与代谢的重要功能。碘参与甲状腺激素的合成。钴主要以维生素B_{12}的形式发挥作用。氟与骨、牙的形成及钙磷代谢密切相关。铬作为铬调素的组成成分有增敏胰岛素的作用。

思考题:

1. 水如何参与缓冲体系的形成?

2. 缺乏哪些无机元素可能导致贫血?

3. 什么是微量元素? 试述微量元素发挥生理作用的主要形式和机制。

思考题解题思路

本章目标测试

本章思维导图

(朱华庆)

第六章 | 维生素

维生素（vitamin）是人体内不能合成或合成量甚少，不能满足机体需要，必须由食物供给的一类低分子量有机化合物，是人体的重要营养素之一。维生素不是机体组织的组成成分，也不是供能物质，然而在调节人体物质代谢、生长发育和维持正常生理功能等方面却发挥着极其重要的作用。人体对维生素的日需要量极少，但如果人体长期摄入不足或吸收障碍，可致维生素缺乏症；若人体长期过量摄取某些维生素，也可导致维生素中毒。按照溶解特性，维生素可分为脂溶性维生素（fat-soluble vitamin）和水溶性维生素（water-soluble vitamin）两大类。

第一节 │ 脂溶性维生素

脂溶性维生素是疏水性化合物，易溶于脂质和有机溶剂，常随脂质被吸收，包括维生素 A、维生素 D、维生素 E 和维生素 K。脂溶性维生素在血液中与脂蛋白质或特异性蛋白质结合而运输，不易被排泄，在体内主要储存于肝，故不需每日供给。维生素 A、维生素 D、维生素 E 和维生素 K 的结构不同（图 6-1），执行不同的生物化学与生理功能。脂质吸收障碍和食物中长期缺乏此类维生素可引起相应的缺乏症，摄入过多则可发生中毒。

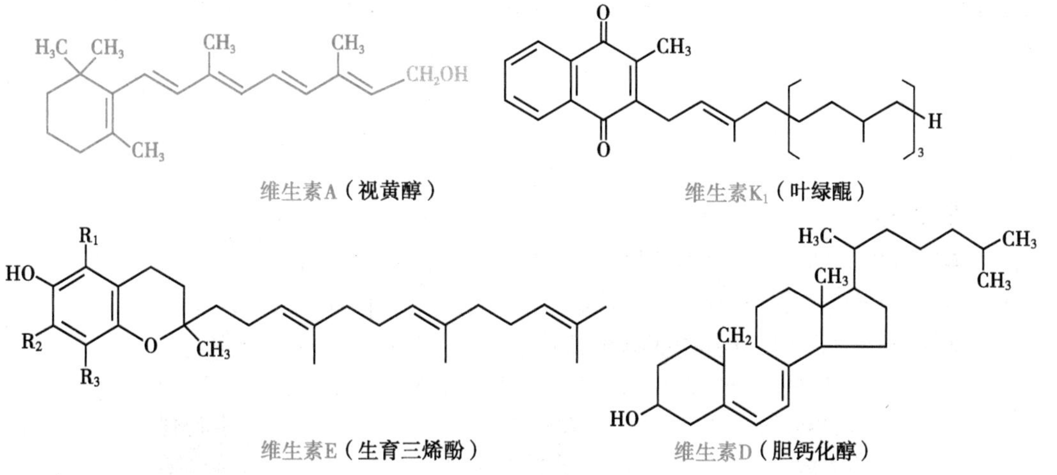

维生素A（视黄醇）　维生素K₁（叶绿醌）　维生素E（生育三烯酚）　维生素D（胆钙化醇）

图 6-1　脂溶维生素的结构

一、维生素 A 主要参与视循环

（一）维生素 A 是不饱和一元醇

维生素 A（vitamin A）是由 1 分子 β-白芷酮环和 2 分子异戊二烯构成的不饱和一元醇。天然维生素 A 指 A₁，即视黄醇（retinol），主要存在于哺乳类动物和咸水鱼肝中。维生素 A₂ 即 3-脱氢视黄醇存在于淡水鱼肝中。

肝、肉类、蛋黄、乳制品等动物性食品都是维生素 A 的丰富来源。食物中的维生素 A 主要以酯的形式存在，受小肠酯酶的水解生成视黄醇进入小肠黏膜上皮细胞后又重新被酯化，并掺入乳糜微粒，通过淋巴转运。乳糜微粒中的视黄醇酯可被肝细胞摄取并被水解为游离视黄醇。在血液中，视黄醇与视黄醇结合蛋白质（retinol binding protein，RBP）相结合，后者再结合甲状腺素视黄质运载蛋白质（transthyretin，TTR），形成视黄醇-RBP-TTR复合体。在细胞内，视黄醇与细胞中RBP结合。肝细胞内过多的视黄醇被转移到肝内星状细胞，以视黄醇酯的形式储存。

植物中含有被称为维生素A原（provitamin A）的多种胡萝卜素，其中以β-胡萝卜素（β-carotene）最为重要。β-胡萝卜素可在小肠黏膜细胞或肝中被双加氧酶分解生成2分子全反式视黄醇。小肠黏膜每分解6分子β-胡萝卜素仅获得1分子视黄醇，即β-胡萝卜素转化为维生素A的转化当量仅为1/6。

（二）维生素A不仅参与视循环还是抗氧化剂

在细胞内，醇脱氢酶催化视黄醇和视黄醛（retinal）之间的可逆反应。视黄醛在视黄醛脱氢酶的催化下又不可逆氧化生成视黄酸（retinoic acid）。视黄醇、视黄醛和视黄酸是维生素A的活性形式。

1. 视黄醛参与视觉传导 人视网膜的光受体细胞分为锥状细胞和杆状细胞。锥状细胞可感受亮光和产生色觉，杆状细胞则感受弱光或暗光。在人视网膜杆状细胞内，全反式视黄醇在异构酶的作用下生成11-顺视黄醇，并进而氧化为11-顺视黄醛，后者与光敏感视蛋白结合生成视紫红质。弱光可使视紫红质中11-顺视黄醛和视蛋白分别发生构型和构象改变，生成含全反式视黄醛的光视紫红质。光视紫红质再经一系列构象变化，生成变视紫红质Ⅱ，后者引起视觉神经冲动并随之解离释放全反视黄醛和视蛋白。全反视黄醛经还原生成全反视黄醇，从而完成视循环（visual cycle）（图6-2）。可见，视紫红质是暗视觉的基础。

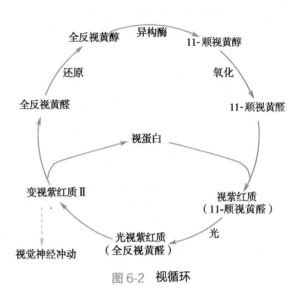

图6-2 视循环

2. 视黄酸调控基因表达和细胞生长与分化 视黄醇的不可逆氧化产物全反式视黄酸（all-trans retinoic acid，ATRA）和9-顺视黄酸可与细胞内核受体结合，通过结合DNA反应元件，通过调节基因表达进而调控细胞的生长、发育和分化。如ATRA可参与上皮组织的正常角化过程而用于银屑病的治疗。此外，维生素A及其衍生物ATRA具有诱导肿瘤细胞分化和凋亡、增加癌细胞对化疗药物敏感性的作用。

3. 维生素A是有效的抗氧化剂 维生素A具有清除活性氧和防止脂质过氧化的作用。维生素A主要通过调控硫氧还蛋白还原酶的基因表达及相关信号通路，影响NO的生成，从而发挥其抗氧化功能。

（三）维生素A缺乏症可致夜盲症和眼干燥症

若11-顺视黄醛的补充不足，视紫红质合成减少，对弱光敏感性降低，从明处到暗处看清物质所需的时间即暗适应时间延长，严重时导致夜盲症（nyctalopia）。维生素A缺乏可引起眼结膜黏液分泌细胞的丢失与角化，以及糖蛋白分泌的减少均可引起角膜干燥，出现眼干燥症（xerophthalmia）。

如果维生素A的摄入量超过RBP的结合能力，游离的维生素A可通过破坏细胞膜、核膜以及线粒体和内质网等细胞器造成组织损伤。中国成人男性膳食维生素A的推荐摄入量（recommended nutrient intake，RNI）为770μg/d的视黄醇活性当量（retinol activity equivalent，RAE），成人女性为660μg/d。如果长期过量摄入维生素A可出现中毒，其症状主要有头痛、恶心、共济失调等中枢神经系统表现；肝细胞损伤和高脂血症；长骨增厚、高钙血症等钙稳态失调表现以及皮肤干燥、脱屑和脱发等表现。

二、维生素D主要参与调节钙磷代谢

（一）维生素D是环戊烷多氢菲类化合物

维生素D（vitamin D）是类固醇的衍生物，为环戊烷多氢菲类化合物。维生素D为无色结晶，易溶于脂肪和有机溶剂，除对光敏感外，其化学性质较稳定。

天然维生素 D 包括 D₃ 或称胆钙化醇（cholecalciferol），以及 D₂ 或称麦角钙化醇（ergocalciferol）。鱼油、蛋黄、肝富含维生素 D₃。人体皮肤储存有从胆固醇生成的 7- 脱氢胆固醇（维生素 D₃ 原），在紫外线的照射下，可转变成维生素 D₃。适当的日光浴足以满足人体对维生素 D 的需要。植物中的麦角固醇（维生素 D₂ 原）在紫外线的照射下，可转变成维生素 D₂。

进入血液的维生素 D₃ 主要与血浆中维生素 D 结合蛋白质（vitamin D binding protein，DBP）结合而运输。在肝微粒体 25- 羟化酶的催化下，维生素 D₃ 被羟化生成 25- 羟维生素 D₃（25-OH-D₃）。25-OH-D₃ 是血浆中维生素 D₃ 的主要存在形式，也是在肝中的主要储存形式。25-OH-D₃ 在肾小管上皮细胞线粒体 1α- 羟化酶的作用下，生成维生素 D₃ 的活性形式 1,25- 二羟维生素 D₃ [1,25-（OH）₂-D₃]。25-OH-D₃ 和 1,25-（OH）₂-D₃ 在血液中均与 DBP 结合而运输。

肾小管上皮细胞还存在 24- 羟化酶，催化 25-OH-D₃ 羟化生成 24,25-（OH）₂-D₃。1,25-（OH）₂-D₃ 通过诱导 24- 羟化酶和阻遏 1α- 羟化酶的生物合成来控制其自身的生成量（图 6-3）。

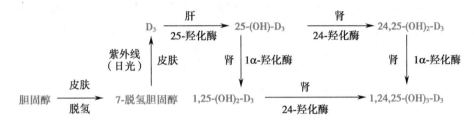

图 6-3　维生素 D₃ 在体内的转变

（二）维生素 D 不仅调节钙磷代谢还可影响细胞分化

1. **1,25-（OH）₂-D₃ 调节钙磷代谢**　1,25-（OH）₂-D₃ 可与靶细胞内特异的核受体结合，进入细胞核，调节钙结合蛋白质、骨钙蛋白质等基因的表达。1,25-（OH）₂-D₃ 还可通过钙通道实现对钙磷代谢的快速调节。1,25-（OH）₂-D₃ 促进小肠对钙、磷的吸收，从而维持血钙和血磷的正常水平，促进骨和牙的钙化。

2. **1,25-（OH）₂-D₃ 影响细胞分化**　皮肤、大肠、乳腺、心、脑、胰岛 β 细胞、T 和 B 淋巴细胞等均存在维生素 D 受体。1,25-（OH）₂-D₃ 不仅能促进胰岛 β 细胞合成与分泌胰岛素对抗糖尿病，还具有抑制某些肿瘤细胞增殖和促进分化的作用。低日照与大肠癌和乳腺癌的高发病率和死亡率有一定的相关性。

（三）维生素 D 缺乏可致佝偻病和骨质疏松症

中国居民膳食维生素 D 的 RNI 为 10μg/d。当缺乏维生素 D 时，儿童可患佝偻病（rachitis），成人可发生软骨病（osteomalacia）和骨质疏松症（osteoporosis）。研究也显示，循环维生素 D 水平与癌症发展和死亡风险之间存在一定的相关性。

长期每日过量摄入维生素 D 可引起中毒。维生素 D 中毒的症状主要有皮肤瘙痒、厌食、嗜睡、呕吐、腹泻、尿频以及高钙血症、高血压以及软组织钙化等。由于皮肤储存 7- 脱氢胆固醇有限，多晒太阳不会引起维生素 D 中毒。

三、维生素 E 主要作为抗氧化剂发挥作用

（一）维生素 E 是苯骈二氢吡喃的衍生物

维生素 E（vitamin E）是苯骈二氢吡喃的衍生物，包括生育酚（tocopherol）和三烯生育酚（tocotrienol）两类，每类又分 α、β、γ 和 δ 四种。天然维生素 E 主要存在于植物油、油性种子和麦芽等中，以 α- 生育酚分布最广、活性最高。α- 生育酚是黄色油状液体，溶于乙醇、脂肪和有机溶剂，对热及酸稳定，对碱不稳定，对氧极为敏感。在正常情况下，20%～40% 的 α- 生育酚可被小肠吸收。在机体内，维生素 E 主要存在于细胞膜、血浆脂蛋白和脂库中。

（二）维生素 E 不仅是抗氧化剂也参与基因表达调控

1. **维生素 E 是体内最重要的脂溶性抗氧化剂**　维生素 E 可保护生物膜及其他蛋白质的结构与

功能,维持细胞正常的流动性。维生素 E 能够捕捉过氧化脂质自由基,形成反应性较低且相对稳定的生育酚自由基,后者可在维生素 C、GSH 或 NADPH 的作用下,还原生成生育醌。

2. 维生素 E 可调节基因表达　生育酚摄取和降解、脂质摄取与动脉硬化、细胞黏附与炎症,以及细胞周期等基因表达都受到维生素 E 的调节。维生素 E 还可降低血浆低密度脂蛋白(LDL)的浓度。故维生素 E 在抗炎、维持正常免疫功能,以及预防和治疗冠状动脉粥样硬化性心脏病、肿瘤和延缓衰老方面具有一定的作用。此外,维生素 E 能提高血红素合成的关键酶 δ- 氨基 -γ- 酮戊酸(ALA)合酶和 ALA 脱水酶的活性,从而促进血红素的合成。

(三) 维生素 E 严重缺乏可致溶血性贫血

中国成人膳食维生素 E 的 RNI 为 14mg/d 的 α- 生育酚当量(α-tocopherol equivalent,α-TE)。维生素 E 一般不易缺乏,在严重的脂质吸收障碍和肝严重损伤时可引起缺乏症,表现为红细胞数量减少、脆性增加等溶血性贫血症状。动物缺乏维生素 E 时其生殖器官发育受损,甚至不育。人类尚未发现因维生素 E 缺乏所致的不孕症。临床上常用维生素 E 治疗先兆流产及习惯性流产。早产儿可因维生素 E 缺乏引起轻度溶血性贫血。人类尚未发现维生素 E 中毒症。然而,长期大量服用的副作用不能忽略。

四、维生素 K 主要参与凝血过程

(一) 维生素 K 是 2- 甲基 -1,4- 萘醌的衍生物

维生素 K(vitamin K)是 2- 甲基 -1,4- 萘醌的衍生物。存在于自然界的维生素 K 有 K_1 和 K_2。维生素 K_1 即叶绿醌,主要存在于深绿色蔬菜(甘蓝、菠菜、莴苣等)和植物油中。维生素 K_2 即甲基萘醌,也可由大肠埃希菌合成。维生素 K_3 是人工合成的水溶性甲萘醌,可口服及注射。2- 甲基 -1,4- 萘醌是维生素 K 的活性形式。

维生素 K 主要在小肠被吸收,随乳糜微粒而代谢。体内维生素 K 的储存量有限,脂质吸收障碍可引发维生素 K 缺乏症。

(二) 维生素 K 既参与凝血也能调节骨代谢

1. 维生素 K 是凝血因子和抗凝血因子活化所必需的辅因子　血液凝血因子 Ⅱ、Ⅶ、Ⅸ、Ⅹ 及抗凝血因子蛋白 C 和蛋白 S 在肝细胞中以无活性前体形式合成。无活性前体分子中的谷氨酸残基需在 γ- 羧化酶作用下生成 γ- 羧基谷氨酸残基才能转变为活性形式。γ- 谷氨酰羧化酶的辅因子是维生素 K,故维生素 K 参与凝血过程。

2. 维生素 K 可参与调节骨代谢　肝、骨等组织中存在维生素 K 依赖蛋白质,如骨钙蛋白和 γ- 羧基谷氨酸蛋白。研究表明,服用低剂量维生素 K 的妇女,其股骨颈和脊柱的骨盐密度明显低于服用大剂量维生素 K 时的骨盐密度。此外,大剂量的维生素 K 可降低动脉硬化的危险性。

(三) 维生素 K 缺乏可导致出血

中国成人膳食维生素 K 的适宜摄入量(adequate intake,AI)为 80μg/d。因维生素 K 广泛分布于动、植物组织,且体内肠菌也能合成,一般不易缺乏。因维生素 K 不能通过胎盘,新生儿肠道内又无细菌,故新生儿可能出现维生素 K 缺乏。维生素 K 缺乏的主要症状是易出血。胰腺、胆管及小肠黏膜萎缩等脂质吸收障碍的疾病均可出现维生素 K 缺乏症。长期应用抗生素及肠道灭菌药也有引起维生素 K 缺乏的可能性。

第二节　水溶性维生素

水溶性维生素是一类溶于水而不溶于脂肪和有机溶剂的有机分子,在体内主要成酶的辅因子(cofactor),包括 B 族维生素(B_1、B_2、PP、泛酸、生物素、B_6、叶酸与 B_{12})和维生素 C。水溶性维生素依赖食物提供,体内很少蓄积,过多的水溶性维生素可随尿排出体外,一般不发生中毒现象,但供给不足时往往导致缺乏症。

一、维生素 B_1 的活性形式是焦磷酸硫胺素

(一)维生素 B_1 是硫胺素

维生素 B_1 由含氨基的嘧啶环和含硫的噻唑环通过亚甲基桥相连而成,又名硫胺素(thiamine)(图6-4)。维生素 B_1 主要存在于豆类和种子外皮、胚芽、酵母和瘦肉中,其纯品为白色粉末状结晶,易溶于水,微溶于乙醇。维生素 B_1 在酸性环境中较稳定、加热120℃仍不分解;中性和碱性环境中不稳定、易被氧化和受热破坏。硫胺素易被小肠吸收,入血后主要在肝及脑组织中经硫胺素焦磷酸激酶的催化生成焦磷酸硫胺素(thiamine pyrophosphate, TPP)。TPP 是维生素 B_1 的活性形式,占体内硫胺素总量的80%。

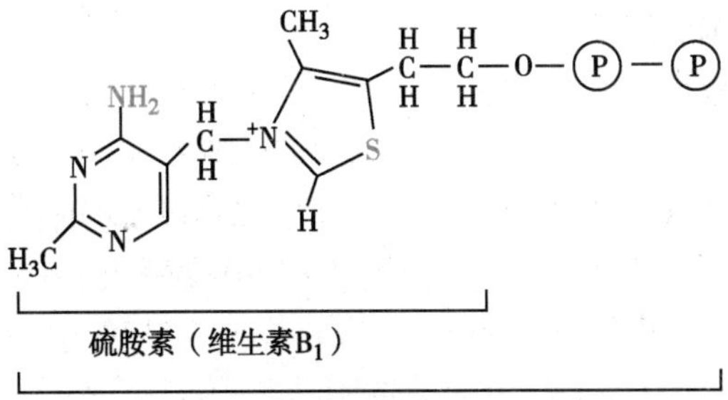

图 6-4　焦磷酸硫胺素的结构

(二)维生素 B_1 主要参与能量代谢

维生素 B_1 在体内能量代谢中发挥重要的作用。TPP 是 α-酮酸氧化脱羧酶多酶复合体的辅因子,通过转移醛基参与丙酮酸、α-酮戊二酸和 α-酮酸的氧化脱羧反应。TPP 噻唑环上硫和氮原子之间的碳原子十分活泼,易释放 H^+ 形成负碳离子,后者可与 α-酮酸羧基结合,进而使 α-酮酸脱羧。TPP 也是磷酸戊糖途径中转酮醇酶的辅因子,参与转酮醇作用。

维生素 B_1 在神经传导中起一定作用。合成乙酰胆碱所需的乙酰辅酶 A 主要来自丙酮酸的氧化脱羧反应。维生素 B_1 也是胆碱酯酶抑制剂,参与乙酰胆碱的代谢调控。

(三)维生素 B_1 缺乏可致脚气病

中国成人男性膳食维生素 B_1 的 RNI 为 1.4mg/d,成人女性为 1.2mg/d。维生素 B_1 缺乏多见于膳食中维生素 B_1 含量不足(如以精米为主食)。吸收障碍(如慢性消化紊乱)和需要量增加(如甲状腺功能亢进等)和酒精中毒也可导致维生素 B_1 的缺乏。

维生素 B_1 缺乏时,丙酮酸的氧化脱羧反应发生障碍,使神经组织供能不足以及神经细胞膜髓鞘磷脂合成受阻,导致慢性末梢神经炎和其他神经肌肉变性病变,即脚气病(beriberi)。严重者可致水肿、心力衰竭。

此外,维生素 B_1 缺乏使乙酰胆碱合成障碍,乙酰胆碱分解加强,导致神经传导异常,主要表现为消化液分泌减少、胃蠕动变慢、消化不良等症状。

二、维生素 B_2 的活性形式是 FMN 和 FAD

(一)维生素 B_2 是核黄素

维生素 B_2 是核醇与 6,7-二甲基异咯嗪的缩合物,因其呈黄色针状结晶,又名核黄素(riboflavin)。维生素 B_2 在酸性溶液中稳定,在碱性溶液中加热易破坏,但对紫外线敏感,易降解为无活性的产物。奶与奶制品、肝、蛋类和肉类等是维生素 B_2 的丰富来源。核黄素主要在小肠上段通过转运蛋白质主动吸收。吸收后的核黄素在小肠黏膜黄素激酶的催化下转变成黄素单核苷酸(flavin mononucleotide, FMN),后者在焦磷酸化酶的催化下生成黄素腺嘌呤二核苷酸(flavin adenine dinucleotide, FAD),FMN 及 FAD 是维生素 B_2 的活性形式。

维生素 B_2 异咯嗪环上的第 1 和第 10 位氮原子与双键连接,此 2 个氮原子可反复接受或释放氢,因而具有可逆的氧化还原性(图6-5)。还原型核黄素及其衍生物呈黄色,于450nm处有吸收峰,可用于定量分析。

(二)维生素 B_2 作为递氢体广泛参与代谢

FMN 及 FAD 是体内氧化还原酶(如脂酰 CoA 脱氢酶、琥珀酸脱氢酶、黄嘌呤氧化酶等)的辅因子,主要通过递氢参与呼吸链、脂肪酸和氨基酸的氧化以及三羧酸循环。

FMN 还参与维生素 B_6 转变为磷酸吡哆醛的反应,FAD 参与色氨酸转变为烟酸的过程。每分子

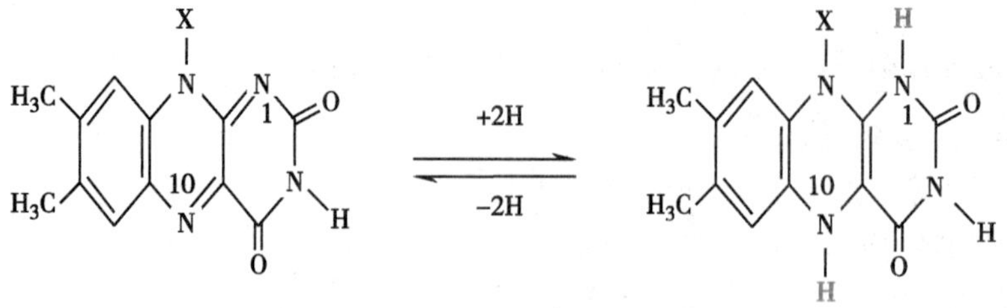

X: R-P（FMN）; X: R-P-AMP（FAD）
R: 核糖; P: 磷酸基团

图 6-5　FMN（FAD）的结构与递氢作用

谷胱甘肽还原酶含有一分子的 FAD，可维持还原型谷胱甘肽的浓度。此外，FAD 可与细胞色素 P_{450} 结合，参与药物代谢。

（三）维生素 B_2 缺乏可导致皮肤黏膜移行部位的炎症

中国成人男性膳食维生素 B_2 的 RNI 为 1.4mg/d，成人女性为 1.2mg/d。淘米过度、牛奶多次煮沸等膳食加工不当是维生素 B_2 缺乏的主要原因，其症状包括口角炎、眼睑炎、畏光等。用光照疗法治疗新生儿黄疸时，可引起维生素 B_2 缺乏症。

三、维生素 PP 的活性形式是 NAD^+ 和 $NADP^+$

（一）维生素 PP 包括烟酸和烟酰胺

维生素 PP 包括烟酸（nicotinic acid）和烟酰胺（nicotinamide），曾分别称尼克酸和尼克酰胺，两者均属氮杂环吡啶衍生物。烟酸为吡啶 -3- 羧酸，很容易转变为烟酰胺。烟酸为稳定的白色针状结晶，在酸、碱、光、氧或加热条件下不易被破坏，是维生素中最稳定的一种。

维生素 PP 广泛存在于自然界。食物中的维生素 PP 均以烟酰胺腺嘌呤二核苷酸（nicotinamide adenine dinucleotide，NAD^+）或烟酰胺腺嘌呤二核苷酸磷酸（nicotinamide adenine dinucleotide phosphate，$NADP^+$）的形式存在（图 6-6）。它们在小肠内被水解生成游离的维生素 PP 被吸收，并被运输到组织细胞再合成 NAD^+ 或 $NADP^+$。NAD^+ 和 $NADP^+$ 是维生素 PP 在体内的活性形式。

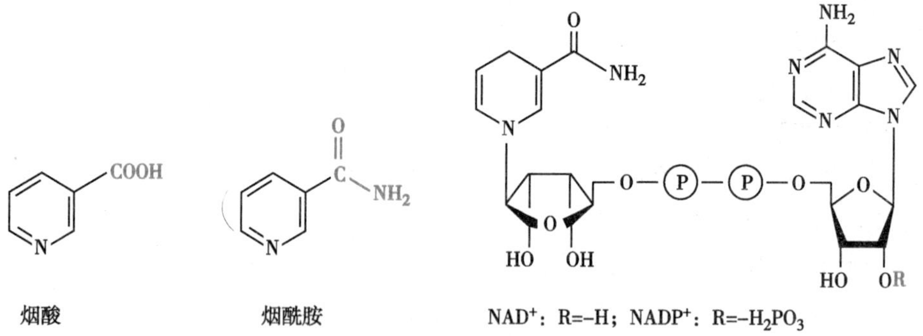

烟酸　　　　　烟酰胺　　　　NAD^+: R=-H; $NADP^+$: $R=-H_2PO_3$

图 6-6　维生素 PP 及其活性形式的结构

未被利用的烟酸可被甲基化，以 N- 甲基烟酰胺和 2- 吡啶酮的形式由尿中排出。体内色氨酸代谢也可生成维生素 PP，但效率较低，60mg 色氨酸仅能生成 1mg 烟酸，并且需要维生素 B_1、维生素 B_2 和维生素 B_6 的参与。

（二）维生素 PP 是不需氧脱氢酶的辅因子

NAD^+ 和 $NADP^+$ 分子中的烟酰胺部分具有可逆的加氢及脱氢的特性，常发挥递氢体的作用。糖酵解和三羧酸循环中的一些脱氢酶以 NAD^+ 为受氢体，$NADH+H^+$ 又为丙酮酸生成乳酸提供氢。磷酸戊糖途径中的 G6PD 以 $NADP^+$ 作为受氢体进而生成 $NADPH+H^+$，$NADPH+H^+$ 又可作为供氢体参与脂肪酸、胆固醇等物质的合成。

(三) 维生素 PP 的缺乏可致糙皮病

中国成人男性膳食维生素 PP 的 RNI 为 15mg/d 的烟酸当量(niacin equivalent,NE),成人女性为 12mg NE/d。人类维生素 PP 缺乏症亦称为糙皮病(pellagra),主要表现有皮炎、腹泻及痴呆,故维生素 PP 又称抗糙皮病维生素。

抗结核药物异烟肼的结构与维生素 PP 相似,两者有拮抗作用,长期服用异烟肼可能引起维生素 PP 缺乏。近年来,烟酸作为药物已用于临床治疗高胆固醇血症。如果大量服用烟酸或烟酰胺(1~6g/d)会引发血管扩张、脸颊潮红、痤疮及胃肠不适等毒性症状。长期日服用量超过 500mg 可引起肝损伤。

四、泛酸的活性形式是辅酶 A 和酰基载体蛋白质

(一) 泛酸是遍多酸

泛酸(pantothenic acid)又称遍多酸、维生素 B_5,由二甲基羟丁酸和 β- 丙氨酸组成,因广泛存在于动、植物组织中而得名。

泛酸在肠内被吸收后,经磷酸化并与半胱氨酸反应生成 4- 磷酸泛酰巯乙胺,后者是辅酶 A(coenzyme A,CoA)(图 6-7)及酰基载体蛋白质(acyl carrier protein,ACP)的组成部分。

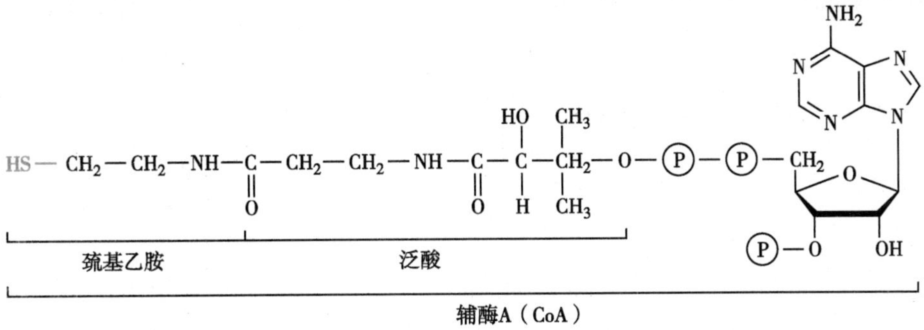

图 6-7　辅酶 A 的结构

(二) 泛酸是酰基转移酶的辅因子

CoA 和 ACP 是泛酸在体内的活性形式,二者作为酰基转移酶的辅因子,广泛参与糖、脂质、蛋白质代谢及肝的生物转化作用。如 CoA 参与肉碱脂酰转移酶转运脂酰 CoA 进入线粒体的过程,ACP 是脂肪酸合酶的成分在脂肪酸合成中发挥重要作用。

(三) 泛酸的严重缺乏可致四肢神经痛

根据《中国居民膳食营养素参考摄入量(2023)》,15 岁以上人群泛酸的适宜摄入量(AI)为 5.0mg/d。泛酸缺乏症很少见。泛酸缺乏的早期表现主要是易疲劳、恶心、腹痛、溃疡等,严重时最显著特征是四肢神经痛(脚趾麻木、步行摇晃、周身酸痛等)。

五、生物素是多种羧化酶的辅因子

(一) 生物素是噻吩环与尿素的缩合物

生物素(biotin)是含硫的噻吩环与尿素缩合并带有戊酸侧链的化合物(图 6-8),又称维生素 H、维生素 B_7、辅因子 R。生物素是天然的活性形式,在肝、肾、酵母、蛋类、花生和啤酒等食品中含量较高,人肠道细菌也能合成。生物素为无色针状结晶体,耐酸不耐碱,氧化剂及高温可使其失活。

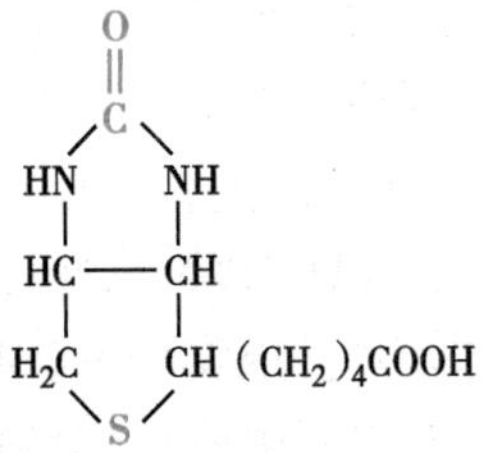

(二) 生物素作为羧化酶的辅因子发挥作用

生物素在羧化酶全酶合成酶的催化下与羧化酶蛋白质中赖氨酸残基的 ε-氨基以酰胺键共价结合,形成生物胞素残基,羧化酶则转变成有催化活性的酶。生物素作为丙酮酸羧化酶、乙酰 CoA 羧化酶等的辅因子,参与 CO_2 固定过程,为

图 6-8　生物素的结构

脂肪与糖代谢所必需。

现已鉴定,人基因组中有 2 000 多个基因编码产物的功能依赖生物素。生物素不仅参与细胞信号转导和基因表达,还可使组蛋白生物素化,从而影响细胞周期、基因转录和 DNA 损伤的修复。此外,生物素与动物组织中的抗生物素蛋白质具有高亲和力而易被检测,常被用作分子探针标记物。

(三) 生物素的缺乏可因长期使用抗生素所致

根据《中国居民膳食营养素参考摄入量(2023)》,15 岁以上人群生物素的 AI 是 40μg/d。生物素能够与新鲜鸡蛋清中的抗生物素蛋白质结合而不能被吸收,蛋清加热后这种蛋白质遭破坏而失去作用。长期使用抗生素可抑制肠道细菌生长,也可能造成生物素缺乏,主要症状是疲乏、呕吐、食欲缺乏、皮炎及脱屑性红皮病。

六、维生素 B_6 的活性形式是磷酸吡哆醛

(一) 维生素 B_6 包括吡哆醇、吡哆醛和吡哆胺

维生素 B_6 包括吡哆醇(pyridoxine)、吡哆醛(pyridoxal)和吡哆胺(pyridoxamine),其基本结构是 2- 甲基 -3- 羟基 -5- 甲基吡啶(图 6-9),其活化形式主要是磷酸吡哆醛。维生素 B_6 的纯品为白色结晶,易溶于水及乙醇,微溶于有机溶剂,在酸性条件下稳定、在碱性条件下易被破坏,对光较敏感,不耐高温。

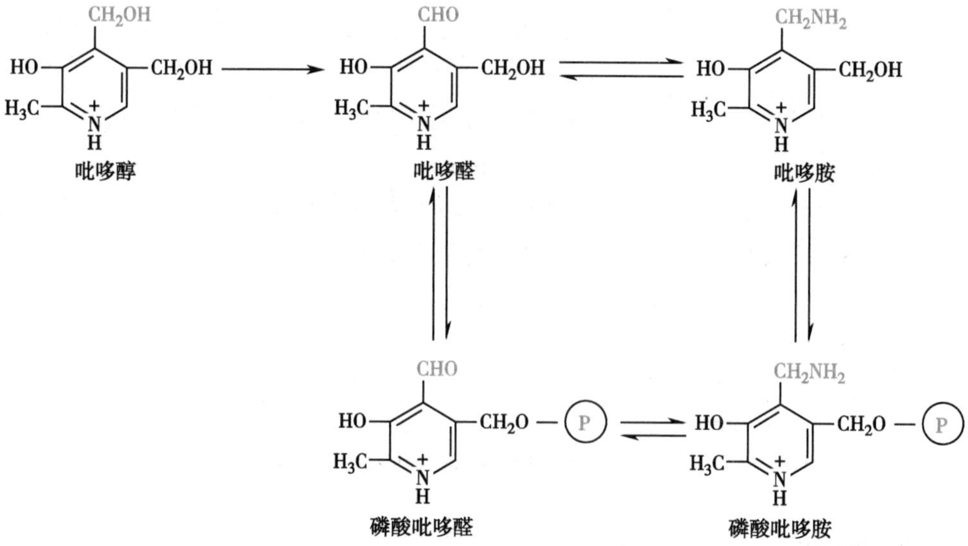

图 6-9　维生素 B_6 及其活性形式的结构与互变

肝、鱼、肉类、全麦、坚果和蛋黄等均是维生素 B_6 的丰富来源。维生素 B_6 的磷酸酯在小肠碱性磷酸酶的作用下水解,以去磷酸化形式被吸收。吡哆醛和磷酸吡哆醛是血液中的主要运输形式。体内约 80% 的维生素 B_6 以磷酸吡哆醛的形式存在于肌组织中,并与糖原磷酸化酶相结合。

(二) 维生素 B_6 是多种酶的辅因子

1. **磷酸吡哆醛是多种酶的辅因子**　磷酸吡哆醛参与氨基酸脱氨基与转氨基作用、鸟氨酸循环、血红素合成和糖原分解等过程,在代谢中发挥重要作用。

磷酸吡哆醛也是谷氨酸脱羧酶的辅因子,可促进大脑抑制性神经递质 γ- 氨基丁酸的生成,故临床上常用维生素 B_6 治疗小儿惊厥、妊娠呕吐和精神焦虑等。磷酸吡哆醛还是血红素合成关键酶 ALA 合酶的辅因子,参与血红素的生成。

研究显示,高同型半胱氨酸血症是心血管疾病、血栓生成和高血压的危险因子。维生素 B_6 是催化同型半胱氨酸生成半胱氨酸过程中胱硫醚 β 合成酶的辅因子。已知 2/3 以上的高同型半胱氨酸血症与维生素 B_6、叶酸和维生素 B_{12} 的缺乏有关。

2. **磷酸吡哆醛可终止类固醇激素的作用**　磷酸吡哆醛可作用于类固醇激素 - 受体复合物,终止

这些激素的作用。维生素 B_6 缺乏时,可增加人体对雌激素、雄激素、皮质激素及维生素 D 作用的敏感性,与乳腺、前列腺和子宫激素相关肿瘤的发生发展有关。

(三) 维生素 B_6 缺乏可致低血色素小细胞性贫血

根据《中国居民膳食营养素参考摄入量(2023)》,15～50 岁人群维生素 B_6 的推荐摄入量(RNI)为 1.4mg/d,维生素 B_6 的 RNI 为 1.6mg/d。人类尚未发现维生素 B_6 缺乏的典型病例。然而,维生素 B_6 缺乏可造成低血色素小细胞性贫血(又称维生素 B_6 反应性贫血)和血清铁增高。维生素 B_6 缺乏的患者还可出现脂溢性皮炎。

此外,抗结核药异烟肼能与磷酸吡哆醛的醛基结合使其失去活性,在服用异烟肼时,应补充维生素 B_6。过量服用维生素 B_6 可引起中毒。日摄入量超过 20mg 可引起肢体远端的麻木、疼痛等感觉性周围神经病的症状。

七、叶酸的活性形式是四氢叶酸

(一) 叶酸是蝶酰谷氨酸

叶酸(folic acid)由蝶酸(pteroic acid)和谷氨酸结合而成,又称蝶酰谷氨酸,因绿叶中含量丰富而得名(图 6-10)。植物中的叶酸多含 7 个谷氨酸残基,谷氨酸之间以 γ- 肽键相连。仅牛奶和蛋黄中含蝶酰单谷氨酸。酵母、肝、水果和绿叶蔬菜均是叶酸的丰富来源。肠菌也有合成叶酸的能力。

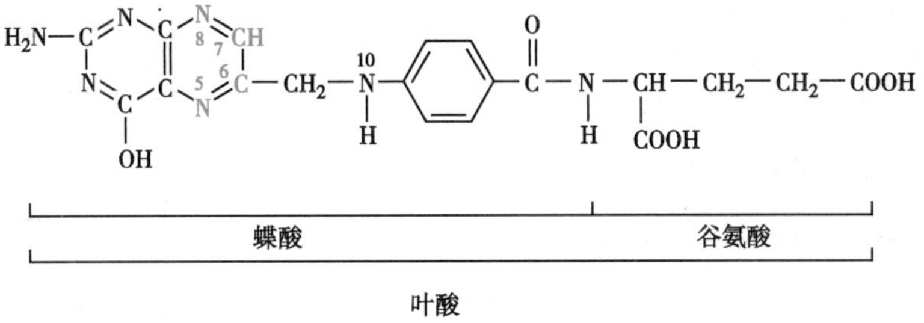

图 6-10　叶酸的结构

食物中的蝶酰谷氨酸主要在小肠被水解,生成蝶酰单谷氨酸,后者易被小肠上段吸收,在小肠黏膜上皮细胞二氢叶酸还原酶的作用下,生成叶酸的活性型——5,6,7,8- 四氢叶酸(tetrahydrofolic acid,FH_4)。含单谷氨酸的 N^5-CH_3-FH_4 是叶酸在血液循环中的主要形式。在体内各组织中,FH_4 主要以多谷氨酸形式存在。

(二) 叶酸主要参与一碳单位代谢

FH_4 是体内一碳单位转移酶的辅因子,分子中 N^5、N^{10} 是一碳单位的结合位点。一碳单位在体内参与嘌呤、胸腺嘧啶核苷酸等多种物质的合成。

抗肿瘤药物甲氨蝶呤和氨蝶呤因其结构与叶酸相似,能抑制二氢叶酸还原酶的活性,使 FH_4 合成减少,进而抑制体内胸腺嘧啶核苷酸的合成,起到抗肿瘤作用。

(三) 叶酸缺乏可致巨幼细胞贫血

中国居民膳食叶酸的 RNI 是 400μg/d 的膳食叶酸当量(dietary folate equivalent,DFE)。叶酸一般不发生缺乏症。叶酸缺乏时,骨髓幼红细胞 DNA 合成减少,细胞分裂速度降低,细胞体积变大,造成巨幼细胞贫血(megaloblastic anemia)。叶酸缺乏还可引起高同型半胱氨酸血症。每日服用 500μg 叶酸有益于预防冠心病的发生。叶酸缺乏也可引起 DNA 低甲基化,增加结肠癌、直肠癌等肿瘤的危险性。

此外,孕妇如果叶酸缺乏,可能造成胎儿脊柱裂和神经管缺陷,故孕妇及哺乳期妇女应适量补充叶酸。口服避孕药或抗惊厥药能干扰叶酸的吸收及代谢,如长期服用此类药物时应考虑补充叶酸。

八、维生素 B_{12} 主要参与甲基转移

(一) 维生素 B_{12} 是钴胺素

维生素 B_{12} 含有金属元素钴,又称钴胺素(cobalamin),是唯一含金属元素的维生素(图 6-11)。维生素 B_{12} 仅由微生物合成,酵母和动物肝含量丰富,不存在于植物中。维生素 B_{12} 分子中的钴能与

—CN、—OH、—CH₃ 或 5'- 脱氧腺苷等基团连接,分别形成氰钴胺素、羟钴胺素、甲钴胺素和 5'- 脱氧腺苷钴胺素,前两者是药用维生素 B₁₂ 的常见形式,而后两者是维生素 B₁₂ 在体内的活性形式。

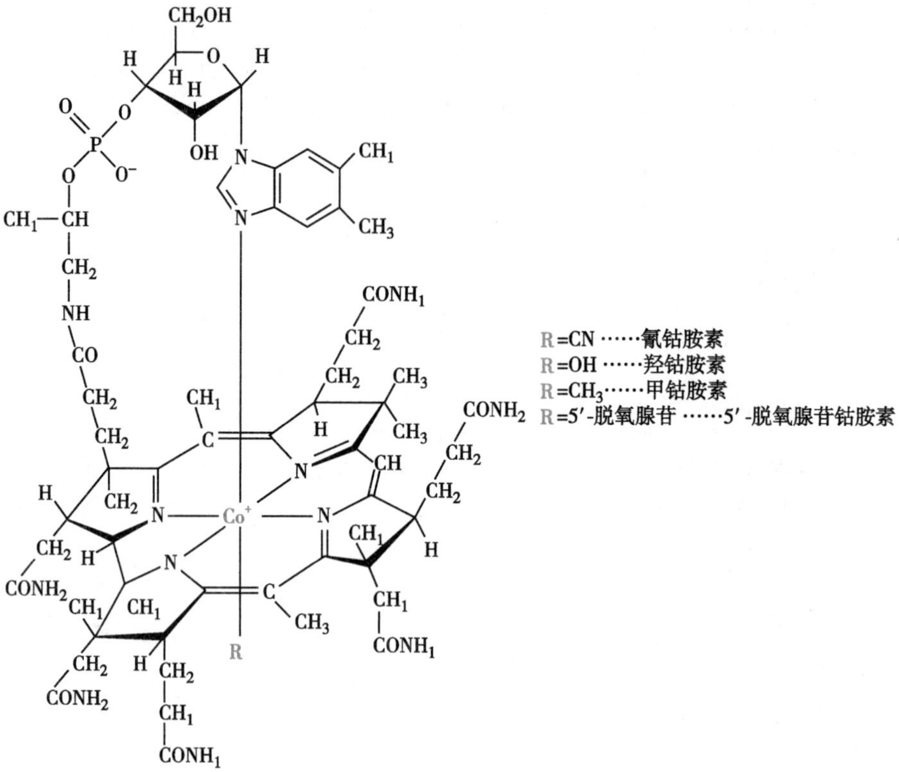

图 6-11 维生素 B₁₂ 的结构

食物中的维生素 B₁₂ 常与蛋白质结合而存在,在胃酸和胃蛋白酶的作用下,维生素 B₁₂ 得以游离并与来自唾液的亲钴蛋白质结合。亲钴蛋白质 -B₁₂ 复合物在十二指肠经胰蛋白酶的水解游离出维生素 B₁₂。维生素 B₁₂ 需要与由胃黏膜细胞分泌的内因子(intrinsic factor, IF)紧密结合生成 B₁₂-IF 复合物,才能被回肠吸收。在小肠黏膜上皮细胞内,B₁₂-IF 分解并游离出维生素 B₁₂。维生素 B₁₂ 再与转钴胺素 II 蛋白结合存在于血液中。B₁₂- 转钴胺素 II 复合物与细胞表面受体结合进入细胞后,维生素 B₁₂ 转变成羟钴胺素、甲钴胺素或进入线粒体转变成 5'- 脱氧腺苷钴胺素。肝内还有一种转钴胺素 I,可与 B₁₂ 结合而贮存于肝内。

(二)维生素 B₁₂ 参与甲硫氨酸循环

甲钴胺素是 N⁵-CH₃-FH₄ 转甲基酶(甲硫氨酸合成酶)的辅因子,此酶催化同型半胱氨酸生成甲硫氨酸,后者在腺苷转移酶的作用下生成活性甲基供体——S- 腺苷甲硫氨酸(SAM)。维生素 B₁₂ 缺乏时,甲硫氨酸合成减少,抑制了 FH₄ 再生,一碳单位代谢受阻,造成核酸合成障碍。此外,SAM 可参与胆碱和磷脂等生物合成。

5'- 脱氧腺苷钴胺素是 L- 甲基丙二酰 CoA 变位酶的辅因子,催化琥珀酰 CoA 的生成。当维生素 B₁₂ 缺乏时,L- 甲基丙二酰 CoA 大量堆积,因其结构与丙二酰 CoA 相似,从而影响脂肪酸的正常合成。

(三)维生素 B₁₂ 缺乏可致巨幼细胞贫血等疾病

中国居民膳食维生素 B₁₂ 的 RNI 是 2.4μg/d,因其广泛存在于动物食品中,一般不会缺乏。但萎缩性胃炎、胃全切患者或内因子的先天性缺陷者,可因维生素 B₁₂ 的严重吸收障碍而出现缺乏症。

维生素 B₁₂ 缺乏可产生巨幼细胞贫血(即恶性贫血),故维生素 B₁₂ 也称为抗恶性贫血维生素。维生素 B₁₂ 缺乏不仅可造成高同型半胱氨酸血症,还可使脂肪酸合成异常,导致髓鞘质变性退化。故维生素 B₁₂ 可用于预防冠心病。

九、维生素 C 是羟化酶的辅因子和强抗氧化剂

(一) 维生素 C 是 L- 抗坏血酸

维生素 C 又称 L- 抗坏血酸(ascorbic acid),是 L- 己糖酸内酯,具有不饱和的一烯二醇结构,是天然的活性形式。维生素 C 分子中 C_2 和 C_3 羟基可以氧化脱氢生成脱氢抗坏血酸,后者可接受氢再还原成抗坏血酸(图 6-12)。维生素 C 为无色无臭的片状晶体,易溶于水,不溶于脂溶性溶剂,在酸性溶液中比较稳定,在中性、碱性溶液中加热易被氧化破坏。

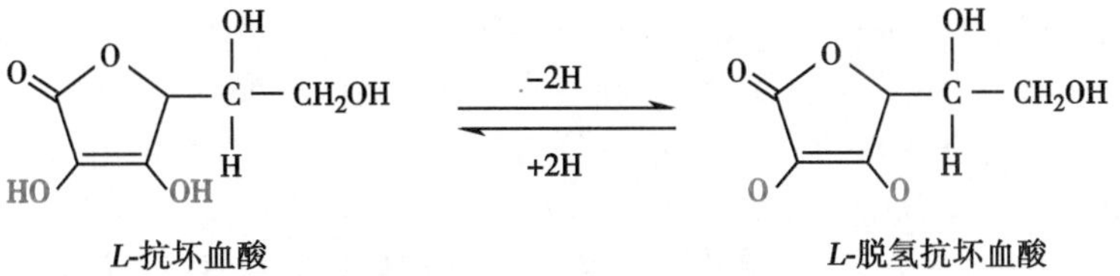

图 6-12　维生素 C 的结构及递氢作用

人类和其他灵长类等动物体内不能合成维生素 C,必须由食物供给。维生素 C 广泛存在于新鲜蔬菜和水果中。植物中的抗坏血酸氧化酶能将维生素 C 氧化灭活为二酮古洛糖酸,所以久存的水果和蔬菜中维生素 C 含量会大量减少。干种子中不含维生素 C,但其幼芽可以合成维生素 C,故豆芽富含维生素 C。

维生素 C 主要通过主动转运由小肠上段吸收进入血液循环。还原型 L- 抗坏血酸是细胞内与血液中的主要存在形式。血液中 L- 脱氢抗坏血酸仅为抗坏血酸的 1/15。

(二) 维生素 C 参与羟化反应和氧化还原反应

1. 维生素 C 参与羟化反应　维生素 C 参与体内以下的多种羟化反应:

(1) 维生素 C 是含铜羟化酶和 α- 酮戊二酸 - 铁羟化酶的辅因子。在含酮羟化酶催化的反应中,Cu^+ 被氧化生成 Cu^{2+},后者在维生素 C 作用下,再还原为 Cu^+。

(2) 维生素 C 是对 - 羟苯丙酮酸羟化酶的辅因子,参与对 - 羟苯丙酮酸生成尿黑酸的反应。维生素 C 缺乏时,尿中可出现大量对 - 羟苯丙酮酸。维生素 C 还是多巴胺 β- 羟化酶的辅因子。维生素 C 缺乏可引起肾上腺髓质和中枢神经系统的儿茶酚胺的代谢异常。

(3) 维生素 C 是胆汁酸合成关键酶 7α- 羟化酶的辅因子,参与将 40% 的胆固醇正常转变成胆汁酸。维生素 C 也参与肾上腺皮质类固醇合成中的羟化作用。

(4) 依赖维生素 C 的含铁羟化酶参与蛋白质翻译后的修饰。如胶原脯氨酸羟化酶和赖氨酸羟化酶分别催化前胶原分子中脯氨酸和赖氨酸残基的羟化,促进胶原的成熟。

(5) 体内肉碱合成过程需要依赖维生素 C 的羟化酶参与。维生素 C 缺乏时,由于脂肪酸 β- 氧化减弱,病人往往出现倦怠乏力。

2. 维生素 C 参与体内氧化还原反应

(1) 维生素 C 可使巯基酶的—SH 保持还原状态。维生素 C 在谷胱甘肽还原酶作用下,将氧化型谷胱甘肽(GSSG)还原成还原型(GSH)。GSH 能清除细胞膜的脂质过氧化物以保护细胞膜。

(2) 维生素 C 能使红细胞中高铁血红蛋白质(MHb)还原为血红蛋白质(Hb),使其恢复运氧能力。

(3) 小肠中的维生素 C 可将 Fe^{3+} 还原成 Fe^{2+},有利于食物中铁的吸收。

(4) 维生素 C 作为抗氧化剂,影响细胞内活性氧敏感的信号转导系统,从而调节基因表达,影响细胞分化与细胞功能。维生素 C 还可以清除 O_2^- 及和 OH^- 等活性氧类物质。

3. 维生素 C 具有增强机体免疫力的作用　维生素 C 不仅促进体内抗菌活性、NK 细胞活性、淋巴细胞增殖和趋化作用,也能提高吞噬细胞的吞噬能力、促进免疫球蛋白的合成,从而提高机体免疫力。临床上用于心血管疾病、感染性疾病等的支持性治疗。

(三) 维生素 C 缺乏可致坏血病

根据《中国居民膳食营养素参考摄入量(2023)》,15 岁以上人群维生素 C 的 RNI 为 100mg/d。维生素 C 严重缺乏时可引起维生素 C 缺乏病,又称坏血病(scurvy)。坏血病以毛细血管易破裂、牙龈腐烂和松动、骨折以及创伤不易愈合等为主要症状。因机体在正常状态下可储存一定量的维生素 C,故

维生素 C 缺乏 3～4 个月后才出现症状。

维生素 C 缺乏还可引起胆固醇增多,是动脉硬化的危险因素之一。此外,人体长期过量摄入维生素 C 可能增加发生尿路草酸盐结石的危险。

小 结

维生素是人体内不能合成或合成量甚少,必须由食物供给的一类小分子有机化合物,在调节物质代谢、促进生长发育和维持生理功能等方面发挥重要作用。人体对维生素的日需要量极少,但如果长期缺乏可致缺乏症,而摄入过多可引发中毒。维生素可分为脂溶性维生素和水溶性维生素,前者包括维生素 A、维生素 D、维生素 E 和维生素 K,后者包括 B 族维生素(维生素 B_1、维生素 B_2、维生素 PP、维生素 B_6、维生素 B_{12}、生物素、泛酸和叶酸)和维生素 C。

维生素 A 的活性形式为视黄醇、视黄醛和视黄酸,其作用包括参与视觉传导、调控基因表达和细胞生长与分化、抗氧化和抗癌。维生素 A 缺乏可致"夜盲症"或者"眼干燥症",长期过量摄入可中毒。维生素 D 的活性形式是 $1,25\text{-}(OH)_2\text{-}D_3$,具有调节钙磷代谢和细胞分化的作用。维生素 D 缺乏可导致儿童佝偻病,成人软骨病和骨质疏松症。维生素 E 的活性形式为 α- 生育酚,其作用包括抗氧化、调节基因表达以及促进血红素合成。维生素 K 有促凝血作用,并参与骨代谢,缺乏时易出血。

B 族维生素通常以酶辅因子形式参与物质代谢。维生素 B_1 的活性形式为焦磷酸硫胺素,是脱羧酶和转酮醇酶的辅因子;其缺乏可引起脚气病。维生素 B_2 的活性形式是 FMN 及 FAD,两者是氧化还原酶的辅因子,参与糖、氨基酸和脂肪酸等的氧化过程;其缺乏可引起口角炎等症状。维生素 PP 的活性形式为 NAD^+ 和 $NADP^+$,两者是不需氧脱氢酶的辅因子;其缺乏可引起糙皮病。泛酸的活性形式是辅酶 A 及酰基载体蛋白质,是酰基转移酶的辅因子。生物素是天然的活性形式,是羧化酶的辅因子。维生素 B_6 的活性形式为磷酸吡哆醛,是氨基转移酶、氨基酸脱羧酶以及 ALA 合酶的辅因子;其缺乏可致低血色素小细胞性贫血,而摄入过量可致中毒。FH_4 是叶酸的活性形式,也是一碳单位的载体。维生素 B_{12} 的活性形式是甲钴胺素和 5'- 脱氧腺苷钴胺素,是 $N^5\text{-}CH_3\text{-}FH_4$ 转甲基酶的辅因子。叶酸或者维生素 B_{12} 缺乏可致巨幼细胞贫血以及高同型半胱氨酸血症。维生素 C 是天然的活性形式,参与苯丙氨酸与胆汁酸代谢、胶原合成过程中的多种羟化反应,维生素 C 也可作为抗氧化剂;其缺乏可致坏血病。

思考题:

1. 简述夜盲症的发病机制。
2. 试述脚气和脚气病的区别。
3. 试述高同型半胱氨酸血症发生过程中涉及的维生素及其作用。
4. 试述维生素缺乏导致贫血的类型和机制。

思考题解题思路

本章目标测试

本章思维导图

(朱月春)

第二篇
代谢及其调节

本篇讨论体内主要物质的代谢、能量代谢及其调节,包括糖代谢、脂质代谢、生物氧化、氨基酸代谢、生物氧化与能量代谢、核苷酸代谢,以及各种重要物质代谢、能量代谢的相互联系与调节规律。

代谢是生命的最基本特征,是生命体与非生命体最本质的区别。代谢的实质是机体与环境之间的能量和物质交换。农作物能利用环境中的 CO_2 和水,同时接收太阳光的能量,合成自身所需的含碳物质。人虽然不能直接利用太阳能,但在食用农作物提供的含碳物质如淀粉之后,经过消化吸收、分解,产生 CO_2 和水排出体外,同时释放能量供机体的需要。机体的各种生命活动如生长、发育、繁殖、修复、运动等,需要各种物质参与,这些物质需要机体自身合成或从食物中摄取。在这些复杂的生命过程中,还会产生各种"废物",需要排出体外或处理后排出体外。所以,代谢包括了从消化吸收到排泄的全过程。消化吸收与排泄之间的各种代谢称为中间代谢,可分为分解代谢、合成代谢和转化。分解代谢是机体将消化吸收或自身已有的物质分解,产生能量供机体各种生命活动需要。合成代谢是合成自身需要的物质,用于储存能量或供生长、发育、繁殖、修复等的需要。转化是物质之间的转变或相互转变。本篇重点讨论主要生命物质的分解代谢和合成代谢,部分涉及转化。

体内的代谢包括能量代谢和各种物质的代谢,后者不仅有糖、脂、蛋白质这样的大分子营养物质,也有维生素这样的小分子物质,还有无机盐,甚至水。这些代谢需要相互协调,才能确保细胞乃至机体的正常功能。当机体内外环境发生变化时,能量代谢和各种物质之间的代谢变化也需协调进行。这些都需要对代谢进行调节。由于代谢主要经由酶促反应组成的代谢途径完成,改变代谢途径中的关键酶,即可实现对代谢的调节。一旦机体的代谢失调,或代谢的改变超出了机体的调节能力,就会导致疾病。同样,机体的各种疾病,都会表现出相应的代谢变化。

学习本篇,不仅能更好地认识生命的本质及规律,还能为更好地理解和探讨疾病的发生机制、寻找新的防治措施打下基础。

(方定志)

本章数字资源

第七章 | 糖代谢

糖是人体所需的一类重要营养物质,为生命活动提供能源和碳源。糖是体内被优先利用的主要供能物质,1mol 葡萄糖(glucose)完全氧化生成二氧化碳和水可释放 2 840kJ 的能量,其中约 34% 转化储存于 ATP,以供应机体生理活动所需的能量。糖也是体内的重要碳源,糖代谢的中间产物可转变成其他的含碳化合物,如非必需氨基酸、非必需脂肪酸、核苷酸等。此外,糖还参与组成糖蛋白、蛋白聚糖和糖脂,调节细胞信息传递,参与构成细胞外基质等组织结构,形成 NAD^+、FAD、ATP 等多种生物活性物质。除葡萄糖外,其他单糖如果糖、半乳糖、甘露糖等所占比例很小,且主要转变为葡萄糖代谢的中间产物,故本章重点介绍葡萄糖在体内的代谢。

第一节 | 糖的摄取与利用

机体主要从食物中获取糖类物质,经消化吸收后的糖转运进入组织细胞,发生一系列复杂的连锁化学反应,满足多种生理活动的需要。

一、糖消化后以单体形式吸收

食物中能被人体分解利用的糖类,主要有植物淀粉、动物糖原以及麦芽糖、蔗糖、乳糖、葡萄糖等。人体缺少 β- 葡萄糖苷酶,不能消化食物中的纤维素,但纤维素有刺激肠蠕动等作用,也是维持健康所必需的糖类。

1. **淀粉在小肠内消化为葡萄糖** 小麦、稻米和谷薯等食物中的糖类以淀粉(starch)为主。唾液和胰液中都有 α- 淀粉酶(α-amylase),可水解淀粉分子内的 α-1,4- 糖苷键。由于食物在口腔停留的时间很短,所以淀粉消化的主要场所是小肠。在胰液 α- 淀粉酶作用下,淀粉被水解的主要产物为仅含有 α-1,4- 糖苷键的麦芽糖、麦芽三糖,还生成少量含有 α-1,6- 糖苷键的异麦芽糖、带分支的寡聚葡萄糖混合物(称为 α- 极限糊精,α-limit dextrin)。寡糖在小肠黏膜刷状缘进一步消化,α- 葡萄糖苷酶(包括麦芽糖酶)水解麦芽糖和麦芽三糖;α- 极限糊精酶(包括异麦芽糖酶)可水解 α-1,4- 糖苷键和 α-1,6- 糖苷键,将 α- 极限糊精和异麦芽糖水解为葡萄糖。

动画

2. **小肠吸收葡萄糖依赖于 SGLT 转运蛋白** 糖类被消化成单糖后,才能在小肠被吸收。葡萄糖进入小肠黏膜细胞依赖于特定载体,这是一个耗能的主动转运过程,同时伴有 Na^+ 的转运。这类转运葡萄糖的载体称为 Na^+ 依赖型葡萄糖转运蛋白(sodium-dependent glucose transporter,SGLT),它们主要存在于小肠黏膜和肾小管上皮细胞。

3. **乳糖不耐受由缺乏乳糖酶所致** 肠黏膜细胞还含有乳糖酶和蔗糖酶等,分别水解乳糖和蔗糖。有些人由于缺乏乳糖酶,在食用牛奶后发生乳糖消化吸收障碍,引起腹胀、腹泻等症状,称为乳糖不耐受(lactose intolerance)。

二、细胞摄取葡萄糖需要葡萄糖转运蛋白

葡萄糖吸收入血后,在体内代谢首先需进入组织细胞。这是依赖一类葡萄糖转运蛋白(glucose transporter,GLUT)实现的。

1. **GLUT 家族成员的组织分布和功能有所差异** 人体内现已发现 12 种 GLUT,分别在不同的

组织细胞中起作用,其中 GLUT1～5 的功能较为明确。GLUT1 和 GLUT3 广泛分布于全身各组织,与葡萄糖的亲和力较高,是细胞摄取葡萄糖的基本转运载体。GLUT2 主要存在于肝和胰 β 细胞中,与葡萄糖的亲和力较低,使肝从餐后血中摄取过量的葡萄糖,并调节胰岛素分泌。GLUT4 主要存在于肌和脂肪组织中,以胰岛素依赖方式摄取葡萄糖,耐力训练可以使肌组织细胞膜上的 GLUT4 数量增加。GLUT5 主要分布于小肠,是果糖进入细胞的重要转运载体。

2. 依赖 GLUT4 的糖摄取障碍可能诱发高血糖　GLUT4 摄取葡萄糖依赖于胰岛素,这对于餐后机体利用糖尤为重要。进食糖类后血糖快速升高,引起胰岛素分泌。当胰岛素与其受体发生相互作用时,能够使原先储存在脂肪细胞和肌细胞内囊泡中的 GLUT4,转位至细胞膜从而发挥功能,将血糖转运入这些组织细胞中,降低餐后血糖。1 型糖尿病患者由于胰岛素分泌不足,无法触发 GLUT4 向细胞膜转位,阻碍了血中葡萄糖的摄取利用,是引起高血糖的可能原因之一。

三、体内糖代谢处于分解、储存与合成的动态平衡

转运进入组织细胞内的葡萄糖,经历一系列复杂的连锁化学反应,涉及分解、储存、合成的动态平衡。

1. 肝是调节血糖的主要器官　葡萄糖被小肠黏膜细胞吸收后,先经门静脉入肝。肝发挥调节血糖的关键作用。餐后,肝通过分解葡萄糖、合成糖原和脂质而降低血糖;空腹或饥饿时,肝通过糖原分解、糖异生而输出葡萄糖,补充血糖。

2. 糖代谢涉及分解、储存与合成三方面　①餐后葡萄糖优先分解,涉及糖的无氧氧化、有氧氧化和戊糖磷酸途径,其分解方式取决于不同组织细胞的代谢特点和供氧状况。例如,机体绝大多数组织在供氧充足时,葡萄糖有氧氧化生成 CO_2 和 H_2O;肌组织在缺氧时,葡萄糖无氧氧化生成乳酸;饱食后肝内由于合成脂质的需要,葡萄糖通过戊糖磷酸途径提供 NADPH。②葡萄糖的储存仅在餐后活跃进行:以糖原形式储存于肝和肌组织中,以便在空腹时补充血糖或不利用氧快速供能。③葡萄糖的合成在饥饿时尤为活跃:某些非糖物质如甘油、氨基酸等,经糖异生转变成葡萄糖,以补充血糖。总之,糖的分解、储存、合成代谢途径,在多种激素调控下相互协调和制约,使血中葡萄糖的来源与去路相对平衡,血糖水平趋于稳定。

第二节 ｜ 糖的无氧氧化

一分子葡萄糖在细胞质中可裂解为两分子丙酮酸,此过程称为糖酵解(glycolysis),它是葡萄糖无氧氧化和有氧氧化的共同起始途径。在不能利用氧或氧供应不足时,某些微生物和人体组织将糖酵解生成的丙酮酸,进一步在细胞质中还原生成乳酸,称为乳酸发酵(lactic acid fermentation)或糖的无氧氧化(anaerobic oxidation of glucose)。当氧供应充足时,丙酮酸进入线粒体中,彻底氧化为 CO_2 和 H_2O,即糖的有氧氧化(aerobic oxidation of glucose)。本节仅讨论人体内生成乳酸的糖无氧氧化过程。

一、糖的无氧氧化分为糖酵解和乳酸生成两个阶段

葡萄糖无氧氧化的全部反应发生在细胞质中,第一阶段是糖酵解,第二阶段为乳酸生成。

(一)葡萄糖经糖酵解生成丙酮酸

糖酵解由十步反应组成,主要涉及己糖的两次磷酸化、己糖磷酸裂解为丙糖磷酸、丙糖磷酸转变为丙酮酸的反应过程。

1. 葡萄糖磷酸化生成葡萄糖 -6- 磷酸　葡萄糖进入细胞后发生磷酸化反应,生成葡萄糖 -6- 磷酸(glucose-6-phosphate,G-6-P),该反应不可逆,是糖酵解的第一个限速步骤。磷酸化后的葡萄糖,不能自由通过细胞膜而逸出细胞。催化此反应的是己糖激酶(hexokinase),它需要 Mg^{2+},是糖酵解的第一个关键酶。需要特别注意,葡萄糖 -6- 磷酸是联系糖代谢各条途径的重要枢纽物质。

哺乳动物体内已发现有 4 种己糖激酶同工酶（Ⅰ～Ⅳ型）。肝细胞中存在的是Ⅳ型，称为葡萄糖激酶（glucokinase），它有两个特点：①对葡萄糖的亲和力很低，其 K_m 值约为 10mmol/L，而己糖激酶 Ⅰ 的 K_m 值则在 0.2mmol/L 左右。②受激素调控，且不能被其产物葡萄糖 -6- 磷酸反馈抑制。这些特性使得仅在餐后血糖显著升高时，肝细胞才会经由葡萄糖激酶加快利用葡萄糖，从而缓冲调节血糖水平。

2. **葡萄糖 -6- 磷酸异构生成果糖 -6- 磷酸**　由己糖磷酸异构酶（phosphohexose isomerase）催化，醛糖与酮糖之间发生可逆的异构反应，葡萄糖 -6- 磷酸可转变为果糖 -6- 磷酸（fructose-6-phosphate，F-6-P），此反应需要 Mg^{2+} 参与。

3. **果糖 -6- 磷酸发生磷酸化转变为果糖 -1,6- 二磷酸**　这是第二个磷酸化反应，生成果糖 -1,6- 二磷酸（fructose-1,6-bisphosphate，F-1,6-BP），该反应不可逆，是第二个限速步骤，由磷酸果糖激酶 -1（phosphofructokinase-1，PFK-1）催化。此酶需要 ATP 和 Mg^{2+}，是糖酵解的第二个关键酶。

4. **果糖 -1,6- 二磷酸裂解成 2 分子丙糖磷酸**　此反应可逆，由醛缩酶（aldolase）催化果糖 -1,6- 二磷酸裂解，生成磷酸二羟丙酮和甘油醛 -3- 磷酸。

5. **磷酸二羟丙酮异构转变为甘油醛 -3- 磷酸**　甘油醛 -3- 磷酸和磷酸二羟丙酮是同分异构体，在丙糖磷酸异构酶（triose phosphate isomerase）催化下可互相转变。当甘油醛 -3- 磷酸在下一步反应中被移去后，磷酸二羟丙酮迅速转变为甘油醛 -3- 磷酸，继续进行糖酵解。此外，磷酸二羟丙酮还可还原为甘油 -3- 磷酸，是联系葡萄糖代谢和脂肪代谢的重要枢纽物质。

上述 5 步反应为糖酵解的耗能阶段，1 分子葡萄糖经两次磷酸化反应，消耗 2 分子 ATP，产生 2 分子甘油醛 -3- 磷酸。而后面 5 步反应才开始产生能量。

6. **甘油醛 -3- 磷酸氧化为甘油酸 -1,3- 二磷酸**　反应中甘油醛 -3- 磷酸的醛基氧化成羧基及羧基的磷酸化，均由甘油醛 -3- 磷酸脱氢酶（glyceraldehyde 3-phosphate dehydrogenase）催化，以 NAD^+ 辅因子接受氢和电子。参加反应的还有无机磷酸，当甘油醛 -3- 磷酸的醛基氧化脱氢生成羧基时，立即与磷酸形成混合酸酐。该酸酐是一种高能化合物，有水解高能磷酸键、释放能量转移给 ADP 而生成 ATP 的潜力。

7. **甘油酸 -1,3- 二磷酸发生底物水平磷酸化生成甘油酸 -3- 磷酸**　磷酸甘油酸激酶（phosphoglycerate kinase）催化混合酸酐上的磷酸基从羧基转移到 ADP，形成 ATP 和甘油酸 -3- 磷酸，反应需要 Mg^{2+}。这是糖酵解过程中第一次产生 ATP 的反应，将底物的高能磷酸基直接转移给 ADP 生成 ATP。这种 ADP 或其他核苷二磷酸的磷酸化作用，与高能化合物的高能键水解直接相偶联，此产能方式称为底物水平磷酸化（substrate-level phosphorylation）。磷酸甘油酸激酶催化的这一反应可逆，但逆反应需消耗 1 分子 ATP。

8. **甘油酸 -3- 磷酸变位生成甘油酸 -2- 磷酸**　磷酸甘油酸变位酶（phosphoglycerate mutase）催化磷酸基从甘油酸 -3- 磷酸的 C_3 位转移到 C_2，此反应可逆，且需要 Mg^{2+} 参与。

9. **甘油酸 -2- 磷酸脱水生成磷酸烯醇式丙酮酸**　烯醇化酶（enolase）催化甘油酸 -2- 磷酸脱水，生成磷酸烯醇式丙酮酸（phosphoenolpyruvate，PEP）。尽管这个反应的标准自由能改变比较小，但反应过程中发生分子内部的电子重排和能量重新分布，从而形成一个高能磷酸键，为下一步反应做准备。

10. **磷酸烯醇式丙酮酸发生底物水平磷酸化生成丙酮酸**　糖酵解的最后一步反应中，最初生成烯醇式丙酮酸，但烯醇式迅速经非酶促反应转变为酮式。此反应不可逆，是第三个限速步骤，也是第二次底物水平磷酸化，由丙酮酸激酶（pyruvate kinase）催化。此酶需要 K^+ 和 Mg^{2+}，是糖酵解的第三个关键酶。

在后面 5 步糖酵解产能阶段的反应中，2 分子丙糖磷酸经两次底物水平磷酸化，转变成 2 分子丙酮酸，总共生成 4 分子 ATP。

(二) 丙酮酸被还原为乳酸

此反应由乳酸脱氢酶（lactate dehydrogenase，LDH）催化，丙酮酸还原成乳酸所需的氢原子由

NADH+H⁺ 提供,后者来自上述第 6 步反应中的甘油醛 -3- 磷酸的脱氢反应。在缺氧情况下,这一对氢用于还原丙酮酸生成乳酸,NADH+H⁺ 重新转变成 NAD⁺,糖酵解才能再次进行。

人体内糖无氧氧化的全部反应可归纳如图 7-1。

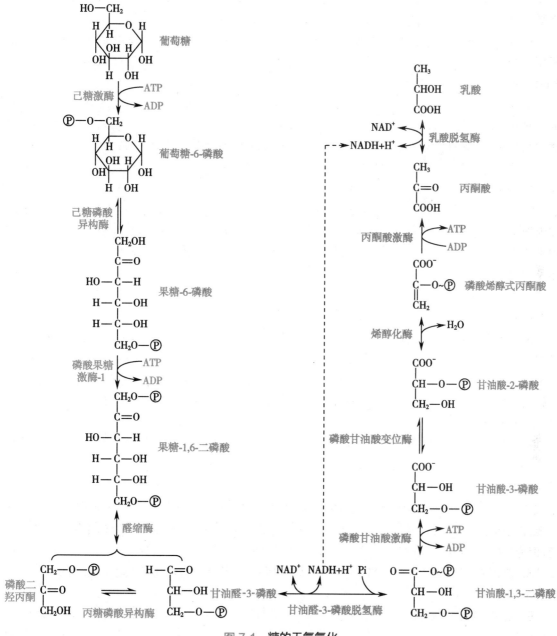

图 7-1　糖的无氧氧化

二、糖酵解的代谢流量受三个关键酶调控

糖酵解的大多数反应可逆,这些可逆反应的方向、速率由底物和产物的浓度控制。催化这些可逆反应的酶发生活性改变,并不能决定反应的方向。糖酵解只有 3 个不可逆反应,分别由己糖激酶(肝内为葡萄糖激酶)、磷酸果糖激酶 -1 和丙酮酸激酶催化。这些酶反应速率最慢,是控制糖酵解流量的3 个关键酶,其活性受到别构效应剂和激素的调节。

(一)磷酸果糖激酶 -1 是糖酵解的首要调控点

调节糖酵解流量最重要的是磷酸果糖激酶 -1 的活性,它主要被果糖 -2,6- 二磷酸别构激活,这一激活剂的含量受到精细调控。

1. **磷酸果糖激酶 -1 受多种代谢物的别构调节** 磷酸果糖激酶 -1 是四聚体,受多种别构效应剂的调节(图 7-2):① ATP 和柠檬酸是此酶的别构抑制剂。需要注意,磷酸果糖激酶 -1 有 2 个结合 ATP 的位点:一个是活性中心内的催化部位,ATP 作为底物与之结合;另一个是活性中心以外的别构部位,ATP 作为别构抑制剂与之结合,由于别构部位与 ATP 的亲和力较低,故需较高浓度的 ATP 才能抑制酶活性。②磷酸果糖激酶 -1 的别构激活剂有 AMP、ADP 和果糖 -2,6- 二磷酸(fructose-2,6-bisphosphate,F-2,6-BP)。AMP 可与 ATP 竞争结合别构部位,抵消 ATP 的抑制作用。

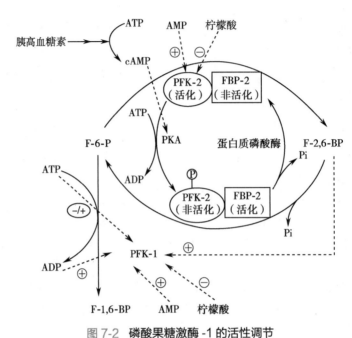

图 7-2 磷酸果糖激酶 -1 的活性调节

2. **果糖 -2,6- 二磷酸别构激活磷酸果糖激酶 -1 的作用最强** 果糖 -2,6- 二磷酸是磷酸果糖激酶 -1 最强的别构激活剂,在生理浓度范围(μmol/L 水平)内即可发挥效应。其作用是与 AMP 一起取消 ATP、柠檬酸对磷酸果糖激酶 -1 的别构抑制作用。

3. **果糖 -2,6- 二磷酸的生成和水解由双功能酶催化** 由磷酸果糖激酶 -2(phosphofructokinase-2,PFK-2)催化,果糖 6- 磷酸发生 C_2 磷酸化,生成果糖 -2,6- 二磷酸;由果糖二磷酸酶 -2(fructose bisphosphatase-2,FBP-2)催化,使果糖 -2,6- 二磷酸的 C_2 位磷酸水解,重新转变为果糖 -6- 磷酸(见图 7-2)。磷酸果糖激酶 -2/ 果糖二磷酸酶 -2 是一个双功能酶,两种酶活性共存于一个酶蛋白上,具有 2 个分开的催化中心。

4. **双功能酶的化学修饰可调节果糖 -2,6- 二磷酸的含量** 磷酸果糖激酶 -2/ 果糖二磷酸酶 -2 还受化学修饰调节(见图 7-2):①酶的磷酸化修饰降低果糖 -2,6- 二磷酸水平:胰高血糖素通过 cAMP 及 cAMP 依赖性蛋白质激酶(蛋白质激酶 A,PKA),使该双功能酶的 32 位丝氨酸发生磷酸化,引起磷酸果糖激酶 -2 活性减弱而果糖二磷酸酶 -2 活性升高,减少果糖 -2,6- 二磷酸生成。②酶的去磷酸化修饰升高果糖 -2,6- 二磷酸水平:由蛋白质磷酸酶催化,将该双功能酶中 32 位丝氨酸的磷酸酯键水解,引起磷酸果糖激酶 -2 活性增强而果糖二磷酸酶 -2 活性减弱,促果糖 -2,6- 二磷酸生成。

(二)丙酮酸激酶是糖酵解的第二个重要调节点

丙酮酸激酶是调节糖酵解的第二个重要关键酶,有两种活性调节方式:①受别构调节:果糖 -1,6- 二磷酸是其别构激活剂,ATP 为别构抑制剂。在肝内,丙氨酸对此酶也有别构抑制作用。②受化学修饰调节:蛋白质激酶 A 和依赖 Ca^{2+}、钙调蛋白的蛋白质激酶,均可使其磷酸化而失活。胰高血糖素可通过激活蛋白质激酶 A 而抑制丙酮酸激酶活性。

（三）己糖激酶受产物的反馈抑制调节

己糖激酶受其反应产物葡萄糖 -6- 磷酸的反馈抑制；而葡萄糖激酶由于不存在葡萄糖 -6- 磷酸的别构调节部位，故不受葡萄糖 -6- 磷酸的影响。长链脂肪酰 CoA 对其有别构抑制作用，这在饥饿时减少肝和其他组织分解葡萄糖有一定意义。胰岛素可诱导葡萄糖激酶基因的转录，促进该酶的合成。

（四）糖酵解的调节适应不同组织代谢需求

糖酵解是体内葡萄糖分解的起始阶段，其流量调节有组织差异。

1. 肌内糖酵解调节主要适应能量需求　对于绝大多数组织，特别是骨骼肌，调节糖酵解的流量是为了满足其能量需求。当能量消耗多时，细胞内 ATP/AMP 比值降低，磷酸果糖激酶 -1 和丙酮酸激酶均被激活，从而加快糖酵解。反之，当细胞内 ATP 的储备丰富时，则减少糖酵解流量。

2. 肝内糖酵解调节主要适应生物合成需求　正常进食时，肝内能量供应主要依赖脂肪酸的氧化；此时胰高血糖素减少、胰岛素增多，促进糖酵解，用以合成更多的糖原和脂质储备。而饥饿时，胰高血糖素分泌增加，抑制糖酵解，这样才能有效地进行糖异生，维持血糖水平（本章第六节）。

三、糖无氧氧化的生理意义是不利用氧快速供能

机体通过无氧氧化葡萄糖，可不利用氧迅速提供能量。

1. 缺氧时肌组织无氧氧化葡萄糖　肌内 ATP 含量很低，静息状态下约为 4mmol/L，只要肌收缩几秒钟即可耗尽。这时即使氧不缺乏，但葡萄糖经有氧氧化产能所需时间较长，来不及满足需要，而通过糖的无氧氧化则可迅速得到 ATP。当机体缺氧或剧烈运动肌局部血流不足时，能量主要通过糖的无氧氧化获得。

2. 不缺氧时某些组织无氧氧化葡萄糖　有些组织细胞分解糖时不利用氧：①被动进行糖无氧氧化：如成熟红细胞，它没有线粒体，只能依赖糖的无氧氧化供能。②主动进行糖无氧氧化：如视网膜、神经、肾髓质、胃肠道、皮肤等，即使不缺氧也常由糖的无氧氧化提供部分能量。③某些病理状况下偏好糖的无氧氧化：如感染性休克、肿瘤恶病质等，此时糖的无氧氧化极为活跃，产生的大量乳酸可在肝内糖异生（本章第六节）。

3. 一分子葡萄糖经无氧氧化净生成两分子 ATP　糖无氧氧化时，每分子丙糖磷酸发生 2 次底物水平磷酸化，生成 2 分子 ATP，故 1mol 葡萄糖可生成 4mol ATP，扣除在葡萄糖和果糖 -6- 磷酸发生磷酸化反应所消耗的 2mol ATP，最终净得 2mol ATP。1mol 葡萄糖经无氧氧化可释放 196kJ/mol 的能量，而在标准状态下 2mol ATP 水解为 ADP 和 Pi 时释放能量 61kJ/mol，故 ATP 储能效率为 31%。

四、其他单糖可转变为糖酵解的中间产物

除葡萄糖外，其他己糖如果糖、半乳糖和甘露糖也都是重要的能源物质，它们可转变成糖酵解的中间产物，如己糖磷酸和丙糖磷酸等。

（一）果糖主要在肝内经由果糖 -1- 磷酸裂解为丙糖磷酸

果糖是膳食中重要的能源物质，在水果和蔗糖中含量丰富。人体摄入果糖后，主要在肝内代谢，少部分在周围组织中代谢（图 7-3）。

1. 肝内果糖由果糖激酶和 B 型醛缩酶催化进入糖酵解　大部分果糖被肝摄取。肝内存在特异的果糖激酶，催化果糖磷酸化生成果糖 -1- 磷酸。接着，果糖 -1- 磷酸醛缩酶（B 型醛缩酶）将果糖 -1- 磷酸裂解，生成磷酸二羟丙酮和甘油醛。其中，磷酸二羟丙酮可异构生成甘油醛 -3- 磷酸；而甘油醛则在丙糖激酶催化下，磷酸化生成甘油醛 -3- 磷酸。这恰好是糖酵解的中间产物，可循糖酵解分解，用于供能或合成脂质。

2. 周围组织中果糖由己糖激酶催化进入糖酵解　少部分果糖被肌和肾等摄取，由己糖激酶催化，使果糖磷酸化生成果糖 -6- 磷酸，即可进入糖酵解。

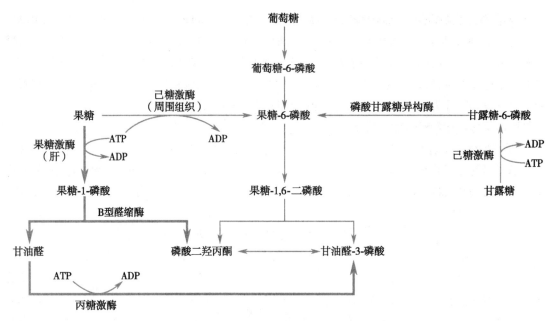

图 7-3 果糖和甘露糖进入糖酵解

3. 过量进食果糖可能危害健康 果糖在肝内代谢绕过了糖酵解最重要的限速步骤,缺失磷酸果糖激酶 -1 的活性调控,故食用果糖过多时,易引起脂肪肝。还由于此时果糖激酶和丙糖激酶作用活跃,导致肝内 ATP 和无机磷酸被过度利用而耗竭,损伤肝功能。

4. 果糖不耐受由缺乏 B 型醛缩酶所致 果糖不耐受(fructose intolerance)是 B 型醛缩酶缺陷的遗传病。患者进食果糖后,出现果糖 -1- 磷酸堆积,别构抑制磷酸化酶而阻止肝糖原分解(本章第五节),所以即使患者有丰富的肝糖原储备,仍会出现严重的低血糖。

(二)半乳糖在肝内转变为葡萄糖 -6- 磷酸

半乳糖和葡萄糖是立体异构体,它们仅在 C_4 位的构型上有所区别。

1. 肝可将半乳糖转变为葡萄糖 牛乳中的乳糖是半乳糖的主要来源,半乳糖经小肠吸收后,可在肝内转变为葡萄糖(图 7-4)。尿苷二磷酸半乳糖(uridine diphosphate galactose,简称 UDP 半乳糖)不仅是半乳糖转变为葡萄糖的中间产物,也是半乳糖供体,用以合成糖脂、蛋白聚糖和糖蛋白。另一方面,由于差向异构酶催化的反应可逆,用于合成糖脂、蛋白聚糖和糖蛋白的半乳糖并不必依赖食物提供,亦可由 UDP 葡萄糖转变生成。

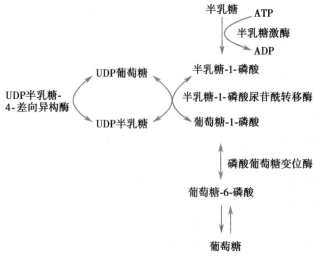

图 7-4 半乳糖的代谢

2. 半乳糖血症由缺乏半乳糖代谢酶类所致　半乳糖血症（galactosemia）是半乳糖代谢酶类缺陷的遗传病：①若缺乏半乳糖激酶，患者血和尿中会出现高浓度的半乳糖，进而产生有毒副产物半乳糖醇沉积在晶状体中，导致幼年发生白内障。②若缺乏半乳糖-1-磷酸尿苷酰转移酶，后果较为严重，患者即使不进食半乳糖，仍出现生长发育迟缓、智力缺陷等，甚至肝损伤致死。③若缺乏差向异构酶，患者虽有发育障碍等类似症状，但可通过限制半乳糖饮食而减轻损害。

（三）甘露糖转变为果糖-6-磷酸

甘露糖是葡萄糖在 C_2 位的立体异构物。它在日常饮食中含量甚微，是多糖和糖蛋白的消化产物。甘露糖经两步反应转变为糖酵解的中间产物：①由己糖激酶催化，甘露糖磷酸化生成甘露糖-6-磷酸。②由磷酸甘露糖异构酶催化，甘露糖-6-磷酸转变为果糖-6-磷酸，从而进入糖酵解（见图7-3）。

第三节 ｜ 糖的有氧氧化

有氧时，葡萄糖彻底氧化成 CO_2 和 H_2O，此反应过程称为有氧氧化（aerobic oxidation）。有氧氧化是糖分解供能的主要方式，绝大多数细胞都以此获得能量。需注意，肌组织内糖无氧氧化生成的大量乳酸，亦可作为运动时某些组织（如心肌）的重要能源，循有氧氧化途径供能。糖的有氧氧化概况如图7-5所示。

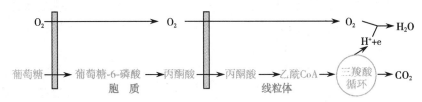

图7-5　葡萄糖有氧氧化概况

一、糖的有氧氧化分为三个反应阶段

第一阶段，葡萄糖在细胞质中经糖酵解生成丙酮酸；第二阶段，丙酮酸进入线粒体内，氧化脱羧生成乙酰 CoA；第三阶段，乙酰 CoA 进入三羧酸循环，并偶联发生氧化磷酸化（第十章）。

（一）葡萄糖经糖酵解生成丙酮酸

同糖无氧氧化的第一阶段。

（二）丙酮酸进入线粒体氧化脱羧生成乙酰 CoA

进入线粒体的丙酮酸，由丙酮酸脱氢酶复合体（pyruvate dehydrogenase complex）催化，经过5步反应，氧化脱羧生成乙酰 CoA（acetyl CoA），此反应不可逆、为限速步骤，总反应式为：

$$丙酮酸 + NAD^+ + HS\text{-}CoA \longrightarrow 乙酰 CoA + NADH + H^+ + CO_2$$

1. 丙酮酸脱氢酶复合体由三种酶和五种辅因子组成　丙酮酸脱氢酶复合体是糖有氧氧化的关键酶之一。真核细胞中，该酶复合体存在于线粒体，由丙酮酸脱氢酶（E_1）、二氢硫辛酰胺转乙酰基酶（E_2）和二氢硫辛酰胺脱氢酶（E_3）按一定比例组合而成。在哺乳动物细胞中，该酶复合体由60个 E_2 组成核心，周围排列着6个 E_3、20或30个 E_1。参与反应的辅因子有5种：E_1 的辅因子是硫胺素焦磷酸（TPP），E_2 的辅因子是硫辛酸和 CoA，E_3 的辅因子是 FAD、NAD^+。其中，硫辛酸是带有二硫键的八碳羧酸，通过与 E_2 中赖氨酸残基的 ε- 氨基相连，形成与酶结合的硫辛酰胺而成为酶的柔性长臂，可将乙酰基从酶复合体的一个活性部位转到另一个活性部位。

2. 丙酮酸脱氢酶复合体催化五步连锁反应　丙酮酸氧化脱羧分为5步反应（图7-6）：①E_1 催化丙酮酸脱羧形成羟乙基-TPP-E_1：TPP 噻唑环上的 N 与 S 之间活泼的碳原子，可释放出 H^+ 而成为负碳离子，与丙酮酸的羰基作用，使丙酮酸脱羧产生 CO_2，同时形成羟乙基-TPP-E_1。②E_2 催化形成乙

酰硫辛酰胺 -E$_2$:羟乙基 -TPP-E$_1$ 上的羟乙基被氧化成乙酰基,同时转移给硫辛酰胺,形成乙酰硫辛酰胺 -E$_2$。③E$_2$ 继续催化形成二氢硫辛酰胺 -E$_2$:乙酰硫辛酰胺上的乙酰基转移给 CoA,生成乙酰 CoA 后离开酶复合体,同时氧化过程中的 2 个电子使硫辛酰胺还原,形成二氢硫辛酰胺 -E$_2$。④E$_3$ 催化形成 FADH$_2$:二氢硫辛酰胺脱氢重新生成硫辛酰胺,以进行下一轮反应,同时将氢传递给 FAD 生成 FADH$_2$。⑤E$_3$ 继续催化形成 NADH+H$^+$:FADH$_2$ 上的氢转移给 NAD$^+$,转变为 NADH+H$^+$。上述 5 步反应的中间产物并不离开酶复合体,使整个反应过程得以迅速完成,而且因没有游离的中间产物,所以不会发生副反应。

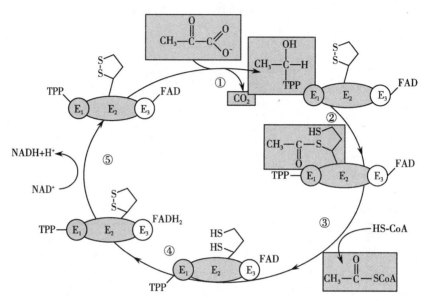

图 7-6 丙酮酸脱氢酶复合体作用机制

(三) 乙酰 CoA 进入三羧酸循环以及氧化磷酸化生成 ATP

三羧酸循环是由乙酰 CoA 与草酰乙酸缩合,先形成 6 个碳原子的柠檬酸,然后柠檬酸经过一系列反应重新生成草酰乙酸,完成一轮循环。每一轮循环有 2 次脱羧反应,释放 2 分子 CO$_2$;有 1 次底物水平磷酸化,生成 1 分子 GTP(或 ATP);有 4 次脱氢反应,生成 3 分子 NADH+H$^+$ 和 1 分子 FADH$_2$,它们既是三羧酸循环中脱氢酶的辅因子,又是电子传递链的第一个环节。

电子传递链由一系列氧化还原体系组成,其功能是将 H$^+$ 或电子依次传递至氧,生成水。在 H$^+$ 或电子沿电子传递链传递过程中,逐步释放能量,同时伴有 ADP 磷酸化生成 ATP,即氧化与磷酸化反应是偶联在一起的(第十章)。

二、三羧酸循环将乙酰 CoA 彻底氧化

三羧酸循环(tricarboxylic acid cycle,TAC)亦称柠檬酸循环(citric acid cycle),是线粒体内一系列酶促反应所构成的循环反应体系,由于其第一个中间产物是含有 3 个羧基的柠檬酸而得名。此循环由 Krebs HA 提出,故又称 Krebs 循环。

(一) 三羧酸循环产生还原当量和 CO$_2$

乙酰 CoA(主要来自三大营养物质的分解代谢)通过三羧酸循环分解时,共历经 8 步反应,主要生成还原当量(如 NADH、FADH$_2$)和 CO$_2$。

1. 乙酰 CoA 与草酰乙酸缩合成柠檬酸 此反应不可逆,为第一个限速步骤。由柠檬酸合酶(citrate synthase)催化,1 分子乙酰 CoA 与 1 分子草酰乙酸(oxaloacetate)缩合生成柠檬酸,缩合反应所需能量来自乙酰 CoA 的高能硫酯键。柠檬酸合酶是三羧酸循环的第一个关键酶,它对草酰乙酸的 K_m 很小,即使线粒体内草酰乙酸浓度很低,反应也能迅速进行。

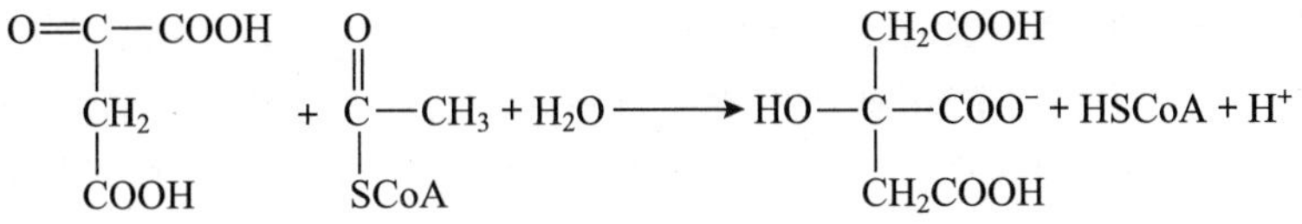

$$O=C-COOH \qquad \underset{SCoA}{\overset{O}{\underset{|}{C}}-CH_3} + H_2O \longrightarrow HO-\underset{CH_2COOH}{\overset{CH_2COOH}{\underset{|}{C}}-COO^-} + HSCoA + H^+$$

草酰乙酸 　　　　乙酰CoA 　　　　　　柠檬酸 　　辅酶A

2. 柠檬酸经顺乌头酸转变为异柠檬酸 柠檬酸与异柠檬酸(isocitrate)的异构互变反应,由顺乌头酸酶催化,将 C_3 上的羟基移至 C_2 上。反应的中间产物顺乌头酸与酶结合在一起,以复合物形式存在。

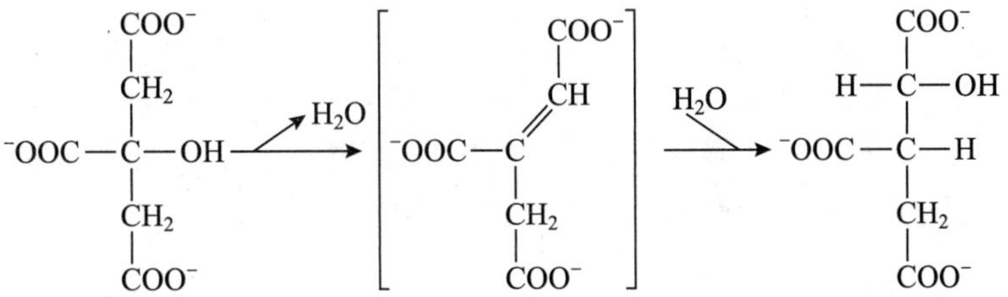

柠檬酸 　　　　　[酶-顺乌头酸]复合物 　　　　异柠檬酸

3. 异柠檬酸氧化脱羧转变为 α-酮戊二酸 此反应不可逆,为第二个限速步骤。由异柠檬酸脱氢酶(isocitrate dehydrogenase)催化异柠檬酸氧化脱羧,生成 α-酮戊二酸(α-ketoglutarate)及 CO_2,脱下的氢由 NAD^+ 接受而形成 $NADH+H^+$。异柠檬酸脱氢酶是三羧酸循环的第二个关键酶,催化第一次氧化脱羧反应,释出的 CO_2 可被视作乙酰CoA的1个碳原子氧化产物。

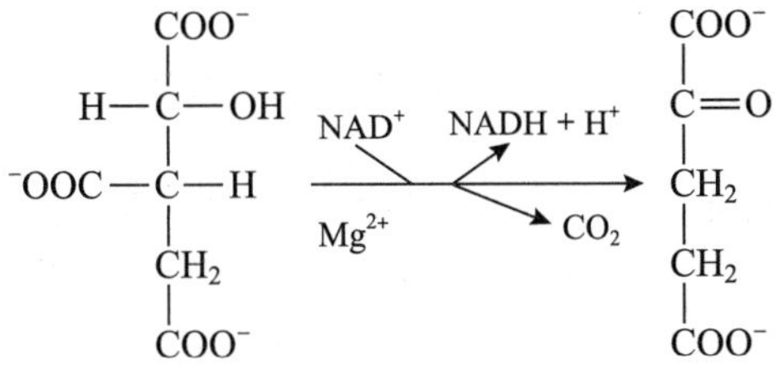

异柠檬酸 　　　　　　　　　α-酮戊二酸

4. α-酮戊二酸氧化脱羧生成琥珀酰CoA 该反应不可逆,是第三个限速步骤。α-酮戊二酸继续氧化脱羧,生成含有高能硫酯键的琥珀酰CoA(succinyl CoA),并释出 CO_2,脱下的氢由 NAD^+ 接受而形成 $NADH+H^+$。催化这一反应的酶是 α-酮戊二酸脱氢酶复合体(α-ketoglutarate dehydrogenase complex),其组成和催化机制与丙酮酸脱氢酶复合体类似,这就使 α-酮戊二酸的脱羧、脱氢、形成高能硫酯键等反应得以迅速完成。此酶是三羧酸循环的第三个关键酶,催化第二次氧化脱羧反应,释出的 CO_2 可被视作乙酰CoA的另1个碳原子氧化产物。

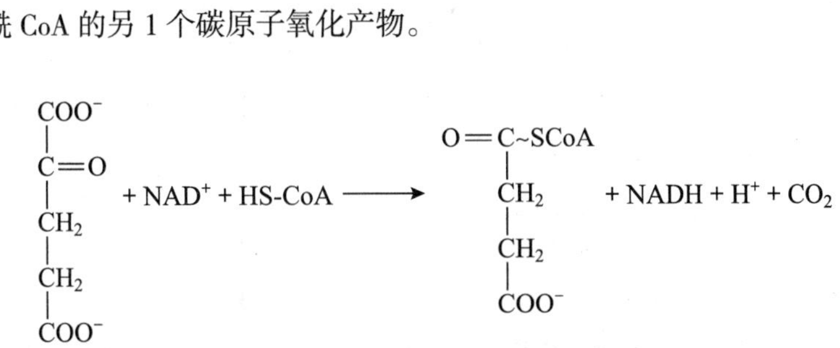

α-酮戊二酸 　　　　　　　琥珀酰CoA

5. 琥珀酰CoA合成酶催化底物水平磷酸化反应 琥珀酰CoA含有高能硫酯键,它水解生成琥珀酸(succinic acid)的同时,与核苷二磷酸的磷酸化偶联,生成核苷三磷酸。此反应可逆,是三羧酸循环中唯一的底物水平磷酸化反应,由琥珀酰 CoA 合成酶(succinyl CoA synthetase)催化。该酶在哺乳动物体内有两种同工酶,分别以 GDP 或 ADP 为辅因子,生成 GTP 或 ATP,二者的组织分布有差异,与不同组织的代谢偏好相适应。

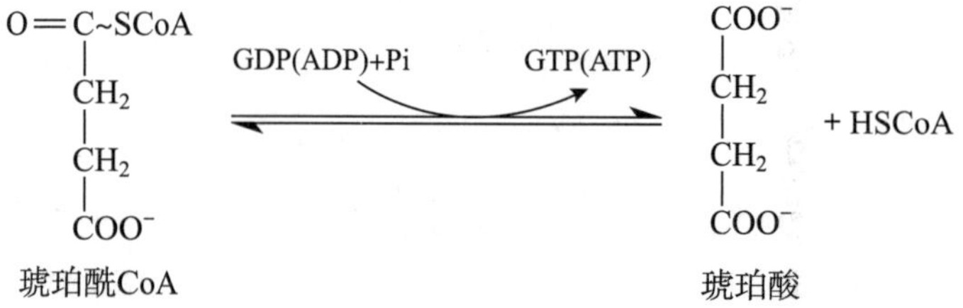

琥珀酰CoA   琥珀酸

6. 琥珀酸脱氢生成延胡索酸 反应由琥珀酸脱氢酶(succinate dehydrogenase)催化。该酶结合在线粒体内膜上,是三羧酸循环中唯一与内膜结合的酶,其辅因子是 FAD。反应脱下的氢由 FAD 接受,生成 $FADH_2$,经电子传递链被氧化,生成 1.5 分子 ATP(见第十章)。

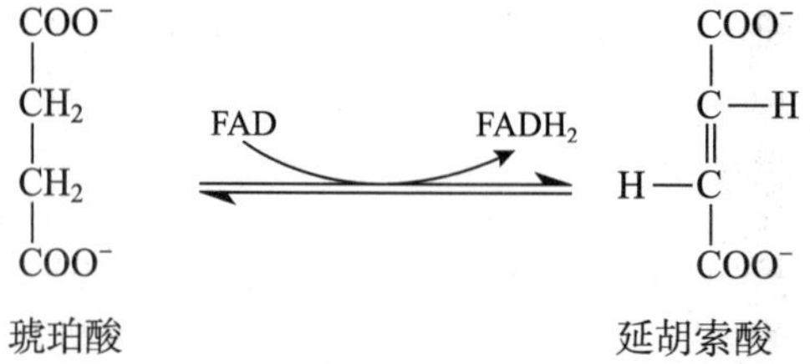

琥珀酸   延胡索酸

7. 延胡索酸加水生成苹果酸 延胡索酸酶(fumarate hydratase)催化此可逆反应。

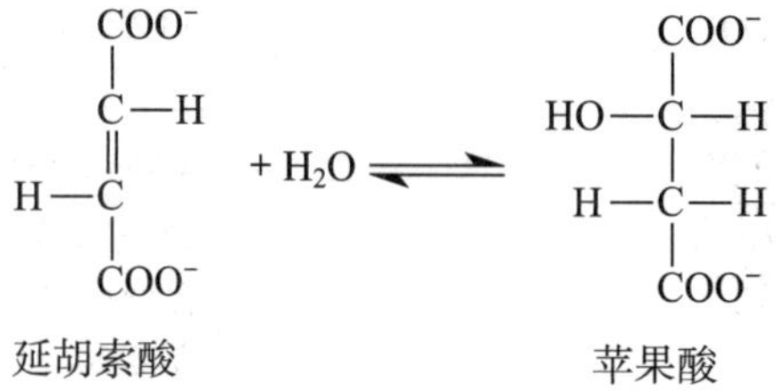

延胡索酸   苹果酸

8. 苹果酸脱氢生成草酰乙酸 由苹果酸脱氢酶(malate dehydrogenase)催化,苹果酸脱氢生成草酰乙酸,脱下的氢由 NAD^+ 接受而形成 $NADH+H^+$。因草酰乙酸不断地被用于合成柠檬酸,故这一可逆反应向生成草酰乙酸的方向进行。

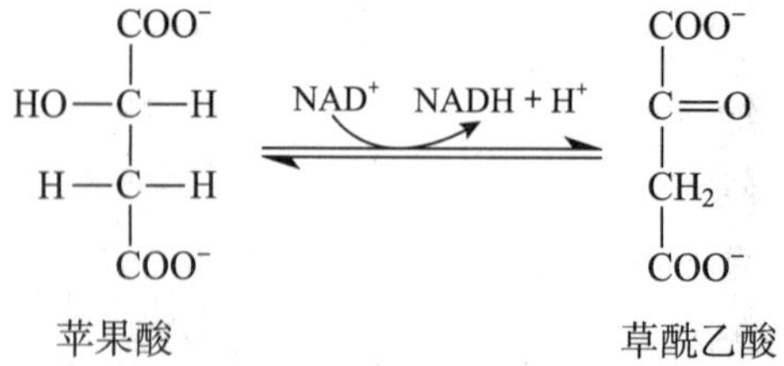

苹果酸   草酰乙酸

综上,三羧酸循环的全部反应可归纳如图 7-7。

(二) 三羧酸循环的主要特点是脱氢、脱羧和底物水平磷酸化

三羧酸循环主要有如下特点:①4 次脱氢,其中 3 次由 NAD^+ 接受而形成 3 分子 $NADH+H^+$,1 次由 FAD 接受而形成 1 分子 $FADH_2$。这些还原当量将电子传给氧时,才能生成大量 ATP。②2 次脱羧,生成 2 分子 CO_2,这是体内 CO_2 的主要来源。③1 次底物水平磷酸化,生成 1 分子 GTP(或 ATP)。三羧酸循环每进行一轮,底物水平磷酸化只能发生 1 次,故不是线粒体内的主要产能方式。

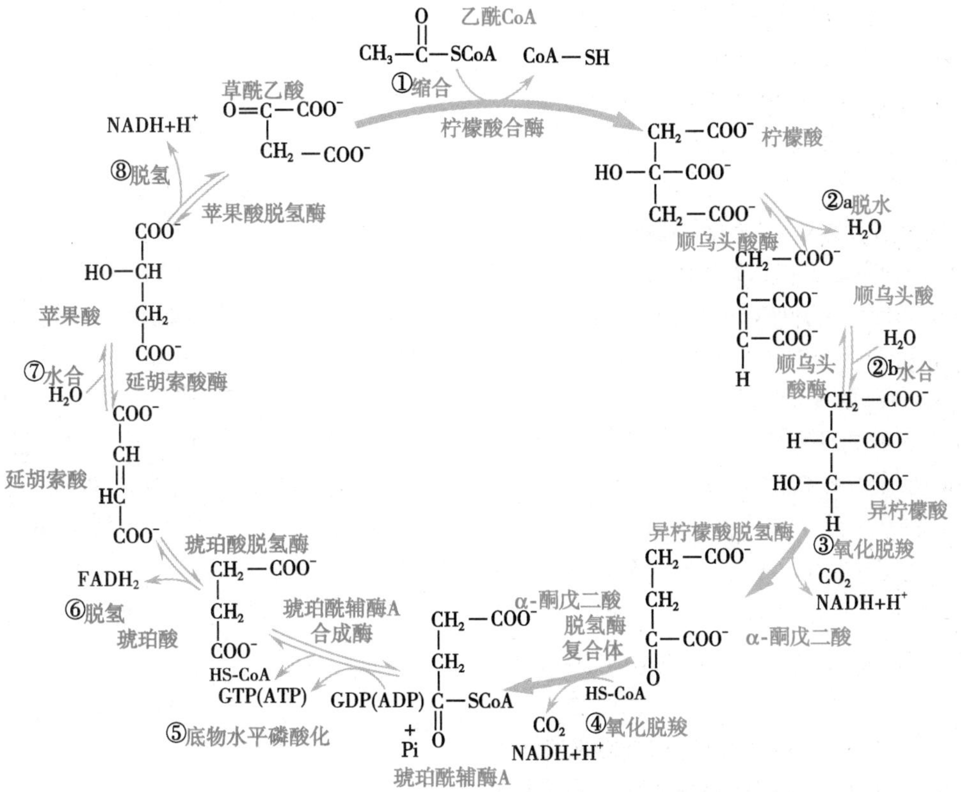

图 7-7　三羧酸循环

(三) 三羧酸循环释出的两分子 CO_2 来自草酰乙酸

三羧酸循环消耗 1 分子乙酰 CoA（2 个碳），释出 2 分子 CO_2，但并非直接将乙酰 CoA 的 2 个碳原子氧化。用 ^{14}C 标记乙酰 CoA 的示踪实验观察到，脱羧生成的 2 个 CO_2 的碳原子，来自草酰乙酸而不是乙酰 CoA。因此，三羧酸循环最后再生形成的草酰乙酸，实际上其碳骨架已经被部分更新。

三羧酸循环的各种中间产物本身并无量的变化，需要澄清两点：①这些中间产物不能通过三羧酸循环直接从乙酰 CoA 合成。以三羧酸循环中的草酰乙酸为例，它主要来自丙酮酸直接羧化，也可通过苹果酸脱氢生成。②这些中间产物也不能直接在三羧酸循环中被氧化成 CO_2。例如草酰乙酸氧化时，需先脱羧生成丙酮酸，再循糖的有氧氧化途径分解为 CO_2。

(四) 三羧酸循环是三大营养物质共用的两用代谢途径

三羧酸循环是两用代谢途径（amphibolic pathway）的典型代表，它既与分解有关，也与合成有关，在机体代谢中处于核心地位。

1. 三羧酸循环是三大营养物质分解产能的共同通路　糖、脂肪、蛋白质都是能源物质，它们在体内分解最终都产生乙酰 CoA，然后进入三羧酸循环彻底氧化。三羧酸循环中，只有一次底物水平磷酸化反应产能，因此循环本身并不能直接大量产能，而是间接经由 4 次脱氢生成的还原当量，通过电子传递过程和氧化磷酸化而生成大量 ATP（见第十章）。

2. 三羧酸循环是三大营养物质合成转变的联系枢纽　糖、脂肪、氨基酸在一定程度上通过三羧酸循环相互转变。例如，餐后糖可转变成脂肪，其中柠檬酸发挥枢纽作用。葡萄糖通过糖酵解和丙酮酸氧化脱羧，在线粒体内生成乙酰 CoA，乙酰 CoA 必须再转移到细胞质才能合成脂肪酸。但乙酰 CoA 不能通过线粒体内膜，需借助柠檬酸 - 丙酮酸循环，以柠檬酸的形式运往细胞质后，再裂解释出乙酰 CoA，提供脂质合成原料（见第八章）。

又如，绝大部分氨基酸可以转变成糖。许多氨基酸的碳架是三羧酸循环的中间产物，通过糖异生

0702
动画

可转变为葡萄糖(见本章第六节)。反过来,糖也可通过三羧酸循环的中间产物接受氨基,合成非必需氨基酸如天冬氨酸、谷氨酸等(见第九章)。

三、有氧氧化是糖分解供能的主要方式

餐后,糖是三大营养物质中被优先利用的能源,有氧氧化是其主要供能方式。

1. 一分子乙酰 CoA 经三羧酸循环生成 10 分子 ATP 三羧酸循环中脱氢产生的 3 分子 NADH 和 1 分子 $FADH_2$,通过电子传递链和氧化磷酸化生成 ATP。线粒体内,每分子 NADH 的氢传递给氧时,可生成 2.5 分子 ATP;每分子 $FADH_2$ 的氢则只能生成 1.5 分子 ATP。加上底物水平磷酸化生成的 1 分子 ATP,乙酰 CoA 经三羧酸循环彻底氧化,共生成 10 分子 ATP。

2. 一分子葡萄糖经有氧氧化生成 30 或 32 分子 ATP 若从丙酮酸脱氢开始计算,每分子丙酮酸经三羧酸循环彻底氧化,共产生 12.5 分子 ATP。此外,糖酵解有甘油醛 -3- 磷酸脱氢反应,在细胞质中生成 NADH。当氧供应充足时,此 NADH 也要先从细胞质转运入线粒体,再经电子传递链和氧化磷酸化产生 ATP。将 NADH 从细胞质运到线粒体的机制有两种,分别产生 2.5 分子或者 1.5 分子 ATP(见第十章)。综上,1mol 葡萄糖彻底氧化生成 CO_2 和 H_2O,可净生成 30mol 或 32mol ATP(表 7-1)。

表 7-1 葡萄糖有氧氧化生成的 ATP

阶段	反应	辅因子	最终获得 ATP
第一阶段	葡萄糖→葡萄糖 -6- 磷酸		−1
	果糖 -6- 磷酸→果糖 -1,6- 二磷酸		−1
	2× 甘油醛 -3- 磷酸→2× 甘油酸 -1,3- 二磷酸	2NADH(细胞质)	3 或 5[*]
	2× 甘油酸 -1,3- 二磷酸→2× 甘油酸 -3- 磷酸		2
	2× 磷酸烯醇式丙酮酸→2× 丙酮酸		2
第二阶段	2× 丙酮酸→2× 乙酰 CoA	2NADH(线粒体)	5
第三阶段	2× 异柠檬酸→2×α- 酮戊二酸	2NADH(线粒体)	5
	2×α- 酮戊二酸→2× 琥珀酰 CoA	2NADH	5
	2× 琥珀酰 CoA→2× 琥珀酸		2
	2× 琥珀酸→2× 延胡索酸	2FADH_2	3
	2× 苹果酸→2× 草酰乙酸	2NADH	5
	由 1 分子葡萄糖总共获得		30 或 32

注:*获得 ATP 的数量取决于还原当量进入线粒体的穿梭机制。

四、糖的有氧氧化主要受能量供需平衡调节

机体对能量的需求变动很大,因此糖的有氧氧化作为主要产能途径,必然受到精细的动态调节,以维持体内的能量供需平衡。丙酮酸经三羧酸循环代谢的速率,被两个反应阶段的关键酶所调节:①调节丙酮酸脱氢酶复合体的活性,以控制由丙酮酸生成乙酰 CoA 的速率;②调节三羧酸循环中的 3 个关键酶活性,以控制乙酰 CoA 彻底氧化的速率。

(一)丙酮酸脱氢酶复合体调节乙酰 CoA 的生成速率

快速调节丙酮酸脱氢酶复合体的活性,有别构调节和化学修饰两种方式。

1. 丙酮酸脱氢酶复合体受能量和代谢物的别构调节 诱发别构调节的主要因素包括:①细胞内能量状态:ATP 别构抑制丙酮酸脱氢酶复合体,AMP 则能将其激活。因此,ATP/AMP 比值可动态调节此酶活性。能量缺乏时该比值降低,酶被激活;能量过剩时该比值升高,酶被抑制。②代谢产物生成量:反应产物乙酰 CoA 和 NADH 可别构抑制丙酮酸脱氢酶复合体,而相应的底物 CoA 和 NAD^+ 则对

其有别构激活作用。当乙酰 CoA/CoA 比值升高或 NADH/NAD$^+$ 比值升高时,此酶的活性被抑制。

通常在两种情况下,出现丙酮酸脱氢酶复合体的别构抑制:①餐后糖分解过盛时,以免糖分解产能过多而造成浪费。②饥饿状态下大量脂肪酸氧化时,以使大多数组织器官改用脂肪酸能源,节约葡萄糖而确保对脑等重要组织的糖供给。

2. 丙酮酸脱氢酶复合体受可逆的磷酸化修饰调节 在丙酮酸脱氢酶激酶催化下,丙酮酸脱氢酶复合体发生磷酸化而失去活性;丙酮酸脱氢酶磷酸酶则使之去磷酸化而恢复活性。乙酰 CoA 和 NADH 除直接别构抑制丙酮酸脱氢酶复合体之外,也可间接通过增强丙酮酸脱氢酶激酶的活性而使该酶复合体失活(图 7-8)。

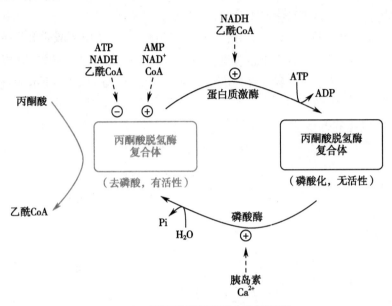

图 7-8 丙酮酸脱氢酶复合体的调节

(二) 三羧酸循环的关键酶调节乙酰 CoA 的氧化速率

三羧酸循环主要受 3 个关键酶调控(图 7-9),即:柠檬酸合酶、异柠檬酸脱氢酶和 α-酮戊二酸脱氢酶复合体,其中后两者的活性调节更为重要。

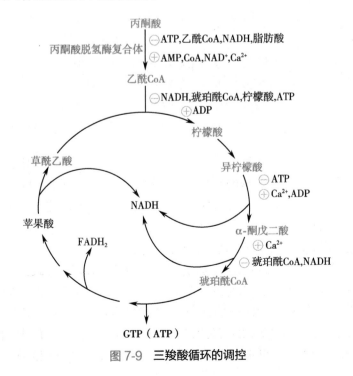

图 7-9 三羧酸循环的调控

1. 代谢物和能量别构调节三羧酸循环的关键酶 主要调节方式包括：①底物的别构激活作用：乙酰 CoA 和草酰乙酸作为柠檬酸合酶的底物，其含量随细胞代谢状态而改变，从而影响柠檬酸合成的速率。②产物的别构抑制作用：柠檬酸生成过剩时，反馈抑制柠檬酸合酶的活性；琥珀酰 CoA 和 NADH 作为直接产物和远端产物，分别抑制 α- 酮戊二酸脱氢酶复合体和柠檬酸合酶的活性。③能量状态的调节作用：ATP 别构抑制柠檬酸合酶与异柠檬酸脱氢酶的活性；ADP 则可将这二者别构激活。④ Ca^{2+} 的激活作用：当线粒体内 Ca^{2+} 浓度升高时，Ca^{2+} 不仅可直接与异柠檬酸脱氢酶和 α- 酮戊二酸脱氢酶复合体相结合，降低其对底物的 K_m 而增强酶活性；也可激活丙酮酸脱氢酶复合体，从而增加丙酮酸经有氧氧化代谢的流量。

2. 柠檬酸的含量与亚细胞分布可整合调节糖代谢和脂代谢 当糖分解产能不足时，线粒体内生成的柠檬酸适量，可继续进行三羧酸循环分解供能。而当糖分解产能过盛时，线粒体内生成过量的柠檬酸，通过柠檬酸 - 丙酮酸循环转移至细胞质，一方面裂解释出乙酰 CoA 作为合成原料，另一方面柠檬酸还可激活脂肪酸合成的关键酶，从而促进脂质合成（见第八章）。因此，柠檬酸是协同调节糖代谢和脂代谢的枢纽物质。

（三）糖有氧氧化的各反应阶段相互协调

糖酵解、丙酮酸氧化脱羧、三羧酸循环的代谢速率相互适配，它们主要受共同代谢物和能量状态协同调节。

1. 共同代谢物协同调节糖有氧氧化各阶段的关键酶 通常情况下，糖酵解产生了多少丙酮酸，三羧酸循环就正好需要多少丙酮酸来提供乙酰 CoA。这种协同主要通过同一别构剂调节多种关键酶而实现：①柠檬酸别构剂：糖产能过多时，柠檬酸不仅在线粒体内抑制柠檬酸合酶，还可转运至细胞质抑制磷酸果糖激酶 -1，从而使糖酵解和三羧酸循环同时减速。②NADH 别构剂：线粒体内 NADH 不仅抑制丙酮酸脱氢酶复合体，还可抑制柠檬酸合酶、α- 酮戊二酸脱氢酶复合体，从而使丙酮酸氧化脱羧和三羧酸循环协同减慢。如果线粒体内 NADH 进入下游氧化磷酸化的代谢速度减慢，则导致 NADH 积累，也会抑制上游丙酮酸氧化脱羧和三羧酸循环。

2. 能量状态协同调节糖有氧氧化各阶段的关键酶 细胞内 ATP/ADP 或 ATP/AMP 比值，同时调节糖有氧氧化诸多关键酶的活性，使之协调一致地应对机体能量需求的变化。当细胞消耗 ATP 时，引起 ADP 和 AMP 浓度升高，别构激活磷酸果糖激酶 -1、丙酮酸激酶、丙酮酸脱氢酶复合体、柠檬酸合酶、异柠檬酸脱氢酶以及氧化磷酸化的相关酶，加快糖的有氧氧化以补充 ATP。反之，当细胞内 ATP 充足时，上述酶的活性降低，使糖的有氧氧化减慢，从而避免浪费。

值得注意，AMP 的浓度变化是更敏感的细胞能量状态指示剂。通常细胞内 ATP 的浓度约为 AMP 的 50 倍。而体内 AMP 的产生分为两步：①ATP 水解生成 ADP；②ADP 被腺苷激酶催化生成 AMP（2ADP→ATP+AMP）。当机体耗能后，ATP 的浓度变化仅为 10%，而 AMP 浓度的变化幅度则高达 500%（表 7-2）。由此不难理解，AMP 对体内诸多代谢反应发挥更有效的调节作用。

表 7-2 耗能前后 ATP 和 AMP 的浓度相对变化

腺苷的磷酸酯	耗能前的浓度 /（mmol/L）	耗能后的浓度 /（mmol/L）	浓度的相对变化
ATP	5.0	4.5	10%
ADP	1.0	1.0	0
AMP	0.1	0.6	500%

五、糖氧化产能方式的选择有组织偏好

对于有线粒体的细胞，经由有氧氧化还是无氧氧化分解葡萄糖，主要与不同组织的代谢特点相适应。

1. 肌组织通过巴斯德效应有氧氧化葡萄糖　最初发现,酵母菌在无氧时生成乙醇(微生物中糖无氧氧化的一种形式),而转移至有氧环境后,乙醇生成即被抑制。这种糖有氧氧化抑制无氧氧化的现象,称为巴斯德效应(Pasteur effect)。肌组织也有这一效应,以便在有氧条件下实现产能最大化。其作用机制是,细胞质中糖酵解所产生 NADH 的去路,决定了酵解产物丙酮酸的代谢去向。有氧时,细胞质中 NADH 一旦产生,立即进入线粒体内氧化;糖酵解最后生成的丙酮酸,也随即运入线粒体进行有氧氧化。缺氧时,NADH 留在细胞质,以丙酮酸为受氢体,使之还原生成乳酸。

2. 增殖活跃的组织通过瓦尔堡效应无氧氧化葡萄糖　肿瘤等快速增殖的细胞,即使在有氧时,葡萄糖也不被彻底氧化,而是生成乳酸,称为瓦尔堡效应(Warburg effect)。无氧氧化时糖的消耗量显著多于有氧氧化,这是因为无氧氧化产能偏少,ATP/ADP 或 ATP/AMP 比值相对较低,对磷酸果糖激酶-1 和丙酮酸激酶的激活作用明显,从而使无氧分解的葡萄糖更多。瓦尔堡效应使肿瘤细胞获得生存优势,可避免将葡萄糖全部分解成 CO_2,从而为肿瘤快速增殖积累大量的生物合成原料。目前瓦尔堡效应已成为肿瘤诊治的新依据和突破点。

第四节　戊糖磷酸途径

戊糖磷酸途径(pentose phosphate pathway)是一条不产能的糖分解途径,从糖酵解的中间产物葡萄糖-6-磷酸开始形成旁路,最终返回糖酵解。此代谢途径目的是提供 NADPH 和核糖磷酸。

一、戊糖磷酸途径分为氧化和基团转移两个反应阶段

葡萄糖-6-磷酸进入戊糖磷酸途径分解,全部反应发生在细胞质中。第一阶段是氧化反应,生成戊糖磷酸、NADPH 和 CO_2;第二阶段是基团转移反应,最终生成果糖-6-磷酸和甘油醛-3-磷酸。

(一)氧化阶段反应生成 NADPH 和戊糖磷酸

葡萄糖-6-磷酸在氧化阶段的反应包括:①在葡萄糖-6-磷酸脱氢酶(glucose-6-phosphate dehydrogenase)催化下,葡萄糖-6-磷酸氧化成 6-磷酸葡萄糖酸内酯,脱下的氢由 $NADP^+$ 接受而生成 NADPH,此反应不可逆、为限速步骤,需要 Mg^{2+} 参与。②由内酯酶(lactonase)催化,6-磷酸葡萄糖酸内酯水解为 6-磷酸葡萄糖酸。③由 6-磷酸葡萄糖酸脱氢酶催化,6-磷酸葡萄糖酸氧化脱羧生成核酮糖-5-磷酸,同时产生 NADPH 及 CO_2。④核酮糖-5-磷酸经异构酶催化,转变成核糖-5-磷酸;或者经差向异构酶催化,转变为木酮糖-5-磷酸。这些戊糖磷酸之间的相互转变均为可逆反应。总之,第一阶段中,1 分子葡萄糖-6-磷酸生成 2 分子 NADPH 和 1 分子核糖-5-磷酸,释出 1 分子 CO_2。

葡萄糖-6-磷酸　　6-磷酸葡萄糖酸内酯　6-磷酸葡萄糖酸　　　核酮糖-5-磷酸　　核糖-5-磷酸

(二)基团转移阶段反应生成己糖磷酸和丙糖磷酸

第一阶段生成的 NADPH 和核糖磷酸,可用于体内诸多合成代谢。由于 NADPH 的消耗量远大于核糖磷酸,所以多余的戊糖就会进入第二阶段反应,重新返回糖酵解而被利用,以避免出现戊糖的堆积。

需要 3 分子戊糖磷酸进入第二阶段,才能完成所有基团转移反应。一系列基团转移的接受体都是醛糖,反应分为两类:①转酮醇酶(transketolase)反应:转移含 1 个酮基、1 个醇基的 2 碳基团;②转醛醇酶(transaldolase)反应:转移 3 碳单位。这些基团转移均为可逆反应,生成 3C、4C、5C、6C、7C 中间产物,这些含不同碳原子数量的碳骨架也是体内生物合成所需要的碳源。经过第二阶段反应,3 分子戊糖磷酸最终转变成 2 分子果糖 -6- 磷酸和 1 分子甘油醛 -3- 磷酸。

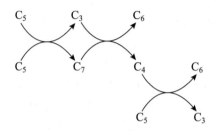

综上,戊糖磷酸途径的全过程归纳如图 7-10,其总反应为:

$$3× \text{葡萄糖 -6- 磷酸} +6NADP^+ → 2× \text{果糖 -6- 磷酸} + \text{甘油醛 -3- 磷酸} +6NADPH+6H^++3CO_2$$

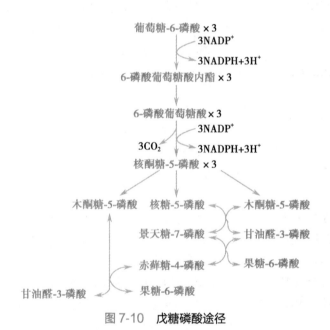

图 7-10　戊糖磷酸途径

二、戊糖磷酸途径主要受 NADPH/NADP⁺ 比值的调节

葡萄糖 -6- 磷酸可进入多条代谢途径。葡萄糖 -6- 磷酸脱氢酶是戊糖磷酸途径的关键酶,决定了葡萄糖 -6- 磷酸进入此途径的流量,其代谢调节涉及两方面:①酶含量调节:当摄取高碳水化合物饮食,尤其是饥饿后进食时,肝内此酶的含量明显增加,以适应脂肪酸合成时对 NADPH 的需要(见第八章)。②酶活性快速调节:NADPH 别构抑制葡萄糖 -6- 磷酸脱氢酶,而 NADP⁺ 则别构激活之。因此,该酶活性主要受 NADPH/NADP⁺ 比值的调节,比值升高时戊糖磷酸途径被抑制,比值降低时被激活。总之,戊糖磷酸途径的流量取决于 NADPH 需求。

三、戊糖磷酸途径是 NADPH 和核糖磷酸的主要来源

戊糖磷酸途径产生的核糖磷酸和 NADPH,可为体内多种合成代谢提供碳源和供氢体。对于脂质合成旺盛的组织(如肝、脂肪组织、哺乳期的乳腺)、增殖活跃的组织(如骨髓、肿瘤)、红细胞等,戊糖磷酸途径尤为活跃,通过大量提供上述两种产物,满足这些组织细胞的代谢需求。

（一）提供核糖磷酸作为核酸生物合成的原料

核糖是核苷酸的基本组分。体内的核糖并不依赖从食物摄入,而是通过戊糖磷酸途径生成。核糖磷酸的生成方式有两种:①在氧化阶段,由葡萄糖 -6- 磷酸氧化脱羧生成;②在基团转移阶段,由糖酵解的中间产物甘油醛 -3- 磷酸和果糖 -6- 磷酸通过基团转移生成。这两种方式的相对重要性因物种而异,因器官而异。例如,人体主要通过第一种方式生成核糖磷酸;但在肌组织内,因缺乏葡萄糖 -6- 磷酸脱氢酶,故通过第二种方式生成核糖磷酸。

（二）提供 NADPH 作为多种代谢反应的供氢体

与 NADH 不同,NADPH 携带的氢并不通过电子传递链氧化释出能量,而是参与体内多种代谢反应,发挥不同的功能。

1. **NADPH 参与合成多种物质**　NADPH 常作为体内合成代谢的供氢体:①参与脂质合成:从乙酰 CoA 合成脂肪酸和胆固醇,中间涉及多步还原反应,需要 NADPH 供氢。②参与氨基酸合成:先由 α- 酮戊二酸、NH₃ 和 NADPH 生成谷氨酸,谷氨酸再与其他 α- 酮酸发生转氨基反应,生成非必需氨基酸(见第九章)。

2. **NADPH 参与羟化反应**　需要 NADPH 的羟化反应包括:①与生物合成相关的羟化反应:从鲨烯合成胆固醇,从胆固醇合成胆汁酸、类固醇激素,从血红素合成胆红素等,均涉及 NADPH 参与的羟化步骤(见第八章、第二十五章)。②与生物转化(biotransformation)相关的羟化反应:使某些药物、毒物发生羟化作用的细胞色素 P450 单加氧酶,也需要 NADPH 参与反应(见第二十五章)。

3. **NADPH 用于维持谷胱甘肽的还原状态**　谷胱甘肽(glutathione,GSH)是一个三肽,2 分子 GSH 可以脱氢转变为氧化型谷胱甘肽(GSSG);而 GSSG 则可在谷胱甘肽还原酶作用下,被 NADPH 重新还原成为还原型谷胱甘肽(reduced glutathione)。

$$2G{-}SH \xrightleftharpoons[\substack{NADP^+ \quad NADPH + H^+}]{\substack{A \quad\quad AH_2}} G{-}S{-}S{-}G$$

还原型谷胱甘肽是体内重要的抗氧化剂,可保护一些含巯基的蛋白质或酶免受氧化剂(尤其是过氧化物)的损害。还原型谷胱甘肽对于红细胞更重要,可保护红细胞膜完整。葡萄糖 -6- 磷酸脱氢酶缺陷者,其红细胞不能经戊糖磷酸途径获得充足的 NADPH,不足以使谷胱甘肽保持还原状态,因而表现出红细胞(尤其是衰老红细胞)易于破裂,发生溶血性黄疸。这种溶血现象常在食用蚕豆(为强氧化剂)后诱发,故称为蚕豆病。

第五节 | 糖原的合成与分解

摄入的糖类除满足供能外,大部分转变成脂肪(甘油三酯)储存于脂肪组织,还有一小部分用于合成糖原。糖原(glycogen)是葡萄糖的多聚体,是动物体内糖的储存形式。糖原分子呈多分支状,其葡萄糖单位主要以 α-1,4- 糖苷键连接,只有分支点形成 α-1,6- 糖苷键。糖原具有一个还原性末端和多个非还原性末端。在糖原的合成与分解过程中,葡萄糖单位的增减均发生于非还原性末端。

糖原主要储存于肝和骨骼肌,是可快速动用的葡萄糖储备,以供急需。与之相比,动用脂肪的速度则较慢。肝糖原和肌糖原的生理意义不同。空腹时肝糖原即可分解补充血糖,这对于一些依赖葡萄糖供能的组织(如脑、红细胞等)尤为重要。而肌糖原则主要为肌收缩提供急需的能量。

一、糖原合成是将葡萄糖连接成多聚体

糖原合成(glycogenesis)是指由葡萄糖生成糖原的过程,主要发生在肝和骨骼肌。糖原合成时,葡萄糖先活化,再连接形成直链和支链,这是经由六碳糖的直接合成途径。此外,还有一条间接的三

动画

NOTES

碳途径可合成糖原(见本章第六节)。

(一)葡萄糖活化为尿苷二磷酸葡萄糖

葡萄糖先经糖酵解第一步反应,生成葡萄糖 -6- 磷酸,然后进一步活化:①由磷酸葡萄糖变位酶催化,葡萄糖 -6- 磷酸变位生成葡萄糖 -1- 磷酸。②由 UDPG 焦磷酸化酶(UDPG pyrophosphorylase)催化,葡萄糖 -1- 磷酸与尿苷三磷酸(UTP)反应,生成尿苷二磷酸葡萄糖(UDPG)及焦磷酸。UDPG 可看作"活性葡萄糖",在体内充当葡萄糖供体。此反应虽可逆,但由于焦磷酸在体内迅速被焦磷酸酶水解,故实际上反应向生成 UDPG 的方向进行。类似地,体内许多合成代谢反应都伴随生成副产物焦磷酸,故焦磷酸水解有利于合成代谢的发生。

葡萄糖-1-磷酸   UDPG   + PPi

(二)糖原合成的起始需要引物

如果细胞内糖原已经耗尽,需要重新从头合成糖原时,最初始的葡萄糖基受体并不是游离葡萄糖,而是糖原蛋白(glycogenin)。糖原蛋白能够起始糖原的合成,它是一种蛋白质酪氨酸 - 葡萄糖基转移酶,可对自身进行糖基化修饰,将第一个 UDPG 分子的葡萄糖基连接到自身的酪氨酸残基上。接着,糖原蛋白继续催化,使已结合到糖原蛋白上的第一个葡萄糖分子,再接受下一个 UDPG 的葡萄糖基,形成第一个 α-1,4- 糖苷键。这种糖链初始延伸反应继续进行,直至形成与糖原蛋白相连接的八糖单位,即成为糖原合成的初始引物。

(三)UDPG 中的葡萄糖基连接形成多分支链状分子

由糖原合酶和分支酶催化,序贯连接诸多 UDPG 中的葡萄糖基,合成糖原。

1. 糖原合酶催化以 α-1,4- 糖苷键连接形成直链 在糖原引物基础上的糖链进一步延伸,是由糖原合酶(glycogen synthase)催化的。在糖原合酶作用下,UDPG 的葡萄糖基转移到糖原引物的非还原性末端,形成 α-1,4- 糖苷键,此反应不可逆。糖原合酶是糖原合成过程中的关键酶,它只能使糖链不断延长,但不能形成分支。

2. 分支酶催化以 α-1,6- 糖苷键连接形成分支 当糖链长度达到至少 11 个葡萄糖基时,分支酶(branching enzyme)从该糖链的非还原末端,将约 6 ~ 7 个葡萄糖基转移到邻近的糖链上,以 α-1,6- 糖苷键连接,从而形成分支(图 7-11)。大量分支的形成不仅可增加糖原的水溶性,更重要的是,可增加非还原性末端的数量,以便磷酸化酶迅速分解糖原。

(四)糖原合成是耗能过程

葡萄糖单位活化时,生成葡萄糖 -6- 磷酸需消耗 1 个 ATP,焦磷酸水解成 2 分子磷酸时又损失 1 个高能磷酸键,共消耗 2 个 ATP。而糖原合酶催化反应时,生成的 UDP 必须利用 ATP 重新生成 UTP,即 ATP 的高能磷酸键转移给了 UTP,故并无高能磷酸键的损失。综上,糖原分子每延长 1 个葡萄糖基,需消耗 2 个 ATP。

二、糖原分解是从非还原性末端进行磷酸解

糖原分解(glycogenolysis)是指糖原解聚为葡萄糖单体,以葡萄糖 -1- 磷酸为主,也有少量游离葡萄糖,进而被机体利用。此分解过程并不是糖原合成的逆反应。肝糖原和肌糖原的解聚过程一样,释出的主要产物葡萄糖 -1- 磷酸可转变为葡萄糖 -6- 磷酸,但肝和肌组织对葡萄糖 -6- 磷酸的后续利用则完全不同。

NOTES

动画

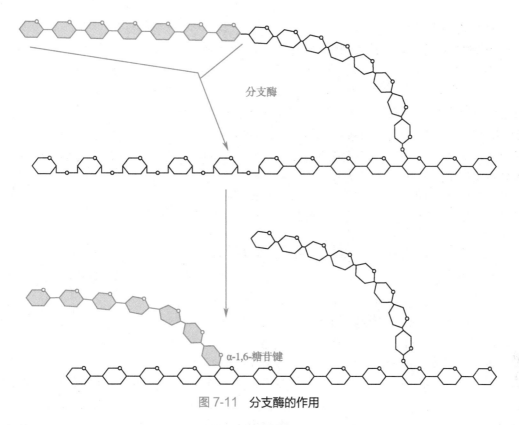

图 7-11 分支酶的作用

（一）糖原磷酸化酶分解 α-1,4- 糖苷键释出葡萄糖 -1- 磷酸

糖原分解的第一步是从糖链的非还原性末端开始,由糖原磷酸化酶（glycogen phosphorylase）催化,通过磷酸解反应,逐个释放葡萄糖基,生成葡萄糖 -1- 磷酸。此反应自由能变动较小,理论上虽可逆,但由于细胞内无机磷酸盐的浓度约为葡萄糖 -1- 磷酸的 100 多倍,所以实际上反应只能向糖原分解方向进行。糖原磷酸化酶是糖原分解的关键酶,它只能作用于 α-1,4- 糖苷键,而对分支处的 α-1,6- 糖苷键无作用。

（二）脱支酶分解 α-1,6- 糖苷键释出游离葡萄糖

当 α-1,4- 糖苷键逐个磷酸解,使糖链缩短至距分支点约 4 个葡萄糖基时,由于空间位阻,糖原磷酸化酶不能再发挥作用。这时由葡聚糖转移酶催化,将 3 个葡萄糖基转移到邻近糖链的末端,仍以 α-1,4- 糖苷键连接。分支处仅剩下 1 个葡萄糖基以 α-1,6- 糖苷键连接,在 α-1,6- 葡萄糖苷酶作用下,水解成游离葡萄糖。葡聚糖转移酶和 α-1,6- 葡萄糖苷酶是同一酶的两种活性,合称脱支酶（debranching enzyme）（图 7-12）。除去分支后,糖原磷酸化酶即可继续发挥作用。

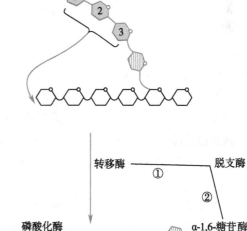

图 7-12 脱支酶的作用

（三）肝糖原分解补充血糖取决于肝内葡萄糖 -6- 磷酸酶

肝糖原和肌糖原分解的起始阶段一样,主要释出葡萄糖 -1- 磷酸,进而转变为葡萄糖 -6- 磷酸,但后者在肝和肌内的代谢去向差异显著。肝内存在葡萄糖 -6- 磷酸酶（glucose-6-phosphatase）,可将葡萄糖 -6- 磷酸水解成葡萄糖释放入血,所以空腹时肝糖原能够补充血糖。而肌组织中缺乏此酶,葡萄

糖 -6- 磷酸只能进行糖酵解，为肌收缩提供能量。需要注意的是，从葡萄糖 -6- 磷酸进入糖酵解，绕过了葡萄糖磷酸化的耗能起始步骤，因此，肌糖原中的 1 分子葡萄糖基，经无氧氧化净产生 3 分子 ATP。

三、糖原合成与分解关键酶的调节机制相同但调节效应相反

糖原的合成与分解是两条代谢途径（图 7-13），关键酶分别是糖原合酶与糖原磷酸化酶。这两种酶活性的调节机制基本相同，主要受磷酸化修饰和激素的调节，还可受别构调节。但是它们的调节效应恰好相反，例如磷酸化修饰使糖原合酶失活、却使糖原磷酸化酶活化，导致糖原合成被抑制、而糖原分解活跃。这种合成与分解代谢之间的反向精细调节，是生物体内存在的普遍规律。

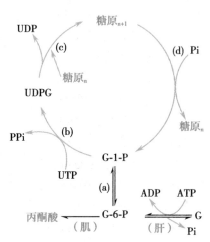

图 7-13 糖原的合成与分解
（a）磷酸葡萄糖变位酶；（b）UDPG 焦磷酸化酶；（c）糖原合酶；（d）糖原磷酸化酶。

（一）酶促磷酸化修饰反向调节糖原的合成与分解

糖原磷酸化酶与糖原合酶的活性均受磷酸化和去磷酸化的可逆调节，但它们被修饰后效应相反。例如，同样经磷酸化修饰后，糖原磷酸化酶活化而糖原合酶失活，此时仅糖原分解活跃，避免了因分解与合成同时进行而形成无效循环。

1. **磷酸化的糖原磷酸化酶是活性形式** 糖原磷酸化酶有磷酸化（a 型，活性型）和去磷酸化（b 型，无活性）两种形式。当它的第 14 位丝氨酸残基被磷酸化时，原来活性很低的磷酸化酶 b 就转变为活性强的磷酸化酶 a。这种磷酸化过程由磷酸化酶 b 激酶催化；而去磷酸化过程则由蛋白质磷酸酶 -1 催化（图 7-14）。

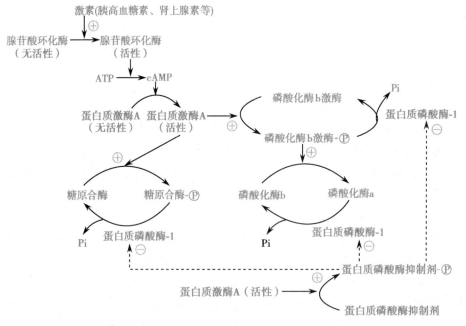

图 7-14 糖原合成与分解关键酶的化学修饰调节

2. **去磷酸化的糖原合酶是活性形式** 糖原合酶亦分为磷酸化（b 型，无活性）和去磷酸化（a 型，活性型）两种形式。蛋白质磷酸酶 -1 催化去磷酸化反应，生成有活性的糖原合酶 a。而磷酸化的糖原合酶 b 则失去活性，其磷酸化过程可由多种激酶催化，如蛋白质激酶 A 可将糖原合酶的多个丝氨酸残基磷酸化（图 7-14），磷酸化酶 b 激酶等其他激酶也可使糖原合酶发生不同位点的磷酸化修饰。

（二）激素反向调节糖原的合成与分解

糖原磷酸化酶与糖原合酶的磷酸化和去磷酸化修饰，常为激素所引发的一系列酶促级联反应（cascade）中的一环。这种级联反应具有快速放大效应。肝糖原分解与合成的生理性调节主要靠胰高血糖素和胰岛素，而肌糖原调节则主要靠肾上腺素和胰岛素。

1. 空腹时肝糖原分解主要受胰高血糖素调节　空腹时，胰高血糖素通过一系列连锁酶促反应，引起肝糖原分解（见图 7-14）：①活化腺苷酸环化酶，催化 ATP 生成 cAMP。②当 cAMP 存在时，蛋白质激酶 A 被激活，但其活化时间较短。cAMP 在体内很快被磷酸二酯酶水解成 AMP，蛋白质激酶 A 随即转变为无活性形式。③由活化的蛋白质激酶 A 催化，磷酸化酶 b 激酶被磷酸化而激活。磷酸化酶 b 激酶也有磷酸化（活性型）和去磷酸化（无活性）两种形式。蛋白质激酶 A 将其转变为磷酸化的活性形式；而蛋白质磷酸酶 -1 使之去磷酸化而失活。④由活化的磷酸化酶 b 激酶催化，糖原磷酸化酶被磷酸化而激活，促进糖原分解。另一方面，由于蛋白质激酶 A 也可磷酸化糖原合酶，将其失活，所以同时抑制了糖原合成。

2. 运动时肌糖原分解主要受肾上腺素调节　运动时，肾上腺素使肌糖原分解加快，为骨骼肌收缩紧急供能。由肾上腺素触发的肌糖原分解级联反应，与胰高血糖素作用类似（见图 7-14），最终使糖原磷酸化酶和糖原合酶同时被磷酸化，促进肌糖原分解、抑制肌糖原合成。除此之外，运动时肾上腺素也可引起肝糖原分解，适时补充血糖。

3. 糖原合成主要受胰岛素调节　餐后胰岛素分泌，促进肝糖原和肌糖原合成。其作用机制较复杂，可部分解释为激活蛋白质磷酸酶 -1，催化广泛的去磷酸化反应，其底物不仅有糖原合酶，还有糖原磷酸化酶 b 激酶、糖原磷酸化酶等。脱去磷酸后，糖原合酶活化，糖原磷酸化酶 b 激酶和糖原磷酸化酶失活，从而使糖原合成保持活跃。

蛋白质磷酸酶 -1 的活性也被精细调控，受到蛋白质磷酸酶抑制剂的负调节。蛋白质磷酸酶抑制剂是一种胞内蛋白质，被磷酸化后有活性，其活化过程也由蛋白质激酶 A 所催化。由此看出，蛋白质激酶 A 激活糖原分解、抑制糖原合成，是通过不同层次的磷酸化修饰而实现的：①直接调节酶：磷酸化糖原磷酸化酶 b 激酶而将其激活，磷酸化糖原合酶而将其失活。②间接调节抑制剂：磷酸化蛋白质磷酸酶抑制剂而将其活化，发挥对蛋白质磷酸酶 -1 的抑制作用，阻止糖原合酶、糖原磷酸化酶 b 激酶和糖原磷酸化酶的去磷酸化，以避免糖原合成被激活，同时避免糖原分解的活跃状态被抑制。

（三）糖原分解在肝和肌内受差异化的别构调节

葡萄糖 -6- 磷酸可别构激活糖原合酶，促进肝糖原和肌糖原合成。但肝和肌内的糖原磷酸化酶则受不同的别构剂调节，分别与肝糖原和肌糖原的功能相适应。

1. 肝糖原磷酸化酶主要受葡萄糖别构抑制　葡萄糖是肝糖原磷酸化酶最主要的别构抑制剂，可避免在血糖充足时分解肝糖原。当血糖升高时，葡萄糖进入肝细胞，与糖原磷酸化酶 a 的别构部位结合，引起酶构象改变，使其暴露出第 14 位磷酸化的丝氨酸残基。此时由蛋白质磷酸酶 -1 催化，使这一磷酸化位点水解脱去磷酸，从而转变成无活性的磷酸化酶 b，抑制肝糖原分解。

此外，果糖 -1- 磷酸和果糖 -1,6- 二磷酸也可别构抑制肝糖原磷酸化酶，这就解释了当体内缺乏 B 型醛缩酶（见于果糖不耐受患者）或者果糖二磷酸酶 -1 时，即使肝糖原储备丰富，仍会发生低血糖的原因。前者是产生过量的果糖 -1- 磷酸所致，后者则是由果糖 -1,6- 二磷酸堆积所致。

2. 肌糖原分解主要受能量和 Ca^{2+} 的别构调节　细胞内能量状态可别构调节肌糖原分解。AMP、ATP 和葡萄糖 -6- 磷酸是糖原磷酸化酶的别构剂。AMP 使之激活，ATP、葡萄糖 -6- 磷酸则将其抑制。肌收缩时，消耗 ATP，葡萄糖 -6- 磷酸水平亦低，而 AMP 浓度升高，可激活糖原磷酸化酶，加速糖原分解。而静息时，肌内 ATP 和葡萄糖 -6- 磷酸水平升高，可抑制糖原磷酸化酶，有利于糖原合成。

Ca^{2+} 也可促进肌糖原分解，它是磷酸化酶 b 激酶的别构激活剂。当神经冲动引起肌收缩时，肌细胞中内质网储存的 Ca^{2+} 大量释放入细胞质，Ca^{2+} 与磷酸化酶 b 激酶的别构部位（δ 亚基）结合而使之激活，进而催化磷酸化酶 b 磷酸化，成为活化的磷酸化酶 a，加速肌糖原分解，为肌收缩供能。

四、糖原贮积症由缺乏糖原代谢酶类所致

糖原贮积症（glycogen storage disease）是一类遗传性代谢病，由先天性缺乏糖原代谢酶类引起，患者某些组织器官中有大量糖原堆积。根据酶缺陷的种类不同，受累器官也不同，糖原结构可能亦有差异，在不同程度上危害健康（表 7-3）。

若缺乏葡萄糖 -6- 磷酸酶，则不能通过肝糖原和非糖物质补充血糖，患者出现严重的低血糖，伴有肝大、乳酸血症、高脂血症等。若缺乏溶酶体内 α- 葡萄糖苷酶，则不能分解 α-1，4- 糖苷键和 α-1，6- 糖苷键，可危害所有器官，患者常在 2 岁前死于心肌受损。若缺乏肝糖原磷酸化酶，患者肝大，并无严重后果。

表 7-3　糖原贮积症分型

型别	缺陷的酶	受害器官	糖原结构
I	葡萄糖 -6- 磷酸酶	肝、肾	正常
II	溶酶体 α- 葡萄糖苷酶	所有组织	正常
III	脱支酶	肝、肌	分支多，外周糖链短
IV	分支酶	肝、肌、脾	分支少，外周糖链特别长
V	肌磷酸化酶	肌	正常
VI	肝磷酸化酶	肝	正常
VII	肌磷酸果糖激酶 -1	肌	正常
VIII	肝磷酸化酶激酶	肝	正常

第六节 ｜ 糖异生

体内糖原的储备有限，禁食 16～24 小时肝糖原即将耗尽。但禁食更长时间，血糖仍能保持在正常范围。此时除了减少周围组织利用葡萄糖以外，机体主要依赖肝将氨基酸、乳酸等转变成葡萄糖，不断补充血糖。这种由非糖化合物（乳酸、甘油、生糖氨基酸等）转变为葡萄糖或糖原的过程，称为糖异生（gluconeogenesis）。糖异生的主要器官是肝，饥饿时向肝外持续供应葡萄糖。肾皮质和小肠上皮细胞虽也可糖异生，但生成的糖多被肾髓质和小肠在局部利用，较少净输出葡萄糖。

一、糖异生不完全是糖酵解的逆反应

乳酸和一些生糖氨基酸（见第九章）经由丙酮酸进行糖异生。丙酮酸的糖异生过程，与糖酵解方向互逆。二者共用多步可逆反应，仅糖酵解中 3 个不可逆的限速步骤，其逆反应需要由糖异生特有的关键酶来催化。

（一）丙酮酸经丙酮酸羧化支路生成磷酸烯醇式丙酮酸

丙酮酸羧化支路包含丙酮酸的羧化、再脱羧两步序贯反应，先在线粒体内启动，随后将反应产物转运到细胞质。

1. 线粒体内丙酮酸羧化　细胞质中的丙酮酸必须进入线粒体，才能羧化生成草酰乙酸。催化此羧化反应的酶是丙酮酸羧化酶（pyruvate carboxylase），仅存在于线粒体内，其辅因子为生物素。CO_2 先与生物素结合，需消耗 ATP；然后活化的 CO_2 再转移给丙酮酸，生成草酰乙酸。

2. 线粒体或细胞质中草酰乙酸脱羧　草酰乙酸脱羧生成磷酸烯醇式丙酮酸，反应消耗 GTP，由磷酸烯醇式丙酮酸羧激酶催化。该酶是同工酶，分布于线粒体和细胞质。其线粒体同工酶，可在线粒体内催化生成磷酸烯醇式丙酮酸，再转运入细胞质。而其细胞质同工酶，前提是先将草酰乙酸从线粒体运出，然后在细胞质中催化生成磷酸烯醇式丙酮酸，这就涉及较为复杂的草酰乙酸转运机制。

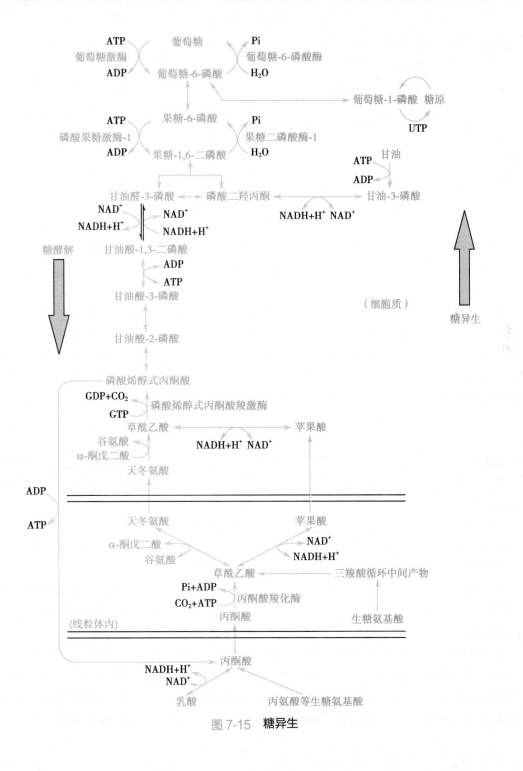

3. 草酰乙酸经由苹果酸或天冬氨酸运出线粒体　草酰乙酸不能直接透过线粒体内膜,通过两种方式从线粒体转运到细胞质(图 7-15):①经苹果酸转运:由线粒体内苹果酸脱氢酶催化,草酰乙酸还原成苹果酸后运出线粒体,再经细胞质中苹果酸脱氢酶催化,苹果酸氧化而重新生成草酰乙酸。在此

图 7-15　**糖异生**

过程中,同时还将线粒体内的 NADH 运到了细胞质。②经天冬氨酸转运:由线粒体内谷草转氨酶催化,草酰乙酸转变成天冬氨酸后运出线粒体,再经细胞质中谷草转氨酶催化,天冬氨酸再恢复生成草酰乙酸。此过程中,并无 NADH 的伴随转运。

4. 不同糖异生原料对氢的需求决定草酰乙酸的转运方式 糖异生在细胞质中的后续反应有一步还原反应,从甘油酸 -1,3- 二磷酸还原成甘油醛 -3- 磷酸,需 NADH 供氢。对于不同糖异生原料,此供氢体的来源不同:①乳酸糖异生时,所需的 NADH 来源于细胞质,从乳酸生成丙酮酸的脱氢反应提供,已经在细胞质中产生了 NADH 以供利用。此时草酰乙酸经由天冬氨酸运出线粒体。②丙酮酸或生糖氨基酸进行糖异生时,所需的 NADH 来源于线粒体,可以从脂肪酸 β- 氧化或三羧酸循环提供。此时草酰乙酸经由苹果酸运出线粒体,以便同时将线粒体内的 NADH 运到细胞质以供利用。

总之,无论何种原料进入丙酮酸羧化支路,终将在细胞质中产生磷酸烯醇式丙酮酸。上述羧化和脱羧反应共消耗 2 个 ATP。

(二) 果糖 -1,6- 二磷酸水解为果糖 -6- 磷酸

此反应由果糖二磷酸酶 -1 催化(见图 7-15)。C_1 位的磷酸酯水解是放能反应,并不生成 ATP,所以反应易于进行。

(三) 葡萄糖 -6- 磷酸水解为葡萄糖

此反应由葡萄糖 -6- 磷酸酶催化(见图 7-15),也是磷酸酯水解反应,而不是葡萄糖激酶催化反应的逆反应,热力学上是可行的。

综上,糖异生的 4 个关键酶是丙酮酸羧化酶、磷酸烯醇式丙酮酸羧激酶、果糖二磷酸酶 -1 和葡萄糖 -6- 磷酸酶,其催化反应逆糖酵解方向,2 分子丙酮酸异生成葡萄糖需消耗 6 分子 ATP。

二、糖异生和糖酵解的反向调节主要针对两个底物循环

糖异生与糖酵解是方向相反的两条代谢途径,其中 3 个限速步骤分别由不同的酶催化底物互变,称为底物循环(substrate cycle)。要有效推进糖异生,就必须抑制糖酵解;反之亦然。这种协调主要依赖对 2 个底物循环的调节。维持底物循环虽然损失一些 ATP,但却使代谢调节更为灵敏、精细。

(一) 第一个底物循环调节果糖 -6- 磷酸与果糖 -1,6- 二磷酸的互变

糖酵解时,果糖 -6- 磷酸被磷酸化而生成果糖 -1,6- 二磷酸,反应耗能;糖异生时,果糖 -1,6- 二磷酸水解去磷酸而生成果糖 -6- 磷酸,反应并无产能,由此构成第一个底物循环。催化这两个反应的酶活性常呈相反的变化。

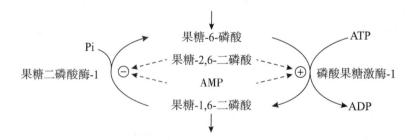

1. 果糖 -2,6- 二磷酸和 AMP 反向调节第一个底物循环 果糖 -2,6- 二磷酸和 AMP 既是磷酸果糖激酶 -1 的别构激活剂,又是果糖二磷酸酶 -1 的别构抑制剂。这一底物循环的调控最重要,通过能量与果糖二磷酸这两个共同的别构剂,同步反向调节互逆反应的两个关键酶,促进糖酵解、抑制糖异生。

2. 果糖 -2,6- 二磷酸是肝内糖异生与糖酵解的主要调节信号 果糖 -2,6- 二磷酸的生成量可受激素调节。胰高血糖素降低果糖 -2,6- 二磷酸水平,这是因为胰高血糖素通过 cAMP 和蛋白质激酶 A,引起磷酸果糖激酶 -2 磷酸化而失活,进而使果糖 -2,6- 二磷酸生成减少,所以饥饿时肝糖异生增强而糖酵解减弱。相反,胰岛素升高果糖 -2,6- 二磷酸水平,所以进食后肝糖酵解增强而糖异生减弱。

(二) 第二个底物循环调节磷酸烯醇式丙酮酸与丙酮酸的互变

糖酵解时,磷酸烯醇式丙酮酸转变为丙酮酸并产生能量;糖异生时,丙酮酸消耗能量生成磷酸烯醇式丙酮酸,由此构成第二个底物循环。其中所涉及的 3 个关键酶调节方式有所差异。

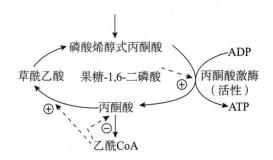

1. **丙酮酸激酶受别构调节和磷酸化修饰调节**　丙酮酸激酶的活性受到别构调节:①果糖 -1,6- 二磷酸是其别构激活剂,可促进糖酵解。而在饥饿时,胰高血糖素下调果糖 -2,6- 二磷酸水平,从而使果糖 -1,6- 二磷酸生成减少,引起丙酮酸激酶活性减弱。②丙氨酸是肝内丙酮酸激酶的别构抑制剂。饥饿时,丙氨酸是主要的糖异生原料,所以丙氨酸抑制糖酵解有利于肝内糖异生。

丙酮酸激酶的活性还可受化学修饰调节。胰高血糖素通过 cAMP,使丙酮酸激酶磷酸化,从而抑制其活性,减弱糖酵解。

2. **磷酸烯醇式丙酮酸羧激酶受激素诱导的含量调节**　胰高血糖素通过 cAMP,快速诱导磷酸烯醇式丙酮酸羧激酶基因的表达,促进合成酶蛋白,加强糖异生。胰岛素则作用相反,显著减少磷酸烯醇式丙酮酸羧激酶的蛋白合成,使糖异生减弱。

3. **丙酮酸羧化酶受乙酰 CoA 的别构激活**　乙酰 CoA 是丙酮酸羧化酶的别构激活剂,也是丙酮酸脱氢酶复合体的别构抑制剂。这对于饥饿时机体改用脂肪供能、减少利用糖并同时补给血糖具有重要意义。此时大量脂肪酰 CoA 在线粒体内 β- 氧化(第八章),生成大量乙酰 CoA,一方面激活丙酮酸羧化酶,促进糖异生;另一方面抑制丙酮酸脱氢酶复合体,减少糖的有氧氧化。

(三) 两个底物循环的调节相互联系和协调

两个底物循环的调节并非彼此孤立,而是相互联系和协调:①通过细胞内能量状态协同调节。能量充足时,ATP 抑制两个底物循环中的糖酵解关键酶。而能量匮乏时,AMP 或 ADP 则抑制两个底物循环中的糖异生关键酶。②通过激素协同调节。例如,胰高血糖素通过降低果糖 -2,6- 二磷酸的水平,反向调节第一个底物循环中的互逆反应;同时还作用于第二个底物循环,使丙酮酸激酶磷酸化而失活,从而协同抑制糖酵解、促进糖异生。

三、糖异生的主要生理意义是维持血糖恒定

机体通过肝的糖异生补充血糖及恢复肝糖原储备,也可通过加强肾的糖异生维持酸碱平衡。

(一) 饥饿或剧烈运动时肝糖异生补给血糖

1. **糖异生主要在肝糖原耗竭后补给血糖**　饥饿导致肝糖原耗尽后,机体仍需持续消耗一定量的葡萄糖。例如,脑主要依赖葡萄糖供能,其己糖激酶的 K_m 低于其他组织,即使血糖水平较低时也能利用葡萄糖;红细胞只能通过糖的无氧氧化获得能量;骨髓、视网膜、神经等组织常由糖的无氧氧化提供部分能量。此时这些葡萄糖全部依赖糖异生生成,但糖异生补给的血糖有限,所以其他大多数组织均改用脂肪供能,以节约葡萄糖。

2. **饥饿时糖异生的主要原料是生糖氨基酸和甘油**　饥饿时,肌组织蛋白质分解提供丰富的糖异生原料,产生大量的生糖氨基酸,再以丙氨酸和谷氨酰胺的形式运入肝内糖异生,这是血糖补给的主要来源;同时脂肪组织中脂肪分解增强,释出甘油运入肝内,也可经糖异生补充少量葡萄糖。但需要注意,长期饥饿时,如果持续大量消耗蛋白质用于糖异生,将无法维持生命。经过适应,脑每天消耗的

葡萄糖可减少,其余依赖酮体供能;此时甘油仍可经糖异生持续供应少量葡萄糖,这样可使机体对蛋白质的消耗量显著降低。

3. 剧烈运动时糖异生的主要原料是乳酸 剧烈运动时,肌糖原分解生成乳酸。肌内糖异生活性低,乳酸不能在肌内重新合成糖,需经血液转运入肝内才能糖异生,从而完成对乳酸的回收再利用,既输出血糖,又避免酸中毒。

(二) 饥饿后进食经肝糖异生补充或恢复肝糖原储备

饥饿后进餐时,肝糖原的合成还存在一条三碳途径,并不完全是利用肝细胞直接摄入的葡萄糖。这是因为,肝内葡萄糖激酶的 K_m 很高,即:对葡萄糖的亲和力低,虽然在进食初期血糖有所升高,但尚不足以达到葡萄糖激酶催化所需的有效底物浓度。此时进行糖异生,就可经由丙酮酸等生成葡萄糖 -6- 磷酸,再进入糖原合成途径,从而绕开葡萄糖激酶催化的瓶颈反应。这条依赖于糖异生的糖原合成途径称为三碳途径。

饥饿后进食可通过三碳途径快速恢复肝糖原储备,这既解释了刚进餐时肝摄取葡萄糖的能力低,但仍可合成糖原;又解释了为什么餐后 2～3 小时内,肝仍要保持较高的糖异生活性。支持三碳途径的实验证据有:①向肝灌注液中加入一些可异生成糖的甘油、谷氨酸、丙酮酸和乳酸,可使肝糖原迅速增加。②以放射性核素标记葡萄糖的不同碳原子后输入动物,分析其肝糖原中葡萄糖标记的情况,结果表明相当一部分摄入的葡萄糖先分解成丙酮酸、乳酸等三碳化合物,后者再糖异生进而合成糖原。

(三) 长期饥饿时肾糖异生增强有利于维持酸碱平衡

1. 长期饥饿使肾糖异生显著增强 长期禁食导致酮体代谢旺盛,此时体液 pH 降低,使肾小管中磷酸烯醇式丙酮酸羧激酶的合成增多,促进糖异生。当禁食 18～24 小时,肾皮质糖异生的能力较弱,约占 10%,此时生成的糖被肾髓质消耗利用。当长期饥饿约 7 天时,由于肾糖异生能力大为增强,此时肾净输出葡萄糖,有助于维持机体的血糖稳态。

2. 肾糖异生增强可维持酸碱平衡 肾中 α- 酮戊二酸因异生成糖而减少,故可促进谷氨酰胺脱氨、脱氨产物谷氨酸再脱氨。肾小管细胞将脱下的 NH_3 分泌入管腔,与原尿中 H^+ 结合,从而降低原尿的 H^+ 浓度,利于排氢保钠,对防止酸中毒有重要作用。

四、肌收缩产生的乳酸在肝内糖异生形成乳酸循环

肌收缩(尤其是氧供应不足时)通过糖的无氧氧化生成乳酸,乳酸通过细胞膜弥散进入血液后再入肝,在肝内异生为葡萄糖。葡萄糖释入血液后,又可被肌摄取,由此构成了一个循环,称为乳酸循环,又称 Cori 循环,是耗能的过程(图 7-16)。乳酸循环的形成,取决于肝和肌组织中酶的特点:肝内糖异生活跃,又有葡萄糖 -6- 磷酸酶,可将葡萄糖 -6- 磷酸水解为葡萄糖;而肌内糖异生活性低,且没有葡萄糖 -6- 磷酸酶,因此肌内生成的乳酸不能异生为葡萄糖。乳酸循环的生理意义在于,既回收乳酸中的能量,又避免乳酸堆积而引起酸中毒。

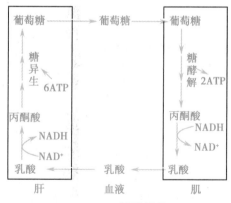

图 7-16 **乳酸循环**

第七节 │ 葡萄糖的其他代谢途径

细胞内葡萄糖除了氧化供能或进入戊糖磷酸途径外,还可代谢生成葡萄糖醛酸、多元醇等重要代谢产物。

一、糖醛酸途径生成葡萄糖醛酸

糖醛酸途径（glucuronate pathway）是指以葡萄糖醛酸为中间产物的葡萄糖代谢途径，在糖代谢中所占比例很小。首先，葡萄糖-6-磷酸转变为尿苷二磷酸葡萄糖（UDPG），过程见糖原合成。然后在 UDPG 脱氢酶催化下，UDPG 氧化生成尿苷二磷酸葡萄糖醛酸（uridine diphosphate glucuronic acid，UDPGA）。后者再转变为木酮糖-5-磷酸，与戊糖磷酸途径相衔接（图 7-17）。

人体内糖醛酸途径的主要生理意义是生成活化的葡萄糖醛酸——UDPGA。葡萄糖醛酸是蛋白聚糖分子中糖胺聚糖（如透明质酸、硫酸软骨素、肝素等）的组成成分（见第四章），还参与肝内生物转化的结合反应（见第二十五章）。

葡萄糖-6-磷酸
↓
葡萄糖-1-磷酸
↓
UDPG
↓
UDPGA
↓
1-磷酸葡萄糖醛酸
↓
葡萄糖醛酸
↓
L-古洛糖酸
↓
L-木酮糖
↓
木糖醇
↓
D-木酮糖
↓
木酮糖-5-磷酸
↓
戊糖磷酸途径

图 7-17 糖醛酸途径

二、多元醇途径生成少量多元醇

在某些组织如晶状体、精囊等，还存在将葡萄糖转变成果糖的两步代谢反应，称为多元醇途径（polyol pathway），包括：①在醛糖还原酶作用下，由 NADPH 供氢，葡萄糖还原生成山梨醇。②由多元醇脱氢酶催化，山梨醇脱氢生成果糖和 NADH。血糖水平正常时，多元醇途径在人体糖代谢中所占比例极小，这是由于醛糖还原酶对葡萄糖的亲和力极低所致（约为 200mmol/L）。

多元醇途径具有重要的生理、病理意义。例如，生精细胞利用多元醇途径，在精液中生成高于 10mmol/L 的果糖，精子活动主要依赖果糖供能，以避免与周围组织竞争葡萄糖能源。又如，糖尿病患者血糖水平高，透入眼中晶状体的葡萄糖显著增多，使醛糖还原酶充分发挥作用，生成较多的山梨醇，而后续多元醇脱氢酶来不及处理，故导致山梨醇堆积，可引起晶状体渗透压升高而出现白内障。

第八节 | 血糖及其调节

血糖（blood glucose）指血中的葡萄糖。血糖的来源为肠道吸收、肝糖原分解和糖异生生成的葡萄糖释入血液内。血糖的去路则是被机体各组织器官摄取，用于氧化供能、合成糖原、转变成甘油三酯等。

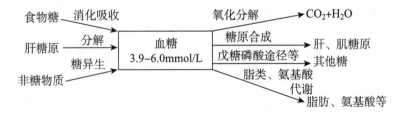

一、血糖水平保持恒定

空腹血糖水平相当恒定，始终维持在 3.9～6.0mmol/L，这是由于血糖的来源与去路保持动态平衡所致：①餐后血糖主要来自食物消化吸收，此时所有去路均保持活跃，用于供能与合成各种储备。②空腹时，血糖主要来自肝糖原分解，仅用于满足基本供能需求。③饥饿时，血糖主要来自非糖物质的糖异生，此时除少数对葡萄糖极为依赖的组织仍用糖供能外，其他大多数组织改用脂肪能源，以节约葡萄糖。总之，恒定的血糖水平是糖、脂肪、氨基酸代谢相协调的结果，也是肝、肌、脂肪组织等器官代谢相协调的结果。

二、血糖稳态主要受激素调节

调节血糖的激素主要有胰岛素、胰高血糖素、肾上腺素和糖皮质激素等。这些激素整合调节多种组织中若干代谢途径的关键酶,不断适应体内能量需求和燃料供给的变化,从而维持血糖稳态。

(一) 胰岛素是降低血糖的主要激素

胰岛素(insulin)由胰岛 β 细胞分泌,是餐后降低血糖的主要激素。其降糖机制是使血糖的去路增强、来源减弱,主要包括:①促进肌、脂肪组织等通过 GLUT4 摄取葡萄糖。②通过激活磷酸二酯酶而降低 cAMP 水平,使糖原合酶被活化、磷酸化酶被抑制,加速糖原合成、抑制糖原分解。③通过激活丙酮酸脱氢酶磷酸酶而使丙酮酸脱氢酶复合体活化,加快糖的有氧氧化。④抑制肝内糖异生,一方面是因为磷酸烯醇式丙酮酸羧激酶的合成减少,另一方面是由于氨基酸加速合成肌蛋白质从而使糖异生的原料减少。⑤糖的分解产物乙酰 CoA 和 NADPH 供应增多,促进合成脂肪酸。简而言之,胰岛素的总效应是促进葡萄糖分解利用,抑制糖异生,同时将多余的血糖转变为糖原(储存于肝和肌)和甘油三酯(储存于脂肪组织),从而控制餐后血糖水平不至于过高。

(二) 体内有多种升高血糖的激素

饥饿或应激等状况发生时,机体可分泌多种升高血糖的激素。

1. 胰高血糖素是主要的升糖激素 胰高血糖素(glucagon)由胰岛 α 细胞分泌,是饥饿时升高血糖的主要激素。其升糖机制是通过 cAMP 依赖的磷酸化反应,使血糖的来源增强、去路减弱,主要包括:①激活磷酸化酶而抑制糖原合酶,加速肝糖原分解。②通过激活果糖二磷酸酶 -2、抑制磷酸果糖激酶 -2,使果糖 -2,6- 二磷酸的合成减少,进而抑制糖酵解、促进糖异生。③抑制肝内丙酮酸激酶,使糖酵解减慢;同时促进磷酸烯醇式丙酮酸羧激酶的合成,使糖异生加强。④激活脂肪组织内激素敏感性脂肪酶,促进脂肪分解供能,以节约血糖。简而言之,胰高血糖素的总效应是促进肝糖原分解和糖异生,同时抑制糖酵解而改用脂肪供能,从而控制饥饿时血糖水平不至于过低。

2. 糖皮质激素可升高血糖 糖皮质激素(glucocorticoid)的升糖机制主要包括:①促进肌蛋白质分解而使糖异生的原料增多,同时促进合成磷酸烯醇式丙酮酸羧激酶,从而加速糖异生。②通过抑制丙酮酸的氧化脱羧,使葡萄糖分解利用减少。③协同增强其他激素促进脂肪动员的效应,切换为脂肪供能。

3. 肾上腺素是强有力的升糖激素 肾上腺素(adrenaline 或 epinephrine)主要在应激状态下发挥作用,它升高血糖的效力很强。给动物注射肾上腺素后,血糖水平迅速升高且持续几小时,同时血中乳酸水平也升高。肾上腺素的升糖机制是,通过肝和肌细胞内依赖 cAMP 的磷酸化级联反应,激活磷酸化酶,加速糖原分解。肝糖原分解为葡萄糖,直接升高血糖;肌糖原无氧氧化生成乳酸,再经乳酸循环间接升高血糖。

(三) 胰岛素和胰高血糖素的分泌呈反相关

在饥饿 - 进食循环中,血糖水平双向调节胰岛的分泌功能,使血中胰岛素和胰高血糖素的水平反相关:①餐后血糖水平升高,引起胰岛素分泌增多。其促分泌机制是,胰岛 β 细胞借助 GLUT2 摄取高浓度的血糖,再经葡萄糖激酶催化,使进入糖酵解的代谢流量增大、产生 ATP 增多,导致细胞膜上 ATP 调控的 K^+ 通道关闭。K^+ 外流减少使 β 细胞膜去极化,引起细胞膜上电压调控的 Ca^{2+} 通道开放。Ca^{2+} 流入触发 β 细胞外排释放胰岛素。而此时,胰高血糖素的分泌则被抑制。②饥饿时血糖水平降低,使胰岛 α 细胞分泌胰高血糖素增多。此时胰岛素的分泌水平虽显著降低,但仍有少量分泌,以适当发挥拮抗作用,避免升糖过度。

总之,饥饿 - 进食循环中的血糖变化,引起血中胰岛素与胰高血糖素的比值动态变化,再进一步调节血糖,使血糖在正常范围内保持较小幅度的波动。

动画

三、糖代谢障碍导致血糖水平异常

正常人体内存在一整套精细的糖代谢调节机制,当一次性食入大量葡萄糖后,血糖水平不会持续升高,也不会出现大的波动。若糖代谢失调,将造成血糖水平紊乱,出现低血糖或高血糖。

（一）口服葡萄糖耐量试验检测糖代谢调节异常

口服葡萄糖耐量试验（oral glucose tolerance test，OGTT）是一种葡萄糖负荷试验，用于检测机体对糖代谢的调节能力。先测量空腹静脉血糖，成人饮用75g无水葡萄糖后，分别于30分钟、1小时、2小时、3小时测量静脉血糖值，绘制曲线。正常人对摄入的葡萄糖有很强的耐受能力：服糖后血糖在 0.5~1 小时达到高峰，但一般不超过肾小管的重吸收能力（约为 10mmol/L，称为肾糖阈），所以很难检测到糖尿；血糖在此峰值之后逐渐降低，2 小时可降至 7.8mmol/L 以下，3 小时恢复到空腹血糖水平。

糖尿病患者出现糖耐量异常，表现在：空腹血糖高于正常值；服糖后血糖浓度急剧升高，超过肾糖阈，导致糖尿；血糖在此峰值之后缓慢降低，一般 2 小时后仍可高于 11.1mmol/L。

（二）低血糖是指血糖浓度低于 2.8mmol/L

对于健康人群，血糖浓度低于 2.8mmol/L 时称为低血糖（hypoglycemia）。脑细胞主要依赖葡萄糖氧化供能，因此血糖过低就会影响脑的正常功能，出现头晕、倦怠无力、心悸等，严重时发生昏迷，称为低血糖休克。如不及时给患者静脉补充葡萄糖，可导致死亡。出现低血糖的病因有：①胰性（胰岛 β 细胞功能亢进、胰岛 α 细胞功能低下等）；②肝性（肝癌、糖原贮积症等）；③内分泌异常（垂体功能低下、肾上腺皮质功能低下等）；④肿瘤（胃癌等）；⑤饥饿或不能进食者等。

（三）高血糖是指空腹血糖高于 7mmol/L

空腹血糖浓度高于 7mmol/L，称为高血糖（hyperglycemia）。如果血糖浓度高于肾糖阈，就会形成糖尿。引起糖尿的原因分为病理性和生理性两大类，具体包括：①遗传性胰岛素受体缺陷；②某些慢性肾炎、肾病综合征等引起肾对糖的重吸收障碍，但血糖及糖耐量曲线均正常；③情绪激动时交感神经兴奋，肾上腺素分泌增加，使肝糖原大量分解，导致生理性高血糖和糖尿；④临床上静脉滴注葡萄糖速度过快，使血糖迅速升高而出现糖尿。

（四）糖尿病是最常见的糖代谢紊乱疾病

糖尿病（diabetes mellitus）的特征是持续性高血糖和糖尿，特别是空腹血糖和糖耐量曲线高于正常范围。其主要病因是部分或完全缺失胰岛素、胰岛素抵抗（因细胞胰岛素受体减少或受体敏感性降低，导致对胰岛素的调节作用不敏感）。临床上将糖尿病分为四型：胰岛素依赖型（1 型）、非胰岛素依赖型（2 型）、妊娠糖尿病和特殊类型糖尿病。1 型糖尿病多发生于青少年，因自身免疫而使胰岛 β 细胞功能缺陷，导致胰岛素分泌不足。2 型糖尿病和肥胖关系密切，可能是由细胞膜上胰岛素受体功能缺陷所致。

糖尿病常伴有多种并发症，如糖尿病视网膜病变、糖尿病性周围神经病变、糖尿病周围血管病变、糖尿病肾病等。这些并发症的严重程度与血糖水平升高的程度、病史的长短有相关性。

四、高糖对细胞具有损伤效应

引起糖尿病并发症的生化机制仍不太清楚，可能与高血糖刺激细胞生成晚期糖化终产物（advanced glycation end product，AGE）有关。例如，红细胞通过 GLUT1 摄取血中的葡萄糖，首先使血红蛋白的氨基发生不依赖酶的糖化作用（hemoglobin glycation），生成糖化血红蛋白（glycated hemoglobin，GHB），此过程与酶催化的糖基化反应（glycosylation）不同。GHB 可进一步反应生成 AGE（如羧甲基赖氨酸等），并从红细胞释出，产生两方面效应：①AGE 与体内多种蛋白质发生广泛的共价交联，对肾、视网膜、心血管等造成损伤。②AGE 被其细胞膜受体（RAGE）识别，激活转录因子 NF-κB，促进炎性因子表达。

糖化血红蛋白（GHB）可作为糖尿病的诊治指标。红细胞的寿命约为 120 天，所以检测 GHB 的数量可反映患者近 8~12 周血糖控制的平均水平，这一相对定量法比基于葡萄糖氧化酶的绝对定量法更稳定、更准确。GHB 已被用作糖尿病的诊断指标，超过 6.5% 即为异常；也可用作疗效评价的重要参考，糖尿病的治疗目标是将 GHB 控制在 7% 以下。

小 结

糖类消化后主要以单体形式在小肠被吸收。细胞摄取糖需要葡萄糖转运蛋白。葡萄糖进入细胞后,可通过无氧氧化、有氧氧化和戊糖磷酸途径分解,提供能量或其他重要产物;也可储存为糖原形式;体内非糖物质还可异生转化为糖。

糖的无氧氧化是指机体不利用氧将葡萄糖分解为乳酸的过程,在细胞质中分两个阶段进行:葡萄糖先分解为丙酮酸,称为糖酵解;丙酮酸再还原生成乳酸。糖酵解是糖分解的必经之路,其流量调节的关键酶是磷酸果糖激酶-1(尤为重要)、丙酮酸激酶和己糖激酶。糖的无氧氧化可为机体快速供能,1分子葡萄糖通过底物水平磷酸化净生成2分子ATP。

糖的有氧氧化是指机体利用氧将葡萄糖彻底氧化为 CO_2 和 H_2O 的过程,在细胞质和线粒体中分三个阶段进行:糖酵解、丙酮酸氧化脱羧生成乙酰CoA(关键酶是丙酮酸脱氢酶复合体)、三羧酸循环。其中,三羧酸循环主要通过偶联氧化磷酸化生成大量ATP,而经底物水平磷酸化生成的ATP则很少,关键酶是柠檬酸合酶、异柠檬酸脱氢酶和 α-酮戊二酸脱氢酶复合体。糖的有氧氧化是主要产能途径,1分子葡萄糖经有氧氧化可净生成30或32分子ATP,主要受能量供需平衡调节。

戊糖磷酸途径发生在细胞质中,不产能而可产生核糖磷酸和NADPH。关键酶是葡萄糖-6-磷酸脱氢酶,主要受NADPH的供需平衡调节。

肝糖原和肌糖原是体内糖的储存形式。肝糖原在空腹时补充血糖,肌糖原则可通过无氧氧化为肌收缩供能。糖原合成与分解的关键酶分别是糖原合酶和糖原磷酸化酶,二者的酶活性调节彼此相反,主要受磷酸化与去磷酸化修饰调节。

糖异生是指非糖物质在肝和肾转变为葡萄糖或糖原的过程,主要在饥饿时补充血糖。关键酶是丙酮酸羧化酶、磷酸烯醇式丙酮酸羧激酶、果糖二磷酸酶-1和葡萄糖-6-磷酸酶。糖异生和糖酵解的反向调节主要针对两个底物循环。

血糖水平相对恒定,受多种激素调控。胰岛素可降低血糖,胰高血糖素、糖皮质激素、肾上腺素则可升高血糖。糖代谢紊乱可导致高血糖或低血糖,糖尿病是最常见的糖代谢紊乱疾病。

思考题:

1. 归纳葡萄糖-6-磷酸在糖代谢中的来源与去路,并分析不同生理情况下如何调节各代谢途径中的流量分配。

2. 百米短跑时,骨骼肌收缩产生大量乳酸,试述该乳酸的主要代谢去向。不同组织中的乳酸代谢具有不同特点,这取决于什么生化机制?

3. 营养不良的人饮酒,或者剧烈运动后饮酒,常出现低血糖。试分析酒精干预了体内糖代谢的哪些环节?

4. 列举几种临床上治疗糖尿病的药物,想一想它们为什么有降低血糖的作用?

思考题解题思路

本章目标测试

本章思维导图

(赵 晶)

第八章　脂质代谢

脂质（lipids）种类多、结构复杂，决定了其在生命体内功能的多样性和复杂性。脂质分子不由基因编码，独立于从基因到蛋白质的遗传信息系统之外，不易溶于水是其最基本的特性，决定了脂质在以基因到蛋白质为遗传信息系统、以水为基础环境的生命体内的特殊性，也决定了其在生命活动或疾病发生发展中的特别重要性。一些原来认为与脂质关系不大甚至不相关的生命现象和疾病，可能与脂质及其代谢关系十分密切。近年来脂质研究进展表明，在分子生物学取得重大进展基础上，脂质及其代谢研究正再次成为生命科学、医学和药学等的前沿领域。

第一节 │ 脂质的构成、功能及分析

一、脂质是种类繁多、结构复杂的一类大分子物质

脂质是脂肪和类脂的总称。脂肪即甘油三酯（triglyceride），也称三脂肪酰甘油（triacylglycerol）。类脂包括固醇及其酯、磷脂和糖脂等。

（一）甘油三酯是甘油的脂肪酸酯

甘油三酯为甘油的三个羟基分别被相同或不同的脂肪酸酯化形成的酯，其脂肪酰链组成复杂，长度和饱和度多种多样。体内还存在少量甘油一酯（monoglyceride），也称一脂肪酰甘油（monoacylglycerol）及甘油二酯（diglyceride），也称二脂肪酰甘油（diacylglycerol）。

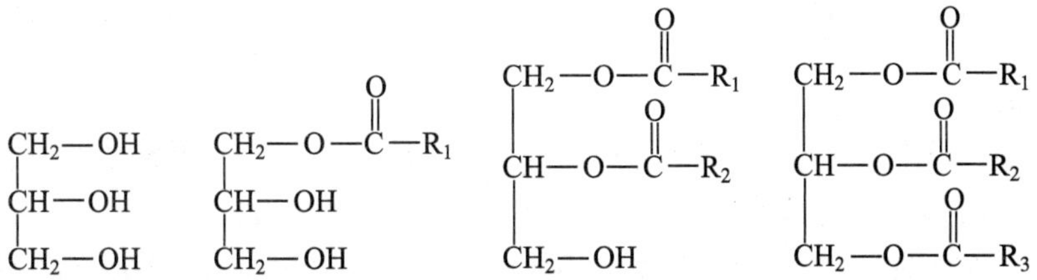

甘油　　　　甘油一酯　　　　甘油二酯　　　　甘油三酯

（二）脂肪酸是脂肪烃的羧酸

脂肪酸（fatty acids）的结构通式为 $CH_3(CH_2)_nCOOH$。高等动植物脂肪酸碳链长度一般在 14～20，为偶数碳（表 8-1）。脂肪酸系统命名法根据脂肪酸的碳链长度命名；碳链含双键，则标示其位置。Δ 编码体系从羧基碳原子起计双键位置，ω 或 n 编码体系从甲基碳起计双键位置。不含双键的脂肪酸为饱和脂肪酸（saturated fatty acid）；含双键的脂肪酸为不饱和脂肪酸（unsaturated fatty acid）：含一个双键的脂肪酸称为单不饱和脂肪酸（monounsaturated fatty acid）；含二个及以上双键的脂肪酸称为多不饱和脂肪酸（polyunsaturated fatty acid）。根据双键位置，多不饱和脂肪酸分属于 ω-3、ω-6、ω-7 和 ω-9 四簇（表 8-2）。高等动物体内的多不饱和脂肪酸由相应的母体脂肪酸衍生而来，但 ω-3、ω-6 和 ω-9 簇多不饱和脂肪酸不能在体内相互转化。

（三）磷脂分子含磷酸

磷脂（phospholipids）由甘油或鞘氨醇、脂肪酸、磷酸和含氮化合物组成。含甘油的磷脂称为甘油磷脂（glycerophospholipids），结构通式如下。因取代基团 -X 不同，形成不同的甘油磷脂（表 8-3）。

NOTES

137

$$CH_2-O-\overset{\overset{\displaystyle O}{\|}}{C}-R_1$$
$$R_2-\overset{\overset{\displaystyle O}{\|}}{C}-O-CH$$
$$CH_2-O-\overset{\overset{\displaystyle O}{\|}}{\underset{\displaystyle OH}{P}}-O-X$$

表 8-1　常见的脂肪酸

习惯名	系统名	碳原子数和双键数	簇	分子式
饱和脂肪酸				
月桂酸（lauric acid）	n-十二烷酸	12：0	—	$CH_3(CH_2)_{10}COOH$
豆蔻酸（myristic acid）	n-十四烷酸	14：0	—	$CH_3(CH_2)_{12}COOH$
软脂肪酸（palmitic acid）	n-十六烷酸	16：0	—	$CH_3(CH_2)_{14}COOH$
硬脂肪酸（stearic acid）	n-十八烷酸	18：0	—	$CH_3(CH_2)_{16}COOH$
花生酸（arachidic acid）	n-二十烷酸	20：0	—	$CH_3(CH_2)_{18}COOH$
山蓇酸（behenic acid）	n-二十二烷酸	22：0	—	$CH_3(CH_2)_{20}COOH$
木蜡酸（lignoceric acid）	n-二十四烷酸	24：0	—	$CH_3(CH_2)_{22}COOH$
单不饱和脂肪酸				
棕榈（软）油酸（palmitoleic acid）	9-十六碳一烯酸	16：1	ω-7	$CH_3(CH_2)_5CH=CH(CH_2)_7COOH$
油酸（oleic acid）	9-十八碳一烯酸	18：1	ω-9	$CH_3(CH_2)_7CH=CH(CH_2)_7COOH$
异油酸（vaccenic acid）	反式11-十八碳一烯酸	18：1	ω-7	$CH_3(CH_2)_5CH=CH(CH_2)_9COOH$
神经酸（nervonic acid）	15-二十四碳单烯酸	24：1	ω-9	$CH_3(CH_2)_7CH=CH(CH_2)_{13}COOH$
多不饱和脂肪酸				
亚油酸（linoleic acid）	9,12-十八碳二烯酸	18：2	ω-6	$CH_3(CH_2)_4(CH=CHCH_2)_2(CH_2)_6COOH$
α-亚麻酸（α-linolenic acid）	9,12,15-十八碳三烯酸	18：3	ω-3	$CH_3CH_2(CH=CHCH_2)_3(CH_2)_6COOH$
γ-亚麻酸（γ-linolenic acid）	6,9,12-十八碳三烯酸	18：3	ω-6	$CH_3(CH_2)_4(CH=CHCH_2)_3(CH_2)_3COOH$
花生四烯酸（arachidonic acid）	5,8,11,14-二十碳四烯酸	20：4	ω-6	$CH_3(CH_2)_4(CH=CHCH_2)_4(CH_2)_2COOH$
eicosapentaenoic acid（EPA）	5,8,11,14,17-二十碳五烯酸	20：5	ω-3	$CH_3CH_2(CH=CHCH_2)_5(CH_2)_2COOH$
docosapentaenoic acid（DPA）	7,10,13,16,19-二十二碳五烯酸	22：5	ω-3	$CH_3CH_2(CH=CHCH_2)_5(CH_2)_4COOH$
docosahexaenoic acid（DHA）	4,7,10,13,16,19-二十二碳六烯酸	22：6	ω-3	$CH_3CH_2(CH=CHCH_2)_6CH_2COOH$

表 8-2　不饱和脂肪酸

簇	母体不饱和脂肪酸	结构	簇	母体不饱和脂肪酸	结构
ω-7	软油酸	9-16：1	ω-6	亚油酸	9,12-18：2
ω-9	油酸	9-18：1	ω-3	亚麻酸	9,12,15-18：3

表 8-3 体内几种重要的甘油磷脂

HO-X	X 取代基团	甘油磷脂名称
水	—H	磷脂酸
胆碱	—CH$_2$CH$_2$N(CH$_3$)$_3$	磷脂酰胆碱(卵磷脂)
乙醇胺	—CH$_2$CH$_2$NH$_3$	磷脂酰乙醇胺(脑磷脂)
丝氨酸	—CH$_2$CH—COO$^-$ (NH$_3^+$)	磷脂酰丝氨酸
肌醇	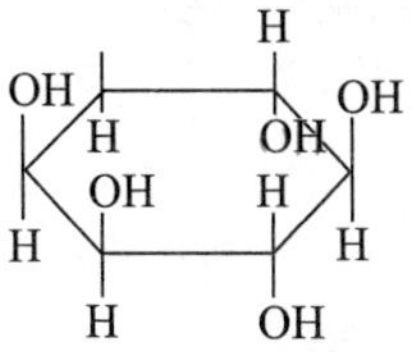	磷脂酰肌醇
甘油	—CH$_2$CHOHCH$_2$OH	磷脂酰甘油
磷脂酰甘油	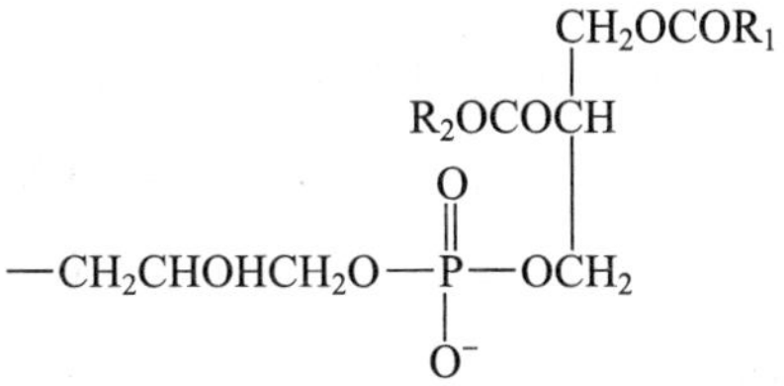	二磷脂酰甘油(心磷脂)

含鞘氨醇(sphingosine)或二氢鞘氨醇(dihydrosphinganine or sphinganine)的磷脂称为鞘磷酯(sphingophospholipids)。鞘氨醇的氨基以酰胺键与 1 分子脂肪酸结合成神经酰胺(ceramide),为鞘脂的母体结构。鞘脂的结构通式如下,因取代基 -X 不同,可分为鞘磷酯和鞘糖脂(sphingoglycolipid)两类。鞘磷脂的取代基为磷酸胆碱或磷酸乙醇胺,鞘糖脂的取代基为葡萄糖、半乳糖或唾液酸等。

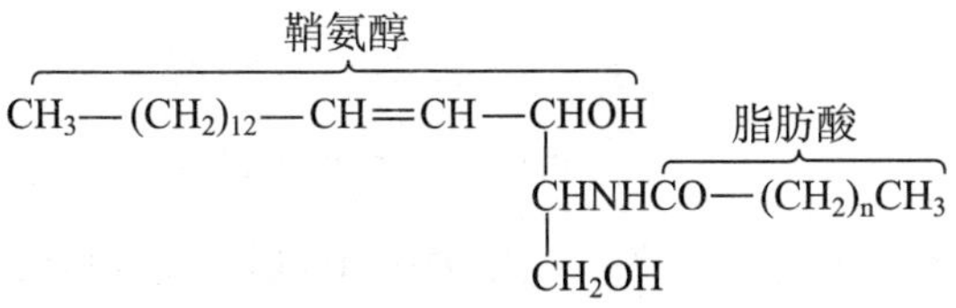

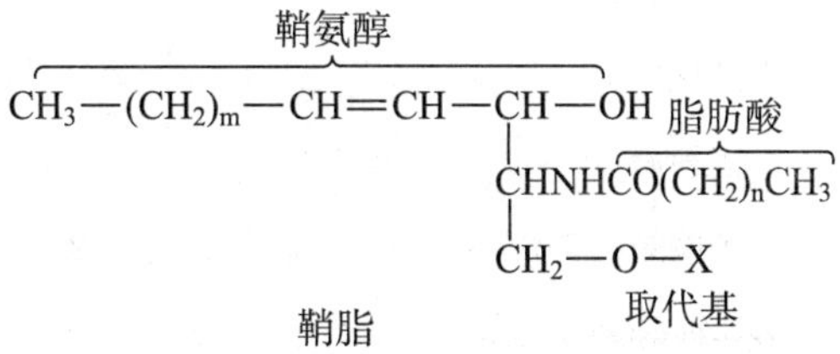

(四)胆固醇以环戊烷多氢菲为基本结构

胆固醇属类固醇(steroids)化合物,由环戊烷多氢菲(perhydrocylopentanophenanthrene)母体结构衍生形成。因 C3 羟基氢是否被取代或 C17 侧链(一般为 8～10 个碳原子)不同而衍生出不同的类固醇。动物体内最丰富的类固醇化合物是胆固醇(cholesterol),植物不含胆固醇而含植物固醇,以 β- 谷固醇(β-sitosterol)最多,酵母含麦角固醇(ergosterol)。

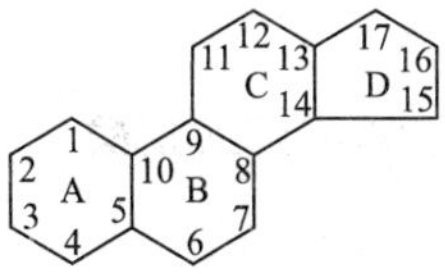

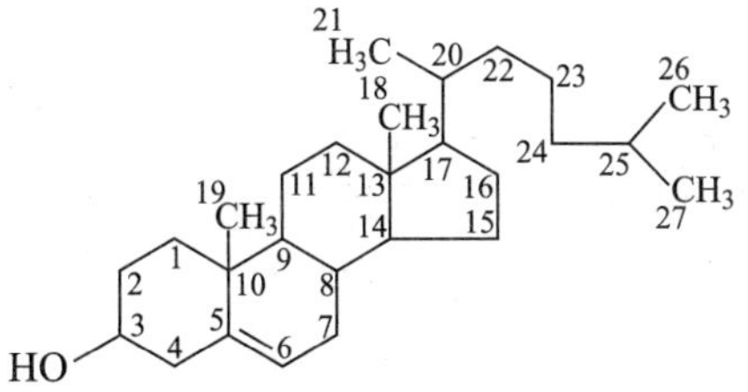

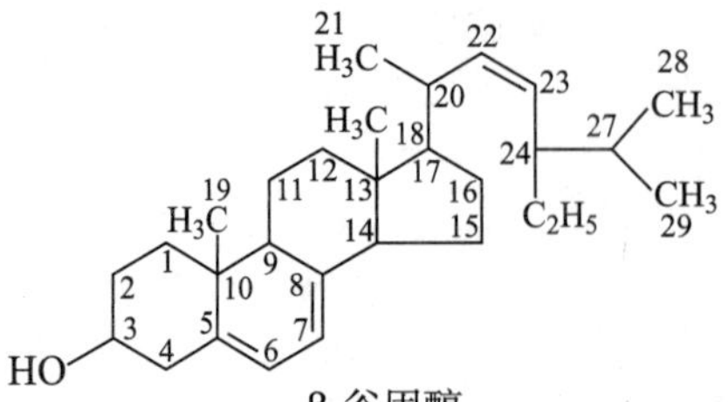

β-谷固醇 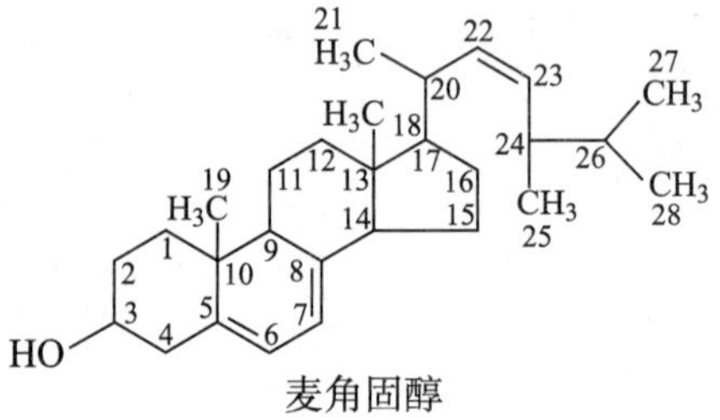　　　　　　　　　麦角固醇

二、脂质具有多种复杂的生物学功能

(一) 甘油三酯是机体重要的能源物质

由于独特的性质,甘油三酯是机体重要供能和储能物质。第一,甘油三酯富含高度还原碳,氧化分解产能多。1g 甘油三酯彻底氧化可产生 38kJ 能量,1g 蛋白质或 1g 碳水化合物彻底氧化只产生 17kJ 能量。第二,甘油三酯疏水,储存时不带水分子,占体积小。第三,机体有专门的储存组织——白色脂肪组织。第四,甘油三酯是脂肪酸的重要储存库,甘油二酯还是重要的细胞信号分子。

(二) 脂肪酸具有脂肪酰化作用并能衍生成重要生物活性物质

脂肪酸是脂肪、胆固醇酯和磷脂的重要组成成分。一些不饱和脂肪酸具有更多、更复杂的生理功能。

1. 提供必需脂肪酸　人体自身不能合成、必须由食物提供的脂肪酸称为必需脂肪酸(essential fatty acid)。人体缺乏 Δ^9 及以上去饱和酶,不能合成亚油酸($18:2,\Delta^{9,12}$)、α- 亚麻酸($18:3,\Delta^{9,12,15}$),必须从含有 Δ^9 及以上去饱和酶的植物食物中获得,为必需脂肪酸。花生四烯酸($20:4,\Delta^{5,8,11,14}$)虽能在人体以亚油酸为原料合成,但消耗必需脂肪酸,也有人将其归为必需脂肪酸。

2. 合成不饱和脂肪酸衍生物　前列腺素、血栓噁烷、白三烯是甘碳多不饱和脂肪酸衍生物。前列腺素(prostaglandin,PG)以前列腺酸(prostanoic acid)为基本骨架,有一个五碳环和两条侧链(R_1 及 R_2)。

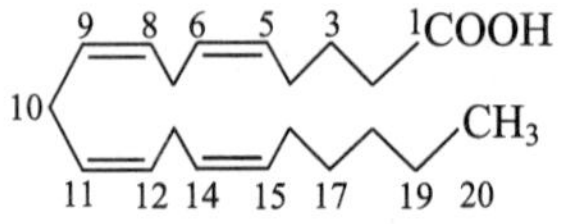

花生四烯酸
($20:4,\Delta^{5,8,11,14}$)　　　　　　　前列腺酸

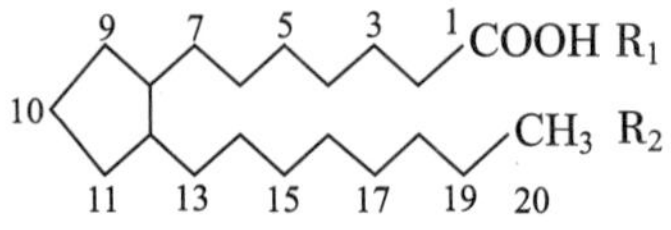

根据五碳环上取代基团和双键位置不同,前列腺素分为 PGA～PGI 9 型。体内 PGA、PGE 及 PGF 较多;PGC_2 和 PGH_2 是 PG 合成的中间产物。PGI_2 带双环,除五碳环外,还有一个含氧的五碳环,又称为前列环素(prostacyclin)。

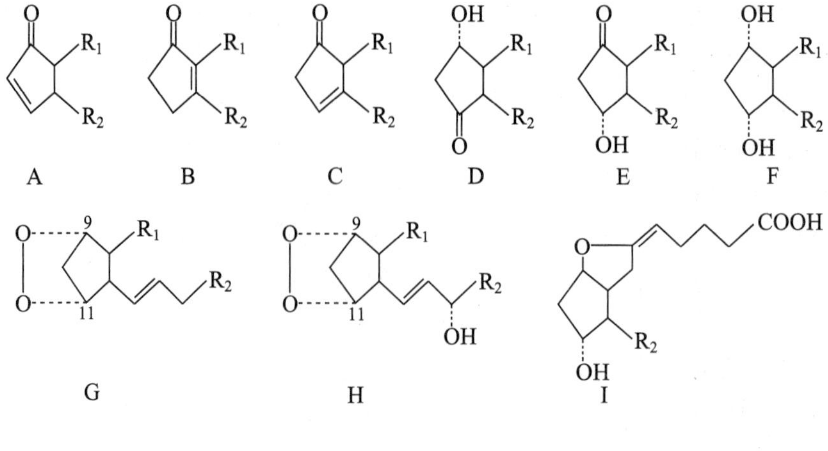

A　　B　　C　　D　　E　　F

G　　　　　　　H　　　　　　　I

根据 R_1 及 R_2 侧链双键数目,前列腺素又分为 1、2、3 类,双键数目在字母右下角标示。

R_1〜〜COOH

R_2〜〜CH_3
OH

1类

〜〜COOH

〜〜CH_3
OH

2类

〜〜COOH

〜〜CH_3

3类

OH ⋯⋯COOH
9
$PGF_1\alpha$
11　13　15
OH　OH

OH ⋯⋯COOH
CH_3　9　6　5
11　13　15
OH　OH　CH_3
$PGF_2\alpha$

血栓噁烷(thromboxane A_2,TX A_2)有前列腺酸样骨架但又不同,五碳环被含氧噁烷取代。

〜〜COOH
O
O
〜〜CH_3
OH

血栓噁烷A_2

白三烯(leukotriene,LT)不含前列腺酸骨架,有 4 个双键,所以在 LT 右下角标以 4。白三烯合成的初级产物为 LTA_4,在 5、6 位上有一氧环。如在 12 位加水引入羟基,并将 5、6 位环氧键断裂,则为 LTB_4。如 LTA_4 的 5、6 位环氧键打开,6 位与谷胱甘肽反应则可生成 LTC_4、LTD_4 及 LTE_4 等衍生物。

O
11　9　7　5　3　1 COOH
12　10　8　6　4　2
13　16　18　20 CH_3
14　15　17　19

白三烯A_4(LTA_4)

前列腺素、血栓噁烷和白三烯具有很强生物活性。PGE_2 能诱发炎症,促进局部血管扩张,使毛细血管通透性增加,引起红、肿、痛、热等症状。PGE_2、PGA_2 能使动脉平滑肌舒张,有降血压作用。PGE_2 及 PGI_2 能抑制胃酸分泌,促进胃肠平滑肌蠕动。卵泡产生的 PGE_2、$PGF_{2\alpha}$ 在排卵过程中起重要作用。$PGF_{2\alpha}$ 可使卵巢平滑肌收缩,引起排卵。子宫释放的 $PGF_{2\alpha}$ 能使黄体溶解。分娩时子宫内膜释出的 $PGF_{2\alpha}$ 能使子宫收缩加强,促进分娩。

血小板产生的 TXA_2、PGE_2 能促进血小板聚集和血管收缩,促进凝血及血栓形成。血管内皮细胞释放的 PGI_2 有很强舒血管及抗血小板聚集作用,抑制凝血及血栓形成。可见 PGI_2 有抗 TXA_2 作用。北极地区因纽特人摄食富含廿碳五烯酸的海水鱼类食物,能在体内合成 PGE_3、PGI_3 及 TXA_3。PGI_3 能抑制花生四烯酸从膜磷脂释放,抑制 PGI_2 及 TXA_2 合成。由于 PGI_3 活性与 PGI_2 相同,而 TXA_3 活性较 TXA_2 弱得多,因此因纽特人抗血小板聚集/抗凝血作用较强,被认为是他们不易患心肌梗死的重要原因之一。

过敏反应慢反应物质(slow reacting substances of anaphylatoxis,SRS-A)是 LTC_4、LTD_4 及 LTE_4 混合物,其支气管平滑肌收缩作用较组胺、$PGF_{2\alpha}$ 强 100~1 000 倍,作用缓慢而持久。LTB_4 能调节白细

胞功能,促进其游走及趋化作用,刺激腺苷酸环化酶,诱发多形核白细胞脱颗粒,使溶酶体释放水解酶类,促进炎症及过敏反应发展。IgE 与肥大细胞表面受体结合后,可引起肥大细胞释放 LTC₄、LTD₄ 及 LTE₄。这 3 种物质能引起支气管及胃肠平滑肌剧烈收缩,LTD₄ 还能使毛细血管通过性增加。

(三) 磷脂是重要的结构成分和信号分子

1. 磷脂是构成生物膜的重要成分 磷脂分子具有亲水端和疏水端,在水溶液中可聚集成脂质双层,是生物膜的基础结构。细胞膜中能发现几乎所有的磷脂,甘油磷脂中以磷脂酰胆碱(phosphatidylcholine)、磷脂酰乙醇胺(phosphatidylethanolamine)、磷脂酰丝氨酸(phosphatidylserine)含量最高,鞘磷脂中以神经鞘磷脂为主。各种磷脂在不同生物膜中所占比例不同。磷脂酰胆碱也称卵磷脂(lecithin),存在于细胞膜中。心磷脂(cardiolipin)是线粒体膜的主要脂质。

2. 磷脂酰肌醇是第二信使的前体 磷脂酰肌醇(phosphatidylinositol)4,5 位被磷酸化生成的磷脂酰肌醇 -4,5- 二磷酸(phosphatidylinositol 4,5-bisphosphate,PIP_2)是细胞膜磷脂的重要组成成分,主要存在于细胞膜的内层。在激素等刺激下可分解为甘油二酯和三磷酸肌醇(inositol triphosphate,IP_3),均能在细胞内传递细胞信号。

(四) 胆固醇是生物膜的重要成分和具有重要生物学功能固醇类物质的前体

1. 胆固醇是细胞膜的基本结构成分 胆固醇 C_3 羟基亲水,能在细胞膜中以该羟基存在于磷脂的极性端之间,疏水的环戊烷多氢菲和 C_{17} 侧链与磷脂的疏水端共存于细胞膜。胆固醇是动物细胞膜的另一基本结构成分,但亚细胞器膜含量较少。环戊烷多氢菲环使胆固醇比细胞膜其他脂质更强直,是决定细胞膜性质的重要分子。

2. 胆固醇可转化为一些具有重要生物学功能的固醇化合物 体内一些内分泌腺,如肾上腺皮质、睾丸、卵巢等能以胆固醇(酯)为原料合成类固醇激素;胆固醇在肝可转变为胆汁酸,在皮肤可转化为维生素 D_3。

三、脂质组分的复杂性决定了脂质分析技术的复杂性

脂质是不溶于水的大分子有机化合物,加之组成多样、结构复杂,很难用常规方法分析。通常需先提取、分离,还可能需要进行酸、碱或酶处理,然后再根据其特点、性质和分析目的,选择不同方法进行分析。

(一) 脂质提取一般采用有机溶剂

通常根据脂质的性质,采用不同的有机溶剂抽提不同的脂质,中性脂用乙醚、氯仿、苯等极性较小的有机溶剂,膜脂用乙醇、甲醇等极性较大的有机溶剂。血浆脂质的常规临床定量分析通常不需要抽提、分离,直接采用酶法测定。抽提获得的脂质为粗纯物,需进一步分离后分析。

(二) 脂质分离可采用层析

层析(chromatography)也称色谱,是脂质分离最常用和最基本方法,有柱层析(column chromatography)和薄层层析(thin-layer chromatography,TLC)两种形式。通常采用硅胶为固定相,氯仿等有机溶剂为流动相。由于极性较高脂质(如磷脂)与硅胶的结合比极性较低、非极脂质(如甘油三酯)紧密,所以硅胶对不同极性脂质的吸附能力不同。抽提获得的混合脂质通过层析系统时,非极性脂质移动速度较极性脂质快,从而将不同极性脂质分离,用于进一步分析。

(三) 根据分析目的和脂质性质选择分析方法

脂质分离后,常常需要进行定量或定性分析。层析后用碱性蕊香红、罗丹明或碘等染料显色,然后扫描显色的斑点进行定量分析。也可通过显色斑点对比样品与已知脂质的迁移率进行定性分析。还可以洗脱、收集层析分离的脂质,采用适当的化学方法(如滴定、比色等)测定含量。更精细的定量、定性分析,可根据分析目的和脂质性质,选用质谱法、红外分光光度法、荧光法、核磁共振法、气 - 液色谱法(gas-liquid chromatography)等分析。

(四) 复杂的脂质分析还需特殊的处理

脂质的组成及结构复杂,对其分析常常需要特殊处理。如甘油三酯、胆固醇酯、磷脂中的脂肪酸

多种多样、结构差异大。对其分析需经特殊处理,使其释放,再结合前述方法分析。甘油三酯、磷脂、胆固醇酯可用稀酸和碱处理使脂肪酸释放,鞘脂则需强酸处理才能释放脂肪酸。采用特定的磷脂酶还可特异释放磷脂特定分子部位的脂肪酸。

四、脂质组学揭示生命体脂质多样性及其代谢调控

脂质组学(lipidomics)是对生物样本中脂质进行分析,以揭示脂质及其代谢在生命活动、疾病发生发展过程中的变化规律及发挥的作用,正被广泛用于生命活动的分子机制、疾病发生机制研究,以及疾病诊断治疗与药物研发。

(一)脂质组学是代谢组学的分支

脂质组学通过分析生物样本中的脂质,获得脂质组(lipidome)信息,了解在特定生理和病理状态下脂质的变化,是代谢组学的重要组成部分。尽管如此,将脂质组学作为一个独立的分支,也有其独特的优势。脂质在结构及理化性质上具有共性,通过搭建相同的样品前处理及分析技术平台,可以较快建立和完善脂质组学数据库,并能建立与其他组学的网络联系。脂质组分析技术平台也可用于代谢组学的研究。

(二)根据分析目的选择不同的脂质组学方法

脂质组学分析方法主要有三种。目标脂质组学(targeted lipidomics)对特定的某些或某几类脂质分子进行分析,或开发相应的高灵敏度、高通量、高特异性分析方法。脂质轮廓分析(lipid profiling)全面分析生物样品中所有脂质,揭示其与生命活动或疾病的关系。脂质成像分析(lipid imaging)采用可视化技术,直接检测生物组织或切片中脂质的分布。可根据分析目的,选择相应的脂质组学方法。

(三)色谱和质谱是脂质组学分析的基本技术

脂质组学分析的基本步骤包括脂质提取、脂质鉴定和数据库检索。脂质提取后,可采用直接进样质谱法,色谱质谱联用法、质谱成像技术(mass spectrometry imaging,MSI)、核磁共振法(nuclear magnetic resonance,NMR)、拉曼光谱法(raman spectroscopy)等进行鉴定分析。直接进样质谱法不进行脂质预分离,直接进行质谱分析,具有准确、灵敏、重复性好且耗时少等优点。由于没有经过色谱分离,存在离子抑制现象,一些低浓度的脂质难以检出。通常用于针对一类脂质的目标脂质组学分析。电喷雾电离质谱法(electrospray ionization mass spectrometry,ESI-MS)是直接进样质谱中最广泛采用的脂质组学分析方法。色谱质谱联用法在质谱分析之前,利用色谱的强大分离能力,对样品中的脂质进行分离、分析,能为脂质轮廓分析提供详尽信息。TLC、气相色谱(gas chromatography,GC)、高效液相色谱(high performance liquid chromatography,HPLC)等均可用于脂质的分离、分析。TLC 简单、成本低廉,但灵敏度和分离能力较低,通常只能分析不同的脂质类别。因为 GC 只能用于分析易挥发且热稳定的化合物,所以用 GC 进行脂质组学分析时常需先对脂质进行衍生化。尽管衍生化可能导致脂质极性头结构信息丢失,由于具有较高灵敏度和良好定量能力,加之可分离分析同分异构体,GC 在脂质组学分析中具有重要的地位。GC-MS 主要用于脂肪酸和极性较小的脂质分析。HPLC 具有分离度高、灵敏度好、重现性好等优点,与质谱联用已经成为脂质组学最广泛采用的分析方法。MSI 是利用质谱进行检测的一种分子成像技术,主要优点是可以分析生物样本中脂质的空间分布,无须标记和样品处理。

(四)脂质数据库建设促进了脂质组学的发展

随着脂质组学迅速发展,相关数据库也逐步建立。现有数据库能够查询脂质结构、质谱信息、分类、相关实验设计等,功能越来越完善,大力推动了脂质组学的发展。国际上最大的数据库 LIPID Maps 由美国国立综合医学研究所(National Institute of General Medical Sciences,NIGMS)组织构建。

第二节 | 脂质的消化与吸收

一、胆汁酸盐协助消化酶消化脂质

脂质(lipid)不溶于水,不能与消化酶充分接触。胆汁酸盐有较强乳化作用,能降低脂-水相间的

界面张力,将脂质乳化成细小微团(micelles),使脂质消化酶吸附在乳化微团的脂 - 水界面,极大地增加消化酶与脂质接触面积,促进脂质消化。含胆汁酸盐的胆汁、含脂质消化酶的胰液分泌后进入十二指肠,所以小肠上段是脂质消化的主要场所。

胰腺分泌的脂质消化酶包括胰脂酶(pancreatic lipase)、辅脂酶(colipase)、磷脂酶 A_2(phospholipase A_2,PLA_2)和胆固醇酯酶(cholesterol esterase)。胰脂酶特异水解甘油三酯 1、3 位酯键,生成 2- 甘油一酯(2-monoglyceride)及 2 分子脂肪酸。辅脂酶(M_r,10kDa)在胰腺泡以酶原形式存在,分泌入十二指肠腔后被胰蛋白酶从 N 端水解,移去五肽而激活。辅脂酶本身不具脂酶活性,但可通过疏水键与甘油三酯结合(K_d,1×10^{-7}mol/L)、通过氢键与胰脂酶结合(分子比为 1∶1;K_d 值为 5×10^{-7}mol/L),将胰脂酶锚定在乳化微团的脂 - 水界面,使胰脂酶与脂肪充分接触,发挥水解脂肪的功能。辅脂酶还可防止胰脂酶在脂 - 水界面上变性、失活。可见,辅脂酶是胰脂酶发挥脂肪消化作用必不可少的辅助因子。胰磷脂酶 A_2 催化磷脂 2 位酯键水解,生成脂肪酸(fatty acid)和溶血磷脂(lysophosphatide)。胆固醇酯酶水解胆固醇酯(cholesterol ester,CE),生成胆固醇(cholesterol)和脂肪酸。溶血磷脂、胆固醇可协助胆汁酸盐将食物脂质乳化成更小的混合微团(mixed micelles)。这种微团体积更小,极性更大,易穿过小肠黏膜细胞表面的水屏障被黏膜细胞吸收。

二、吸收的脂质经再合成进入血循环

脂质及其消化产物主要在十二指肠下段及空肠上段吸收。食入的脂质含少量由中(6~10C)、短(2~4C)链脂肪酸构成的甘油三酯,它们经胆汁酸盐乳化后可直接被肠黏膜细胞摄取,继而在细胞内脂肪酶作用下,水解成脂肪酸及甘油(glycerol),通过门静脉进入血循环。脂质消化产生的长链(12~26C)脂肪酸、2- 甘油一酯、胆固醇和溶血磷脂等,在小肠进入肠黏膜细胞。长链脂肪酸在小肠黏膜细胞首先被转化成脂肪酰 CoA(acyl CoA),再在滑面内质网脂肪酰 CoA 转移酶(acyl CoA transferase)催化下,由 ATP 供能,被转移至 2- 甘油一酯羟基上,重新合成甘油三酯。再与粗面内质网上合成的载脂蛋白(apolipoprotein,apo)B48、C、AI、AIV 等及磷脂、胆固醇共同组装成乳糜微粒(chylomicron,CM),被肠黏膜细胞分泌、经淋巴系统进入血液循环。

三、脂质消化吸收在维持机体脂质平衡中具有重要作用

体内脂质过多,尤其是饱和脂肪酸、胆固醇过多,在肥胖(obesity)、高脂血症(hyperlipidemia)、动脉粥样硬化(atherosclerosis)、2 型糖尿病(type 2 diabetes mellitus,T2DM)、高血压(hypertension)和癌(cancer)等发生中具有重要作用。小肠被认为是介于机体内、外脂质间的选择性屏障。脂质通过该屏障过多会导致其在体内堆积,促进上述疾病发生。小肠的脂质消化、吸收能力具有很大可塑性。脂质本身可刺激小肠、增强脂质消化吸收能力。这不仅能促进摄入增多时脂质的消化吸收,保障体内能量、必需脂肪酸(essential fatty acids)、脂溶性维生素供应,也能增强机体对食物缺乏环境的适应能力。小肠脂质消化吸收能力调节的分子机制可能涉及小肠特殊的分泌物质或特异的基因表达产物,可能是预防体脂过多、治疗相关疾病、开发新药物、采用膳食干预措施的新靶标。

第三节 | 甘油三酯代谢

一、甘油三酯氧化分解产生大量 ATP

(一) 甘油三酯分解代谢从脂肪动员开始

脂肪动员(fat mobilization)指储存在白色脂肪细胞内的脂肪在脂肪酶作用下,逐步水解,释放游离脂肪酸和甘油供其他组织细胞氧化利用的过程(图 8-1)。

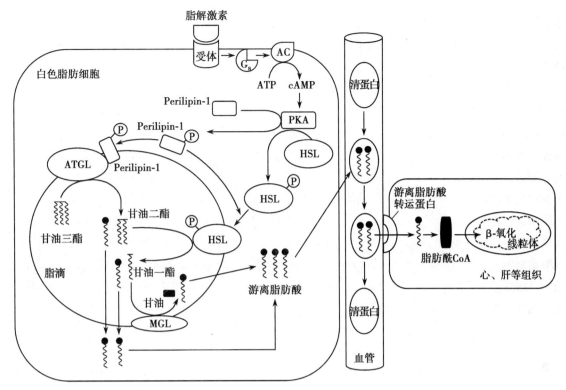

图 8-1 脂肪动员

AC:腺苷酸环化酶;ATGL:脂肪组织甘油三酯脂肪酶;ATP:腺苷三磷酸;cAMP:环腺苷一磷酸;HSL:激素敏感性脂肪酶;MGL:甘油一酯脂肪酶;Gs:兴奋性 G 蛋白;PKA:蛋白激酶 A。

　　曾经认为,脂肪动员由激素敏感性甘油三酯脂肪酶(hormone-sensitive triglyceride lipase,HSL)、也称激素敏感性脂肪酶(hormone sensitive lipase,HSL)调控,HSL 催化甘油三酯水解的第一步,是脂肪动员的关键酶。但后来发现 HSL 并不主要催化甘油三酯水解的第一步,而是催化下面所描述的第二步反应。脂肪动员也还需多种酶和蛋白质参与,如脂肪组织甘油三酯脂肪酶(adipose triglyceride lipase,ATGL)和 Perilipin-1。

　　脂肪动员由多种内外刺激通过激素触发。当禁食、饥饿或交感神经兴奋时,肾上腺素、去甲肾上腺素、胰高血糖素等分泌增加,作用于白色脂肪细胞膜受体,激活腺苷酸环化酶,使腺苷酸环化成 cAMP,激活 cAMP 依赖蛋白激酶,使胞质溶胶内脂滴包被蛋白 -1(Perilipin-1)和 HSL 磷酸化。磷酸化的 Perilipin-1 一方面激活 ATGL,另一方面使因磷酸化而激活的 HSL 从胞质溶胶转移至脂滴表面。脂肪在脂肪细胞内分解的第一步主要由 ATGL 催化,生成 1,3- 甘油二酯和 2,3- 甘油二酯及脂肪酸。第二步主要由 HSL 催化,主要水解甘油二酯 sn-3 位酯键,生成甘油一酯和脂肪酸。最后,在甘油一酯脂肪酶(monoacylglycerol lipase,MGL)的催化下,生成甘油和脂肪酸。所以,上述激素能够启动脂肪动员、促进脂肪水解为游离脂肪酸和甘油,称为脂解激素。而胰岛素、前列腺素 E2 等能对抗脂解激素的作用,抑制脂肪动员,称为抗脂解激素。

　　游离脂肪酸不溶于水,不能直接在血浆中运输。血浆清蛋白具有结合游离脂肪酸的能力(每分子清蛋白可结合 7 分子游离脂肪酸),能将脂肪酸运送至全身,主要由心、肝、骨骼肌等摄取利用。

(二) 甘油转变为甘油 -3- 磷酸后被利用

　　甘油可直接经血液运输至肝、肾、肠等组织利用。在甘油激酶(glycerokinase)作用下,甘油转变为甘油 -3- 磷酸;然后脱氢生成磷酸二羟丙酮,循糖代谢途径分解,或转变为葡萄糖。肝的甘油激酶活性最高,脂肪动员产生的甘油主要被肝摄取利用,而脂肪及骨骼肌因甘油激酶活性很低,对甘油的摄取利用很有限。

$$甘油 \xrightarrow[\text{甘油激酶}]{\text{ATP} \quad \text{ADP}} 甘油-3-磷酸$$

甘油

甘油-3-磷酸

$$\xrightarrow[\text{甘油-3-磷酸脱氢酶}]{\text{NAD}^+ \quad \text{NADH}+\text{H}^+} 磷酸二羟丙酮 \longleftrightarrow 糖酵解途径$$

磷酸二羟丙酮

（三）β- 氧化是脂肪酸分解的核心过程

除脑外，机体大多数组织均能氧化脂肪酸，以肝、心肌、骨骼肌能力最强。在 O_2 供充足时，脂肪酸可经脂肪酸活化、转移至线粒体内、β- 氧化（β-oxidation）生成乙酰 CoA 及乙酰 CoA 进入三羧酸循环彻底氧化 4 个阶段，释放大量 ATP。

1. 脂肪酸活化为脂肪酰 CoA 脂肪酸被氧化前必须先活化，由内质网、线粒体外膜上的脂肪酰 CoA 合成酶（acyl-CoA synthetase）催化生成脂肪酰 CoA，需 ATP、CoA-SH 及 Mg^{2+} 参与。

$$脂肪酸 + CoA\text{-}SH \xrightarrow[\underset{\text{ATP} \quad \text{AMP}}{Mg^{2+}}]{\text{脂肪酰CoA合成酶}} 脂肪酰CoA + PPi$$

脂肪酰 CoA 含高能硫酯键，不仅可提高反应活性，还可增加脂肪酸的水溶性，因而提高脂肪酸代谢活性。活化反应生成的焦磷酸（PPi）立即被细胞内焦磷酸酶水解，可阻止逆向反应进行，故 1 分子脂肪酸活化实际上消耗 2 个高能磷酸键。

2. 脂肪酰 CoA 进入线粒体 催化脂肪酸氧化的酶系存在于线粒体基质，活化的脂肪酰 CoA 必须进入线粒体才能被氧化。长链脂肪酰 CoA 不能直接透过线粒体内膜，需要经肉碱穿梭途径（carnitine shuttle），由肉碱（carnitine，或称 L-β 羟 -γ- 三甲氨基丁酸）协助其转运。存在于线粒体外膜的肉碱脂肪酰转移酶Ⅰ（carnitine acyl transferase Ⅰ）催化长链脂肪酰 CoA 与肉碱合成脂肪酰肉碱（acyl carnitine），后者在线粒体内膜肉碱 - 脂肪酰肉碱转位酶（carnitine-acylcarnitine translocase）作用下，通过内膜进入线粒体基质，同时将等分子肉碱转运出线粒体。进入线粒体的脂肪酰肉碱，在线粒体内膜内侧肉碱脂肪酰转移酶Ⅱ作用下，转变为脂肪酰 CoA 并释出肉碱（图 8-2）。

脂肪酰 CoA 进入线粒体是脂肪酸 β- 氧化的限速步骤，肉碱脂肪酰转移酶Ⅰ是脂肪酸 β- 氧化的

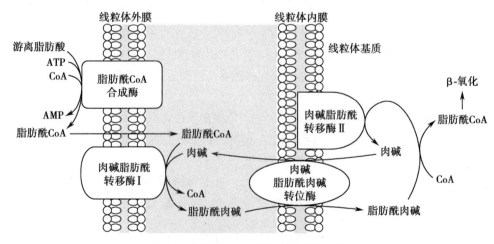

图 8-2 脂肪酰 CoA 进入线粒体的机制

关键酶。当饥饿、高脂低糖膳食或糖尿病时,机体没有充足的糖供应,或不能有效利用糖,需脂肪酸供能,肉碱脂肪酰转移酶Ⅰ活性增加,脂肪酸氧化增强。相反,饱食后脂肪酸合成加强,丙二酸单酰 CoA 含量增加,抑制肉碱脂肪酰转移酶Ⅰ活性,使脂肪酸的氧化被抑制。

3. 脂肪酰 CoA 分解产生乙酰 CoA、FADH₂ 和 NADH 线粒体基质中存在由多个酶结合在一起形成的脂肪酸 β- 氧化酶系,在该酶系多个酶顺序催化下,从脂肪酰基 β- 碳原子开始,进行脱氢、加水、再脱氢及硫解四步反应(图 8-3),完成一次 β- 氧化。

(1)脱氢生成烯脂肪酰 CoA:脂肪酰 CoA 在脂肪酰 CoA 脱氢酶(acetyl CoA dehydrogenase)催化下,从 α、β 碳原子各脱下一个氢原子,由 FAD 接受生成 $FADH_2$,同时生成反式 $-\Delta^2$- 烯脂肪酰 CoA。

(2)加水生成羟脂肪酰 CoA:反式 $-\Delta^2$- 烯脂肪酰 CoA 在烯脂肪酰 CoA 水化酶(enoyl CoA hydratase)催化下,加水生成 L-β- 羟脂肪酰 CoA。

(3)再脱氢生成 β- 酮脂肪酰 CoA:L-β- 羟脂肪酰 CoA 在 β- 羟脂肪酰 CoA 脱氢酶(β-hydroxyacyl CoA dehydrogenase)催化下,脱下 2H,由 NAD^+ 接受生成 NADH,同时生成 β- 酮脂肪酰 CoA。

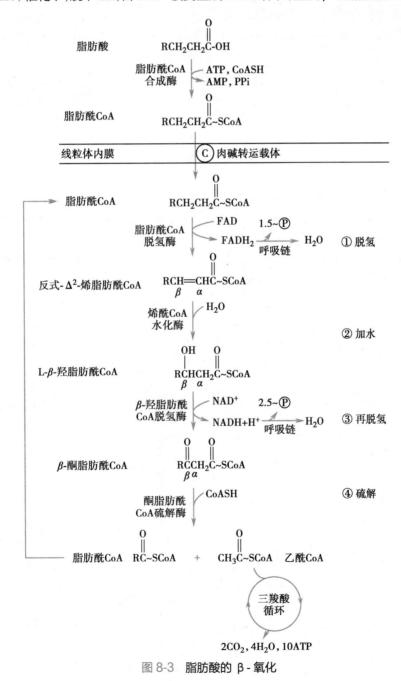

图 8-3 脂肪酸的 β- 氧化

（4）硫解产生乙酰 CoA：β- 酮脂肪酰 CoA 在酮脂肪酰 CoA 硫解酶（ketoacyl-CoA-thiolase）催化下，加 CoASH 使碳链在 β 位断裂，生成 1 分子乙酰 CoA 和少 2 个碳原子的脂肪酰 CoA。

经过上述四步反应，脂肪酰 CoA 的碳链被缩短 2 个碳原子。脱氢、加水、再脱氢及硫解反复进行，最终完成脂肪酸 β- 氧化。生成的 FADH$_2$、NADH 经呼吸链氧化，与 ADP 磷酸化偶联，产生 ATP。生成的乙酰 CoA 主要在线粒体通过三羧酸循环彻底氧化；在肝，部分乙酰 CoA 转变成酮体，通过血液运送至肝外组织氧化利用。

4. 脂肪酸氧化是机体 ATP 的重要来源 脂肪酸彻底氧化生成大量 ATP。以软脂酸为例，1 分子软脂酸彻底氧化需进行 7 次 β- 氧化，生成 7 分子 FADH$_2$、7 分子 NADH 及 8 分子乙酰 CoA。在 pH 7.0，25℃ 的标准条件下氧化磷酸化，每分子 FADH$_2$ 产生 1.5 分子 ATP，每分子 NADH 产生 2.5 分子 ATP；每分子乙酰 CoA 经三羧酸循环彻底氧化产生 10 分子 ATP。因此 1 分子软脂酸彻底氧化共生成 $(7 \times 1.5)+(7 \times 2.5)+(8 \times 10)=108$ 分子 ATP。因为脂肪酸活化消耗 2 个高能磷酸键，相当于 2 分子 ATP，所以 1 分子软脂酸彻底氧化净生成 106 分子 ATP。

（四）不同的脂肪酸还有不同的氧化方式

1. 不饱和脂肪酸 β- 氧化需转变构型 不饱和脂肪酸也在线粒体进行 β- 氧化。不同的是，饱和脂肪酸 β- 氧化产生的烯脂肪酰 CoA 是反式 -Δ^2 烯脂肪酰 CoA，而天然不饱和脂肪酸中的双键为顺式。因双键位置不同，不饱和脂肪酸 β- 氧化产生的顺式 Δ^3 烯脂肪酰 CoA 或顺式 Δ^2 烯脂肪酰 CoA 不能继续 β- 氧化。顺式 Δ^3 烯脂肪酰 CoA 在线粒体特异 Δ^{3}顺→Δ^{2}反烯脂肪酰 CoA 异构酶（Δ^3-cis→Δ^2-$trans$ enoyl-CoA isomerase）催化下转变为 β- 氧化酶系能识别的 Δ^2 反式构型，继续 β- 氧化。顺式 Δ^2 烯脂肪酰 CoA 虽然也能水化，但形成的 D（−）-β- 羟脂肪酰 CoA 不能被线粒体 β- 氧化酶系识别。在 D（−）-β- 羟脂肪酰 CoA 表异构酶（epimerase，又称差向异构酶）催化下，右旋异构体［D（−）型］转变为 β- 氧化酶系能识别的左旋异构体［L（+）型］，继续 β- 氧化。

2. 超长碳链脂肪酸需先在过氧化酶体氧化成较短碳链脂肪酸 过氧化酶体（peroxisomes）存在脂肪酸 β- 氧化的同工酶系，能将超长碳链脂肪酸（如 C$_{20}$、C$_{22}$）氧化成较短碳链脂肪酸。氧化第一步反应在以 FAD 为辅基的脂肪酸氧化酶作用下脱氢，脱下的氢与 O$_2$ 结合成 H$_2$O$_2$，而不是进行氧化磷酸化；进一步反应释出较短链脂肪酸，在线粒体内 β- 氧化。

3. 丙酰 CoA 转变为琥珀酰 CoA 进行氧化 人体含有极少量奇数碳原子脂肪酸，经 β- 氧化生成丙酰 CoA；支链氨基酸氧化分解亦可产生丙酰 CoA。丙酰 CoA 彻底氧化需经 β- 羧化酶及异构酶作用，转变为琥珀酰 CoA（succinyl CoA），进入三羧酸循环彻底氧化。

4. 脂肪酸氧化还可从远侧甲基端进行 即 ω- 氧化（ω-oxidation）。与内质网紧密结合的脂肪酸 ω- 氧化酶系由羧化酶、脱氢酶、NADP$^+$、NAD$^+$ 及细胞色素 P450（cytochrome P450，Cyt P450）等组成。脂肪酸 ω- 甲基碳原子在脂肪酸 ω- 氧化酶系作用下，经 ω- 羟基脂肪酸、ω- 醛基脂肪酸等中间产物，形成 α，ω- 二羧酸。这样，脂肪酸就能从任一端活化并进行 β- 氧化。

（五）脂肪酸在肝分解可产生酮体

脂肪酸在肝内 β- 氧化产生的大量乙酰 CoA，部分被转变成酮体（ketone bodies），向肝外输出。酮体包括乙酰乙酸（acetoacetate）（30%）、β- 羟丁酸（β-hydroxybutyrate）（70%）和丙酮（acetone）（微量）。

1. 酮体在肝生成 酮体生成以脂肪酸 β- 氧化生成的乙酰 CoA 为原料，在肝线粒体由酮体合成酶系催化完成（图8-4）。

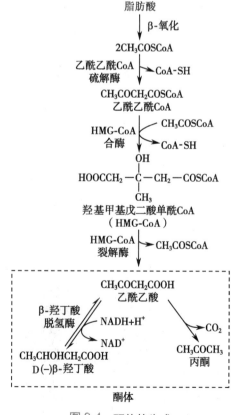

图 8-4 酮体的生成

（1）2分子乙酰 CoA 缩合成乙酰乙酰 CoA：由乙酰乙酰 CoA 硫解酶（thiolase）催化，释放 1 分子 CoASH。

（2）乙酰乙酰 CoA 与乙酰 CoA 缩合成羟基甲基戊二酸单酰 CoA（3-hydroxy-3-methyl glutaryl CoA，HMG-CoA）：由 HMG-CoA 合酶（HMG-CoA synthase）催化，生成 HMG-CoA，释放出 1 分子 CoASH。

（3）HMG-CoA 裂解产生乙酰乙酸：在 HMG-CoA 裂解酶（HMG-CoA lyase）作用下完成，生成乙酰乙酸和乙酰 CoA。

（4）乙酰乙酸还原成 β- 羟丁酸：由 NADH 供氢，在 β- 羟丁酸脱氢酶（β-hydroxybutyrate dehydrogenase）催化下完成。少量乙酰乙酸转变成丙酮。

2. 酮体在肝外组织氧化利用　肝组织有活性较强的酮体合成酶系，但缺乏利用酮体的酶系。肝外许多组织具有活性很强的酮体利用酶，能将酮体重新分解成乙酰 CoA，通过三羧酸循环彻底氧化。所以肝内生成的酮体需经血液运输至肝外组织氧化利用。

（1）乙酰乙酸的利用需先活化：有两条途径。在心、肾、脑及骨骼肌线粒体，由琥珀酰 CoA 转硫酶（succinyl CoA thiophorase）催化生成乙酰乙酰 CoA。

$$\begin{array}{ccc} \text{CH}_3 & & \text{COOH} \\ | & & | \\ \text{CO} & + & \text{CH}_2 \\ | & & | \\ \text{CH}_2 & & \text{CH}_2 \\ | & & | \\ \text{COOH} & & \text{CO} \sim \text{SCoA} \end{array} \xrightleftharpoons{\text{琥珀酰CoA转硫酶}} \begin{array}{ccc} \text{CH}_3 & & \text{COOH} \\ | & & | \\ \text{CO} & + & \text{CH}_2 \\ | & & | \\ \text{CH}_2 & & \text{CH}_2 \\ | & & | \\ \text{CO} \sim \text{SCoA} & & \text{COOH} \end{array}$$

　　　乙酰乙酸　　　琥珀酰CoA　　　　　　　　　　　乙酰乙酰CoA　　　琥珀酸

在肾、心和脑线粒体，由乙酰乙酸硫激酶（acetoacetate thiokinase）催化，直接活化生成乙酰乙酰 CoA。

（2）乙酰乙酰 CoA 硫解生成乙酰 CoA：由乙酰乙酰 CoA 硫解酶（acetoacetyl CoA thiolase）催化。

$$\text{CH}_3\text{COCH}_2\text{CO} \sim \text{SCoA} \xrightarrow[\text{CoASH}]{\text{乙酰乙酰CoA硫解酶}} 2\text{CH}_3\text{CO} \sim \text{SCoA}$$

β- 羟基丁酸的利用是先在 β- 羟丁酸脱氢酶催化下，脱氢生成乙酰乙酸，再转变成乙酰 CoA 被氧化。正常情况下，丙酮生成量很少，可经肺呼出。

3. 酮体是肝向肝外组织输出能量的重要形式　酮体分子小，溶于水，能在血液中运输，还能通过血脑屏障、肌组织的毛细血管壁，很容易被运输到肝外组织利用。心肌和肾皮质利用酮体能力大于利用葡萄糖能力。脑组织虽然不能氧化分解脂肪酸，却能有效利用酮体。当葡萄糖供应充足时，脑组织优先利用葡萄糖氧化供能；但在葡萄糖供应不足或利用障碍时，酮体是脑组织的主要能源物质。

正常情况下，血中仅含少量酮体，为 0.03～0.5mmol/L（0.3～5mg/dl）。在饥饿或糖尿病时，由于脂肪动员加强，酮体生成增加。严重糖尿病患者血中酮体含量可高出正常人数十倍，导致酮症酸中毒（ketoacidosis）。血酮体超过肾阈值，便可随尿排出，引起酮尿（ketonuria）。此时，血丙酮含量也大大增加，通过呼吸道排出，产生特殊的"烂苹果气味"。

4. 酮体生成受多种因素调节

（1）餐食状态影响酮体生成　饱食后胰岛素分泌增加，脂解作用受抑制、脂肪动员减少，酮体生成减少。饥饿时，胰高血糖素等脂解激素分泌增多，脂肪动员加强，脂肪酸 β- 氧化及酮体生成增多。

（2）糖代谢影响酮体生成　餐后或糖供给充分时，糖分解代谢旺盛、供能充分，肝内脂肪酸氧化分解减少，酮体生成被抑制。相反，饥饿或糖利用障碍时，脂肪酸氧化分解增强，生成乙酰 CoA 增加；同时因糖来源不足或糖代谢障碍，草酰乙酸减少，乙酰 CoA 进入三羧酸循环受阻，导致乙酰 CoA 大量堆积，酮体生成增多。

（3）丙二酸单酰 CoA 抑制酮体生成。糖代谢旺盛时，乙酰 CoA 及柠檬酸增多，别构激活乙酰 CoA 羧化酶，促进丙二酸单酰 CoA 合成，后者竞争性抑制肉碱脂肪酰转移酶Ⅰ，阻止脂肪酰 CoA 进入线粒体进行 β- 氧化，从而抑制酮体生成。

二、不同来源脂肪酸在不同器官以不同的途径合成甘油三酯

（一）肝、脂肪组织及小肠是甘油三酯合成的主要场所

甘油三酯（triglycerides，TG）合成在胞质溶胶中完成，以肝合成能力最强。但肝细胞不能储存甘油三酯，需与载脂蛋白 B100、C 等载脂蛋白及磷脂、胆固醇组装成极低密度脂蛋白（very low density lipoprotein，VLDL），分泌入血，运输至肝外组织。营养不良、中毒，以及必需脂肪酸（essential fatty acids）、胆碱或蛋白质缺乏等可引起肝细胞 VLDL 生成障碍，导致甘油三酯在肝细胞蓄积，发生脂肪肝。脂肪细胞可大量储存甘油三酯，是机体储存甘油三酯的"脂库"。

（二）甘油和脂肪酸是合成甘油三酯的基本原料

机体能将葡萄糖分解产生的中间产物转变成甘油 -3- 磷酸，也能利用葡萄糖分解代谢中间产物乙酰 CoA（acetyl CoA）合成脂肪酸，人和动物即使完全不摄取，亦可由糖转化合成大量甘油三酯。小肠黏膜细胞主要利用摄取的甘油三酯消化产物重新合成甘油三酯，当其以乳糜微粒形式运送至脂肪组织、肝等组织 / 器官后，脂肪酸亦可作为这些组织细胞合成甘油三酯的原料。脂肪组织还可水解极低密度脂蛋白甘油三酯，释放脂肪酸用于合成甘油三酯。

（三）甘油三酯合成有甘油一酯和甘油二酯两条途径

1. 脂肪酸活化成脂肪酰 CoA　脂肪酸作为甘油三酯合成的基本原料，必须活化成脂肪酰 CoA（acyl CoA）才能参与甘油三酯合成。

$$\text{脂肪酸} + \text{CoA-SH} \xrightarrow[\underset{ATP \quad AMP}{Mg^{2+}}]{\text{脂肪酰CoA合成酶}} \text{脂肪酰CoA} + \text{PPi}$$

2. 小肠黏膜细胞以甘油一酯途径合成甘油三酯　由脂肪酰 CoA 转移酶催化、ATP 供能，将脂肪酰 CoA 的脂肪酰基转移至 2- 甘油一酯羟基上合成甘油三酯。

3. 肝和脂肪组织细胞以甘油二酯途径合成甘油三酯　以糖酵解中间代谢产物磷酸二羟丙酮还原生成的甘油 -3- 磷酸为起始物，先合成 1,2- 甘油二酯，最后通过酯化甘油二酯羟基生成甘油三酯。

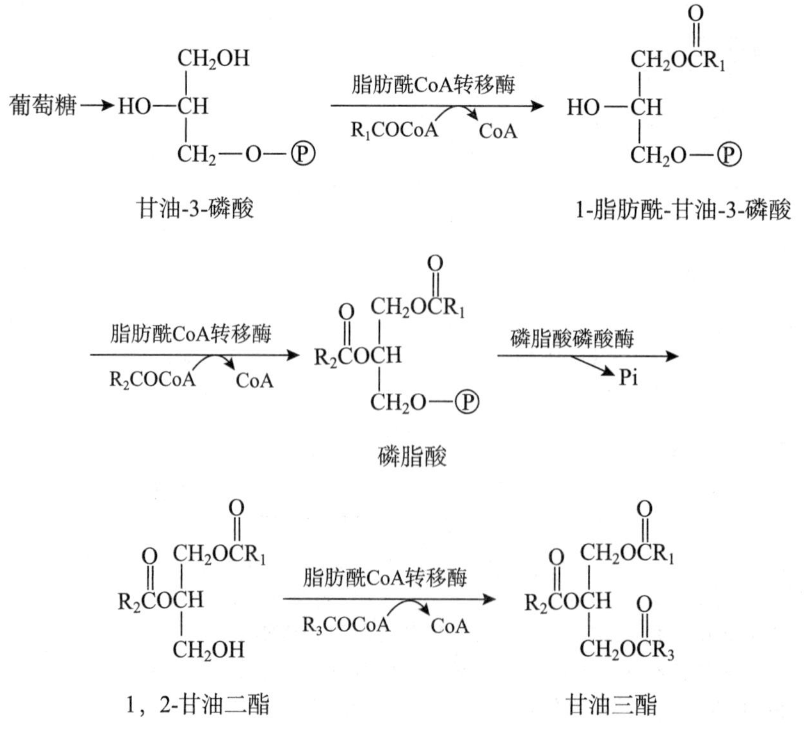

合成甘油三酯的三分子脂肪酸可为同一种脂肪酸,也可是 3 种不同脂肪酸。肝、肾等组织含有甘油激酶,可催化游离甘油磷酸化生成甘油 -3- 磷酸,供甘油三酯合成。脂肪细胞甘油激酶很低,不能直接利用甘油合成甘油三酯。

$$\underset{\text{甘油}}{\begin{matrix} CH_2OH \\ | \\ HO-C-H \\ | \\ CH_2OH \end{matrix}} \quad \xrightarrow[\underset{ATP \quad ADP}{}]{\text{肝、肾甘油激酶}} \quad \underset{\text{甘油-3-磷酸}}{\begin{matrix} CH_2OH \\ | \\ HO-C-H \\ | \\ CH_2O-\text{℗} \end{matrix}}$$

三、内源性脂肪酸的合成需先合成软脂酸

(一) 软脂酸由乙酰 CoA 在脂肪酸合酶复合体催化下合成

1. 软脂酸在胞质溶胶中合成　脂肪酸合成由多个酶催化完成,这些酶组成了脂肪酸合成的酶体系,即脂肪酸合酶复合体(fatty acid synthase complex),存在于肝、肾、脑、肺、乳腺及脂肪等多种组织的胞质溶胶,肝的脂肪酸合酶复合体活性最高(合成能力较脂肪组织大 8～9 倍),是人体合成脂肪酸的主要场所。虽然脂肪组织能以葡萄糖代谢的中间产物为原料合成脂肪酸,但脂肪组织的脂肪酸来源主要是小肠消化吸收的外源性脂肪酸和肝合成的内源性脂肪酸。

2. 乙酰 CoA 是软脂酸合成的基本原料　用于软脂酸(palmitic acid)合成的乙酰 CoA(acetyl CoA)主要由葡萄糖分解供给,在线粒体内产生,不能自由透过线粒体内膜,需通过柠檬酸 - 丙酮酸循环(citrate pyruvate cycle)(图 8-5)进入胞质溶胶。在此循环中,乙酰 CoA 首先在线粒体内柠檬酸合酶催化下,与草酰乙酸缩合生成柠檬酸;后者通过线粒体内膜载体转运进入胞质溶胶,被 ATP- 柠檬酸裂解酶裂解,重新生成乙酰 CoA 及草酰乙酸。进入胞质溶胶的草酰乙酸在苹果酸脱氢酶作用下,由 NADH 供氢,还原成苹果酸,再经线粒体内膜载体转运至线粒体内。苹果酸也可在苹果酸酶作用下氧化脱羧、产生 CO_2 和丙酮酸,脱下的氢将 $NADP^+$ 还原成 NADPH;丙酮酸可通过线粒体内膜上载体转运至线粒体内,重新生成线粒体内草酰乙酸,可继续与乙酰 CoA 缩合,将乙酰 CoA 运转至胞质溶胶,用于软脂肪酸合成。

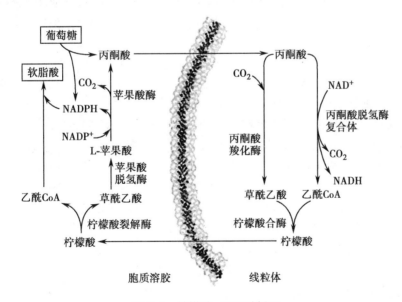

图 8-5　柠檬酸 - 丙酮酸循环

乙酰 CoA 首先在线粒体内与草酰乙酸缩合生成柠檬酸,通过线粒体内膜上的载体转运进入胞质溶胶;胞质溶胶中 ATP 柠檬酸裂解酶使柠檬酸裂解释出乙酰 CoA 及草酰乙酸。进入胞质溶胶的乙酰 CoA 可用以合成脂肪酸,而草酰乙酸则在苹果酸脱氢酶的作用下,还原成苹果酸。苹果酸也可在苹果酸酶的作用下分解为丙酮酸,再转运入线粒体,最终均形成线粒体内的草酰乙酸,再参与转运乙酰 CoA。

软脂酸合成还需 ATP、NADPH、HCO_3^-（CO_2）及 Mn^{2+} 等原料。NADPH 主要来自戊糖磷酸途径（pentose phosphate pathway），在上述乙酰 CoA 转运过程中，胞质溶胶苹果酸酶催化苹果酸氧化脱羧也可提供少量 NADPH。

3. 一分子软脂酸由 1 分子乙酰 CoA 与 7 分子丙二酸单酰 CoA 缩合而成

（1）乙酰 CoA 转化成丙二酸单酰 CoA：是软脂酸合成的第一步反应，催化此反应的乙酰 CoA 羧化酶（acetyl CoA carboxylase）是脂肪酸合成的关键酶，以 Mn^{2+} 为激活剂，含生物素辅基，起转移羧基作用。该羧化反应为不可逆反应，过程如下：

$$酶 - 生物素 + HCO_3^- + ATP \rightarrow 酶 - 生物素 - CO_2 + ADP + Pi$$
$$酶 - 生物素 - CO_2 + 乙酰\,CoA \rightarrow 酶 - 生物素 + 丙二酸单酰\,CoA$$
$$\overline{总反应：ATP + HCO_3^- + 乙酰\,CoA \rightarrow 丙二酸单酰\,CoA + ADP + Pi}$$

乙酰 CoA 羧化酶活性受别构调节及化学修饰调节。该酶有两种存在形式，即无活性原聚体和有活性多聚体。柠檬酸、异柠檬酸可使此酶发生别构激活——由原聚体聚合成多聚体；软脂肪酰 CoA 及其他长链脂肪酰 CoA 可使多聚体解聚成原聚体，别构抑制该酶活性。乙酰 CoA 羧化酶还可在一种 AMP 激活的蛋白质激酶（AMP-activated protein kinase，AMPK）催化下发生酶蛋白（79、1 200 及 1 215 位丝氨酸残基）磷酸化而失活。胰高血糖素能激活该蛋白质激酶，抑制乙酰 CoA 羧化酶活性；胰岛素能通过蛋白磷酸酶的去磷酸化作用，使磷酸化的乙酰 CoA 羧化酶去磷酸化恢复活性。高糖膳食可促进乙酰 CoA 羧化酶蛋白合成，增加酶活性。

（2）软脂酸经 7 次缩合—还原—脱水—再还原基本反应循环合成：各种脂肪酸生物合成过程基本相似，均以乙酰 CoA 为基本原料。除第一个乙酰 CoA 分子外，其余的乙酰 CoA 均需转变为丙二酸单酰 CoA 后进入脂肪酸合成反应，经反复加成反应完成，每次（缩合—还原—脱水—再还原）循环延长 2 个碳原子。16 碳软脂酸合成需经 7 次循环反应。

大肠埃希菌脂肪酸合酶复合体的核心由 7 种独立的酶 / 多肽组成；这 7 种多肽包括脂肪酰基载体蛋白（acyl carrier protein，ACP）、丙二酸单酰 / 乙酰 CoA-ACP 转移酶（malonyl/acetyl-CoA-ACP transferase，MAT；以下简称丙二酸单酰 / 乙酰转移酶）、β- 酮脂肪酰 -ACP 合酶（β-ketoacyl-ACP synthase，KS；β- 酮脂肪酰合酶）、β- 酮脂肪酰 -ACP 还原酶（β-ketoacyl-ACP reductase，KR；β- 酮脂肪酰还原酶）、β- 羟脂肪酰 -ACP 脱水酶（β-hydroxyacyl-ACP dehydratase，HD；脱水酶）、烯脂肪酰 -ACP 还原酶（enoyl-ACP reductase，ER；烯脂肪酰还原酶）及硫酯酶（thioesterase，TE）。细菌酰基载体蛋白是一种小分子蛋白质（M_r, 8 860），以 4′- 磷酸泛酰巯基乙胺（4′-phosphopantetheine）为辅基，是脂肪酰基载体。此外，细菌脂肪酸合酶体系还有至少另外 3 种成分。

哺乳动物脂肪酸合酶是由两个相同亚基（M_r, 240kDa）首尾相连形成的二聚体（M_r, 480kD）。每个亚基含有 3 个结构域（domain）。结构域 1 含有乙酰基转移酶（AT）、丙二酸单酰转移酶（MT）及 β- 酮脂肪酰合酶（KS），与底物的"进入"、缩合反应相关。结构域 2 含有 β- 酮脂肪酰还原酶（KR）、β- 羟脂肪酰脱水酶（HD）及烯脂肪酰还原酶（ER），催化还原反应；该结构域还含有一个肽段，具有与细菌脂肪酰基载体蛋白（ACP）相同的辅基（含酶 - 泛 -SH）和类似的作用。结构域 3 含有硫酯酶（thioesterase，TE），与脂肪酸的释放有关。3 个结构域之间由柔性的区域连接，使结构域可以移动，利于几个酶之间的协调、连续作用。

细菌、动物脂肪酸合成过程类似。细菌软脂酸合成步骤（图 8-6）包括：①乙酰 CoA 在丙二酸单酰 / 乙酰转移酶作用下被转移至 ACP 的巯基（—SH），再从 ACP 转移至 β- 酮脂肪酰合酶的半胱氨酸巯基上。②丙二酸单酰 CoA 在丙二酸单酰 / 乙酰转移酶作用下，先脱去 HSCoA，与 ACP 的—SH 连接。③缩合，β- 酮脂肪酰合酶上连接的乙酰基与 ACP 上的丙二酸单酰基缩合，生成 β- 酮丁酰 ACP，释放 CO_2。④加氢，由 NADPH 供氢，β- 酮丁酰 ACP 在 β- 酮脂肪酰还原酶作用下加氢，还原成 D（−）-β- 羟丁酰 ACP。⑤脱水，D（−）-β- 羟丁酰 ACP 在 β- 羟脂肪酰脱水酶作用下，脱水生成反式 Δ^2 烯丁酰 ACP。⑥再加氢，NADPH 供氢，反式 Δ^2 烯丁酰 ACP 在烯脂肪酰还原酶作用下，再加氢生成丁酰 ACP。

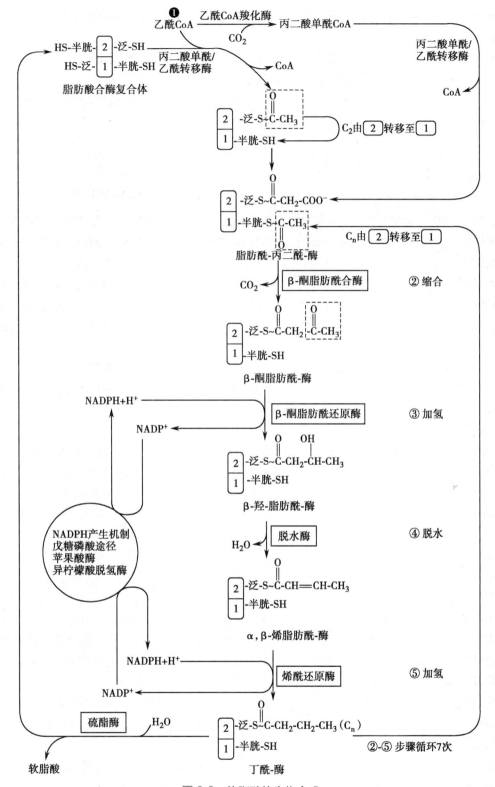

图 8-6 软脂酸的生物合成

经过第一轮反应,即酰基转移、缩合、还原、脱水、再还原等步骤,碳原子由 2 个增加至 4 个,形成脂肪酸合酶催化合成的第一轮产物丁酰 -E。此时,丁酰连接在酶的 ACP 巯基(E_2-泛 -SH)上,接着被转移至 β- 酮脂肪酰合酶的半胱氨酸巯基(E_1- 半胱 -SH),ACP 巯基(E_2-泛 -SH)继续接受丙二酸单酰基,进行缩合、还原、脱水、再还原等步骤的第二轮反应。经过 7 次循环之后,生成 16 个碳原子的软脂酰 -E_2,然后经硫酯酶的水解,即生成终产物游离的软脂酸。

丁酰 -ACP 是脂肪酸合酶复合体催化合成的第一轮产物。通过这一轮反应,即酰基转移、缩合、还原、脱水、再还原等步骤,产物碳原子由 2 个增加至 4 个。然后,丁酰由 E_2- 泛 -SH(即 ACP 的—SH)转移至 E_1- 半胱 -SH,E_2- 泛 -SH 又可与另一丙二酸单酰基结合,进行缩合、还原、脱水、再还原等步骤的第二轮循环。经 7 次循环后,生成 16 碳软脂酰 -E_2;由硫酯酶水解,软脂酸从脂肪酸合酶复合体释放。软脂酸合成的总反应式为:

$$CH_3COSCoA+7HOOCCH_2COSCoA+14NADPH+14H^+ \longrightarrow$$
$$CH_3(CH_2)_{14}COOH+7CO_2+6H_2O+8HSCoA+14NADP^+$$

(二)软脂酸延长在内质网和线粒体内进行

脂肪酸合酶复合体催化合成软脂酸,更长碳链脂肪酸的合成通过对软脂酸加工、延长完成。

1. **内质网脂肪酸延长途径以丙二酸单酰 CoA 为二碳单位供体** 该途径由脂肪酸延长酶体系催化,NADPH 供氢,每通过缩合、加氢、脱水及再加氢等反应延长 2 个碳原子。过程与软脂酸合成相似,但脂肪酰基不是以 ACP 为载体,而是连接在 CoASH 上进行。该酶体系可将脂肪酸延长至 24 碳,但以 18 碳硬脂酸为主。

2. **线粒体脂肪酸延长途径以乙酰 CoA 为二碳单位供体** 该途径在脂肪酸延长酶体系作用下,软脂酰 CoA 与乙酰 CoA 缩合,生成 β- 酮硬脂酰 CoA;再由 NADPH 供氢,还原为 β- 羟硬脂酰 CoA;接着脱水生成 α,β- 烯硬脂酰 CoA。最后,烯硬脂酰 CoA 由 NADPH 供氢,还原为硬脂酰 CoA。通过缩合、加氢、脱水和再加氢等反应,每轮循环延长 2 个碳原子;一般可延长至 24 或 26 个碳原子,但仍以 18 碳硬脂肪酸为最多。

(三)不饱和脂肪酸的合成需多种去饱和酶催化

上述脂肪酸合成途径合成的均为饱和脂肪酸(saturated fatty acid),人体含不饱和脂肪酸(unsaturated fatty acid),主要有软油酸($16:1,\Delta^9$)、油酸($18:1,\Delta^9$)、亚油酸($18:2,\Delta^{9,12}$)、α- 亚麻酸($18:3,\Delta^{9,12,15}$)及花生四烯酸($20:4,\Delta^{5,8,11,14}$)等。由于只含 Δ^4、Δ^5、Δ^8 及 Δ^9 去饱和酶(desaturase),缺乏 Δ^9 以上去饱和酶,人体只能合成软油酸和油酸等单不饱和脂肪酸(monounsaturated fatty acids),不能合成亚油酸、α- 亚麻酸及花生四烯酸等多不饱和脂肪酸(polyunsaturated fatty acids)。植物因含有 Δ^9,Δ^{12} 及 Δ^{15} 去饱和酶,能合成 Δ^9 以上多不饱和脂肪酸。人体所需多不饱和脂肪酸必须从食物(主要是植物油脂)中摄取。

(四)脂肪酸合成受代谢物和激素调节

1. **代谢物通过改变原料供应量和乙酰 CoA 羧化酶活性调节脂肪酸合成** ATP、NADPH 及乙酰 CoA 是脂肪酸合成原料,可促进脂肪酸合成;长链脂肪酰 CoA 是乙酰 CoA 羧化酶的别构抑制剂,抑制脂肪酸合成。凡能引起这些代谢物水平有效改变的因素均可调节脂肪酸合成。例如,高脂膳食和脂肪动员可使细胞内脂肪酰 CoA 增多,别构抑制乙酰 CoA 羧化酶活性,抑制脂肪酸合成。进食糖类食物后,糖代谢加强,NADPH、乙酰 CoA 供应增多,有利于脂肪酸合成;糖代谢加强还使细胞内 ATP 增多,抑制异柠檬酸脱氢酶,导致柠檬酸和异柠檬酸蓄积并从线粒体渗至胞质溶胶,别构激活乙酰 CoA 羧化酶,促进脂肪酸合成。

2. **胰岛素是调节脂肪酸合成的主要激素** 胰岛素(insulin)可通过刺激一种蛋白磷酸酶活性,使乙酰 CoA 羧化酶脱磷酸而激活,促进脂肪酸合成。此外,胰岛素可促进脂肪酸合成磷脂酸,增加脂肪合成。胰岛素还能增加脂肪组织脂蛋白脂肪酶活性,增加脂肪组织对血液甘油三酯脂肪酸摄取,促使脂肪组织合成脂肪贮存。该过程长期持续,与脂肪动员之间失去平衡,会导致肥胖。

胰高血糖素(glucagon)能增加蛋白质激酶活性,使乙酰 CoA 羧化酶磷酸化而降低活性,抑制脂肪酸合成。胰高血糖素也能抑制甘油三酯合成,甚至减少肝细胞向血液释放脂肪。肾上腺素、生长素能抑制乙酰 CoA 羧化酶,调节脂肪酸合成。

3. **脂肪酸合酶可作为药物治疗的靶点** 脂肪酸合酶(复合体组分)在很多肿瘤高表达(overexpression)。动物研究证明,脂肪酸合酶抑制剂可明显减缓肿瘤生长,减轻体重,是极有潜力的抗肿瘤和抗肥胖的候选药物。

第四节 │ 磷脂代谢

一、磷脂酸是甘油磷脂合成的重要中间产物

（一）甘油磷脂合成的原料来自糖、脂和氨基酸代谢

人体各组织细胞内质网均含有甘油磷脂合成酶系，以肝、肾及肠等活性最高。甘油磷脂合成的基本原料包括甘油、脂肪酸、磷酸盐、胆碱（choline）、丝氨酸（serine）、肌醇（inositol）等。甘油和脂肪酸主要由葡萄糖转化而来，甘油 2 位的多不饱和脂肪酸为必需脂肪酸（essential fatty acids），只能从食物（植物油）摄取。胆碱可由食物供给，亦可由丝氨酸及甲硫氨酸合成。丝氨酸是合成磷脂酰丝氨酸的原料，脱羧后生成乙醇胺又是合成磷脂酰乙醇胺的原料。乙醇胺从 S- 腺苷甲硫氨酸获得 3 个甲基生成胆碱。甘油磷脂合成还需 ATP、CTP。ATP 供能，CTP 参与乙醇胺、胆碱、甘油二酯活化，形成 CDP-乙醇胺、CDP- 胆碱、CDP- 甘油二酯等活化中间物。

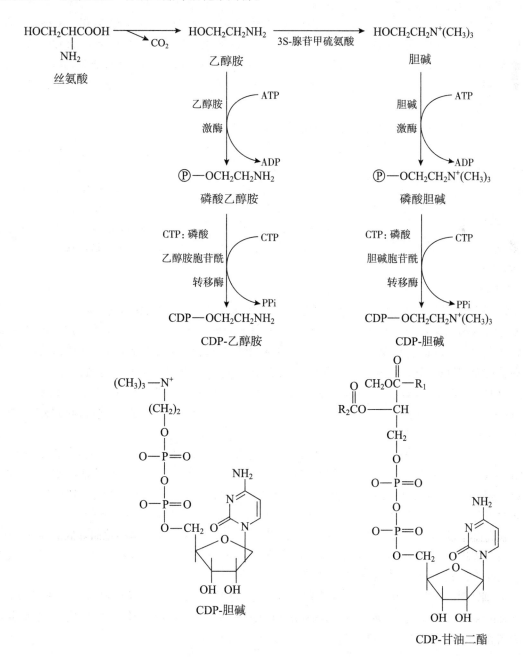

(二) 甘油磷脂合成有两条途径

1. **磷脂酰胆碱和磷脂酰乙醇胺通过甘油二酯途径合成** 甘油二酯是该途径的重要中间物, 胆碱(choline)和乙醇胺(ethanolamine)被活化成 CDP-胆碱(CDP-choline)和 CDP-乙醇胺(CDP-ethanolamine)后, 分别与甘油二酯缩合, 生成磷脂酰胆碱(phosphatidyl choline, PC)和磷脂酰乙醇胺(phosphatidyl ethanolamine, PE)。这两类磷脂占组织及血液磷脂 75% 以上。

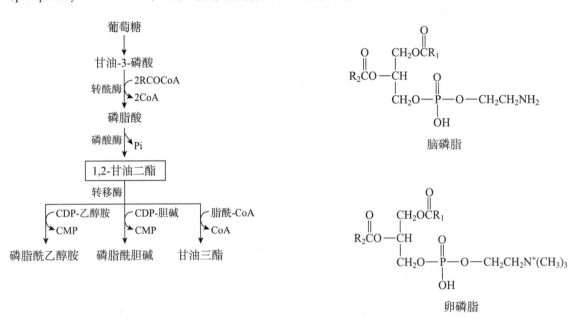

PC 是真核生物细胞膜含量最丰富的磷脂, 在细胞增殖和分化过程中具有重要作用, 对维持正常细胞周期具有重要意义。一些疾病如癌(cancer)、阿尔茨海默病(Alzheimer disease)和脑卒中(stroke)等的发生与 PC 代谢异常密切相关。国内外科学家们正在努力探讨 PC 代谢在细胞增殖、分化和细胞周期中, 在如癌、阿尔茨海默病和脑卒中等疾病发生中的作用及其机制。一旦取得突破, 将为相关疾病的预防、诊断和治疗提供新靶点。

尽管 PC 也可由 S-腺苷甲硫氨酸提供甲基, 使 PE 甲基化生成, 但这种方式合成量仅占人 PC 合成总量 10%~15%。哺乳动物细胞 PC 的合成主要通过甘油二酯途径完成。该途径中, 胆碱需先活化成 CDP-胆碱, 所以也被称为 CDP-胆碱途径(CDP-choline pathway), CTP:磷酸胆碱胞苷转移酶(CTP:phosphocholine cytidylyltransferase, CCT)是关键酶, 它催化磷酸胆碱(phosphocholine)与 CTP 缩合成 CDP-胆碱。后者向甘油二酯提供磷酸胆碱, 合成 PC。

人 CCT 有 α 和 β 两种亚型, 分别由 *PCYT1a* 和 *PCYT1b* 编码。CCTβ 又有 $β_1$ 和 $β_2$ 两种剪接变异体。CCTα、$β_1$ 和 $β_2$ 分别由 367、330 和 372 个氨基酸残基组成, 含 4 个结构域, 氨基酸残基 73-323 是高度同源序列, β 剪接变异体之间的差异仅在 323 位氨基酸残基之后的 C 末端。氨基酸残基 1~72 为 N 端结构域, CCTα 在该结构域中含有一个核靶向作用区。氨基酸残基 73~235 为催化结构域, 其中 HXGH 和 RTEGIST 两个 CTP 结合模体(motif)是胞苷转移酶家族的特征序列, 能与 CTP 结合; 两个 CTP 结合基序之间的赖氨酸残基高度保守, 能结合磷酸胆碱。氨基酸残基 236~299 称为膜结合结构域(membrane-binding domain)或结构域 M(domain M), 为双性 α-螺旋(amphipathic α helix)结构区, 能与中性脂质和阴离子脂质结合。C 末端是磷酸化结构域(phosphorylation domain), 也称结构域 P(domian P), 含多个丝氨酸残基, 能够被磷酸化。

CCT 活性通过游离形式与膜结合形式之间的转换进行调节。游离形式 CCT 无活性, 当其与膜(包括内质网膜和核膜)结合后, 转变为有活性。CCT 通过膜结合结构域感应膜双分子层的弯曲弹性张力(curvature elastic stress), 使游离酶蛋白与膜结合或使膜结合酶蛋白解离, 从而调节酶活性。PC 含量是膜双分子层弯曲弹性张力的决定因素之一，PC缺乏的膜，能促进CCT与其结合，使CCT转变为活性形式，促进PC合成。CCT活性还受转录水平调节。CCTα活性的调节主要与细胞增殖、分化和细胞周期有关。

磷脂酰丝氨酸也可由磷脂酰乙醇胺羧化或乙醇胺与丝氨酸交换生成。

2. **磷脂酰肌醇、磷脂酰丝氨酸及心磷脂通过CDP-甘油二酯途径合成** 肌醇、丝氨酸无须活化，CDP-甘油二酯是该途径重要中间物，与丝氨酸、肌醇或磷脂酰甘油缩合，生成磷脂酰肌醇（phosphatidyl inositol）、磷脂酰丝氨酸（phosphatidyl serine）及心磷脂（cardiolipin）。

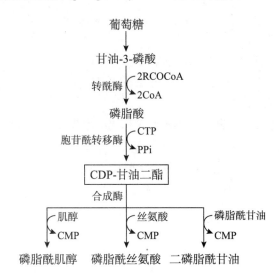

甘油磷脂合成在内质网膜外侧面进行。胞质溶胶存在一类促进磷脂在细胞内膜之间交换的蛋白质，称磷脂交换蛋白（phospholipid exchange proteins），催化不同种类磷脂在膜之间交换，使新合成的磷脂转移至不同细胞器膜上，更新膜磷脂。例如在内质网合成的心磷脂可通过这种方式转至线粒体内膜，构成线粒体内膜特征性磷脂。

Ⅱ型肺泡上皮细胞可合成由 2 分子软脂肪酸构成的特殊磷脂酰胆碱，生成的二软脂酰胆碱是较强乳化剂，能降低肺泡表面张力，有利于肺泡伸张。新生儿肺泡上皮细胞合成二软脂酰胆碱障碍，会引起肺不张。

二、甘油磷脂由磷脂酶催化降解

生物体内存在多种降解甘油磷脂的磷脂酶（phospholipase），包括磷脂酶 A_1、A_2、B_1、B_2、C 及 D，它们分别作用于甘油磷脂分子中不同的酯键（图 8-7），降解甘油磷脂。

溶血磷脂 1 具较强表面活性，能使红细胞膜或其他细胞膜破坏引起溶血或细胞坏死。溶血磷脂还可进一步水解，如溶血磷脂 1 在溶血磷脂酶 1（即磷脂酶 B_1）作用下，水解与甘油 1 位—OH 缩合的酯键，溶血磷脂 1 失去脂肪酸酰基，就失去了对细胞膜结构的溶解作用。

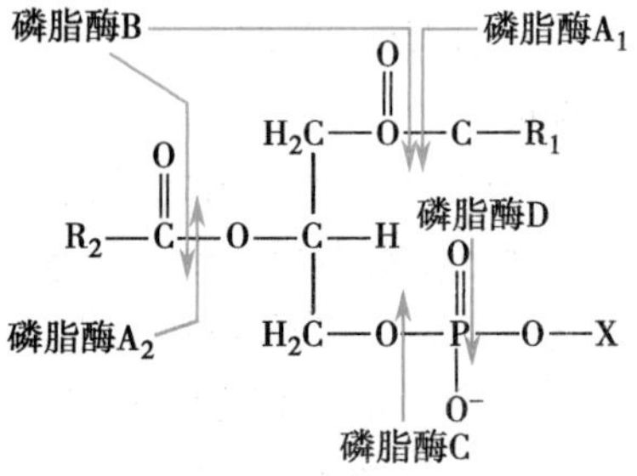

图 8-7　磷脂酶的甘油磷脂水解作用
X 为取代基团。

三、鞘氨醇是神经鞘磷脂合成的重要中间产物

神经鞘磷脂（sphingomyelin）是人体含量最多的鞘磷脂，由鞘氨醇、脂肪酸及磷酸胆碱构成。人体各组织细胞内质网均存在合成鞘氨醇酶系，以脑组织活性最高。合成鞘氨醇的基本原料是软脂酰 CoA、丝氨酸和胆碱，还需磷酸吡哆醛、NADPH 及 FAD 等辅酶参加。在磷酸吡哆醛参与下，由内质网 3- 酮二氢鞘氨醇合成酶催化，软脂酰 CoA 与 L- 丝氨酸缩合并脱羧生成 3- 酮基二氢鞘氨醇（3-ketodihydrosphingosine），再由 NADPH 供氢、还原酶催化，加氢生成二氢鞘氨醇，然后在脱氢酶催化下，脱氢生成鞘氨醇。

在脂肪酰转移酶催化下，鞘氨醇的氨基与脂肪酰 CoA 进行酰胺缩合，生成 N- 脂肪酰鞘氨醇，最后由 CDP- 胆碱提供磷酸胆碱生成神经鞘磷脂。

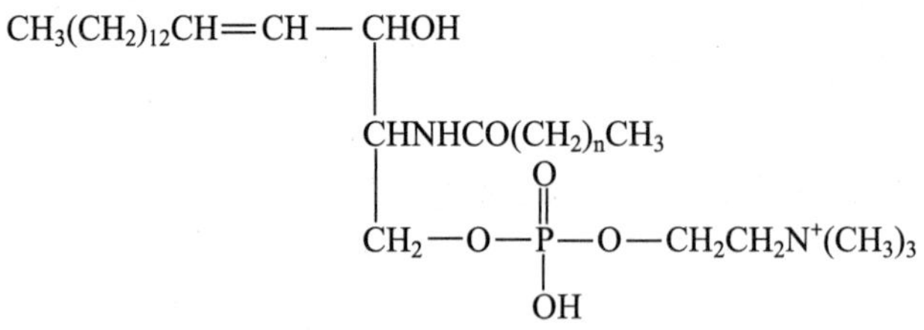

$$CH_3(CH_2)_{12}CH=CH-CHOH$$
$$|$$
$$CHNHCO(CH_2)_nCH_3$$
$$O$$
$$|$$
$$CH_2-O-P-O-CH_2CH_2N^+(CH_3)_3$$
$$|$$
$$OH$$

鞘磷脂

四、神经鞘磷脂由鞘磷脂酶催化降解

鞘磷脂酶（sphingomyelinase）存在于脑、肝、脾、肾等组织细胞溶酶体，属磷脂酶 C 类，能使磷酸酯键水解，产生磷酸胆碱及 N- 脂肪酰鞘氨醇。如先天性缺乏此酶，则鞘磷脂不能降解，在细胞内积存，引起肝、脾大及痴呆等鞘磷脂沉积病状。

第五节 | 胆固醇代谢

一、体内胆固醇来自食物和内源性合成

胆固醇有游离胆固醇（free cholesterol，FC；亦称非酯化胆固醇，unesterified cholesterol）和胆固醇酯（cholesterol ester，CE）两种形式，广泛分布于各组织，约 1/4 分布在脑及神经组织，约占脑组织 2%。肾上腺、卵巢等类固醇激素分泌腺，胆固醇含量达 1%～5%。肝、肾、肠等内脏及皮肤、脂肪组织，胆固醇含量约为每 100g 组织 200～500mg，以肝最多。肌组织含量约为每 100g 组织 100～200mg。

（一）体内胆固醇合成的主要场所是肝

除成年动物脑组织及成熟红细胞外，几乎全身各组织均可合成胆固醇，每天合成量为 1g 左右。肝是主要合成器官，占自身合成胆固醇的 70%～80%，其次是小肠，合成 10%。胆固醇合成酶系存在于胞质溶胶及光面内质网膜。

（二）乙酰 CoA 和 NADPH 是胆固醇合成基本原料

^{14}C 及 ^{13}C 标记乙酸甲基碳及羧基碳，与肝切片孵育证明：乙酸分子中的 2 个碳原子均参与构成胆固醇，是合成胆固醇唯一碳源。乙酰 CoA 是葡萄糖、氨基酸及脂肪酸在线粒体的分解产物，不能通过线粒体内膜，需在线粒体内与草酰乙酸缩合生成柠檬酸，通过线粒体内膜载体进入胞质溶胶，裂解成乙酰 CoA，作为胆固醇合成原料。每转运 1 分子乙酰 CoA，由柠檬酸裂解成乙酰 CoA 时消耗 1 分子 ATP。胆固醇合成还需 NADPH 供氢、ATP 供能。合成 1 分子胆固醇需 18 分子乙酰 CoA、36 分子 ATP 及 16 分子 NADPH。

（三）胆固醇合成由以 HMG-CoA 还原酶为关键酶的一系列酶促反应完成

胆固醇合成过程复杂，有近 30 步酶促反应，大致可划分为三个阶段。

1. 由乙酰 CoA 合成甲羟戊酸 2 分子乙酰 CoA 在乙酰乙酰 CoA 硫解酶作用下，缩合成乙酰乙酰 CoA；再在羟基甲基戊二酸单酰 CoA 合酶（3-hydroxy-3-methylglutaryl CoA synthase，HMG-CoA synthase）作用下，与 1 分子乙酰 CoA 缩合成羟基甲基戊二酸单酰 CoA（3-hydroxy-3-methylglutaryl CoA，HMG-CoA）。在线粒体中，HMG-CoA 被裂解生成酮体；而胞质溶胶生成的 HMG-CoA，则在内质网 HMG-CoA 还原酶（HMG-CoA reductase）作用下，由 NADPH 供氢，还原生成甲羟戊酸（mevalonic acid，MVA）。HMG-CoA 还原酶是合成胆固醇的关键酶。

羟基甲基戊二酸单酰CoA → 甲羟戊酸(MVA)

2. 甲羟戊酸经 15 碳化合物转变成 30 碳鲨烯 MVA 经脱羧、磷酸化生成活泼的异戊烯焦磷酸（Δ^3-isopentenyl pyrophosphate，IPP）和二甲基丙烯焦磷酸（3,3-dimethylallyl pyrophosphate，DPP）。3 分子 5 碳焦磷酸化合物（IPP 及 DPP）缩合成 15 碳焦磷酸法尼酯（farnesyl pyrophosphate，FPP）。在内质

网鲨烯合酶(squalene synthase)催化下,2分子15碳焦磷酸法尼酯经再缩合、还原生成30碳多烯烃——鲨烯(squalene)。

3. 鲨烯环化为羊毛固醇后转变为胆固醇 30碳鲨烯结合在胞质溶胶固醇载体蛋白(sterol carrier protein,SCP)上,经内质网单加氧酶、环化酶等催化,环化成羊毛固醇,再经氧化、脱羧、还原等反应,脱去3个甲基,生成27碳胆固醇(图8-8)。在脂肪酰CoA:胆固醇脂肪酰转移酶(acyl CoA:cholesterol acyltransferase,ACAT)作用下,细胞内游离胆固醇能与脂肪酰CoA缩合,生成胆固醇酯储存。

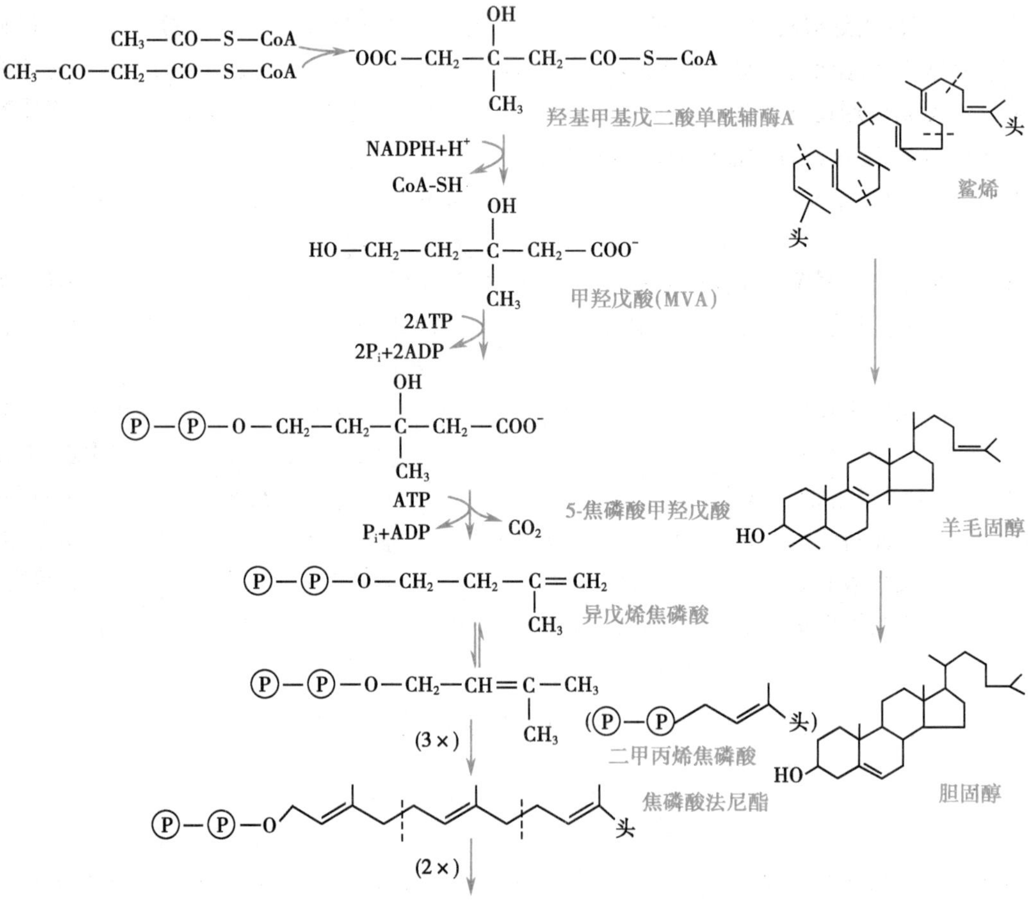

图 8-8 胆固醇的生物合成

(四)胆固醇合成受 HMG-CoA 还原酶调节

1. HMG-CoA 还原酶活性具有与胆固醇合成相同的昼夜节律性 动物实验发现,大鼠肝胆固醇合成有昼夜节律性,午夜最高,中午最低。进一步研究发现,肝 HMG-CoA 还原酶活性也有昼夜节律性,午夜最高,中午最低。可见,胆固醇合成的周期节律性是 HMG-CoA 还原酶活性周期性改变结果。

2. HMG-CoA 还原酶活性受别构调节、化学修饰调节和酶含量调节 胆固醇合成产物甲羟戊酸、胆固醇及胆固醇氧化产物 7β- 羟胆固醇、25- 羟胆固醇是 HMG-CoA 还原酶的别构抑制剂。胞质溶胶 cAMP 依赖性蛋白激酶可使 HMG-CoA 还原酶磷酸化丧失活性,磷蛋白磷酸酶可催化磷酸化 HMG-CoA 还原酶脱磷酸恢复酶活性。HMG-CoA 还原酶基因转录如果被抑制,酶蛋白合成减少,也可以引起酶活性降低。

3. 细胞胆固醇含量是影响胆固醇合成的主要因素之一 主要通过改变 HMG-CoA 还原酶合成影响胆固醇合成。该酶在肝细胞的半衰期约为 4 小时,如酶蛋白合成被阻断,酶蛋白含量在几小时内便降低。细胞胆固醇升高可抑制 HMG-CoA 还原酶合成,从而抑制胆固醇合成。反之,降低细胞胆固醇含量,可解除胆固醇对酶蛋白合成的抑制作用。此外,胆固醇及其氧化产物如 7β- 羟胆固醇、25- 羟胆固醇可以通过别构调节对 HMG-CoA 还原酶活性产生较强抑制作用。

4. 餐食状态影响胆固醇合成 饥饿或禁食可抑制肝合成胆固醇。研究发现,大鼠禁食 48 小时,胆固醇合成减少 11 倍,禁食 96 小时减少 17 倍,但肝外组织的合成减少不多。禁食除使 HMG-CoA 还原酶活性降低外,乙酰 CoA、ATP、NADPH 不足也是胆固醇合成减少的重要原因。相反,摄取高糖、高饱和脂肪膳食,肝 HMG-CoA 还原酶活性增加,乙酰 CoA、ATP、NADPH 充足,胆固醇合成增加。

5. 胆固醇合成受激素调节 胰岛素及甲状腺素能诱导肝细胞 HMG-CoA 还原酶合成,增加胆固醇合成。甲状腺素还能促进胆固醇在肝转变为胆汁酸,所以甲状腺功能亢进患者血清胆固醇含量降低。胰高血糖素能通过化学修饰调节使 HMG-CoA 还原酶磷酸化失活,抑制胆固醇合成。皮质醇能抑制并降低 HMG-CoA 还原酶活性,减少胆固醇合成。

二、胆固醇的主要去路是转化为胆汁酸

胆固醇的母核——环戊烷多氢菲在体内不能被降解,所以胆固醇不能像糖、脂肪那样在体内被彻底分解;但其侧链可被氧化、还原或降解转变为其他具有环戊烷多氢菲母核的产物,或参与代谢调节,或排出体外。

在肝被转化成胆汁酸(bile acid)并随胆汁排出是胆固醇在体内代谢的主要去路。游离胆固醇也可随胆汁排出。胆固醇是肾上腺皮质、睾丸、卵巢等合成类固醇激素的原料。肾上腺皮质细胞储存大量胆固醇酯,含量可达 2%～5%,90% 来自血液,10% 自身合成。肾上腺皮质球状带、束状带及网状带细胞以胆固醇为原料分别合成醛固酮、皮质醇及雄激素。睾丸间质细胞以胆固醇为原料合成睾酮,卵泡内膜细胞及黄体以胆固醇为原料合成雌二醇及孕酮。胆固醇可在皮肤被氧化为 7- 脱氢胆固醇,经紫外光照射转变为维生素 D_3。

第六节 | 血浆脂蛋白及其代谢

一、血脂是血浆所含脂质的统称

血浆脂质包括甘油三酯、磷脂、胆固醇及其酯,以及游离脂肪酸等。磷脂主要有卵磷脂(约 70%)、神经鞘磷脂(约 20%)及脑磷脂(约 10%)。血脂有两种来源,外源性脂质从食物摄取入血,内源性脂质由肝细胞、脂肪细胞及其他组织细胞合成后释放入血。血脂不如血糖恒定,受膳食、年龄、性别、职业以及代谢等影响,波动范围较大(表 8-4)。

表 8-4 正常成人 12～14 小时空腹血脂的组成及含量

组成	血浆含量		空腹时主要来源
	mg/dl	mmol/L	
总脂	400～700(500)	—	
甘油三酯	10～150(100)	0.11～1.69(1.13)	肝
总胆固醇	100～250(200)	2.59～6.47(5.17)	肝
胆固醇酯	70～200(145)	1.81～5.17(3.75)	—
游离胆固醇	40～70(55)	1.03～1.81(1.42)	—
总磷脂	150～250(200)	48.44～80.73(64.58)	肝
卵磷脂	50～200(100)	16.1～64.6(32.3)	肝

续表

组成	血浆含量		空腹时主要来源
	mg/dl	mmol/L	
神经磷脂	50~130（70）	16.1~42.0（22.6）	肝
脑磷脂	15~35（20）	4.8~13.0（6.4）	肝
游离脂肪酸	5~20（15）	—	脂肪组织

注：括号内为均值。

二、血浆脂蛋白是血脂的运输形式及代谢形式

（一）血浆脂蛋白可用电泳法和超速离心法分类

不同脂蛋白所含脂质和蛋白质不一样，其理化性质如密度、颗粒大小、表面电荷、电泳行为，免疫学性质及生理功能均有不同（表 8-4），可将脂蛋白分为不同种类。

1. **电泳法按电场中的迁移率对血浆脂蛋白分类** 不同脂蛋白的质量和表面电荷不同，在同一电场中移动的快慢不一样。α- 脂蛋白（α-lipoprotein）泳动最快，相当于 α_1- 球蛋白位置；β- 脂蛋白（β-lipoprotein）相当于 β- 球蛋白位置；前 β- 脂蛋白（pre-β-lipoprotein）位于 β- 脂蛋白之前，相当于 α_2- 球蛋白位置；乳糜微粒（chylomicron，CM）不泳动，留在原点（点样处）（图 8-9）。

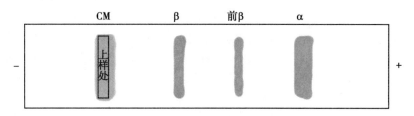

图 8-9　血浆脂蛋白琼脂糖凝胶电泳谱

2. **超速离心法按密度对血浆脂蛋白分类** 不同脂蛋白因含脂质和蛋白质种类和数量不同，密度不一样（表 8-5）。将血浆在一定密度盐溶液中超速离心，脂蛋白会因密度不同而漂浮或沉降，通常用 Svedberg 漂浮率（S_f）表示脂蛋白上浮特性。在 26℃、密度为 1.063 的 NaCl 溶液及离心力为 1 达因 / 克的力场中，上浮 10^{-13}cm 为 $1S_f$ 单位，即 $1S_f=10^{-13}$cm/（s·dyn·g）。乳糜微粒含脂最多，密度最小，易上浮；其余脂蛋白按密度由小到大依次为极低密度脂蛋白（very low density lipoprotein，VLDL）、低密度脂蛋白（low density lipoprotein，LDL）和高密度脂蛋白（high density lipoprotein，HDL）；分别相当于电泳分类中的 CM、前 β- 脂蛋白、β- 脂蛋白及 α- 脂蛋白。

人血浆还有中密度脂蛋白（intermediate density lipoprotein，IDL）和脂蛋白（a）［lipoprotein（a），Lp（a）］。IDL 是 VLDL 在血浆中向 LDL 转化的中间产物，组成及密度介于 VLDL 及 LDL 之间。Lp（a）的脂质成分与 LDL 类似，蛋白质成分中，除含一分子载脂蛋白 B100 外，还含一分子载脂蛋白（a）［apolipoprotein（a）］，是一类独立脂蛋白，由肝产生，不转化成其他脂蛋白。因蛋白质及脂质含量不同，HDL 还可分成亚类，主要有 HDL_2 及 HDL_3。

表 8-5　血浆脂蛋白的分类、性质、组成及功能

分类	密度法	乳糜微粒	极低密度脂蛋白	低密度脂蛋白	高密度脂蛋白
	电泳法		前 β- 脂蛋白	β- 脂蛋白	α- 脂蛋白
性质	密度	<0.95	0.95~1.006	1.006~1.063	1.063~1.210
	S_f 值	>400	20~400	0~20	沉降

续表

分类	密度法 电泳法	乳糜微粒	极低密度脂蛋白 前 β- 脂蛋白	低密度脂蛋白 β- 脂蛋白	高密度脂蛋白 α- 脂蛋白
性质	电泳位置	原点	α_2- 球蛋白	β- 球蛋白	α_1- 球蛋白
	颗粒直径 /nm	80～500	25～80	20～25	5～17
组成 /%	蛋白质	0.5～2	5～10	20～25	50
	脂质	98～99	90～95	75～80	50
	甘油三酯	80～95	50～70	10	5
	磷脂	5～7	15	20	25
	胆固醇	1～4	15	45～50	20
	游离胆固醇	1～2	5～7	8	5
	酯化胆固醇	3	10～12	40～42	15～17
载脂蛋白 组成 /%	apo A I	7	<1	—	65～70
	apo A II	5	—	—	20～25
	apo A IV	10	—	—	—
	apo B100	—	20～60	95	—
	apo B48	9	—	—	—
	apo C I	11	3	—	6
	apo C II	15	6	微量	1
	apo C III 0～2	41	40	—	4
	apo E	微量	7～15	<5	2
	apo D	—	—	—	3
合成部位		小肠黏膜细胞	肝细胞	血浆	肝、肠、血浆
功能		转运外源性甘油三酯及胆固醇	转运内源性甘油三酯及胆固醇	转运内源性胆固醇	逆向转运胆固醇

(二) 血浆脂蛋白是脂质与蛋白质的复合体

1. **血浆脂蛋白中的蛋白质主要为载脂蛋白** 迄今已从人血浆脂蛋白分离出 20 多种载脂蛋白 (apolipoprotein, apo), 主要有 apo A、B、C、D 及 E 等五大类 (表 8-6)。载脂蛋白在不同脂蛋白的分布及含量不同, apo B48 是 CM 特征载脂蛋白, LDL 几乎只含 apo B100, HDL 主要含 apo A I 及 apo A II。

表 8-6 人血浆载蛋白结构、功能及含量

载脂蛋白	分子质量	氨基酸数	分布	功能	血浆含量 /(mg/dl)
A I	28 300	243	HDL	激活 LCAT, 识别 HDL 受体	123.8±4.7
A II	17 500	77X2	HDL	抑制 LCAT	33±5
A IV	46 000	371	HDL, CM	辅助激活 LPL	17±2
B100	512 723	4 536	VLDL, LDL	识别 LDL 受体	87.3±14.3
B48	264 000	2 152	CM	促进 CM 合成	?
C I	6 500	57	CM, VLDL, HDL	激活 LCAT?	7.8±2.4

续表

载脂蛋白	分子质量	氨基酸数	分布	功能	血浆含量 /(mg/dl)
CⅡ	8 800	79	CM,VLDL,HDL	激活 LPL	5.0±1.8
CⅢ	8 900	79	CM,VLDL,HDL	抑制 LPL,抑制肝 apoE 受体	11.8±3.6
D	22 000	169	HDL	转运胆固醇酯	10±4
E	34 000	299	CM,VLDL,HDL	识别 LDL 受体	3.5±1.2
J	70 000	427	HDL	结合转运脂质,补体激活	10
(a)	500 000	4 529	LP(a)	抑制纤溶酶活性	0~120
CETP	64 000	493	HDL,d>1.21	转运胆固醇酯	0.19±0.05
PTP	69 000	?	HDL,d>1.21	转运磷脂	?

注:CETP:胆固醇酯转运蛋白;LPL:脂蛋白脂肪酶;PTP:磷脂转运蛋白。

2. 不同脂蛋白具有相似基本结构　大多数载脂蛋白如 apo A Ⅰ、A Ⅱ、C Ⅰ、C Ⅱ、C Ⅲ及 E 等均具双性 α- 螺旋(amphipathic α helix)结构,不带电荷的疏水氨基酸残基构成 α- 螺旋非极性面,带电荷的亲水氨基酸残基构成 α- 螺旋极性面。在脂蛋白表面,非极性面借其非极性疏水氨基酸残基与脂蛋白内核疏水性较强的甘油三酯(triglycerides,TG)及胆固醇酯(cholesterol ester,CE)以疏水键相连,极性面则朝外,与血浆的水相接触。磷脂及游离胆固醇具有极性及非极性基团,可以借非极性疏水基团与脂蛋白内核疏水性较强的 TG 及 CE 以疏水键相连,极性基团朝外,与血浆的水相接触。所以,脂蛋白是以 TG 及 CE 为内核,载脂蛋白、磷脂及游离胆固醇单分子层覆盖于表面的复合体,保证不溶于水的脂质能在水相的血浆中正常运输。脂蛋白一般呈球状,CM 及 VLDL 主要以 TG 为内核,LDL 及 HDL 则主要以 CE 为内核。

三、不同来源脂蛋白具有不同功能和不同代谢途径

(一)乳糜微粒主要转运外源性甘油三酯及胆固醇

乳糜微粒(chylomicron,CM)代谢途径又称外源性脂质转运途径或外源性脂质代谢途径(图 8-10)。食物脂肪消化后,小肠黏膜细胞用摄取的中长链脂肪酸再合成甘油三酯(triglycerides,

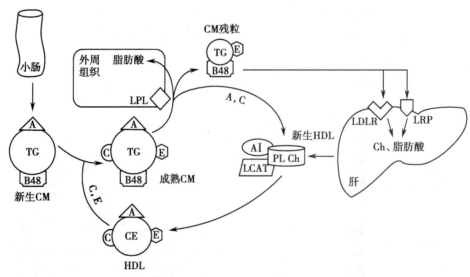

图 8-10　乳糜微粒的代谢

A:载脂蛋白 A;B48:载脂蛋白 B48;C:载脂蛋白 C;Ch:胆固醇;CM:乳糜微粒;E:载脂蛋白 E;HDL:高密度脂蛋白;LCAT:卵磷脂 - 胆固醇酰基转移酶;LDLR:低密度脂蛋白受体;LPL:脂蛋白脂肪酶;LRP:低密度脂蛋白受体相关蛋白;TG:甘油三酯。

TG),并与合成及吸收的磷脂和胆固醇,加上 apo B48、AⅠ、AⅡ、AⅣ等组装成新生 CM,经淋巴道入血,从高密度脂蛋白(high density lipoprotein,HDL)获得 apo C 及 E,并将部分 apo AⅠ、AⅡ、AⅣ 转移给 HDL,形成成熟 CM。Apo CⅡ激活骨骼肌、心肌及脂肪等组织毛细血管内皮细胞表面脂蛋白脂肪酶(lipoprotein lipase,LPL),使 CM 中 TG 及磷脂逐步水解,产生甘油、脂肪酸及溶血磷脂。随着 CM 内核 TG 不断被水解,释出大量脂肪酸被心肌、骨骼肌、脂肪组织及肝组织摄取利用,CM 颗粒不断变小,表面过多的 apo AⅠ、AⅡ、AⅣ、C、磷脂及胆固醇离开 CM 颗粒,形成新生 HDL。CM 最后转变成富含胆固醇酯(cholesterol ester,CE)、apo B48 及 apo E 的 CM 残粒(remnant),被细胞膜 LDL 受体相关蛋白(LDL receptor related protein,LRP)识别、结合并被肝细胞摄取后彻底降解。Apo CⅡ是 LPL 不可缺少的激活剂,无 apo CⅡ时,LPL 活性很低;加入 apo CⅡ后,LPL 活性可增加 10~50 倍。正常人 CM 在血浆中代谢迅速,半衰期为 5~15 分钟,因此正常人空腹 12~14 小时血浆中不含 CM。

(二)极低密度脂蛋白主要转运内源性甘油三酯

极低密度脂蛋白(very low density lipoprotein,VLDL)是运输内源性 TG 的主要形式,其血浆代谢产物低密度脂蛋白(low density lipoprotein,LDL)是运输内源性胆固醇的主要形式,VLDL 及 LDL 代谢途径又称内源性脂质转运途径或内源性脂质代谢途径。肝细胞以葡萄糖分解代谢中间产物为原料合成 TG,也可利用食物来源的脂肪酸和机体脂肪酸库中的脂肪酸合成 TG,再与 apo B100、E 以及磷脂、胆固醇等组装成 VLDL。此外,小肠黏膜细胞亦可合成少量 VLDL。VLDL 分泌入血后,从高密度脂蛋白(high density lipoprotein,HDL)获得 apo C,其中 apo CⅡ激活肝外组织毛细血管内皮细胞表面的脂蛋白脂肪酶(lipoprotein lipase,LPL)。和 CM 代谢一样,VLDL 中 TG 在 LPL 作用下,水解释出脂肪酸和甘油供肝外组织利用。同时,VLDL 表面的 apo C、磷脂及胆固醇向 HDL 转移,而 HDL 胆固醇酯又转移到 VLDL。该过程不断进行,VLDL 中 TG 不断减少,CE 逐渐增加,apo B100 及 E 相对增加,颗粒逐渐变小,密度逐渐增加,转变为中密度脂蛋白(intermediate density lipoprotein,IDL)。IDL 胆固醇及 TG 含量大致相等,载脂蛋白则主要是 apo B100 及 E。肝细胞膜 LRP 可识别和结合 IDL,因此部分 IDL 被肝细胞摄取、降解。未被肝细胞摄取的 IDL(在人约占总 IDL 50%,在大鼠约占 10%),其 TG 被 LPL 及肝脂肪酶(hepatic lipase,HL)进一步水解,表面 apo E 转移至 HDL。这样,IDL 中剩下的脂质主要是 CE,剩下的载脂蛋白只有 apo B100,转变为 LDL(图 8-11)。VLDL 在血液中的半衰期为 6~12 小时。

(三)低密度脂蛋白主要转运内源性胆固醇

人体多种组织器官能摄取、降解低密度脂蛋白(low density lipoprotein,LDL),肝是主要器官,约 50% LDL 在肝降解。肾上腺皮质、卵巢、睾丸等组织摄取及降解 LDL 能力亦较强。血浆 LDL 降解既可通过 LDL 受体(LDL receptor)途径(图 8-12)完成,也可通过单核 - 吞噬细胞系统完成。正常人血浆 LDL,每天约 45% 被清除,其中 2/3 经 LDL 受体途径,1/3 经单核 - 吞噬细胞系统。血浆 LDL 半衰期为 2~4 天。

1974 年,Brown MS 及 Goldstein JL 首先在人成纤维细胞膜表面发现了能特异结合 LDL 的 LDL 受体。他们纯化了该受体,证明它是 839 个氨基酸残基构成的糖蛋白,分子质量 160 000。后来发现,LDL 受体广泛分布于全身,特别是肝、肾上腺皮质、卵巢、睾丸、动脉壁等组织的细胞膜表面,能特异识别、结合含 apo B100 或 apo E 的脂蛋白,故又称 apo B/E 受体(apo B/E receptor)。当血浆 LDL 与 LDL 受体结合后,形成受体 - 配体复合物在细胞膜表面聚集成簇,经内吞作用进入细胞,与溶酶体融合。在溶酶体蛋白水解酶作用下,apo B100 被水解成氨基酸;胆固醇酯则被胆固醇酯酶水解成游离胆固醇和脂肪酸。游离胆固醇在调节细胞胆固醇代谢上具有重要作用:①抑制内质网 HMG-CoA 还原酶(HMG-CoA reductase),从而抑制细胞自身胆固醇合成;②从转录水平抑制 LDL 受体基因表达,抑制受体蛋白合成,减少细胞对 LDL 进一步摄取;③激活内质网脂肪酰 CoA:胆固醇脂肪酰转移酶(acyl CoA:cholesterol acyl transferase,ACAT),将游离胆固醇酯化成胆固醇酯在胞质溶胶贮存。同时,游离

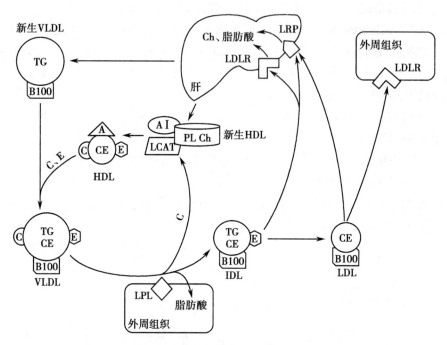

图 8-11　极低密度脂蛋白的代谢及低密度脂蛋白的形成

A:载脂蛋白 A;A I:载脂蛋白 A I;B100:载脂蛋白 B100;C:载脂蛋白 C;CE:胆固醇酯;Ch:胆固醇;E:载脂蛋白 E;HDL:高密度脂蛋白;IDL:中密度脂蛋白;LCAT:卵磷脂 - 胆固醇酰基转移酶;LDL:低密度脂蛋白;LDLR:低密度脂蛋白受体;LPL:脂蛋白脂肪酶;LRP:低密度脂蛋白受体相关蛋白;TG:甘油三酯;VLDL:极低密度脂蛋白。

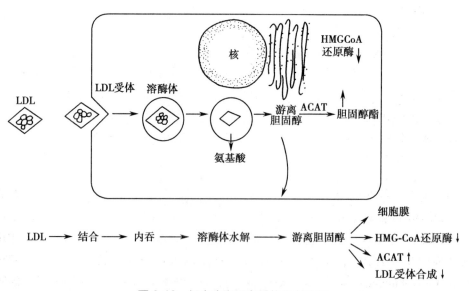

图 8-12　低密度脂蛋白受体代谢途径

ACAT:脂肪酰 -CoA:胆固醇脂肪酰转移酶。

胆固醇还有重要生理功能:①被细胞膜摄取,构成重要的膜成分;②在肾上腺、卵巢及睾丸等固醇激素合成细胞,可作为类固醇激素合成原料。LDL被该途径摄取、代谢多少,取决于细胞膜上受体多少。肝、肾上腺皮质、性腺等组织LDL受体数目较多,故摄取LDL亦较多。

血浆LDL还可被修饰成如氧化修饰LDL(oxidized LDL,ox-LDL),被清除细胞即单核-吞噬细胞系统中的巨噬细胞及血管内皮细胞清除。这两类细胞膜表面有清道夫受体(scavenger receptor,SR),可与修饰LDL结合而清除血浆修饰LDL。

(四)高密度脂蛋白主要逆向转运胆固醇

新生高密度脂蛋白(high density lipoprotein,HDL)主要由肝合成,小肠可合成部分。在CM及VLDL代谢过程中,其表面apo A I、A II、A IV、C以及磷脂、胆固醇等脱离亦可形成。HDL可按密度分为HDL_1、HDL_2及HDL_3。HDL_1也称作HDL_c,仅存在于摄取高胆固醇膳食后血浆,正常人血浆主要含HDL_2及HDL_3。新生HDL的代谢过程实际上就是胆固醇逆向转运(reverse cholesterol transport,RCT)过程(图8-13),它将肝外组织细胞胆固醇,通过血循环转运到肝,转化为胆汁酸排出,部分胆固醇也可直接随胆汁排入肠腔。

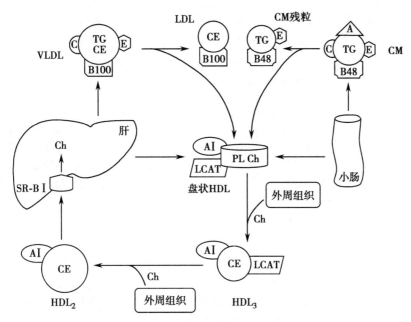

图 8-13 胆固醇逆向转运途径

A:载脂蛋白A;A I:载脂蛋白A I;B48:载脂蛋白B48;B100:载脂蛋白B100;C:载脂蛋白C;CE:胆固醇酯;Ch:胆固醇;CM:乳糜微粒;E:载脂蛋白E;HDL:高密度脂蛋白;LCAT:卵磷脂-胆固醇脂肪酰转移酶;LDL:低密度脂蛋白;SR-B I:B族I型清道夫受体;TG:甘油三酯;VLDL:极低密度脂蛋白。

RCT第一步是胆固醇自肝外细胞包括动脉平滑肌细胞及巨噬细胞等移出至HDL。大量研究证明,HDL是细胞胆固醇移出不可缺少的接受体(acceptor)。存在于细胞间液中富含磷脂及apo A I、含较少游离胆固醇(free cholesterol,FC)的新生HDL,呈盘状,根据电泳位置将其称为前β_1-HDL。能与肝外细胞表面的B族I型清道夫受体(scavenger receptor class B type I,SR-BI)结合,在ATP结合盒转运蛋白A1(ATP-binding cassette transporter A1,ABCA1)和G1的作用下,将细胞内的胆固醇转移至新生HDL上。ABCA1主要将胆固醇转移至小颗粒HDL甚至未结合脂质的apo A I分子上,ABCG1主要将胆固醇转移至较大颗粒的HDL上。可见,新生HDL是细胞胆固醇移出不可缺少的接受体(acceptor)。

RCT第二步是HDL所运载的胆固醇的酯化及胆固醇酯的转运。新生HDL从肝外细胞接受的 FC，分布在 HDL 表面。在血浆卵磷脂-胆固醇脂肪酰转移酶（lecithin-cholesterol acyl transferase，LCAT）作用下，HDL 表面卵磷脂的 2 位脂肪酰基转移至胆固醇 3 位羟基生成溶血卵磷脂及胆固醇酯（cholesterol ester，CE）。CE 在生成后即转入 HDL 内核，表面则可继续接受肝外细胞 FC，消耗的卵磷脂也可从肝外细胞补充。该过程反复进行，HDL 内核 CE 不断增加，双脂层盘状 HDL 逐步膨胀为单脂层球状，颗粒逐步增大、密度逐渐减小，形成 HDL3，最终转变为成熟的富含胆固醇的 HDL2。LCAT 由肝实质细胞合成和分泌，在血浆中发挥作用，HDL 表面的 apo A I 是 LCAT 激活剂。

在 HDL 成熟过程中，酯化后形成的 CE 可在胆固醇酯转运蛋白（cholesterol ester transfer protein，CETP）的作用下，与 VLDL 中的 TG 交换，将 TG 由 VLDL 转移至 HDL、将 CE 由 HDL 转移至 VLDL。

RCT 最后一步在肝进行。成熟 HDL 经血液运输至肝，被肝细胞膜 SR-BI 识别、结合，CE 被肝细胞选择性摄取。被 CETP 从 HDL 转移至 VLDL 的 CE，在 VLDL 被转变成 LDL 后，通过 LDL 受体被肝细胞摄取。CE 通过这两条途径进入肝细胞后，被水解释放出胆固醇，转化成胆汁酸或直接以胆固醇通过胆汁排出。机体通过这种机制，还可将外周组织衰老细胞膜中的胆固醇转运至肝代谢并排出。HDL 的血浆半衰期为 3～5 天。

除参与 RCT 外，HDL 还是 apo C II 贮存库。CM 及 VLDL 进入血液后，需从 HDL 获得 apo C II 才能激活 LPL，水解其 TG。CM 及 VLDL 中 TG 水解完成后，apo C II 又回到 HDL。

四、血浆脂蛋白代谢紊乱导致脂蛋白异常血症

（一）不同脂蛋白的异常改变引起不同类型高脂血症

血浆脂质水平异常升高，超过正常范围上限称为高脂血症（hyperlipidemia）。在目前临床实践中，高脂血症指血浆胆固醇或/和甘油三酯超过正常范围上限，一般以成人空腹 12～14 小时血浆甘油三酯超过 2.26mmol/L（200mg/dl），胆固醇超过 6.21mmol/L（240mg/dl），儿童胆固醇超过 4.14mmol/L（160mg/dl）为高脂血症诊断标准。事实上，在高脂血症血浆中，一些脂蛋白脂质含量升高，而另外脂蛋白脂质含量可能降低。因此，有人认为将高脂血症称为脂蛋白异常血症（dyslipoproteinemia）更为合理。传统的分类方法将脂蛋白异常血症分为六型（表 8-7）。随着研究的不断深入和临床工作的需要，发展形成了非高密度脂蛋白胆固醇（non-high density lipoprotein cholesterol，non-HDL-C）概念，并与 TG、TC、高密度脂蛋白胆固醇（high density lipoprotein cholesterol，HDL-C）和低密度脂蛋白胆固醇（low density lipoprotein cholesterol，LDL-C）一起，按理想水平、合适水平、边缘升高、升高和降低等层次，制定了与世界各国人群相适应的血脂分层标准。

表 8-7　脂蛋白异常血症分型

分型	血浆脂蛋白变化	血脂变化	
I	乳糜微粒升高	甘油三酯↑↑↑	胆固醇↑
IIa	低密度脂蛋白升高	胆固醇↑↑	
IIb	低密度及极低密度脂蛋白同时升高	胆固醇↑↑	甘油三酯↑↑
III	中间密度脂蛋白升高（电泳出现宽β带）	胆固醇↑↑	甘油三酯↑↑
IV	极低密度脂蛋白升高	甘油三酯↑↑	
V	极低密度脂蛋白及乳糜微粒同时升高	甘油三酯↑↑↑	胆固醇↑

脂蛋白异常血症还可分为原发性和继发性两大类。原发性脂蛋白异常血症发病原因不明，已证明有些是遗传性缺陷。继发性脂蛋白异常血症是继发于其他疾病如糖尿病、肾病和甲状腺功能减退等。

（二）血浆脂蛋白代谢相关基因遗传性缺陷引起脂蛋白异常血症

现已发现,参与脂蛋白代谢的关键酶如 LPL 及 LCAT,载脂蛋白如 AⅠ、B、CⅡ、CⅢ和 E,以及脂蛋白受体如 LDL 受体等的遗传性缺陷,都能导致血浆脂蛋白代谢异常,引起脂蛋白异常血症。在这些已经阐明发病分子机制的遗传性缺陷中,Brown MS 及 Goldstein JL 对 LDL 受体研究取得的成就最为重大,他们不仅阐明了 LDL 受体的结构和功能,而且证明了 LDL 受体缺陷是引起家族性高胆固醇血症的重要原因。LDL 受体缺陷是常染色体显性遗传,纯合子携带者细胞膜 LDL 受体完全缺乏,杂合子携带者 LDL 受体数目减少一半,其 LDL 都不能正常代谢,血浆胆固醇分别高达 15.6～20.8mmol/L（600～800mg/dl）及 7.8～10.4mmol/L（300～400mg/dl）,携带者在 20 岁前就发生典型的冠心病症状。

小 结

脂质能溶于有机溶剂但不溶于水,分子中含脂肪酰基或能与脂肪酸起酯化反应。脂肪（甘油三酯）是机体重要的能量物质,胆固醇、磷脂及糖脂是生物膜的重要组分,参与细胞识别及信号传递,还是多种生物活性物质的前体。多不饱和脂肪酸衍生物具有重要生理功能。

肝、脂肪组织及小肠是合成甘油三酯的主要场所,肝合成能力最强;基本原料为甘油和脂肪酸,主要分别由糖代谢提供和糖转化形成。小肠黏膜细胞以脂肪酰 CoA 酯化甘油一酯合成甘油三酯,肝细胞及脂肪细胞以脂肪酰 CoA 先后酯化甘油 -3- 磷酸及甘油二酯合成甘油三酯。

甘油三酯水解生成甘油和脂肪酸。甘油经活化、脱氢、转化成磷酸二羟丙酮后,循糖代谢途径代谢。脂肪酸活化后进入线粒体,经脱氢、加水、再脱氢及硫解 4 步反应的重复循环完成 β- 氧化,生成乙酰 CoA,并最终彻底氧化,释放大量能量。肝 β- 氧化生成的乙酰 CoA 还能转化成酮体,经血液运输至肝外组织利用。

人体脂肪酸合成的主要场所是肝,基本原料乙酰 CoA 需先羧化为丙二酸单酰 CoA。在胞质溶胶脂肪酸合酶体系催化下,由 NADPH 供氢,通过缩合、还原、脱水、再还原 4 步反应的 7 次循环合成 16 碳软脂酸。更长碳链脂肪酸的合成在肝细胞内质网和线粒体中通过对软脂酸加工、延长完成。脂肪酸脱氢可生成不饱和脂肪酸,但人体不能合成多不饱和脂肪酸,只能从食物摄取。

甘油磷脂合成以磷脂酸为重要中间产物,需 CTP 参与。甘油磷脂的降解由磷脂酶 A、B、C 和 D 催化完成。神经鞘磷脂的合成以软脂酰 CoA、丝氨酸和胆碱为基本原料,先合成鞘氨醇,再与脂肪酰 CoA、CDP- 胆碱合成神经鞘磷脂。

胆固醇合成以乙酰 CoA 为基本原料,先合成 HMG-CoA,再逐步合成胆固醇。HMG-CoA 还原酶是胆固醇合成的关键酶。细胞内胆固醇含量是胆固醇合成的重要调节因素,无论是外源性还是自身合成,只要升高了细胞胆固醇含量,都能抑制胆固醇合成。胆固醇在体内可转化成胆汁酸、类固醇激素和维生素 D_3。

脂质以脂蛋白形式在血中运输和代谢。超速离心法将血浆脂蛋白分为乳糜微粒、极低密度脂蛋白、低密度脂蛋白和高密度脂蛋白。CM 主要转运外源性甘油三酯及胆固醇,VLDL 主要转运内源性甘油三酯,LDL 主要转运内源性胆固醇,HDL 主要逆向转运胆固醇。

思考题:

1. 血浆甘油三酯异常升高的病人是否需要控制淀粉类食物的摄入?为什么?
2. 血浆胆固醇异常升高的病人应怎样调整自己的膳食结构?理论根据是什么?
3. 治疗血浆胆固醇异常升高有哪些可能的措施?理论根据是什么?
4. 一个肥胖者希望减肥,可以从哪些方面着手?可以采取哪些可能的措施?理论根据是什么?

思考题解题思路

本章目标测试

本章思维导图

(方定志)

氨基酸是蛋白质的基本组成单位,其重要生理功能之一是作为原料参与细胞内蛋白质的合成。体内的蛋白质处于不断合成与分解的动态平衡。组织蛋白质首先分解成为氨基酸,然后再进一步代谢,所以氨基酸代谢是蛋白质分解代谢的中心内容。氨基酸代谢包括合成代谢和分解代谢两方面,本章重点论述分解代谢。体内蛋白质的更新与氨基酸的分解均需要食物蛋白质来补充。为此,在讨论氨基酸代谢之前,首先叙述蛋白质的营养价值及蛋白质的消化、吸收问题。

第一节 | 营养必需氨基酸与氨基酸代谢概述

一、蛋白质具有营养价值

(一) 蛋白质的需要量可用氮平衡描述

氮平衡(nitrogen balance)是指每日氮的摄入量与排出量之间的代谢状态。摄入氮基本上来源于食物中的蛋白质,经机体消化吸收后主要用于体内蛋白质的合成;排出氮主要来自粪便和尿液中的含氮化合物,绝大部分是蛋白质在体内分解代谢的终产物。由于蛋白质的平均含氮量为 16%,通过测定摄入食物中的含氮量和排泄物中的含氮量可以间接了解体内蛋白质合成与分解代谢的状况。人体氮平衡有三种情况,即氮的总平衡、氮的正平衡及氮的负平衡。

氮的总平衡,即摄入氮量等于排出氮量,反映体内蛋白质的合成与分解处于动态平衡,即氮的"收支"平衡,通常见于正常成人;氮的正平衡,即摄入氮量大于排出氮量,反映体内蛋白质的合成大于分解,儿童、孕妇及恢复期的病人属于此种情况;氮的负平衡,即摄入氮量小于排出氮量,反映体内蛋白质的合成小于分解,见于饥饿、严重烧伤、出血及消耗性疾病的病人。

根据氮平衡实验计算,当正常成人食用不含蛋白质膳食约 8 天后,每天的排出氮量逐渐趋于恒定。此时,每千克体重每天排出的氮量约为 53mg,故一位 60kg 体重的正常成人每天蛋白质的最低分解量约为 20g。由于食物蛋白质与人体蛋白质组成的差异,消化吸收后不可能全部被利用,因此,为了维持氮的总平衡,正常成人每天蛋白质的最低生理需要量为 30~50g。要长期保持氮的总平衡,我国营养学会推荐正常成人每天蛋白质的需要量为 80g。

(二) 营养必需氨基酸决定蛋白质的营养价值

氮平衡实验证明,人体内有 9 种氨基酸不能合成。这些体内需要而不能自身合成,必须由食物提供的氨基酸,在营养学上称为必需氨基酸(essential amino acid),包括亮氨酸、异亮氨酸、苏氨酸、缬氨酸、赖氨酸、甲硫氨酸、苯丙氨酸、色氨酸和组氨酸。其余 11 种氨基酸体内可以合成,不必由食物供给,在营养学上称为非必需氨基酸(non essential amino acid)。精氨酸虽然能够在人体内合成,但合成量不多,若长期供应不足或需要量增加也可造成负氮平衡。因此,有人将精氨酸归为营养半必需氨基酸。

蛋白质的营养价值(nutrition value)是指食物蛋白质在体内的利用率。蛋白质营养价值的高低主要取决于食物蛋白质中必需氨基酸的种类和比例。一般来说,含必需氨基酸种类多、比例高的蛋白质,其营养价值高,反之营养价值低。由于动物性蛋白质所含必需氨基酸的种类和比例与人体需要相近,故营养价值相对较高。多种营养价值较低的蛋白质混合食用,彼此间必需氨基酸可以得到互相补充,从而提高蛋白质的营养价值,这种作用称为食物蛋白质的互补作用。例如谷类蛋白质含赖氨酸较少含色氨酸较多,而豆类蛋白质含赖氨酸较多含色氨酸较少,将两者混合食用即可提高蛋白质的营养价值。在某些疾病情况下,为保证病人氨基酸的需要,可输入氨基酸混合液,以防止病情恶化。

二、外源性蛋白质消化成寡肽和氨基酸后被吸收

(一)蛋白质在胃和小肠被消化成寡肽和氨基酸

食物蛋白质的消化、吸收是体内氨基酸的主要来源。同时,消化过程还可消除食物蛋白质的抗原性,避免引起机体的过敏和毒性反应。食物蛋白质的消化由胃开始,但主要在小肠进行。

1. **蛋白质在胃中被水解成多肽和氨基酸**　食物蛋白质进入胃后经胃蛋白酶(pepsin)作用水解生成多肽及少量氨基酸。胃蛋白酶原(pepsinogen)由胃黏膜主细胞分泌,经盐酸激活后转变成为有活性的胃蛋白酶。胃蛋白酶也能激活胃蛋白酶原转变成胃蛋白酶,称为自身催化作用(autocatalysis)。胃蛋白酶的最适 pH 为 1.5～2.5。酸性的胃液可使蛋白质变性,有利于蛋白质的水解。胃蛋白酶对肽键的特异性较差,主要水解由芳香族氨基酸、甲硫氨酸和亮氨酸等氨基酸残基形成的肽键。胃蛋白酶还具有凝乳作用,可使乳汁中的酪蛋白(casein)与 Ca^{2+} 形成乳凝块,使乳汁在胃中的停留时间延长,有利于乳汁中蛋白质的消化。

2. **蛋白质在小肠被水解成寡肽和氨基酸**　食物在胃中的停留时间较短,因此对蛋白质的消化很不完全。蛋白质的消化主要在小肠进行。在小肠中,未经消化或消化不完全的蛋白质受胰液及肠黏膜细胞分泌的多种蛋白酶及肽酶的共同作用,进一步水解成寡肽和氨基酸。

小肠内发挥作用的蛋白酶基本上分为两大类,即内肽酶(endopeptidase)和外肽酶(exopeptidase)。内肽酶可以特异地水解蛋白质内部的一些肽键,而外肽酶则特异地水解蛋白质或多肽末端的肽键。内肽酶包括胰蛋白酶(trypsin)、胰凝乳蛋白酶(chymotrypsin)和弹性蛋白酶(elastase),这些酶对不同氨基酸残基组成的肽键有一定的专一性。胰蛋白酶水解由碱性氨基酸残基组成的肽键,胰凝乳蛋白酶水解由芳香族氨基酸残基组成的肽键,而弹性蛋白酶主要水解由脂肪族氨基酸残基组成的肽键。外肽酶主要包括羧肽酶和氨肽酶。胰液中的外肽酶主要是羧肽酶,又可分为羧肽酶 A(carboxyl peptidase A)和羧肽酶 B(carboxyl peptidase B),它们自肽链的羧基末端开始,每次水解脱去一个氨基酸。羧肽酶 A 和羧肽酶 B 对不同氨基酸残基组成的肽键也有一定的专一性,前者主要水解除脯氨酸、精氨酸、赖氨酸以外的多种氨基酸残基组成的末端肽键,而后者主要水解由碱性氨基酸残基组成的末端肽键(图 9-1)。

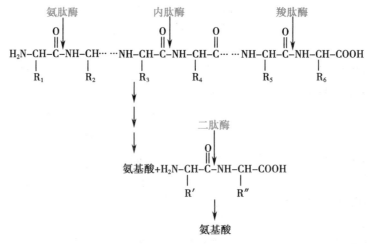

图 9-1　蛋白酶作用示意图

内肽酶和羧肽酶都是以酶原的形式由胰腺细胞分泌,进入十二指肠后被激活。胰蛋白酶原由肠激酶(enterokinase)激活。肠激酶是十二指肠黏膜细胞分泌的一种蛋白水解酶,能特异地作用于胰蛋

白酶原,从其氨基末端水解掉 1 分子的六肽,生成有活性的胰蛋白酶。然后胰蛋白酶又将胰凝乳蛋白酶原(又称为糜蛋白酶原)、弹性蛋白酶原和羧肽酶原激活。胰蛋白酶的自身激活作用较弱(图 9-2)。由于胰液中各种蛋白酶均以酶原的形式存在,同时胰液中又存在胰蛋白酶抑制剂,可以保护胰腺组织免受蛋白酶的自身消化。

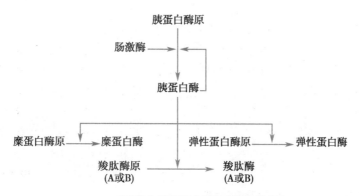

图 9-2　胰液中各种蛋白酶原的激活过程

蛋白质经胃液和胰液中蛋白酶的消化,产物中约有 1/3 为氨基酸,其余 2/3 为寡肽。寡肽的水解主要在小肠黏膜细胞内进行。小肠黏膜细胞内存在两种寡肽酶(oligopeptidase),即氨肽酶(aminopeptidase)和二肽酶(dipeptidase)。氨肽酶从氨基末端逐步水解寡肽获得氨基酸,直至生成二肽,二肽再经二肽酶水解,最终生成氨基酸。

(二) 氨基酸和寡肽通过主动转运机制被吸收

食物蛋白质被消化成氨基酸和寡肽后,主要在小肠通过主动转运机制被吸收。小肠黏膜细胞膜上存在转运氨基酸和寡肽的载体蛋白(carrier protein),能与氨基酸或寡肽以及 Na^+ 形成三联体,将氨基酸或寡肽和 Na^+ 转运入细胞,之后 Na^+ 借助钠泵被排出细胞外,此过程需要消耗 ATP。由于氨基酸结构的差异,转运氨基酸或寡肽的载体蛋白也不相同。目前已知体内至少有 7 种载体蛋白参与氨基酸和寡肽的吸收。这些载体蛋白又被称为转运蛋白(transporter),包括中性氨基酸转运蛋白、酸性氨基酸转运蛋白、碱性氨基酸转运蛋白、亚氨基酸转运蛋白、β- 氨基酸转运蛋白、二肽转运蛋白及三肽转运蛋白。当某些氨基酸共用同一载体时,由于在结构上有一定的相似性,这些氨基酸在吸收过程中将彼此竞争。氨基酸通过转运蛋白的吸收过程不仅存在于小肠黏膜细胞,也存在于肾小管细胞和肌细胞等细胞膜上。

三、未消化吸收的蛋白质在结肠下段发生腐败

食物中的蛋白质绝大部分都被彻底消化并吸收。未被消化的蛋白质及未被吸收的消化产物在结肠下部受到肠道细菌的分解,称为蛋白质的腐败作用(putrefaction)。实际上,腐败作用是肠道细菌本身的代谢过程,以无氧分解为主。腐败作用的某些产物对人体具有一定的营养作用,如维生素及脂肪酸等。但大多数产物对人体是有害的,例如胺类(amine)、氨(ammonia)、酚类(phenol)、吲哚(indole)及硫化氢等。生成的腐败产物主要随粪便排出体外,也有少量经门静脉吸收进入体内,大多在肝经过生物转化作用后排出体外。

(一) 肠道细菌通过脱羧基作用产生胺类

未被消化的蛋白质经肠道细菌蛋白酶的作用可水解生成氨基酸,然后在细菌氨基酸脱羧酶的作用下,氨基酸脱去羧基生成胺类物质。例如组氨酸、赖氨酸、色氨酸、酪氨酸及苯丙氨酸通过脱羧基作用分别生成组胺、尸胺、色胺、酪胺及苯乙胺。这些腐败产物大多具有毒性,如组胺和尸胺具有降低血压的作用,酪胺具有升高血压的作用。这些毒性物质如果经门静脉进入体内,通常经肝代谢转化为无毒形式排出体外。但在肝功能受损时,酪胺和苯乙胺不能在肝内及时转化,极易进入脑组织,经 β- 羟

化酶作用,分别转化为β-羟酪胺和苯乙醇胺。因其结构类似于儿茶酚胺,故被称为假神经递质(false neurotransmitter)。假神经递质增多时,可竞争性地干扰儿茶酚胺的正常功能,阻碍神经冲动传递,使大脑发生异常抑制,这可能是肝性脑病发生的原因之一。

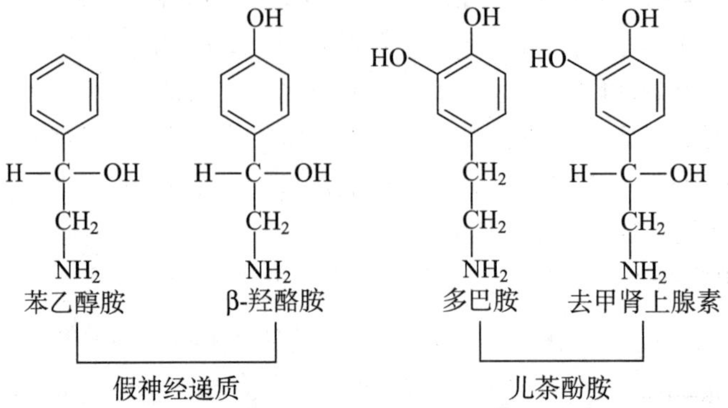

(二)肠道细菌通过脱氨基作用产生氨

未被吸收的氨基酸在肠道细菌的作用下,通过脱氨基作用可以生成氨,这是肠道氨的重要来源之一。另一来源是血液中的尿素渗入肠道,经肠菌尿素酶的水解而生成氨。这些氨均可被吸收进入血液,最终在肝中合成尿素。降低肠道的 pH,可减少氨的吸收。

(三)腐败作用产生其他有害物质

除了胺类和氨以外,蛋白质的腐败作用还可产生其他有害物质,例如苯酚、吲哚、甲基吲哚及硫化氢等。

正常情况下,上述有害物质大部分随粪便排出,只有小部分被吸收,并经肝的代谢转变消除毒性,故不会发生中毒现象。

四、氨基酸的来源与去路

(一)按照来源氨基酸分为外源性氨基酸和内源性氨基酸

1. 外源性氨基酸 外源性氨基酸即食物中蛋白质经消化、吸收的氨基酸。食物蛋白质在消化道经多种酶的催化,最终水解为各种氨基酸,由小肠吸收进入体内,构成人体氨基酸的主要来源。

氨基酸的吸收主要在小肠进行。关于吸收机制,目前尚未完全阐明,一般认为它主要是一个耗能的主动吸收过程。

2. 内源性氨基酸 体内组织蛋白质降解产生的氨基酸及体内合成的非必需氨基酸属于内源性氨基酸。

体内蛋白质分解生成氨基酸:成人体内的蛋白质每天约有 1%~2% 被降解,其中主要是骨骼肌中的蛋白质。蛋白质降解所产生的氨基酸,大约 70%~80% 又被重新利用合成新的蛋白质。

1)蛋白质以不同的速率进行降解:不同蛋白质的降解速率不同。蛋白质的降解速率是随生理需要而不断变化的,若以高的平均速率降解,标志着该组织正在进行主要结构的重建,例如妊娠中的子宫组织或严重饥饿造成的骨骼肌蛋白质的降解。蛋白质降解的速率用半衰期(half-life,$t_{1/2}$)表示,半衰期是指将其浓度减少到开始值 50% 所需的时间。肝中蛋白质的 $t_{1/2}$ 短的低于 30 分钟,长的超过 150 小时,但肝中大部分蛋白质的 $t_{1/2}$ 为 1~8 天。人血浆蛋白质的 $t_{1/2}$ 约为 10 天,结缔组织中一些蛋白质的 $t_{1/2}$ 可达 180 天以上,眼晶体蛋白质的 $t_{1/2}$ 更长。体内许多关键酶的 $t_{1/2}$ 都很短,例如胆固醇合成关键酶 HMG-CoA 还原酶的 $t_{1/2}$ 为 0.5~2 小时。为了满足生理需要,关键酶的降解既可加速亦可滞后,从而改变酶的含量,进一步改变代谢产物的流量和浓度。

2)真核细胞内蛋白质的降解有两条重要途径:细胞内蛋白质的降解也是通过一系列蛋白酶和肽酶催化完成的。蛋白质首先被蛋白酶水解成肽,然后肽被肽酶降解成游离氨基酸。①蛋白质在溶酶体通过 ATP 非依赖途径被降解：溶酶体的主要功能是消化作用，是细胞内的消化器官。溶酶体含有多种蛋白酶，称为组织蛋白酶（cathepsin）。这些蛋白酶能够降解进入溶酶体的蛋白质，但对蛋白质的选择性较差，主要降解细胞外来的蛋白质、膜蛋白和胞内长寿命蛋白质。蛋白质通过此途径降解，不需要消耗 ATP。②蛋白质在蛋白酶体通过 ATP 依赖途径被降解：蛋白质通过此途径降解需泛素（ubiquitin）的参与。泛素是一种由 76 个氨基酸组成的小分子蛋白质，因其广泛存在于真核细胞而得名。泛素介导的蛋白质降解过程是一个复杂的过程。首先泛素与被选择降解的蛋白质形成共价连接，使后者得以标记，然后蛋白酶体（proteasome）将其降解。泛素的这种标记作用称为泛素化（ubiquitination），是由三种酶参与的催化反应完成的，同时需消耗 ATP（图 9-3）。一种蛋白质的降解需多次泛素化反应，形成泛素链（ubiquitin chain）。然后，泛素化的蛋白质在蛋白酶体降解，产生一些约 7～9 个氨基酸残基组成的肽链，肽链进一步经寡肽酶水解生成氨基酸。

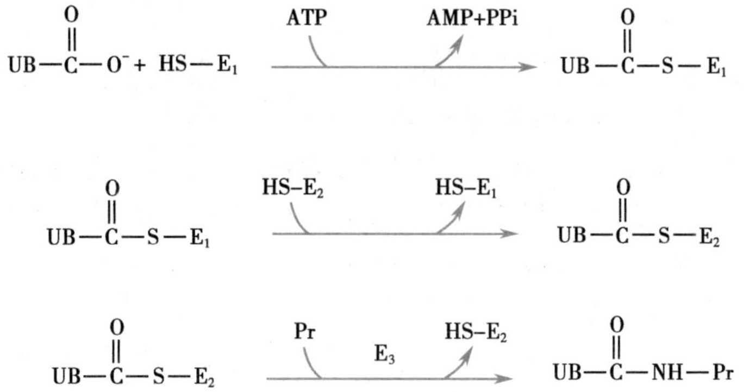

$$UB-\overset{\overset{O}{\|}}{C}-O^- + HS-E_1 \xrightarrow[\quad\text{ATP}\quad]{\quad\text{AMP+PPi}\quad} UB-\overset{\overset{O}{\|}}{C}-S-E_1$$

$$UB-\overset{\overset{O}{\|}}{C}-S-E_1 \xrightarrow[\quad\text{HS}-E_2\quad]{\quad\text{HS}-E_1\quad} UB-\overset{\overset{O}{\|}}{C}-S-E_2$$

$$UB-\overset{\overset{O}{\|}}{C}-S-E_2 \xrightarrow[\quad Pr\quad E_3\quad]{\quad\text{HS}-E_2\quad} UB-\overset{\overset{O}{\|}}{C}-NH-Pr$$

图 9-3　蛋白质降解的泛素化过程

UB：泛素；E_1：泛素激活酶；E_2：泛素结合酶；E_3：泛素蛋白连接酶；Pr：被降解蛋白质。

　　蛋白酶体存在于细胞核和胞质内，主要降解异常蛋白质和短寿命蛋白质。蛋白酶体是一个 26S 的蛋白质复合物（图 9-4），由 20S 的核心颗粒（core particle，CP）和 19S 的调节颗粒（regulatory particle，RP）组成。CP 是由 2 个 α 环和 2 个 β 环组成的圆柱体，2 个 α 环分别位于圆柱体的上下两端，而 2 个 β 环则夹在 2 个 α 环之间。每个 α 环由 7 个 α 亚基组成，而每个 β 环由 7 个 β 亚基组成，CP 中心形成空腔。CP 是蛋白酶体的水解核心，活性位点位于 2 个 β 环上，每个 β 环的 7 个 β 亚基中有 3 个亚基具有蛋白酶活性，可催化不同的蛋白质降解。2 个 19S 的 RP 分别位于柱形核心颗粒的两

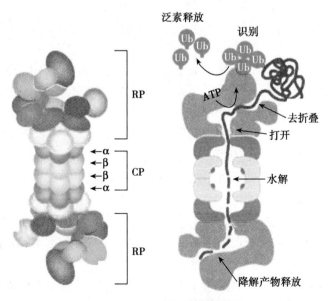

图 9-4　蛋白酶体结构示意图

端,形成空心圆柱的盖子。每个 RP 都由 18 个亚基组成,其中某些亚基能够识别、结合待降解的泛素化蛋白质,有 6 个亚基具有 ATP 酶活性,与蛋白质的去折叠以及使蛋白质定位于 CP 有关。

3. 外源性氨基酸与内源性氨基酸组成氨基酸代谢库 体内组织蛋白质降解产生的氨基酸及体内合成的非必需氨基酸属于内源性氨基酸,与食物蛋白质经消化吸收的氨基酸(外源性氨基酸)共同分布于体内各处,参与代谢,称为氨基酸代谢库(aminoacid metabolic pool)。氨基酸代谢库通常以游离氨基酸总量计算。由于氨基酸不能自由通过细胞膜,所以在体内的分布是不均一的。骨骼肌中的氨基酸占总代谢库的 50% 以上,肝约占 10%,肾约占 4%,血浆占 1%~6%。

(二)组织细胞中氨基酸具有不同的代谢去路

体内氨基酸的主要功能是合成多肽和蛋白质,也可转变成其他含氮化合物。由于各种氨基酸具有共同的基本结构,因此分解代谢途径有相同之处;但各种氨基酸在侧链结构上存在一定的差异,又导致了各自独特的代谢方式。大多数氨基酸主要在肝中进行分解代谢,有些氨基酸如支链氨基酸则主要在骨骼肌中进行。

1. 合成蛋白质或多肽 这是氨基酸最主要的生理功能。各组织细胞摄取的氨基酸除合成它们的结构蛋白质,满足其蛋白质的更新、修复及细胞生长增殖的需要外,有些组织细胞还合成某些分泌性蛋白质或多肽,如肝细胞合成血浆清蛋白、胰腺分泌各种消化酶、胰岛 β 细胞分泌胰岛素等。

2. 转变为其他含氮的生理活性物质 从数量上看,虽然不是氨基酸的主要代谢去路,其代谢转变过程也不是氨基酸代谢普遍性方式。但是,这些含氮化合物只有氨基酸可以生成,而且具有特殊的生物学活性。例如:核酸的重要组成成分嘌呤和嘧啶;肌肉中储能物质肌酸;重要的信使物质 NO 等均可由氨基酸转变而成。

3. 氧化分解或转变为糖和脂肪 氨基酸经脱氨基后的碳骨架 α- 酮酸,可转变成糖或脂肪或进一步氧化分解,供给能量。成人每天约有 1/5 的能量由氨基酸分解提供。正常情况下,人类活动所需能量主要由糖和脂肪提供,因此氨基酸氧化分解所产生的能量不占主要地位。

体内氨基酸代谢的概况见图 9-5。

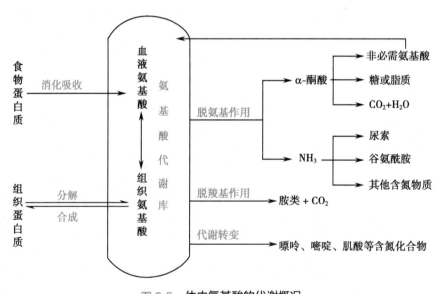

图 9-5 体内氨基酸的代谢概况

第二节 | 氨基酸的一般代谢

一、氨基酸分解代谢首先脱氨基

氨基酸分解代谢的主要反应是脱氨基作用,可以通过多种方式如转氨基、氧化脱氨基、联合脱氨基及非氧化脱氨基等方式脱去氨基。

(一) 氨基酸通过转氨基作用脱去氨基

1. 转氨基作用由转氨酶催化完成　转氨基作用(transamination)是在氨基转移酶(aminotransferase)的催化下,可逆地将 α- 氨基酸的氨基转移给 α- 酮酸,结果是氨基酸脱去氨基生成相应的 α- 酮酸,而原来的 α- 酮酸则转变成另一种氨基酸。

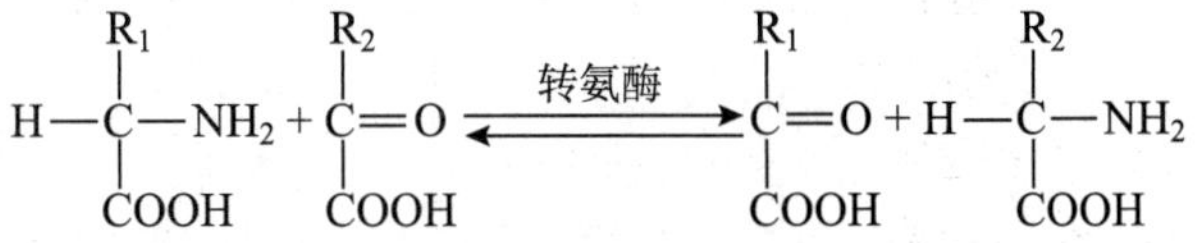

$$
\begin{array}{c}
\underset{\text{COOH}}{\overset{R_1}{H-C-NH_2}} + \underset{\text{COOH}}{\overset{R_2}{C=O}} \xrightarrow{\;\;转氨酶\;\;} \underset{\text{COOH}}{\overset{R_1}{C=O}} + \underset{\text{COOH}}{\overset{R_2}{H-C-NH_2}}
\end{array}
$$

氨基转移酶也称转氨酶(transaminase),广泛分布于体内各组织中,其中以肝及心肌中的含量最为丰富。转氨基作用的平衡常数接近 1.0,反应是完全可逆的。因此,转氨基作用既是氨基酸的分解代谢过程,也是体内某些氨基酸合成的重要途径。除赖氨酸、苏氨酸、脯氨酸及羟脯氨酸外,大多数氨基酸都能进行转氨基作用。除了 α- 氨基外,氨基酸侧链末端的氨基,如鸟氨酸的 δ- 氨基也可通过转氨基作用脱去。

体内存在着多种氨基转移酶,不同氨基酸与 α- 酮酸之间的转氨基作用只能由专一的氨基转移酶催化。在各种氨基转移酶中,以 L- 谷氨酸和 α- 酮酸的氨基转移酶最为重要。例如谷丙转氨酶(glutamic pyruvic transaminase,GPT)亦称丙氨酸转氨酶(alanine transaminase,ALT)和谷草转氨酶(glutamic oxaloacetic transaminase,GOT)亦称天冬氨酸转氨酶(aspartate transaminase,AST)在体内广泛存在,但各组织中的含量不同(表 9-1)。

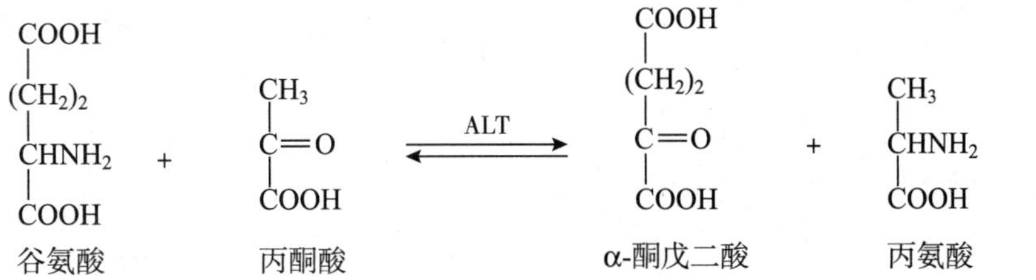

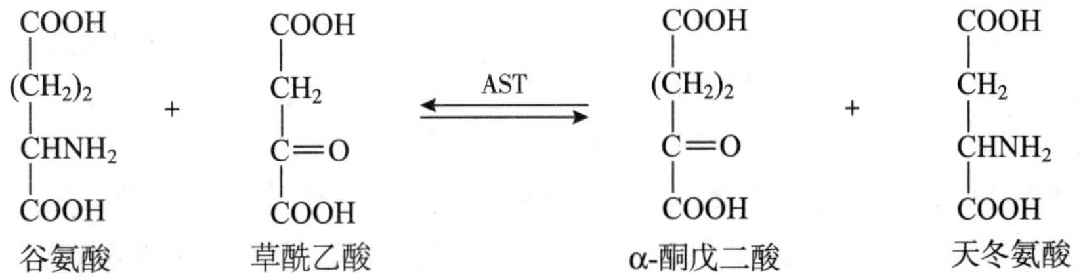

表 9-1　正常人各组织中 GPT 及 GOT 活性　　　　单位:U/g 组织

组织	GPT	GOT	组织	GPT	GOT
肝	44 000	142 000	胰腺	2 000	28 000
肾	19 000	91 000	脾	1 200	14 000
心	7 100	156 000	肺	700	10 000
骨骼肌	4 800	99 000	血清	16	20

正常时,氨基转移酶主要存在于细胞内,血清中的活性很低。肝组织中 GPT 的活性最高,心肌组织中 GOT 的活性最高。当某种原因使细胞膜通透性增高或细胞破裂时,氨基转移酶可大量释放入血,使血清中氨基转移酶活性明显升高。例如急性肝炎病人血清 GPT 活性显著升高;心肌梗死病人血清 GOT 明显上升。临床上可以此作为疾病诊断和预后的参考指标之一。

2. 氨基转移酶具有相同的辅酶和作用机制　氨基转移酶的辅基是维生素 B_6 的磷酸酯,即磷酸吡哆醛,结合于转氨酶活性中心赖氨酸的 ε-氨基上。在反应过程中,磷酸吡哆醛先从氨基酸接受氨基转变成磷酸吡哆胺,氨基酸则转变成 α-酮酸;继而磷酸吡哆胺进一步将氨基转移给另一种 α-酮酸而生成相应的氨基酸,同时磷酸吡哆胺又转变为磷酸吡哆醛。在氨基转移酶的催化下,磷酸吡哆醛与磷酸吡哆胺的这种相互转变,起着传递氨基的作用,下式说明了磷酸吡哆醛和磷酸吡哆胺参与的转氨基反应过程。

(二) L-谷氨酸脱氢酶催化 L-谷氨酸氧化脱氨基

L-谷氨酸是哺乳类动物组织中唯一能以相当高的速率进行氧化脱氨反应的氨基酸,脱下的氨进一步代谢后排出体外。L-谷氨酸的氧化脱氨反应由 L-谷氨酸脱氢酶(L-glutamate dehydrogenase)催化完成,此酶广泛存在于肝、肾和脑等组织中,属于一种不需氧脱氢酶。在 L-谷氨酸脱氢酶的催化下,L-谷氨酸氧化脱氨生成 α-酮戊二酸和氨。

L-谷氨酸脱氢酶是一种别构酶,由 6 个相同的亚基聚合而成。ATP 与 GTP 是此酶的别构抑制剂,而 ADP 和 GDP 是别构激活剂。因此,当体内能量不足时能加速氨基酸的氧化,对机体的能量代谢起重要的调节作用。L-谷氨酸脱氢酶还是唯一既能利用 NAD^+ 又能利用 $NADP^+$ 接受还原当量的酶。

转氨基作用只是把氨基酸分子中的氨基转移给 α-酮戊二酸或其他 α-酮酸,并没有真正实现脱氨基。若氨基转移酶与 L-谷氨酸脱氢酶协同作用,首先通过转氨基作用使其他氨基酸的氨基转移至 α-酮戊二酸生成 L-谷氨酸,然后 L-谷氨酸再脱氨基,就可以使氨基酸脱氨生成 NH_3。这种方式需要氨基转移酶与 L-谷氨酸脱氢酶联合作用,即转氨基作用与 L-谷氨酸的氧化脱氨基作用偶联进行,被称作转氨脱氨作用(transdeamination),又称联合脱氨基作用(图 9-6)。

(三) 氨基酸通过氨基酸氧化酶催化脱去氨基

大多数从 L-α-氨基酸中释放的氨反映了氨基转移酶和 L-谷氨酸脱氢酶的联合作用。在肝、肾组织中还存在一种 L-氨基酸氧化酶,属黄素酶类,其辅基是 FMN 或 FAD。这些能够自动氧化的黄素蛋白将氨基酸氧化为 α-亚氨基酸,然后再加水分解成相应的 α-酮酸,并释放铵离子。分子氧可进一步直接氧化还原型黄素蛋白形成过氧化氢(H_2O_2),H_2O_2 被过氧化氢酶裂解成氧和 H_2O。过氧化氢酶存在于大多数组织中,尤其是肝。

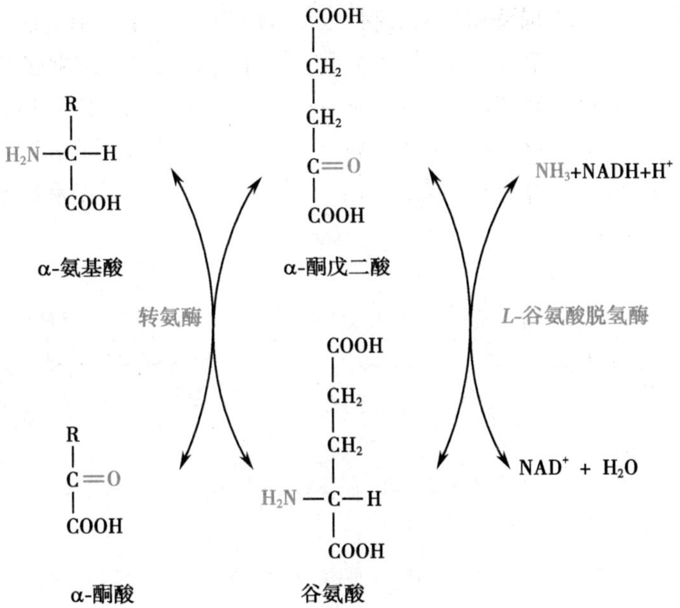

图 9-6　转氨脱氨作用

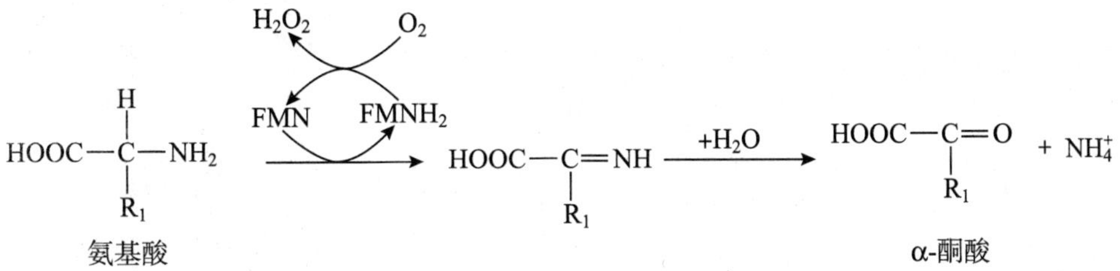

二、氨基酸脱去氨基后的碳骨架 α-酮酸可进行转换或分解

氨基酸脱氨基后生成的 α-酮酸（α-keto acid）可以进一步代谢，主要有以下三方面的代谢途径。

（一）α-酮酸可彻底氧化分解并提供能量

α-酮酸在体内可通过三羧酸循环与生物氧化体系彻底氧化生成 CO_2 和 H_2O，同时释放能量以供机体生理活动需要。可见，氨基酸也是一类能源物质。

（二）α-酮酸经氨基化生成营养非必需氨基酸

体内的一些营养非必需氨基酸可通过相应的 α-酮酸经氨基化而生成。例如，丙酮酸、草酰乙酸、α-酮戊二酸经氨基化后分别转变成丙氨酸、天冬氨酸和谷氨酸。这些 α-酮酸也可以是来自糖代谢和三羧酸循环的产物。

（三）α-酮酸可转变成糖和脂质

在人体内 α-酮酸可以转变成糖和脂质。实验发现，分别用不同氨基酸饲养人工造成糖尿病的犬时，大多数氨基酸可使尿中排出的葡萄糖增加，少数几种则可使葡萄糖及酮体的排出同时增加，而亮氨酸和赖氨酸只能使酮体的排出增加。由此，将在体内可以转变成糖的氨基酸称为生糖氨基酸（glucogenic amino acid）；能转变成酮体的氨基酸称为生酮氨基酸（ketogenic amino acid）；既能转变成糖又能转变成酮体的氨基酸称为生糖兼生酮氨基酸（glucogenic and ketogenic amino acid）（表 9-2）。

利用核素标记氨基酸的示踪实验证明，上述营养学研究的结果是正确的。各种氨基酸脱氨基后产生的 α-酮酸结构差异很大，其代谢途径也不尽相同，转变过程的中间产物包括乙酰 CoA（生酮氨基酸）和丙酮酸及三羧酸循环的中间物，例如 α-酮戊二酸、草酰乙酸、延胡索酸及琥珀酰 CoA 等（生糖氨基酸）。

表 9-2　氨基酸生糖及生酮性质的分类

类别	氨基酸
生糖氨基酸	甘氨酸、丝氨酸、缬氨酸、组氨酸、精氨酸、半胱氨酸、脯氨酸、丙氨酸、谷氨酸、谷氨酰胺、天冬氨酸、天冬酰胺、甲硫氨酸
生酮氨基酸	亮氨酸、赖氨酸
生糖兼生酮氨基酸	异亮氨酸、苯丙氨酸、酪氨酸、苏氨酸、色氨酸

综上所述,氨基酸的代谢与糖和脂质的代谢密切相关。氨基酸可转变成糖与脂质;糖也可以转变成脂质和一些非必需氨基酸的碳架部分。由此可知,三羧酸循环是物质代谢的总枢纽,通过它可以使糖、脂肪酸及氨基酸完全氧化,也可使彼此相互转变,构成一个完整的代谢体系。

第三节 | 氨的代谢

体内代谢产生的氨及消化道吸收的氨进入血液,形成血氨。正常生理情况下,血氨水平在 $47\sim65\mu mol/L$。氨具有毒性,特别是脑组织对氨的作用尤为敏感。

一、血氨有三个重要来源

(一)氨基酸脱氨基作用和胺类分解均可产生氨

氨基酸脱氨基作用产生的氨是体内氨的主要来源。胺类的分解也可以产生氨。其反应如下:

$$RCH_2NH_2 \xrightarrow{\text{胺氧化酶}} RCHO + NH_3$$

(二)肠道细菌作用产生氨

蛋白质和氨基酸在肠道细菌腐败作用下可产生氨,肠道内尿素经细菌尿素酶水解也可产生氨。肠道产氨量较多,每天约为 4g。当腐败作用增强时,氨的产生量增多。肠道内产生的氨主要在结肠吸收入血。在碱性环境中,NH_4^+ 易转变成 NH_3,而 NH_3 比 NH_4^+ 易于穿过细胞膜而被吸收。因此肠道偏碱时,氨的吸收增强。临床上对高血氨病人采用弱酸性透析液作结肠透析,而禁止用碱性的肥皂水灌肠,就是为了减少氨的吸收。

(三)肾小管上皮细胞分泌的氨主要来自谷氨酰胺

谷氨酰胺在谷氨酰胺酶的催化下水解成谷氨酸和氨,这部分氨分泌到肾小管管腔中与尿中的 H^+ 结合成 NH_4^+,以铵盐的形式由尿排出体外,这对调节机体的酸碱平衡起着重要作用。酸性尿有利于肾小管细胞中的氨扩散入尿,而碱性尿则妨碍肾小管细胞中 NH_3 的分泌,此时氨被吸收入血,成为血氨的另一个来源。因此,临床上对因肝硬化而产生腹水的病人,不宜使用碱性利尿药,以免血氨升高。

二、氨在血液中以丙氨酸和谷氨酰胺的形式转运

氨在人体内是有毒物质,各组织中产生的氨必须以无毒的方式经血液运输到肝合成尿素,或运输到肾以铵盐的形式排出体外。现已知,氨在血液中主要是以丙氨酸和谷氨酰胺两种形式进行转运。

(一)氨通过丙氨酸 - 葡萄糖循环从骨骼肌运往肝

骨骼肌主要以丙酮酸作为氨基受体,经转氨基作用生成丙氨酸,丙氨酸进入血液后被运往肝。在肝中,丙氨酸通过联合脱氨基作用生成丙酮酸,并释放氨。氨用于合成尿素,丙酮酸经糖异生途径生成葡萄糖。葡萄糖经血液运往肌肉,沿糖酵解转变成丙酮酸,后者再接受氨基生成丙氨酸。丙氨酸和葡萄糖周而复始的转变,完成骨骼肌和肝之间氨的转运,这一途径称为丙氨酸 - 葡萄糖循环(alanine glucose cycle)(图 9-7)。通过这个循环,骨骼肌组织中氨基酸的氨基("氨")以丙氨酸形式运往肝,同时,肝又为骨骼肌提供了生成丙酮酸的葡萄糖。

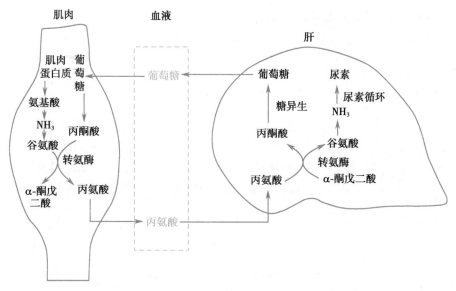

图 9-7 丙氨酸 - 葡萄糖循环

（二）氨通过谷氨酰胺从脑和骨骼肌等组织运往肝或肾

谷氨酰胺是另一种转运氨的形式,它主要从脑和骨骼肌等组织向肝或肾运氨。在脑和骨骼肌等组织,氨与谷氨酸在谷氨酰胺合成酶(glutamine synthetase)的催化下合成谷氨酰胺,并经血液运往肝或肾,再经谷氨酰胺酶(glutaminase)的催化水解成谷氨酸及氨。谷氨酰胺的合成与分解是由不同酶催化的不可逆反应,其合成需消耗 ATP。

$$
\begin{array}{ccc}
\text{COOH} & & \text{CONH}_2 \\
| & \text{NH}_3+\text{ATP} \quad\quad \text{ADP+Pi} & | \\
(\text{CH}_2)_2 & \xrightleftharpoons[\text{谷氨酰胺酶}]{\text{谷氨酰胺合成酶}} & (\text{CH}_2)_2 \\
| & & | \\
\text{CHNH}_2 & \text{NH}_3 \quad\quad \text{H}_2\text{O} & \text{CHNH}_2 \\
| & & | \\
\text{COOH} & & \text{COOH} \\
\text{L-谷氨酸} & & \text{谷氨酰胺}
\end{array}
$$

可以认为,谷氨酰胺既是氨的解毒产物,又是氨的储存及运输形式。尤其是谷氨酰胺在脑中固定和转运氨的过程中起着重要作用。临床上对氨中毒的病人可服用或输入谷氨酸盐,以降低氨的浓度。

谷氨酰胺还可以提供氨基使天冬氨酸转变成天冬酰胺。正常细胞能合成足量的天冬酰胺供蛋白质的合成需要。但白血病细胞却不能或很少能合成天冬酰胺,必须依靠血液从其他器官运输而来。因此临床上应用天冬酰胺酶(asparaginase)使天冬酰胺水解成天冬氨酸,从而减少血中天冬酰胺,达到治疗白血病的目的。

$$
\begin{array}{ccc}
\text{CONH}_2 & & \text{COOH} \\
| & & | \\
\text{CH}_2 & \xrightarrow{\text{天冬酰胺酶}} & \text{CH}_2 \\
| & & | \\
\text{CHNH}_2 & \text{H}_2\text{O} \quad\quad \text{NH}_3 & \text{CHNH}_2 \\
| & & | \\
\text{COOH} & & \text{COOH} \\
\text{天冬酰胺} & & \text{天冬氨酸}
\end{array}
$$

三、氨的主要代谢去路是在肝合成尿素

正常情况下体内的氨主要在肝合成尿素,只有少部分氨在肾以铵盐形式随尿排出。正常成人尿素占排氮总量的 80%～90%,可见肝在氨的解毒中起着重要作用。

(一)肝细胞通过鸟氨酸循环合成尿素

肝是如何合成尿素的?早在1932年,德国学者Krebs H.和Henseleit K.根据一系列实验,首次提出了鸟氨酸循环(ornithine cycle)学说,又称尿素循环(urea cycle),用来解释尿素的合成过程。两位科学家根据什么线索提出了这个学说?此学说又是如何被证实的?20世纪30年代,组织切片技术已普遍应用于中间代谢的研究,这为研究尿素的合成机制提供了有利条件。用大鼠肝的薄切片和多种可能有关的代谢物以及铵盐共同保温,发现鸟氨酸(ornithine)和瓜氨酸(citrulline)都有催化铵盐合成尿素的作用。赖氨酸与鸟氨酸的结构非常相似,却无这种作用。所以较合理的解释是,在尿素合成的一系列反应中,应当包括NH_3、CO_2和鸟氨酸共同合成一种中间化合物,这个中间化合物在肝中能以合理的速度生成尿素,同时再生成鸟氨酸。精氨酸符合作为这个中间化合物的要求,下式表示这种关系:

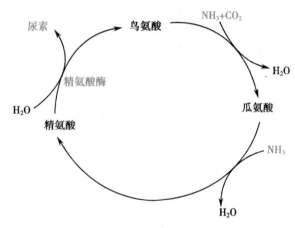

上述两个反应的结果说明鸟氨酸催化NH_3和CO_2生成了尿素,精氨酸是重要的中间化合物。这个学说不仅表明鸟氨酸在合成尿素时起催化作用,而且也符合前人有关尿素合成的一些发现。如只有哺乳类动物是以尿素为主要的氮代谢最终产物(鸟类氮代谢的最终产物是尿酸),也只有哺乳类动物的肝存在精氨酸酶(arginase)。精氨酸酶能够催化精氨酸水解生成尿素及鸟氨酸。

以Krebs H.和Henseleit K.的学说为基础,推断瓜氨酸是鸟氨酸转变为精氨酸的中间产物(比较这三种化合物的结构)。同时实验也发现瓜氨酸与鸟氨酸都具有催化铵盐合成尿素的作用。用大量鸟氨酸和铵盐及大鼠肝切片共同保温,可观察到瓜氨酸的积存。总结以上,提出了肝中合成尿素的鸟氨酸循环学说(图9-8)。

图9-8 尿素生成的鸟氨酸循环

(二)肝中鸟氨酸循环可分为五步

鸟氨酸循环的具体过程比较复杂,大体可分为以下五步。

1. **NH_3、CO_2和ATP缩合生成氨基甲酰磷酸**(carbamoyl phosphate) 尿素的生物合成始于氨基

甲酰磷酸。在 Mg^{2+}、ATP 及 N-乙酰谷氨酸（N-acetyl glutamic acid，AGA）存在时，NH_3 与 CO_2 可由氨基甲酰磷酸合成酶Ⅰ（carbamoyl phosphate synthetase Ⅰ，CPS Ⅰ）催化生成氨基甲酰磷酸。

$$NH_3 + CO_2 + H_2O + 2ATP \xrightarrow[\text{N-乙酰谷氨酸，Mg^{2+}}]{\text{氨基甲酰磷酸合成酶Ⅰ}} H_2N-\overset{\overset{\displaystyle O}{\|}}{C}-O\sim PO_3^{2-} + 2ADP + Pi$$

此反应消耗 2 分子 ATP，为酰胺键和酸酐键的合成提供驱动力。CPS Ⅰ是鸟氨酸循环过程中的关键酶，催化不可逆反应。此酶只有在别构激活剂 N-乙酰谷氨酸存在时才能被激活，N-乙酰谷氨酸可诱导 CPS Ⅰ的构象发生改变，进而增加酶对 ATP 的亲和力。CPS Ⅰ和 AGA 都存在于肝细胞线粒体中。

2. 氨基甲酰磷酸与鸟氨酸反应生成瓜氨酸　在鸟氨酸氨基甲酰转移酶（ornithine carbamoyl transferase，OCT）催化下，氨基甲酰磷酸上的氨基甲酰部分转移到鸟氨酸上，生成瓜氨酸和磷酸。此反应不可逆，OCT 也存在于肝细胞线粒体中。

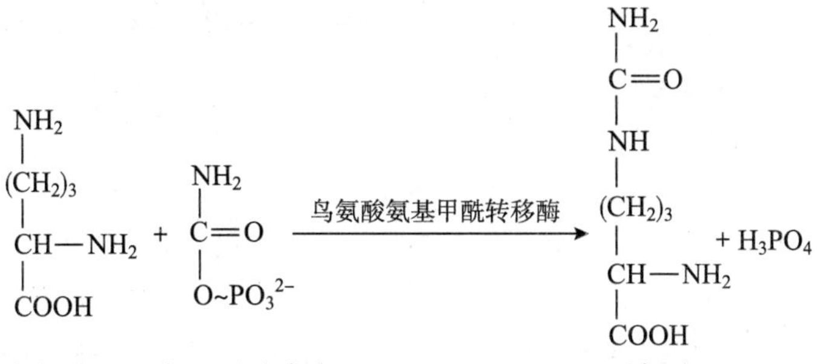

鸟氨酸　　氨基甲酰磷酸　　　　　　　　　　瓜氨酸

3. 瓜氨酸与天冬氨酸反应生成精氨酸代琥珀酸　瓜氨酸在线粒体合成后，即被转运到线粒体外，在胞质溶胶中经精氨酸代琥珀酸合成酶（argininosuccinate synthetase）催化，与天冬氨酸反应生成精氨酸代琥珀酸。此反应由 ATP 供能，天冬氨酸提供了尿素分子中的第二个氮原子。精氨酸代琥珀酸合成酶也是鸟氨酸循环过程中的关键酶。

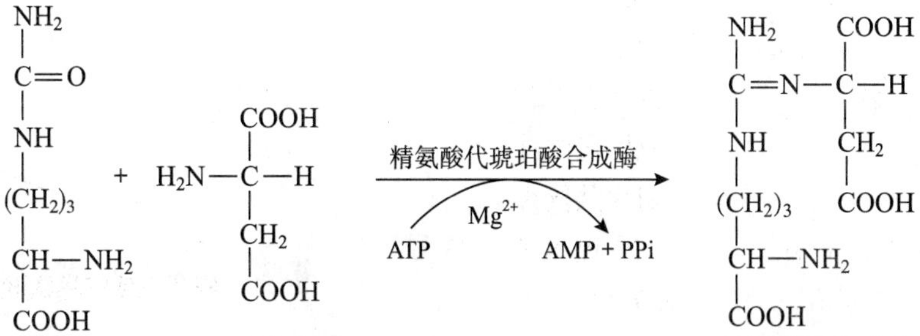

瓜氨酸　　　　天冬氨酸　　　　　　　　　精氨酸代琥珀酸

4. 精氨酸代琥珀酸裂解生成精氨酸与延胡索酸　精氨酸代琥珀酸在精氨酸代琥珀酸裂解酶的催化下，裂解生成精氨酸与延胡索酸。反应产物精氨酸分子中保留了来自游离 NH_3 和天冬氨酸分子中的氮。

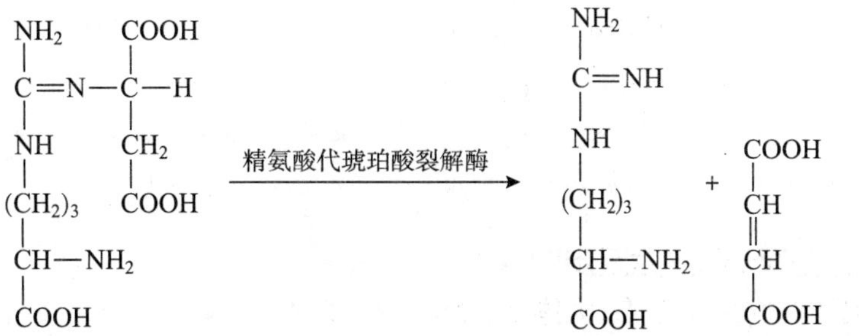

精氨酸代琥珀酸　　　　　　　精氨酸　　　延胡索酸

上述反应裂解生成的延胡索酸可经柠檬酸循环的中间步骤转变成草酰乙酸,后者与谷氨酸在AST催化下进行转氨基反应,又可重新生成天冬氨酸,而谷氨酸的氨基可来自体内的多种氨基酸。由此可见,体内多种氨基酸的氨基可通过天冬氨酸的形式参与尿素的合成。

5. 精氨酸水解释放尿素并再生成鸟氨酸　在胞质溶胶中,精氨酸由精氨酸酶催化,水解生成尿素和鸟氨酸。鸟氨酸通过线粒体内膜上载体的转运再进入线粒体,参与瓜氨酸的合成。如此反复,完成鸟氨酸循环。尿素则作为代谢终产物排出体外。

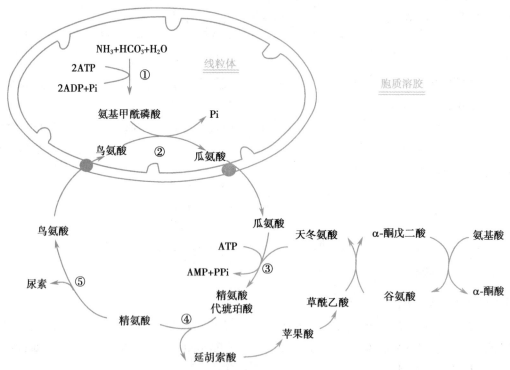

综上所述,尿素合成的总反应为:

$$2NH_3 + CO_2 + 3ATP + 3H_2O \rightleftharpoons H_2N-CO-NH_2 + 2ADP + AMP + 4Pi$$

尿素合成的中间步骤及其在细胞中的定位总结于图 9-9。

动画

图 9-9　尿素生成的中间步骤和细胞定位

①氨基甲酰磷酸合成酶 I;②鸟氨酸氨基甲酰转移酶;③精氨酸代琥珀酸合成酶;④精氨酸代琥珀酸裂解酶;⑤精氨酸酶。

(三) 尿素合成受膳食蛋白质和两种关键酶的调节

1. 高蛋白质膳食增加尿素生成　尿素合成受食物蛋白质的影响。进食高蛋白质膳食时,蛋白质分解增多,尿素合成速度加快,尿素可占排出氮的 90%;反之,摄取低蛋白质膳食时,尿素合成速度减慢,尿素约占排出氮的 60%。

2. AGA 激活 CPS Ⅰ 启动尿素合成　CPS Ⅰ是鸟氨酸循环启动的关键酶。如前所述,AGA 是 CPS Ⅰ的别构激活剂,它是由乙酰 CoA 与谷氨酸通过 AGA 合酶催化生成的。精氨酸是 AGA 合酶的激活剂,精氨酸浓度增高时,尿素合成增加。

3. **精氨酸代琥珀酸合成酶促进尿素合成**　参与尿素合成的酶系中,精氨酸代琥珀酸合成酶的活性最低,是尿素合成启动以后的关键酶,可调节尿素的合成速度。

(四)尿素生成障碍可引起高血氨症或氨中毒

在正常生理情况下,血氨的来源与去路保持动态平衡,而氨在肝中合成尿素是维持这种平衡的关键。当某种原因,例如肝功能严重损伤或尿素合成相关酶遗传性缺陷时,都可导致尿素合成发生障碍,血氨浓度升高,称为高血氨症(hyperammonemia)。常见的临床症状包括呕吐、厌食、间歇性共济失调、嗜睡甚至昏迷等。高血氨的毒性作用机制尚不完全清楚。一般认为,氨进入脑组织,可与脑中的 α-酮戊二酸结合生成谷氨酸,氨也可与脑中的谷氨酸进一步结合生成谷氨酰胺。高血氨时,脑中氨的增加可使脑细胞中的 α-酮戊二酸减少,导致三羧酸循环减弱,ATP 生成减少,引起大脑功能障碍,严重时可发生昏迷(称为肝性脑病)。另一种可能性是谷氨酸、谷氨酰胺增多,渗透压增大引起脑水肿所致。

第四节 ｜ 个别氨基酸的代谢

氨基酸的分解代谢除共有代谢途径外,因其侧链不同,有些氨基酸还存在特殊的代谢途径,并具有重要的生理意义。本节仅对几种重要的氨基酸代谢途径进行描述。

一、氨基酸脱羧基作用需要脱羧酶催化

有些氨基酸可通过脱羧基作用(decarboxylation)生成相应的胺类。催化脱羧基反应的酶称为脱羧酶(decarboxylase),氨基酸脱羧酶的辅酶是磷酸吡哆醛。体内胺类含量虽然不高,但具有重要的生理功能。细胞内广泛存在的胺氧化酶(amine oxidase)能将胺氧化成相应的醛、NH_3 和 H_2O_2。醛类可继续氧化成羧酸,羧酸再氧化成 CO_2 和 H_2O 或随尿排出,从而避免胺类的蓄积。胺氧化酶属于黄素蛋白,在肝中活性最高。

$$HOOC-\underset{氨基酸}{\underset{|}{\overset{R}{\overset{|}{C}H}}-NH_2} \xrightarrow[\text{脱羧酶}]{-CO_2} \underset{胺}{R-CH_2-NH_2} \xrightarrow[\text{单胺氧化酶}]{\overset{O_2\ H_2O}{}\ \overset{H_2O_2\ NH_3}{}} \underset{醛}{RCHO} \xrightarrow{+1/2\ O_2} \underset{羧酸}{RCOOH}$$

(一)谷氨酸脱羧生成 γ-氨基丁酸

谷氨酸由 L-谷氨酸脱羧酶催化脱去羧基生成 γ-氨基丁酸(γ-aminobutyric acid,GABA)。L-谷氨酸脱羧酶在脑及肾组织中活性很高,因而 γ-氨基丁酸在脑组织中的浓度较高。GABA 是抑制性神经递质,对中枢神经有抑制作用。

$$\underset{谷氨酸}{\begin{matrix}COOH\\|\\(CH_2)_2\\|\\CHNH_2\\|\\COOH\end{matrix}} \xrightarrow[CO_2]{L\text{-谷氨酸脱羧酶}} \underset{\gamma\text{-氨基丁酸}}{\begin{matrix}COOH\\|\\(CH_2)_2\\|\\CH_2NH_2\end{matrix}}$$

(二) 组氨酸脱羧生成组胺

组氨酸由组氨酸脱羧酶催化脱去羧基生成组胺 (histamine)。组胺在体内分布广泛,乳腺、肺、肝、肌及胃黏膜中含量较高,主要存在于肥大细胞中。

组胺是一种强烈的血管扩张剂,并能增加毛细血管的通透性。组胺可使平滑肌收缩,引起支气管痉挛导致哮喘。组胺还能促进胃黏膜细胞分泌胃蛋白酶原及胃酸。

组氨酸 → 组胺

(三) 色氨酸经过羟化后脱羧生成 5- 羟色胺

色氨酸首先经色氨酸羟化酶催化生成 5- 羟色氨酸 (5-hydroxytryptophan),然后由 5- 羟色氨酸脱羧酶催化生成 5- 羟色胺 (5-hydroxytryptamine,5-HT)。

5- 羟色胺广泛分布于体内各组织,除神经组织外,还存在于胃、肠、血小板及乳腺细胞中。脑组织中的 5- 羟色胺是一种神经递质,具有抑制作用,直接影响神经传导。在外周组织,5- 羟色胺具有强烈的血管收缩作用。5- 羟色胺经单胺氧化酶催化生成 5- 羟色醛,进一步氧化生成 5- 羟吲哚乙酸随尿排出。

色氨酸 → 5-羟色氨酸 → 5-羟色胺

(四) 某些氨基酸脱羧基可产生多胺类物质

多胺是指含有多个氨基的化合物。在体内,某些氨基酸经脱羧基作用可以产生多胺类物质。例如鸟氨酸经脱羧基作用生成腐胺 (putrescine),然后腐胺又可转变成亚精胺 (spermidine) 及精胺 (spermine)。

鸟氨酸脱羧酶 (ornithine decarboxylase) 是多胺 (polyamine) 合成的关键酶。精胺与亚精胺是调节细胞生长的重要物质。凡生长旺盛的组织,如胚胎、再生肝、肿瘤组织等,鸟氨酸脱羧酶的活性和多胺的含量都有所增加。多胺促进细胞增殖的机制可能与其稳定细胞结构、与核酸分子结合及促进核酸和蛋白质的生物合成有关。在体内多胺大部分与乙酰基结合随尿排出,小部分氧化成 CO_2 和 NH_3。目前临床上常测定病人血或尿中多胺的水平作为肿瘤辅助诊断及病情变化的生化指标之一。

二、某些氨基酸在分解代谢中产生一碳单位

(一)四氢叶酸作为一碳单位的载体参与一碳单位代谢

一碳单位(one carbon unit)是指某些氨基酸在分解代谢过程中产生的含有一个碳原子的有机基团,包括甲基(—CH_3)、亚甲基(—CH_2—)、次甲基(CH—)、甲酰基(—CHO)及亚氨甲基(—CHNH)等。一碳单位不能游离存在,常与四氢叶酸(tetrahydrofolic acid,FH_4)结合被转运并参与代谢,四氢叶酸是一碳单位的运载体。在体内,四氢叶酸是由叶酸经过二氢叶酸还原酶(dihydrofolate reductase)催化,分两步还原反应生成的。

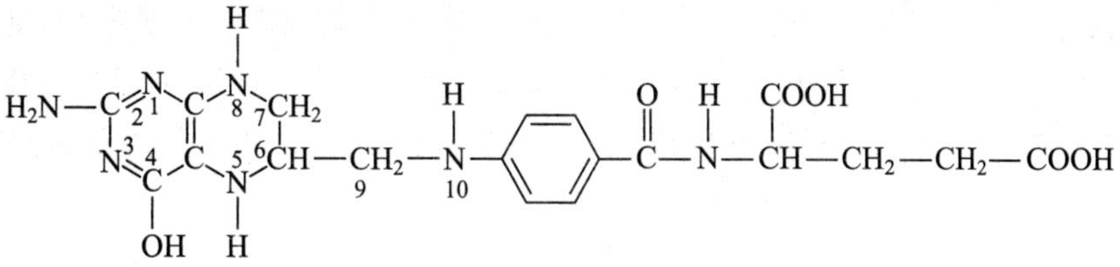

5,6,7,8-四氢叶酸(FH_4)

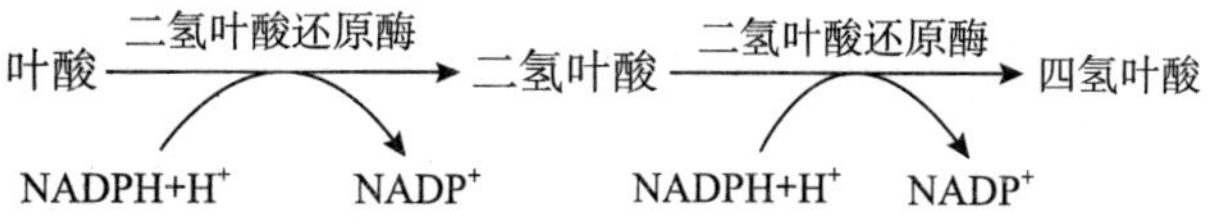

(二)由氨基酸产生的一碳单位可相互转变

一碳单位主要来自丝氨酸、甘氨酸、组氨酸及色氨酸的分解代谢,苏氨酸通过间接转变成为甘氨酸也可以产生一碳单位。一碳单位由氨基酸生成的同时即结合在四氢叶酸的 N^5、N^{10} 位上。四氢叶酸的 N^5 结合甲基或亚氨甲基,N^5 和 N^{10} 结合亚甲基或次甲基,N^5 或 N^{10} 结合甲酰基。例如:

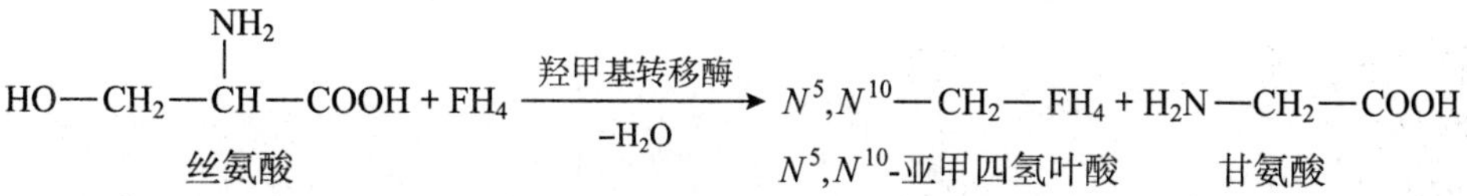

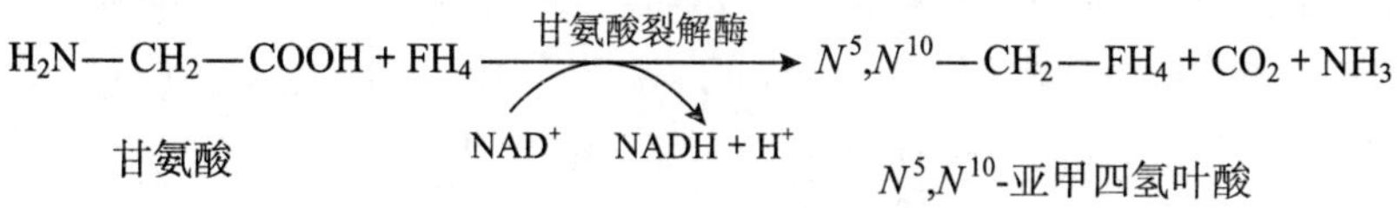

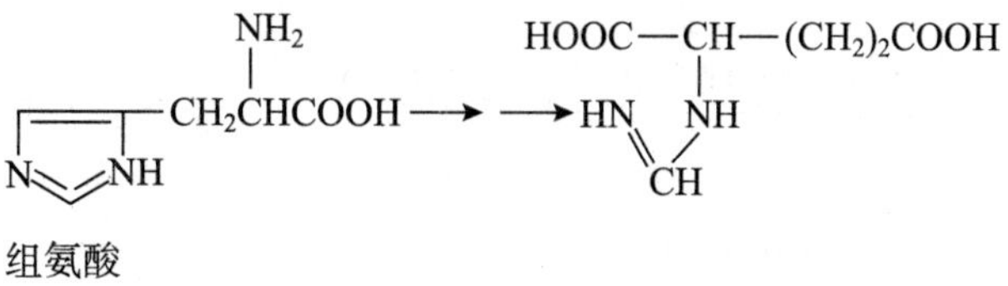

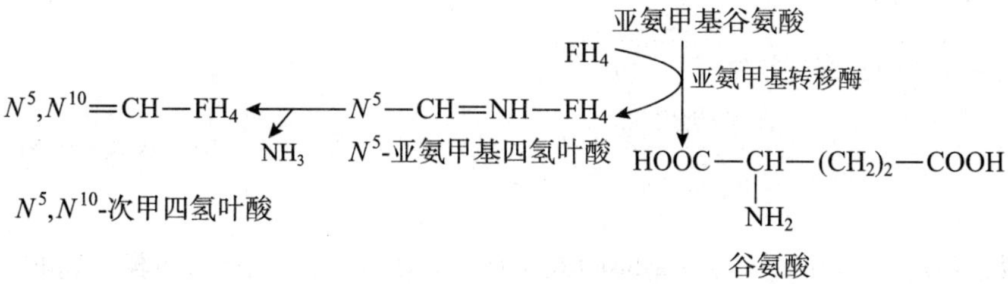

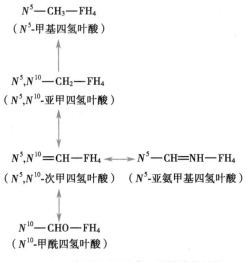

各种不同形式的一碳单位中,碳原子的氧化状态不同。在适当条件下,它们可以通过氧化还原反应而彼此转变(图 9-10)。但是在这些反应中,N^5 甲基四氢叶酸的生成是不可逆的。

$$N^5-CH_3-FH_4$$
（N^5-甲基四氢叶酸）

$$N^5,N^{10}-CH_2-FH_4$$
（N^5,N^{10}-亚甲四氢叶酸）

$$N^5,N^{10}=CH-FH_4 \longleftrightarrow N^5-CH=NH-FH_4$$
（N^5,N^{10}-次甲四氢叶酸）　（N^5-亚氨甲基四氢叶酸）

$$N^{10}-CHO-FH_4$$
（N^{10}-甲酰四氢叶酸）

图 9-10　各种不同形式一碳单位的转换

(三) 一碳单位的主要功能是参与嘌呤和嘧啶的合成

氨基酸分解代谢过程中产生的一碳单位可作为嘌呤和嘧啶的合成原料。例如,N^{10}-CHO-FH$_4$ 为嘌呤碱基的合成提供甲基。故一碳单位在核酸的生物合成中具有重要作用,一碳单位将氨基酸代谢与核苷酸代谢密切联系起来。一碳单位代谢障碍或 FH$_4$ 不足时,可引起巨幼细胞贫血等疾病。应用磺胺类药物可抑制某些细菌合成二氢叶酸,进而抑制细菌繁殖,但对人体影响不大。应用叶酸类似物如甲氨蝶呤等可抑制 FH$_4$ 的生成,从而抑制核酸的合成,起到抗肿瘤作用。

三、含硫氨基酸代谢可产生多种生物活性物质

含硫氨基酸包括甲硫氨酸、半胱氨酸和胱氨酸。甲硫氨酸可以转变为半胱氨酸和胱氨酸,半胱氨酸和胱氨酸又可以互相转变,但后两种都不能转变为甲硫氨酸,所以甲硫氨酸是营养必需氨基酸。

(一) 甲硫氨酸参与甲基转移反应

1. **甲硫氨酸转甲基作用与甲硫氨酸循环有关**　甲硫氨酸分子中含有 S-甲基,通过各种转甲基作用可生成多种含甲基的生理活性物质,如肾上腺素、肉碱、胆碱及肌酸等。但在转甲基反应前,甲硫氨酸必须经腺苷转移酶（adenosyl transferase）的催化与 ATP 反应,生成 S-腺苷甲硫氨酸（S-adenosyl methionine,SAM）。SAM 中的甲基称为活性甲基,故 SAM 称为活性甲硫氨酸。SAM 是体内最重要的甲基直接供体。据统计,体内约有 50 余种物质需要 SAM 提供甲基,生成相应的甲基化合物。

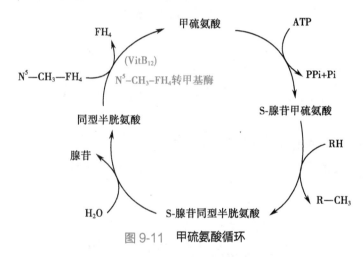

S-腺苷甲硫氨酸经甲基转移酶(methyltransferase)催化,将甲基转移至另一种物质,使其发生甲基化(methylation)反应,而 S- 腺苷甲硫氨酸失去甲基后生成 S- 腺苷同型半胱氨酸,后者脱去腺苷生成同型半胱氨酸(homocysteine)。同型半胱氨酸若再接受 N^5-CH$_3$-FH$_4$ 提供的甲基,则可重新生成甲硫氨酸。由此形成一个循环过程,称为甲硫氨酸循环(methionine cycle)(图 9-11)。此循环的生理意义是由 N^5-CH$_3$-FH$_4$ 提供甲基生成甲硫氨酸,再通过 SAM 提供甲基,以进行体内广泛存在的甲基化反应,由此,N^5-CH$_3$-FH$_4$ 可看成是体内甲基的间接供体。

图 9-11　甲硫氨酸循环

在甲硫氨酸循环反应中,虽然同型半胱氨酸接受甲基后可以生成甲硫氨酸,但体内不能合成同型半胱氨酸,它只能由甲硫氨酸转变而来,故甲硫氨酸必须由食物提供,不能在体内合成。

N^5-CH$_3$-FH$_4$ 提供甲基使同型半胱氨酸转变成甲硫氨酸的反应由 N^5 甲基四氢叶酸转甲基酶催化,此酶又称甲硫氨酸合成酶,其辅酶是维生素 B$_{12}$,参与甲基的转移。当维生素 B$_{12}$ 缺乏时,N^5-CH$_3$-FH$_4$ 上的甲基不能转移给同型半胱氨酸。这不仅影响甲硫氨酸的合成,同时也影响四氢叶酸的再生,使组织中游离的四氢叶酸含量减少,一碳单位参与碱基合成受到影响,可导致核酸合成障碍,影响细胞分裂。因此,维生素 B$_{12}$ 不足时可引起巨幼细胞贫血。另外,同型半胱氨酸在血中浓度升高,可能是动脉粥样硬化和冠心病发生的独立危险因素。

2. 甲硫氨酸为肌酸合成提供甲基　肌酸(creatine)和磷酸肌酸(creatine phosphate)是能量储存与利用的重要化合物。肌酸是以甘氨酸为骨架,由精氨酸提供脒基,S- 腺苷甲硫氨酸提供甲基合成的,肝是合成肌酸的主要器官。在肌酸激酶(creatine kinase,CK)催化下,肌酸接受 ATP 的高能磷酸基形成磷酸肌酸(图 9-12)。磷酸肌酸作为能量的储存形式,在心肌、骨骼肌及脑组织中含量丰富。

肌酸激酶由两种亚基组成,即 M 亚基(肌型)与 B 亚基(脑型),构成 3 种同工酶:MM、MB 和 BB。它们在体内各组织中的分布不同,MM 主要在骨骼肌,MB 主要在心肌,而 BB 主要在脑。当心肌梗死时,血中 MB 型肌酸激酶的活性增高,因此可作为心肌梗死的辅助诊断指标之一。

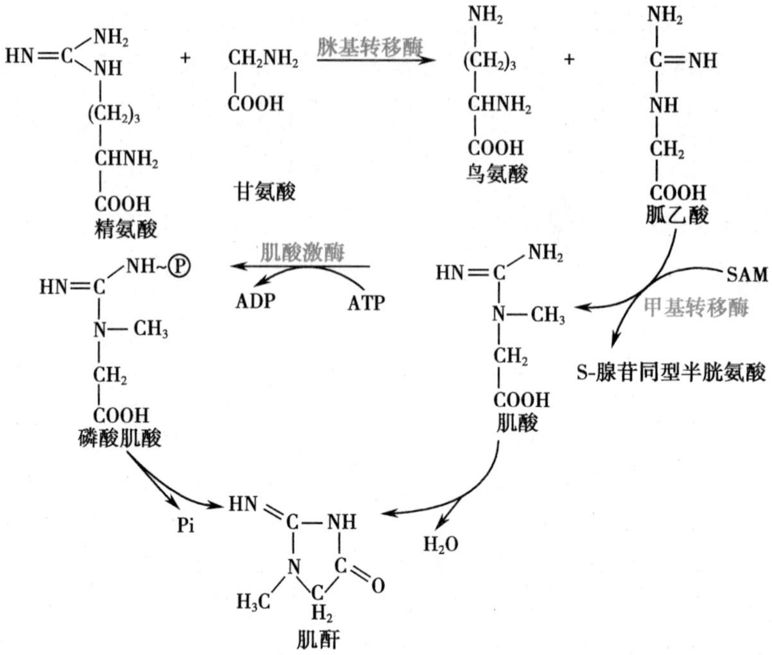

图 9-12 肌酸代谢

肌酸和磷酸肌酸的终末代谢产物是肌酐（creatinine）。肌酐主要在骨骼肌中通过磷酸肌酸的非酶促反应生成。肌酸、磷酸肌酸和肌酐的代谢见图 9-12。肌酐随尿排出，正常人每日尿中肌酐的排出量恒定。当肾功能障碍时，肌酐排出受阻，血中浓度升高。因此，血中肌酐的测定有助于肾功能不全的诊断。

（二）半胱氨酸与多种生理活性物质的生成有关

1. **半胱氨酸与胱氨酸可以互变**　半胱氨酸含有巯基（—SH），胱氨酸含有二硫键（—S—S—），两者可以相互转变。

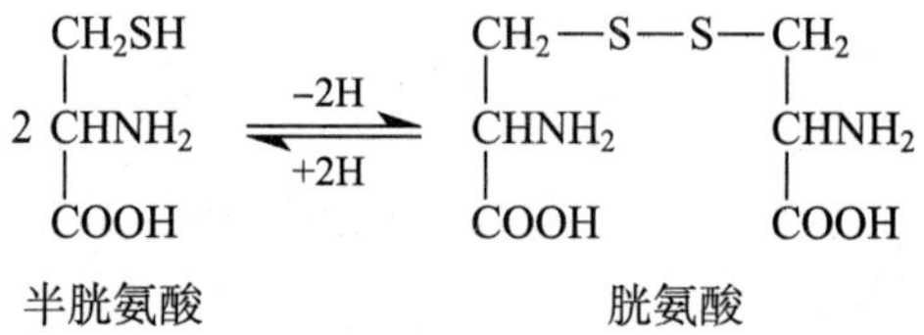

在许多蛋白质分子中，两个半胱氨酸残基间形成的二硫键对于维持蛋白质空间构象的稳定及其功能具有重要作用。如胰岛素的 A、B 链就是以二硫键连接的，若二硫键断裂，胰岛素即失去其生物活性。体内有许多重要的酶，如琥珀酸脱氢酶、乳酸脱氢酶等，其活性与半胱氨酸的巯基直接有关，故有巯基酶之称。某些毒物，如芥子气、重金属盐等，能与酶分子中的巯基结合而抑制该酶的活性。体内存在的还原型谷胱甘肽能保护酶分子上的巯基，因而有重要的生理功能。

2. **半胱氨酸可转变成牛磺酸**　半胱氨酸首先氧化成磺基丙氨酸，再经磺基丙氨酸脱羧酶催化，脱去羧基生成牛磺酸。牛磺酸是结合胆汁酸的组成成分之一。

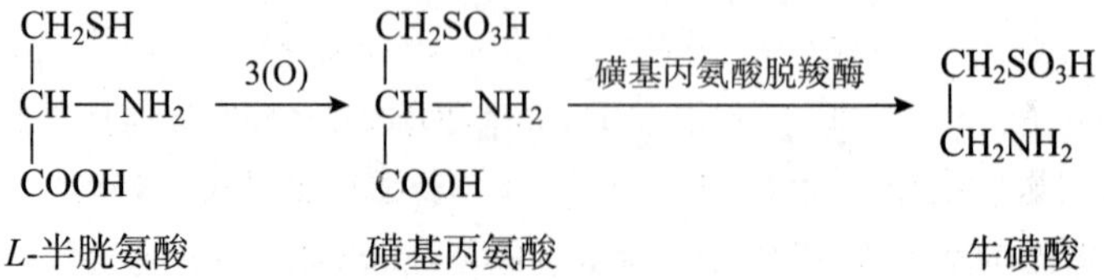

3. 半胱氨酸可生成活性硫酸根 含硫氨基酸氧化分解均可产生硫酸根,但半胱氨酸是体内硫酸根的主要来源。半胱氨酸可以直接脱去巯基和氨基,生成丙酮酸、氨和 H_2S。H_2S 经氧化生成 H_2SO_4。体内的硫酸根,一部分以无机盐的形式随尿排出,另一部分由 ATP 活化生成活性硫酸根,即 3′- 磷酸腺苷 5′- 磷酰硫酸(3′-phospho adenosine 5′-phospho sulfate,PAPS),反应过程如下:

$$ATP + SO_4^{2-} \xrightarrow{-PPi} AMP—SO_3^- \xrightarrow{+ATP} 3′—PO_3H_2—AMP—SO_3^- + ADP$$

腺苷-5′-磷酰硫酸　　　　　　PAPS

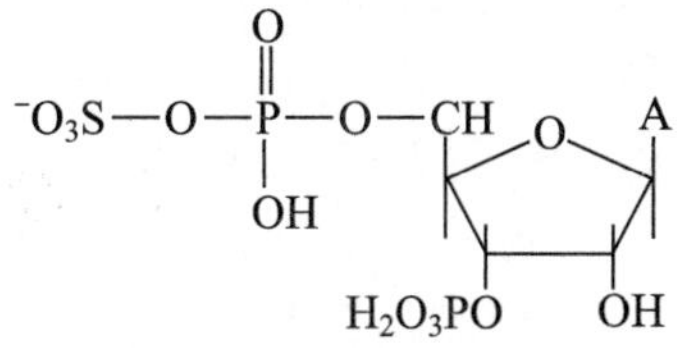

PAPS的结构

PAPS 化学性质活泼,在肝生物转化中可提供硫酸根使某些物质生成硫酸酯。例如,类固醇激素可形成硫酸酯而被灭活,一些外源性酚类化合物也可以形成硫酸酯而排出体外。此外,PAPS 还可参与硫酸角质素及硫酸软骨素等分子中硫酸化氨基糖的合成。

四、芳香族氨基酸代谢需要加氧酶催化

芳香族氨基酸包括苯丙氨酸、酪氨酸和色氨酸。酪氨酸可由苯丙氨酸羟化生成。苯丙氨酸与色氨酸为营养必需氨基酸。

(一) 苯丙氨酸和酪氨酸代谢既有联系又有区别

1. 苯丙氨酸羟化生成酪氨酸 正常情况下,苯丙氨酸的主要代谢途径是经羟化作用生成酪氨酸,反应由苯丙氨酸羟化酶(phenylalanine hydroxylase)催化。苯丙氨酸羟化酶主要存在于肝等组织,属一种单加氧酶,辅酶是四氢生物蝶呤,催化的反应不可逆,故酪氨酸不能转变为苯丙氨酸。

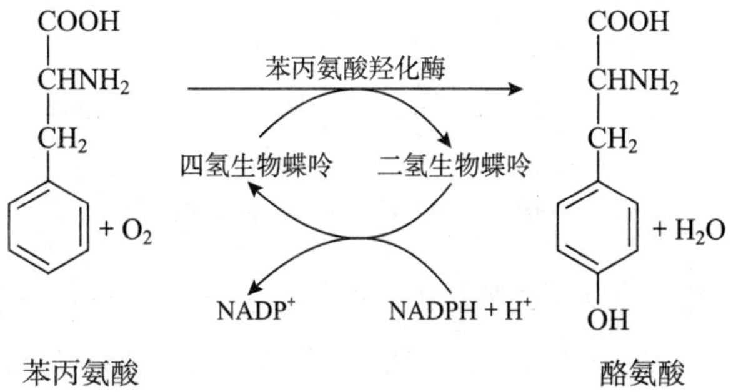

苯丙氨酸　　　　　　　　　　　　　　　　　酪氨酸

苯丙氨酸除转变为酪氨酸外,少量可经转氨基作用生成苯丙酮酸。先天性苯丙氨酸羟化酶缺陷病人,不能将苯丙氨酸羟化为酪氨酸。因此,苯丙氨酸经转氨基作用生成苯丙酮酸。大量的苯丙酮酸及其部分代谢产物(苯乳酸及苯乙酸等)由尿排出,称为苯丙酮尿症(phenylketonuria,PKU)。苯丙酮酸的堆积对中枢神经系统有毒性,导致脑发育障碍,患儿智力低下。治疗原则是早期发现,并适当控制膳食中苯丙氨酸的含量。

2. 酪氨酸转变为儿茶酚胺和黑色素或彻底氧化分解 酪氨酸的进一步代谢与合成某些神经递质、激素及黑色素有关。酪氨酸在肾上腺髓质和神经组织经酪氨酸羟化酶(tyrosine hydroxylase)催化生成 3,4- 二羟苯丙氨酸(3,4-dihydroxyphenylalanine,DOPA),又称多巴。与苯丙氨酸羟化酶相似,酪氨酸羟化酶也是以四氢生物蝶呤为辅酶的单加氧酶。多巴在多巴脱羧酶的作用下,脱去羧基生成多巴胺(dopamine)。多巴胺是一种神经递质。帕金森病(Parkinson disease)病人脑内多巴胺生成减少。

在肾上腺髓质,多巴胺侧链的 β- 碳原子再被羟化,生成去甲肾上腺素(norepinephrine),后者甲基化生成肾上腺素(epinephrine)。多巴胺、去甲肾上腺素及肾上腺素统称为儿茶酚胺(catecholamine)。酪氨酸羟化酶是合成儿茶酚胺的关键酶,受终产物的反馈调节。

酪氨酸代谢的另一条途径是合成黑色素(melanin)。在黑色素细胞中,酪氨酸经酪氨酸酶(tyrosinase)作用,羟化生成多巴,后者经氧化、脱羧等反应转变成吲哚醌,最后吲哚醌聚合为黑色素。先天性酪氨酸酶缺乏的病人,因不能合成黑色素,皮肤毛发等发白,称为白化病(albinism)。病人对阳光敏感,易患皮肤癌。

除上述代谢途径外,酪氨酸还可在转氨酶的催化下,生成对羟苯丙酮酸,后者经尿黑酸等中间产物进一步转变成延胡索酸和乙酰乙酸,然后两者分别沿糖和脂质代谢途径进行代谢。因此,苯丙氨酸和酪氨酸是生糖兼生酮氨基酸。当体内尿黑酸分解代谢的酶先天性缺陷时,尿黑酸的分解受阻,可出现尿黑酸尿症(alkaptonuria)。

苯丙氨酸和酪氨酸的代谢过程总结如下:

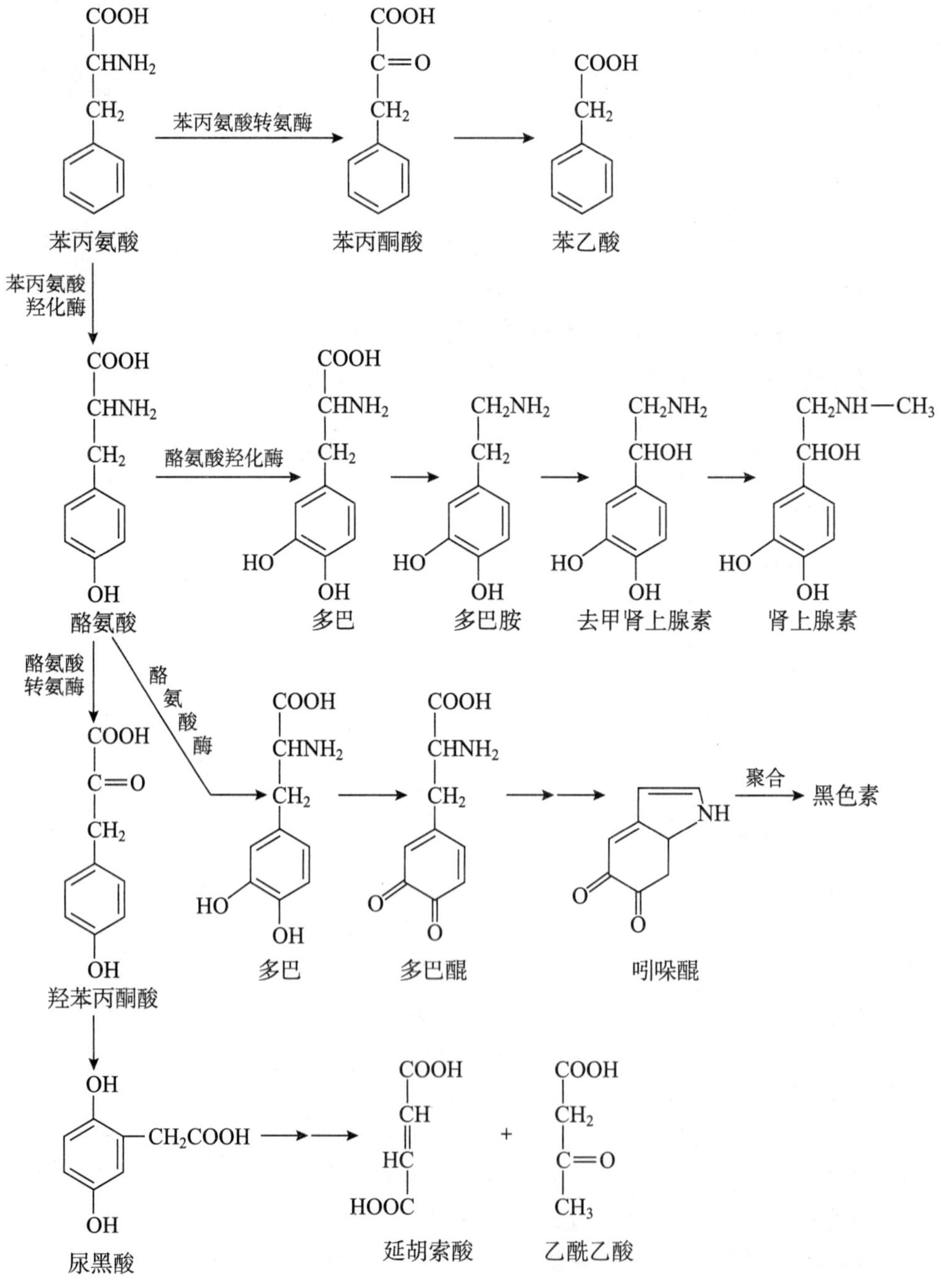

（二）色氨酸分解代谢可产生丙酮酸和乙酰乙酰 CoA

色氨酸除生成 5- 羟色胺外,还可在肝经色氨酸加氧酶(tryptophan oxygenase)催化,生成一碳单位和多种酸性中间代谢产物。色氨酸经分解可产生丙酮酸和乙酰乙酰 CoA,故色氨酸为生糖兼生酮氨基酸。少部分色氨酸还可转变成烟酸,但合成量很少,不能满足机体的需要。

五、支链氨基酸的分解有相似的代谢过程

支链氨基酸包括缬氨酸、亮氨酸和异亮氨酸,它们都是营养必需氨基酸,在体内的分解有相似的代谢过程,大致分为三个阶段:①通过转氨基作用生成相应的 α 酮酸;②通过氧化脱羧生成相应的脂酰 CoA;③通过 β 氧化过程生成不同的中间产物参与三羧酸循环,其中缬氨酸分解产生琥珀酰 CoA,亮氨酸产生乙酰 CoA 和乙酰乙酰 CoA,异亮氨酸产生琥珀酰 CoA 和乙酰 CoA。所以,这三种氨基酸分别是生糖氨基酸、生酮氨基酸和生糖兼生酮氨基酸。支链氨基酸的分解代谢主要在骨骼肌中进行(图 9-13)。

除了提供能量,支链氨基酸及其分解过程中产生的代谢中间产物,也具有信号分子特性,并通过调控细胞内的营养感知通路,在新陈代谢的平衡中发挥着至关重要的作用。哺乳动物雷帕霉素靶蛋白(mammalian target of rapamycin,mTOR)是细胞内整合营养物质信号与生长因子信号的总开关,而亮氨酸是 mTOR 的主要激活剂。支链氨基酸分解代谢紊乱与代谢性疾病的发生发展密切相关,循环系统中支链氨基酸浓度过高是肥胖、胰岛素抵抗和 2 型糖尿病等代谢性疾病的重要标志。

综上所述,氨基酸除了作为合成蛋白质的原料外,还可以转变为神经递质、激素及其他重要的含氮生理活性物质(表 9-3),其中一氧化氮(NO)的细胞信号转导功能研究亦受到高度关注,而体内 NO 是由精氨酸在一氧化氮合酶(nitric oxide synthase,NOS)催化下生成的,反应如下:

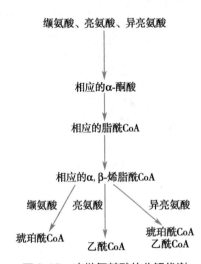

图 9-13　支链氨基酸的分解代谢

表 9-3　氨基酸衍生的重要含氮化合物

氨基酸	衍生的化合物
天冬氨酸、谷氨酰胺、甘氨酸	嘌呤碱(含氮碱基、核酸成分)
天冬氨酸	嘧啶碱(含氮碱基、核酸成分)
甘氨酸	卟啉化合物(细胞色素、血红素成分)
苯丙氨酸、酪氨酸	儿茶酚胺、甲状腺素(神经递质、激素)
色氨酸	5- 羟色胺、烟酸(神经递质、维生素)
谷氨酸	γ- 氨基丁酸(神经递质)
甲硫氨酸、鸟氨酸	精脒、精胺(细胞增殖促进剂)

续表

氨基酸	衍生的化合物
组氨酸	组胺（血管舒张剂）
半胱氨酸	牛磺酸（结合胆汁酸成分）
苯丙氨酸、酪氨酸	黑色素（皮肤色素）
甘氨酸、精氨酸、甲硫氨酸	肌酸、磷酸肌酸（能量储存）
精氨酸	一氧化氮（NO）（细胞信息转导分子）

小 结

氨基酸除作为合成蛋白质的原料外，还可转变成某些激素、神经递质及核苷酸等含氮物质。人体内氨基酸的来源有：食物蛋白质的消化吸收、组织蛋白质的分解和体内合成。外源性与内源性的氨基酸共同构成氨基酸代谢库，参与体内代谢。

氨基酸的分解代谢包括一般代谢和个别代谢。氨基酸的一般分解代谢途径是针对氨基酸的 α- 氨基和 α- 酮酸共性结构的分解。氨基酸通过转氨基作用、氧化脱氨基作用等方式脱去氨基，生成 α- 酮酸。有毒的氨以丙氨酸和谷氨酰胺的形式运往肝或肾，在肝经鸟氨酸循环合成尿素。脱去氨基生成的 α- 酮酸，可转变成糖或脂质，可经氨基化生成营养非必需氨基酸，也可彻底氧化分解并提供能量。

氨基酸代谢除共有的一般代谢途径外，因其侧链不同，有些氨基酸还有其特殊的代谢途径。氨基酸脱羧基作用产生的胺类化合物具有重要的生理功能；某些氨基酸分解代谢过程中产生的一碳单位可用于嘌呤和嘧啶核苷酸的合成；含硫氨基酸代谢产生的活性甲基，参与体内重要含甲基化合物的合成；芳香族氨基酸代谢产生重要的神经递质、激素及黑色素；支链氨基酸除了提供能量，还是某些代谢性疾病的重要标志。

思考题：

1. 请从氨基酸代谢角度简述巨幼红细胞性贫血的机制。
2. 近年来的研究发现，降低肿瘤患者饮食中的甲硫氨酸摄入量，具有一定的抗肿瘤效果，试从一碳单位介导代谢的角度分析其作用机制。
3. 请分析谷氨酸和精氨酸治疗肝性脑病的生化机制。
4. 体内重要的转氨酶有哪几种？测定血清中这些转氨酶的活性有何意义？

思考题解题思路

本章目标测试

本章思维导图

（杨 霞）

第十章 | 生物氧化

能量是生命活动的保障,主要由糖、脂肪、蛋白质等营养物质提供。人体主要依赖化学能供能,但营养物质的能量不能被机体直接利用,需要经氧化分解后产生可供利用的能量形式。ATP、GTP、UTP、CTP 等都是化学能的重要载体,是机体直接利用的能量形式,通过水解磷酸酯键等方式释放能量、参与各种生命活动。营养物质氧化分解释放的能量主要是热能、化学能等,而化学能主要由 ATP 捕获储存,ATP 与 GTP、UTP、CTP 之间可以相互转换,因此 ATP 既是物质代谢的产物也是能量代谢的核心。

有机物质在生物体内的氧化过程统称为生物氧化(biological oxidation)。由于氧化反应与还原反应总是相伴而行,生物氧化实际上是机体进行有氧呼吸时,细胞内发生的一系列氧化还原反应。细胞的线粒体(mitochondrion)、过氧化物酶体(peroxisome)等均可进行各种氧化还原反应,但过程及产物各不相同。在线粒体进行的氧化还原反应是生物氧化的核心内容,需要消耗氧,其氧化产物是 CO_2、H_2O 并释放能量用于生成 ATP 等。而在过氧化物酶体、内质网等发生的氧化还原反应是对底物进行氧化修饰等,并无 ATP 的生成。本章重点介绍线粒体的生物氧化及能量的产生与储存。

第一节 | 生物氧化与能量代谢

物质进行分解和合成代谢时,伴随着能量的产生与利用,即物质代谢的同时必然进行能量的产生与转换利用,推动机体的新陈代谢、进行各种生命活动。生物合成是利用简单的小分子化合物合成机体所需的生物大分子,是耗能过程;而食物中的营养物质通过氧化分解反应降解为 CO_2、H_2O 等小分子代谢物时释放能量,是释能过程。

一、营养物质的生物氧化产生能量

(一)生物氧化是物质发生的氧化还原反应

机体内的物质可以发生各种化学反应,包括氧化分解、化学修饰等。生物氧化是物质在机体内发生的一系列氧化还原反应,某个物质被氧化的同时伴随着另一个物质的还原,因此氧化反应与还原反应总是相伴进行。另外,体内的生物氧化存在多种形式,包括加氧、脱氢、失电子;并且反应由酶来催化,具有可调节性。

1. **物质的氧化还原反应存在多种形式** 氧化反应是脱氢、加氧、失去电子,还原反应则是加氢及获得电子的过程。例如,Fe^{2+} 通过失去一个电子被氧化成 Fe^{3+};O_2 接受电子和质子(proton,H^+)后被还原为 H_2O;小分子有机化合物如辅酶 NAD^+ 获得电子和质子被还原为 $NADH+H^+$(简写为 NADH)。因此能够传递电子和氢($H \leftrightarrow H^+ + e^-$)的物质,如金属离子、小分子有机化合物、某些蛋白质等称之为递电子体或递氢体,都可参与氧化还原反应。

2. **氧化还原电位反映物质得失电子的能力** 通常失去电子的物质称为还原剂,得到电子的物质称为氧化剂,物质得失电子的能力可用标准氧化还原电位 $E°$(单位:电压 Volts)来表示,是指在特定条件下,参与氧化还原反应的组分对电子的亲和力大小。电位高的组分对电子的亲和力强,易接受电子;电位低的组分倾向于给出电子。在氧化还原体系中,电子总是从电位较低的物质流向电位高的物质。

根据热力学公式,$\Delta G'^{\circ}$ 与标准氧化还原电位变化(ΔE°)之间存在以下关系:

$$\Delta G'^{\circ} = -nF\Delta E^{\circ}$$

式中 n 为传递电子数;F 为法拉第常数(96.5kJ/mol·V)。

一对氧化还原反应可以通过 ΔE° 计算出反应的自由能变化,因此物质得失电子的能力可转变为自由能释放出来。

3. 生物氧化是逐步进行的酶促反应 机体的反应条件温和,近似常温、常压及中性 pH,因此体内发生的生物氧化反应,和体外的氧化反应相比有自己的特点:反应需要有酶催化,而且是分阶段、逐步完成;氧化还原反应发生化学键的形成与断裂,伴随着能量的变化,细胞内生物大分子体系多通过弱键能的非共价键维系,不能承受能量的大增或大量释放的化学过程,氧化分解过程分步进行,能量也逐步得失;营养物质储存的化学能不能被机体直接利用,需要转变为可利用的能量形式,如 ATP 储存的化学能。

(二)营养物质的氧化分解产生能量

糖、脂肪、蛋白质等营养物质经过消化后,主要以葡萄糖、脂肪酸、氨基酸等形式被人体吸收后进入各自的代谢过程,其中合成代谢,用于产生糖原、脂肪以及蛋白质等;而分解代谢主要用于产生简单的小分子化合物、释放能量。营养物质在体内彻底氧化释放的能量,与其在体外燃烧释放的能量(光和热)完全相同,但能量是在物质氧化分解的过程中被逐步释放,而且释放的能量形式不同,是可供机体直接利用的热能和化学能,而且化学能储存于一些特殊的化合物中,主要是 ATP。

营养物质在氧化分解的过程中产生能量,一种方式是通过底物水平磷酸化的方式直接产生少量的 ATP,例如,葡萄糖分解代谢的中间物甘油酸 -1,3- 二磷酸转变为甘油酸 -3- 磷酸、磷酸烯醇式丙酮酸生成丙酮酸时产生的 ATP。营养物质的彻底氧化可以产生大量能量。糖、脂肪、蛋白质的分解代谢除了生成乙酰 CoA 和 CO_2 外,还进行脱氢反应、产生还原性化合物 $NADH+H^+$ 等,三羧酸循环有四次脱氢反应、产生大量的 NADH 和 $FADH_2$,1mol 葡萄糖彻底氧化时生成 30 或 32mol ATP,其中 26 或 28mol ATP 是来自 NADH 和 $FADH_2$ 的氧化。因此营养物质氧化分解产生大量的还原性辅酶,它们的彻底氧化是产生 ATP 的主要方式。

二、ATP 是能量代谢的核心

ATP 是生物氧化的重要产物,之所以能成为能量代谢的核心,是因为糖、脂、蛋白质等营养物质分解代谢释放的能量可储存于 ATP,并且 ATP 可直接用于机体的各种生命活动。ATP 属于高能磷酸化合物,所谓高能磷酸化合物是指那些水解时能释放较大自由能(free energy)的含有磷酸基的化合物。简单而言,自由能是指在恒温恒压的条件下,一个热力学过程对环境做功的能力,又称 Gibbs 自由能,用符号 G 表示。机体生物化学反应中发生的能量变化常用标准条件下自由能变化($\Delta G'^{\circ}$,单位为 kJ/mol)来表示,$\Delta G'^{\circ}<0$,为释放能量的反应,可自发进行;$\Delta G'^{\circ}>0$,反应需供能才能进行;而 $\Delta G'^{\circ}=0$ 时,反应处于平衡状态。$\Delta G'^{\circ}$ 可用于判断化学反应的能量变化及反应进行的方向。通常,将释放的 $\Delta G'^{\circ}>25$kJ/mol 称为高能化合物,并将水解时释放能量较多的磷酸酯键,称之为高能磷酸键,用 "～P" 符号表示。ATP 末端的磷酸酯键水解时 $\Delta G'^{\circ}$ 为 -30.5kJ/mol,为高能磷酸键;而葡萄糖 -6- 磷酸的磷酸酯键水解时,其 $\Delta G'^{\circ}$ 为 -13.8kJ/mol,为普通的磷酸酯键。事实上,共价键的断裂是需要提供能量的,而具有高能磷酸键的化合物作为底物进行水解时,其产物比底物具有更低的自由能,因而释放的能量较多。此外,生物体内还有其他含高能磷酸键、高能硫酯键的化合物,见表 10-1。

(一)ATP 是能量捕获和释放利用的重要分子

ATP 是机体可直接利用的能量形式。营养物质分解产生的能量大约 40% 用于产生 ATP。在标准状态下,ATP 水解释放的自由能为 30.5kJ/mol。但在活细胞中,ATP、ADP 和无机磷浓度比标准状态低得多,而 pH 比标准状态的 pH 7.0 高,ATP 和 ADP 的全部磷酸基都处于解离状态,显示携带 4 个或

NOTES

表 10-1　一些重要高能化合物水解释放的标准自由能

化合物	$\Delta G'^{o}$		化合物	$\Delta G'^{o}$	
	kJ/mol	(kcal/mol)		kJ/mol	(kcal/mol)
磷酸烯醇式丙酮酸	-61.9	(-14.8)	乙酰 CoA	-31.5	(-7.5)
氨基甲酰磷酸	-51.4	(-12.3)	ADP →AMP+Pi	-27.6	(-6.6)
甘油酸 -1,3- 二磷酸	-49.3	(-11.8)	焦磷酸	-27.6	(-6.6)
磷酸肌酸	-43.1	(-10.3)	葡萄糖 -1- 磷酸	-20.9	(-5.0)
ATP →ADP+Pi	-30.5	(-7.3)			

3 个负电荷的阴离子形式,并与细胞内 Mg^{2+} 形成复合物。考虑到浓度等各种影响因素,细胞内 ATP 水解释放的自由能可能达到 52.3kJ/mol。ATP 最重要的作用是通过水解高能磷酸键释放大量自由能,当与需要供能的反应偶联时,能促进这些反应在生理条件下完成。ATP 可直接参与各种代谢物的活化反应和合成生物大分子的反应;可使分解代谢与合成代谢紧密相连;可为耗能的跨膜转运、骨骼肌收缩、蛋白质构象的改变等提供能量。

(二) ATP 为核苷酸相互转变提供能量

细胞中存在的腺苷酸激酶(adenylate kinase)可催化 ATP、ADP、AMP 间互变。当体内 ATP 消耗过多(例如骨骼肌剧烈收缩)时,ADP 累积,在腺苷酸激酶催化下由 ADP 转变成 ATP。当 ATP 的需求量降低时,AMP 从 ATP 中获得～P 生成 ADP。

UTP、CTP、GTP 可为糖原、磷脂、蛋白质等合成反应提供能量,但它们一般不能从营养物质氧化过程中直接生成,而是在核苷二磷酸激酶的催化下,从 ATP 中获得～P 产生。反应如下:

$$ATP+UDP \rightarrow ADP+UTP$$
$$ATP+CDP \rightarrow ADP+CTP$$
$$ATP+GDP \rightarrow ADP+GTP$$

生物体内能量的生成、转移和利用都以 ATP 为中心。ATP 分子性质稳定,但寿命仅数分钟,不在细胞内储存,而是不断进行 ATP/ADP 的再循环,其相互转变的量十分可观,转变过程中伴随自由能的释放和获得,并促进其他核苷酸的生成,在各种生命活动中完成能量的穿梭转换,因此称为"能量货币"。

(三) ATP 通过转移自身基团来提供能量

因为 ATP 分子中的高能磷酸键水解释放能量多,并产生 Pi、PPi 基团,很多酶促反应由 ATP 通过共价键与底物或蛋白质等相连,将 ATP 分子中的 Pi、PPi 或者 AMP 基团转移到底物或蛋白质分子上而形成中间产物,使其获得更多的自由能,经过化学转变后再将这些基团水解而形成终产物。例如,ATP 给葡萄糖提供磷酸基和能量,合成的葡萄糖 -6- 磷酸进入糖酵解或其他代谢途径后更易进行后续的化学反应。因此,ATP 也通过这种方式参与酶促反应并提供能量,而不仅仅局限于磷酸酯键的水解反应。

(四) 磷酸肌酸也是储存能量的高能化合物

ATP 充足时,通过转移末端～P 给肌酸,生成磷酸肌酸(creatine phosphate,CP),储存于需能较多的骨骼肌、心肌和脑组织中。当 ATP 消耗加快时,磷酸肌酸可将～P 转移给 ADP,生成 ATP,能快速补充 ATP 的不足(图 10-1)。所以 ATP 在体内能量捕获、转移、储存和利用过程中处于中心位置(图 10-2)。

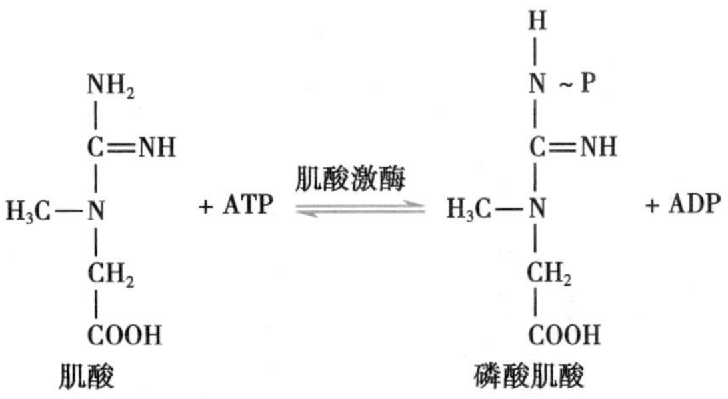

图 10-1　高能磷酸键在 ATP 和磷酸肌酸间的转移

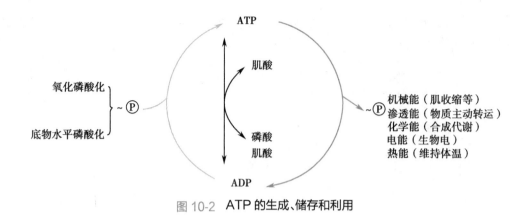

图 10-2　ATP 的生成、储存和利用

第二节 ｜线粒体氧化体系与氧化呼吸链

生物氧化的核心是通过酶促反应使营养物质被彻底氧化、产生能量,而且能量能够被捕获和利用,因此需要特定的氧化体系及底物。线粒体生物氧化体系及酶促反应,能对营养物质氧化分解时产生的还原性辅酶 NADH 和 $FADH_2$ 进行彻底氧化,生成 CO_2、H_2O 并产生 ATP、热能等。NADH 和 $FADH_2$ 在线粒体被氧化时,需要一系列的酶催化,逐步脱氢、失电子,最终将电子和 H^+ 传递给氧而生成水,能量也不会在瞬间大量释放产生高温、高热,而是逐步释放并储存在 ATP 中。因此,线粒体氧化体系的重要功能是为机体提供能量,是真核细胞生成 ATP 的主要部位,被称为“能量工厂”。

一、线粒体氧化体系含多种传递氢和电子的组分

线粒体氧化体系主要将 NADH 和 $FADH_2$ 中的 H^+ 和电子传递给氧,生成水并释能,需要多种具有传递氢和电子的组分参与传递过程。

(一)烟酰胺腺苷酸类化合物传递氢和电子

NAD^+ 是烟酰胺与腺苷酸形成的有机化合物,能通过烟酰胺环传递 H^+ 和电子。烟酰胺环的五价氮原子,能接受 2H 中的双电子成为三价氮,为双电子传递体,同时芳环接受一个 H^+ 进行加氢反应。由于此反应只能接受 1 个 H^+ 和 2 个电子,游离出一个 H^+ 在介质中,因此还原型的 NAD^+ 为 $NADH+H^+$(NADH)(图 10-3,图 10-4)。NAD^+ 是许多脱氢酶的辅酶,有传递氢和电子的功能。此外,NAD^+ 结构中核糖的 2 位羟基被磷酸化后生成 $NADP^+$,通过相同的机制接受氢后生成 $NADPH+H^+$(简写为 NADPH),发挥传递氢和电子的作用,但参与不同的反应。

(二)黄素核苷酸类化合物传递氢和电子

FMN 和 FAD 是维生素 B_2 与核苷酸形成的有机化合物,二者均通过维生素 B_2 中的异咯嗪环进行可逆的加氢和脱氢反应。异咯嗪环可接受 1 个 H^+ 和 1 个电子形成不稳定的 $FMNH^{·}$ 和 $FADH^{·}$,再接

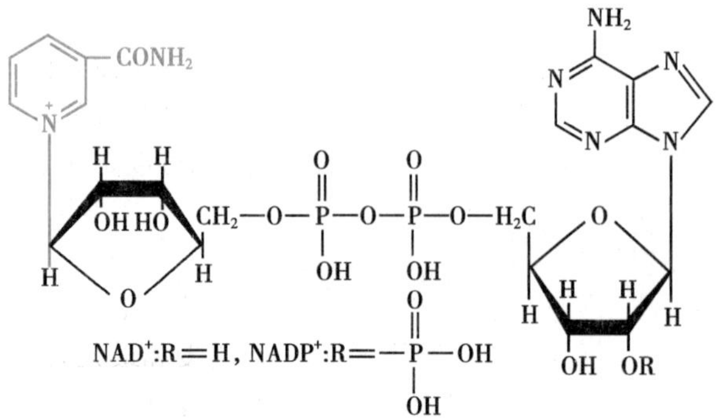

图 10-3　NAD(P)+ 的结构式

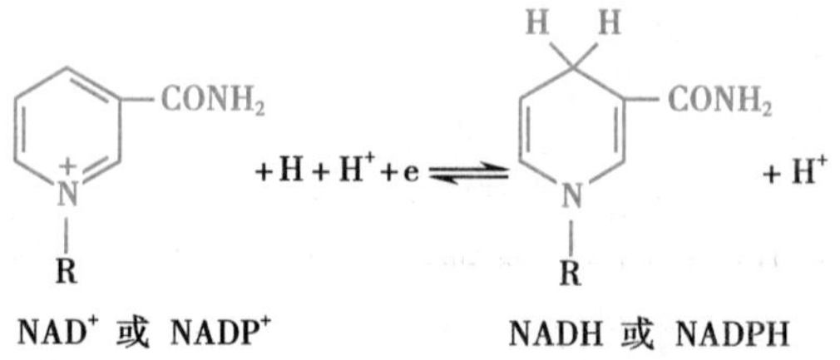

图 10-4　NAD(P)+ 的加氢和 NAD(P)H 的脱氢反应

受 1 个 H⁺ 和 1 个电子转变为还原型 FMNH₂ 和 FADH₂。因此 FMN、FAD 发挥传递氢和电子的作用（图 10-5），是黄素蛋白（flavoprotein）的辅基。

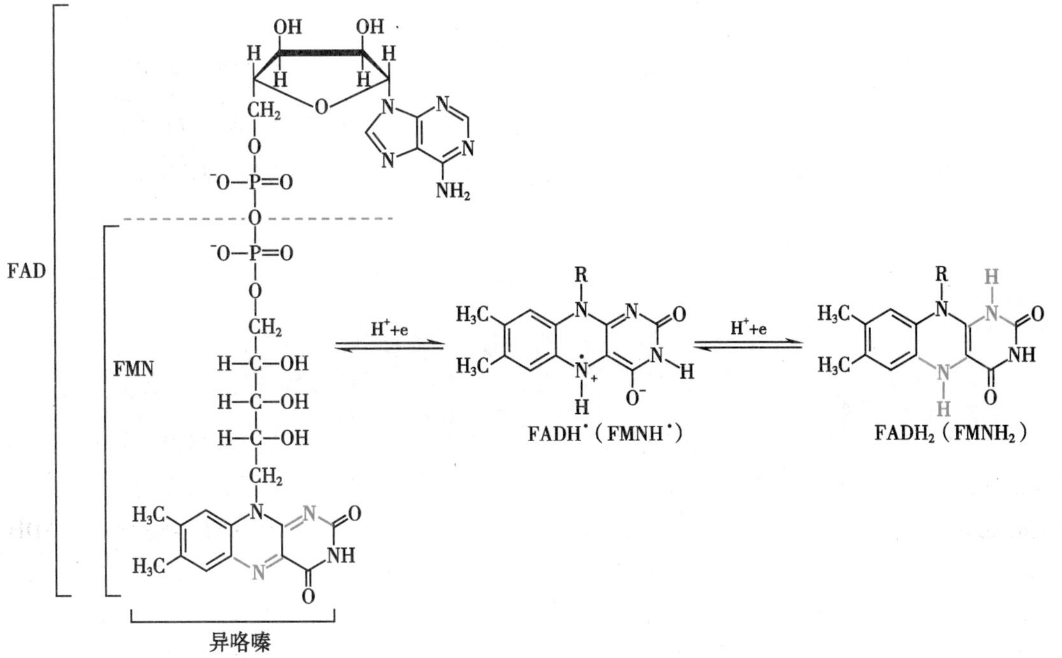

图 10-5 FMN/FAD 的加氢和 FMNH₂/FADH₂ 的脱氢反应

（三）有机化合物泛醌传递氢和电子

泛醌（ubiquinone）又称辅酶 Q（coenzyme Q, CoQ 或 Q），是一种脂溶性醌类化合物，其结构中异戊二烯单位的数目因物种而异，人体内的 Q 是 10 个异戊二烯单位连接的侧链，用 Q_{10} 表示。Q 的疏水特性使其能在线粒体内膜中自由扩散。Q 结构中的苯醌部分接受 1 个电子和 1 个 H⁺ 还原为半醌（·QH），再接受 1 个电子和 1 个 H⁺ 还原为二氢泛醌（QH_2）。反之，QH_2 可逐步失去 H⁺ 和电子被氧化为 Q。因此 Q 可进行双、单电子的传递（图 10-6）。

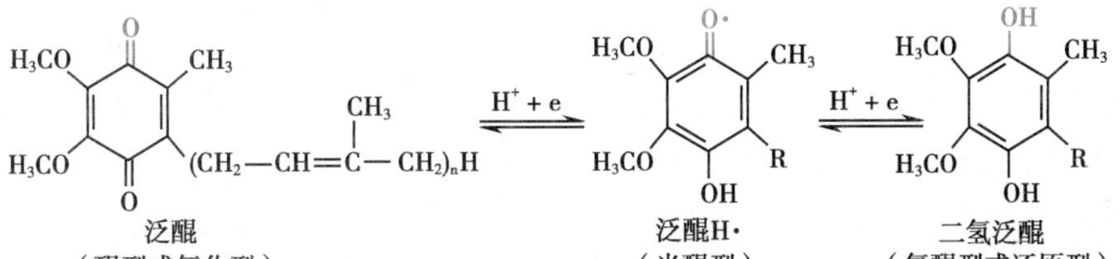

图 10-6 泛醌的加氢和二氢泛醌的脱氢反应

（四）铁硫蛋白和细胞色素蛋白传递电子

1. **铁硫蛋白通过铁离子传递电子** 铁硫蛋白（iron-sulfur protein），因其含有铁硫中心（iron-sulfur center, Fe-S center）而得名。Fe-S 是 Fe 离子通过与无机硫（S）原子及铁硫蛋白中半胱氨酸残基的 SH 连接而成。Fe-S 有多种形式，可以是单个 Fe 离子与 4 个半胱氨酸残基的 SH 相连，也可以是 2 个、4 个 Fe 离子通过与无机 S 原子及半胱氨酸残基的 SH 连接，可形成 Fe_2S_2、Fe_4S_4（图 10-7）。Fe-S 通过 $Fe^{2+} \leftrightarrow Fe^{3+} + e^-$ 的可逆反应，每次传递一个电子，因此铁硫蛋白是单电子传递体。

2. **细胞色素蛋白通过辅基中的铁离子传递电子** 细胞色素（cytochrome, Cyt）是一类含血红素样辅基的蛋白质。各种还原型 Cyt 均有 3 个特征性的 α、β、γ 可见光吸收峰，根据其吸光度和最大吸收波长不同，分为 Cyt a、Cyt b 和 Cyt c 3 类及不同的亚类（表 10-2），其所含的血红素辅基分别称为血红素 a、b 和 c（图 10-8）。Cyt 光吸收的差异是由于血红素中卟啉环的侧链基团、血红素在蛋白质中所处环境不同所致。血红素 a 的卟啉环侧链中，1 个甲基被甲酰基取代，1 个乙烯基连接聚异戊二烯长链；

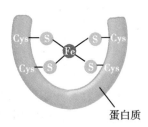

图 10-7　铁硫中心的结构

Ⓢ表示无机硫。

表 10-2　各种还原型细胞色素主要的光吸收峰

细胞色素	波长 /nm			细胞色素	波长 /nm		
	α	β	γ		α	β	γ
a	600	—	439	c	550	521	415
b	562	532	429	c_1	554	524	418

血红素a

血红素b

血红素c

图 10-8　细胞色素中 3 种血红素辅基的结构

血红素 b 的结构与血红蛋白中的血红素相同。血红素 a 和 b 都通过非共价键与 Cyt a 和 Cyt b 蛋白相连。而 Cyt c 蛋白,其血红素卟啉环的乙烯基侧链通过共价键与蛋白中半胱氨酸残基的 SH 相连。细胞色素蛋白通过辅基血红素中的 Fe 离子发挥单电子传递体的作用。

二、传递氢和电子的蛋白质复合体是氧化呼吸链的重要组分

NADH、FADH$_2$ 作为还原性底物在线粒体中通过逐步、连续的酶促反应被氧化,并逐步释放能量,除了产热外,释放的能量主要被 ADP 捕获用于生成 ATP。催化此连续反应的酶主要是由多个含辅因子的蛋白质复合体组成,按照一定顺序排列在线粒体内膜,形成一条连续的传递电子 / 氢的反应链,氧分子最终接受电子和 H$^+$ 生成水,故称为电子传递链(electron transfer chain)。由于此体系需要消耗氧,与需氧细胞的呼吸过程有关,也称之为呼吸链(respiratory chain)(图 10-9)。

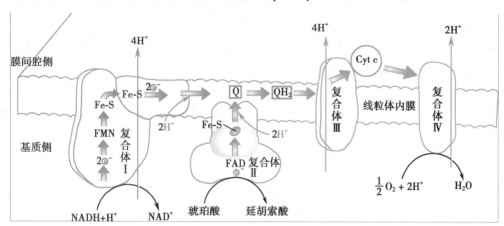

图 10-9　电子传递链的组成示意图
泛醌和细胞色素 c 是可移动的电子载体。

位于线粒体内膜上的四种蛋白质复合体(complex)是组成呼吸链重要的组成成分,分别称之为复合体 I、II、III 和 IV。每个复合体都由多种酶蛋白、金属离子、辅酶或辅基组成(表 10-3)。复合体的辅因子通过得失电子的方式传递电子;有些复合体是跨膜蛋白质,可将 H$^+$ 从线粒体基质侧转运至细胞质侧,形成线粒体内膜两侧 H$^+$ 浓度和电荷的梯度差。因此,呼吸链在传递电子的过程中,伴随着 H$^+$ 的跨膜转运。下面分别叙述各复合体的组成、辅因子、结构特点以及功能。

表 10-3　人线粒体的呼吸链复合体

复合体	酶名称	质量(kDa)	亚基数目	功能辅基	所含结合位点
复合体 I	NADH- 泛醌还原酶	850	45	FMN,Fe-S	NADH(基质侧)Q(脂质核心)
复合体 II	琥珀酸 - 泛醌还原酶	140	4	FAD,Fe-S	琥珀酸(基质侧)Q(脂质核心)
复合体 III	泛醌 - 细胞色素 c 还原酶	250	11	血红素,Fe-S	Cyt c(膜间隙侧)
复合体 IV	细胞色素氧化酶	204	13	血红素,Cu$_A$,Cu$_B$	Cyt c(膜间隙侧)

(一)复合体 I 将 NADH 的电子传递给泛醌并外排质子

1. 复合体 I 是 NADH- 泛醌还原酶　复合体 I 又称 NADH-Q 还原酶或 NADH 脱氢酶(NADH dehydrogenase),是呼吸链的主要入口,其功能是接受来自 NADH 的电子并转移给 Q。复合体 I 是由黄素蛋白、铁硫蛋白等组成的跨膜蛋白质,呈 "L" 形,其长臂的一端突出于线粒体基质中,包括黄素蛋白(含 FMN 和 Fe-S 辅基)、铁硫蛋白(含 Fe-S 辅基),可结合基质中的 NADH;嵌于内膜的横臂为复合体的疏水部分,含 Fe-S 辅基。黄素蛋白和铁硫蛋白均通过辅基发挥传递电子作用(图 10-9)。

2. 复合体 I 传递电子并泵出质子　复合体 I 传递电子的过程可简述为:黄素蛋白辅基 FMN 从

基质中接受 NADH 中的 $2H^+$ 和 $2e^-$ 生成 $FMNH_2$，经过一系列的 Fe-S 将电子传递给内膜中的 Q，形成 QH_2（图 10-9），即：$NADH \rightarrow FMN \rightarrow Fe\text{-}S \rightarrow Q$。由于 Q 在线粒体内膜中可自由移动，在各复合体间募集并穿梭传递氢，因此在电子传递和质子的移动中发挥核心作用。

复合体 I 还具有质子泵功能：将一对电子从 NADH 传递给 Q 的过程中，能将 4 个 H^+ 从线粒体的基质侧（negative side，N 侧）泵到膜间隙侧（positive side，P 侧），泵出质子所需的能量来自电子传递过程。

（二）复合体 II 将琥珀酸的电子传递给泛醌

1. 复合体 II 是琥珀酸 - 泛醌还原酶 复合体 II 是琥珀酸 - 泛醌还原酶，即三羧酸循环中的琥珀酸脱氢酶（succinate dehydrogenase），其功能是将电子从琥珀酸传递给 Q，主要通过黄素蛋白（FAD 为辅基）、铁硫蛋白和细胞色素 b_{560} 进行电子传递。人复合体 II 通过其疏水亚基锚定于线粒体内膜，而伸向基质的亚基含有底物琥珀酸的结合位点，以及 Fe-S 和 FAD 辅基（图 10-9）。

2. 复合体 II 传递电子但不外排质子 复合体 II 催化底物琥珀酸的脱氢反应，使 FAD 转变为 $FADH_2$，后者再将电子经 Fe-S 传递到 Q，即：琥珀酸 $\rightarrow$ FAD $\rightarrow$ Fe-S $\rightarrow$ Q。此过程释放的自由能较小，不足以将 H^+ 泵出线粒体内膜，因此复合体 II 没有 H^+ 泵的功能。另外，血红素 b 辅基没有参与该电子传递过程，但它结合此过程中"漏出"的电子，防止单电子从琥珀酸传递给分子氧而产生活性氧。

代谢途径中另外一些含 FAD 的脱氢酶，如脂酰 CoA 脱氢酶、甘油 -3- 磷酸脱氢酶、胆碱脱氢酶等，通过不同的方式将相应底物脱下的氢经 FAD 传递给 Q，进入呼吸链。

（三）复合体 III 将还原型泛醌的电子传递给细胞色素 c 并外排质子

1. 复合体 III 是泛醌 - 细胞色素 c 氧化还原酶 复合体 III 称为泛醌 - 细胞色素 c 氧化还原酶（ubiquinone-cytochrome c oxidoreductase），其功能是接受 QH_2 的电子并传递给 Cyt c。Q 从复合体 I、复合体 II 募集氢，产生的 QH_2 穿梭至复合体 III，后者将电子传递给 Cyt c 蛋白。

人复合体 III 由 Cyt b（b_{562}，b_{566}）、Cyt c_1 和铁硫蛋白组成二聚体，呈梨形。其中 Cyt c_1 和铁硫蛋白的疏水区段将复合体锚定在线粒体内膜。复合体 III 有 2 个 Q 结合位点，分别处于膜间隙侧（Q_P）和基质侧（Q_N 位点）（图 10-10）。

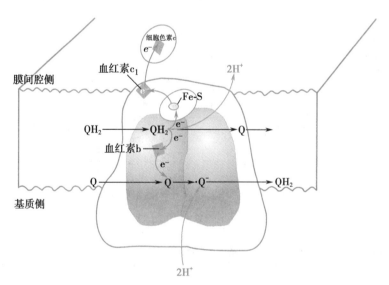

图 10-10　复合体 III 的结构及 Q 循环

2. 复合体 III 传递电子并泵出质子 由于 Q 是双电子传递体，而 Cyt c 是单电子载体，所以复合体 III 将电子从 QH_2 传递给 Cyt c 的过程是通过"Q 循环"（Q cycle）实现的。简单而言，QH_2 结合在 Q_P 位点，分别将 $2e^-$ 经 Fe-S 传递给 Cyt c_1 和结合在 QN 位点的 Q。此过程重复一次后，Q_P 位点的 QH_2 将 $2e^-$ 经 Cyt c_1 传递给 2 分子 Cyt c，重新释放 Q 到内膜中，而 Q_N 位点的 Q 接受 $2e^-$ 和基质的 $2H^+$ 被还原为 QH_2。因此每 2 分子 QH_2 经过 Q 循环，生成 1 分子 Q 和 1 分子 QH_2，将 $2e^-$ 经 Cyt c_1 传递给 2 分子 Cyt c。即：$QH_2 \rightarrow Cyt\ b \rightarrow Fe\text{-}S \rightarrow Cytc1 \rightarrow Cytc$。另外，复合体Ⅲ还具有质子泵的功能，每传递 $2e^-$ 向膜间隙释放 $4H^+$。

Cyt c 是呼吸链中唯一的水溶性球状蛋白质，与线粒体内膜的外表面疏松结合，不包含在上述复合体中。Cyt c 从复合体Ⅲ中的 $Cyt\ c_1$ 获得电子传递到复合体Ⅳ。

（四）复合体Ⅳ将还原型细胞色素 c 的电子传递给氧并外排质子

1. 复合体Ⅳ是细胞色素氧化酶 复合体Ⅳ是电子传递链的出口，其功能是接受还原型 Cyt c 的电子并传递给 O_2 生成 H_2O，又称之为细胞色素氧化酶（cytochrome oxidase），主要包含细胞色素 aa3、铜结合蛋白等进行电子传递。复合体Ⅳ也有质子泵功能，每传递 $2e^-$ 将 2 个 H^+ 泵至膜间隙侧。

人复合体Ⅳ包含 13 个亚基，亚基 1～3 构成复合体Ⅳ的核心结构，含 Fe、Cu 离子结合位点，发挥电子传递作用。亚基 2 的半胱氨酸 -SH 可结合 2 个 Cu 离子，每个 Cu 离子都可传递电子，形成一个双核中心（binuclear center）的功能单元，第一个双核中心称 Cu_A 中心，其结构类似 Fe_2S_2（图 10-11）。Cu_A 中心与 Cyt a 蛋白中血红素的 Fe 极为接近（1.5nm），电子可由 Cu_A 中心传递到 Cyt a。而亚基 1 含血红素 a 和 a_3，在血红素 a_3 邻近处结合 1 个 Cu 离子，称 Cu_B，因此血红素 a_3 中的 Fe 离子和 Cu_B 形成第二个双核中心，即血红素 a_3-CuB（Fe-Cu）中心。双核中心是复合体Ⅳ发挥电子传递的功能单元（图 10-11）。

2. 复合体Ⅳ传递电子并泵出质子 复合体Ⅳ通过铁离子、铜离子传递电子，即还原型 Cyt c 蛋白提供的电子经 CuA 中心传递到 Cyt a，再到 Fe-Cu 中心。需要依次传递 4 个电子，并从线粒体基质获得 4 个 H^+，最终将 1 分子 O_2 还原为 2 分子 H_2O（图 10-12）。其过程为：Cyt a 传递第一个、第二个电子到氧化态的 $Cyt\ a_3$-Cu_B 双核中心（Cu^{2+} 和 Fe^{3+}），使 Cu^{2+} 和 Fe^{3+} 被还原为 Cu^+ 和 Fe^{2+}，并结合 O_2 分子，形成过氧桥连接的 Cu_B 和 Cyt a_3，相当于 $2e^-$ 传递至结合的 O_2。中心再获得 2 个 H^+ 和第三个电子，O_2 分子键断开，Cyt a_3 出现 Fe^{4+} 中间态。再接受第四个电子，Fe^{4+} 还原为 Fe^{3+} 并形成 Cu_B^{2+} 和 Fe^{3+} 各结合 1 个 OH 基团的中间态。最后再获得 2 个 H^+，双核中心解离出 2 个 H_2O 分子后恢复初始的氧化态（图 10-12）。即：

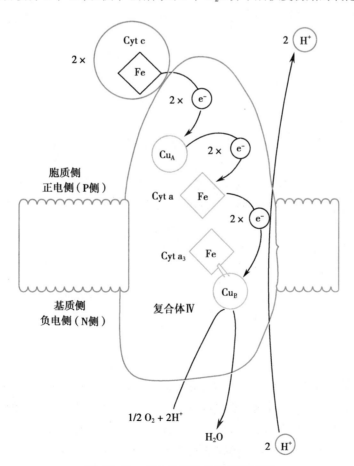

图 10-11　**复合体Ⅳ的电子传递过程**

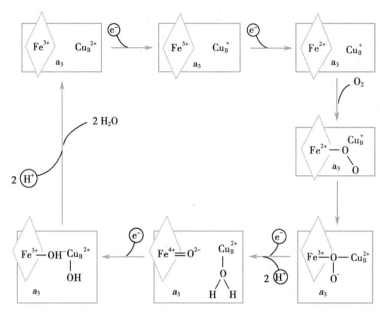

图 10-12　复合体Ⅳ的血红素 a_3-CuB 中心使 O_2 还原生成水的过程

Cyt c → Cu_A → Cyt a → Cyt a_3-Cu_B → O_2。生成的 H_2O 通过亚基 1 和 3 之间的亲水通道排入胞质侧。

上述 O_2 在获得电子过程产生的具有强氧化性的·O_2^- 和 O_2^{2-} 离子中间物始终和双核中心紧密结合,通常不会对细胞组分造成损伤。

三、呼吸链通过氧化 NADH 和 $FADH_2$ 释放能量

呼吸链是将多个电子 / 氢的传递体按序排列组合用于进行连续的氧化还原反应、产生能量。线粒体的内膜形成许多向内折叠的嵴,增加内膜的面积,可结合包括呼吸链在内的许多蛋白质 / 酶。组成呼吸链的复合体都嵌在线粒体内膜中,按照对电子亲和力逐渐增加的顺序进行排列,最终将电子传递给氧,完成电子的氧化、并释放能量。

(一) 蛋白质复合体和泛醌及细胞色素 c 组成呼吸链

1. 呼吸链组分有序排列传递电子 / 氢　上述四个蛋白质复合体是组成呼吸链的主要组分,基本"固定"于线粒体内膜,还需要"流动"的传递手参加方可完成电子的传递,即 Q 和 Cyt c,因此呼吸链的组分包含四个复合体、Q 和 Cyt c。Q 是脂溶性的小分子化合物,能在内膜中移动进行电子传递;Cyt c 作为水溶性蛋白,在膜间隙侧将电子从复合体Ⅲ传递给复合体Ⅳ;四个蛋白质复合体,通过黄素蛋白、铁硫蛋白以及细胞色素等结合的辅基进行电子传递。

呼吸链进行的电子传递,有严格的传递方向和排列顺序,其组分是按照对电子亲和力从小到大的顺序排列,即电子的流动方向是从氧化还原电位较低的传递体依次到较高的组分、最后流向氧分子。组分的排列顺序为(图 10-9):

$$复合体Ⅰ→Q→复合体Ⅲ→Cyt c→复合体Ⅳ→O_2$$
$$复合体Ⅱ→Q→复合体Ⅲ→Cyt c→复合体Ⅳ→O_2$$

泛醌不包含在复合体中,借助能在脂溶性内膜中移动的特点,在复合体之间穿梭传递电子/氢、成为移动传递者。同样,Cyt c 也不包含在复合体中,作为水溶性电子载体,负责从复合体Ⅲ中的 Cyt c1 获得电子并传递到复合体Ⅳ。需要注意的是,复合体Ⅱ并不是处于复合体Ⅰ的下游,复合体Ⅰ和复合体Ⅱ分别从各自的底物获得电子、向泛醌传递。

2. 呼吸链组分根据氧化还原能力进行排序　呼吸链各组分的排列顺序是由下列实验确定的:①根据呼吸链各组分的标准氧化还原电位进行排序。电位低的组分倾向于给出电子,排序在前;电位高的组分对电子的亲和力强,易接受电子,排序在后。因此呼吸链中电子从电位低的组分向电位高的

组分进行传递(表 10-4)。②底物存在时,利用呼吸链特异的抑制剂阻断某一组分的电子传递,在阻断部位以前的组分处于还原状态,后面的组分处于氧化状态。根据各组分的氧化和还原状态吸收光谱的改变分析其排列次序。③利用呼吸链各组分特有的吸收光谱,以离体线粒体无氧时处于还原状态作为对照,缓慢给氧,观察各组分被氧化的顺序。④在体外将呼吸链组分拆开和重组,鉴定四种复合体的组成与排列。

表 10-4 呼吸链中各种氧化还原对的标准氧化还原电位

氧化还原对	$E°/V$	氧化还原对	$E°/V$
$NAD^+/NADH$	-0.32	$Cyt\ c_1\ Fe^{3+}/Fe^{2+}$	0.22
$FMN/FMNH_2$	-0.219	$Cyt\ c\ Fe^{3+}/Fe^{2+}$	0.254
$FAD/FADH_2$	-0.219	$Cyt\ a\ Fe^{3+}/Fe^{2+}$	0.29
$Cyt\ b_L(b_H)Fe^{3+}/Fe^{2+}$	$0.05(0.10)$	$Cyt\ a_3Fe^{3+}/Fe^{2+}$	0.35
Q/QH_2	0.06	$1/2O_2/H_2O$	0.816

(二) NADH 和 FADH$_2$ 为两条呼吸链提供还原当量

通常将 1 摩尔的氢原子(含 1 个质子和 1 个电子)称为 1 个还原当量(reducing equivalent)。营养物质的分解代谢中,大部分脱氢酶以 NAD^+、$NADP^+$、FMN 或者 FAD 为辅酶或辅基,用来接受从底物上脱下来的成对氢原子,生成还原态的 $NADH+H^+$、$NADPH+H^+$、$FMNH_2$ 和 $FADH_2$,它们都是还原当量,也是水溶性的电子/氢载体。NADPH 所含的磷酸基团可被生物合成过程中的酶特异性识别,主要用于合成代谢的还原反应等,而非参与能量代谢。$FMNH_2$ 和 $FADH_2$ 作为黄素蛋白的辅基参与电子传递。NADH 和 $FADH_2$ 作为许多脱氢酶的辅酶,可在不同酶之间进行电子/氢的传递,是呼吸链的底物,是氢和电子的供体。

1. 线粒体 NADH 和 FADH$_2$ 通过呼吸链直接被氧化　由于呼吸链的复合体 I 为 NADH 脱氢酶,可使 NADH 直接通过呼吸链被彻底氧化。复合体 II 是柠檬酸循环中的琥珀酸脱氢酶,通过结合底物琥珀酸并将其脱氢氧化,产生的 $FADH_2$ 直接进入呼吸链进行氧化。因此,NADH 和 $FADH_2$ 分别通过两个入口进入氧化体系,形成了两条电子传递链,一条称为 NADH 呼吸链,以 NADH 为底物,从NADH 开始将电子/氢传递到 O_2 使之生成 H_2O 并产生 ATP。电子传递顺序是:

$$NADH \rightarrow 复合体 I \rightarrow Q \rightarrow 复合体 III \rightarrow Cyt\ c \rightarrow 复合体 IV \rightarrow O_2$$

另一条称为 FADH$_2$ 呼吸链,也称琥珀酸氧化呼吸链,以 $FADH_2$ 为底物,经复合体 II 到 O_2 生成H_2O 和 ATP。电子传递顺序是:

$$琥珀酸 \rightarrow 复合体 II \rightarrow Q \rightarrow 复合体 III \rightarrow Cyt\ c \rightarrow 复合体 IV \rightarrow O_2$$

线粒体中 NADH 和 $FADH_2$ 分别通过 NADH 呼吸链、$FADH_2$ 呼吸链被彻底氧化,直接参与能量代谢。因此,三羧酸循环产生的还原当量可直接进入呼吸链用于氧化释能。两个体系同在线粒体中,通过 NADH 和 $FADH_2$ 进行接力传递,不仅提高效率,而且还可根据能量的需求变化、通过调节三羧酸循环的速率来调节能量的代谢。

2. 细胞质中的 NADH 通过穿梭进入线粒体呼吸链被氧化　由于 NADH 不能自由穿过线粒体内膜,在细胞质中经糖酵解等生成的 NADH 需通过穿梭机制进入线粒体的呼吸链才能被氧化。

(1) 甘油-3-磷酸穿梭:也称 α-甘油磷酸穿梭(α-glycerophosphate shuttle),在脑和肌组织中,细胞质的 NADH 主要通过此穿梭方式进入线粒体呼吸链进行氧化。细胞质中的 NADH 在甘油-3-磷酸脱氢酶催化下,将 2H 传递给磷酸二羟丙酮,使其还原成甘油-3-磷酸,后者通过线粒体外膜到达线粒体内膜的膜间隙侧。在线粒体膜间隙侧结合着甘油-3-磷酸脱氢酶的同工酶,含 FAD 辅基,接受甘油-3-磷酸的 2H 生成 $FADH_2$ 和磷酸二羟丙酮。$FADH_2$ 直接将 2H 传递给 Q 进入呼吸链(图 10-13)。此机

制是 $FADH_2$ 将 NADH 携带的一对电子从内膜的细胞质侧直接传递给 Q 进行氧化磷酸化,因此 1 分子的 NADH 经此穿梭能产生 1.5 分子 ATP。

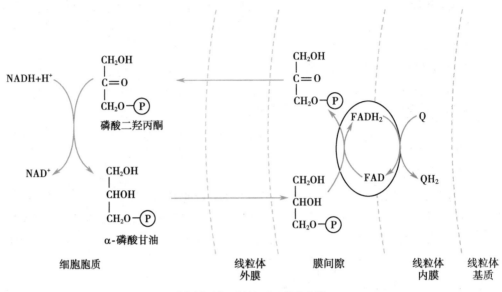

图 10-13　甘油 -3- 磷酸穿梭

（2）苹果酸 - 天冬氨酸穿梭:肝、肾及心肌细胞中主要采用此机制将细胞质 NADH 转运至线粒体呼吸链。需要 2 种内膜转运蛋白质和 2 种酶协同参与:细胞质中的 $NADH+H^+$ 使草酰乙酸还原生成苹果酸,苹果酸经过线粒体内膜上的苹果酸 -α- 酮戊二酸转运蛋白进入线粒体基质后重新生成草酰乙酸,释放 $NADH+H^+$。基质中的草酰乙酸转变为天冬氨酸后经线粒体内膜上的天冬氨酸 - 谷氨酸转运蛋白重新回到细胞质。进入基质的 NADH 则通过 NADH 呼吸链进行氧化,生成 2.5 分子 ATP(图 10-14)。

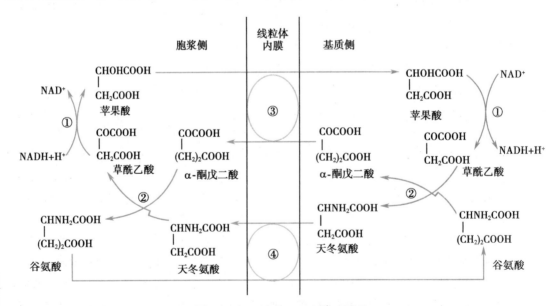

图 10-14　苹果酸 - 天冬氨酸穿梭
①苹果酸脱氢酶;②谷草转氨酶;③苹果酸 -α- 酮戊二酸转运蛋白;④天冬氨酸 - 谷氨酸转运蛋白。

第三节 ｜ 氧化磷酸化与 ATP 的生成

细胞内 ADP 磷酸化生成 ATP 的方式主要有两种,通过底物水平磷酸化(见第七章)产生少量的ATP;而人体 90% 的 ATP 是由线粒体氧化体系产生,即 NADH 和 $FADH_2$ 通过线粒体呼吸链逐步失去电子被氧化生成水,电子传递过程伴随着能量的逐步释放,此释能过程驱动 ADP 磷酸化生成大量的 ATP。因此 NADH 和 $FADH_2$ 的氧化与 ADP 的磷酸化相偶联、产生 ATP 的过程,称之为氧化磷酸化(oxidative phosphorylation)。

一、氧化磷酸化是电子传递和形成 ATP 的偶联过程

氧化磷酸化在线粒体中进行,包含两个关键过程,一是氧化过程,二是磷酸化过程,氧化过程如何产生能量、磷酸化过程如何获取能量产生 ATP 是氧化磷酸化讨论的主要内容。

(一)还原当量的氧化与 ADP 磷酸化的偶联是重要的产能过程

物质代谢产生不同的还原当量,都可参与氧化还原反应,但各自行使不同的功能。线粒体三羧酸循环产生大量的还原当量 NADH、$FADH_2$,易被呼吸链复合体结合,成为呼吸链的还原性底物。此过程中电子的依次传递最终与氧原子结合,而 H^+ 依赖复合体从线粒体基质排向膜间隙,以及与氧结合生成水,即电子的氧化过程改变了 H^+ 的分布,导致内膜两侧的 H^+ 浓度和电荷的差异,储存了电子传递过程释放的能量,因此 NADH、$FADH_2$ 是呼吸链重要的递电子体和递氢体,是产能的关键所在。

ADP 的磷酸化需要供能且需要酶催化生成 ATP,还原当量氧化释放的能量可用于驱动此过程,所以氧化磷酸化是依赖电子传递的 ADP 磷酸化过程。

(二)氧化磷酸化的偶联部位位于复合体 Ⅰ、Ⅲ、Ⅳ

成对电子经呼吸链传递所能合成 ATP 的分子数可反映该过程的效率。理论推测,将呼吸链中能产生足够的能量使 ADP 磷酸化的部位称之为氧化与磷酸化的偶联部位,也就是能够生成 ATP 的部位,根据实验分析及计算,已大致确定电子经呼吸链复合体 Ⅰ、Ⅲ、Ⅳ 氧化时释放的能量可满足 ADP 磷酸化所需的能量。

1. 根据 P/O 比值确定氧化磷酸化偶联部位 一对电子通过氧化呼吸链传递给 1 个氧原子生成 1 分子 H_2O,其释放的能量使 ADP 磷酸化合成 ATP,此过程需要消耗氧和磷酸。P/O 比值(phosphate/oxygen ratio)是指氧化磷酸化过程中,每消耗 1/2 摩尔 O_2 所需磷酸的摩尔数,即所能合成 ATP 的摩尔数(或一对电子通过呼吸链传递给氧所生成 ATP 分子数)。

实验证明,丙酮酸等底物脱氢反应产生 $NADH+H^+$,通过 NADH 呼吸链传递,P/O 比值接近 2.5,说明一对电子传递给 1 个氧原子需消耗约 2.5 分子的磷酸,因此 NADH 呼吸链可能存在 3 个 ATP 生成部位。而琥珀酸脱氢时,P/O 比值接近 1.5,说明琥珀酸呼吸链可能存在 2 个 ATP 生成部位。根据 NADH、琥珀酸呼吸链 P/O 比值的差异,提示在 NADH 和泛醌之间(复合体 Ⅰ)存在 1 个 ATP 生成部位。抗坏血酸底物可以直接通过 Cyt c 传递电子进行氧化,其 P/O 比值接近 1,推测 Cyt c 和 O_2 之间(复合体 Ⅳ)存在 1 个 ATP 生成部位。由此推测另 1 个 ATP 生成部位应在 Q 和 Cyt c 之间(复合体 Ⅲ)。所以,复合体 Ⅰ、Ⅲ、Ⅳ 可能是氧化磷酸化的偶联部位、用于产生 ATP。一对电子经 NADH 呼吸链传递,P/O 比值约为 2.5,生成 2.5 分子的 ATP;一对电子经琥珀酸呼吸链传递,P/O 比值约为 1.5,可产生 1.5 分子的 ATP。

2. 根据自由能变化确定偶联部位 从电子传递数目、氧化还原电位与自由能变化的计算公式已经看出,电子由低电位向高电位传递过程中,氧化还原电位的变化将转变为自由能释放出来。从 NAD^+ 到 Q 之间测得的还原电位差约 0.36V,从 Q 到 Cyt c 电位差为 0.19V,从 Cyt $a、a_3$ 到分子氧为 0.58V,分别对应复合体 Ⅰ、Ⅲ、Ⅳ 的电子传递。计算结果,它们相应释放的 $\Delta G'^\circ$ 分别约为 69.5、36.7、112kJ/mol,而生成 1 分子 ATP 大约需要 30.5kJ,可见复合体 Ⅰ、Ⅲ、Ⅳ 传递一对电子释放的能量能够满足生成 ATP 所需的能量。需要指出的是,偶联部位并非意味着这三个复合体是直接产生 ATP 的部位,而是指电子传递释放的能量,能满足 ADP 磷酸化生成 ATP 的需要。

二、氧化磷酸化依赖线粒体内膜两侧的质子梯度

英国科学家 Mitchell P 提出的化学渗透假说(chemiosmotic hypothesis)阐明了氧化磷酸化的偶联机制。

其基本要点是：①电子经呼吸链传递时释放的能量,通过复合体的质子泵功能,转运 H^+ 从线粒体基质到内膜的胞质侧;②由于质子不能自由穿过线粒体内膜返回基质,从而形成跨线粒体内膜的质子电化学梯度(H^+ 浓度梯度和电位差),储存电子传递释放的能量;③质子的电化学梯度转变为驱动力,促使质子从膜间隙侧顺浓度梯度回流至基质、释放储存的势能,用于驱动 ADP 与 Pi 结合生成 ATP。图 10-15 归纳了呼吸链电子传递和质子回流的过程。

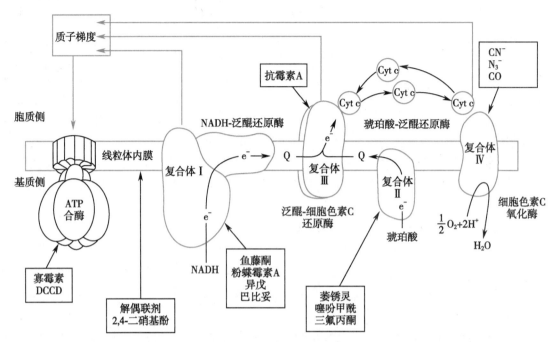

图 10-15　化学渗透假说示意图及各种抑制剂对电子传递链的影响

化学渗透假说已得到广泛的实验支持:包括氧化磷酸化需依赖于完整封闭的线粒体内膜;线粒体内膜对 H^+、OH^-、K^+、Cl^- 是不通透的;电子传递链可驱动并形成能够测定的跨内膜电化学梯度;降低膜间隙侧的质子浓度,能使 ATP 的生成减少等。

(一) 呼吸链复合体的质子泵产生跨线粒体内膜的质子梯度

电子传递过程中,能驱动复合体 Ⅰ、Ⅲ、Ⅳ 将质子从线粒体基质侧泵出至膜间隙侧,质子在膜间隙的浓度逐渐升高,由于线粒体内膜的不通透性,质子不能自由穿过线粒体内膜返回基质,从而形成跨线粒体内膜的质子梯度:一对电子经复合体 Ⅰ、Ⅲ、Ⅳ 传递分别向膜间隙侧泵出 $4H^+$、$4H^+$ 和 $2H^+$,共 10 个 H^+。由于线粒体内膜的不通透性,复合体的质子泵功能形成内膜两侧的 H^+ 浓度和电荷的差异,膜间隙质子的浓度和正电性高于线粒体基质,储存了电子传递过程释放的能量,当质子顺流而下、从高浓度的膜间隙侧回流至基质时可释放能量。

(二) 跨线粒体内膜的质子顺梯度回流释放能量产生 ATP

1. 质子顺梯度回流需要跨线粒体内膜的 ATP 合酶转运　经呼吸链复合体泵至膜间隙的质子不能自由穿过线粒体内膜返回基质,需要通过 ATP 合酶(ATP synthase)进行跨膜转运。

(1) ATP 合酶含质子回流和合成 ATP 的结构域:ATP 合酶又称复合体Ⅴ(complex Ⅴ),位于线粒体内膜上,真核生物细胞中的 ATP 合酶常以二聚体的形式发挥作用。ATP 合酶是由多个蛋白质亚基组成的蘑菇样结构,含 F_1 (亲水部分, F_1 表示第一个被鉴定的与氧化磷酸化相关的因子)和 F_o [疏水部分, F_o 表示对寡霉素敏感(oligomycin-sensitive), F_o 的下标为寡霉素的首字母]两个功能结构域。F_1 为线粒体基质侧的蘑菇头状突起,催化 ATP 合成;而 F_o 的大部分结构嵌入线粒体内膜中,组成离子通道,用于质子的回流(图 10-16)。

真核细胞中,ATP 合酶的 F_1 部分主要由 $\alpha_3\beta_3\gamma\delta\varepsilon$ 亚基(5 个类型、9 个亚基)组成。3 个 α、β 亚基间隔排列,形成 $\alpha\beta$ 功能单元,像橘子瓣样围绕 γ 亚基形成六聚体(图 10-16a)。F_o 嵌于线粒体内膜中,

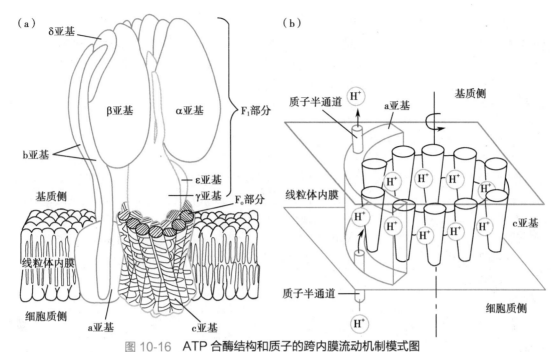

图 10-16 ATP 合酶结构和质子的跨内膜流动机制模式图

（a）F_o-F_1 复合体组成可旋转的发动机样结构，F_1 的 α_3、β_3 和 δ 亚基以及 F_o 的 a、b2 亚基共同组成定子部分，而 F_1 的 γ、ε 亚基及 F_o 的 c 亚基环组成转子部分；（b）F_o 的 a 亚基有 2 个质子半通道，分别开口于内膜两侧。

由疏水的 $ab_2c_{8\sim17}$ 亚基组成，形成跨内膜的质子通道。c 亚基的数目与物种有关，例如牛的 F_o 有 8 个 c 亚基。每个 c 亚基的 2 个反向跨膜 α- 螺旋通过短环连接，8～17 个 c 亚基围成环状结构（c 亚基环，寡霉素的主要结合位点）；a 亚基紧靠 c 亚基环外侧，含 5 个跨膜 α- 螺旋，形成 2 个半穿透线粒体内膜的、不连通的亲水质子半通道，两个开口分别位于线粒体的基质侧和膜间隙侧，两个半通道口分别与 1 个 c 亚基对应（图 10-16b）。

（2）ATP 合酶的 F_o 转运质子回流至线粒体基质：质子梯度强大势能驱动 H^+ 从 F_o 的 a 亚基膜间隙侧半通道口进入（与 a 亚基的 His 结合）、并将 H^+ 转送给位于通道口的 c 亚基，此 c 亚基特定的 Glu 残基（位于跨膜片段的中部，有的物种采用 Asp）接受 H^+ 后，所带负电荷被中和、发生构象变化，启动 c 亚基环发生转动，同时此 c 亚基能与疏水内膜相互接触并随 c 亚基环一起转动。当 c 亚基环转到能接触 a 亚基的另一半通道口时（线粒体基质侧），基质侧相对较低的 H^+ 浓度有利于 H^+ 从 Glu 释放并从半通道出口进入线粒体基质。失去 H^+ 的 Glu 与 a 亚基的 Arg 通过离子键的作用而暂停转动，当 Glu 再被质子化时重新进入转动循环（图 10-16）。因此质子梯度是驱动其回流的驱动力，而 Fo 中 a 亚基的作用是引导质子顺浓度梯度从膜间隙侧进入并结合到 c 亚基上，促使 c 亚基环旋转到 a 亚基的另一半通道口，将质子排入线粒体基质。

2. 质子回流驱动 ATP 合酶催化 ADP 的磷酸化　ATP 的合成是酶催化的耗能过程。一对电子自 NADH 传递至氧可释放约 220kJ/mol 的能量，同时将 10 个 H^+ 从基质转移至膜间隙侧，形成的 H^+ 梯度储存约 200kJ/mol，当质子顺浓度梯度回流至基质时释放储存的势能，ATP 合酶则利用这些能量催化 ADP 与 Pi 生成 ATP。

（1）质子回流促使 ATP 合酶的构象发生动态变化：目前认为，ATP 合酶的 F_o 和 F_1 组装成可旋转的发动机样结构（图 10-16），完成质子回流并驱动 ATP 合成。F_o 起支撑作用的 2 个 b 亚基通过长的亲水端锚定 F_1 的 α 亚基，并通过 δ 亚基与 $\alpha_3\beta_3$ 稳固结合；嵌入内膜的 b 亚基的疏水端与 F_o 的 a 亚基结合，使 a、b_2 和 F_1 中的 $\alpha_3\beta_3$、δ 亚基组成稳定的 "定子" 部分。F_1 部分 γ 和 ε 亚基共同形成中心轴，上端穿过 $\alpha_3\beta_3$ 的六聚体，γ 可与 β 亚基疏松结合（相互作用），影响 β 亚基活性中心构象；下端与嵌入内膜的 c 亚基环紧密结合，使 c 亚基环、γ 和 ε 亚基组成 "转子" 部分（图 10-16）。

当质子顺梯度穿内膜向基质回流时，驱动转子部分围绕定子部分进行旋转，即 c 亚基环和 γ、ε 亚

基相对于 $\alpha_3\beta_3$ 转动,使 F_1 中的 αβ 功能单元利用释放的能量结合 ADP 和 Pi 并生成 ATP。

（2）ATP 合酶的 F_1 组分合成 ATP：Boyer P 提出的结合变构机制（binding change mechanism）解释了 ATP 的合成过程。F_1 的 αβ 单元用于合成 ATP，其中 β 亚基至为关键，通过构象变化来结合 ADP、合成 ATP。β 亚基有 3 种构象：β-ATP 构象，也称紧密型（tight conformation，T），有催化 ATP 合成的活性，可紧密结合 ATP；β-ADP 构象为疏松型（loose conformation，L），可与 ADP 和 Pi 底物结合；β- 空位（β-empty）构象为开放型（open conformation，O），是释放了 ATP 后的空位。质子回流驱动 γ 亚基转动时，会依次接触 3 组 αβ 单元中的 β 亚基，其相互作用导致 β 亚基的构象发生周期性循环变化，在某一时刻，当一个 β 亚基为 β-ATP 构象时，另外二个分别为 β-ADP 和 β- 空位构象。当 β-ATP 转变为 β- 空位构象时，ATP 解离并释放，质子流能量驱动合酶的转子部分转动，使空位的 β 亚基构象转变为 β-ADP 构象，松散地结合基质溶液的 ADP 和 Pi；随后的转动使 β-ADP 向 β-ATP 构象转变、对 ADP 和 Pi 的结合力增强，促进 ATP 的合成（图 10-17）。这种构象改变产生的功能变化，源自质子势能驱动的中心轴 γ 亚基的旋转。ATP 合酶巧妙利用内膜两侧质子电化学梯度的差异，通过质子跨膜转运时产生的亚基构象的动态变化来催化 ATP 的合成。因此呼吸链复合体的质子泵功能形成的跨内膜质子电化学梯度是 ATP 合酶合成 ATP 的驱动力，即电子的氧化驱动 ADP 的磷酸化。

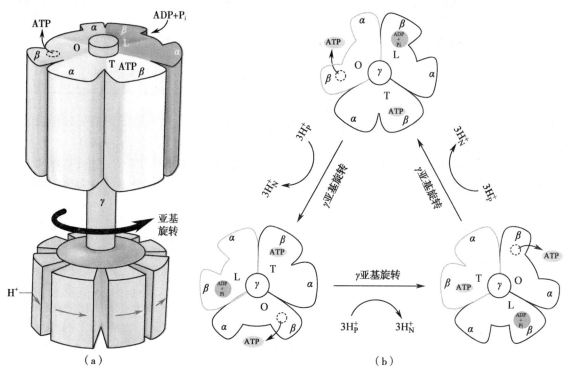

图 10-17　ATP 合酶的工作机制

（a）质子回流驱动 γ 亚基转动，会依次接触 F1 中 3 组 α β 单元中的 β 亚基，其相互作用导致 β 亚基的构象
发生周期性循环变化，分别结合 ADP 和 Pi，合成 ATP；(b) β 亚基的 3 种构象：O 开放型；L 疏松型；T 紧密型。

ATP 合酶循环转动一周生成 3 分子 ATP。实验数据表明，合成 1 分子 ATP 需要 4 个 H^+，其中 3 个 H^+ 通过 ATP 合酶穿线粒体内膜回流入基质，另 1 个 H^+ 用于转运 ADP、Pi 和 ATP。每分子 NADH 经呼吸链传递泵出 $10H^+$，生成约 2.5（10/4）分子 ATP；而琥珀酸呼吸链每传递 2 个电子泵出 $6H^+$，生成 1.5（6/4）分子 ATP。

三、腺苷酸转运蛋白协调转运 ATP 和 ADP 出入线粒体

（一）线粒体内膜含有多种代谢物的转运体

线粒体的外膜有较高的通透性，而内膜通透性低，对物质进出进行严格控制。内膜含有许多跨膜转运蛋白，能选择性转运各种组分、维持组分间的平衡，以保证生物氧化和基质内旺盛的物质代谢过程能够顺利进行（表 10-5）。

表 10-5　线粒体内膜的某些转运蛋白质对代谢物的转运

转运蛋白质	进入线粒体	出线粒体
ATP-ADP 转位酶	ADP^{3-}	ATP^{4-}
磷酸盐转运蛋白	$H_2PO_4^- + H^+$	
二羧酸转运蛋白	HPO_4^{2-}	苹果酸
α- 酮戊二酸转运蛋白	苹果酸	α- 酮戊二酸
天冬氨酸 - 谷氨酸转运蛋白	谷氨酸	天冬氨酸
单羧酸转运蛋白	丙酮酸	OH^-
三羧酸转运蛋白	苹果酸	柠檬酸
碱性氨基酸转运蛋白	鸟氨酸	瓜氨酸
肉碱转运蛋白	脂肪酰肉碱	肉碱

（二）ATP/ADP 转位酶维持线粒体内外 ATP 和 ADP 平衡

氧化磷酸化在线粒体基质中产生大量 ATP 需转运至细胞质中,同时也需将线粒体外的 ADP 转运至基质用于磷酸化,因此线粒体内膜含有相关的腺苷酸转运蛋白,同时还有其他相关组分的转运体,例如磷酸盐转运蛋白等。呼吸链产生的质子电化学梯度可用于这些转运蛋白发挥功能。

线粒体内膜富含腺苷酸转运蛋白,也称 ATP-ADP 转位酶（ATP-ADP translocase）,可占内膜蛋白质总量的 14%。它是由 2 个亚基组成的二聚体,形成跨膜蛋白通道,将膜间隙的 ADP^{3-}（在细胞 pH 中,ADP 呈解离状态）转运至线粒体基质中,同时从基质转运出 ATP^{4-},使经过线粒体内膜的 ADP^{3-} 进入和 ATP^{4-} 移出紧密偶联,维持线粒体内外腺苷酸水平基本平衡。每分子 ATP^{4-} 和 ADP^{3-} 反向转运时,实际向内膜间隙净转移 1 个负电荷,而膜间隙的高正电性有利于 ATP 的泵出（图 10-18）。

跨膜质子梯度的能量也驱动膜间隙侧的 H^+ 和 $H_2PO_4^-$ 经磷酸盐转运蛋白同向转运到线粒体基质中（图 10-18）。因此每分子 ATP 在线粒体基质中生成并转运到细胞质共需 4 个 H^+ 转运进入线粒体基质中。

心肌、骨骼肌等耗能多的组织中线粒体膜间隙存在一种肌酸激酶同工酶,它催化经 ATP-ADP 转位酶运到膜间腔中 ATP 与肌酸之间～P 的转移,生成的磷酸肌酸经线粒体外膜中的孔蛋白进入细胞质中,由相应的肌酸激酶同工酶催化,将～P 转移给 ADP 生成 ATP。因此线粒体内膜的选择性协调转运,对于氧化磷酸化的正常运转至关重要。

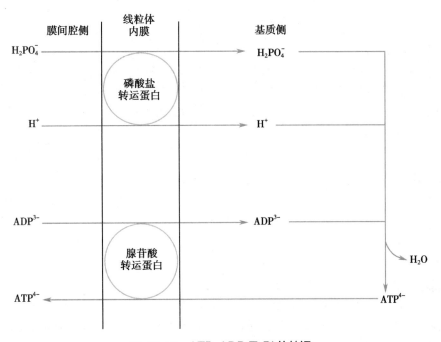

图 10-18　ATP、ADP 及 Pi 的转运

第四节 | 氧化磷酸化的影响因素

ATP 作为机体最主要的能量载体,其生成量主要取决于氧化磷酸化的速率。机体根据自身能量需求,通过调节氧化磷酸化的速率来调节 ATP 的合成。因此,能够影响 NADH、$FADH_2$ 的产生、影响呼吸链组分和 ATP 合酶功能的因素,都会影响氧化磷酸化进而影响 ATP 的生成。

一、能量状态调节氧化磷酸化速率

机体根据能量需求调节氧化磷酸化速率,从而调节 ATP 的生成量。电子的氧化和 ADP 的磷酸化是氧化磷酸化的根本,通常线粒体中氧的消耗量是被严格调控的,其消耗量取决于 ADP 的含量,因此,ADP 是调节机体氧化磷酸化速率的主要因素,只有 ADP 和 Pi 充足时电子传递的速率和耗氧量才会提高。

细胞内 ADP 的浓度以及 ATP/ADP 的比值能够迅速感应机体能量状态的变化。当机体蛋白质合成等耗能代谢反应活跃时,对能量的需求大为增加,ATP 分解为 ADP 和 Pi 的速率增加,使 ATP/ADP 的比值降低、ADP 的浓度增加,ADP 进入线粒体后迅速用于磷酸化,氧化磷酸化随之加速,合成的 ATP 用于满足需求,直到 ATP/ADP 的比值回升至正常水平后,氧化磷酸化速率也随之放缓。通过这种方式使 ATP 的合成速率适应机体的生理需要。另外,ATP 和 ADP 的相对浓度也同时调节糖酵解、柠檬酸循环途径,满足氧化磷酸化对 NADH 和 $FADH_2$ 的需求。另外 ATP 的浓度较高时,氧化磷酸化速率会降低,是因为 ATP 通过别构调节的方式抑制糖酵解、降低柠檬酸循环的速率,协调调节产能的相关途径。

二、抑制剂阻断氧化磷酸化过程

抑制剂通过阻断电子传递链的任何环节,或者抑制 ADP 的磷酸化过程,都可导致 ATP 的合成减少,同时线粒体对氧的需求也减少,细胞的呼吸作用降低,细胞的各种生命活动都会受到影响。

1. **呼吸链抑制剂阻断电子传递过程** 呼吸链抑制剂能在特异部位阻断线粒体呼吸链中的电子传递、降低线粒体的耗氧量,阻断 ATP 的产生。例如,鱼藤酮(rotenone)、粉蝶霉素 A(piericidin A)及异戊巴比妥(amobarbital)等可抑制复合体 I,从而阻断电子从铁硫中心到泛醌的传递。萎锈灵(carboxin)是复合体 II 的抑制剂。抗霉素 A(antimycin A)阻断电子从 Cyt b 到 Q_N 的传递,是复合体 III 的抑制剂(图 10-15)。

2. **毒性气体阻断电子传递过程** CN^-、N_3^- 能够紧密结合复合体 IV 中氧化型 Cyt a_3,阻断电子由 Cyt a 到 CuB-Cyt a_3 的传递。CO 与还原型 Cyt a_3 结合,阻断电子传递给 O_2。许多室内的火灾事故,由于装饰材料中的化学物质经高温处理后形成 HCN,造成人员的 CO、CN^- 中毒,能量代谢受阻,细胞的呼吸作用停止,直接威胁生命(图 10-15)。

3. **ATP 合酶抑制剂同时抑制电子传递和 ATP 的生成** ATP 合酶的抑制剂对电子传递及 ADP 磷酸化均有抑制作用。例如 F_o 对寡霉素敏感、易与之结合,结合后失去转运质子的功能。还有一些小分子化合物,例如二环己基碳二亚胺(dicyclohexyl carbodiimide,DCCD)也可结合 F_o,阻断 H^+ 从 F_o 质子半通道回流,抑制 ATP 合酶活性。由于线粒体内膜两侧质子电化学梯度增高能够影响呼吸链组分的质子泵功能,因此也会抑制电子的传递过程。另外,抑制氧化磷酸化会降低线粒体对氧的需求,氧的消耗会减少。

三、氧化磷酸化的解偶联促进产热

1. **解偶联剂阻断 ADP 的磷酸化过程** 解偶联剂(uncoupler)可使氧化与磷酸化的偶联分离,电子可沿呼吸链正常传递,但建立的质子电化学梯度被破坏,不能驱动 ATP 合酶来合成 ATP。如二硝基苯酚(dinitrophenol,DNP)为脂溶性物质,在线粒体内膜中可自由移动,进入基质时释出 H^+,返回细胞质侧时结合 H^+,从而破坏了 H^+ 的电化学梯度,无法驱动 ATP 的合成。

2. 解偶联蛋白促进产热　机体存在内源性解偶联剂,使 H^+ 不通过 ATP 合酶,而是通过其他途径回流至线粒体基质,因而 ATP 的生成受到抑制。如人(尤其是新生儿)、哺乳类动物中存在棕色脂肪组织,该组织中含有大量的线粒体,因而细胞色素蛋白明显增多,大量血红素的强吸光能力而使其带有颜色。棕色脂肪组织的线粒体内膜中富含一种特别的蛋白质,称解偶联蛋白1(uncoupling protein 1,UCP1)。它是由 2 个 32kD 亚基组成的二聚体,在线粒体内膜上形成质子通道,内膜细胞质侧的 H^+ 可经此通道返回线粒体基质,使氧化磷酸化解偶联不生成 ATP,但质子梯度储存的能量以热能形式释放,因此棕色脂肪组织是产热御寒组织。新生儿硬肿症是因为缺乏棕色脂肪组织,不能维持正常体温而使皮下脂肪凝固所致。现已发现在骨骼肌等组织的线粒体中存在 UCP1 的同源蛋白质 UCP2、UCP3,但无解偶联作用,它们在禁食条件下表达增加,可能有其他的功能。另外,体内游离脂肪酸也可促进 H^+ 经解偶联蛋白回流至线粒体基质中而减少 ATP 的生成。

3. 甲状腺激素促进氧化磷酸化和产热　甲状腺激素(thyroid hormone)可诱导解偶联蛋白表达,使氧化释能和产热比率均增加,ATP 合成减少,导致机体耗氧量和产热同时增加。另外,甲状腺激素促进细胞膜上 Na^+,K^+-ATP 酶的表达,使 ATP 加速分解为 ADP 和 Pi,ADP 浓度增加而促进氧化磷酸化。所以甲状腺功能亢进症患者基础代谢率增高。

四、线粒体 DNA 突变抑制氧化磷酸化

1. 线粒体基因容易发生突变　线粒体 DNA(mitochondrial DNA,mtDNA)呈裸露的环状双螺旋结构,缺乏蛋白质保护和损伤修复系统,容易受到损伤而发生突变,其突变率远高于核内的基因组 DNA。

2. mtDNA 突变直接抑制电子传递或 ADP 的磷酸化　由于线粒体基因编码的基因包括呼吸链复合体亚基以及 ATP 合酶,其突变直接影响 ATP 的生成,从而致能量代谢紊乱、引发疾病。mtDNA 突变造成的功能障碍易出现在耗能较多的组织,如骨骼肌、脑等。随着年龄的增长,如果 mtDNA 突变严重累积,可导致帕金森病、阿尔茨海默病、糖尿病等疾病的发生。

遗传性 mtDNA 疾病以母系遗传居多,因每个卵细胞中有几十万个 mtDNA 分子,每个精子中只有几百个 mtDNA 分子,受精卵 mtDNA 主要来自卵细胞,因此卵细胞 mtDNA 突变产生疾病的概率更高。

第五节 ｜ 其他氧化与抗氧化体系

线粒体呼吸链存在单电子传递过程,单电子也有机会"漏出"直接传递给氧而生成活性氧组分,而不是通过呼吸链传递给氧生成水。因此呼吸链也是产生活性氧、引起细胞氧化损伤的原因之一,机体也有相应的保护防御机制。除了线粒体氧化体系外,细胞内也存在其他的氧化体系,主要参与物质的生物氧化。

一、线粒体氧化呼吸链可产生反应活性氧

呼吸链在传递电子的过程中,由于将漏出的电子直接交给氧,产生部分被还原的氧,产生了反应活性氧类(reactive oxygen species,ROS)(图 10-19)这样的"副产物"。O_2 得到单电子产生超氧阴离子($\cdot O_2^-$),再逐步接受电子而生成过氧化氢 H_2O_2、羟自由基($\cdot OH$),这些未被完全还原的含氧分子,合称为 ROS。

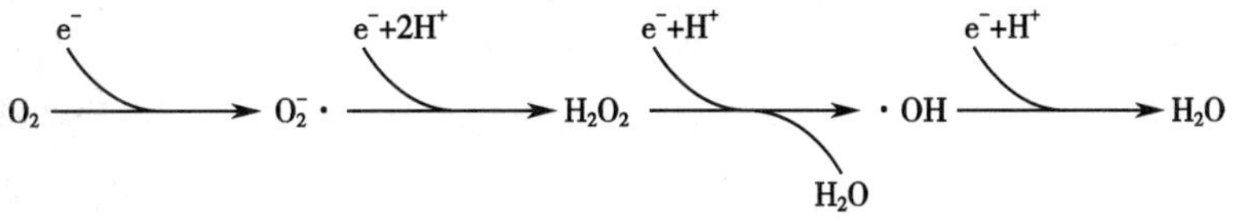

$$O_2 \xrightarrow{e^-} O_2^- \cdot \xrightarrow{e^- + 2H^+} H_2O_2 \xrightarrow[H_2O]{e^- + H^+} \cdot OH \xrightarrow{e^- + H^+} H_2O$$

图 10-19　ROS 的主要类型

(一) 电子传递过程也产生反应活性氧

1. 线粒体的呼吸链是产生 ROS 的主要部位 呼吸链在传递电子的过程中,由于将漏出的电子直接交给氧,产生部分被还原的氧,所以得到 ROS 这样的"副产物",特别是·O_2^- 的产生主要源自呼吸链。例如,复合体 III 中通过 Q 循环传递电子,接受单电子的 QH·在内膜中自由移动,通过非酶促反应直接将单电子泄漏给 O_2 而生成·O_2^-。呼吸链末端的细胞色素 c 氧化酶从金属离子每次转移 1 个电子、通过 4 步单电子转移将氧彻底还原生成水,也会有少量氧接受单电子或双电子而生成·O_2^- 和 H_2O_2。另外,复合体 II 等也可产生 ROS。

2. 某些氧化酶也产生 ROS 除呼吸链外,细胞质中的黄嘌呤氧化酶(xanthine oxidase)需要氧为底物,能催化次黄嘌呤氧化为黄嘌呤和 H_2O_2;位于线粒体外膜的单胺氧化酶(monoamine oxidase, MAO)催化多种胺类进行氧化脱氨产生 H_2O_2 等,但这些酶催化产生的 ROS 远低于线粒体呼吸链。另外,细菌感染、组织缺氧等病理过程,电离辐射、吸烟、药物等外源因素也可导致细胞产生大量的 ROS。

(二) 反应活性氧的蓄积会引发细胞损伤或死亡

ROS 是未被完全还原的含氧分子,化学性质活泼,氧化性远远大于 O_2,因此 ROS 水平升高会导致细胞功能受损。ROS 通过线粒体内膜的离子通道等方式释放到细胞质等,对细胞的功能产生广泛的影响。少量的 ROS 能够促进细胞增殖等,但 ROS 的大量累积会损伤细胞功能,甚至会导致细胞死亡。例如,线粒体基质中的顺乌头酸酶,其 Fe-S 易被·O_2^- 氧化而丧失功能,直接影响柠檬酸循环的功能。·O_2^- 可迅速氧化一氧化氮(NO)产生过氧亚硝酸盐(ONOO$^-$,也属于 ROS),后者能使脂质氧化、蛋白质硝基化而损伤细胞膜和膜蛋白质。羟自由基等可直接氧化蛋白质、核酸,进而破坏细胞的正常结构和功能。线粒体一方面通过消耗氧用于产生 ATP 供能,另一方面也会产生 ROS 而损伤自身及细胞等。因此,生物进化已使机体发展了有效的抗氧化体系及时清除 ROS,防止其累积产生有害影响。

二、抗氧化体系清除反应活性氧

体内存在的各种抗氧化酶、小分子抗氧化剂等,形成了重要的防御体系以对抗 ROS 的副作用。

(一) 抗氧化酶清除超氧阴离子

广泛分布的超氧化物歧化酶(superoxide dismutase, SOD),可催化 1 分子·O_2^- 氧化生成 O_2,另一分子·O_2^- 还原生成 H_2O_2,2 个相同的底物歧化产生了 2 个不同的产物:

$$2·O_2^- + 2H^+ \longrightarrow H_2O_2 + O_2$$

哺乳动物细胞有 3 种 SOD 同工酶,在细胞质中的 SOD,其活性中心含 Cu/Zn 离子,称 Cu/Zn-SOD;线粒体中的 SOD 活性中心含 Mn^{2+},称 Mn-SOD。SOD 是人体防御内、外环境中超氧离子损伤的重要酶。Cu/Zn-SOD 基因缺陷使·O_2^- 不能及时清除而损伤神经元,可引起肌萎缩性侧索硬化症等疾病。

(二) 抗氧化酶分解过氧化氢

过氧化氢酶(catalase)分解 H_2O_2 产生 H_2O 和 O_2。过氧化氢酶主要存在于过氧化酶体中,含有 4 个血红素辅基,催化活性强,每秒可催化超过 40 000 底物分子转变为产物。其催化反应如下:

$$2H_2O_2 \longrightarrow 2H_2O + O_2$$

H_2O_2 有一定的生理作用,如在粒细胞和吞噬细胞中,H_2O_2 可氧化杀死入侵的细菌;甲状腺细胞中产生的 H_2O_2 可使 2I$^-$ 氧化为 I_2,进而使酪氨酸碘化生成甲状腺激素。

(三) 谷胱甘肽参与清除 ROS

谷胱甘肽过氧化物酶(glutathione peroxidase, GPx)也是体内防止 ROS 损伤不可缺少的酶,可去除 H_2O_2 和其他过氧化物类(ROOH)。在细胞胞质、线粒体以及过氧化酶体中,GPx 通过还原型的谷胱甘肽将 H_2O_2 还原为 H_2O、ROOH 转变为醇,同时产生氧化型的谷胱甘肽。其反应如下:

$$H_2O_2 + 2GSH \longrightarrow 2H_2O + GS\text{-}SG$$

$$2GSH + ROOH \longrightarrow GS\text{-}SG + H_2O + ROH$$

氧化型 GS-SG 经谷胱甘肽还原酶催化，由 NADPH+H$^+$ 提供 2H，再转变为还原型的 GSH。还原型的 GSH 也发挥抗氧化作用，抵抗 ROS 对蛋白质 SH 的氧化。

体内其他小分子自由基清除剂有维生素 C、维生素 E、β- 胡萝卜素等，它们与体内的抗氧化酶共同组成人体抗氧化体系。

三、非线粒体氧化体系产生各种产物

除了线粒体氧化体系外，过氧化物酶体、内质网等也存在其他的氧化体系，主要参与物质的氧化修饰、非营养物质的生物转化（见第二十五章）等。

（一）需氧脱氢酶可产生过氧化氢

需氧脱氢酶多为黄素酶类（flavoenzymes），其辅基是 FMN、FAD，酶蛋白与 FMN 与 FAD 结合紧密，因而称为黄素酶。黄素酶种类多，如醛脱氢酶、黄嘌呤氧化酶、L- 氨基酸氧化酶等，它们催化的脱氢反应以 O$_2$ 为直接受氢体，产物为 H$_2$O$_2$。

（二）不需氧脱氢酶可产生还原性代谢物

催化底物脱氢而又不以氧作为直接受氢体的酶称之为不需氧脱氢酶（anaerobic dehydrogenases）。这类酶催化的反应并不将氢直接传递给 O$_2$，而是传递给辅酶或辅基，产生的还原型辅酶或辅基再进行氢 / 电子的传递。不需氧脱氢酶主要参与三类反应：①作为氢或电子载体，间接将氢或电子传递给 O$_2$ 生成 H$_2$O 并释放能量，可产生 ATP；②催化代谢物之间氢的交换；③通过催化的可逆反应，促进还原当量在细胞内的转运或穿梭。

在糖酵解、柠檬酸循环、脂肪酸 β- 氧化等代谢途径中催化氧化还原反应的酶，有许多不需氧脱氢酶，它们以辅酶 NAD$^+$、NADP$^+$、FAD 为受氢体参加反应。而泛醌 - 细胞色素 c 还原酶是以血红素结合的 Fe 离子进行电子传递，间接将电子传递给氧，参与能量代谢、产生 ATP。

（三）单加氧酶催化底物分子羟基化

单加氧酶可以直接将氧原子加到底物分子上，参与体内某些代谢物、药物及毒物的转化或清除。例如，细胞色素 P450 单加氧酶（cytochrome P450 monooxygenase，Cyt P450）催化氧分子中的一个氧原子加到底物分子上（羟化），另一个氧原子被 NADPH+H$^+$ 还原成水，故又称混合功能氧化酶（mixed function oxidase）或羟化酶（hydroxylase），参与类固醇激素等的生成以及药物、毒物的生物转化过程（见第二十五章），其反应式如下：

$$RH+NADPH+H^+ +O_2 \longrightarrow ROH+NADP^+ +H_2O$$

单加氧酶类含 Cyt P450，通过血红素中的 Fe 离子进行单电子传递。Cyt P450 在生物体中广泛分布，人 Cyt P450 有几百种同工酶，识别各自特异性底物。

小　结

生物氧化是有机物质在生物体内的氧化过程，是需氧细胞物质代谢过程中发生的一系列氧化还原反应。其中营养物质在线粒体内氧化分解生成 CO$_2$ 和 H$_2$O 的过程中释放能量，用于驱动 ADP 磷酸化生成 ATP，是生物氧化的核心内容，即营养物质的彻底氧化是产生能量的重要途径，其释放的能量被 ATP 捕获和储存。ATP 是能被机体各种代谢反应直接利用的主要能量形式，在能量的生成、储存和利用中处于中心地位，是能量代谢的核心。细胞过氧化物酶体、内质网等部位发生的生物氧化反应主要对底物进行氧化修饰，不产生 ATP。

线粒体氧化体系主要将营养物质氧化分解产生的还原性辅酶 NADH 和 FADH$_2$ 彻底氧化并释放能量，此氧化过程通过呼吸链（电子传递链）完成。呼吸链是由 4 种蛋白质复合体和泛醌、细胞色素 c 组成，这些组分具有传递电子 / 氢的功能，按照一定的顺序排列于线粒体内膜上，其功能是催化一系列连续的氧化还原反应，将 NADH 和 FADH$_2$ 彻底氧化，所以 NADH 和 FADH$_2$ 是线粒体呼吸链的底物、提供还原当量。由于 NADH 和 FADH$_2$ 进入呼吸链的路径不同，形成了两条呼吸链。

NADH 呼吸链的组成及电子传递顺序是:NADH →复合体Ⅰ→Q →复合体Ⅲ→Cyt c→复合体Ⅳ→O$_2$,传递一对电子可生成 2.5 分子 ATP。FADH$_2$ 呼吸链的组成及电子传递顺序是:琥珀酸→复合体Ⅱ→Q →复合体Ⅲ→Cyt c→复合体Ⅳ→O$_2$,传递一对电子可生成 1.5 分子 ATP。细胞质中生成的 NADH 须通过甘油 -3- 磷酸穿梭或苹果酸 - 天冬氨酸穿梭机制进入线粒体,再进入呼吸链被彻底氧化并释放能量。即营养物质在体内分阶段、逐步进行氧化分解,产生 CO$_2$ 的同时,将产生的 NADH 和 FADH$_2$ 中的氢(H$^+$+e$^-$)通过线粒体呼吸链进行彻底氧化,最后由氧接受电子和质子,生成水和 ATP。

呼吸链中蛋白质复合体Ⅰ、Ⅲ、Ⅳ有质子泵功能,在进行电子传递时,分别向膜间隙侧泵出 4H$^+$、4H$^+$ 和 2H$^+$,形成线粒体内膜两侧的质子浓度的差异,由此形成质子的电化学梯度(电荷和浓度梯度),储存电子传递过程释放的能量。

还原当量的氧化伴随 ADP 的磷酸化是机体产生 ATP 的主要方式。其过程是将 NADH 和 FADH$_2$ 的氧化过程与 ADP 的磷酸化过程相偶联而产生 ATP。磷酸化过程是质子顺梯度释放势能时促使质子返回基质,驱动 ATP 合酶结合 ADP 和 Pi、催化 ADP 磷酸化产生 ATP。

多种因素可以影响氧化磷酸化作用。ADP/ATP 的比值升高可促进氧化磷酸化;而氰化物等呼吸链抑制剂、ATP 合酶抑制剂以及内源解偶联蛋白、外源的解偶联剂等都可通过不同的机制抑制氧化磷酸化,阻断 ATP 的生成。

呼吸链也是体内 ROS 的主要来源。ROS 产生过多会对机体产生危害,体内的各种抗氧化酶类及小分子抗氧化物质能及时清除 ROS,维护机体的正常功能。

思考题:

1. 机体所需 ATP 主要由线粒体氧化磷酸化提供,如何理解氧化磷酸化在神经退行性病变、肿瘤发生发展中的作用?

2. 呼吸链中哪些复合体容易产生 ROS? ROS 有哪些作用? 如何定量分析细胞内 ROS 的含量?

3. 利用呼吸链的抑制剂,是否可以分析细胞的耗氧量来分析其代谢的变化?

4. 解偶联剂与白色脂肪、棕色脂肪的关系是什么? 解偶联剂有助于减肥吗?

思考题解题思路

本章目标测试

本章思维导图

(苑辉卿)

第十一章 | 核苷酸代谢

11章
本章数字资源

核苷酸是核酸的基本结构单位。核酸在体内分布广泛,发挥多种重要的生物学功能。人体内的核苷酸主要由自身合成,因此不属于营养必需物质。核苷酸可由核酸酶水解核酸产生或通过利用体内原料合成。本章主要从代谢角度介绍人体细胞利用各种原料合成嘌呤和嘧啶核苷酸的过程,以及嘌呤和嘧啶核苷酸的分解代谢过程。其合成及分解过程异常与某些疾病的发生及治疗密切相关,一些嘌呤、嘧啶、氨基酸或叶酸类似物可通过竞争性机制抑制核苷酸的合成,称为抗代谢物,在肿瘤的治疗中发挥重要作用。

第一节 | 核苷酸代谢概述

核苷酸在细胞中主要以 5′- 核苷酸形式存在,其中 5′-ATP 含量最多。通常情况下,细胞中核苷酸的浓度远远超过脱氧核苷酸,前者约在毫摩尔(mmol)范围,而后者只在微摩尔(μmol)水平。在细胞分裂周期中,细胞内脱氧核苷酸含量波动范围较大,核苷酸浓度则相对稳定。不同类型细胞中各种核苷酸含量差异很大。而在同一种细胞中,各种核苷酸含量虽也有差异,但核苷酸总含量变化不大。

一、核苷酸具有多种生物学功能

核苷酸具有多种生物学功能:①作为核酸合成的原料,这是核苷酸最主要的功能。②作为体内能量的利用形式。ATP是细胞的主要能量形式。此外GTP等也可以提供能量。③参与代谢和生理调节。某些核苷酸或其衍生物是重要的调节分子。例如cAMP是多种细胞膜受体经激素等激活后产生的第二信使;cGMP可参与代谢调节。④组成辅酶。例如腺苷酸可作为多种辅酶(NAD$^+$、FAD、CoA 等)的组成成分。⑤活化中间代谢物。核苷酸可以作为多种活化中间代谢物的载体。例如 UDP- 葡萄糖是合成糖原、糖蛋白的活性原料,CDP- 甘油二酯是合成磷脂的活性原料,S- 腺苷甲硫氨酸是活性甲基的载体等。ATP 还可作为蛋白激酶反应中磷酸基团的供体。

二、核酸经水解后被吸收

(一)核酸酶是可以水解 DNA 和 RNA 的酶

核酸酶是水解核酸的酶。可根据底物、作用方式等进行分类。依据核酸酶作用的底物不同可以将其分为 DNA 酶(deoxyribonuclease,DNase)和 RNA 酶(ribonuclease,RNase)两类。DNA 酶能够专一性地催化脱氧核糖核酸的水解,而 RNA 酶能专一性地催化核糖核酸的水解。按照对底物二级结构的专一性,核酸酶还有单链酶和双链酶之分。

依据对底物的作用方式可将核酸酶分为核酸外切酶(exonuclease)和核酸内切酶(endonuclease)。核酸外切酶只能水解位于核酸分子链末端的磷酸二酯键。根据其作用的方向性,又有 5′→3′ 核酸外切酶和 3′→5′ 核酸外切酶之分。从 5′ 端切除核苷酸的酶称为 5′→3′ 核酸外切酶;从 3′ 端切除核苷酸的酶称为 3′→5′ 核酸外切酶。而核酸内切酶只可以在 DNA 或 RNA 链的内部切断磷酸二酯键。有些核酸内切酶的酶切位点具有核酸序列特异性,称为限制性核酸内切酶(restriction endonuclease)。一般而言,限制性核酸内切酶的酶切位点的核酸序列具有回文结构,识别长度为 4～8bp。有些核酸内切酶则没有序列特异性的要求。

NOTES

217

细胞内的核酸酶一方面参与 DNA 的合成与修复、RNA 合成后的剪接等 DNA 复制和基因表达过程;另一方面负责清除多余的、结构和功能异常的核酸,同时也可以清除侵入细胞的外源性核酸,这些作用对于维持细胞的正常活动具有重要意义。核酸酶还可以分泌到细胞外,例如在人体消化液中的核酸酶可降解食物中的核酸以利吸收。特别是限制性核酸内切酶,由于它能够特异性地识别酶切位点,已经成为分子生物学中的重要工具酶,目前已发现的有 3 000 余种。

有些核酸酶属于多功能酶。例如,原核生物 DNA 聚合酶同时具有核酸外切酶活性,在 DNA 复制过程中可以切除错配的碱基,保证 DNA 生物合成的精确性。

(二) 核苷酸的分解产物部分可被重新利用

食物中的核酸多以核蛋白的形式存在。核蛋白在胃中受胃酸的作用,分解成核酸与蛋白质。核酸进入小肠后,受胰液和肠液中各种水解酶的作用逐步水解(图 11-1)。

在小肠内,胰腺分泌的 DNA 酶和 RNA 酶可水解 DNA 和 RNA 生成寡核苷酸和部分单核苷酸。小肠黏膜细胞可分泌对底物有一定特异性的二酯酶和核苷酸酶。二酯酶水解寡核苷酸生成单核苷酸,核苷酸酶则可水解核苷酸生成核苷和磷酸。核苷可通过被动扩散方式吸收。但嘧啶核苷可以被肠黏膜细胞内的嘧啶核苷酶水解生成嘧啶碱基,通过扩散方式吸收。因此,核苷酸及其水解产物均可被细胞吸收,并且绝大部分在肠黏膜细胞中被进一步分解。分解产生的戊糖被吸收后可参加体内的戊糖代谢;嘌呤和嘧啶碱则主要被分解后排出体外,所以食物来源的嘌呤和嘧啶碱很少被机体利用。

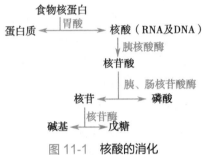

图 11-1　核酸的消化

三、核苷酸代谢包括合成代谢和分解代谢

核苷酸根据碱基组成不同分为嘌呤核苷酸和嘧啶核苷酸两大类,这两种核苷酸的代谢均包括合成和分解代谢。核苷酸合成代谢根据方式的不同包括从头合成和补救合成两种途径。从头合成的碱基来源是利用氨基酸、一碳单位及 CO_2 等新合成含 N 的杂环;补救合成的碱基来源于体内游离碱基或核苷。在分解代谢中,嘌呤核苷酸的分解产物主要是水溶性较差的尿酸;嘧啶核苷酸的分解产物是易溶于水的 NH_3、CO_2、β- 丙氨酸和 β- 氨基异丁酸。

第二节 ｜ 嘌呤核苷酸的合成与分解代谢

一、嘌呤核苷酸的合成存在从头合成和补救合成两条途径

生物体内细胞利用核糖 -5- 磷酸、氨基酸、一碳单位和 CO_2 等简单物质为原料,经过一系列酶促反应,合成嘌呤核苷酸,称为从头合成途径(de novo pathway);利用体内游离的嘌呤或嘌呤核苷,经过简单的反应过程,合成嘌呤核苷酸,称为补救合成途径(salvage pathway),或称重新利用途径。两种途径在人体内不同组织中的重要性不同,从头合成嘌呤核苷酸的主要器官是肝,其次是小肠黏膜和胸腺;补救合成的主要器官是脑和骨髓等。一般情况下,前者是合成的主要途径。

(一) 嘌呤核苷酸的从头合成始于核糖 -5- 磷酸

1. 从头合成途径　除某些细菌外,几乎所有生物体都能合成嘌呤碱。放射性核素示踪实验证明,合成嘌呤碱的原料均为简单物质,合成嘌呤环的各元素来源包括氨基酸、CO_2 及甲酰基(来自四氢叶酸)等(图 11-2)。

嘌呤核苷酸的从头合成在细胞质中进行,其过程是从核糖 -5- 磷酸起始逐步合成嘌呤环。反应步骤比较复杂,可分为两个阶段:首先合成次黄嘌呤核苷酸(inosine monophosphate,IMP),然后 IMP 再转变成腺嘌呤核苷酸(AMP)与鸟嘌呤核苷酸(GMP)。

(1) IMP 的合成:IMP 的合成经过 11 步反应完成(图 11-3)。①核糖 -5- 磷酸(戊糖磷酸途径中

动画

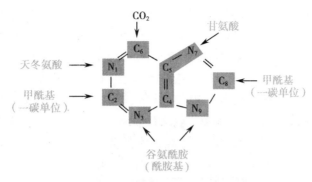

图 11-2 嘌呤碱合成的元素来源

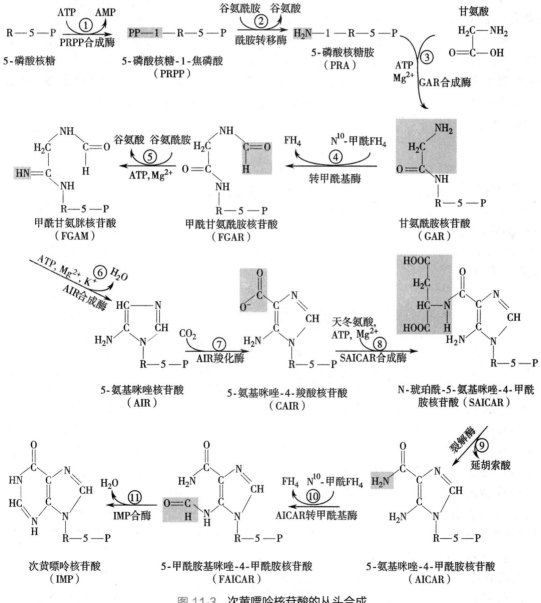

图 11-3 次黄嘌呤核苷酸的从头合成

产生）经过磷酸核糖焦磷酸合成酶作用,将1分子焦磷酸从ATP转移到核糖-5-磷酸的C-1上,活化生成5-磷酸核糖-1-焦磷酸(5-phosphoribosyl-1′-pyrophosphate,PRPP)。②谷氨酰胺提供酰胺基取代PRPP上的焦磷酸,形成5-磷酸核糖胺(5-phosphoribosylamine,PRA),此反应由磷酸核糖酰胺转移酶(glutamine-PRPP amidotransferase)催化。PRA极不稳定,其半衰期在pH 7.5的条件下为30秒;这个中间体迅速进入下一个生物合成步骤,嘌呤环随后在该结构上形成。该反应是嘌呤核苷酸从头合成的关键步骤。③甘氨酸与PRA缩合,生成甘氨酰胺核苷酸(glycinamide ribonucleotide,GAR),该反应需消耗一个ATP,用于激活甘氨酸的羧基来进行这个缩合反应。④添加的甘氨酸氨基被N¹⁰-甲酰基四氢叶酸甲酰化,即GAR被甲酰化,生成甲酰甘氨酰胺核苷酸(formylglycinamide ribonucleotide,FGAR)。⑤谷氨酰胺提供酰胺氮,使FGAR生成甲酰甘氨脒核苷酸(formylglycinamidine ribonucleotide,FGAM),此反应消耗1分子ATP。⑥FGAM脱水环化形成5-氨基咪唑核苷酸(5-aminoimidazole ribonucleotide,AIR),此反应也需要ATP参与。至此,合成了嘌呤环中的咪唑环部分。⑦CO_2连接到咪唑环上,作为嘌呤碱中C-6的来源,生成5-氨基咪唑-4-羧酸核苷酸(carboxyaminoimidazole ribonucleotide,CAIR)。⑧在ATP存在下,天冬氨酸与CAIR缩合,生成N-琥珀酰-5-氨基咪唑-4-甲酰胺核苷酸(N-succinyl-5-aminoimidazole-4-carboxamide ribonucleotide,SAICAR)。⑨SAICAR脱去1分子延胡索酸,裂解为5-氨基咪唑-4-甲酰胺核苷酸(5-aminoimidazole-4-carboxamide ribonucleotide,AICAR)。⑩N^{10}-甲酰四氢叶酸提供甲酰基(一碳单位),使AICAR甲酰化,生成5-甲酰胺基咪唑-4-甲酰胺核苷酸(N-formylaminoimidazole-4-carboxamide ribonucleotide,FAICAR)。FAICAR脱水环化,生成IMP。嘌呤核苷酸从头合成的酶在细胞质中多以酶复合体或多功能酶的形式存在。

（2）IMP转变生成AMP和GMP:IMP虽然不是核酸分子的主要组成单位,但它是嘌呤核苷酸合成的前体或重要中间产物,IMP可以分别转变成AMP和GMP(图11-4)。IMP转变为AMP需要天冬氨酸提供氨基,反应由GTP提供能量;IMP向GMP的转变是IMP先被NAD^+氧化,然后再由谷氨酰胺提供氨基生成GMP,该过程由ATP提供能量,ATP最后被分解为AMP和PPi。

（3）ATP和GTP的生成:用于生物合成的核苷酸通常被转变为核苷三磷酸。从核苷单磷酸向核苷三磷酸的转变在所有细胞都是相同的,腺苷酸激酶(adenylate kinase)可促进AMP的磷酸化生成ADP,ADP可通过糖酵解途径或氧化磷酸化生成ATP。GMP在激酶作用下,经过两步磷酸化反应生成GTP。

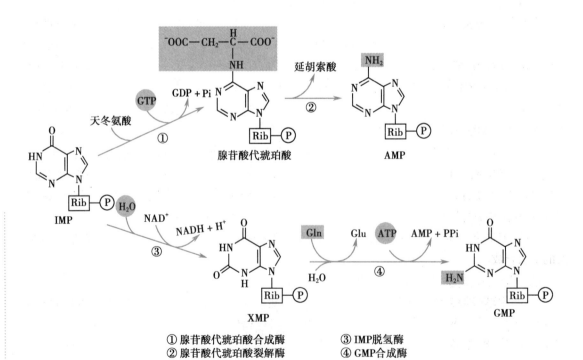

①腺苷酸代琥珀酸合成酶　　③IMP脱氢酶
②腺苷酸代琥珀酸裂解酶　　④GMP合成酶

图11-4　由IMP合成AMP及GMP

　　由上述反应过程可以清楚地看到,嘌呤核苷酸是在核糖 -5- 磷酸分子上逐步合成嘌呤环的,而不是首先单独合成嘌呤碱然后再与核糖 -5- 磷酸结合。这是与嘧啶核苷酸合成过程的明显差别,也是嘌呤核苷酸从头合成的一个重要特点。

　　现已证明,并不是所有的细胞都具有从头合成嘌呤核苷酸的能力。

　　2. 从头合成的调节　嘌呤核苷酸的从头合成是体内核苷酸的主要来源,但这个过程需要消耗氨基酸等原料及大量 ATP。机体对其合成速度进行着精确的调节,一方面满足核酸合成过程中对嘌呤类核苷酸的需求,同时又不会 "供过于求",以节省底物及能量的消耗。此反应以反馈调节为主(图 11-5)。

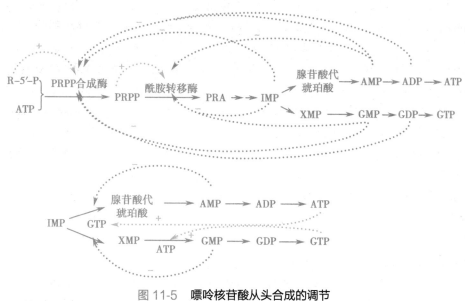

图 11-5　嘌呤核苷酸从头合成的调节
+ 表示促进;– 表示抑制。

　　嘌呤核苷酸从头合成途径中,主要调控环节是第一步生成 PRPP 和第二步生成 5- 磷酸核糖胺(PRA)的反应。催化反应的 PRPP 合成酶和 PRPP 酰胺转移酶是关键调控酶,均可被合成的产物 IMP、AMP 及 GMP 等反馈抑制。反之,PRPP 增加可以促进酰胺转移酶活性,加速 PRA 生成。PRPP 酰胺转移酶是一类别构酶,其单体形式有活性,二聚体形式无活性。IMP、AMP 及 GMP 能使活性形式转变成无活性形式。在嘌呤核苷酸合成调节中,PRPP 合成酶可能比酰胺转移酶起着更大的作用,所以对 PRPP 合成酶的调控更为重要。

动画

　　在形成 AMP 和 GMP 过程中,IMP 转化为 AMP 时需要 GTP,转化为 GMP 时需要 ATP。GTP 可以促进 AMP 的生成,ATP 也可以促进 GMP 的生成。过量的 AMP 控制 AMP 的生成,而不影响 GMP 的合成;同样,过量的 GMP 控制 GMP 的生成,而不影响 AMP 的合成。这种交叉调节作用对维持 ATP 与 GTP 浓度的平衡具有重要意义。

　　此外,ADP 和 GDP 还可以别构抑制核糖磷酸焦磷酸激酶,抑制 PRPP 的合成,进而调节嘌呤核苷酸的从头合成。

　　(二)嘌呤核苷酸的补救合成有两种方式

　　1. 利用嘌呤碱或嘌呤核苷重新合成嘌呤核苷酸　此补救合成过程比较简单,消耗能量也少。有两种酶参与嘌呤核苷酸的补救合成:腺嘌呤磷酸核糖转移酶(adenine phosphoribosyl transferase,APRT)和次黄嘌呤 - 鸟嘌呤磷酸核糖转移酶(hypoxanthine-guanine phosphoribosyl transferase,HGPRT)。PRPP 提供磷酸核糖,它们分别催化 AMP、IMP 和 GMP 的补救合成。

$$腺嘌呤 + PRPP \xrightarrow{APRT} AMP + PPi$$
$$次黄嘌呤 + PRPP \xrightarrow{HGPRT} IMP + PPi$$
$$鸟嘌呤 + PRPP \xrightarrow{HGPRT} GMP + PPi$$

APRT 受 AMP 的反馈抑制,HGPRT 受 IMP 与 GMP 的反馈抑制。

2. 利用腺嘌呤核苷进行磷酸化生成嘌呤核苷酸 人体内嘌呤核苷的重新利用通过腺苷激酶催化的磷酸化反应,利用 ATP 提供的磷酸基团,使腺嘌呤核苷生成腺嘌呤核苷酸。

$$腺嘌呤核苷 \underset{ATP \quad ADP}{\xrightarrow{腺苷激酶}} AMP$$

生物体内除腺苷激酶外,不存在作用其他嘌呤核苷的激酶。嘌呤核苷酸补救合成途径中主要以磷酸核糖转移酶催化的反应为主。嘌呤核苷酸补救合成的生理意义一方面在于可以节省从头合成时能量和一些氨基酸的消耗;另一方面,体内某些组织器官,例如脑、骨髓等由于缺乏从头合成嘌呤核苷酸的酶体系,它们只能进行嘌呤核苷酸的补救合成。因此,对这些组织器官来说,补救合成途径具有更重要的意义。例如,由于基因缺陷而导致 HGPRT 完全缺失的患儿,表现为莱施 - 奈恩综合征或称 Lesch-Nyhan 综合征,这是一种遗传代谢病。

(三) 体内嘌呤核苷酸可以相互转变

体内嘌呤核苷酸可以相互转变,以保持彼此平衡。前已述及,IMP 可以转变成 XMP、AMP 及 GMP。此外,AMP、GMP 也可以转变成 IMP。由此,AMP 和 GMP 之间也是可以相互转变的。

(四) 脱氧核苷酸的生成在核苷二磷酸水平进行

DNA 由 4 种脱氧核苷酸组成。细胞增殖旺盛时,脱氧核苷酸的含量明显增加,以适应合成 DNA 的需要。脱氧核苷酸,包括嘌呤脱氧核苷酸和嘧啶脱氧核苷酸从何而来? 现已证明,体内脱氧核糖核苷酸中所含的脱氧核糖并非先形成后再连接上碱基和磷酸,而是通过相应的核糖核苷酸的直接还原作用,以氢元素取代其 D- 核糖分子中 C-2′ 上的羟基而生成的。除 dTMP 是从 dUMP 转变而来以外,其他脱氧核糖核苷酸都是在核苷二磷酸(NDP)水平上(N 代表 A、G、U、C 等碱基)由核糖核苷酸还原酶(ribonucleotide reductase)催化进行的,反应如下。

其实,这一反应的过程比较复杂(图 11-6)。核苷酸还原酶从 NADPH 获得电子时,需要硫氧还蛋白(thioredoxin)作为电子载体。硫氧还蛋白的分子量约为 12kD,其所含的巯基在核糖核苷酸还原酶作用下氧化为二硫键。后者再经称为硫氧还蛋白还原酶(thioredoxin reductase,Trx)的催化,重新生成还原型的硫氧还蛋白,由此构成一个复杂的酶体系。核糖核苷酸还原酶是一种别构酶,包括两个亚基,只有两个亚基结合并有 Mg^{2+} 存在时才具有酶活性。在 DNA 合成旺盛、分裂速度较快

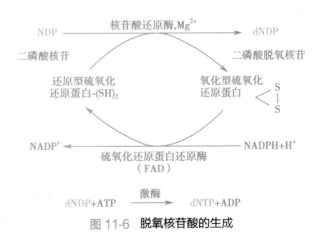

图 11-6 **脱氧核苷酸的生成**

的细胞中,核糖核苷酸还原酶体系活性较强。

细胞除了控制核糖核苷酸还原酶的活性以调节脱氧核苷酸的浓度之外,还可以通过各种核苷三磷酸对还原酶的别构作用来调节不同脱氧核苷酸的生成。因为某一种 NDP 被还原酶还原成 dNDP时,需要特定 NTP 的促进,同时也受其他 NTP 的抑制(表 11-1)。通过这种调节,使合成 DNA 的 4 种脱氧核苷酸控制在适当比例。

表 11-1　核苷酸还原酶的别构调节

作用物	主要促进剂	主要抑制剂
CDP	ATP	dATP、dGTP、dTTP
UDP	ATP	dATP、dGTP
ADP	dGTP	dATP、ATP
GDP	dTTP	dATP

与脱氧嘌呤核苷酸的生成一样,脱氧嘧啶核苷酸(dUDP、dCDP)也是通过相应的嘧啶核苷二磷酸的直接还原而生成的。

经过激酶的作用,上述 dNDP 再磷酸化生成脱氧核苷三磷酸。

(五) 嘌呤核苷酸的抗代谢物是一些嘌呤、氨基酸或叶酸等的类似物

嘌呤核苷酸的抗代谢物是一些嘌呤、氨基酸或叶酸等的类似物。它们主要以竞争性抑制或"以假乱真"等方式干扰或阻断嘌呤核苷酸的合成代谢,从而进一步阻止核酸以及蛋白质的生物合成。肿瘤细胞的核酸及蛋白质的合成代谢十分旺盛,因此这些抗代谢物具有抗肿瘤作用。

1. 嘌呤类似物　主要有 6- 巯基嘌呤(6-mercaptopurine,6-MP)、6- 巯基鸟嘌呤、8- 氮杂鸟嘌呤等,其中以 6-MP 在临床上应用较多。6-MP 的结构与次黄嘌呤相似,唯一不同的是分子中 C-6 上由巯基取代。

6-MP 在体内经磷酸核糖化生成 6-MP 核苷酸,并以这种形式抑制 IMP 转变为 AMP 及 GMP 的反应。6-MP 能直接通过竞争性抑制,影响次黄嘌呤 - 鸟嘌呤磷酸核糖转移酶,使 PRPP 分子中的核糖磷酸不能向鸟嘌呤及次黄嘌呤转移,阻止了补救合成途径。此外,由于 6-MP 核苷结构与 IMP 相似,可以反馈抑制 PRPP 酰胺转移酶进而干扰磷酸核糖胺的形成,阻断嘌呤核苷酸从头合成(图 11-7)。

2. 氨基酸类似物　氮杂丝氨酸(azaserine)及 6- 重氮 -5- 氧正亮氨酸(diazonorleucine)等,它们的结构与谷氨酰胺相似,可干扰谷氨酰胺在嘌呤核苷酸合成中的作用,从而抑制嘌呤核苷酸的合成。

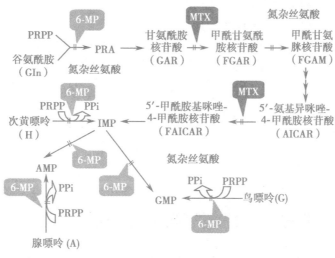

图 11-7　嘌呤核苷酸抗代谢物的作用

‖ 表示抑制。

3. **叶酸的类似物** 氨蝶呤(aminopterin)及甲氨蝶呤(methotrexate,MTX)都是叶酸的类似物,能竞争性抑制二氢叶酸还原酶,使叶酸不能还原成二氢叶酸及四氢叶酸。因此嘌呤分子中来自一碳单位的 C-8 及 C-2 均得不到供应,从而抑制了嘌呤核苷酸的合成。MTX 在临床上用于白血病等的治疗。

应该指出的是,上述药物缺乏对肿瘤细胞的选择性,对增殖速度较旺盛的某些正常组织亦有杀伤性,因而具较大的毒副作用。

嘌呤核苷酸抗代谢物的作用部位可归纳如图 11-7。

二、嘌呤核苷酸分解代谢的终产物是尿酸

人体细胞内的核苷酸的分解代谢类似于食物中核苷酸的消化过程。首先,细胞中的核苷酸在核苷酸酶的作用下水解成核苷。核苷经核苷磷酸化酶作用,磷酸解成自由的碱基及核糖 -1- 磷酸。嘌呤碱基可以参加核苷酸的补救合成,也可以进一步水解。人体内,嘌呤碱基最终分解生成尿酸(uric acid),随尿排出体外。反应过程简化如图 11-8。AMP 生成次黄嘌呤,后者在黄嘌呤氧化酶(xanthine oxidase)作用下氧化成黄嘌呤,最后生成尿酸。GMP 生成鸟嘌呤,后者转变成黄嘌呤,最后也生成尿酸。脱氧嘌呤核苷也经过相同的途径进行分解代谢。体内嘌呤核苷酸的分解代谢主要在肝、小肠及肾中进行,黄嘌呤氧化酶在这些组织中活性较强。

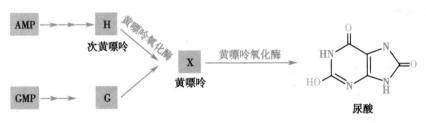

图 11-8　嘌呤核苷酸的分解代谢

尿酸是人体嘌呤核苷酸分解代谢的终产物,水溶性较差。当进食高嘌呤食物、体内核酸大量分解(如白血病、恶性肿瘤等)或肾疾病而使尿酸排泄障碍时,均可导致血中尿酸浓度升高。临床上常用别嘌呤醇(allopurinol)治疗痛风症。别嘌呤醇是次黄嘌呤的类似物,只是分子中 N-7 与 C-8 互换了位置,故可抑制黄嘌呤氧化酶,从而抑制尿酸的生成(图 11-9)。黄嘌呤、次黄嘌呤的水溶性较尿酸大得多,不会沉积形成结晶。同时,别嘌呤醇与 PRPP 反应生成别嘌呤核苷酸,这样一方面消耗 PRPP 而使其含量减少,另一方面别嘌呤核苷酸与 IMP 结构相似,又可反馈抑制嘌呤核苷酸从头合成的酶。这两方面的作用均可使嘌呤核苷酸的合成减少。

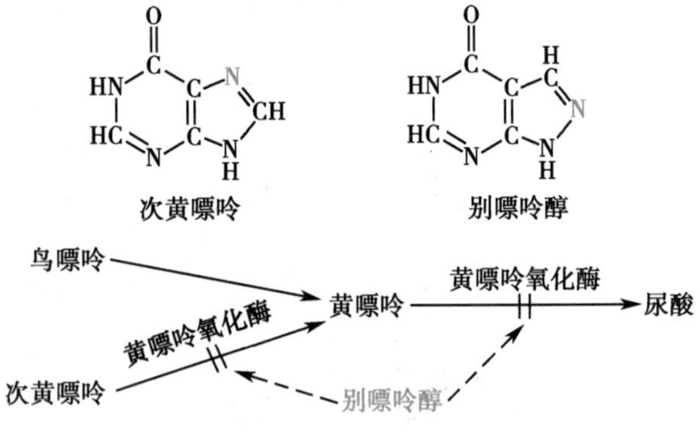

图 11-9　别嘌呤醇的抑制作用

第三节 | 嘧啶核苷酸的合成与分解代谢

一、嘧啶核苷酸的合成也有从头合成与补救合成两条途径

与嘌呤核苷酸一样,体内嘧啶核苷酸的合成也有两条途径,即从头合成途径和补救合成途径。

(一) 嘧啶核苷酸的从头合成先合成嘧啶环

1. **从头合成途径** 放射性核素示踪实验证明,嘧啶核苷酸中嘧啶碱合成的原料来自谷氨酰胺、CO_2 和天冬氨酸等(图 11-10)。嘧啶核苷酸的合成主要发生在肝组织,反应过程在细胞质和线粒体中进行。

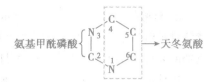

图 11-10 嘧啶碱合成的元素来源

与嘌呤核苷酸的从头合成途径不同,嘧啶核苷酸的合成是先合成含有嘧啶 6 元环的乳清酸,然后再与 PRPP 反应连接到核糖 -5- 磷酸上。嘧啶核苷酸合成的过程如下:

(1) 尿嘧啶核苷酸的合成:嘧啶环的合成始于氨基甲酰磷酸的生成。正如氨基酸代谢一章所讨论的,氨基甲酰磷酸也是尿素合成的中间产物。但是,尿素合成中所需的氨基甲酰磷酸是在肝线粒体中由氨基甲酰磷酸合成酶(carbamoyl phosphate synthetase,CPS)I 化生成的;而嘧啶合成所用的氨基甲酰磷酸则是在细胞质中以谷氨酰胺为氮源,由 CPS II 催化生成,这两种合成酶的性质不同。

上述生成的氨基甲酰磷酸在细胞质中的天冬氨酸氨基甲酰转移酶(aspartate transcarbamoylase)催化下,与天冬氨酸化合生成氨甲酰天冬氨酸。后者经二氢乳清酸酶催化脱水,形成具有嘧啶环的二氢乳清酸,再经二氢乳清酸脱氢酶作用,脱氢成为乳清酸(orotic acid,OA)。乳清酸不是构成核酸的嘧啶碱,但它在乳清酸磷酸核糖转移酶催化下可与 PRPP 结合,生成乳清酸核苷酸(orotidine-5′-monophosphate,OMP),后者再由乳清酸核苷酸脱羧酶催化脱去羧基,即生成尿嘧啶核苷酸(uridine monophosphate,UMP)。UMP 由激酶催化被磷酸化生成 UTP;UTP 可由胞苷酸合成酶催化进一步生成 CTP(图 11-11)。

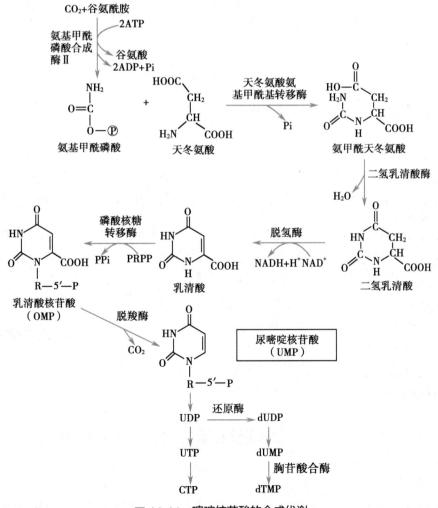

图 11-11 嘧啶核苷酸的合成代谢

在真核细胞中嘧啶核苷酸合成的前三个酶,即氨基甲酰磷酸合成酶Ⅱ、天冬氨酸氨基甲酰转移酶和二氢乳清酸酶,位于分子量约为 200kD 的同一条多肽链上,因此是一种多功能酶;后两个酶也是位于同一条多肽链上的多功能酶。这种方式更有利于以均匀的速度参与嘧啶核苷酸的合成。

（2）CTP 的合成:UMP 通过尿苷酸激酶和核苷二磷酸激酶的连续作用,生成尿苷三磷酸（UTP）,并在 CTP 合成酶催化下,消耗一分子 ATP,从谷氨酰胺接受氨基而成为胞苷三磷酸（CTP）。

（3）脱氧胸腺嘧啶核苷酸（dTMP）的生成:胸腺嘧啶的从头合成只涉及脱氧核苷酸。dTMP 的直接前体是 dUMP,是由脱氧尿嘧啶核苷酸（dUMP）经甲基化而生成的;该反应由胸苷酸合酶（thymidylate synthase）催化,N^5,N^{10}-亚甲四氢叶酸作为甲基供体。N^5,N^{10}-亚甲四氢叶酸提供甲基后生成的二氢叶酸又可在二氢叶酸还原酶的作用下,重新生成四氢叶酸。dUMP 可来自两个途径:一是 dUDP 的水解去磷酸化,另一个是 dCMP 的脱氨基,以后一种为主。

2. 从头合成的调节 在细菌中,天冬氨酸氨基甲酰转移酶是嘧啶核苷酸从头合成的主要调节酶。但是,哺乳类动物细胞中,嘧啶核苷酸合成的调节酶则主要是 CPS Ⅱ,它受 UMP 抑制。这两种酶都受反馈机制的调节。此外,在哺乳类动物细胞中,上述 UMP 合成起始和终末的两种多功能酶还可受到阻遏或去阻遏的调节。核素掺入实验表明,嘧啶与嘌呤的合成有着协调控制关系,两者的合成速度通常是平行的。

由于 PRPP 合成酶是嘧啶与嘌呤两类核苷酸合成过程中共同需要的酶,所以它可同时接受嘧啶核苷酸及嘌呤核苷酸的反馈抑制。嘧啶核苷酸合成的调节如图所示（图 11-12）。

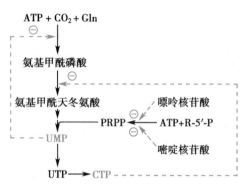

图 11-12 嘧啶核苷酸合成的调节部位

（二）嘧啶核苷酸的补救合成途径与嘌呤核苷酸类似

嘧啶磷酸核糖转移酶是嘧啶核苷酸补救合成的主要酶,它能利用尿嘧啶、胸腺嘧啶及乳清酸作为底物合成嘧啶核苷酸,催化反应的通式如下:

$$嘧啶 +PRPP \xrightarrow{嘧啶磷酸核糖转移酶} 嘧啶核苷一磷酸 +PPi$$

嘧啶磷酸核糖转移酶已经从人红细胞中被纯化,但对胞嘧啶不起作用。

尿苷激酶也是一种补救合成酶,催化尿苷生成尿苷酸。

脱氧胸苷可通过胸苷激酶催化生成 dTMP。此酶在正常肝中活性很低,而再生肝中酶活性升高,在恶性肿瘤中该酶活性也明显升高并与恶性程度有关。

（三）嘧啶核苷酸的抗代谢物是嘧啶、氨基酸或叶酸等的类似物

与嘌呤核苷酸一样,嘧啶核苷酸的抗代谢物也是一些嘧啶、氨基酸或叶酸等的类似物。它们对代谢的影响及抗肿瘤作用与嘌呤抗代谢物相似。

1. 嘧啶的类似物 主要有 5-氟尿嘧啶（5-fluorouracil,5-FU）,它的结构与胸腺嘧啶相似。5-FU 本身并无生物学活性,必须在体内转变成脱氧氟尿嘧啶核苷一磷酸（FdUMP）及氟尿嘧啶核苷三磷酸（FUTP）后,才能发挥作用。FdUMP 与 dUMP 有相似的结构,是胸苷酸合酶的抑制剂,可以阻断 dTMP 的合成。FUTP 可以 FUMP 的形式掺入 RNA 分子,异常核苷酸的掺入破坏了 RNA 的结构与功能。

2. 核苷类似物 某些改变了核糖结构的核苷类似物,例如阿糖胞苷和安西他滨也是重要的抗肿瘤药物。阿糖胞苷能抑制 CDP 还原成 dCDP,也能影响 DNA 的合成。

3. 氨基酸类似物、叶酸类似物已在嘌呤抗代谢物中介绍。例如,由于氮杂丝氨酸类似谷氨酰胺,可以抑制 CTP 的生成;甲氨蝶呤干扰叶酸代谢,使 dUMP 不能利用一碳单位甲基化而生成 dTMP,进而影响 DNA 合成。

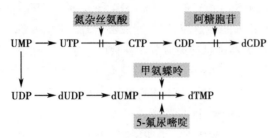

5-氟尿嘧啶(5-FU)　　阿糖胞苷　　　　环胞苷

嘧啶核苷酸类似物的作用环节可归纳如下(图 11-13)。

图 11-13　嘧啶核苷酸抗代谢物的作用
‖ 表示抑制。

二、嘧啶核苷酸分解生成 NH₃、CO₂、β- 丙氨酸及 β- 氨基异丁酸

嘧啶核苷酸首先通过核苷酸酶及核苷磷酸化酶的作用,除去磷酸及核糖,产生的嘧啶碱再进一步分解。胞嘧啶脱氨基转变成尿嘧啶。尿嘧啶还原成二氢尿嘧啶,并水解开环,最终生成 NH_3、CO_2 及 β- 丙氨酸。胸腺嘧啶分解成 β- 氨基异丁酸(β-aminoisobutyric acid)(图 11-14),其可直接随尿排出或进一步分解。摄入 DNA 丰富的食物的人、经放射线治疗或化学治疗后的肿瘤病人等,其尿液中 β- 氨基异丁酸排出量增多。嘧啶碱的分解代谢主要在肝进行。

与嘌呤碱的分解产生尿酸不同,嘧啶碱的分解产物均易溶于水。

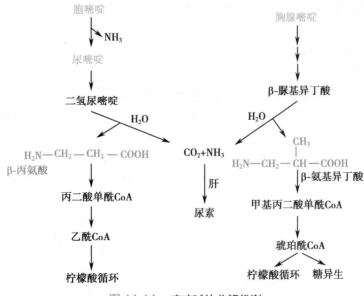

图 11-14　嘧啶碱的分解代谢

小 结

核苷酸具有多种重要的生理功能,其中最主要的是作为合成核酸分子的基本组成单位。除此,还参与能量代谢、代谢调节等过程。体内核苷酸的来源主要由机体细胞自身合成,食物来源的嘌呤和嘧啶极少被机体利用。食物中或机体细胞中的核酸可被核酸酶降解。核酸酶是能够水解核酸的酶,根据作用底物的不同分为 DNA 酶及 RNA 酶。根据作用位点的不同分为核酸外切酶及核酸内切酶。食物中的 DNA 和 RNA 在小肠被核酸酶水解为寡核苷酸和部分单核苷酸。核苷酸被核苷酸酶进一步水解生成核苷和磷酸。核苷及碱基可通过扩散等方式被吸收。

核苷酸在体内的代谢主要包括合成代谢和分解代谢。体内嘌呤核苷酸的合成有两条途径:从头合成和补救合成途径。从头合成途径的原料是核糖 -5- 磷酸、氨基酸、一碳单位和 CO_2 等简单物质,在 PRPP 的基础上经过一系列酶促反应,逐步形成嘌呤环。首先生成 IMP,然后再分别转变成 AMP 和 GMP。从头合成过程受着精确的反馈调节。补救合成途径实际上是现成嘌呤或嘌呤核苷的重新利用,虽然合成含量极少,但对于那些不能进行从头合成的组织器官,补救合成具有重要的生理意义。

机体也可以从头合成嘧啶核苷酸,但不同的是先合成嘧啶环,再磷酸核糖化而生成核苷酸。嘧啶核苷酸的从头合成途径也受反馈调控。

体内脱氧核苷酸由各自相应的核苷二磷酸被还原生成。核苷酸还原酶催化此反应。四氢叶酸携带的一碳单位是合成胸苷酸时甲基的必要来源。

根据嘌呤核苷酸和嘧啶核苷酸的合成过程,可以设计多种抗代谢物,包括嘌呤类似物、嘧啶类似物、叶酸类似物和氨基酸类似物等。这些抗代谢物在抗肿瘤治疗中有重要作用。

嘌呤在人体内分解代谢的终产物是尿酸,黄嘌呤氧化酶是这个代谢过程的关键酶。痛风症主要是由于嘌呤代谢异常,尿酸生成过多而引起的。嘧啶分解后产生的 β- 氨基酸可随尿排出或进一步代谢。

思考题:
1. 核苷酸是否为营养必需物质? 为什么?
2. 嘌呤及嘧啶核苷酸分解代谢产物是什么? 痛风和哪种产物相关?
3. 痛风的治疗方法有哪些?
4. 试述核苷酸抗代谢物的类型及其应用。

思考题解题思路

本章目标测试

本章思维导图

(高 旭)

第十二章 代谢的整合与调节

代谢（metabolism）即新陈代谢，是机体内所有的化学反应，是生命活动的物质基础。代谢主要包括物质消化、吸收、合成、分解、转化，能量的生成与利用等，以及将自身原有组成成分转变为废物排出而不断更新的过程。代谢包含物质代谢和能量代谢，二者密切联系，不可分割。

经消化、吸收获得的营养物质（如糖类、脂质和蛋白质等）在体内进行各种代谢过程，一方面将营养物质分解氧化、释出能量以满足生命活动的需求，另一方面机体进行各种合成代谢以提供自身所需的结构和功能成分。因此，代谢分为分解代谢和合成代谢，由许多代谢途径组成，每一条代谢途径又包含一系列前后关联的酶促化学反应。有些不同的代谢途径还会共享某些化学反应步骤。所以，各种代谢途径相互联系、相互作用、相互协调和相互制约，形成一个动态的网状整体，即代谢具有动态性和整体性。

为了适应不断变化的内、外环境，机体需要不断调节各种物质的代谢方向、流量和速率，从而使体内物质的代谢有条不紊地进行，即代谢具有可调节性。

第一节 代谢的特点

一、体内代谢过程互相联系形成一个整体

在体内进行代谢的物质各种各样，不仅有糖、脂质、蛋白质这样的大分子营养物质，也有维生素这样的小分子物质，还有无机盐和水。它们的代谢不是孤立进行的，同一时间机体有多种物质的代谢在进行，需要彼此间相互协调，以确保细胞乃至机体的正常功能。事实上，人类摄取的食物，无论动物性或植物性食物均含有蛋白质、脂质、糖类、水、无机盐及维生素等。从消化吸收开始、经过中间代谢、到代谢废物排出体外，这些物质的代谢都是同时进行的，且互有联系、相互依存，各种物质的代谢之间构成统一的整体。如糖、脂肪在体内氧化释出的能量可用于核酸、蛋白质等的生物合成，各种酶合成后又催化糖、脂质、蛋白质等物质代谢按机体的需要顺利进行。

二、体内代谢处于动态平衡

体内各种营养物质的代谢总是处于一种动态的平衡之中。在正常生理状态下，体内糖、脂质、蛋白质等物质面临多条代谢途径，或合成或分解，有获取则随之被转变（消耗），有消耗则适时获得补充，使其中间代谢物不会出现堆积或匮乏的现象。如血糖浓度虽然维持一定浓度范围，但其成分每分钟都在不断更新。体内其他物质也均处于如此动态平衡之中。我国著名的生物化学家刘思职院士曾将代谢的动态平衡高度哲理性地概括为："生者化，化又生，生化即化生；新必陈，陈乃谢，新陈恒代谢"。

三、各种代谢物具有各自共同的代谢库

人体主要营养物质如糖、脂质、蛋白质，既可以从食物中摄取，多数也可以在体内自身合成。在进行中间代谢时，机体不分彼此，无论自身合成的内源性营养物质和食物中摄取的外源性营养物质，均组成为共同的代谢库（metabolic pool），根据机体的营养状态和需要，同样地进入各种代谢途径进行代谢。如血液中的葡萄糖，无论是从食物中消化吸收的、肝糖原分解产生的、氨基酸转变产生的或是由甘油转化生成的，都参与组成血糖；在机体需要能量时，均可在各组织进行有氧氧化或无氧氧化，释放出能量供机体利用，机会均等。

四、有些代谢途径是两用代谢途径

一般情况下,机体内的合成代谢和分解代谢的途径并不相同,以便于调节。但机体存在着既可用于代谢物分解又可用于合成的代谢途径,称为两用代谢途径(amphibolic pathway),发挥着连通合成与分解代谢的核心桥梁作用。最具代表性的例子就是三羧酸循环,糖、脂肪酸、氨基酸完全氧化分解必须经历三羧酸循环;同时,三羧酸循环中的一些中间代谢物也是合成许多其他重要生物分子的前体。

五、分解代谢产生的还原当量具有多种用途

体内的还原当量通常是指 NADH、FADH$_2$ 和 NADPH,均来自体内的营养物质的分解代谢。有氧时,NADH 和 FADH$_2$ 可进入呼吸链,通过氧化磷酸化产生大量 ATP。体内许多生物合成反应是还原性合成,需要还原当量才能顺利进行。如脂肪酸和胆固醇的体内合成代谢所需的还原当量的主要提供者是 NADPH,它主要来源于葡萄糖的戊糖磷酸途径。此外,体内的还原当量还可以在自由基清除、生物转化、DNA 修复等过程中发挥功能。所以,还原当量将氧化反应和还原反应联系起来,将物质的氧化分解与还原性合成联系起来,将不同的还原性反应联系起来。

第二节 │ 代谢的相互联系

一、物质代谢与能量代谢相互关联

糖、脂肪及蛋白质是人体的主要能量物质,虽然这三大营养物质在体内分解氧化的代谢途径各不相同,但都有共同的中间代谢物乙酰 CoA。三羧酸循环和氧化磷酸化是糖、脂肪、蛋白质最后分解的共同代谢途径,释出的能量以 ATP 形式储存。

机体的各种生命活动如生长、发育、繁殖、修复、运动,包括各种生命物质的合成等均需要能量。人体能量的来源是营养物质,但糖、脂肪、蛋白质中的化学能不能直接用于各种生命活动,机体需氧化分解营养物质,释放出化学能,并将其大部分储存在可供各种生命活动直接利用的 ATP 中。ATP 作为机体可直接利用的能量载体,将产能的营养物质分解代谢与耗能的物质合成代谢联系在一起,将代谢与其他生命活动联系在一起。

从能量供应角度看,三大营养物质可以互相替代、互相补充,但也互相制约。一般情况下,供能以糖及脂肪为主,并尽量减少蛋白质的消耗。这不仅因为动物及人摄取的食物中以糖类最多,占总热量的50%~70%;脂肪摄入量虽然不是最多,占总热量的 10%~40%,但它是机体储能的主要形式,可达体重的20% 或更多(肥胖者可达 30%~40%);还因为蛋白质是机体最重要的组成成分、生命活动的主要执行者,通常无多余储存。在因疾病不能进食或无食物供给时,为保证血糖恒定,肝糖异生增强,蛋白质分解加强。如饥饿持续(一周以上),长期糖异生增强使蛋白质大量分解,势必威胁生命,故机体通过调节作用转向以保存蛋白质为主,体内各组织包括以脂肪酸或酮体为主要能源,蛋白质的分解明显降低。

糖、脂肪、蛋白质都通过三羧酸循环和氧化磷酸化彻底氧化供能,任一供能物质的分解代谢占优势,常能抑制其他供能物质的氧化分解。如脂肪分解增强,生成 ATP 增多,ATP/ADP 比值增高,可别构抑制糖分解代谢关键酶——磷酸果糖激酶 -1 的活性,从而减缓葡萄糖的分解代谢。若葡萄糖氧化分解增强,使 ATP 增多,可抑制异柠檬酸脱氢酶活性,导致柠檬酸堆积;后者透出线粒体,激活乙酰CoA 羧化酶,促进脂肪酸合成、抑制脂肪酸分解。

除了营养物氧化分解提供能量满足机体自身的需求外,细胞所处微环境的能量变化也可诱发细胞内代谢变化。细胞内存在特殊的分子感应器,如 AMP 激活的蛋白激酶(AMP-activated protein kinase,AMPK),能够感受微环境中能量变化而促进分解代谢。AMPK 是一种在细胞内进行能量代谢调节的蛋白激酶,由 α、β 和 γ 三种亚基组成,相当于细胞内的"能量感应器"。AMPK 主要在能量匮乏、营养状态不良时被激活,AMP/ATP 比值是调控其活性的重要因素。其激活方式主要是化学修饰调节

和别构调节。AMPK 活化后,催化众多底物蛋白(包括关键酶、转录因子等)发生广泛的磷酸化反应,一方面激活产能的分解代谢,另一方面抑制耗能的合成代谢,并协调整合骨骼肌、肝、脂肪组织、心等重要器官代谢,最主要的效应是加快分解糖和脂肪酸,以便满足能量供应需求。此外,AMPK 还可抑制蛋白质的合成。

二、糖、脂质和蛋白质代谢通过中间代谢物而相互联系

体内糖、脂质、蛋白质和核酸等的代谢不是彼此孤立的,而是通过共同的中间代谢物、三羧酸循环和生物氧化等彼此联系、相互转变(图 12-1)。一种物质的代谢障碍可引起其他物质的代谢紊乱,如糖尿病时糖代谢的障碍,可引起脂质代谢、蛋白质代谢甚至水盐代谢和酸碱平衡紊乱。

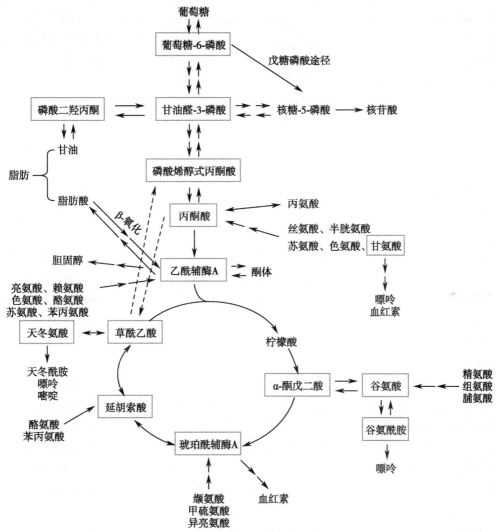

图 12-1　糖、脂质、氨基酸代谢途径的相互联系
□ 为枢纽性中间代谢物。

(一) 葡萄糖可转变为脂肪酸但脂肪酸不能转变为葡萄糖

当摄入的葡萄糖超过体内需要时,除合成少量糖原储存在肝及肌外,葡萄糖氧化分解过程中生成的柠檬酸及最终产生的 ATP 增多,可别构激活乙酰 CoA 羧化酶,使葡萄糖分解产生的乙酰 CoA 羧化成丙二酸单酰辅酶 A,进而合成脂肪酸及脂肪。这样,可把葡萄糖转变成脂肪储存于脂肪组织。所以,摄取不含脂肪的高糖膳食过多,也能使人血浆甘油三酯升高,并导致肥胖。但是,脂肪分解产生的脂肪酸不能在体内转变为葡萄糖,因为脂肪酸分解生成的乙酰 CoA 不能逆行转变为丙酮酸。尽管脂

肪分解产生的甘油可以在肝、肾、肠等组织甘油激酶的作用下转变成磷酸甘油,进而转变成糖,但与脂肪中大量脂肪酸分解生成的乙酰 CoA 相比,其量极少。此外,脂肪酸分解代谢能否顺利进行及其强度,还依赖于糖代谢状况。当饥饿、糖供给不足或糖代谢障碍时,尽管脂肪可以大量动员,并在肝经 β 氧化生成大量酮体,但由于糖代谢不能满足相应的需要,草酰乙酸生成相对或绝对不足,导致大量酮体不能进入三羧酸循环氧化,在血中蓄积,造成高酮血症。

(二) 葡萄糖与大部分氨基酸可以相互转变

组成人体蛋白质的 20 种氨基酸中,除生酮氨基酸(亮氨酸、赖氨酸)外,都可通过脱氨作用,生成相应的 α- 酮酸。这些 α- 酮酸可转变成某些能进入糖异生途径的中间代谢物,循糖异生途径转变为葡萄糖。如丙氨酸经脱氨基作用生成的丙酮酸,可异生为葡萄糖;精氨酸、组氨酸、脯氨酸可先转变成谷氨酸,进一步脱氨生成 α- 酮戊二酸,再经草酰乙酸、磷酸烯醇式丙酮酸异生为葡萄糖。葡萄糖代谢的一些中间代谢物,如丙酮酸、α- 酮戊二酸、草酰乙酸等也可氨基化成某些非必需氨基酸。但苏氨酸、甲硫氨酸、赖氨酸、亮氨酸、异亮氨酸、缬氨酸、苯丙氨酸、组氨酸及色氨酸等 9 种氨基酸不能由糖代谢中间物转变而来。总之,20 种氨基酸除亮氨酸及赖氨酸外均可转变为糖,而糖代谢中间代谢物仅能在体内转变成 11 种非必需氨基酸。

(三) 氨基酸可转变为多种脂质但脂质几乎不能转变为氨基酸

体内的氨基酸,无论是生糖氨基酸、生酮氨基酸(亮氨酸、赖氨酸),还是生酮兼生糖氨基酸(异亮氨酸、苯丙氨酸、色氨酸、酪氨酸、苏氨酸),均能分解生成乙酰 CoA,经还原缩合反应可合成脂肪酸,进而合成脂肪。氨基酸分解产生的乙酰 CoA 也可用于合成胆固醇。氨基酸还可作为合成磷脂的原料,如丝氨酸脱羧可变为胆胺,胆胺经甲基化可变为胆碱。丝氨酸、胆胺及胆碱分别是合成丝氨酸磷脂、脑磷脂及卵磷脂的原料。所以,氨基酸能转变为多种脂质。但脂肪酸、胆固醇等脂质不能转变为氨基酸,仅脂肪中的甘油可转变为某些非必需氨基酸,但量很少。

(四) 一些氨基酸、戊糖磷酸是合成核苷酸的原料

嘌呤碱从头合成需要甘氨酸、天冬氨酸、谷氨酰胺和一碳单位为原料;嘧啶碱从头合成需要天冬氨酸、谷氨酰胺和一碳单位为原料。一碳单位是一些氨基酸在分解过程中产生的。这些氨基酸可直接作为核苷酸合成的原料、也可转化成核苷酸合成的原料。核苷酸中的另一成分戊糖磷酸是葡萄糖经戊糖磷酸途径分解的重要产物。所以,葡萄糖和一些氨基酸可在体内转化为核酸分子的组成成分。

三、代谢组学研究代谢物的整体变化

细胞内的生命活动大多发生于代谢层面,因此代谢物的变化更直接地反映了细胞所处的环境,如营养状态、药物作用和环境变化等。代谢组学(metabonomics)是测定一个生物 / 细胞中所有的小分子中间代谢物组成,描绘其动态变化规律,建立系统代谢图谱,并确定这些变化与生物过程的联系。代谢组学是一门新兴技术,国际上有两个专业名词进行命名,分别是代谢组学(metabonomics)和代谢物组学(metabolomics)。一般来说,在植物、微生物领域大多用代谢物组学,在药物研究和疾病诊断中,一般用代谢组学。但现在这两个定义逐渐模糊化,没有特别的区分。

(一) 代谢组学的任务是分析生物 / 细胞代谢产物的全貌

根据研究的对象和目的不同,可以将对生物体系的代谢产物分析分为四个层次:①代谢物靶标分析(metabolite target analysis):对某个或某几个特定组分进行分析;②代谢谱分析(metabolic profiling analysis):对一系列预先设定的目标代谢物进行定量分析。如某一类结构、性质相关的化合物或某一代谢途径中所有代谢物或一组由多条代谢途径共享的代谢物进行定量分析;③代谢组学:对某一生物或细胞所有代谢物进行定性和定量分析;④代谢指纹分析(metabolic fingerprinting analysis):不分离鉴定具体单一组分,而是对代谢物整体进行高通量的定性分析。

代谢组学主要以生物体液为研究对象,如血样、尿样等,另外还可采用完整的组织样品、组织提取液或细胞培养液等进行研究。血样中的内源性代谢产物比较丰富,信息量较大,有利于观测体内代谢

水平的全貌和动态变化过程。尽管尿样所含的信息量相对有限,但样品采集不具损伤性。

(二) 核磁共振、色谱及质谱是代谢组学的主要分析工具

由于代谢物的多样性,常需采用多种分离和分析手段,其中,核磁共振(nuclear magnetic resonance,NMR)、色谱及质谱(mass spectroscopy,MS)等技术是最主要的分析工具(图12-2)。①NMR:是当前代谢组学研究中的主要技术。代谢组学中常用的NMR谱是氢谱(^{1}H-NMR)、碳谱(^{13}C-NMR)及磷谱(^{31}P-NMR)。②MS:按质荷比(m/z)进行各种代谢物的定性或定量分析,可得到相应的代谢产物谱。③色谱等其他技术:在代谢组学中的色谱技术主要有气相色谱(GC)、液相色谱(LC)、高效液相色谱(HPLC)、超高效液相色谱(UPLC)、薄层色谱(TLC)等,以及毛细管电泳(CE)、傅里叶转换红外线光谱(FTIR)、傅里叶转换拉曼光谱等技术。④色谱 - 质谱联用技术:这种联用技术使样品的分离、定性、定量一次完成,具有较高的灵敏度和选择性。目前常用的联用技术包括气相色谱 - 质谱(GC-MS)联用和液相色谱 - 质谱(LC-MS)联用等。

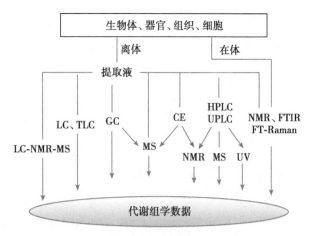

图 12-2　代谢组学研究的技术系统及手段

LC:液相色谱;NMR:核磁共振;MS:质谱;TLC:薄层色谱;GC:气相色谱;CE:毛细管电泳;HPLC:高效液相色谱;UPLC:超高效液相色谱;UV:紫外检测;FTIR:傅里叶转换红外线光谱;FT-Raman:傅里叶转换拉曼光谱。

(三) 代谢组学技术在生物医学领域具有广阔的应用前景

代谢组学所关注的是小分子代谢物的变化情况及其规律,反映的是内、外环境刺激下细胞、组织或机体的代谢应答变化。与基因组学和蛋白质组学相比,代谢组学与临床的联系更为紧密。疾病导致体内病理生理过程变化,可引起代谢产物发生相应的改变。因此,开展疾病代谢组研究可以提供疾病(如某些肿瘤、肝疾病、遗传性代谢病等)诊断、预后和治疗的评判标准,并有助于加深对疾病发生、发展机制的了解。此外,利用代谢组学技术可以快速检测毒物和药物在体内的代谢产物和对机体代谢的影响,有利于判定毒物、药物的代谢规律,为深入阐明毒物中毒机制和发展个体化用药提供理论依据;利用代谢组学技术对代谢网络中的酶功能进行有效的整体性分析,可以发现已知酶的新活性并发掘未知酶的功能。最后,由于代谢组学分析技术具有整体性、分辨率高等特点,可广泛应用于中药作用机制、复方配伍、毒性和安全性等方面的研究,为中药现代化提供技术支撑。

第三节 │ 代谢调节的主要方式

要保证机体的正常功能,就必须确保糖、脂质、蛋白质、水、无机盐、维生素等营养物质在体内的代谢,能够根据机体的代谢状态和执行功能的需求有条不紊地进行,这就需要对这些物质的代谢方向、速率和流量进行精细调节。正是有了这种精细的调节,使各种物质的代谢并然有序,相互协调进行,机体才能适应各种内外环境的变化,顺利完成各种生命活动。这是生物体的基本特征,是在生物进化过程中形成的一种适应能力。代谢调节的复杂程度随进化程度增高而增加。单细胞生物主要通过细胞内代谢物浓度的变化,对酶的活性及含量进行调节,即所谓原始调节或细胞水平代谢调节。高等生物不仅细胞水平代谢调节更为精细复杂,还出现了内分泌细胞及内分泌器官,形成了通过激素发挥代谢调节作用的激素水平代谢调节。高等动物的代谢调节还涉及复杂的神经系统,形成了在中枢神经系统控制下,多种激素相互协调,对机体代谢进行综合调节的所谓整体水平代谢调节。上述三级代谢调节中,细胞水平代谢调节是基础,激素及神经对代谢的调节需通过细胞水平代谢调节实现。

这种调节一旦不足以协调各种物质的代谢之间的平衡、不能适应机体内外环境改变的需要，就会使细胞、机体的功能失常，导致疾病发生。

一、细胞内物质代谢主要通过对关键酶活性的调节来实现

(一) 各种代谢酶在细胞内区隔分布是物质代谢及其调节的基础

在同一时间，细胞内有多种物质的代谢发生。参与同一代谢途径的酶，相对独立地分布于细胞特定区域或亚细胞结构（表 12-1），形成所谓区隔分布，有的甚至结合在一起，形成多酶复合体。酶的这种区隔分布，能避免不同代谢途径之间彼此干扰，使同一代谢途径中的系列酶促反应能够更顺利地连续进行，既提高了代谢途径的进行速度，也有利于调控。

表 12-1　主要代谢途径（多酶体系）在细胞内的分布

主要代谢途径（多酶体系）	分布	主要代谢途径（多酶体系）	分布
DNA、RNA 合成	细胞核	糖酵解	细胞质
蛋白质合成	内质网、细胞质	戊糖磷酸途径	细胞质
糖原合成	细胞质	糖异生	细胞质、线粒体
脂肪酸合成	细胞质	脂肪酸 β- 氧化	细胞质、线粒体
胆固醇合成	内质网、细胞质	蛋白水解酶	溶酶体
磷脂合成	内质网	三羧酸循环	线粒体
血红素合成	细胞质、线粒体	氧化磷酸化	线粒体
尿素合成	细胞质、线粒体		

(二) 关键酶活性决定整个代谢途径的速率和方向

每条代谢途径由一系列酶促反应组成，其反应速率和方向由其中一个或几个具有调节作用的关键酶活性决定。这些在代谢过程中具有调节作用的酶称为关键酶（key enzymes），特点包括：①常常催化一条代谢途径的第一步反应或分支点上的反应，速度最慢，其活性能决定整个代谢途径的总速度。②常催化单向反应或非平衡反应，其活性能决定整个代谢途径的方向。③酶活性除受底物控制外，还受多种代谢物或效应剂调节。改变关键酶或调节酶活性是细胞水平代谢调节的基本方式，也是激素水平代谢调节和整体代谢调节的重要环节。表 12-2 列出一些重要代谢途径的关键酶。

代谢调节可按速度分为快速调节和迟缓调节。前者通过改变酶的分子结构改变酶活性，进而改变酶促反应速度，在数秒或数分钟内发挥调节作用。快速调节又分为别构调节和化学修饰调节。迟缓调节通过改变酶蛋白分子的合成或降解速度改变细胞内酶的含量，进而改变酶促反应速度，一般需数小时甚至数天才能发挥调节作用。

表 12-2　某些重要代谢途径的关键的调节酶

代谢途径	关键酶	代谢途径	关键酶
糖酵解	己糖激酶	糖原合成	糖原合酶
	磷酸果糖激酶 -1	糖异生	丙酮酸羧化酶
	丙酮酸激酶		磷酸烯醇式丙酮酸羧激酶
丙酮酸氧化脱羧	丙酮酸脱氢酶复合体		果糖二磷酸酶 -1
三羧酸循环	异柠檬酸脱氢酶		葡萄糖 -6- 磷酸酶
	α- 酮戊二酸脱氢酶复合体	脂肪酸合成	乙酰 CoA 羧化酶
	柠檬酸合酶	脂肪酸分解	肉碱脂肪酰转移酶 I
糖原分解	糖原磷酸化酶	胆固醇合成	HMG-CoA 还原酶

（三）别构调节通过别构效应改变酶活性

1. 别构调节是生物界普遍存在的代谢调节方式 一些小分子化合物能与酶蛋白分子活性中心外的特定部位特异结合,改变酶蛋白分子构象、从而改变酶活性。别构调节在生物界普遍存在,表12-3 是一些代谢途径中的别构酶及其别构效应剂。

表 12-3　一些代谢途径中的别构酶及其效应剂

代谢途径	别构酶	别构激活剂	别构抑制剂
糖酵解	磷酸果糖激酶 -1	F-2,6-BP、AMP、ADP	柠檬酸、ATP
	丙酮酸激酶	F-1,6-BP、ADP、AMP	ATP、丙氨酸
	己糖激酶	—	G-6-P
丙酮酸氧化脱羧	丙酮酸脱氢酶复合体	AMP、CoA、NAD$^+$、ADP	ATP、乙酰 CoA、NADH
三羧酸循环	柠檬酸合酶	乙酰 CoA、草酰乙酸、ADP	柠檬酸、NADH、ATP
	α- 酮戊二酸脱氢酶复合体	—	琥珀酰 CoA、NADH
	异柠檬酸脱氢酶	ADP、AMP	ATP
糖原分解	糖原磷酸化酶(肌)	AMP	ATP、G-6-P
	糖原磷酸化酶(肝)	—	葡萄糖、F-1,6-BP、F-1-P
糖异生	丙酮酸羧化酶	乙酰 CoA	AMP
脂肪酸合成	乙酰 CoA 羧化酶	乙酰 CoA、柠檬酸、异柠檬酸	软脂酰 CoA、长链脂肪酰 CoA
氨基酸代谢	谷氨酸脱氢酶	ADP、GDP	ATP、GTP
嘌呤合成	PRPP 酰胺转移酶	PRPP	IMP、AMP、GMP
嘧啶合成	氨基甲酰磷酸合成酶 II	—	UMP

2. 别构效应剂通过改变酶分子构象改变酶活性 别构效应剂能与别构酶的调节位点或调节亚基非共价键结合,引起酶活性中心构象变化,改变酶活性,从而调节代谢。别构效应的机制有两种。其一,酶的调节亚基含有一个"假底物"(pseudosubstrate)序列,当其结合催化亚基的活性位点时能阻止底物的结合,抑制酶活性;当效应剂分子结合调节亚基后,"假底物"序列构象变化,释放催化亚基,使其发挥催化作用。cAMP 激活 cAMP 依赖的蛋白激酶通过这种机制实现。其二,别构效应剂与调节亚基结合,能引起酶分子三级和 / 或四级结构在"T"构象(紧密态、无活性 / 低活性)与"R"构象(松弛态、有活性 / 高活性)之间互变,从而影响酶活性。氧对脱氧血红蛋白构象变化的影响通过该机制实现。

3. 别构调节使一种物质的代谢与相应的代谢需求和相关物质的代谢协调 别构调节具有重要的生理意义。别构效应剂可能是酶的底物,也可能是酶促反应的终产物,或其他小分子代谢物。它们在细胞内浓度的改变能灵敏地反映相关代谢途径的强度和相应的代谢需求,并使关键酶构象改变影响酶活性,从而调节相应代谢的强度、方向,以协调相关代谢、满足相应代谢需求。

代谢终产物堆积表明其代谢过强,超过了需求,常可使其代谢途径的关键酶受到别构抑制,即反馈抑制(feedback inhibition),从而降低整个代谢途径的强度,避免产生超过需要的产物。如脂肪酰CoA 可别构抑制乙酰 CoA 羧化酶,使代谢物的生成不致过多。别构调节可使机体根据需求生产能量,避免生产过多造成浪费。如 ATP 可别构抑制磷酸果糖激酶 -1、丙酮酸激酶及柠檬酸合酶,从而抑制糖酵解、有氧氧化及三羧酸循环,使 ATP 的生成不致过多,造成浪费。

一些代谢中间产物可别构调节相关的多条代谢途径的关键酶,使这些代谢途径之间能协调进行。如在能量供应充足时,葡萄糖 -6- 磷酸抑制肌糖原磷酸化酶,阻断糖原分解,从而影响后续的糖酵解及有氧氧化,避免 ATP 产生过多;同时葡萄糖 -6- 磷酸激活糖原合酶,使过剩的磷酸葡萄糖合成糖原储存。再如,三羧酸循环活跃时,异柠檬酸增多,ATP/ADP 比例增加,ATP 可别构抑制异柠檬酸脱氢酶,异柠檬酸别构激活乙酰 CoA 羧化酶,从而抑制三羧酸循环,增强脂肪酸合成。

(四)化学修饰调节通过酶促共价修饰调节酶活性

1. 酶促共价修饰有多种形式 酶蛋白肽链上某些氨基酸残基侧链可在另一酶的催化下发生可逆的共价修饰,从而改变酶活性。酶的化学修饰主要有磷酸化与去磷酸化、乙酰化与去乙酰化、甲基化与去甲基化、腺苷化与去腺苷化及 SH 与 -S-S- 互变等,其中磷酸化与去磷酸化最多见(表 12-4)。酶蛋白分子中丝氨酸、苏氨酸及酪氨酸的羟基是磷酸化修饰的位点,在蛋白质激酶(protein kinase)催化下,由 ATP 提供磷酸基及能量完成磷酸化;去磷酸化是蛋白质磷酸酶(protein phosphatase)催化的水解反应。所以,酶的磷酸化与去磷酸化反应是不可逆的,分别由蛋白质激酶及蛋白质磷酸酶催化(图 12-3)。

表 12-4 磷酸化 / 去磷酸化修饰对酶活性的调节

酶	化学修饰类型	酶活性改变
糖原磷酸化酶	磷酸化 / 去磷酸化	激活 / 抑制
磷酸化酶 b 激酶	磷酸化 / 去磷酸化	激活 / 抑制
糖原合酶	磷酸化 / 去磷酸化	抑制 / 激活
丙酮酸激酶	磷酸化 / 去磷酸化	抑制 / 激活
磷酸果糖激酶	磷酸化 / 去磷酸化	抑制 / 激活
HMG-CoA 还原酶	磷酸化 / 去磷酸化	抑制 / 激活
HMG-CoA 还原酶激酶	磷酸化 / 去磷酸化	激活 / 抑制
乙酰 CoA 羧化酶	磷酸化 / 去磷酸化	抑制 / 激活
激素敏感性脂肪酶	磷酸化 / 去磷酸化	激活 / 抑制

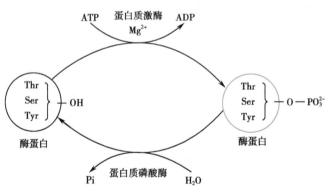

图 12-3 酶的磷酸化与去磷酸化

2. 酶的化学修饰调节具有级联放大效应 化学修饰调节具有如下特点:①绝大多数受化学修饰调节的关键酶都具有无活性(或低活性)和有活性(或高活性)两种形式,它们可分别在两种不同酶的催化下发生共价修饰,互相转变。催化互变的酶在体内受上游调节因素如激素控制。②酶的化学修饰是另一酶催化的酶促反应,一分子催化酶可催化多个底物酶分子发生共价修饰,特异性强,有放大效应。③磷酸化与去磷酸化是最常见的酶促化学修饰反应。酶的 1 分子亚基发生磷酸化常需要消耗 1 分子 ATP,比合成酶蛋白所消耗的 ATP 要少得多,且作用迅速,又有放大效应,是调节酶活性经济有效的方式。④催化共价修饰的酶自身也常受别构调节、化学修饰调节,并与激素调节偶联,形成由信号分子(激素等)、信号转导分子和效应分子(受化学修饰调节的关键酶)组成的级联反应,使细胞内酶活性调节更精细协调。通过级联酶促反应,形成级联放大效应,只需少量激素释放即可产生迅速而强大的生理效应,满足机体的需要。

（五）通过改变细胞内酶含量调节酶活性

除改变酶分子结构外，改变酶含量也能改变酶活性，是重要的代谢调节方式。酶含量调节通过改变其合成或／和降解速率实现，消耗 ATP 较多，所需时间较长，通常要数小时甚至数日，属迟缓调节。

1. 诱导或阻遏酶蛋白基因表达调节酶含量　酶的底物、产物、激素或药物可诱导或阻遏酶蛋白基因的表达。诱导剂或阻遏剂在酶蛋白生物合成的转录或翻译过程中发挥作用，影响转录较常见。体内也有一些酶，其浓度在任何时间、任何条件下基本不变，几乎恒定。这类酶称为组成（型）酶（constitutive enzyme），如甘油醛 -3- 磷酸脱氢酶（glyceraldehyde 3-phosphate dehydrogenase，GAPDH），常作为基因表达变化研究的内参照（internal control）。

酶的诱导剂经常是底物或类似物，如蛋白质摄入增多时，氨基酸分解代谢加强，鸟氨酸循环底物增加，可诱导参与鸟氨酸循环的酶合成增加。鼠饲料中蛋白质含量从 8% 增加至 70%，鼠肝精氨酸酶活性可增加 2～3 倍。酶的阻遏剂经常是代谢产物，如 HMG-CoA 还原酶是胆固醇合成的关键酶，在肝内的合成可被胆固醇阻遏。但肠黏膜细胞中胆固醇的合成不受胆固醇的影响，摄取高胆固醇膳食，血胆固醇仍有升高的危险。很多药物和毒物可促进肝细胞微粒体单加氧酶（或混合功能氧化酶）或其他一些药物代谢酶的诱导合成，虽然能使一些毒物解毒，但也能使药物失活，产生耐药。

酶的诱导和阻遏普遍存在于生物界，但高等动物和人体内，由于蛋白质合成变化与激素调节、细胞信号传递偶联在一起，形成复杂的基因表达调控网络，单纯的代谢物水平诱导或阻遏不如微生物体内重要。

2. 改变酶蛋白降解速度调节酶含量　改变酶蛋白分子的降解速度是调节酶含量的重要途径。细胞内酶蛋白的降解与许多非酶蛋白质的降解一样，有两条途径。溶酶体（lysosome）蛋白水解酶可非特异降解酶蛋白，而酶蛋白的特异性降解通过 ATP 依赖的泛素 - 蛋白酶体（proteasomes）途径完成。凡能改变或影响这两种蛋白质降解机制的因素均可主动调节酶蛋白的降解速度，进而调节酶含量。

二、激素通过特异性受体调节靶细胞的代谢

激素能与特定组织或细胞（即靶组织或靶细胞）的受体（receptor）特异结合，通过一系列细胞信号转导反应，引起代谢改变，发挥代谢调节作用。由于受体存在的细胞部位和特性不同，激素信号的转导途径和生物学效应也有所不同。

（一）膜受体激素通过跨膜信号转导调节代谢

膜受体是存在于细胞质膜上的跨膜蛋白，与膜受体特异结合发挥作用的激素包括胰岛素、生长激素、促性腺激素、促甲状腺激素、甲状旁腺素、生长因子等蛋白质、肽类激素，及肾上腺素等儿茶酚胺类激素。这些激素亲水，不能透过脂双层构成的细胞质膜，而是作为第一信使分子与相应的靶细胞膜受体结合后，通过跨膜传递将所携带的信息传递到细胞内，再由第二信使将信号逐级放大，产生代谢调节效应。

（二）胞内受体激素通过激素 - 胞内受体复合物调节代谢

胞内受体激素包括类固醇激素、甲状腺素、$1,25$-$(OH)_2$- 维生素 D_3 及视黄酸等，为疏水激素，可透过脂双层的细胞质膜进入细胞，与相应的胞内受体结合。大多数胞内受体位于细胞核内，与相应激素特异结合形成激素受体复合物后，作用于 DNA 的特定序列即激素反应元件（hormone response element，HRE），改变相应基因的转录，促进（或阻遏）蛋白质或酶的合成，调节细胞内酶含量，从而调节细胞代谢。存在于细胞质的胞内受体与激素结合后，形成的激素受体复合物进入核内，同样作用于激素反应元件，通过改变相应基因的表达发挥代谢调节作用。

三、机体通过神经系统及神经 - 体液途径协调整体的代谢

高等动物包括人的各组织器官高度分化，具有各自的功能和代谢特点。维持机体的正常功能、适应机体各种内外环境的改变，不仅需要在各组织器官的细胞内各种物质代谢彼此协调，在细胞水平上

保持代谢平衡,还必须协调各组织器官之间的各种物质代谢。这就需要在神经系统主导下,调节激素释放,并通过激素整合不同组织器官的各种代谢,实现整体调节,以适应饱食、空腹、饥饿、营养过剩、应激等状态,维持整体代谢平衡。

(一) 饱食状态下机体物质代谢与膳食组成有关

通常情况下,人体摄入的膳食为混合膳食,经消化吸收后的主要营养物质以葡萄糖、氨基酸和CM形式进入血液,体内胰岛素水平中度升高。饱食状态下机体主要分解葡萄糖,为机体各组织器官供能。未被分解的葡萄糖,部分在胰岛素作用下,在肝合成肝糖原、在骨骼肌合成肌糖原贮存;部分在肝内转换为乙酰CoA,合成甘油三酯,以VLDL形式输送至脂肪等组织。若吸收的葡萄糖超过机体糖原贮存能力时,主要在肝大量转化成甘油三酯,由VLDL运输至脂肪组织贮存。吸收的甘油三酯部分经肝转换成内源性甘油三酯,大部分输送到脂肪组织、骨骼肌等转换、储存或利用。

人体摄入高糖膳食后,特别是总热量的摄入又较高时,体内胰岛素水平明显升高,胰高血糖素降低。在胰岛素作用下,小肠吸收的葡萄糖部分在骨骼肌合成肌糖原、在肝合成肝糖原和甘油三酯,后者输送至脂肪等组织储存;大部分葡萄糖直接被输送到脂肪组织、骨骼肌、脑等组织转换成甘油三酯等非糖物质储存或利用。

进食高蛋白膳食后,体内胰岛素水平中度升高,胰高血糖素水平升高。在两者协同作用下,肝糖原分解补充血糖、供应脑组织等。由小肠吸收的氨基酸主要在肝通过丙酮酸异生为葡萄糖,供应脑组织及其他肝外组织;部分氨基酸转化为乙酰CoA,合成甘油三酯,供应脂肪组织等肝外组织;还有部分氨基酸直接输送到骨骼肌。

进食高脂膳食后,体内胰岛素水平降低,胰高血糖素水平升高。在胰高血糖素作用下,肝糖原分解补充血糖、供给脑组织等。肌组织氨基酸分解,转化为丙氨酸,输送至肝异生为葡萄糖,供应血糖及肝外组织。由小肠吸收的甘油三酯主要输送到脂肪、肌组织等。脂肪组织在接受吸收的甘油三酯同时,也部分分解脂肪成脂肪酸,输送到其他组织。肝氧化脂肪酸,产生酮体,供应脑等肝外组织。

(二) 空腹机体代谢以糖原分解、糖异生和中度脂肪动员为特征

空腹通常指至少8小时内无任何热量摄入。此时体内胰岛素水平降低,胰高血糖素升高。事实上,在胰高血糖素作用下,餐后6~8小时肝糖原即开始分解补充血糖,主要供给脑,兼顾其他组织需要。餐后12~18小时,尽管肝糖原分解仍可持续进行,但由于肝糖原即将耗尽,能用于分解的糖原已经很少,所以肝糖原分解释放的葡萄糖占血糖水平的比例下降,主要靠糖异生补充血糖。同时,脂肪动员中度增加,释放脂肪酸供应肝、肌等组织利用。肝氧化脂肪酸,进而生成酮体,脑、肌组织等利用酮体供能比例增加。骨骼肌在接受脂肪组织输出的脂肪酸同时,部分蛋白质分解为氨基酸,补充肝糖异生的原料。

(三) 饥饿时机体以氧化分解脂肪供能为主

1. **短期饥饿后期糖氧化供能减少而脂肪动员加强** 短期饥饿通常指1~3天未进食。由于进食18小时后肝糖原基本耗尽,短期饥饿使血糖趋于降低,血中甘油和游离脂肪酸明显增加,氨基酸增加;胰岛素分泌极少,胰高血糖素分泌增加,机体的代谢呈现如下特点。

(1) 机体从葡萄糖氧化供能为主转变为脂肪氧化供能为主:除脑组织细胞和红细胞仍主要利用糖异生产生的葡萄糖,其他大多组织细胞减少对葡萄糖的摄取利用,对脂肪动员释放的脂肪酸及脂肪酸分解的中间代谢物——酮体摄取利用增加,脂肪酸和酮体逐渐成为机体的大多数组织的主要能源。

(2) 肝糖异生作用明显增强:饥饿使体内糖异生作用增加,以饥饿16~36小时增加最多,糖异生生成的葡萄糖约为150g/d,主要来自氨基酸,部分来自乳酸及甘油。肝是饥饿初期糖异生的主要场所,小部分在肾皮质。

(3) 骨骼肌蛋白质分解加强:蛋白质分解增强略早于脂肪动员加强。蛋白质分解加强,释放入血的氨基酸增加。骨骼肌蛋白质分解的氨基酸大部分转变为丙氨酸和谷氨酰胺释放入血,作为肝糖异生的原料。

(4) 脂肪动员加强且肝酮体生成增多:糖原耗尽后,白色脂肪组织中储存的脂肪在激素敏感性脂

肪酶的作用下,逐步被水解,释放脂肪酸。脂肪酸可在肝内氧化,其中脂肪动员释放的脂肪酸约 25% 在肝氧化生成酮体。短期饥饿时,脂肪酸和酮体成为心肌、骨骼肌和肾皮质的重要供能物质,部分酮体可被大脑利用。

2. 长期饥饿可造成器官损害甚至危及生命　长期饥饿指未进食 3 天以上,通常在饥饿 4～7 天后,机体发生与短期饥饿不同的代谢改变。

(1)脂肪动员进一步加强:释放的脂肪酸在肝内氧化生成大量酮体。脑利用酮体增加,超过葡萄糖,占总耗氧量的 60%。脂肪酸成为肌组织的主要能源,以保证酮体优先供应脑。

(2)蛋白质分解减少:机体储存的蛋白质大量被消耗,继续分解就只能分解结构蛋白质,这将危及生命。所以机体蛋白质分解下降,释出氨基酸减少。

(3)糖异生明显减少:与短期饥饿相比,机体糖异生作用明显减少。乳酸和甘油成为肝糖异生的主要原料。随着饥饿时间延长,肾糖异生作用明显增强,每天生成约 40g 葡萄糖,占此时糖异生总量一半,几乎与肝相等。

饥饿发生后,机体血浆葡萄糖、脂肪酸、酮体的浓度变化示意图见图 12-4。按理论计算,正常人脂肪储备可维持饥饿长达 3 个月的基本能量需要。但由于长期饥饿使脂肪动员加强,大量产生酮体,由于酮体的主体 β- 羟丁酸和乙酰乙酸均为酸性物质,会影响机体的酸碱平衡,从而可导致酸中毒。加之蛋白质的分解,缺乏维生素、微量元素和蛋白质的补充等,长期饥饿可造成器官损害甚至危及生命。

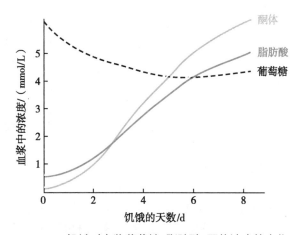

图 12-4　饥饿时血浆葡萄糖、脂肪酸、酮体浓度的变化

(四)应激使机体分解代谢加强

应激(stress)是机体对特殊内外环境刺激作出一系列反应的“紧张状态”,这些刺激包括中毒、感染、发热、创伤、疼痛、大剂量运动或恐惧等。应激反应可以是“一过性”的,也可以是持续性的。应激状态下,交感神经兴奋,肾上腺髓质、皮质激素分泌增多,血浆胰高血糖素、生长激素水平增加,而胰岛素分泌减少,引起一系列代谢改变。

1. 应激使血糖升高　应激状态下肾上腺素、胰高血糖素分泌增加,激活糖原磷酸化酶,促进肝糖原分解。同时,肾上腺皮质激素、胰高血糖素又可使糖异生加强;肾上腺皮质激素、生长激素使外周组织对糖的利用降低。这些激素的分泌改变均可使血糖升高,对保证大脑、红细胞的供能有重要意义。

2. 应激使脂肪动员增强　血浆游离脂肪酸升高,成为心肌、骨骼肌及肾等组织主要能量来源。

3. 应激使蛋白质分解加强　骨骼肌释出丙氨酸等增加,氨基酸分解增强,尿素生成及尿氮排出增加,机体呈负氮平衡。

总之,应激时糖、脂质、蛋白质 / 氨基酸分解代谢增强,合成代谢受到抑制,血中分解代谢中间产物,如葡萄糖、氨基酸、脂肪酸、甘油、乳酸、尿素等含量增加(表 12-5)。

表 12-5 应激时机体的代谢改变

内分泌腺 / 组织	激素及代谢变化	血中含量变化
垂体前叶	ACTH 分泌增加 生长素分泌增加	ACTH ↑ 生长素 ↑
胰腺 α- 细胞	胰高血糖素分泌增加	胰高血糖素 ↑
胰腺 β- 细胞	胰岛素分泌抑制	胰岛素 ↓
肾上腺髓质	去甲肾上腺素 / 肾上腺素分泌增加	肾上腺素 ↑
肾上腺皮质	皮质醇分泌增加	皮质醇 ↑
肝	糖原分解增加 糖原合成减少 糖异生增强 脂肪酸 β- 氧化增加	葡萄糖 ↑
骨骼肌	糖原分解增加 葡萄糖的摄取利用减少 蛋白质分解增加 脂肪酸 β- 氧化增强	乳酸 ↑ 葡萄糖 ↑ 氨基酸 ↑
脂肪组织	脂肪分解增强 葡萄糖摄取及利用减少 脂肪合成减少	游离脂肪酸 ↑ 甘油 ↑

（五）代谢失衡会导致代谢性疾病

1. 肥胖是多种重大慢性疾病的危险因素 肥胖人群动脉粥样硬化、冠心病、脑卒中、糖尿病、高血压等疾病的风险显著高于正常人群，是这些疾病的主要危险因素之一。不仅如此，肥胖还与痴呆、脂肪肝病、呼吸道疾病和某些肿瘤的发生相关。现代医学将与心血管病、2 型糖尿病发病相关的多种危险因素共存的症候群称为"代谢综合征"（metabolic syndrome），可表现为体脂，尤其是腹部脂肪过剩，高血压，胰岛素耐受，血浆胆固醇水平升高以及血浆脂蛋白异常等。这些危险因素的聚集，会大幅度增加心脏病、脑卒中和糖尿病等的发病风险。

2. 较长时间的能量摄入大于消耗导致肥胖 过剩能量以脂肪形式储存是肥胖的基本原因，它源于神经内分泌改变引起的异常摄食行为和运动减少，涉及遗传、环境、膳食、运动等多种因素及复杂的分子机制。正常情况下，当能量摄入大于消耗、机体将过剩的能量以脂肪形式储存于脂肪细胞过多时，脂肪组织就会产生反馈信号作用于摄食中枢，调节摄食行为和能量代谢，不会产生持续性的能量摄入大于消耗。一旦这个神经内分泌机制失调，就会引起摄食行为、物质和能量代谢障碍，导致肥胖。

（1）抑制食欲激素功能障碍引起肥胖：食欲受一些激素调节。脂肪组织体积增加刺激瘦素分泌，通过血循环输送至下丘脑弓状核，与瘦素受体结合，抑制食欲和脂肪合成，同时刺激脂肪酸氧化，增加耗能，减少储脂。瘦素还能增加线粒体解偶联蛋白表达，使氧化与磷酸化解偶联，增加产热。此外，瘦素还有间接降低基础代谢率，影响性器官发育及生殖等作用。胆囊收缩素（cholecystokinin，CCK）是小肠上段细胞在进食时分泌的肽类激素，可引起饱胀感，从而抑制食欲。能抑制食欲的激素还有 α- 促黑（素细胞）激素（α-melanocyte-stimulating hormone，α-MSH）等。抑制食欲激素的功能障碍都可能引起肥胖。

（2）刺激食欲激素功能异常增强引起肥胖：胃黏膜细胞分泌的生长激素释放激素（growth hormone-releasing hormone，GHRH），通过血循环运送至脑垂体，与其受体结合，促进生长激素的分泌。在食欲调节方面，它能作用于下丘脑神经元，增强食欲。能增强食欲的激素还有神经肽 Y（neuropeptide Y，NPY）。增强食欲激素功能异常增强，导致肥胖。如 Prader-Willi 综合征患者血生长激素释放激素极度升高,引起不可控制的强烈食欲,导致极度肥胖。

（3）肥胖患者脂连蛋白缺陷:脂连蛋白(adiponectin)由脂肪细胞合成,是 224 个氨基酸残基组成的多肽。它通过增加靶细胞内 AMP 浓度,激活 AMPK,引起下游效应蛋白磷酸化,可促进骨骼肌对脂肪酸的摄取和氧化,抑制肝内脂肪酸合成和糖异生,促进肝、骨骼肌对葡萄糖的摄取和氧化分解。肥胖患者脂连蛋白表达下降,血中水平显著降低。

（4）胰岛素抵抗导致肥胖:肥胖与高胰岛素血症,即胰岛素抵抗(insulin resisitance)密切相关。正常情况下,胰岛素可通过下丘脑受体,抑制神经肽 Y 释放、刺激促黑(素细胞)激素产生,从而抑制食欲、减少能量摄入,增加产热、加大能量消耗;并通过一定信号途径促进骨骼肌、肝和脂肪组织分解代谢。瘦素、脂连蛋白可增加胰岛素的敏感性。所以,瘦素、脂连蛋白等与胰岛素敏感性有关因子的功能异常,都可引起胰岛素抵抗,导致肥胖。

总之,肥胖源于代谢失衡,它一旦形成,又反过来加重代谢紊乱,导致脂蛋白异常血症、冠心病、脑卒中等严重后果。如在肥胖形成期,靶细胞对胰岛素敏感,血糖降低,耐糖能力正常。在肥胖稳定期则表现出高胰岛素血症,组织对胰岛素抵抗,耐糖能力降低,血糖正常或升高。越肥胖或胰岛素抵抗,血糖浓度越高,糖代谢的紊乱程度越重。同时还引起脂代谢异常,表现为血浆总胆固醇及低密度脂蛋白 - 胆固醇(low-density lipoprotein cholesterol, LDL-C)升高、高密度脂蛋白胆固醇(high-density lipoprotein cholesterol, HDL-C)降低、甘油三酯升高等。

小　结

代谢是生命活动的物质基础。代谢分为分解代谢和合成代谢,由许多代谢途径组成。代谢具有整体性,动态性和可调节性。有些不同的代谢途径会共享某些酶促化学反应,所以,各种代谢途径相互联系、相互作用、相互协调和相互制约,形成一个网状的整体。体内各种营养物质通过形成各自共同的代谢库,两用代谢途径及还原当量的多种用途等保障代谢处于一种动态的平衡之中。

细胞内多种物质的代谢同时进行,需要彼此间相互协调;高等动物包括人的各组织器官高度分化、具有各自的功能和代谢特点,各组织器官之间的各种物质的代谢也需要彼此协调,才能维持细胞、机体的正常功能、适应机体各种内外环境的改变。所以,机体内的各种物质的代谢虽然各不相同,但它们通过共同的中间代谢物、三羧酸循环和氧化磷酸化等形成彼此相互联系、相互转变、相互依存的统一的整体。糖、脂肪、蛋白质等营养物质在供应能量上可互相代替,并互相制约,但不能完全互相转变,因为有些代谢反应是不可逆的。

代谢组学的主要任务就是测定一个生物所有小分子代谢物的组成,描绘其动态变化规律,建立系统代谢图谱,并确定这些变化与基因及其表达以及生物过程的联系。

机体为了适应各种内外环境的变化,需要对各种物质代谢的方向、速率和流量进行精细调节,使各种物质的代谢井然有序,相互协调进行,以顺利完成各种生命活动。高等生物形成了三级代谢调节。代谢的细胞水平调节主要通过改变关键酶活性实现。其中,通过改变酶分子结构调节关键酶活性见效快,方式包括别构调节和化学修饰调节。化学修饰调节以磷酸化与去磷酸化为主;化学修饰调节具有放大效应。别构调节与化学修饰调节相辅相成。酶含量调节通过改变其合成或/和降解速率实现,作用缓慢但持久。激素水平代谢调节是激素通过与靶细胞受体特异结合及后续的一系列细胞信号转导反应,最终引起代谢改变。在神经系统主导下,机体通过调节激素释放,整合不同组织细胞内代谢途径,实现整体调节,以适应饱食、空腹、饥饿、营养过剩、应激等状态,维持整体代谢平衡。代谢失衡会导致代谢性疾病,如肥胖是多种疾病的危险影响因素。

思考题:

1. 哪些化合物可以是糖、脂质、氨基酸代谢的枢纽物质?

2. 机体在饱食和空腹状态下的代谢有何区别? 有何变化?

3. 酶的别构调节与化学修饰调节有何异同?

4. 为何肉碱合成障碍的患儿常见症状之一有低血糖?

5. 如果肝细胞中含有大量葡萄糖 -6- 磷酸,哪些代谢途径的流量会发生变化?

6. 若将机体某个细胞分离进行体外培养,试分析在培养液中应提供哪些成分以维持该细胞的存活?

思考题解题思路

本章目标测试

本章思维导图

(孙　军)

第三篇
分子生物学

本篇主要讨论真核基因与基因组,DNA、RNA 和蛋白质的合成,基因表达调控,常用分子生物学技术的原理及其应用,DNA 重组和重组 DNA 技术共七章的内容。

不同生物的基因和基因组的大小、复杂程度各不相同,但生物体内遗传信息的传递均遵循中心法则。DNA 以半保留复制的方式将亲代细胞的遗传信息高度忠实地传递给子代;DNA 序列储存的遗传信息以合成 RNA 的方式被转录出来,其中,携带蛋白质一级结构信息的信使 RNA 通过翻译过程合成蛋白质。

DNA、RNA、蛋白质的合成过程均由细胞内复杂的大分子复合体负责完成。本篇对于这些重要分子的生物合成过程的叙述主要包括:合成的基本规律和特点;模板、酶及参与的因子;合成的起始、延长、终止以及合成后的加工修饰等。

DNA 的合成是受到精密控制的基因组复制过程,是一个生命体内全部遗传信息的忠实复制和传递,是细胞增殖和个体延续、繁衍的基础。生命体的全部遗传信息都贮存于基因组中,基因组的复杂结构不仅有利于遗传信息的贮存,也是控制遗传信息复制、传递和表达的基础。

RNA 和蛋白质的生物合成是遗传信息表达的过程,被称为基因表达。对于 RNA 编码基因而言,转录过程即为基因表达;而蛋白质编码基因的表达则包括转录和翻译两个过程。

基因表达在细胞内受到多种蛋白质和 RNA 的精确调控。蛋白质与 DNA、蛋白质与 RNA、蛋白质与蛋白质之间的相互作用是这些调控的结构基础。基因表达的调控可发生在染色质结构、转录起始、转录后加工、翻译起始、翻译后加工等多个层次、多个环节。

在学习这部分内容时,要重视对名词概念的理解,明确基因信息传递各过程的基本规律和特点;把握这些重要分子生物合成的起始、延长和终止过程中大分子复合体的动态变化;认识遗传信息传递的复杂性;了解我国科学家利用结构生物学解析剪接体的剪接机制等学科进展,学习时要善于对比联系。

分子生物学技术的不断突破极大促进了理论发展,同时其在生命科学和医学中的广泛应用已成为分子生物学科的重要特征。Sanger F. 在 1958 年和 1980 年分别建立了蛋白质氨基酸序列和 DNA 核苷酸序列的测定技术,开启了对蛋白质和基因一级结构的认识过程。1975 年,Southern E. 建立了印迹技术,随后衍生出了多种定性和定量的印迹技术、杂交技术和芯片技术等。1983 年,Mullis K. 建立了聚合酶链反应技术,解决了难以获得大量特异目的 DNA 的技术瓶颈。1972 年,Berg P. 获得了第一个重组 DNA 分子,此后,分子克隆技术得到了广泛应用。生物大分子相互作用研究技术用于解析蛋白质功能机制和复杂的基因表达调控机制。基因结构与功能分析技术不仅可以分析单个基因及其表达产物的结构和功能,并且能获得整体的基因表达谱信息和全面的蛋白质表达、修饰和互作谱信息。在学习这部分内容时,要理解各种常用技术的原理及其在医学中的应用。

(解　军)

第十三章 | 真核基因与基因组

随着人们对遗传学和基因组学复杂性的深入了解,似乎越来越难以对基因做一个精确的定义。简而言之,基因(gene)是能够编码蛋白质或 RNA 等具有特定功能产物、负载遗传信息的基本单位。除了某些以 RNA 为基因组的 RNA 病毒外,基因是指存储编码 RNA 和蛋白质的序列信息及表达这些信息所必需的全部核苷酸序列。基因作为遗传信息携带分子,其功能实际是基因产物的功能,即基因编码的蛋白质和 RNA 的功能。对基因产物不同水平的研究,需要采用不同的研究手段。生物信息学序列比对,可预测基因的功能;蛋白质与蛋白质相互作用,蛋白质与 DNA/RNA 等的相互作用可用于了解基因产物的生物学途径;细胞水平上,高表达或者沉默某种基因,观察细胞生物学行为的改变,以了解基因的功能;构建转基因或基因敲除的动物模型,可在整体水平观察基因功能。

基因组(genome)是指生物体或细胞中一套完整单体具有的遗传信息的总和。1920 年德国科学家 Winkles H. 首先使用基因组一词来描述生物的全部基因和染色体。基因组(GENOME)从"基因(GENe)"和"染色体(chromosOME)"两个词组合而成。人类基因组包含了细胞核染色体 DNA(常染色体和性染色体)及线粒体 DNA 所携带的所有遗传信息。不同生物的基因及基因组的大小和复杂程度各不相同,所贮存的遗传信息量有着巨大的差别,其结构与组织形式上也各有特点。基因组学(genomics)是阐明整个基因组结构、结构与功能关系以及基因之间相互作用的科学。根据研究目的不同而分为结构基因组学(structural genomics)、功能基因组学(functional genomics)和比较基因组学(comparative genomics)。

第一节 | 真核基因的结构与功能

DNA 是基因的物质基础,基因的功能实际上是 DNA 的功能。基因的功能包括:①利用 4 种碱基的不同排列荷载遗传信息;②通过复制将所有的遗传信息稳定、忠实地遗传给子代细胞,在这一过程中,体内外环境均可导致随机发生的基因突变,这些突变是生物进化的基础;③作为基因表达(gene expression)的模板,使其所携带的遗传信息通过各种 RNA 和蛋白质在细胞内有序合成而表现出来。基因的功能通过两个相关部分信息而完成:一是可以在细胞内表达为蛋白质或功能 RNA 的编码区(coding region)序列;二是为表达这些基因(即合成 RNA)所需要的启动子(promoter)、增强子(enhancer)等调控区(regulatory region)序列。单个基因的组成结构及一个完整的生物体内基因的组织排列方式统称为基因组构(gene organization)。

一、真核基因结构的特点是不连续性

基因的基本结构包含编码蛋白质或 RNA 的编码序列(coding sequence)及相关的非编码序列,后者包括单个编码序列间的间隔序列、转录起始点后的基因 5′-端非翻译区和 3′-端非翻译区以及表达这些编码序列所需要的启动子、增强子等调控序列。与原核生物相比较,真核基因结构最突出的特点是其不连续性,被称为断裂基因(split gene)或割裂基因(interrupted gene)。

如图 13-1 所示,如果将成熟的 mRNA 分子序列与其基因序列(即 DNA 序列)比较,可以发现并不是全部的基因序列都保留在成熟的 mRNA 分子中,有一些区段经过剪接(splicing)被去除。在基因序列中,出现在成熟 mRNA 分子上的序列称为外显子(exon);位于外显子之间、与 mRNA 剪

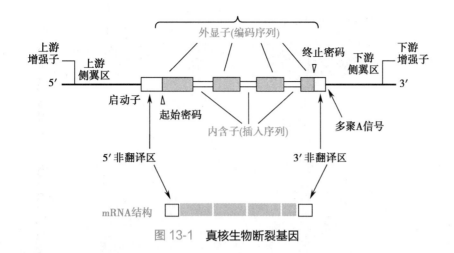

图 13-1　真核生物断裂基因

接过程中被删除部分相对应的间隔序列则称为内含子(intron)。每个基因的内含子数目比外显子要少1个。内含子和外显子同时出现在最初合成的mRNA前体中,在合成后被剪接加工为成熟mRNA(见第十五章)。如全长为7.7kb的鸡卵清蛋白基因有8个外显子和7个内含子,最初合成的mRNA前体与相应的基因是等长的,内含子序列被切除后的成熟mRNA分子的长度仅为1.2kb。不同的基因中外显子的数量不同,少则数个,多则数十个。外显子的数量是描述基因结构的重要特征之一。

原核细胞的基因基本没有内含子。高等真核生物绝大部分编码蛋白质的基因都有内含子,但组蛋白编码基因例外。此外,编码rRNA和一些tRNA的基因也都有内含子。内含子的数量和大小在很大程度上决定了高等真核生物基因的大小。低等真核生物的内含子分布差别很大,有的酵母的结构基因较少有内含子,有的则较常见。在不同种属中,外显子序列通常比较保守,而内含子序列则变异较大。外显子与内含子接头处有一段高度保守的序列,即内含子5′-末端大多数以GT开始,3′-末端大多数以AG结束,这一共有序列(consensus sequence)是真核基因中RNA剪接的识别信号。

为方便叙述基因编码序列和其调节序列的关系,人们约定将一个基因的5′-端称之为上游,3′-端称为下游;为标定DNA信息的具体位置,将基因序列中开始RNA链合成的第一个核苷酸所对应的碱基记为+1,在此碱基上游的序列记为负数,向5′-端依次为-1、-2等;在此碱基下游的序列记为正数,向3′-端依次为+2、+3等。零不用于标记碱基位置。

二、基因编码区编码多肽链和特定的 RNA 分子

基因编码区中的DNA碱基序列决定一个特定的成熟RNA分子的序列,换言之,DNA的一级结构决定着其转录产物RNA分子的一级结构。有的基因仅编码一些有特定功能的RNA,如rRNA、tRNA及其他小分子RNA等;而大多数基因则通过mRNA进一步编码多肽链。无论是编码RNA还是编码多肽链,基本原则是基因的编码序列决定了其编码产物的序列和功能。因此,编码序列中一个碱基的改变或突变,都有可能使基因功能发生重要的变化。这些变化可能是原有功能的丧失,或是新功能的获得。当然,也有的碱基突变不会影响编码产物的序列或功能。另外同一基因转录后产生的不同mRNA剪接产物可以编码不同的多肽链。

三、调控序列调节真核基因表达

位于基因转录区前后并与其紧邻的DNA序列通常是基因的调控区,又称为旁侧序列(flanking sequence)。真核基因的调控序列远较原核生物复杂,这些调控序列又被称为顺式作用元件(cis-acting element),包括启动子、上游调控元件、增强子、绝缘子、加尾信号和一些细胞信号反应元件等(图13-2)。

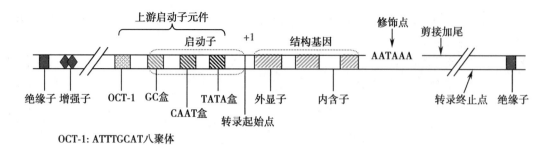

OCT-1: ATTTGCAT八聚体

图 13-2 真核基因及调控序列的一般结构

1. 启动子提供转录起始信号 启动子是 DNA 分子上与 RNA 聚合酶及其辅因子结合形成转录起始复合物并起始 mRNA 合成所必需的保守序列。大部分真核基因的启动子位于基因转录起点的上游,启动子本身通常不被转录;但有一些启动子(如编码 tRNA 基因的启动子)的 DNA 序列可以位于转录起始点的下游,这些 DNA 序列可以被转录。真核生物主要有 3 类启动子(图 13-3),分别对应于细胞内存在的三种不同的 RNA 聚合酶和相关蛋白质(见第十五章)。

(1)I 类启动子富含 GC 碱基对:具有 I 类启动子的基因主要是编码 rRNA 的基因。I 类启动子包括核心启动子(core promoter)和上游启动子元件(upstream promoter element,UPE)两部分,能增强转录的起始。两部分序列都富含 GC 碱基对。

(2)II 类启动子具有 TATA 盒特征结构:具有 II 类启动子的基因主要是能转录出 mRNA 且编码蛋白质的基因和一些 snRNA 基因。II 类启动子通常是由 TATA 盒(TATA box)、上游调控元件如增强子和起始元件(initiator element,Inr)组成。TATA 盒的核心序列是 TATA(A/T)A(A/T),决定着 RNA 合成的起始位点。有的 II 类启动子在 TATA 盒的上游还可存在 CAAT 盒、GC 盒等特征序列,共同组成启动子。

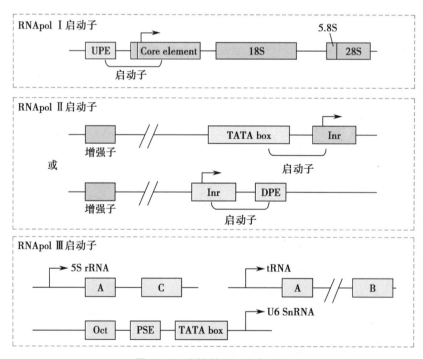

图 13-3 真核基因三类启动子

UPE:上游启动子元件(upstream promoter element);Core element:核心元件;Inr:起始元件(initiator element);DPE:下游启动子元件(downstream promoter element);Oct:八聚体寡核苷酸结合序列(8-base-pair binding sequence);PSE:近侧序列元件(proximal sequence element)。

（3）Ⅲ类启动子包括 A 盒、B 盒和 C 盒：具有Ⅲ类启动子的基因包括 5S rRNA、tRNA、U6 snRNA 等 RNA 分子的编码基因。

2. 增强子增强邻近基因的转录　增强子是存在于基因组中对基因表达有增强作用的 DNA 调控元件，决定着每一个基因在细胞内的表达水平（见第十七章）。这一调控序列能够在相对于启动子的任何方向和任何位置（上游或者下游）上发挥这种增强作用，但大部分位于上游。增强子序列距离所调控基因距离近的几十个碱基对，远的可达几千个碱基对。通常数个增强子序列形成一簇，有时增强子序列也可位于内含子之中。不同的增强子序列结合不同的调节蛋白。

3. 沉默子是负调节元件　沉默子（silencer）是可抑制基因转录的特定 DNA 序列，当其结合一些反式作用因子时对基因的转录起阻遏作用，使基因沉默。

4. 绝缘子阻碍增强子的作用　绝缘子（insulator）是基因组上对转录调控起重要作用的一种元件，可以阻碍增强子对启动子的作用，或者保护基因不受附近染色质环境（如异染色质）的影响。特异的转录因子如酵母 RAP1 蛋白和脊椎动物细胞中 CTCF（CCCTC-binding factor）蛋白结合于绝缘子而发挥调控作用。绝缘子阻碍增强子对启动子的作用可能通过影响染色质的三维结构如使 DNA 发生弯曲或形成环状结构。

第二节 ｜ 真核基因组的结构与功能

病毒、原核生物以及真核生物所贮存的遗传信息量有着巨大的差别，其基因组的结构与组织形式上也各有特点，包括基因组中基因的组织排列方式以及基因的种类、数目和分布等。原核生物的基因组结构相对简单，其结构特点如下：①通常仅由一条环状双链 DNA 组成；②基因组中只有一个复制起点，具有操纵子结构（见第十七章）；③基因通常是连续的，没有内含子；④基因组中重复序列很少，编码蛋白质的结构基因多为单拷贝基因；⑤基因组中具有多种功能的识别区域，如复制起始区、复制终止区、转录启动区和终止区等；⑥基因组中存在可移动的 DNA 序列，包括插入序列和转座子等。真核生物基因组较复杂，其结构基因的数量远多于原核生物基因组中的数量，但编码区在基因组中所占的比例远小于原核生物基因组中的比例。人类基因组中，编码序列仅占全基因组的 1.5%；在一个基因的全部序列中，编码序列仅占 5%。大约 60% 的人基因转录后发生可变剪接，80% 的可变剪接会使蛋白质的序列发生改变。真核基因组 DNA 与蛋白质结合形成染色体，储存于细胞核内，除配子细胞外，体细胞的基因组为二倍体（diploid），即有两份同源的基因组。人类基因组包含了细胞核染色体 DNA（常染色体和性染色体）及线粒体 DNA 所携带的所有遗传信息，其组成如图 13-4 所示。

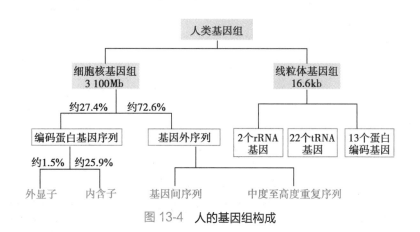

图 13-4　人的基因组构成

一、真核基因组中存在大量重复序列

真核细胞基因组存在着大量重复序列,人基因组中,重复序列占基因组长度的50%以上。重复序列的长度不等,短的仅含两个碱基,长的多达数百乃至上千个碱基。重复序列的重复频率也不尽相同,可以分为高度重复序列(highly repetitive sequence)、中度重复序列(moderately repetitive sequence)和单拷贝序列(single copy sequence)或低度重复序列等3种。

(一) 高度重复序列的重复频率为 $10^3 \sim 10^7$

高度重复序列是真核基因组中存在的有数千到几百万个拷贝的DNA重复序列。这些重复序列的长度为5～500bp,不编码蛋白质或RNA。在人基因组中,高度重复序列约占基因组长度的20%。高度重复序列按其结构特点分为反向重复序列(inverted repeat sequence)和卫星DNA(satellite DNA)。前者由两个相同顺序的互补拷贝在同一DNA链上反向排列而成,反向重复的单位长度约为300bp或略短,其总长度约占人基因组的5%,多数是散在,而非群集于基因组中。卫星DNA是真核细胞染色体具有的高度重复核苷酸序列,主要存在于染色体的着丝粒区,通常不被转录,在人基因组中可占10%以上。由于其碱基组成中GC含量少,具有不同的浮力密度,在氯化铯密度梯度离心后呈现出与大多数DNA有差别的"卫星"条带而得名。

高度重复序列的功能主要是:①参与复制水平的调节。反向重复序列常存在于DNA复制起点区的附近,是一些蛋白质(包括酶)的结合位点。②参与基因表达的调控。高度重复序列可以转录到核内不均一RNA分子中,而有些反向重复序列可以形成发夹结构,有助于稳定RNA分子。③参与染色体配对。如α卫星DNA成簇样分布在染色体着丝粒附近,可能与染色体减数分裂时染色体配对有关。

(二) 中度重复序列的重复频率为 $10 \sim 10^4$

中度重复序列指在真核基因组中重复数十至数千次的核苷酸序列,通常占整个单倍体基因组的1%～30%。少数在基因组中成串排列在一个区域,大多数与单拷贝基因间隔排列。依据重复序列的长度,中度重复序列可分为以下两种类型。

1. 短散在核元件 短散在核元件(short interspersed nuclear elements,SINEs)又称为短散在重复序列(short interspersed repeat sequence),是以散在方式分布于基因组中的较短重复序列,平均长度约为70～300bp,与平均长度约为1 000bp的单拷贝序列间隔排列,拷贝数可达数十万。

*Alu*家族是哺乳类动物,包括人基因组中含量最丰富的短散在重复序列,平均每6kb DNA就有一个*Alu*序列,在单倍体人基因组中重复约50万次,约占人基因组的10%。*Alu*家族每个成员的长度约300bp,由于每个单位长度中有一个限制性核酸内切酶*Alu*的切点(AG↓CT),将其切成长130bp和170bp的两段,因而命名为*Alu*序列(或*Alu*家族)。

2. 长散在核元件 长散在核元件(long interspersed nuclear elements,LINEs)又称为长散在重复序列(long interspersed repeat sequence),以散在方式分布于基因组中的较长的重复序列,重复序列长度约为6 000～7 000bp,常具有转座活性。

中度重复序列在基因组中所占比例在不同种属之间差异很大,一般约占10%～40%,在人的基因组中约为20%。这些序列大多不编码蛋白质,其功能可能类似于高度重复序列。

真核生物基因组中的rRNA基因也属于中度重复序列。与其他中度重复序列不同,各重复单位中的rRNA基因都是相同的。rRNA基因通常集中成簇存在,而不是分散于基因组中,这样的区域称为rDNA区,如染色体的核仁组织区(nucleolus organizer region)即为rDNA区。人类的rRNA基因位于13、14、15、21和22号染色体的核仁组织区,每个核仁组织区平均含有50个rRNA基因的重复单位;5S rRNA基因几乎全部位于1号染色体(1q42-43)上,每个单倍体基因组约有1 000个5S rRNA基因。此外,真核生物基因组中的tRNA基因也属于中度重复序列。

(三) 单拷贝序列属于低度重复序列

单拷贝序列又称低度重复序列,大多数编码蛋白质的基因属于这一类。在基因组中,单拷贝序列的两侧往往为散在分布的重复序列。单拷贝序列编码的蛋白质在很大程度上体现了生物的各种功能,因此针对这些序列的研究对医学实践有特别重要的意义。近年来,人们发现微 RNA(microRNA,miRNA)和长非编码 RNA(long non-coding RNA,lncRNA)的序列也是单一序列。此外,单一序列还包括一些无(或未知)功能的序列,以及突变的基因或假基因。

二、真核基因组中存在大量的多基因家族与假基因

基因组中存在的许多来源于同一个祖先,结构和功能均相似的一组基因。这一组基因就构成了一个基因家族。同一家族的这些基因的外显子具有相关性。多基因家族(multigene family)是真核基因组的另一结构特点,是指由某一祖先基因经过重复和变异所产生的一组在结构上相似、功能上相关的基因。在细菌或病毒基因组中,80% 以上的基因是具有独特结构或功能的基因,但在人的基因组中,这类基因不足 20%。

多基因家族大致可分为两类:一类是基因家族成簇地分布在某一条染色体上,它们可同时发挥作用,合成某些蛋白质,如组蛋白基因家族就成簇地集中在第 7 号染色体长臂 3 区 2 带到 3 区 6 带区域内。另一类是一个基因家族的不同成员成簇地分布于不同染色体上,这些不同成员编码一组功能上紧密相关的蛋白质,如人类珠蛋白基因家族分为 α 珠蛋白和 β 珠蛋白两个基因簇,α 珠蛋白基因簇、β 珠蛋白基因簇分别位于第 16 号和第 11 号染色体。一些 DNA 序列相似,但功能不一定相关的若干个单拷贝基因或若干组基因家族可以被归为基因超家族(superfamily gene),例如免疫球蛋白基因超家族、ras 基因超家族。一个多基因家族中可有多个基因,根据结构与功能的不同又可以分为亚家族(subfamily),例如 G 蛋白中属 ras 超家族约有 50 多个成员,根据其序列同源性程度又可进一步分为 Ras、Rho 和 Rab 三个主要的亚家族。

人的基因组中存在假基因(pseudogene),以 ψ 来表示。假基因是基因组中存在的一段与正常基因非常相似但一般不能表达的 DNA 序列。假基因根据其来源分为已加工假基因和非加工假基因 2 种类型,前者没有内含子,后者含有内含子。这类基因可能曾经有过功能,但在进化中获得一个或几个突变,造成了序列上的细微改变从而阻碍了正常的转录和翻译功能,使它们不能再编码 RNA 和蛋白质产物。人们推测,已加工假基因的来源可能是基因转录生成的成熟 mRNA 经逆转录生成 cDNA,再整合到染色体 DNA 中去,便有可能成为假基因。已加工假基因通常缺少正常基因表达所需的调节序列,没有内含子,可能有 poly(A)尾。非加工假基因来源于基因组 DNA 复制时基因 DNA 序列重复或染色体发生交叉互换过程产生的假基因,是基因组进化过程中功能基因发生突变产生的失活产物。非加工假基因常位于有功能的相同基因拷贝附近,与其具有类似的结构,含有内含子。人基因组中大约有 2 万个假基因,其中约 2 000 个为核糖体蛋白的假基因。近些年发现,假基因也表达有功能的非编码 RNA(non-coding RNA,ncRNA)。

三、真核基因组存在独立于染色体外的基因组

线粒体普遍存在于植物细胞和动物细胞的细胞质中,是细胞内的一种重要细胞器,是生物氧化的场所,一个细胞可拥有数百至上千个线粒体。线粒体 DNA(mitochondrial DNA,mtDNA)的结构与原核生物 DNA 的结构类似,是环状分子。并不是所有的真核细胞均有线粒体,如蛔虫成虫阶段体细胞内没有线粒体;植物根系根部顶端的根冠细胞,是一层高度木质化的细胞,其细胞内没有线粒体,只有少部分根冠细胞会有少量的线粒体。线粒体基因组能够单独进行复制、转录及合成蛋白质,但这并不意味着线粒体基因组的遗传完全不受核基因的控制。线粒体自身结构和生命活动都需要核基因的参与并受其控制。

人的线粒体基因组全长 16 569bp,共编码 37 个基因(图 13-5),包括 13 个编码构成呼吸链多酶体系的一些多肽的基因、22 个编码 mt-tRNA 的基因、2 个编码 mt-rRNA(16S 和 12S)的基因。

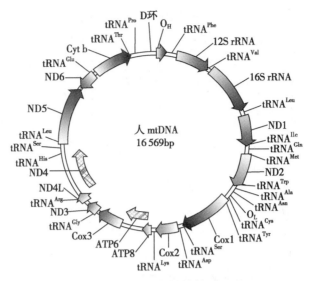

图 13-5 人的线粒体基因组

　　叶绿体是植物细胞中由双层膜围成且含有叶绿素能进行光合作用的细胞器。叶绿体间质中悬浮有由膜囊构成的类囊体,内含叶绿体 DNA(chloroplast DNA,cpDNA)。高等植物叶绿体的 DNA 为双链闭合环状分子,其长度随生物种类的不同而不同,约为 120～217kb,相当于噬菌体基因组的大小,每个叶绿体中通常有十几个拷贝。叶绿体具有独立基因组,被认为是内共生起源的细胞器。叶绿体基因组 DNA 主要用于编码与光合作用密切相关的一些蛋白质和一些核糖体蛋白。叶绿体基因组同线粒体基因组一样,都是细胞里相对独立的一个遗传系统。叶绿体基因组可以自主地进行复制,但同时需要细胞核遗传系统提供遗传信息。并不是所有的植物细胞中都含有叶绿体。

四、人的染色体基因组包含绝大多数基因

　　真核生物基因组 DNA 与蛋白质结合,以染色体的方式存在于细胞核内。不同的真核生物具有不同的染色体数目(表 13-1)。

表 13-1 不同生物体基因组的比较

物种	基因组大小 /Mb	基因数	染色体数[*]
支原体 *M.genitalium*	0.58	563	无
流感嗜血杆菌 *H.influenzae*	1.80	1 836	无
枯草芽孢杆菌 *B.subtilis*	4.20	4 536	无
大肠埃希菌 *E.coli*	4.60	4 639	无
酿酒酵母 *S.cerevisiae*	12.10	6 465	16
裂殖酵母 *S.pombe*	12.60	6 874	16
果蝇 *D.melanogaster*	143.70	17 894	4
秀丽隐杆线虫 *C.elegans*	100.30	46 927	6
小鼠 *mouse*	2 700.00	50 562	20
人 *H.sapiens*	3 100.00	59 444	23

[*] 指单倍体细胞内的染色体数目;资料来源:NCBI 基因组数据库,截至 2023.09.10。

　　1. 人的绝大多数基因在染色体上非均匀分布　人类基因组的染色体包括 22 对常染色体及 1 对性染色体,不同染色体的大小在 46～249Mb 之间(图 13-6)。其中,最长的染色体是第 1 号染色体,约 248.96Mb,含有 5 485 个确定的基因;最小的是第 21 号染色体,约 46.71Mb,含有 679 个基因(资料来源:NCBI 基因组数据库,截至 2023.09.10)。一些遗传性疾病如阿尔茨海默病、肌萎缩性侧索硬化症和唐氏综合征等的相关基因,均位于第 21 号染色体。

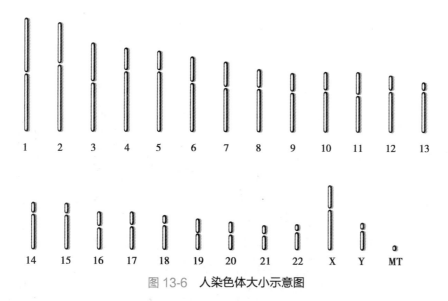

图 13-6　人染色体大小示意图

人基因在染色体上并不是均匀分布。其中基因密度最大的是第 19 号染色体,平均每百万碱基有 42 个基因;密度最小的是 Y 染色体,平均每百万碱基只有将近 10 个基因。人基因组中存在无基因的"沙漠区",即在 500kb 区域内,没有任何蛋白质编码基因的序列。这种"沙漠区"约占人基因组的 20%。这种基因分布是如何形成的、有何意义,目前尚不清楚。

2. 人染色体基因组约含 2 万个蛋白质编码基因通过基因组测序,人们对数种生物的基因组大小和所含有的基因数量已有所了解。一般而言,在进化过程中随着生物体复杂程度的增加,基因组大小或基因的数量也会随之增加。但是决定生物复杂性的因素较多,除了基因组大小和基因数以外,基因密度(gene density)对生物复杂性的影响也不容忽视。基因密度是指每 Mb 长度的序列中所有的平均基因数。例如,人的基因组最大,复杂程度也最高,但所含的基因数量并不是最多。根据美国国家生物技术信息中心(The National Center for Biotechnology Information)2023 年 3 月公布的数据,人类染色体基因组的大小为 3.1×10^9 bp,基因和假基因 59 444 个,其中蛋白质编码基因 20 080 个,非蛋白质编码基因 21 954 个;mRNA 136 180 条,非编码 RNA 48 562 条(资料来源:NCBI 基因组数据库)。人类基因组的基因密度较低,因为基因组中存在大量调控序列、转座子和内含子等,这些序列使人类基因能够更为有效地发挥功能。

第三节 │ 基因组学

基因组学是阐明整个基因组结构、结构与功能关系以及基因之间相互作用的科学。根据研究目的不同而分为结构基因组学、功能基因组学和比较基因组学。结构基因组学通过基因组作图和序列测定,揭示基因组全部 DNA 序列及其组成;功能基因组学则利用结构基因组学所提供的信息,分析和鉴定基因组中所有基因(包括编码和非编码序列)的功能;比较基因组学通过模式生物基因组之间或模式生物与人类基因组之间的比较与鉴定,发现同源基因或差异基因,为预测新基因的功能和研究生物进化提供依据。近年来,基因组学还衍生出表观基因组学(epigenomics)、宏基因组学(metagenomics)等概念。表观基因组学研究细胞遗传物质的所有表观遗传修饰(epigenetic modification)以及对基因表达和功能的影响,DNA 甲基化修饰和组蛋白修饰是两个研究重点。而宏观基因组学则是一种以环境样品中微生物群体基因组结构与功能为研究对象,以微生物多样性、种群结构、进化关系、功能活性、相互协作关系及与环境之间的关系为研究目的的新的微生物研究方法。

一、结构基因组学揭示基因组序列信息

结构基因组学主要通过人类基因组计划(human genome project,HGP)的实施,解析人类自

身 DNA 的序列和结构。研究内容就是通过基因组作图和大规模序列测定等方法,构建人类基因组图谱,即遗传图谱(genetic map)、物理图谱(physical map)、序列图谱(sequence map)和转录图谱(transcription map)。

(一) 通过遗传作图和物理作图绘制人类基因组草图

人染色体 DNA 很长,不能直接进行测序,必须先将基因组 DNA 进行分解、标记,使之成为可操作的较小结构区域,这一过程称为作图。HGP 实施过程采用了遗传作图和物理作图的策略。

1. **遗传作图就是绘制连锁图**　遗传图谱又称连锁图谱(linkage map)。遗传作图(genetic mapping)就是确定连锁的遗传标志(genetic marker)或分子标志(molecular marker)位点在一条染色体上的排列顺序以及它们之间的相对遗传距离,用厘摩尔根(centi-Morgan,cM)表示,当两个遗传标记之间的重组值为 1% 时,图距即为 1cM(约为 1 000kb)。

常用的遗传标志有限制性片段长度多态性(restriction fragment length polymorphism,RFLP)、可变数目串联重复序列(variable number of tandem repeat,VNTR)和单核苷酸多态性(single nucleotide polymorphism,SNP),其中 SNP 的精确度最高(0.5~1.0kb)。

2. **物理作图就是描绘杂交图、限制性酶切图及克隆系图**　物理作图(physical mapping)以物理尺度(bp 或 kb)标示遗传标志在染色体上的实际位置和它们之间的距离,是在遗传作图基础上绘制的更为详细的基因组图谱。物理作图包括荧光原位杂交图(fluorescent in situ hybridization map,FISH map)、限制性酶切图(restriction map)及克隆重叠群图(clone contig map)等。荧光原位杂交图是将荧光标记探针与染色体杂交确定分子标记所在的位置;限制性酶切图是将限制性酶切位点标定在 DNA 分子的相对位置。构建克隆重叠群图是最重要的一种物理作图,它是在采用酶切位点稀有的限制性内切酶或高频超声破碎技术将 DNA 分解成大片段后,再通过构建酵母人工染色体(yeast artificial chromosome,YAC)或细菌人工染色体(bacterial artificial chromosome,BAC),获取含已知基因组序列标签位点(sequence tagged site,STS)的 DNA 大片段。STS 是指在染色体上定位明确、并且可用 PCR 扩增的单拷贝序列,每隔 100kb 距离就有一个标志。在 STS 基础上构建覆盖每条染色体的大片段 DNA 连续克隆系就可绘制精细物理图。可以说,通过克隆重叠群作图就可以知晓特异 DNA 大片段在特异染色体上的定位,这就为大规模 DNA 测序做好了准备。

(二) 通过 EST 文库绘制转录图谱

人类基因组 DNA 中只有约 1.5% 的序列为蛋白质编码序列,对于一个特定的个体来讲,其体内所有类型的细胞均含有同样的一套基因组,但成年个体每一特定组织中,细胞内一般只有 10% 的基因是表达的;即使是同一种细胞,在其发育的不同阶段,基因表达谱亦是不一样的。因此,了解每一组织细胞及其在不同发育阶段、不同生理和病理情况下 mRNA 转录情况,可以帮助我们了解不同状态下细胞基因表达情况,推断基因的生物学功能。

转录图谱又称为 cDNA 图或表达图(expression map),是一种以表达序列标签(expressed sequence tag,EST)为位标绘制的分子遗传图谱。通过从 cDNA 文库中随机挑取的克隆进行测序所获得的部分 cDNA 的 5′- 或 3′- 端序列称为 EST,一般长 300~500bp 左右。将 mRNA 逆转录合成的 cDNA 片段作为探针与基因组 DNA 进行分子杂交,标记转录基因在基因组 DNA 上的位置,就可以绘制出可表达基因的转录图谱。

(三) 通过 BAC 克隆系和鸟枪法测序等构建序列图谱

在基因作图的基础上,通过 BAC 克隆系的构建和鸟枪法测序(shotgun sequencing),就可完成全基因组的测序工作,再通过生物信息学手段,即可构建基因组的序列图谱。

BAC 载体是一种装载较大片段 DNA 的克隆载体系统,用于基因组文库构建。全基因组鸟枪法测序是直接将整个基因组打成不同大小的 DNA 片段,构建 BAC 文库,然后对文库进行随机测序,最后运用生物信息学方法将测序片段拼接成全基因组序列(图 13-7),此称为基因组组装(genome assembly)。

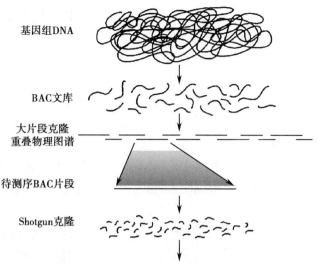

基因组DNA

BAC文库

大片段克隆
重叠物理图谱

待测序BAC片段

Shotgun克隆

Shotgun序列 ACCGTAAATGGGCTGATCATGCTTAAA
　　　　　　　　　　TGATCATGCTTAAACCCTGTGCATCCTACTG

拼接与组装 ACCGTAAATGGGCTGATCATGCTTAAACCCTGTGCATCCTACTG

图 13-7　BAC 文库的构建与鸟枪法测序流程示意图

二、功能基因组学系统探讨基因的活动规律

功能基因组学的主要研究内容包括基因组的表达、基因组功能注释、基因组表达调控网络及机制的研究等。它从整体水平上研究一种组织或细胞在同一时间或同一条件下所表达基因的种类、数量、功能，或同一细胞在不同状态下基因表达的差异。它可以同时对多个表达基因或蛋白质进行研究，使得生物学研究从以往的单一基因或单一蛋白质分子研究转向多个基因或蛋白质的系统研究。

(一) 通过全基因组扫描鉴定 DNA 序列中的基因

这项工作以基因组 DNA 序列数据库为基础，加工和注释人类基因组的 DNA 序列，进行新基因预测、蛋白质功能预测及疾病基因的发现。主要采用计算机技术进行全基因组扫描，鉴定内含子与外显子之间的衔接，寻找全长可读框（open reading frame，ORF），确定多肽链编码序列。

(二) 通过 BLAST 等程序搜索同源基因

同源基因在进化过程中来自共同的祖先，因此通过核苷酸或氨基酸序列的同源性比较，就可以推测基因组内相似基因的功能。这种同源搜索涉及序列比较分析，NCBI 的 BLAST 程序是基因同源性搜索和比对的有效工具。每一个基因在 GenBank 中都有一个序列访问号（accession number），在 BLAST 界面上输入 2 条或多条访问号，就可实现一对或多对序列的比对。

(三) 通过实验验证基因功能

可设计一系列的实验来验证基因的功能，包括转基因、基因过表达、基因敲除、基因敲减或基因沉默等方法，结合所观察到的表型变化即可验证基因功能。由于生命活动的重要功能基因在进化上是保守的，因此可以采用合适的模式生物进行实验。

(四) 通过转录物组和蛋白质组描述基因表达模式

基因的表达包括转录和翻译过程，研究基因的表达模式及调控可借助转录物组学和蛋白质组学相关技术与方法（见第十八章）进行。

三、比较基因组学鉴别基因组的相似性和差异性

比较基因组学是在基因组图谱和序列的基础上，通过与已知基因和基因组结构的比较来了解基因的功能、表达机制和物种进化的学科领域。比较基因组学可在物种间和物种内进行，前者称为种间比较基因组学，后者则称为种内比较基因组学，两者均可采用 BLAST 等序列比对工具。

（一）种间比较基因组学阐明物种间基因组结构的异同

种间比较基因组通过比较不同亲缘关系物种的基因组序列，可以鉴别出编码序列、非编码（调控）序列及特定物种独有的基因序列。而对基因组序列的比对，可以了解不同物种在基因构成、基因顺序和核苷酸组成等方面的异同，从而用于基因定位和基因功能的预测，并为阐明生物系统中的进化关系提供数据。

（二）种内比较基因组学阐明群体内基因组结构的变异和多态性

同种群体内个体基因组存在大量的变异和多态性，这种基因组序列的差异构成了不同个体与群体对疾病的易感性和对药物、环境因素等不同反应的分子遗传学基础。例如，SNP 最大限度地代表了不同个体之间的遗传差异，鉴别个体间 SNP 差异可揭示不同个体的疾病易感性和对药物的反应性，有利于判定不同人群对疾病的易感程度并指导个体化用药。

小 结

基因是能够编码蛋白质或 RNA 等具有特定功能产物的、负载遗传信息的基本单位，除了某些以 RNA 为基因组的 RNA 病毒外，通常是指染色体或基因组的一段 DNA 序列。基因的基本结构包含编码蛋白质或 RNA 的编码序列及其与之相关的非编码序列。真核基因结构最突出的特点是其不连续性，被称为断裂基因。

基因组是指生物体或细胞中一套完整单体具有的遗传信息的总和。真核基因组具有基因编码序列在基因组中所占比例小于非编码序列，高等真核生物基因组含有大量的重复序列，存在多基因家族和假基因，具有可变剪接，以及真核基因组 DNA 与蛋白质结合形成染色体，储存于细胞核内等特点。线粒体 DNA 是核外遗传物质，可以独立编码线粒体中的一些蛋白质。人的线粒体基因组全长 16 569bp，共编码 37 个基因。人基因组中约有两万个基因，分布在 22 条常染色体及 2 条性染色体上，但并不是均匀分布。

基因组学是阐明整个基因组结构、功能以及基因之间相互作用的科学。主要研究内容包括结构基因组学、功能基因组学和比较基因组学。结构基因组学的主要任务是基因组作图和序列测定；功能基因组学利用结构基因组所提供的信息，分析基因组中所有基因（包括编码和非编码序列）的功能；比较基因组学通过不同生物基因及基因组之间的比较，研究基因的功能、表达机制及其进化关系。

思考题：

1. 如何理解断裂基因及其意义？
2. 何谓启动子、增强子、沉默子、绝缘子？
3. 真核基因组的结构特点是什么？
4. 举例说明是否可以根据基因组大小或基因数量判断生物体的复杂程度。
5. 何谓基因组学？基因组学的研究内容有哪些？

思考题解题思路

本章目标测试

本章思维导图

（汤立军）

第十四章 | DNA 的合成

生物体内或细胞内进行的 DNA 合成主要包括 DNA 复制、DNA 修复合成和逆转录合成 DNA 等过程。

DNA 复制（replication）是以 DNA 为模板的 DNA 合成，是基因组的复制过程。在这个过程中，亲代 DNA 作为合成模板，按照碱基配对原则合成子代分子，其化学本质是酶促脱氧核糖核苷酸的聚合反应。DNA 的忠实复制以碱基配对规律为分子基础，酶促修复系统可以校正复制中可能出现的错误。原核生物和真核生物 DNA 复制的规律和过程相似，但在具体细节上有许多差别，真核生物 DNA 复制过程和参与的分子更为复杂和精致。本章主要讨论 DNA 复制和 DNA 逆转录合成，DNA 修复合成将在第二十三章叙述。

第一节 | DNA 复制的基本规律

DNA 复制特征主要包括半保留复制（semi-conservative replication）、双向复制（bidirectional replication）和半不连续复制（semi-discontinuous replication）。DNA 的复制具有高保真性（high fidelity）。

一、DNA 以半保留方式进行复制

DNA 生物合成的半保留复制规律是遗传信息传递机制的重要发现之一。在复制时，亲代双链 DNA 解开为两股单链，各自作为模板，依据碱基配对规律，合成序列互补的子链 DNA 双链。亲代 DNA 模板在子代 DNA 中的存留有 3 种可能性，全保留式、半保留式或混合式（图 14-1a）。

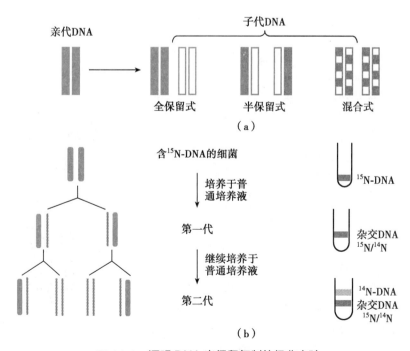

图 14-1　证明 DNA 半保留复制的经典实验

（a）DNA 复制方式的 3 种可能性；（b）^{15}N 标记 DNA 实验证明半保留复制假设。

1958年,Meselson M.和Stahl F.W.用实验证实自然界的DNA复制方式是半保留式的。他们利用细菌能够以NH₄Cl为氮源合成DNA的特性,将细菌在含¹⁵NH₄Cl的培养液中培养若干代(每一代约20分钟),此时细菌DNA全部是含¹⁵N的"重"DNA;再将细菌放回普通的¹⁴NH₄Cl培养液中培养,新合成的DNA则有¹⁴N的掺入;提取不同培养代数的细菌DNA做密度梯度离心分析,因¹⁵N-DNA和¹⁴N-DNA的密度不同,DNA因此形成不同的致密带。结果表明,细菌在¹⁵NH₄Cl培养基中生长繁殖时合成的¹⁵N-DNA是1条高密度带;转入普通培养基培养1代后得到1条中密度带,提示其为¹⁵N-DNA链与¹⁴N-DNA链的杂交分子;在第二代时可见中密度和低密度2条带,表明它们分别为¹⁵N-DNA链/¹⁴N-DNA链、¹⁴N-DNA链/¹⁴N-DNA链组成的分子(图14-1b)。随着在普通培养基中培养代数的增加,低密度带增强,而中密度带保持不变。这一实验结果证明,亲代DNA复制后,是以半保留形式存在于子代DNA分子中的。

半保留复制规律的阐明,对于理解DNA的功能和物种的延续性有重大意义。依据半保留复制的方式,子代DNA中保留了亲代的全部遗传信息,亲代与子代DNA之间碱基序列高度一致(图14-2)。

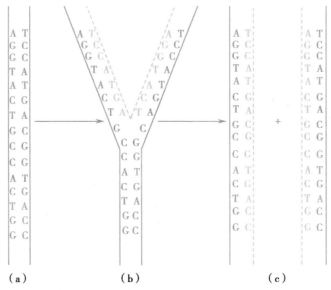

图14-2 **半保留复制保证子代和亲代DNA碱基序列一致**
(a)母链DNA;(b)复制过程打开的复制叉;(c)两个子代细胞的双链DNA,实线链来自母链,虚线链是新合成的子链。

遗传的保守性是相对的,自然界还存在着普遍的变异现象。遗传信息的相对稳定是物种稳定的分子基础,但并不意味着同一物种个体与个体之间没有区别。例如病毒是简单的生物,流感病毒就有很多不同的毒株,不同毒株的感染方式、毒性差别可能很大,在预防上有相当大的难度。又如,地球上曾有过的人口和现有的几十亿人,除了单卵双胞胎之外,两个人之间不可能有完全一样的DNA分子组成(基因型)。因此,在强调遗传保守性的同时,不应忽视其变异性。

二、DNA复制从起点双向进行

细胞的增殖有赖于基因组复制而使子代得到完整的遗传信息。原核生物基因组是环状DNA,只有一个复制起点(origin)。复制从起点开始,向两个方向进行解链,进行的是单点起始双向复制(图14-3a)。复制中的模板DNA形成2个延伸方向相反的开链区,称为复制叉(replication fork)。复制叉指的是正在进行复制的双链DNA分子所形成的Y形区域,其中,已解旋的两条模板单链以及正在进行合成的新链构成了Y形的头部,尚未解旋的DNA模板双链构成了Y形的尾部。

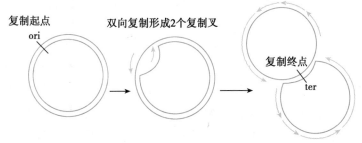

（a）原核生物环状DNA的单点起始双向复制

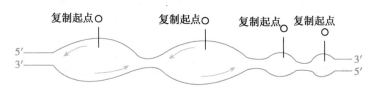

（b）真核生物DNA的多点起始双向复制

图 14-3　DNA 复制的起点和方向

　　真核生物基因组庞大而复杂,由多个染色体组成,全部染色体均需复制,每个染色体又有多个起点,呈多起点双向复制特征(图 14-3b)。每个起点产生两个移动方向相反的复制叉,复制完成时,复制叉相遇并汇合连接。从一个 DNA 复制起点起始的 DNA 复制区域称为复制子(replicon)。复制子是含有一个复制起点的独立完成复制的功能单位。高等生物有数以万计的复制子,复制子间长度差别很大,约在 13～900kb 之间。

三、DNA 复制以半不连续方式进行

　　DNA 双螺旋结构的特征之一是两条链的反向平行,一条链为 5′ 至 3′ 方向,其互补链是 3′ 至 5′ 方向。DNA 聚合酶只能催化 DNA 链从 5′ 至 3′ 方向的合成,故子链沿着模板复制时,只能从 5′ 至 3′ 方向延伸。在同一个复制叉上,解链方向只有一个,此时一条子链的合成方向与解链方向相同,可以边解链,边合成新链。然而,另一条链的复制方向则与解链方向相反,只能等待 DNA 全部解链,方可开始合成,这样的等待在细胞内显然是不现实的。

　　1968 年,Okazaki R. 用电子显微镜结合放射自显影技术观察到,复制过程中会出现一些较短的新 DNA 片段,后人证实这些片段只出现于同一复制叉的一股链上。由此提出,子代 DNA 合成是以半不连续的方式完成的,从而克服 DNA 空间结构对 DNA 新链合成的制约。目前认为,在 DNA 复制过程中,沿着解链方向生成的子链 DNA 的合成是连续进行的,这股链称为前导链(leading strand);另一股链因为复制方向与解链方向相反,不能连续延长,只能随着模板链的解开,逐段地从 5′→3′ 生成引物并复制子链。模板被打开一段,起始合成一段子链;再打开一段,再起始合成另一段子链,这一不连续复制的链称为后随链(lagging strand)。前导链连续复制而后随链不连续复制的方式称为半不连续复制(图 14-4)。在引物生成和子链延长上,后随链都比前导链迟一些。因此,两条互补链的合成是不对称的。

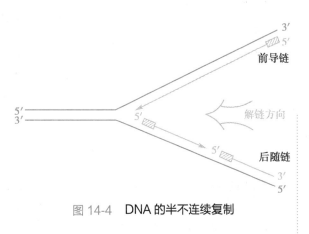

图 14-4　DNA 的半不连续复制

沿着后随链的模板链合成的新 DNA 片段被命名为冈崎片段（Okazaki fragment）。真核生物的冈崎片段长度约 100~200 核苷酸，而原核生物约 1 000~2 000 核苷酸。复制完成后，这些不连续片段经过去除引物，填补引物留下的空隙，连接成完整的 DNA 长链。

四、DNA 复制具有高保真性

DNA 复制具有高度保真性，其错配概率约为 10^{-10}。"半保留复制"确保亲代和子代 DNA 分子之间信息传递的绝对保真性。高保真 DNA 聚合酶利用严格的碱基配对原则是保证复制保真性的机制之一。另外，体内复制叉的复杂结构提高了复制的准确性；DNA 聚合酶的核酸外切酶活性和校读功能以及复制后修复系统（详见第二十一章）对错配加以纠正，四种机制协同进一步提高了复制的保真性。

细菌复制酶有多个错误修复系统。真核细胞有许多 DNA 聚合酶，复制酶高保真运作。复制酶有复杂的结构，不同亚基具有不同功能（表 14-1）。除了 β 酶，修复酶都有低保真度。修复酶的结构相对简单。

表 14-1　部分真核生物 DNA 聚合酶功能和结构

DNA 聚合酶	功能	结构
	高保真复制	—
α	引发酶	350kD 四聚体
δ	后随链合成	250kD 四聚体
ε	前导链合成	350kD 四聚体
γ	线粒体 DNA 复制	200kD 二聚体
	高保真修复	—
β	碱基切除修复	39kD 单体
	低保真修复	—
ζ	碱基损伤旁路	异聚体
η	胸腺嘧啶二聚体旁路	单体
ι	减数分裂相关	单体
κ	碱基替换与缺失	单体

第二节 ｜ DNA 复制的酶学和拓扑学

DNA 复制是酶促核苷酸聚合反应，底物是 dATP、dGTP、dCTP 和 dTTP，总称 dNTP。dNTP 有 3 个磷酸基团，最靠近核糖的称为 α-P，向外依次为 β-P 和 γ-P。在聚合反应中，α-P 与子链末端核糖的 3′-OH 连接。

模板是指解开成单链的 DNA 母链，遵照碱基互补规律，按模板指引合成子链，子链延长有方向性。引物提供 3′-OH 末端使 dNTP 可以依次聚合。由于底物的 5′-P 是加合到延长中的子链（或引物）3′-端核糖的 3′-OH 基上生成磷酸二酯键，因此新链的延长只可沿 5′ 向 3′ 方向进行。核苷酸和核苷酸之间生成 3′,5′-磷酸二酯键而逐一聚合，是复制的基本化学反应（图 14-5）。图 14-5 的反应可简示为：$(dNMP)_n + dNTP \rightarrow (dNMP)_{n+1} + PPi$。N 代表 4 种碱基的任何一种。

一、DNA 聚合酶催化脱氧核糖核苷酸间的聚合

DNA 聚合酶全称是依赖 DNA 的 DNA 聚合酶（DNA-dependent DNA polymerase，DNA pol）。DNA

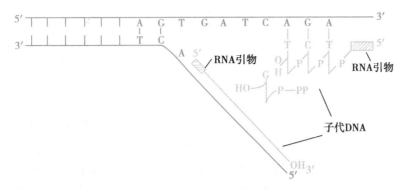

图 14-5 复制过程中脱氧核糖核苷酸的聚合

pol 是 1958 年由 Kornberg A. 在大肠埃希菌（*Escherichia coli*, *E.coli*）中首先发现。他从细菌沉渣中提取得到纯酶,在试管内加入模板 DNA、dNTP 和引物,该酶可催化新链 DNA 生成。这一结果直接证明了 DNA 是可以复制的,是继 DNA 双螺旋模型确立后的又一重大发现。当时将此酶称为复制酶（replicase）。在发现其他种类的 DNA pol 后,Kornberg A. 发现的 DNA 聚合酶被称为 DNA pol Ⅰ。

(一) 原核生物至少有 5 种 DNA 聚合酶

大肠埃希氏杆菌经人工处理和筛选,可培育出基因变异菌株。DNA pol Ⅰ基因缺陷的菌株,经实验证明依然可进行 DNA 复制。DNA pol Ⅰ由 *pol A* 编码,主要在 DNA 损伤修复中发挥作用,在半保留复制中起到辅助作用。从变异菌株中相继提取到的其他 DNA pol 被分别称为 DNA pol Ⅱ和 DNA pol Ⅲ。DNA pol Ⅱ由 *pol B* 编码,当复制过程被损伤的 DNA 阻碍时重新启动复制叉。这三种聚合酶都有 5'→3' 延长脱氧核糖核苷酸链的聚合活性及 3'→5' 核酸外切酶活性。DNA pol Ⅳ和 DNA pol Ⅴ分别由 *dinB* 和 *umu'$_2$C* 编码,属于跨损伤合成 DNA 聚合酶,五种 *E.coli* DNA 聚合酶比较见表 14-2。DNA pol Ⅲ由 *pol C* 编码,聚合反应比活性远高于 pol Ⅰ,每分钟可催化多至 10^5 次聚合反应,因此 DNA pol Ⅲ是原核生物复制延长中真正起催化作用的酶。

表 14-2　*E.coli* 五种 DNA 聚合酶比较

特征	DNA 聚合酶				
	Ⅰ	Ⅱ	Ⅲ	Ⅳ	Ⅴ
结构基因	*pol A*	*pol B*	*pol C*	*din B*	*umu C*
亚基类型	1	7	9	1	3
分子量	103 000	88 000	1 065 400	39 100	110 000
3'-5' 外切酶活性	是	是	是	否	否
5'-3' 外切酶活性	是	否	否	否	否
聚合速率(核苷酸 /s)	10~20	40	250~1 000	2~3	1

DNA pol Ⅲ 是由 10 种(17 个)亚基组成的不对称异聚合体(图 14-6),由 2 个核心酶(core enzyme)通过 1 对 β 亚基构成的滑动夹(sliding clamp)与 γ- 复合物(γ-complex),即夹子加载复合体(clamp loading complex)连接组成。核心酶由 α、ε、θ 亚基共同组成,主要作用是合成 DNA,有 5'→3' 聚合活性;ε 亚基是复制的保真性所必需;β 亚基发挥夹稳 DNA 模板链,并使酶沿模板滑动的作用;其余的 7 个亚基统称 γ- 复合物,包括 γ、δ、δ'、ψ、χ

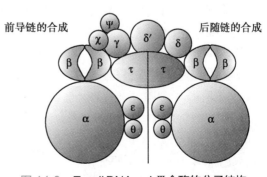

图 14-6 *E.coli* DNA pol Ⅲ全酶的分子结构

和两个 τ,有促进滑动夹加载、全酶组装至模板上及增强核心酶活性的作用。

DNA pol Ⅰ的二级结构以 α- 螺旋为主,只能催化延长约 20 个核苷酸,说明它不是复制延长过程中起主要作用的酶。DNA pol Ⅰ在活细胞内的功能主要是对复制中的错误进行校对,对复制和修复中出现的空隙进行填补。用特异的蛋白酶可以将 DNA pol Ⅰ水解为 2 个片段,小片段共 323 个氨基酸残基,有 5′→3′ 核酸外切酶活性。大片段共 604 个氨基酸残基,被称为 Klenow 片段(克列诺片段),具有 DNA 聚合酶活性和 3′→5′ 核酸外切酶活性。克列诺片段是实验室合成 DNA 和进行分子生物学研究常用的工具酶。

DNA pol Ⅱ基因发生突变,细菌依然能存活,推想它是在 pol Ⅰ和 pol Ⅲ缺失情况下暂时起作用的酶。DNA pol Ⅱ对模板的特异性不高,即使在已发生损伤的 DNA 模板上,它也能催化核苷酸聚合。因此,认为 DNA pol Ⅱ参与 DNA 损伤的应急状态修复。

(二) 常见的真核生物 DNA 聚合酶有 5 种

真核细胞的 DNA 聚合酶至少 15 种,常见的有 5 种,它们在功能上与原核细胞的比较见表 14-3。

表 14-3　真核生物和原核生物 DNA 聚合酶的比较

E.coli	真核细胞	功能
Ⅰ		去除 RNA 引物,填补复制中的 DNA 空隙,DNA 修复和重组
Ⅱ		复制中的校对,DNA 修复
	β	DNA 修复
	γ	线粒体 DNA 合成
Ⅲ	ε	前导链合成
	α	引发酶
	δ	后随链合成

DNA pol α 合成引物,然后迅速被具有连续合成能力的 DNA pol δ 和 DNA pol ε 所替换,这一过程称为聚合酶转换(polymerase switching)。DNA pol δ 负责合成后随链,DNA pol ε 负责合成前导链。至于高等生物中是否还有独立的解旋酶和引物酶,目前还未能确定。但是,在病毒感染培养细胞(HeLa/SV40)的复制体系中,发现 SV40 病毒的 T 抗原有解旋酶活性。DNA pol α 催化新链延长的长度有限,但它能催化 RNA 链的合成,因此认为它具有引物酶活性。DNA pol β 复制的保真度低,可能是参与应急修复复制的酶。DNA pol γ 是线粒体 DNA 复制的酶,见本章第四节。

二、DNA 聚合酶的碱基选择和校对功能实现复制的保真性

DNA 复制的保真性是遗传信息稳定传代的保证。DNA 复制遵守严格的碱基配对规律,DNA 聚合酶的碱基选择和校读功能是维持 DNA 复制保真性的重要机制之一。

(一) 复制的保真性依赖正确的碱基选择

DNA 复制保真的关键是正确的碱基配对,而碱基配对的关键又在于氢键的形成。G 和 C 以 3 个氢键、A 和 T 以 2 个氢键维持配对,错配碱基之间难以形成氢键。除化学结构限制外,DNA 聚合酶对配对碱基具有选择作用。

DNA pol 是在 DNA 链延长中起催化作用的酶。利用"错配"实验发现,DNA pol Ⅲ对核苷酸的掺入(incorporation)具有选择功能。例如,用 21 聚腺苷酸 poly(dA)$_{21}$ 作模板,用 poly(dT)$_{20}$ 作复制引物,观察引物的 3′-OH 端连上的是否为胸苷酸(T)。尽管反应体系中 4 种核苷酸都存在,第 21 位也只会出现 T。若仅仅加入单一种类的 dNTP 作底物,就会"迫使"引物在第 21 位延长中出现错配。用柱层析技术可以把 DNA pol Ⅲ各个亚基组分分离,然后再重新组合。如果重新组合的 DNA pol Ⅲ不含 ε 亚基,复制错配频率出现较高,说明 ε 亚基是执行碱基选择功能的。

DNA 中脱氧核糖以糖苷键与碱基连接,此键有顺式(syn)和反式(anti)两种构象。在 B-DNA(右手双螺旋)中,如果碱基是嘌呤,DNA 糖苷键总是反式,与相应的嘧啶形成氢键配对。而要形成嘌呤-嘌呤配对,则其中一个嘌呤必须旋转 180°,DNA pol Ⅲ 对不同构型糖苷键表现不同亲和力,因此实现其选择功能。

前已述及,在 DNA pol Ⅲ 的核心酶(α、ε 和 θ 亚基)中 α 亚基有 5′→3′ 聚合酶活性,ε 有 3′→5′ 核酸外切酶活性以及碱基选择功能。θ 亚基未发现有催化活性,可能起稳定 ε 亚基的作用。目前研究认为,在核苷酸聚合之前或在聚合过程中,酶就可以控制碱基的正确选择。

(二)聚合酶中的核酸外切酶活性在复制中辨认切除错配碱基并加以校正

原核生物的 DNA pol Ⅰ、真核生物的 DNA pol δ 和 DNA pol ε 的 3′→5′ 核酸外切酶活性都很强,可以在复制过程中辨认并切除错配的碱基,对复制错误进行校正,此过程又称错配修复(mismatch repair)。

以 DNA pol Ⅰ 为例(图 14-7),图中的模板链是 G,新链错配成 A 而不是 C。DNA pol Ⅰ 的 3′→5′ 外切酶活性将错配的 A 水解下来,同时利用 5′→3′ 聚合酶活性补回正确配对的 C,复制可以继续下去,这种功能称为校对(proofreading)。实验也证明:如果是正确的配对,3′→5′ 外切酶活性是不表现的。DNA pol Ⅰ 还有 5′→3′ 外切酶活性,实施切除引物、切除突变片段的功能。

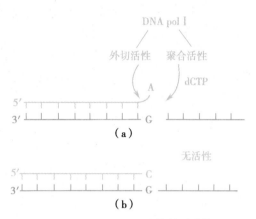

图 14-7　DNA pol Ⅰ 的校对功能
(a)DNA pol Ⅰ 的外切酶活性切除错配碱基,并用其聚合活性掺入正确配对的底物;(b)碱基配对正确,DNA pol Ⅰ 并不表现外切酶活性。

三、复制中的解链伴有 DNA 分子拓扑学变化

DNA 分子的碱基埋在双螺旋内部,只有解成单链,才能发挥模板作用。Watson J. 和 Crick F. 在建立 DNA 双螺旋结构模型时曾指出,生物细胞如何解开 DNA 双链是理解复制机制的关键。目前已知,多种酶和蛋白质分子共同完成 DNA 的解链。

(一)多种酶参与 DNA 解链和稳定单链状态

复制起始时,需多种酶和辅助的蛋白质因子(表 14-4),共同解开并理顺 DNA 双链,且维持 DNA 分子在一段时间内处于单链状态。

表 14-4　原核生物复制中参与 DNA 解链的相关蛋白质

蛋白质(基因)	通用名	功能
DnaA(dnaA)		辨认复制起点
DnaB(dnaB)	解旋酶	解开 DNA 双链
DnaC(dnaC)		运送和协同 DnaB
DnaG(dnaG)	引发酶	催化 RNA 引物生成
SSB	单链结合蛋白/DNA 结合蛋白	稳定已解开的单链 DNA
拓扑异构酶	拓扑异构酶Ⅱ又称促旋酶	解开超螺旋

E.coli 结构简单,繁殖速度快,是较早用于分子遗传学研究的模式生物。*E.coli* 变异株进行分析,可以阐明各种基因的功能。早期发现的与 DNA 复制相关的基因曾被命名为 dnaA、dnaB、…、dnaX 等,分别编码 DnaA、DnaB 等蛋白质分子。

DnaB 作用是利用 ATP 供能来解开 DNA 双链,为解旋酶(helicase)。*E.coli* DNA 复制起始的解链

是由 DnaA、DnaB 和 DnaC 共同起作用而发生的。

DNA 分子只要碱基配对,就会有形成双链的倾向。单链结合蛋白(single-stranded DNA binding protein,SSB)具有结合单链 DNA 的能力,维持模板的单链稳定状态并使其免受细胞内广泛存在的核酸酶的降解。SSB 作用时表现协同效应,保证 SSB 在下游区段的继续结合。SSB 不像聚合酶那样沿着复制方向向前移动,而是不断地结合、脱离。

(二) DNA 拓扑异构酶改变 DNA 超螺旋状态

DNA 拓扑异构酶(DNA topoisomerase)简称拓扑酶,广泛存在于原核及真核生物,分为 I 型和 II 型两种,最近还发现了拓扑酶 III。原核生物拓扑异构酶 II 又称促旋酶(gyrase),真核生物的拓扑酶 II 还有几种不同亚型。

拓扑一词,在物理学上是指物体或图像作弹性移位而保持物体原有的性质。DNA 双螺旋沿轴旋绕,复制解链也沿同一轴反向旋转,复制速度快,旋转达 100 次 /s,会造成复制叉前方的 DNA 分子打结、缠绕、连环现象。DNA 在复制解链过程形成超螺旋结构的形态见图 14-8。这种超螺旋及局部松弛等过渡状态,需要拓扑酶作用以改变 DNA 分子的拓扑构象,理顺 DNA 链结构来配合复制进程。

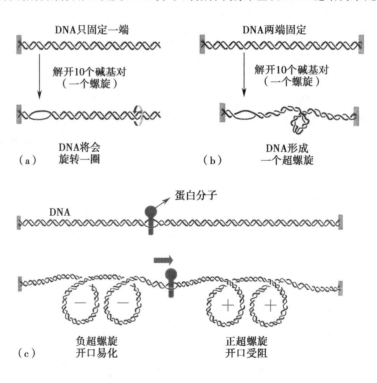

图 14-8 复制过程超螺旋的形成

(a) 代表螺旋一端固定,通过自由旋转不形成超螺旋结构;(b) 代表两端固定,螺旋局部解开后,形成一个超螺旋;(c) 蛋白质分子参与 DNA 复制过程,在其前方形成正超螺旋,在其后方形成负超螺旋。

拓扑酶既能水解,又能连接 DNA 分子中磷酸二酯键(图 14-9),可在将要打结或已打结处切口,下游的 DNA 穿越切口并作一定程度旋转,把结打开或解松,然后旋转复位连接。主要有两类拓扑酶在复制中用于松解超螺旋结构。拓扑酶 I 可以切断 DNA 双链中一股,使 DNA 解链旋转中不致打结,适当时候又把切口封闭,使 DNA 变为松弛状态,这一反应无须 ATP。拓扑酶 II 可在一定位置上,切断处于正超螺旋状态的 DNA 双链,使超螺旋松弛;然后利用 ATP 供能,松弛状态 DNA 的断端在同一个酶的催化下连接恢复。这些作用均可使复制中的 DNA 解开螺旋、连环或解连环,达到适度盘绕。母链 DNA 与新合成链也会互相缠绕,形成打结或连环,也需拓扑异构酶 II 的作用。DNA 分子一边解链,一边复制,所以复制全过程都需要拓扑酶。

动画

NOTES

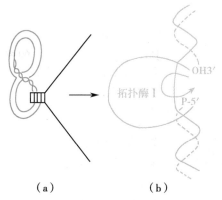

图 14-9　**拓扑酶的作用方式**

（b）是（a）的局部放大图，经拓扑酶 I 作用，两个环变为一个环。

四、DNA 连接酶连接复制中产生的单链缺口

DNA 连接酶（DNA ligase）连接 DNA 链 3'-OH 末端和另一 DNA 链的 5'-P 末端，两者间生成磷酸二酯键，从而将两段相邻的 DNA 链连接成完整的链。连接酶的催化作用需要消耗 ATP。实验证明：连接酶只能连接双链中的单链缺口，它并没有连接单独存在的 DNA 单链或 RNA 单链的作用。复制中的后随链是分段合成的，产生的冈崎片段之间的缺口，要靠连接酶接合。图 14-10 显示连接酶的催化作用。

DNA 连接酶不但在复制中起最后接合缺口的作用，在 DNA 修复、重组中也起接合缺口作用。如果 DNA 两股都有单链缺口，只要缺口前后的碱基互补，连接酶也可连接。因此，DNA 连接酶也是基因工程的重要工具酶之一。

1402
动画

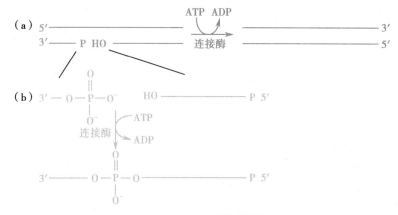

图 14-10　**DNA 连接酶的作用**

（a）连接酶连接双链 DNA 上单链的缺口；（b）被连接的缺口放大图，是连接酶催化的反应。

第三节 ｜ 原核生物 DNA 复制过程

原核生物染色体 DNA 和质粒等都是共价环状闭合的 DNA 分子，复制过程具有共同的特点，但并非完全相同，下面以大肠埃希氏杆菌 DNA 复制为例，介绍原核生物 DNA 复制的过程和特点。

一、复制起始过程形成起始复合物

起始是复制中较为复杂的环节，在此过程中，各种酶和蛋白质因子在复制起点处装配引发体，形成复制叉并合成 RNA 引物。

（一）DNA 识别并结合复制起始点的反向重复序列

1. **复制有固定起点**　复制不是在基因组上的任何部位随机起始。大肠埃希氏杆菌基因组上有一个固定的复制起点，称为 oriC，跨度为 245bp，其序列高度保守，含有 3 个 13bp 组成的串联重复序列和 5 个 9bp 组成的重复序列，前者富含 AT（AT rich），又叫 DNA 解旋元件（DNA unwinding element，DUE），后者为 Dna A 主要结合位点（R 位点）（图 14-11）。此外，在 oriC 还存在整合宿主因子（integration host factor，IHF）和反转刺激因子（factor for inversion stimulation，FIS）的结合位点。FIS 和 IHF 是某些重组反应的必要组分。DNA 双链中，AT 间的配对只有 2 个氢键维系，故富含 AT 的部位容易发生解链。

1403
动画

NOTES

263

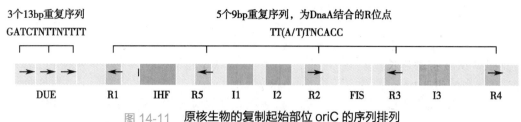

3个13bp重复序列　　GATCTNTTNTTT

5个9bp重复序列，为DnaA结合的R位点　　TT(A/T)TNCACC

DUE　R1　IHF　R5　I1　I2　R2　FIS　R3　I3　R4

图 14-11　原核生物的复制起始部位 oriC 的序列排列

N 代表这四个核苷酸中的任何一种。水平箭头表示核苷酸序列的方向。R 位点由 DnaA 结合。I 位点是额外的 DnaA 结合位点(具有不同的序列,标记为 I1、I2 和 I3)。在 oriC 还存在整合宿主因子(integration host factor,IHF)和反转刺激因子(factor for inversion stimulation,FIS)的结合位点。DUE 为 DNA unwinding element。

2. DNA 解链需多种蛋白质参与　DNA 的解链过程由 DnaA、DnaB、DnaC 三种蛋白质共同参与完成。DnaA 蛋白是一同源四聚体,负责辨认并结合于 oriC 的反向重复序列上。然后,几个 DnaA 蛋白互相靠近,形成 DNA-蛋白质复合体结构,促使 AT 区的 DNA 解链。DnaB 蛋白(解旋酶)在 DnaC 蛋白的协同下,结合并沿解链方向移动,使双链解开足够用于复制的长度,并且逐步置换出 DnaA 蛋白。此时,复制叉已初步形成。

SSB 此时结合到 DNA 单链上,在一定时间内使复制叉保持适当的长度,有利于核苷酸依模板掺入。

3. 解链过程中需要 DNA 拓扑异构酶　解链是一种高速的反向旋转,其下游势必发生打结现象。拓扑异构酶 Ⅱ 通过切断、旋转和再连接的作用,实现 DNA 超螺旋的转型,即把正超螺旋变为负超螺旋。实验证明:负超螺旋 DNA 比正超螺旋有更好的模板作用。

(二) 引物合成和起始复合物的形成

复制起始过程需要先合成引物(primer),引物是由引发酶(primase)催化合成的短链 RNA 分子。

母链 DNA 解成单链后,不会立即按照模板序列将 dNTP 聚合为 DNA 子链。这是因为 DNA pol 不具备催化两个游离 dNTP 之间形成磷酸二酯键的能力,只能催化核酸片段的 3′-OH 末端与 dNTP 间的聚合。但 RNA 聚合酶不需要 3′-OH 便可催化 NTP 的聚合,而引发酶属于 RNA 聚合酶,故复制起始部位合成的短链引物 RNA 为 DNA 的合成提供 3′-OH 末端,在 DNA pol 催化下逐一加入 dNTP 而形成 DNA 子链。

引发酶是复制起始时催化 RNA 引物合成的酶。它不同于催化转录的 RNA 聚合酶。利福平(rifampicin)是转录用 RNA pol 的特异性抑制剂,而引发酶对利福平不敏感。

动画

动画

在 DNA 双链解链基础上,形成了 DnaB、DnaC 蛋白与 DNA 复制起点相结合的复合体。此时引发酶进入,形成含有解旋酶 DnaB、DnaC、引发酶和 DNA 的复制起始区域共同构成的起始复合物结构,该结构在噬菌体 ΦX 系统也称为引发体(primosome)。起始复合物蛋白质组分在 DNA 链上的移动需由 ATP 供给能量。在适当位置上,引发酶依据模板的碱基序列,从 5′→3′ 方向催化 NTP(不是 dNTP)的聚合,生成短链的 RNA 引物(图 14-12)。

动画

引物长度约为 5～10 个核苷酸不等。引物合成的方向也是自 5′-端至 3′-端。已合成的引物必然留有 3′-OH 末端,此时就可进入 DNA 的复制延长。在 DNA pol Ⅲ 催化下,引物末端与新配对进入的 dNTP 生成磷酸二酯键。新链每次反应后亦留有 3′-OH,复制就可继续进行下去。

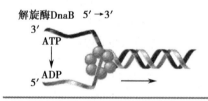

解旋酶DnaB　5′→3′

SSB单链结合蛋白(~60/复制叉)

DnaG 引物酶催化RNA引物生成

3′-OH

DNA复制的启动需要多种酶参与,包括解旋酶、单链结合蛋白和引物酶

图 14-12　起始复合物和复制叉的生成

二、复制延长过程形成复制叉结构

复制中 DNA 链的延长在 DNA pol 催化下进行。原核生物催化延长反应的酶是 DNA pol Ⅲ。底物 dNTP 的 α-磷酸基团与引物或延长中的子链上 3′-OH 反应后，dNMP 的 3′-OH 又成为链的末端，使下一个底物可以掺入。复制沿 5′→3′ 延长，指的是子链合成的方向。前导链沿着 5′→3′ 方向连续延长，而后随链沿着 5′→3′ 方向呈不连续延长。

在同一个复制叉上，前导链的复制先于后随链，但两链是在同一个 DNA pol Ⅲ 催化下进行延长的。这是因为后随链的模板 DNA 可以折叠或绕成环状，进而与前导链正在延长的区域对齐（图 14-13）。图中可见，由于后随链绕转，前导链和后随链的延长方向和延长点都处在 DNA pol Ⅲ 核心酶的催化位点上。解链方向就是酶的前进方向，亦即复制叉向前伸展的方向。因为复制叉上解开的模板单链走向相反，所以其中一股出现不连续复制的冈崎片段。

DNA 复制延长速度相当快。以 *E.coli* 为例，营养充足、生长条件适宜时，细菌 20 分钟即可繁殖一代。*E.coli* 基因组 DNA 全长约 4 600kb，依此计算，每秒钟能掺入的核苷酸达 3 800 个。

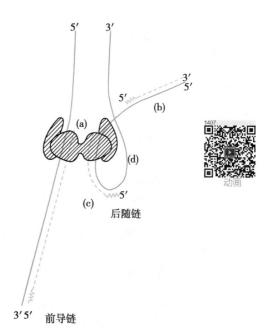

图 14-13　**同一复制叉上前导链和后随链由相同的 DNA pol 催化延长**（a）DNA pol Ⅲ 的核心酶和 β 亚基；（b）（c）（d）分别是后随链的已复制、正在复制和未复制的片段，实线是母链，虚线代表子链。

三、复制终止过程包括切除引物和连接切口

复制的终止过程，包括切除引物、填补空缺和连接切口。*E.coli* 的 DNA 复制终止点称为 ter 部位，在复制叉汇合点两侧约 100bp 处各有一个终止区（ter E/D/A 和 ter C/B），分别来自一个方向的复制叉的特异终止位点（ter sites）。终止点部位被蛋白 Tus 识别，Tus 具有反解旋酶（contra-helicase），阻止 DnaB 的解链作用，从而抑制复制叉前进。Tus 除了使复制叉停止运动外，还可能造成复制体解体。原核生物基因是环状 DNA，复制是双向复制，从起始点开始各进行 180°，同时在终止点上汇合。但有些生物两个方向复制是不等速的，起始点和终止点不一定把基因组 DNA 分为两个等份。因为 Tus 并非同时与两边 ter 结合，即 Tus 不是同时起作用，只是单向阻止复制，另一边复制多一些，所以汇合点不在 180°，可能偏 200bp 以内。

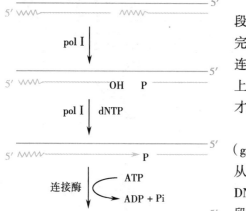

图 14-14　**子链中的 RNA 引物被取代**齿状线代表引物。

由于复制的半不连续性，在后随链上出现许多冈崎片段。每个冈崎片段上的引物是 RNA 而不是 DNA。复制的完成还包括去除 RNA 引物和换成 DNA，最后把 DNA 片段连接成完整的子链。这一过程用图 14-14 加以说明。实际上此过程在子链延长中已陆续进行，不必等到最后的终止才连接。

引物的水解靠细胞核内的 DNA pol Ⅰ，水解后留下空隙（gap）。空隙的填补由 DNA pol Ⅰ 而不是 DNA pol Ⅲ 催化，从 5′-端向 3′-端用 dNTP 为原料生成相当于引物长度的 DNA 链。dNTP 的掺入要有 3′-OH，在原引物相邻的子链片段提供 3′-OH 继续延伸，即由后复制的片段延长以填补先复制片段的引物空隙。填补至足够长度后，还是留下相邻的 3′-OH 和 5′-P 的缺口（nick）。缺口由连接酶连接。按照这种方式，所有的冈崎片段在环状 DNA 上连接成完整的

动画

DNA 子链。前导链也有引物水解后的空隙,在环状 DNA 最后复制的 3'-OH 端继续延长,即可填补该空隙及连接,完成基因组 DNA 的整个复制过程。

第四节 | 真核生物 DNA 复制过程

真核生物的基因组复制在细胞分裂周期的 DNA 合成期(S 期)进行。细胞周期进程在体内受到微环境中的增殖信号、营养条件等诸多因素影响,多种蛋白质因子和酶控制细胞进入 S 期的时机和 DNA 合成的速度。真核生物 DNA 合成的基本机制和特征与原核生物相似,但是由于基因组庞大及核小体的存在,反应体系、反应过程和调节均更为复杂。

一、真核生物 DNA 复制的起始与原核生物不同

真核生物 DNA 分布在许多染色体上,各自进行复制。每个染色体有上千个复制子,复制的起点很多。复制有时序性,即复制子以分组方式激活而不是同步启动。转录活性高的 DNA 在 S 期早期就进行复制。高度重复的序列如卫星 DNA、连接染色体双倍体的部位即着丝粒(centromere)和线性染色体两端即端粒(telomere)都是在 S 期的最后阶段才复制的。

真核生物复制起点序列较大肠埃希氏杆菌 oriC 复杂。酵母 DNA 复制起点含 11bp 富含 AT 的核心序列:A(T)TTTATA(G)TTTA(T),称为自主复制序列(autonomous replication sequence,ARS)。也发现比 *E.coli* 的 oriC 序列长的真核生物复制起点。

真核生物复制起始也是打开双链形成复制叉,形成引发体和合成 RNA 引物。但详细的机制,包括酶及各种辅助蛋白质起作用的先后顺序,尚未完全明了。

复制的起始需要 DNA pol α、pol ε 和 pol δ 的参与(表 14-3)。此外还需解旋酶、拓扑酶和复制因子(replication factor,RF),如 RFA、RFC 等。

增殖细胞核抗原(proliferation cell nuclear antigen,PCNA)在复制起始和延长中发挥关键作用。PCNA 为同源三聚体,具有与 *E.coli* DNA pol Ⅲ 的 β 亚基相同的功能和相似的构象,即形成闭合环形的可滑动的 DNA 夹子,在 RFC 的作用下 PCNA 结合于引物 - 模板链;并且 PCNA 使 pol δ 获得持续合成的能力。PCNA 尚具有促进核小体生成的作用。PCNA 的蛋白质水平也是检验细胞增殖能力的重要指标。

二、真核生物 DNA 复制的延长发生 DNA 聚合酶转换

现在认为 DNA pol α 主要催化合成引物,然后迅速被具有连续合成能力的 DNA pol δ 和 DNA pol ε 所替换,这一过程称为聚合酶转换。DNA pol δ 负责合成后随链,DNA pol ε 负责合成前导链。真核生物是以复制子为单位各自进行复制的,所以引物和后随链的冈崎片段都比原核生物的短。

实验证明,真核生物的冈崎片段长度大致与一个核小体(nucleosome)所含 DNA 碱基数(135bp)或其若干倍相等。当后随链的合成到核小体单位之末时,DNA pol δ 会脱落,DNA pol α 再引发下游引物合成,引物的引发频率是相当高的。pol α 与 pol δ 之间的转换频率高,PCNA 在全过程也要发挥重要作用。以上描述是真核生物复制子内后随链的起始和延长交错进行的复制过程。前导链的连续复制,亦只限于半个复制子的长度。FEN1 和 RNase H 等负责去除真核复制 RNA 引物。

真核生物 DNA 合成,就酶的催化速率而言,远比原核生物慢,估算为 50 个 dNTP/S。但真核生物是多复制子复制,总体速度是不慢的。原核生物复制速度与其培养(营养)条件有关。真核生物在不同器官组织、不同发育时期和不同生理状况下,复制速度也不一样。

三、真核生物 DNA 合成后立即组装成核小体

复制后的 DNA 需要重新装配。原有的组蛋白及新合成的组蛋白结合到复制叉后的 DNA 链上,

真核生物 DNA 合成后立即组装成核小体。生化分析和复制叉的图像均表明,核小体的破坏仅局限在紧邻复制叉的一段短的区域内,复制叉的移动使核小体破坏,但是复制叉向前移动时,核小体在子链上迅速形成。

核小体组蛋白八聚体的数量是同期合成的一个核小体 DNA 长度的两倍,核素标记实验证明,原有组蛋白大部分可重新组装至 DNA 链上。在 S 期,细胞能大量、迅速地合成新的组蛋白。

四、端粒酶参与解决染色体末端复制问题

真核生物 DNA 复制与核小体装配同步进行,复制完成后随即组合成染色体,并从 G2 期过渡到 M 期。染色体 DNA 是线性结构。复制中冈崎片段的连接,复制子之间的连接,都易于理解,因为均在线性 DNA 的内部完成。

染色体两端 DNA 子链上最后复制的 RNA 引物,去除后留下空隙。剩下的 DNA 单链母链如果不填补成双链,就会被核内 DNase 酶解。某些低等生物作为少数特例,染色体经多次复制会变得越来越短(图 14-15)。事实上,染色体虽经过多次复制,却不会越来越短,因为真核生物染色体线性 DNA 的末端有一特殊的端粒(telomere)结构。

形态学上,端粒在染色体 DNA 末端膨大成粒状,这是因为 DNA 和它的结合蛋白质紧密结合,像两顶帽子那样盖在染色体两端,因而得名。在某些情况下,染色体可以断裂,这时,染色体断端之间会发生融合或断端被 DNA 酶降解。但正常染色体不会整体地互相融合,也不会在末端出现遗传信息的丢失。可见,端粒在维持染色体的稳定性和 DNA 复制的完整性中有着重要作用。DNA 测序发现端粒结构的共同特点是富含 T-G 短序列的多次重复。如仓鼠和人类端粒 DNA 都有 TxGy 的重复序列,重复达数十至上百次,并能反折成二级结构。

20 世纪 80 年代中期发现了端粒酶(telomerase)。1997 年,人类端粒酶基因被成功克隆并鉴定了该酶由三部分组成:约 150～1 300nt 的端粒酶 RNA(human telomerase RNA,hTR)、端粒酶协同蛋白 1(human telomerase associated protein 1,hTP1)和端粒酶逆转录酶(human telomerase reverse transcriptase,hTRT)。该酶兼有提供 RNA 模板和催化逆转录的功能。

复制终止时,染色体端粒区域的 DNA 确有可能缩短或断裂。端粒酶通过一种称为爬行模型(inchworm model)(图 14-16)的机制合成端粒 DNA。端粒酶依靠 hTR 的 CyAx 辨认及结合母链 DNA 的 TxGy 重复序列并移至其 3′ 端,开始以逆转录的方式复制;复制一段后,hTR 的 CyAx 爬行移位至新合成的母链 3′ 端,再以逆转录的方式复制延伸母链;延伸至足够长度后,端粒酶脱离母链,随后 RNA 引物酶以母链为模板合成引物,招募 DNA pol,以母链为模板,在 DNA pol 催化下填充子链,最后引物被去除。

研究发现,培养的人成纤维细胞随着培养传代次数增加,端粒长度逐渐缩短。生殖细胞中端粒长于体细胞,成年人细胞中端粒比胚胎细胞中端粒短。据上述的实验结果,至少可以认为在细胞水平,老化是和端粒酶活性下降有关的。生物个体的老化,受多种环境因素和体内生理条件的影响,不能简单地归结为某单一因素的作用。

此外,在增殖活跃的肿瘤细胞中发现端粒酶活性增高。但在临床研究中也发现某些肿瘤细胞的端粒比正常同类细胞显著缩短。可见,端粒酶活性不一定与端粒的长度成正比。端粒和端粒酶的研究,在肿瘤学发病机制、寻找治疗靶点上,已经成为一个重要领域。

五、真核生物染色体 DNA 在每个细胞周期中只能复制一次

真核染色体 DNA 复制的一个重要特征是复制仅仅出现在细胞周期的 S 期,而且只能复制一次。染色体的任何一部分的不完全复制,均可能导致子代染色体分离时发生断裂和丢失。不适当的 DNA 复制也可能产生严重后果,如增加基因组中基因调控区的拷贝数,从而可能在基因表达、细胞分裂、对环境信号的应答等方面产生灾难性后果。

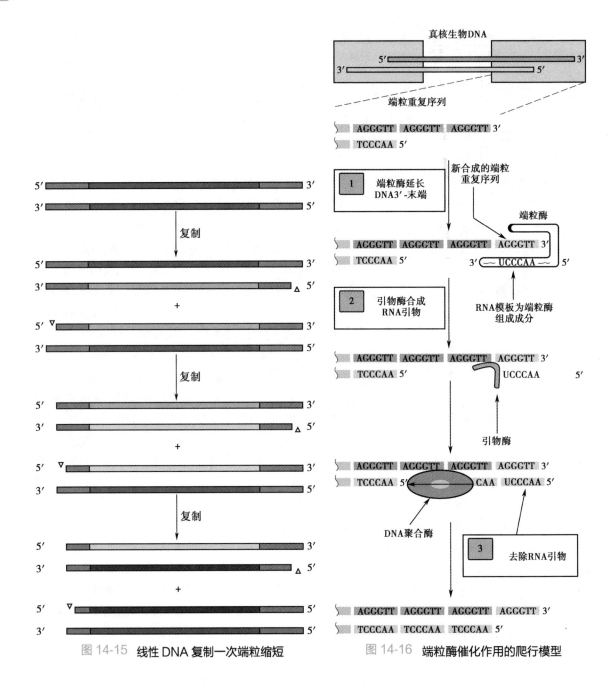

图 14-15　线性 DNA 复制一次端粒缩短　　　　图 14-16　端粒酶催化作用的爬行模型

　　真核细胞 DNA 复制的起始分两步进行,即复制基因的选择和复制起点的激活,这两步分别出现于细胞周期的特定阶段。复制基因(replicator)是指 DNA 复制起始所必需的全部 DNA 序列。

　　复制基因的选择出现于 G1 期,在这一阶段,基因组的每个复制基因位点均组装前复制复合物(pre-replicative complex,pre-RC),又称复制许可因子(replication licensing factor,RLF)。pre-RC 由四种类型的蛋白质组成,按顺序在每个复制基因位点进行组装。首先由复制起始识别复合物(origin recognition complex,ORC)和 CDC6 先后识别并结合复制基因,CDC6 随后招募 CDC-10 依赖转录因子 1(CDC10-dependent transcript 1,CDT1),ORC、CDC6 和 CDT1 共同促进两个真核细胞解旋酶 MCM2-7 复合物装载,形成 pre-RC。此时的 pre-RC 还未被激活(图 14-17)。ORC 含有五个 ATP 酶的结构域,其功能类似于细菌的 DnaA。解旋酶复合物 MCM2-7 是一个由微小染色体维持(minichromosome maintenance,MCM)蛋白组成的环状异源六聚体,其功能类似于细菌的 DnaB。

　　复制起点的激活发生在 S 期,受到 CDK2 严格调控。细胞进入 S 期后,细胞周期蛋白 A 和 CDK2 结合,使 pre-RC 的多个亚基发生磷酸化,磷酸化的 pre-RC 进一步募集若干复制基因结合蛋白和 DNA

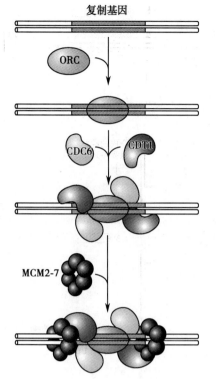

图 14-17　前复制复合物（pre-RC）的形成

聚合酶,并起始 DNA 复制。

在原核细胞中,复制基因的识别与 DNA 解旋、募集 DNA 聚合酶偶联进行。在真核细胞中,复制基因的选择和复制起点的激活相分离,可以确保每个染色体在每个细胞周期中仅复制一次。

六、真核生物线粒体 DNA 按 D 环方式复制

D- 环复制（D-loop replication）是线粒体 DNA 的复制方式。复制时需合成引物。mtDNA 为闭合环状双链结构,第一个引物以内环为模板延伸。至第二个复制起点时,又合成另一个反向引物,以外环为模板进行反向的延伸。最后完成两个双链环状 DNA 的复制（图 14-18）。复制中呈字母 D 形状而得名。D 环复制的特点是复制起点不在双链 DNA 同一位点,内、外环复制有时序差别。

真核生物的 DNA pol γ 是线粒体催化 DNA 复制的 DNA 聚合酶。20 世纪 50 年代以前,只知道 DNA 存在于细胞核染色体中。后来在细菌染色体外也发现能进行自我复制的 DNA,例如质粒,以后就利用质粒作为基因工程的常用载体。真核生物细胞器 - 线粒体,也发现存在 mtDNA。线粒体的功能是进行生物氧化和氧化磷酸化。人类的 mtDNA 已知有 37 个基因,其中 13 个 mtDNA 基因编码 ATP 合成有关的蛋白质和酶,其余 24 个基因转录为 tRNA（22 个）和 rRNA（2 个）,参与线粒体蛋白质的合成。

mtDNA 容易发生突变,损伤后的修复较困难。mtDNA 的突变与衰老和一些疾病的发生有关。所以 mtDNA 的突变与修复,成为医学研究上引起广泛兴趣的科学问题。线粒体内蛋白质翻译时,使用的遗传密码和通用的遗传密码有一些差别。

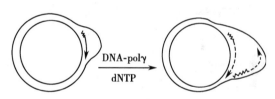

图 14-18　进行中的 D 环复制
左:第一个引物在第一起点上合成;右:延长至第二起点,合成第二引物。

第五节 ｜ 逆转录

双链 DNA 是大多数生物的遗传物质。然而,某些病毒的遗传物质是 RNA。原核生物的质粒,真核生物的线粒体 DNA,都是染色体外存在的 DNA。这些非染色体基因组,采用特殊的方式进行复制。

一、逆转录病毒的基因组 RNA 以逆转录机制复制

RNA 病毒的基因组是 RNA 而不是 DNA,其复制方式是逆转录（reverse transcription）,因此也称为逆转录病毒（retrovirus）。但是,并非所有的 RNA 病毒都是逆转录病毒。逆转录的信息流动方向（RNA→DNA）与转录过程（DNA→RNA）相反,是一种特殊的复制方式。

1970 年,Temin H. 和 Baltimore D. 分别从 RNA 病毒中发现能催化以 RNA 为模板合成双链 DNA 的酶,称为逆转录酶（reverse transcriptase）,全称是依赖 RNA 的 DNA 聚合酶（RNA-dependent DNA polymerase）。

从单链 RNA 到双链 DNA 的生成可分为三步（图 14-19）:首先是逆转录酶以病毒基因组 RNA 为

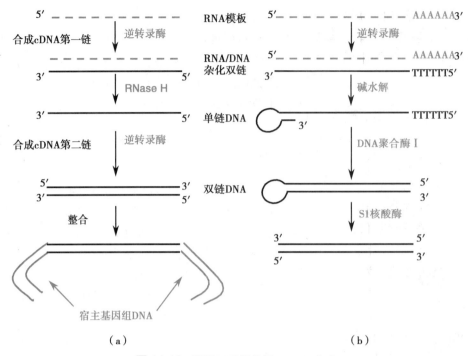

图 14-19 逆转录酶催化的 cDNA 合成

（a）逆转录病毒细胞内复制。病毒的 tRNA 可作为 cDNA 第二链合成的引物；（b）试管内合成 cDNA。单链 cDNA 的 3′端能够形成发夹状的结构作为引物，在大肠埃希菌聚合酶Ⅰ Klenow 作用下，合成 cDNA 的第二链。

模板，催化 dNTP 聚合生成 DNA 互补链，产物是 RNA/DNA 杂化双链。然后，杂化双链中的 RNA 被逆转录酶中有 RNase 活性的组分水解，被感染细胞内的 RNase H（H=Hybrid）也可水解 RNA 链。RNA 分解后剩下的单链 DNA 再用作模板，由逆转录酶催化合成第二条 DNA 互补链。逆转录酶有三种活性：RNA 依赖的 DNA 聚合酶活性，DNA 依赖的 DNA 聚合酶活性和 RNase H 活性，作用需 Zn^{2+} 为辅因子。合成反应也按 5′→3′ 延长的规律。有研究发现，病毒自身的 tRNA 可用作复制引物。

按上述方式，RNA 病毒在细胞内复制成双链 DNA 的前病毒（provirus）。前病毒保留了 RNA 病毒全部遗传信息，并可在细胞内独立繁殖。在某些情况下，前病毒基因组通过基因重组（gene recombination），插入到细胞基因组内，并随宿主基因一起复制和表达。这种重组方式称为整合（integration）。前病毒独立繁殖或整合，可成为致病的原因。

二、逆转录的发现拓展了中心法则

逆转录酶或逆转录现象的发现是分子生物学研究中的重大事件。中心法则认为，DNA 的功能兼有遗传信息的传代和表达，因此 DNA 处于生命活动的中心位置。逆转录现象说明，至少在某些生物，RNA 同样兼有遗传信息传代功能。这是对传统的中心法则的拓展。

对逆转录病毒的研究，拓宽了 20 世纪初的病毒致癌理论，至 20 世纪 70 年代初，从逆转录病毒中发现了癌基因。至今，癌基因研究仍是病毒学、肿瘤学和分子生物学领域的重大课题。艾滋病病原为人类免疫缺陷病毒（human immunodeficiency virus，HIV），HIV 也是 RNA 病毒，有逆转录活性。

分子生物学研究还应用逆转录酶作为获取基因工程目的基因的重要方法之一，此法称为 cDNA 法。在人类这样庞大的基因组 DNA（3.2×10^9bp）中，要选取其中一个目的基因，有相当大难度。对 RNA 进行提取、纯化，相对较为可行。取得 RNA 后，可以通过逆转录方式在试管内操作。用逆转录酶催化 dNTP 在 RNA 模板指引下的聚合，生成 RNA/DNA 杂化双链。用酶或碱把杂化双链上的 RNA 除去，剩下的 DNA 单链再作为第二链合成的模板。在试管内以 DNA pol Ⅰ的大片段，即 Klenow 片段催化 dNTP 聚合。第二次合成的双链 DNA,称为 cDNA。c 是互补(complementary)的意思。cDNA 就是编码蛋白质的基因,通过转录又得到原来的模板 RNA,现在已利用该方法建立了多种不同种属和细胞来源的含所有表达基因的 cDNA 文库,方便人们从中获取目的基因。

小　结

DNA 复制是指 DNA 基因组的扩增过程。在此过程中,以亲代 DNA 作为模板,按照碱基配对原则合成子代 DNA 分子。复制需多种酶和蛋白质辅因子的参与。细胞内的 DNA 复制有半保留性、半不连续性和双向性等特征。

原核生物的复制过程包括起始、延长和终止。起始是将 DNA 双链解开形成复制叉。复制的延长由引物或延长中的子链提供 3′-OH,供 dNTP 掺入生成磷酸二酯键,延长中的子链有前导链和后随链之分,复制产生的不连续片段称为冈崎片段。复制的终止需要去除 RNA 引物、填补留下的空隙并连接片段之间的缺口使之成为连续的子链 DNA。

真核生物复制发生于细胞周期的 S 期,其过程与原核生物相似,但更为复杂和精致。复制的延长与核小体组蛋白的分离和重新组装有关。复制的终止需要端粒酶延伸端粒 DNA。

非染色体基因组采用特殊的方式进行复制。逆转录是 RNA 病毒的复制方式。逆转录现象的发现,加深了人们对中心法则的认识,拓宽了 RNA 病毒致癌、致病的研究。在基因工程操作上,还可用逆转录酶制备 cDNA。D 环复制是真核生物线粒体 DNA 的复制方式。

思考题:
1. 原核生物 DNA 的复制体系有哪些酶及蛋白质成分? 各有何作用?
2. 真核生物的 DNA 复制如何实现高速及保真性?
3. 端粒有何作用? 为何有些肿瘤的发生与端粒酶有关?
4. DNA 聚合酶、拓扑酶和连接酶都催化 3′,5′-磷酸二酯键的生成,各有何不同?
5. 阐述逆转录的基本过程和逆转录现象发现的重大研究价值。

思考题解题思路

本章目标测试

本章思维导图

(吕立夏)

第十五章 | RNA 的生物合成

RNA 是重要的生物活性分子,其种类繁多,既包括作为蛋白质合成直接模板的 mRNA 及在此过程中发挥重要作用的 tRNA 和 rRNA,也包括众多发挥重要调控作用的非编码 RNA。在遗传信息表达过程中,遗传信息从 DNA 转换为 mRNA,进而传递给蛋白质。因此,mRNA 从功能上衔接了 DNA 和蛋白质这两种生物大分子。1958 年,Crick F.H. 将上述遗传信息的传递方式归纳为中心法则(central dogma)。1970 年,Temin H. 发现了逆转录现象,对中心法则进行了补充。

第一节 | RNA 的生物合成概述

RNA 的生物合成属于酶促反应。以 DNA 或 RNA 为模板,在酶的催化作用下,核苷三磷酸 NTP(包括 ATP、UTP、CTP 和 GTP)分子间形成新的 3′,5′- 磷酸二酯键,从而合成 RNA 分子。

一、RNA 的生物合成有以 DNA 为模板和以 RNA 为模板两种方式

在生物界,RNA 合成有两种方式:一种是 DNA 指导的 RNA 合成(DNA-dependent RNA synthesis),也称转录(transcription);另一种是 RNA 依赖的 RNA 合成(RNA-dependent RNA synthesis),也称 RNA 复制(RNA replication)。

(一)以 DNA 为模板的 RNA 合成是合成 RNA 的主要方式

转录是生物体内 RNA 合成的主要方式。转录产物除 mRNA、rRNA 和 tRNA 外,在真核细胞内还有核小 RNA(small nuclear RNA,snRNA)、微 RNA(microRNA,miRNA)等非编码 RNA。对 RNA 转录过程的调节可以导致蛋白质合成速率的改变,并由此而引发一系列细胞功能变化。因此,理解转录机制对于认识许多生物学现象和医学问题具有重要意义。mRNA 在转录、转录后加工发生错误可引起细胞异常和疾病。RNA 的转录合成是本章的主要内容。

(二)某些病毒通过 RNA 复制来合成 RNA

RNA 复制由 RNA 依赖的 RNA 聚合酶催化,常见于病毒,是逆转录病毒以外的 RNA 病毒在宿主细胞以病毒的单链 RNA 为模板合成 RNA 的方式,限于篇幅本章未予叙述。

二、以 DNA 为模板的 RNA 合成是选择性转录

RNA 聚合酶(RNA polymerase,RNA pol)催化 RNA 的转录合成。该反应以 DNA 为模板,以 ATP、GTP、UTP 和 CTP 为原料,还需要 Mg^{2+} 作为辅基。RNA 合成的化学机制与 DNA 的复制合成相似,合成方向为 5′→3′,核苷酸间通过 3′,5′- 磷酸二酯键连接。

(一)双链 DNA 在转录中发挥不同作用

在 DNA 分子双链上,一股链作为模板,按碱基配对规律指导转录生成 mRNA,另一股链则不转录或仅转录生成非编码 RNA。用核酸杂交法对模板 DNA 和转录产物 RNA 进行测定,或对 DNA、RNA 的碱基进行序列测定,都可证明 DNA 分子上的一个基因只有一股链可转录生成其编码产物(图 15-1)。

作为一个基因载体的一段 DNA 双链片段,转录时作为 mRNA 合成的单链称为模板链(template strand),相对应的另一股单链被称为编码链(coding strand)。转录产物 mRNA,可用作翻译的模板,决定蛋白质的氨基酸序列(图 15-1)。模板链既与编码链互补,又与 mRNA 互补,可见 mRNA 的碱基序

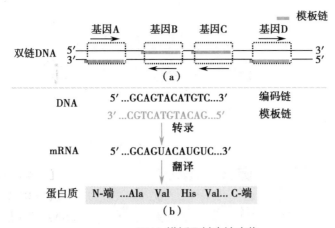

图 15-1　DNA 模板及其表达产物

列除用 U 代替 T 外,与编码链是一致的。文献刊出的各个基因的碱基序列,为避免繁琐和便于查对遗传密码,一般只写出编码链。

(二) RNA 聚合酶能催化 RNA 链的从头合成

RNA pol 催化 RNA 的转录合成。RNA pol 通过在 RNA 的 3′-OH 端加入核苷酸,延长 RNA 链而合成 RNA。RNA pol 和双链 DNA 结合时活性最高,但是只以双链 DNA 中的一股 DNA 链为模板。新加入的核苷酸以 Watson-Crick 碱基配对原则和模板的碱基互补。注意在此与 DNA 链中 A 配对的是 U 而不是 T。

前述的 DNA 聚合酶在启动 DNA 链延长时需要 RNA 引物存在,而 RNA pol 能够在转录起点处使两个核苷酸间形成磷酸二酯键,即直接启动转录(图 15-2),因而 RNA 链的起始合成不需要引物。

(三) 核苷三磷酸是 RNA 合成的原料

合成 RNA 链是一个酶促反应过程,主要以四种 NTP 作为原料和底物,包括 ATP、GTP、CTP 和 UTP。这些分子在反应中发生脱水反应,高能磷酸键断裂,为 RNA 合成这一过程提供能量。

(四) RNA 合成还需要其他蛋白质因子

转录是一个复杂的过程,需要多种蛋白质因子的参与。如某些原核基因转录终止需要 ρ 因子的参与(详见本章第二节),真核基因转录需要多种转录因子的参与(详见本章第三节)。

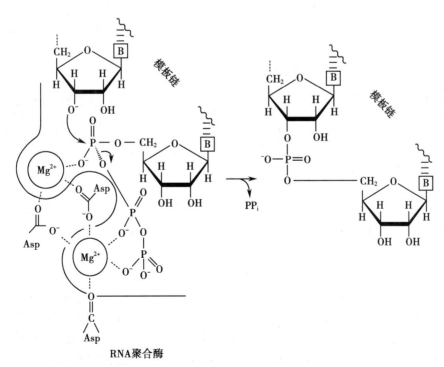

图 15-2　大肠埃希菌中 DNA 依赖的 RNA 聚合酶催化 RNA 合成的机制

第二节 | 原核生物的转录

原核生物的转录过程可分为转录起始、转录延长和转录终止三个阶段。

一、RNA 聚合酶结合到 DNA 的启动子上起始转录

原核生物的 RNA pol 可以直接识别并结合到 DNA 上的特定结构区域,从而启动转录。

(一) 转录起始需要 RNA 聚合酶全酶

大肠埃希菌($E.\ coli$)的 RNA pol 是目前研究得比较透彻的分子。这是一个分子量达 450kD,由 5 种亚基 α_2(2 个 α)、β、β'、ω 和 σ 组成的六聚体蛋白质。各主要亚基及功能见表 15-1。

表 15-1　大肠埃希菌 RNA 聚合酶组分

亚基	分子量 /kD	亚基数目	功能
α	36.5	2	决定哪些基因被转录
β	150.6	1	与转录全过程有关(催化)
β'	155.6	1	结合 DNA 模板(开链)
ω	11.0	1	β' 折叠和稳定性;σ 募集
σ	70.2	1	辨认起始点

核心酶(core enzyme)由 $\alpha_2\beta\beta'\omega$ 亚基组成。试管内的转录实验(含有模板、酶和底物 NTP 等)证明,核心酶能够催化 NTP 按模板的指引合成 RNA。但合成的 RNA 没有固定的起始位点。加有 σ(sigma)亚基的酶能在特定的起始点上开始转录,可见 σ 亚基的功能是辨认转录起始点。σ 亚基加上核心酶称为全酶(holoenzyme)。原核生物的转录起始需要全酶。转录延长阶段则仅需核心酶。图 15-3 显示 RNA pol 全酶在转录起始区的结合。

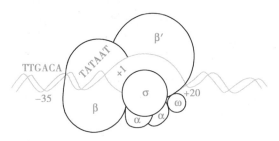

图 15-3　原核生物 RNA pol 全酶

大肠埃希菌内有一些不同的 RNA pol 全酶,其差异是 σ 亚基的不同。目前已发现多种 σ 亚基,并用其分子量命名区别,最常见的是 $\sigma70$(分子量 70kD)。$\sigma70$ 是辨认典型转录起始点的蛋白质,大肠埃希菌中的绝大多数启动子可被含有 $\sigma70$ 因子的全酶所识别并激活。

转录全过程均需 RNA pol 催化,起始过程需全酶,由 σ 亚基辨认起始点,延长过程的核苷酸聚合仅需核心酶催化。简言之,转录起始就是 RNA pol 在 DNA 模板的转录起始区装配形成转录起始复合体,打开 DNA 双链,并完成第一和第二个核苷酸间聚合反应的过程。转录起始复合物中包含有 RNA pol 全酶、DNA 模板以及 NTPs。

(二) RNA 聚合酶识别模板的特殊碱基序列——启动子

对于整个基因组来讲,转录是分区段进行的。每一转录区段可视为一个转录单位,称为操纵子(operon)(见第十七章)。操纵子包括了若干个基因的编码区及其调控序列。调控序列中的启动子(promoter)是 RNA pol 结合模板 DNA 的部位,也是决定转录起始点的关键部位。原核生物是以 RNA pol 全酶结合到启动子上而启动转录的,其中由 σ 亚基辨认启动子,其他亚基相互配合。

启动子结构的阐明回答了转录从哪里起始这一问题,是转录机制研究的重要发现。为了确认 RNA pol 在基因组的结合位点,研究中采用了一种巧妙的方法,即 RNA pol 保护法。在实验中,先将提取的 DNA 与纯化的 RNA pol 混合温育一定时间,再加入核酸外切酶进行反应。结果显示,大部分

DNA 链被核酸酶水解为核苷酸,但一个 40～60bp 的 DNA 片段被保留下来。这段 DNA 没有被水解,是因为 RNA pol 结合在上面,因而受到保护。受保护的 DNA 位于转录起始点的上游,并最终被确认为是被 RNA pol 辨认和紧密结合的区域,是转录起始调节区(图 15-4)。

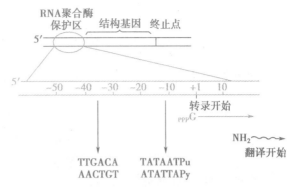

图 15-4 RNA pol 保护法研究转录起始区

对数百个原核生物基因操纵子转录上游区段进行的碱基序列分析,证明 RNA pol 保护区存在共有序列。以模板链的 5′-端第一位核苷酸位置转录起点(transcription start site,TSS;或 initiator)为 +1,用负数表示其上游的碱基序号,发现 –35 和 –10 区 A-T 配对比较集中。–35 区的一致性序列是 TTGACA。–10 区的一致性序列 TATAAT,是在 1975 年由 Pribnow D. 发现的,故被称为 Pribnow 盒(Pribnow box)。–35 区与 –10 区相隔 16～18 个核苷酸,–10 区与转录起点相距 6 或 7 个核苷酸。

A-T 配对相对集中,表明该区段的 DNA 容易解链,因为 A-T 配对只有两个氢键维系。比较 RNA pol 结合不同区段测得的平衡常数,发现 RNA pol 结合在 –10 区比结合在 –35 区更为牢固。把 RNA pol 分子大小与 DNA 链长度进行比较,可确定其结合 DNA 链时分子的跨度。从这些结果推论出:–35 区是 RNA pol 对转录起始的识别序列(recognition sequence)。结合识别序列后,RNA pol 向下游移动,达到 Pribnow 盒,与 DNA 形成相对稳定的 RNA pol-DNA 复合物,就可以开始转录。

(三)基因转录起始经历了闭合转录复合体向开放转录复合体的转变

起始阶段的第一步是由 RNA pol 识别并结合启动子,形成闭合转录复合体(closed transcription complex),其中的 DNA 仍保持完整的双链结构。原核生物需要靠 RNA pol 中的 σ 亚基辨认转录起始区和转录起点。首先被辨认的 DNA 区段是 –35 区的 TTGACA 序列,在这一区段,酶与模板的结合松弛;接着酶移向 –10 区的 TATAAT 序列并跨过了转录起点,形成与模板的稳定结合。

起始的第二步是 DNA 双链打开,闭合转录复合体成为开放转录复合体(open transcription complex)。开放转录复合体中 DNA 分子接近 –10 区域的部分双螺旋解开后转录开始。无论是转录起始或延长中,DNA 双链解开的范围都只在 17bp 左右,这比复制中形成的复制叉小得多。

起始的第三步是第一个磷酸二酯键的形成。转录起始不需引物,两个与模板配对的相邻核苷酸,在 RNA pol 催化下生成磷酸二酯键。转录起点配对生成的 RNA 的第一位核苷酸,也是新合成的 RNA 分子的 5′-端,以 GTP 或 ATP 较为常见。当 5′-端第一位核苷酸 GTP 与第二位的 NTP 聚合生成磷酸二酯键后,仍保留其 5′-端 3 个磷酸基团,生成聚合物是 5′-pppGpN-OH-3′,其 3′-端的游离羟基,可以接收新的 NTP 并与之聚合,使 RNA 链延长下去。RNA 链的 5′-端结构在转录延长中一直保留,至转录完成。

RNA 合成开始时会发生流产式起始(abortive initiation)的现象。发生流产式起始的时候,RNA pol 在完全进入延伸阶段前不从启动子上脱离,而是合成长度小于 10 个核苷酸的 RNA 分子,并将这些短片段 RNA 从聚合酶上释放而终止转录。这个过程可在进入转录延长阶段前重复多次,从而产生多个短片段 RNA。流产式起始被认为是启动子校对(promoter proofreading)的过程,其发生可能与 RNA 聚合酶和启动子的结合强度有关。

当一个聚合酶成功合成一条超过 10 个核苷酸的 RNA 时,便形成一个稳定的包含有 DNA 模板、RNA pol 和 RNA 片段的三重复合体,从而进入延长阶段。当 RNA 合成起始成功后,RNA pol 离开启动子,称为启动子解脱(promoter escape),也叫启动子清除(promoter clearance)。启动子清除发生后,转录进入延长阶段。

二、RNA 聚合酶的核心酶催化 RNA 链的延长

(一) 基因转录延长阶段形成特殊的转录泡结构

转录过程中,第一个磷酸二酯键生成后,转录复合体的构象发生改变,σ 亚基从转录起始复合物上脱落,并离开启动子,RNA 合成进入延长阶段。此时,仅有 RNA pol 的核心酶留在 DNA 模板上,并沿 DNA 链不断前移,催化 RNA 链的延长。实验证明,σ 亚基若不脱落,RNA pol 则停留在起始位置,转录不继续进行。化学计量又证明,每个原核细胞,RNA pol 各亚基比例为 α:β:β′:σ=4 000:2 000:2 000:600,σ 因子的量在细胞内明显比核心酶少。在体外进行的 RNA 合成实验也证明,RNA 的生成量与核心酶的加入量成正比;开始转录后,产物量与 σ 亚基加入与否无关。脱落后的 σ 因子又可再形成另一全酶,反复使用。

RNA 链延长时,核心酶会沿着模板 DNA 不断向下游前移。聚合反应局部前方的 DNA 双链不断解链,合成完成后的部分又重新恢复双螺旋结构。核心酶可以覆盖 40bp 以上的 DNA 分子段落,但转录解链范围约 17bp。RNA 链延长过程中的解链和再聚合可视为这一 17bp 左右的开链区在 DNA 上的动态移动,其外观类似泡状,被称为"转录泡"(transcription bubble)。

在解链区局部(图 15-5),RNA pol 的核心酶催化着模板指导的 RNA 链延长,转录产物 3′- 端会有一小段暂时与模板 DNA 保持结合状态,形成一段 8bp 的 RNA-DNA 杂合双链(hybrid duplex)。随着 RNA 链不断生长,5′- 端脱离模板向空泡外伸展。从化学结构看,DNA/DNA 双链结构比 DNA/RNA 形成的杂化双链稳定。核酸的碱基之间有 3 种配对方式,其稳定性是:G≡C>A=T>A=U。GC 配对有 3 个氢键,是最稳定的;AT 配对只在 DNA 双链形成;AU 配对可在 RNA 分子或 DNA/RNA 杂化双链上形成,是 3 种配对中稳定性最低的。所以已转录完毕的局部 DNA 双链,就必然会复合而不再打开。根据这些道理,也就易于理解空泡为什么会形成,而转录产物又是为什么可以向外伸出了。

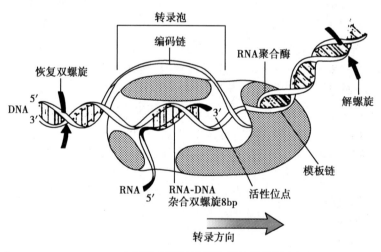

图 15-5　大肠埃希菌的转录泡局部结构示意图

观察图 15-5 中的"转录泡"局部,可概括出转录延长以下特点:①核心酶负责 RNA 链延长反应;②RNA 链从 5′- 端向 3′- 端延长,新的核苷酸都是加到 3′-OH 上;③对 DNA 模板链的阅读方向是 3′- 端向 5′- 端,合成的 RNA 链与之呈反向互补,即酶是沿着模板链的 3′→5′ 方向或沿着编码链的 5′→3′ 方向前进的;④合成区域存在着动态变化的 8bp 的 RNA-DNA 杂合双链;⑤模板 DNA 的双螺旋结构随着核心酶的移动发生解链和再复合的动态变化。

(二) 转录与翻译同时进行

在电子显微镜下观察原核生物的转录产物,可看到像羽毛状的图形(图 15-6)。进一步分析表明,在同一个 DNA 模板分子上,有多个转录复合体同时在进行着 RNA 的合成;在新合成的 mRNA 链上

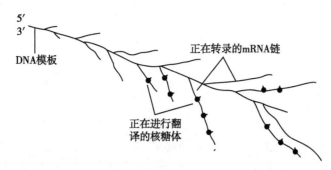

图 15-6 原核生物转录和翻译同步现象示意图

还可观察到结合在上面的多个核糖体,即多聚核糖体。这是因为在原核生物,RNA 链的转录合成尚未完成,蛋白质的合成已经将其作为模板开始进行翻译了。转录和翻译的同步进行在原核生物是较为普遍的现象,保证了转录和翻译都以高效率运行,满足它们快速增殖的需要。

三、转录终止有 ρ 因子依赖和 ρ 因子非依赖两种方式

RNA pol 在 DNA 模板上停顿下来不再前进,转录产物 RNA 链从转录复合物上脱落下来,就是转录终止。依据是否需要蛋白质因子的参与,原核生物的转录终止分为依赖 ρ(Rho)因子与非依赖 ρ 因子两大类。

(一)部分原核基因的转录终止依赖 ρ 因子

用 T4 噬菌体 DNA 作体外转录实验,发现其转录产物比在细胞内转录出的产物要长。这一方面说明转录终止点是可以被跨越而继续转录的;还说明细胞内的某些因子有执行转录终止的功能。根据这些线索,1969 年,Roberts J. 在 T4 噬菌体感染的大肠埃希菌中发现了能控制转录终止的蛋白质,命名为 ρ 因子。体外转录体系中加入了 ρ 因子后,转录产物长于细胞内的现象不复存在。ρ 因子是由相同亚基组成的六聚体蛋白质,亚基分子量为 46kD。ρ 因子能结合 RNA,又以对 polyC 的结合力最强,但对 polydC/dG 组成的 DNA 的结合能力就低得多。

在依赖 ρ 因子终止的转录中,产物 RNA 的 3′- 端会依照 DNA 模板,产生较丰富而且有规律的 C 碱基。ρ 因子正是识别产物 RNA 上这些终止信号序列,并与之结合。结合 RNA 后的 ρ 因子和 RNA pol 都可发生构象变化,从而使 RNA pol 的移动停顿,ρ 因子中的解旋酶活性使 DNA/RNA 杂化双链拆离,RNA 产物从转录复合物中释放(图 15-7),转录终止。

动画

(二)多数原核基因的转录终止需要特殊的碱基序列而非依赖 ρ 因子

DNA 模板上靠近转录终止处有些特殊碱基序列,转录出 RNA 后,RNA 产物可以形成特殊的结构来终止转录,不需要蛋白因子的协助,即非依赖 ρ 因子的转录终止。可导致终止的转录产物的 3′- 端

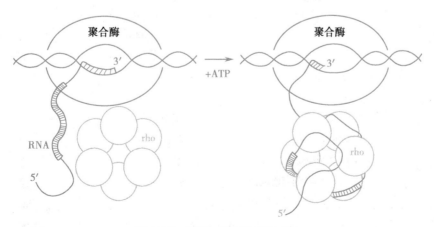

图 15-7 依赖 ρ 因子的转录终止

常有多个连续的 U,其上游的一段特殊碱基序列
又可形成鼓槌状的茎环或发夹形式的二级结构,
这些结构的形成是非依赖 ρ 因子终止的信号。

如图 15-8 所示,RNA 链延长至接近终止区时,
转录出的 RNA 片段随即形成茎 - 环结构。这种
二级结构是阻止转录继续向下游推进的关键。其
机制可从两方面理解:一是 RNA 分子形成的茎环
结构可能改变 RNA pol 的构象。注意 RNA pol 的
分子量大,它不但覆盖转录延长区,也覆盖部分 3'-
端新合成的 RNA 链,包括刚形成的 RNA 茎环结
构。RNA 茎环结构可影响 RNA pol 的结构而使其
构象改变,从而使 RNA pol-DNA 模板的结合方式
发生改变。RNA pol 不再向下游移动,于是转录停

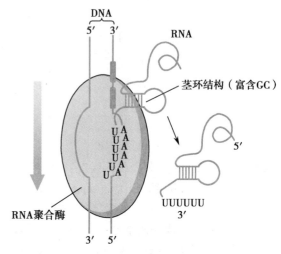

图 15-8 非依赖 ρ 因子的转录终止模式

止。其二,转录复合物(RNA pol-DNA-RNA)上形成的局部 RNA/DNA 杂化短链的碱基配对是不稳定
的,随着 RNA 茎环结构的形成,RNA 从 DNA 模板链上脱离,单链 DNA 复原为双链,转录泡关闭,转
录终止。另外,RNA 链上的多聚 U 也是促使 RNA 链从模板上脱落的重要因素。

第三节 | 真核生物 mRNA 的转录、加工和降解

真核生物的转录过程比原核复杂。真核生物和原核生物的 RNA pol 种类不同,结合模板的特性
不一样。原核生物 RNA pol 可直接结合 DNA 模板,而真核生物 RNA pol 需与辅因子结合后才结合模
板,所以两者的转录起始过程有较大区别,转录终止也不相同。真核基因组中转录生成的 RNA 中有
20% 以上存在反义 RNA(antisense RNA),提示某些 DNA 双链区域在不同的时间点两条链都可以作
为模板进行转录。另外,基因组中的基因间区也可以作为模板被转录而产生长非编码 RNA(long non
coding RNA,lncRNA)等,提示真核基因组 RNA 生物合成是很复杂的现象。

RNA pol II 催化基因转录的过程,可以分为 3 个时期:起始期(RNA pol II 和通用转录因子形成闭
合复合体)、延长期和终止期,起始期和延长期都有相关的蛋白质参与。

真核生物的转录起始上游区段比原核生物多样化。转录起始时,RNA pol 不直接结合模板,其起
始过程比原核生物复杂。

一、真核生物基因转录需要 RNA 聚合酶以及转录因子的协助

(一) 不同 RNA 聚合酶催化不同 RNA 的合成

真核生物至少具有 3 种主要的 RNA pol,分别是 RNA 聚合酶 I(RNA pol I)、RNA 聚合酶 II(RNA
pol II)和 RNA 聚合酶 III(RNA pol III)。RNA pol I 位于细胞核的核仁(nucleolus),催化合成 rRNA 的
前体,rRNA 的前体再加工成 28S、5.8S 及 18S rRNA。

RNA pol II 在核内转录生成前体 mRNA,然后加工成 mRNA 并输送给胞质的蛋白质合成体系。
mRNA 是各种 RNA 中寿命最短、最不稳定的,需经常重新合成。在此意义上说,RNA pol II 是真核生
物中最活跃的 RNA pol。RNA pol II 也合成一些非编码 RNA 如 lncRNA、miRNA 和 piRNA(与 Piwi 蛋
白相互作用的 RNA)。

RNA pol III 位于核仁外,催化 tRNA、5SrRNA 和一些 snRNA 的合成。

真核细胞的三种 RNA pol 不仅在功能和理化性质上不同,而且对一种毒蘑菇含有的环八肽(cyclic
octapeptide)毒素——α- 鹅膏蕈碱(α-amanitine)的敏感性也不同,RNA pol I 对 α- 鹅膏蕈碱不敏感;
RNA pol II 对 α- 鹅膏蕈碱十分敏感;RNA pol III 对 α- 鹅膏蕈碱比较敏感(表 15-2)。

表 15-2　真核生物的 RNA 聚合酶

种类	I	II	III
转录产物	45SrRNA	前体 mRNA,lncRNA,piRNA,miRNA	tRNA,5SrRNA,snRNA
对鹅膏蕈碱的反应	耐受	极敏感	中度敏感
定位	核仁	核内	核内

真核生物 RNA pol 的结构比原核生物复杂,以上所述三种真核生物的 RNA pol 都有两个不同的大亚基和十几个小亚基。三种真核生物 RNA pol 都具有核心亚基,与大肠埃希菌 RNA pol 的核心亚基有一些序列同源性。最大的亚基(分子质量 160～220kD)和另一大亚基(分子质量 128～150kD)与大肠埃希菌 RNA pol 的 β′ 和 β 亚基有一定同源性。例如,RNA pol II 由 12 个亚基组成,其最大的亚基称为 RBP1。除核心亚基外,3 种真核生物 RNA pol 具有数个共同小亚基。另外,每种真核生物 RNA pol 各自还有 3～7 个特有的小亚基。这些小亚基的作用还不十分清楚,但是,每一种亚基对真核生物 RNA pol 发挥正常功能都是必需的。

RNA pol II 最大亚基的羧基末端有一段共有序列(consensus sequence),为 Tyr-Ser-Pro-Thr-Ser-Pro-Ser 样的七肽重复序列片段,称为羧基末端结构域(carboxyl-terminal domain,CTD)。RNA pol I 和 RNA pol III 没有 CTD。所有真核生物的 RNA pol II 都具有 CTD,只是 7 个氨基酸共有序列的重复程度不同。酵母 RNA pol II 的 CTD 有 27 个重复共有序列,其中 18 个与上述 7 个氨基酸共有序列完全一致;哺乳动物 RNA pol II 的 CTD 有 52 个重复基序,其中 21 个与上述 7 个氨基酸共有序列完全一致。CTD 对于维持 RNA pol II 的催化活性是必需的。体内外实验都证明,CTD 的磷酸化在转录起始中起关键作用。当 RNA pol II 启动转录后,CTD 的许多 Ser 和一些 Tyr 残基是处于磷酸化状态。

RNApol I、II、III 分别使用不同类型的启动子,分别为 I 类、II 类和 III 类启动子,其中 III 类启动子又可被分为 3 个亚型(见第十三章)。

真核细胞内还有其他类型的 DNA 依赖的 RNA pol,例如 RNA pol IV 在植物中合成小干扰 RNA(small interfering RNAs,siRNA);RNA pol 在植物中合成的 RNA 与 siRNA 介导的异染色质形成有关。真核细胞线粒体的 RNA pol 属于单亚基 RNA 聚合酶蛋白质家族,与上述 RNA pol 在结构上非常不同,在此不详述。

(二)顺式作用元件在真核基因转录起始中发挥重要作用

不同物种、不同细胞或不同的基因,转录起始点上游可以有不同的 DNA 序列,但这些序列都可统称为顺式作用元件(cis-acting element),一个典型的真核生物基因上游序列示意如图 15-9。顺式

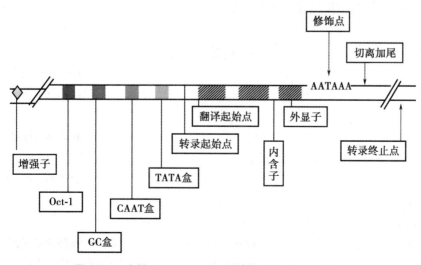

图 15-9　真核 RNA pol II 识别的部分启动子共有序列

Oct-1:ATTTGCAT 八聚体。

作用元件包括核心启动子序列、启动子上游元件（upstream promoter elements），又叫近端启动子元件（proximal promoter elements）等近端调控元件和增强子（enhancer）等远隔序列。

转录起始点至上游 –37bp 的启动子区域是核心启动子（core promoter）区，是转录起始前复合物（preinitiation complex，PIC）的结合位点。真核生物转录起始也需要 RNA pol 对起始区上游 DNA 序列作辨认和结合，生成起始复合物。起始点上游多数有共同的 TATA 序列，称为 Hognest 盒或 TATA 盒（TATA box）。通常认为这就是启动子的核心序列。TATA 盒的位置不像原核生物上游 –35 区和 –10 区那样典型。某些真核生物基因如管家基因（house-keeping gene）也可以没有 TATA 盒。许多 RNA pol Ⅱ 识别的启动子具有保守的共有序列：位于转录起始点附近的起始子（initiator，Inr）（图 15-9）。

启动子上游元件是位于 TATA 盒上游的 DNA 序列，多在转录起始点上游约 40～200bp 的位置，比较常见的是位于 –70bp 至 –200bp 的 CAAT 盒和 GC 盒。这些元件与相应的蛋白因子结合能提高或改变转录效率。

增强子是能够结合特异基因调节蛋白并促进邻近或远端特定基因表达的 DNA 序列。增强子距转录起始点的距离变化很大，从 1 000bp 到 50 000bp，甚至更大，但一般作用于最近的启动子，在所控基因的上游和下游都可发挥调控作用，但以上游为主。

（三）真核生物转录需要众多转录因子的参与

RNA pol Ⅱ 启动转录时，需要一些称为转录因子（transcription factor，TF）的蛋白质，才能形成具有活性的转录复合体。能直接、间接辨认和结合转录上游区段 DNA 或增强子的蛋白质，统称为反式作用因子（trans-acting factor）。前缀 trans 有"分子外"的意义，指的是它们从 DNA 分子之外影响转录过程。反式作用因子包括通用转录因子（general transcription factor）和特异转录因子。通用转录因子，有时称为基本转录因子（basal transcription factor），是直接或间接结合 RNA pol 的一类转录调控因子。相应于 RNA pol Ⅰ、Ⅱ、Ⅲ 的 TF，分别称为 TF Ⅰ、TF Ⅱ、TF Ⅲ。真核生物的 TF Ⅱ 又分为 TF ⅡA，TF ⅡB 等，主要的 TF Ⅱ 的功能已清楚，列于表 15-3。所有的 RNA pol Ⅱ 都需要通用转录因子，这些通用转录因子有 TF ⅡA、TF ⅡB、TF ⅡD、TF ⅡE、TF ⅡF、TF ⅡH，在真核生物进化中高度保守。

表 15-3　参与 RNA pol Ⅱ 转录的 TF Ⅱ

转录因子	功能
TF ⅡD	含 TBP 亚基，结合启动子的 TATA 盒 DNA 序列
TF ⅡA	辅助和加强 TBP 与 DNA 的结合
TF ⅡB	结合 TF ⅡD，稳定 TF ⅡD-DNA 复合物；介导 RNA pol Ⅱ 的募集
TF ⅡE	募集 TF ⅡH 并调节其激酶和解螺旋酶活性；结合单链 DNA，稳定解链状态
TF ⅡF	结合 RNA Pol Ⅱ 并随其进入转录延长阶段，防止其与非特异性 DNA 序列结合
TF ⅡH	解旋酶和 ATPase 酶活性；作为蛋白激酶参与 CTD 磷酸化

通用转录因子 TF ⅡD 不是一种单一蛋白质。它实际上是由 TATA 盒结合蛋白质（TATA binding protein，TBP）和 8～10 个 TBP 相关因子（TBP associated factor，TAF）组成的复合物。TBP 结合一个 10bp 长度 DNA 片段，刚好覆盖基因的 TATA 盒，而 TF ⅡD 则覆盖一个 35bp 或者更长的区域。TBP 的分子量为 20～40kD，而 TF ⅡD 复合物的分子量大约为 700kD。TBP 支持基础转录但不是诱导等所致的增强转录所必需的。而 TF ⅡD 中的 TAFs 对诱导引起的增强转录是必要的。有时把 TAFs 叫做辅激活因子（co-activator）。人类细胞中至少有 12 种 TAF。可以想象 TF ⅡD 复合物中不同 TAFs 与 TBP 的结合可能结合不同启动子，这可以解释这些因子对特定启动子存在不同的亲和力和在各种启动子中的选择性活化。中介子（mediator）也是在反式作用因子和 RNA pol 之间的蛋白质复合体，它与某些反式作用因子相互作用，同时能够促进 TF ⅡH 对 RNA pol 羧基端结构域的磷酸化。有时把中介子也归类于辅激活因子。

此外,还有与启动子上游元件如 GC 盒、CAAT 盒等顺式作用元件结合的转录因子,称为上游因子(upstream factor),如 SP1 结合到 GC 盒上,C/EBP 结合到 CAAT 盒上。这些转录因子调节通用转录因子与 TATA 盒的结合、RNA pol 在启动子的定位及起始复合物的形成,从而协助调节基因的转录效率。

特异转录因子是在特定类型的细胞中高表达,并对一些基因的转录进行时间和空间特异性调控的转录因子(见第十七章)。与远端调控序列如增强子等结合的转录因子是主要的特异转录因子。例如,属于特异转录因子的可诱导因子(inducible factor)是与增强子等远端调控序列结合的转录因子。它们只在某些特殊生理或病理情况下才被诱导产生的,如 MyoD 在肌肉细胞中高表达,HIF-1 在缺氧时高表达。可诱导因子在特定的时间和组织中表达而影响转录。

RNA pol Ⅱ 与启动子结合后启动转录,这需要多种蛋白质因子的协同作用。这通常包括:可诱导因子或上游因子与增强子或启动子上游元件的结合;辅激活因子和 / 或中介子在可诱导因子、上游因子与通用转录因子 RNA pol Ⅱ 复合物之间起中介和桥梁作用;通用转录因子和 RNA pol Ⅱ 在启动子处组装成转录起始前复合物。因子和因子之间互相辨认、结合,以准确地控制基因是否转录、何时转录。表 15-4 列出了识别、结合Ⅱ类启动子的四类转录因子及其功能。应该指出的是,上游因子和可诱导因子等在广义上也称为转录因子,但一般不冠以 TF 的词头而各有自己特殊的名称。

表 15-4　Ⅱ型基因中的四类转录因子

通用机制	结合部位	具体组分	功能
通用转录因子	TBP 结合 TATA 盒	TBP,TFⅡA、B、E、G、F 和 H	转录定位和起始
辅激活因子		TAF 和中介子	在聚合酶和转录因子间起中介作用
上游因子	启动子上游元件	SP1、ATF、CTF 等	协助基本转录因子
可诱导因子	增强子等元件	MyoD、HIF-1 等	时空特异性地调控转录

(四)真核生物的转录由结构复杂的转录起始前复合物引发

真核生物 RNA pol 不与 DNA 分子直接结合,而需依靠众多的转录因子。首先是 TFⅡD 的 TBP 亚基结合 TATA,另一 TFⅡD 亚基 TAF 有多种,在不同基因或不同状态转录时,不同的 TAFs 与 TBP 进行搭配。在 TFⅡA 和 TFⅡB 的促进和配合下,形成 TFⅡD-TFⅡA-TFⅡB-DNA 复合体(图 15-10)。

具有转录活性的闭合复合体形成过程中,先由 TBP 结合启动子的 TATA 盒,这时 DNA 发生弯曲,然后 TFⅡB 与 TBP 结合,TFⅡB 也能与 TATA 盒上游邻近的 DNA 结合。TFⅡA 不是必需的,其存在时能稳定已与 DNA 结合的 TFⅡD-TBP 复合体,并且在 TBP 与不具有特征序列的启动子结合时(这种结合比较弱)发挥重要作用。TFⅡB 可以结合 RNA pol Ⅱ。TFⅡB-TBP 复合体再与由 RNA pol Ⅱ 和 TFⅡF 组成的复合体结合。TFⅡF 的作用是通过和 RNA pol Ⅱ 一起与 TFⅡB 相互作用,降低 RNA pol Ⅱ 与 DNA 的非特异部位的结合,来协助 RNA pol Ⅱ 靶向结合启动子。最后是 TFⅡE 和 TFⅡH 加入,形成闭合复合体,装配完成,这就是转录起始前复合物。

1505

动画

TFⅡH 具有解旋酶(helicase)活性,能使转录起始点附近的 DNA 双螺旋解开,使闭合复合体成为开放复合体,启动转录。TFⅡH 还具有激酶活性,它的一个亚基能使 RNA pol Ⅱ 的 CTD 磷酸化。还有一种使 CTD 磷酸化的蛋白质是周期蛋白依赖性激酶 9(cyclin-dependent kinase 9,CDK9),是正性转录延长因子(positive transcription elongation factor,P-TEFb)复合体的组成部分,对 RNA pol Ⅱ 的活性起正性调节作用。CTD 磷酸化能使开放复合体的构象发生改变,启动转录。这时 TFⅡD、TFⅡA 和 TFⅡB 等就会脱离转录起始前复合物。当合成一段含有 30 个左右核苷酸的 RNA 时,TFⅡE 和 TFⅡH 释放,RNA pol Ⅱ 进入转录延长期(图 15-12)。在延长阶段,TFⅡF 仍然结合 RNA pol Ⅱ,防止其与 DNA 非特异性序列的结合。CTD 磷酸化在转录延长期也很重要,而且影响转录后加工过程中转录复合体和参与加工的酶之间的相互作用。

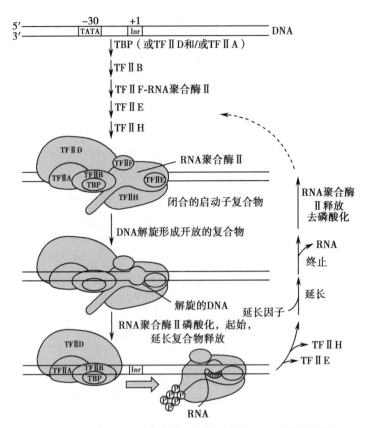

图 15-10 真核 RNA 聚合酶 II 与通用转录因子的作用过程

上述的是典型而有代表性的 RNA pol II 催化的转录起始。RNA pol I、RNA pol III 的转录起始与此大致相似。不同基因转录特性的研究已广泛开展,并发现数以百计、数量还在不断增加的转录因子。人类编码蛋白质的基因估计有 2 万个左右,为了保证转录的准确性,不同基因的转录起始需要不同的转录因子来参与,这是可理解的。转录因子是蛋白质,也需要基因为它们编码。一般认为,数个反式作用因子(主要是可诱导因子和上游因子等转录因子)之间互相作用,再与基本转录因子、RNA pol 搭配而有针对性地结合、转录相应的基因。可诱导因子和上游因子常常通过辅激活因子或中介子与基本转录因子、RNA pol 结合,但有时可不通过它们而直接与基本转录因子、RNA pol 结合。转录因子的相互辨认结合,恰如儿童玩具七巧板那样,搭配得当就能拼出多种不同的图形。人类基因虽数以万计,但需要的转录因子可能几百个就能满足表达不同类型基因的需要。目前不少实验都支持这一理论。用生物信息学估算人类细胞中大约有 2 000 种编码 DNA 结合蛋白的基因,约占基因总数的 10%。其中大部分可能是反式作用因子。

二、真核生物 RNA 转录延长过程不与翻译同步

真核生物转录延长过程与原核生物大致相似,但因有核膜相隔,没有转录与翻译同步的现象。真核生物基因组 DNA 在双螺旋结构的基础上,与多种组蛋白组成核小体(nucleosome)高级结构。RNA pol 前移处处都遇上核小体。RNApol(500kD,14nm×13nm)和核小体组蛋白八聚体(300kD,6nm×16nm)大小差别不太大。转录延长可以观察到核小体移位和解聚现象。用含核小体结构的 DNA 片段作模板,在酶、底物存在及合适反应条件下进行转录,能够观察到核小体移位。在试管内(in vitro)转录实验中以 DNA 酶对 DNA 进行水解,从 DNA 电泳图像观察到约 200bp 及其倍数的阶梯形电泳条带。这种阶梯形电泳条带证明了核小体在转录过程中存在,提示转录过程中核小体只是发生了移位(图 15-11)。但在培养细胞的体内(in vivo)转录实验中观察到,组蛋白中含量丰富的精氨酸发生了乙酰化,该修饰降低正电荷。核小体组蛋白与 DNA 的结合是靠碱性氨基酸提供正电荷和核苷酸磷酸根上的负电荷来维系的。据此推论:核小体在转录过程中可能发生一时性解聚并重新装配。

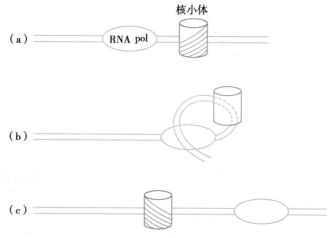

图 15-11　真核生物转录延长中的核小体移位

（a）RNA pol 前移将遇到核小体；（b）原来绕在组蛋白上的 DNA
解聚及弯曲；（c）一个区段转录完毕，核小体移位。

三、真核生物的转录终止和加尾修饰同时进行

真核生物的转录终止，是和转录后修饰密切相关的。真核生物 mRNA 有多聚腺苷酸［poly
（A）］尾巴结构，是转录后才加进去的，因为在模板链上没有相应的多聚胸苷酸（poly dT）。转录不
是在 poly（A）的位置上终止，而是超出数百个乃至上千个核苷酸后才停止。已发现在可读框的下
游，常有一组共同序列 AATAAA，再下游还有相当多的 GT 序列。这些序列称为转录终止的修饰点
（图 15-12）。

动画

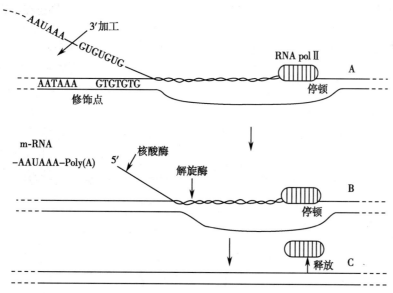

图 15-12　真核生物的转录终止及加尾修饰

转录越过修饰点后，前体 mRNA 在修饰点处被特异的内切核酸酶切断，随即加入 poly（A）尾。
下游的 RNA 虽继续转录，但因无帽子结构的保护作用，很快被 RNA 酶降解。

RNA pol 缺乏具有校读（proofreading）功能的 $3' \rightarrow 5'$ 核酸外切酶活性，因此转录发生的错误率比
复制发生的错误率高，大约是十万分之一到万分之一。因为对大多数基因而言，一个基因可以转录产
生许多 RNA 拷贝，而且 RNA 最终是要被降解和替代的，所以转录产生错误 RNA 对细胞的影响远比
复制产生错误 DNA 对细胞的影响小。

四、真核生物前体 RNA 经过复杂的加工过程

真核生物转录生成的 RNA 分子是前体 RNA（pre-RNA），也称为初级 RNA 转录物（primary RNA transcript），几乎所有的初级 RNA 转录物都要经过加工，才能成为具有功能的成熟的 RNA。加工主要在细胞核中进行。

真核生物前体 mRNA 合成后，需要进行 5′- 端和 3′- 端（首、尾部）的修饰以及对前体 mRNA 进行剪接（splicing），才能成为成熟的 mRNA，被转运到核糖体，指导蛋白质翻译。

（一）前体 mRNA 在 5′- 端加入 "帽" 结构

前体 mRNA（precursor mRNA）也称为初级 mRNA 转录物（primary mRNA transcript）或核不均一 RNA（heterogeneous nuclear RNA，hnRNA）。大多数真核 mRNA 的 5′- 端有 7- 甲基鸟嘌呤的帽结构。RNA pol Ⅱ 催化合成的新生 RNA 在长度达 25～30 个核苷酸时，其 5′- 端的核苷酸就与 7- 甲基鸟嘌呤核苷通过不常见的 5′,5′- 三磷酸连接键相连（图 15-13）。

加帽过程由加帽酶（capping enzyme）和甲基转移酶（methyltransferase）催化完成。加帽酶有两个亚基。在添加帽结构的过程中，此酶与 RNA pol Ⅱ 的 CTD 结合在一起，其氨基端部分具有磷酸酶活性，其作用是去除新生 RNA 的 5′- 端核苷酸的 γ- 磷酸；其羧基端部分具有 mRNA 鸟苷酸转移酶活性，将一个 GTP 分子中的 GMP 部分和新生 RNA 的 5′- 端结合，形成 5′,5′- 三磷酸结构；然后由 S- 腺苷甲硫氨酸先后提供甲基，使加上去的 GMP 中鸟嘌呤的 N7 和原新生 RNA 的 5′- 端核苷酸的核糖 2′-O 甲基化，这两步甲基化反应由不同的甲基转移酶，即鸟嘌呤 N-7 甲基转移酶和 2′-O 核糖甲基转移酶进行催化的（图 15-13）。

动画

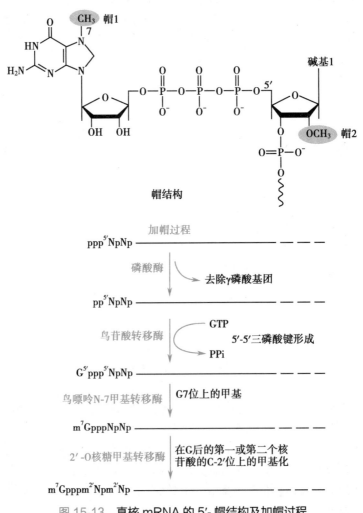

图 15-13　真核 mRNA 的 5′- 帽结构及加帽过程

5′- 帽结构可以使 mRNA 免遭核酸酶的攻击，也能与帽结合蛋白质复合体（cap-binding complex of protein）结合，并参与 mRNA 和核糖体的结合，启动蛋白质的生物合成。

（二）前体 mRNA 在 3′- 端特异位点断裂并加上多聚腺苷酸尾

真核 mRNA，除了组蛋白的 mRNA，在 3′- 端都有多聚腺苷酸［poly（A）］尾结构，约含 80～250 个腺苷酸。大多数已研究过的基因中，都没有 3′- 端相应的多聚胸苷酸序列，说明 poly（A）尾的出现是不依赖于 DNA 模板的。转录最初生成的前体 mRNA 3′- 端长于成熟的 mRNA。因此认为，加入 poly（A）之前，先由核酸内切酶切去前体 mRNA 3′- 端的一些核苷酸，然后加入 poly（A）。前体 mRNA 上的断裂点也是聚腺苷酸化（polyadenylation）的起始点，断裂点的上游 10～30nt 有 AAUAAA 信号序列，断裂点的下游 20～40nt 有富含 G 和 U 的序列，前者是特异序列，后者是非特异序列。在前体 mRNA 上也发现 poly（A）尾巴，推测这一过程也应在核内完成，而且先于 mRNA 中段的剪接。尾部修饰是和转录终止同时进行的过程。

一般认为 poly（A）的长度与 mRNA 的寿命呈正相关。随着 poly（A）缩短，以该 mRNA 作为模板的翻译活性下降。因此推测，poly（A）的有无与长短与维持 mRNA 本身稳定性和 mRNA 作为翻译模板的活性高度相关。一般真核生物在细胞质内出现的 mRNA，其 poly（A）长度在 100～200 个核苷酸之间，也有少数例外，如组蛋白基因的转录产物，无论是初级的或成熟的，都没有 poly（A）尾巴。

前体 mRNA 分子的断裂和加 poly（A）尾是多步骤过程（图 15-14）。断裂和聚腺苷酸化特异性因子（cleavage and polyadenylation specificity factor，CPSF）是由 4 条不同的多肽组成的蛋白质，分子质量为 360kD。CPSF 先与 AAUAAA 信号序列形成不稳定的复合体，然后至少有 3 种蛋白质——断裂激动因子（cleavage stimulatory factor，CStF）、断裂因子 I（cleavage factor I，CF I）、断裂因子 II（CF II）与 CPSF-RNA 复合体结合。CStF 与断裂点的下游富含 G 和 U 的序列相互作用能使形成的多蛋白复合体稳定。最后在前体 mRNA 分子断裂之前，多聚腺苷酸聚合酶［poly（A）polymerase，PAP］加入多蛋白质复合体，前体 mRNA 在断裂点断裂后，立即在断裂产生的游离 3′-OH 进行多聚腺苷酸化。在加入大约前 12 个腺苷酸时，速度较慢，随后快速加入腺苷酸，完成多聚腺苷酸化。多聚腺苷酸化的快速期有一种多聚腺苷酸结合蛋白 II［poly（A）binding protein II，简称 PABP II 或 PAB II，与细胞质里的腺苷酸结合蛋白 PABP 不同］参与，PABP II 和慢速期合成的多聚腺苷酸结合，提高多聚腺苷酸聚合酶合成多聚腺苷酸的速度。PABP II 的另一个功能是：当多聚腺苷酸尾结构足够长时，使多聚腺苷酸聚合酶停止作用。

（三）前体 mRNA 的剪接主要是去除内含子

正如第十三章所述，真核基因结构最突出的特点是其不连续性，即：如果将成熟的 mRNA 分子序列与其基因序列比较，可以发现并不是全部的基因序列都保留在成熟的 mRNA 分子中，有一些区段被去除了，因此真核基因又称为断裂基因。

实际上，在细胞核内出现的初级转录物的分子量往往比在胞质内出现的成熟 mRNA 大几倍，甚至数十倍。核酸序列分析证明，mRNA 来自前体 mRNA，而前体 mRNA 和 DNA 模板链可以完全配对。前体 mRNA 中被剪接去除的核酸序列为内含子的序列，而最终出现在成熟 mRNA 分子中、作为模板指导蛋白质翻译的序列为外显子序列。去除初级转录物上的内含子，把外显子连接为成熟 RNA 的过程称为 mRNA 剪接。

动画

以鸡的卵清蛋白基因为例说明 mRNA 剪接：卵清蛋白基因全长为 7.7kb，有 8 个外显子和 7 个内含子（图 15-15）。图中蓝色并用数字表示的部分是外显子（其中外显子 1 又被称为前导序列）；用字母表示的白色部分是内含子。初级转录物即前体 mRNA 是和相应的基因等长的，说明内含子也存在于初级转录物中。成熟的 mRNA 分子长度约为 1.2kb，编码 386 个氨基酸。

剪接由几个连续步骤组成，需要多种蛋白和五种 snRNA 参与，有以下特点：

1. 内含子形成套索 RNA 被剪除　剪接首先涉及套索 RNA（lariat RNA）的形成，即内含子区段弯曲，使相邻的两个外显子互相靠近而利于剪接。

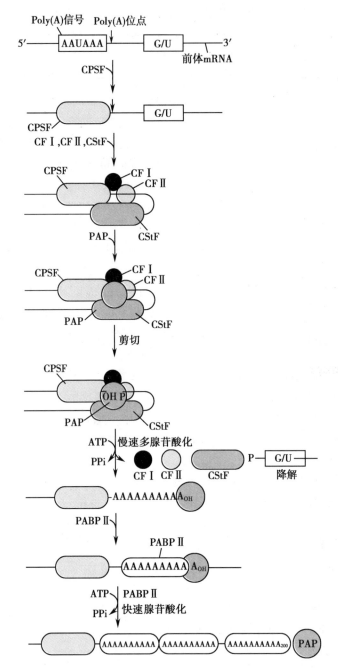

图 15-14 真核 mRNA 3′ 多聚腺苷酸化过程

CPSF:断裂和聚腺苷酸化特异性因子;CF:断裂因子Ⅰ(cleavage factor);CStF:断裂激动因子;
PAP:多聚腺苷酸聚合酶;PABPⅡ:多聚腺苷酸结合蛋白Ⅱ。

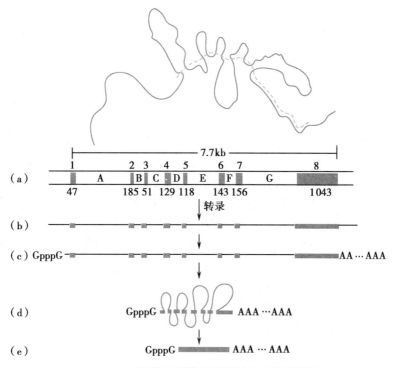

图 15-15　**卵清蛋白基因及其转录、转录后修饰**

（a）卵清蛋白基因结构；（b）转录初级产物，也称为前体 mRNA 或杂化核 RNA（hnRNA）；（c）前体 mRNA 的首、尾修饰；（d）剪接过程中套索 RNA 的形成；（e）细胞质中出现的 mRNA，套索已去除。图上方为成熟 mRNA 与 DNA 模板链杂交的电镜所见示意图，虚线代表 mRNA，实线为 DNA 模板。

2. 内含子在剪接接口处剪除　从前体 mRNA 一级结构分析及特性的研究，目前对剪接已有较深了解。前体 mRNA 含有可被剪接体所识别的特殊序列，其内含子两端存在一定的序列保守性。内含子含有 5′- 剪接位点（5′-splice site）、剪接分支点（branch point）和 3′- 剪接位点（3′-splice site）。大多数内含子都以 GU 为 5′- 端的起始序列，而其末端则为 AG-OH-3′。5′-GU……AG-OH-3′ 称为剪接接口（splicing junction）或边界序列。

3. 剪接过程需两次转酯反应　图 15-16 中可见，外显子 1 和外显子 2 之间的内含子因与剪接体结合而弯曲，内含子 5′- 端与内含子中的剪接分支点和内含子 3′- 端互相靠近。第一次转酯反应是由位于内含子分支点的腺嘌呤核苷酸的 2′-OH 作为亲核基团攻击连接外显子 1 与内含子之间的 3′,5′- 磷酸二酯键，使外显子 1 与内含子之间的键断裂，外显子 1 的 3′-OH 游离出来。此时套索状的内含子与外显子 2 仍然相连。第二次转酯反应由外显子 1 的 3′-OH 对内含子和外显子 2 之间的磷酸二酯键进行亲核攻击，使内含子与外显子 2 断开，由外显子 1 取代了套索状内含子。因此，两个外显子被连接起来而内含子则被以套索状的形式切除掉。在这两步反应中磷酸酯键的数目并没有改变，因此也没有能量的消耗。

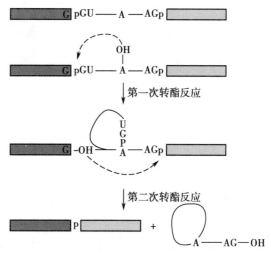

图 15-16　**剪接过程的二次转酯反应**

虚线箭头示由核糖的 3′-OH 对磷酸二酯键的亲核攻击。

4. 剪接体是内含子剪接场所 前体 mRNA 的剪接发生在剪接体（spliceosome），因此这类内含子称为剪接体内含子。剪接体是一种超大分子（supramolecule）复合体，由 5 种 snRNA 和 100 种以上的蛋白质装配而成。其中的 snRNA 被分别称为 U1、U2、U4、U5 和 U6，其长度范围在 100～300 个核苷酸，分子中的碱基以尿嘧啶含量最为丰富，因而以 U 作分类命名。每一种 snRNA 分别与多种蛋白质结合，形成 5 种核小核糖核蛋白（small nuclear ribonucleoprotein，snRNP）颗粒。从酵母到人类，真核生物的 snRNP 中的 RNA 和蛋白质都高度保守。各种 snRNP 在内含子剪接过程中先后结合到前体 mRNA 上，使内含子形成套索并拉近上、下游外显子。剪接体的装配需要 ATP 提供能量。

剪接体的形成步骤如图 15-17 所示：①内含子 5′- 端和分支点分别与 U1、U2 的 snRNA 结合，使 snRNP 结合在内含子上。②U4、U5 和 U6 加入，形成完整的剪接体。此时内含子发生弯曲而形成套索状。上、下游的外显子 1 和外显子 2 靠近。③结构调整，释放 U1 和 U4。U2 和 U6 形成催化中心，发生第一次转酯反应。此时内含子发生弯曲而形成套索状。随后发生第二次转酯反应，内含子被以套索状切除，外显子 1 和外显子 2 被连接在一起。snRNA 是以 snRNP 的形式参与剪切体的组装的，但剪接体中起催化作用的是其中所含的 RNA 组分。近期的研究证明结合金属离子的 U6 催化剪接反应。

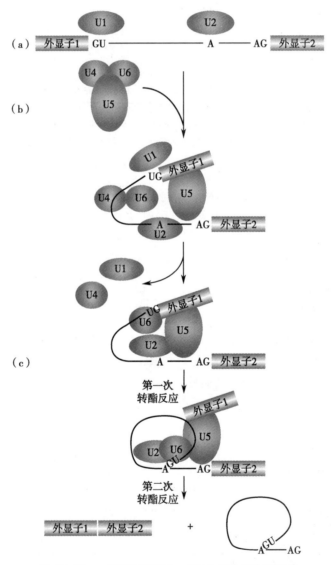

图 15-17　snRNP 与前体 mRNA 结合成为剪接体

（a）U1、U2 分别结合内含子 5′- 端和分支点；（b）U4、U5、U6 加入形成完整剪接体，外显子 1 和外显子 2 接近；（c）U2、U6 形成催化中心，经两次转酯反应将内含子以套索状切除，将外显子 1 和外显子 2 连接。snRNA 以 snRNP 的形式参与剪切体的组装。

5. 前体 mRNA 分子有剪切和剪接两种模式 前体 mRNA 分子的加工除上述剪接外,还有一种剪切(cleavage)模式。剪切指的是剪去某些内含子后,在上游的外显子 3′-端再进行多聚腺苷酸化,不进行相邻外显子之间的连接反应。剪接是指剪切后又将相邻的外显子片段连接起来。

6. 前体 mRNA 分子可发生可变剪接 许多前体 mRNA 分子经过加工只产生一种成熟的 mRNA,翻译成相应的一种多肽;有些则可剪切或 / 和剪接加工成结构有所不同的 mRNA,这一现象称为可变剪接(alternative splicing),又称选择性剪接。也就是说,这些真核生物前体 mRNA 分子的加工可能具有 2 个以上的加多聚腺苷酸的断裂和多聚腺苷酸化的位点,因而可采取剪切(图 15-18a)或 / 和可变剪接(图 15-18b)形成不同的 mRNA。可变剪接提高了有限的基因数目的利用率,是增加生物蛋白质多样性的机制之一。

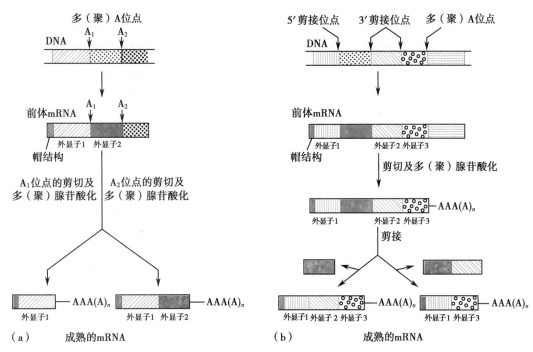

图 15-18 真核细胞基因的前体 mRNA 交替加工的两种机制
(a)前体 mRNA 分子通过剪切形成不同的 mRNA;(b)前体 mRNA 分子通过可变剪接形成不同的 mRNA。

例如,免疫球蛋白重链基因的前体 mRNA 分子有几个加多聚腺苷酸的断裂和多聚腺苷酸化的位点,通过多聚腺苷酸位点选择机制,经过剪切产生免疫球蛋白重链的多样性;果蝇发育过程中的不同阶段会产生 3 种不同形式的肌球蛋白重链,这是由于同一肌球蛋白重链的前体 mRNA 分子通过选择性剪接机制,产生 3 种不同形式的 mRNA。同一种前体 mRNA 分子在大鼠甲状腺产生降钙素(calcitonin),而在大鼠脑产生降钙素基因相关肽(calcitonin gene related peptide,CGRP),是由于两种机制都参与了加工过程(图 15-19)。

(四)mRNA 编辑是对基因的编码序列进行转录后加工

有些基因的蛋白质产物的氨基酸序列与基因的初级转录物序列并不完全对应,mRNA 上的一些序列在转录后发生了改变,称为 RNA 编辑(RNA editing)。

例如,人类基因组上只有 1 个载脂蛋白 B(apolipoprotein B,ApoB)的基因,转录后发生 RNA 编辑,编码产生的 apoB 蛋白却有 2 种,一种是 apoB100,由 4 536 个氨基酸残基构成,在肝细胞合成;另一种是 apoB48,含 2 152 个氨基酸残基,由小肠黏膜细胞合成。这两种 apoB 都是由 *ApoB* 基因产生的 mRNA 编码的,然而小肠黏膜细胞存在一种胞嘧啶核苷脱氨酶(cytosine deaminase),能将 *ApoB* 基因转录生成的 mRNA 的第 2 153 位氨基酸的密码子 CAA(编码 Gln)中的 C 转变为 U,使其变成终止密码子 UAA,因此 apoB48 的 mRNA 翻译在第 2 153 个密码子处终止(图 15-20)。

外显子
内含子
多（聚）A位点
降钙素
多（聚）A位点
CGRP
1
2
3
4
5
6
前体mRNA
甲状腺
剪切及多聚腺苷酸化
大脑
1 2 3 4
AAA(A)n
1 2 3 4 5 6
AAA(A)n
剪接
剪接
成熟的mRNA
1 2 3 4
AAA(A)n
成熟的mRNA
1 2 3 5 6
AAA(A)n
翻译
翻译
蛋白酶作用
蛋白酶作用
降钙素
CGRP

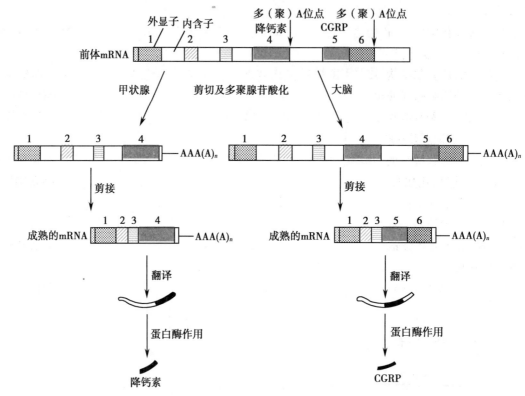

图 15-19 大鼠降钙素基因转录本的可变剪接

CGRP：降钙素基因相关蛋白。

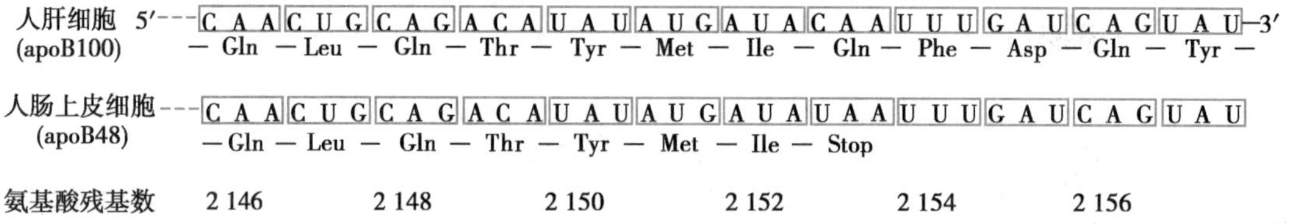

人肝细胞 5′
(apoB100)
C A A C U G C A G A C A U A U A U G A U A C A A U U U G A U C A G U A U 3′
— Gln — Leu — Gln — Thr — Tyr — Met — Ile — Gln — Phe — Asp — Gln — Tyr —
人肠上皮细胞
(apoB48)
C A A C U G C A G A C A U A U A U G A U A U A A U U U G A U C A G U A U
— Gln — Leu — Gln — Thr — Tyr — Met — Ile — Stop
氨基酸残基数
2 146
2 148
2 150
2 152
2 154
2 156

图 15-20 *ApoB* 基因的 mRNA 在肝和肠黏膜编码不同多肽链

又如，脑细胞谷氨酸受体（GluR）是一种重要的离子通道。编码 GluR 的 mRNA 在转录后还可发生脱氨基使 A 转变为 G，导致一个关键位点上的谷氨酰胺密码子 CAG 变为 CGG（精氨酸），含精氨酸的 GluR 不能使 Ca^{2+} 通过。这样，不同功能的脑细胞就可以选择地产生不同的受体。人类基因组计划执行中曾估计人类基因总数在 5 万～10 万甚至 10 万以上。测序完成后，现在认为人类只有约 1.9 万个编码蛋白质的基因。RNA 编辑作用说明，基因的编码序列经过转录后加工，是可有多用途分化的，因此也称为分化加工（differential RNA processing）。

五、真核 mRNA 在细胞内的降解有多种途径

真核细胞的 mRNA 降解途径可分为两类：正常转录物的降解和异常转录物的降解。正常转录物是指细胞产生的有正常功能的 mRNA。异常转录物是细胞产生的一些非正常转录物。正常转录物的降解和异常转录物的降解都是细胞保持其正常的生理状态所必需的。

（一）脱腺苷酸化是正常 mRNA 降解的主要途径

当前体 mRNA 的转录后加工完成后，mRNA 的分子在 5′- 端有一个 7- 甲基鸟苷三磷酸（m^7Gppp）帽状结构，而在 3′- 端带有一个多聚腺苷酸尾。当细胞以 mRNA 作为模板进行蛋白质的生物合成（翻译）时，mRNA 通过 5′- 端结合的 eIF4E、eIF4G 与 3′- 端多聚腺苷酸结合的多聚腺苷结合蛋白质（poly adenine binding protein，PABP）相互作用而形成封闭的环状结构，这样可以防止来自脱腺苷酸化酶和

脱帽酶的攻击。

依赖于脱腺苷酸化的 mRNA 降解是体内 mRNA 降解的主要方式(图 15-21a)。多数正常 mRNA 的降解过程的第一步是脱腺苷酸化酶侵入环状结构,进行脱腺苷酸化反应。脱腺苷酸化反应结束后,脱腺苷酸化酶脱离帽状结构,使脱帽酶能够结合 mRNA 的 5′- 端,从而对 7- 甲基鸟嘌呤帽状结构进行水解。以上说明脱腺苷酸化反应是脱帽反应得以进行的前提条件。脱腺苷酸化和脱帽反应结束后,mRNA 被 5′→3′ 核酸外切酶识别并水解。也有部分 mRNA 在脱腺苷酸化后不进行脱帽反应,而由 3′→5′ 核酸外切酶识别并水解。

除依赖于脱腺苷酸化的 mRNA 降解外,大部分真核细胞内还存在着其他不依赖于脱腺苷酸化的 mRNA 降解途径,比如有少部分 mRNA 可以不经过脱腺苷酸化反应而直接进行脱帽反应(图 15-21b)。脱帽反应后 mRNA 被 5′→3′ 核酸外切酶识别并水解。

有些 mRNA 也可以被核糖核酸内切酶参与的降解途径降解(图 15-21c),核糖核酸内切酶识别 mRNA 内部特异序列并对 mRNA 进行切割。这种切割产生游离的 3′- 端和 5′- 端,mRNA 随后被核糖核酸外切酶降解。

其他如 miRNA 和 RNA 干扰(RNAi)诱导的 mRNA 降解途径,也是细胞内基因表达调控的方式之一。

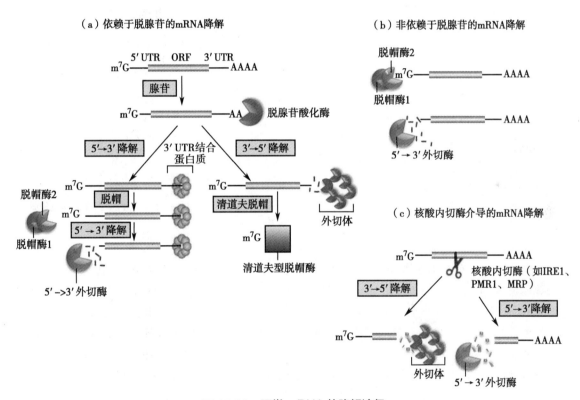

图 15-21　正常 mRNA 的降解途径

(二) 无义介导的 mRNA 降解是一种重要的 mRNA 质量监控机制

真核细胞,尤其是哺乳动物细胞的前体 mRNA 常常具有多个外显子和内含子。细胞在对前体 mRNA 进行剪接加工时,异常的剪接反应会在可读框架内产生无义的终止密码子,常称作提前终止密码子(premature translational-termination codon,PTC)。PTC 也可由错误转录或翻译过程中的移码而产生。无义介导的 mRNA 降解(nonsense-mediated mRNA decay,NMD)是一种广泛存在于真核生物细胞中的 mRNA 质量监控机制。该机制通过识别和降解含有 PTC 的转录产物防止有潜在毒性的截短蛋白的产生(图 15-22)。外显子拼接复合体(exon-junction complex,EJC)是诱导无义介导的 mRNA 降解的重要因子。EJC 通常位于外显子和外显子拼接点的上游附近,在翻译过程中,结合在 mRNA 上的

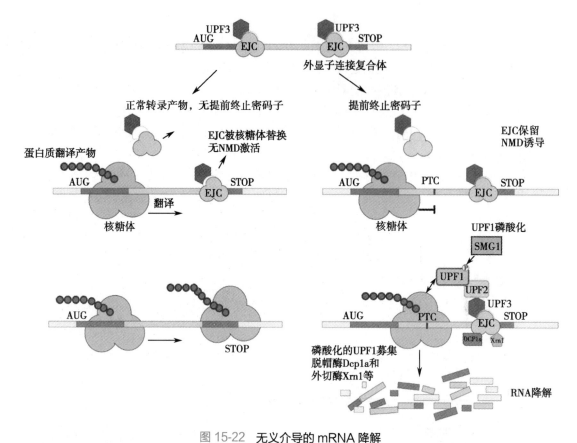

图 15-22　无义介导的 mRNA 降解

AUG,翻译起始点;UPF,无义转录物调节因子;EJC,外显子拼接复合体;PTC,提前终止密码子。

EJC 会随着核糖体在 mRNA 上的滑动而被逐一移除(图 15-22)。如果在外显子 - 外显子的拼接点之前出现 PTC,核糖体会被从 mRNA 上提前释放,这时 PTC 下游的 EJC 仍然保留在 mRNA 上,EJC 结合的一些蛋白质如 UPF3(无义转录物调节因子 3)等诱导 UPF1 的磷酸化。磷酸化的 UPF1 募集脱帽酶 Dcp1a 和外切酶 Xrn1 等,对 mRNA 进行降解。许多遗传性疾病是由出现 PTC 而引起的。

除无义介导的 mRNA 降解外,异常转录物尚有无终止密码子引起的 mRNA 降解(non-stop decay,NSD 降解)和非正常停滞引起的 mRNA 降解(no go decay,NGD 降解)及核糖体延伸介导的降解(ribosome extension-mediated decay,REMD)等,不详述。

第四节 | 真核生物非编码 RNA 的生物合成

人类基因组约含 $3×10^9$ 个碱基对,可转录生成多种 RNA,而能作为模板翻译为蛋白质的 mRNA 仅占少量,余下大量的多种 RNA 并不能编码蛋白质,称为非编码 RNA,在哺乳动物、真菌、细菌中广泛存在,在生命体中发挥着重要的生理作用。非编码 RNA 可分为组成性非编码 RNA 和调控性非编码 RNA。

一、组成性非编码 RNA 的合成

组成性非编码 RNA 是指主要功能为实现细胞基本生物学功能的非编码 RNA,主要包括 rRNA、tRNA、催化小 RNA(又称核酶,ribozyme)、核仁小 RNA(small nucleolar RNA,snoRNA)、snRNA、胞质小 RNA(small cytoplasmic RNA,scRNA)等,它们在细胞中的含量相对稳定。

(一)真核前体 rRNA 经过剪切形成不同类别的 rRNA

真核细胞的 rRNA 基因(rDNA)属于冗余基因(redundant gene)族的 DNA 序列,即染色体上一些相似或完全一样的纵列串联基因(tandem gene)单位的重复。属于冗余基因族的还有 5S rRNA 基因、

组蛋白基因、免疫球蛋白基因等。不同物种基因组可有数百或上千个 rDNA,每个基因又被不能转录的基因间隔(gene spacer)分段隔开。可转录片段大小为 7～13kb,间隔区也有若干 kb 大小。这些基因间隔不是内含子。rDNA 位于核仁内,每个基因各自为一个转录单位。

真核生物基因组的 rRNA 基因中,18S、5.8S 和 28S rRNA 基因是串联在一起的,转录后产生 45S 的转录产物。45S rRNA 是 3 种 rRNA 的前身。45S rRNA 在 snoRNA 以及多种蛋白质分子组成的核仁小核糖核蛋白(small nucleolar ribonucleo protein,snoRNP)的介导下经历了 2'-O- 核糖甲基化等化学修饰,这些修饰可能与其后续的加工、折叠和组装后的核糖体功能有关。45S rRNA 经过某些核糖核酸内切酶和核糖核酸外切酶的剪切,去除内含子等序列,而产生成熟的 18S、5.8S 及 28S 的 rRNA(图 15-23)。

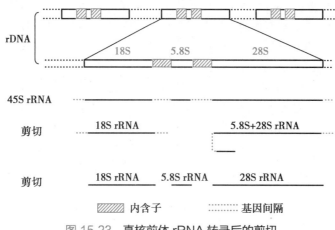

图 15-23 真核前体 rRNA 转录后的剪切

rRNA 成熟后,就在核仁上装配,与核糖体蛋白质一起形成核糖体,输送到胞质。生长中的细胞,其 rRNA 较稳定;静止状态的细胞,其 rRNA 的寿命较短。

(二)真核前体 tRNA 的加工包括核苷酸的碱基修饰

真核生物的大多数细胞有 40～50 种不同的 tRNA 分子。编码 tRNA 的基因在基因组内都有多个拷贝。前体 tRNA 分子需要多种转录后加工才能成为成熟的 tRNA。

以酵母前体 tRNA^{Tyr} 分子为例,加工主要包括以下变化:①酵母前体 tRNA^{Tyr} 分子 5'- 端的 16 个核苷酸前导序列由核糖核酸酶 P(RNase P)切除,核糖核酸酶 P 属于核酶(ribozyme)。核酶是具有催化功能的 RNA。②氨基酸臂的 3'- 端 2 个 U 被核糖核酸内切酶 RNase Z 切除,有时核糖核酸外切酶 RNase D 等也参与切除过程,然后氨基酸臂的 3'- 端再由核苷酸转移酶加上特有的 CCA 末端。③茎 - 环结构中的一些核苷酸碱基经化学修饰为稀有碱基,包括某些嘌呤甲基化生成甲基嘌呤、某些尿嘧啶还原为二氢尿嘧啶(DHU)、尿嘧啶核苷转变为假尿嘧啶核苷(Ψ)、某些腺苷酸脱氨成为次黄嘌呤核苷酸(I)等。④通过剪接切除茎 - 环结构中部 14 个核苷酸的内含子。内含子剪切由 tRNA 剪接内切酶(tRNA splicing endonuclease,TSEN)完成。切除后的连接反应由 tRNA 连接酶催化。前体 tRNA 分子必须折叠成特殊的二级结构,剪接反应才能发生,内含子一般都位于前体 tRNA 分子的反密码子环(图 15-24)。

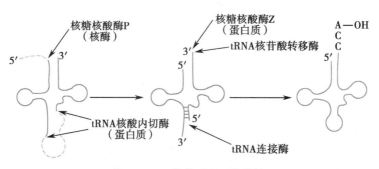

图 15-24 前体 tRNA 的剪接

(三) RNA 催化一些内含子的自剪接

1982 年,美国科学家 Cech T. 和他的同事发现四膜虫编码 rRNA 前体的 DNA 序列含有间隔内含子序列,他们在体外用从细菌纯化得到的 RNA pol 转录从四膜虫纯化的编码 rRNA 前体的 DNA,发现在没有任何来自四膜虫的蛋白质情况下,rRNA 前体能准确地剪接去除内含子。这种由 RNA 分子催化自身内含子剪接的反应称为自剪接(self-splicing)。随后,在其他原核生物以及真核生物的线粒体、叶绿体的 rRNA 前体加工中,亦证实了这种剪接。这些自身剪接内含子的 RNA 具有催化功能,属于核酶。

一些噬菌体的前体 mRNA 及细菌 tRNA 前体也发现有这类自身剪接的内含子,并被称为组 I 型内含子(group I intron)。组 I 型内含子以游离的鸟嘌呤核苷或鸟嘌呤核苷酸作为辅因子完成剪接。鸟嘌呤核苷或鸟嘌呤核苷酸的 3'-OH 与内含子的 5'- 磷酸共同参与转酯反应,切除的内含子是线状。

许多生物中还存在组 II 型内含子(group II intron)。组 II 型内含子是另一类独特的、能起催化作用的 RNA,其 RNA 能催化内含子的自剪接。组 II 型内含子不如组 I 型内含子更普遍。这两类内含子有一个共同的特性,就是在体外(in vitro)能够自我剪接,而不需要任何蛋白质酶的催化。但是在体内(in vivo)它们却都需要蛋白质帮助折叠成二级结构。组 II 型内含子与组 I 型内含子的内部保守序列和折叠结构不同。另外,组 II 型内含子通过产生一个套索状中间体来进行自剪接,而组 I 型内含子则不形成套索状中间体(图 15-25)。

组 II 型内含子的剪接与前面介绍的前体 mRNA 的剪接都形成套索状结构,但是前者没有剪接体参与(图 15-25)。

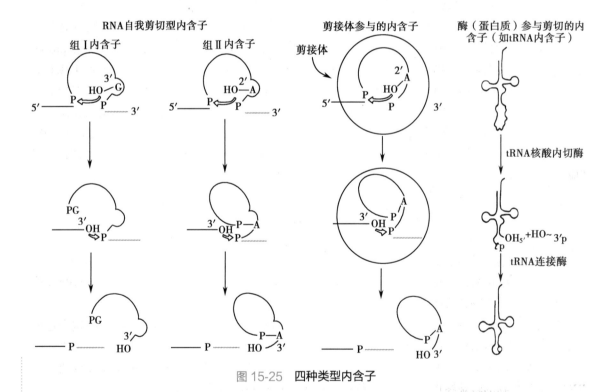

图 15-25　四种类型内含子

与上面三种内含子不同的是,真核细胞 tRNA 和古菌 tRNA 的内含子属于 tRNA 内含子。这些 tRNA 中位于内部的内含子是由蛋白质催化来进行剪接的,参与的酶是 tRNA 剪切内切酶和 tRNA 连接酶。因此,现在发现至少存在有 4 种类型的内含子,它们分别是组 I 型内含子、组 II 型内含子、剪接体内含子和 tRNA 内含子。

需要指出的是,剪接和剪切等 RNA 转录后加工在原核生物细胞内的前体 rRNA、前体 tRNA 等非编码 RNA 中普遍存在,但是,原核生物细胞内没有剪接体,其编码蛋白质的 mRNA 没有内含子,不进行剪接等转录后加工,也不进行 5′- 末端"帽"结构和 3′- 端多聚腺苷酸尾的添加。

二、调控性非编码 RNA 的合成

调控性非编码 RNA 多指具有调控基因表达作用的非编码 RNA,主要包括 lncRNA、miRNA、siRNA、piRNA、环状 RNA(circular RNA,circRNA)等,它们在细胞中的含量往往随外界环境和细胞性状发生改变。

(一) lncRNA 的合成形式呈现多样化

lncRNA 大多由 RNA pol Ⅱ 催化生成,其表达过程与 mRNA 相似,并且与 mRNA 一样,多数 lncRNA 都有帽子结构和多聚腺苷酸尾结构。根据 lncRNA 在基因组上与蛋白质编码基因的相对位置,将其分为基因间型 lncRNA、内含子型 lncRNA、正义型 lncRNA、反义型 lncRNA 和双向型 lncRNA 五类。

(二) siRNA,miRNA 和 piRNA 都由核酸酶切割产生

siRNA 是一类约 21～23nt 的非编码 RNA 分子,是在特定情况下通过核酸酶 Dicer(RNAase Ⅲ 家族中对双链 RNA 具有特异性的酶)的切割由长双链 RNA 转变生成的。siRNA 通过完全互补配对的方式与目标 mRNA 结合,引起其降解,从而导致靶基因的沉默,在防御外源核酸入侵中发挥重要作用。

miRNA 是一类长度为 20～24nt 的单链小分子 RNA,广泛存在于真核生物中。miRNA 是由 70～90 个碱基、具发夹结构单链 RNA 前体(pre miRNA)经过 Dicer 酶加工而成,主要通过与靶标基因不完全互补结合,进而抑制翻译或促进 mRNA 聚腺苷酸尾巴(polyA tail)的去除等方式调控靶基因的表达。

piRNA 是一类最早发现于生殖细胞中的长度约为 24～31nt 的小分子非编码 RNA,其作用依赖于 PIWI 蛋白因此而得名。piRNA 的合成过程尚不明确,目前认为其合成伴随着来自转座子和 piRNA 簇的互补转录本的相互切割,这个过程被称为"乒乓循环"(ping-pong cycle)。乒乓循环产生成对的 piRNA("启动"和"应答"piRNA)。"乒乓循环"由一个结合了 PIWI 蛋白的"启动"piRNA 对前体转录物进行剪切所启动的,PIWI 裂解得到的 5′- 单磷酸基片段被作为 piRNA 前前体(pre-pre-piRNA)传递给相应的 PIWI 蛋白,随后被裂解。由此产生的 5′ 裂解片段被称为 piRNA 前体(pre-piRNA),其 3′- 末端可被 3′,5′- 核酸外切酶 Trimmer 进一步修饰剪切为成熟长度,同时被甲基转移酶 Hen1 催化生成 "应答"piRNA。

小 结

RNA 是细胞中广泛分布而且非常丰富的一类多功能分子。多数细胞中有三种主要的 RNA 类型: mRNA、rRNA 和 tRNA。mRNA 的一个重要功能就是将基因组信息传递给蛋白质。rRNA 和 tRNA 也是细胞内蛋白质生物合成所必需的。

RNA pol 以 DNA 为模板,以 5′- 三磷酸核糖核苷为原料催化合成与模板互补的 RNA,这个过程称为转录。转录有 RNA pol 与启动子结合、起始、延长和终止几个阶段,RNA 合成的方向是从 5′→3′。原核生物 RNA pol 只有一种,全酶形式是 $\sigma\alpha_2\beta\beta\omega$,以 σ 亚基识别启动子,核心酶 $\alpha_2\beta\beta'\omega$ 催化合成 RNA。原核生物的转录终止有 ρ 因子依赖终止和 ρ 因子非依赖终止两种方式。

真核细胞的核内至少具有 3 种主要的 RNA pol。RNA pol Ⅰ 合成大部分 rRNA 前体,RNA pol Ⅱ 合成前体 mRNA(precursor mRNA),RNA pol Ⅲ 合成 tRNA 和 5S rRNA 前体。真核 RNA pol 由多亚基组成。RNA pol Ⅱ 与启动子的结合需要多种转录因子参与;聚合酶Ⅱ最大亚基有羧基末端结构域(CTD),在转录起始和延长阶段被磷酸化。

真核前体 mRNA 的 5′- 端加上 7- 甲基鸟嘌呤核苷残基的帽结构,3′- 端通过断裂及多聚腺苷酸化加上多聚腺苷酸尾结构,内含子通过剪接切除。一个前体 mRNA 分子可经过剪接和剪切两种模式而

加工成多个 mRNA 分子。有些真核的 rRNA、tRNA 和前体 mRNA 含有自身剪接内含子,这类内含子的剪接不需要蛋白质参与,内含子自身的 RNA 具有催化剪接的功能。这些 RNA 具有核酶活性。有些 mRNA 要经过编辑。

mRNA 降解是细胞保持其正常的生理状态所必需的。mRNA 降解包括正常转录物的降解和异常转录物的降解。正常转录物是指细胞产生的有正常功能的 mRNA。异常转录物是细胞产生的一些非正常转录物。在真核细胞中,正常转录物和异常转录物的降解都有多种方式。

除 mRNA、rRNA 和 tRNA 外,真核细胞内还有 snRNA、miRNA 和 lncRNA 等非编码 RNA,分别与 mRNA 的剪切和基因表达调控有关(见第三章和第十七章)。对于 RNA 生物过程的调节,可以导致蛋白质合成速率的改变以及由此而引发的一系列代谢变化,因此了解 RNA 合成的基本原理甚为重要。这些原理既关系到所有生物是如何适应环境变化的,也关系到细胞特定结构和功能的形成机制。mRNA 转录物的错误加工和剪切可引起疾病,例如某些类型的地中海贫血。除参与蛋白质的生物合成外,非编码 RNA 等 RNA 还具有其他重要的生物学功能。

思考题:
1. 真核生物和原核生物的转录起始、转录延长和转录终止有何不同?
2. 真核细胞 mRNA 的加工方式有哪些?
3. 真核细胞中不同类型的非编码 RNA 的转录分别是由哪些 RNA 聚合酶来完成的?
4. 试述 RNA 降解在基因表达调控中的作用。
5. RNA 的生物合成知识在临床医学中有哪些潜在的应用?

思考题解题思路

本章目标测试

本章思维导图

(李　仲)

第十六章 | 蛋白质的合成

本章数字资源

蛋白质具有多种生物学功能,参与生命的几乎所有过程,是生命活动的物质基础。通常在某一特定时刻,一个细胞的生存及活动约需数千种结构蛋白质和功能蛋白质的参与。蛋白质具有高度的种属特异性,不同种属间蛋白质不能互相替代,因此各种生物的蛋白质均由机体自身合成。

蛋白质由基因编码,是遗传信息表达的主要终产物。mRNA 带有蛋白质合成的编码信息,是蛋白质合成的模板。蛋白质在机体内的合成过程,实际上就是遗传信息从 DNA 经 mRNA 传递到蛋白质的过程,此时 mRNA 分子中的遗传信息被具体地翻译成蛋白质的氨基酸排列顺序,因此这一过程也被形象地称为翻译(translation)。从低等生物细菌到高等哺乳动物,蛋白质合成机制高度保守。

新合成的蛋白质多肽链通常并不具备生物学活性,需经过各种修饰、加工并折叠为正确构象,然后靶向运输至合适的亚细胞部位才能行使其功能。

第一节 | 蛋白质合成体系

蛋白质合成是细胞最为复杂的活动之一。参与细胞内蛋白质生物合成的物质除原料氨基酸外,还需要 mRNA 作为模板,tRNA 作为特异的氨基酸"搬运工具",核糖体作为蛋白质合成的装配场所,有关的酶与蛋白质因子参与反应,并且需要 ATP 或 GTP 提供能量。

一、mRNA 是蛋白质合成的模板

mRNA 的发现回答了细胞核内基因组的遗传信息如何编码蛋白质这一重要问题。由 DNA 转录而来的 mRNA 在细胞质内作为蛋白质合成的模板,mRNA 编码区(可读框)中的核苷酸序列作为遗传密码(genetic code),在蛋白质合成过程中被翻译为蛋白质的氨基酸序列。

(一)遗传密码决定氨基酸种类和序列

mRNA 分子中核苷酸序列的翻译以 3 个相邻核苷酸为单位进行。在 mRNA 的可读框区域,每 3 个相邻的核苷酸为一组,编码一种氨基酸或肽链合成的起始/终止信息,称为密码子(codon),又称三联体密码(triplet code)。例如,UUU 是苯丙氨酸的密码子,UCU 是丝氨酸的密码子,GCA 是丙氨酸的密码子。构成 mRNA 的 4 种核苷酸经排列组合可产生 64 个密码子,其中的 61 个编码 20 种在蛋白质合成中作为原料的氨基酸,另有 3 个(UAA、UAG、UGA)不编码任何氨基酸,而是作为肽链合成的终止密码子(termination codon)。需要注意的是,AUG 具有特殊性,不仅代表甲硫氨酸,如果位于mRNA 的翻译起始部位,它还代表肽链合成的起始密码子(initiation codon)(表 16-1)。

(二)遗传密码具有五个重要特点:

方向性:组成密码子的核苷酸在 mRNA 中的排列具有方向性。翻译时的阅读方向只能从 5′ 至 3′,即从 mRNA 的起始密码子 AUG 开始,按 5′→3′ 的方向逐一阅读,直至终止密码子。mRNA 可读框中从 5′- 端到 3′- 端排列的核苷酸顺序决定了肽链中从 N- 端到 C- 端的氨基酸排列顺序(图 16-1a)。

连续性:mRNA 中密码子之间没有间隔核苷酸,即从起始密码子开始,密码子被连续阅读,直至终止密码子出现。因密码子具有连续性,若可读框中插入或缺失了非 3 倍数的核苷酸,将会引起 mRNA 可读框发生移动,称为移码(frame shift)。移码导致后续氨基酸编码序列改变,使得其编码的蛋白质彻底丧失或改变原有功能,称为移码突变(frameshift mutation)(图 16-1b)。若连续插入或缺失 3 个核苷酸,则只会在多肽链产物中增加或缺失 1 个氨基酸残基,但不会导致可读框移位。

NOTES

297

表 16-1 遗传密码表

第1个核苷酸 (5′-端)	第2个核苷酸				第3个核苷酸 (3′-端)
	U	C	A	G	
U	苯丙氨酸	丝氨酸	酪氨酸	半胱氨酸	U
	苯丙氨酸	丝氨酸	酪氨酸	半胱氨酸	C
	亮氨酸	丝氨酸	终止密码子	终止密码子	A
	亮氨酸	丝氨酸	终止密码子	色氨酸	G
C	亮氨酸	脯氨酸	组氨酸	精氨酸	U
	亮氨酸	脯氨酸	组氨酸	精氨酸	C
	亮氨酸	脯氨酸	谷氨酰胺	精氨酸	A
	亮氨酸	脯氨酸	谷氨酰胺	精氨酸	G
A	异亮氨酸	苏氨酸	天冬酰胺	丝氨酸	U
	异亮氨酸	苏氨酸	天冬酰胺	丝氨酸	C
	异亮氨酸	苏氨酸	赖氨酸	精氨酸	A
	*甲硫氨酸	苏氨酸	赖氨酸	精氨酸	G
G	缬氨酸	丙氨酸	天冬氨酸	甘氨酸	U
	缬氨酸	丙氨酸	天冬氨酸	甘氨酸	C
	缬氨酸	丙氨酸	谷氨酸	甘氨酸	A
	缬氨酸	丙氨酸	谷氨酸	甘氨酸	G

注：*位于 mRNA 起始部位的 AUG 为肽链合成的起始信号。作为起始信号的 AUG 具有特殊性,在原核生物中代表甲酰甲硫氨酸,在真核生物中代表甲硫氨酸。

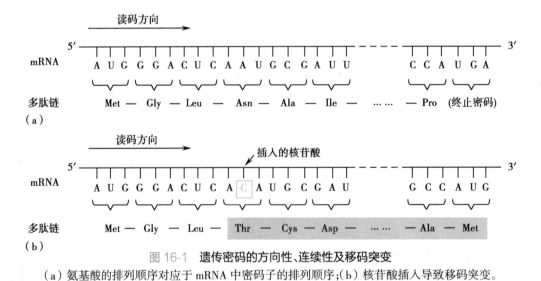

图 16-1 遗传密码的方向性、连续性及移码突变
（a）氨基酸的排列顺序对应于 mRNA 中密码子的排列顺序;（b）核苷酸插入导致移码突变。

简并性:64 个密码子中有 61 个编码氨基酸,而氨基酸只有 20 种,因此有的氨基酸可由多个密码子编码,这种现象称为简并性（degeneracy）。例如,UUU 和 UUC 都是苯丙氨酸的密码子,UCU、UCC、UCA、UCG、AGU 和 AGC 都是丝氨酸的密码子。

为同一种氨基酸编码的各个密码子称为简并性密码子,也称同义密码子。多数情况下,同义密码子的前两位碱基相同,仅第三位碱基有差异,即密码子的特异性主要由前两位核苷酸决定,如苏氨酸的密码子是 ACU、ACC、ACA、ACG。这意味着密码子第三位核苷酸的改变往往不改变其编码的氨基酸,合成的蛋白质具有相同的一级结构。因此,遗传密码的简并性可减少基因突变所带来的生物学效应。

摆动性:密码子通过与 tRNA 的反密码子配对而发挥翻译作用,但这种配对有时并不严格遵循 Watson-Crick 碱基配对原则,出现摆动(wobble)。此时 mRNA 密码子的第 1 位和第 2 位碱基(5′→3′)与 tRNA 反密码子的第 3 位和第 2 位碱基(5′→3′)之间仍为 Watson-Crick 配对,而反密码子的第 1 位碱基与密码子的第 3 位碱基配对有时存在摆动现象。例如,反密码子第 1 位碱基为次黄嘌呤(inosine,I),可与密码子第 3 位的 A、C 或 U 配对;反密码子第 1 位的 U 可与密码子第 3 位的 A 或 G 配对;反密码子第 1 位的 G 可与密码子第 3 位的 C 或 U 配对(图 16-2)。由此可见,密码子的摆动性能使一种 tRNA 识别 mRNA 中的多种简并性密码子。

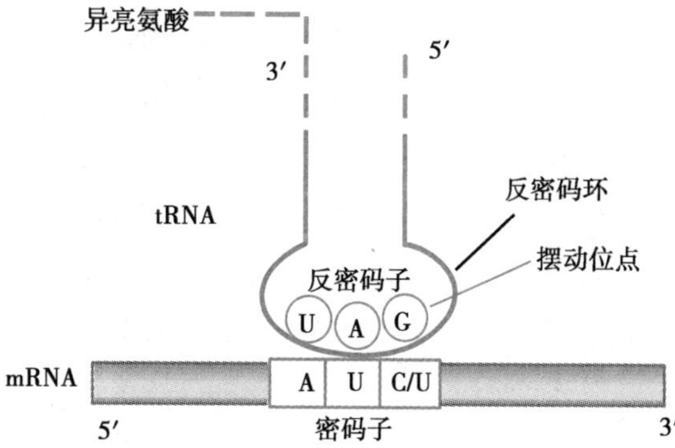

通用性:遗传密码具有通用性(universal),即从低等生物如细菌到人类都使用着同一套遗传密码,这为地球上的生物来自同一起源的进化论提供了有力证据,另外也使得利用细菌等生物来制造人类蛋白质成为可能。但遗传密码的通用性并不是绝对的,也有少数例外。例如,在哺乳类动物线粒体内,UGA 除了代表终止信号,也代表色氨酸;AUA 不再代表异亮氨酸,而是作为甲硫氨酸的密码子。

图 16-2　反密码子与密码子的识别方式与摆动配对

二、tRNA 是氨基酸和密码子之间的特异连接物

作为蛋白质合成原料的 20 种氨基酸,翻译时由其各自特定的 tRNA 负责转运至核糖体。tRNA 通过其特异的反密码子与 mRNA 上的密码子相互配对,将其携带的氨基酸在核糖体上准确对号入座。虽然已发现的 tRNA 多达数十种,一种氨基酸通常与多种 tRNA 特异结合(与密码子的简并性相适应),但是一种 tRNA 只能转运一种特定的氨基酸。通常在 tRNA 的右上角标注氨基酸的三字母符号,以代表其特异转运的氨基酸,如 tRNA^{Tyr} 表示这是一种特异转运酪氨酸的 tRNA。

tRNA 上有两个重要的功能部位:一个是氨基酸结合部位,另一个是 mRNA 结合部位。与氨基酸结合的部位是 tRNA 的氨基酸臂的 -CCA 末端的腺苷酸 3′-OH;与 mRNA 结合的部位是 tRNA 反密码环中的反密码子。参与肽链合成的氨基酸需要与相应 tRNA 结合,形成各种氨酰 tRNA(aminoacyl-tRNA),再运载至核糖体,通过其反密码子与 mRNA 中对应的密码子互补结合(图 16-2),从而按照 mRNA 的密码子顺序依次加入氨基酸。

三、核糖体是蛋白质合成的场所

(一)核糖体是细胞蛋白质初始合成的主要场所

游离核糖体与附着核糖体均可以合成蛋白质。蛋白质的初始合成从合成肽链开始。合成肽链时 mRNA 与 tRNA 的相互识别、肽键形成、肽链延长等过程全部在核糖体上完成。核糖体类似于一个移动的多肽链"装配厂",沿着模板 mRNA 链从 5′- 端向 3′- 端移动。在此期间,携带着各种氨基酸的 tRNA 分子依据密码子与反密码子配对关系快速进出其中,为延长肽链提供氨基酸原料。肽链合成完毕,核糖体立刻离开 mRNA 分子。

原核生物和真核生物的核糖体上均存在 A 位、P 位和 E 位这 3 个重要的功能部位。A 位结合氨酰 tRNA,称氨酰位(aminoacyl site);P 位结合肽酰 -tRNA,称肽酰位(peptidyl site);E 位释放已经卸载了氨基酸的 tRNA,称排出位(exit site)(图 16-3)。

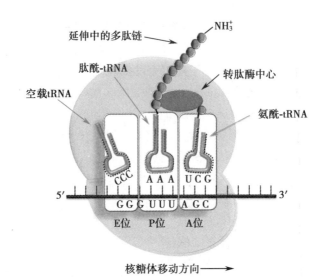

图 16-3 核糖体在翻译中的功能部位

(二) 线粒体核糖体主要负责线粒体内的蛋白质合成

线粒体核糖体(mitoribosomes)在线粒体内进行蛋白质合成,哺乳动物线粒体核糖体 55S 包含了 39S 和 28S 大小两个亚基,共有 82 个蛋白质,其中 36 个是线粒体特异性的,大亚基包含了 22 个,小亚基包含了 14 个。由于线粒体核糖体中的 rRNA 比例是显著低于游离核糖体和附着核糖体的,因此这些特异性的蛋白质则可代替 rRNA 的功能,不仅在维持线粒体核糖体的结构上发挥重要作用,而且具备 mRNA 识别、引导 tRNA 的进入等功能。线粒体内的翻译仅限于由线粒体核糖体合成的氧化磷酸化复合物的几个关键亚基。因此,线粒体核糖体负责完成线粒体内的蛋白合成。

四、蛋白质合成需要多种酶类和蛋白质因子

蛋白质合成需要由 ATP 或 GTP 供能,需要 Mg^{2+}、肽酰转移酶、氨酰 tRNA 合成酶等多种分子参与反应。此外,起始、延长及终止各阶段还需要多种因子参与:①起始因子(initiation factor,IF),原核生物和真核生物的起始因子分别以 IF 和 eIF 表示;②延长因子(elongation factor,EF),原核生物与真核生物的延长因子分别以 EF 和 eEF 表示;③终止因子(termination factor),又称释放因子(release factor,RF),原核生物与真核生物的释放因子分别以 RF 和 eRF 表示。各类因子的种类及其生物学功能见表 16-2(原核生物)及表 16-3(真核生物)。

表 16-2 原核生物肽链合成所需要的蛋白质因子

种类		生物学功能
起始因子	IF1	占据核糖体 A 位,防止 tRNA 过早结合于 A 位
	IF2	促进 fMet-tRNA^{fMet} 与小亚基结合
	IF3	防止大、小亚基过早结合;增强 P 位结合 fMet-tRNA^{fMet} 的特异性
延长因子	EF-Tu	促进氨酰 tRNA 进入 A 位,结合并分解 GTP
	EF-Ts	EF-Tu 的调节亚基
	EF-G	有转位酶活性,促进 mRNA- 肽酰 -tRNA 由 A 位移至 P 位 促进 tRNA 卸载与释放
释放因子	RF1	特异识别终止密码 UAA 或 UAG;诱导肽酰转移酶转变为酯酶
	RF2	特异识别终止密码 UAA 或 UGA;诱导肽酰转移酶转变为酯酶
	RF3	具有 GTPase 活性,当新合成肽链从核糖体释放后,促进 RF1 或 RF2 与核糖体分离

表 16-3　真核生物肽链合成所需要的蛋白质因子

种类		生物学功能
起始因子	eIF1	结合于小亚基的 E 位,促进 eIF2-tRNA-GTP 复合物与小亚基相互作用
	eIF1A	原核 IF1 的同源物,防止 tRNA 过早结合于 A 位
	eIF2	具有 GTPase 活性,促进起始 Met-tRNA^{Met} 与小亚基结合
	eIF2B,eIF3	最先与小亚基结合的起始因子;促进后续步骤的进行
	eIF4A	eIF4F 复合物成分,具有 RNA 解旋酶活性,解开 mRNA 二级结构,使其与小亚基结合
	eIF4B	结合 mRNA,促进 mRNA 扫描定位起始密码 AUG
	eIF4E	eIF4F 复合物成分,结合于 mRNA 的 5′- 帽结构
	eIF4G	eIF4F 复合物成分,结合 eIF4E 和 poly(A)结合蛋白质(PABP)
	eIF4F	包含 eIF4A、eIF4E、eIF4G 的复合物
	eIF5	促进各种起始因子从小亚基解离,从而使大、小亚基结合
	eIF5B	具有 GTPase 活性,促进各种起始因子从小亚基解离,从而使大、小亚基结合
延长因子	eEF1α	与原核 EF-Tu 功能相似
	eEF1βγ	与原核 EF-Ts 功能相似
	eEF2	与原核 EF-G 功能相似
释放因子	eRF	释放因子 eRF 识别所有终止密码子

第二节 | 肽链的合成过程

参与肽链合成的氨基酸需要与相应 tRNA 结合,形成各种氨酰 tRNA。该过程是由氨酰 tRNA 合成酶(aminoacyl-tRNA synthetase)所催化的耗能反应。氨基酸与特异的 tRNA 结合形成氨酰 tRNA 的过程称为氨基酸的活化。

一、肽链合成的起始需要特殊的起始氨酰 tRNA

mRNA 密码子与 tRNA 反密码子间的识别主要由 tRNA 决定,而与氨基酸无关,"搭错车"的氨基酸仍将依据 tRNA 的种类进入多肽链导致合成出错。因此氨基酸与 tRNA 连接的准确性是正确合成蛋白质的关键。

(一)氨酰 tRNA 合成酶识别特定氨基酸和 tRNA

氨基酸与 tRNA 连接的准确性由氨酰 tRNA 合成酶决定,该酶对底物氨基酸和 tRNA 都有高度特异性。目前发现氨酰 tRNA 合成酶至少有 23 种,分别与组成蛋白质的各种氨基酸一一对应,并能准确识别相应的 tRNA。在组成蛋白质的常见 20 种氨基酸中,除了赖氨酸有两种氨酰 tRNA 合成酶与其对应,其他氨基酸各自对应一种氨酰 tRNA 合成酶,另外还有识别磷酸化丝氨酸和吡咯赖氨酸的氨酰 tRNA 合成酶。

每个氨基酸活化为氨酰 tRNA 时需消耗 2 个来自 ATP 的高能磷酸键,其总反应式如下:

$$氨基酸 +tRNA+ATP \xrightarrow[Mg^{2+}]{氨酰–tRNA 合成酶} 氨酰 tRNA+AMP+PPi$$

氨酰 tRNA 合成酶所催化反应的主要步骤包括:①氨酰 tRNA 合成酶催化 ATP 分解为焦磷酸与 AMP;②AMP、酶、氨基酸三者结合为中间复合体(氨酰 -AMP- 酶),其中氨基酸的羧基与磷酸腺苷的磷酸以酐键相连而活化;③活化氨基酸与 tRNA 的 3′-CCA 末端的腺苷酸的核糖 2′ 或 3′ 位的游离羟基以酯键结合,形成相应的氨酰 tRNA,腺苷一磷酸(AMP)以游离形式被释放出来(图 16-4)。

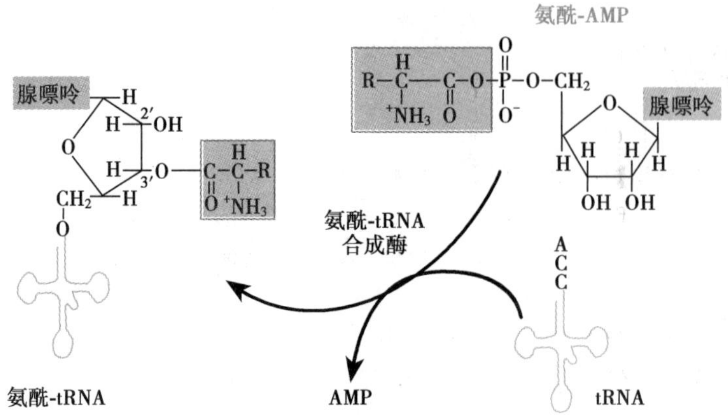

图 16-4 氨酰 tRNA 的形成

已经结合了不同氨基酸的氨酰 tRNA 用前缀氨基酸三字母代号表示,如 Tyr-tRNA^{Tyr} 代表 tRNA^{Tyr} 的氨基酸臂上已经结合有酪氨酸。

氨酰 tRNA 合成酶还有校对活性(proofreading activity),能将错误结合的氨基酸水解释放,再换上正确的氨基酸,以改正合成过程出现的错配,从而保证氨基酸和 tRNA 结合反应的误差小于 10^{-4}。

(二)肽链合成的起始需要特殊的起始氨酰 tRNA

从遗传密码表中可见(表 16-1),编码甲硫氨酸的密码子在原核生物与真核生物中同时又作为起始密码子。目前已知,尽管都携带着甲硫氨酸,但结合在起始密码子处的氨酰 tRNA,与结合可读框内部甲硫氨酸密码子的氨酰 tRNA 在结构上是有差别的。结合于起始密码子的属于专门的起始氨酰 tRNA,在原核生物为 fMet-tRNA^{fMet},其中的甲硫氨酸被甲酰化,成为 N- 甲酰甲硫氨酸(N-formyl methionine,fMet);在真核生物,具有起始功能的是 tRNA$_i^{Met}$(initiator-tRNA),它与甲硫氨酸结合后,可以在 mRNA 的起始密码子 AUG 处就位,参与形成翻译起始复合物。Met-tRNA$_i^{Met}$ 和 Met-tRNA^{Met} 可分别被起始或延长过程起催化作用的酶和蛋白质因子识别。

二、翻译起始复合物的装配启动肽链合成

翻译过程包括起始(initiation)、延长(elongation)和终止(termination)三个阶段。真核生物的肽链合成过程与原核生物的肽链合成过程基本相似,只是反应更复杂、涉及的蛋白质因子更多。翻译的起始是指 mRNA、起始氨酰 tRNA 分别与核糖体结合而形成翻译起始复合物(translation initiation complex)的过程。

(一)原核生物翻译起始复合物形成是多步骤多因子参与的过程

原核生物翻译起始复合物的形成需要 30S 小亚基、mRNA、fMet-tRNA^{fMet} 和 50S 大亚基,还需要 3 种 IF(IF1,IF2,IF3)、GTP 和 Mg^{2+}。其主要步骤如下:

核糖体大小亚基分离:完整核糖体在 IF1,IF3 的帮助下,大、小亚基解离,为结合 mRNA 和 fMet-tRNA^{fMet} 做好准备。IF3 的作用是稳定大、小亚基的分离状态,如没有 IF3 的存在,大、小亚基极易重新聚合。

mRNA 与核糖体小亚基结合:小亚基与 mRNA 结合时,可准确识别可读框的起始密码子 AUG,而不会结合内部的 AUG,从而正确地翻译出所编码蛋白质。保证这一结合准确性的机制是:mRNA 起始密码子 AUG 上游存在一段被称为核糖体结合位点(ribosome-binding site,RBS)的序列。该序列距 AUG 上游约 10 个核苷酸处通常为 -AGGAGG-(也称 Shine-Dalgarno 序列,SD 序列),可被 16S rRNA 通过碱基互补而精确识别,从而将核糖体小亚基准确定位于 mRNA(图 16-5)。

fMet-tRNA^{fMet} 结合在核糖体 P 位:fMet-tRNA^{fMet} 与结合了 GTP 的 IF2 一起,识别并结合对应于小亚基 P 位的 mRNA 的 AUG 处。此时,A 位被 IF1 占据,不与任何氨酰 tRNA 结合。

图 16-5　16S rRNA 识别 mRNA 的 S-D 序列

翻译起始复合物形成:结合于 IF2 的 GTP 被水解,释放的能量促使 3 种 IF 释放,大亚基与结合了 mRNA、fMet-tRNA^{fMet} 的小亚基结合,形成由完整核糖体、mRNA、fMet-tRNA^{fMet} 组成的翻译起始复合物。

如前所述,核糖体上存在着 A 位、P 位和 E 位这三个重要的功能部位。在肽链合成过程中,新的氨酰 tRNA 首先进入 A 位,形成肽键后移至 P 位。但是在翻译起始复合物装配时,结合起始密码子的 fMet-tRNA^{fMet} 是直接结合于核糖体的 P 位,A 位空留,且对应于 AUG 后的密码子,为下一个氨酰 tRNA 的进入及肽链延长做好准备。原核生物翻译起始复合物的装配见图 16-6。

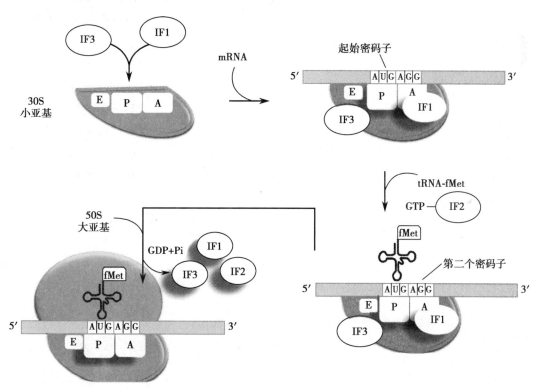

图 16-6　原核生物翻译起始复合物的装配

(二) 真核生物翻译起始复合物装配更为复杂

真核生物翻译起始复合物的装配所需起始因子的种类更多,其装配过程更复杂,且 mRNA 的 5'-帽和 3'- 多聚(A)尾均为正确起始所必需。此外,起始氨酰 tRNA 先于 mRNA 结合于小亚基,与原核生物的装配顺序不同。其主要步骤如下:

43S 前起始复合物的形成:多种起始因子与核糖体小亚基结合,其中 eIF1A 和 eIF3 与原核起始因子 IF1 和 IF3 功能相似,可阻止 tRNA 结合 A 位,并防止大亚基和小亚基过早结合。eIF1 结合于 E 位,GTP-eIF2 与起始氨酰 tRNA 结合,随后 eIF5 和 eIF5B 加入,形成 43S 的前起始复合物。

mRNA 与核糖体小亚基结合:mRNA 与 43S 前起始复合物的结合由 eIF4F 复合物介导。eIF4F 由 eIF4E(结合 mRNA 5'- 帽)、eIF4A(具 ATPase 及 RNA 解旋酶活性)和 eIF4G 组成(结合 eIF3、eIF4E 和 PABP)。

核糖体大亚基的结合:mRNA 与 43S 前起始复合物及 eIF4F 复合物结合后产生 48S 起始复合物,此复合物从 mRNA5′-端向 3′-端扫描起始并定位起始密码子,随后大亚基加入,起始因子释放,翻译起始复合物形成。此过程需要 eIF5 和 eIF5B 参与,eIF5 促使 eIF2 发挥 GTPase 活性,水解与之结合的 GTP 生成 eIF2-GDP,使得 eIF2-GDP 与起始 tRNA 的亲和力减弱。eIF5B 是原核 IF2 的同源物,通过水解与之结合的 GTP,促进 eIF2-GDP 与其他起始因子解离。

真核生物翻译起始复合物的装配见图 16-7。

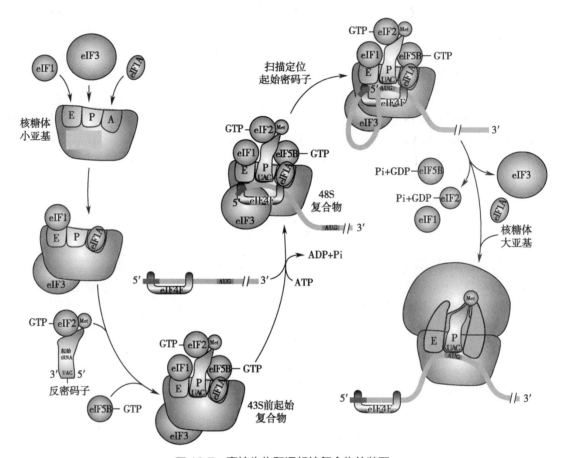

图 16-7 真核生物翻译起始复合物的装配

值得一提的是,有些 mRNA 的翻译起始并不依赖其 5′-帽结构,在翻译起始时,核糖体可被 mRNA 上的内部核糖体进入位点(internal ribosome entry site,IRES)直接招募至翻译起始处,这一过程需要多种蛋白质如 IRES 反式作用因子(IRES *trans*-acting factors,ITAFs)、eIF4GI 等的协助。

三、在核糖体上重复进行的三步反应延长肽链

翻译起始复合物形成后,核糖体从 mRNA 的 5′-端向 3′-端移动,依据密码子顺序,从 N-端开始向 C-端合成多肽链。这是一个在核糖体上重复进行的进位、成肽和转位的循环过程,每循环 1 次,肽链上即可增加 1 个氨基酸残基。这一过程除了需要 mRNA、tRNA 和核糖体外,还需要数种延长因子以及 GTP 等参与。原核生物与真核生物的肽链延长过程基本相似,只是反应体系和延长因子不同。这里主要介绍原核生物的肽链延长过程。

1. 进位是肽链延长的起始 进位指氨酰 tRNA 按照 mRNA 模板的指令进入核糖体 A 位的过程,又称注册。翻译起始复合物中的 A 位是空闲的,并对应着可读框的第二个密码子,进入 A 位的氨酰 tRNA 种类即由该密码子决定。氨酰 tRNA 先与 GTP-EF-Tu 结合成一复合物,然后进入 A 位,GTP 随之水解,EF-Tu-GDP 从核糖体释放。GTP-EF-Tu 又可循环生成。

核糖体对氨酰 tRNA 的进位有校正作用。肽链生物合成以很高速度进行,延长阶段的每一过程都有时限。在此时限内,只有正确的氨酰 tRNA 能迅速发生反密码子 - 密码子互补配对而进入 A 位。反之,错误的氨酰 tRNA 因反密码子 - 密码子不能配对结合而从 A 位解离。这是维持肽链生物合成的高度保真性的机制之一。

2. **成肽是肽键形成的关键**　指核糖体 A 位和 P 位上的 tRNA 所携带的氨基酸缩合成肽的过程。在起始复合物中,P 位上起始 tRNA 所携带的甲酰甲硫氨酸与 A 位上新进位的氨酰 tRNA 的 α- 氨基缩合形成二肽。第一个肽键形成后,二肽酰 -tRNA 占据核糖体 A 位,而卸载了氨基酸的 tRNA 仍在 P 位。成肽(peptide bond formation)过程由肽酰转移酶(peptidyl transferase)催化,该酶的化学本质不是蛋白质,而是 RNA,在原核生物为 23S rRNA,在真核生物为 28S rRNA。因此,肽酰转移酶属于一种核酶(ribozyme)。

3. **转位确保肽链能持续延长**　成肽反应后,核糖体需要向 mRNA 的 3′-端移动一个密码子的距离,方可阅读下一个密码子,此过程为转位(translocation)。核糖体的转位需要延长因子 EF-G(即转位酶),并需要 GTP 水解供能。转位的结果是:① P 位上的 tRNA 所携带的氨基酸或肽在成肽后交给 A 位上的氨基酸,P 位上卸载的 tRNA 转位后进入 E 位,然后从核糖体脱落;②成肽后位于 A 位的肽酰 -tRNA 移动到 P 位;③ A 位得以空出,且准确定位在 mRNA 的下一个密码子,以接受下一个氨酰 tRNA 进位。

肽链延长过程的三步反应如图 16-8 所示。

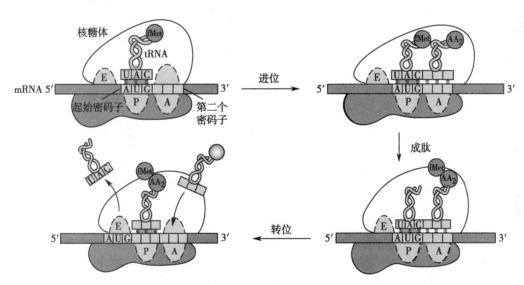

图 16-8　肽链延长过程

经过第二轮进位—成肽—转位,P 位出现三肽酰 -tRNA,A 位空留并对应于第四个氨酰 tRNA 进位。重复此过程,则有四肽酰 -tRNA、五肽酰 -tRNA 等陆续出现于核糖体 P 位,A 位空留,接受下一个氨酰 tRNA 进位。这样,核糖体从 mRNA 的 5′- 端向 3′- 端顺序阅读密码子,进位、成肽和转位三步反应循环进行,每循环一次向肽链 C- 端添加一个氨基酸残基,肽链由 N- 端向 C- 端逐渐延长。

真核生物的肽链延长机制与原核生物基本相同,但亦有差异,如两者所需延长因子不同,真核生物需要 eEF1α、eEF1βγ 和 eEF2 这三类延长因子,其功能分别对应于原核生物的 EF-Tu、EF-Ts 和 EF-G。此外,在真核生物,一个新的氨酰 tRNA 进入 A 位后会产生别构效应,致使空载 tRNA 从 E 位排出。

在肽链延长阶段,每生成一个肽键,都需要水解 2 分子 GTP(进位与转位各 1 分子)获取能量,即消耗 2 个高能磷酸键。若出现不正确氨基酸进入肽链,也需要消耗能量来水解清除;此外,氨基酸活化为氨酰 tRNA 时需消耗 2 个高能磷酸键。因此,在蛋白质合成过程中,每生成 1 个肽键,至少需消耗 4 个高能磷酸键。

四、终止密码子和释放因子导致肽链合成终止

肽链上每增加一个氨基酸残基,就需要经过一次进位、成肽和转位反应。如此往复,直到核糖体

的 A 位与 mRNA 的终止密码子对应。

终止密码子不被任何氨酰 tRNA 识别,只有释放因子 RF 能识别终止密码子而进入 A 位,这一识别过程需要水解 GTP。RF 的结合可触发核糖体构象改变,将肽酰转移酶转变为酯酶,水解 P 位上肽酰 -tRNA 中肽链与 tRNA 之间的酯键,新生肽链随之释放,mRNA、tRNA 及 RF 从核糖体脱离,核糖体大小亚基分离。mRNA 模板、各种蛋白质因子及其他组分都可被重新利用。

原核生物有 3 种 RF。RF1 特异识别 UAA 或 UAG,RF2 特异识别 UAA 或 UGA,且两者均可诱导肽酰转移酶转变为酯酶。RF3 具有 GTPase 活性,当新生肽链从核糖体释放后,促进 RF1 或 RF2 与核糖体分离。真核生物仅有一种释放因子 eRF,3 种终止密码子均可被其识别。

无论在原核细胞还是真核细胞内,1 条 mRNA 模板链上都可附着 10～100 个核糖体。这些核糖体依次结合起始密码子并沿 mRNA 5′→3′ 方向移动,同时进行同一条肽链的合成。多个核糖体结合在 1 条 mRNA 链上所形成的聚合物称为多聚核糖体(polyribosome 或 polysome)。多聚核糖体的形成可以使肽链合成高速度、高效率进行(图 16-9)。

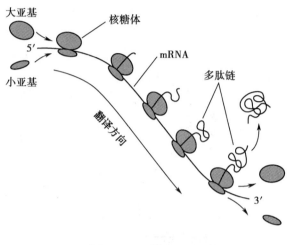

图 16-9 多聚核糖体

原核生物的转录和翻译过程紧密偶联,转录未完成时已有核糖体结合于 mRNA 分子的 5′- 端开始翻译。真核生物的转录发生在细胞核,翻译在细胞质,因此这两个过程分隔进行。

第三节 蛋白质合成后的加工和靶向输送

新生肽链并不具有生物活性,它们必须正确折叠形成具有生物活性的三维空间结构,有的还需形成二硫键,有的需通过亚基聚合形成具有四级结构的蛋白质。此外,许多蛋白质在翻译后还要经过水解作用切除一些肽段或氨基酸,或对某些氨基酸残基的侧链基团进行化学修饰等,才能成为有活性的成熟蛋白质。这一过程称为翻译后加工(post-translational processing)。

蛋白质合成后还需要被输送到合适的亚细胞部位才能行使各自的生物学功能。有的蛋白质驻留于细胞质,有的被运输到细胞器或镶嵌入细胞膜,还有的被分泌到细胞外。蛋白质合成后在细胞内被定向输送到其发挥作用部位的过程称为蛋白质靶向输送(protein targeting)或蛋白质分选(protein sorting)。

一、新生肽链折叠需要分子伴侣

蛋白质在合成时,尚未折叠的肽段有许多疏水基团暴露在外,具有分子内或分子间聚集的倾向,使蛋白质不能形成正确空间构象。这种结构混乱的肽链聚集体产生过多会对细胞有致命的影响。实际上,细胞中大多数天然蛋白质折叠并不是自发完成的,其折叠过程需要其他酶或蛋白质的辅助,这些辅助性蛋白质可以指导新生肽链按特定方式正确折叠,它们被称为分子伴侣(molecular chaperone)。

原核生物和真核生物都存在多种类型的分子伴侣,目前研究得较为清楚的是热激蛋白 70(heat shock protein 70,Hsp70)家族和伴侣蛋白(chaperonin)。Hsp70 因其分子量接近 70kD 而得名,高温刺激可诱导其合成。在蛋白质翻译后加工过程中,Hsp70 与未折叠蛋白质的疏水区结合,既可避免蛋白质因高温而变性,又可防止新生肽链过早折叠。Hsp70 也可以使一些跨膜蛋白质在转位至膜前保持非折叠状态。有些 Hsp70 通过与多肽链结合、释放的循环过程,使多肽链发生正确折叠。这个过程需要 ATP 水解供能,并需要其他伴侣蛋白如 Hsp40 的共同作用。未折叠多肽链与 Hsp70 结合,还可以解开多肽链之间的聚集或防止新聚集的产生。多肽链从 Hsp70 释放后,可以重新折叠成天然构象。如果多肽链折叠不充分,上述过程可重复进行直至天然构象形成(图 16-10)。

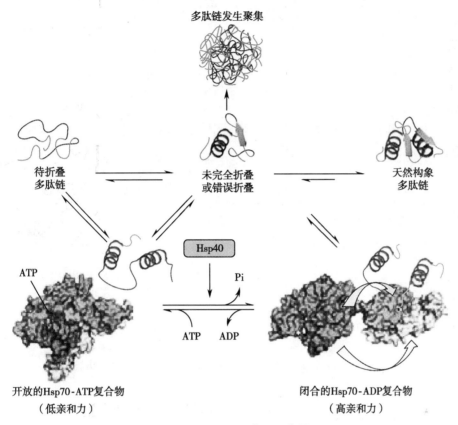

图 16-10 Hsp70 作用示意图

人热激蛋白家族可存在于细胞质、内质网腔、线粒体、细胞核等部位,发挥多种细胞保护功能,如使线粒体和内质网蛋白质以未折叠状态转运和跨膜;避免蛋白质变性后因疏水基团暴露而发生不可逆聚集;清除变性或错误折叠的肽链中间物等。

有些肽链的正确折叠还需要伴侣蛋白发挥辅助作用。伴侣蛋白的主要作用是为非自发性折叠肽链提供正确折叠的微环境。例如,在大肠埃希菌,约有 10%～15% 的细胞内蛋白质的正确折叠依赖伴侣系统 GroEL/GroES,热激条件下依赖该系统的蛋白质则高达 30%。在真核细胞,与 GroEL/GroES 功能类似的伴侣蛋白是 Hsp60。

GroEL 是由 14 个相同亚基组成的多聚体,可形成一桶状空腔,顶部是空腔的出口。GroES 是由 7 个相同亚基组成的圆顶状复合物,可作为 GroEL 桶的盖子。需要折叠的肽链进入 GroEL 的桶状空腔后,GroES 可作为盖子瞬时封闭 GroEL 出口。封闭后的桶状空腔为肽链折叠提供微环境,折叠过程需消耗大量 ATP。折叠完成后,形成天然构象的多肽链被释放,尚未完全折叠的肽链可进入下一轮循环,重复以上过程,直至天然构象形成(图 16-11)。

除了需要分子伴侣协助肽链折叠外,一些蛋白质形成正确空间构象还需要异构酶(isomerase)的参与。已发现两种异构酶可以帮助细胞内新生肽链折叠为功能蛋白质,一种是蛋白质二硫键异构酶(protein disulfide isomerase,PDI),另一种是肽脯氨酰基顺 - 反异构酶(peptide prolyl *cis-trans* isomerase,PPI)。前者帮助肽链内或肽链间二硫键的正确形成,后者可使肽链在各脯氨酸残基弯折处形成正确折叠。这些都是蛋白质形成正确空间构象和发挥功能的必要条件。

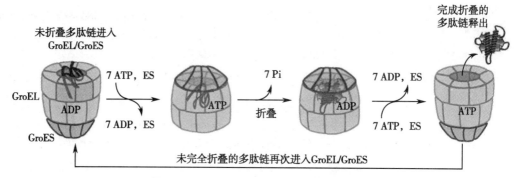

图 16-11 GroEL/GroES 系统的作用原理

二、肽链水解加工产生具有活性的蛋白质或多肽

新生肽链的水解是肽链加工的重要形式。新生肽链 N- 端的甲硫氨酸残基,在肽链离开核糖体后,大部分即由特异的蛋白水解酶切除。原核细胞中约半数成熟蛋白质的 N- 端经脱甲酰基酶切除 N- 甲酰基而保留甲硫氨酸,另一部分被氨基肽酶水解而去除 N- 甲酰甲硫氨酸。真核细胞分泌蛋白质和跨膜蛋白质的前体分子的 N- 端都含有信号肽(signal peptide)序列,由 13~36 个氨基酸残基组成,在蛋白质成熟过程中需要被切除。有些情况下,C- 端的氨基酸残基也需要被酶切除,从而使蛋白质呈现特定功能。

另外,还有许多蛋白质在初合成时是分子量较大的没有活性的前体分子,如胰岛素原、胰蛋白酶原等。这些前体分子也需经过水解作用切除部分肽段,才能成为有活性的蛋白质分子或功能肽。

有些多肽链经水解可以产生数种小分子活性肽。如阿黑皮素原(pro-opiomelanocortin,POMC)可被水解而生成促肾上腺皮质激素、β- 促脂解素、α- 激素、促皮质素样中叶肽、γ- 促脂解素、β- 内啡肽、β- 促黑激素、γ- 内啡肽及 α- 内啡肽等 9 种活性物质(图 16-12)。

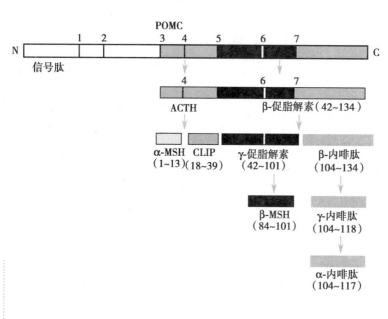

图 16-12 POMC 的水解修饰
POMC 的水解位点由 Arg-Lys、Lys-Arg 或 Lys-Lys 序列构成,用数字 1~7 表示。各活性物质下方括号内的数字为其在 POMC 中对应的氨基酸编号(将 ACTH 的 N 端第一位氨基酸残基编为 1 号)。

三、氨基酸残基的化学修饰改变蛋白质的活性

直接参与肽链合成的氨基酸约有 20 种,合成后某些氨基酸残基的侧链基团发生化学修饰,这样就显著增加了肽链中的氨基酸种类。已发现蛋白质中存在 100 多种修饰性氨基酸。这些修饰可改变蛋白质的溶解度、稳定性、亚细胞定位以及与细胞中其他蛋白质的相互作用等,从而使蛋白质的功能具有多样性。体内常见的蛋白质化学修饰见表 16-4。

表 16-4　体内常见的蛋白质化学修饰

化学修饰类型	被修饰的氨基酸残基
磷酸化	丝氨酸、苏氨酸、酪氨酸
N- 糖基化	天冬酰胺
O- 糖基化	丝氨酸、苏氨酸
羟基化	脯氨酸、赖氨酸
甲基化	赖氨酸、精氨酸、组氨酸、天冬酰胺、天冬氨酸、谷氨酸
乙酰化	赖氨酸、丝氨酸

上述化学修饰均为酶促反应，蛋白激酶、糖基转移酶、羟化酶、甲基转移酶等都在这一过程中发挥重要作用。

需要注意的是，此前硒化也被认为是一种蛋白质化学修饰方式。但随着研究深入，现明确硒半胱氨酸本身就是第 21 种氨基酸。在遗传密码中，硒半胱氨酸的编码是 UGA，通常用作终止密码子。但如果在 mRNA 中有一个硒半胱氨酸插入序列（SEleno Cysteine Insertion Sequence，SECIS），UGA 就用作硒半胱氨酸的编码。和细胞中的其他氨基酸一样，硒半胱氨酸也有特异对应的 tRNA。当细胞生长缺乏硒时，硒蛋白的翻译会在 UGA 密码子处中止，成为不完整而没有功能的蛋白。

四、亚基聚合形成具有四级结构的活性蛋白质

在生物体内，许多具有特定功能的蛋白质由 2 条以上肽链构成，各肽链之间通过非共价键或二硫键维持一定空间构象，有些还需与辅基聚合才能形成具有活性的蛋白质。由 2 条以上肽链构成的蛋白质，其亚基相互聚合时所需的信息蕴藏在肽链的氨基酸序列之中，而且这种聚合过程往往又有一定顺序，前一步骤的聚合往往促进后一步骤的进行。例如，成人血红蛋白由 2 条 α 链、2 条 β 链及 4 个血红素分子组成。α 链合成后从核糖体自行脱离，与尚未从核糖体释放的 β 链相结合，将 β 链带离核糖体，形成游离的 αβ 二聚体。此二聚体再与线粒体内生成的两个血红素相结合，最后才形成一个由 4 条肽链（$\alpha_2\beta_2$）和 4 个血红素构成的有功能的血红蛋白分子。

五、内质网及高尔基体是蛋白质合成后加工及分选的主要场所

内质网（endoplasmic reticulum，ER）是一个连续的膜系统，在真核细胞的细胞质内形成一系列扁平的囊，具有多种功能，尤其在蛋白质的合成、折叠、修饰和运输方面非常重要。所有真核细胞都含有内质网。在动物细胞中，ER 通常占细胞膜含量的一半以上。在某些物理和功能特征的差异区分两种类型的内质网，称为粗糙内质网和平滑内质网。高尔基体（Golgi apparatus）分泌的蛋白质被导向溶酶体或细胞膜；还有一些蛋白质被导向细胞外部分泌。靶向运输到高尔基体的蛋白质从粗糙 ER 上的核糖体转移到粗糙 ER 腔中，粗糙 ER 腔是蛋白质折叠、修饰和组装的位点。而高尔基体负责将蛋白质修饰和包装成囊泡，以便运输到目的地。因此，内质网及高尔基体是蛋白质合成后加工及分选的主要场所。

六、蛋白质合成后被靶向输送至细胞特定部位

蛋白质在细胞质合成后，还必须被靶向输送至其发挥功能的亚细胞区域，或分泌到细胞外。所有需靶向输送的蛋白质，其一级结构都存在分选信号，可引导蛋白质转移到细胞的特定部位。这类分拣信号又称信号序列（signal sequence），是决定蛋白质靶向输送特性的最重要结构。有的信号序列存在于肽链的 N- 端，有的在 C- 端，有的在肽链内部；有的输送完成后切除，有的保留。现代生物信息学技术可通过基因的结构推测其编码蛋白质在细胞内的可能定位（表 16-5）。

有的蛋白质在合成过程中已开始靶向输送，而另有一些蛋白质的靶向输送是从核糖体上释放后才开始的。

表 16-5 蛋白质的亚细胞定位分拣信号

蛋白质种类	信号序列	结构特点
分泌蛋白质和膜蛋白质	信号肽	由 13～36 个氨基酸残基组成,位于新生肽链 N- 端
核蛋白	核定位序列	由 4～8 个氨基酸残基组成,通常包含连续的碱性氨基酸(Arg 或 Lys),在肽链的位置不固定
内质网蛋白质	内质网滞留信号	肽链 C- 端的 Lys-Asp-Glu-Leu 序列
核基因组编码的线粒体蛋白质	线粒体前导肽	由 20～35 个氨基酸残基组成,位于新生肽链 N- 端
溶酶体蛋白质	溶酶体靶向信号	甘露糖 -6- 磷酸(Man-6-P)

(一) 分泌蛋白质在内质网加工及靶向输送

细胞内分泌蛋白质的合成与靶向输送同时发生,其 N- 端存在由数十个氨基酸残基组成的信号序列,又称信号肽(signal peptide)。已发现有数百种信号肽存在,它们的共同特点是:①N- 端含一个或多个碱性氨基酸残基;②中段含 10～15 个疏水性氨基酸残基;③C- 端由一些极性较大、侧链较短的氨基酸残基组成,与信号肽裂解位点(cleavage site)邻近(图 16-13)。

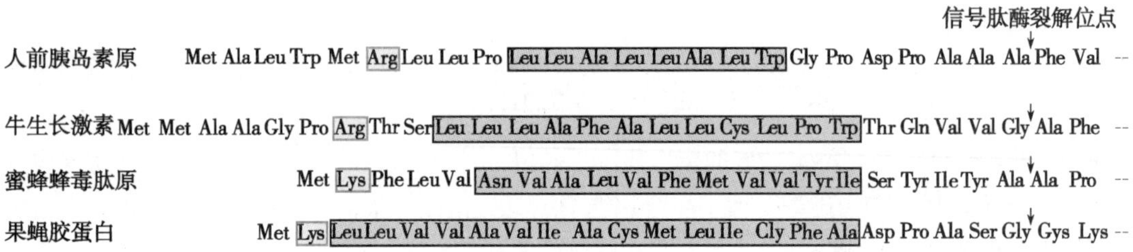

信号肽酶裂解位点

人前胰岛素原 Met Ala Leu Trp Met Arg Leu Leu Pro Leu Leu Ala Leu Leu Ala Leu Trp Gly Pro Asp Pro Ala Ala Ala Phe Val --

牛生长激素 Met Met Ala Ala Gly Pro Arg Thr Ser Leu Leu Leu Ala Phe Ala Leu Leu Cys Leu Pro Trp Thr Gln Val Val Gly Ala Phe

蜜蜂蜂毒肽原 Met Lys Phe Leu Val Asn Val Ala Leu Val Phe Met Val Val Tyr Ile Ser Tyr Ile Tyr Ala Ala Pro --

果蝇胶蛋白 Met Lys Leu Leu Val Val Ala Val Ile Ala Cys Met Leu Ile Gly Phe Ala Asp Pro Ala Ser Gly Gys Lys --

图 16-13 信号肽结构特点
蓝色框内为碱性氨基酸;黑色框内为疏水性氨基酸区域。

分泌蛋白质的合成及转运机制为:①在游离核糖体上,信号肽因位于肽链 N- 端而首先被合成,随后被信号识别颗粒(signal recognition particle,SRP)识别并结合,SRP 随即结合到核糖体上;②内质网膜上有 SRP 的受体(亦称为 SRP 对接蛋白),借此受体,SRP- 核糖体复合物被引导至内质网膜上;③在内质网膜上,肽转位复合物(peptide translocation complex)形成跨内质网膜的蛋白质通道,合成中的肽链穿过内质网膜孔进入内质网;④SRP 脱离信号肽和核糖体,肽链继续延长直至完成;⑤信号肽在内质网内被信号肽酶(signal peptidase)切除;⑥肽链在内质网中折叠形成最终构象,随内质网膜“出芽”形成的囊泡转移至高尔基复合体,最后在高尔基复合体中被包装进分泌小泡,转运至细胞膜,再分泌到细胞外(图 16-14)。

(二) 内质网蛋白质的 C- 端含有滞留信号序列

内质网中含有多种帮助新生肽链折叠成天然构型的蛋白质,如分子伴侣等。这些需要停留在内质网中执行功能的蛋白质,先经粗面内质网上附着的核糖体合成并进入内质网腔,然后随囊泡输送至高尔基复合体。内质网蛋白肽链的 C- 端含有内质网滞留信号序列,它们被输送到高尔基复合体后,可通过这一滞留信号与内质网上相应受体结合,随囊泡输送回内质网。

(三) 大部分线粒体蛋白质在细胞质合成后靶向输入线粒体

线粒体虽然自身含有 DNA、mRNA、tRNA 和核糖体等,可以进行蛋白质的合成,但绝大部分线粒体蛋白质(超过 95%,约 1 100 种)是由细胞核基因组的基因编码,它们在细胞质中的游离核糖体中合成后靶向输送到线粒体,其中大部分定位于线粒体基质,其他定位于内膜、外膜或膜间腔。

定位于线粒体基质的蛋白质,其前体分子的N-端包含前导肽序列,由 20～35 个氨基酸残基组成,富含丝氨酸、苏氨酸及碱性氨基酸。这类蛋白质的靶向输送过程是:①新合成的线粒体蛋白质与热激蛋白或线粒体输入刺激因子结合,以稳定的未折叠形式转运至线粒体外膜;②通过前导肽序列识别,与线粒体外膜的受体复合物结合;③在热激蛋白水解 ATP 和跨内膜电化学梯度的动力共同作用下,

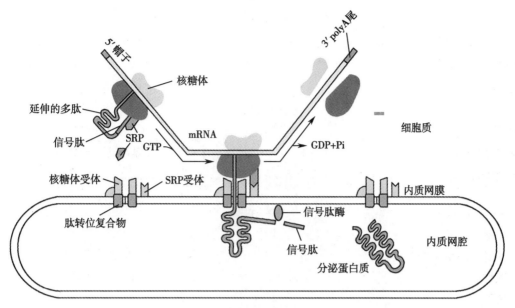

图 16-14　分泌蛋白质的加工与靶向输送

蛋白质穿过由外膜转运体和内膜转运体共同构成的跨膜蛋白质通道,进入线粒体基质;④蛋白质前体被蛋白酶切除前导肽序列,在分子伴侣作用下折叠成有功能构象的蛋白质。

输送到线粒体内膜和膜间隙的蛋白质除了上述前导肽外,还另有一段信号序列,其作用是引导蛋白质从基质输送到线粒体内膜或穿过内膜进入膜间隙。

(四) 质膜蛋白质由囊泡靶向输送至细胞膜

定位于细胞质膜的蛋白质,其靶向跨膜机制与分泌蛋白质相似。不过,跨膜蛋白质的肽链并不完全进入内质网腔,而是锚定在内质网膜上,通过内质网膜"出芽"方式形成囊泡。随后,跨膜蛋白质随囊泡转移至高尔基复合体进行加工,再随囊泡转运至细胞膜,最终与细胞膜融合而构成新的质膜。

不同类型的跨膜蛋白质以不同形式锚定于膜上。例如,单次跨膜蛋白质的肽链中除 N- 端含信号序列外,还有一段由疏水性氨基酸残基构成的跨膜序列,即停止转移序列(stop transfer sequence),是跨膜蛋白质在膜上的嵌入区域。当合成中的多肽链向内质网腔导入时,疏水的停止转移序列可与内质网膜的脂双层结合,从而使导入中的肽链不再向内质网腔内转移,形成一次性跨膜的锚定蛋白质。多次跨膜蛋白质的肽链中因有多个信号序列和多个停止转移序列,可在内质网膜上形成多次跨膜。

(五) 核蛋白由核输入因子运载经核孔入核

细胞核内含有多种蛋白质,如参与 DNA 复制和转录的各种酶及蛋白质因子、组蛋白、调节基因表达的转录因子等,它们都是在细胞质中合成后经核孔进入细胞核的,其靶向输送由特异的核定位序列(nuclear localization sequence,NLS)引导。NLS 由 4～8 个氨基酸残基组成,通常包含连续的碱性氨基酸(Arg 或 Lys),在肽链的位置不固定,定位完成后保留于肽链而不被切除。

核蛋白的靶向输送还需要多种蛋白质的参与,如核输入因子(nuclear importin)α 和 β、Ras 相关核蛋白(Ras-related nuclear protein,Ran)等。核输入因子 α 和 β 形成异二聚体,识别并结合核蛋白的 NLS 序列。核蛋白的靶向输送基本过程是:①在细胞质合成的核蛋白与核输入因子结合形成复合物后被导向核孔;②具有 GTPase 活性的 Ran 蛋白水解 GTP 释能,核蛋白 - 核输入因子复合物通过耗能机制经核孔进入细胞核基质;③核输入因子 β 和 α 先后从上述复合物中解离,移出核孔后可被再利用,核蛋白定位于细胞核内(图 16-15)。

生物体内的蛋白质历经肽链合成的起始、延长、终止,以及加工和靶向输送后发挥生物学功能。其后,蛋白质在特定的时空条件下被降解。蛋白质的生物合成及其降解是几乎所有生命活动的基础。

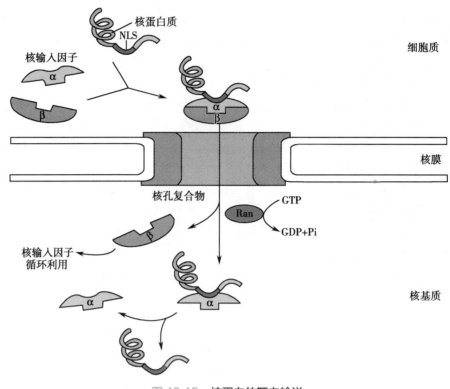

图 16-15　核蛋白的靶向输送

第四节 ｜ 蛋白质合成的干扰和抑制

　　蛋白质生物合成是许多药物和毒素的作用靶点。这些药物或毒素通过阻断原核或真核生物蛋白质合成体系中某组分的功能,来干扰和抑制蛋白质合成过程。真核生物与原核生物的翻译过程既相似又有差别,这些差别在临床医学中有重要应用价值。如抗生素能杀灭细菌但对真核细胞无明显影响,因此原核生物蛋白质合成所必需的关键组分可作为研发抗菌药物的靶点。此外,蛋白质合成的每一步反应几乎都可被特定的抗生素所抑制,这些抗生素可被用于蛋白质合成机制的研究。某些毒素作用于基因信息传递过程,对毒素作用机制的研究,不仅有助于理解其致病机制,还可从中探索研发新药的途径。

一、许多抗生素通过抑制蛋白质合成发挥作用

　　某些抗生素(antibiotic)可抑制细胞的蛋白质合成,仅仅作用于原核细胞蛋白质合成的抗生素可作为抗菌药,抑制细菌生长和繁殖,预防和治疗感染性疾病。作用于真核细胞蛋白质合成的抗生素可以作为抗肿瘤药。

(一) 抑制肽链合成起始的抗生素

　　伊短菌素(edeine)和密旋霉素(pactamycin)可引起 mRNA 在核糖体上错位,从而阻碍翻译起始复合物的形成,对原核生物和真核生物的蛋白质合成均有抑制作用。伊短菌素还可以影响起始氨酰tRNA 的就位和 IF3 的功能。晚霉素(everninomicin)结合于原核 23S rRNA,阻止 fMet-tRNA^{fMet} 的转位。

(二) 抑制肽链延长的抗生素

　　1. 干扰进位的抗生素　　四环素(tetracycline)特异性结合 30S 亚基的 A 位,从而抑制氨酰 tRNA的进位。粉霉素(pulvomycin)可降低 EF-Tu 的 GTP 酶活性,从而抑制 EF-Tu 与氨酰 tRNA 结合;黄色霉素(kirromycin)可阻止 EF-Tu 从核糖体释出。

　　2. 引起读码错误的抗生素　　氨基糖苷类抗生素能与 30S 亚基结合,影响翻译的准确性。例如,链霉素(streptomycin)与 30S 亚基结合,在较低浓度时引起读码错误(在高浓度时是抑制蛋白质合成

的起始);潮霉素 B(hygromycin B)和新霉素(neomycin)能与 16S rRNA 及 rpS12 结合,干扰 30S 亚基的解码部位,引起读码错误。这些抗生素均能使延长中的肽链引入错误的氨基酸残基,从而改变细菌蛋白质合成的忠实性。

3. 影响成肽的抗生素　氯霉素(chloramphenicol)可结合核糖体 50S 亚基,通过阻止肽酰转移而抑制肽键形成;林可霉素(lincomycin)作用于 A 位和 P 位,阻止 tRNA 在这两个位置就位而抑制肽键形成;大环内酯类抗生素如红霉素(erythromycin)能抑制核糖体 50S 亚基组装与形成、抑制肽酰转移酶、封阻肽链排除通道等而阻止成肽;嘌呤霉素(puromycin)的结构与酪氨酰 tRNA 相似,在翻译中可取代酪氨酰 tRNA 而进入核糖体 A 位,中断肽链合成;放线菌酮(cycloheximide)特异性抑制真核生物核糖体肽酰转移酶的活性。

4. 影响转位的抗生素　夫西地酸(fusidic acid)、硫链丝菌肽(thiostrepton)和微球菌素(micrococcin)抑制 EF-G 的转位酶活性,从而阻止核糖体转位。大观霉素(spectinomycin)结合核糖体 30S 亚基,阻碍小亚基变构,抑制转位反应。

常见抗生素的作用位点、作用原理及应用总结于表 16-6。

表 16-6　常用抗生素抑制肽链合成的原理及应用

抗生素	作用位点	作用原理	应用
伊短菌素	原核、真核核糖体的小亚基	阻碍翻译起始复合物的形成	抗病毒药
四环素	原核核糖体的小亚基	抑制氨酰 tRNA 与小亚基结合	抗菌药
链霉素、新霉素、巴龙霉素	原核核糖体的小亚基	引起读码错误;抑制起始	抗菌药
氯霉素、林可霉素、红霉素	原核核糖体的大亚基	抑制大亚基形成、抑制肽酰转移酶及封阻肽链排除通道阻断肽链延长	抗菌药
放线菌酮	真核核糖体的大亚基	抑制肽酰转移酶,阻断肽链延长	医学研究
嘌呤霉素	原核、真核核糖体	使肽酰基转移到它的氨基上,肽链脱落	抗肿瘤药
夫西地酸、微球菌素	原核延长因子 EF-G	阻止转位	抗菌药
大观霉素	原核核糖体的小亚基	阻止转位	抗菌药

二、某些毒素及抗肿瘤药物抑制真核生物的蛋白质合成

某些毒素及抗肿瘤药物可通过干扰真核生物的蛋白质合成而呈现毒性。

白喉毒素(diphtheria toxin)是真核细胞蛋白质合成的抑制剂,它作为一种修饰酶,可使 eEF2 发生 ADP 核糖基化修饰,生成 eEF2- 腺苷二磷酸核糖衍生物,使 eEF2 失活,从而抑制蛋白质的合成(图 16-16)。

蓖麻毒蛋白(ricin)是蓖麻籽中所含的植物糖蛋白,由 A、B 两条肽链组成,两条肽链之间由一个二硫键连接。A 链是一种蛋白酶,可作用于真核生物核糖体大亚基的 28S rRNA,特异催化其中一个腺苷酸发生脱嘌呤反应,导致 28S rRNA 降解而使核糖体大亚基失活。B 链对 A 链发挥毒性起重要的促进作用,另外 B 链上的半乳糖结合位点也是蓖麻毒蛋白发挥毒性作用的活性部位。

三尖杉紫碱(harringtonine)、高三尖杉紫碱(homoharringtonine)同属三尖杉生物碱类药物,能够抑制真核细胞蛋白质合成的起始阶段、使多聚核糖体解聚,干扰蛋白质合成。

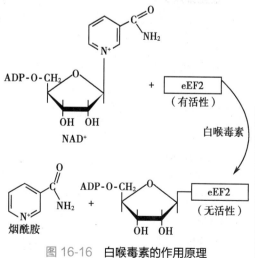

图 16-16　白喉毒素的作用原理

小 结

蛋白质是生命活动的重要物质基础。蛋白质具有高度的种属特异性,所以各种生物的蛋白质必须由机体自身合成。蛋白质合成体系包括原料氨基酸,模板 mRNA、氨基酸搬运工具 tRNA、蛋白质合成场所核糖体,以及合成各阶段所需的酶和蛋白质因子等,合成过程还需要 ATP 或 GTP 供能。

mRNA 是蛋白质合成的模板。mRNA 可读框中每 3 个相邻核苷酸编码一种氨基酸,称为密码子。密码子共有 64 个,其中 61 个编码各种氨基酸,3 个作为肽链合成的终止密码子。密码子具有方向性、连续性、简并性、摆动性和通用性等特点。tRNA 是氨基酸和密码子之间的特异衔接子。tRNA 与特异氨基酸的连接由氨酰 tRNA 合成酶催化,tRNA 通过反密码子与 mRNA 的密码子识别,为肽链合成提供氨基酸原料。核糖体由大、小亚基组成,具有 A 位、P 位和 E 位三个功能部位,是蛋白质合成的场所。

蛋白质合成过程包括起始、延长和终止三个阶段。肽链合成的起始是在各种起始因子的协助下,mRNA、起始氨酰 tRNA 分别与核糖体结合,装配成翻译起始复合物的过程。肽链的延长是在核糖体上重复进行的进位、成肽和转位的循环过程,每循环 1 次,肽链上即可增加 1 个氨基酸残基。肽链的延长过程需要数种延长因子以及 GTP 等参与。当核糖体的 A 位对应于 mRNA 的终止密码子时,释放因子 RF 进入 A 位,致使肽酰转移酶转变为酯酶,水解肽链与 tRNA 间的酯键,新生肽链释放,核糖体大小亚基分离,肽链合成终止。

原核生物和真核生物的肽链合成过程基本相似,只是真核生物的反应更为复杂、涉及的蛋白质因子更多。原核生物和真核生物均以多聚核糖体形式进行肽链的高效合成。原核生物的转录和翻译过程紧密偶联。真核生物的转录发生在细胞核,翻译在细胞质,因此这两个过程分隔进行。

新生肽链并不具有生物活性,需要经过复杂的翻译后加工,才能成为有活性的成熟蛋白质。翻译后加工包括在分子伴侣帮助下的肽链折叠、肽链末端及内部的水解、肽链中氨基酸残基的化学修饰、亚基聚合等方式。蛋白质在细胞质合成后,还需要被靶向输送至其发挥功能的亚细胞区域,或分泌到细胞外。所有需靶向输送的蛋白质,其一级结构都存在分拣信号。

蛋白质生物合成是某些毒素或抗肿瘤药物作用靶点。这些毒素或抗肿瘤药物通过阻断原核或真核生物蛋白质合成体系中某组分的功能,来干扰和抑制蛋白质合成过程。真核生物与原核生物的翻译过程既相似又有差别,这些差别在临床医学中有重要应用价值。

思考题:

1. 蛋白质合成过程中有哪些机制保证多肽链翻译的准确性?
2. 对蛋白质合成机制的研究有何重要意义?
3. 真核生物与原核生物的翻译过程既相似又有差别,这些差别在临床医学中有何重要应用价值?

思考题解题思路

本章目标测试

本章思维导图

(戴双双)

第十七章 基因表达调控

20世纪50年代末,生物学家们揭示了遗传信息从DNA传递到蛋白质的规律——中心法则。此后,科学家们一直在探索究竟何种机制调控着遗传信息的传递。1961年,Jacob F. 和 Monod J.L. 提出了著名的操纵子学说,开创了基因表达调控研究的新纪元。

基因表达调控的研究使得人们了解到多细胞生物是如何从一个受精卵及所具有的一套遗传基因组,最终形成具有不同形态和功能的多组织、多器官的个体;也使得人们初步知晓,为何同一个体中不同的组织细胞拥有基本相同的遗传信息,却可以产生各自专一的蛋白质产物,因而具有完全不同的生物学功能。因此,了解基因表达调控是认识生命体和疾病不可或缺的重要内容。

第一节 | 基因表达调控的基本概念与特点

原核生物体系和真核生物体系在基因组结构以及细胞结构上的差异使得它们的基因表达方式有所不同。原核细胞没有细胞核,遗传信息的转录和翻译发生在同一空间,并以偶联的方式进行。真核细胞具有细胞核,使得转录和翻译不仅具有空间分布的特征,而且还有时间特异性。尽管如此,原核生物体系和真核生物体系的基因表达调控遵循一些共同的基本规律。

一、基因表达产生有功能的蛋白质和RNA

基因表达(gene expression)就是基因转录及翻译的过程,也是基因所携带的遗传信息表现为表型的过程,包括基因转录成互补的RNA序列,对于蛋白质编码基因,mRNA继而翻译成多肽链,并装配加工成最终的蛋白质产物。在一定调节机制控制下,基因表达通常经历转录和翻译过程,产生具有特异生物学功能的蛋白质分子,赋予细胞或个体一定的功能或形态表型。但并非所有基因表达过程都产生蛋白质。rRNA、tRNA编码基因转录产生RNA的过程也属于基因表达。

不同生物的基因组含有不同数量的基因。细菌的基因组一般约含4 000个基因;多细胞生物的基因达数万个,人类基因组含约2万个蛋白质编码基因(见第十三章)。在某一特定时期或生长阶段,基因组中只有小部分基因处于表达状态。例如,大肠埃希菌通常只有约5%的基因处于高水平转录活性状态,其余大多数基因不表达或表达水平极低,即生成很少的RNA或蛋白质。基因表达水平的高低不是固定不变的。例如,平时与细菌蛋白质生物合成有关的延长因子编码基因表达十分活跃,而参与DNA损伤修复有关的酶分子编码基因却极少表达;当有紫外线照射引起DNA损伤时,这些修复酶编码基因的表达就变得异常活跃。可见,生物体中具有某种功能的基因产物在细胞中的数量会随时间、环境而变化。

二、基因表达具有时间特异性和空间特异性

所有生物的基因表达都具有严格的规律性,即表现为时间特异性和空间特异性。生物物种愈高级,基因表达规律愈复杂、愈精细,这是生物进化的需要。基因表达的时间、空间特异性由特异基因的启动子和/或调节元件的状态,以及调节序列与调节因子(蛋白质或RNA等)相互作用决定。

(一)时间特异性是指基因表达按一定的时间顺序发生

按功能需要,某一特定基因的表达严格按一定的时间顺序发生,这就是基因表达的时间特异性

（temporal specificity）。如噬菌体、病毒或细菌侵入宿主后，呈现一定的感染阶段。随感染阶段发展、生长环境变化，这些病原体以及宿主的基因表达都有可能发生改变。有些基因开启，有些基因关闭。例如，霍乱弧菌在感染宿主后，44种基因的表达上调，193种基因的表达受到抑制，而相伴随的是这些细菌呈现出高传染状态。编码甲胎蛋白（alpha fetal protein，AFP）的基因在胎儿肝细胞中活跃表达，因此合成大量的甲胎蛋白；在成年后这一基因的表达水平很低，故几乎检测不到AFP。但是，当肝细胞发生转化形成肝癌细胞时，编码AFP的基因又重新被激活，大量的AFP被合成。因此，血浆中AFP的水平可以作为肝癌早期诊断的一个重要指标。

多细胞生物从受精卵发育成为一个成熟个体，经历很多不同的发育阶段。在每个不同的发育阶段，都会有不同的基因严格按照自己特定的时间顺序开启或关闭，表现为与分化、发育阶段一致的时间性。因此，多细胞生物基因表达的时间特异性又称阶段特异性（stage specificity）。

（二）空间特异性是指同一基因在不同的组织器官表达不同

在多细胞生物个体某一发育、生长阶段，同一基因产物在不同的组织器官表达水平也可能不同。在个体生长、发育过程中，一种基因产物在个体的不同组织或器官表达，即在个体的不同空间出现，这就是基因表达的空间特异性（spatial specificity）。如编码胰岛素的基因只在胰岛的β细胞中表达，从而指导生成胰岛素；编码胰蛋白酶的基因在胰岛细胞中几乎不表达，而在胰腺腺泡细胞中有高水平的表达。基因表达伴随时间或阶段顺序所表现出的这种空间分布差异，实际上是由细胞在器官的分布所决定的，因此基因表达的空间特异性又称细胞特异性（cell specificity）或组织特异性（tissue specificity）。

同一个体内不同器官、组织、细胞的差异性的基础是特异的基因表达，或称为差异基因表达（differential gene expression）。细胞的基因表达谱（gene expression profile），即基因表达的种类和强度决定了细胞的分化状态和功能。换言之，在个体内决定细胞类型的不是基因本身，而是基因表达模式（gene expression pattern）。

三、基因表达的方式存在多样性

不同种类的生物遗传背景不同，同种生物不同个体生活环境不完全相同，不同的基因功能和性质也不相同。因此，不同的基因对生物体内、外环境信号刺激的反应性不同。有些基因在生命全过程中持续表达，有些基因的表达则受环境影响。基因表达调控（regulation of gene expression）就是指细胞或生物体在接受内、外环境信号刺激时或适应环境变化的过程中，在基因表达水平上作出应答的分子机制，即位于基因组内的基因如何被表达成为有功能的蛋白质（或RNA），在什么组织表达，什么时候表达，表达多少等。按照对刺激的反应性，基因表达的方式或调节类型存在很大差异。

（一）有些基因几乎在所有细胞中持续表达

有些基因产物对生命全过程都是必需的或必不可少的。这类基因在一个生物个体的几乎所有细胞中持续表达，不易受环境条件的影响，或称基本表达。这些基因通常被称为管家基因（housekeeping gene）。例如，柠檬酸循环是一中枢性代谢途径，催化该途径各阶段反应的酶的编码基因就属这类基因。管家基因的表达水平受环境因素影响较小，而是在生物体各个生长阶段的大多数或几乎全部组织中持续表达，或变化很小。我们将这类基因表达称为基本（或组成性）基因表达（constitutive gene expression）。基本基因表达只受启动子和RNA聚合酶等因素的影响，而基本不受其他机制调节。但实际上，基本基因表达水平并非绝对"一成不变"，所谓"不变"是相对的。

（二）有些基因的表达受到环境变化的诱导和阻遏

与管家基因不同，另有一些基因表达很容易受环境变化的影响。随外环境信号变化，这类基因的表达水平可以出现升高或降低的现象。

在特定环境信号刺激下，相应的基因被激活，基因表达产物增加，即这种基因表达是可诱导的。可诱导基因（inducible gene）在一定的环境中表达增强的过程称为诱导（induction）。例如，在有DNA

损伤时,修复酶基因就会在细菌体内被激活,导致修复酶反应性地增加。

相反,如果基因对环境信号应答时被抑制,这种基因称为可阻遏基因(repressible gene)。可阻遏基因表达产物水平降低的过程称为阻遏(repression)。例如,当培养基中色氨酸供应充分时,细菌体内与色氨酸合成有关的酶编码基因表达就会被抑制。这类基因的调控序列通常含有针对特异刺激的反应元件。

诱导和阻遏是同一事物的两种表现形式,在生物界普遍存在,也是生物体适应环境的基本途径。乳糖操纵子机制是认识诱导和阻遏表达的经典模型(详见本章第二节)。

(三) 生物体内不同基因的表达受到协同调节

在生物体内,一个代谢途径通常是由一系列化学反应组成,需要多种酶参与;此外,还需要很多其他蛋白质参与作用物在细胞内、外区间的转运。这些酶及转运蛋白等的编码基因被统一调节,使参与同一代谢途径的所有蛋白质(包括酶)分子比例适当,以确保代谢途径有条不紊地进行。在一定机制控制下,功能上相关的一组基因,无论其为何种表达方式,均需协调一致、共同表达,即为协同表达(coordinate expression)。这种调节称为协同调节(coordinate regulation)。基因的协调表达体现在生物体的生长发育全过程。

生物体通过协调调节不同基因的表达以适应环境、维持生长和增殖。生物体所处的内、外环境是在不断变化的。所有生物的所有活细胞都必须对内、外环境的变化作出适当反应,以使生物体能更好地适应变化着的环境状态。生物体这种适应环境的能力总是与某种或某些蛋白质分子的功能有关。细胞内某种功能蛋白质分子的有或无、多或少的变化则由编码这些蛋白质分子的基因表达与否、表达水平高低等状况决定。通过一定的程序调控基因的表达,可使生物体表达出合适的蛋白质分子,以便更好地适应环境,维持其生长。

原核生物、单细胞生物调节基因的表达就是为适应环境、维持生长和细胞分裂。例如,当葡萄糖供应充足时,细菌中与葡萄糖代谢有关的酶编码基因表达增强,其他糖类代谢有关的酶基因关闭;当葡萄糖耗尽而有乳糖存在时,与乳糖代谢有关的酶编码基因则表达,此时细菌可利用乳糖作为碳源,维持生长和增殖。高等生物也普遍存在适应性表达方式。经常饮酒者体内醇氧化酶活性较高即与相应基因表达水平升高有关。

在多细胞生物,基因表达调控的意义还在于维持细胞分化与个体发育。在多细胞个体生长、发育的不同阶段,细胞中的蛋白质分子种类和含量变化很大;即使在同一生长发育阶段,不同组织器官内蛋白质分子分布也存在很大差异,这些差异是调节细胞表型的关键。例如,果蝇幼虫(蛹)最早期只有一组"母本效应基因(maternal effect gene)"表达,使受精卵发生头尾轴和背腹轴固定,以后有三组"分节基因"顺序表达,控制蛹的"分节"发育过程,最后这些"节"分别发育为成虫的头、胸、翅膀、肢体、腹及尾等。高等哺乳类动物的细胞分化,各种组织、器官的发育都是由一些特定基因控制的。当某种基因缺陷或表达异常时,则会出现相应组织或器官的发育异常。

四、基因表达受调控序列和调节分子共同调节

一个生物体的基因组中既有携带遗传信息的基因编码序列,也有能够影响基因表达的调控序列(regulatory sequence)。一般说来,调控序列与被调控的编码序列位于同一条 DNA 链上,也被称为顺式作用元件(cis-acting element)或顺式调节元件(cis-regulator element,CRE)。还有一些调控基因远离被调控的编码序列,实际上是其他分子的编码基因,只能通过其表达产物来发挥作用。这类调控基因产物称为调节蛋白质(regulatory protein)。调节蛋白质不仅能对处于同一条 DNA 链上的结构基因的表达进行调控,而且还能对不在一条 DNA 链上的结构基因的表达起到同样的作用。因此,这些蛋白质分子又被称为反式作用因子(trans-acting factor)。这些反式作用因子以特定的方式识别和结合在顺式作用元件上,实施精确的基因表达调控。还有一类调控基因的产物为调节 RNA,这些 RNA 分子以不同的作用方式对基因表达进行精细调节。

NOTES

作为反式作用因子的调节蛋白质具有特定的空间结构,通过特异性地识别某些 DNA 序列与顺式作用元件发生相互作用。例如,DNA 双螺旋结构的大沟是调节蛋白质最容易与 DNA 序列发生相互作用的部位。真核生物基因组结构比较复杂,使得有些调节蛋白质不能直接与 DNA 相互作用,而是首先形成蛋白质复合物,然后再与 DNA 结合参与基因表达的调控。蛋白质 -DNA 以及蛋白质 - 蛋白质的相互作用是基因表达调控的分子基础。

五、基因表达调控呈现多层次和复杂性

无论是原核生物还是真核生物,基因表达调控体现在基因表达的全过程中,即在 RNA 转录合成和蛋白质翻译两个阶段都有控制其表达的机制。因此基因表达的调控是多层次的复杂过程,改变其中任何环节均会导致基因表达的变化。

首先,遗传信息以基因的形式贮存于 DNA 分子中,基因拷贝数越多,其表达产物也会越多,因此基因组 DNA 的扩增(amplification)可影响基因表达。在多细胞生物,某一特定类型细胞的选择性扩增可能就是通过这种机制使某种或某些蛋白质分子高表达的结果。为适应某种特定需要而进行的 DNA 重排(DNA rearrangement)以及 DNA 甲基化(DNA methylation)等均可在遗传信息水平上影响基因表达。

其次,遗传信息经转录由 DNA 传递给 RNA 的过程,是基因表达调控最重要、最复杂的一个层次。在真核细胞,初始转录产物需经转录后加工修饰才能成为有功能的成熟 RNA,并由细胞核转运至细胞质。对这些转录后加工修饰以及转运过程的控制也是调节某些基因表达的重要方式,如对 mRNA 的选择性剪接、RNA 编辑等。近年来,以 miRNA 为代表的非编码 RNA 对基因表达调控的作用也日益受到重视,使我们可以在一个新的层面上理解基因表达调控。

蛋白质生物合成即翻译是基因表达的重要环节,影响蛋白质合成的因素同样也能调节基因表达,并且翻译与翻译后加工可直接、快速地改变蛋白质的结构与功能,因而对此过程的调控是细胞对外环境变化或某些特异刺激应答时的快速反应机制。总之,在遗传信息传递的各个水平上均可进行基因表达调控。

尽管基因表达调控可发生在遗传信息传递过程的任何环节,但发生在转录水平,尤其是转录起始水平的调节,对基因表达起着至关重要的作用,即转录起始是基因表达的基本控制点。

第二节 | 原核基因表达调控

原核生物基因组是具有超螺旋结构的闭合环状 DNA 分子,在结构上有以下特点:①基因组中很少有重复序列;②编码蛋白质的结构基因为连续编码,且多为单拷贝基因,但编码 rRNA 的基因仍然是多拷贝基因;③结构基因在基因组中所占的比例(约占 50%)远远大于真核基因组;④许多结构基因在基因组中以操纵子为单位排列。此外,原核生物的细胞结构也比较简单,其基因组的转录和翻译可以在同一空间内完成,并且时间上的差异不大。在转录过程终止之前 mRNA 就已经结合在核糖体上,开始蛋白质的生物合成。

一、操纵子是原核基因转录调控的基本单位

前已述及,大肠埃希菌的 RNA 聚合酶由 σ 亚基(或称 σ 因子)和核心酶构成,其中 σ 亚基的作用是识别和结合 DNA 模板上的启动序列,启动转录过程。原核生物在转录水平的调控主要取决于转录起始速度,即主要调节的是转录起始复合物形成的速度。

原核生物大多数基因表达调控是通过操纵子机制实现的。操纵子由结构基因、调控序列和调节基因组成。

结构基因通常包括数个功能上有关联的基因,它们串联排列,共同构成编码区。这些结构基因共

用一个启动子和一个转录终止信号序列,因此转录合成时仅产生一条 mRNA 长链,为几种不同的蛋白质编码。这样的 mRNA 分子携带了几条多肽链的编码信息,被称为多顺反子(polycistron)mRNA。

调控序列主要包括启动子和操纵元件(operator)。启动子是 RNA 聚合酶结合的部位,是决定基因表达效率的关键元件。各种原核基因启动序列特定区域内,通常在转录起始点上游 –10 区及 –35 区域存在一些相似序列(见第十五章),称为共有序列。E.coli 及一些细菌启动序列的共有序列在 –10 区域是 TATAAT,又称 Pribnow 盒,在 –35 区域为 TTGACA(图 17-1)。这些共有序列中的任一碱基突变或变异都会影响 RNA 聚合酶与启动子的结合及转录起始。因此,共有序列决定启动子的转录活性大小。操纵元件并非结构基因,而是一段能被特异的阻遏蛋白识别和结合的 DNA 序列。操纵序列与启动序列毗邻或接近,其 DNA 序列常与启动子交错、重叠,它是原核阻遏蛋白(repressor)的结合位点。当操纵序列结合有阻遏蛋白时会阻碍 RNA 聚合酶与启动子的结合,或使 RNA 聚合酶不能沿 DNA 向前移动,阻遏转录,介导负性调节(negative regulation)。原核操纵子调控序列中还有一种特异的 DNA 序列可结合激活蛋白(activator),结合后 RNA 聚合酶活性增强,使转录激活,介导正性调节(positive regulation)。

	–35区			–10区		RNA转录起点
trp	TTGACA	N17		TTAACT	N7	A
tRNA^{tyr}	TTTACA	N16		TATGAT	N7	A
lac	TTTACA	N17		TATGTT	N6	A
recA	TTGATA	N16		TATAAT	N7	A
Ara BAD	CTGACG	N16		TACTGT	N6	A
共有序列	TTGACA			TATAAT		

图 17-1　5 种 E.coli 启动子的共有序列
–10 区域的 TATAAT 和 –35 区域的 TTGACA 为共有序列。

调节基因(regulatory gene)编码能够与操纵元件结合的阻遏蛋白。阻遏蛋白可以识别、结合特异的操纵元件,抑制基因转录,所以阻遏蛋白介导负性调节。阻遏蛋白介导的负性调节机制在原核生物中普遍存在。

此外,还有一些调控蛋白质对原核基因转录调控起着重要的作用,如特异因子和激活蛋白。这些调控蛋白质的作用分别是:①特异因子决定 RNA 聚合酶对一个或一套启动序列的特异性识别和结合能力。②激活蛋白可结合启动子邻近的 DNA 序列,提高 RNA 聚合酶与启动序列的结合能力,从而增强 RNA 聚合酶的转录活性,是一种正性调节。分解(代谢)物基因激活蛋白质(catabolite gene activator protein,CAP)就是一种典型的激活蛋白。有些基因在没有激活蛋白存在时,RNA 聚合酶很少或根本不能结合启动子,所以基因不能转录。

阻遏蛋白、特异因子和激活蛋白等原核调控蛋白质都是一些 DNA 结合蛋白质。凡是能够诱导基因表达的分子称为诱导剂,而凡是能够阻遏基因表达的分子称为阻遏剂。

二、乳糖操纵子是典型的诱导型调控

操纵子在原核基因表达调控中具有普遍意义。大多数原核生物的多个功能相关基因串联在一起,依赖同一调控序列对其转录进行调节,使这些相关基因实现协调表达。以大肠埃希菌的乳糖操纵子(lac operon)为例介绍原核生物的操纵子调控模式。乳糖代谢酶基因的表达特点是:在环境中没有乳糖时,这些基因处于关闭状态;当环境中只有乳糖时,这些基因才被诱导开放,合成代谢乳糖所需要的酶。乳糖操纵子是最早发现的原核生物转录调控模式。

（一）乳糖操纵子具备诱导型调控的完整结构

E.coli 的乳糖操纵子含 Z、Y 及 A 三个结构基因，分别编码 β- 半乳糖苷酶（β-galactosidase）、通透酶（permease）和乙酰基转移酶（transacetylase），此外还有一个操纵元件 O（operator，O）、一个启动子 P（promoter，P）及一个调节基因 I。I 基因具有独立的启动子（PI），编码一种阻遏蛋白，后者与操纵元件 O 结合，使操纵子受阻遏而处于关闭状态。在启动子 P 上游还有一个 CAP 结合位点。由 P 序列、O 序列和 CAP 结合位点共同构成乳糖操纵子的调控区，三个酶的编码基因即由同一调控区调节，实现基因表达产物的协同表达（图 17-2）。

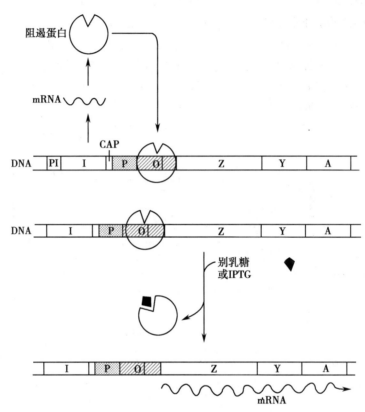

图 17-2 *lac* 操纵子与阻遏蛋白的负性调节

阻遏蛋白由具有独立启动子（PI）的 I 基因编码生成后，与操纵序列（O序列）结合，使操纵子受阻遏而处于关闭状态。别乳糖或异丙基硫代半乳糖苷（IPTG）等可以结合阻遏蛋白，使其构象变化而去阻遏。

（二）乳糖操纵子受到阻遏蛋白和 CAP 的双重调节

1. **阻遏蛋白的负性调节**　在没有乳糖存在时，*lac* 操纵子处于阻遏状态。此时，I 序列在 PI 启动序列作用下表达的 Lac 阻遏蛋白与 O 序列结合，阻碍 RNA 聚合酶与 P 序列结合，抑制转录启动。阻遏蛋白的阻遏作用并非绝对，偶有阻遏蛋白与 O 序列解聚。因此，每个细胞中可能会有寥寥数个分子的 β- 半乳糖苷酶、通透酶生成。

当有乳糖存在时，*lac* 操纵子即可被诱导。在这个操纵子体系中，真正的诱导剂并非乳糖本身。乳糖经通透酶催化、转运进入细胞，再经原先存在于细胞中的少数 β- 半乳糖苷酶催化，转变为别乳糖（allolactose）。后者作为一种诱导剂分子结合阻遏蛋白，使蛋白质构象变化，导致阻遏蛋白与 O 序列解离而发生转录，可使 β- 半乳糖苷酶分子增加达 1 000 倍。别乳糖的类似物异丙基硫代 -β-D- 半乳糖苷（isopropylthio-β-D-galactoside，IPTG）是一种作用极强的诱导剂，不被细菌代谢而十分稳定，因此在基因工程领域和分子生物学实验中被广泛应用。

动画

NOTES

2. CAP 的正性调节　CAP 是同二聚体,在其分子内有 DNA 结合区及 cAMP 结合位点。当培养基中缺乏葡萄糖时,cAMP 浓度增高,cAMP 与 CAP 结合,这时 CAP 结合在 *lac* 启动序列附近的 CAP 位点,可刺激 RNA 聚合酶转录活性,使之提高 50 倍;当有葡萄糖存在时,cAMP 浓度降低,cAMP 与 CAP 结合受阻,因此 *lac* 操纵子表达下降。

由此可见,对 *lac* 操纵子来说 CAP 是正性调节因素,Lac 阻遏蛋白是负性调节因素。两种调节机制根据存在的碳源性质及水平协调调节 *lac* 操纵子的表达。

3. 协同调节　Lac 阻遏蛋白负性调节与 CAP 正性调节两种机制协同合作:当 Lac 阻遏蛋白阻遏转录时,CAP 对该系统不能发挥作用;但是如果没有 CAP 存在来加强转录活性,即使阻遏蛋白从操纵序列上解离仍几无转录活性。可见,两种机制相辅相成、互相协调、相互制约。由于野生型 *lac* 启动子作用很弱,所以 CAP 是必不可少的。

lac 操纵子的负调节能很好地解释在单纯乳糖存在时,细菌是如何利用乳糖作为碳源的。然而,细菌生长环境是复杂的,倘若有葡萄糖或葡萄糖/乳糖共同存在时,细菌首先利用葡萄糖才是最节能的。这时,葡萄糖通过降低 cAMP 浓度,阻碍 cAMP 与 CAP 结合而抑制 *lac* 操纵子转录,使细菌只能利用葡萄糖。葡萄糖对 *lac* 操纵子的阻遏作用称分解代谢阻遏(catabolic repression)。*lac* 操纵子强的诱导作用既需要乳糖存在又需要缺乏葡萄糖。*lac* 操纵子协同调节机制如图 17-3 所示。

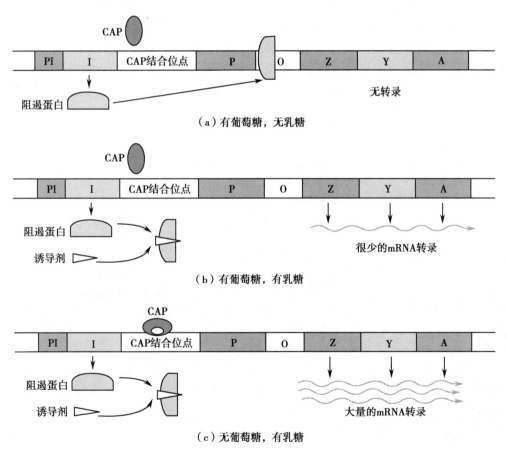

图 17-3 *lac* 操纵子的调节

(a)当葡萄糖存在,没有乳糖存在时,阻遏蛋白封闭转录,CAP 不能发挥作用;(b)当乳糖存在时,去阻遏,但因有葡萄糖存在,CAP 不能发挥作用;(c)当葡萄糖不存在,乳糖存在时,即去阻遏,CAP 又能发挥作用,对 *lac* 操纵子有强的诱导调节。

三、色氨酸操纵子通过阻遏作用和衰减作用抑制基因表达

原核生物体积小,受环境影响大,在生存过程中需要最大限度减少能源消耗,对非必需氨基酸都尽量关闭其编码基因。例如,只要环境中有相应的氨基酸供应,大肠埃希菌就不会自己去合成,而会将相应氨基酸的合成代谢酶编码基因全部关闭。大肠埃希菌色氨酸操纵子(*trp* operon)就是一个可阻遏操纵子。在细胞内无色氨酸时,阻遏蛋白不能与操纵序列结合,因此色氨酸操纵子处于开放状态,结构基因得以表达。当细胞内色氨酸的浓度较高时,色氨酸作为辅阻遏物与阻遏蛋白形成复合物并结合到操纵序列上,关闭色氨酸操纵子,停止表达用于合成色氨酸的各种酶。

色氨酸操纵子的有效关闭还有一种属于促进已经开始转录的 mRNA 合成终止的方式来进一步加强,这种方式称为转录衰减(transcription attenuation),即色氨酸操纵子还可通过转录衰减的方式抑制基因表达。这种作用是利用原核生物中转录与翻译过程偶联进行,转录时先合成的一段前导序列 L 来实现的。

前导序列的结构特点及其发挥衰减作用的机制如图 17-4 所示。前导序列 L 的结构特点是:①它可以转录生成一段长度为 162nt、内含 4 个特殊短序列的前导 mRNA;②其中序列 1 有独立的起始和终止密码子,可翻译成为一个有 14 个氨基酸残基的前导肽,它的第 10 位和第 11 位都是色氨酸残基;③序列 1 和序列 2 间、序列 2 和序列 3 间、序列 3 和序列 4 间存在一些互补序列,可分别形成发夹结构,形成发卡结构的能力依次是 1/2 发夹>2/3 发夹>3/4 发夹;④序列 4 的下游有一个连续的 U 序列,是一个不依赖于 ρ 因子的转录终止信号。

转录衰减的机制是:①色氨酸浓度较低时,前导肽的翻译因色氨酸量的不足而停滞在第 10/11 的色氨酸密码子部位,核糖体结合在序列 1 上,因此前导 mRNA 倾向于形成 2/3 发夹结构,转录继续进行;②色氨酸浓度较高时,前导肽的翻译顺利完成,核糖体可以前进到序列 2,因此发夹结构在序列 3 和序列 4 形成,连同其下游的多聚 U 使得转录中途终止,表现出转录的衰减。原核生物这种在色氨酸浓度高时通过阻遏作用和转录衰减机制共同关闭基因表达的方式,保证了营养物质和能量的合理利用。

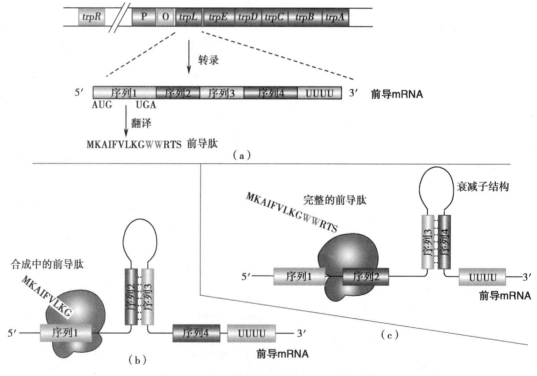

图 17-4 色氨酸操纵子的结构及其关闭机制

(a)前导序列的结构特征;(b)在 Trp 低浓度时,核糖体停滞在序列 1 上,2/3 发卡结构形成,转录继续进行;(c)在 Trp 高浓度时,3/4 发卡结构和多聚 U 序列使得转录提前终止。

前导序列发挥了随色氨酸浓度升高而降低转录的作用,故将这段序列称为衰减子(attenuator)。在 trp 操纵子中,阻遏蛋白对结构基因转录的负调节起到粗调的作用,而衰减子起到精调的作用。细菌中其他氨基酸合成系统的操纵子(如 phe、his、leu、thr 等)中也有类似的衰减调控机制。

四、原核基因表达在翻译水平受到精细调控

与转录类似,翻译一般在起始和终止阶段受到调节,尤其是起始阶段。翻译起始的调节主要靠调节分子,调节分子可直接或间接决定翻译起始位点能否为核糖体所利用。调节分子可以是蛋白质,也可以是 RNA。

(一) 调节蛋白质作用于自身 mRNA 起始密码子上游序列进行自我调节

无论是单顺反子还是多顺反子 mRNA,许多体系应用了类似的机制,即调节蛋白质结合 mRNA 靶位点,阻止核糖体识别翻译起始区,从而阻断翻译的机制。调节蛋白质一般作用于自身 mRNA,抑制自身的合成,因而这种调节方式称为自我控制(autogenous control)。细菌 mRNA 起始密码子上游约 10 个核苷酸之前的 SD 序列与 16S rRNA 序列互补的程度,以及从 SD 序列到起始密码子 AUG 之间富含嘌呤片段的长短,也都强烈地影响翻译起始的效率(详见第十六章)。不同基因的 mRNA 有不同的 SD 序列,它们与 16S rRNA 的结合能力也不同,从而控制着单位时间内翻译过程中起始复合物形成的数目,最终控制着翻译的速度。

(二) 翻译阻遏利用蛋白质与 mRNA 起始密码子的结合实现对翻译起始的调控

翻译起始与转录起始相类似,也受调节蛋白质的作用,但与转录不同,RNA 在翻译起始过程中有重要的作用。编码区的起始点可与调节分子(蛋白质或 RNA)直接或间接地结合来决定翻译起始。在此调控机制中,调节蛋白质可以结合到起始密码子上,阻断与核糖体的结合。例如,S8 是组成核糖体小亚基的一个蛋白质,可以与 16S rRNA 的茎环结构结合;L5 是组成核糖体大亚基的一个蛋白质,它的 mRNA 的 5′-末端也能形成一个与 16S rRNA 的茎环结构相类似的结构。因此 S8 也能与 L5 的 mRNA 结合。当 16S rRNA 含量充足时,可以与所有的 S8 蛋白结合,不影响 L5 蛋白质的合成;而当 16S rRNA 含量不足时,多余的 S8 则与 L5mRNA 结合,阻遏 L5 蛋白质的合成,防止 L5 合成过量。

(三) 反义 RNA 利用结合 mRNA 翻译起始部位的互补序列调节翻译起始

此外,在一些细菌和病毒中还存在一类调节基因,能够转录产生反义 RNA(antisense RNA)。反义 RNA 含有与特定 mRNA 翻译起始部位互补的序列,通过与 mRNA 杂交阻断 30S 小亚基对起始密码子的识别及与 SD 序列的结合,抑制翻译起始。这种调节称为反义控制(antisense control)。反义 RNA 的调节作用具有非常重要的理论意义和实际意义。

(四) mRNA 密码子的编码频率影响翻译速度

遗传密码表显示,除色氨酸和甲硫氨酸外,其他的氨基酸都有 2 个或 2 个以上的遗传密码子。有些是使用频率较高的常用密码子,而有些则是使用频率较低的稀有密码子。当基因中的密码子是常用密码子时,mRNA 的翻译速度快,反之,mRNA 的翻译速度慢。大肠埃希菌 dnaG 基因是引物酶的编码基因,含有较多的稀有密码子,使得 mRNA 的翻译速度缓慢,防止引物酶合成过多。

第三节 ｜ 真核基因表达调控

原核细胞的基因表达调控机制已经十分复杂,与之相比,真核生物的基因组结构要复杂得多,加之个体内细胞间广泛存在的信号通信网络,其基因表达调控的多样性和复杂性远非原核生物所能比拟。

一、真核基因表达受到多层次复杂调控

多细胞真核生物的基因组具有以下特点:①真核基因组比原核基因组大得多。②原核基因组的大部分序列都为编码基因,而哺乳类基因组中大约只有 10% 的序列编码蛋白质、rRNA、tRNA 等,其

余90%的序列,包括大量的重复序列,功能至今还不清楚,可能参与调控。③真核生物编码蛋白质的基因是不连续的,转录后需要剪接去除内含子,这就增加了基因表达调控的层次。④原核生物的基因编码序列在操纵子中,多顺反子 mRNA 使得几个功能相关的基因自然协调控制;而真核生物则是一个结构基因转录生成一条 mRNA,即 mRNA 是单顺反子(monocistron),许多功能相关的蛋白质,即使是一种蛋白质的不同亚基也将涉及多个基因的协调表达。⑤真核生物 DNA 在细胞核内与多种蛋白质结合构成染色质,这种复杂的结构直接影响着基因表达。⑥真核生物的遗传信息不仅存在于核 DNA 上,还存在于线粒体 DNA 上,核内基因与线粒体基因的表达调控既相互独立又需要协调。

由于真核基因组的这些特点,真核基因表达的调控过程较原核生物要复杂许多(图 17-5)。该过程包括了染色质激活、转录起始、转录后修饰、转录产物的细胞内转运、翻译起始、翻译后修饰等多个步骤。在上述过程的每一个环节都可以对基因表达进行干预,从而使得基因表达调控呈现出多层次和综合协调的特点。但是,转录起始的调控是基因表达调控较为关键的环节。

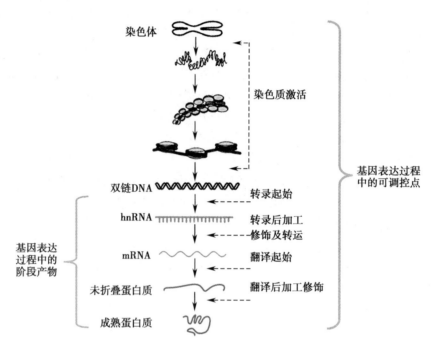

图 17-5　真核生物基因表达的多层次复杂调控

二、染色质结构与真核基因表达密切相关

以染色质形式组装在细胞核内的 DNA 所携带的遗传信息表达直接受到染色质结构的制约,染色质结构在真核生物基因表达过程中发挥着重要作用。染色质呈疏松或紧密状态,是决定 RNA 聚合酶能否有效行使转录功能的关键。

(一) 转录活化的染色质对核酸酶极为敏感

当基因被激活时,可观察到染色质相应区域发生某些结构和性质变化,这些具有转录活性的染色质被称为活性染色质(active chromatin)。当染色质活化后,常出现一些对核酸酶(如 DNase Ⅰ)高度敏感的位点,称之为超敏位点(hypersensitive site)。超敏位点通常位于被活化基因的 5'- 侧翼区 1kb 内,但有时也会在更远的 5'- 侧翼区或 3'- 侧翼区出现一些超敏位点。这些转录活化区域是缺乏或没有核小体蛋白结合的"裸露"DNA 链。

(二) 表观遗传机制对基因表达起重要作用

染色质结构对基因表达的影响可以遗传给子代细胞,称作表观遗传(epigenetic inheritance)。表观遗传是指在 DNA 序列不发生改变的情况下,基因的表达水平与功能发生改变,并产生可遗传的表型。这种遗传信息不是蕴藏在 DNA 序列中,而是通过对染色质结构的影响及基因表达变化而实现的。表观遗传包括组蛋白修饰、DNA 甲基化,以及非编码 RNA 的调控等。

1. 组蛋白修饰　在真核细胞中,核小体是染色质的主要结构单位,四种组蛋白(H2A、H2B、H3 和 H4 各 2 个分子)组成的八聚体构成核小体的核心颗粒(core particle),其外面盘绕着 DNA 双螺旋链。每个组蛋白的氨基端都会伸出核小体外,形成组蛋白尾巴(图 17-6)。这些尾巴可以形成核小体间相互作用的纽带,同时也是发生组蛋白修饰的位点。这些修饰包括对组蛋白中富含的赖氨酸、精氨酸、组氨酸等带有正电荷的碱性氨基酸进行的乙酰化、磷酸化和甲基化等修饰过程。

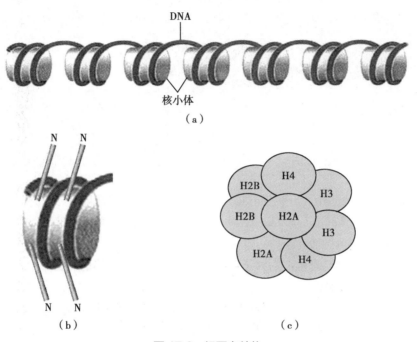

图 17-6　**组蛋白结构**
(a)组蛋白与 DNA 组成的核小体;(b)组蛋白的氨基端伸出核小体,形成组蛋白尾巴;(c)四种组蛋白组成的八聚体。

转录活跃区域的染色质中组蛋白的特点是:①富含赖氨酸的 H1 组蛋白含量降低;②H2A-H2B 组蛋白二聚体的不稳定性增加,使它们容易从核小体核心中被置换出来;③核心组蛋白 H3、H4 可发生乙酰化、磷酸化以及泛素化等修饰。这些都使得核小体的结构变得松弛而不稳定,降低核小体蛋白对 DNA 的亲和力,易于基因转录。

一般来说,乙酰化修饰能够中和组蛋白尾巴上碱性氨基酸残基的正电荷,减弱组蛋白与带有负电荷的 DNA 之间的结合,选择性地使某些染色质区域的结构从紧密变得松散,有利于转录因子与 DNA 的结合,从而开放某些基因的转录,提高其表达水平。而组蛋白甲基化通常不会在整体上改变组蛋白尾巴的电荷,但是能够增加其碱性度和疏水性,因而增强其与 DNA 的亲和力。乙酰化修饰和甲基化修饰都是通过改变组蛋白尾巴与 DNA 之间的相互作用发挥基因表达调控的功能,而乙酰化修饰和甲基化修饰的作用往往又是相互排斥的。组蛋白的磷酸化修饰在细胞有丝分裂和减数分裂期间染色体浓缩以及基因转录激活过程中发挥重要的调节作用。

组蛋白乙酰化、磷酸化和甲基化修饰对染色质结构和功能的影响总结于表 17-1。此外,组蛋白修饰还包括泛素化修饰和 ADP- 核糖基化等。各种不同修饰的效应可能是协同的,也可能是相反的;可能是同时发生,也可能是在不同时刻;修饰的组蛋白底物可能相同,也可能不同。组蛋白修饰对于基因表达影响的机制也包括两种相互包容的理论,即组蛋白的修饰直接影响染色质或核小体的结构,以及化学修饰募集了其他调控基因转录的蛋白质,为其他功能分子与组蛋白结合搭建了一个平台。这些理论构成了"组蛋白密码"假说。当然,组蛋白修饰对基因表达调控的研究仍是当前的热点,许多问题仍有待解决。

表 17-1 组蛋白修饰对染色质结构与功能的影响

组蛋白	氨基酸残基位点	修饰类型	功能
H3	Lys-4	甲基化	激活
H3	Lys-9	甲基化	染色质浓缩
H3	Lys-9	甲基化	DNA 甲基化所必需
H3	Lys-9	乙酰化	激活
H3	Ser-10	磷酸化	激活
H3	Lys-14	乙酰化	防止 Lys-9 的甲基化
H3	Lys-79	甲基化	端粒沉默
H4	Arg-3	甲基化	?
H4	Lys-5	乙酰化	装配
H4	Lys-12	乙酰化	装配
H4	Lys-16	乙酰化	核小体装配
H4	Lys-16	乙酰化	Fly X 激活

发挥组蛋白共价修饰作用的一些蛋白质分子,如组蛋白乙酰基转移酶(histone acetyltransferase, HAT)和组蛋白去乙酰化酶(histone deacetylase,HDAC),在 DNA 水平的基因表达调控中具有重要作用,已有 HDAC 抑制剂成为肿瘤治疗的靶向药物。HAT 使组蛋白发生乙酰化,促使染色质结构松弛,有利于基因的转录,被称为转录辅激活因子(co-activator),而 HDAC 促进组蛋白的去乙酰化,抑制基因的转录,被称为转录辅抑制因子(co-repressor)。

2. DNA 甲基化 DNA 甲基化是真核生物在染色质水平调控基因转录的重要机制之一。真核基因组中胞嘧啶的第 5 位碳原子可以在 DNA 甲基转移酶(DNA methyltransferase,DNMT)的作用下,以 S- 腺苷甲硫氨酸(SAM)作为甲基供体,被甲基化修饰为 5- 甲基胞嘧啶,并且以序列 CG 中的胞嘧啶甲基化更加常见。但是这些甲基化胞嘧啶在基因组中并不是均匀分布,有些成簇的非甲基化 CG 存在于整个基因组中,人们将这些 GC 含量可达 60%,长度为 300~3 000bp 的区段称作 CpG 岛(CpG island)。CpG 岛主要位于基因的启动子和第一外显子区域,约有 60% 以上基因的启动子含有 CpG 岛。业已发现处于转录活跃状态的染色质中,CpG 岛的甲基化程度下降,例如管家基因的 CpG 岛中胞嘧啶甲基化水平较低。这种低甲基化的状态促进活性染色质生成,有利于基因表达。

DNA 甲基化并不直接导致转录抑制,DNA 甲基化可通过抑制转录因子和启动子区的结合,或者影响染色质重塑蛋白的募集,促进染色质形成致密结构,从而抑制基因转录。虽然 DNA 甲基化被认为是一种可遗传的表观遗传标记,但它也可以被逆转。DNA 去甲基化的两种机制是:①抑制 DNMT 的作用,使 CpG 岛的甲基化受阻;②把甲基从胞嘧啶上直接去除,或把甲基化的胞嘧啶或胞苷从 DNA 上切除,然后利用 DNA 修复机制将其修复。

三、转录起始是重要的调控环节

与原核细胞一样,转录起始是真核生物基因表达调控的关键,但是真核生物的基因转录起始过程比原核细胞的复杂得多。这是因为真核生物的 RNA 聚合酶需要与多个转录因子相互作用,才能完成转录起始复合物的装配,装配速度决定着基因表达的水平。

(一)顺式作用元件是转录起始的关键调节部位

绝大多数真核基因调控机制都涉及编码基因附近的非编码 DNA 序列——顺式作用元件。顺式作用元件是指可影响自身基因表达活性的 DNA 序列(图 17-7)。真核生物基因组中每一个基因都有各自特异的顺式作用元件。顺式作用元件通常是非编码序列,但是并非都位于转录起始点上游。根

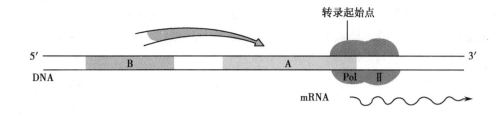

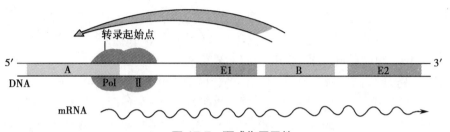

图 17-7 顺式作用元件

图中 A、B 分别代表同一基因中的两段特异 DNA 序列。B 序列通过一定机制影响 A 序列,并通过 A 序列控制该基因的转录起始的准确性及频率。A、B 序列就是调节这个基因转录活性的顺式作用元件。

据顺式作用元件在基因中的位置、转录激活作用的性质及发挥作用的方式,可将真核基因的这些功能元件分为启动子、增强子、沉默子及绝缘子等。

1. 真核生物启动子结构和调节远较原核生物复杂 真核生物不同基因的启动子序列间的一致性不像原核生物那样明显,而且 RNA 聚合酶与 DNA 的结合需要多种蛋白质因子的相互协调作用。因此,真核生物的启动子序列要比原核生物的复杂得多、序列也更长。

真核生物启动子一般位于转录起始点上游,约为 100～200bp 序列,包含有若干具有独立功能的 DNA 序列元件,每个元件约长 7～30bp。启动子通常含有 1 个以上的功能组件,其中最具典型意义的就是 TATA 盒,它的共有序列是 TATAAAA(见第十三章)。TATA 盒是基本转录因子 TFⅡD 的结合位点,通常位于转录起始点上游 −25～−30bp 区域,控制转录起始的准确性及频率。除 TATA 盒外,GC 盒(GGGCGG)和 CAAT 盒(GCCAAT)也是很多基因中常见的功能组件。此外,还发现很多其他类型的功能组件。典型的Ⅱ类启动子由 TATA 盒或下游启动子元件(downstream promoter element,DPE)和起始元件(initiator element,Inr)以及上游调控元件组成。

然而,还有很多启动子并不含 TATA 盒,这类启动子分为两类:一类为富含 GC 的启动子,最初发现于一些管家基因,这类启动子一般含数个分离的转录起始点,并有数个转录因子 SP1 结合位点,对基本转录活化有重要作用;另一类启动子既不含 TATA 盒,也没有 GC 富含区,这类启动子可有一个或多个转录起始点,大多转录活性很低或根本没有转录活性,而是在胚胎发育、组织分化或再生过程中受调节。

真核生物主要有三种 RNA 聚合酶,它们分别结合在三类不同的启动子上负责转录不同的 RNA(详见第十三章和第十五章)。

2. 增强子是一种能够提高转录效率的顺式作用元件 增强子的长度大约是 200bp,可使旁侧的基因转录效率提高 100 倍或更多。增强子也是由若干功能组件组成,有些功能组件既可在增强子中出现,也可在启动子中出现。这些功能组件是特异转录因子结合 DNA 的核心序列。增强子的核心组件常为 8～12bp,可以单拷贝或多拷贝串连形式存在。增强子和启动子常交错覆盖或连续。酵母有一种类似高等真核生物增强子样作用的序列,称为上游激活序列(upstream activator sequence,UAS),其在转录激活中的作用方式与增强子类似。增强子的功能及其作用特征如下:

(1)增强子与被调控基因位于同一条 DNA 链上,属于顺式作用元件。

(2)增强子是组织特异性转录因子的结合部位,当某些细胞或组织中存在能够与之相结合的特异转录因子时方能表现活性。

（3）增强子不仅能够在基因的上游或下游起作用，而且还可以远距离实施调节作用（通常为1～4kb），个别情况下甚至可以调控30kb以外的基因。

（4）增强子作用与序列的方向性无关。将增强子的方向倒置后依然能起作用，而方向倒置后的启动子就不能起作用。

（5）增强子需要有启动子才能发挥作用，没有启动子存在，增强子不能表现活性。但增强子对启动子没有严格的专一性，同一增强子可以影响不同类型启动子的转录。

3. 沉默子能够抑制基因的转录　沉默子是一类基因表达的负性调控元件，当其结合特异蛋白因子时，对基因转录起阻遏作用，最初在酵母中发现。已有的证据显示沉默子与增强子类似，其作用亦不受序列方向的影响，也能远距离发挥作用，并可对异源基因的表达起作用。

4. 绝缘子阻碍其他调控元件的作用　绝缘子最初在酵母中发现，一般位于增强子或沉默子与启动子之间，与特异蛋白因子结合后，阻碍增强子或沉默子对启动子的作用。绝缘子还可位于常染色质与异染色质之间，保护常染色质的基因表达不受异染色质结构的影响。绝缘子与增强子类似，发挥作用与序列的方向性无关。

（二）转录因子是转录起始调控的关键分子

真核基因的转录调节蛋白质又称转录调节因子或转录因子（transcription factor，TF）。绝大多数真核转录调节因子由其编码基因表达后进入细胞核，通过识别、结合特异的顺式作用元件而增强或降低相应基因的表达。转录因子也被称为反式作用蛋白或反式作用因子。

如本章第一节所述，这些反式作用因子的编码基因与其作用的靶基因之间不存在结构的关联，而顺式作用元件则是在结构上与靶基因串联连接在一起。这种来自一个基因编码的蛋白质对另一基因的调节作用称为反式激活或反式抑制作用。真核生物转录调控的基本方式就是反式作用因子对顺式作用元件的识别与结合，即通过DNA-蛋白质的相互作用实施调控。并不是所有真核转录调节蛋白质都起反式作用，也有些基因产物可特异识别、结合自身基因的调节序列，调节自身基因的开启或关闭，这就是顺式调节作用。具有这种调节方式的调节蛋白质称为顺式作用蛋白（图17-8）。

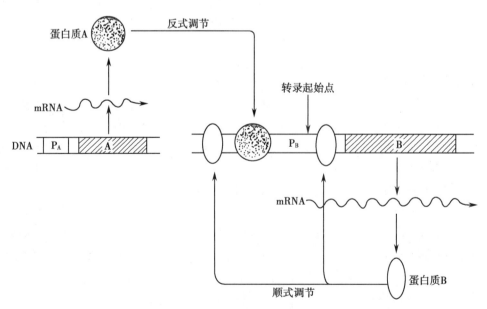

图 17-8　反式与顺式作用蛋白

蛋白质 A 由它的编码基因表达后，通过与 B 基因特异的顺式作用元件的识别、结合，反式激活 B 基因的转录，蛋白质 A 即反式作用蛋白或反式作用因子。B 基因产物也可特异识别、结合自身基因的调节序列，顺式调节自身基因的开启或关闭，因此，B 调节蛋白称为顺式作用蛋白发挥顺式调节作用。

依据功能特性,可将转录因子分为通用转录因子(general transcription factor)和特异转录因子(special transcription factor)两大类。

1. 通用转录因子　这些转录因子是 RNA 聚合酶介导基因转录时所必需的一类辅助蛋白质,帮助聚合酶与启动子结合并起始转录,对所有基因都是必需的。有人将其视为 RNA 聚合酶的组成成分或亚基,故又称为基本转录因子。正如第十五章中所述,通用转录因子 TF Ⅱ D 是由 TBP 和 TAFs 组成的复合物。TF Ⅱ D 复合物中不同 TAFs 与 TBP 的结合可能结合不同启动子,这可以解释这些因子在各种启动子中的选择性活化作用以及对特定启动子存在不同的亲和力。中介子(mediator)也是在反式作用因子和 RNA 聚合酶之间的蛋白质复合体,它与某些反式作用因子相互作用,同时能够促进 TF Ⅱ H 对 RNA 聚合酶最大亚基的羧基端结构域的磷酸化。有时将中介子也归类于辅激活因子。通用转录因子的存在没有组织特异性,因而对于基因表达的时空选择性并不重要。

2. 特异转录因子　这些转录因子为个别基因转录所必需,决定该基因表达的时间、空间特异性,故称特异转录因子。此类特异因子有的起转录激活作用,有的起转录抑制作用。前者称转录激活因子(transcription activator),后者称转录抑制因子(transcription inhibitor)。

转录激活因子通常是一些增强子结合蛋白(enhancer binding protein,EBP);多数转录抑制因子是沉默子结合蛋白,但也有抑制因子以不依赖 DNA 的方式起作用,而是通过蛋白质 - 蛋白质相互作用"中和"转录激活因子或 TFⅡD,降低它们在细胞内的有效浓度,抑制基因转录。

因为在不同的组织或细胞中各种特异转录因子分布不同,所以基因表达状态、方式不同。这些组织特异性的转录因子才真正决定着细胞基因的时间、空间特异性表达。特异转录因子自身的含量、活性和细胞内定位随时都受到细胞所处环境的影响,是使环境变化在基因表达水平得到体现的关键分子。组织特异性转录因子在细胞分化和组织发育过程中具有重要作用。例如,胚胎干细胞的分化方向在相当大的程度上是由细胞内转录因子的种类所决定。阐明各种组织细胞所特有的转录因子种类,就有可能控制细胞的分化方向。诱导多能干细胞(induced pluripotent stem cell,iPS)的建立说明关键转录因子可以改变一个细胞的命运。科学家们仅用 4 种转录因子就可以使终末分化的皮肤成纤维细胞转分化为类似于胚胎干细胞样的具有多向分化能力的细胞。

此外,还有与启动子上游元件如 GC 盒、CAAT 盒等顺式作用元件结合的蛋白质,称为上游因子(upstream factor),如 SP1 结合到 GC 盒上,C/EBP 结合到 CAAT 盒上。这些反式作用因子调节通用转录因子与 TATA 盒的结合、RNA 聚合酶与启动子的结合及起始复合物的形成,从而协助调节基因的转录效率。

与远隔调控序列如增强子等结合的反式作用因子有很多。可诱导因子(inducible factor)是与增强子等远端调控序列结合的转录因子。它们能结合应答元件,只在某些特殊生理或病理情况下才被诱导产生,如 MyoD 在肌细胞中高表达,HIF-1 在缺氧时高表达。与上游因子不同,可诱导因子只在特定的时间和组织中表达而影响转录。RNA 聚合酶Ⅱ与启动子结合并启动转录需要多种蛋白质因子的协同作用。这通常包括:可诱导因子或上游因子与增强子或启动子上游元件的结合;通用转录因子在核心启动子处的组装;辅激活因子和/或中介子在通用转录因子或 RNA 聚合酶Ⅱ复合物与可诱导因子、上游因子之间的辅助和中介作用,以准确地控制基因是否转录、何时转录。应该指出的是,上游因子和可诱导因子等在广义上也可称为转录因子,但一般不冠以 TF 的词头而各有自己特殊的名称。

3. 转录因子的结构特点　转录因子是 DNA 结合蛋白质,至少包括两个不同的结构域:DNA 结合域结构(DNA binding domain)和转录激活结构域(activation domain)。此外,很多转录因子还包含一个介导蛋白质 - 蛋白质相互作用的结构域,最常见的是二聚化结构域。

(1)转录因子的 DNA 结合结构域

1)锌指(zinc finger)模体结构是一类含锌离子的模体。每个重复的"指"状结构约含 20 多个氨基酸残基,形成 1 个 α- 螺旋和 2 个反向平行 β- 折叠的二级结构。常见的锌指模体中每个 β- 折叠上有 1 个半胱氨酸(Cys)残基,而 α- 螺旋上有 2 个组氨酸(His)或半胱氨酸(Cys)残基。这 4 个氨基酸残基与二价锌离子之间形成配位键（图17-9）。整个蛋白质分子可有多个这样的锌指重复单位。每一个单位可将其 α- 螺旋伸入 DNA 双螺旋的大沟内，接触 4 个或更多的碱基。例如与 GC 盒结合的人成纤维细胞转录因子 SP1 中就有 3 个锌指重复结构。

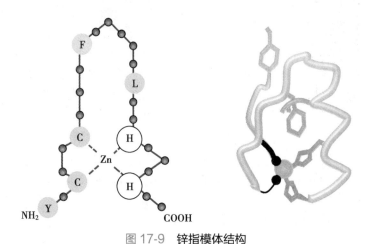

图 17-9　锌指模体结构

C:半胱氨酸;H:组氨酸;F:苯丙氨酸;L:亮氨酸;Y:酪氨酸;Zn:锌离子。

2）碱性螺旋 - 环 - 螺旋（basic helix-loop-helix,bHLH）模体结构至少有两个 α- 螺旋，由一个短肽段形成的环所连接，其中一个 α- 螺旋的 N- 末端富含碱性氨基酸残基，是与 DNA 结合的结合域（图17-10）。bHLH 模体通常以二聚体形式存在，而且两个 α- 螺旋的碱性区之间的距离大约与 DNA 双螺旋的一个螺距相近（3.4nm），使两个 α- 螺旋的碱性区刚好分别嵌入 DNA 双螺旋的大沟内。

3）碱性亮氨酸拉链（basic leucine zipper,bZIP）模体结构的特点是在蛋白质 C- 末端的氨基酸序列中，每隔 6 个氨基酸残基是一个疏水性的亮氨酸残基。当 C- 末端形成 α- 螺旋结构时，肽链每旋转两周就出现一个亮氨酸残基，并且都出现在 α- 螺旋的同一侧。这样的两

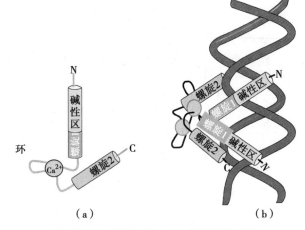

图 17-10　碱性螺旋 - 环 - 螺旋模体结构

（a）独立的碱性螺旋 - 环 - 螺旋模体结构示意图；
（b）bHLH 模体二聚体与 DNA 结合的示意图。两个 α- 螺旋的碱性区分别嵌入 DNA 双螺旋的大沟内。

个肽链能以疏水力结合成二聚体，形同拉链一样的结构（图17-11）。该二聚体的 N- 末端是富含碱性氨基酸的区域，可以借助其正电荷与 DNA 骨架上的磷酸基团结合。

（2）转录因子的转录激活结构域:不同的转录因子具有不同的转录激活结构域,根据氨基酸的组成特点,转录激活结构域可分为三类:

1）酸性激活结构域（acidic activation domain）是一段富含酸性氨基酸的保守序列,常形成带负电荷的 β- 折叠,通过与 TFⅡD 的相互作用协助转录起始复合物的组装,促进转录。如酵母转录因子 GAL4 的转录激活域。

2）富含谷氨酰胺结构域（glutamine-rich domain）的 N- 末端的谷氨酰胺残基含量可高达 25% 左右,可通过与 GC 盒结合发挥转录激活作用。

3）富含脯氨酸结构域（proline-rich domain）的 C- 末端的脯氨酸残基含量可高达 20%～30%,可通过与 CAAT 盒结合来激活转录。

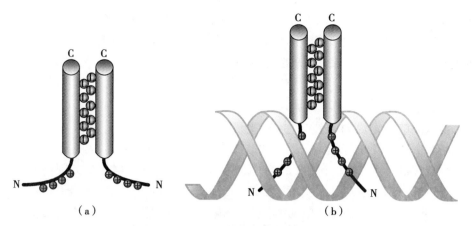

图 17-11　碱性亮氨酸拉链模体结构

（a）碱性亮氨酸拉链模体结构示意图；（b）bZIP 模体与 DNA 结合的示意图。两个 α- 螺
旋上的亮氨酸残基彼此接近，形成了类似拉链的结构，而富含碱性氨基酸残基的区域与
DNA 骨架上的磷酸基团结合。

4. 转录因子间的相互作用方式　二聚化作用与 bZIP 亮氨酸拉链、bHLH 螺旋 - 环 - 螺旋结构
有关。

以上介绍的各种转录因子的功能结构形式都是最典型、最常见的。此外尚有一些独特的结构形式。

（三）转录起始复合物的组装是转录调控的主要方式

DNA 元件与调节蛋白质对转录激活的调节最终是由 RNA 聚合酶活性体现的，其中的关键环节
是转录起始复合物的形成。真核生物主要有三种 RNA 聚合酶，分别负责催化生成不同的 RNA 分子
（详见第十五章）。其中 RNA 聚合酶Ⅱ参与转录生成所有 mRNA 前体及大部分 snRNA。参与 RNA 聚
合酶Ⅱ转录起始的 DNA 调控序列及转录因子要复杂得多，以满足 RNA 聚合酶Ⅱ转录成千上万种处
于不同表达水平的基因的需要。

真核 RNA 聚合酶Ⅱ不能单独识别、结合启动子，而是先由基本转录因子 TFⅡD 识别、结合启动
子序列，再同其他 TFⅡ与 RNA 聚合酶Ⅱ经由一系列有序结合形成一个功能性的转录前起始复合物
（transcription preinitiation complex，详见第十五章）。此外，一些诸如转录激活因子（activator）、中介子
（mediator）以及染色质重塑因子（chromatin remodeler）等调节复合体也可参与转录前起始复合物的形
成，使 RNA 聚合酶Ⅱ得以真正启动 mRNA 的有效转录（图 17-12）。在不同的细胞或阶段，还有一些特
异性转录因子通过特定的结合，发挥特异性转录调节作用。

也正是由于这些基本转录因子和特异转录因子决定了 RNA 聚合酶Ⅱ的活性，这些调节蛋白质的
浓度与分布将直接影响相关基因的表达。如前所述，特异转录因子的表达具有时间或空间特异性，因
此，由它们所参与组成的转录起始复合物也将呈现一种动态变化。

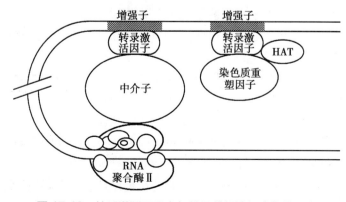

图 17-12　转录激活因子参与转录前起始复合物的形成

四、转录后调控主要影响真核 mRNA 的结构与功能

真核生物的基因表达调控在转录后层次不同于原核生物。这一方面是由于两者的转录产物的剪接、修饰等成熟加工过程有很大的差异,另一方面是由于真核生物的 RNA 产物要被运送至细胞质中去执行功能,其稳定性以及其降解过程都可以影响基因表达的最终结果。

(一) mRNA 的稳定性影响真核生物基因表达

mRNA 是蛋白质生物合成的模板,因此它的稳定性将直接影响到基因表达最终产物的数量,是转录后对基因表达进行调控的一个重要因素。真核生物 mRNA 分子的半衰期差别很大,有的可长达数十小时以上,而有的则只有几十分钟或更短。一般而言,半衰期短的 mRNA 多编码调节蛋白质,因此,这些蛋白质的水平可以随着环境的变化而迅速变化,达到调控其他基因表达的目的。影响细胞内 mRNA 稳定性的因素很多,主要有下面几点:

1. 5'- 端的帽结构可以增加 mRNA 的稳定性 帽结构可以使 mRNA 免于在 5'- 核酸外切酶的作用下被降解,从而延长了 mRNA 的半衰期。此外,帽结构还可以通过与相应的帽结合蛋白结合而提高翻译的效率,并参与 mRNA 从细胞核向细胞质的转运。

2. 3'- 端的 poly(A)尾结构防止 mRNA 降解 poly(A)及其结合蛋白可以防止 3'- 核酸外切酶降解 mRNA,增加 mRNA 的稳定性。如果 3'-poly(A)被去除,mRNA 分子将很快被降解。此外,3'-poly(A)尾结构还参与了翻译的起始过程。实验证明,mRNA 的细胞质定位信号有些也位于 3'- 非翻译区(3'-untranslated region,3'-UTR)上。组蛋白 mRNA 没有 3'-poly(A)尾的结构,但它的 3'- 端会形成一种发夹结构,使其免受核酸酶的攻击。一些 mRNA 的 3'-UTR 存在一个约 50 个核苷酸长的 AU 富含序列(AU-rich sequence,ARE)区,可以与 ARE 结合蛋白结合,促使 poly(A)核酸酶切除 poly(A)尾,使 mRNA 降解(见第十五章)。因此含有 ARE 区的 mRNA 通常都不稳定。

RNA 无论是在核内进行加工、由细胞核运至细胞质,还是在细胞质内停留(至降解),都是通过与蛋白质结合形成核糖核蛋白颗粒(ribonucleoprotein particle,RNP)进行的。mRNA 运输、在细胞质内的稳定性等均与某些蛋白质成分有关。

所有类型 RNA 分子中,mRNA 寿命最短。mRNA 稳定性是由合成速率和降解速率共同决定的(见第十五章)。大多数高等真核细胞 mRNA 半衰期较原核细胞长,一般为几个小时。mRNA 的半衰期可影响蛋白质合成的量,通过调节某些 mRNA 的稳定性,即可使相应蛋白质合成量受到一定程度的控制。例如,mRNA 5'- 端的帽结构和 3'- 端的尾结构的删除可直接影响 mRNA 的稳定性。

蛋白质产物也可调节 mRNA 的降解,如铁转运蛋白受体(transferrin receptor,TfR)mRNA 的降解速率受细胞质内某些蛋白质成分的调节,并与 mRNA 自身结构有关。当细胞内铁足量时,TfR mRNA 降解速度加快,致使 TfR 水平很快下降。当细胞内铁不足时,TfR mRNA 稳定性增加,受体蛋白质合成增多。TfR mRNA 稳定性的调取取决于 mRNA 分子中特定的重复序列,它位于 3'-UTR,称为铁反应元件(iron response element,IRE)。每个 IRE 大约为 30bp 长,可形成柄 - 环结构,环上有 5 个特异的核苷酸,并富含 A-U 序列。当铁浓度高时,A-U 富含序列通过目前尚不得知的机制促进 TfR mRNA 降解;当铁浓度下降时,一种 IRE 结合蛋白质(IRE-binding protein,IRE-BP)通过识别环的特异序列及柄的二级结构结合 IRE。IRE-BP 的结合可能破坏了某些机制对 TfR mRNA 的降解作用,使 TfR mRNA 的寿命延长。这一发现提示,其他稳定性可调节的 mRNA 可能也含有与特异蛋白质相互作用的反应元件,致降解速率变慢。

(二) 一些非编码小分子 RNA 可引起转录后基因沉默

与原核基因表达调节一样,某些小分子 RNA 也可调节真核基因表达。这些 RNA 都是非编码RNA(noncoding RNA,ncRNA)。除了我们在前几章谈到过的具有催化活性的 RNA(核酶)、核小 RNA(snRNA)以及核仁小 RNA(snoRNA)以外,还有目前人们广泛关注的非编码 RNA,如 miRNA、piRNA和 siRNA 等。小分子 RNA 对基因表达的调节十分复杂,将于真核基因表达在翻译及翻译后调控部

分再做阐述。

(三) mRNA 前体的选择性剪接可以调节真核生物基因表达

真核生物基因所转录出的 mRNA 前体含有交替连接的内含子和外显子。通常状态下,mRNA 前体经过剔除内含子序列后成为一个成熟的 mRNA,并被翻译成为一条相应的多肽链。但是,参与拼接的外显子可以不按照其在基因组内的线性分布次序拼接,内含子也可以不完全被切除,由此产生了选择性剪接(见第十五章)。选择性剪接的结果是由同一条 mRNA 前体产生了不同的成熟 mRNA,并由此产生了完全不同的蛋白质。这些蛋白质的功能可以完全不同,显示了基因调控对生物多样性的决定作用。值得指出的是,被切除的内含子是否具有功能目前成为研究的热点。有学者认为:内含子是在进化中出现或消失的,其功能可能是有利于物种的进化选择。例如,细菌丢失了内含子,可以使染色体变小和复制速度加快。真核生物保留内含子,则可以产生外显子移动,有利于真核生物在适应环境改变时能合成功能不同而结构上只有微小差异的蛋白质。但也有学者认为内含子具有基因表达调控的功能。例如,现在已知某些遗传性疾病,其变异是发生在内含子而不在外显子。有些内含子在调控基因表达的过程中起作用,有些内含子还编码核酸内切酶或含有小分子 RNA 序列等。

五、真核基因表达在翻译及翻译后仍可受到调控

蛋白质生物合成过程复杂,涉及众多成分。通过调节许多参与成分的作用可使基因表达在翻译水平以及翻译后阶段得到控制。在翻译水平上,目前发现的一些调节点主要在起始阶段和延长阶段,尤其是起始阶段,如对起始因子活性的调节、Met-tRNA$_i^{Met}$ 与小亚基结合的调节、mRNA 与小亚基结合的调节等。其中通过磷酸化作用改变起始因子活性这一点备受关注。mRNA 与小亚基结合的调节对某些 mRNA 的翻译控制也具有重要意义。近年来,包括小分子 RNA 在内的非编码 RNA 对基因表达调控的影响成为新的研究热点。

(一) 对翻译起始因子活性的调节主要通过磷酸化修饰进行

1. 翻译起始因子 eIF-2α 的磷酸化抑制翻译起始　蛋白质合成速率的快速变化在很大程度上取决于起始水平,通过磷酸化调节真核起始因子(eukaryotic initiation factor,eIF)的活性对起始阶段有重要的控制作用。eIF-2 主要参与起始 Met-tRNA$_i^{Met}$ 的进位过程,其 α 亚基的活性可因磷酸化(cAMP 依赖性蛋白质激酶所催化)而降低,导致蛋白质合成受到抑制。如血红素对珠蛋白合成的调节就是由于血红素能抑制 cAMP 依赖性蛋白质激酶的活化,从而防止或减少了 eIF-2 的失活,促进了蛋白质的合成。在病毒感染的细胞中,细胞抗病毒的机制之一即是通过双链 RNA(double-stranded RNA,dsRNA)激活一种蛋白质激酶,使 eIF-2α 磷酸化,从而抑制蛋白质合成的起始。

2. eIF-4E 及 eIF-4E 结合蛋白的磷酸化激活翻译起始　帽结合蛋白 eIF-4E 与 mRNA 帽结构的结合是翻译起始的限速步骤,磷酸化修饰及与抑制物蛋白的结合均可调节 eIF-4E 的活性。磷酸化的 eIF-4E 与帽结构的结合力是非磷酸化的 eIF-4E 的 4 倍,因而可提高翻译的效率。胰岛素及其他一些生长因子都可增加 eIF-4E 的磷酸化从而加快翻译,促进细胞生长。同时,胰岛素还可以通过激活相应的蛋白质激酶而使一些与 eIF-4E 结合的抑制物蛋白磷酸化,磷酸化后的抑制物蛋白会与 eIF-4E 解离,激活 eIF-4E。

(二) RNA 结合蛋白质参与对翻译起始的调节

所谓 RNA 结合蛋白质(RNA binding protein,RBP),是指那些能够与 RNA 特异序列结合的蛋白质。基因表达的许多调节环节都有 RBP 的参与,如前述转录终止、RNA 剪接、RNA 转运、RNA 在细胞质内稳定性控制以及翻译起始等。铁蛋白相关基因的 mRNA 翻译调节就是 RBP 参与基因表达调控的典型例子。

如前所述,IRE 结合蛋白质(IRE-BP)作为特异 RNA 结合蛋白质,在调节铁转运蛋白受体(TfR) mRNA 稳定性方面起重要作用。同时,它还能调节另外两个与铁代谢有关的蛋白质的合成,这两种蛋

白质是铁蛋白和 δ- 氨基 -γ- 酮戊酸（ALA）合酶。铁蛋白与铁结合，是体内铁的贮存形式，ALA 合酶是血红素合成的限速酶。与 TfR mRNA 不同，IRE 位于铁蛋白及 ALA 合酶 mRNA 的 5′-UTR，而且无 A-U 富含区，不促进 mRNA 降解。当细胞内铁浓度低时，IRE-BP 处于活化状态，结合 IRE 而阻碍 40S 小亚基与 mRNA 的 5′- 端起始部位结合，抑制翻译起始；铁浓度偏高时，IRE-BP 不能与 IRE 结合，两种 mRNA 的翻译起始可以进行。

（三）对翻译产物水平及活性的调节可以快速调控基因表达

新合成蛋白质的半衰期长短是决定蛋白质生物学功能的重要影响因素。因此，通过对新生肽链的水解和运输，可以控制蛋白质的浓度在特定的部位或亚细胞器保持在合适的水平。此外，许多蛋白质需要在合成后经过特定的修饰才具有功能活性。通过对蛋白质可逆的磷酸化、甲基化、酰基化修饰，可以达到调节蛋白质功能的作用，是基因表达的快速调节方式。

（四）小分子 RNA 对基因表达的调节十分复杂

1. 微 RNA（microRNA，miRNA） miRNA 是一个大家族，属小分子非编码单链 RNA，长度约 22 个碱基，由一段具有发夹环结构的前体加工后形成。编码 miRNA 的基因与编码蛋白质的基因一样，由 RNA 聚合酶 Ⅱ 负责催化其转录合成。

它们在细胞内首先形成长度约为数百个碱基的 pri-miRNA，经过一次加工后，成为长度为 70～90 个碱基的单链 RNA 前体（pre-miRNA），再经过一种称为 Dicer 酶的 RNA 酶进行剪切后形成长约 20～24nt 的成熟 miRNA。这些成熟的 miRNA 与其他蛋白质一起组成 RNA 诱导的沉默复合体（RNA-induced silencing complex，RISC），通过与其靶 mRNA 分子的 3′-UTR 互补匹配，促使该 mRNA 分子的降解或抑制其翻译。

最早被确认的 miRNA 是 1993 年在线虫中发现的 lin-4。这种单链 RNA 的表达具有阶段性，通过碱基配对的方式结合到靶 mRNA lin-14 的 3′-UTR，从而抑制 lin-14 的翻译，但并不影响其转录。2000 年，另一个促进线虫幼虫向成虫转变的基因 let-7 被发现，它的转录产物为 21 个碱基的 RNA 分子，也具有明显的阶段表达特异性，对线虫的发育具有重要的调控作用。

miRNA 具有一些鲜明的结构与功能特点：①其长度一般为 20～25 个碱基，个别也有 20 个碱基以下的报道；②在不同生物体中普遍存在，包括线虫、果蝇、家鼠、人及植物等；③其序列在不同生物中具有一定的保守性，但是尚未发现动植物之间具有完全一致的 miRNA 序列；④具有明显的表达阶段特异性和组织特异性；⑤miRNA 基因以单拷贝、多拷贝或基因簇等多种形式存在于基因组中，而且绝大部分位于基因间隔区。miRNA 的广泛性和多样性提示它们可能具有非常重要的生物学功能。

2. 干扰小 RNA（small interfering RNA，siRNA） siRNA 是细胞内的一类双链 RNA（dsRNA），在特定情况下通过一定酶切机制，转变为具有特定长度（21～23 个碱基）和特定序列的小片段 RNA。siRNA 参与 RISC 组成，与特异的靶 mRNA 完全互补结合，导致靶 mRNA 降解，阻断翻译过程。

siRNA 和 miRNA 都可以介导基因表达抑制，这种作用被称为 RNA 干扰（RNA interference，RNAi）（图 17-13）。

RNAi 可通过降解特异 mRNA，在转录后水平对基因表达进行调节机制，是生物体本身固有的一种对抗外源基因侵害的自我保护现象。它能识别、清除外源 dsRNA 或同源单链 RNA，提供了一种防御外源核酸入侵的保护措施。同时，由于外源 dsRNA 导入细胞后也可以引起与 dsRNA 同源的 mRNA 降解，进而抑制其相应的基因表达，RNAi 又被作为一种新技术广泛应用于功能基因组研究中。通常认为，siRNA 及其介导的 RNAi 具有很高的特异性，但也有报道显示 siRNA 序列中一个或几个碱基的改变并不影响 siRNA 的活性。

siRNA 和 miRNA 都属于非编码小分子 RNA，它们具有一些共同的特点：均由 Dicer 切割产生；长度都在 22 个碱基左右；都与 RISC 形成复合体，与 mRNA 作用而引起基因沉默。它们之间的差异见表 17-2。

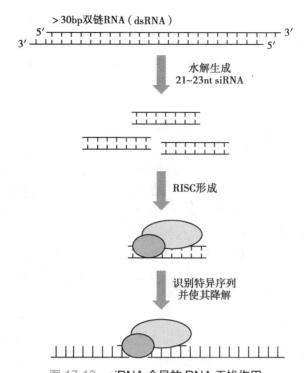

图 17-13　siRNA 介导的 RNA 干扰作用

双链 RNA 分子被水解为 21～23 个碱基对的干扰小 RNA（siRNA），siRNA 与一些蛋白质形成 RNA 诱导的沉默复合体（RISC），并通过碱基互补与特异的 mRNA 结合使其降解。

表 17-2　siRNA 和 miRNA 的差异比较

项目	siRNA	miRNA
前体	内源或外源长双链 RNA 诱导产生	内源发夹环结构的转录产物
结构	双链分子	单链分子
功能	降解 mRNA	阻遏其翻译
靶 mRNA 结合	需完全互补	不需完全互补
生物学效应	抑制转座子活性和病毒感染	发育过程的调节

（五）长链非编码 RNA 在基因表达调控中的作用不容忽视

长链非编码 RNA（long non-coding RNA，lncRNA）是一类转录本长度超过 200 个核苷酸的 RNA 分子，一般不直接参与基因编码和蛋白质合成，但是可在表观遗传水平、转录水平和转录后水平调控基因的表达。尽管我们目前对 lncRNA 的种类、数量、功能都不明确，但 lncRNA 在很多生命活动中发挥重要作用，与机体的生理和病理过程均有密切的关系，因此对 lncRNA 的研究成为当今分子生物学前沿研究领域之一。

从上述内容中我们可以看到，蛋白质特别是组蛋白的修饰对基因表达调控的影响虽然显而易见，但是真正的作用机制仍有待揭示。长久以来，人们一直关注着编码 RNA，却突然发现非编码 RNA 也有着重要的作用。因此，全面了解非编码 RNA 的时空表达谱及生物学意义的"转录物组学（transcriptomics）"应运而生。人们也只有在对核酸（DNA 和 RNA）和蛋白质进行全面深入的研究之后，才有可能破解生命之谜。

小　结

基因表达主要是基因转录及翻译的过程,产生有功能的蛋白质和RNA。个体内不同细胞的基因表达具有严格时空特异性,这种特异性主要由特异基因的启动子(序列)和/或增强子与调节蛋白质相互作用决定。

基因表达的方式有组成性表达及诱导/阻遏之分。某些基因产物对生命全过程都是必需的或必不可少的。这类基因在一个生物个体的几乎所有细胞中持续表达,称为管家基因。另有一些基因表达随外环境信号变化:有些基因对环境信号应答时被激活,基因表达产物增加,这种基因表达方式称为诱导;有些基因对环境信号应答时被抑制,基因表达产物水平降低,这种基因表达方式称为阻遏。

基因表达调控是在多级水平上进行的复杂事件。其中,转录起始调控最为重要。基因转录激活调节基本要素涉及DNA序列、调节蛋白以及这些因素对RNA聚合酶活性的影响。

大多数原核基因调控通过操纵子机制实现。E.coli乳糖操纵子的Z、Y及A三个结构基因在缺乏乳糖时,可借助阻遏蛋白结合于操纵序列而被关闭,又可因乳糖的存在失去阻遏能力而开放。CAP与调控区结合位点的结合可进一步提高乳糖操纵子的转录效率。色氨酸操纵子存在一类特殊的衰减调控作用,可使RNA的转录提前终止。

真核基因表达调控的某些机制与原核存在明显差别。处于转录激活状态的染色质结构会发生明显变化,如对核酸酶敏感,DNA的甲基化修饰和组蛋白的乙酰化、甲基化或磷酸化修饰改变等。

真核基因转录激活受顺式作用元件与反式作用因子相互作用调节。顺式作用元件按功能特性分为启动子、增强子、沉默子及绝缘子。真核基因启动子就是决定转录起始位点的DNA序列。增强子通常远离转录起始位点、决定基因的时间空间特异性表达、增强启动子转录活性的DNA序列,其发挥作用的方式通常与方向、距离无关。

真核转录因子可分为基本转录因子和特异转录因子。基本转录因子是RNA聚合酶结合启动子所必需的一组蛋白质。特异转录因子通过结合相应的调节序列而激活或阻遏相应基因的转录。所有基因的转录调节都涉及包括RNA聚合酶在内的转录起始复合物的形成。真核生物RNA转录后的加工修饰、翻译起始蛋白的活性、mRNA分子的寿命、mRNA的5′-非翻译区以及3′-非翻译区结构都会影响细胞蛋白质合成的速度。此外,miRNA和长非编码RNA对真核基因表达调控的影响也日益受到重视。

思考题:
1. 何谓基因表达? 基因表达有哪些方式,其特点或规律是什么?
2. 何谓顺式作用元件? 顺式作用元件在基因表达调控中有何作用?
3. 真核生物表观遗传调节有哪些特点?
4. 何谓反式作用因子? 简述真核生物转录因子的基本结构及作用。
5. 何谓反义RNA、miRNA、siRNA、lncRNA和RNA干扰?

思考题解题思路

本章目标测试

本章思维导图

(张晓伟)

第十八章 常用的分子生物学技术

本章数字资源

分子生物学理论研究的突破,无一不与分子生物学技术的创建和发展息息相关,可以说两者是科学与技术相互促进的最好例证,即理论上的发现为新技术的产生提供思路,而新技术的发明又为证实原有理论和发展新理论提供有力工具。基因研究是分子医学的核心领域,围绕基因的结构与功能的各种研究中,都需要利用 DNA 操作、生物大分子之间相互作用和基因表达分析等研究技术;高通量测序等分子组学技术获取的海量生物医学信息,依赖生物信息学技术收集、处理、呈现和运用这些大数据。因此,了解分子生物学技术的原理及其用途,对于加深理解现代分子生物学的基本理论和研究现状,深入认识生命运作的分子过程、疾病发生和发展的分子机制,理解和应用新的基于分子生物学而发展起来的诊断治疗策略和药物研发具有极为重要的意义。为此,本章概括介绍一些常用的分子生物学技术及其在生物医学中的应用。

第一节 | 印迹法和探针技术

DNA 和 RNA 的定性或定量分析,可以利用核酸变性与复性这一基本理化性质,进行分子杂交(hybridization),结合印迹法(blotting)和探针(probe)技术进行。印迹法还能够利用抗原-抗体等相互特异识别结合的特点,检测特定蛋白质分子。

一、印迹法是生物大分子定性定量分析的基本技术

印迹法是通过接触吸附的方式,将 DNA、RNA 或蛋白质等大分子从一种介质转移至另一种介质的过程。转移常用毛细管作用或电泳等技术。

(一)印迹法的关键是将待测分子聚集并转移至膜上

1975 年,Southern E. 将经琼脂糖凝胶电泳分离的 DNA 片段在胶中变性使其成为单链,然后将硝酸纤维素膜(nitrocellulose membrane,NC 膜)平铺在胶上,膜上放置一定厚度的吸水纸巾,利用毛细作用将胶中的 DNA 分子转移到 NC 膜上,通过 80℃烘烤或经紫外线照射交联而使之固相化。将载有 DNA 单链分子的 NC 膜放在核酸杂交反应溶液中,溶液中具有互补序列的 DNA 单链或 RNA 分子就可以结合到存在于 NC 膜上的 DNA 分子上。这一技术类似于用吸墨纸接触吸附纸张上的墨迹,因此译为印迹法。目前印迹法已广泛用于 DNA、RNA 和蛋白质的检测。除靠毛细作用将待测分子转移固定至膜上外,又建立了真空吸引转移和适用于蛋白质固定的电泳转移技术。这些方法缩短了转移所需的时间。另外亦有聚偏二氟乙烯(polyvinylidene fluoride,PVDF)膜等一些新材料作为转移膜,改善了待测分子的转移效率和样品承载能力。

(二)探针技术是利用特异识别待测分子的示踪物开展检测分析

探针是分子生物学和生物化学实验中用于指示特定物质(如核酸、蛋白质、细胞结构等)性质或物理状态的一类标记分子。核酸探针是最常见的一类探针,另外还有有机小分子探针和金属离子探针等。

核酸探针是常用放射性核素、生物素或荧光物质等可检测示踪物标记的已知序列核酸片段,能与待测的核酸片段依据碱基互补原理杂交,可检测样品中存在的特定核酸分子。核酸探针既可以是人工合成的寡核苷酸片段,也可以是基因组 DNA 片段、cDNA 全长或片段,还可以是 RNA 片段。在 NC

动画

NOTES

337

膜杂交反应中,探针序列如果与 NC 膜上的核酸存在碱基序列互补,就可以结合到膜上的相应 DNA 或 RNA 区带,经放射自显影或其他与标记相应的检测技术,就可以判定膜上是否有互补序列的核酸分子存在。

二、印迹法可分为 DNA、RNA 和蛋白质印迹法三大类

三大类印迹法的基本流程如图 18-1 所示。

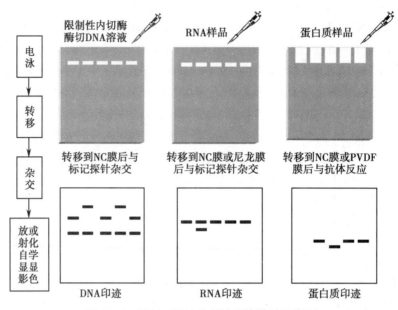

图 18-1 DNA、RNA 和蛋白质印迹法示意图

(一) DNA 印迹法主要用于基因组 DNA 的定性和定量分析

DNA 印迹法(Southern blotting)为 Southern E. 首次应用,因而又称 Southern 印迹法。DNA 样品经限制性核酸内切酶消化后,进行琼脂糖凝胶电泳分离 DNA 片段,将已按不同大小聚集 DNA 片段的凝胶在变性溶液中处理,然后将胶中的变性 DNA 分子转移到 NC 膜上,再将含 DNA 片段的 NC 膜在 80℃真空条件下加热或在紫外交联仪内处理,使 DNA 固定于 NC 膜上,即可用于杂交反应。DNA 印迹法主要用于基因组 DNA 的定性和定量分析,例如对基因组中特异基因的定位及检测、转基因和基因剔除等基因编辑的分析,亦可用于分析重组构建的质粒和噬菌体等。

动画

(二) RNA 印迹法用于特定组织或细胞目的基因的转录水平分析

利用与 DNA 印迹法相类似的技术来分析 RNA 就称为 RNA 印迹法(Northern blotting)。RNA 分子较小,在转移前无须进行限制性核酸内切酶切割,而且变性 RNA 的转移效率也比较高。RNA 印迹法主要用于检测特定组织或细胞中已知的特异 mRNA 和非编码 RNA 的表达及丰度,也可以比较不同组织和细胞中的同一基因的转录情况。尽管用 RNA 印迹法检测 RNA 的敏感性较 PCR 技术低,但是由于其特异性强,假阳性率低,仍然被认为是最可靠的 RNA 定量分析方法之一。

(三) 蛋白质印迹法用于蛋白质表达及相互作用研究

印迹法不仅可用于核酸的分子杂交,而且也可用于蛋白质的分析。蛋白质通过电泳也可以从胶中转移并固定到膜型材料上,再依靠与溶液中相应的蛋白质分子相互结合来进行定性定量分析,即判断特定蛋白质的存在与否和分子量大小等。其中最常用的是用抗体来检测,因此亦被称为免疫印迹法(immunoblotting)。相对应于 DNA 的 Southern 印迹法和 RNA 的 Northern 印迹法,蛋白质印迹法(Western blotting)又被称为 Western 印迹法。

动画

蛋白质印迹法需先将样品中混杂的蛋白质用聚丙烯酰胺凝胶电泳按分子大小聚集,再通过电转移将蛋白质固定到 NC 膜或 PVDF 膜上。蛋白质的分析主要靠抗体来进行。特异性抗体(称为第一

抗体）首先与转移膜上相应的蛋白质分子结合，然后用碱性磷酸酶、辣根过氧化物酶标记或放射性核素等标记的第二抗体与之结合。反应之后用底物显色或放射自显影来检测蛋白质区带的信号，底物亦可与化学发光剂相结合以提高敏感度。蛋白质印迹法用于检测样品中特异性蛋白质的存在、细胞中特异蛋白质的半定量分析以及蛋白质分子的相互作用研究等。

　　在上述三类基本印迹法基础上，已衍生出许多分析核酸或蛋白质的方法。例如，可以不经电泳分离、直接将样品聚集在 NC 膜上用于杂交分析，即斑点杂交（dot hybridization），或称斑点印迹法（dot blotting）、点渍法；组织切片或细胞涂片可以直接用于杂交分析，称为原位杂交（in situ hybridization，ISH），如探针以荧光物质为标志物，就称为荧光原位杂交（fluorescence in situ hybridization，FISH）；研究蛋白质与 DNA 特异结合的 DNA- 蛋白质印迹法（Southwestern blotting）；研究蛋白质与 RNA 特异结合的 RNA- 蛋白质印迹法（Northwestern blotting）；检测体外蛋白质与蛋白质的相互作用的蛋白质 - 蛋白质印迹法（Farwestern blotting）；以及与高通量的芯片技术结合，衍生出了生物芯片（biochip）技术。

动画

三、生物芯片技术源于印迹法的微型化和集成化

　　生物芯片技术是 20 世纪末发展起来的一项新的规模化生物分子分析技术。广义的生物芯片指一切采用生物技术制备或应用于生物技术的微处理器。包括用于研制生物计算机的生物芯片、将细胞与电子集成电路结合起来的仿生芯片、缩微化的实验室即芯片实验室，以及利用生物分子相互间的特异识别作用进行生物信号处理的各种微阵列（microarray），如基因芯片、蛋白质芯片、细胞 / 组织 / 器官芯片等。生物芯片技术已广泛应用于生命科学的众多领域，包括基因表达与突变检测、基因诊断、功能基因组研究等。

（一）基因芯片特别适用于规模化差异表达分析

　　基因芯片（gene chip）又称 DNA 微阵列（DNA microarray）是指将大量不同的特定 DNA 片段有规律地微量点样于硅片或其他支持物上制作成芯片，也可用光导原位合成等微纳加工技术制造芯片，然后与待测的荧光标记样品进行杂交，再用检测系统扫描荧光，通过计算机系统检测每一位点的信号，并比较和分析，从而迅速得出定性和定量的结果。高密度基因芯片可以在 $1cm^2$ 面积内有序排列超过百万种不同序列的寡核苷酸探针用于分析，实现了基因信息的大规模并行检测，甚至全基因组分析。

动画

　　基因芯片特别适用于分析不同组织细胞或同一细胞不同状态下的基因差异表达情况，其原理是基于双色或多色荧光标记样品杂交。例如，将两个不同来源样品的 mRNA 逆转录合成 cDNA 时用不同的荧光分子（如正常细胞的用红色的 Cy3、肿瘤细胞的用绿色的 Cy5）标记（图 18-2），然后等量混合，再与基因芯片杂交，在两组不同的激发光下检测，根据杂交的荧光信号强度量化比较分析。呈现 Cy5 荧光的位点代表该基因只在肿瘤组织表达，呈现 Cy3 信号的位点代表该基因只在正常组织表达，呈现两种荧光互补色的位点则提示该基因在两种组织中均有表达，其他互补色则提示表达差异。

（二）蛋白质芯片可用于分析大量蛋白质的表达水平和相互作用

　　蛋白质芯片（protein chip）是将不同蛋白质分子高度密集、有序排列地固定于固相支持物（如玻璃、塑料或石英片等）上，当与待测样品反应时，可捕获样品中的靶蛋白质等，再经检测系统对捕获的分子进行定性和定量分析。蛋白质芯片的基本原理是分子间的亲和反应，例如抗原 - 抗体或受体 - 配体之间等的特异性结合。在用蛋白质芯片检测时，最常见的是将样品中的待测分子标记上荧光，经过荧光标记的待测分子一旦与芯片上的蛋白质结合，就可通过荧光扫描系统获取产生的荧光信号信息，再用计算机系统处理分析。

　　蛋白质芯片技术具有快速和高通量等特点，它可以对样品中的上千种蛋白质同时进行分析，是蛋白质组学研究的重要手段之一，已广泛应用于蛋白质表达谱、蛋白质功能、蛋白质间相互作用等的研究，在疾病诊断和药物筛选上也已有应用。但由于蛋白质纯化、抗体制备等原因，尚不能像基因芯片那样分析覆盖整个基因组所表达的蛋白质。

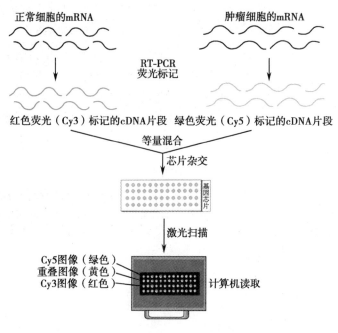

图 18-2 基因芯片工作流程示意图

（三）细胞 / 组织 / 类器官芯片广泛用于生命科学、医学与药学研究

将一种甚至多种细胞种植于芯片，结合生物反应器、微流控等技术，可以将芯片上的细胞处于模拟组织环境、器官结构、生理活动和疾病状态。将细胞按照特定的方式固定在载体上，即为细胞芯片（cell chip）。若固定的是干细胞，并在化学小分子抑制剂 / 激动剂、细胞因子、培养基添加剂等作用下得到与相应器官类似组织结构的类器官，则称类器官芯片（organoid-on-a-chip）。而组织芯片（tissue chip）一般是将正常或病理组织切片等按照特定的方式固定在载体上。

细胞 / 组织 / 类器官生物芯片将生物学、化学和信息学相结合，已经成为生命科学与医学领域重要工具，广泛应用于细胞分化与代谢、发育与再生医学、建立疾病与损伤模型、药物毒性与功效测试和筛选等多个方面研究。

第二节 聚合酶链反应技术

20 世纪 70 年代末，随着 DNA 重组技术的产生和发展，如何快速获得目的基因（待检测或待研究的特定基因）片段成为瓶颈问题。传奇的诺贝尔化学奖得主 Mullis K. 在 1983 年发明了聚合酶链反应（polymerase chain reaction，PCR）技术，可将微量 DNA 片段大量扩增，使微量 DNA 或 RNA 的操作变得简单易行。

一、PCR 技术的工作原理就是体外 DNA 复制

PCR 的基本工作原理是在试管中模拟 DNA 复制过程。以待扩增的 DNA 分子为模板，用两条寡核苷酸片段作为引物，分别在拟扩增片段的 DNA 两侧与模板 DNA 链互补结合，提供 3′-OH 末端；在耐热的 DNA 聚合酶作用下，按照半保留复制的机制沿着模板链延伸直至完成两条新链的合成。不断重复这一过程，即可使目的 DNA 片段得到扩增（图 18-3）。PCR 反应的特异性依赖于与模板 DNA 两端互补的寡核苷酸引物。组成 PCR 反应体系的基本成分包括模板 DNA、特异引物、耐热的 DNA 聚合酶（如 Taq DNA 聚合酶）、dNTP 以及含有 Mg^{2+} 的缓冲液。

PCR 的基本反应步骤包括：①变性：将反应体系加热至 95℃，使模板 DNA 完全变性成为单链，同时引物自身以及引物之间存在的局部双链也得以消除；②退火：将温度下降至适宜温度（一般较 T_m 低

动画

NOTES

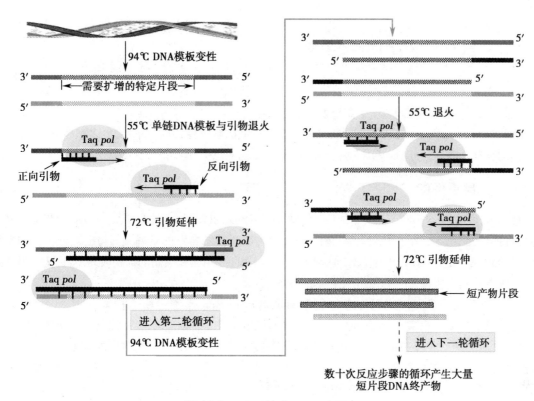

图 18-3 PCR 技术原理示意图

PCR 扩增产物可分为长产物片段和短产物片段两部分。在第一轮反应周期中,以两条互补的 DNA 为模板,引物附上模板的 3′- 端,即新生链的 5′- 端是固定的,其 3′- 则没有固定的止点,产生"长产物片段"。进入第二轮循环,新延伸片段的起点和终点都限定于引物扩增序列以内,形成长短一致的"短产物片段"。短产物片段的长度严格地限定在两个引物链 5′- 端之间,是需要扩增的特定片段。"短产物片段"按指数倍数增加,而"长产物片段"几乎可以忽略不计。

5℃),使引物与模板 DNA 结合;③延伸:将温度升至 72℃,DNA 聚合酶以 dNTP 为底物催化 DNA 的合成反应。上述 3 个步骤称为 1 个循环,新合成的 DNA 分子继续作为下一轮合成的模板,经多次循环(25～30 次)后,即可达到扩增百万倍以上 DNA 片段的目的。

二、PCR 技术是基因研究的最基本技术

PCR 技术的高敏感、高特异、高产率、可重复、快速简便等优点,使其迅速成为分子生物学研究中应用最为广泛的方法,许多以往无法解决的分子生物学研究难题得以解决。PCR 技术的发明是分子生物学的一项革命,极大地推动了分子生物学以及生物技术产业的发展,成为分子生物学与医学研究的支撑技术。

(一) PCR 技术可以简便快速地大量获得目的基因片段

PCR 技术为在重组 DNA 过程中获得目的基因片段提供了简便快速的方法。在人类基因组计划完成之前,PCR 是从 cDNA 文库或基因组文库中获得序列相似的新基因片段或新基因的主要方法。目前,该技术是从各种生物标本或基因工程载体中快速获得已知序列目的基因片段的主要方法。

而且,在 PCR 技术建立以前,在体外对基因进行各种突变是一项费时费力的工作。现在,利用 PCR 技术可以随意设计引物,在体外对目的基因片段进行插入、嵌合、缺失、点突变等改造。

(二) PCR 技术可以定性定量分析微量 DNA 和 RNA

PCR 技术敏感性高,对模板 DNA 的量要求很低,是 DNA 和 RNA 微量定性和定量分析的最好方法。理论上讲,只要存在 1 分子的模板 DNA,就可以获得目的片段。实际工作中,1 滴血液、1 根毛发

或 1 个细胞已足以满足 PCR 的检测需要,因此在基因诊断方面具有极广阔的应用。

(三) PCR 技术简化了 DNA 序列分析

将 PCR 技术引入 DNA 序列测定,使测序工作大为简化,也提高了测序的速度,是实现高通量 DNA 序列分析的基础。待测 DNA 片段既可克隆到特定的载体后进行序列测定,也可直接测定。

(四) PCR 技术提高基因突变检测的敏感性

PCR 与其他技术的结合可以大大提高基因突变检测的敏感性,例如单链构象多态性分析、等位基因特异的寡核苷酸探针分析、基因芯片技术、DNA 序列分析等。

三、几种重要的 PCR 衍生技术已广泛用于生命科学研究

近年来,PCR 技术不断改进,从手工操作发展到自动化仪器,从定性分析发展到定量测定。该方法与其他分子生物学技术相结合,其用途日益拓展。PCR 技术自身的发展及其与已有分子生物学技术的结合形成了多种 PCR 衍生技术,提高了 PCR 反应的特异性和应用的广泛性。这里仅举例介绍部分与医学研究密切相关的 PCR 衍生技术。

(一) 逆转录 PCR 技术可以获得目的基因和定性与半定量分析 RNA

逆转录聚合酶链反应(reverse transcription PCR,RT-PCR)简称逆转录 PCR,又称反转录 PCR,是将 RNA 的逆转录反应和 PCR 反应联合应用的一种技术。首先以 RNA 为模板,在逆转录酶的作用下合成 cDNA,再以 cDNA 为模板通过 PCR 反应来扩增目的基因。RT-PCR 可检测到单个细胞中少于 10 个拷贝的特异的 RNA,是目前从组织或细胞中获得目的基因,以及对已知序列的 RNA 进行定性和半定量分析的最有效方法,也是最广泛使用的 PCR 衍生技术。

(二) 原位 PCR 技术可以扩增与定位目的基因

原位聚合酶链反应(in situ PCR)简称原位 PCR。是利用完整的细胞作为一个微小的反应体系来扩增细胞内的目的基因片段。PCR 反应在甲醛溶液(福尔马林)固定、石蜡包埋的组织切片或细胞涂片上的单个细胞内进行。在 DNA 模板分子原来所在的位置处进行 PCR 反应后,再用特异性探针进行原位杂交,即可检出待测 DNA 或 RNA 是否在该组织或细胞中存在。

由于常规 PCR 或 RT-PCR 技术的产物不能在组织细胞中直接定位,因而不能与特定的组织细胞特征表型相联系,而原位杂交技术虽有良好的定位效果,但灵敏度不高。原位 PCR 方法弥补了 PCR 技术和原位杂交技术的不足,将目的基因的扩增与定位相结合,既能分辨鉴定带有靶序列的细胞,又能标出靶序列在细胞内的位置,在分子和细胞水平上研究疾病的发病机制和临床过程有重大的实用价值。

(三) 实时 PCR 技术实现 RNA 快速而准确的定量分析

常规 PCR 反应是在反应终点检测产物含量,然而在反应过程中产物是以指数形式增加的,多次循环反应后的产物堆积将影响对原有模板含量差异的准确判断,故常规 PCR 反应只能作为半定量手段。实时聚合酶链反应(real-time PCR),简称实时 PCR,是通过动态监测反应过程中的产物量,消除产物堆积对定量分析的干扰,亦被称为定量聚合酶链反应(quantitative PCR,qPCR),简称定量 PCR。定量 PCR 技术实现了 mRNA、miRNA 及其他非编码的 RNA 快速而准确的定量分析,已在临床应用于基因诊断。

动画

1. **实时 PCR 的定量关键是检测每一轮 PCR 的产物量** 实时 PCR 的基本原理是在 PCR 反应体系中加入荧光染料或荧光探针,利用荧光信号积累实时监测整个 PCR 进程,故也称为实时荧光 PCR(real-time fluorescence PCR)。实时荧光 PCR 需要采用专用 PCR 仪,自动在每个循环的特定阶段对反应体系的荧光强度进行采集,实时记录荧光强度的改变,可以做到 PCR 每循环一次就收集一个数据,建立实时扩增曲线。由于反应起始的模板 DNA 量与循环过程的指数期的扩增产物量之间存在着定量关系,利用荧光信号的实时监测和计算,可以准确地确定起始 DNA 拷贝数,实现精确定量分析。

2. 实时荧光 PCR 技术可分为两大类　荧光标记是实现 PCR 实时定量的化学基础,根据荧光标记可将实时 PCR 分为非引物探针类和引物探针类。

非引物探针类是利用非特异性的插入双链 DNA 的荧光染料,如最常用的是能结合到 DNA 双螺旋小沟区域的荧光染料 SYBR Green,来指示扩增产物的增加(图 18-4)。由于非引物探针类实时 PCR 成本低廉,简便易行,在基因表达的定量分析方面应用广泛。

（1）退火　　　　　　　　　　　　　反应液中游离的SYBR Green染料分子

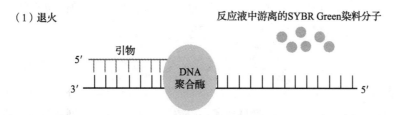

（2）DNA链延伸,SYBR Green 结合到新合成的DNA双链上

（3）合成完毕,更多的SYBR Green 结合到DNA双链上

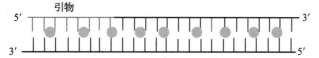

图 18-4　荧光染料 SYBR Green 用于实时 PCR 的原理示意图

SYBR Green 只可以结合在双链 DNA 上,结合后产生荧光(约为游离状态 SYBR Green 的 1 000 倍)。荧光信号强度与双链 DNA,即 PCR 产物量正相关。在 PCR 反应过程中,实时测定荧光强度即可得知产物量,并据此计算出样本中的初始模板含量。

引物探针类则是利用标记荧光报告基团的引物为探针,但仅在与靶 DNA 序列杂交或引导扩增时才产生荧光,来指示扩增产物的增加。常用的包括 TaqMan 探针法、分子信标(molecular beacon)和荧光共振能量转移(fluorescence resonance energy transfer,FRET)探针法等。由于增加了探针的互补识别步骤,特异性更高,且可采用多色荧光探针,即在一个反应中实现对数种不同基因表达水平的同时检测。

3. 实时 PCR 具有广泛的应用场景　实时荧光 PCR 技术具有定量、特异、灵敏和快速等特点,是检测目的核酸及拷贝数的可靠方法,是核酸定量技术的一次飞跃,已逐渐替代 RNA 印迹法等技术。目前实时荧光 PCR 技术已经被广泛应用于基础科学研究、临床诊断、疾病研究及药物研发等领域。

（1）实时 PCR 用于肿瘤早期诊断、鉴别、分型、分期、治疗及预后评估:实时定量 PCR 不但能有效地检测基因的突变、重排、易位等,而且能准确检测肿瘤相关基因表达量。实时荧光定量 PCR 检测基因突变,可通过设计跨越疑似突变位点的特异性荧光探针,然后进行基因扩增,再对扩增产物进行缓慢加热获得熔解曲线,根据熔解曲线特征判断有无突变。也可使用双色或多色标记探针,检测野生型和不同突变体。

（2）实时 PCR 用于基因多态性分析:实时定量 PCR 技术在单核苷酸多态性(single nucleotide polymorphism,SNP)分析方面亦有很好的应用前景,例如用于预测药物在同一疾病不同个体内的效应差异所致的治疗反应性不同,按照基因多态性的特点用药,将会使临床治疗符合精准化和个体化的要求。

（3）实时 PCR 用于病原体的检测：实时定量 PCR 技术还可用于细菌、病毒、支原体、衣原体等病原体的检测，不仅能对病原体定性，而且由于其检测的批间和批内差异小，重复性好，因此能方便、快速、灵敏、准确地定量病原体的特征 DNA 或 RNA 序列，动态观测病程中潜在病原体数量。与传统的检测方法相比，具有灵敏度高、取样少、快速简便等优点。例如，在乙型肝炎病毒（HBV）感染中，乙肝表面抗原（HBsAg）很难判断患者体内的 HBV 是否处于复制期，病毒复制的量又如何，以及是否具有传染性。而利用实时荧光 PCR 技术，可准确地检测出患者血液中 HBV 的拷贝数，实时监测感染者的药物治疗效果和临床状态。

第三节 ｜ DNA 测序技术

DNA 测序（DNA sequencing）的目的是确定一段 DNA 分子中 4 种碱基（A、G、C、T）的排列顺序。DNA 测序技术是阐明和理解基因结构、功能、变异、表达调控的基础，也是实现在分子层次预测、预防、诊断和治疗疾病的个体化医学的最重要的支撑技术。

分子生物学发展初期，采用部分酶解等方法仅能测定 RNA 的序列，且费时费力。1977 年，Maxam A. 和 Gilbert W. 合作发明了化学降解法（chemical degradation method），又称马克萨姆 - 吉尔伯特法；同期，Sanger F. 和 Coulson A. 创建了桑格 - 库森法（Sanger-Coulson method）。这两种方法的建立实现了 DNA 测序技术的第一次飞跃，也因此分享了 1980 年的诺贝尔化学奖。40 余年来，DNA 测序技术发展迅速，从手工操作到自动化仪器分析、从单一短片段到高通量并行分析，尤其是在人类基因组计划的推动下，实现了高速和低价的目标，人全基因组测序已成为常规技术。快速测序技术极大推动了生物学和医学多个领域的理论突破和应用研究。

一、桑格 - 库森法和化学降解法是经典 DNA 测序方法

早期的 DNA 测序只能在实验室内手工完成，故基本上是用于分子生物学研究工作，采用的是桑格 - 库森法或化学降解法。

（一）桑格 - 库森法的原理是基于 ddNTP 底物终止 DNA 合成

桑格 - 库森法又称双脱氧法（dideoxy termination method）、链终止法（chain termination method），其技术原理如图 18-5 所示。用 DNA 聚合酶延伸结合在待测序列的单链 DNA 模板上的反应底物——5'- 末端放射性核素标记的寡脱氧核苷酸引物，当新合成的 DNA 链的 3'- 末端聚合的是 2',3'- 双脱氧核苷三磷酸（ddNTP）反应底物时，由于 ddNTP 的 3'- 位碳原子上缺少羟基而不能与下一位脱氧核苷酸的 5'- 位磷酸基之间形成 3',5'- 磷酸二酯键，从而使得正在延伸的产物 DNA 链在该 ddNTP 处终止。因此，在 4 个独立的 DNA 合成反应体系中分别掺入适量 4 种不同的 ddNTP 底物，就可得到终止于相应特定碱基的一系列不同长度 DNA 片段的产物。这些产物具有共同的起点（即引物的 5'- 末端），而有不同的终点（即 ddNTP 掺入的位置），其长度取决于 ddNTP 掺入的位置与引物 5'- 末端之间的距离。经可分辨 1 个核苷酸差别的变性聚丙烯酰胺凝胶电泳分离这些 DNA 聚合酶催化合成的产物，再借助片段 5'- 末端标记的放射性核素自显影，即可读出一段 DNA 序列。而放射性核素标记在底物 ddNTP 或用荧光分子标记，可以达到同样的测序效果。

动画

（二）化学降解法的原理是基于碱基专一性化学切断 DNA

化学降解法，又称 DNA 化学测序法（chemical method of DNA sequencing）、碱基特异性裂解法（base-specific cleavage method）。首先对待测序的单链 DNA 片段的末端进行放射性核素标记，然后用几组专一性化学试剂修饰该片段 DNA 的碱基，并在修饰处随机断裂，从而产生 4 套含有长短不一 DNA 片段的混合物，凝胶电泳分离、放射自显影后读出序列。这一方法的建立在分子生物学发展早期发挥了重要作用，但因对待测 DNA 要求较高、试剂毒性和自动化较难实现等原因，并未得到广泛应用。

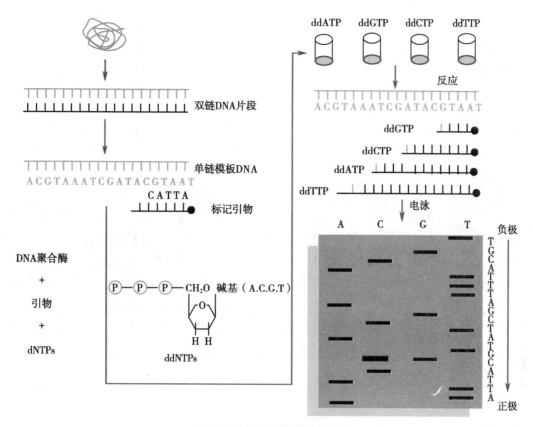

图 18-5　双脱氧法测序原理

二、高通量测序技术大多源于桑格 - 库森法的测序策略

桑格 - 库森法和化学降解法的手工操作对经验和技术熟练程度要求很高,失败概率高,难以在普通实验室推广普及,更难以满足分子生物学的迅速发展,及其在医学实践中需要对人群及个体进行全基因组序列分析的需求,因而催生了快速低成本的系列高通量测序(high-throughput sequencing,HTS)技术和自动化测序仪的发明。1986 年推出的第一代平板电泳全自动 DNA 序列分析仪,基于桑格 - 库森法策略,采用四色荧光试剂分别标记 4 种 ddNTP,替代引物的放射性核素标记。由于第一代测序仪高成本和通量的限制,应运而生了系列大规模矩阵结构的微阵列分析技术。例如,循环芯片测序(cyclic-array sequencing)策略,使用 DNA 聚合酶或连接酶,将引物在高通量的 DNA 样品芯片上对模板循环进行并行延伸反应,通过显微设备观察并记录连续测序循环中的光学等信号,可快速读取所有序列,再经生物信息学整合分析,得出样本中所有 DNA 序列。这些测序技术大多与桑格 - 库森法的策略类似,充分利用 DNA 合成过程中的各组分,如产物或 DNA 聚合酶等的变化而实现序列分析。

3 种常见的循环芯片测序技术示意见图 18-6。

(一)自动激光荧光测序是利用荧光标记的 ddNTP 为底物的桑格 - 库森法

自动激光荧光 DNA 测序仪(第一代测序)的应用已十分普遍,它可实现制胶、进样、电泳、检测、数据分析全自动化,读长可以超过 1 000bp,原始数据的准确率可高达 99.999%。

在四色荧光法分析中,采用可终止 DNA 延伸反应的 4 种荧光染料分别标记的底物 ddNTP,经双脱氧法反应后,赋予所合成的 DNA 片段 4 种不同的颜色。待测 DNA 样品的 4 个反应产物在 1986 年推出的平板电泳全自动测序仪的同一个泳道内,或 1998 年推出的毛细管测序仪上,依据片段大小分离,由仪器自动连续采集荧光数据并完成分析,直接显示出待测 DNA 的碱基序列。

人类基因组计划的第一个人类基因组草图的绘制,采用的就是自动激光荧光测序。中国、美国、英国、日本、法国、德国、加拿大等 7 个国家的科学家合作,用了数以千计的自动激光荧光测

动画

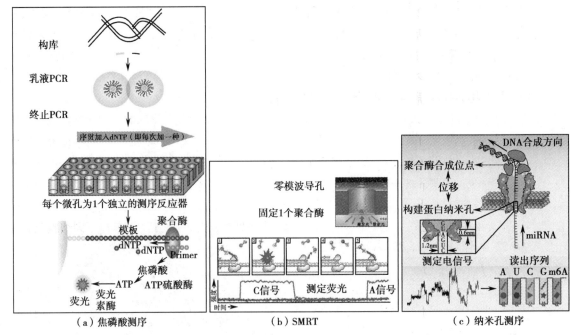

图 18-6 循环芯片测序技术示意图

（a）焦磷酸测序　（b）SMRT　（c）纳米孔测序

序仪,以集成式工厂化运行模式,在 2003 年发布了人类基因组草图,标志着正式进入基因组学时代。

2006 年推出的 Illumina 测序平台(被认为是第二代测序的 3 大平台之一),策略与自动激光荧光测序类似,其技术核心是四色荧光物质分别连接在 dNTP 的 3′-OH 的可逆修饰基团上。当其掺入合成的 DNA 链后 DNA 合成反应被终止,根据所标记的荧光读出所添加的碱基。然后去修饰,恢复 3′-OH,进行下一轮测序反应。

（二）焦磷酸测序是基于检测 DNA 合成的产物焦磷酸

2005 年推出的焦磷酸测序(pyrosequencing)平台(也称 454 测序,第二代测序的 3 大平台之一),综合运用了微乳滴 PCR、微流控芯片、焦磷酸检测等技术。该技术将引物固化在微球上,与单链 DNA 相结合,构建成 DNA 模板文库,利用微乳滴 PCR 扩增,由此每个微球表面都结合了大量相同的 DNA 片段。然后将微球转移到带有数以百千万计的规则排列微孔的芯片上,每个微孔只能容纳 1 个微球,即每微孔为 1 个测序的反应器。采用各微孔不同步的序贯边合成边测序方式,即测序时一次仅加入一种 dNTP,该 dNTP 在能与模板碱基互补的微孔中,被 DNA 聚合酶添加到 DNA 链上,同时释放出产物焦磷酸,触发微孔中的 ATP 硫酸化酶和荧光素酶等产生级联反应而释放出光信号,该光学信号被与微孔接触的 CCD 光学检测系统检测到,即实时读取了模板 DNA 序列。关键过程如图 18-6A。

2011 年推出的离子半导体测序(ion semiconductor sequencing)平台,策略与焦磷酸测序类似。焦磷酸测序是利用 DNA 合成的产物焦磷酸触发荧光级联反应,而离子半导体测序是通过芯片上的每个微孔接入的微型 pH 计,测定 DNA 合成时释放出的氢离子(短暂的 pH 变化),转为读出 DNA 序列的数字信号。

（三）SOLiD 测序是利用 DNA 连接酶代替 DNA 聚合酶

2007 年推出的 SOLiD 测序(Sequencing by Oligo Ligation Detection,SOLiD)平台(第二代测序的 3 大平台之一)基于寡核苷酸连接反应,利用乳液 PCR、微流控芯片,检测 DNA 连接酶催化的四色荧光标记的 8 碱基测序探针连接到 DNA 链过程中释放出的光学信号。其中 8 碱基探针的前 2 个碱基是测序用的碱基,即双碱基编码;中间 3 个通用碱基可以与任何碱基配对;后 3 个是测序时会被剪切掉的荧光标记碱基。这样组合排列就有 16 种探针,四色荧光标记时每种颜色对应 4 种排列。测序时 DNA 连接酶将测序引物与利用前 2 个碱基与模板特异配对的测序探针连接,测定荧光信号后,化学剪切后 3 个碱基,加入第 2 个探针连接,再测定荧光信号,如此循环测定,直到合成整条链。接着,偏移 1 个、2 个、3 个、4 个碱基重复上述过程,也就是会测 5 轮,最后通过 16 种荧光探针的双碱基编码矩阵得到序列。可见每个碱基将被读 2 遍,所以准确度高。SOLiD 测序由于读长较短,拼接复杂,运行速度较慢等原因,已较少使用。

(四) 纳米技术的发展促成多种单分子测序技术

随着纳米技术的发展,如纳米的效应、材料、微加工和超灵敏检测等,更新一代的测序技术则无须 PCR 扩增模板,直接针对 DNA 单分子测序(single-molecule sequencing),又称第三代测序技术。这些技术包括 HeliScope 单分子测序技术、单分子实时测序(single molecule real time sequencing,SMRT)和纳米孔测序(nanopore sequencing)等,从而实现了单细胞测序(single cell sequencing),即在单个细胞水平上对基因序列、结构及表达状态进行分析。单细胞测序结果不仅能够以高分辨率显示单个细胞的基因组结构和基因表达差异信息,而且可以在单细胞尺度展示组织器官,甚至个体不同细胞及其相互作用,已成为空间组学(spatial omics)和时空组学(spatiotemporal omics)的主要技术之一,应用于复杂组织微环境和动态生物过程、细胞分化及组织发育和疾病发生发展等研究。

1. HeliScope 单分子测序　2008 年推出,是利用超灵敏度的荧光探测仪,直接以单个固定在纳米材料上的单链 DNA 模板上进行边合成边测序,检测的还是 DNA 合成时荧光物质标记的 dNTP 所释放的荧光。由于读长较短、仪器售价高,目前应用并不多。

2. SMRT　单分子实时测序技术是利用纳米尺度的零模波导(zero-mode waveguide,ZMW)效应,通过激光共聚焦测得芯片上每个微纳米孔中仅固定的 1 个 DNA 聚合酶分子添加荧光物质标记的 dNTP 时所释放的荧光,实现单分子的实时测序,关键过程如图 18-6B。SMRT 测序具有较长的读长和较高的准确性,广泛应用于基因组组装、基因组结构变异分析、表观基因组学等领域。

3. 纳米孔测序　是将 DNA 单链或 RNA 单个分子穿过加上电压的蛋白质纳米孔时,不同碱基所产生的电流信号不同,从而测得序列,关键过程如图 18-6C。纳米孔测序具有较长的读长,可以分析修饰的碱基,直接进行 RNA 测序,和无须 PCR 扩增等优势,为检测大型的基因组结构变异、解析高度重复序列、表观基因组和转录物组学等研究提供了有力工具。

三、DNA 测序在医学领域具有广泛应用价值

高通量 DNA 测序技术的快速进步,极大促进了全基因组测序(whole genome sequencing,WGS)、转录物组测序(transcriptome sequencing)[即 RNA 测序(RNA-seq)]、外显子组测序(exome sequencing)、染色质免疫沉淀测序(ChIP-seq)等在医学研究和实践中的应用,为分子医学进入大数据时代提供了核心技术支撑。

DNA 测序在医学研究和临床实践中的主要用途有:①通过人群大样本分析,确定单基因遗传病和多基因变异相关疾病的 SNP 位点、基因结构变异、基因拷贝数变异等,鉴定出可用于复杂性疾病易感性预警或早期诊断的疾病标志物,并将这些单一基因或多个基因的变异检测用于临床诊断,这些变异的发现还将指导治疗靶点的确认和药物研发;②检测肿瘤组织的染色体畸变、癌基因和抑癌基因突变位点、融合基因、染色体拷贝数变化等,为肿瘤分子分型和治疗敏感性监测提供依据;③进行个人基因组分析,在大数据平台发展的基础上,建立个人 SNP 位点与疾病易感性、药物敏感性和耐受性以及其他诸多表型之间的联系;④用于病原微生物检测,确定病原微生物的分子分型,为抗病毒或细菌感染治疗提供依据。

DNA 测序在法医学领域也具有特殊意义。极大提高了 DNA 鉴定的敏感性和准确性,在各类案件中作为司法证据的重要性愈加凸显。DNA 测序在亲子鉴定中亦具有重要价值。

第四节 ｜ 生物分子相互作用研究技术

生物分子之间相互作用可形成共价连接或稳定沉淀或可逆结合的各种复合物,所有重要生命活

动,包括 DNA 复制、RNA 转录、蛋白质合成与分泌、信号转导和代谢等,都是由生物分子相互作用完成的。研究分析细胞内各种蛋白质、蛋白质 -DNA、蛋白质 -RNA 复合物的组成和作用方式是理解生命活动基本机制的基础。

有关分子相互作用的研究技术发展迅速。例如,体外测定生物分子相互作用速率、亲和力等参数的技术有:等温滴定量热(isothermal titration calorimetry,ITC)、表面等离子共振(surface plasmon resonance,SPR)、生物膜层干涉(bio-layer interferometry,BLI)、微量热泳动(microscale thermophoresis,MST)和表面增强拉曼光谱(surface-enhanced Raman spectroscopy,SERS)技术等;筛选与分析体内外相互作用的有:各种亲和分离分析(如亲和色谱、免疫共沉淀、标签蛋白质沉淀和串联亲和纯化等)、酵母双杂交系统(yeast two-hybrid system)、FRET 效应分析、噬菌体展示(phage display)系统和细胞指数富集配体系统进化(cell systematic evolution of ligand by exponential enrichment,cell-SELEX)等;以及通过核磁共振、晶体衍射、冷冻电镜、分子计算和分子动力学等计算生物分子相互作用的结构细节。本节选择性介绍几种利用分子生物学研究成果,所构建的生物大分子相互作用研究技术的原理和用途。

一、蛋白质相互作用研究技术可以解析蛋白质行使功能的机制

上述列举的生物大分子相互作用研究技术大多可用于研究蛋白质相互作用。本部分简要介绍标签蛋白质(tagged protein)牵拉沉淀实验(pull-down experiment)和酵母双杂交系统。

(一) 利用重组表达的融合标签捕获相互作用的蛋白质复合物

标签蛋白质牵拉沉淀实验是基于亲和色谱原理,分析蛋白质体外直接相互作用的方法。该方法利用带有特定标签的纯化融合蛋白质作为钓饵,在体外与待检测的纯化蛋白质或含有此待测蛋白质的细胞裂解液温育,然后用可结合蛋白质标签的琼脂糖珠将融合蛋白质牵拉回收,洗脱液经电泳分离并染色。如果两种蛋白质有结合,待检测蛋白质将与融合蛋白质同时被琼脂糖珠牵拉沉淀,在电泳胶中见到相应条带。

标签蛋白质牵拉沉淀实验可用于证明两种蛋白质分子是否存在直接物理结合、分析两种分子结合的具体结构部位及筛选细胞内与融合蛋白质相结合的未知分子。该方法亦常用于重组融合蛋白质的纯化。

目前最常用的标签是谷胱甘肽 S 转移酶(glutathione S-transferase,GST),有各种商品化的载体用于构建与 GST 融合的基因,并在大肠埃希菌中表达为 GST 标签蛋白质(图 18-7)。利用 GST 与还原型谷胱甘肽(glutathione,GSH)的结合作用,可以用共价偶联了 GSH 的琼脂糖珠进行 GST 融合蛋白质牵拉沉淀实验(GST pull-down assay)。另一个常用的易于用常规亲和色谱方法纯化的标签分子是可以与镍离子琼脂糖珠结合的 6 个连续组氨酸(6×His)的标签。

(二) 酵母双杂交的原理是基于融合表达转录因子不同结构域的重组装

酵母双杂交系统目前已经成为分析细胞内未知蛋白质相互作用的主要手段之一。该技术的建立是基于对酵母转录激活因子 GAL4 的认识。GAL4 的 DNA 结合结构域(binding domain,BD)和促进转录的激活结构域(activation domain,AD)被分开后将丧失对下游基因表达的激活作用。如果 BD 和 AD 分别融合了具有配对相互作用的两种蛋白质分子后,就可以依靠所融合的蛋白质分子之间的相互作用,重组装成对下游基因的表达具有激活作用转录因子。

酵母双杂交系统可以用于:①证明两种已知基因序列的蛋白质可以相互作用;②分析已知存在相互作用的两种蛋白质分子的相互作用功能结构域或关键氨基酸残基;③将待研究蛋白质的编码基因与 BD 基因融合成为"诱饵"表达质粒,可以筛选 AD 基因融合的"猎物"基因的 cDNA 表达文库,获得未知的相互作用蛋白质。

二、核酸 - 蛋白质相互作用研究技术可以解析基因表达调控机制

分析转录因子所结合的 DNA 序列,或基因的调控序列所结合的蛋白质,是阐明基因表达调控机

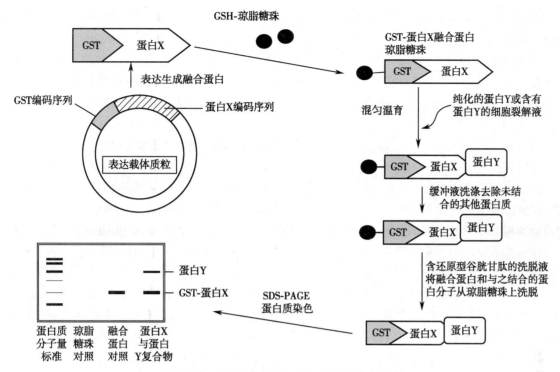

图 18-7 标签蛋白质牵拉沉淀实验流程示意图

如蛋白质 X 和蛋白质 Y 间存在相互作用,可用 GST 标签蛋白质牵拉沉淀实验予以证明。将蛋白质 X 的编码基因插到 GST 编码区的下游,表达为 GST-蛋白质 X 融合蛋白质;该融合蛋白质的 GST 部分可以与偶联在琼脂糖珠上的 GSH 结合;蛋白质 Y 可以与蛋白质 X 相互作用,被琼脂糖珠间接牵拉沉淀下来;经洗涤去除未结合的蛋白质,再用含游离 GSH 的缓冲液将 GST-蛋白质 X 融合蛋白质竞争洗脱下来,经电泳染色即可证明两者的相互作用。

制的主要研究内容。而蛋白质与 RNA 的相互作用分析,可以解析 RNA 的剪接、转运、编辑、胞内定位及翻译调控等的机制,还可以阐释非编码 RNA 结构与功能的关系。由于核酸 - 蛋白质相互作用大多是为非共价可逆结合,而且往往作用力较弱。因此,一个策略是在温和的生理条件下分析,另一策略是用甲醛、紫外光等交联已经靠近的生物大分子,然后分析。这里介绍两种策略中各一种代表性技术。

(一)电泳迁移率变动分析技术依赖分子互作后分子量变化

电泳迁移率变动分析(electrophoretic mobility shift assay,EMSA)也称凝胶阻滞分析(gel retardation assay)、凝胶移位结合分析(gel-shift binding assay)或 DNA 结合分析(DNA binding assay),最初用于研究 DNA 结合蛋白质与相应 DNA 序列间的相互作用,可用于定性和定量分析,也可应用蛋白质 -DNA、蛋白质 -RNA 相互作用研究。

DNA 结合蛋白质与特定 DNA 探针片段的结合后分子量变大,在凝胶中的电泳速度慢于游离探针,即表现为条带相对滞后。在实验中预先用放射性核素或生物素等标记待检测的 DNA 探针,再将标记好的探针与细胞核提取物温育一定时间,使其形成 DNA- 蛋白质复合物,然后将温育后的反应液进行非变性聚丙烯凝胶酰胺电泳(不加 SDS,以免形成的复合物解离),最后利用标记显示出 DNA 探针的条带位置。

(二)染色质免疫沉淀技术是阐明真核生物基因表达机制的重要方法

真核生物的基因组 DNA 以染色质的形式存在。因此,研究蛋白质与 DNA 在染色质环境下的相互作用是阐明真核生物基因表达机制的重要途径。染色质免疫沉淀(chromatin immunoprecipitation,ChIP)技术是目前研究体内 DNA 与蛋白质相互作用的主要方法。它的基本原理是在活细胞状态下,用化学交联试剂固定蛋白质 -DNA 复合物,并将其随机切断为一定长度范围内的染色质小片段,然后利用特异性抗体沉淀此复合体,经序列分析确定该蛋白质所结合的 DNA 序列,从而获得相互作用的信息。

近年来,人们将 ChIP 和芯片、测序技术联用,建立起基于微阵列的染色质免疫沉淀(ChIP-chip)、染色质免疫沉淀测序等技术。这些方法能在全基因组范围内高通量筛选细胞或组织中蛋白质和核酸相互作用,可用于检测分析蛋白质结合位点、基因位点特异性组蛋白修饰模式与位置等。

第五节 ｜ 基因表达分析技术

生物体内的基因表达呈动态变化,即在不同的时间、发育阶段、组织或环境刺激等状态下,基因表达时刻发生着变化。分析基因表达及其差异,对于加深理解现代医学的基本理论和研究现状、深入认识生命运作过程与疾病的发生和发展机制、理解和应用基于分子生物学发展起来的诊断治疗策略和药物研发等都具有极为重要的意义。例如,通过分析发育过程的基因表达并比较不同阶段或时间点的差异,可以了解启动发育和发育表型等的关键决定基因,为衰老、组织损伤修复和再生医学等提供可干预的分子靶点;通过分析疾病发生和发展过程的基因表达及其差异,可以了解疾病的分子机制,为诊断与治疗提供生物标记物和分子靶点;通过分析药物治疗前后的基因表达及其差异,可以了解机体表型变化的分子感知与反应过程,为药物研发奠定基础。

一、生物信息学技术挖掘数据库信息已成为全面分析基因表达的第一步

随着人类基因组计划和多种模式生物基因组测序的完成,后基因组时代对基因组注释的深入,生物信息学技术的发展,深度学习和人工智能软件的开发应用和互联网的普及,基因表达研究已从分析单个基因转变为基因表达谱(gene expression profile)的差异分析,即基因表达模式的解析。其一般策略首先是查询各大数据库(表 18-1),进而实验验证基因表达,验证常用的技术有实时 PCR、基因芯片等。

表 18-1　常用生物信息库及工具

数据库名称	信息和分析工具*
美国国家生物技术信息中心(NCBI)	美国 NCBI 构建,有 GenBank、GEO、pubmed 等 58 个数据库,以及各类 BLAST 等 47 项分析工具,世界三大综合的生物数据库之一
欧洲分子信息学研究所(EBI)	欧洲 EMBL 构建,有 69 个数据库和 96 项分析工具,世界三大综合生物数据库之一
日本 DNA 数据库(DDBJ)	日本 DDBJ 构建,有 11 个数据库和 4 项分析工具,世界三大综合的生物数据库之一
中国国家基因库生命大数据平台(CNGBdb)	中国 CNGB 构建,有 52 个不同生物基因信息库和 6 项分析工具,第四大综合数据库
中国国家生物信息中心(CNCB)	中国 CNCB 构建,有 100 个自建数据库,以及主要数据库镜像,34 项分析工具
miRNA 序列和注释(miRbase)	英国曼彻斯特大学构建,含 271 种生物基因组中可能转录 miRNA 区域和 28 种生物的不同细胞与组织表达的非编码 RNA 数据,如包含人类 20 种细胞或组织
基因组 tRNA(GtRNAdb)	美国加州大学圣克鲁斯分校构建的各种生物 tRNA 表达数据库及分析工具
蛋白质分析专家系统(expasy)	瑞士 SIB 构建,集成 161 个数据库和分析工具,包括蛋白质理化、相互作用分析等
DNA 元件百科全书(ENCODE)	美国斯坦福大学维护,2003 年启动的跨国研究项目,全面注释基因组元件,目前已进入第 4 期

续表

数据库名称	信息和分析工具 *
基因组数据共享中心（GDC）	美国国家癌症研究所维护,2006 年启动,已收录 69 种原发 44 637 例的肿瘤基因组测序和注释信息
人类蛋白质图谱（HPA）	基于 27 520 种抗体、靶向 17 288 种人类蛋白质的组学分析数据库和检索工具
蛋白质数据库（PDB）	结构生物信息学研究合作组织（RCSB）PDB 收录 217 966 个实验测定和 1 068 577 个计算获得的蛋白质空间结构数据
京都基因和基因组数据库（KEGG）	日本京都大学构建的基于基因表达信息的多组学分析数据和工具
基因本体资源（GO）	基于序列信息分析功能的多组学数据和分析工具

注:* 数据库和分析工具数量、信息数据量截至 2024 年 4 月 8 日。

特定基因的表达分析,可以利用同源检索,在各大生物信息数据库中查询分析。最简单就是利用局部序列比对检索基本工具（basic local alignment search tool,BLAST）,获得该基因的染色体定位、序列及多态性、各种功能区域、表达产物等的各方面参考信息,如推断基因所表达的非编码 RNA 和编码区,并预测编码区所编码多肽链的等电点、跨膜区、信号肽序列、空间结构、相互作用等基本理化性质与生物学功能。并可以追踪不同细胞、组织或状态下该基因表达的信息,进而实验研究该基因在研究者所设定条件下的基因表达情况和功能分析,从而进一步注释该基因。

直接或者间接分析某个生物个体细胞或组织等的基因表达谱及其各自丰度,也首先是查询相关数据库,以获得特定状态下的细胞或组织的基因表达模式。例如,美国国立生物技术信息中心（NCBI）创建并维护的基因表达综合数据库（gene expression omnibus data base,GEO）（表 18-1）,该数据库收录的基因表达信息,截至 2023 年 8 月,已包括通过高通量测序和芯片等 10 余种技术平台,所获得的来自人类和小鼠等 16 种模式生物,超过 730 万个各种状态下生物样品的基因表达谱、基因组变异谱、甲基化谱、蛋白质谱或非编码 RNA 谱等 23 万个系列的信息。从数据库所获得的基因表达信息,如是研究者所设定条件下的基因表达的原始数据,可进一步利用各种生物信息学工具深入挖掘,然后实验验证;如没有类似研究条件下基因表达数据,可选择 GEO 中所列的各种研究技术或创建其他方法,开展实验研究,并通过生物信息学分析基因表达模式。

二、染色质构象捕获技术可以解析基因表达时空特异性的机制

线性染色质受表观遗传作用,即自身修饰(如胞嘧啶甲基化)、组蛋白及多种修饰和非编码 RNA 等作用下,遵循特定规律组装成致密但动态可变的三维结构,通过反式作用因子局部或远程发生互作等高效调控染色质重塑（chromatin remodeling）机制,改变染色质可及性（chromatin accessibility）,参与协助细胞完成基因表达的精确调控。而该调控过程的异常或紊乱,可能会导致机体的正常功能受损,甚至发生疾病。

解析染色质高级构象,可以借助染色质构象捕获（chromatin conformation capture,3C）技术,将染色质中的 DNA- 蛋白质、蛋白质 - 蛋白质复合物用化学交联予以固定,经酶切、连接、纯化,获得空间位置接近的 DNA 序列片段,通过对这些片段的 PCR 扩增产物的定性和定量分析,可以推测出染色质的局部空间构象,如图 18-8 所示。基于 3C 扩展的环状染色质构象捕获技术（circular 3C,4C）、染色质构象捕获碳拷贝技术（3C carbon copy,5C）、高通量染色质构象捕获技术（high-throughput 3C,Hi-C）等技术,可以从单个位点构象捕获延伸到全基因组远程相互作用。并与免疫共沉淀(如 ChIA-PET)、核酸杂交、单细胞、高通量测序技术和生物信息学分析偶联,极大推动了染色质构象分析技术在基因时空特异性表达调控中的研究。

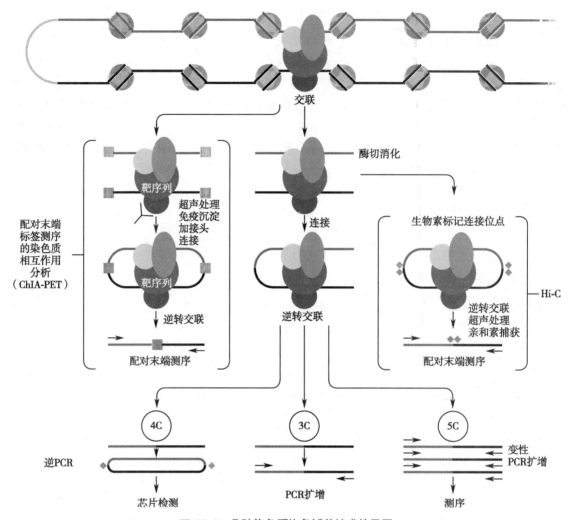

图 18-8 几种染色质构象捕获技术的异同

三、鉴定基因的功能区域可以了解基因表达及其调控

基因上的不同序列及其修饰状态,行使着表达产物和调控表达等不同功能。明确基因转录区是解析基因表达的基础;鉴定顺式作用元件(*cis*-acting element)和探测基因的空间位置是了解基因表达的关键;分析表达产物可以了解基因表达的时空特性;比较基因表达差异可以洞悉机体感知态势和应对的分子过程,这些都有助于揭示基因功能及功能改变的原因。这里主要简介鉴定基因的编码区、转录起点和启动子的实验技术,其中一些技术也适用于高通量,甚至整体性的基因表达谱分析。

(一) cDNA 文库和 RNA 剪接分析确定基因编码区

基因编码区(coding region)是成熟 mRNA 序列的一部分,因此对 cDNA 进行克隆测序或构建 cDNA 文库是最早分析基因编码区的方法。由可变剪接产生的同一基因的不同编码区,可通过基因芯片等高通量分析确定。

1. cDNA 文库分析基因编码区 以全长 cDNA 文库作为编码区的模板,利用 PCR 法即可将目的基因的编码区扩增出来。一是按基因的保守序列合成 PCR 引物,即可从 cDNA 文库中克隆未知基因的编码区;二是通过分析 PCR 产物来观察 mRNA 的不同拼接方式,三是可以设计核酸探针,从 cDNA 文库中筛选出含特定编码区的阳性克隆的,测序获得编码区信息。

2. RACE 钓取未知基因编码区 cDNA 末端快速扩增法(rapid amplification of cDNA end,RACE)(包括 5′-RACE 和 3′-RACE)是高效钓取未知基因编码区的一种方法。该方法可以利用 mRNA 内很短的一段序列,通过逆转录 PCR 扩增与其互补的 cDNA 末端序列。以此为线索,经过多次扩增及测序分析,最终可以获得该 mRNA 的全部编码区。

3. RNA 剪接分析确定基因编码区　RNA 剪接分析的方法主要有 3 种:①基于 DNA 芯片的分析法:常用的是代表外显子的 DNA 芯片或外显子/外显子交界的 DNA 片段芯片。②交联免疫沉淀法:用紫外线将蛋白质和 RNA 交联在一起,然后用特异性抗体将蛋白质-RNA 复合物沉淀,通过分析蛋白质结合的 RNA 序列,便可确定 RNA 的剪接位点。③体外报告基因(reporter gene)测定法:即将报告基因克隆到载体中,使 RNA 剪接作为活化报告基因的促进因素,通过分析报告基因的表达水平,即可推测克隆片段的 RNA 剪接情况,以此为线索便可分析基因的编码区。报告基因又称"报道基因",在细胞中表达后产生容易被检测的荧光等信号,用以指示与其融合的调控序列或元件(如启动子)的活性。常用的报告基因有荧光素酶基因、绿色荧光蛋白基因、β-葡萄糖苷酶基因等。

动画

(二)直接克隆测序和 5′-RACE 确定转录起点

RNA 聚合酶通过直接或间接识别和结合启动子而在基因的转录起点(transcription start site,TSS)启动转录。本部分主要介绍分析真核生物 TSS 的技术。

1. cDNA 克隆直接测序法鉴定 TSS　最早对 TSS 的鉴定方法就是直接对 cDNA 克隆进行测序分析,所得的 5′-末端序列即可确定基因的 TSS 序列。该方法比较简单,尤其适于对特定基因 TSS 的分析。但该方法依赖于逆转录合成全长 cDNA。

2. 5′-RACE 鉴定 TSS　5′-RACE 是一种基于 PCR 从低丰度的基因转录本中快速扩增 cDNA 的 5′-末端的有效方法。该技术鉴定 TSS 的流程如图 18-9。

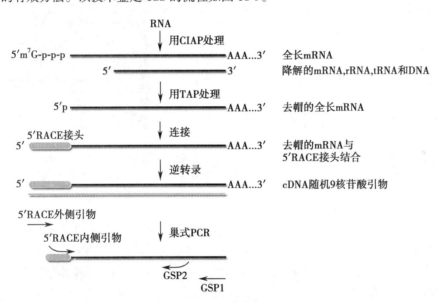

图 18-9　5′-RACE 鉴定 TSS 的原理

CIAP:碱性磷酸酶;TAP:烟草酸焦磷酸酶;GSP:基因特异性引物。

3. SAGE 规模化地检测基因表达种类及其丰度　在 5′-RACE 的基础上,建立了基因表达系列分析(serial analysis of gene expression,SAGE)。如 5′-SAGE 技术就是通过在 mRNA 的 5′-末端引入特殊的 II 型限制性核酸内切酶识别位点,可将细胞表达的所有 mRNA 的 5′-末端短片段作为表达序列标签串联在一起,测序即可确定细胞内的所有转录物,包括低丰度转录物,通过测得标签数目,还可获得每种转录物的相对含量。类似的技术有帽分析基因表达(cap analysis gene expression,CAGE)。

(三)启动子克隆和核酸-蛋白质相互作用分析确定启动子

分析启动子对于研究基因表达调控具有重要意义。根据启动子序列特征,生物信息学可以直接提示各类启动子结构。实验分析启动子可通过启动子克隆,以及基于启动子与反式作用因子结合的特性,利用核酸-蛋白质相互作用研究技术进行分析。

1. PCR结合测序技术分析启动子结构 该方法最为简单和直接,即根据基因的启动子序列,设计一对引物,然后以PCR扩增启动子,经克隆测序分析启动子序列。

2. 核酸-蛋白质相互作用研究技术分析启动子 EMSA和ChIP等核酸-蛋白质相互作用技术就能确定基因序列中含有的反式作用因子结合位点。这些结合位点的序列分析,早期常用DNA足迹法(footprinting),现在主要通过DNA测序确定。足迹法用于分析启动子中潜在的调节蛋白结合位点,基本原理就是利用DNA电泳条带连续性中断的图谱特点,判断与分析蛋白质结合的DNA区域及其序列。足迹法需要对被检DNA进行切割,根据切割DNA试剂的不同,足迹法可分为酶足迹法和化学足迹法。酶足迹法基本原理如图18-10。

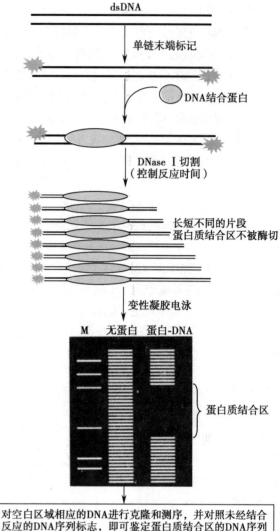

图 18-10 DNase I 足迹法的原理

四、基因表达产物及时空特异性检测是基因表达分析的核心内容

1968年中心法则确立前后,只能通过测定单个代谢酶活性,或采用核素标记结合原位杂交、凝胶电泳、放射自显影分析基因表达。20世纪70年代末,建立了RNA印迹法和蛋白质印迹法,这两种方法逐步成为分析单个特异基因表达的常规技术。DNA克隆技术的诞生(1973年),推动了基因组DNA和cDNA的分离与鉴定,至20世纪90年代初,已建成各种DNA、表达序列标签(expressed sequence tag,EST)、mRNA数据库。PCR技术,特别是实时PCR与数据库检索相结合,通过合成特异引物检测基因表达,几乎取代了先前的RNA印迹法。随着人类基因组测序的完成,各种生物芯片和高通量分析技术应运而生,满足了基因功能注释和从组学水平高通量全局性揭示基因表达的需要。

(一) 拷贝数分析技术可以了解基因表达丰度

分析某个基因表达的拷贝数,实质上就是对基因表达进行定性和丰度的定量分析。早期常用技术包括RNA印迹法和实时PCR技术等。当前高通量的分析技术,包括高通量测序技术、芯片、SAGE等,已成为精确鉴定拷贝数的主要方法。

(二) 分子标记等技术可以了解基因表达的组织和细胞内定位

蛋白质是许多基因表达的最终产物,其质和量的变化直接反映了基因的功能。检测蛋白质的技术除了印迹法和芯片技术外,还有许多,本部分仅简要介绍几种代表性的技术。

1. 酶联免疫吸附实验分析蛋白质 与蛋白质印迹法相似,酶联免疫吸附分析(enzyme linked immunosorbent assay,ELISA)也是一种建立在抗原-抗体反应基础上的蛋白质分析方法,其主要用于测定可溶性抗原或抗体。该方法需要将已知抗体或抗原吸附于固相载体(如聚苯乙烯微量反应板)表面,使抗原-抗体反应在固相表面进行。

2. 免疫组化实验原位检测组织/细胞表达的蛋白质 包括免疫组织化学(immunohistochemistry)

和免疫细胞化学（immunocytochemistry）技术，两者原理相同，都是用标记的抗体在组织/细胞原位对目标蛋白质进行定性、定量、定位检测。常用技术包括酶免疫组化（酶标记）、免疫荧光组化（荧光标记，可用荧光或激光共聚焦显微镜进行观察）、免疫金组化（胶体金标记）等。

3. 流式细胞术分析表达特异蛋白质的阳性细胞　流式细胞术（flow cytometry）通常利用荧光标记抗体与抗原的特异性结合，经流式细胞仪分析荧光信号，从而根据细胞表达特定蛋白质的水平对某种蛋白质阳性细胞（即特异基因表达的细胞）作出判断。流式细胞术还可对悬液中微生物或细胞器等进行单个快速识别、分析和分离，用以分析细胞大小、细胞周期、DNA 含量、细胞表面分子，是对细胞进行快速分析、分选、特征鉴定的一种有效方法。

五、整体的基因表达谱信息可以通过转录物组学分析技术获得

转录物组（transcriptome）指细胞内的 RNA 转录产物，包括 mRNA、rRNA、tRNA 及其他非编码 RNA。因此，转录物组学（transcriptomics）是通过分析细胞内全部 RNA 转录产物，研究细胞中所有基因转录及转录调控规律的学科领域。与基因组相比，转录物组最大的特点是受到细胞内外多种因素的调节，即基因在不同细胞或不同组织中表达时间或表达水平不同，呈动态可变。

通过 RNA-seq、生物芯片、SAGE、大规模平行标签测序（massively parallel signature sequencing，MPSS）等高通量技术分析转录物，可以获得基因表达谱，即基因在不同细胞或组织、不同时间或发育阶段的总体表达水平，进而生物信息学分析并展示差异表达基因，从而推断基因间的表达调控和表达产物间的相互作用，揭示基因与疾病发生、发展的内在关系。

（一）比较转录物组学技术获得动态可变的差异表达基因

通过 RNA-seq 开展比较转录物组研究可以同时监控成千上万个基因在不同状态（如生理、病理、发育不同时期、诱导刺激等）下的表达变化，并能够在单核苷酸水平对任意物种的整体转录活动进行检测，在分析转录本的结构和表达水平的同时，还能发现未知转录本和低丰度转录本，发现基因融合，识别可变剪切位点和 SNP，提供全面的转录物组信息。其他一些技术也可获得基因表达的差异性，这里仅简介 MPSS、消减杂交（subtractive hybridization）和 mRNA 差异显示（mRNA differential display，mRNA-DD）。

1. MPSS 是以标签序列测定为基础的高通量基因表达谱分析技术　MPSS 又称大规模平行信号测序，是一种基于序列分析的高通量转录物组分析技术。该技术原理是将每个转录本的 16～20nt 的特异序列作为检测标签，该序列在样品中的拷贝数代表了与其对应基因的表达水平。该方法能够分析表达丰度较低、差异较小的基因，且无须预先知道基因序列。由于省略了基因片段分离、克隆和逐一测序，操作简便耗时短。

2. 消减杂交是通过核酸杂交扣除相似表达从而获得差异表达基因的分析技术　消减杂交，曾被称为扣除杂交。该技术原理是利用不同组织、细胞或不同状态下组织、细胞基因表达的差异性，并结合核酸杂交建立的克隆差异表达基因的技术。基本流程是将一种细胞的 cDNA 或 mRNA 与另一种细胞或同一种细胞不同状态的 cDNA 或 mRNA 相互杂交，其不被杂交的部分就代表了两种细胞基因表达的差异，可用于差异表达基因的克隆。差示筛选、消减探针、消减文库的建立等都是该技术的具体实施。

3. mRNA-DD 是 RT-PCR 技术和聚丙烯酰胺凝胶电泳技术的结合　mRNA 差异显示，又称为差异显示逆转录 PCR（differential display reverse transcription PCR，DDRT-PCR）。该技术是利用可以扩增所有哺乳类生物 mRNA 的几条 5'-端随机引物和 3'-端锚定引物组合，用逆转录 PCR 扩增出不同状态细胞的 cDNA，然后用聚丙烯酰胺凝胶电泳分离扩增产物，比较两组间产物的差异（图 18-11）。这一方法的优点在于所需 mRNA 量少、较快速、可同时获得高表达和低表达的基因等。这种方法也存在许多严重的缺陷，如假阳性率高达 70%、获得的片段太短等，很难直接判断其功能和意义。尽管有上述缺陷，但因其步骤较简单，可获得较大量信息，在实际研究中仍有应用。

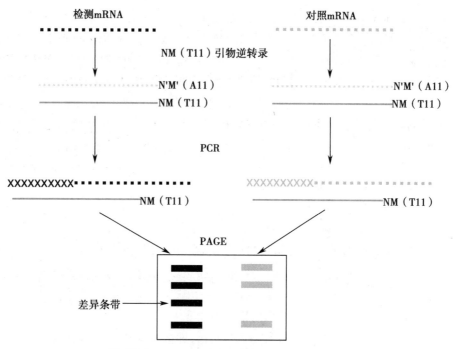

图 18-11　mRNA-DD 原理和基本过程示意图

（二）空间转录物组分析技术可以获得全局性的基因表达时空特异性

不同类型的细胞具有不同的转录物组表型,并决定细胞的最终命运。以单细胞为研究模型的转录物组分析,有助于解析单个细胞的行为、机制以及与机体的关系等的分子基础。空间转录物组分析技术（spatial transcriptomic technology）联合使用组织切片的细胞原位鉴定技术和单细胞测序技术,检测出单个组织切片中不同细胞的所有 mRNA,且能够定位和区分功能基因在特定组织区域内的转录数据,从而高效解析组织空间原位的细胞基因表达模式。因此,解决了用全组织样本测序无法解决的细胞异质性问题,尤其适用于存在高度异质性的干细胞、胚胎发育早期的细胞群体和肿瘤组织等。与活细胞成像系统相结合,空间转录物组分析更有助于深入理解细胞分化、细胞重编程及转分化等过程以及相关的基因调节网络,在临床上可以连续追踪疾病基因表达的动态变化,监测病程变化、预测疾病预后。

六、全面的蛋白质表达、修饰和互作谱信息可以通过蛋白质组学技术获得

蛋白质是生物功能的主要载体。蛋白质组（proteome）是指细胞、组织或机体在特定时间和空间上表达的所有蛋白质。蛋白质组学（proteomics）以所有这些蛋白质为研究对象,分析细胞内动态变化的蛋白质组成、定位、结构、表达模式及功能模式的学科领域,包括鉴定蛋白质的表达、存在方式（修饰形式）或部位、结构、功能和相互作用等,故又称为全景式蛋白质表达谱（global protein expression profile）分析。

蛋白质组学可以通过转录物组分析细胞的蛋白质组表达模式（种类及其一级结构）,进而预测所表达蛋白质的高级结构及其功能模式,也可以利用人类蛋白质图谱（The Human Protein Atlas,HPA）基于 27 520 种抗体、靶向 17 288 种人类蛋白质的组学信息分析（表 18-1）。而实验分析,常用高通量鉴定蛋白质组主要是通过生物芯片、二维电泳、二维 / 多维液相分离等,然后质谱法（mass spectrometry,MS）鉴定。

（一）质谱法可以高通量鉴定蛋白质种类和一级结构信息

利用质谱法鉴定蛋白质主要通过两种策略:①肽质量指纹图（peptide mass fingerprinting,PMF）和数据库搜索匹配。蛋白质经过酶解成肽段后,MS 获得所有肽段的精确质荷比,形成一个特异的 PMF

图谱,通过数据库搜索与比对,便可确定待分析蛋白质。②串联质谱法(tandem mass spectrometry)的信息与数据库搜索匹配。通过获得同一蛋白质数段多肽的信息,通过数据库检索来鉴定该蛋白质。可提供更多的结构信息及提高定量分析的专一性。

(二)整体鉴定蛋白质的各种修饰主要也是依靠质谱法

基因表达产生大量不同蛋白质,大多还要经历靶向运输、翻译后修饰(如磷酸化、糖基化等)等过程,是蛋白质功能调控的重要方式。

1. 蛋白质种类和结构鉴定是蛋白质组研究的基础 细胞在特定状态下表达的所有蛋白质都是蛋白质组学的研究对象。一般利用二维电泳和多维色谱并结合生物质谱法、蛋白质印迹法、蛋白质芯片等技术,对蛋白质进行全面的种类和结构鉴定研究。

2. 翻译后修饰的鉴定有助于蛋白质功能的阐明 质谱法、抗体技术、蛋白质组学技术和基因编辑技术等多种技术的应用,已能够深入探查蛋白质修饰的类型、位置和功能,从而为疾病的诊断和治疗提供新的思路和策略。

(三)蛋白质相互作用研究是认识蛋白质功能的重要内容

细胞中的各种蛋白质分子往往形成蛋白质复合物,共同执行各种生命活动。蛋白质-蛋白质相互作用是维持细胞生命活动的基本方式。要深入研究所有蛋白质的功能,理解生命活动的本质,就必须对蛋白质-蛋白质相互作用有一个清晰的了解,包括受体与配体的结合、信号转导分子间的相互作用及其机制等。目前研究蛋白质相互作用常用的实验方法有酵母双杂交系统、各类亲和层析、荧光共振能量转移等。

小 结

本章概括介绍了目前医学分子生物学中部分常用技术。

印迹法可以将在凝胶中电泳分离的生物大分子转移到固相介质上并加以检测分析,包括DNA印迹法、RNA印迹法和蛋白质印迹法。生物芯片源于规模化集成的印迹法,包括基因芯片、蛋白质芯片和细胞芯片等。基因芯片主要用于基因表达检测、基因突变检测和功能基因组学研究等多个方面。蛋白质芯片广泛应用于蛋白质表达谱、功能及相互作用等研究。

PCR的技术原理是以待扩增的DNA分子为模板,用两条寡核苷酸片段作为引物,分别与模板DNA链互补结合;在DNA聚合酶作用下完成两条新链的合成。通过不断重复变性、退火和延伸三个基本反应步骤,即可大量扩增目的DNA片段。以PCR为基础,衍生出RT-PCR、实时PCR等多种技术。PCR及其衍生技术主要用于目的基因的克隆、DNA和RNA的微量分析、DNA序列测定和基因的体外突变等。

确定一段DNA分子中4种碱基的排列顺序称为DNA测序。桑格-库森法和化学降解法是经典的DNA测序。第一代全自动DNA测序技术基于桑格-库森法而建立。高通量DNA测序技术包括焦磷酸测序、单分子实时测序、纳米孔测序等,通过在芯片微孔中不同步的并行循环微量反应与测定等策略,实现了快速、低成本测序,并建成单细胞测序,为医学大数据时代提供了核心技术支撑。DNA测序在医学中用于鉴定各种复杂性疾病的易感性预警或早期诊断的疾病标志物和治疗靶点;建立个体基因与疾病易感性、药物敏感性和耐受性以及其他诸多表型之间的联系;用于病原微生物的分子分型。DNA测序在法医学领域具有特殊价值。

分析蛋白质-蛋白质、蛋白质-DNA、蛋白质-RNA复合物的组成和作用方式是理解生命活动的基础。酵母双杂交技术和标签蛋白质牵拉沉淀是目前分析细胞内蛋白质相互作用的主要手段。EMSA和ChIP是目前最常用的在体外和体内分析DNA与蛋白质相互作用的实验方法。

广义的基因表达分析包括基因序列测定、染色质构象、转录区域、编码区、转录起点、启动子等功能区域和表达产物(非编码RNA和编码的蛋白质)分析。生物信息学技术挖掘基因信息已成为全面分析基因表达的第一步,主要通过序列搜索与比对已建成的海量生物信息库,从而预测基因表达。实验分析基因的表达可以通过 cDNA 文库和 RNA 剪接分析确定编码区,直接克隆测序和 5'-RACE 确定转录起点,启动子克隆和核酸 - 蛋白质相互作用分析确定启动子。分析基因表达的产物及时空特异性可以通过拷贝数分析了解基因表达丰度,分子标记等技术了解基因表达的细胞内定位。生命现象是全部基因功能的集体体现,因此,通过研究生物个体及其生命过程中全部基因的表达调控和表达产物的相互作用,主要通过染色质构象捕获和系列组学技术系统分析空间结构、时空特异性表达谱、修饰谱和互作谱等,可以从整体的分子水平还原生命现象。

思考题:

1. 整理印迹技术在医学领域的应用价值。
2. 总结 PCR 技术的用途,思考该技术在医学领域的应用。
3. 梳理 DNA 测序用于临床实践可能遇到的技术问题。
4. 设计可以动态实时分析研究细胞内生物大分子相互作用的方法。
5. 归纳本章的各种高通量技术,思考与临床精准医疗的关系。
6. 设想如何将细胞的某个生物学行为与基因表达相对应?

思考题解题思路

本章目标测试

本章思维导图

（王梁华）

第十九章 | DNA 重组和重组 DNA 技术

DNA 重组（DNA recombination）是指 DNA 分子内或分子间发生的遗传信息的重新共价组合过程，包括同源重组、位点特异性重组和转座重组等类型，广泛存在于各类生物，构成了生物的基因变异、物种进化或演变的遗传基础。重组 DNA 技术（recombinant DNA technology）是指通过体外操作将不同来源的两个或两个以上 DNA 分子重新组合，并在适当细胞中扩增形成新的功能分子的技术。重组 DNA 技术可组合不同来源的 DNA 序列，人工获得重组体 DNA，是基因工程中的关键步骤，可创造自然界以前可能从未存在过的遗传修饰生物体，为在分子水平上研究生物奥秘提供了可操作的活体模型。

第一节 │ 自然界的 DNA 重组和基因转移

自然界中的基因转移泛指 DNA 片段或基因在不同生物个体或细胞间的传递过程，其中通过繁殖使 DNA 或基因在亲代和子代间的传递称作基因纵向转移；打破亲缘关系以直接接触、主动摄取或病毒感染等方式使基因在不同生物个体或细胞间、细胞内不同细胞器间的传递称作基因横向（水平）转移。自然界不同物种或个体之间的 DNA 重组和基因转移是经常发生的，这增加了群体的遗传多样性，也通过优化组合积累了有意义的遗传信息。

DNA 重组和基因转移的方式有多种，包括同源重组、位点特异性重组、转座重组、接合、转化和转导等，其中前三种方式在原核和真核细胞中均可发生，后三种方式通常发生在原核细胞。新近研究发现细菌还有一种 DNA 整合机制，称作成簇规律间隔短回文重复（clustered regularly interspaced short palindromic repeats，CRISPR）/Cas 系统。

一、同源重组是最基本的 DNA 重组方式

同源重组（homologous recombination）是指发生在两个相似或相同 DNA 分子之间核苷酸序列互换的过程。在哺乳动物配子发生的减数分裂过程中，同源重组可产生 DNA 序列的新重组，标示着后代的遗传变异；不同种属的细菌和病毒也在水平基因转移中用同源重组互换遗传物质。具有同源序列的两条 DNA 链通过断裂和再连接引起 DNA 单链或双链片段的交换。同源重组的缺陷与人类癌症发生发展高度相关，例如，两个相似的抑癌基因 *brca1* 和 *brca2* 编码的蛋白质 BRCA1 和 BRCA2 与同源重组的发生有关，缺乏 *brca1* 和 *brca2* 的个体细胞同源重组率减少，对电离辐射的敏感性增加，易于患乳腺癌和卵巢癌等。利用同源重组的原理进行基因敲除或基因敲入（也称基因打靶），是将遗传改变引入靶生物体的一种有效方式。下面主要介绍 Holliday 模式的同源重组，并以细菌的 RecBCD 同源重组作为 Holliday 同源重组的例子，便于读者理解同源重组的原理。

（一）Holliday 模型是最经典的同源重组模式

同源重组作为自然界最基本的 DNA 重组方式，不需要特异 DNA 序列，而是依赖两分子之间序列的相同或相似性。Holliday R 于 1964 年提出 Holliday 模型，对于认识同源重组起着十分重要的作用。在这一模型中，同源重组主要经历四个关键步骤（图 19-1）：①两个同源染色体 DNA 排列整齐；②一个 DNA 的一条链断裂，与另一个 DNA 对应链连接，在这个过程中形成了十字形结构，称作 Holliday 连接（Holliday junction）；③通过分支移动（branch migration）产生异源双链 DNA（heteroduplex DNA），

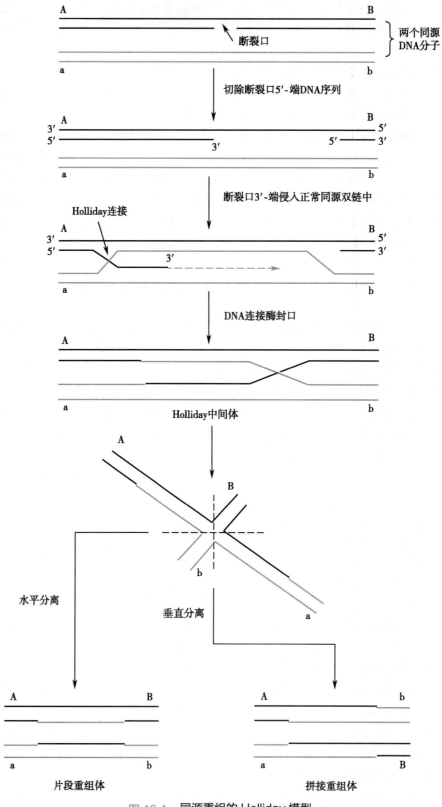

图 19-1 同源重组的 Holliday 模型

也称 Holliday 中间体（inter-mediate）；④将 Holliday 中间体切开并修复，形成两个双链重组体 DNA。
Holliday 中间体切开方式不同，所得到的重组产物也不同：如果切开的链与原来断裂的是同一条链，
重组体含有一段异源双链区，其两侧来自同一亲本 DNA，称为片段重组体（patch recombinant）；如果
切开的链并非原来断裂的链，重组体异源双链区的两侧来自不同亲本 DNA，称为拼接重组体（splice
recombinant）。

（二）RecBCD 模式是大肠埃希菌的 Holliday 同源重组

目前对大肠埃希菌（*E. coli*）的 DNA 同源重组分子机制了解最清楚。参与细菌 DNA 同源重组的
酶有数十种，其中最关键的是 RecA 蛋白、RecBCD 复合物和 RuvC 蛋白。

1. 参与细菌 RecBCD 同源重组的酶　细菌的 RecBCD 同源重组由以下酶和酶复合物催化完成。

（1）RecBCD 复合物：RecBCD 复合物可促进 DNA 末端加工，具有三种酶活性，包括依赖 ATP 的
核酸外切酶活性、可被 ATP 增强的核酸内切酶活性和需要 ATP 的解旋酶活性。RecBCD 复合物利用
ATP 水解提供能量，沿着 DNA 链运动，并以较快的速度将前方 DNA 解旋；当遇到 *Chi*（因交换位点的
DNA 结构类似于希腊字母 X 而得名）位点（5′-GCTGGTGG-3′）时，可在其下游切出 3′ 端的游离单链，
从而使 DNA 重组成为可能。

（2）RecA 蛋白：RecA 蛋白可结合单链 DNA（ssDNA），形成 RecA-ssDNA 复合物。在有同源 DNA
存在时，此复合物可与含同源序列的靶双链 DNA 相互作用，并将结合的单链 DNA 插入双链 DNA 的
同源区，与互补链配对，而将同源链置换出来。

（3）RuvC 蛋白：RuvC 蛋白有核酸内切酶活性，能专一性识别 Holliday 连接点，并有选择地切开
同源重组体的中间体。

2. 大肠埃希菌的 RecBCD 同源重组过程　*E.coli* 的 RecBCD 同源重组过程如图 19-2：RecBCD
复合物识别双链断裂的断裂口平端或近似平端，然后向上游边移行边解链；当遇到 *Chi* 位点时，在 3′
单链上切开产生单链切口；RecA 蛋白催化 3′ 单链 DNA 对另一双链 DNA 的侵入，并与其中的一条链
交叉，继而交叉分支移动，待相交的另一链在 RecBCD 内切酶催化下断裂后，由 DNA 连接酶交换连接
缺失的远末端，形成 Holliday 中间体；此中间体再经 RuvC 切割和 DNA 连接酶的连接，最后完成重组。

二、位点特异性重组是发生在特异位点间的 DNA 整合

位点特异性重组（site specific recombination）只限于特定的序列，是指发生在至少拥有一定程
度序列同源性片段间 DNA 链的互换过程，也称保守的位点特异性重组（conservative site-specific
recombination）。位点特异性重组酶（site-specific recombinase，SSR）通过识别和结合特定 DNA 短序列
（位点）使 DNA 断裂。被切割的 DNA 链重新连接到新的片段形成 Holliday 中间体，然后完成片段重
排（图 19-3）。该类重组广泛存在于各类细胞中，在某些基因表达的调节、发育过程中程序性 DNA 重
排以及有些病毒和质粒 DNA 复制循环过程中发生的整合和切除等，发挥十分重要的作用。以下是位
点特异性重组的例子。

（一）λ 噬菌体 DNA 可与宿主染色体 DNA 发生整合

λ 噬菌体 DNA 的整合是在 λ 噬菌体的整合酶催化下完成的，是 λ 噬菌体 DNA 与宿主染色体
DNA 特异靶位点之间的选择性整合（图 19-4）：λ 噬菌体 DNA 的重组位点 *att P* 与 *E.coli* 基因组 DNA
的重组位点 *att B* 之间有 15bp 核心序列相同，在整合酶（Int）和整合宿主因子（IHF）作用下可发生整
合，由 Xis 参与切除过程。通常这种由整合酶催化的 DNA 整合是十分特异而有效的。

（二）基因片段倒位是细菌位点特异性重组的一种方式

以鼠伤寒沙门菌 H 抗原编码基因中 H 片段重组为例。鼠伤寒沙门菌的 H 抗原有两种，分别为
H1 和 H2 鞭毛蛋白。在单菌落的沙门菌中经常出现少数另一种含 H 抗原的细菌，这种现象称为鞭毛
相转变。遗传分析表明，这种抗原相位的改变是由基因中一段 995bp 的 H 片段发生倒位所致。如图
19-5 所示，H 片段的两端为 14bp 的特异性重组位点（hix），其方向相反，发生重组后可使 H 片段倒位。

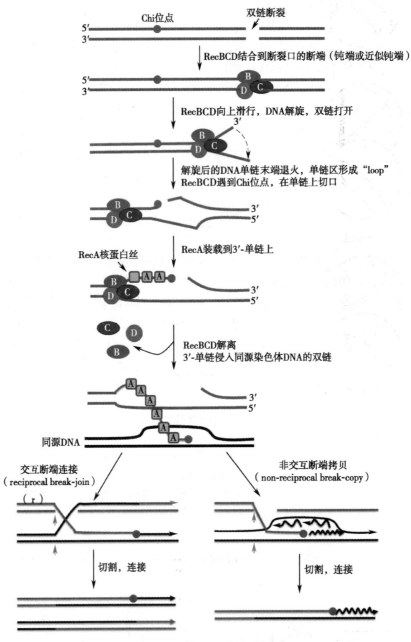

图 19-2　RecBCD 同源重组

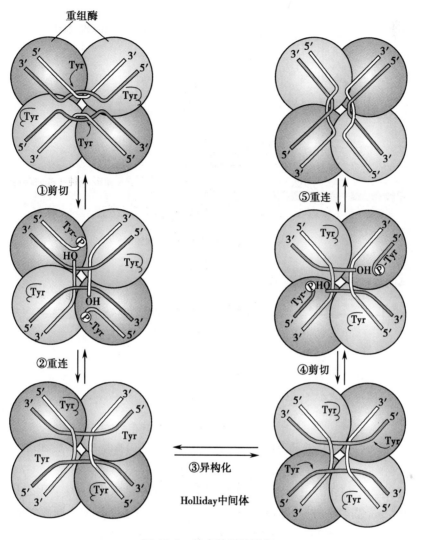

图 19-3　位点特异性重组

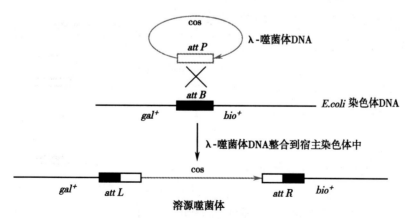

图 19-4　λ 噬菌体 DNA 与大肠埃希菌基因组 DNA 的位点特异性重组

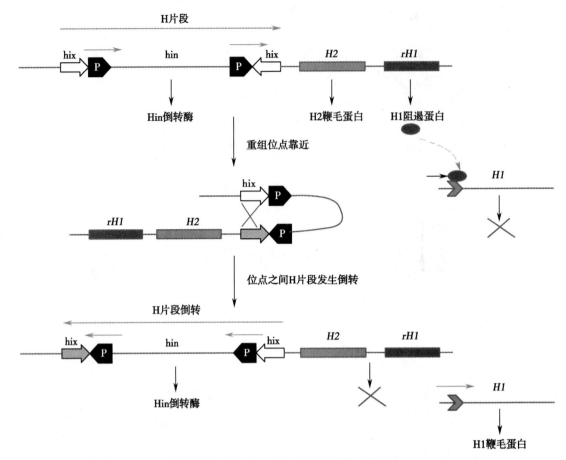

图 19-5 沙门菌 H 片段倒位决定鞭毛相转变

hix 为 14bp 的反向重复序列；*rH1* 为 H1 阻遏蛋白编码基因；P 代表启动子。

H 片段上有两个启动子（P），其一驱动 *hin* 基因表达，另一个驱动 *H2* 和 *rH1* 基因表达，倒位后 *H2* 和 *rH1* 基因不表达。*hin* 基因编码特异的重组酶，即倒转酶（invertase），该酶为同源二聚体，分别结合在两个 hix 位点上，并由辅因子 Fis（factor for inversion stimulation）促使 DNA 弯曲而将两个 hix 位点连接在一起，DNA 片段经断裂和再连接而发生倒位。*rH1* 表达产物为 H1 阻遏蛋白，当 *H2* 基因表达时，*rH1* 也表达，从而使 *H1* 基因被阻遏。

（三）免疫球蛋白基因以位点特异性重组发生重排

免疫球蛋白编码基因 V-（D）-J 重排及 T 细胞受体基因 V-（D-）J 重排都是利用位点特异性重组的原理。

三、转座重组可使基因位移

转座重组（transpositional recombination）或转座（transposition）是指由插入序列或转座子介导的基因移位或重排。

（一）插入序列是最简单的转座元件

插入序列（insertion sequence，IS）是指能在基因（组）内部或基因（组）间改变自身位置的一段 DNA 序列，包含转座所需的序列和促进该过程的转座酶（transposase）基因，具有独特的结构特征：两端是反向重复序列（inverted repeat，IR），中间是一个转座酶编码基因，后者的表达产物可引起 IS 转座。典型的 IS 两端各有一个 9～41bp 的反向重复序列，反向重复序列侧翼连接有短的（4～12bp）、不同的 IS 所特有的正向重复序列。IS 发生的转座有保守性转座（conservative transposition）和复制性转座（duplicative transposition）两种形式，前者是 IS 从原位迁至新位（图 19-6），后者是 IS 复制后的一个

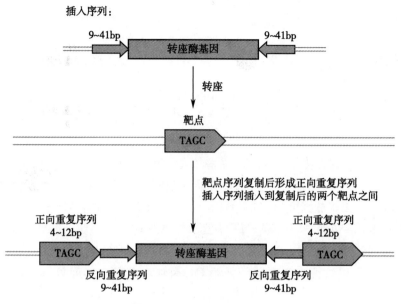

图 19-6　IS 的保守性转座

复制本迁至新位。

（二）转座子可以在染色体间转座

转座子（transposon，Tn）是指能将自身或其拷贝插入基因组新位置的 DNA 序列，一般属于复合型转座子（composite Tn），即有一个中心区域，两边侧翼序列是插入序列（IS），除有与转座有关的编码基因外，还携带其他基因如抗生素抗性基因等（图 19-7）。Tn 普遍存在于原核和真核细胞中，不但可以在一条染色体上移动，也可以从一条染色体跳到另一条染色体上，甚至从一个细胞进入另一个细胞。Tn 在移动过程中，DNA 链经历断裂及再连接的过程，可能导致某些基因开启或关闭，引起插入突变、新基因生成、染色体畸变及生物进化。

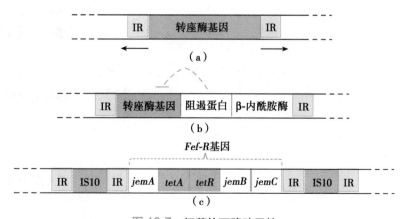

图 19-7　细菌的可移动元件

（a）IS：转座酶编码基因两侧连接反向重复序列（IR）；（b）转座子 Tn3：含有转座酶、β- 内酰胺酶及阻遏蛋白编码基因；（c）转座子 Tn10：有两个 IS10，其中只有一个编码有功能的转座酶；IS10 之间有 5 个基因（简称 Fef-R 基因），其中位于 Tn10 中间 tetA 和 tetR 是四环素抗性基因，另外 3 个基因 jemA、jemB 和 jemC 的功能尚不清楚。

四、原核细胞可通过接合、转化和转导进行基因转移或重组

原核细胞(如细菌)可通过细胞间直接接触(接合作用)、细胞主动摄取(转化作用)或噬菌体传递(转导作用)等方式进行基因转移或重组。

(一) 接合作用是质粒 DNA 通过细胞间相互接触发生转移的现象

接合作用(conjugation)是指细菌的遗传物质在细菌细胞间通过细胞 - 细胞直接接触或细胞间桥样连接的转移过程。当细菌通过菌毛相互接触时,质粒 DNA 就可以从一个细菌转移至另一细菌,但并非任何质粒 DNA 都有这种转移能力,只有某些较大的质粒,如 F 因子(F factor),也叫 F 质粒,方可通过接合作用从一个细胞转移至另一个细胞。F 因子决定细菌表面菌毛的形成,当含有 F 因子的细菌(F^+ 细菌)与没有 F 因子的细菌(F^- 细菌)相遇时,在两细菌间形成性菌毛连接桥,接着质粒双链 DNA 中的一条链会被酶切割,产生单链切口,有切口的单链 DNA 通过鞭毛连接桥向 F^- 细胞转移,随后,在两细胞内分别以单链 DNA 为模板合成互补链。

(二) 转化作用是受体细胞自主摄取外源 DNA 并与之整合的现象

转化作用(transformation)是指受体菌通过细胞膜直接从周围环境中摄取并掺入外源遗传物质引起自身遗传改变的过程。受体菌必须处于敏化状态,这种敏化状态可以通过自然饥饿、生长密度或实验室诱导而达到。例如,当溶菌时,裂解的 DNA 片段作为外源 DNA 被另一细菌(受体菌)摄取,受体菌通过重组机制将外源 DNA 整合至其基因组上,从而获得新的遗传性状,这就是自然界发生的转化作用。然而,由于较大的外源 DNA 不易透过细胞膜,因此,自然界发生转化作用的效率并不高,染色体整合概率则更低。

(三) 转导作用是病毒将供体 DNA 带入受体并与之染色体发生整合的现象

转导作用(transduction)是指由病毒或病毒载体介导外源 DNA 进入靶细胞的过程。自然界中常见的例子是噬菌体介导的转导,包括普遍性转导(generalized transduction)和特异性转导(specialized transduction),后者又称为限制性转导(restricted transduction)。

1. **普遍性转导的基本过程**　当噬菌体在供体菌内包装时,供体菌自身的 DNA 片段被包装入噬菌体颗粒,随后细菌溶解,所释放出来的噬菌体通过感染受体菌而将所携带的供体菌 DNA 片段转移至受体菌中,进而重组于受体菌的染色体 DNA 上。

2. **特异性转导的基本过程**　当噬菌体感染供体菌后,噬菌体 DNA 以位点特异性重组机制整合于供体菌染色体 DNA 上;当整合的噬菌体 DNA 从供体菌染色体 DNA 上切离时,可携带位于整合位点侧翼的 DNA 片段,随后切离出来的噬菌体 DNA 被包装入噬菌体衣壳中;供体菌裂解,所释放出来的噬菌体感染受体菌,继而,携带有供体菌 DNA 片段的噬菌体 DNA 整合于受体菌染色体 DNA 的特异性位点上。这样,位于整合位点侧翼的供体菌 DNA 片段重组至受体菌染色体 DNA 上。

五、细菌可通过 CRISPR/Cas 系统从病毒获得 DNA 片段作为获得性免疫机制

CRISPR/Cas 系统(CRISPR/Cas system)是原核生物的一种获得性免疫或适应性免疫系统,用于抵抗存在于噬菌体或质粒的外源遗传元件的入侵,目前已被转化为一种多功能和精确的基因编辑工具。关于细菌的 CRISPR/Cas 系统的发现过程可参看数字扩展相关内容。

(一) CRISPR 序列的结构特征

成簇规律间隔短回文重复(clustered regularly interspaced short palindromic repeats,CRISPR)座(CRISPR loci)是指细菌基因组上成簇排列的、由来自外源 DNA 的间隔序列(spacer)和宿主菌基因组的重复序列所形成的特殊重复序列 - 间隔序列阵列,与 *Cas* 基因(CRISPR associated gene,Cas gene)相邻(图 19-8)。CRISPR 存在于已测序的 40% 细菌基因组和 90% 古细菌(archaea)基因组中。

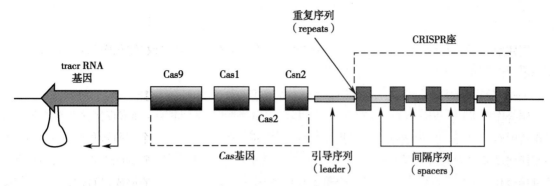

图 19-8　CRISPR 座结构特征

（二）外源 DNA 可插入宿主基因组的 CRISPR 座

以噬菌体感染为例。当噬菌体感染宿主菌后,噬菌体 DNA 进入宿主细胞并复制,复制所产生的 DNA 片段可以被宿主细胞的 Cas1-Cas2 复合物捕获。然后,Cas1-Cas2 复合物将所捕获的 DNA 片段插入到宿主基因组 CRISPR 座位的第一个位点,Cas1 在此过程中协调切割 - 连接反应,即在重复序列 5′- 端切开,然后与 DNA 片段的 3′- 端连接(图 19-9)。这种机制在跨越插入的 DNA 片段两端的重复序列上产生两个单链 DNA 缺口,最后由 DNA 聚合酶将缺口封闭。

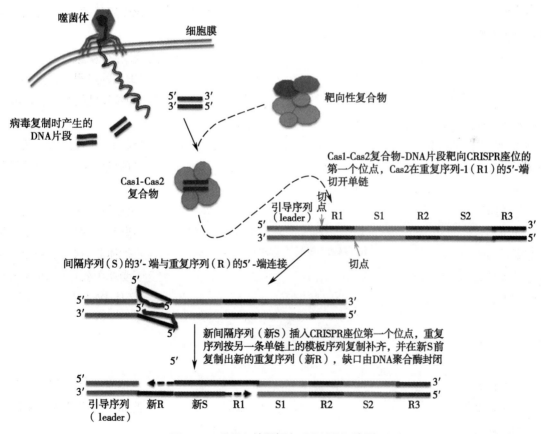

图 19-9　DNA 片段插入 CRISPR 阵列

（三）CRISPR/Cas 系统是细菌的获得性免疫机制

CRISPR/Cas 系统是指由 Cas 基因编码的 Cas 蛋白催化 CRISPR 形成,以及 CRISPR 转录产物与 Cas 蛋白相配合介导入侵 DNA 切割的机制,并成为细菌抵抗病毒感染的一种获得性免疫机制。以噬菌体感染为例,当相同的噬菌体再次攻击具有相应 CRISPR/Cas 系统的细菌时,CRISPR 序列和 Cas 蛋白共同作用,破坏噬菌体 DNA。首先,CRISPR 序列被转录成 RNA,间隔序列被裂解形成被称为引导RNA(guide RNA,gRNAs)的产物,其中包括一些相邻的重复 RNA。一个 gRNA 与一个或多个 Cas 蛋白形成复合物,在某些情况下,还与另一个被称为反式激活 CRISPR RNA 或 tracrRNA(*trans*-encoded crRNA)的 RNA 形成复合物。由此产生的复合物与入侵的噬菌体 DNA 特异性结合,通过与 Cas 蛋白相关的核酸酶活性来裂解并破坏噬菌体 DNA。

根据 Cas 蛋白的功能可将其分为三型,即Ⅰ型、Ⅱ型和Ⅲ型,其中Ⅱ型 CRISPR/Cas9 系统是目前应用最多的。以Ⅱ型 CRISPR/Cas9 系统为例介绍 CRISPR/Cas 系统的工作原理(图 19-10):Ⅱ型系统中由重复序列及间隔序列(spacer)组成的 CRISPR 座位经转录产生 CRISPR-RNA(crRNA)前体(pre-crRNA)和 tracrRNA;tracrRNA 与 pre-crRNA 的重复序列区互补配对产生局部双链 RNA(dsRNA);RNase Ⅲ 识别并切割 dsRNA 产生向导 crRNA(guide crRNA,gcrRNA);宿主细胞表达的 Cas9 核酸酶与 gcrRNA 结合形成 Cas9-crRNA 复合物;当含有相同间隔序列的噬菌体或质粒再次入侵时,Cas9-crRNA 复合物与入侵 DNA 上的原间隔序列(protospacer)互补配对形成由 protospacer/crRNA 组成的R- 环双链结构,Cas9 识别并切割 R 环,从而在入侵者的基因组上产生切口。Cas9 切割的靶序列下游有一个紧邻原间隔序列基序(protospacer-adjacent motif,PAM),可能对于 Cas9 寻找靶序列有一定作用。CRISPR/Cas9 系统目前已经被开发成一种应用最多的高效率、低脱靶率的基因组编辑(genome editing)技术,仅由一个蛋白质(Cas9)和一个相关的 RNA 组成,由 gRNA 和 tracrRNA 融合成一个单一引导 RNA(a single guide RNA,sgRNA),其中引导序列可以被改变,以特异性和有效地靶向几乎任何基因组序列(图 19-11)。目前,基于 CRISPR 的遗传性疾病如遗传性视网膜营养不良、杜氏肌萎缩症、β- 地中海贫血等的治疗正在谨慎地推进。

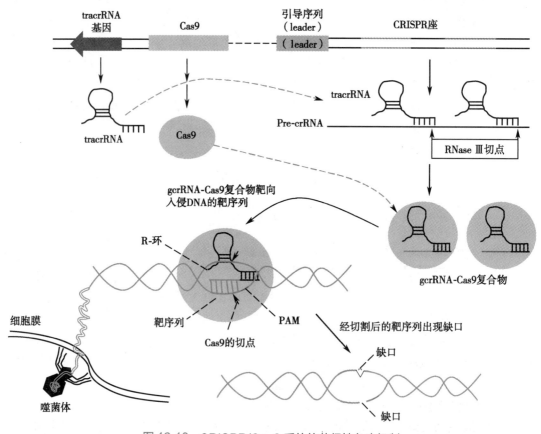

图 19-10 CRISPR/Cas9 系统的获得性免疫机制

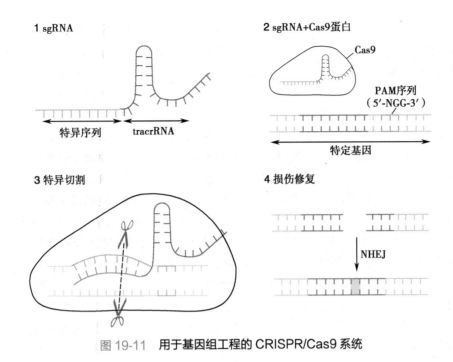

图 19-11　用于基因组工程的 CRISPR/Cas9 系统

第二节 ｜ 重组 DNA 技术

重组 DNA 技术又称分子克隆（molecular cloning）、DNA 克隆（DNA cloning）或基因工程（genetic engineering），是指通过体外操作将不同来源的两个或两个以上 DNA 分子重新组合，并在适当细胞中扩增形成新功能 DNA 分子的方法，其主要过程包括：在体外将目的 DNA 片段与能自主复制的遗传元件（又称载体）连接，形成重组 DNA 分子，进而在受体细胞中复制、扩增及克隆化，从而获得单一 DNA 分子的大量拷贝。在克隆目的基因后，还可针对该基因进行表达产物蛋白质或多肽的制备以及基因结构的定向改造。自 1972 年成功构建第一个重组 DNA 分子以来，重组 DNA 技术得到了快速发展，人们几乎可以随心所欲地进行分离、分析、切割 - 连接等操作基因。另外，该技术在生物制药、基因诊断、基因治疗等诸多方面都得到了广泛应用。

一、重组 DNA 技术中常用的工具酶

在重组 DNA 技术中，常需要一些工具酶用于基因的操作。例如，对目的 DNA（target DNA）进行处理时，需利用序列特异性限制性核酸内切酶（restriction endonuclease），限制性核酸内切酶充当精确的分子剪刀，识别 DNA 中的特定序列，并将 DNA 切割成适合克隆的片段；构建重组 DNA 分子时，在 DNA 连接酶催化下完成 DNA 片段与载体共价连接。此外，还有一些工具酶也是重组 DNA 时所必不可少的。

（一）常用工具酶具有各自功能

为了方便快速浏览重组 DNA 技术中一些常用工具酶及其基本功能，我们将一些常用工具酶概括于表 19-1。在所有工具酶中，限制性核酸内切酶具有特别重要的地位，因此，有关限制性核酸内切酶的内容单独介绍。

（二）限制性核酸内切酶是 DNA 重组最重要的工具酶

限制性核酸内切酶简称为限制性内切酶或限制酶，是一类核酸内切酶，生物学功能是识别和切割外源 DNA（如受感染病毒的 DNA）。除极少数来自绿藻外，绝大多数来自细菌，与相伴存在的甲基化酶共同构成细菌的限制修饰体系（restriction modification system）。限制性核酸内切酶对甲基化保护的自身 DNA 不起作用，仅切割外源 DNA，因此对细菌遗传性状的稳定具有重要意义。

表 19-1　重组 DNA 技术中常用的工具酶

工具酶	功能
Ⅱ型限制性核酸内切酶	识别特异序列,切割 DNA
DNA 连接酶	催化 DNA 中相邻的 5′-磷酸基团和 3′-羟基末端之间形成磷酸二酯键,使 DNA 切口封合或使两个 DNA 分子或片段连接起来
DNA 聚合酶Ⅰ	具有 5′→3′ 聚合、3′→5′ 外切及 5′→3′ 外切活性,用于合成双链 cDNA 分子或片段连接;缺口平移法制作高比活性探针;DNA 序列分析;填补 3′ 末端
Klenow 片段	又名 DNA 聚合酶Ⅰ大片段,具有完整 DNA 聚合酶Ⅰ的 5′→3′ 聚合及 3′→5′ 外切活性,但缺乏 5′→3′ 外切活性。常用于 cDNA 第二链合成、双链 DNA 的 3′ 端标记等
逆转录酶	是以 RNA 为模板的 DNA 聚合酶,用于合成 cDNA,也用于替代 DNA 聚合酶Ⅰ进行缺口填补、标记或 DNA 序列分析等
多聚核苷酸激酶	催化多聚核苷酸 5′ 羟基末端磷酸化或标记探针等
末端转移酶	在 3′ 羟基末端进行同质多聚物加尾
碱性磷酸酶	切除末端磷酸基团

1. 分类及其特点　目前发现的限制性核酸内切酶有 6 000 多种。根据其组成、所需因子及裂解 DNA 方式的不同可分为三种类型,即Ⅰ、Ⅱ和Ⅲ型。Ⅰ型和Ⅲ型酶为复合功能酶,同时具有内切酶和甲基化酶的活性,且不在所识别的位点特异性切割 DNA;Ⅱ型酶能在 DNA 双链内部的特异位点识别并切割,不需要 ATP,故其被广泛用作 "分子剪刀",对 DNA 进行精确切割。因此,重组 DNA 技术中所说的限制性核酸内切酶通常指Ⅱ型酶。

2. 命名原则　限制性核酸内切酶的命名采用 Smith 和 Nathane 提出的属名与种名相结合的命名法,即第一个字母是酶来源的细菌属名的首字母,用大写斜体;第二、三个字母是细菌菌种名的首字母,用小写斜体;第四个字母(有时无)表示细菌的特定菌株,用大写或小写;罗马数字表示限制性核酸内切酶在此菌种发现的先后顺序。例如,*Eco*R Ⅰ:E=*Escherichia*,埃希菌属;co=*coli*,大肠埃希菌菌种;R=RY3,菌株名;Ⅰ,为从此菌中第一个分离获得的限制性核酸内切酶。

3. 识别及切割特异 DNA 序列　Ⅱ型限制性核酸内切酶的识别位点通常为 6 个或 4 个碱基序列,个别的识别 8 或 8 个以上碱基序列。表 19-2 列举了部分Ⅱ型的识别位点。大多数限制性核酸内切酶的识别序列为回文序列(palindrome)。回文结构是指在两条核苷酸链的特定位点,从 5′→3′ 方向的序列完全一致。例如,*Eco*R Ⅰ的识别序列,在两条链上的 5′→3′ 序列均为 GAATTC。

表 19-2　Ⅱ型限制性核酸内切酶的识别位点举例

限制性核酸内切酶	识别位点	限制性核酸内切酶	识别位点
Apa Ⅰ	GGGCC′C C′CCGGG	*Sma* Ⅰ	CCC′GGG GGG′CCC
*Bam*H Ⅰ	G′GATCC CCTAG′G	*Sau*3A Ⅰ	GATC′ ′CTAG
Pst Ⅰ	CTGCA′G G′ACGTC	*Not* Ⅰ	GC′GGCCGC CGCCGG′CG
*Eco*R Ⅰ	G′AATTC CTTAA′G	*Sfi* Ⅰ	GGCCNNN′NGGCC CCGGN′NNNCCGG

注:′代表切割位点;N 代表任意碱基。

4. 同尾酶和同切点酶　有些限制性核酸内切酶所识别的序列虽然不完全相同,但切割 DNA 双链后可产生相同的单链末端(黏端),这样的酶彼此互称同尾酶(isocaudarner),所产生的相同黏端称为配伍末端(compatible end)。例如,*Bam*H Ⅰ(G'GATCC)和 *Bgl* Ⅱ(A'GATCT)在切割不同序列后可产生相同的 5' 黏端,即配伍末端(—GATC—)。配伍末端可共价连接,但连接后的序列通常就不能再被两个同尾酶中的任何一个酶识别和切割了。

有些限制性核酸内切酶虽然来源不同,但能识别同一序列(切割位点可相同或不同),这样的两种酶称同切点酶(isoschizomer)或异源同工酶。例如 *Bam*H Ⅰ和 *Bst* Ⅰ能识别并在相同位点切割同一 DNA 序列(G'GATCC);*Xma* Ⅰ和 *Sma* Ⅰ虽能识别相同序列(GGGCCC),但切割位点不同,前者的切点在识别序列的第一个核苷酸后(G'GGCCC),而后者的切点则在序列的中间(GGG'CCC)。同切点酶为 DNA 操作者增加了酶的选择余地。

二、重组 DNA 技术中常用的载体

载体(vector)是能够自主复制的 DNA 分子,可以携带目的外源 DNA 片段、实现外源 DNA 在受体细胞中无性繁殖或表达蛋白质,按其功能可分为克隆载体和表达载体两大类,有的载体兼有克隆和表达两种功能。

(一) 克隆载体用于扩增克隆化 DNA 分子

克隆载体(cloning vector)是指用于外源 DNA 片段的克隆和在受体细胞中扩增的 DNA 分子,一般应具备的基本特点:①至少有一个复制起点使载体能在宿主细胞中自主复制,并能使克隆的外源 DNA 片段得到同步扩增;②至少有一个选择标志(selection marker),从而区分含有载体和不含有载体的细胞,如抗生素抗性基因、β- 半乳糖苷酶基因(*lacZ*)、营养缺陷耐受基因等;③有多克隆位点(multiple cloning site,MCS),即多种限制性核酸内切酶的单一切点,可供外源基因插入载体。常用克隆载体主要有质粒、噬菌体 DNA 等。

1. 质粒克隆载体　质粒克隆载体是重组 DNA 技术中最常用的载体,可以是天然质粒,更多是人工改造的质粒。质粒(plasmid)是细菌染色体外的、能自主复制和稳定遗传的双链环状 DNA 分子,具备作为克隆载体的基本特点。例如,pUC18 质粒载体,具有一个复制起点 *ori*,一个选择标志 - 氨苄西林抗性基因 *amp^R* 和多克隆位点(图 19-12)。

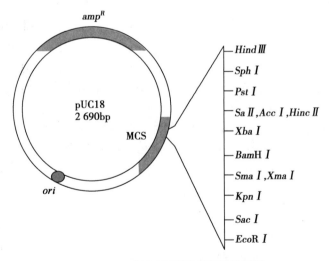

图 19-12　pUC18 质粒克隆载体图谱

2. 噬菌体 DNA 载体　噬菌体(Phages,bacterial viruses)通常具有线性 DNA 基因组。外源 DNA 可以通过特异的限制性内切酶位点插入噬菌体 DNA。噬菌体优点之一是容量大,很容易接受长达～20kb 的 DNA 片段。λ 和 M13 噬菌体 DNA 常用作克隆载体。经 λ 噬菌体 DNA 改造的载体系统有 λgt 系列(插入型载体,适用于 cDNA 克隆)和 EMBL 系列(置换型载体,适用于基因组 DNA 克隆);经改造的 M13 载体有 M13mp 系列和 pUC 系列,它们是在 M13 的基因间隔区插入了大肠埃希菌

（*E. coli*）的一段调节基因及 β- 半乳糖苷酶（*LacZ*）N- 端 146 个氨基酸残基编码基因,其编码产物为 β- 半乳糖苷酶的 α 片段。突变的 *E. coli* 宿主（*lac⁻*）仅表达该酶的 ω 片段（酶的 C- 端）。单独存在 β- 半乳糖苷酶的 α 片段或 ω 片段都没有酶的活性,只有携带 α 片段基因的 M13 进入宿主细胞,宿主细胞才能同时表达 α 和 ω 片段,产生有活性的 β- 半乳糖苷酶,使特异性底物变为蓝色化合物,这就是所谓的 α 互补（α complementation）。当外源基因的插入位点设计在 *LacZ* 基因内部时,外源基因的插入则会干扰 *LacZ* 的表达,利用 *lacZ⁻* 菌株为宿主细胞,在含 *LacZ* 底物 X-gal 和诱导剂 IPTG 的培养基上生长时会出现白色菌落;如果在 *lacZ* 基因内无外源基因插入,则有 *LacZ* 表达,转化菌在同样条件下呈蓝色菌落,这就是蓝白筛选（图 19-13）。现在,很多质粒载体也构建了蓝白筛选系统。

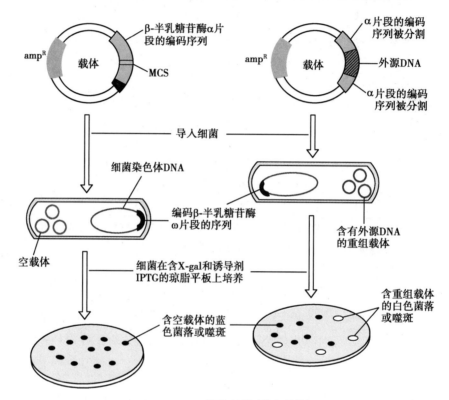

图 19-13　α 互补筛选（蓝白筛选）

3. 其他克隆载体　为增加克隆载体携带较长外源基因的能力,还设计有柯斯质粒（cosmid）载体（又称黏粒载体）、细菌人工染色体（bacterial artificial chromosome,BAC）载体和酵母人工染色体（yeast artificial chromosome,YAC）载体等。柯斯质粒是人工构建的含 λ DNA Cos 序列和质粒复制子的特殊类型质粒载体,自身一般只有 5～7kb,但能携带的外源 DNA 片段最大可达 45kb。BAC 是以大肠埃希菌性因子 F 质粒（F 因子）为基础构建的克隆载体,可携带的外源 DNA 片段在 50～300kb 之间。YAC 是含酵母染色体上必需的端粒、着丝点和复制起始序列的人工构建载体,能携带 400kb 左右的 DNA 片段。

（二）表达载体用来表达外源基因

表达载体（expression vector）是指具有调控表达克隆基因所需的转录和翻译信号的载体,用来在宿主细胞中表达外源基因,依据其宿主细胞的不同可分为原核表达载体（prokaryotic expression vector）和真核表达载体（eukaryotic expression vector）,它们的区别主要在于为外源基因提供的表达元件。利用表达载体提供的表达元件也可在体外建立无细胞表达体系（cell-free expression system）,根据表达载体上的表达元件决定提供原核细胞提取物或真核细胞提取物,其基本工作原理相同于在细胞内。下面简介原核表达载体和真核表达载体的结构特点。

1. 原核表达载体　该类载体用于在原核细胞中表达外源基因,除了具有克隆载体的基本特征外,还有供外源基因有效转录和翻译的原核表达调控序列,如启动子、核糖体结合位点即 SD 序列(Shine-Dalgarno sequence)、转录终止序列等。原核表达载体的基本组成如图 19-14 所示。目前应用最广泛的原核表达载体是 *E.coli* 表达载体。

2. 真核表达载体　该类载体用于在真核细胞中表达外源基因,除了具备克隆载体的基本特征外,所提供给外源基因的表达元件是来自真核细胞的。质粒真核表达载体一般具备的特点包括:①含有必不可少的原核序列,如复制起点、抗生素抗性基因、多克隆位点(MCS)等,用于真核表达载体在细菌中复制及阳性克隆的筛选;②真核表达调控元件,如真核启动子、增强子、转录终止序列、poly(A)加尾信号等;③真核细胞复制起始序列,用于载体或基因表达框架在真核细胞中的复制;④真核细胞药物抗性基因,用于载体在真核细胞中的阳性筛选。图 19-15 显示的是真核表达载体的基本组成。根据真核宿主细胞的不同,真核表达载体可分为酵母表达载体、昆虫表达载体和哺乳类细胞表达载体等。

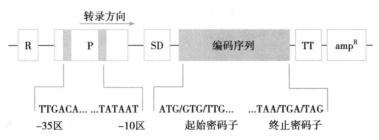

图 19-14　原核表达载体的基本框架

R:调节序列;P:启动子;SD:SD 序列;TT:转录终止序列;*amp*^R:氨苄西林抗性基因。

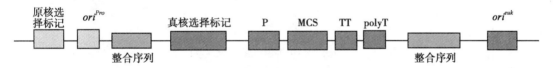

图 19-15　真核表达载体的基本组成

ori^{Pro}:原核复制起始序列;P:启动子;MCS:多克隆位点;TT:转录终止序列;*ori*^{euk}:真核复制起始序列。注意不是所有真核表达载体都有整合序列。

三、重组 DNA 技术的基本原理及操作步骤

完整 DNA 克隆过程包括五大步骤(图 19-16):①目的 DNA 的分离获取(分);②载体的选择与准备(选);③目的 DNA 与载体的连接(连);④重组 DNA 转入受体细胞(转);⑤重组体的筛选及鉴定(筛)。

(一)目的 DNA 的分离获取是 DNA 克隆的第一步

分离获取目的 DNA 的方法主要有以下几种:

1. 化学合成法　该方法可直接合成目的 DNA 片段,通常用于小分子肽类基因的合成,其前提是已知基因的核苷酸序列,或能根据氨基酸序列推导出相应核苷酸序列。一般先合成两条完全互补的单链,经退火形成双链,然后克隆于载体。

2. 从基因组文库和 cDNA 文库中获取目的 DNA　基因组文库(genomic library)是指把某种生物基因组全部遗传信息通过克隆载体贮存在一个转化子集中。cDNA 文库(cDNA library)是以 mRNA 为模板,包含着细胞全部 mRNA 信息的转化子集。基因文库没有目录来引导我们哪个克隆含有特定的序列,因此,克隆工作的最后一步是从文库中调取所感兴趣的基因。

3. PCR 法　PCR 是一种高效特异的体外扩增 DNA 的方法(见第十八章)。使用 PCR 法的前提是:已知待扩增目的基因或 DNA 片段两端的序列,并根据该序列合成适当引物。

动画

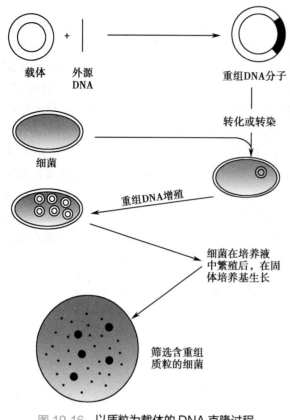

载体　　外源 DNA　　　　　重组DNA分子

转化或转染

细菌

重组DNA增殖

细菌在培养液中繁殖后，在固体培养基生长

筛选含重组质粒的细菌

图 19-16　以质粒为载体的 DNA 克隆过程

4. 其他方法　除上述方法外，也可采用酵母单杂交系统克隆 DNA 结合蛋白的编码基因，或用酵母双杂交系统克隆特异性相互作用蛋白质的编码基因。

（二）载体的选择与准备是根据目的 DNA 片段决定的

进行 DNA 克隆的目的主要有二：一是获取目的 DNA 片段，二是获取目的 DNA 片段所编码的蛋白质。针对第一种目的，通常选用克隆载体；针对第二种目的，需选择表达载体。另外，选择载体时还要考虑目的 DNA 的大小、受体细胞的种类和来源等因素（表 19-3）。除了上述需要考虑的因素外，选择载体时还需要注意载体内应有适宜的单一酶切位点或 MCS，以便根据目的 DNA 片段，对载体进行适当的酶切处理。总之，在重组 DNA 技术中，载体的选择、准备和改进极富技术性，目的不同，操作基因的性质不同，载体的选择和改建方法也不同。

（三）目的 DNA 与载体连接形成重组 DNA

依据目的 DNA 和线性化载体末端的特点，可采用不同的连接策略。主要连接策略如下：

表 19-3　不同载体的克隆容量及适宜宿主细胞

载体	插入 DNA 片段的适宜长度	宿主细胞
质粒	<5～10kb	细菌,酵母
λ 噬菌体 DNA 载体	约20kb	细菌
黏粒	约50kb	细菌
BAC	约400kb	细菌
YAC	约3Mb	酵母

注：BAC：bacterial artificial chromosome，细菌人工染色体；YAC：yeast artificial chromosome，酵母人工染色体。

1. **黏端连接**　依靠酶切后的黏性末端进行连接，连接效率较高。根据酶切策略不同可有以下几种黏端连接策略：

（1）单一相同黏端连接：如果目的 DNA 序列两端和线性化载体两端为同一限制性核酸内切酶（或同切点酶，或同尾酶）切割所致，那么所产生的黏端完全相同。这种单一相同黏端连接时会有三种连接结果：载体自连（载体自身环化）、载体与目的 DNA 连接和 DNA 片段自连。可见，这种连接的缺点是：容易出现载体自身环化、目的 DNA 可以双向插入载体（即正向和反向插入）及多拷贝连接现象，从而给后续筛选增加了困难。采用碱性磷酸酶预处理线性化载体 DNA，使之去磷酸化，可有效减少载体自身环化。目的 DNA 如果反向插入载体，影响外源基因的表达。

（2）不同黏端连接：如果用两种不同的限制性核酸内切酶分别切割载体和目的 DNA，则可使载体和目的 DNA 的两端均形成两个不同的黏端，这样可以让外源 DNA 定向插入载体。这种使目的基因按特定方向插入载体的克隆方法称为定向克隆（directed cloning）。定向克隆具有方向性和准确性，可有效避免载体自连和 DNA 片段的反向插入和多拷贝现象。

（3）通过其他措施产生黏端的连接:常用的在末端为平端的目的 DNA 片段制造黏端的方法有:①人工接头法:用化学合成法获得含限制性核酸内切酶位点的平端双链寡核苷酸接头（adaptor 或 linker），将此接头连接在目的 DNA 的平端上,然后用相同的限制性核酸内切酶切割人工接头产生黏端,进而连接到载体上。②加同聚物尾法:用末端转移酶将某一核苷酸（如 dC）逐一加到目的 DNA 的 3'- 端羟基上,形成同聚物尾（如同聚 dC 尾）;同时又将与之互补的另一核苷酸（如 dG）加到载体 DNA 的 3'- 端羟基上,形成与目的 DNA 末端互补的同聚物尾（如同聚 dG 尾）。两个互补的同聚物尾均为黏端,因而可高效率地连接到一起。③PCR 法:针对目的 DNA 的 5'- 端和 3'- 端设计一对特异引物,在每条引物的 5'- 端分别加上不同的限制性核酸内切酶位点,然后以目的 DNA 为模板,经 PCR 扩增便可得到带有引物序列的目的 DNA,再用相应限制性核酸内切酶切割 PCR 产物,产生黏端,随后便可与带有相同黏端的线性化载体进行有效连接。另外,在使用 Taq DNA 聚合酶进行 PCR 时,扩增产物的 3'- 端一般多出一个不配对的腺苷酸残基（A）而成为黏端,这样的 PCR 产物可直接与 3'- 端带不配对的胸腺嘧啶残基（T）的线性化载体（T 载体）连接,此即 T-A 克隆。

2. 平端连接　若目的 DNA 两端和线性化载体两端均为平端,则两者之间也可在 DNA 连接酶的作用下进行连接,其连接结果有三种:载体自连、载体与目的 DNA 连接和 DNA 片段自连,但连接效率都较低。为了提高连接效率,可采用提高连接酶用量、延长连接时间、降低反应温度、增加 DNA 片段与载体的摩尔比等措施。平端连接同样存在载体自身环化、目的 DNA 双向插入和多拷贝现象等缺点。

3. 黏 - 平端连接　黏 - 平末端连接是指目的 DNA 和载体通过一端为黏端、另一端为平端的方式进行连接。以该方式连接时,目的 DNA 被定向插入载体（定向克隆）（图 19-17）,连接效率介于黏端和平端连接之间。可采用提高平端连接效率的措施提高该方式的连接效率。

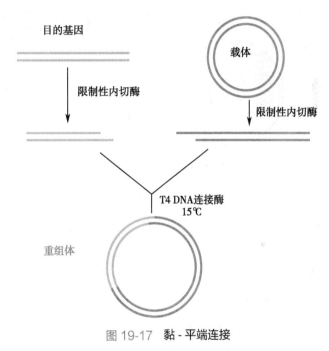

图 19-17　黏 - 平端连接

（四）重组 DNA 转入宿主细胞使其得以扩增

重组 DNA 转入宿主细胞后才能得到扩增。理想的宿主细胞通常是 DNA/ 蛋白质降解系统和 / 或重组酶缺陷株,这样的宿主细胞称为工程细胞。工程细胞具有较强的接纳外源 DNA 的能力,可保证外源 DNA 长期、稳定地遗传或表达。将重组 DNA 导入宿主细胞的常用方法有如下几种:

1. 转化　转化（transformation）是指将外源 DNA 直接导入细菌、真菌的过程,例如,重组质粒导入大肠埃希菌。然而,只有细胞膜通透性增加的细菌才容易接受外源 DNA,这样的细菌称作感受态细胞（competent cells）。实现转化的方法包括化学诱导法（如氯化钙法）、电穿孔（electroporation）法等。此外,将质粒 DNA 直接导入酵母细胞以及将黏粒 DNA 导入细菌的过程也称作转化。

2. 转染　转染（transfection）是指将外源 DNA 直接导入真核细胞（酵母除外）的过程。常用的转染方法包括化学方法（如磷酸钙共沉淀法、脂质体融合法等）和物理方法（如显微注射法、电穿孔法等）。此外,将噬菌体 DNA 直接导入受体细菌的过程也称作转染。

3. 感染　感染（infection）是指以病毒颗粒作为外源 DNA 运载体导入宿主细胞的过程。例如,以噬菌体、逆转录病毒、腺病毒等 DNA 作为载体构建的重组 DNA 分子,经包装形成病毒颗粒后进入宿主细胞。

(五)多种方式进行重组体的筛选与鉴定

重组 DNA 分子导入宿主细胞后,可通过载体携带的选择标记或目的 DNA 片段的序列特征进行筛选和鉴定,从而获得含重组 DNA 分子的宿主细胞。筛选和鉴定方法主要有遗传标志筛选法、序列特异性筛选法、亲和筛选法等。

1. 借助载体上的遗传标志进行筛选 载体上通常携带可供重组体筛选的遗传标志,如抗生素抗性基因等,据此可对含重组 DNA 的宿主细胞进行筛选。

(1)利用抗生素抗性标志筛选:将含有某种抗生素抗性基因的重组载体转化宿主细胞,然后在含相应抗生素的培养液中培养此细胞,若细胞能在这种条件下生长,则说明细胞中至少应含有导入的载体,但是否是插入目的DNA 的载体,还需要进一步鉴定。若细胞中没有载体,则被抗生素杀死。

(2)利用基因的插入失活/插入表达特性筛选:针对某些带有抗生素抗性基因的载体,当目的 DNA 插入抗性基因后,可使该抗性基因失活。如果还以这种抗生素抗性进行筛选,不能生长的细胞应该是含重组 DNA 的细胞。以这种方式筛选时,通常载体上携带一个以上筛选标志基因。例如 pBR322 质粒含有氨苄西林抗性基因(amp^R)和四环素抗性基因(tet^R),如将目的 DNA 插入 tet^R 中,tet^R 失活,含重组DNA 的细胞只能在含氨苄西林的培养基中生长,而不能在含四环素的培养基中生长(图19-18)。

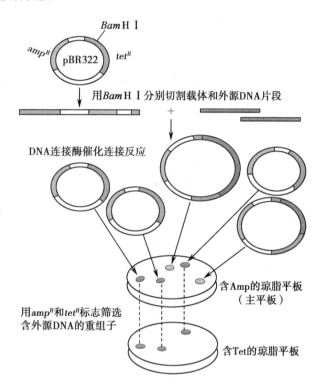

图 19-18 插入失活筛选含重组载体的宿主细胞

(3)利用标志补救筛选:标志补救(marker rescue)是指当载体上的标志基因在宿主细胞中表达时,宿主细胞通过与标志基因表达产物互补弥补自身的相应缺陷,从而在相应选择培养基中存活。利用该策略可初步筛选含有载体的宿主细胞。例如,S. cerevisiae 酵母菌株,因 trp1 基因突变而不能在缺少色氨酸的培养基上生长,当转入带有功能性 trp1 基因的重组载体后,转化菌则能在色氨酸缺陷的培养基上生长。标志补救也可用于外源基因导入哺乳类细胞后阳性克隆的初筛,例如,当将带有二氢叶酸还原酶(DHFR)基因(dhfr)的真核表达载体导入 dhfr 缺陷的哺乳类细胞后,则可使细胞在无胸腺嘧啶的培养基中存活,从而筛选出带有载体的克隆(DHFR 可催化二氢叶酸还原成四氢叶酸,后者可用于合成胸腺嘧啶)。

利用 α 互补筛选携带重组质粒的细菌也是一种标志补救筛选方法。关于 α 互补原理在本节"重组 DNA 技术中常用载体"部分已有介绍(图 19-13)。

(4)利用噬菌体的包装特性进行筛选:λ 噬菌体的一个重要遗传特性就是其在包装时对 λDNA 大小有严格要求,只有当 λDNA 的长度达到其野生型长度的 75%~105% 时,方能包装形成有活性的噬菌体颗粒,进而在培养基上生长时呈现清晰的噬斑,而不含外源 DNA 的单一噬菌体载体 DNA 因其长度太小而不能被包装成有活性的噬菌体颗粒,故不能感染细菌形成噬斑。根据此原理可初步筛出带有重组 λ 噬菌体载体的克隆。

2. 序列特异性筛选 根据序列特异性筛选的方法包括限制性核酸内切酶酶切法、PCR 法、核酸杂交法、DNA 测序法等。

（1）酶切法：针对初筛为阳性的克隆，提取其重组 DNA，以合适的限制性核酸内切酶进行酶切消化，经琼脂糖凝胶电泳便可判断有无目的 DNA 片段的插入及插入片段的大小。同时，根据酶切位点在插入片段内部的不对称分布，还可鉴定插入 DNA 片段在载体上的方向；也可用多种限制性核酸内切酶制作并分析插入片段的酶切图谱。

（2）PCR 法：利用序列特异性引物，经 PCR 扩增，可鉴定出含有目的 DNA 的阳性克隆。如果利用克隆位点两侧载体序列设计引物进行 PCR 扩增，再结合序列分析，便能可靠地证实插入片段的方向、序列和可读框的正确性。

（3）核酸杂交法：该方法可直接筛选和鉴定含有目的 DNA 的克隆。常用方法是菌落或噬斑原位杂交法，其基本过程如图 19-19 所示：将转有外源 DNA 的菌落或噬斑影印到硝酸纤维素膜上，细菌裂解后所释放出的 DNA 将被吸附在膜上，将膜与标记的核酸探针杂交，通过检测探针的存在即可鉴定出含有重组 DNA 的克隆。根据核酸探针标记物的不同，可通过放射自显影、化学发光、酶作用于底物显色等方法来显示探针的存在位置，也就是阳性克隆存在的位置。

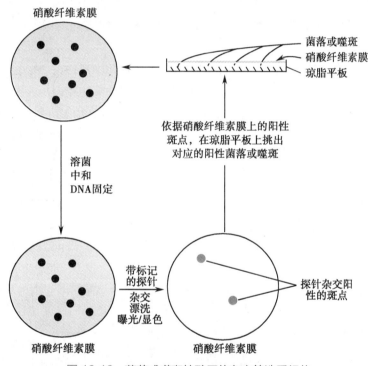

图 19-19　菌落或噬斑核酸原位杂交筛选重组体

（4）DNA 测序法：该法是最准确的鉴定目的 DNA 的方法。针对已知序列，通过 DNA 测序可明确具体序列和可读框的正确性；针对未知 DNA 片段，可揭示其序列，为进一步研究提供依据。

3. 亲和筛选法　亲和筛选法的前提是重组 DNA 进入宿主细胞后能够表达出其编码产物。常用的亲和筛选法的原理是基于抗原 - 抗体反应或配体 - 受体反应。一般做法与上述菌落或噬斑核酸原位杂交相似，只是被检测的靶分子换成吸附于硝酸纤维素膜上的蛋白质，检测探针换成标记的抗体 / 抗原或配体 / 受体。

四、克隆基因的表达

采用重组 DNA 技术还可进行目的基因的表达，实现生命科学研究、医药或商业目的，这是基因工程的最终目标。基因表达涉及正确的基因转录、mRNA 翻译、适当的转录后及翻译后的加工过程，这些过程对于不同的表达体系是不同的。克隆目的基因，进而大量地表达出有特殊意义的蛋白质，已成为重组 DNA 技术中一个专门的领域，这就是重组蛋白质表达。在蛋白质表达领域，表达体系的建立包括表达载体的构建、宿主细胞的建立及表达产物的分离、纯化等技术和策略。基因工程中的表达系统包括原核和真核表达体系。

（一）原核表达体系

细菌，特别是大肠埃希菌（E. coli），是当前采用最多的原核表达体系，其优点是培养方法简单、迅速、经济而又适合大规模生产工艺。

1. 原核表达载体的必备条件　运用 E. coli 表达有用的蛋白质必须使构建的表达载体符合下述标准：①含 E. coli 适宜的选择标志；②具有能调控转录、产生大量 mRNA 的强启动子，如 lac、tac 启动子或其他启动子序列；③含适当的翻译控制序列，如核糖体结合位点和翻译起始点等；④含有合理设计的 MCS，以确保目的基因按一定方向与载体正确连接。

2. 大肠埃希菌表达体系的优点　E. coli 表达体系在实际应用中有很多的优点，诸如：①高表达水平：E. coli 能够迅速复制和表达外源蛋白质，从而可获得高产量的目标蛋白质。②简单易操作，成本低：E. coli 是一种相对简单的微生物，容易控制培养条件，操作简单，培养成本低廉。③易于遗传操作：E. coli 基因组结构简单，构建载体相对容易。④基因组和调控机制清晰：E. coli 的基因组已被广泛研究，对其基因组结构、调控机制和代谢途径有较清晰的了解，便于通过基因工程手段更好地调控目标蛋白质的表达。

3. 大肠埃希菌表达体系的缺点　E. coli 表达体系在实际应用中尚存在一些不足之处，诸如：①由于缺乏转录后加工机制，对于真核基因来说，E. coli 表达体系只能表达经逆转录合成的 cDNA 编码产物，不宜表达从基因组 DNA 上扩增的基因；②由于缺乏适当的翻译后加工机制，真核基因的表达产物在 E. coli 表达体系中往往不能被正确地折叠或糖基化修饰；③真核基因表达的蛋白质常常形成不溶性的包涵体（inclusion body），欲使其具有活性尚需进行复杂的变性 - 复性处理；④很难用 E. coli 表达体系大量表达可溶性蛋白质。

（二）真核表达体系

真核表达体系除与原核表达体系有相似之处外，一般还常有自己的特点。真核表达载体通常含有供真核细胞使用的选择标记、启动子、转录和翻译终止信号、mRNA 的 poly（A）加尾信号或染色体整合位点等。

真核表达体系有酵母、昆虫、哺乳动物类细胞等，不仅可以表达克隆的 cDNA，也可表达从真核基因组 DNA 扩增的基因。哺乳动物细胞内表达的蛋白质通常经过适当的修饰，确保其功能和稳定性。这些蛋白质也会在细胞内特定区域进行适当的分布和积累，以维持细胞的正常生理活动。因此，采用真核表达体系的优势是：①具有转录后加工机制；②具有翻译后修饰机制；③表达的蛋白质不形成包涵体（酵母除外）。当然，操作技术难、费时、费钱是其缺点。

（三）重组蛋白质的表达策略

在实际工作中，蛋白质表达策略颇不一致，需要根据目的不同制定不同的重组蛋白质表达策略。有时表达目的是获得蛋白质抗原，以便制备抗体，此时要求表达的蛋白质或多肽具有抗原性，同时要求表达产物易于分离、纯化。较好的策略是为目的基因连上一个编码标签肽的序列，从而表达为融合蛋白质（fusion protein）。谷胱甘肽 -s- 转移酶（GST）标签系统就是一种常用的策略。但是，即使是非常小的标签也会影响它们所附着的蛋白质的性质，从而影响研究结果。例如，标签可能会对蛋白质的折叠产生不利影响。如果在设计融合基因时，在目的基因和标签序列之间加入适当的裂解位点，则很容易从表达的融合分子中去除标签序列。巧妙地设计标签序列还可大大方便表达产物的分离纯化。如果表达的蛋白质是为了用于生物化学、细胞生物学研究或临床诊断，除分离纯化方便外，更重要的是考虑蛋白质的功能和生物学活性。一般表达的可溶性蛋白质往往具有特异的生物学功能，如果表达的是包涵体形式，还需要在分离纯化后进行复性或折叠。

第三节 ｜ 重组 DNA 技术在医学中的应用

目前,重组 DNA 技术已广泛应用于生命科学和医学研究、疾病诊断与防治、法医学鉴定、物种的修饰与改造等诸多领域,对医学临床及医学研究的影响日益增大。

一、重组 DNA 技术广泛应用于生物医学

利用重组 DNA 技术的实际目标是生产用于生物医学应用的物质。该技术至少有两个优点:①可以提供大量传统纯化方法无法获得的物质(如干扰素、组织型纤溶酶原活化因子等)。②生产有药用价值的蛋白质 / 多肽及疫苗抗原等产品,如用于人类和其他动物疾病治疗(胰岛素和生长激素)和诊断(艾滋病检测)以及疾病预防(乙型肝炎疫苗)等。重组人胰岛素是利用该技术生产的世界上第一个基因工程产品。目前上市的基因工程药物已有百种以上,表 19-4 中仅列出部分药物和疫苗。

表 19-4　利用重组 DNA 技术制备的部分蛋白质 / 多肽类药物及疫苗

产品名称	主要功能
组织纤溶酶原激活剂	抗凝血,溶解血栓
凝血因子Ⅷ/Ⅸ	促进凝血,治疗血友病
粒细胞 - 巨噬细胞集落刺激因子	刺激白细胞生成
促红细胞生成素	促进红细胞生成,治疗贫血
多种生长因子	刺激细胞生长与分化
生长激素	治疗侏儒症
胰岛素	治疗糖尿病
多种白细胞介素	调节免疫,调节造血
肿瘤坏死因子	杀伤肿瘤细胞,调节免疫,参与炎症
骨形态形成蛋白	修复骨缺损,促进骨折愈合
人源化单克隆抗体	利用其结合特异性进行临床诊断,肿瘤靶向治疗
重组乙肝疫苗（HBsAg VLP）	预防乙型肝炎
重组 HPV 疫苗（L1VLP）	预防 HPV 感染
重组 B 亚单位霍乱菌苗	口服预防霍乱

注:VLP:类病毒颗粒;HBsAg:乙肝病毒表面抗原;L1HPV:人乳头瘤病毒衣壳蛋白。

利用重组 DNA 技术,可以让细菌、酵母等低等生物成为制药工厂,也使基因工程细菌成为各类生物基因的储藏所;可以将小鼠杂交瘤细胞人源化,让其产生人源化抗体;可以制造基因工程病毒,使病毒保留免疫原性,缺乏感染性或变成不含核酸的类病毒颗粒(virus-like particle,VLP)。

二、重组 DNA 技术是医学研究的重要技术平台

重组 DNA 技术可用于医学研究的很多方面,诸如遗传修饰动物模型的建立、遗传修饰细胞模型的建立、基因获得或丧失对生物功能的影响等。

NOTES

379

(一)遗传修饰动物模型在医学中具有广泛的应用

重组 DNA 技术可用于遗传修饰动物模型的研制,从而建立人类疾病的动物模型。目前已经建立了诸多人类疾病的遗传修饰动物模型,用于研究癌症、糖尿病、肥胖、心脏病、老化、关节炎等;遗传修饰猪模型的应用,可望增加器官移植的成功率;改造蚊子的基因组,使其产生对疟疾的免疫反应,可望消灭疟疾。

(二)遗传修饰细胞模型在医学中具有创新应用

重组 DNA 技术也可用于遗传修饰细胞模型的建立,从而用于基因替代治疗 / 靶向治疗,或体内示踪。由单基因产物缺乏引起的疾病在理论上都可以接受替代治疗,其策略是将基因的正常副本克隆到载体中,并转入宿主细胞进行可调控的表达。体细胞基因治疗(somatic gene therapy)已经在 X 连锁联合免疫缺陷病(X-linked SCID)、慢性淋巴细胞白血病(chronic lymphocytic leukemia,CLL)和帕金森病进行了临床研究。改造 T 淋巴细胞,让其携带嵌合抗原受体(chimeric antigen receptor,CAR),从而达到靶向治疗疾病的 CAR-T 细胞也是采用重组 DNA 技术实现的。表 19-5 中仅列出部分已获批的基因治疗药物。

表 19-5　利用重组 DNA 技术进行的临床治疗

原理	治疗疾病
功能性 ADA(腺苷脱氨酶)基因导入患者造血干细胞	重症联合免疫缺陷症
功能性 β- 珠蛋白基因(βA-T87Q- 珠蛋白基因)导入患者造血干细胞	输血依赖性 β- 地中海贫血
功能性 ABCD1 基因导入患者造血干细胞	早期脑肾上腺脑白质营养不良
靶向 CD19,CAR-T 细胞疗法	复发或难治性大 B 细胞淋巴瘤
靶向 B 细胞成熟抗原(BCMA),CAR-T 细胞疗法	复发或难治性多发性骨髓瘤
肿瘤抑制基因 p53 与人工改造的重组复制缺陷型人 5 型腺病毒重组	头颈部鳞状细胞癌
功能性脂蛋白脂酶(LPL)制备 AAV 病毒载体导入肌细胞	严重或反复胰腺炎发作的脂蛋白脂酶缺乏症
功能性 RPE65 基因导入患者视网膜细胞	因双拷贝 RPE65 基因突变所致视力丧失但保留有足够数量的存活视网膜细胞患者
正常 SMN1 基因导入患者体内	治疗 2 岁以下脊髓性肌萎缩症
血管内皮生长因子(VEGF)165 基因重组质粒导入患者体内	周边血管动脉疾病,包括重度肢体缺血

(三)基因和基因功能的获得与丧失是科学研究的重要领域之一

基因工程生物或细胞模型可用来发现一些基因的新功能,或发现新基因,一般可通过基因的获得(如转基因)或丧失(如基因敲除)进行研究,也可通过示踪实验,如将绿色荧光蛋白质(green fluorescent protein,GFP)与细胞内的某些蛋白质融合,可使细胞变成具有示踪作用的发光细胞,来研究基因表达产物的定位或相互作用信息等,或通过报告基因(如 GFP 或催化特定底物的酶)与不同启动子相融合的方法实现对基因表达调控的研究。

三、重组 DNA 技术是基因及其表达产物研究的技术基础

重组 DNA 技术已经成为基因或基因功能获得或丧失研究的技术基础,它可以产生完全功能缺失等位基因、隐性功能缺失等位基因和显性功能获得等位基因。

(一)在基因组水平上干预基因

重组 DNA 技术是基因打靶(包括基因敲除和基因敲入)及基因组编辑等的技术基础。例如,基因敲除(gene knock-out),传统的方法是利用同源重组的原理,用目的基因替换基因组上的特定基因,

要实现这一目标,需要将目的基因克隆到合适的载体上,并在其两侧加上待敲除基因上的部分序列,使重组 DNA 进入细胞后能通过同源重组替换基因组的目标基因。条件性基因打靶(conditional gene targeting)是在目的基因两侧构建了 Cre 重组酶的切割位点。基因组编辑(genome editing)是指一类能定向地在基因组上改变基因序列的技术,其中 CRISPR/Cas9 系统是目前应用最多的、脱靶最少的基因组编辑技术,也是细菌抵抗病毒感染的一种获得性免疫机制。利用 CRISPR/Cas9 基因组编辑技术对特定基因进行改造,也需要在体外构建含导向 crRNA 和 Cas9 编码基因的重组载体,然后将这种重组载体导入受体细胞,才能实现在基因组水平定向地改变特定基因的目的。

(二) 在 RNA 水平上干预基因的功能

RNA 干扰(RNA interference,RNAi)是通过干扰小 RNA(small interference RNA,siRNA)与靶 RNA 结合,从而阻止基因表达的方法。siRNA 可以直接采用化学法合成,也可以利用 DNA 克隆技术构建干扰小发夹 RNA,即将编码 siRNA 反向互补序列和间隔序列(linker)克隆入合适的载体,在细胞内转录合成干扰小发夹 RNA,实现 RNA 干扰目的。除了进行科学研究,已经有很多 siRNA 用于临床治疗,如靶向转甲状腺素蛋白(ATTR)mRNA 的 siRNA,治疗成人遗传性转甲状腺素蛋白淀粉样变性伴多发性神经病(hATTR-PN);靶向羟基酸氧化酶 1(HAO1)mRNA 的 siRNA,治疗原发性高草酸尿症 1 型(PH1);靶向 PCSK9 mRNA 的 siRNA,治疗成人原发性高胆固醇血症(杂合子家族性和非家族性)或混合型血脂异常等。

(三) 研究蛋白质的相互作用

重组 DNA 技术也是蛋白质相互作用研究的技术基础。例如,酵母双杂交系统(yeast two-hybrid system)是利用分别克隆转录因子 DNA 结合结构域(DNA binding domain,DBD)和转录激活结构域(transcription activating domain,TAD)的融合基因,对 DBD- 融合蛋白质和 TAD- 融合蛋白质的融合部分的潜在相互作用能力进行研究。

小　结

DNA 重组是指 DNA 分子内或分子间发生的遗传信息的重新共价组合过程,包括同源重组、位点特异性重组和转座重组等类型,广泛存在于各类生物。自然界 DNA 重组方式主要有同源重组、位点特异性重组和转座重组。原核生物还可以接合、转化和转导等作为基因转移的方式。噬菌体在感染细菌后在宿主基因组上留下短序列,从而组成 CRISPR 序列簇,成为细菌防御病毒感染的重要获得性免疫机制。

重组 DNA 技术是指通过体外操作将不同来源的两个或两个以上 DNA 分子重新组合,并在适当细胞中扩增形成新的功能 DNA 分子的方法。基本操作包括五步:①获取目的 DNA;②选择和准备载体;③目的 DNA 与载体连接;④重组 DNA 导入受体细胞;⑤重组体的筛选、鉴定及克隆化。依据载体的不同,重组的目的基因可被克隆扩增或在原核或真核细胞中表达。限制性核酸内切酶、DNA 连接酶等是重组 DNA 技术常用的重要工具酶。

拟克隆的基因称为目的基因。获取目的基因的方法包括化学合成、从基因组文库或 cDNA 文库钓取以及 PCR 扩增等。载体是指能携带目的基因在受体细胞中复制或表达的 DNA 分子,可分为克隆载体和表达载体。克隆载体应至少具备复制位点、供目的基因插入的单一酶切位点或多克隆酶切位点和筛选标志,表达载体除了具备克隆载体的一般特征外,还应具备供目的基因在受体细胞中表达的转录单位及必要元件,如真核表达载体的 poly(A)加尾信号。筛选和鉴定重组体的方法主要有遗传标志筛选法、序列特异性筛选法、亲和筛选法等。表达目的基因的体系包括原核表达体系和真核表达体系,两者各具优势和不足。常用的原核表达体系是大肠埃希菌表达体系,操作简便,但缺乏对基因表达产物的加工修饰;常用的真核表达体系有酵母表达体系、昆虫表达体系和哺乳细胞表达体系。

重组 DNA 技术已经成为基因工程制药的重要技术平台,包括重组蛋白质、重组多肽、重组病毒或类病毒颗粒、人源化单克隆抗体等多种药物都是采用重组 DNA 技术完成的;重组 DNA 技术也是医学研究的重要平台技术,通过重组 DNA 技术构建的遗传修饰的各种模式生物已经成为人类疾病研究的重要模型;重组 DNA 技术也是基因及其功能研究的技术基础,包括基因打靶、基因组编辑、RNA 干扰及蛋白质相互作用等技术都是以重组 DNA 技术为基础。

思考题:

1. 设想一下,生物体基因组 DNA 自发地频繁发生重组,无论是同源重组、位点特异性重组或转座重组,会对生物体产生哪些潜在的影响?

2. 生物体基因组可以摄取外源 DNA 留作已用(如细菌的 CRISPR 阵列),并进化成为自身的防御机制。请思考一下,细菌利用 CRISPR/Cas 系统作为获得性免疫机制,人等哺乳动物是否也需要类似的机制? 为什么?

3. 重组 DNA 技术为操作 DNA 提供了技术平台,如何优化重组 DNA 技术更精准有效进行 DNA 改变用于疾病的诊断和治疗?

4. 重组 DNA 技术的应用涉及伦理道德问题(如基因编辑、克隆等)、环境保护问题(如转基因作物的种植、生物修复等)以及科学研究问题(如疾病诊断和治疗等)等。请思考一下,DNA 重组技术会对人类社会和环境有哪些影响?

思考题解题思路

本章目标测试

本章思维导图

(郑 斌)

NOTES

第四篇
医学专题

本篇讨论疾病状态下机体的生物化学与分子生物学特点,包括细胞信号转导与疾病,DNA损伤和损伤修复,疾病相关基因,癌症的分子基础,基因诊断和基因治疗,肝、血液和其他重要组织器官的生物化学,共八章。

机体细胞对外界环境的刺激可产生应答。细胞所处微环境中的信号分子结合特异性受体将信号传入细胞内,通过信号转导通路,激活不同的转录因子,调控基因表达,从而调控细胞的代谢和增殖。

人体虽有精细的调控机制保证 DNA 结构的完整性,但 DNA 仍会由于多种因素的影响而发生结构变化(损伤或变异),细胞的 DNA 损伤修复系统则可修复这些损伤,将结构变异控制在最低的程度。

基因和疾病的关系是医学最为关注的问题。人类的多种疾病都与基因的结构、功能,或表达异常有关,分子医学、精准医学、转化医学的发展丰富了人们对常见疾病和发病机制的认识,为分子诊断、分子靶向干预提供了靶点。

癌症的发生是多基因协同参与、多阶段逐渐形成的过程。癌基因和抑癌基因在肿瘤发生发展过程中起着重要的作用,以癌基因和抑癌基因为靶标的肿瘤靶向治疗为人类攻克肿瘤带来了希望。

精准诊断、精准治疗和精准预防依赖于分子水平的诊治。基因诊断和基因治疗从基因水平探讨疾病发生的分子机制,评估个体对疾病的易感性,进而采用针对性的手段矫正疾病的基因紊乱状态,是现代医学发展的重要方向。

本篇最后阐述了肝、血液和其他重要组织器官的生物化学特点。肝是有机体物质代谢的大本营,除在三大营养物质代谢中发挥重要作用外,还在维生素、激素、胆汁酸和其他非营养物质代谢方面起到至关重要的作用。

血液的有形细胞成分参与氧与二氧化碳的运输、防御病原微生物入侵等重要功能;血液中的可溶性蛋白质成分和非蛋白质成分,更是种类繁多、功能多样。

其他重要组织器官(脑、心肌、骨骼肌、脂肪组织、肾)的物质代谢也各具特色,其代谢紊乱与阿尔茨海默病、肥胖、糖尿病等疾病的发生密切相关。

医学所涉及的生物化学与分子生物学问题复杂多样,从本篇获得的知识将仅仅是冰山一角。

(张晓伟)

第二十章 | 细胞信号转导与疾病

生物体内各种细胞在功能上的协调统一是通过细胞间相互识别和相互作用来实现的。在多细胞生物中,细胞间或细胞内高度精确和高效地发送与接收信息,并通过放大机制引起快速的细胞生理反应,这一过程称为细胞通信(cell communication)。细胞对来自外界的刺激或信号发生反应,通过细胞内多种分子相互作用引发一系列有序反应,将细胞外信息传递到细胞内,并据以调节细胞代谢、增殖、分化、功能活动和凋亡的过程称为信号转导(signal transduction)。细胞通信和信号转导过程是高等生物生命活动的基本机制。阐明细胞信号转导机制对于认识生命活动的本质具有重要的理论意义,同时也为医学的发展带来新的机遇和挑战。

第一节 | 细胞信号转导概述

细胞信号转导是通过多种分子相互作用的一系列有序反应,将来自细胞外的信息传递到细胞内各种效应分子的过程。通过这一过程,细胞可接收细胞间的接触刺激信号,或所处微环境中的各种化学和物理信号,并将其转变为细胞内各种分子数量、分布或活性的变化,从而改变该细胞的某些代谢过程、生长速度或迁移等生物学行为。在某些情况下,细胞可在外来信号的诱导下进入程序化死亡过程(凋亡)。

一、细胞外化学信号有可溶性和膜结合性两种形式

细胞可以感受物理信号,但体内细胞所感受的外源信号主要是化学信号。化学信号通信的建立是生物体为适应环境而不断变异、进化的结果。单细胞生物可直接接收来自外界环境的信息;而多细胞生物中的单个细胞则主要接收来自其他细胞的信号,或所处微环境的信息。最原始的通讯方式是细胞与细胞间通过孔道进行的直接物质交换,或者是通过细胞表面分子相互作用实现信息交流,这种调节方式至今仍然是高等动物细胞分化、个体发育及实现整体功能协调、适应的重要方式之一。但是,相距较远细胞之间的功能协调必须有可以远距离发挥作用的信号。

(一) 可溶性信号分子作为游离分子在细胞间传递

多细胞生物中,细胞可通过分泌化学物质(如蛋白质或小分子有机化合物)而发出信号,这些分子作用于靶细胞表面或细胞内的受体,调节靶细胞的功能,从而实现细胞之间的信息交流。可溶性信号分子可根据其溶解特性分为脂溶性化学信号和水溶性化学信号两大类;而根据其在体内的作用距离,则可分为内分泌信号、旁分泌信号和神经递质三大类(表20-1)。有些旁分泌信号还作用于发出信号的细胞自身,称为自分泌。

表 20-1 可溶性信号分子的分类

特征	神经分泌信号	内分泌信号	旁分泌及自分泌信号
化学信号	神经递质	激素	细胞因子
作用距离	nm	m	mm
受体位置	膜受体	膜或胞内受体	膜受体
举例	乙酰胆碱、谷氨酸	胰岛素、甲状腺激素、生长激素	表皮生长因子、白细胞介素、神经生长因子

（二）膜结合性信号分子需要细胞间接触才能传递信号

每个细胞的质膜外表面都有众多的蛋白质、糖蛋白、蛋白聚糖分子。相邻细胞可通过膜表面分子的特异性识别和相互作用而传递信号。当细胞通过膜表面分子发出信号时，相应的分子即为膜结合性信号分子，而在靶细胞表面存在与之特异性结合的分子，通过这种分子间的相互作用而接收信号，并将信号传入靶细胞内。这种细胞通讯方式称为膜表面分子接触通讯。属于这一类通讯的有相邻细胞间黏附因子的相互作用、T 淋巴细胞与 B 淋巴细胞表面分子的相互作用等。

二、细胞经由特异性受体接收细胞外信号

细胞接收信号时，是通过受体（receptor）将信号导入细胞内。受体通常是细胞膜上或细胞内能特异识别生物活性分子并与之结合，进而引起生物学效应的特殊蛋白质，个别糖脂也具有受体作用。能够与受体特异性结合的分子称为配体（ligand）。可溶性和膜结合性信号分子都是常见的配体。

（一）受体有细胞内受体和膜受体两种类型

按照其在细胞内的位置，受体分为细胞内受体和膜受体（图 20-1）。细胞内受体包括位于细胞质或胞核内的受体，其相应配体是脂溶性信号分子，如类固醇激素、甲状腺激素、视黄酸等。水溶性信号分子和膜结合性信号分子（如生长因子、细胞因子、水溶性激素分子、黏附分子等）不能进入靶细胞，其受体位于靶细胞的细胞质膜表面。

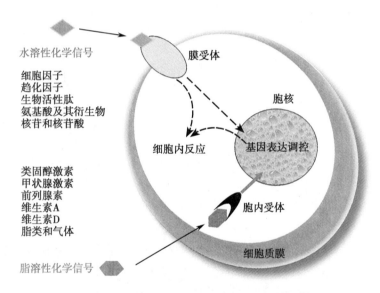

图 20-1 水溶性和脂溶性化学信号的转导

（二）受体结合配体并转换信号

受体识别并与配体结合，是细胞接收外源信号的第一步反应。受体有两个方面的作用：一是识别外源信号分子并与之结合；二是转换配体信号，使之成为细胞内分子可识别的信号，并传递至其他分子引起细胞应答。

1. **细胞内受体能够直接传递信号或通过特定的途径传递信号** 有许多细胞内受体是基因表达的调控蛋白质，与进入细胞的信号分子结合后，可以直接传递信号，即直接调控基因表达。另有一些细胞内受体可以结合细胞内产生的信号分子（如细胞应激反应中产生的细胞内信号分子），直接激活效应分子或通过一定的信号转导途径激活效应分子。

2. **膜受体识别细胞外信号分子并转换信号** 膜受体识别并结合细胞外信号分子，将细胞外信号转换成为能够被细胞内分子识别的信号，通过信号转导途径将信号传递至效应分子，引起细胞的应答。

（三）受体与配体的相互作用具有共同的特点

受体在膜表面和细胞内的分布可以是区域性的，也可以是散在的，其作用都是识别和接收外源信

号。受体与配体的相互作用有以下特点。

1. 高度专一性 受体选择性地与特定配体结合,这种选择性是由分子的空间构象所决定的。受体与配体的特异性识别和结合保证了调控的准确性。

2. 高度亲和力 体内化学信号的浓度非常低,受体与信号分子的高亲和力保证了很低浓度的信号分子也可充分发挥其调控作用。

3. 可饱和性 细胞内受体和膜受体的数目都是有限的。增加配体浓度,可使受体与配体的结合达到饱和。当受体全部被配体占据时,再提高配体浓度不会增强效应。

4. 可逆性 受体与配体以非共价键结合,当生物效应发生后,配体即与受体解离。受体可恢复到原来的状态再次接收配体信息。

5. 特定的作用模式 受体的分布和含量具有组织和细胞特异性,并呈现特定的作用模式,受体与配体结合后可引起某种特定的生理效应。

三、细胞内多条信号转导途径形成信号转导网络

细胞内多种信号转导分子,依次相互识别、相互作用,有序地转换和传递信号。由一组特定信号转导分子形成的有序化学变化并导致细胞行为发生改变的过程称为信号转导途径(signal transduction pathway)。一条途径中的信号转导分子可以与其他途径中的信号转导分子间相互作用,不同的信号转导途径之间具有广泛的交互作用(cross talking),由此形成了复杂的信号转导网络(signal transduction network)(图20-2)。信号转导途径和网络的形成是动态过程,随着信号的种类和强度的变化而不断变化。

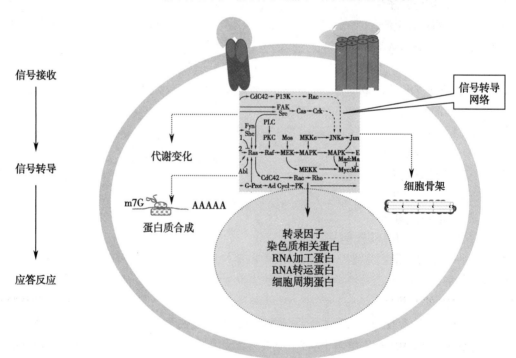

图 20-2 细胞信号转导基本方式示意图

在高等动物体内,细胞外信号分子的作用都具有网络调节特点。如一种细胞因子或激素的作用会受到其他细胞因子或激素的影响,发出信号的细胞又受到其他细胞信号的调节。细胞外信号分子的产生及其调控在另一个层次上形成复杂的网络系统。网络调节使得机体内的细胞因子或激素的作用都具有一定程度的冗余和代偿性,单一缺陷不会导致对机体的严重损害。一些特殊的细胞内事件

NOTES

也可以在细胞内启动信号转导途径。如 DNA 损伤、活性氧（ROS）、低氧状态等，可通过激活特定的分子而启动信号转导。这些途径可以与细胞外信号分子共用部分转导途径、共用一些信号分子，也可以是一些特殊的途径（如凋亡信号转导途径）。

第二节 ｜ 细胞内信号转导分子

细胞外的信号经过受体转换进入细胞内，通过细胞内一些蛋白质分子和小分子活性物质进行传递，这些能够传递信号的分子称为信号转导分子（signal transducer）。这些分子是构成信号转导途径的基础。依据作用特点，信号转导分子主要有三大类：小分子第二信使、酶、调节蛋白质。受体及信号转导分子传递信号的基本方式包括：①改变下游信号转导分子的构象；②改变下游信号转导分子的细胞内定位；③信号转导分子复合物的形成或解聚；④改变小分子信使的细胞内浓度或分布等。

一、第二信使结合并激活下游信号转导分子

配体与受体结合后并不进入细胞内，但能间接激活细胞内其他可扩散、并调节信号转导蛋白质活性的小分子或离子，这些在细胞内传递信号的分子称为第二信使（second messenger），又称细胞内小分子信使。如钙离子、环腺苷酸（cAMP）、环鸟苷酸（cGMP）、环鸟苷一磷酸 - 腺苷一磷酸（cGAMP）、环腺苷二磷酸核糖、甘油二酯（diglyceride，DAG）、肌醇 -1，4，5- 三磷酸（inositol triphosphate，IP_3）、花生四烯酸、神经酰胺、一氧化氮和一氧化碳等。

（一）小分子信使传递信号具有相似的特点

1. **上游信号转导分子使第二信使的浓度升高或分布变化**　多数小分子信使的上游信号转导分子是酶类。这些酶被其上游信号转导分子激活，从而催化小分子信使的生成，使其浓度在细胞内迅速升高。如 cAMP、cGMP、DAG、IP_3 等都是以这种方式产生。Ca^{2+} 则是由其上游分子改变其在细胞内的分布。

2. **小分子信使浓度可迅速降低**　第二信使的浓度变化是传递信号的重要机制，其浓度在细胞接收信号后变化非常迅速，可以在数分钟内被检测出来。而细胞内存在相应的水解酶，可迅速将它们清除，使信号迅速终止，细胞回到初始状态，再接受新的信号。只有当其上游分子（酶）持续被激活，才能使小分子信使持续维持在一定的浓度。

3. **小分子信使激活下游信号转导分子**　小分子信使大都是蛋白质的别构激活剂，当其结合于下游蛋白质分子后，通过改变蛋白质的构象而将其激活，从而使信号进一步传递。

（二）环核苷酸是重要的细胞内第二信使

目前已知的细胞内环核苷酸类第二信使有 cAMP、cGMP 和 cGAMP 三种。

1. **cAMP、cGMP 和 cGAMP 的上游信号转导分子是相应的核苷酸环化酶**　cAMP 的上游分子是腺苷酸环化酶（adenylate cyclase，AC），AC 是膜结合的糖蛋白，哺乳类动物组织来源的 AC 至少有 8 型同工酶。cGMP 的上游分子是鸟苷酸环化酶（guanylate cyclase，GC），GC 有两种形式，一种是膜结合型的受体分子；另一种存在于细胞质。细胞质中的 GC 含有血红素辅基，可直接受一氧化氮（NO）和相关化合物激活。cGAMP 的上游分子是环鸟苷一磷酸 - 腺苷一磷酸合酶（cyclic GMP-AMP synthase，cGAS）。

2. **环核苷酸在细胞内调节蛋白质激酶活性，但蛋白质激酶不是 cAMP 和 cGMP 的唯一靶分子**　cAMP 的下游分子是蛋白质激酶 A（protein kinase A，PKA）。PKA 属于蛋白质丝氨酸 / 苏氨酸激酶类，是由 2 个催化亚基（C）和 2 个调节亚基（R）组成的四聚体。R 亚基抑制 C 亚基的催化活性。cAMP 特异性结合 R 亚基，使其变构，从而释放出游离的、具有催化活性的 C 亚基（图 20-3）。

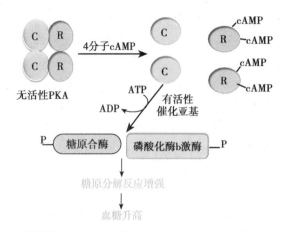

图 20-3 cAMP 激活 PKA 而升高血糖作用机制示意图

cGMP 的下游分子是蛋白质激酶 G（protein kinase G, PKG）。PKG 是由相同亚基构成的二聚体。与 PKA 不同，PKG 的调节结构域和催化结构域存在于同一个亚基内。PKG 在心肌及平滑肌收缩调节方面具有重要作用。

cGAMP 的下游分子是干扰素基因刺激因子（stimulator of interferon gene, STING），cGAS—STING 信号通路主要诱导 I 型干扰素（interferon, IFN）的表达。

环核苷酸作为别构效应剂还可以作用于细胞内其他非蛋白质激酶类分子。一些离子通道可以直接受 cAMP 或 cGMP 的别构调节。

3. 磷酸二酯酶催化环核苷酸水解 细胞中存在多种催化环核苷酸水解的磷酸二酯酶（phosphodiesterase, PDE）。在脂肪细胞中，胰高血糖素在升高 cAMP 水平的同时会增加 PDE 活性，促进 cAMP 的水解，这是调节 cAMP 浓度的重要机制。PDE 对 cAMP 和 cGMP 的水解具有相对特异性。

（三）脂类也可衍生出细胞内第二信使

1. 磷脂酰肌醇激酶和磷脂酶催化生成第二信使 磷脂酰肌醇激酶（PI kinase, PIK）催化磷脂酰肌醇（phosphatidyl inositol, PI）的磷酸化。根据肌醇环的磷酸化羟基位置不同，这类激酶有 PI3K、PI4K、PIP4K 和 PI5K 等。而磷脂酰肌醇特异性磷脂酶 C（phospholipase C, PLC）可将磷脂酰肌醇 -4,5- 二磷酸（PIP$_2$）分解成为 DAG 和 IP$_3$。PIK 和磷脂酶催化产生的第二信使如图 20-4 所示。

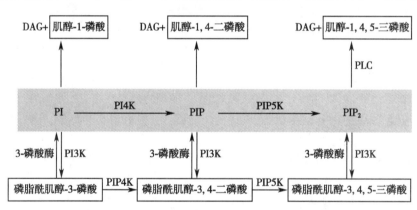

图 20-4 磷脂酶和磷脂酰肌醇激酶催化第二信使的生成

2. 脂类第二信使作用于相应的靶蛋白分子 DAG 是脂溶性分子，生成后仍留在质膜上。IP$_3$ 是水溶性分子，可在细胞内扩散至内质网或肌质网膜上，并与其受体结合。Ca^{2+} 通道是 IP$_3$ 的受体，结合 IP$_3$ 后开放，促进细胞钙库内的 Ca^{2+} 迅速释放，细胞中局部 Ca^{2+} 浓度迅速升高。DAG 和钙离子在细胞内的靶分子之一是蛋白质激酶 C（PKC）。PKC 属于蛋白质丝氨酸 / 苏氨酸激酶。目前发现的 PKC 同工酶有 12 种以上，不同的同工酶有不同的酶学特性、特异的组织分布和亚细胞定位，对辅助激活剂的依赖性亦不同。

（四）钙离子可以激活信号转导相关的酶类

1. 钙离子在细胞中的分布具有明显的区域特征 细胞外液游离钙浓度远高于细胞内钙浓度，而细胞内的 Ca^{2+} 则有 90% 以上储存于细胞内钙库（内质网和线粒体内），胞质内的钙浓度很低。如果细胞质膜或细胞内钙库的 Ca^{2+} 通道开启，可引起胞外钙的内流或细胞内钙库的钙释放，使胞质内 Ca^{2+} 浓度急剧升高。而 Ca^{2+} 进入胞质后，又可再经细胞质膜及钙库膜上的钙泵（Ca^{2+}-ATP 酶）返回细胞外或细胞内钙库,维持细胞质内的低钙状态。

2. 钙离子的下游信号转导分子是钙调蛋白　钙调蛋白(calmodulin,CaM)是一种钙结合蛋白,分子中有 4 个结构域,每个结构域可结合一个 Ca^{2+}。细胞质中 Ca^{2+} 浓度低时,钙调蛋白不易结合 Ca^{2+};随着细胞质中 Ca^{2+} 浓度增高,钙调蛋白可结合不同数量的 Ca^{2+},形成不同构象的 Ca^{2+}/CaM 复合物。钙调蛋白本身无活性,形成 Ca^{2+}/CaM 复合物后则具有调节功能,可调节钙调蛋白依赖性蛋白质激酶的活性。

3. 钙调蛋白不是钙离子的唯一靶分子　除了钙调蛋白,Ca^{2+} 还结合 PKC、AC 和 cAMP-PDE 等多种信号转导分子,通过别构效应激活这些分子。

(五) NO 等小分子也具有信使功能

细胞内一氧化氮(nitrogen monoxide,NO)合酶可催化精氨酸分解产生瓜氨酸和 NO。NO 可通过激活鸟苷酸环化酶、ADP- 核糖转移酶和环氧化酶等传递信号。除了 NO 以外,CO 和 H_2S 的第二信使作用近年来也得到证实。

二、多种酶通过酶促反应传递信号

细胞内的许多信号转导分子都是酶。作为信号转导分子的酶主要有两大类。一是催化小分子信使生成和转化的酶,如腺苷酸环化酶、鸟苷酸环化酶、磷脂酶 C、磷脂酶 D(PLD)等;二是蛋白质激酶,作为信号转导分子的蛋白质激酶主要是蛋白质丝氨酸 / 苏氨酸激酶和蛋白质酪氨酸激酶。

(一) 蛋白质激酶和蛋白质磷酸酶可调控信号传递

蛋白质激酶(protein kinase,PK)与蛋白质磷酸酶(protein phosphatase,PP)催化蛋白质的可逆磷酸化修饰,对下游分子的活性进行调节。蛋白质的磷酸化修饰可能提高其活性,也可能降低其活性,取决于构象变化是否有利于反应的进行。它们对特定底物的催化作用特异性及其在细胞内的分布特异性决定了信号转导途径的精确性。

1. 蛋白质丝氨酸 / 苏氨酸激酶和蛋白质酪氨酸激酶是主要的蛋白质激酶　蛋白质激酶是催化 ATP 的 γ- 磷酸基转移至靶蛋白的特定氨基酸残基上的一类酶。迄今发现的蛋白质激酶已超过 800 种。主要的几类蛋白质激酶见表 20-2。目前对蛋白质丝氨酸 / 苏氨酸激酶和蛋白质酪氨酸激酶类的结构与功能研究较多。

表 20-2　蛋白质激酶的分类

激酶	磷酸基团的受体	激酶	磷酸基团的受体
蛋白质丝氨酸 / 苏氨酸激酶	丝氨酸 / 苏氨酸羟基	蛋白质半胱氨酸激酶	巯基
蛋白质酪氨酸激酶	酪氨酸的酚羟基	蛋白质天冬氨酸 / 谷氨酸激酶	酰基
蛋白质组氨酸 / 赖氨酸 / 精氨酸激酶	咪唑环、胍基、ε- 氨基		

2. 蛋白质磷酸酶拮抗蛋白质激酶诱导的效应　蛋白质磷酸酶使磷酸化的蛋白质发生去磷酸化,拮抗蛋白质激酶的作用,两者共同构成了蛋白质活性的调控系统。

蛋白质磷酸酶的分类也是依据其所作用的氨基酸残基。目前已知的蛋白质磷酸酶包括蛋白质丝氨酸 / 苏氨酸磷酸酶和蛋白质酪氨酸磷酸酶两大类。有少数蛋白质磷酸酶具有双重作用,可同时去除酪氨酸和丝氨酸 / 苏氨酸残基上的磷酸基团。

(二) 许多信号途径涉及蛋白质丝氨酸 / 苏氨酸激酶的作用

细胞内重要的蛋白质丝氨酸 / 苏氨酸激酶包括受环核苷酸调控的 PKA 和 PKG、受 DAG/Ca^{2+} 调控的 PKC、受 Ca^{2+}/CaM 调控的 Ca^{2+}/CaM-PK、受 PIP_3 调控的 PKB 及受丝裂原控制的丝裂原激活的蛋白质激酶(mitogen activated protein kinase,MAPK)等。

（三）蛋白质酪氨酸激酶转导细胞增殖与分化信号

蛋白质酪氨酸激酶（protein tyrosine kinase，PTK）催化蛋白质分子中的酪氨酸残基磷酸化。酪氨酸磷酸化修饰的蛋白质大部分对细胞增殖具有正向调节作用，无论是生长因子作用后正常细胞的增殖、恶性肿瘤细胞的增殖，还是 T 细胞、B 细胞或肥大细胞的活化都伴随着快速发生的多种蛋白质分子的酪氨酸磷酸化。

1. 部分膜受体具有 PTK 活性 这些受体被称为受体型酪氨酸激酶（receptor tyrosine kinase，RTK）。它们在结构上均为单次跨膜蛋白质，其胞外部分为配体结合区，中间有跨膜区，细胞内部分含有 RTK 的催化结构域。RTK 与配体结合后形成二聚体，同时激活其酶活性，使受体胞内部分的酪氨酸残基磷酸化（自身磷酸化）。磷酸化的受体募集含有 SH2 结构域的信号分子，从而将信号传递至下游分子。

2. 细胞内有多种非受体型的 PTK 这些 PTK 本身并不是受体。有些 PTK 是直接与受体结合，由受体激活而向下游传递信号。有些则是存在于细胞质或细胞核中，由其上游信号转导分子激活，再向下游传递信号。非受体型 PTK 的主要作用见表 20-3。

表 20-3　非受体型 PTK 的主要作用

基因家族名称	举例	细胞内定位	主要功能
SRC 家族	Src、Fyn、Lck、Lyn 等	常与受体结合存在于质膜内侧	接受受体传递的信号发生磷酸化而激活，通过催化底物的酪氨酸磷酸化向下游传递信号
ZAP70 家族	ZAP70、Syk	与受体结合存在于质膜内侧	接受 T 淋巴细胞的抗原受体或 B 淋巴细胞的抗原受体的信号
TEC 家族	Btk、Itk、Tec 等	存在于细胞质	位于 ZAP70 和 Src 家族下游接受 T 淋巴细胞的抗原受体或 B 淋巴细胞的抗原受体的信号
JAK 家族	JAK1、JAK2、JAK3 等	与一些白细胞介素受体结合存在于质膜内侧	介导白细胞介素受体活化信号
核内 PTK	Abl、Wee	细胞核	参与转录过程或细胞周期调节

三、信号转导蛋白通过蛋白质相互作用传递信号

信号转导途径中的信号转导分子主要包括 G 蛋白、衔接蛋白质和支架蛋白质，其中许多信号转导分子是没有酶活性的蛋白质，它们通过分子间的相互作用被激活或激活下游分子。

（一）G 蛋白的 GTP/GDP 结合状态决定信号的传递

鸟苷酸结合蛋白（guanine nucleotide-binding protein，G protein）简称 G 蛋白，亦称 GTP 结合蛋白。分别结合 GTP 和 GDP 时，G 蛋白处于不同的构象。结合 GTP 时处于活化形式，能够与下游分子结合，并通过别构效应而激活下游分子。G 蛋白自身均具有 GTP 酶活性，可将结合的 GTP 水解为 GDP，回到非活化状态，停止激活下游分子。

1. 三聚体 G 蛋白介导 G 蛋白偶联受体传递的信号 以 αβγ 三聚体的形式存在于细胞质膜内侧的 G 蛋白，目前已发现 20 余种。三聚体 G 蛋白的 α 亚基具有多个功能位点，包括与 G 蛋白偶联受体（G protein-coupled receptor，GPCR）结合并受其活化调节的部位、与 βγ 亚基相结合的部位、GDP 或 GTP 结合部位以及与下游效应分子相互作用的部位等，α 亚基具有 GTP 酶活性。在细胞内，β 和 γ 亚基形成紧密结合的二聚体，其主要作用是与 α 亚基形成复合体并定位于质膜内侧。三聚体 G 蛋白是直接由 G 蛋白偶联受体激活，进而激活其下游信号转导分子，调节细胞功能。

2. 低分子量 G 蛋白是信号转导途径中的转导分子 低分子量 G 蛋白（21kD）是多种细胞信号

转导途径中的转导分子。Ras 是第一个被发现的低分子量 G 蛋白,因此这类蛋白质被称为 Ras 超家族。目前已知的 Ras 家族成员已超过 50 种,在细胞内分别参与不同的信号转导途径。例如,位于 MAPK 上游的 Ras,在其上游信号转导分子的作用下成为 GTP 结合形式 Ras-GTP 时,可启动下游的 MAPK 级联反应。

在细胞中存在一些专门控制低分子量 G 蛋白活性的调节因子。有的可增强其活性,如鸟嘌呤核苷酸交换因子,促进 G 蛋白结合 GTP 而将其激活;有的可以降低其活性,如 GTP 酶活化蛋白等,可促进 G 蛋白将 GTP 水解成 GDP。

(二) 衔接蛋白质和支架蛋白质连接信号转导网络

1. 蛋白质相互作用结构域介导信号转导途径中蛋白质的相互作用　信号转导途径中的一些环节是由多种分子聚集形成的信号转导复合物(signaling complex)来完成信号传递的。信号转导复合物的形成是一个动态过程,针对不同外源信号,可聚集成不同成分的复合物。信号转导复合物形成的基础是蛋白质相互作用。蛋白质相互作用的结构基础则是各种蛋白质分子中的蛋白质相互作用结构域(protein interaction domain)。这些结构域大部分由 50~100 个氨基酸残基构成,其特点是(图 20-5):①一个信号分子中可含有两种以上的蛋白质相互作用结构域,因此可同时结合两种以上的其他信号分子。②同一类蛋白质相互作用结构域可存在于不同的分子中。这些结构域的一级结构不同,因此选择性结合下游信号分子。③这些结构域没有催化活性。目前已经确认的蛋白质相互作用结构域已经超过 40 种,表 20-4 列举了几种主要的蛋白质相互作用结构域以及它们识别和结合的模体。

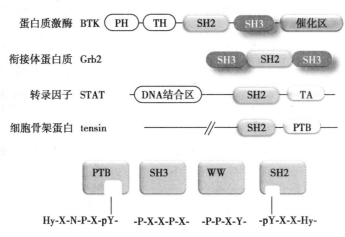

图 20-5　信号转导分子中蛋白质相互作用结构域的分布及作用
图上方为蛋白质相互作用结构域在四个不同种类蛋白质中的分布,下方为几种结构域可识别和结合的结构。

表 20-4　蛋白质相互作用结构域及其识别模体举例

蛋白质相互作用结构域	缩写	存在分子种类	识别模体
Src homology 2	SH2	蛋白激酶、磷酸酶、衔接体蛋白质等	含磷酸化酪氨酸模体
Src homology 3	SH3	衔接体蛋白质、磷脂酶、蛋白质激酶等	富含脯氨酸模体
Pleckstrin homology	PH	蛋白质激酶、细胞骨架调节分子等	磷脂衍生物
Protein tyrosine binding	PTB	衔接体蛋白质、磷酸酶	含磷酸化酪氨酸模体

蛋白质相互作用结构域是通过相应的结合位点而介导蛋白质分子间的相互作用。例如,一个蛋白质分子中有 SH2 结构域,另一个蛋白质分子经磷酸化作用而产生 SH2 结合位点,两个蛋白质分子就可以通过 SH2 结构域和 SH2 结合位点相互作用。

2. 衔接蛋白质连接信号转导分子　衔接蛋白质(adaptor protein)是信号转导途径中不同信号转

导分子之间的接头分子,通过连接上游信号转导分子和下游信号转导分子而形成信号转导复合物。大部分衔接蛋白质含有 2 个或 2 个以上的蛋白质相互作用结构域。例如表皮生长因子受体信号转导途径中的衔接体蛋白质 Grb2 就是由 1 个 SH2 结构域和 2 个 SH3 结构域构成的衔接蛋白质,通过 SH2 和 SH3 结构域连接上下游分子 EGFR 和 SOS(见图 20-11)。

3. 支架蛋白质保证特异和高效的信号转导 支架蛋白质(scaffold protein)一般是分子量较大的蛋白质,带有多个蛋白质结合域可将同一信号转导途径中相关蛋白质组织成群的蛋白质。支架蛋白质结合相关的信号转导分子,使之容纳于一个隔离而稳定的信号转导途径内,避免与其他信号转导途径发生交叉反应,以维持信号转导途径的特异性;同时,它也增加了调控的复杂性和多样性。

第三节 │ 细胞受体介导的细胞内信号转导

不同信号转导分子的特定组合及有序的相互作用,构成不同的信号转导途径。因此,对信号转导的了解,关键是各种信号转导途径中信号转导分子的基本组成、相互作用及引起的细胞应答。

目前将各种细胞内受体归为一类;而依据结构、接收信号的种类、转换信号方式等差异,膜受体则分为三种类型:离子通道受体、GPCR(七次跨膜受体)和酶偶联受体(单次跨膜受体)(表 20-5)。每种类型的受体都有许多种,各种受体激活的信号转导途径由不同的信号转导分子组成,但同一类型受体介导的信号转导具有共同的特点。本节以几类典型受体所介导的信号转导途径为例,介绍细胞信号转导的基本特点。

表 20-5　三类膜受体的结构和功能特点

特性	离子通道受体	G 蛋白偶联受体	酶偶联受体
配体	神经递质	神经递质,激素,趋化因子,外源刺激(味、光)	生长因子,细胞因子
结构	寡聚体形成的孔道	单体	具有或不具有催化活性的单体
跨膜区段数	4 个	7 个	1 个
功能	离子通道	激活 G 蛋白	激活蛋白质激酶
细胞应答	去极化与超极化	去极化与超极化,调节蛋白质功能和表达水平	调节蛋白质的功能和表达水平,调节细胞分化和增殖

一、细胞内受体通过分子迁移传递信号

位于细胞内的受体多为转录因子。当与相应配体结合后,能与 DNA 的顺式作用元件结合,在转录水平调节基因表达。在没有信号分子存在时,受体往往与具有抑制作用的蛋白质分子(如热激蛋白)形成复合物,阻止受体与 DNA 的结合。没有结合信号分子的胞内受体主要位于细胞质中,有一些则在细胞核内。

能与该型受体结合的信号分子有类固醇激素、甲状腺激素、维甲酸和维生素 D 等。当激素进入细胞后,如果其受体是位于细胞核内,激素被运输到核内,与受体形成激素 - 受体复合物。如果受体是位于细胞质中,激素则在细胞质中结合受体,导致受体的构象变化,与热激蛋白分离,并暴露出受体的核内转移部位及 DNA 结合部位,激素 - 受体复合物向细胞核内转移,穿过核孔,迁移进入细胞核内,并结合于其靶基因邻近的激素反应元件上。结合于激素反应元件的激素 - 受体复合物再与位于启动子区域的基本转录因子及其他的特异转录调节分子作用,从而开放或关闭其靶基因,进而改变细胞的基因表达谱(图 20-6)。不同的激素 - 受体复合物结合于不同的激素反应元件(表 20-6)。

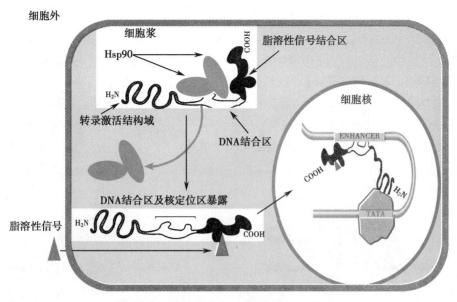

图 20-6　细胞内受体结构及作用机制示意图

脂溶性激素受体存在于细胞内，它们通常都是转录因子，分子中具有锌指结构作为其 DNA 结合区。在没有激素作用时，受体与抑制蛋白（热激蛋白）形成复合物，因此阻止了受体向细胞核的移动及其与 DNA 的结合。当激素与受体结合时，受体构象发生变化，导致热休克蛋白与其解聚，暴露出受体的核内转移部位及 DNA 结合部位，激素 - 受体复合物向核内转移，并结合在特异基因的激素反应元件上，诱导相应的基因表达，引起细胞功能改变。

表 20-6　激素反应元件举例

激素举例	受体所识别的 DNA 特征序列
肾上腺皮质激素	5′-AGAACAXXXTGTTCT-3′ 3′-TCTTGTXXXACAAGA-5′
雌激素	5′-AGGTCAXXXTGACCT-3′ 3′-TCCAGTXXXACTGGA-5′
甲状腺激素	5′-AGGTCATGACCT-3′ 3′-TCCAGTACTGGA-5′

二、离子通道型受体将化学信号转变为电信号

离子通道型受体是一类自身为离子通道的受体。离子通道是由蛋白质寡聚体形成的孔道，其中部分单体具有配体结合部位。通道的开放或关闭直接受化学配体的控制，称为配体门控受体型离子通道，其配体主要为神经递质。

离子通道受体的典型代表是 N 型乙酰胆碱受体，由 β、γ、δ 亚基以及 2 个 α 亚基组成。α 亚基具有配体结合部位。两分子乙酰胆碱的结合可使通道开放，但即使有乙酰胆碱的结合，该受体处于通道开放构象状态的时限仍十分短暂，在几十毫微秒内又回到关闭状态。然后乙酰胆碱与之解离，受体恢复到初始状态，做好重新接受配体的准备（图 20-7）。

离子通道受体信号转导的最终效应是细胞膜电位改变。这类受体引起的细胞应答主要是去极化与超极化。可以认为，离子通道受体是通过将化学信号转变成为电信号而影响细胞功能的。离子通道型受体可以是阳离子通道，如乙酰胆碱、谷氨酸和 5- 羟色胺的受体；也可以是阴离子通道，如甘氨酸和 γ- 氨基丁酸的受体。阳离子通道和阴离子通道的差异是由于构成亲水性通道的氨基酸组成不同，因而通道表面携带有不同电荷所致。

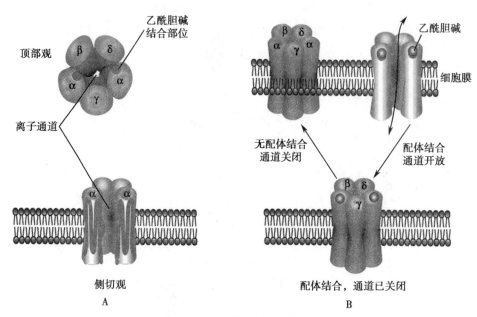

图 20-7 N 型乙酰胆碱受体的结构与功能模式图

乙酰胆碱受体由 5 个同源性很高的亚基构成,包括 2 个 α 亚基,1 个 β 亚基,1 个 γ 亚基和 1 个 δ 亚基。每一个亚基都是一个四次跨膜蛋白,跨膜部分为四个 α- 螺旋结构,其中一个是亲水性 α- 螺旋(含较多的极性氨基酸),五个亚基的亲水性 α- 螺旋共同在膜中形成一个亲水性的通道。乙酰胆碱的结合部位位于 α 亚基上。乙酰胆碱受体可以三种构象存在。两分子乙酰胆碱的结合可以使之处于通道开放构象,但即使有乙酰胆碱的结合,通道开放构象持续的时间仍十分短暂,在几十毫微秒内又回到关闭状态,然后乙酰胆碱与之解离,受体恢复到初始状态,做好重新接受配体的准备。

三、G 蛋白偶联受体通过 G 蛋白和小分子信使介导信号转导

G 蛋白偶联受体(GPCR)在结构上为单体蛋白,氨基端位于细胞膜外表面,羧基端在胞膜内侧,其肽链反复跨膜七次,因此又称为七次跨膜受体。由于肽链反复跨膜,在膜外侧和膜内侧形成了几个环状结构,分别负责接受外源信号(化学、物理信号)的刺激和细胞内的信号传递,受体的胞内部分可与三聚体 G 蛋白相互作用。此类受体通过 G 蛋白向下游传递信号,因此称为 G 蛋白偶联受体。

(一) G 蛋白偶联受体介导的信号转导途径具有相同的基本模式

不同的 G 蛋白(不同的 αβγ 组合)可与不同的下游分子组成信号转导途径。GPCR 介导的信号传递可通过不同的途径产生不同的效应,但信号转导途径的基本模式大致相同,主要包括以下几个步骤或阶段:①细胞外信号分子结合受体,通过别构效应将其激活。②受体激活 G 蛋白,G 蛋白在有活性和无活性状态之间连续转换,称为 G 蛋白循环(G protein cycle)(图 20-8)。③活化的 G 蛋白激活下游效应分子。不同的 α 亚基激活不同的效应分子,如 AC、PLC 等效应分子都是由不同的 G 蛋白所激活(表 20-7)。有的 α 亚基可以激活 AC,称为 αs(s 代表 stimulate);有的 α 亚基可以抑制 AC,称为 αi(i 代表 inhibit)。④G 蛋白的效应分子向下游传递信号的主要方式是催化产生小分子信使,如 AC 催化产生 cAMP,PLC 催化产生 DAG 和 IP_3。有些效应分子可以通过对离子通道的调节改变 Ca^{2+} 在细胞内的分布,其效应与 IP_3 的效应相似。⑤小分子信使作用于相应的靶分子(主要是蛋白质激酶),使之构象改变而激活。⑥蛋白质激酶通过磷酸化作用激活一些与代谢相关的酶、与基因表达相关的转录因子以及一些与细胞运动相关的蛋白质,从而产生各种细胞应答反应。

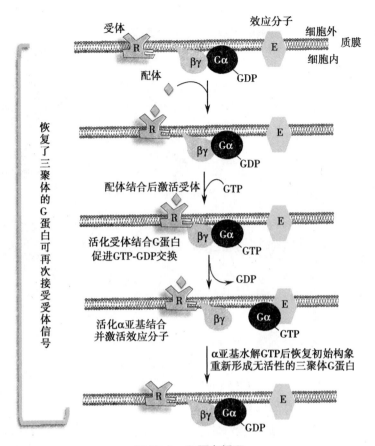

图 20-8　G 蛋白循环

配体激活的受体与 G 蛋白结合,使之发生构象改变,α 亚基与 GDP 的亲和力下降,因而释放 GDP,随即与 GTP 结合。α 亚基结合了 GTP 后即与 βγ 亚基解离,成为活化状态的 α 亚基,能够结合并激活下游的效应分子。而下游分子则可激活 α 亚基的 GTP 酶活性,将 GTP 水解成 GDP,α 亚基又恢复到原来的构象,从而与效应分子解离,重新与 βγ 亚基结合形成三聚体,回到静止状态。

表 20-7　哺乳类动物细胞中的 Gα 亚基种类及效应

Gα 种类	效应	产生的第二信使	第二信使的靶分子
αs	AC 活化↑	cAMP↑	PKA 活性↑
αi	AC 活化↓	cAMP↓	PKA 活性↓
αq	PLC 活化↑	Ca^{2+}、IP_3、DAG↑	PKC 活性↑
αt	cGMP-PDE 活性↑	cGMP↓	Na^+ 通道关闭

(二) 不同 G 蛋白偶联受体可通过不同途径传递信号

不同的细胞外信号分子与相应受体结合后,通过 G 蛋白传递信号,但传入细胞内的信号并不一样。这是因为不同的 G 蛋白与不同的下游分子组成了不同的信号转导途径。有几条途径是较常见的,本节主要介绍其中 3 条途径(图 20-9)。

1. cAMP-PKA 途径　该途径以靶细胞内 cAMP 浓度改变和 PKA 激活为主要特征(图 20-9)。胰高血糖素、肾上腺素、促肾上腺皮质激素等可激活此途径。PKA 活化后,可使多种蛋白质底物的丝氨酸/苏氨酸残基发生磷酸化,改变其活性状态,底物分子包括一些糖代谢和脂代谢相关的酶类、离子通道和某些转录因子。

动画

NOTES

395

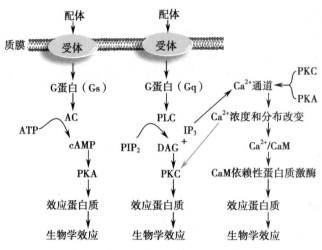

图 20-9　G 蛋白偶联受体介导的信号转导

（1）调节代谢：PKA 可通过调节关键酶的活性，对不同的代谢途径发挥调节作用，如激活糖原磷酸化酶 b 激酶、激素敏感脂肪酶、胆固醇酯酶，促进糖原、脂肪、胆固醇的分解代谢；抑制乙酰 CoA 羧化酶、糖原合酶，抑制脂肪合成和糖原合成。

（2）调节基因表达：PKA 可修饰激活转录调控因子，调控基因表达。如激活后进入细胞核的 PKA 可使 cAMP 反应元件结合蛋白（CREB）磷酸化。磷酸化的 CREB 结合于 cAMP 反应元件（CRE），并与 CREB 结合蛋白（CBP）结合。与 CREB 结合后的 CBP 作用于通用转录因子（包括 TFⅡB），促进通用转录因子与启动子结合，激活基因的表达。

（3）调节细胞极性：PKA 亦可通过磷酸化作用激活离子通道，调节细胞膜电位。

动画

2. IP$_3$/DAG-PKC 途径　促甲状腺素释放激素、去甲肾上腺素、抗利尿激素与受体结合后所激活的 G 蛋白可激活 PLC。PLC 水解膜组分 PIP$_2$，生成 DAG 和 IP$_3$。IP$_3$ 促进细胞钙库内的 Ca^{2+} 迅速释放，使细胞质内的 Ca^{2+} 浓度升高。Ca^{2+} 与细胞质内的 PKC 结合并聚集至质膜。质膜上的 DAG、磷脂酰丝氨酸与 Ca^{2+} 共同作用于 PKC 的调节结构域，使 PKC 变构而暴露出活性中心。

受 PKC 磷酸化修饰的蛋白质包括一些质膜受体、膜蛋白质及多种酶，因此，PKC 可参与多种生理功能的调节。此外，PKC 能使立早基因（immediate-early gene）的转录调控因子磷酸化，加速立早基因的表达。立早基因多数为细胞原癌基因（如 c-fos），其表达产物经磷酸化修饰后，进一步活化晚期反应基因并促进细胞增殖。

3. Ca^{2+}/钙调蛋白依赖的蛋白激酶途径　G 蛋白偶联受体至少可通过三种方式引起细胞内 Ca^{2+} 浓度升高：某些 G 蛋白可以直接激活细胞质膜上的钙通道，或通过 PKA 激活细胞质膜的钙通道，促进 Ca^{2+} 流入细胞质；或通过 IP$_3$ 促使细胞质钙库释放 Ca^{2+}。

细胞质中的 Ca^{2+} 浓度升高后，通过结合钙调蛋白传递信号。Ca^{2+}/CaM 复合物的下游信号转导分子是一些蛋白质激酶，它们的共同特点是可被 Ca^{2+}/CaM 复合物激活，因而统称为钙调蛋白依赖性蛋白质激酶。钙调蛋白依赖性激酶属于蛋白质丝氨酸/苏氨酸激酶，如肌球蛋白轻链激酶（MLCK）、磷酸化酶激酶（PhK）、钙调蛋白依赖性激酶（Cal-PK）Ⅰ、Ⅱ、Ⅲ等。这些激酶可激活各种效应蛋白质，可在收缩和运动、物质代谢、神经递质的合成、细胞分泌和分裂等多种生理过程中起作用。如 Cal-PK Ⅱ 可修饰激活突触蛋白Ⅰ、酪氨酸羟化酶、色氨酸羟化酶、骨骼肌糖原合酶等，参与神经递质的合成与释放以及糖代谢等多种细胞功能的调节。

四、酶偶联受体主要通过蛋白质修饰或相互作用传递信号

酶偶联受体主要是生长因子和细胞因子的受体。此类受体介导的信号转导主要是调节蛋白质的功能和表达水平、调节细胞增殖和分化。

（一）蛋白质激酶偶联受体介导的信号转导途径具有相同的基本模式

蛋白质激酶偶联受体介导的信号转导途径较复杂。细胞内的蛋白质激酶有许多种,不同蛋白质激酶组成不同的信号转导途径。各种途径的具体作用模式虽有差别,但基本模式大致相同,主要包括以下几个阶段:①胞外信号分子与受体结合,导致第一个蛋白质激酶被激活。这一步反应是"蛋白质激酶偶联受体"名称的由来。"偶联"有两种形式。有的受体自身具有蛋白质激酶活性,此步骤是激活受体胞内结构域的蛋白质激酶活性。有些受体自身没有蛋白质激酶活性,此步骤是受体通过蛋白质 - 蛋白质相互作用激活某种蛋白质激酶。②通过蛋白质 - 蛋白质相互作用或蛋白质激酶的磷酸化修饰作用激活下游信号转导分子,从而传递信号,最终仍是激活一些特定的蛋白质激酶。③蛋白质激酶通过磷酸化修饰激活代谢途径中的关键酶、转录调控因子等,影响代谢途径、基因表达、细胞运动、细胞增殖等。

（二）MAPK 途径是最常见的蛋白质激酶偶联受体介导的信号转导途径

目前已发现的蛋白质激酶偶联受体介导的信号转导途径有十几条,如 JAK-STAT 途径、Smad 途径、PI3K 途径、NF-κB 途径等,本节介绍最常见的 MAPK 途径。以丝裂原激活的蛋白质激酶(MAPK)为代表的信号转导途径称为 MAPK 途径,其主要特点是具有 MAPK 级联反应。MAPK 至少有 12 种,分属于 ERK 家族、p38 家族、JNK 家族。这 3 条信号转导途径的组成和信号转导的细胞内效应见图 20-10。

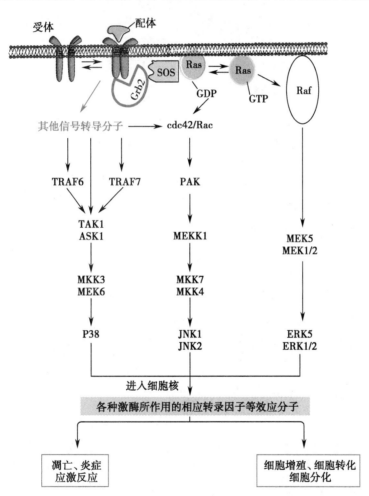

图 20-10　蛋白质激酶偶联受体介导信号转导的 MAPK 途径

在不同的细胞中,MAPK 途径的成员组成及诱导的细胞应答有所不同。其中了解最清楚的是 Ras/MAPK 途径(图 20-11)。Ras/MAPK 途径转导生长因子,如表皮生长因子(EGF)信号,其基本过程是:①受体与配体结合后形成二聚体,激活受体的蛋白质激酶活性;②受体自身酪氨酸残基磷酸化,形成 SH2 结合位点,从而能够结合含有 SH2 结构域的接头蛋白 Grb2;③Grb2 的两个 SH3 结构域与 SOS 分子中的富含脯氨酸序列结合,将 SOS 活化;④活化的 SOS 结合 Ras 蛋白,促进 Ras 释放 GDP、结合

GTP;⑤活化的 Ras 蛋白(Ras-GTP)可激活 MAPKKK,活化的 MAPKKK 可磷酸化 MAPKK 而将其激活,活化的 MAPKK 将 MAPK 磷酸化而激活;⑥活化的 MAPK 可以转位至细胞核内,通过磷酸化作用激活多种效应蛋白质,从而使细胞对外来信号产生生物学应答。

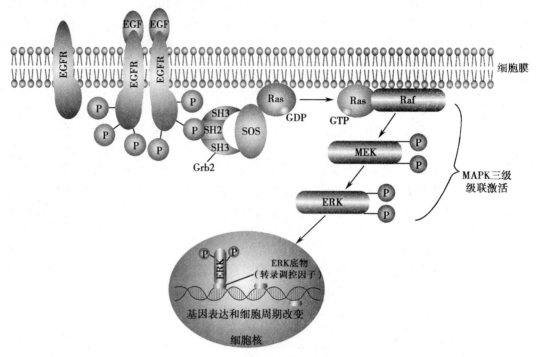

图 20-11 EGFR 介导的信号转导途径

上述 Ras/MAPK 途径是 EGFR 的主要信号途径之一。此外,许多单次跨膜受体也可以激活这一信号途径,甚至 G 蛋白偶联受体也可以通过一些调节分子作用在这一途径。由于 EGFR 的胞内段存在着多个酪氨酸磷酸化位点,因此除 Grb2 外,还可募集其他含有 SH2 结构域的信号转导分子,激活 PLC-IP$_3$/DAG-PKC 途径、PI3K 等其他信号途径。

第四节 | 细胞信号转导的基本规律

每一条信号转导途径都是由多种信号转导分子组成,不同分子间有序地依次进行相互作用,上游分子引起下游分子的数量、分布或活性状态变化,从而使信号向下游传递。信号转导分子之间的相互作用构成了信号转导的基本机制。

一、信号的传递和终止涉及许多双向反应

信号的传递和终止实际上就是信号转导分子的数量、分布、活性转换的双向反应。如 AC 催化生成 cAMP 而传递信号,磷酸二酯酶则将 cAMP 迅速水解为 5'-AMP 而终止信号传递。以 Ca^{2+} 为细胞内信使时,Ca^{2+} 可以从其贮存部位迅速释放,然后又通过细胞 Ca^{2+} 泵作用迅速恢复初始状态。PLC 催化 PIP$_2$ 分解成 DAG 和 IP$_3$ 而传递信号,DAG 激酶和磷酸酶分别催化 DAG 和 IP$_3$ 转化而重新合成 PIP$_2$。对于蛋白质信号转导分子,则是通过与上、下游分子的迅速结合与解离而传递信号或终止信号传递,或者通过磷酸化作用和去磷酸化作用在活性状态和无活性状态之间转换而传递信号或终止信号传递。

二、细胞信号在转导过程中被逐级放大

细胞在对外源信号进行转换和传递时,大都具有信号逐级放大的效应。G 蛋白偶联受体介导的信号转导过程和蛋白质激酶偶联受体介导的 MAPK 途径都是典型的级联反应过程。

三、细胞信号转导途径既有通用性又有专一性

细胞内许多信号转导分子和信号转导途径常常被不同的受体共用，而不是每一个受体都有专用的分子和途径。换言之，细胞的信号转导系统对不同的受体具有通用性。信号转导途径的通用性使得细胞内有限的信号转导分子可以满足多种受体信号转导的需求。另一方面，不同的细胞具有不同的受体，而同样的受体在不同的细胞又可利用不同的信号转导途径，同一信号转导途径在不同细胞中的最终效应蛋白又有所不同。因此，配体 - 受体 - 信号转导途径 - 效应蛋白可以有多种不同组合，而一种特定组合决定了一种细胞对特定的细胞外信号分子产生专一性应答。

四、细胞信号转导途径具有多样性

配体 - 受体 - 信号转导分子 - 效应蛋白并不是以一成不变的固定组合构成信号转导途径，细胞信号转导是复杂的，且具有多样性。这种复杂性和多样性反映在以下几个方面。

（一）一种细胞外信号分子可通过不同信号转导途径影响不同的细胞

一种信号分子在不同靶细胞往往有不同效应。白介素 1β（IL-1β）是在局部和全身炎症反应中起核心作用的细胞因子。然而，由于其受体分布广泛，IL-1β 的作用并不仅限于炎症。IL-1β 可以通过 G 蛋白偶联受体（涉及 cAMP 途径、cGMP 途径、PKC 途径等）和蛋白质激酶偶联受体介导的 MAPK 途径传递信号。近年又发现 IL-1β 可通过其他几条重要途径介导信号转导，包括：IL-1 受体相关激酶途径、PI3K 途径、JAK-STAT 途径、离子通道。IL-1β 受体在多种细胞表面存在，受体可通过不同信号转导途径传递信号，它不仅可以作用于各种炎症相关细胞，还可以通过 JAK-STAT 途径作用于胰岛 B 细胞，通过激活离子通道影响神经细胞、血管平滑肌细胞、成纤维细胞、骨髓基质细胞等多种细胞的功能。

（二）受体与信号转导途径有多样性组合

一种受体并非只能激活一条信号转导途径。有些受体自身磷酸化后产生多个与其他蛋白相互作用的位点，可以激活几条信号转导途径。如血小板衍生生长因子（PDGF）的受体激活后，可激活 Src 激酶活性、结合 Grb2 并激活 Ras、激活 PI3K、激活 PLCγ，因而同时激活多条信号转导途径而引起复杂的细胞应答反应。另一方面，一条信号转导途径也不是只能由一种受体激活，例如，有多种受体可以激活 PI3K 途径。

（三）一种信号转导分子可参与多条信号转导途径

GPCRs 主要是促进第二信使产生而调节代谢，因而 GPCRs 一般是在分化成熟的组织细胞参与信号转导。但 GPCRs 在某些增殖细胞中也可表达，在这些细胞中，G 蛋白的 βγ 二聚体可激活 Src 激酶家族（如 Src、Fyn、Lyn 和 Yes 蛋白质酪氨酸激酶），后者使 Shc 的酪氨酸残基磷酸化，形成 SH2 结合位点，从而与 Grb2 结合形成 Shc-Grb2 复合物，通过 SOS、Ras 蛋白激活 MAPK 途径，调控细胞增殖所需基因的转录。

动画

（四）一条信号转导途径中的功能分子可影响和调节其他途径

细胞内的信号转导途径并不是各自独立存在，不同途径之间存在着多种交互的联系。当一条途径中的信号转导分子对另一条途径中的信号转导分子发挥调节作用时，可对该途径发挥调控作用。下面两个例子可使我们对此有一个初步了解。

1. **Ras/MAPK 途径可调节 Smad 途径**　Ras/ERK 途径转导的信号可促进细胞增殖，而 Smad 途径转导的信号则抑制细胞增殖。对于正常上皮细胞，作为维持细胞稳态的 TGF-β 占主导地位，并对抗由生长因子经 Ras 途径激活的增殖反应。然而，当大量的生长因子（如 EGF、HGF）刺激细胞或 RAS 基因激活后，使 Ras/ERK 途径激活，活化的 ERK1/2 蛋白质激酶将 Smad2/3 等分子的特定位点磷酸化，使 Smad2/3 向核内聚集的能力减弱，从而削弱了 Smad 传递信号的作用。此时增殖成为细胞的主要反应。

2. **蛋白质激酶 C 可调节蛋白质酪氨酸激酶系统**　PKC 是肌醇磷脂系统的重要酶，但它可对蛋白质酪氨酸激酶系统产生调节作用。PKC 通过磷酸化修饰 EGF 受体、Ras、Raf-1 等，对 Ras/MAPK 途径产生调节作用。

（五）不同信号转导途径可参与调控相同的生物学效应

趋化因子是体内一类能够诱导特定细胞趋化运动的分子。趋化因子受体是一类表达于不同类型

细胞上的 GPCR。然而趋化因子可以通过不同的信号转导途径传递信号，如激活 PKA 途径、调节细胞内 Ca^{2+} 浓度、G 蛋白 βγ 亚单位和磷酸酪氨酰肽协同作用可激活 PI3K 途径、MAPK 途径，还可以激活 JAK-STAT 途径。这些信号途径不同，但都参与调控细胞趋化运动。

第五节 | 细胞信号转导异常与疾病

信号转导机制研究在医学发展中的意义主要体现在两个方面，一是对发病机制的深入认识，二是为疾病诊断提供新的标记物和治疗提供新靶位。目前，人们对信号转导机制及信号转导异常与疾病关系的认识还相对有限，该领域研究的不断深入将为新的诊断和治疗技术提供更多的依据。

一、信号转导异常可发生在两个层次

引起细胞信号转导异常的原因是多种多样的，基因突变、细菌毒素、自身抗体和应激等均可导致细胞信号转导的异常。细胞信号转导异常可以局限于单一途径，亦可同时或先后累及多条信号转导途径，造成信号转导网络失衡。细胞信号转导异常的原因和机制虽然很复杂，但基本上可从两个层次来认识，即受体功能异常和细胞内信号转导分子的功能异常。

（一）受体存在异常激活和失能

1. **受体异常激活** 在正常情况下，受体只有在结合外源信号分子后才能激活，并向细胞内传递信号。但基因突变可导致异常受体的产生，不依赖外源信号的存在而激活细胞内的信号途径。如 EGF 受体只有在结合 EGF 后才能激活 MAPK 途径，但 ERB-B 癌基因表达的变异型 EGF 受体则不同，该受体缺乏与配体结合的胞外区，而其胞内区则处于活性状态，因而可持续激活 MAPK 途径。

在某些条件下，受体编码基因可因某些因素的调控作用而过度表达，使细胞表面呈现远远多于正常细胞的受体数量。在这种情况下，外源信号所诱导的细胞内信号转导途径的激活水平会远远高于正常细胞，使靶细胞对外源信号的刺激反应过度。

外源信号异常也可导致受体的异常激活。如自身免疫性甲状腺病中，患者产生针对促甲状腺激素（thyroid-stimulating hormone，TSH）受体的抗体。TSH 受体抗体分为两种，其中一种是刺激性抗体，与 TSH 受体结合后能模拟 TSH 的作用，在没有 TSH 存在时也可以激活 TSH 受体。

2. **受体异常失活** 受体分子数量、结构或调节功能发生异常变化时，可导致受体异常失能，不能正常传递信号。如基因突变可导致遗传性胰岛素受体异常，包括：①受体合成减少或结构异常的受体在细胞内分解加速导致受体数量减少；②受体与配体的亲和力降低，如 735 位精氨酸突变为丝氨酸可导致受体与胰岛素亲和力下降；③RTK 活性降低，如 1 008 位甘氨酸突变为缬氨酸可致胞内区 PTK 结构域异常，从而使之磷酸化酪氨酸残基的能力减弱。在这些情况下，受体均不能正常传递胰岛素的信号。

自身免疫性疾病中产生的自身抗体，也可能导致特定受体失活。如前述自身免疫性甲状腺病中产生的 TSH 受体的两种抗体中，有一种是阻断性抗体。这种抗体与 TSH 受体结合后，可抑制受体与 TSH 结合，从而减弱或抑制受体的激活，不能传递 TSH 的信号。

（二）信号转导分子存在异常激活和失活

细胞内信号转导分子可因各种原因而发生功能的改变。如果其功能异常激活，可持续向下游传递信号，而不依赖外源信号及上游信号转导分子的激活。如果信号转导分子失活，则导致信号传递的中断，使细胞失去对外源信号的反应性。

1. **细胞内信号转导分子异常激活** 细胞内信号转导分子的结构发生改变，可导致其激活并维持在活性状态。如三聚体 G 蛋白的 α 亚基可因基因突变而发生功能改变。当 α 亚基的 201 位精氨酸被半胱氨酸或组氨酸所取代，或 227 位谷氨酰胺被精氨酸取代时，可致 α 亚基失去 GTP 酶活性，使 α 亚基处于持续激活状态，因而持续向下游传递信号。此外，霍乱毒素的 A 亚基进入小肠上皮细胞后，可直接结合 G 蛋白的 α 亚基，使其发生 ADP- 核糖化修饰，抑制其 GTP 酶活性，导致 α 亚基持续激活。

小分子 G 蛋白 Ras 也可因基因突变而导致其异常激活。Ras 的 12 位或 13 位甘氨酸、61 位谷氨

酰胺被其他氨基酸取代时,均可导致 Ras 的 GTP 酶活性降低,使其处于持续活化状态。

2. 细胞内信号转导分子异常失活　细胞内信号转导分子表达降低或结构改变,可导致其失活。胰岛素受体介导的信号转导途径中包括 PI3K 途径。基因突变可导致 PI3K 的 p85 亚基表达下调或结构改变,使 PI3K 不能正常激活或不能达到正常激活水平,因而不能正常传递胰岛素信号。

在遗传性假性甲状旁腺素低下疾病中,甲状旁腺素信号途径中 G 蛋白的 α 亚基基因的起始密码子突变为 GTG,使得核糖体只能利用第二个 ATG(第 60 位密码子)起始翻译,产生 N 端缺失了 59 个氨基酸残基的异常 α 亚基,从而使 G 蛋白不能向下游传递信号。

二、信号转导异常可导致疾病的发生

异常的信号转导可使细胞获得异常功能或者失去正常功能,从而导致疾病的发生,或影响疾病的过程。许多疾病的发生和发展都与信号转导异常有关。本节主要通过一些具体的例子说明较典型的信号转导异常与疾病的关系。

(一)信号转导异常导致细胞获得异常功能或表型

1. 细胞获得异常的增殖能力　正常细胞的增殖在体内受到严格控制。机体通过生长因子调控细胞的增殖能力。当 *ERB-B* 癌基因异常表达时,细胞不依赖 EGF 的存在而持续产生活化信号,从而使细胞获得持续增殖的能力。MAPK 途径是调控细胞增殖的重要信号转导途径,*RAS* 基因突变时,使 Ras 蛋白处于持续激活状态,因而使 MAPK 途径持续激活,这是肿瘤细胞持续增殖的重要机制之一。

2. 细胞的分泌功能异常　生长激素(growth hormone,GH)的功能是促进机体生长。GH 的分泌受下丘脑 GH 释放激素和生长抑素的调节,GH 释放激素通过激活 G 蛋白、促进 cAMP 水平升高而促进分泌 GH 的细胞增殖和分泌功能;生长抑素则通过降低 cAMP 水平抑制 GH 分泌。当 α 亚基由于突变而失去 GTP 酶活性时,G 蛋白处于异常的激活状态,垂体细胞分泌功能活跃。GH 的过度分泌,可刺激骨骼过度生长,在成人引起肢端肥大症,在儿童引起巨人症。

动画

3. 细胞膜通透性改变　霍乱毒素的 A 亚基使 G 蛋白处于持续激活状态,持续激活 PKA。PKA 通过将小肠上皮细胞膜上的蛋白质磷酸化而改变细胞膜的通透性,Na^+ 通道和氯离子通道持续开放,造成水与电解质的大量丢失,引起腹泻和水电解质紊乱等症状。

(二)信号转导异常导致细胞正常功能缺失

1. 失去正常的分泌功能　如 TSH 受体的阻断性抗体可抑制 TSH 对受体的激活作用,从而抑制甲状腺素的分泌,最终可导致甲状腺功能减退。

2. 失去正常的反应性　慢性长期儿茶酚胺刺激可以导致 β- 肾上腺素能受体(β-AR)表达下降,并使心肌细胞失去对肾上腺素的反应性,细胞内 cAMP 水平降低,从而导致心肌收缩功能不足。

3. 失去正常的生理调节能力　胰岛素受体异常是一个最典型的例子。由于细胞受体功能异常而不能对胰岛素产生反应,不能正常摄入和贮存葡萄糖,从而导致血糖水平升高。

抗利尿激素(antidiuretic hormone,ADH)的Ⅱ型受体是 G 蛋白偶联受体,ADH V2 受体位于远端肾小管或集合管上皮细胞膜。该受体激活后,通过 cAMP-PKA 途径使微丝微管磷酸化,促进位于细胞质内的水通道蛋白向集合管上皮细胞管腔侧膜移动并插入膜内,集合管上皮细胞膜对水的通透性增加,管腔内水进入细胞,并按渗透梯度转移到肾间质,使肾小管腔内尿液浓缩。基因突变可导致 ADH 受体合成减少或受体胞外环结构异常,不能传递 ADH 的刺激信号,集合管上皮细胞不能有效进行水的重吸收,导致肾性尿崩症的发生。

三、细胞信号转导分子是重要的药物作用靶位

细胞信号转导机制研究的发展,尤其是对于各种疾病过程中的信号转导异常的不断认识,为发展新的疾病诊断和治疗手段提供了更多的机会。在研究各种病理过程中发现的信号转导分子结构与功能的改变为新药的筛选和开发提供了靶位,由此产生了信号转导药物这一概念。信号转导分子的激

动剂和抑制剂是信号转导药物研究的出发点,尤其是各种蛋白质激酶的抑制剂更是被广泛用作母体药物进行抗肿瘤新药的研发。

一种信号转导干扰药物是否可以用于疾病的治疗而又具有较小的副作用,主要取决于两点。一是它所干扰的信号转导途径在体内是否广泛存在,如果该途径广泛存在于各种细胞内,其副作用则很难控制。二是药物自身的选择性,对信号转导分子的选择性越高,副作用就越小。基于上述两点,人们一方面正在努力筛选和改造已有的化合物,以发现具有更高选择性的信号转导分子的激动剂和抑制剂,同时也在努力了解信号转导分子在不同细胞的分布情况。这些努力已经使得一些药物得以用于临床,特别是在肿瘤治疗领域。

小 结

细胞通讯和细胞信号转导是机体内一部分细胞发出信号,另一部分细胞接收信号并将其转变为细胞功能变化的过程。细胞信号转导的相关分子包括细胞外信号分子、受体、细胞内信号转导分子。

信号的传递和终止、信号转导过程中的级联放大效应、信号转导途径的通用性和特异性、信号转导途径的复杂且多样性形成了细胞信号转导的基本规律。

受体的基本类型包括细胞内受体和膜表面受体两大类。膜受体又有离子通道型受体、G蛋白偶联型受体和蛋白质激酶偶联受体三个亚类。受体的功能是结合配体并将信号导入细胞。

各种信号转导分子的特定组合及有序的相互作用,构成了不同的信号转导途径。信号转导分子通过引起下游分子的数量、分布或活性状态变化而传递信号。小分子信使以浓度和分布的迅速变化为主,蛋白质信号转导分子通过蛋白质的相互作用而传递信号。受体或细胞内信号转导分子的数量或结构改变,可导致信号转导途径的异常激活或失活,从而使细胞产生异常功能或失去正常功能,导致疾病的发生或影响疾病的进程。

思考题:

1. 一种受体为什么可以同时激活几条信号转导途径?

2. 当外源信号分子刺激细胞时,细胞内信号传递和终止的双向反应是否同时发生?为什么?

3. 在 GPCR 介导的信号途径中,为什么会存在 G 蛋白循环这一反应? 有何意义?

4. 蛋白质分子中有许多含有羟基的氨基酸残基,作为信号转导分子的蛋白质激酶在修饰底物时,是将底物蛋白分子的所有含羟基的氨基酸残基都磷酸化,还是只将一个(或某几个)氨基酸残基磷酸化?

思考题解题思路

本章目标测试

本章思维导图

(黄 建)

第二十一章 | DNA 损伤和损伤修复

本章数字资源

生物遗传物质之一,DNA 的遗传保守性是维持生物物种相对稳定的最主要的因素。然而,在长期的生物进化过程中,生物体时时刻刻受到来自内、外环境中多种因素的影响,DNA 的改变不可避免。各种体内体外因素所导致的 DNA 组成与结构的变化称之为 DNA 损伤(DNA damage)。DNA 损伤可产生两种后果:一是损伤导致 DNA 的结构发生永久性改变,即突变;二是损伤导致 DNA 失去作为复制和 / 或转录的模板的功能。

在长期的生物进化中,无论是低等生物还是高等生物均形成了自己的 DNA 损伤修复系统,可随时修复被损伤的 DNA,恢复 DNA 的正常结构,保持生物细胞的正常功能。实际上,DNA 损伤的同时即伴有 DNA 损伤修复系统的启动。生物受损细胞的转归,在很大程度上,取决于 DNA 损伤的修复效果,如损伤被正确修复,细胞的 DNA 的结构恢复正常,细胞就能够维持其正常的状态;如损伤严重,DNA 不能被有效修复,则可能通过凋亡的方式,清除这些 DNA 受损的细胞,降低 DNA 损伤对生物遗传信息稳定性的影响。另外,当 DNA 的损伤发生不完全修复时,DNA 发生突变,染色体发生畸变,可诱导生物细胞出现功能改变,甚至出现衰老与细胞恶性转化等生理病理变化。当然,如果遗传物质具有绝对的稳定性,那么生物将失去其进化的基础,就不会呈现大千世界、万物生辉的自然景象。因此,总体而言,自然界生物的多样性依赖于 DNA 损伤与 DNA 损伤修复之间保持良好的平衡。

第一节 | DNA 损伤

导致 DNA 损伤的因素众多,一般可分为体内因素与体外因素。体内因素主要包括机体代谢过程中产生的某些活性代谢物,DNA 复制过程中发生的碱基错配,以及 DNA 本身的热不稳定性等,均可导致 DNA "自发"损伤。体外因素则主要包括辐射、化学毒物、药物、病毒感染、植物以及微生物的活性代谢产物等。值得注意的是,体内因素与体外因素的作用,往往是不能截然被分开的。通常,体外因素是通过体内因素导致 DNA 损伤的。然而,不同因素所导致的 DNA 损伤的机制往往是不相同的。

一、多种因素通过不同机制导致 DNA 损伤

(一)体内因素导致 DNA 自发损伤

1. DNA 复制错误 在 DNA 复制过程中,碱基的异构互变,4 种 dNTP 之间的浓度的不平衡等均可能引起碱基的错配,即产生非 Watson-Crick 碱基对。尽管绝大多数错配的碱基会被 DNA 聚合酶的即时校读所纠正,但依然不可避免地有极少数的碱基错配被保留下来。DNA 复制的错配率约 $1/10^{10}$。

此外,复制错误还表现为片段的缺失或插入。特别是 DNA 上短片段的重复序列,在真核细胞基因组上广泛分布,导致 DNA 复制系统工作时可能出现"打滑"现象,使得新生 DNA 上的重复序列的拷贝数发生变化。DNA 重复片段在长度方面表现出的高度的多态性,在遗传性疾病的研究上有重大价值。亨廷顿病(Huntington disease)、脆性 X 综合征(fragile X syndrome)、肌强直性营养不良(myotonic dystrophy)等神经退行性疾病均属于此类。

2. DNA 自身的不稳定性 在 DNA 自发性损伤中,DNA 结构自身的不稳定性是最主要的因素。当 DNA 受热或所处环境的 pH 发生改变时,DNA 分子上连接碱基和核糖之间的糖苷键可自发水解,导致碱基的脱落丢失,其中以脱嘌呤最为普遍。另外,含有氨基的碱基可能自发发生脱氨基反应,转

NOTES

403

变为另一种碱基,如 C 转变为 U,A 转变为 I(次黄嘌呤)等。

3. **机体代谢过程中产生的活性氧**　机体代谢过程中产生的活性氧(reactive oxygen species,ROS) 可以直接作用,修饰碱基,如修饰鸟嘌呤,产生 8- 羟基脱氧鸟嘌呤,等等。

(二)多种体外因素导致 DNA 损伤

最常见的导致 DNA 损伤的体外因素,主要包括物理因素、化学因素和生物因素等。这些因素导致 DNA 损伤的机制各有其特点。

1. **物理因素**　物理因素中最常见的是电磁辐射。电磁辐射可导致接受电磁辐射的组织细胞的 DNA 受损。根据作用原理的不同,通常将电磁辐射分为电离辐射和非电离辐射。α 粒子、β 粒子、X 射线、γ 射线等,能直接或间接引起被穿透的组织发生电离,损伤 DNA,属电离辐射;而紫外线和波长长于紫外线的电磁辐射属非电离辐射。

(1)电离辐射导致的 DNA 损伤:电离辐射既可直接作用于 DNA 等生物大分子,破坏其分子结构,如断裂 DNA 分子的化学键等,使 DNA 链断裂或发生交联。与此同时,电离辐射还可激发细胞内的自由基反应,发挥间接作用,导致 DNA 分子发生碱基氧化修饰,破坏碱基环结构,使其脱落。

(2)紫外线照射导致的 DNA 损伤:紫外线(ultraviolet,UV)属于非电离辐射。按波长的不同,紫外线可分为 UVA(321～400nm)、UVB(291～320nm)和 UVC(100～290nm)3 种。UVA 的能量较低,一般不造成 DNA 等生物大分子的损伤。260nm 左右的紫外线,其波长正好在 DNA 和蛋白质的吸收峰附近,容易导致 DNA 等生物大分子的损伤。大气臭氧层可吸收 320nm 以下的大部分的紫外线,一般不会造成地球上生物的损害。然而,近年来,由于环境污染,臭氧层的破坏日趋严重,来自大气层外的 UV 对地球生物的影响越来越被关注。

低波长紫外线的吸收,可使 DNA 分子中同一条链上相邻的两个胸腺嘧啶碱基(T),以共价键连接形成胸腺嘧啶二聚体结构(TT),也称为环丁烷型嘧啶二聚体,见图 21-1。另外,紫外线也可导致其他嘧啶间形成类似的嘧啶二聚体,如 CT 二聚体和 CC 二聚体等。嘧啶二聚体的形成可使 DNA 产生弯曲和扭结,影响 DNA 的双螺旋结构,使复制与转录受阻。再者,紫外线还会导致 DNA 链间的其他交联或 DNA 链的断裂等损伤。

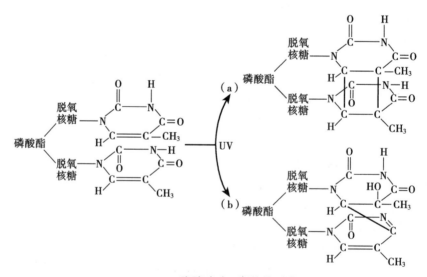

图 21-1　胸腺嘧啶二聚体的形成

2. **化学因素**　能引起 DNA 损伤的化学因素的种类繁多,主要包括自由基、碱基类似物、碱基修饰物和嵌入染料等。值得注意的是,许多肿瘤化疗药物通过诱导 DNA 损伤,包括碱基改变、单链或双链 DNA 断裂等,阻断 DNA 复制或 RNA 转录,进而抑制肿瘤细胞的增殖。因此,对 DNA 损伤,以及后继的肿瘤细胞死亡机制的认识,将十分有助于指导抗肿瘤化疗药物的研发。

(1)自由基导致的 DNA 损伤:自由基是指能够独立存在,外层轨道带有未配对电子的原子、原子团或分子。自由基的化学性质异常活跃,可引发多种化学反应,破坏生物大分子的结构,影响细胞的功能。自由基的产生可以是体外因素与体内因素相互作用的结果,如电离辐射产生羟自由基($\cdot$OH)和氢自由基($\cdot$H),而生物体内的代谢过程可产生活性氧自由基。$\cdot$OH 具有极强的氧化性质,而$\cdot$H 则具有极强的还原性质。这些自由基可与 DNA 分子发生反应,导致碱基、核糖和磷酸基损伤,引发 DNA 的结构与功能异常。

（2）碱基类似物导致的 DNA 损伤:碱基类似物是人工合成的一类与 DNA 正常碱基结构类似的化合物,通常被用作抗肿瘤药物或促突变剂。在 DNA 复制时,因结构类似,碱基类似物可取代正常碱基掺入到 DNA 链中,并与互补链上的碱基配对,引发碱基对的置换。比如,5- 溴尿嘧啶（5-BU）是胸腺嘧啶的类似物,有酮式和烯醇式两种结构,可以互变。前者与腺嘌呤配对,后者与鸟嘌呤配对,可导致 AT 配对与 GC 配对间的相互转变。

（3）碱基修饰剂和烷化剂导致的 DNA 的损伤:这是一类通过对 DNA 链中碱基的某些基团进行修饰,改变被修饰碱基的配对,进而改变 DNA 结构的化合物。例如亚硝酸能脱去碱基上的氨基,腺嘌呤脱氨后成为次黄嘌呤,不能与原来的胸腺嘧啶配对,转而与胞嘧啶配对;胞嘧啶脱氨基成为尿嘧啶,不能与原来的鸟嘌呤配对,转而与腺嘌呤配对。这些均能改变碱基的序列。此外,众多的烷化剂如氮芥、硫芥、二乙基亚硝胺等可导致 DNA 碱基上的氮原子烷基化,引起 DNA 分子电荷变化,也可改变碱基配对,或烷基化的鸟嘌呤脱落形成无碱基位点,或引起 DNA 链中的鸟嘌呤连接成二聚体,或导致 DNA 链交联与断裂。这些变化均可以引起 DNA 的序列或结构异常,阻止正常的修复过程。

（4）嵌入性染料导致的 DNA 损伤:溴化乙锭、吖啶橙等染料可直接插入到 DNA 碱基对中,导致碱基对间的距离增大一倍,极易造成DNA 两条链的错位,在DNA 复制过程中往往引发核苷酸的缺失、移码或插入。

物理因素和化学因素造成的 DNA 损伤的情况如图 21-2 所示。

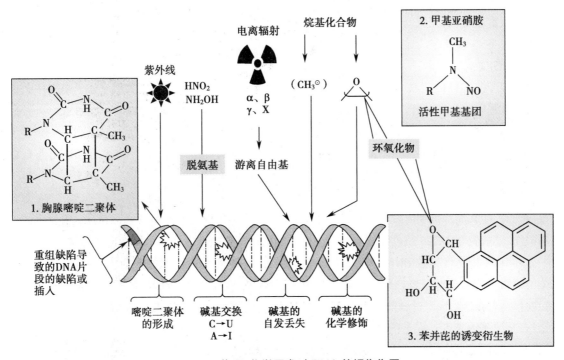

图 21-2　物理、化学因素对 DNA 的损伤作用

3. 生物因素　生物因素主要指病毒和霉菌,如麻疹病毒、风疹病毒、疱疹病毒、黄曲霉、寄生曲霉等,其蛋白表达产物或产生的毒素和活性代谢产物,如黄曲霉素等有诱变作用。

黄曲霉素主要由黄曲霉产生。在湿热地区的食品和饲料中出现黄曲霉毒素的概率很高。黄曲霉存在于土壤、动植物和各种坚果中,特别容易污染花生、玉米、稻米、大豆和小麦等粮油产品,是霉菌毒素中毒性最大、对人类健康危害极为突出的一类霉菌毒素。

二、DNA 损伤有多种类型

DNA 分子中的碱基、核糖与磷酸二酯键均是 DNA 损伤因素作用的靶点。根据 DNA 分子结构改变的不同,DNA 损伤有碱基脱落、碱基结构破坏、嘧啶二聚体形成、DNA 单链或双链断裂、DNA 交联等多种类型。

1. **碱基的损伤与糖基的破坏**　化学毒性分子通过对碱基的某些基团进行修饰,改变碱基的理化性质,破坏碱基的结构。比如,①亚硝酸等可导致碱基脱氨;②在羟自由基的攻击下,嘧啶碱基易发生加成、脱氢等反应,导致碱基环破裂;③具有氧化活性的物质可造成 DNA 中嘌呤或嘧啶碱基的氧化修饰,形成 8- 羟基脱氧鸟苷或 6- 甲基尿嘧啶等氧化产物。DNA 分子中的戊糖基的碳原子和羟基上的氢可以与自由基反应,由此戊糖基的正常结构被破坏。

由于碱基的损伤或糖基的破坏,在 DNA 链上可能形成一些不稳定点,最终导致 DNA 链断裂。

2. **碱基之间发生错配**　如前所述,碱基类似物的掺入、碱基修饰剂的作用可改变碱基的性质,导致 DNA 序列中的错误配对。在正常的 DNA 复制过程中,存在着一定比例的自发的碱基错配发生,最常见的是组成 RNA 的尿嘧啶替代胸腺嘧啶掺入到 DNA 分子中。

3. **DNA 链发生断裂**　DNA 链断裂是电离辐射致 DNA 损伤的主要形式。某些化学毒剂也可导致 DNA 链断裂。戊糖环的破坏、碱基的损伤和脱落都是引起 DNA 断裂的原因。碱基的损伤或糖基的破坏可引起 DNA 双螺旋局部变性,形成酶敏感性位点,特异的核酸内切酶能识别并切割这些位点,造成 DNA 链断裂。DNA 链上受损碱基也可以被另一种特异的 DNA- 糖苷酶除去,形成无嘌呤或无嘧啶位点(apurinic/apyrimidinic site,AP 位点),或称无碱基位点,这些位点在内切酶等的作用下可造成 DNA 链的断裂。DNA 链断裂可以发生在单链或双链上。DNA 单链断裂能迅速在细胞中以另一条互补链为模板重新合成,完成修复;而 DNA 双链断裂不能在原位修复,需依赖其他修复方式修复双链断裂的 DNA。这些修复方式导致染色体畸变的可能性很大。因此,一般认为双链断裂的 DNA 损伤与细胞的致死性效应直接联系。

4. **DNA 链的共价交联**　被损伤的 DNA 分子中有多种 DNA 交联形式。DNA 分子中同一条链中的两个碱基以共价键结合,称之为 DNA 链内交联(DNA intrastrand cross-linking)。低波长紫外线照射后形成的嘧啶二聚体是 DNA 链内交联的最典型的例子。DNA 分子一条链上的碱基与另一条链上的碱基以共价键结合,称之为 DNA 链间交联(DNA interstrand cross-linking)。DNA 分子还可与蛋白质分子以共价键结合,称为 DNA- 蛋白质交联(DNA protein cross-linking)。

以上对各种类型的 DNA 损伤进行了系统阐述。实际上,DNA 损伤是相当复杂的。当 DNA 受到严重损伤时,在其局部范围所发生的损伤常常不止一种,而是多种类型的损伤复合存在。最常见的是碱基损伤、糖基破坏和链断裂可能同时存在。这样的损伤部位被称为局部多样性损伤部位。

上述 DNA 损伤可导致 DNA 模板发生碱基置换、插入、缺失和链的断裂等变化,并可能影响到染色体的高级结构。就碱基置换来讲,DNA 链中的一种嘌呤被另一种嘌呤取代,或一种嘧啶被另一种嘧啶取代,称为转换;而嘌呤被嘧啶取代或反之,则被称为颠换。转换和颠换在 DNA 复制时可引起碱基错配,导致基因突变。碱基的插入和缺失可引起移码突变。DNA 断裂可阻止 RNA 合成过程中链的延伸。而 DNA 损伤所引起的染色质结构变化也可以造成转录的异常。所有这些变化均可造成某种或某些基因信息发生异常或丢失,进而导致其表达产物的量与质的变化,对细胞的功能造成不同程度的影响。

需要特别指出的是,由于密码子的简并性(见第十六章),上述的碱基置换并非一定相应地发生氨基酸编码的改变。碱基置换可以造成改变氨基酸编码的错义突变(missense mutation)、变为终止密码子的无义突变（nonsense mutation）和不改变氨基酸编码的同义突变（same sense mutation）。教科书和文献中对于错义突变用氨基酸的单字母符号和位置注明，如 B-Raf 的第 600 位的缬氨酸突变为谷氨酸则写为 V600E，具体标示为 B-Raf^{V600E}。

第二节 | DNA 损伤修复

在生命的各种活动中，生物体发生 DNA 损伤是不可避免的。这种损伤所导致的结局取决于 DNA 损伤的程度，以及细胞对损伤 DNA 的修复能力。DNA 损伤修复是指纠正 DNA 两条单链间错配的碱基、清除 DNA 链上受损的碱基或糖基、恢复 DNA 的正常结构的过程。DNA 修复（DNA repair）是机体维持 DNA 结构的完整性与稳定性，保证生命延续和物种稳定的重要环节。

细胞内存在多种修复 DNA 损伤的途径或系统。常见的 DNA 损伤修复途径或系统包括，直接修复、切除修复、重组修复和损伤跨越修复等（表 21-1）。值得注意的是，一种 DNA 损伤可通过多种途径修复，而一种修复途径也可同时参与多种 DNA 损伤的修复过程。

表 21-1　常见的 DNA 损伤的修复途径

修复途径	修复对象	参与修复的酶或蛋白
光复活修复	嘧啶二聚体	光复活酶
碱基切除修复	受损的碱基	DNA 糖苷酶、AP 核酸内切酶
核苷酸切除修复	嘧啶二聚体、DNA 螺旋结构的改变	大肠埃希菌中 UvrA、UvrB、UvrC 和 UvrD，人 XP 系列蛋白 XPA 和 XPB 等
错配修复	复制或重组中的碱基配对错误	大肠埃希菌中的 MutH、MutL 和 MutS，人的 MLH1、MSH2、MSH3 和 MSH6 等
重组修复	双链断裂	MRN 复合物、RAD51、BRCA1/2
损伤跨越修复	大范围的损伤或复制中来不及修复的损伤	RecA、LexA 以及其他类型的 DNA 聚合酶

一、有些 DNA 损伤可以被直接修复

直接修复是最简单的一种 DNA 损伤的修复方式。修复酶直接作用于受损的 DNA，使之恢复为原来的结构。

（一）DNA 的嘧啶二聚体可以被直接修复

嘧啶二聚体的直接修复又被称为光复活修复或光复活作用。生物体内存在着一种光复活酶（photoreactivating enzyme），能够直接识别和结合于 DNA 链上的嘧啶二聚体部位。在可见光（400nm）激发下，光复活酶可将嘧啶二聚体解聚为原来的单体核苷酸形式，完成修复（图 21-3）。光复活酶最初在低等生物中发现，有两个与吸收光子有关的生色基团，次甲基四氢叶酸和 FADH$_2$。次甲基四氢叶酸吸收光子后将 FADH$_2$ 激活，再由激活的 FADH$_2$ 将电子转移给嘧啶二聚体，使其还原。鸟类等高等生物虽然也存在光复活酶，但是光复活修复并不是高等生物修复嘧啶二聚体的主要方式。哺乳动物细胞缺乏光复活酶。

动画

（二）DNA 的烷基化碱基可以被直接修复

催化此类直接修复的酶是一类特异的烷基转移酶，可以将烷基从烷基化核苷酸直接转移到烷基转移酶蛋白自身的肽链上，在修复 DNA 的同时，酶自身发生不可逆转性失活。比如，人类的 O^6- 甲基鸟嘌呤 -DNA 甲基转移酶，能够将 DNA 分子中 O^6- 甲基鸟嘌呤上的 O^6 位甲基转移到酶蛋白自身的半胱氨酸残基上，使甲基化的鸟嘌呤恢复其正常的结构（图 21-4）。

动画

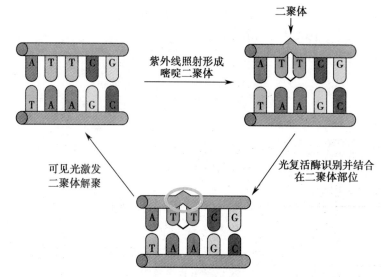

图 21-3 胸腺嘧啶二聚体的 DNA 光裂合修复

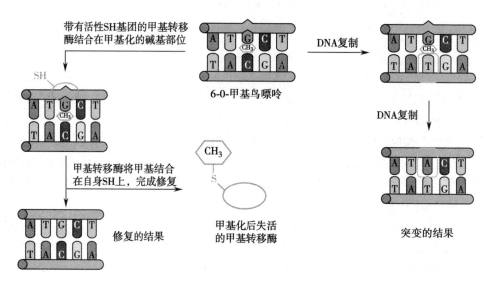

图 21-4 烷基化碱基的直接修复

（三）DNA 的单链断裂可以被直接修复

DNA 连接酶能够催化 DNA 双螺旋结构中一条链上缺口处的 5′- 磷酸基团与相邻片段的 3′- 羟基之间形成磷酸二酯键,从而直接参与 DNA 单链断裂的修复,如电离辐射所造成的 DNA 单链上的切口。

二、切除修复是最普遍的 DNA 损伤修复方式

切除修复是生物界最普遍的一种 DNA 损伤的修复方式。通过此修复方式,可将不正常的碱基或核苷酸切除并替换掉。依据识别损伤机制的不同,又分为碱基切除修复和核苷酸切除修复两种不同的类型。

碱基切除修复（base excision repair）依赖于生物体内存在的一类特异的 DNA 糖苷酶。整个修复过程包括:①识别水解:DNA 糖苷酶特异性识别 DNA 链中已受损的碱基并将其水解切除,产生一个无碱基位点。②无碱基位点的切除:在此位点的 5′ 和 3′ 端,无碱基位点核酸内切酶将 DNA 链的磷酸二酯键切开,同时去除剩余的磷酸核糖部分。③合成:DNA 聚合酶在缺口处以另一条链为模板修补合成互补序列。④连接:由 DNA 连接酶将切口重新连接,使 DNA 恢复正常结构（图 21-5）。

抑癌蛋白 p53 在哺乳动物细胞中参与调控碱基切除修复。直接证据是 DNA 烷化剂诱导的 DNA 损伤,在表达野生型 p53 的细胞可被有效修复,而在 p53 缺失的细胞,其修复速度明显减慢。

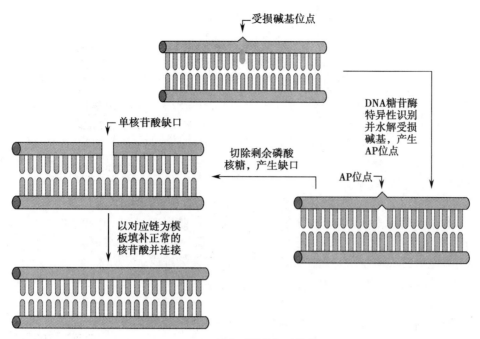

图 21-5　单个碱基的切除修复

与碱基切除修复不同,核苷酸切除修复系统并不识别具体的损伤,而是识别损伤对 DNA 双螺旋结构所造成的扭曲,但修复过程与碱基切除修复相似。①首先,由一个酶系统识别 DNA 损伤部位;②其次,在损伤部位两侧切开 DNA 链,去除两个切口之间的一段受损的寡核苷酸;③再次,在 DNA 聚合酶作用下,以另一条链为模板,合成一段新的 DNA,填补缺损区;④最后由连接酶连接,完成损伤修复。

切除修复是 DNA 损伤修复的一种普遍形式,它并不局限于某种特殊原因造成的损伤,而能一般性地识别和纠正 DNA 链及 DNA 双螺旋结构的变化,修复系统能够使用相同的机制和一套修复蛋白去修复一系列性质各异的损伤。

遗传性着色性干皮病(xeroderma pigmentosum,XP)的发病,就是由于 DNA 损伤核苷酸切除修复系统基因缺陷所致。有关人类 XP 相关的核苷酸切除修复系统缺陷基因的一般情况,见表 21-2。此外,Cockyne 综合征和人毛发二硫键营养不良症等疾病的遗传病因也是 DNA 损伤核苷酸切除修复系统基因缺陷。

表 21-2　人类 XP 相关的 DNA 损伤核苷酸切除修复系统缺陷基因

基因 名称	基因的染 色体定位	编码蛋白 的大小 aa	编码蛋白 细胞定位	编码蛋白的主要功能
XPA	9q22.3	273	细胞核	可能结合受损的 DNA,为切除修复复合体其他因子到达 DNA 受损部位指示方向
XPB	2q21	782	细胞核	在 DNA 切除修复中,发挥解螺旋酶的功能
XPC	3p25	940	细胞核	可能是受损 DNA 识别蛋白
XPD	19q13.3	760	细胞核	转录因子 TFⅡH 的一个亚单位,与 XPB 一起,在受损 DNA 修复中,发挥解螺旋酶的功能
XPE	11q12-13 11p11-12	1 140 427	细胞核	主要结合受损 DNA 的嘧啶二聚体处
XPF	16p13.12	905	细胞核	结构专一性 DNA 修复核酸内切酶,在 DNA 损伤切除修复中,在受损 DNA 的 5'-端切口
XPG	13q33	1 186	细胞核	镁依赖的单链核酸内切酶,在 DNA 损伤切除修复中,在受损 DNA 的 3'-端切口

人类的 DNA 损伤核苷酸切除修复需要大约 30 多种蛋白质分子的参与。其修复过程如下：①首先，由损伤部位识别蛋白 XPC 和 XPA 等，再加上复制蛋白 SSB，结合在损伤 DNA 的部位；②其次，XPB 和 XPD 发挥解旋酶的活性，与上述蛋白质分子共同作用在受损 DNA 周围形成一个凸起；③再次，XPG 与 XPF 发生构象改变，分别在凸起的 3′ 端和 5′ 端发挥核酸内切酶作用，在增殖细胞核抗原（PCNA）的帮助下，切除并释放受损的寡核苷酸；④再者，遗留的缺损区由 DNA 聚合酶δ或ε进行修补合成；⑤最后，由连接酶完成连接。

核苷酸切除修复不仅能够修复整个基因组中的损伤，而且还能够修复那些正在转录基因模板链上的损伤，后者又称为转录偶联修复（transcription-coupled repair），因此，更具积极意义。在此修复中，所不同的是由 RNA 聚合酶承担起识别损伤部位的任务。

碱基错配修复校正 DNA 复制中错配的碱基。错配是指非 Watson-Crick 碱基配对。碱基错配修复也可被看作是碱基切除修复的一种特殊形式，是维持细胞中 DNA 结构正确的重要方式，主要负责纠正：①复制与重组中出现的碱基配对错误；②因碱基损伤所致的碱基配对错误；③碱基插入；④碱基缺失。从低等生物到高等生物，均拥有保守的碱基错配修复系统或途径。

大肠埃希菌参与 DNA 复制中错配修复的蛋白包括 Mut（mutase）H、MutL、MutS、DNA 解旋酶、单链 DNA 结合蛋白、核酸外切酶 I、DNA 聚合酶Ⅲ，以及 DNA 连接酶等 10 余种蛋白质分子或相关酶成分，修复过程十分复杂。修复过程中面临的主要问题是如何区分母链和子链。在细菌 DNA 中甲基化修饰是一个重要标志，母链是高度甲基化的，主要是其腺嘌呤 A 发生甲基化修饰，而新合成子链中的腺嘌呤 A 的甲基化修饰尚未进行，提示错配修复应在此链上进行。首先由 MutS 蛋白识别错配碱基，随后由 MutL 和 MutH 等蛋白质分子协同相应的核酸外切酶，将包含错配点在内的一小段 DNA 水解、切除，经修补和连接后，恢复 DNA 正确的碱基配对。

动画

继细菌错配修复机制被揭示之后，真核细胞的错配修复机制的研究也取得很大进展。现已发现多种与大肠埃希菌的 MutS 和 MutL 高度同源的参与错配修复的蛋白质分子，如与大肠埃希菌 MutS 高度同源的人类的 MSH2（MutS Homolog 2）、MSH6 和 MSH3 等。MSH2 和 MSH6 的复合物可识别包括碱基错配、插入、缺失等 DNA 损伤，而由 MSH2 和 MSH3 形成的蛋白质复合物则主要识别碱基的插入与缺失。真核细胞并不像原核细胞那样以甲基化来区分母链和子链，可能是依赖修复酶与复制复合体之间的联合作用识别新合成的子链。有关人类错配修复系统成员的一般情况见表 21-3。

表 21-3　人类错配修复系统成员的一般情况

基因名称	染色体定位	cDNA全长 bp	蛋白全长 aa	主要功能	细胞定位	组织分布
MLH1	3p21.3	2 484	756	错配修复	细胞核	大肠、乳腺、肺、脾、睾丸、前列腺、甲状腺、胆囊、心肌
MLH3	14q24.3	4 895	1 453	错配修复	细胞核	广泛，尤多见于消化道上皮
PMS1	2q31-33	3 121	932	错配修复	细胞核	与 MLH1 的组织分布一致
PMS2	7p22	2 859	862	错配修复	细胞核	与 MLH1 的组织分布一致
MSH2	2p22-21	3 181	934	错配修复	细胞核	广泛，在肠道表达多限于隐窝
MSH3	5q11-12	3 187	1 137	错配修复	细胞核	在非小细胞肺癌和造血系统恶性肿瘤中表达减少
MSH4	1p31	3 085	936	染色体重组	细胞核	睾丸、卵巢
MSH5	6p21.3	2 883	834	染色体重组	细胞核	广泛，尤其在睾丸、胸腺和免疫系统中高表达
MSH6	2p16	4 263	1 360	错配修复	细胞核	

三、DNA 严重损伤时需要同源重组修复或非同源末端连接修复

双链 DNA 分子中的一条链断裂,可通过模板依赖的 DNA 修复系统修复,不会给细胞带来严重后果。然而,DNA 分子的双链断裂是一种极为严重的损伤。与其他修复方式明显不同的是,双链断裂修复由于没有互补链可言,因此难以及时直接提供修复断裂所必需的互补链序列信息。如果 DNA 双链断裂不能得到及时而准确的修复,可能会导致基因的突变、基因组的不稳定、染色体的丢失或者细胞的凋亡甚至癌变。为此,细胞已经进化出同源重组修复和非同源末端连接修复两种重要的修复机制,相互协调共同修复 DNA 的双链断裂,维持基因组完整和稳定。

1. 同源重组修复　所谓的同源重组修复(homologous recombination repair),指的是参加重组的两段双链 DNA 在相当长的范围内序列相同或十分相近(长度≥200bp),这样就能保证重组后生成的新区序列正确。同源重组修复是发生在有同源序列的 DNA 之间的一种修复方式,具有较高的保真度。真核细胞中,需要以未受损伤的姐妹染色单体的同源序列来作为其修复的模板,因此,同源重组修复过程主要发生在细胞周期的 S 和 G2 期。

同源重组修复过程大体分为四个阶段:包括 DNA 断裂末端切除,单链末端入侵形成置换环,捕获断裂末端进行连接,两条双链 DNA 解离完成修复。首先 MRN 复合物(MRE11-RAD50-NBS1complex)和 CtIP(CtBP-interacting protein,CtIP)共同发挥作用进行 DNA 断裂末端的切除,产生一段短的 3′- 单链 DNA(single strand DNA,ssDNA)。3′-ssDNA 一旦产生立即被复制蛋白 A(replication protein A,RPA)复合物结合包裹以防止其被核酸酶降解,然后再经核酸外切酶 1(exonuclease 1,EXO1)或核酸酶 - 解旋酶蛋白复合物 DNA2-BLM 进一步切除产生长的 3′-ssDNA。随后在 BRCA2-PALB2 以及 BRCA1-BRAD1 复合物的介导下,重组酶 RAD51(细菌 RecA 的真核同源物)替换掉 RPA 加载到 3′-ssDNA 上,形成 RAD51-ssDNA 核蛋白丝。RAD51-ssDNA 核蛋白丝入侵至另一条双链 DNA(即"供体")的同源序列区,称为单链入侵(single strand invasion)。随后 RAD51 蛋白解离,形成异源双链体 DNA(heteroduplex DNA)产生一个由三链 DNA 组成的置换环(displacement loop,D-loop)。此时供体双链 DNA 中的一条链被置换。随后在 DNA 聚合酶的作用下 3′-ssDNA 合成延伸双链 DNA,置换环也随之向前迁移,直到置换环中的另一供体 DNA 单链与第二个 DNA 断端的 3′-ssDNA 退火互补,称为第二断端捕获(second-end capture)。然后经连接反应形成两个霍利迪连接体(double Holliday junction,dHJ)结构。最后 dHJ 结构被 DNA 解旋酶解开或被核酸酶切开解离,产生非交叉或交叉双链 DNA 产物,完成同源重组修复,详见图 21-6。重组修复过程中先后有 MRE11、RAD50、NBS1、EXO1、DNA2、BLM、RPA、BRCA2、PALB2、BRCA1、BRAD1 和 RAD51 等相关蛋白质或酶的参与。

①由黑色线条组成的 DNA 双链为发生断裂损伤的 DNA 双链。②由浅蓝色线条组成的 DNA 双链为完好的同源供体 DNA 双链。③上图 A-D,两个断裂末端的 DNA 中,只有左侧的酶或相关蛋白被标示出来。④上图 D-F,矩形线条框所示为 3′-ssDNA 对同源序列的攻击形成置换环,随 DNA 修复合成延伸(新合成的 DNA 链用亮蓝色表示)置换环增大,一旦置换环与断裂的另一端配对,就可捕获第二个断裂末端,紧随着连接反应,会形成两个霍利迪连接体。

2. 非同源末端连接修复　非同源末端连接(non-homologous end joining,NHEJ)修复,通过直接修饰和连接两个 DNA 断端,在不需要同源模板的情况下对 DNA 双链断裂(DNA double strand breaks,DSB)进行容易出错的修复,是整个细胞周期 DNA 双链断裂修复的主要途径。DSB 发生后,Ku70-Ku80 蛋白异源二聚体首先结合到断裂末端,随后 DNA 依赖性蛋白激酶催化亚基(DNA-dependent protein kinase catalytic subunit,DNA PKcs)被募集至断裂位点并被激活,使断裂的 DNA 末端保持接近,进而招募 Artemis 核酸酶对 DNA 断端进行加工,最后由 DNA 连接酶 4(DNA ligase 4,LIG4)和 X 射线修复交叉互补蛋白 4(X-ray repair cross-complementing protein 4,XRCC4)进行 DNA 末端的连接,完成修复。非同源末端连接重组修复既是修复 DNA 损伤的一种方式,又可以被看作是一种生理性基因重组的策略,将原来并未连接在一起的基因或片段连接产生新的组合,如 B 淋巴细胞和 T 淋巴细胞的受体基因,以及免疫球蛋白基因的构建与重排等。

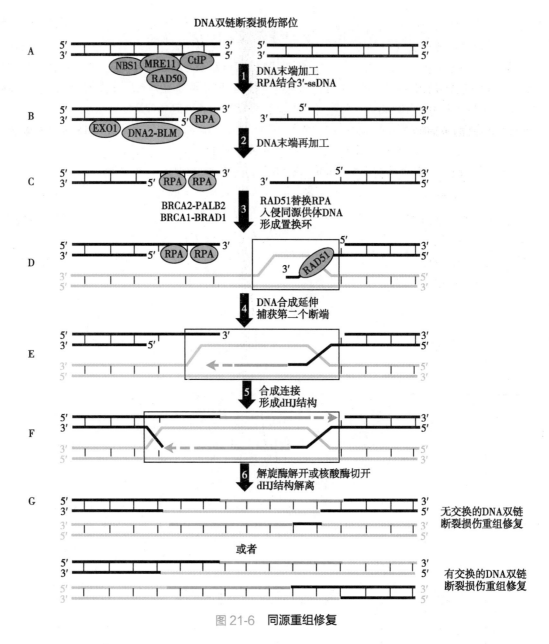

图 21-6　同源重组修复

四、跨越损伤 DNA 合成是一种保留差错的 DNA 损伤修复方式

当 DNA 双链发生大范围的损伤时，DNA 的损伤部位失去其模板作用，或复制叉已被解开，致使修复系统无法通过上述方式进行有效修复。此时，细胞可以诱导一个或多个应急途径，通过跨过损伤部位先进行复制，再设法对损伤进行修复。而根据损伤部位跨越机制的不同，这种跨越损伤 DNA 的修复又被分为重组跨越损伤修复与合成跨越损伤修复两种不同的类型。

1. **重组跨越损伤修复**　当 DNA 链的损伤较大，致使损伤链不能作为模板复制时，细胞利用同源重组的方式，将 DNA 模板进行重组交换，使复制能够继续下去。然而，在大肠埃希菌中，还有某些新的机制，当复制进行到损伤部位时，DNA 聚合酶Ⅲ停止移动，并从模板上脱离下来，然后在损伤部位的下游重新启动复制，从而在子链 DNA 上产生一个缺口。RecA 重组蛋白将另一股健康母链上对应的序列重组到子链 DNA 的缺口处填补。通过重组跨越，解决了有损伤的 DNA 分子的复制问题，但其损伤并没有真正地被修复，只是转移到了另一个新合成的一个子代的 DNA 分子上，接下来由细胞内其他修复系统完成后继修复。

2. **合成跨越损伤修复**　当 DNA 双链发生大片段、高频率的损伤时，大肠埃希菌可以紧急启动应急修复系统,诱导产生新的 DNA 聚合酶,DNA 聚合酶Ⅳ或Ⅴ,替换停留在损伤位点的原来的 DNA 聚合酶Ⅲ,在子链上以随机方式插入正确甚至错误的核苷酸使复制继续,越过损伤部位之后,这些新的 DNA 聚合酶在完成使命后从 DNA 链上脱离,再由原来的 DNA 聚合酶Ⅲ继续复制。因为诱导产生的这些新的 DNA 聚合酶的活性低,识别碱基的精确度差,通常无校对功能,所以这种合成跨越损伤复制过程的出错率会大大增加,是大肠埃希菌 SOS 反应或 SOS 修复的一部分。

在大肠埃希菌等原核生物中,SOS 修复反应是由 RecA 蛋白与 LexA 阻遏物的相互作用引发的,有近 30 个 SOS 相关基因编码蛋白参与此修复反应。正常情况下,RecA 基因以及其他的 SOS 相关的可诱导基因的上游,有一段共同的操纵序列(5′-CTG-N10-CAG-3′)可以被阻遏蛋白 LexA 结合,基因表达被阻遏,只有低水平的转录和翻译,产生少量的相应蛋白。当 DNA 严重损伤时,RecA 蛋白表达,其可激活 LexA 的自水解酶活性。当 LexA 因被水解从 RecA 基因,以及 SOS 相关的可诱导基因的操纵序列上解离下来后,一系列受 LexA 阻遏的基因得以表达,参与 SOS 修复活动。完成修复后,LexA 阻遏蛋白重新合成,SOS 相关的可诱导基因重新关闭(图 21-7)。需要指出的是,SOS 反应诱导的产物可参与重组修复、切除修复和错配修复等修复过程。这种修复机制因海空紧急呼救信号 "SOS" 而得名。

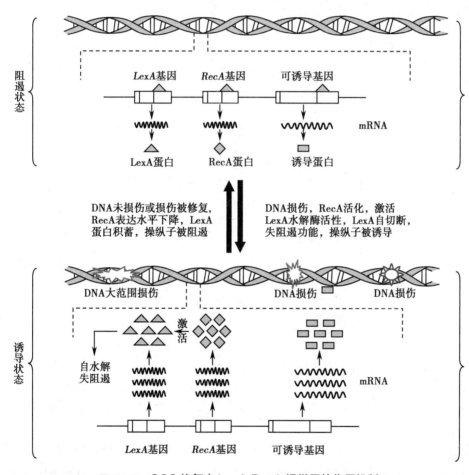

图 21-7　SOS 修复中 LexA-RecA 操纵子的作用机制

此外,对于受损的 DNA 分子,除了启动上述诸多的修复途径,以修复损伤之外,细胞还可以通过其他的途径将损伤的后果降至最低。比如,通过 DNA 损伤应激反应活化细胞周期检查点机制,延迟或阻断细胞周期进程,为损伤修复提供充足的时间,诱导修复基因表达,加强损伤的修复,使细胞能够安全进入新一轮的细胞周期。与此同时,细胞还可以激活凋亡机制,诱导严重受损的细胞发生凋亡,在整体上维持生物体基因组的稳定。

第三节 | DNA 损伤和损伤修复的意义

遗传物质稳定性的世代相传是维持物种稳定的主要因素。然而,如果遗传物质是绝对一成不变的话,自然界也就失去了进化的基础,也就不会有新的物种出现。因此,生物多样性依赖于 DNA 损伤与损伤修复之间的良好的动态平衡。

一、DNA 损伤具有双重效应

一般认为 DNA 损伤是有害的;然而,就损伤的结果而言,DNA 损伤具有双重效应,DNA 损伤是基因突变的基础。通常,DNA 损伤有两种生物学后果。一是给 DNA 带来永久性的改变,即突变,可能仅改变基因的编码序列或基因的调控序列,细胞尚未产生明显可见的功能性障碍,细胞依然存活。二是 DNA 的这些改变使得 DNA 不能用作复制和转录的模板,使细胞的功能出现明显可见的障碍,重则甚至死亡。

从久远的生物史来看,进化是遗传物质不断突变的过程。可以说没有突变就没有生物物种的多样性。当然在短暂的某一段历史时期,我们往往无法看到一个物种的自然演变,只能见到长期突变的累积结果,适者生存。因此突变是进化的分子基础。

DNA 突变可能只改变基因型,而不影响其表型,并表现出个体差异。目前,基因的多态性已被广泛应用于亲子鉴定、个体识别、器官移植,以及疾病易感性分析等。DNA 损伤若发生在与生命活动密切相关的基因上,可能导致细胞,甚至是个体的死亡。人类常利用此性质杀死某些病原微生物。

DNA 突变还是某些遗传性疾病发病的基础。有遗传倾向的疾病,如高血压和糖尿病,尤其是肿瘤,均是多种基因与环境因素共同作用的结果。

二、DNA 损伤修复系统缺陷可能引发多种疾病

细胞中 DNA 损伤的生物学后果,主要取决于 DNA 损伤的程度和细胞的修复能力。如果损伤得不到及时正确的修复,就可能导致细胞功能的异常。DNA 碱基的损伤将可能导致遗传密码子的变化,经转录和翻译产生功能异常的 RNA 与蛋白,引起细胞功能的衰退、凋亡,甚至发生恶性转化。双链 DNA 的断裂可通过同源或非同源重组修复途径加以修复,但非同源重组修复的忠实性差,修复过程中可能丧失或获得核苷酸,造成染色体畸变,导致严重后果。DNA 交联影响染色体的高级结构,妨碍基因的正常表达,对细胞的功能同样产生明显影响。因此,DNA 损伤修复系统缺陷与肿瘤、遗传性疾病、免疫性疾病以及衰老等多种疾病的发生有着非常密切的关联(表 21-4)。

表 21-4 DNA 损伤修复系统缺陷可能引发的人类疾病

疾病	易患肿瘤或疾病	修复系统缺陷
着色性干皮病	皮肤癌、黑色素瘤	核苷酸切除修复
遗传性非息肉性结肠癌	结肠癌、卵巢癌	错配修复 转录偶联修复
遗传性乳腺癌	乳腺癌、卵巢癌	同源重组修复
Bloom 综合征	白血病、淋巴瘤	同源重组修复
范科尼贫血	再生障碍性贫血、白血病和生长迟缓	重组跨越损伤修复
Cockyne 综合征	视网膜萎缩、侏儒、耳聋和早衰等	核苷酸切除修复、转录偶联修复
毛发硫营养不良症	毛发易断、生长迟缓	核苷酸切除修复

（一）DNA 损伤修复系统缺陷可能引发肿瘤

先天性 DNA 损伤修复系统缺陷患者容易发生肿瘤。肿瘤发生是 DNA 损伤对机体的远期效应之一。众多研究表明，DNA 损伤→DNA 损伤修复异常→基因突变→肿瘤发生是贯穿肿瘤发生发展过程的主要环节。DNA 损伤可导致原癌基因的激活，也可使抑癌基因失活。癌基因与抑癌基因的表达失衡是细胞恶变的重要机制。参与 DNA 损伤修复的多种基因具有抑癌基因的功能，目前已发现这些基因在多种肿瘤中发生突变而失活。1993 年，有研究发现，人类遗传性非息肉性结肠癌（hereditary non-polyposis colorectal cancer，HNPCC）细胞存在错配修复与转录偶联修复缺陷，造成细胞基因组的不稳定性，进而引起调控细胞生长的基因发生突变，引发细胞恶变。在 HNPCC 中 *MLH1* 和 *MSH2* 基因的突变时有发生。*MLH1* 基因的突变形式主要有错义突变、无义突变、缺失和移码突变等。而 *MSH2* 基因的突变形式主要有移码突变、无义突变、错义突变以及缺失或插入等；其中以第 622 位密码子发生 C/T 转换，导致脯氨酸突变为亮氨酸最为常见，结果使 MSH2 蛋白的功能受损。

BRCA 基因（breast cancer gene）参与 DNA 损伤修复的启动与细胞周期的调控。*BRCA* 基因的失活可增加细胞对辐射的敏感性，导致细胞对双链 DNA 断裂修复能力的下降。现已发现 *BRCA1* 基因在 70% 的家族遗传性乳腺癌和卵巢癌病例中发生突变而失活。

值得注意的是，DNA 修复功能缺陷虽可引起肿瘤的发生，但已癌变的细胞本身 DNA 修复功能往往并不低下，相反会显著升高，使得癌细胞能够充分修复化疗药物引起的 DNA 的损伤，这也是大多数抗肿瘤药物不能奏效的直接原因之一，所以关于 DNA 损伤修复的研究可为肿瘤化疗药物开发提供理论指导。

（二）DNA 损伤修复缺陷可能引发遗传性疾病

着色性干皮病 XP，患者的皮肤对阳光敏感，照射后出现红斑、水肿，继而出现色素沉着、干燥和角化过度等病变发生。具有不同临床表现的 XP 患者存在明显的遗传异质性，表现为不同程度的核酸内切酶缺乏引发的切除修复功能缺陷，所以患者的肺、胃肠道等器官在受到有害环境因素刺激时，会有较高的肿瘤发生率。然而，在对 XP 的进一步研究中发现，一些患者虽具有明显的临床症状，但在 UV 辐射后的核苷酸切除修复中却未见明显的缺陷表型，故将其定名为"XP 变种"（XP variant，XPV）。这类患者的细胞在培养中表现出对 UV 辐射的轻微增高的敏感性，变种的切除修复功能正常，而复制后修复的功能有缺陷。最新的研究发现，某些 XP 变种的分子病理学机制是由于其对 DNA 碱基损伤耐受的缺陷所致，而不是修复方面的缺陷。

共济失调 - 毛细血管扩张症（ataxia telangiectasia，AT），是一种常染色体隐性遗传病，主要影响机体的神经系统、免疫系统与皮肤。AT 患者的细胞对射线以及拟辐射的化学因子，如博来霉素等敏感，具有极高的染色体自发畸变率，以及对辐射所致的 DNA 损伤的修复缺陷。患者的肿瘤发病率相当高。AT 的发生与在 DNA 损伤信号转导网络中发挥关键作用的 ATM 蛋白分子的突变有关。

此外，DNA 损伤核苷酸切除修复的缺陷可以导致人毛发硫营养不良症（trichothiodystrophy，TTD）、科凯恩综合征（Cockayne syndrome，CS）和范科尼贫血（Fanconi anemia）等遗传病。

（三）DNA 损伤修复缺陷可能引发免疫性疾病

DNA 损伤修复功能先天性缺陷患者，其免疫系统常有缺陷，主要是 T 淋巴细胞功能缺陷。随着年龄的增长，细胞中的 DNA 修复功能逐渐衰退，如果同时发生免疫监视机能的障碍，便不能及时清除癌变细胞，从而导致发生肿瘤。因此，DNA 损伤修复与免疫以及肿瘤等均是紧密关联的。

（四）DNA 损伤修复缺陷可能引发衰老

有关 DNA 损伤修复能力比较研究发现，寿命长的动物如象和牛等，其 DNA 损伤的修复能力较强；相对而言，寿命短的动物如小鼠和仓鼠等，其 DNA 损伤的修复能力较弱。人的 DNA 损伤修复能力也很强，但到一定年龄后会逐渐减弱，突变细胞数与染色体畸变率相应增加。如人类常染色体隐性遗传的早老症和韦尔纳氏综合征患者，其体细胞极易衰老，一般早年死于心血管疾病或恶性肿瘤。

小 结

DNA 损伤是指各种体内外因素导致的 DNA 组成与结构上的变化,主要有碱基或戊糖基的破坏、碱基错配、DNA 单链或双链断裂、DNA 链共价交联等多种表现形式。

细胞内在因素,如 DNA 复制中的错配、DNA 结构本身的不稳定性、机体代谢中产生的有害活性分子等,均可诱发 DNA 的"自发"损伤。外环境中的物理因素(电离辐射和紫外线)、化学因素(自由基、碱基类似物、碱基修饰剂、嵌入性染料)和生物因素等也均可损伤 DNA。

DNA 损伤具有双重生物学效应。各种因素诱发的 DNA 结构改变是生物进化的基础;同时 DNA 的损伤也可使细胞功能出现障碍,与多种疾病,如肿瘤等密切相关。

细胞拥有 DNA 损伤修复机制,可以修复 DNA 的损伤,恢复 DNA 的正常结构。这一机制对于维持 DNA 结构的完整性与稳定性,保证生命延续和物种稳定至关重要。细胞有直接修复、切除修复、重组修复和跨越损伤修复等多种 DNA 损伤修复途径。一种 DNA 损伤可通过多种途径修复,一种修复途径也可参与多种 DNA 损伤的修复。DNA 损伤修复的缺陷与肿瘤、遗传性疾病、免疫性疾病以及衰老等密切相关。

思考题:

1. 有很多突变,对于野生型基因是隐形的,也就是说,在一个含有野生型与突变型基因的二倍体细胞中,只有野生型的特性才能够得到表达。请根据基因突变的理论,解释这一事实。
2. RecA 蛋白是如何调节 SOS 的?
3. 为什么 DNA 的甲基化状态可以被 DNA 损伤修复系统所利用?
4. 突变可能影响高等真核生物结构基因表达的几个水平?
5. 假如发生了碱基对的错配,如何被有效修复?

思考题解题思路　　　　本章目标测试　　　　本章思维导图

(李恩民)

第二十二章 | 疾病相关基因

人类几乎所有的疾病都是遗传因素（基因）和环境因素相互作用的结果。要解析疾病发生发展过程中遗传因素的作用及其分子机制,开展精准的诊断、治疗和预防以及个性化医疗,加速基础医学研究成果向临床与预防的转化应用,首先需要鉴定引起疾病发生的疾病相关基因。鉴定疾病相关基因不但可以详尽地了解疾病的病因和发病机制、开发新的诊断和干预技术,而且有利于了解基因的功能,因而一直是生物医学工作者研究的重点。早期,基于连锁分析的定位克隆技术在单基因病致病基因的发现和鉴定中取得了很大成功;现在,基于 SNP 分析的全基因组关联研究、全外显子组测序加关联/连锁分析在疾病相关基因发现和鉴定中发挥着越来越重要的作用。随着基因和疾病研究数据的快速累计,多个专门收集和整理疾病相关基因信息的数据库应运而生,为研究人员和临床医生深入了解基因与疾病之间的关系、揭示疾病的遗传基础和发病机制提供了方便和高效的资源,为疾病的诊断和治疗提供科学依据。随着人类基因组计划的完成以及各种组学的不断发展,分子医学、精准医学以及转化医学加速发展,人们有望从分子水平突破对疾病的传统认识,彻底改变和革新现有的临床诊疗模式。

第一节 | 疾病相关基因及其鉴定原则

人们将影响疾病发生发展的基因统称为疾病相关基因（disease related gene）。依据基因变异在疾病发生、发展中的作用,可将疾病相关基因区分为致病基因和疾病易感基因。如果一种疾病的表型和某个基因型呈直接对应的因果关系,即该基因异常是导致该疾病发生的直接原因,那么该基因就属于致病基因（causative gene）。这类疾病主要是单基因病,即传统的遗传病,也称为孟德尔遗传病。

人类疾病的发生发展既受疾病相关基因的影响,也受环境因素的影响。基因与疾病的关系,并非总是一个基因导致一种疾病这样简单的一一对应关系。在肿瘤、心血管疾病、代谢性疾病、自身免疫性疾病等复杂疾病中遗传因素和环境因素均起一定作用,表现为 2 个以上基因的"微效作用"相加,或多个基因间的相互作用,故此类疾病也称为多基因病。单一基因变异仅增加对疾病的易感性,故此类基因被称为疾病易感基因（disease susceptibility genes）。对疾病要开展精准诊断、治疗和预防,实现个体化精准医疗,首先就要鉴定疾病发生相关的基因,明确其与疾病间的确切关系。鉴定疾病发生相关基因需遵循一定的原则。

一、遗传标记在疾病相关基因鉴定中发挥重要作用

大的 DNA 变异会产生显著的遗传学效应,导致突变个体的表型发生严重改变甚至使突变个体死亡。这些大的 DNA 变异包括染色体数目的变异(如染色体组成倍地增加或减少、单条染色体的增加或减少),以及染色体结构的变异(如染色体片段的重复、缺失、倒位和易位等)。而更小的 DNA 变异(包括拷贝数目变异、短串联重复序列和单核苷酸多态性等)则可用作遗传标记（genetic marker）,在疾病相关基因的发现和鉴定中发挥重要作用。

拷贝数目变异（copy number variation,CNV）是一种大小介于 1KB 至 3MB 的 DNA 片段的变异,在人类基因组中广泛分布,其覆盖的核苷酸总数大大超过单核苷酸多态性,极大地丰富了基因组遗传变异的多样性。CNV 对于物种特异的基因组构成、物种的演化和系统发育及基因组某些特定区域基

因的表达和调控具有非常重要的生物学意义。存在于自然群体中 DNA 片段的 CNV 是基因组结构性差异的常见形式,人们建立多种实验方法对其进行检测和量化,随着实验技术的进步,人群 CNV 图谱被不断完善、细化;许多 CNVs 和疾病的相关性被陆续报道,对复杂疾病的 CNV 关联研究已成为当前医学遗传学研究的重要内容。

短串联重复序列(short tandem repeat,STR)又称为微卫星 DNA,主要是指染色体上重复单位仅 2～6bp、重复次数为 10～60 多次、基因片段在 400bp 以下的重复序列。STR 主要是在 DNA 复制(或修复)过程中滑动链与互补链碱基错配,导致一个或几个重复单位的缺失或插入而产生的,重复的次数可以出现个体差异,形成片段长度等位基因。

单核苷酸多态性(single nucleotide polymorphism,SNP)是指在基因组中因单个核苷酸改变(颠换/置换)而引起的多态性,人口中的分布频率在 1% 以上;SNP 在基因组中广泛分布,平均每 300bp 就出现 1 个,人类基因组大约 90% 的多态性是以 SNPs 形式出现,因此它被认为是第三代遗传标志。由于 SNPs 密度高,通过对 SNPs 的关联分析使得在全基因组范围精确定位疾病相关基因成为可能。

罕见变异(rare variant)通常是指频率在 1/1 000 以下,新发或者存在于人口中某些特定族群的变异,这些变异是单基因疾病的原因。可以通过家系连锁分析或外显子测序等发现。

基因和基因组异常可导致截然不同的表型和生物学效应。有一些异常不影响或基本不影响蛋白质活性,不表现明显的性状变化,与遗传病无直接联系,称为中性突变(neutral mutation)。有些异常的发生则可严重影响蛋白质活性,从而直接影响生命的维系,这种突变称为致死突变(lethal mutation)。

二、疾病相关基因鉴定应遵循一定的原则

确定疾病相关基因是一个艰巨复杂的系统工程,耗时耗钱,有的疾病基因的最终鉴定历时数十年。尽管人类基因组计划的完成,为疾病相关基因的鉴定提供了诸多的便利,但明确地解析疾病和某种基因的关系仍非易事,掌握疾病相关基因鉴定的原则,无疑将起到事半功倍作用,有助于鉴定疾病相关基因研究工作高效有序开展。首先,确定疾病表型和基因实质联系是关键;其次,采用多途径、多种方法鉴定疾病相关基因是手段;最终,确定候选基因,明晰基因序列的改变和疾病表型的关系,以了解基因致病的本质,是鉴定和确定疾病相关基因的核心。

(一)鉴定疾病相关基因的关键是确定疾病表型和基因间的实质联系

疾病作为一种遗传性状,要确保其专一性和同质性。正确的疾病诊断非常重要。在一些复杂性疾病中,对疾病表型有必要进行进一步的分类,确保疾病的同质性,以减少临床的异质性。其次,需要确定疾病的遗传因素,即通过家系分析、孪生子分析、领养分析和同胞罹患者分析等,确定遗传因素是否在疾病发病中的作用及其作用程度(遗传度)。在遗传因素作用较小的疾病中,鉴定并最终克隆疾病相关基因成功的可能性很小。一旦确定了遗传因素在疾病中的重要作用,就可进而确定存在于人类基因组中决定疾病表型的基因,确定该基因在基因组中的位置(位点)以及该位点和基因组其他位点的联系。

(二)鉴定疾病相关基因需要多学科多途径的综合策略

鉴定疾病相关基因是一项艰巨的系统工程,需要多学科的紧密配合,针对不同疾病采用不同的策略。如图 22-1 所示,这些不同策略和方法互为补充,方可达到最终确定疾病基因的目的。首先通过对不同疾病家系的连锁分析,可粗略地将疾病的基因定位于某个染色体上,这些位点被称为疾病的位点(locus),位点内存在数个到数十个基因,需要通过测序发现突变基因。随着对某些疾病发病机制的了解,可进一步阐明疾病相关的蛋白质的生物化学和细胞生物学特征,以此为切入点,寻找基因结构的异常,确定基因 DNA 碱基序列突变及其导致蛋白质结构或表达异常的分子机制,最终确定引发疾病的相关基因。疾病动物模型对于疾病相关基因的鉴定具有重要帮助。对不同的疾病动物模型的研究,可以确定导致实验动物异常表型的基因,进而鉴定人类的同源基因在疾病中的作用。借助生物信息数据库中有关待定基因的信息,也可极大地促进疾病相关基因鉴定的效率。

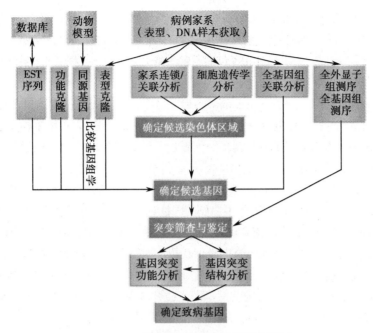

图 22-1　疾病相关基因鉴定策略示意图

(三) 确定候选基因是多种鉴定疾病相关基因方法的交汇

有许多途径能够达到最终鉴定疾病相关基因的目的,这些方法最终将交汇在候选基因上。一旦候选基因被鉴定,即可筛检患者中该基因的突变。候选基因可不依赖其在染色体位置而予以鉴定,但常用的策略仍然是首先找出候选染色体区域,然后在此区域内鉴定候选基因。人类基因组计划的完成提供了人类所有基因的信息。尽管从众多的候选基因中寻找基因突变,仍然是一项耗时的工作,但鉴定候选基因较以往还是相对容易。这是由于位置信息从 2 万个的基因降低到候选区域的 10～30个基因。在候选区域内预测可能的候选基因并非易事,目前仍然缺乏这样的能力。需要的是大量重复、逐个排除,最终确定候选基因的突变以及这种突变和疾病的联系。

三、疾病相关基因鉴定的策略

鉴定疾病相关基因的策略和方法主要包括:不依赖染色体定位的疾病相关基因克隆策略、定位克隆、全基因组关联分析、全外显子组测序法等。不依赖染色体定位的疾病相关基因克隆策略主要包括:功能克隆、表型克隆,以及采用位点非依赖的 DNA 序列信息和动物模型来鉴定和克隆疾病基因。

(一) 从已知蛋白质的功能和结构出发克隆疾病基因

在掌握或部分了解基因功能产物蛋白质的基础上,鉴定蛋白质编码基因的方法,称之为功能克隆(functional cloning)。这是相对于利用基因位置克隆基因的定位克隆而言的。该方法采用的是从蛋白质到 DNA 的研究路线,针对的是一些对影响疾病的功能蛋白具有一定了解的疾病,如血红蛋白病、苯丙酮尿症等出生缺陷引起的分子病可以采用这个方法定位和克隆疾病基因。

1. **依据蛋白质的氨基酸序列信息鉴定克隆疾病相关基因**　如果疾病相关的蛋白质在体内表达丰富,可分离纯化得到一定纯度的足量蛋白质,就可用质谱或化学方法进行氨基酸序列分析,获得全部或部分氨基酸序列信息。在此基础上设计寡核苷酸探针,用于筛查 cDNA 文库,可筛选出目的基因。使用这种策略时,必须考虑到密码子的简并性特点,即除了甲硫氨酸和色氨酸仅有 1 个密码子外,其余氨基酸均有 2 个或 2 个以上的密码子。设计探针时应尽量避开有简并密码子的区域,但实际上往往难以做到。为此可以设计 1 套可能含有全部简并密码子信息的寡核苷酸探针,用此混合探针去筛查 cDNA 文库,"钓出"目的基因克隆。除 cDNA 文库筛查技术外,目前还可采用部分简并混合寡核苷酸作为 PCR 引物,采用多种的 PCR 引物组合,以获得候选基因的 PCR 产物。

上述方法曾成功地用于镰状细胞贫血的基因克隆。首先,免疫电泳等方法已经显示出镰状细胞贫血患者的珠蛋白异常,获得部分氨基酸残基序列后,设计了简并寡核苷酸探针,筛选有核红细胞系的 cDNA 文库,得到了 α 珠蛋白基因的 cDNA,与正常人的 cDNA 比较,发现了 α 珠蛋白基因变异。进而找出 cDNA 探针与染色体 DNA 序列间的同源互补关系,将人的 α 珠蛋白基因定位于第 16 号染色体上,并在此基础上,提出了分子病(molecular disease)的概念。

2. 用蛋白质的特异性抗体鉴定疾病基因 有些疾病相关的蛋白质在体内含量很低,难以纯化得到足够纯度的蛋白质用于氨基酸序列测定。但是少量低纯度的蛋白质仍可用于免疫动物获得特异性抗体,用以鉴定基因。获得的抗体一方面可用于直接结合正在翻译过程中的新生肽链,此时会获得同时结合在核糖体上的 mRNA 分子,最终克隆未知基因;另外,特异性抗体也可用来筛查可表达的 cDNA 文库,筛选出可与该抗体反应的表达蛋白质的阳性克隆,进而可获得候选基因。

功能克隆早期是单基因疾病基因克隆的常用策略,其缺点是特异功能蛋白质的确认、鉴定及其纯化都相当困难,微量表达的基因产物在研究中难以获得。现在已经基本被全外显子组测序取代了。

(二)从疾病的表型差异出发发现疾病相关基因

表型克隆(phenotype cloning)是疾病相关基因克隆领域中一个新的策略。该策略的原理是基于对疾病表型和基因结构或基因表达的特征联系已经有所认识的基础上来分离鉴定疾病相关基因。依据 DNA 或 mRNA 的改变与疾病表型的关系,可有三种策略。

第一种策略是从疾病的表型出发。比较患者基因组 DNA 与正常人基因组 DNA 的不同,直接对产生变异的 DNA 片段进行克隆,而不需要基因的染色体位置或基因产物的其他信息。例如,在一些遗传性神经系统疾病中,患者基因组中含有的三联重复序列的拷贝数可发生改变,并随世代的传递而扩大,称为基因的动态突变。此时,采用基因组错配筛选(genome mismatch scanning)、代表性差异分析(representative difference analysis,RDA)等技术即可检测患者的 DNA 是否有三联重复序列的拷贝数增加,从而确定患病原因。

第二种策略是针对已知基因。如果高度怀疑某种疾病是由于某个特殊的已知基因所致,可通过比较患者和正常对照间该基因表达的差异,来确定该基因是否为该疾病相关基因。常用分析方法有 Northern 印迹法、RNA 酶保护试验、RT-PCR 及实时定量 RT-PCR 等。

第三种策略是针对未知基因的。可通过比较疾病和正常组织中的所有 mRNA 的表达种类和含量间的差异,从而克隆疾病相关基因。这种差异可能源于基因结构改变,也可能源于表达调控机制的改变。早前常用的技术有 mRNA 差异显示(mRNA differential display,mRNA-DD)、抑制消减杂交(suppressive subtractive hybridization,SSH)、基因表达系列分析(SAGE)等;目前常用的主要是 cDNA 微阵列(cDNA microarray)、转录组测序(RNA sequencing,RNA-seq)(图 22-2)。

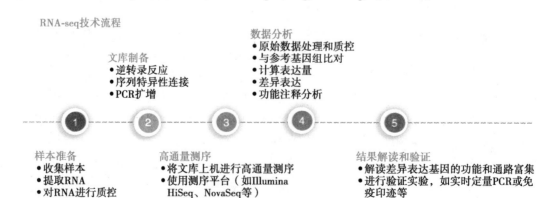

图 22-2　RNA-seq 技术流程示意图

(三)采用动物模型鉴定克隆疾病相关基因

人类的部分疾病,已经有相应的动物模型。如果动物某种表型的突变基因定位于染色体的某一部位,而具有相似人类疾病表型的基因很有可能存在于人染色体的同源部位。另外,当疾病基因在动物模型上已完成鉴定,还可以采用荧光原位杂交来定位分离人的同源基因。肥胖相关的瘦素(leptin)基因的克隆就是一个成功例证。利用突变的肥胖近交系小鼠通过定位克隆分离得到了位于小鼠 6 号染色体的瘦蛋白基因,依据小鼠瘦蛋白基因侧翼标记,将人的瘦蛋白基因定位于人染色体 7q31 区。小鼠和人的瘦蛋白基因有 84% 的同源性,编码 167 个氨基酸残基的分泌性蛋白——瘦蛋白,其主要功能是控制食物的摄入,促进能量的消耗。肥胖小鼠和一些遗传性肥胖症患者均带有该基因的缺损,导致基因功能丧失。

(四)利用半克隆技术获得的复杂疾病小鼠模型鉴定疾病相关基因

类精子干细胞(sperm-like stem cells),即孤雄单倍体胚胎干细胞(androgenetic haploid embryonic stem cells,AG-haESCs),是一种来源于小鼠孤雄囊胚、仅含有父源遗传物质、性染色体为 X 染色体的新型单倍体胚胎干细胞。它不但能在体外长期自我更新、增殖或诱导分化,还能替代精子使卵母细胞受精产生半克隆小鼠。类精子干细胞与 CRISPR 系统结合可以开展单基因或多基因的编辑,通过将基因编辑后的类精子干细胞注射到卵母细胞中,可以高效稳定地一步获得基因型确定的半克隆小鼠(无嵌合现象),原代小鼠即可用于研究。基于类精子干细胞获得的单基因或多基因精准编辑的小鼠模型,通过模型的各种病理特征,可进一步在生物个体水平上明确单基因病的致病基因或复杂疾病的易感基因。利用该技术获得的复杂疾病小鼠模型,可以在生物个体水平上阐述多个基因协同互作的效应,进而更充分地模拟复杂的、可能受多个基因影响的人类疾病的各种病理特征,以挖掘新的诊断和治疗方法。

(五)生物信息数据库贮藏丰富的疾病相关基因信息

借助于人类基因组计划和多种模式生物基因组测序的完成,生物信息学的发展,计算机软件的开发应用和互联网的普及,人们通过已获得的序列与数据库中核酸序列及蛋白质序列进行同源性比较,或对数据库中不同物种间的序列比较分析、拼接,预测新的全长基因等,进而通过实验证实,从组织细胞中克隆该基因,这就是所谓的计算机模拟克隆(in silico cloning)。计算机模拟克隆充分利用网络资源,可大大提高克隆新基因的速度和效率;但因数据库的不完善、错误信息的存在及分析软件的缺陷,往往它难以真正地克隆基因,而是一种电子辅助克隆。

人类新基因克隆大都是从同源表达序列标签(expressed sequence tag,EST)分析开始的。EST 是指从不同组织构建的 cDNA 文库中,随机挑选不同的克隆,进行克隆部分测序所产生的 cDNA 序列,在新基因资源中扩展最为迅速。在人类 EST 数据库中,应用同源比较,识别和拼接与已知基因高度同源的人类新基因。

EST 主要用于新基因克隆、人类基因组图谱绘制、基因组序列编码区的确定等,是注释基因组序列的宝贵资源,在功能基因组学研究中发挥了重要作用。早期,EST 数据库在确定疾病相关基因方面也发挥了重要作用,如确定家族性阿尔茨海默病相关基因。事实上,通过阳性克隆发现的 45 种人类疾病的基因,其中 78% 都可与 EST 数据库中的序列相匹配(至 1995 年),国际组织将 EST 转变为基因依赖的序列标签位点(sequence-tagged site,STS)数据库、以扩展人基因组的“转录图谱”。

第二节 ｜ 疾病相关基因鉴定的方法

定位克隆是早期鉴定疾病相关基因的经典方法;全基因组关联分析、全外显子组测序等是目前鉴定疾病相关基因的常用方法。

一、定位克隆是鉴定疾病相关基因的经典方法

仅根据疾病基因在染色体上的大体位置,鉴定克隆疾病相关基因,称之为定位克隆(positional cloning)。定位克隆的起点是基因定位,即确定疾病相关基因在染色体上的位置,然后根据这一位置

信息,应用 DNA 标记将经典的遗传学信息转换为遗传标记所代表的特定基因组区域,再以相关基因组区域的相连重叠群(contig)筛选候选基因,最后比较患者和正常人这些基因的差异,确定基因和疾病的关系。人类基因组计划后所进行的定位候选克隆,是将疾病相关位点定位于某一染色体区域后,根据该区域的基因、EST 或模式生物对应的同源区的已知基因等有关信息,直接进行基因突变筛查,通过多次重复,最终确定疾病相关基因。

(一) 基因定位的方法有多种

基因定位(gene location)是基因分离和克隆的基础,目的是确定基因在染色体的位置以及基因在染色体上的线性排列顺序和距离。可从家系分析、细胞、染色体和分子水平等几个层次进行基因定位,由于使用手段的不同可派生出多种方法,不同方法又可联合使用,相互补充。

1. **体细胞杂交法通过融合细胞的筛查定位基因** 体细胞杂交(somatic cell hybridization)又称细胞融合(cell fusion),是将来源不同的两种细胞融合成一个新细胞。大多数体细胞杂交是用人的细胞与小鼠、大鼠或仓鼠的体细胞进行杂交。这种新产生的融合细胞称为杂种细胞(hybrid cell),含有双亲不同的染色体。杂种细胞有一个重要的特点是在其繁殖传代过程中出现保留啮齿类一方染色体而人类染色体逐渐丢失,最后只剩一条或几条,其原因至今不明。Miller 等运用体细胞杂交,结合杂种细胞的特征,证明杂种细胞的存活需要胸苷激酶(thymidine kinase,TK)。含有人 17 号染色体的杂种细胞在特殊的培养基中,都因有 TK 活性而存活,反之则死亡,从而推断 TK 基因定位于第 17 号染色体上。利用这一方法定位了许多人的基因。肿瘤抑制基因也是应用体细胞杂交技术而被发现的。

2. **染色体原位杂交是在细胞水平定位基因的常用方法** 染色体原位杂交(chromosome in situ hybridization)是核酸分子杂交技术在基因定位中的应用,也是一种直接进行基因定位的方法。其主要步骤是获得组织培养的分裂中期细胞,将染色体 DNA 变性,与带有标记的互补 DNA 探针杂交,显影后可将基因定位于某染色体及染色体的某一区段。如果用荧光染料标记探针,即为荧光原位杂交(fluorescence in situ hybridization,FISH)。1978 年首次用 α 及 β 珠蛋白基因的 cDNA 为探针,与各种不同的人 / 鼠杂种细胞进行杂交,从而将人 α 及 β 珠蛋白基因分别定位于第 16 号和第 11 号染色体上。这种染色体原位杂交技术特别适用于那些不转录的重复序列,这些重复序列很难用其他方法进行基因定位。如利用原位杂交技术将卫星 DNA 定位于染色体的着丝粒和端粒附近。

3. **染色体异常有时可提供疾病基因定位的替代方法** 从基因定位克隆的角度来看,对于任何已知与染色体异常直接相关的疾病来说,染色体的异常本身就成为疾病定位基因克隆的一个绝好的位置信息。染色体的异常有时可替代连锁分析,用于定位疾病基因。在一些散发性、严重的显性遗传病,染色体变异分析是获得候选基因的唯一方法。例如染色体的平衡易位和倒位等,有时可直接获得基因的正确位置,而无须进行连锁分析;多囊肾、巨肠症、假肥大型肌营养不良基因的定位在很大程度上借助于染色体的异常核型表现。

如果细胞学观察的染色体异常与某一基因所表达的异常同时出现,即可将该基因定位于这一染色体的异常区域内。例如对一具有 6 号染色体臂间倒位的家系分析表现,凡是有此倒位者,同时也都有某一 HLA 等位基因的表达;而家族中无此倒位者,也无该等位基因的表达,因此将该 HLA 基因定于 6 号染色体短臂的远侧区。

染色体非整倍体分析中,可通过基因剂量法进行基因定位。在 Down 综合征(核型 47,+21)病人中超氧化物歧化酶 -1 的活性比正常人高 1.5 倍,因此将该酶基因定位于 21 号染色体上。但并非所有基因的拷贝数都有明显的剂量效应作用。

4. **连锁分析是定位疾病未知基因的常用方法** 基因定位的连锁分析(linkage analysis)是根据基因在染色体上呈直线排列,不同基因相互连锁成连锁群的原理,即应用被定位的基因与同一染色体上另一基因或遗传标记相连锁的特点进行定位。如果待定基因与标记基因呈连锁遗传,即可推断待定基因与标记基因处于同一染色体上,并且依据和多个标记基因连锁的程度(用两者间的重组率度量),可确定待定基因在染色体的排列顺序以及和标记基因间的遗传距离(用 cM 表示)。例如已知血型基因 Xs 定位于 X 染色体上,普通鱼鳞病和眼白化病基因与其连锁,因此判定这两个基因也在 X 染色体上,计算患者子代的重组率,即可确定这些基因间的相对距离。

(二) 定位克隆疾病相关基因的过程包括三大步骤

定位克隆疾病相关基因是鉴定遗传性疾病基因的主要手段,在早期的疾病基因鉴定工作中发挥了不可替代的作用,也获得了巨大的成功。随着人类基因组计划的完成,采用定位克隆疾病基因的方法,更加容易实施,其主要的过程包括三个步骤。

1. 尽可能缩小染色体上的候选区域　定位克隆疾病基因困难的大小取决于染色体候选区域的宽窄。为此要尽可能地缩小疾病相关基因在染色体上的候选区域。在单基因疾病基因的遗传制图时,需要选择更多的遗传标记,找出遗传距离最近的标记,增加更多的家系、建立所有个体的单倍体型等,以增加发现重组机会,结合寻找更多连锁不平衡,精确疾病相关基因的候选区域。

2. 构建目的区域的基因列表　由于人类基因组计划的完成,各种 DNA 分子水平上物理图谱的建立,已经使得疾病相关基因的克隆变得较为容易。现在已无须建立 DNA 重叠群,直接使用人类基因组的数据库,如基因组阅览器 Ensembl 或者 the Santa Cruz 阅览器就可直接显示候选区域已肯定或可能的基因,但也不能完全依赖这些信息,要仔细检查重叠的拼装是否正确。当然,还要结合 ENCODE 计划的结果、非编码序列、选择性转录本等表达谱,获得更多候选区域的基因信息。

3. 候选区域优先考虑基因的选择及突变检测　为了鉴定突变,对无血缘关系的患者要进行 DNA 测序。可以测定候选区域所有的外显子,也可测定优先考虑基因的外显子,取决于研究策略、人力和财力的投入。可根据下列情况考虑该基因为优先考虑的基因:①合适的表达:一个好的候选基因的表达模式应该和疾病表型相一致,该基因不一定特征性表达于病变组织,但至少在疾病发生前或发生时,疾病组织表达该基因,如神经管缺损的基因应该在神经管闭锁前,即人胚胎发育的 3～4 周表达。②合适的功能:候选区域的基因功能,如果已知,就易于作出决定。如 fibrillin 和结缔组织疾病 Marfan 综合征的关系。一个新基因序列的分析提示有某种功能,如有跨膜基序或酪氨酸激酶基序等,就可和疾病的发病机制联系起来,作出判断。③同源性和功能关系:如果候选区域一个基因和已知的基因同源,不管是与人的间接同源(paralog),还是与其他种的直接同源(ortholog),而且也知道同源基因突变引起的相类似表型,该基因就有可能是疾病基因。候选基因的确定也可基于密切的功能关系,如受体和配体的关系,同一代谢或发育途径的组分等。近年来,对模式生物基因功能的认识,更多的同源基因的表型被鉴定,极大地促进了人类致病基因的鉴定克隆工作。

(三) 利用定位克隆策略成功鉴定的致病基因

采用定位克隆策略鉴定的第一个疾病相关基因是 X 连锁慢性肉芽肿病基因。而假肥大型肌营养不良(Duchenne muscular dystrophy,DMD)基因的成功克隆,更彰显了基因定位克隆的优势。

二、全基因组关联研究在复杂疾病的易感基因鉴定中发挥了重要作用

基因连锁分析在定位克隆遗传性疾病的基因取得了成功,尽管鉴定复杂疾病的易感基因采用了如罹患姊妹对(affected sib pair,ASP)分析方法,也取得一些成功的例子,但总体来说,并不理想。从 2005 年以来,基于连锁不平衡(linkage disequilibrium)理论发展而来的全基因组关联分析(genome-wide association study,GWAS),在复杂疾病的疾病易感基因鉴定中,发挥了巨大的作用。

(一) GWAS 是基于 SNP 和关联分析的疾病相关基因鉴定方法

GWAS 方法是一种在无假说驱动的条件下,通过扫描整个基因组观察基因与疾病表型之间关联的研究手段。GWAS 是对大规模人群在全基因组范围的遗传标记(SNPs)进行检测,获得基因型,进而将基因型与可观测的性状(即表型),进行群体水平的统计学分析,根据统计量或显著性 p 值筛选出最有可能影响该性状的遗传标记,挖掘与性状变异相关的基因。GWAS 通过比较患者与对照组之间的基因频率差异,确定与疾病关联的 SNP 位点,进而确定疾病相关基因。进一步通过统计学分析,确定分子 SNP 位点和疾病表型的关系。

（二）GWAS 在疾病易感基因发现和鉴定中广泛应用

GWAS 是一种强大的遗传关联分析方法，自 2005 年第一篇应用 GWAS 研究鉴定年龄相关性黄斑变性（age-related macular degeneration，ARMD）的易感基因后，科学家已在阿尔茨海默、乳腺癌、糖尿病、冠心病、肺癌、前列腺癌、肥胖、胃癌等一系列复杂疾病中进行了 GWAS 并找到疾病相关的易感基因。我国科学家也在银屑病、精神病和冠心病等方面开展了 GWAS 研究并取得成效。另外，GWAS 还用于进一步研究与疾病相关的基因功能和通路、个体化医疗等领域，为揭示复杂疾病的遗传基础和个体差异提供了重要的手段。该方法已成功鉴定了常见多发病的多种基因位点，不仅有效简化了常见病的相关基因鉴定过程，而且为研究疾病的发病机制和干预靶点提供了极有价值的信息。不过该技术对研究团队的经济实力、合作性、生物信息学水平以及庞大假阳性数据排查能力都有很高的要求，且只涉及常见等位基因的变异。

三、全外显子组 / 全基因组测序在疾病相关基因鉴定中愈发重要

2005 年，罗氏推出了第一款二代测序仪罗氏 454，生命科学开始进入高通量测序时代。与 Sanger 法 DNA 测序技术相比，基于 PCR 和基因芯片发展而来的第二代测序（next-generation sequencing，NGS），又称为高通量测序（high-throughput sequencing）能够以大规模并行方式扩增数百万份特定 DNA 片段，从而实现高通量、更高的灵敏度、速度和降低成本。随着 Illumina 系列测序平台的推出，极大降低了 NGS 的价格，推动了 NGS 在生命科学和医学各个研究领域的普及。

（一）全外显子组测序基于 NGS 技术检测个体基因组的所有外显子区域

全外显子组测序（whole exome sequencing，WES）是指利用序列捕获技术将全基因组的外显子区域 DNA 捕获富集后进行高通量测序的技术，能够直接发现与蛋白质功能变异相关的遗传变异 SNP。

以人类基因组为例，虽然外显子只占基因组的 1%，但人类基因组 85% 的致病突变都在外显子区域，通过外显子区域测序，可以获得与蛋白质编码相关的变异信息，可实现定位克隆，对常见和罕见的基因变异都具有较高灵敏度。WES 通过选择性富集外显子区域进行测序，而不对整个基因组进行测序；仅对约 1% 的基因组片段进行测序就可覆盖外显子绝大部分疾病相关基因变异，其高的性价比、测序数据量和复杂性的减少、相关的数据分析压力减轻，使其在复杂疾病易感基因的研究中颇受推崇。然而，由于只对基因组的一部分进行测序，重要的信息可能会被遗漏，新发现的机会也会减少。

全外显子组测序在遗传病领域（寻找新的致病基因和变异、诊断罕见遗传病）、不明原因疾病和复杂疾病有重要的应用，可以提供大量的遗传变异信息，加深对疾病的理解，并为疾病预防、诊断和个体化治疗或用药提供基础。

（二）全基因组测序检测个体基因组的整个核苷酸序列

全基因组测序（whole genome sequencing，WGS）是应用最广泛的 NGS 形式，指的是对生物体基因组的整个核苷酸序列的分析，用于快速、低成本地确定生物体的完整基因组序列。人全基因组测序就是通过运用新一代高通量 DNA 测序仪，进行 10~20 倍覆盖率的个体全基因组测序，然后与人类基因组精确图谱比较，其目的是准确检测出个人基因组中的变异集合，也就是人与人之间存在差异的那些 DNA 序列。简单地说，人 WGS 是对人类核酸样品进行全基因组范围的测序，并在个体或群体水平进行差异性分析的方法，同时完成 SNP 及基因结构注释。相比芯片检测，WGS 可以全面的挖掘基因序列差异和结构变异。

WGS 即是对生物体整个基因组序列进行测序，可以获得完整的基因组信息。WGS 覆盖面广，能检测个体基因组中的全部遗传信息，准确性高（其准确率可高达 99.99%），揭示了人类生、老、病、死的奥秘，使人类从根本上认知疾病发生的原因，做到正确治疗疾病、尽早预防疾病。

WGS 由于结果包含完整丰富的信息，可以得到外显子测序或靶向测序不能得到的更多信息，具有其独特的优势。WGS 因此提供了一个更强大的分析，可以揭示一个更完整的画面。且随着近年来测序技术的不断进步、测序成本的不断降低，使得 WGS 变得触手可及。而且 WGS 在鉴定 SNP、插入和缺失突变（lndel）时更有优势，所以 WGS 逐渐成为临床和基础研究的另一种选择。

（三）全基因组重测序是 WGS 在不同样本上的重复

全基因组重测序（whole genome re-sequencing，WGRS）是指对已知参考基因组和注释的物种进行不同个体间（如家系中的所有成员）的 WGS，并在此基础上对个体或群体进行差异性分析，鉴定出与某类表型相关的 SNP。

尽管 WES、WGS 和 WGRS 这三种技术覆盖的范围不同：WES 覆盖全基因组上的外显子区域，WGS 覆盖全基因组，WGRS 覆盖全基因组、是 WGS 在不同样本上的重复，但其实都是在找基因组上的 DNA/遗传（SNP）变异，主要包括四种：①单核苷酸变异（SNVQ）：包括同义突变和非同义突变；②插入缺失突变（InDel）；③结构变异（SV）：包括 50bp 以上的长片段序列插入或者删除（big indel）、串联重复（tandem repeat）、染色体倒位（inversion）、染色体内部或染色体之间的序列易位（translocation）等；④ CNV（图 22-3）。

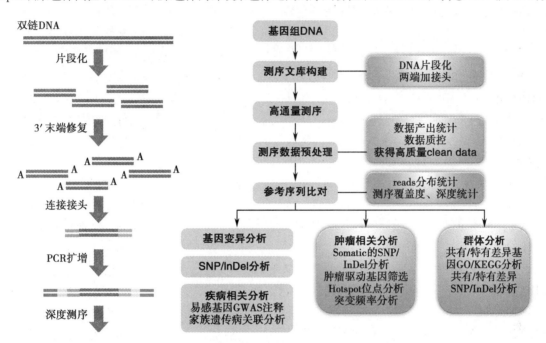

图 22-3　全基因组测序的技术流程及应用示意图

在临床实际中，可根据家系、患者等多方面的实际情况选择最佳的疾病相关鉴定的策略和方法，为疾病预防、诊断和个体化治疗或用药提供基础。

四、疾病相关基因 - 疾病数据库

"基因"一词出现已有 100 多年，且在几个科学方向上不断发展。技术的不断进步给基因组学领域带来了巨大的变革，并获得丰富的生物数据。基因组和表观基因组的研究为人类疾病的发展和进展奠定了基础。世界卫生组织对所有人类疾病进行了分类、标准化和维护，而许多学术和商业在线系统正在共享有关基因的信息并与相关疾病联系起来。基因 - 疾病数据库是专门收集和整理疾病相关基因信息的数据库，为研究人员提供方便和高效的资源，帮助研究和理解基因与疾病之间的关联。根据不同的疾病类型、基因功能、遗传变异等方面来组织和分类数据，提供丰富的基因和疾病相关信息，支持研究人员进行疾病研究、基因功能注释、基因诊断等工作。通过这些数据库，研究人员可以深入了解基因与疾病之间的关系，揭示疾病的遗传基础和发病机制，为疾病的诊断和治疗提供科学依据。

（一）OMIM 是一个收集人类基因和遗传病的数据库

OMIM（Online Mendelian Inheritance in Man），即在线人类孟德尔遗传，是一个持续更新、广泛使用的基因遗传学数据库，旨在提供有关人类遗传疾病的详细信息。其前身 MIM 是一本由美国约翰·霍普金斯大学医学院 McKusiek V. A. 教授主编的《人类孟德尔遗传》书，该书一直是医学遗传学最权威的百科全书，被誉为医学遗传学界的"《圣经》"，目前为第 12 版；在科学研究已进入数字化年代的当今,OMIM 于 1987 年应运而生,由约翰·霍普金斯大学医学院的人类遗传学部门维护和更新,并且免费供全世界科学家浏览和下载。

OMIM 数据库收集了来自全球范围的遗传疾病的信息,包括大量的遗传疾病的病因、临床特征、遗传模式和分子机制等详细信息,为研究人员和临床医生提供了全面的遗传疾病知识库。每个遗传疾病都有一个唯一的 OMIM 标识号码,便于检索和引用。OMIM 数据库对遗传疾病的病因、临床特征和分子机制等描述精确,这可帮助临床医生进行准确的诊断和治疗;帮助研究人员深入了解疾病的发病机制和研究方向。此外,OMIM 数据库提供了大量的文献引用和链接(涵盖了遗传疾病的研究论文、临床指南、疾病注册和患者组织等),方便用户获取更多的相关信息,帮助研究人员和临床医生深入了解疾病的最新研究进展和治疗方案。OMIM 数据库提供了大量的文献引用和链接(涵盖了遗传疾病的研究论文、临床指南、疾病注册和患者组织等),方便用户获取更多的相关信息。

应用举例:例如,呈常染色体隐性遗传的囊性纤维化(Cystic Fibrosis),其 OMIM 编号为"%603855",细胞发生位置:19q13.2-q13.4,基因组坐标 38:19:38,200,001-58,617,616。其中,OMIM 编号中的有关含义如下:

编号前有"*":表示该条目(entry)是一个基因。

编号前有"#":表示该条目是一个描述性的条目,通常为一种表型(疾病或性状),而非一个特定的基因座。

编号前有"+":表示该条目包含了已知 DNA 序列的基因以及表型的相关描述。

编号前有"%":表示该条目描述了一种已经明确了的孟德尔表型或一个未知分子基础的表型基因座。

编号前无任何符号:表示该条目尽管被怀疑为孟德尔性状,但是否为孟德尔遗传方式的表型信息尚未明确,或尚不能将该条目列为一个单独的条目。

编号前有"^":表示该条目现已不存在,或已从 OMIM 数据库中移除,或已被合并至其他条目中。

编号为"100000-199999,200000-299999"的条目:表示为常染色体基因座或表型(创建于 1994 年 5 月 15 日之前的相关条目)。

编号为"300000-399999"的条目:表示为 X 染色体连锁基因座或表型。

编号为"400000-499999"的条目:表示为 Y 染色体连锁基因座或表型。

编号为"500000-599999"的条目:表示为线粒体遗传基因座或表型。

编号为"600000-699999"的条目:表示为常染色体基因座或表型。

OMIM 数据库在遗传疾病的诊断和治疗、研究和科学发现、遗传咨询和遗传测试、基因治疗和药物发现、教育和公众意识等方面都有广泛的应用。它提供了全面、可靠的遗传疾病信息,帮助研究人员、临床医生和患者更好地理解和管理遗传疾病。

(二) GWAS catalog 是一个收集遗传变异与表型关联信息的数据库

GWAS catalog 数据库是美国国家人类基因组研究所(National Human Genome Research Institute, NHGRI)和欧洲生物信息研究所(European Bioinformatics Institute,EMBL-EBI)为了便于研究者快速高效地获取当前的 GWAS 结果,共同开发和制作的 NHGRI-EBI GWAS Catalog(the NHGRI-EBI Catalog of published genome-wide association studies)公共资源,是 EBI 负责维护的一个收集已发表的 GWAS 研究的数据库,是一个用于存储和共享遗传变异与表型关联信息的资源库。GWAS catalog 网站共分为 6 个模块,分别是 Search 搜索模块、Documentation 文档模块、Diagram 图像模块、Summary Statistics 统计模块,Download 下载模块和还在开发的 Ancestry 种族模块。截至 2021 年 11 月 5 日,GWAS 目录包含 5 457 种出版物和 318 587 关联分析。GWAS Catalog 数据目前被映射到基因组组装 GRCh38.p13 和 dbSNP Build 154。

GWAS catalog 数据库收集了大量的基因组数据(包括 SNP 和其他遗传变异数据和相关的表型信息),涵盖了常见疾病(如心脏病、糖尿病)和罕见疾病等多种疾病和表型,并提供了基因功能注释和生物学解释的信息,帮助研究人员理解与疾病相关的遗传变异的功能和作用机制。此外,GWAS 数据库中的数据可以用于进行基因型-表型关联分析,即研究遗传变异与表型特征之间的关联。通过对数据库中的遗传变异和表型数据进行统计分析,研究人员可以确定遗传变异与表型特征之间的显著关联,从而揭示遗传基础和表型多样性之间的关系。

GWAS catalog 数据库鼓励数据共享和开放性,使研究人员可以自由访问和使用已发布的 GWAS 数据;并对存储的 GWAS 数据进行质量控制和验证,确保数据的准确性和可靠性;提供的数据查询和分析工具使用户可以根据感兴趣的基因、疾病或性状等关键词进行检索,并对搜索结果进行分析和可视化。此外,GWAS catalog 数据库与其他相关数据库(如基因功能数据库、遗传变异数据库、疾病数据库等)进行数据交互和整合,这有助于研究人员将 GWAS 数据与其他数据资源进行整合和分析,深入研究基因与疾病之间的关联和机制。另外,GWAS 数据库采用标准化的数据格式,如 PLINK 格式、VCF 格式等,以方便数据的共享和比较。数据库还提供了搜索和查询功能,使用户能够根据特定的遗传变异或表型特征来检索相关数据。这种标准化和可访问性使研究人员能够更方便地获取和使用数据库中的数据。

(三) Orphanet 是一个收集罕见疾病的数据库

Orphanet 的建立是为了收集关于罕见疾病的稀缺知识,以改善对这些疾病患者的诊断、护理和治疗。Orphanet 是一个由 40 个国家组成的多方利益相关者的全球联盟,由位于巴黎的法国国家健康和医学研究所(the French National Institute of Health and Medical Research)的核心资源小组协调。它涵盖了 6 000 多种现有罕见病,来源包括 OMIM、ICD10、MeSH、MedDRA、GARD、UMLS 和利用现有已出版的专家分类阐述的疾病分类。它是为所有读者设计的,它可以进行多向搜索,尽管一次只能搜索一个基因。对于每一个基因搜索,都会出现一系列相关的蛋白质,点击这些蛋白质就会显示出与疾病相关的信息。这对基础基因研究来说是不方便的,因为搜索涉及许多步骤来收集特定基因的所有疾病相关信息。Orphanet 有潜力成为一个很好的参考数据库。

Orphanet 数据库收集和整理了来自世界各地的罕见疾病信息。该数据库提供了有关罕见疾病的详细描述,包括疾病的定义、病因、发病机制、临床特征、流行病学数据、诊断方法、预后、治疗选项、遗传模式等信息。Orphanet 使用了一套独特的分类和编码系统,称为 Orpha 编码系统,用于对罕见疾病进行分类和标识。每个罕见疾病都被赋予一个唯一的 Orpha 编码,便于检索和管理。Orphanet 数据库提供了有关罕见疾病的地理分布和统计数据。这些数据可以帮助研究人员和临床医生了解罕见疾病的全球分布情况,以及不同地区和人群之间的差异。Orphanet 数据库还提供了关于罕见疾病的临床试验和治疗资源的信息,这可以帮助研究人员、临床医生和患者找到最新的治疗方法和专业知识。另外,Orphanet 数据库提供了与罕见疾病相关的社区支持和联系信息(包括患者组织、支持组织、社交媒体群体等),可以帮助患者和家属找到支持和交流的渠道。

Orphanet 数据库在罕见疾病的诊断和治疗、研究和科学发现、地理分布和流行病学研究、遗传咨询和遗传测试、社区支持和联系等方面都有广泛的应用。它提供了全面、可靠的罕见疾病信息,帮助研究人员、临床医生和患者更好地理解和管理罕见疾病。

(四) DisGeNET 是人类疾病相关基因研究的百科全书

DisGeNET(Disease Gene Network)是一个与疾病相关的基因数据库,即基因与疾病关联的公共数据库,整合了来自各种存储库(包括孟德尔、复杂和环境疾病)的人类基因疾病协会(GDA)和变异疾病协会(VDA)的信息,收集了大量与人类疾病相关的变异和基因。DisGeNET 收集和整合了来自多个数据源的疾病与基因之间的关联信息,包括遗传联合、功能性研究、表达分析、生物标志物及药物治疗等。

DisGeNET 中的数据根据以下来源的原始数据进行汇总:Curated Data 包括 UNIPROT、CTD、CLINVAR、ORPHANET、GWAS CATALOG;Predicted Data 包括 CTD、MGD、RGD;Literature Data 包括 GAD、LHGDN、BeFree Data;Variant Data 包括 dbSNP、EXAC、1 000 Genomes Project、Ensembl。DisGeNET 提供了一些原始指标,以帮助确定基因型与表型关系的优先级。可以通过 web 接口、Cytoscape 应用程序、RDF SPARQL 终端、几种编程语言的脚本和 R 包访问这些信息。目前,DisGeNET(v7.0)版本包含 21 671 个基因和 30 170 种疾病、紊乱、性状和临床或异常人类表型,共 1 134 942 个基因疾病关联(GDAs),同时在 194 515 种变异和 14 155 种疾病、性状和表型之间,共 369 554 个变异疾病关联

（variant-disease associations，VDAs）。

DisGeNET 是一个基因与疾病关联的公共数据库，它提供了一个疾病与基因之间的知识库，支持研究者们在疾病研究、药物开发和个性化治疗方面进行深入的分析和研究。它从 2010 年发表第一版以来，经过 10 多年不断更新和功能拓展，目前已经成为该领域最权威的数据库之一。

（五）HGMD 是人类基因突变数据库

HGMD（Human Gene Mutation Database）即"人类基因突变数据库"，是由英国威尔士 Cardiff 大学医学遗传学研究所创建和维护的著名通用型数据库，全面收录了导致人类遗传病或与人类遗传病相关的核基因突变。HGMD 建立的初衷是用于基因突变机制的分析，但由于其收录最新的、完整的有关人类疾病基因突变谱的参考数据，包括单碱基置换（如基因编码序列中的错义突变、无义突变以及 DNA 调控和剪接区域中的点突变）、微小缺失（micro-deletion）、微小插入（micro-insertion）、插缺（indel）、重复序列扩增、大的基因损伤（大片段缺失、大片段插入和基因扩增）、复杂性基因重组等，因而具有很高的权威性声誉，一直为学者们广泛应用。

（六）GeneCards 是人类基因综合数据库

GeneCards 是一个强大的人类基因综合数据库，信息量非常丰富，提供简明的基因组、蛋白质组、转录组、遗传和功能上所有已知和预测的人类基因等数据。GeneCards 中的功能信息包括指向疾病的关系、突变和多态性、基因表达、基因功能、信号通路、蛋白与蛋白互作、相关药物及化合物和切割等研究抗体的试剂和工具、重组蛋白、克隆、表达分析和 RNAi 试剂等信息。

GeneCards 数据库是 1997 年由著名的以色列魏斯曼科学研究所（Weizmann Institute of Science in Israel）创建和维护。近年来，紧跟各种"组学"的发展步伐，GeneCards 数据库又适时衍生推出多个子数据库。例如：专注于人类疾病及其注释的 MalaCards 数据库；整合人体各种信号转导通路并进行注释的 PathCards 数据库；列出所有查询基因的注释清单的 GeneALaCart 数据库；为用户导出每一条染色体整合图谱的 GeneLoc 数据库；从用户 NGS 数据中分析致病基因突变、辅助临床诊断的 VarElect 数据库。

目前，许多免费的、应用价值极大的在线基因 - 疾病数据库和分析软件不胜枚举。研究人员和临床医生应了解并有效使用这些数据库，以助力于人类疾病的精准诊断、治疗和预防，以及个体化治疗，更好地服务于所从事的医学科学职业。

第三节 ｜ 疾病相关基因与分子医学

人类基因组计划（human genome program，HGP）的完成极大地促进了医学科学的发展，为疾病相关基因的发现提供了便利。随着疾病基因组学、转录组学、蛋白质组学、代谢物组学等多种组学的不断发展及集成，现代医学正酝酿着一场颠覆性的变革，促进分子医学的不断深入、精准医学的开展以及转化医学的发展。

一、疾病相关基因的发现推动医学进入分子时代

分子医学（molecular medicine）就是从分子水平阐述疾病状态下基因组、基因、基因表达（转录与翻译）变化及其调控规律，推进高效预测、预防、诊断和治疗手段的发展。分子医学主体内容是分子生物学在医学中的应用，涵盖了其主要的理论和技术体系，其中的技术体系是开展该领域研究的核心内容。疾病基因组学、转录组学、蛋白质组学、代谢物组学等是分子医学发展的基础。

（一）疾病基因组学阐明发病的分子基础

疾病相关基因和疾病易感性的遗传学基础是疾病基因组学研究的两大任务。定位克隆技术的发展极大地推动了疾病基因或疾病相关基因的发现和鉴定，该技术将疾病相关基因位点定位于某一染色体区域后，根据该区域的基因、EST 或模式生物所对应的同源区的已知基因等有关信息，直接进行基因突变筛查，从而可确定疾病相关基因。

SNP 是疾病易感性的重要遗传学基础，例如，*APOE* 基因单个碱基变异与阿尔茨海默病（Alzheimer

NOTES

disease,AD)的发生相关,趋化因子受体基因 *CCR5* 中一个单纯缺失突变会导致对 HIV 的抗性等。疾病基因组研究在全基因组 SNP 制图基础上,筛选和鉴定与疾病相关的 SNP,从而阐明各种疾病易感人群的遗传学背景,为疾病的诊断和治疗提供新的理论基础。

(二)药物基因组学揭示遗传变异对药物效能和毒性的影响

药物基因组学(pharmacogenomics)是功能基因组学与分子药理学的有机结合。药物基因组学以药物效应和安全性为目标,研究各种基因突变与药效及安全性的关系。正因为药物基因组学是研究基因序列变异及其对药物不同反应的科学,所以也是研究高效/特效药物的重要途径,通过它可为患者或者特定人群寻找合适的药物。

药物基因组学广泛应用遗传学、基因组学、蛋白质组学和代谢组学信息来预测患病人群对药物的反应,从而指导临床试验和药物开发过程。不断涌现的各种生物分析技术,如基因变异检测技术、SNP 高通量扫描技术、药物作用显示技术、基因分型研究技术等,为药物基因组学的进一步发展提供了技术支撑。药物基因组学使药物治疗模式由诊断定向治疗转为基因定向治疗。

(三)转录组学可阐明疾病发生机制并推动新诊治方式的进步

利用转录组学,即通过比较研究正常和疾病条件下,或疾病不同阶段基因表达的差异情况,从而为阐明复杂疾病的发生发展机制、筛选新的诊断标志物、鉴定新的药物靶点、发展新的疾病分子分型技术以及开展个体化治疗提供理论依据。

例如,外周血转录物谱可作为冠状动脉疾病(coronary artery diseases,CAD)诊断与病程、预后判定的生物标志物。CardioDx 发展了基于 23 个基因表达谱的诊断试剂盒 Corus CAD,适用于早期阻塞性 CAD 的诊断。再如,近年研究表明多种疾病(包括肿瘤)与 miRNA 密切相关,检测血清中 miRNA 表达谱可指示某些疾病的发生。目前已有 HBV、心脏疾病(包括急性冠脉综合征、急性心肌梗死、高血压、心力衰竭等)、2 型糖尿病和肝癌等的血清 miRNA 作为诊断标记物的报道。此外,miRNA 还可作为某些疾病治疗的潜在靶点,例如针对 miRNA-182 的反义寡聚核苷酸可以用于黑色素瘤肝转移的治疗。

(四)蛋白质组学可发现和鉴别药物新靶点

药物作用靶点的发现与验证是新药发现阶段的重点和难点,成为制约新药开发速度的瓶颈。近年来,随着蛋白质组研究技术的不断进步,蛋白质组学在药物靶点的发现应用中亦显示出越来越重要的作用。

利用蛋白质组学不但可以发现和鉴定在疾病条件下表达异常的蛋白质(这类蛋白质可作为药物候选靶点),而且还可对疾病发生的不同阶段进行蛋白质变化分析,发现一些疾病不同时期的蛋白质标志物(其对药物发现不仅具有指导意义,也是未来诊断学和治疗学的理论基础)。许多疾病与信号转导异常有关,因而信号分子和途径可以作为治疗药物设计的靶点。在信号传递过程中涉及数十或数百个蛋白质分子,蛋白质-蛋白质相互作用发生在细胞内信号传递的所有阶段。而且,这种复杂的蛋白质作用的串联效应可以完全不受基因调节而自发地产生。通过与正常细胞作比较,掌握与疾病细胞中某个信号途径活性增强或丧失有关的蛋白质分子的变化,将为药物设计提供更为合理的靶点。

(五)医学代谢组学提供新的疾病代谢物标志物

代谢组学经过十余年的发展,方法正日趋成熟,其应用已逐步渗透到生命科学研究领域的多个方面,在医学科学中亦日益彰显出其强有力的潜能。

与基因组学和蛋白质组学相比,代谢组学研究则侧重于代谢物的组成、特性与变化规律。在疾病条件下通过对某些代谢产物进行分析,并与正常人的进行比较,可发现和筛选出疾病新的生物标志物,对相关疾病作出早期预警,并发展新的有效的疾病诊断方法。例如通过代谢组学的研究,证实血清中 VLDL、LDL、HDL 和胆碱的含量/比值可以判断心脏病的严重程度;血清中脂蛋白颗粒的组成,如脂肪酸侧链的不饱和度、脂蛋白分子之间相互作用的强度(而不是脂质的绝对含量)是影响高血压病人收缩压的主要因素;通过比较病人与正常人尿样中嘌呤和嘧啶化合物图谱,能够实现绝大多数核苷酸相关代谢遗传疾病的诊断。

二、疾病相关基因鉴定是实现个体化精准医疗的前提

2015 年 1 月 20 日,美国在其国情咨文中提出"精准医学计划(Precision Medicine Initiative)",该

计划致力于治愈癌症和糖尿病等疾病,目的是让所有人获得健康个性化信息。随后发布了精准医疗计划的相关细节。该计划将加快在基因组层面对疾病的认识,并将最新最好的技术、知识和治疗方法提供给临床医生,使医生能够准确了解病因、针对性用药。

(一) 精准医学依据个人基因组信息实现个体化精准医疗

精准医学(precision medicine)是指在基因测序技术快速进步以及生物信息与大数据科学交叉应用背景下发展起来的新型医学概念和医疗模式,是一种将个人基因、环境与生活习惯差异考虑在内的新兴的疾病预防与治疗方法。

精准医学的本质是通过基因组、蛋白质组等组学技术和医学前沿技术(如现代遗传技术、分子影像技术、生物信息技术等),并结合患者生活环境和临床数据,对于大样本人群与特定疾病类型进行生物标记物的分析与鉴定、验证与应用,从而精确寻找到疾病的病因和治疗的靶点,并对一种疾病不同状态和过程进行精确分类,制定具有个性化的疾病预防和诊疗方案(包括对风险的精确预测、疾病精确诊断、疾病精确分类、药物精确应用、疗效精确评估、疗后精确预测等),最终实现对于疾病和特定患者进行个性化精准治疗的目的,提高疾病诊治与预防的效益。其目的就是全面推动个体基因组研究,依据个人基因组信息"量体裁衣式"(tailored)制定最佳的个性化治疗方案,以达到疗效最大化和副作用最小化。

(二) 精准医学分为短期和长远两个目标

精准医学分为短期目标和长远目标。精准医学的短期目标就是癌症治疗。癌症是常见的疾病,其全球发病率和死亡率逐年上升,而目前临床上尚缺乏有效的、针对性强的治疗方法。精准医学希望通过个体基因组研究,发现和鉴定与癌症发生发展相关的基因和调控因子,发掘新的肿瘤标志物,发展新的肿瘤分子分型技术,开展基于个体基因组的个体化治疗方法与技术。例如,药物伊马替尼(Imatinib)抑制慢性骨髓性白血病 BCR-ABL 融合基因发挥作用;药物克唑替尼(crizotinib)靶向作用于遗传异常的间变性淋巴瘤激酶(ALK)基因,用于 ALK 阳性的局部晚期或转移的非小细胞肺癌(NSCLC)的治疗。

精准医学的长期目标是健康管理。精准医学通过科技进步,将其优势拓展到健康和医疗的各个方面,从而提升对疾病风险评估,对疾病发生、发展和转归机制的认识,以及对疾病最佳治疗方案的预测、制订与实施,为健康和卫生保健等诸多领域带来最大利益。

(三) 精准医疗是精确诊断和靶向治疗的结合

精准医学是一项系统工程,它包括了 4 个层面的内容:如何发现功能性的遗传信息异常;如何发现针对这些异常的精准靶点药物;如何通过临床试验确定这些药物的疗效;如何在临床实践中使用,缺一不可。简单地说,精准医疗是精确诊断和靶向治疗的结合。

我国于 2016 年正式启动国家重点研发计划"精准医学研究"重点专项,按照全链条部署、一体化实施的原则,部署新一代临床用生命组学技术研发,大规模人群队列研究,精准医学大数据的资源整合、存储、利用与共享平台建设,疾病防诊治方案的精准化研究,精准医学集成应用示范体系建设等五大研究任务。自"精准医学计划"提出后,精准医疗概念迅速席卷全球,近年来更呈逐年加速趋势,各种新技术、新产品不断出现,技术进步推动基因组测序、靶向药物研制、细胞免疫治疗、基因治疗等进入新的阶段。

三、转化医学是加速基础研究实际应用的重要路径

转化医学(translational medicine)强调以临床问题为导向,开展基础-临床联合攻关,将基因组学等各种分子生物学研究成果迅速有效地转化为可在临床实际应用的理论、方法、技术和药物。

(一) 转化医学的产生基于多方面的原因

转化医学产生的背景主要基于以下几个方面:①基础研究与临床问题解决之间严重脱节;②疾病谱的转变使医疗成本大大增加;③基础科学研究积累大量数据的意义需要解析;④基础研究和药物开发及医学实践三者需要整合。因此,围绕以临床问题为导向,开展医学科学实践,是解决医学根本性问题的有效途径,这也是转化医学的根本目的。

(二) 转化医学是连接基础研究与临床应用的重要桥梁

转化医学是将基础医学研究和临床治疗连接起来的一种新的思维方式。其核心是要在实验室和

病床（bench to bedside，简称 B2B）之间架起一条快速通道，把基础研究获得的知识成果快速转化为临床和公共卫生方面的防治新方法。

转化医学的目标就是将生命科学和生物技术及相关的现代科学技术相整合、转变现有的医学模式，推动医疗改革，提高人民的健康水平和生活质量，从而达到更精确的预警与诊断，更有效的干预和治疗，降低发病率、推迟发病平均年龄，提高治愈率、减少重症病人，以及降低医疗的综合成本。

小 结

人类几乎所有的疾病都是遗传因素和环境因素相互作用的结果。依据基因变异在疾病发生发展中的作用，可将疾病相关基因分为致病基因和疾病易感基因。单核苷酸多态性（SNP）、拷贝数目变异（CNV）、短串联重复序列（STR）等遗传标记在疾病相关基因鉴定中有重要作用。

疾病相关基因鉴定应遵循一定的原则。疾病相关基因鉴定的策略和方法主要包括，不依赖染色体定位的疾病相关基因克隆策略、定位克隆、全基因组关联研究、全外显子组测序/全基因组测序法。基于连锁分析的定位克隆技术在早期单基因病致病基因的发现和鉴定中取得了很大成功；现在基于 SNP 分析的全基因组关联研究、全外显子组/全基因组测序在疾病相关基因鉴定中发挥越来越重要的作用。

疾病相关基因-疾病数据库是专门收集和整理疾病相关基因信息的数据库（如：OMIM、GWAS catalog、Orphanet、DisGeNET、HGMD、GeneCards 等），为研究人员提供方便和高效的资源，帮助研究和理解基因与疾病之间的关联。

随着人类基因组计划的完成以及各种组学的不断发展及其原理/技术与医学、药学等领域交叉，产生了分子医学、精准医学、转化医学等现代医学概念。人们有望从分子水平突破对疾病的传统认识，改变和革新现有的诊断、治疗模式。

思考题：

1. 如何理解疾病相关基因的鉴定原则？
2. 如何理解基因结构异常及其造成基因表达水平异常的机制？
3. 假设你作为一名临床医师，在长期诊断和治疗胆囊腺癌患者的过程中，意识到大部分原发患者都同时具有相同的其他疾病特征；并且根据目前医学的研究进展，已知该相同的疾病性状与 X 基因异常有关，请以该临床现象作为切入点，为这个研究课题设计一套研究思路。
4. 假设你作为一名临床医师，职责是对肺癌患者进行治疗。已知某抗肿瘤药物对某些患者群体效果极佳，但对另一些患者则丝毫不起作用，并且已知其作用机制是特异性地抑制肺癌患者的某生长因子受体的活性。请问，你能设计出一套个性化治疗的方案吗？

思考题解题思路

本章目标测试

本章思维导图

（李冬民）

第二十三章 | 癌症的分子基础

癌症（cancer）是严重威胁全球人类健康和社会发展的重大疾病。在临床和研究工作中，"癌症"一词泛指一切恶性肿瘤。肿瘤（tumor）是机体在致瘤因素作用下，局部组织的细胞异常增殖而形成的新生物（neoplasm），可分为良性肿瘤（benign tumor）和恶性肿瘤（malignant tumor）。上皮组织发生的恶性肿瘤称为癌（carcinoma），80% 以上的癌症相关死亡由此造成。非上皮组织恶性肿瘤主要有三类：起源于成纤维细胞、脂肪细胞、成骨细胞、肌细胞等间充质细胞的肉瘤（sarcoma）；起源于造血组织细胞的造血系统恶性肿瘤（hematopoietic malignancies）如白血病和淋巴瘤；以及起源于中枢和外周神经系统细胞的神经外胚层恶性肿瘤（neuroectodermal malignancies）如胶质母细胞瘤和神经母细胞瘤。恶性肿瘤一旦形成，还会侵犯邻近正常组织，甚至经淋巴和血道转移至全身，直至引起机体死亡。

本章主要介绍癌症的分子基础，原癌基因、癌基因和抑癌基因的基本概念，并介绍原癌基因激活和抑癌基因失活的机制及其在肿瘤发生发展中的作用。

第一节 | 癌症分子基础概述

癌症的发生是多病因长期作用、多基因协同参与、多阶段逐步发展的过程（图 23-1）。

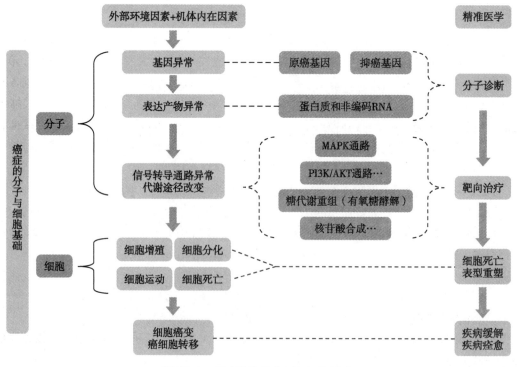

图 23-1　癌症发生的分子和细胞基础

一、癌症发生的危险因素包括外部环境因素和机体内在因素

目前认为,癌症的发生是外部环境因素和机体内在因素共同作用的结果,其中外部环境因素是肿瘤发生的始动因素,机体内在因素是恶性肿瘤发生的基础。

(一) 外部环境因素包括化学因素、物理因素、生物因素和生活方式

约 80% 以上的人类肿瘤可能由环境因素引起或与环境因素相关。外部环境因素包括化学因素、物理因素、生物因素和生活方式等。其中化学因素是最主要的致癌因素,约占环境因素的 90%。化学和物理因素常导致 DNA 损伤进而诱发基因突变(见第二十一章)。

现经动物实验证明的化学致癌物多达 2 000 余种,主要包括烷化剂类、多环芳烃类、芳香胺类、偶氮染料和亚硝基化合物等。物理致癌因素包括电离辐射、紫外线辐射和石棉等某些矿物纤维,其中电离辐射是最主要的物理致癌因素。生物因素包括病毒、细菌和寄生虫等,其中病毒是最主要的生物致癌因素。与癌症发生密切相关的生活方式包括饮食习惯不合理、过量饮酒、吸烟、肥胖、缺乏体育锻炼和空气污染等。

(二) 机体内在因素包括遗传因素、免疫因素、营养因素和激素水平

癌症发生的机体内在因素包括遗传因素、免疫因素、营养因素和激素水平等。个体的遗传特征是决定肿瘤易感性的重要因素。遗传因素包括两个方面:一是癌变通路上关键基因的种系突变(germline mutation),常导致受累个体出现某种遗传性肿瘤综合征;二是一些易感基因多态性可导致携带者对环境致癌因素的敏感性升高,使肿瘤发生风险增加,与常见的散发性肿瘤的发病风险增高密切相关。

二、癌症的发生主要涉及三类基因

正常机体内,各种细胞的新生、生长、增殖、分化、衰老和死亡受到多种基因的严格调节和控制,从而确保正常生命活动的有序进行。肿瘤发生的关键正是这些基因异常所导致的细胞增殖失去控制,这也是癌细胞区别于正常细胞的一个显著特征。与癌症发生密切相关的基因,可分为三类:①细胞内正常的原癌基因(proto-oncogene),其作用通常是促进细胞的生长和增殖,阻止细胞分化,抵抗凋亡;②抑癌基因,或称肿瘤抑制基因(tumor suppressor gene),通常抑制增殖,促进分化,诱发凋亡;③基因组维护基因(genome maintenance gene),参与 DNA 损伤修复,维持基因组完整性。当细胞受到各种致癌因素的作用时,可引起原癌基因或抑癌基因的结构或表达调控异常,导致原癌基因活化或抑癌基因失活,直接导致细胞生长增殖的失控而形成肿瘤。而基因组维护基因的编码产物则不直接抑制细胞增殖,这类基因在致癌因素的作用下发生突变失活后,可导致基因组不稳定,从而间接地通过增加基因突变频率、使原癌基因或抑癌基因突变来引发肿瘤发生。因此,基因组维护基因也可归属于抑癌基因。

癌细胞中的突变可分为两类:驱动突变(driver mutation)和乘客突变(passenger mutation)。驱动突变可视为癌症发生或进展的"原因",对癌症发生和进展起决定性作用。相反,乘客突变是癌症发生或进展过程中的伴随性"结果",对癌症发生和进展没有决定性作用。

三、癌细胞具有与正常细胞显著不同的多种生物学特征

(一) 癌细胞的遗传组成发生显著改变

大多数癌细胞的基因组获得了数千个突变和其他遗传改变,包括点突变、缺失、扩增、染色体重排和整个染色体的获得和丢失。这些遗传变化影响细胞稳态、增殖、组织构成和细胞迁移特性等几乎所有方面,也影响癌细胞在体内其他转移位置的存活和增殖。

(二) 增殖失控是癌细胞的普遍特征

在正常组织中,细胞增殖是一个高度受控的过程。癌症细胞的一个普遍特征是其获得了致癌突

变(如原癌基因 RAS 激活、抑癌基因 TP53 突变失活和端粒酶活性增加),使其生长信号自给自足,对抗增长信号不敏感,逃避细胞凋亡,具有无限复制的能力,从而逃脱细胞增殖的严格控制,持续无限地增殖。

(三) 癌细胞代谢发生改变

癌细胞在显微镜下的形态与正常细胞明显不同,其核质比高,核仁明显,有丝分裂细胞比例增加。癌细胞中整个或部分染色体的丢失和获得导致细胞的蛋白质组成发生显著改变,进而影响许多细胞功能。蛋白质组成的失衡导致很多蛋白质仅部分折叠,可引发应激反应,这也导致癌细胞严重依赖分子伴侣和蛋白酶体进行蛋白质折叠和降解以维持细胞存活。癌细胞的代谢尤其是能量代谢也发生显著改变。绝大多数正常分化细胞依赖高效的线粒体氧化磷酸化供能,仅正常静息状态细胞在缺氧状态下通过无氧糖酵解(anaerobic glycolysis)产生大量乳酸供能。然而,大多数癌细胞无论氧水平高低均依赖糖酵解供能。这种即便在氧存在时仍使用糖酵解供能的现象,称为有氧糖酵解(aerobic glycolysis),因其由生化学家 Warburg O. H. 首次发现,故也称 Warburg 效应(Warburg effect)。癌细胞的有氧糖酵解每分子葡萄糖仅产生 2 分子 ATP,其效率看起来低于有氧氧化途径的每分子葡萄糖可产生约 36 分子 ATP,但癌细胞通过该策略可使用糖酵解和三羧酸循环中的分子用于合成核苷酸、氨基酸和脂质以支持癌细胞快速增殖的需要。

(四) 癌症细胞丧失了接触抑制特性

正常的多细胞生物细胞在进行体外培养时,分散贴壁生长的细胞一旦相互汇合接触,即停止移动和生长,该现象称为接触抑制(contact inhibition)。癌细胞丧失了正常细胞的接触抑制特性,使其能突破正常细胞生长限制而大量生长为三维多层细胞簇。肿瘤组织不单单包含肿瘤细胞,肿瘤可视为由多种细胞组成的复杂器官和生态系统,由肿瘤细胞、微环境基质细胞、浸润到微环境的免疫类细胞、肿瘤血管、细胞外基质以及各种分泌成分和代谢产物等共同构成。肿瘤微环境(tumor microenvironment,TME)在癌症发生发展中具有重要作用,其中癌细胞与其他细胞相互作用以获得最大生长优势。

(五) 癌细胞能刺激血管生成

当肿瘤生长至直径约 2mm 的小球(约 10^6 细胞)时,中心区域的细胞会因营养供应不足而死亡。此时,癌细胞会产生生长因子如血管内皮生长因子(VEGF)刺激血管生成,从而使肿瘤长得更大。血管形成也有助于癌细胞的转移。

(六) 癌细胞能侵袭局部组织并转移至其他部位

癌细胞往往会侵入周围组织,通常会突破界定组织边界的基底膜,并在体内扩散,建立第二生长区域,这一过程称为转移。大量研究发现,癌细胞的细胞膜组分发生变化,如各种糖蛋白分子中糖链的改变,这些糖蛋白包括细胞黏附分子,这可导致细胞黏附降低和转移。癌细胞的转移是导致癌症患者死亡的主要原因。良性肿瘤的细胞不会侵入局部组织或扩散到身体的其他部位。

四、癌症分子基础研究极大地推动了癌症诊疗变革和生物医学发展

癌症是一类古老的疾病,人类对其认识和研究历史悠久。3 500 年前,我国殷周时代的甲骨文中出现"瘤"字的记载。在西方,古希腊的希波克拉底(公元前 460—前 377 年)在描述恶性肿瘤时,发现其形似螃蟹(crab),"cancer"一词即源于此。随着生命科学的进步,尤其是分子生物学的迅速发展,人类对癌症的研究进入分子水平时代。

癌症的分子基础研究,不断加深了人类对癌症病因和发病机制的认识,并极大地推动了癌症的预防、诊断和治疗的进步和变革。20 世纪 60 年代,多种癌基因和抑癌基因相继被发现。癌症的诊断现已发展到分子和基因水平,癌症的治疗也进入到个体化精准治疗时代,尤其是分子靶向治疗,临床疗效显著,引发了抗癌治疗理念的变革。此外,癌症分子基础研究也催生了诸如逆转录等挑战传统的分子生物学"中心法则"的重大发现,对生物医学基础研究也产生了深远影响。

第二节 | 癌基因

癌基因（oncogene）是能导致细胞发生恶性转化和诱发癌症的基因。绝大多数癌基因是细胞内正常的原癌基因（proto-oncogene）突变或表达水平异常升高转变而来，某些病毒也携带癌基因。

一、原癌基因是人类基因组中具有正常功能的基因

原癌基因及其表达产物是细胞正常生理功能的重要组成部分，原癌基因所编码的蛋白质在正常条件下并不具致癌活性，原癌基因只有经过突变等被持续或过度活化后才有致癌活性，转变为癌基因。在20世纪70年代中期，研究人员提出，肿瘤发生是由于细胞中的原癌基因在致癌因素的作用下激活或突变为致癌基因而引起。

原癌基因在进化上高度保守，从单细胞酵母、无脊椎生物到脊椎动物乃至人类的正常细胞都存在着这些基因。原癌基因的表达产物对细胞正常生长、增殖和分化起着精确的调控作用。在某些因素（如放射线、有害化学物质等）作用下，这类基因结构发生异常或表达失控，转变为癌基因，导致细胞生长增殖和分化异常，部分细胞发生恶性转化从而形成肿瘤。

许多原癌基因在结构上具有相似性，功能上亦高度相关。故而可据此将原癌基因和癌基因区分为不同的基因家族，重要的有 SRC、RAS 和 MYC 等基因家族。

SRC 家族包括 SRC 和 LCK 等多个基因。SRC 最初是在引起肉瘤（sarcoma）的劳斯肉瘤病毒（Rous sarcoma virus，RSV）中发现的，因此病毒癌基因名为 v-src。该基因家族的产物具有酪氨酸激酶活性（见第二十章），在细胞内常位于膜的内侧部分，接受受体酪氨酸激酶（如 PDGF 受体）的活化信号而激活，促进增殖信号的转导。这些酶因突变而导致的持续活化是其促进肿瘤发生的主要原因。

RAS 家族包括 H-RAS、K-RAS、N-RAS 等成员。H-RAS 和 K-RAS 最初分别在 Harvey 大鼠肉瘤病毒（Harvey rat sarcoma virus）和 Kirsten 鼠科肉瘤病毒（Kirsten murine sarcoma virus）中克隆，分别称为 v-Hras 和 v-Kras。原癌基因 K-RAS 突变是恶性肿瘤中最常见的基因突变之一，在81%的胰腺癌患者的肿瘤组织可检测到。RAS 基因编码低分子量 G 蛋白（见第二十章），在肿瘤中发生突变后，通常造成其 GTP 酶活性丧失，RAS 始终以 GTP 结合形式存在，即处于持续活化状态，导致细胞内的增殖信号通路持续开放。

MYC 家族主要包括 C-MYC、N-MYC 和 L-MYC。MYC 最初在禽骨髓细胞瘤病毒（avian myelocytomatosis virus，AMV）被发现，并因而得名为 v-myc。MYC 基因家族编码转录因子，有直接调节其他基因转录的作用。原癌基因 C-MYC 编码的 49kDa 的 MYC 与 MAX 蛋白形成异二聚体，与特异的顺式作用元件结合，活化靶基因的转录。MYC 的靶基因多编码细胞增殖信号分子，故细胞内 MYC 蛋白质可促进细胞的增殖。

二、某些病毒的基因组中含有癌基因

一些病毒能导致肿瘤发生，称为肿瘤病毒（tumor virus）。肿瘤病毒大多为 RNA 病毒，且目前发现的 RNA 肿瘤病毒都是逆转录病毒，如前述的 RSV、AMV、Harvey 大鼠肉瘤病毒和 Kirsten 鼠科肉瘤病毒等。DNA 肿瘤病毒常见的有人乳头瘤病毒（Human papilloma virus，HPV）和乙型肝炎病毒（Hepatitis B virus，HBV）等。RNA 肿瘤病毒和 DNA 肿瘤病毒的致癌机理不同。

事实上，癌基因最早发现于 RNA 肿瘤病毒。1910年，Rous F. P. 首次发现病毒可导致鸡肉瘤，提出病毒导致肿瘤的观点。该病毒后来被命名为劳斯肉瘤病毒（Rous sarcoma virus，RSV）。在深入研究 RSV 的致癌分子机制时，研究人员比较了具备转化和不具备转化特性的 RSV 的基因组，发现了一个特殊的基因 src，将这一基因导入正常细胞可使之发生恶性转化。以后又在其他逆转录病毒中陆续发现了一些使宿主患肿瘤的基因。

1976 年,Varmus H. E. 和 Bishop J.M. 发现,逆转录病毒 RSV 携带的癌基因 *v-src* 在进化过程中来源于宿主细胞的原癌基因 *C-SRC*,进而提出:RNA 肿瘤病毒携带的癌基因来源于细胞原癌基因。关于其起源进化的分子机制,目前认为,逆转录病毒感染宿主细胞后,在逆转录酶作用下,以病毒 RNA 基因组为模板合成双链 DNA 即前病毒 DNA(provirus),并整合于宿主细胞基因组的原癌基因附近,在后续的病毒复制和包装过程中,经过复杂而巧妙的删除、剪接、突变、重组等过程,逆转录病毒最终将细胞原癌基因"劫持"并改造为具有致癌能力的病毒癌基因,成为新病毒基因组的一部分。

目前已发现的病毒癌基因有几十种。需要注意的是,病毒有致癌能力并不意味着其一定含有病毒癌基因。有致癌特性的逆转录病毒可区分为急性转化逆转录病毒和慢性转化逆转录病毒两类。前者含有癌基因,能迅速在几天内诱发肿瘤;后者则不含有癌基因,而是通过将其基因组插入至宿主细胞的原癌基因附近,从而激活原癌基因而诱发肿瘤,故其致癌效应较慢,常需数月甚至数年,有较长的潜伏期。

逆转录病毒的癌基因也可以视为是原癌基因的活化或激活形式,它有利于病毒在肿瘤细胞中的复制,但对病毒复制包装无直接作用,对逆转录病毒基因组不是必需的。与之不同,已知的 DNA 病毒的癌基因则是其基因组不可或缺的部分,对病毒复制是必需的,目前也没有证据表明其有同源的原癌基因,如 HPV 基因组中的癌基因 *E6* 和 *E7*。通常可将 RNA 肿瘤病毒的癌基因的名称冠以前缀 *v-*,写为小写斜体,如 *v-src*,而将正常人类细胞中的原癌基因则冠以前缀 *C-*,写为大写斜体,如 *C-SRC*,以示区分。其编码的蛋白质则通常写为正体,如 v-src 和 C-SRC。

三、原癌基因有多种活化机制

原癌基因在物理、化学或生物因素的作用下发生突变,表达产物的质和量的变化,表达方式在时间及空间上的改变,都有可能使细胞脱离正常的信号控制,获得不受控制的异常增殖能力而发生恶性转化。从正常的原癌基因转变为具有使细胞发生恶性转化的癌基因的过程称为原癌基因的活化,这种转变属于功能获得突变(gain-of-function mutation)。原癌基因活化的机制主要有下述四种(图 23-2)。

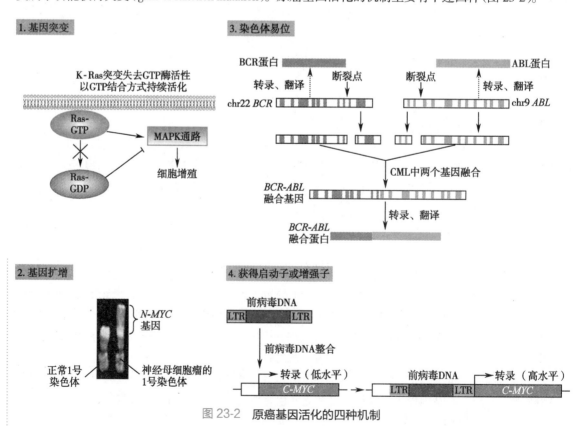

图 23-2 原癌基因活化的四种机制

(一) 基因突变常导致原癌基因编码的蛋白质的活性持续性激活

各种类型的基因突变如碱基替换、缺失或插入，都有可能激活原癌基因。较为常见和典型的是错义点突变，导致基因编码的蛋白质中的关键氨基酸残基改变，造成突变蛋白质的活性呈现持续性激活。如 *H-RAS* 中的 GGC，在膀胱癌中突变为 GTC，使得表达产物 RAS 的第 12 位甘氨酸突变为缬氨酸，结果使其丧失 GTP 酶活性，RAS 始终以 GTP 结合的活性形式存在。

(二) 基因扩增导致原癌基因过量表达

原癌基因可通过基因扩增（gene amplification）使基因拷贝数升高几十甚至上千倍不等，发生扩增的机制目前尚不清楚。基因扩增可致编码产物过量表达，细胞发生转化。例如小细胞肺癌中 *C-MYC* 的扩增和乳腺癌中 *HER2* 的扩增都在肿瘤发生中具有重要作用。

(三) 染色体易位导致原癌基因表达增强或产生新的融合基因

染色体易位可通过两种机制致癌。第一，染色体易位使原癌基因易位至强的启动子或增强子的附近，导致其转录水平大大提高。例如，人 Burkitt 淋巴瘤细胞中，位于 8 号染色体上的 *C-MYC* 基因移位到 14 号染色体的免疫球蛋白重链基因的增强子附近，使 *C-MYC* 基因在该增强子的控制下过量表达。第二，染色体易位导致产生新的融合基因。例如，慢性髓性白血病（chronic myelogenous leukemia，CML）中，22 号染色体的 *BCR*（breakpoint cluster region）基因与 9 号染色体的 *ABL* 基因发生染色体易位产生融合基因 *BCR-ABL*，进而表达为融合蛋白 BCR-ABL，导致 ABL 的蛋白酪氨酸激酶活性持续增高。该易位产生的较小的异常 22 号染色体，最早于 1960 年在美国费城发现，故又称费城染色体（Philadelphia chromosome）或 Ph 染色体（Ph chromosome），是 CML 的标志染色体。

(四) 获得启动子或增强子导致原癌基因表达增强

如前所述，染色体易位可使原癌基因获得增强子而被活化。此外，逆转录病毒的前病毒 DNA 的两个末端是特殊的长末端重复序列（LTR），含有较强的启动子或增强子元件。如果前病毒 DNA 恰好整合到原癌基因附近或内部，就会导致原癌基因的表达不受原有启动子的正常调控，而成为病毒启动子或增强子的控制对象，往往导致该原癌基因的过量表达。如鸡的白细胞增生病毒引起的淋巴瘤，就是因为该病毒的 LTR 序列整合到宿主的 *C-MYC* 基因附近，LTR 中的强启动子可使 *C-MYC* 的表达比正常高出 30～100 倍。

不同的癌基因有不同的激活方式，一种癌基因也可有几种激活方式。例如 *C-MYC* 的激活就有基因扩增和染色体易位等方式，但很少见到 *C-MYC* 的点突变；而 *RAS* 的激活方式则主要是点突变。

两种或更多的原癌基因的活化可有协同作用，抑癌基因的失活也会产生协同作用。在肿瘤细胞中常发现两种或多种细胞癌基因的活化。例如白血病细胞株 HL-60 中有 *C-MYC* 和 *N-RAS* 的同时活化。实验也证明癌基因的协同作用可使细胞更易发生恶性转化。例如原代培养的大鼠胚胎成纤维细胞传代 50 次左右就会死亡，如仅导入重排的 *C-MYC* 可使它永生化，但细胞表型无恶性行为；如仅导入活化的突变 *RAS* 基因，细胞形态发生改变，但不能无限传代及形成肿瘤。只有同时导入 *C-MYC* 和 *N-RAS*，细胞才会发生恶性变，并在动物中成瘤。

四、原癌基因编码的蛋白质与生长因子密切相关

生长因子（growth factor）是一类由细胞分泌的、类似于激素的信号分子，多数为肽类或蛋白质，具有调节细胞生长与分化的作用。在体外培养细胞时，培养基中除了含有氨基酸、维生素和无机盐等一系列必需营养物质外，还必须添加含有多种生长因子的胎牛血清，细胞才能保持良好的生长、增殖状态。生长因子在肿瘤和心血管疾病等多种疾病的发生发展过程中发挥重要作用，不少生长因子已经应用于临床治疗。目前已知，原癌基因编码的蛋白质参与调控细胞增殖、分化与生长等各个环节，与生长因子密切相关。

(一) 生长因子主要有三种作用模式

目前已发现的肽类生长因子有数十种，而且还在不断增加。生长因子可以根据其来源进行分类和命名，也可以依据其作用方式进行分类。

生长因子来源于多种不同的组织细胞,其靶细胞亦各不相同(表 23-1)。有的生长因子作用的细胞比较单一,如 EPO 及 VEGF,分别主要作用于红细胞系和血管内皮细胞;也有的生长因子作用的细胞谱型比较广,如成纤维细胞生长因子(fibroblast growth factor,FGF)对间充质细胞、内分泌细胞和神经系统细胞都有作用。

表 23-1　常见生长因子举例

生长因子名称	组织来源	功能
表皮生长因子(EGF)	唾液腺、巨噬细胞、血小板等	促进表皮与上皮细胞的生长,尤其是消化道上皮细胞的增殖
肝细胞生长因子(HGF)	间质细胞	促进细胞分化和细胞迁移
促红细胞生成素(EPO)	肾	调节成红细胞的发育
类胰岛素生长因子(IGF)	血清	促进硫酸盐参入软骨组织,促进软骨细胞的分裂,对多种组织细胞起胰岛素样因子的作用
神经生长因子(NGF)	颌下腺含量高	营养交感和某些感觉神经元,防止神经元退化
血小板源生长因子(PDGF)	血小板、平滑肌细胞	促进间质及胶质细胞的生长,促进血管生成
转化生长因子 α(TGF-α)	肿瘤细胞、巨噬细胞和神经细胞	作用类似于 EGF,促进细胞的恶性转化
转化生长因子 β(TGF-β)	肾、血小板	对某些细胞的增殖起促进和抑制双向作用
血管内皮生长因子(VEGF)	低氧应激细胞	促进血管内皮细胞增殖和新生血管形成

NGF 是最早被发现的生长因子。1948 年,Bueker E. 等发现将小鼠肉瘤组织植入胚胎体壁可使移植区神经节增加。随后,Levi-Montolcini R. 等发现肉瘤组织的植入不仅可使局部神经节增加,而且可使远隔部位的神经节增加。由此设想肉瘤组织释放了一种可扩散因子作用于远隔部位。后来证实这种因子就是神经生长因子,它有刺激神经元生长以及神经纤维延长的功能。1959 年 Cohen S. 又发现了 EGF。Levi-Montolcini R. 和 Cohen S. 由于在这一领域的成就荣获了 1986 年诺贝尔生理学或医学奖。

与其他细胞外信号分子一样(见第二十章),根据产生细胞与靶细胞间的关系,生长因子的作用模式可分为 3 种:①内分泌方式:生长因子从细胞分泌出来后,通过血液运输作用于远端靶细胞。如源于血小板的 PDGF 可作用于结缔组织细胞;②旁分泌方式:细胞分泌的生长因子作用于邻近的其他类型细胞,对合成和分泌该生长因子的自身细胞不发生作用,因为其缺乏相应受体;③自分泌方式:生长因子作用于合成及分泌该生长因子的细胞本身。生长因子以后两种的作用方式为主,经细胞分泌后在胞外运送,最终作用于自身细胞或者其他细胞,传递它们独特的生物学信息。生长因子将组织内的细胞联接成为一个有机整体网络,相互之间进行着持续不断的信息交流沟通。

(二) 生长因子的功能主要是正调节靶细胞生长

目前对大部分生长因子的结构与功能了解得相当清楚。大多数生长因子具有促进靶细胞生长的功能,少数具有负调节功能,还有一些具有正负双重调节作用。

生长因子的生物学效应主要表现在促进细胞生长、分化、促进个体发育等方面。但是有些生长因子具有双重调节作用或负调节作用。例如,NGF 对神经系统的生长具有促进作用,但对成纤维细胞的 DNA 合成却有微弱的抑制作用。TGF-β 也是这样,对成纤维细胞有促进生长的作用,但对其他多种细胞具有抑制作用。其具体作用取决于与其他生长因子的相互作用和环境条件。

同一生长因子对不同细胞的作用有所不同,如肝细胞生长因子(hepatocyte growth factor,HGF)对正常肝细胞的生长起促进作用,但对肝癌细胞的增殖则有抑制作用。一种细胞也可受不同生长因子调节,如胚胎时期属于间充质细胞的成纤维细胞可被 EGF、IGF 和多种 FGF 所调节,但不被 HGF 调节。还有一些以前认为作用比较单一的生长因子,近来发现对其他细胞也有作用。如内皮素(endothelin,ET)除了对内皮细胞作用外,还可能对脑、垂体的神经内分泌也有作用。

具有负调节作用的生长因子比较少，人们通常把这种负调节因子（negative growth factor）称为细胞生长抑制因子。抑素（chalone）是最早被确认的生长抑制因子，以后又发现 TGF-β、干扰素（interferon）和肿瘤坏死因子（tumor necrosis factor，TNF）等也具有抑素的某些特征，但它们实际上都是双重调节，只不过以负调节为主。目前对生长抑制因子尚无统一的标准或定义，也没有明确的学说阐明其作用机制，但是其在肿瘤、心血管疾病等疾病防治方面的潜在应用前景是不可否认的。因此对负调节因子的研究，始终是生物医学界的一个热点领域。

（三）生长因子通过细胞内信号转导而发挥其功能

生长因子的作用通过其受体介导的细胞信号转导而实现（见第二十章）。生长因子的受体多位于靶细胞膜，为一类跨膜蛋白，多数具有蛋白激酶特别是酪氨酸蛋白激酶活性，也有少数具有丝/苏氨酸蛋白激酶活性。最近发现细胞核也存在 EGF 等生长因子的受体样蛋白质。有些生长因子受体（如EGF 受体）与原癌基因产物有高度同源性。对生长因子受体的研究不仅有助于了解细胞的增殖分化，而且对了解肿瘤的发生、发展及治疗也具有重要意义。

大部分生长因子的受体属于受体酪氨酸激酶家族，如EGF受体、FGF受体、PDGF受体、HGF受体、VEGF 受体等，胰岛素受体也属于受体酪氨酸激酶。位于膜表面的受体是跨膜受体蛋白质，包含具有酪氨酸激酶活性的胞内结构域。当生长因子与这类受体结合后，受体所包含的酪氨酸激酶被活化，使胞内的相关蛋白质被直接磷酸化。另一些膜上的受体则通过胞内信号传递体系，产生相应的第二信使，后者使蛋白激酶活化，活化的蛋白激酶同样可使胞内相关蛋白质磷酸化。这些被磷酸化的蛋白质再活化核内的转录因子，引发基因转录，达到调节生长与分化的作用。

另一类生长因子受体定位于细胞质，当生长因子与胞内相应受体结合后，形成生长因子-受体复合物，后者亦可进入胞核活化相关基因，促进细胞生长。

原癌基因表达产物有的属于生长因子或生长因子受体；有的属于胞内信息传递体或核内转录因子。发生突变的原癌基因可能生成上述产物的变异体，后者的生成及过量表达会导致细胞生长、增殖失控，进而引起癌变。

（四）原癌基因编码的蛋白质涉及生长因子信号转导的多个环节

目前已知，原癌基因编码的蛋白质涉及生长因子信号转导的多个环节。依据它们在细胞信号转导系统中的作用分为四类（表23-2）。

表 23-2　原癌基因编码的蛋白质分类及功能举例

类别	癌基因名称	作用
细胞外生长因子	*SIS*	PDGF-2
	INT-2	FGF 同类物，促进细胞增殖
跨膜生长因子受体	*EGFR*	EGF 受体，促进细胞增殖
	HER2	EGF 受体类似物，促进细胞增殖
	FMS	CSF-1 受体，促进增殖
	KIT	SCF 受体，促进增殖
	TRK	NGF 受体
细胞内信号转导分子	*SRC*、*ABL*	与受体结合转导信号
	RAF	MAPK 通路中的重要分子
	RAS	MAPK 通路中的重要分子
核内转录因子	*MYC*	促进增殖相关基因表达
	FOS、*JUN*	促进增殖相关基因表达

注：EGFR：epidermal growth factor receptor，表皮生长因子受体；CSF-1：colony stimulating factor 1，集落刺激因子 1；SCF：stem cell factor，干细胞因子。

1. **细胞外生长因子**　生长因子是细胞外增殖信号,它们作用于膜受体,经各种信号通路,如 MAPK 通路等,引发一系列细胞增殖相关基因的转录激活。这些因子的过度表达,势必连续不断作用于相应的受体细胞,造成大量生长信号的持续输入,从而使细胞增殖失控。

已知人的原癌基因 *C-SIS* 编码 PDGF 的 β 链,作用于 PDGF 受体,激活 PLC-IP$_3$/DAG-PKC 途径(见第二十章),促进肿瘤细胞增殖。此外,*C-SIS* 表达产物还能促进肿瘤血管的生长,为肿瘤进展提供有利环境。目前已知与恶性肿瘤发生和发展有关的生长因子有:PDGF、EGF、TGF-β、FGF 和 IGF-1 等。

2. **跨膜生长因子受体**　第二类原癌基因的产物为跨膜受体,它们接受细胞外的生长信号并将其传入细胞内。跨膜生长因子受体的膜内侧结构域,往往具有酪氨酸特异的蛋白激酶活性。这些受体型酪氨酸激酶通过多种信号通路,如 MAPK 通路、PI3K-AKT 通路等,加速增殖信号在胞内转导。许多恶性肿瘤如非小细胞型肺癌、乳腺癌等均出现 EGF/EGFR 的过度表达,EGF/EGFR 的过度表达或者异常活化常能引起细胞恶性转化,而这与多种肿瘤的发生发展、恶性程度以及预后具有密切相关性。另外,表皮生长因子还参与了肿瘤的血管生成作用,因此其过表达或异常活化会促进肿瘤进展。

3. **细胞内信号转导分子**　生长信号到达胞内后,借助一系列胞内信号转导体系,将接收到的生长信号由胞内传至核内(见第二十章),促进细胞生长。这些转导体系成员多数是原癌基因的产物,或者通过这些基因产物的作用影响第二信使,如 cAMP、DAG 和 Ca^{2+} 等等。作为胞内信号转导分子的癌基因产物包括:非受体酪氨酸激酶 SRC 和 ABL 等,丝/苏氨酸激酶 RAF 等,以及低分子量 G 蛋白 RAS 等。

4. **核内转录因子**　另外一些癌基因表达的蛋白质属于转录因子,通过与靶基因的顺式作用元件相结合,直接促进细胞增殖靶基因的转录。EGF 促肿瘤的一个重要机制就是通过活化 MAPK 通路(见第二十章),使原癌基因 *FOS* 活化,FOS 蛋白增加。FOS 蛋白可与 JUN 蛋白结合形成 AP-1,而 AP-1 是一种广泛存在的高度活化的异源二聚体转录因子,能促进肿瘤的发生发展。

五、癌基因是癌症治疗的重要分子靶点

在许多人类肿瘤中存在某些癌基因的过度活化,从而在肿瘤的发病机制中扮演着重要的角色,也为肿瘤治疗提供了靶位。此处仅以下述 4 个基因为例进行简要介绍。

(一) *BRAF* 是黑素瘤治疗的重要分子靶点

原癌基因 *BRAF* 所编码的蛋白质属于丝/苏氨酸激酶,是 MAPK 信号通路的重要组成分子,在调控细胞增殖与分化等方面发挥重要作用。人类肿瘤中,*BRAF* 基因存在不同比例的基因突变,其中约 60% 的黑素瘤中 *BRAF* 发生突变,其第 600 位氨基酸从缬氨酸突变为谷氨酸(V600E)最为常见,导致 B-RAF 的持续激活。已有针对这类 V600E 突变的小分子抑制剂靶向药物威罗菲尼(vemurafenib)用于临床,该药可阻断突变 B-RAF 的活性,从而抑制肿瘤生长。

(二) *EGFR* 是肺癌治疗的重要分子靶点

EGFR 是表皮生长因子受体家族成员,具有蛋白酪氨酸激酶活性,能激活下游信号通路,从而促进细胞增殖和抑制细胞凋亡。*EGFR* 基因突变频率在东亚非小细胞肺癌患者中约为 30%~50%,在西方高加索人群患者中约为 10%。其常见突变是第 19 外显子缺失突变和第 21 外显子 L858R 点突变,导致 EGFR 持续激活。针对该突变的小分子选择性酪氨酸激酶抑制剂如吉非替尼(gefitinib)已用于临床,适用于上述 EGFR 外显子突变阳性的晚期非小细胞肺癌一线治疗。

(三) *HER2* 是乳腺癌治疗的重要分子靶点

HER2 也是表皮生长因子受体家族成员,具有蛋白酪氨酸激酶活性,能激活下游信号通路,从而促进细胞增殖和抑制细胞凋亡。在 30% 的乳腺癌中 *HER2* 基因发生扩增或者过度表达,其表达水平与治疗后复发率和不良预后显著相关。针对其过度表达的单克隆抗体药物赫赛汀(herceptin)已在临床使用。

(四) *BCR-ABL* 是慢性髓性白血病治疗的重要分子靶点

慢性髓性白血病(CML)患者的 9 号染色体与 22 号染色体之间发生易位,从而融合产生了癌基因 *BCR-ABL*,编码的蛋白质 BCR-ABL 具有持续活化的蛋白酪氨酸激酶活性,能促进细胞增殖,并增加

基因组的不稳定性。在 95% 的 CML 患者中都伴随有 *BCR-ABL* 融合基因的产生,在一些急性淋巴细胞白血病患者中也有发现。针对 BCR-ABL 融合蛋白的药物伊马替尼(imatinib)2001 年被 FDA 批准用于临床治疗。

第三节 ｜ 抑癌基因

抑癌基因也称肿瘤抑制基因(tumor suppressor gene),是防止或阻止癌症发生的基因。与原癌基因活化诱发癌变的作用相反,抑癌基因的部分或全部失活可显著增加癌症的发生风险。抑癌基因对细胞增殖起负性调控作用,包括抑制细胞增殖、调控细胞周期检查点、促进凋亡和参与 DNA 损伤修复等。

一、抑癌基因对细胞增殖起负性调控作用

抑癌基因的发现源于 20 世纪 60 年代 Harris H. 的杂合细胞致癌性研究。他将癌细胞株与正常细胞融合得到的杂合细胞接种动物,发现并不产生肿瘤,提示正常细胞中有能抑制肿瘤发生的基因,即抑癌基因。用化学物质诱发的肿瘤或自发发生的肿瘤的细胞与正常细胞制备杂合细胞也可重复出上述结果,并且与肿瘤的组织起源无关,表明上述结果有普遍意义。将不具致癌性的杂合细胞体外培养传代,可从中分离出具有致癌性的子代细胞。比较两种杂合细胞,发现致癌性的子代杂合细胞丢失了来自正常细胞的一条或几条染色体。将正常人类细胞的单条染色体逐一融合在肿瘤细胞中,也可分离到无致癌性的杂合细胞。这些结果说明细胞中含有各种不同的抑癌基因,分布在不同的染色体上,可以分别抑制不同组织起源的癌细胞的致癌作用。

随着 20 世纪 70 年代基因克隆技术的建立,*RB* 和 *TP53* 等一系列抑癌基因得以克隆和鉴定。必须指出,最初在某种肿瘤中发现的抑癌基因,并不意味其与别的肿瘤无关;恰恰相反,在多种组织来源的肿瘤细胞中往往可检测出同一抑癌基因的突变、缺失、重排、表达异常等,这正说明抑癌基因的变异构成某些共同的致癌途径。抑癌基因产物的功能多种多样,目前已鉴定的一些抑癌基因产物及其功能如表 23-3。总体来说,抑癌基因对细胞增殖起负性调控作用,其编码产物的功能有:抑制细胞增殖;抑制细胞周期进程;调控细胞周期检查点;促进凋亡;参与 DNA 损伤修复。

表 23-3　常见的抑癌基因及其编码产物

名称	染色体定位	相关肿瘤	编码产物及功能
TP53	17p13.1	多种肿瘤	转录因子 p53,细胞周期负调节和诱发细胞凋亡
RB	13q14.2	视网膜母细胞瘤和骨肉瘤等	转录因子 p105RB
PTEN	10q23.3	胶质瘤、膀胱癌、前列腺癌和子宫内膜癌等	磷脂类信使的去磷酸化,抑制 PI3K-AKT 通路
P16	9p21	肺癌、乳腺癌、胰腺癌、食管癌和黑素瘤等	p16 蛋白,细胞周期检查点负调节
P21	6p21	前列腺癌等	抑制 Cdk1、2、4 和 6
APC	5q22.2	结肠癌和胃癌等	G 蛋白,细胞黏附与信号转导
DCC	18q21	结肠癌等	表面糖蛋白(细胞黏附分子)
NF1	7q12.2	神经纤维瘤等	GTP 酶激活剂
NF2	22q12.2	神经鞘膜瘤和脑膜瘤等	连接膜与细胞骨架的蛋白
VHL	3p25.3	小细胞肺癌、宫颈癌和肾癌等	转录调节蛋白
WT1	11p13	肾母细胞瘤等	转录因子

注:*TP53*:tumor protein *p53*,肿瘤蛋白 *p53* 基因;*APC*:adenomatous polyposis coli,腺瘤性结肠息肉病基因;*DCC*:deleted in colorectal carcinoma,结肠癌缺失基因;NF:neurofibromatosis,神经纤维瘤;VHL:von Hippel-Lindau tumor suppressor,VHL 肿瘤抑制基因;WT:Wilms tumor,威尔姆肿瘤。

二、抑癌基因有多种失活机制

抑癌基因的失活与原癌基因的激活一样,在肿瘤发生中起着非常重要的作用。但癌基因的作用是显性的,而抑癌基因的作用往往是隐性的。原癌基因的两个等位基因只要激活一个就能发挥促癌作用,而抑癌基因则往往需要两个等位基因都失活才会导致其抑癌功能完全丧失。1971年,Knudson A.以视网膜母细胞瘤(retinoblastoma)为模型进行统计学分析研究,发现散发性单侧视网膜母细胞瘤的发病需要抑癌基因(即后来命名为 *RB* 的基因)的两次体细胞突变,从而提出二次打击假说(two-hit hypothesis)。

但也有一些抑癌基因只失活其等位基因中的一个拷贝就会引起肿瘤发生,也就是说,一个正常的等位基因拷贝不足以完全发挥其抑癌功能,故称为单倍体不足型抑癌基因(haploinsufficient tumor suppressor gene),如 *p27^{Kip1}* 基因。还有一些抑癌基因,如 *TP53* 基因,当其一个等位基因突变失活后,其表达的 p53 突变蛋白能抑制另一个正常等位基因产生的野生型即正常 p53 蛋白的功能,这种基因突变称为显性负效突变(dominant negative mutation)。

抑癌基因失活的方式常见有以下三种。

(一)基因突变常导致抑癌基因编码的蛋白质功能丧失或降低

抑癌基因发生突变后,会造成其编码的蛋白质功能或活性丧失或降低,进而导致癌变。这种突变属于功能失去突变(loss-of-function mutation)。最典型的例子就是抑癌基因 *TP53* 的突变,目前已经发现 *TP53* 基因在超过一半以上的人类肿瘤中发生了突变。

(二)杂合性丢失导致抑癌基因彻底失活

杂合性(heterozygosity)是指同源染色体在一个或一个以上基因座存在不同的等位基因的状态。杂合性丢失(loss of heterozygosity,LOH)则是指一对杂合的等位基因变成纯合状态的现象。杂合性丢失是肿瘤细胞中常见的异常遗传学现象,发生杂合性丢失的区域也往往就是抑癌基因所在的区域。

杂合性丢失导致抑癌基因失活的经典实例就是抑癌基因 *RB* 的失活。1986年,将视网膜母细胞瘤的 *RB* 基因成功克隆后就发现,*RB* 等位基因的一个拷贝往往是通过生殖细胞突变遗传给后代,也就是说,此时后代的体细胞中 *RB* 等位基因就呈现为杂合子状态,即:一个为突变失活的不具有抑癌功能的 *RB* 等位基因,另一个为仍具有抑癌功能的正常的 *RB* 等位基因。而当因为某些原因导致正常的 *RB* 等位基因丢失即杂合性丢失时,抑癌基因 *RB* 则彻底失活,失去其抑癌作用,从而导致视网膜母细胞瘤发生。

(三)启动子区甲基化导致抑癌基因表达抑制

真核生物基因启动子区域 CpG 岛的甲基化修饰对于调节基因转录活性至关重要,甲基化程度与基因表达呈负相关。很多抑癌基因的启动子区 CpG 岛呈高度甲基化(hypermethylation)状态,从而导致相应的抑癌基因不表达或低表达。例如,约70%的散发性肾癌患者中存在抑癌基因 *VHL* 启动子区甲基化失活现象;在家族性腺瘤息肉所致的结肠癌中,*APC* 基因启动子区因高度甲基化使转录受到抑制,导致 *APC* 基因失活,进而引起 β-连环蛋白在细胞内的积累,从而促进癌变发生。

三、抑癌基因在癌症发生发展中具有重要作用

抑癌基因的失活在肿瘤发生发展中发挥着重要作用,此处以 *TP53*、*RB*、*PTEN* 三个抑癌基因为例,简要介绍抑癌基因的作用机制。

(一)*RB* 主要通过调控细胞周期检查点而发挥其抑癌功能

RB 基因失活不仅与视网膜母细胞瘤及骨肉瘤有关,在许多散发性肿瘤,如50%~85%的小细胞性肺癌、10%~30%乳腺癌、膀胱癌和前列腺癌中都发现有 *RB* 基因失活。

RB 基因位于染色体 13q14,有27个外显子,mRNA 长 4.7kb,编码的蛋白质为 105kDa。RB 蛋白的磷酸化状态及其与其他蛋白质结合,与它的功能密切相关。去磷酸化(或低磷酸化)形式为活性型,能促进细胞分化,抑制细胞增殖。实验表明,将 *RB* 基因导入视网膜母细胞瘤细胞或成骨肉瘤细

胞,这些恶性细胞的生长受到抑制。

RB 的磷酸化程度受细胞周期中增殖调控蛋白质的直接控制,包括随着细胞周期不同时相的转换,其浓度也随之发生变化的细胞周期蛋白(cyclin),以及受到这些蛋白质调节的蛋白激酶。这些蛋白激酶被称为细胞周期蛋白依赖性激酶(cyclin-dependent kinase,CDK)。细胞进入 G_1 期时 RB 处于低磷酸化状态,而低磷酸化的 RB 使得细胞不能通过 G_1/S 期检查点(checkpoint)。该检查点是哺乳动物细胞周期的重要检查点,只有通过该检查点后,细胞周期才能进入下一步运转,进行 DNA 合成和细胞分裂,故又称为限制点(restriction point),以符号"R"表示。只有在细胞增殖信号通过依赖于 cyclin D1 的激酶 CDK4 的活化导致 RB 磷酸化后,高磷酸化的 RB 方允许细胞跨过 G_1/S 期检查点。因此,低磷酸化的 RB 在 G_1 期特异的磷酸化是细胞从 G_1 期进入 S 期的关键。

低磷酸化的 RB 对细胞周期的负调节作用是通过与转录因子 E2F-1 的结合而实现的(图 23-3)。低磷酸化 RB 的口袋结构域能结合 E2F-1 并使之失活,S 期必需的基因产物如二氢叶酸还原酶、胸苷激酶、DNA 聚合酶 α 等的合成因而受限,细胞周期的进展受到抑制。而高磷酸化的 RB 不能与 E2F-1 结合,将导致这些基因的开放,促进细胞通过 G_1-S 关卡。RB 基因的缺失使得细胞丧失了该关卡的"守卫",细胞周期进程失控,细胞异常增殖。

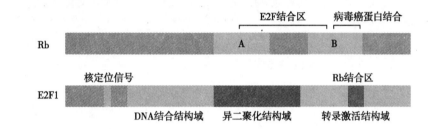

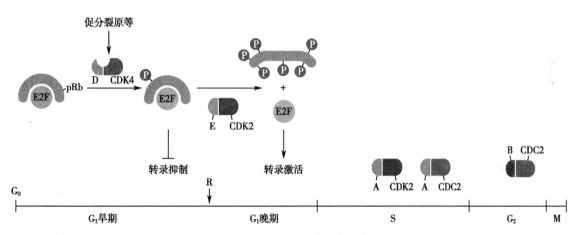

图 23-3 RB 磷酸化与细胞周期控制

T:苏氨酸(Thr);S:丝氨酸(Ser);P:磷酸化修饰;D:周期蛋白 D;A:周期蛋白 A;E:周期蛋白 E;E2F 蛋白与 RB 蛋白的 A 结构域和 B 结构域结合。

(二) TP53 主要通过调控 DNA 损伤应答和诱发细胞凋亡而发挥其抑癌功能

TP53 基因是目前研究最多,也是迄今发现在人类肿瘤中发生突变最广泛的抑癌基因。50%~60% 的人类各系统肿瘤中发现有 TP53 基因突变。

人的 TP53 基因定位于 17p13,全长 16~20kb,含有 11 个外显子,转录 2.8kb 的 mRNA,编码蛋白为 p53,具有转录因子活性。TP53 基因是迄今为止发现的与人类肿瘤相关性最高的基因。过去一直把它当成一种癌基因,直至 1989 年才知道起癌基因作用的是突变的 p53,后来证实野生型 p53 是一种抑癌基因。

TP53 基因的表达产物 p53 蛋白由 393 个氨基酸残基构成,在体内以四聚体形式存在。p53 蛋白属于转录因子,包含有典型的转录激活结构域、DNA 结合结构域、寡聚结构域、富含脯氨酸区和核定位序列等多个结构域或序列,这也是 p53 发挥其生物学功能的分子结构基础。多数 *TP53* 基因突变都发生在编码其 DNA 结合结构域的序列中。

正常情况下,细胞中 p53 蛋白含量很低,因其半衰期只有 20～30min,所以很难检测出来,但在细胞增殖与生长时,可升高 5～100 倍以上。野生型 p53 蛋白在维持细胞正常生长、抑制恶性增殖中起着重要作用,因而被冠以"基因组卫士"称号。当细胞受电离辐射或化学试剂等作用导致 DNA 损伤时,p53 表达水平迅速升高,同时 p53 蛋白中包含的一些丝氨酸残基被磷酸化修饰而被活化。活化的 p53 从细胞质移位至细胞核内,调控大量下游靶基因的转录而发挥其生物学功能。例如,p53 的靶基因之一 *p21* 可阻止细胞通过 G_1/S 期检查点,使其停滞于 G_1 期;另一靶基因 *GADD45* 的产物是 DNA 修复蛋白。这就使 DNA 受损的细胞不再分裂,并且修复损伤以维持基因组的稳定性。如果修复失败,p53 蛋白就会通过激活一些靶基因如 *BAX* 的转录而启动细胞凋亡,阻止有癌变倾向的突变细胞的生成。p53 突变后,则 DNA 损伤不能得到有效修复并不断累积,导致基因组不稳定,进而导致肿瘤发生(图 23-4)。

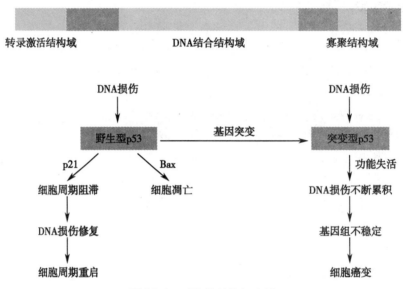

图 23-4 p53 的结构与功能

(三) *PTEN* 主要通过抑制 PI3K/AKT 信号通路而发挥其抑癌功能

PTEN 基因(phosphatase and tensin homolog deleted on chromosome ten,第 10 号染色体缺失的磷酸酶及张力蛋白同源基因)是继 *TP53* 基因后发现的另一个与肿瘤发生关系密切的抑癌基因。人的 *PTEN* 基因定位于 10q23.3,共有 9 个外显子和 8 个内含子,编码 5.15kb 的 mRNA,PTEN 蛋白由 403 个氨基酸残基组成,分子量约 56kDa。PTEN 主要包括如下 3 个结构功能域:

(1)N 端磷酸酶结构区(1～185)由第 5 外显子编码,与蛋白酪氨酸磷酸酶及蛋白质丝/苏氨酸磷酸酶催化区的核心模体(HCXXGXGRXG)同源,是 PTEN 发挥肿瘤抑制活性的主要功能区。PTEN 的 N 端 175 个氨基酸序列可与整联蛋白(integrin)、酪氨酸激酶、黏着斑激酶(focal adhesion kinase,FAK)等形成复合物,共同参与细胞生长的调节。此外,PTEN 还能与肌动蛋白纤维细丝局部黏附,在肿瘤浸润、转移、血管生成中也起一定的作用。

(2)C2 区由 186～351 位氨基酸残基构成,介导蛋白质与脂类的结合。PTEN 通过 C2 区结合于膜磷脂,参与 PTEN 在胞膜的有效定位和胞内的细胞信号转导。与其他信号蛋白不同,这一结合过程不需要 Ca^{2+} 参与。磷酸酶区和 C2 区之间有广泛的相互作用界面,提示 C2 区可能同样具有催化作用。已有实验证实,对 C2 区进行诱变,可导致 PTEN 的肿瘤抑制活性降低。

(3)C-端区由羧基端的 50 个氨基酸残基组成,包括 PDZ(PSD-95/Dlg/ZOI 同源区)结合序列(Thr/

Ser-X-Val-COOH）和 2 个 PEST 序列（350～375,376～396），对于调节自身的稳定性和酶活性具有重要作用。研究表明 PEST 序列与蛋白质降解有关，PDZ 结合位点与细胞生长调控有关。PDZ 区在肿瘤的发生中也可以缺失突变，虽不影响磷酸酶功能，但对肿瘤细胞锚定非依赖性生长的抑制作用显著降低。

PTEN 是迄今发现的第一个具有双特异（dual specificity）磷酸酶活性的抑癌基因，其编码产物 PTEN 具有磷脂酰肌醇 -3,4,5-三磷酸 3-磷酸酶活性，催化水解磷脂酰肌醇 -3,4,5-三磷酸（PIP$_3$）的 3-磷酸成为 PIP$_2$，而 PIP$_3$ 是胰岛素、表皮生长因子等细胞生长因子的信号转导分子，从而抑制 PI3K/Akt 信号通路，起到负性调节细胞生长增殖的作用。PTEN 也能催化黏着斑激酶（focal adhesion kinase，FAK）的去磷酸化反应，而抑制由整联蛋白介导的细胞铺展和迁移，因而 PTEN 的失活也与肿瘤细胞的转移密切相关。

四、癌症发生发展涉及癌基因和抑癌基因的共同参与

目前普遍认为肿瘤的发生与发展是多个原癌基因和抑癌基因突变累积的结果，经过起始、启动、促进和癌变几个阶段逐步演化而产生。

（一）肿瘤发生发展涉及多种相关基因的改变

在基因水平上，或通过外界致癌因素，或由于细胞内环境的恶化，突变基因数目增多，基因组变异逐步扩大；在细胞水平上则要经过永生化、分化逆转、转化等多个阶段，细胞周期失控的生长特性逐步得到强化。结果是相关组织从增生、异型变、良性肿瘤、原位癌发展到浸润癌和转移癌。例如，结肠癌的发生发展过程涉及数种基因的变化（图 23-5）：①上皮细胞过度增生阶段：涉及家族性腺瘤性息肉基因 FAP（familial adenomatous polyposis）、结肠癌突变基因 MCC（mutated in colorectal carcinoma）的突变或缺失；②早期腺瘤阶段：与 DNA 的低甲基化有关；③中期腺瘤阶段：涉及 K-RAS 基因突变；④晚期腺瘤阶段：涉及结肠癌缺失基因 DCC 的丢失；⑤腺癌阶段：涉及 TP53 基因缺失；⑥转移癌阶段：涉及 NM23（nonmetastatic protein 23）基因的突变、血管生长因子基因表达增高等。

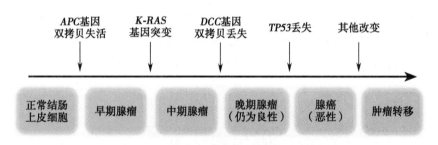

图 23-5 从基因角度认识结肠癌的发生和发展

（二）细胞周期和细胞凋亡的调控异常是肿瘤进展的关键

1. 原癌基因和抑癌基因是调控细胞周期进程的重要基因 细胞周期调控体现在细胞周期驱动和细胞周期监控两个方面，后者的失控与肿瘤发生发展的关系最为密切。细胞周期监控机制由 DNA 损伤感应机制、细胞生长停滞机制、DNA 修复机制和细胞命运决定机制等构成。细胞一旦发生 DNA 损伤或复制错误，将会启动 DNA 损伤应激机制（见第二十一章），经由各种信号转导途径使细胞停止生长，修复损伤的 DNA。如果 DNA 损伤得到完全修复，细胞周期可进入下一个时相，正常完成一个细胞分裂周期；倘若 DNA 损伤修复失败，细胞凋亡机制将被启动，损伤细胞进入凋亡，从而避免 DNA 损伤带到子代细胞，维持了组织细胞基因组的稳定性，避免肿瘤发生的潜在可能。

肿瘤细胞的最基本特征是细胞的失控性增殖，而失控性增殖的根本原因就是细胞周期调控机制的破坏，包括驱动机制和监控机制的破坏。监控机制破坏可发生在损伤感应、生长停滞、DNA 修复和凋亡机制的任何一个环节上，结果将导致细胞基因组不稳定，突变基因数量增加，这些突变的基因往往就是癌基因和抑癌基因。同时，很大一部分的原癌基因和抑癌基因又是细胞周期调控机制的组成部分。

因此,在肿瘤发展过程中,监控机制的异常会使细胞周期调控机制进一步恶化,并导致细胞周期驱动机制的破坏,细胞周期的驱动能力异常强化,细胞进入失控性生长状态,从而细胞出现癌变性生长。

2. 原癌基因和抑癌基因还是调控细胞凋亡的重要基因 细胞除了生长、增殖和分化等之外,还存在细胞死亡现象,如程序性细胞死亡或凋亡。有些抑癌基因的过量表达可诱导细胞发生凋亡,而与细胞生存相关的原癌基因的激活则可抑制凋亡,细胞凋亡异常与肿瘤的发生发展密切相关。现已明确,细胞凋亡在肿瘤发生、胚胎发育、免疫反应、肿瘤免疫逃逸、神经系统发育、组织细胞代谢等过程中起重要作用。

值得注意的是,近年来的研究也发现,一些非编码RNA在肿瘤发生过程中也具有重要作用。总之,肿瘤分子生物学的进展已经深刻地改变了人们对肿瘤发生和生命现象的认识,并使肿瘤研究从以揭示肿瘤病因和寻找肿瘤治疗方法为目的的单项研究,转变为以研究整个生命现象和全面揭示生命分子机制为目的的综合性系统研究。肿瘤分子生物学必将在整个生命医学研究中发挥越来越重要的作用。

小 结

癌症泛指一切恶性肿瘤。癌症发生的危险因素包括外部环境因素和机体内在因素。癌细胞具有与正常细胞显著不同的多种生物学特征。癌基因是能导致细胞发生恶性转化和诱发癌症的基因。绝大多数癌基因是细胞内正常的原癌基因突变或表达水平异常升高转变而来,某些病毒也携带癌基因。在物理、化学及生物因素的作用下,从原癌基因转变为具有促进细胞恶性转化(癌变)的致癌基因的过程称为原癌基因活化。原癌基因活化主要有基因突变、基因扩增、染色体易位、启动子或增强子获得等机制。生长因子是一类由细胞分泌的、类似于激素的信号分子,主要为肽类或蛋白质,通过受体跨膜信号转导途径调节细胞的生长与分化,与多种生理及病理状态(如肿瘤和心血管疾病等)有关。不少生长因子已经应用于临床疾病的治疗。原癌基因编码的蛋白质涉及生长因子信号转导的多个环节。抑癌基因,也称肿瘤抑制基因,是防止或阻止癌症发生的基因,抑癌基因的部分或全部失活可显著增加癌症的发生风险。抑癌基因对细胞增殖起负性调控作用,包括抑制细胞增殖、调控细胞周期检查点、促进凋亡和参与DNA损伤修复等。抑癌基因的失活机制包括基因突变、杂合性丢失和启动子甲基化等。肿瘤的发生发展是多个原癌基因和抑癌基因突变累积的结果,经过起始、启动、促进和癌变几个阶段逐步演化而产生。

思考题:

1. 什么是癌基因? 原癌基因的活化方式有哪些?

2. 什么是生长因子? 简述原癌基因与生长因子信号转导的关系。

3. 什么是抑癌基因? 抑癌基因的失活方式有哪些?

思考题解题思路

本章目标测试

本章思维导图

(卜友泉)

第二十四章 基因诊断和基因治疗

人类大多数疾病与自身基因结构与功能发生异常，以及外源性细菌、病毒等病原体致病基因的体内异常表达相关。利用多种分子生物学技术，从基因水平探讨疾病发生、发展的分子机制，评估个体对疾病的易感性，进而采用针对性的手段矫正疾病的紊乱状态，是现代医学发展的重要方向。基因诊断（gene diagnosis）和基因治疗（gene therapy）已成为现代分子医学的重要内容之一。

第一节 │ 基因诊断

早在 20 世纪 70 年代，美国加州大学旧金山分校华裔科学家 Kan Y.W. 首次检测了 α 地中海贫血的基因缺失状态，发现了镰状细胞贫血的限制性核酸内切酶片段长度多态性，开创了基因诊断的历史先河。伴随相关检测手段的不断进步，基因诊断技术已从实验室研究逐步进入临床应用阶段。作为一种新的诊断模式，基因诊断在许多重大疾病的早期诊断、分期分型、疗效判断、预后评估、用药指导等方面显示出独特优势，已应用于遗传性疾病、感染性疾病、恶性肿瘤以及法医学等多个方面。

一、基因诊断是针对 DNA 和 RNA 的分子诊断

基因诊断属于分子诊断。从广义上讲，凡是利用分子生物学技术对生物体 DNA 序列及其产物（如 mRNA 和蛋白质）进行的定性、定量分析，均可称为分子诊断（molecular diagnosis）。从技术角度来讲，目前的分子诊断方法主要针对 DNA，涉及功能分析时，还可定量检测 RNA（主要是 mRNA）和蛋白质等分子。通常将针对 DNA 和 RNA 的分子诊断称为基因诊断。

大部分疾病表型是由自身基因结构及功能异常或外源性病原体基因的异常表达所致。例如，肿瘤的发生和发展具有多因素性和多阶段性，在各阶段均可能涉及内源性基因结构与功能的改变；感染性疾病的发生与病原体侵入相关，患者体内存在外源性病原体的遗传物质。基因诊断即分析内源性基因及其表达产物是否异常，或检测特定外源基因是否存在，进而对临床疾病作出诊断。

（一）基因诊断的样品来源广泛

临床上可用于基因诊断的样品包括血液、组织块、精液、唾液、尿液、羊水、绒毛、毛发（含毛囊）、细胞、微生物等。进行基因诊断的前提是疾病表型与基因型的关系已被阐明。根据疾病特点和诊断目的，选择合适的待检样品，提取 DNA 或 RNA 进行目标分子的检测。在开展胎儿 DNA 诊断时，还可直接从母亲外周血中提取胎儿细胞或胎儿 DNA 进行检测。分析 RNA 时需确保一定的样品新鲜度。

（二）基因诊断具有独特的优势

大部分疾病的表型改变缺乏特异性，往往是在疾病的中晚期才出现。基于疾病的表型改变、患者的临床症状和体征进行的医学诊断常常不能作出及时准确的诊断。基因诊断不依赖疾病的表型改变，具有特异性强、灵敏度高、早期诊断、快速诊断、适用性强、诊断范围广的独特优势。

1. **基因诊断具有较强的特异性** 基因诊断属于病因诊断，具有较强的特异性。基因的突变及功能异常、外源性病原体基因的存在是疾病发生的原因，采用分子生物学技术检测这些特异基因序列，可作出特异性诊断。

2. **基因诊断具有较高的灵敏度** 核酸分子杂交技术与 PCR 技术的联合使用可检测微量病原体基因及拷贝数极少的基因突变，表现出较高的灵敏度。核酸分子杂交技术可采用具有生物催化活性

的酶、放射性核素或荧光素标记的高灵敏度探针来检测;PCR 技术可对几个细胞、一根头发、一滴血迹、组织切片和石蜡包埋组织块中的微量 DNA 进行高效扩增。

3. 基因诊断可实现早期和快速诊断 基因诊断直接以遗传物质作为诊断对象,可在临床症状或表型改变出现前作出早期诊断。与传统的医学诊断相比,基因诊断的过程往往更直接、快速。例如,采用细菌培养技术对感染性疾病作出诊断通常需要数天时间,而采用基因诊断技术仅需数小时。基因诊断还可快速检测不易在体外培养或培养安全风险较大的病原体,如人类免疫缺陷病毒、肝炎病毒等。

4. 基因诊断的适用性强、诊断范围广 随着更多疾病基因和疾病相关基因的成功鉴定,基因诊断的理论基础不断丰富,诊断范围不断拓展,表现出较强的适用性。基因诊断技术可对有遗传病家族史的致病基因携带者作出预警诊断,还可评估个体对肿瘤、心血管疾病、高血压等多基因病的易感性,并进行疾病分期分型、发展阶段、抗药性等方面的分析。

二、基因诊断的基本技术日益成熟

基因诊断技术可用于定性与定量分析。检测基因分型和基因突变属于定性分析,而测定基因拷贝数及基因表达产物量属于定量分析。针对病原体基因进行基因诊断时,定性分析可诊断其在人体存在与否,而定量分析则可确定其含量多少。常用的基因诊断技术包括核酸分子杂交、聚合酶链反应(polymerase chain reaction,PCR)及衍生技术、单链构象多态性(single-strand conformation polymorphism,SSCP)分析、限制性片段长度多态性(restriction fragment length polymorphism,RFLP)分析、基因测序、基因芯片等。这些技术可单独或者联合应用。

(一) 核酸分子杂交技术是基因诊断的基本方法

核酸分子杂交技术是基因诊断最基本的方法之一。不同来源的 DNA 或 RNA 在一定的条件下,通过变性和复性可形成杂化双链。选择一段已知序列的核酸片段作为探针,进行放射性核素、生物素或荧光染料的标记,再与目的核酸进行杂交反应,通过检测标记信号便可对未知的目的核酸进行定性或定量分析。

1. DNA 印迹检测 DNA 异常 DNA 印迹又称为 Southern 印迹(Southern blotting),是最为经典的基因诊断方法。DNA 印迹一般可显示 50~20 000bp 的 DNA 片段,片段大小的信息是其诊断基因异常的重要依据。DNA 印迹实验结果可靠,用于特异 DNA 序列检测、限制性核酸内切酶图谱和基因定位、正常和突变样品的基因型鉴定、基因缺失或插入片段大小等信息的获取等;但其操作流程烦琐、费时费力,常需使用放射性核素,难以成为一种常规的临床诊断手段。

2. RNA 印迹分析 RNA 特点 RNA 印迹又称为 Northern 印迹法(Northern blotting),是通过标记的核酸探针与待测样本 RNA 杂交,对组织或细胞中的 RNA 进行定性或定量分析。RNA 印迹对 RNA 样品纯度要求高,限制了其在临床诊断中的应用。

3. 斑点印迹检测固相载体上的核酸 斑点印迹又称为斑点杂交(dot blot hybridization),是制备标记的核酸探针,将 DNA 或 RNA 样品固定至特定载体上,两者进行杂交,检测样品中是否存在特异的基因或表达产物。斑点印迹具有简便、快速、灵敏和样品用量少的优点,可用于基因组中特定基因及其表达产物的定性与定量分析;但其无法测定目的基因的大小,特异性低,易出现假阳性结果。另外,等位基因特异性寡核苷酸(allele specific oligonucleotide,ASO)分子杂交是检测点突变的有效技术。可人工设计并合成针对正常和突变位点的 ASO 探针,再与固相载体上的样品进行杂交,根据杂交结果判断特定基因的突变状态。

4. 反向斑点印迹检测基因点突变 反向斑点印迹(reverse dot blotting,RDB)是将多种特异性寡核苷酸探针固定至特定载体上,针对基因多个位点进行样品的 PCR 扩增并进行生物素等标记,再将两者杂交,一次杂交可同时筛查出样品 DNA 中的多种突变。反向斑点印迹常与 ASO 分子杂交联用,可提高检测点突变结果的可靠性,应用于遗传性疾病的基因诊断、病原微生物的鉴定分型、乙型肝炎病毒耐药、癌基因的点突变分析等方面。

5. **原位杂交直接检测细胞或组织中的核酸**　原位杂交（in situ hybridization, ISH）是针对已知位点设计特定标记的核酸探针,直接与细胞或组织标本中的 DNA/RNA 杂交,再通过杂交信号的检测对特定核酸序列进行定位、定性和定量分析。利用原位杂交技术能够显示目的核酸序列的空间定位特点,获得含有特定核酸序列的具体细胞在样品中的位置、数量及类型信息;分析目的 DNA 在细胞核或染色体上的分布;检测组织或细胞是否感染细菌或病毒等病原体。通过与细胞内 RNA 进行杂交还可检测样本组织细胞中特定基因的表达状态。

以荧光素或生物素作为探针标记的原位杂交,即为荧光原位杂交（fluorescence in situ hybridization, FISH）技术。FISH 可对任何给定的基因组区域进行特异性杂交,对中期分裂相染色体及间期细胞核进行分析,获得传统技术所无法检测到的染色体信息。FISH 还可用于鉴别染色体数目和结构的异常,特别是能够对染色体的异常改变进行原位显示和定量分析,适用于新鲜、冷冻、石蜡包埋标本及穿刺物和脱落细胞等样品的检测。

（二）PCR 技术是特异且快速的基因诊断方法

PCR 技术能够快速、特异性地进行基因扩增,具有较高的灵敏度。以 PCR 为基础的相关衍生技术发展迅速,常与其他技术联合使用,广泛应用于致病基因鉴定、核酸序列分析、DNA 多态性检测、遗传性及感染性疾病诊断、法医鉴定及个体识别等领域。

1. **PCR 技术特异性检测疾病相关基因的表达及突变**　PCR 技术可直接检测样品中疾病相关基因的存在、缺失或突变,简便灵敏,适用于临床诊断。例如,裂口 PCR（gap PCR）是一种跨越基因缺失或插入部位的 PCR 技术,基本原理是首先设计并合成一组序列上跨越突变（缺失或插入）断裂点的引物,再将待测 DNA 样本进行 PCR 扩增,然后进行琼脂糖凝胶电泳,以扩增片段的大小直接判断是否存在缺失或插入突变。多重 PCR（multiplex PCR）则是另一种检测 DNA 异常的方法,基本原理是在一次 PCR 反应中加入多种引物,对一份 DNA 样本中的不同系列片段进行扩增,根据电泳图谱上不同长度 DNA 片段存在与否来判断基因片段的缺失或突变情况。

2. **PCR-ASO 技术基于突变探针检测基因突变**　PCR-ASO 杂交技术可检测基因上已知的点突变、微小的缺失或插入,适用于突变类型较少的遗传病诊断。首先设计并合成包含突变位点在内的 ASO 探针（突变探针）和包含未突变位点的正常探针,再对样品进行 PCR 扩增并固定于特定载体上,两者进行杂交。根据杂交信号判断受检者是否存在基因突变,还可进行已知突变的基因分型。如图 24-1 所示,针对 β 地中海贫血珠蛋白基因第 17 密码子的点突变位点设计相应的突变及正常探针。正常人样本仅与正常探针杂交产生信号,突变纯合子患者也只能被突变探针所识别,而突变杂合子则能同时与两种探针产生杂交信号。

3. **PCR-RFLP 基于限制性核酸内切酶识别位点检测基因突变**　利用一种或几种限制性核酸内切酶对某一段 DNA 序列进行消化,会产生大小不同的 DNA 片段,称为限制性片段。在不同个体中出现的不同长度限制性片段类型被称为限制性片段长度多态性（restriction fragment length polymorphism, RFLP）。有的基因突变可使某种限制性核酸内切酶识别位点发生改变,导致原有酶切位点的消失或新酶切位点的产生。

PCR-RFLP 是将 PCR 与限制性片段长度多态性相结合,可快速、简便地对已知突变进行基因诊断的技术。首先是针对相应位点进行 PCR 扩增,经过限制性核酸内切酶消化后进行电泳分离,可在紫外线灯下分辨各种限制性片段的大小或位置,也可基于核素标记探针进行放射自显影,从而区分各种片段,判断是否发生相应的基因突变。例如,镰状细胞贫血是一种遗传性异常血红蛋白病,为 β- 珠蛋白基因第 6 密码子发生 A-T 的单点突变,从而导致血红蛋白 β 亚基发生 Glu-Val 的氨基酸突变。利用 PCR-RFLP 可用于镰状细胞贫血的基因诊断。如图 24-2 所示,针对致病性 β- 珠蛋白基因第 6 密码子区域的 110bp 片段进行 PCR 扩增,然后经限制性核酸内切酶 *Mst* Ⅱ 消化后进行凝胶电泳分析。正常人的扩增产物经 *Mst* Ⅱ 消化可产成 54bp 与 56bp 两个片段,检测到两条电泳条带;镰状细胞贫血患者的扩增片段不被酶切,仅检测到一条 110bp 的条带;杂合子则可检测到 54bp、56bp 和 110bp 三条带。

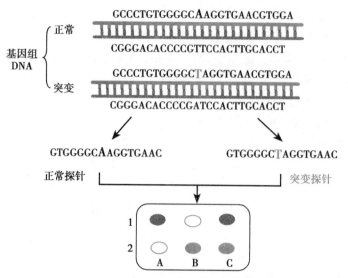

图 24-1　针对 β 地中海贫血的 PCR-ASO 分析示意图

1. 正常探针检测孔；2. 突变探针检测孔。

A. 正常人；B. 突变纯合子；C. 突变杂合子。

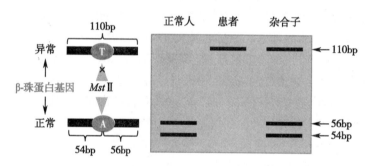

图 24-2　针对镰状细胞贫血的 PCR-RFLP 分析示意图

PCR- 引物介导的限制性分析（PCR-primer introduced restriction analysis，PCR-PIRA）是 PCR-RFLP 技术的延伸。基本原理是在设计引物时引入错配碱基，消除或产生新的酶切位点，该错配的结果最终表现为酶解的限制性片段长度差异性。主要分析对象是已知基因，利用相应的计算机软件可以分析基因上可能产生的酶切位点的错配。PCR-RFLP 和 PCR-PIRA 的主要区别在于后者需要人工引入酶切位点。另外，巢式 PCR- 限制性片段长度多态性（nested PCR-RFLP）是将 RFLP 与巢式 PCR 技术相结合，通过设计针对高度保守序列的引物对待测物种 DNA 进行 PCR 扩增，再对 PCR 产物进行 RFLP 分析。该方法省时，可应用于流行病学调查和临床常规检测。

4. PCR-SSCP 基于 DNA 空间构象检测基因突变　PCR- 单链构象多态性（PCR-single strand conformation polymorphism，PCR-SSCP）分析是一种基于单链 DNA 空间构象的差异性来检测基因点突变的方法。在非变性条件下，单链 DNA 分子内碱基之间存在相互作用，形成由碱基序列所决定的空间构象。DNA 分子中一个或多个特定碱基发生变异，可导致其构象改变。对于相同长度的单链 DNA，因其碱基组成或排列顺序不同，形成各异的空间构象类型，表现出不同的电泳迁移率，即称为单链构象多态性（SSCP）。PCR-SSCP 技术首先是以 PCR 扩增待测 DNA 片段，再将扩增产物变性为单链 DNA，非变性聚丙烯酰胺凝胶电泳后通过检测电泳迁移率分析基因突变情况。PCR-SSCP 的灵敏度取决于突变对单链 DNA 的构象及电泳迁移率的影响程度，适用于较小 DNA 片段的突变分析。

5. PCR-DHPLC 基于异源双链检测基因突变　PCR- 变性高效液相色谱（PCR-denature high performance liquid chromatography，PCR-DHPLC）是一种筛查点突变的技术，可对目的基因进行基因序列扫描，有助于发现新的突变类型。基本原理是利用待测样品 DNA 在 PCR 扩增过程的单链产物可与互补链随机结合而形成双链的特性,依据最终产物中是否出现异源双链来判断样品中是否存在点突变。如果不存在点突变,在 PCR 反应中产生的双链 DNA 都是一致的,即只产生一种同源双链。如果存在点突变,就会产生 4 种不同的 DNA 双链分子,包括 2 种异源双链和 2 种同源双链。在部分变性洗脱条件下,这些异源双链 DNA 片段可以在液相色谱柱中呈现出不同的滞留时间,出现"变异"洗脱峰的样品可进一步通过 DNA 直接测序确定样品的突变位点和性质。PCR-DHPLC 技术需借助自动化操作的分析仪,已成为临床遗传学诊断的重要工具。

(三) 基因测序是最直接的基因诊断方法

PCR 技术和基因测序技术发展迅速,传统的限制性核酸内切酶酶谱分析法基本被替代。针对致病基因进行 PCR 扩增后,通过基因测序技术找出变异所在是最为直接和确切的基因诊断方法。基因测序除了用于突变类型已经明确的遗传病诊断及产前诊断,还可通过全基因组测序(whole genome sequencing,WGS)和全外显子组测序(whole exome sequencing,WES)等方法进行复杂疾病的致病基因筛选与鉴定。

(四) 基因芯片技术可用于大规模基因诊断

基因芯片技术本质上是一种核酸分子杂交技术,可以进行微量化、大规模、自动化处理样品,同时检测多个基因、多个位点,精确研究多种状态下的分子结构变异,了解组织或细胞中的基因表达情况。基因芯片可提供从整体观念研究有机体的全新技术,将给复杂疾病的诊断与治疗带来革命性的变化。目前基因芯片技术可以实现地中海贫血、异常血红蛋白病、苯丙酮尿症、血友病等常见遗传性疾病的早期、快速诊断,也广泛地应用于肿瘤表达谱、甲基化分析、比较基因组杂交分析等领域。

三、基因诊断的医学应用广泛

当人类基因组的信息与疾病的相关机制阐明后,基因诊断从理论上可实现所有直接或间接涉及基因结构 / 功能改变的诊断、预警和疗效评估。目前,基因诊断可以实现针对特定疾病的相关基因分型鉴定、基因突变检测,以及基因拷贝数或表达产物的定量分析等,已在许多重大疾病(如遗传病、感染病、肿瘤等)的早期诊断、产前筛查、疗效判断、预后评估、用药指导,以及法医学鉴定、分子流行病学分析、器官移植等多方面得到广泛应用。

(一) 基因诊断可用于遗传性疾病的诊断和风险预测

人类遗传性疾病的表型是由个体基因型决定的,故对遗传性疾病的诊断也可理解为进行个体的基因分型。遗传性疾病的发生常与体内一个或多个特定基因突变导致的蛋白质结构异常及功能丧失相关。例如,地中海贫血是由于珠蛋白基因突变,不能正常表达珠蛋白,导致红细胞的数量和质量发生变化,表现出贫血症。遗传性疾病的诊断性检测和风险预测是基因诊断的主要应用领域。与以往的细胞学和生化检查相比,基因诊断耗时少、准确性高。

单基因遗传病的发生主要与特定基因突变导致编码的蛋白质生物学功能异常相关。基因诊断可为单基因遗传病提供最终确诊依据。例如,通过限制性核酸内切酶图谱分析、PCR-RFLP、基因测序技术可以实现镰状细胞贫血的基因诊断。我国的基因诊断研究和应用始于 20 世纪 80 年代中期,已开展针对地中海贫血、血友病、苯丙酮尿症等一些常见单基因遗传病的诊断性检测。

基因诊断还可用于遗传筛查和产前诊断。通过遗传筛查检测出的高风险夫妇需给予遗传咨询和婚育指导,在知情同意原则下开展产前诊断。若胎儿为某种严重遗传病的受累者,可在遗传咨询的基础上由受试者决定是否终止妊娠,从而在人群水平实现遗传性疾病预防的目标。

(二) DNA 指纹分析是法医学个体识别的核心技术

除了部分同卵双生子外,人与人之间的某些 DNA 序列特征具有高度的个体特异性和终生稳定性。利用限制性核酸内切酶消化个体染色体 DNA 后,分离得到不同大小的 DNA 片段,再利用核酸分子杂交技术获得不同生物个体 DNA 片段的带型图谱;这些图谱就如同人类指纹一样具有高度的个体特异性,故称为 DNA 指纹分析(DNA fingerprinting),可分析生物个体间关系的密切程度。

正常人群中有一类约 2～6bp 的较短核心序列,常以 10～50 次重复串联的方式存在于相应结构基因的侧翼区或非编码区,被称为短串联重复序列(short tandem repeat,STR)。STR 是 RFLP 之后的第二代遗传标记。基于 PCR-STR 的 DNA 指纹分析技术已取代传统的核酸分子杂交图谱分析,可有效地进行生物个体认定,成为刑侦样品鉴定、犯罪嫌疑人排查、亲子关系或个体间亲缘关系确定的重要手段。选择特定 STR 位点,设计相应的 PCR 引物,对微量血痕、精液、唾液和毛发等样品中的 DNA 进行 PCR 扩增和带型比较,从

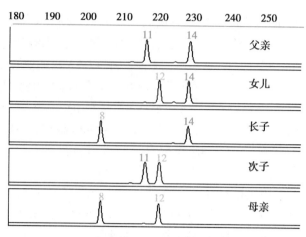

图 24-3　STR 等位基因在家族中遗传示意图

而实现快速、灵敏的个体鉴定。如图 24-3 所示,针对 STR 位点 D13S317 的 PCR 扩增产物带型分析,发现 3 个子女基因型的一个等位基因来自父亲,另外一个等位基因来自母亲。

(三)针对外源基因的检测有助于感染性疾病的诊断

针对病原体自身特异性 DNA 或 RNA 序列,通过基因扩增、核酸分子杂交等手段,判断这些外源性基因在人体组织中是否存在,从而实现感染性疾病的基因诊断。基因诊断主要适用于下列情况:①病原微生物的现场快速检测,确定感染源;②病毒或致病菌的快速分型,明确致病性或药物敏感性;③需要复杂的分离培养条件,或目前尚不能进行体外培养的病原微生物鉴定。针对病原体的基因诊断主要依赖于 PCR 及衍生技术,可快速检测出样品中微量的、基因序列已知的病原微生物,如组织和血液中的 SARS 病毒、各型肝炎病毒等。利用反向斑点印迹(RDB)技术可用于检测耐药相关的基因突变,例如 RDB 可以检测乙型肝炎病毒拉米夫定耐药相关的酪氨酸 - 甲硫氨酸 - 天冬氨酸 - 天冬氨酸位点突变。样品中痕量病原微生物的迅速检测、分类及分型还可采用 DNA 芯片技术。与传统诊断方法相比,基因诊断具有更高的特异性和敏感性,有利于感染性疾病的早期诊治、隔离和人群预防。

(四)基因诊断可用于多基因常见病的预测性诊断

肿瘤、心血管疾病、糖尿病、高血压、阿尔茨海默病等疾病不具备典型的孟德尔遗传模式,但常存在多个易感基因结构和功能的改变,与某些遗传标记关联,部分具有家族遗传倾向,致病原因可能与基因组多个较微弱的基因效能累加相关,即为多基因病。对于多基因常见病,基于 DNA 分析的预测性诊断可为被测者提供某些疾病发生风险的评估意见,是开展临床遗传咨询最重要的依据。在一些有明显遗传倾向的肿瘤中,肿瘤抑制基因和突变的癌基因是基因诊断的重要靶点。大多数人类肿瘤组织中都可检测到癌基因或抑癌基因的缺失或点突变,且有些基因或相关表达产物的改变可作为特定肿瘤的标志物。例如,甲胎蛋白可视为原发性肝癌诊断的标志物之一。乳腺癌易感基因(breast cancer susceptibility gene,BRCA)突变可提高个体的乳腺癌发病风险。基于 BRCA 突变的基因诊断已成为一些国家人群健康监测的项目之一。随着基因变异和疾病发生相关研究的知识积累,针对肿瘤和其他一些多基因常见病的预测性诊断正在逐渐进入临床应用阶段。

(五)基因诊断可用于疾病的疗效评价和用药指导

遗传诊断还可应用于临床药物疗效的评价,提供指导用药的信息。例如,急性淋巴细胞白血病经化疗等综合治疗后,部分患者可获得缓解,但由于患者体内仍残留少数的白血病细胞,而容易复发。利用 PCR 等多种基因诊断技术可检测和跟踪这些微小残留病灶,有助于预测白血病复发、判断化疗效果和制定相应的治疗方案。人群中对药物的反应性存在个体差异,致使药物的不良反应难以避免。例如,氨基糖苷类抗生素的致聋副作用的发生与线粒体 DNA 12S rRNA 基因第 1 555 位点突变相关。在人群中通过基因诊断技术筛查发现携带此突变的个体,可指导医生用药,有效防止儿童药物中毒性耳聋的发生。通过测定人体的药物代谢酶类(如细胞色素 P450)的基因多态性可预测药物代谢情况

或治疗效果,从而制订针对不同个体的药物治疗方案。

尽管基因诊断已在多个领域获得重大进展,但在具体实施和推广过程中仍然存在很多问题或难点。由于很多临床疾病的发病机制复杂,尚未找到可供基因诊断的有效切入点。针对同一疾病的不同基因诊断技术各有利弊。基因诊断并不能取代其他临床医学诊断。针对病原体的基因诊断只能判断外源基因的有无和拷贝数的多少,难以检测病原体进入体内后机体的反应。有的基因诊断结果假阳性较高,须结合临床症状、影像检查、生化诊断、病理检测等信息进行综合评估。

第二节 ｜ 基因治疗

基因治疗是以改变人遗传物质为基础的,通过基因转移的方式将正常基因或有治疗作用的基因导入人体靶细胞,以修正、替代或补偿缺陷基因的功能,或干扰致病基因的异常表达,从而在基因水平上治疗疾病的方法。目前基因治疗的概念不断扩展,凡是利用分子生物学等技术,在核酸水平上开展的疾病治疗均可纳入基因治疗的范畴。基因治疗范围也从单基因遗传病拓展到恶性肿瘤、心脑血管疾病、神经系统疾病、代谢性疾病等。

一、基因治疗的基本策略聚焦异常基因的纠正

基因治疗针对的是疾病的根源,即致病基因本身。被导入靶细胞中的基因或与宿主细胞染色体整合成为宿主遗传物质的一部分,或不发生整合而独立于染色体外,但均可在宿主细胞内表达基因产物蛋白质,发挥生物学效应。需要根据不同疾病的发病机制,选择合适的基因治疗策略。基因治疗的基本策略主要包括基因修正、基因置换、基因增强、基因干扰、自杀基因治疗等。

(一)基因修复是基因治疗的理想策略

基因修复(gene repair)是针对致病基因进行精确的原位修复,不引入外源序列,不破坏整个基因组的结构,又可达到治疗目的,被认为是理想的基因治疗策略,但目前相关技术尚不成熟。基因修复策略包括对患者体内致病基因的突变碱基直接进行纠正的基因修正(gene correction)和以正常基因原位替换致病基因的基因置换(gene replacement)。在体外细胞实验研究中,可基于基因同源重组技术实现基因置换。近年来,基因编辑(gene editing)技术发展迅速,可对基因组的特定基因进行靶向编辑等,有助于实现基因修正。

目前已存在多种基于不同核酸酶的基因编辑系统,如巨型核酸酶、锌指核酸酶(zinc finger nuclease,ZFN)、转录激活因子样效应物核酸酶(transcription activator-like effector nuclease,TALEN)和成簇规律间隔短回文重复(clustered regularly interspaced short palindromic repeat,CRISPR)等。这里以目前应用较为广泛的CRISPR-Cas9系统进行简要机制介绍。CRISPR-Cas9系统主要包括可以切断靶基因的Cas9核酸酶和引导Cas9核酸酶靶向特定位点的单链导向RNA(single guide RNA,sgRNA)分子。sgRNA是基于细菌中CRISPR序列改造而成的高效靶基因识别序列,可结合Cas 9核酸酶,又可与靶基因组间隔序列邻近基序(protospacer adjacent motif,PAM)附近的目标序列形成碱基互补配对。在Cas 9核酸酶的DNA切割作用下,靶基因外显子区基因序列发生双链断裂(double-strand break,DSB)。基于供体DNA模板分子,通过同源重组(homologous recombination,HR)修复机制实现对于特定位点的基因修饰。基因编辑系统在降低脱靶效应、提高编辑效率及精准度、拓展适应范围等方面不断优化,具备治疗单基因遗传病、血液病、肿瘤等疾病的良好应用前景。

(二)基因增强是基因治疗的主要策略

基因增强(gene augmentation)是一种对基因进行异位替代的方法,为目前临床上使用的主要基因治疗策略。基因增强可以针对特定的缺陷基因导入相应的正常基因,使导入的正常基因整合到存在基因缺陷的细胞基因组中,而细胞内的缺陷基因并未被删除,通过在体内表达出功能正常的蛋白质,以补偿缺陷基因的功能。例如,在血友病患者体内导入凝血因子IX的基因,恢复其凝血功能。需

要注意的是导入基因的整合位置是随机的,可能引起基因组正常结构的改变,导致新疾病的发生。此外,还可以向靶细胞中导入本来不表达或表达量低的基因,利用其表达产物达到治疗疾病的目的。例如,将编码干扰素和白介素 2 等分子的基因导入恶性肿瘤患者体内,激活机体免疫细胞的活力,作为抗肿瘤治疗中的辅助治疗。

(三)基因干扰降解特定 RNA 序列

针对靶基因过度表达的疾病,可向患者体内导入具有抑制基因表达作用的核酸,如反义 RNA(antisense RNA)、核酶(ribozyme)、miRNA 和 siRNA 等,阻断致病基因的异常表达,达到治疗目的,这一策略称为基因干扰(gene interference)。需要干扰的靶基因常是过度表达的癌基因或者病毒复制周期中的关键基因。反义 RNA 可与细胞中 mRNA 特异结合而调控其翻译,具有安全性高、设计和制备方便、存在剂量调节效应等特点,并能直接作用于一些 RNA 病毒。核酶分子可结合到靶 RNA 分子中的适当部位,形成锤头状核酶结构,切断靶 RNA 分子,通过破坏靶 RNA 分子达到治疗疾病的目的。miRNA 和 siRNA 通过与互补序列结合,降解 mRNA,导致靶基因沉默。

(四)自杀基因用于治疗恶性肿瘤

在肿瘤的治疗中,通过导入基因诱发细胞"自杀"死亡也是一种重要的策略。自杀基因治疗恶性肿瘤的原理是将编码某些特殊酶类的基因导入肿瘤细胞,其编码的酶能够使无毒或低毒的药物前体转化为细胞毒性代谢物,诱导细胞产生"自杀"效应,达到清除肿瘤细胞的目的。胸苷激酶 / 丙氧鸟苷(thymidine kinase/ganciclovir,TK/GCV)是目前研究最多的自杀基因系统。自杀基因还可利用肿瘤细胞特异性启动子序列(如肝癌的甲胎蛋白启动子序列),激活细胞内抑癌基因等细胞毒性基因,发挥杀伤肿瘤的作用。此外,导入自杀基因的肿瘤细胞可影响周边的肿瘤细胞,增强自杀基因对肿瘤细胞的杀伤作用。这种效应被称为旁观者效应(bystander effect)。

二、基因治疗程序涉及多个环节

基因治疗的基本程序主要包括治疗基因的确定、基因转移载体的选择、基因治疗靶细胞的选择、治疗基因导入以及治疗基因表达的检测。

(一)治疗基因的确定是基因治疗的关键

基因治疗的首要问题是确定与疾病相关的致病基因。基于致病基因,可选择对应的正常基因或经改造的基因作为治疗基因。对于基因缺陷导致的遗传性疾病,一般采用野生型的正常基因作为靶基因;对于非遗传性疾病,则有多种治疗策略可供选择,不同的策略又可以选择不同的靶基因。

(二)病毒和非病毒载体可介导基因转移

大分子 DNA 不能主动进入细胞,即使进入也会被细胞内的核酸酶水解。因此,在选定治疗基因后,需要选择可介导治疗基因转移至靶细胞中并稳定表达的基因工程转移载体。基因转移载体包括病毒载体和非病毒载体(如脂质体、细菌载体、磷酸钙等)两大类。基因治疗的临床实施一般多选用转移效率较高的病毒载体。

目前可用作基因转移载体的病毒有逆转录病毒、慢病毒、腺病毒、腺相关病毒、疱疹病毒等。不同类型的病毒载体具有不同的优缺点,可依据基因转移和表达的不同要求加以选择。

1. 逆转录病毒载体介导基因转移 逆转录病毒属于 RNA 病毒,可编码逆转录酶和整合酶。感染细胞后,病毒基因组 RNA 被逆转录成双链 DNA,随机整合至宿主细胞的染色体 DNA 上,因此可长期存在于宿主细胞基因组中(图 24-4),这是逆转录病毒作为载体的主要优势。逆转录病毒载体具有基因转移效率高、细胞宿主范围广泛、DNA 整合效率高等优点。主要缺点在于随机整合有插入突变、激活癌基因或破坏抑癌基因正常表达的潜在危险;载体容量较小。

2. 慢病毒载体介导基因转移 慢病毒载体是在人类免疫缺陷 1 型病毒基础上构建的整合型基因转移载体。与一般的逆转录病毒载体相比,其对分裂细胞和非分裂细胞均具有感染能力,但病毒载体的容量仍然有限。

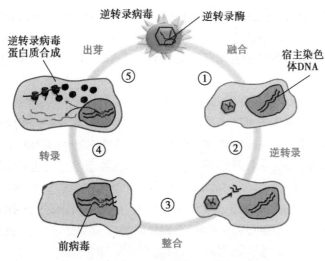

图 24-4　逆转录病毒的生活周期示意图

3. 腺病毒载体介导基因转移　腺病毒属于 DNA 病毒,共包含 50 多个血清型,其中 C 亚类的 2 型和 5 型腺病毒在人体内为非致病病毒,适合作为基因治疗用载体。腺病毒载体并不整合到染色体基因组,不会破坏染色体结构,安全性较高;且对 DNA 包被量大、基因转染效率高,适用细胞范围广,可感染静止或慢分裂细胞。腺病毒载体的缺点是基因组较大,载体构建过程较复杂;由于治疗基因不整合到染色体基因组,故易随着细胞分裂或死亡而丢失,不能长期表达。此外,该病毒载体的免疫原性较强,注射到机体后可能会被机体的免疫系统排斥。

4. 腺相关病毒载体介导基因转移　腺相关病毒(adeno-associated virus,AAV)属于单链线状 DNA 缺陷型病毒,不能独立复制,只有在辅助病毒如腺病毒、单纯疱疹病毒等存在的条件下才能进行复制。腺相关病毒载体安全性高,可实现靶向整合,避免随机整合带来的潜在危险性,还可实现外源基因的持续稳定表达,兼具逆转录病毒载体和腺病毒载体两者的优点。主要缺点是容量小、感染效率低、可能引起免疫排斥。

(三) 基因治疗的靶细胞仅限为体细胞

根据治疗靶细胞的不同,基因治疗可分为生殖细胞(germ line)治疗和体细胞(somatic cell)治疗。由于生殖细胞基因治疗涉及伦理、遗传等诸多问题,国际上严格限制采用人生殖细胞进行基因治疗实验。目前人类基因治疗研究与应用的重点是体细胞治疗。适合作为基因治疗的靶细胞应具备如下特点:易于从人体内获取,生命周期较长,基因治疗效应持久;易于在体外培养及易受外源性遗传物质转化;离体细胞经转染和培养后回植体内易成活;最好具有组织特异性,或治疗基因在某种组织细胞中表达后能够以分泌小泡等形式进入靶细胞。目前成功用于基因治疗的靶细胞有限,主要包括造血干细胞、淋巴细胞、皮肤成纤维细胞、肌细胞和肿瘤细胞等。

1. 造血干细胞是基因治疗的重要靶细胞　造血干细胞是基因治疗最有前途的靶细胞之一。骨髓造血干细胞具有高度自我更新能力,可进一步分化为其他血细胞,并保持基因组 DNA 的稳定性。由于造血干细胞在骨髓中含量很低,难以获得足够的数量用于基因治疗。人脐带血细胞是造血干细胞的丰富来源,在体外增殖能力强,移植后抗宿主反应发生率低,是替代骨髓造血干细胞的理想靶细胞。目前已有脐带血基因治疗的成功案例。

2. 淋巴细胞是基因治疗的有效靶细胞　淋巴细胞参与机体的免疫反应,有较长的寿命,且容易从血液中分离和回输,对目前常用的基因转移方法都具备一定的敏感性,适合作为基因治疗的靶细胞。目前,已将一些细胞因子、功能蛋白质的编码基因导入外周血淋巴细胞并获得稳定高效的表达,应用于黑色素瘤、免疫缺陷性疾病、血液系统单基因遗传病的基因治疗。

3. 皮肤成纤维细胞可作为基因转移的靶细胞　皮肤成纤维细胞具有易采集、可在体外扩增培养、易于移植等优点,具备良好的基因治疗应用前景。逆转录病毒载体能高效感染原代培养的成纤维细胞,将其移植回受体动物时,治疗基因可以稳定表达一段时间,并通过血液循环将表达的蛋白质送至其他组织。

4. 肌细胞可通过直接注射法导入靶基因 骨骼肌细胞是基因治疗的良好靶细胞。肌细胞具有特殊的 T 管系统,与细胞外直接相通,利于注射的质粒 DNA 经内吞作用进入细胞。肌细胞内的溶酶体和 DNA 酶含量很低,环状质粒可在胞内保留较长时间,且并不整合至基因组 DNA 中。

5. 肿瘤细胞便于外源基因的高效转移 肿瘤细胞是肿瘤基因治疗中极为重要的靶细胞。由于肿瘤细胞分裂旺盛,对大多数的基因转移方法都比较敏感,可实现外源基因的高效转移。

6. 血管内皮细胞便于基因表达产物的分泌 血管内皮细胞的优势在于可以将导入的治疗基因产物直接分泌至血液中。

7. 肝细胞是基因治疗的重要细胞 肝脏是人体最大的实质代谢器官。许多肝脏特异性基因的突变可导致遗传病的发生。肝细胞具有一定的分裂能力,便于在体外进行扩增培养。

8. 其他细胞是基因治疗的潜在靶细胞 骨髓基质细胞、角质细胞、胶质细胞、心肌细胞及脾细胞等也可作为靶细胞,但由于受到取材及导入外源基因困难等因素的影响,还仅限于实验研究。

(四)治疗基因可通过生物学或非生物学法导入细胞

在确定基因治疗的靶基因、靶细胞及基因转移载体后,需将治疗基因导入细胞,主要存在生物学和非生物学两大类方法。生物学方法是指由病毒载体介导的基因导入,通过病毒感染细胞实现,特点是基因转移效率高,但安全性问题需要重视。非生物学方法则是基于各种非病毒载体,通过物理、化学等方法将治疗基因导入细胞或直接导入人体内,操作简单、安全,但是转移效率低。常用的基因导入方法见表 24-1。

表 24-1　**基因治疗的常用基因导入方法**

名称	操作方法	特点
直接注射法	将携带治疗基因的非病毒真核表达载体(多为质粒)溶液直接注射入肌组织	无毒无害、操作简便、目的基因表达时间长;仅限于在肌组织中表达,导入效率低,需注射大量 DNA
基因枪法	采用微粒加速装置,使携带治疗基因的微米级金或钨颗粒获得足够能量,直接进入靶细胞	操作简便、DNA 用量少、效率高、无痛苦、适宜在体操作,尤其适于将 DNA 疫苗导入表皮细胞,获得理想的免疫反应;但目前不宜用于内脏器官的在体操作
电穿孔法	在直流脉冲电场下细胞膜出现微孔,维持几毫秒到几秒,便于质粒 DNA 进入细胞	可将外源基因选择性地导入靶组织或器官,效率较高;但外源基因表达持续时间短
脂质体	利用人工合成的兼性脂质膜包裹极性大分子 DNA 或 RNA,形成的微囊泡穿透细胞膜,进入细胞	操作简单、重复性好,脂质体可被降解,对细胞无毒,可反复给药;DNA 或 RNA 得到有效保护,不易被核酸酶降解;但体内基因转染效率低,表达时间短,易被血液中的网状内皮细胞吞噬
受体	基于细胞表面受体能特异性识别相应配体并将其内吞的机制,将治疗基因转移至特定类型的细胞中	具备细胞靶向性。受体介导的基因转移在基因治疗中具有较好的优势和发展前景

目前临床基因治疗实施方案中,根据外源基因导入人体的途径,基因治疗可分为直接体内(*in vivo*)和间接体内(*ex vivo*)两种疗法。直接体内疗法是利用病毒或非病毒载体将外源基因直接导入患者体内的治疗方法。例如,将无复制能力的、含外源基因的腺相关病毒直接应用于患者体内;或将脂质体包埋或裸露 DNA 直接注射到患者体内。间接体内疗法则是首先提取患者的特定靶细胞,在体外利用逆转录病毒载体等方式导入外源基因,经体外增殖、筛选、药物处理等操作后,再将经过基因修饰的阳性细胞输回患者体内的治疗方法。例如:嵌合抗原受体 T 细胞免疫疗法(chimeric antigen receptor T-cell immunotherapy,CAR-T)即先提取患者 T 细胞,在体外利用基因编辑等技术使 T 细胞表

达嵌合抗原受体,经细胞培养扩增及相应筛选后重新输回患者体内,靶向攻击特定肿瘤细胞。直接体内的方法操作简便,容易推广。虽然直接体内方法目前尚不成熟,未能彻底解决疗效短、免疫排斥以及安全性等问题,但仍是基因转移方法的重要研究方向。间接体内的方法则比较安全,同时治疗效果比较容易控制,但操作步骤多、技术较复杂。

(五)多种技术可用于检测治疗基因在细胞内的表达

当将治疗基因导入靶细胞后,需要利用 PCR、RNA 印迹、蛋白质印迹等多种技术检测这些基因是否能被正确表达;还可利用核酸分子杂交技术分析导入基因是否整合至基因组以及整合的部位。治疗基因导入靶细胞的转染效率通常较低,可通过载体上的标记基因(如新霉素磷酸转移酶基因、潮霉素抗性基因等)筛选细胞,获得可稳定表达治疗基因的细胞。

三、基因治疗的前景良好但也面临挑战

作为一种新兴的具有极大潜力的治疗手段,基因治疗在遗传性疾病、恶性肿瘤、感染性疾病等方面具有广泛应用前景,但也存在尚待解决的安全性、技术、社会和伦理等一系列问题。

(一)基因治疗应用于单基因遗传病

单基因遗传病只受一对等位基因影响,致病基因清楚,基因治疗方案相对容易确定。基本方案是通过一定的方法将正常的基因导入至患者体内,表达出正常的功能蛋白质。例如,腺苷脱氨酶(adenosine deaminase,ADA)缺乏症是常染色体隐性遗传性代谢缺陷性疾病,患者体内 T 和 B 淋巴细胞代谢产物累积,DNA 合成受抑,T 和 B 细胞功能缺陷。1990 年美国 Blaese RM 博士成功地将正常的人腺苷脱氨酶基因植入 ADA 缺乏症患者的淋巴结内,完成世界上首例基因治疗试验。

此外,将携带凝血因子Ⅸ的基因导入血友病患者自体的皮肤成纤维细胞中,可提高血浆中凝血Ⅸ因子浓度,从而降低出血次数,减轻出血症状。苯丙酮尿症(phenylketonuria,PKU)主要是由于苯丙氨酸羟化酶(phenylalanine hydroxylase,PAH)基因突变导致肝内苯丙氨酸羟化酶缺乏,进而使苯丙氨酸不能转变为酪氨酸而产生的疾病。针对发生特定突变的 *PAH* 致病基因,可采用基因置换或基因增强策略校正基因缺陷,也可采用基因编辑技术纠正基因异常结构,但目前尚无获批的基因治疗实施方案。

(二)基因治疗应用于多基因常见病

基因治疗最早是针对一些单基因遗传病进行的,但随着人们对恶性肿瘤、心血管疾病、糖尿病等分子机制的深入了解,越来越多的疾病相关基因被成功鉴定,基因治疗在这些多基因常见病中表现出良好的应用前景。目前已被克隆的恶性肿瘤相关基因较多,动物模型证据较充足,肿瘤患者及亲属对基因治疗的接受度相对较高,恶性肿瘤的基因治疗研究日趋活跃,并取得显著成果。常见的针对恶性肿瘤的基因治疗策略包括:针对癌基因或肿瘤血管生成相关基因的基因干扰、针对抑癌基因的基因增强、调节肿瘤免疫反应的细胞因子基因导入、自杀基因的导入等。

(三)基因治疗存在尚待解决的问题

科学家们在基因治疗领域取得了很大的进步,但在基因调控元件选择、靶细胞确定、安全高效载体的构建和转移手段、疗效评价等环节仍存在很多亟待解决的问题。例如,对于多种疾病的相关基因认识有限,缺乏切实有效的治疗靶基因,缺乏安全、高效、靶向性的基因转移系统。很多基因治疗手段尽管在细胞及动物实验中获得较为理想的测试结果,但应用于具有明显异质性的不同个体时,还应考虑这种基因治疗的有效性及可能的副作用。对于不同的疾病而言,其主要累及的细胞类型是不同的,治疗基因在不同类型细胞中的表达水平也存在明显差异。只有选择合适的细胞作为靶细胞,才能取得良好的效果。另外,目前的基因治疗临床试验中,多选择常规治疗失败或晚期肿瘤患者,尚难以客观地评价治疗效果。

理论上,生殖细胞和体细胞均可作为基因治疗的实施对象,但纠正生殖细胞的遗传缺陷面临极大的伦理学问题,故针对人类生殖细胞的基因治疗被不同国家的法律所禁止。基于体细胞的基因治疗也必须在严格的专业监管和法律约束下谨慎进行,还须获得受试者的知情同意,保护受试者的权益,

注重隐私保护,同时做好科普宣传,消除公众疑虑。

把基因治疗方案用于人体必须经过严格的审批程序。世界各国对基因治疗产品、方法的安全性与质量控制都采取了严格的措施和周密的临床前研究与评估。美国是最早开展基因治疗的国家,每个临床基因治疗方案的实施均须通过地方伦理小组、生物安全小组、人类基因治疗分委会等多个机构的严格审批。我国的基因治疗方案监管和审批制度不断完善。任何基因治疗方案的实施均须接受国家药品监督管理局等部门的审批和监督。

小 结

基因诊断是针对 DNA 和 RNA,通过检测内源性基因结构、功能以及表达是否正常,是否存在外源基因及表达产物等,从而对人体状态和疾病作出诊断的方法。样品来源广泛,具有特异性强、灵敏度高、早期诊断、快速诊断、适用性强、诊断范围广的特点。常用的基因诊断技术包括核酸分子杂交、PCR 及衍生技术、单链构象多态性分析、限制性片段长度多态性分析、基因测序、基因芯片等。这些技术可单独或者联合应用。DNA 指纹分析已成为法医学个体识别的核心技术。基因诊断成功应用于人类遗传病,尤其是单基因病的确诊及其症状前诊断;在多基因常见病的发病风险预测、个体化用药指导和疗效评价等方面也显示出巨大的应用潜力。

基因治疗是以改变人遗传物质为基础,将正常基因或有治疗作用的基因导入人体靶细胞,以修正、替代或补偿缺陷基因的功能,或干扰致病基因的异常表达,从而在基因水平上治疗疾病的方法。基本策略包括基因修正、基因置换、基因增强、基因干扰、自杀基因治疗等。基因增强是目前基因治疗的主要策略。基本程序包括治疗基因的确定、基因转移载体的选择、基因治疗靶细胞的选择、治疗基因导入以及治疗基因表达的检测。基因治疗可分为直接体内和间接体内疗法。基因治疗在遗传病、恶性肿瘤、感染性疾病等方面具有广泛应用前景,但也存在安全性、技术、社会以及伦理等方面的问题。

思考题:

1. 苯丙酮尿症是一种常染色体隐性遗传疾病,主要与苯丙氨酸羟化酶(*PAH*)突变相关。试查阅相关文献总结 *PAH* 突变特点,设计相应的基因诊断方案,并提出可能的基因治疗策略。

2. 查阅文献,试通过两个实例来比较直接体内和间接体内疗法的特点。

3. 与其他诊疗方式相比,基因诊断与基因治疗具有什么优势与不足? 如何看待在基因诊断与基因治疗过程中已经出现或可能出现的问题?

思考题解题思路

本章目标测试

本章思维导图

(杨 洁)

第二十五章 肝的生物化学

肝是人体最大的实质性器官,也是体内最大的腺体和代谢器官。成人肝组织约重 1 500g,约占体重的 2%~2.5%。独特的结构特点,赋予肝复杂多样的生物化学功能。

肝的结构特点见图 25-1,包括:①具有肝动脉和门静脉双重血液供应。肝脏血流量约占心输出量的 1/4。肝脏可从肝动脉获得由肺及其他组织运来的氧和代谢物,又可从门静脉中获得由肠道吸收的各种营养物质,为各种物质在肝的代谢奠定了物质基础。②存在肝静脉和胆道系统双重输出通道。肝静脉可将肝内的代谢中间物或代谢产物运输到其他组织利用或排出体外;胆道系统与肠道相通,将肝分泌的胆汁排入肠道,同时排出一些代谢废物,肝脏每天排出 600~1 000ml 胆汁。③具有丰富的肝血窦。肝脏内有上百万个肝小叶,相邻肝小叶之间分布小叶间动脉和小叶间静脉,均进入肝血窦。血窦血流速率慢,为肝细胞与血液进行充分的物质交换提供了时间保证。④肝细胞含有丰富的细胞器(如内质网、线粒体、溶酶体等)和丰富的酶体系,有些甚至是肝所独有的。因此肝细胞除存在一般细胞所具有的代谢途径外,还具有一些特殊的代谢功能。

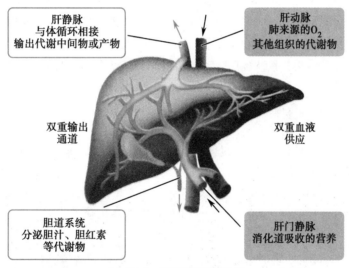

图 25-1　肝脏的结构特点

肝脏的主要生理功能是进行糖的分解、储存糖原和糖异生;参与蛋白质、脂肪、维生素、激素的代谢;解毒;分泌胆汁;吞噬、防御机能;制造凝血因子;调节血容量及水电解质平衡;胚胎时期肝脏还有造血功能。因此,肝脏被比喻为人体内的"化工厂"。

第一节 │ 肝在物质代谢中的作用

一、肝是维持血糖水平相对稳定的重要器官

肝脏是调节血糖的重要器官,主要通过糖原合成与分解、糖异生以及其他单糖的转化来维持血糖水平的相对恒定,以保障全身各组织,尤其是大脑和红细胞的能量供应。

肝细胞膜葡萄糖转运蛋白 2(glucose transporter 2,GLUT2)能有效转运葡萄糖,可使肝细胞内

的葡萄糖浓度与血糖浓度保持一致。肝细胞含有特异的己糖激酶同工酶Ⅳ，即葡萄糖激酶。其 K_m（10mmol/L）较肝外组织的己糖激酶（0.1mmol/L）高得多，且不被其产物葡萄糖 -6- 磷酸所抑制。这利于肝在饱食状态下血糖浓度很高时，仍可持续将葡萄糖磷酸化成葡萄糖 -6- 磷酸，并将其合成肝糖原贮存，成人肝糖原总量可达 75～100g。血糖高时，葡萄糖 -6- 磷酸除氧化供能以及合成糖原储存外，还可在肝内转变成脂肪，并以极低密度脂蛋白（VLDL）的形式运出肝外，贮存于脂肪组织。

肝细胞内含有葡萄糖 -6- 磷酸酶（该酶不存在于肌组织）。在空腹状态下，可将肝糖原分解生成的葡萄糖 -6- 磷酸直接转化成葡萄糖以补充血糖。肝细胞还存在一套完整的糖异生酶系，是糖异生最重要的器官。较长时间禁食时，储存有限的肝糖原在 12～18 小时内几乎耗尽，糖异生则成为产糖的唯一来源。此时，肝通过糖异生将生糖氨基酸、乳酸及甘油等非糖物质转变成葡萄糖，维持血糖相对恒定。肝还能将小肠吸收的其他单糖如果糖及半乳糖转化为葡萄糖，作为血糖的补充来源。因此肝细胞严重损伤时，易造成糖代谢紊乱。

肝细胞的磷酸戊糖途径也很活跃，为肝的生物转化作用提供足够的 NADPH。此外，肝细胞中的葡萄糖还可通过糖醛酸途径生成 UDP- 葡萄糖醛酸（UDPGA），作为肝生物转化结合反应中最重要的结合物质。

二、肝在脂质代谢中占据中心地位

肝在脂质的消化、吸收、分解、合成及运输等代谢过程中均具有重要作用。肝细胞合成并分泌胆汁酸，为脂质（包括脂溶性维生素）的消化、吸收所必需。肝损伤时，肝分泌胆汁能力下降；胆管阻塞时，胆汁排出障碍，均可导致脂质的消化吸收不良，产生厌油腻和脂肪泻等临床症状。

肝可有效协调脂肪酸氧化供能和酯化合成甘油三酯两条途径。饱食状态下，肝将过剩的葡萄糖分解为乙酰 CoA 并转变成脂肪酸，并进一步合成甘油三酯，这是内源性甘油三酯的主要来源。肝也可将某些氨基酸经乙酰 CoA 转变成脂肪酸和甘油三酯。肝还可摄取来自消化道的外源性脂肪酸，部分经 β- 氧化彻底分解，释放能量供肝利用，剩余部分用于合成甘油三酯。肝合成的内源性甘油三酯与来自消化道的外源性和肝自身合成的胆固醇、磷脂一起，组装成 VLDL 分泌入血，经血液运输至肝外组织摄取和利用。饥饿状态下，机体脂库的脂肪动员增加，释放出脂肪酸和甘油，经血液运输至肝代谢。肝细胞可将脂肪酸 β- 氧化产生的乙酰 CoA，部分经三羧酸循环彻底氧化释放能量供肝利用；其余大部分则在肝细胞内合成酮体。肝是体内产生酮体的重要器官。酮体则是肝向肝外组织输出脂质能源的一种形式，供肝外组织尤其脑和肌肉氧化利用。饥饿时酮体可占大脑供能的60%～70%。

肝在调节机体胆固醇代谢平衡上起中心作用。肝是合成胆固醇的主要器官，其合成量占全身合成总量的 3/4 以上。肝又是转化及排出胆固醇的主要器官。胆汁酸的生成是肝降解胆固醇的最重要途径。肝能通过 apo E 受体、LDL 受体和 HDL 受体，从血液中摄取外源性胆固醇、内源性胆固醇和肝外组织细胞多余胆固醇，以直接形式或转化成胆汁酸，随胆汁排出。肝对胆固醇的酯化也具有重要作用。肝合成的卵磷脂：胆固醇脂酰基转移酶（LCAT）可将胆固醇转化为胆固醇酯以利运输。严重肝损伤时，胆固醇合成和 LCAT 的生成均受影响，故除血浆胆固醇含量减少外，血浆胆固醇酯的降低往往出现得更早、更明显。

肝在血浆脂蛋白代谢中亦起重要作用。肝脏合成的载脂蛋白（如 apo AI，apo B_{100}，apo CI 等）对脂蛋白运输发挥重要作用。肝细胞膜上特异性分布 LDL 受体，可识别 LDL 并将其内吞入肝细胞降解。HDL 也主要在肝合成，将肝外的胆固醇转移到肝内处理。肝细胞合成的 apo CⅡ可激活肝外组织毛细血管内皮细胞表面的 LPL，在血浆 CM 和 VLDL 的甘油三酯分解代谢中具有不可或缺的作用。

肝内磷脂的合成非常活跃，尤其是卵磷脂的合成。磷脂合成障碍可影响 VLDL 的合成和分泌，导致肝内脂肪运出障碍而在肝中堆积，成为脂肪肝发生的机制之一。

三、肝内存在活跃的蛋白质合成及分解代谢

肝在人体蛋白质合成、分解和氨基酸代谢中起重要作用。

肝脏的蛋白质合成代谢十分活跃,除满足自身结构和功能的需要,还合成大量蛋白质输出肝,以满足机体的需要。如肝合成与分泌 90% 以上的血浆蛋白质(表 25-1)。除 γ 球蛋白外,几乎所有的血浆蛋白均来自肝,如清蛋白(albumin)(临床上也叫白蛋白)、凝血酶原、纤维蛋白原、铜蓝蛋白、凝血因子 I、II、V、VI、IX 和 X 等。血浆脂蛋白中的多种载脂蛋白(apo A、B、C、E 等)及部分脂蛋白代谢酶也是在肝合成的,执行脂质运输和脂蛋白代谢功能。由于凝血因子大部分由肝合成,因此严重肝细胞损伤时,可出现凝血时间延长及出血倾向。

肝脏对于清除血浆蛋白质起着重要作用。肝细胞膜上的唾液酸酶可水解血浆蛋白质糖链末端的唾液酸,剩下的糖蛋白部分经胞饮作用进入肝细胞,进一步被溶酶体清除。

血浆清蛋白几乎均由肝实质细胞合成,是血浆中的主要蛋白质成分。成人肝每日约合成 12g 清蛋白,几乎占肝合成蛋白质总量的 25%。血浆清蛋白除了作为许多脂溶性物质(如游离脂肪酸、胆红素等)的非特异性运输载体外,在维持血浆胶体渗透压方面亦起着重要作用。若血浆清蛋白低于 30g/L,约有半数病人出现水肿或腹水。正常人空腹血浆清蛋白(A)与球蛋白(G)的比值(A/G)为 1.2~2.4:1。肝功能严重受损时,血浆清蛋白合成减少,可致 A/G 比值下降,甚至倒置。此种变化临床上可作为严重慢性肝细胞损伤的辅助诊断指标。

表 25-1　肝细胞合成分泌的部分血浆蛋白质

蛋白质	分子量 /kD (亚基数)	结合的配基或主要功能	血浆浓度
清蛋白	66.5(1)	脂溶性激素、氨基酸、类固醇、维生素、脂肪酸、胆红素等运输	40~55/(g/L)
α1 酸性糖蛋白	40(1)	参与炎症应答	0.5~1.5/(g/L)
α1 抗胰蛋白酶	52(1)	丝氨酸蛋白酶抑制剂	0.9~2.0/(g/L)
甲胎蛋白	72(1)	激素、氨基酸	≤25.0/(μg/L)
α2 巨球蛋白	190~240(4)	丝氨酸蛋白酶抑制剂	1.5~4.2/(g/L)
抗凝血酶III	65(1)	与蛋白酶 1:1 结合,作为丝氨酸蛋白酶抑制剂	0.23~0.35/(g/L)
铜蓝蛋白	160(1)	6 原子铜 / 分子	0.2~0.6/(g/L)
C 反应蛋白	105(5)	急性时相反应蛋白,参与炎症应答	<0.008/(g/L)
纤维蛋白原	340(2)	纤维蛋白的前体	2~4/(g/L)
结合珠蛋白	85(2)	与血红蛋白 1:1 结合	0.7~1.5/(g/L)
血色素结合蛋白	57(1)	与血红素 1:1 结合	0.5~1.15/(g/L)
转铁蛋白	80(1)	2 原子铁 / 分子,转运铁	2.0~3.6/(g/L)

正常人血浆甲胎蛋白(α-fetoprotein,α-AFP)很低,原发肝癌细胞中 AFP 基因的表达失去阻遏,血浆浓度上升,因此 AFP 是原发性肝癌的重要肿瘤标志物。但胚胎期肝可合成 AFP,因此孕妇血中可见 AFP 升高,这是正常现象。

肝内含有丰富的与氨基酸分解代谢相关的酶类,肝中转氨基、脱氨基、脱羧基、转甲基等反应均很活跃。除支链氨基酸(亮氨酸、异亮氨酸、缬氨酸)主要在肌肉组织降解外,其余氨基酸特别是苯丙氨酸、酪氨酸与色氨酸等芳香族氨基酸主要在肝内进行代谢。故患严重肝病时,血浆中支链氨基酸与芳香族氨基酸的比值下降。

肝是代谢氨的主要解毒器官。肝通过鸟氨酸循环将有毒的氨合成无毒的尿素,也可以将氨转变成谷氨酰胺解毒。合成中所需的氨基甲酰磷酸合成酶 I 及鸟氨酸氨基甲酰转移酶只存在于肝细胞线

粒体,因此肝是机体合成尿素的特异器官。在尿素合成中消耗了呼吸性 H^+ 和 CO_2,故肝对维持机体酸碱平衡也有重要作用。严重肝病病人,肝解氨毒能力下降,导致血氨升高和氨中毒,是导致肝性脑病发生的重要生化机制之一。

肝也是胺类物质的重要生物转化器官。正常人体经肝单胺氧化酶作用,可将芳香族氨基酸脱羧基作用产生的苯乙胺、酪胺等芳香族胺加以氧化而清除。严重肝病病人,这些芳香族胺类得不到及时清除,可通过血脑屏障进入脑组织,经羟化后生成苯乙醇胺和 β- 羟酪胺,其结构与儿茶酚胺相似并抑制后者功能,属于假神经递质(false neurotransmitter),与肝性脑病的发生也有一定关系。

四、肝参与多种维生素和辅酶的代谢

肝在维生素的吸收、储存、运输及转化等方面起重要作用。

肝合成和分泌胆汁酸,可促进脂溶性维生素 A、维生素 D、维生素 E 和维生素 K 的吸收。肝是机体含维生素 A、维生素 K、维生素 B_1、维生素 B_2、维生素 B_6、维生素 B_{12}、泛酸和叶酸较多的器官。人体内维生素 A、维生素 E、维生素 K 及维生素 B_{12} 主要储存于肝,肝中维生素 A 的含量占体内总量的 95%。肝合成和分泌视黄醇结合蛋白,它能与视黄醇结合,在血液中运输视黄醇。肝几乎不储存维生素 D,但可合成和分泌维生素 D 结合蛋白,血浆中 85% 的维生素 D 代谢产物与维生素 D 结合蛋白结合而运输。

肝还参与多种维生素的转化。肝可将胡萝卜素转化为维生素 A,将维生素 PP 转变为辅酶 I (NAD^+)和辅酶 II($NADP^+$),将泛酸转变为辅酶 A(CoA),将维生素 B_1 转变为焦磷酸硫胺素(TPP),将维生素 D_3 转化为 25- 羟维生素 D_3 等。维生素 K 还是肝参与合成凝血因子 II、VII、IX、X 不可缺少的物质。

五、肝参与多种激素的灭活

多种激素在发挥其调节作用后,主要在肝中代谢转化,从而降低或失去其活性,此过程称为激素的灭活(inactivation)。一些水溶性激素能与肝细胞膜上特异受体结合,通过内吞作用,将激素吞入肝细胞内进行代谢转化。一些类固醇激素则通过扩散作用进入肝细胞,与肝内的葡萄糖醛酸或活性硫酸等结合后灭活。肝细胞严重损伤时,激素的灭活功能降低,体内的雌激素、醛固酮、抗利尿激素等水平升高,可出现男性乳房女性化、蜘蛛痣、肝掌(雌激素使局部小动脉扩张)及水钠潴留等。胰岛素也在肝内灭活,严重肝病可导致灭活减弱,血中胰岛素升高。

六、肝中主要代谢途径及联系

肝为糖、脂质、蛋白质、核酸等生物大分子代谢的中心。正常饮食状态下,肝合成肝糖原,储备能量供短期饥饿时补充血糖。肝可以利用氨基酸、乳酸、甘油等小分子进行糖异生,维持血糖水平。脂代谢与肝细胞功能紧密相关,肝将体内约 50% 的胆固醇转化为胆汁酸,这是胆固醇排出的主要形式。胆汁酸进入肠道,对食糜中的脂质进行乳化,助于消化和吸收。肝细胞特异性表达清蛋白,它可作为载体在血液中转运脂肪酸。肝是甘油三酯合成的主要场所,糖代谢产生的乙酰 CoA 可在肝脏内合成甘油三酯,后者可通过 VLDL 形式转运至其他组织;肝细胞也是载脂蛋白的表达场所,对血浆脂蛋白转运和代谢发挥重要作用,大约 50% 的血浆 LDL 是被肝摄取并代谢分解。绝大多数酮体和大约 75% 的胆固醇在肝脏内生成,酮体是水溶性较高的储能小分子,可供肝外组织供能。

体内氨基酸代谢产生的胺和氨均在肝内代谢转化,其中胺经生物转化作用解毒,氨转变为尿素,肝细胞受损导致血氨升高,可引起肝性脑病。嘌呤和嘧啶核苷酸的从头合成主要发生在肝细胞内,它们利用磷酸戊糖途径产生的 5'- 磷酸核糖和甘氨酸、谷氨酰胺、天冬氨酸及氨基酸代谢产生的一碳单位等为原料进行合成。肝中主要代谢途径及联系见图 25-2。

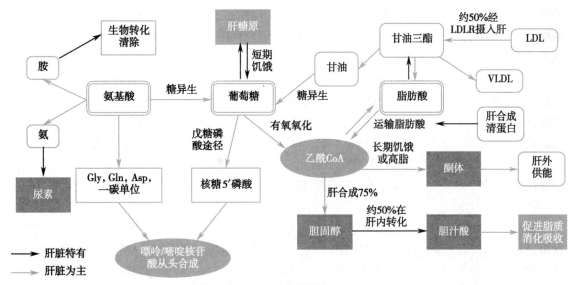

图 25-2　肝中主要代谢途径及联系

第二节 ｜ 肝的生物转化作用

一、肝的生物转化作用是机体重要的保护机制

1. 生物转化的概念　机体将一些内源性或外源性非营养物质进行化学转变,增加其水溶性和极性,使其易于通过胆汁或尿排出,这一过程称为生物转化(biotransformation)。肝是机体内生物转化最重要的器官,胃肠道、皮肤、肺及肾等亦有一定的生物转化作用。

按被转化物质来源可分为两大类:

(1)内源性物质:如体内物质代谢的产物或中间物(如胺类、胆红素等),以及发挥生理作用后有待灭活的各种生物活性物质(如激素、神经递质等)。

(2)外源性物质:系人体在日常生活和/或生产过程中不可避免接触的异源物(xenobiotics),如药物、毒物、食品添加剂、环境化学污染物等和从肠道吸收的腐败产物。大约超过 20 万种环境化学物存在,除个别因系水溶性可直接由胆汁或尿排出外,绝大部分因系脂溶性需经生物转化作用才能排出体外。生物转化的生理意义主要是增加异源物水溶性,促进排出;以及发挥解毒作用。

2. 生物转化的特点

(1)反应的连续性:一种非营养物质往往需要经多种连续进行的反应才能排出体外。如乙酰水杨酸进入人体首先被水解为水杨酸,水杨酸在肝内进行结合反应排出体外。

(2)类型的多样性:由于非营养物质含有各种各样的基团,而各类基团能进行不同的化学反应,这就导致了生物转化反应类型的多样性。

(3)解毒和致毒的双重性:一种物质经过一定生物转化后,其毒性可能减弱(解毒),也可能增强(致毒)。如烟草中含有一种多环芳烃类化合物——苯并(a)芘[benzo(a)pyrene,BaP],其本身没有直接致癌作用,但经过生物转化后反而成为直接致癌物。有的药物如环磷酰胺、百浪多息、水合氯醛和中药大黄等需经生物转化后才能成为有活性的药物。因此,不能将肝的生物转化作用简单地称为"解毒作用(detoxification)",这显示了肝生物转化作用的解毒与致毒双重性的特点。

二、肝的生物转化作用包括两相反应

肝的生物转化涉及多种酶促反应,但总体上可分为两相反应。第一相反应包括氧化(oxidation)、

还原（reduction）和水解（hydrolysis）。许多物质通过第一相反应，其分子中的某些非极性基团转变为极性基团，水溶性增加，即可排出体外。但有些物质经过第一相反应后水溶性和极性改变不明显，还需要结合极性更强的物质或基团，以进一步增加其水溶性而促进排泄，这些结合反应（conjugation）属于第二相反应。实际上，许多物质的生物转化过程非常复杂。一种物质有时需要连续进行几种反应类型才能实现生物转化目的，这反映了肝生物转化作用的连续性特点。如阿司匹林常先水解成水杨酸后再经与葡萄糖醛酸的结合反应才能排出体外。此外同一种物质可以进行不同类型的生物转化反应，产生不同的转化产物，这体现了肝生物转化反应类型的多样性特点。例如，阿司匹林先水解生成水杨酸，后者既可与葡萄糖醛酸结合转化成 β- 葡萄糖醛酸苷，又可与甘氨酸结合成水杨酰甘氨酸，还可水解后先氧化成羟基水杨酸，再进行多种结合反应。肝内参与生物转化的主要酶类列于表 25-2。

表 25-2　肝生物转化的第一相反应

反应类型	酶类	辅酶	细胞定位
氧化反应	单加氧酶系	NADPH+H$^+$、O$_2$、细胞色素 P$_{450}$	内质网
	单胺氧化酶类	黄素辅酶	线粒体
	脱氢酶类	NAD$^+$	细胞质或线粒体
还原反应	硝基还原酶	NADH+H$^+$ 或 NADPH+H$^+$	内质网
	偶氮还原酶	NADH+H$^+$ 或 NADPH+H$^+$	内质网
水解酶	酯酶、酰胺酶		内质网或细胞质
	糖苷酶		内质网或细胞质

（一）氧化反应是最多见的第一相反应

1. 单加氧酶系是氧化异源物最重要的酶　肝细胞中存在多种氧化酶系，最重要的是定位于肝细胞内质网的细胞色素 P450 单加氧酶（cytochrome P450 monooxygenase，CYP）系。单加氧酶系是一个复合物，至少包括两种组分：一种是细胞色素 P450（以血红素为辅基的蛋白）；另一种是 NADPH- 细胞色素 P450 还原酶（以 FAD 为辅基的黄酶）。该酶催化氧分子中的一个氧原子加到许多脂溶性底物中形成羟化物或环氧化物，另一个氧原子则被 NADPH 还原成水，故该酶又称羟化酶或称混合功能氧化酶。该酶是目前已知底物最广泛的生物转化酶类。迄今已鉴定出 57 种人类编码 CYP 的基因，它们的同源性为 40% 以上。人 CYP 可以分为 9 个亚家族，对异源物进行生物转化的 CYP 主要是 CYP1、CYP2 和 CYP3 家族，其中又以 CYP3A4、CYP2C9、CYP1A2 和 CYP2E1 的含量最多。CYP3A4 占据整个肝脏 CYP 酶系的 30%～40%，是负责药物代谢的主要酶。CYP2E1 负责将乙醇转化为乙醛，其中 2 表示亚家族，E 表示乙醇，1 表示同工酶 1。奥美拉唑是 Cyt P450 强抑制剂，可导致肝损伤，因此长期服用奥美拉唑可见血中转氨酶升高。利福平是 CYP2C9，CYP2C19，CYP3A4 等诱导剂。

单加氧酶系催化的基本反应如下：

$$RH+O_2+NADPH+H^+ \xrightarrow{\text{单加氧酶系}} ROH+NADP^++H_2O$$

单加氧酶系的羟化作用不仅增加药物或毒物的水溶性而利于排出，而且还参与体内许多重要物质的羟化过程，如维生素 D$_3$ 的羟化、胆汁酸和类固醇激素合成过程中的羟化等。然而应该指出的是，有些致癌物质经氧化后丧失其活性，而有些本来无活性的物质经氧化后却生成有毒或致癌物质。例如，发霉的谷物、花生等常含有黄曲霉素 B$_1$，经单加氧酶系作用生成的黄曲霉素 2,3 环氧化物，可与 DNA 分子中的鸟嘌呤结合引起 DNA 突变，成为导致原发性肝癌的重要危险因素（图 25-3）。

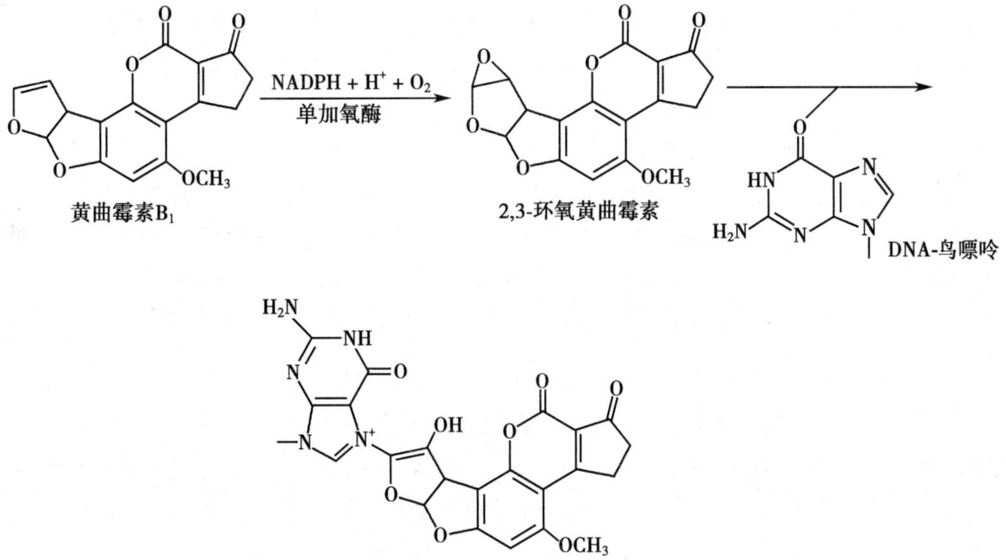

图 25-3　黄曲霉素 B$_1$ 经单加氧酶转变为致癌物过程

2. 单胺氧化酶类氧化脂肪族和芳香族胺类　存在于肝细胞线粒体内的单胺氧化酶(monoamine oxidase,MAO)是另一类参与生物转化的氧化酶类。属于黄素酶类,可催化蛋白质腐败作用等产生的脂肪族和芳香族胺类物质(如组胺、酪胺、色胺、尸胺、腐胺等)以及一些肾上腺素能药物如 5- 羟色胺、儿茶酚胺类等的氧化脱氨基作用生成相应的醛类,后者进一步在胞质中醛脱氢酶催化下进一步氧化成酸,使之丧失生物活性。

$$RCH_2NH_2+O_2+H_2O \longrightarrow RCHO+NH_3+H_2O_2$$

$$RCHO+NAD^++H_2O \longrightarrow ROOH+NADH+H^+$$

3. 醇脱氢酶与醛脱氢酶将乙醇最终氧化成乙酸　肝细胞的细胞质存在非常活跃的以 NAD$^+$ 为辅酶的醇脱氢酶(alcohol dehydrogenase,ADH),可催化醇类氧化成醛,后者再由线粒体或细胞质中醛脱氢酶(aldehyde dehydrogenase,ALDH)催化生成相应的酸类。

$$RCH_2OH+NAD^+ \xrightarrow{\text{ADH}} RCHO+NADH+H^+$$

$$RCHO+NAD^++H_2O \xrightarrow{\text{ALDH}} RCOOH+NADH+H^+$$

乙醇(ethanol)作为饮料和调味剂被广为利用。进入体内的乙醇主要在肝进行生物转化,人平均每天通过肠道产生 3g 乙醇。70kg 体重的成年人每小时可代谢 7~14g 乙醇,由 ADH 与 ALDH 将乙醇最终氧化成乙酸。长期饮酒或慢性乙醇中毒除经 ADH 与 ALDH 氧化外,还可使肝内质网增殖,稳定内质网内 CYP2E1 的活性并诱导其合成。胎儿肝脏尚未表达 ADH,即使出生后,也需要很久 ADH 才能达到成年人水平,这期间主要依靠 CYP2E1 分解乙醇,但分解能力较慢,因此孕妇和儿童不应饮酒。CYP2E1 仅在血中乙醇浓度很高时起催化作用。值得注意的是,乙醇诱导 CYP2E1 可增加肝对氧和 NADPH 的消耗,且还可催化脂质过氧化产生羟乙基自由基,后者可进一步促进脂质过氧化,产生大量脂质过氧化物,引发肝细胞氧化损伤。ADH 与 CYP2E1 的细胞定位及特性见表 25-3。

乙醇经上述两种代谢途径氧化均生成乙醛,后者在 ALDH 的催化下氧化成乙酸。人体肝内 ALDH 活性最高。ALDH 的基因型有正常纯合子、无活性型纯合子和两者的杂合子三型。东方人这三种基因型的分布比例是 45∶10∶45。无活性型纯合子完全缺乏 ALDH 活性,杂合子型部分缺乏

表 25-3　ADH 与 CYP2E1 之间的比较

区别	醇脱氢酶（ADH）	CYP2E1
肝细胞内定位	胞质	内质网
底物与辅酶	乙醇、NAD$^+$	乙醇、NADPH、O_2
对乙醇的 K_m 值	2mmol/L	8.6mmol/L
乙醇的诱导作用	无	有
与乙醇氧化相关的能量变化	氧化磷酸化释能	耗能

ALDH 活性。东方人群大约有 30%～40% 的人 ALDH 基因有变异，部分 ALDH 活性低下，此乃该人群饮酒后乙醛在体内堆积，引起血管扩张、面部潮红、心动过速、脉搏加快等反应的重要原因。值得注意的是，头孢类、咪唑类等抗菌药能够抑制 ALDH，如果饮酒会引起"双硫仑反应"，重则有生命危险，因此服用抗生素药不能饮酒。此外，乙醇的氧化使肝细胞内细胞质 NADH/NAD$^+$ 比值升高，过多的 NADH 可将细胞质中丙酮酸还原成乳酸。严重酒精中毒导致乳酸和乙酸堆积，可引起酸中毒和电解质平衡紊乱，还可使糖异生受阻引起低血糖。

（二）还原反应主要依靠硝基还原酶和偶氮还原酶

硝基化合物多见于食品防腐剂、工业试剂等。偶氮化合物常见于食品色素、化妆品、纺织与印刷工业等，有些可能是前致癌物。这些化合物可分别在肝硝基还原酶（nitroreductase）和偶氮还原酶（azoreductase）的催化下，以 NADH 或 NADPH 为供氢载体，还原生成相应的胺类，从而失去其致癌作用。例如，硝基苯和偶氮苯经还原反应均可生成苯胺，后者再在单胺氧化酶的作用下，生成相应的酸（图 25-4）。

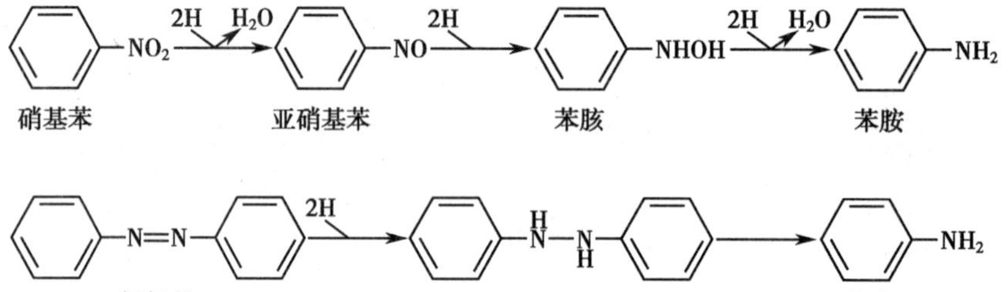

图 25-4　硝基还原酶和偶氮还原酶催化的还原反应

又如，百浪多息是无活性的药物前体，经还原生成具有抗菌活性的氨苯磺胺（图 25-5）。

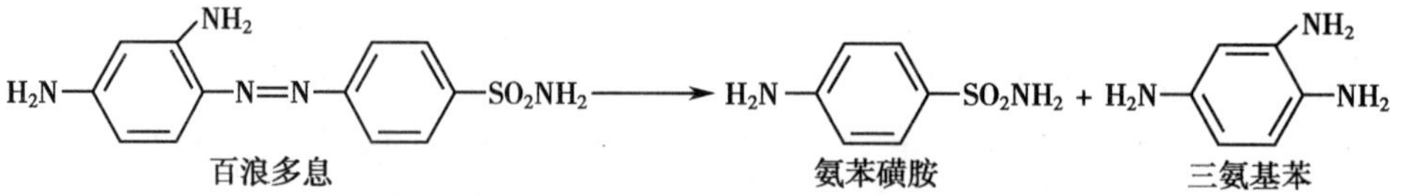

图 25-5　百浪多息还原转化为磺胺药物

（三）水解反应主要依靠酯酶、酰胺酶和糖苷酶

肝细胞溶酶体和细胞质中含有多种水解酶类，主要有酯酶（esterases）、酰胺酶（amidase）和糖苷酶（glucosidase），可分别催化脂质、酰胺类及糖苷类化合物中酯键、酰胺键和糖苷键的水解反应，以减低或消除其生物活性。应该指出的是，这些水解产物通常还需进一步转化反应才能排出体外。例如，阿司匹林（乙酰水杨酸）的生物转化过程中，首先是水解反应生成水杨酸或水解后先氧化成羟基水杨酸，然后是与葡萄糖醛酸的结合转化反应（图 25-6）。

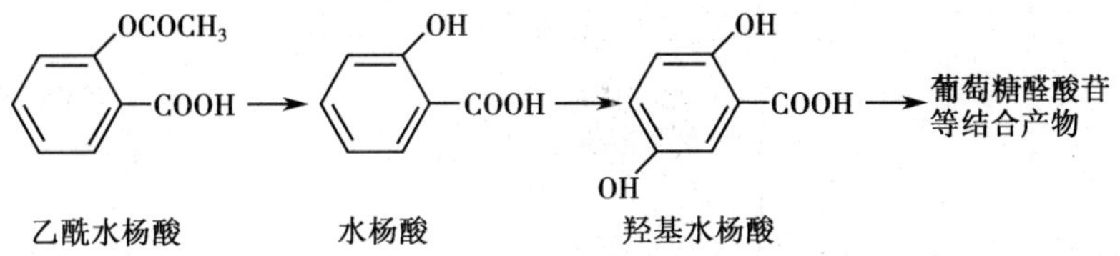

乙酰水杨酸　　　水杨酸　　　羟基水杨酸

图 25-6　乙酰水杨酸水解、氧化及结合反应

（四）结合反应是生物转化的第二相反应

第一相反应生成的产物可直接排出体外。如果其水溶性仍不够大，则需再进行第二相反应，生成极性更强的化合物。有些被转化的物质也可不经过第一相反应而直接进入第二相反应。肝细胞内质网、细胞质或线粒体含有许多催化结合反应的酶类。含有羟基、羧基或氨基的化合物，可在肝细胞内与某些内源物质结合，从而增加水溶性，使其失去生物学活性（或毒性），并促进其排出，称为结合反应。常见的结合物或基团有葡萄糖醛酸、硫酸、乙酰基、甲基、谷胱甘肽及氨基酸等，尤以与葡萄糖醛酸的结合最为普遍（表 25-4）。

表 25-4　结合反应的主要类型

结合反应	基团供体	酶类	酶定位	底物类型
葡萄糖醛酸结合	UDPGA	葡萄糖醛酸转移酶	内质网	酚、醇、羧酸、胺、磺胺、胆红素、巯基化合物
硫酸结合	PAPS	硫酸转移酶	细胞质	醇、酚、芳香胺、类固醇
乙酰基结合	乙酰 CoA	乙酰基转移酶	细胞质	芳香胺、异烟肼
谷胱甘肽结合	GSH	谷胱甘肽 -S- 转移酶	细胞质	卤代化合物、环氧化物
甲基结合	SAM	甲基转移酶	细胞质	生物胺、喹啉、异吡唑
甘氨酰基结合	Gly	酰基转移酶	线粒体	含羧基药物、毒物

1. 葡萄糖醛酸结合是最重要和最普遍的结合反应　糖醛酸循环代谢途径产生的尿苷二磷酸葡萄糖（UDPG）可由 UDPG 脱氢酶催化生成尿苷二磷酸葡萄糖醛酸（UDPGA）。

$$UDPG+NAD^+ \xrightarrow{\text{UDPG 脱氢酶}} UDPGA+NADH+H^+$$

UDPGA 作为葡萄糖醛酸的活性供体，在肝内质网的 UDP- 葡萄糖醛酸基转移酶（UDP-glucuronosyltransferase，UGT）催化下，可将具有多个羟基和可解离羧基的葡萄糖醛酸基转移到反应底物的羟基、氨基及羧基上形成相应的 β-D- 葡萄糖醛酸苷（图 25-7），使其极性增加易排出体外。据研究，有数千种亲脂的内源物和异源物可与葡萄糖醛酸结合，如胆红素、类固醇激素、吗啡和苯巴比妥类药物等均可在肝与葡萄糖醛酸结合而进行生物转化，进而排出体外。临床上采用葡萄糖醛内酯治疗肝病，就是为了增加肝脏的生物转化功能。

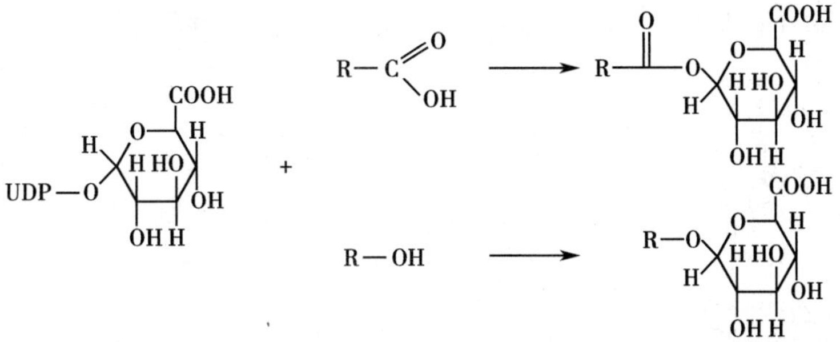

α-D-UDP-葡萄糖醛酸　　　异源物　　　β-D-葡萄糖醛酸苷

图 25-7　葡萄糖醛酸结合反应

2. 硫酸结合也是常见的结合反应　肝细胞胞质存在硫酸基转移酶（sulfotransferase，SULT），以3'- 磷酸腺苷 5'- 磷酰硫酸（PAPS）作为活性硫酸供体，可催化硫酸基转移到类固醇、酚或芳香胺类等

内、外源待转化物质的羟基上生成硫酸酯,既可增加其水溶性易于排出,又可促进其失活。如雌酮与PAPS结合形成硫酸酯而灭活(图25-8)。

3. 乙酰化是某些含胺类异源物的重要转化反应 肝细胞细胞质富含乙酰基转移酶(acetyltransferase),以乙酰 CoA 为乙酰基的直接供体,催化乙酰基转移到含氨基或肼的内、外源待转化物质(如异烟肼、磺胺、苯胺等),形成相应的乙酰化衍生物。例如,抗结核病药物异烟肼经乙酰化而失去活性(图25-9)。

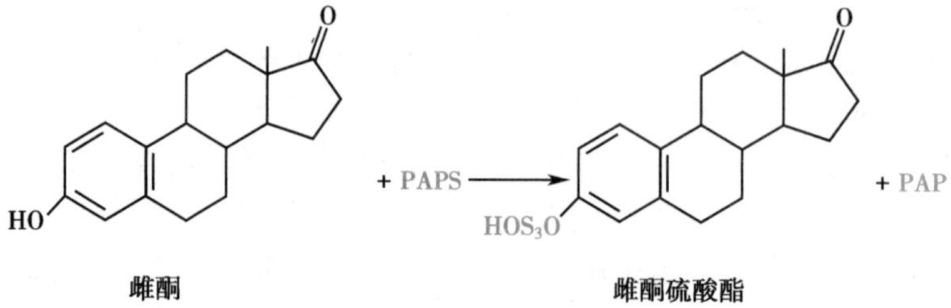

图 25-8　雌酮的硫酸结合反应

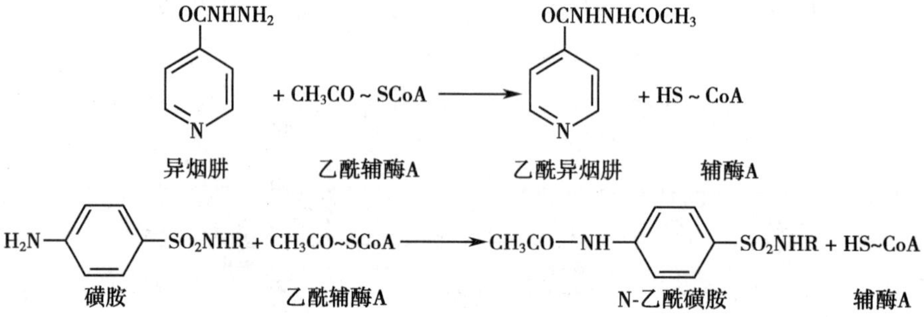

图 25-9　异烟肼及磺胺药乙酰化反应

此外,大部分磺胺类药物在肝内也通过这种形式灭活。但应指出,磺胺类药物经乙酰化后,其溶解度反而降低,在酸性尿中易于析出,故在服用磺胺类药物时应服用适量的碳酸氢钠,以提高其溶解度,利于随尿排出。

4. 谷胱甘肽结合是细胞应对亲电子性异源物的重要防御反应 肝细胞的细胞质富含谷胱甘肽S-转移酶(glutathione S-transferase,GST),可催化谷胱甘肽(GSH)与含有亲电子中心的环氧化物和卤代化合物等异源物结合,生成谷胱甘肽结合产物。主要参与对致癌物、环境污染物、抗肿瘤药物以及内源性活性物质的生物转化(图25-10)。亲电子性异源物若不与 GSH 结合,则可自由地共价结合DNA、RNA 或蛋白质,导致细胞严重损伤。此外,谷胱甘肽结合反应也是细胞自我保护的重要反应。很多内源性底物受活性氧(ROS)修饰后形成具有细胞毒作用的氧化修饰产物。所以,GSH 不仅具有抗氧化作用,还可结合氧化修饰产物,减低其细胞毒性,增加其水溶性易于排出体外。

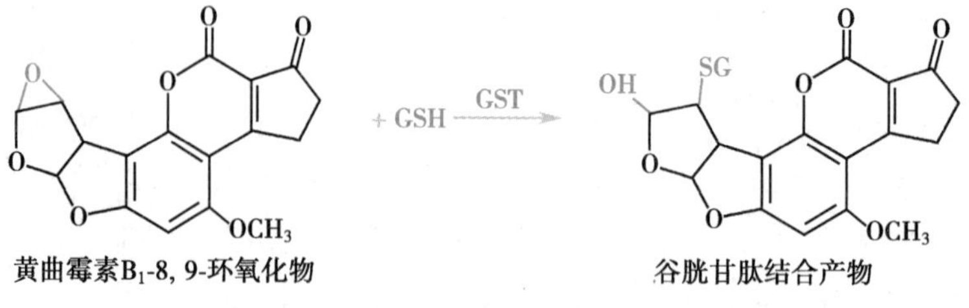

图 25-10　黄曲霉素谷胱甘肽结合反应

5. 甲基化反应是代谢内源化合物的重要反应 肝细胞中含有多种甲基转移酶,以 S- 腺苷硫氨酸(SAM)为活性甲基供体,催化含有氧、氮、硫等亲核基团化合物的甲基化反应。其中,细胞质中可溶性儿茶酚 -O- 甲基转移酶(catechol-O-methyltransferase,COMT)具有重要的生理功能。COMT 催化儿茶酚和儿茶酚胺的羟基甲基化,生成有活性的儿茶酚化合物(图 25-11)。同时,COMT 也参与生物活性胺如多巴胺类的灭活等。

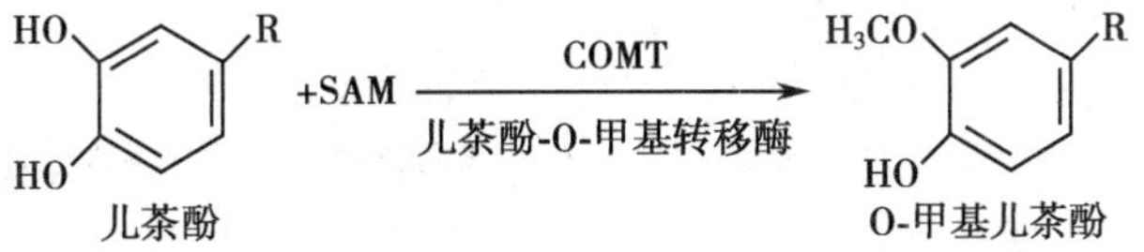

图 25-11　儿茶酚甲基化反应

6. 甘氨酸主要参与含羧基异源物的生物转化　含羧基的药物、毒物等异源物首先在酰基 CoA 连接酶催化下生成活泼的酰基 CoA,再在肝线粒体基质酰基 CoA:氨基酸 N- 酰基转移酶(acyl CoA:amino acid N-acyltransferase)的催化下与甘氨酸、牛磺酸结合生成相应的结合产物。如马尿酸、甘氨胆酸、牛磺胆酸的生成等(图 25-12)。

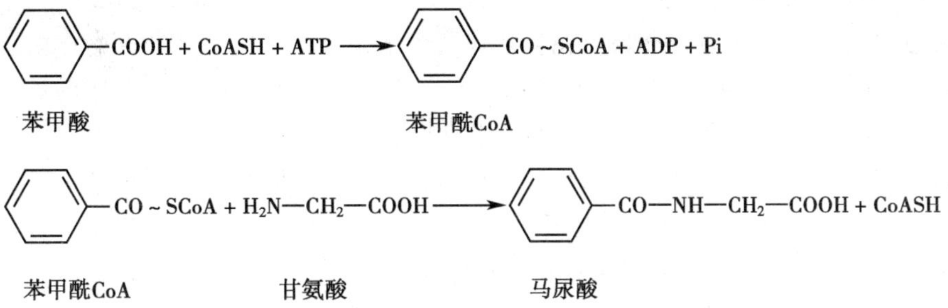

图 25-12　苯甲酸酰基化后与甘氨酸结合反应

三、生物转化作用受许多因素的调节和影响

肝的生物转化作用受年龄、性别、营养、疾病、遗传和诱导物等体内、外诸多因素的影响。

(一) 多种体内因素影响生物转化效率

1. 年龄对生物转化作用的影响很明显　人肝的生物转化酶有一个发育的过程。新生儿肝生物转化酶系发育尚不完善,对药物及毒物的转化能力较弱,容易发生中毒。新生儿的高胆红素血症与缺乏葡萄糖醛酸基转移酶有关,此酶活性在出生 5～6 天后才开始升高,1～3 个月后接近成人水平。老年人肝的生物转化能力和肝生物转化酶的诱导作用仍属正常,但老年人肝血流量及肾的廓清速率下降,导致老年人血浆药物的清除率降低,药物在体内的半衰期延长。例如,安替匹林和消炎镇痛药保泰松的半衰期在青年人分别为 12 小时和 81 小时,老年人则分别为 17 小时和 105 小时。因此,临床上对新生儿及老年人的药物用量应较成人为低,许多药物使用时都要求儿童和老人慎用或禁用。

2. 某些生物转化反应存在明显的性别差异　一般女性的生物转化能力更强,例如女性体内醇脱氢酶活性高于男性,对乙醇的代谢处理能力比男性强。氨基比林在男性体内的半衰期约 13.4 小时,而女性则为 10.3 小时,说明女性对氨基比林的转化能力比男性强。妊娠期妇女肝清除抗癫痫药的能力升高,但晚期妊娠妇女的生物转化能力普遍降低。

3. 营养状况对生物转化作用亦产生影响　蛋白质的摄入可以增加肝细胞整体生物转化酶的活性,提高生物转化的效率。饥饿数天,肝谷胱甘肽 S 转移酶(GST)作用受到明显影响,其参加的生物转化反应水平降低。大量饮酒,因乙醇氧化为乙醛及乙酸,再进一步氧化成乙酰 CoA,产生 NADH,可使细胞内 NAD^+/NADH 比值降低,从而减少 UDP- 葡萄糖转变成 UDPGA,影响了肝内葡萄糖醛酸结合转化反应。

4. 疾病尤其严重肝病可明显影响生物转化作用　肝实质损伤直接影响肝生物转化酶类的合成。例如严重肝病时单加氧酶系活性可降低 50%。肝细胞损害导致 NADPH 合成减少也影响肝对血浆药物的清除率。肝功能低下对包括药物或毒物在内的许多异源物的摄取及灭活速度下降,药物的治疗剂量与毒性剂量之间的差距减小,容易造成肝损害,故对肝病病人用药应特别慎重。

5. **遗传因素亦可显著影响生物转化酶的活性** 遗传变异可引起个体之间生物转化酶分子结构的差异或酶合成量的差异。变异产生的低活性酶可因影响药物代谢而造成药物在体内的蓄积。相反,变异导致的高活性酶则可缩短药物的作用时间或造成药物代谢毒性产物的增多。目前已知,许多肝生物转化的酶类存在酶活性异常的多态性,如醛脱氢酶、葡萄糖醛酸基转移酶、谷胱甘肽 S- 转移酶等。

(二)体外因素通过诱导或抑制生物转化酶影响生物转化

许多异源物可以诱导相关生物转化酶的合成,长期服用该药物时容易产生耐药性。例如长期服用苯巴比妥、降糖药甲苯磺丁脲可诱导肝单加氧酶系的合成,使机体对苯巴比妥类催眠药和甲苯磺丁脲的转化能力增强,是耐药性产生的重要因素之一。因为单加氧酶特异性较差,因此可利用其诱导作用增强对其他药物的代谢以达到解毒的效果,如用苯巴比妥减低地高辛中毒。苯巴比妥还可诱导肝 UDPGA 转移酶的合成,临床上用其增加机体对游离胆红素的结合转化反应,治疗新生儿黄疸。有些毒物,如烟草中的苯并芘可诱导肺泡吞噬细胞中芳香烃羟化酶的合成,故吸烟者羟化酶的活性明显高于非吸烟者。

由于多种物质在体内转化常由同一酶系催化,因此同时服用多种药物时可出现药物之间对同一转化酶系的竞争性抑制作用,使药物的生物转化作用相互抑制,导致某些药物药理作用强度的改变。例如保泰松可抑制双香豆素类药物的代谢,两者同时服用时保泰松可增强双香豆素的抗凝作用,但易发生出血现象,因此同时服用多种药物时应予注意。

此外,食物中亦常含有诱导或抑制生物转化酶的物质。例如烧烤食物、甘蓝、萝卜等含有肝单加氧酶系的诱导物,而水田芥则含有该酶的抑制剂。食物中的黄酮类可抑制单加氧酶系的活性。

第三节 | 胆汁与胆汁酸的代谢

一、胆汁可分为肝胆汁和胆囊胆汁

胆汁(bile)由肝细胞分泌。肝细胞最初分泌的胆汁称肝胆汁(hepatic bile)。肝胆汁进入胆囊后,胆囊壁上皮细胞吸收其中的部分水分和其他一些成分,并分泌黏液渗入胆汁,浓缩成为胆囊胆汁(gallbladder bile),经胆总管排入十二指肠参与脂质的消化与吸收。

胆汁的主要固体成分是胆汁酸盐,约占固体成分的 50%。其次是无机盐、黏蛋白、磷脂、胆固醇、胆色素等。除胆汁酸盐与脂质消化、吸收有关,磷脂与胆汁中胆固醇的溶解状态有关外,其他成分多属排泄物。体内某些代谢产物及进入体内的药物、毒物、重金属盐等异源物,均经肝的生物转化后随胆汁排出体外。因此,胆汁既是一种消化液,亦可作为排泄液。

正常人肝胆汁和胆囊胆汁的部分性质和化学百分组成见表 25-5。

表 25-5 两种胆汁的部分性质和化学组成百分比

区别	肝胆汁	胆囊胆汁
比重	1.009～1.013	1.026～1.032
pH	7.1～8.5	5.5～7.7
水	96～97	80～86
固体成分	3～4	14～20
无机盐	0.2～0.9	0.5～1.1
黏蛋白	0.1～0.9	1～4
胆汁酸盐	0.5～2	1.5～10
胆色素	0.05～0.17	0.2～1.5
总脂类	0.1～0.5	1.8～4.7
胆固醇	0.05～0.17	0.2～0.9
磷脂	0.05～0.08	0.2～0.5

二、胆汁酸有游离型、结合型及初级、次级之分

胆汁酸（bile acid）按其结构可分为游离胆汁酸（free bile acid）和结合胆汁酸（conjugated bile acid）两大类。游离胆汁酸包括胆酸（cholic acid）、鹅脱氧胆酸（chenodeoxycholic acid）、脱氧胆酸（deoxycholic acid）和少量石胆酸（lithocholic acid）四种。结合胆汁酸是发生了甘氨酸或牛磺酸结合反应的胆汁酸。胆汁酸按其来源亦可分为初级胆汁酸（primary bile acid）和次级胆汁酸（secondary bile acid）两类。其中在肝细胞以胆固醇为原料直接合成的胆汁酸称为初级胆汁酸，包括胆酸、鹅脱氧胆酸及其与甘氨酸或牛磺酸的结合产物。初级胆汁酸在肠菌作用下，第 7 位 α 羟基脱氧转变为次级胆汁酸，主要包括脱氧胆酸和石胆酸，及在肝中发生结合反应的胆汁酸。胆汁酸的分类见图 25-13，结构式见图 25-14。

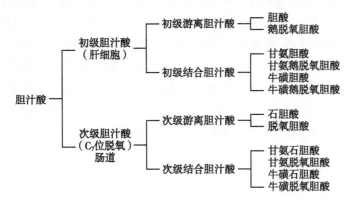

图 25-13　胆汁酸的分类

胆汁中所含的胆汁酸以结合型为主（占 90% 以上）。其中甘氨胆汁酸与牛磺胆汁酸的比例为 3∶1。胆汁中的初级胆汁酸与次级胆汁酸均以钠盐或钾盐的形式存在，形成相应的胆汁酸盐，简称胆盐（bile salts）。

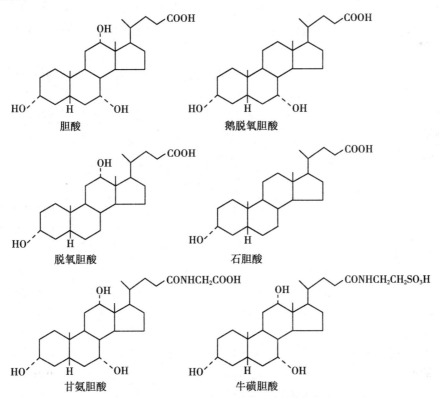

图 25-14　几种主要胆汁酸的结构式

胆汁酸在结构上系 24 碳的胆烷酸衍生物，初级胆汁酸中的胆酸含有 3 个羟基（3α、7α、12α），鹅脱氧胆酸含有 2 个羟基（3α、7α）。属于次级胆汁酸的脱氧胆酸和石胆酸的 C_7 位均无羟基存在。

三、胆汁酸的主要生理功能是促进脂质的消化和吸收

1. 促进脂质的消化与吸收 胆汁酸分子含有亲水性和疏水性基团,形成亲水面和疏水面。这种结构特点赋予胆汁酸很强的界面活性,成为较强的乳化剂,将脂质乳化成 3～10μm 的细小微团,增加脂质与脂肪酶的接触面积,有利于脂肪的消化。如果胆汁分泌被阻断,可能导致脂肪消化不良引起腹泻。

2. 溶解和排出胆固醇与胆红素等代谢产物 人体内约 99% 的胆固醇随胆汁经肠道排出体外,其中 1/3 以胆汁酸形式,2/3 以直接形式排出体外。胆汁中的胆固醇难溶于水,与胆汁酸及卵磷脂协同作用,使胆固醇分散形成可溶性的微团,使之不易析出沉淀而经胆道转运至肠道排出体外。胆固醇是否从胆汁中沉淀析出主要取决于胆汁中胆汁酸盐和卵磷脂与胆固醇之间的合适比例。如果肝合成胆汁酸或卵磷脂的能力下降、消化道丢失胆汁酸过多或胆汁酸肠肝循环减少,以及排入胆汁中的胆固醇过多(高胆固醇血症)等均可造成胆汁中胆汁酸和卵磷脂与胆固醇的比例下降(小于 10∶1),易发生胆固醇析出沉淀,形成胆结石(gallstone)。依据胆固醇含量可将胆结石分为 3 类:胆固醇结石(cholesterol stone)、黑色素结石(black pigment stone)和棕色素结石(brown pigment stone)。结石中胆固醇含量超过 50% 的称为胆固醇结石;黑色素结石一般为 10%～30%;棕色素结石含胆固醇较少。

四、胆汁酸的代谢及胆汁酸的肠肝循环

(一)初级胆汁酸在肝内由胆固醇转化而来

肝细胞以胆固醇为原料合成初级胆汁酸,这是胆固醇在体内的主要代谢去路。正常人每日约合成 1～1.5g 胆固醇,其中约 0.4～0.6g 在肝内转化为胆汁酸。肝细胞合成胆汁酸的反应步骤较复杂,主要位于内质网和胞质。胆固醇首先在胆固醇 7α- 羟化酶(cholesterol 7α-hydroxylase)(CYP7A1)的催化下生成 7α- 羟胆固醇。后续的转化反应包括固醇核的 3α(3β- 羟基差向异构化为 3α- 羟基)和 12α 羟化、加氢还原、侧链氧化断裂、与辅酶 A 结合等多步复杂酶促反应,首先生成 24 碳的胆烷酰 CoA。后者既可水解生成初级游离胆汁酸即胆酸和鹅脱氧胆酸(12α 未羟化),也可直接与甘氨酸或牛磺酸结合生成相应的初级结合胆汁酸,以胆汁酸钠盐或钾盐的形式随胆汁入肠。

胆固醇 7α- 羟化酶是胆汁酸合成途径的关键酶,受终产物胆汁酸的负反馈调节。临床上采用口服考来烯胺减少肠道对胆汁酸的重吸收,促进肝内胆固醇向胆汁酸的转化,以降低血浆胆固醇含量。高胆固醇饮食在抑制 HMG-CoA 还原酶合成的同时,亦可诱导胆固醇 7α- 羟化酶基因的表达。肝细胞通过这两个酶的协同作用维持肝细胞内胆固醇的水平。糖皮质激素、生长激素也可提高胆固醇 7α- 羟化酶的活性。甲状腺素可诱导胆固醇 7α- 羟化酶 mRNA 合成,故甲状腺功能亢进病人血清胆固醇含量降低。

(二)次级胆汁酸由肠菌作用生成

进入肠道的初级胆汁酸在发挥促进脂质的消化吸收后,在回肠和结肠上段细菌作用下,胆汁酸水解去掉甘氨酸或牛磺酸,释放出游离胆汁酸,然后进一步脱去 7α- 羟基,生成次级胆汁酸。胆酸脱去 7α- 羟基生成脱氧胆酸,鹅脱氧胆酸脱去 7α- 羟基生成石胆酸。这两种游离型次级胆汁酸还可经肠肝循环被重吸收入肝,并与甘氨酸或牛磺酸再次结合成为结合型次级胆汁酸。此外,肠菌还可将鹅脱氧胆酸 7α- 羟基转变成 7β- 羟基,转化成熊脱氧胆酸(ursodeoxycholic acid)。熊脱氧胆酸含量很少,虽对代谢没有重要意义,但有一定的药理学效应,富含熊脱氧胆酸的熊胆是传统中成药。熊脱氧胆酸在慢性肝病治疗时具有抗氧化应激作用,可降低肝内由于胆汁酸潴留引起的肝损伤,改善肝功能以减缓疾病的进程。

(三)大部分胆汁酸经肠肝循环回收入肝

进入肠道的各种胆汁酸(包括初级和次级、游离型与结合型)约有 95% 以上可被肠道重吸收,其余的(约为 5% 石胆酸)随粪便排出。胆汁酸的重吸收有两种方式:结合型胆汁酸在回肠部位被主动

重吸收,游离型胆汁酸在小肠各部及大肠被动重吸收。重吸收的胆汁酸经门静脉重新入肝,在肝细胞内,游离胆汁酸被重新转变成结合胆汁酸,与重吸收及新合成的结合胆汁酸一起重新随胆汁入肠。胆汁酸在肝和肠之间的这种不断循环过程称为"胆汁酸肠肝循环"(enterohepatic circulation of bile acid)。

机体内胆汁酸储备的总量称为胆汁酸库(bile acid pool)。成人的胆汁酸库共约3～5g,即使全部排入小肠也难满足每日正常膳食中脂质消化吸收的需要。人体每天约进行6～12次肠肝循环,从肠道吸收的胆汁酸总量可达12～32g,借此有效的肠肝循环机制可使有限的胆汁酸库存循环利用,以满足机体对胆汁酸的生理需求(图25-15)。

未被肠道吸收的小部分胆汁酸在肠菌的作用下,衍生成多种胆烷酸并由粪便排出。每日仅从粪便排出约0.4～0.6g胆汁酸,与肝细胞合成的胆汁酸量相平衡。

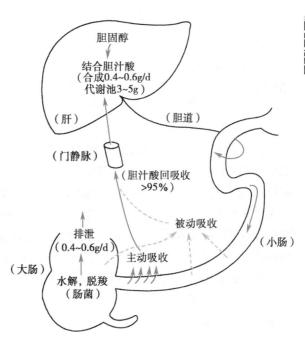

图 25-15　胆汁酸的肠肝循环

此外,经肠肝循环回收入肝的石胆酸在肝中除了与甘氨酸或牛磺酸结合外,还硫酸化生成硫酸甘氨石胆酸和硫酸牛磺石胆酸。这些双重结合的石胆酸在肠道中不容易去结合,亦不容易被肠道重吸收因而从粪便中排出。因此,正常胆汁中石胆酸的含量甚微。

五、胆汁酸代谢异常可导致胆石症

(一) 肝细胞损害导致胆汁酸代谢异常

肝实质细胞损害时,总胆汁库量为正常人的1/2以下,其中以三羟基胆汁酸量降低最明显。肝组织中12α-羟化酶活力或血清胆汁酸浓度对于判断肝细胞损害及程度,是一种敏感的指标。

肝细胞损害时血清总胆酸浓度显著升高,如酒精性肝病患者。肝硬化患者血清总胆汁酸增高,原因是肝脏清除功能降低引起的,另外也与肝血流量下降、肠道吸收功能减退及门-体循环侧枝分流等因素相关。肝细胞损害引起血清胆汁酸比值变化,如甘氨酸结合物与牛磺酸结合物之比,可从正常2～3降低到1,胆酸/鹅脱氧胆酸比值明显降低。

(二) 胆汁酸代谢异常导致胆石症

胆固醇性结石与胆汁酸代谢异常有密切关系,主要因素有:胆汁中胆固醇含量过高,胆固醇易于沉淀形成结石;胆汁中胆汁酸盐减少,利于结石形成;胆汁酸的组成比例变化,正常人胆酸、鹅脱氧胆酸及脱氧胆酸比例为1.3∶1∶0.6,胆石症患者胆酸/鹅脱氧胆酸比例明显降低。

第四节 ｜ 胆色素的代谢与黄疸

胆色素(bile pigment)是体内铁卟啉类化合物的主要分解代谢产物,包括胆绿素(biliverdin)、胆红素(bilirubin)、胆素原(bilinogen)和胆素(bilin)。这些化合物主要随胆汁排出体外,其中胆红素居于胆色素代谢的中心,是人体胆汁中的主要色素,呈橙黄色。

一、胆红素是铁卟啉类化合物的降解产物

(一) 胆红素主要源自血红蛋白降解

体内铁卟啉类化合物包括血红蛋白、肌红蛋白、细胞色素、过氧化氢酶和过氧化物酶等。正常人每天可生成250～350mg胆红素,其中约80%以上来自衰老红细胞破坏所释放的血红蛋白的分解。

小部分胆红素来自造血过程中红细胞的过早破坏（无效红细胞生成），还有少量胆红素来自其他各种含血红素蛋白如细胞色素 P_{450}。肌红蛋白由于更新率低，所占比例很小。

红细胞的平均寿命约 120 天。生理情况下，正常成年人（70kg）每小时约有（1～2）×10^8 个红细胞被破坏。衰老的红细胞被肝、脾、骨髓等单核吞噬系统细胞识别并吞噬，每天释放约 6g 血红蛋白（每克血红蛋白约可产生 35mg 胆红素）。释出的血红蛋白随后分解为珠蛋白和血红素。珠蛋白可降解为氨基酸供体内再利用。血红素则由单核吞噬系统细胞降解生成胆红素。

（二）血红素加氧酶和胆绿素还原酶催化胆红素的生成

血红素是由 4 个吡咯环连接而成的环形化合物，并螯合 1 个 Fe^{2+}。血红素由单核吞噬系统细胞内质网的血红素加氧酶（heme oxygenase，HO）催化，在至少 3 分子氧和 3 分子 NADPH 的存在下，血红素原卟啉Ⅸ环上的 α 次甲基（—CH）桥碳原子的两侧氧化断裂，释放出一分子一氧化碳（CO）和 Fe^{2+}，并将两端的吡咯环羟化，生成线性四吡咯结构的水溶性胆绿素。释出的 Fe^{2+} 氧化为 Fe^{3+} 进入铁代谢池，可供机体再利用或以铁蛋白形式储存。

胆绿素在胞质的胆绿素还原酶（biliverdin reductase）催化下，由 NADPH 供氢，还原生成胆红素（图 25-16）。胆红素是由 3 个次甲基桥连接的 4 个吡咯环组成，分子量 585。虽然胆红素分子中含有

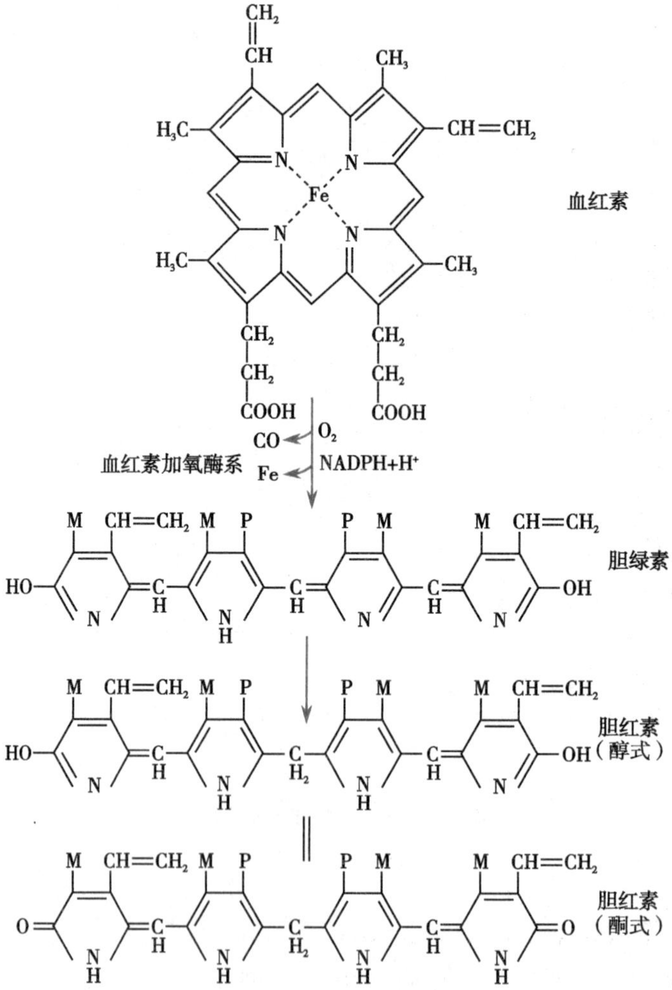

图 25-16　胆红素的生成

M：—CH_3；P：—CH_3—CH_2—COOH

血红素原卟啉Ⅸ环上的 α 次甲基（—CH＝）桥碳原子被氧化使卟啉环打开，形成胆绿素，进而还原为胆红素，次甲桥的碳转变成 CO，螯合的铁离子释出被再利用。

2个羟基(醇式)或酮基(酮式)、4个亚氨基和2个丙酸基等亲水基团,但由于这些基团形成6个分子内氢键,使胆红素分子形成脊瓦状内旋的刚性折叠结构,赋予胆红素以疏水亲脂的性质,极易自由透过细胞膜进入血液(图25-17)。

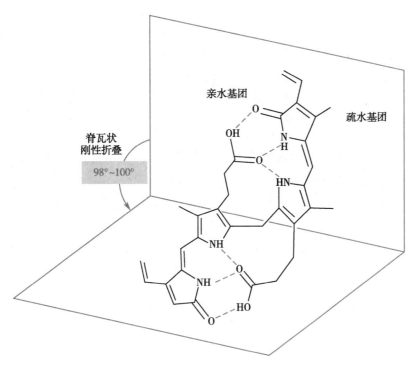

图 25-17 胆红素的 X 线衍射结构图

图中 C 环上的丙酸基与 A 环的氧原子和 A、B 环上的氮原子形成氢键;B 环上的丙酸基与 C 环的氧原子和 C、D 环上的氮原子形成氢键;A 和 B 环在一个平面,C 和 D 环在一个平面,两平面的夹角为 98°～100°。

迄今已发现人体内存在 3 种血红素加氧酶的同工酶:HO-1、HO-2 和 HO-3(表 25-6)。HO1(32kD)是一种诱导酶,为热激蛋白 32(HSP32)。主要存在于肝、脾、和骨髓等降解衰老红细胞的组织器官。HO-2(36kD)是组成型酶,仅受糖皮质激素诱导,主要存在于大脑及睾丸组织内,其功能多认为与 CO 的神经信使作用有关。HO-3(33kD)与 HO-2 有 90% 的同源性,亦属组成型表达,其功能尚未明晰。HO-1 在血红素代谢中居重要地位,其生物合成可被其底物血红素迅速激活,以及时清除循环系统中的血红素。HO-1 亦是迄今所知的诱导物最多的诱导酶。缺氧、高氧、内毒素、重金属、白细胞介素 10(IL-10)、一氧化氮(NO)、促红细胞生成素(EPO)、炎症细胞因子等许多能引发细胞氧化应激(oxidative stress)的因素均可诱导此酶的表达,从而增加 CO、胆绿素和继之胆红素的产生。

表 25-6 血红素加氧酶同工酶

HO 同工酶	分子量 /kD	表达类型	表达部位	诱导因子
HO-1	32	诱导型	肝、脾、骨髓等衰老红细胞	缺氧、高氧、内毒素、重金属、IL-10、NO、促红细胞生成素(EPO)、炎症细胞因子等
HO-2	36	组成型	大脑及睾丸	受糖皮质激素诱导;与 CO 的神经信使作用有关
HO-3	33	组成型		不明

许多疾病亦表现 HO-1 的表达增加,例如肿瘤、动脉粥样硬化、心肌缺血、阿尔茨海默病等。HO-1 作为一种应激蛋白质,其诱导因素的多样性是对细胞的一种重要保护机制。HO-1 在上述诸多有害环境刺激和疾病存在条件下所呈现的对机体保护作用,主要是通过其催化生成的产物来实现的,这些

产物主要是 CO 与胆红素。HO 氧化血红素时产生的 CO 是机体内源性 CO 的主要来源。CO 因对 Hb 有高度亲和力而呈现有害效应。但有研究显示,低浓度 CO 和 NO 功能相似,可作为信息分子和神经递质。

胆红素过量对人体有害,但适宜水平的胆红素是人体内强有力的内源性抗氧化剂,是血清中抗氧化活性的主要成分,可有效地清除超氧化物和过氧化自由基。氧化应激可诱导 HO-1 的表达,从而增加胆红素的量以抵御氧化应激状态。胆红素的这种抗氧化作用通过胆绿素还原酶循环(biliverdin reductase cycle)实现:胆红素氧化成胆绿素,后者再在分布广、活性强的胆绿素还原酶催化下,利用 NADH 或 NADPH 再还原成胆红素。胆绿素还原酶循环可使胆红素的作用增大 10 000 倍。

二、胆红素在体内不同部位采取不同运输形式

(一) 血液中的胆红素主要与清蛋白结合而运输

胆红素在单核吞噬系统细胞生成以后释放入血。在血浆中主要以胆红素 - 清蛋白复合体形式存在和运输。血浆清蛋白(albumin)与胆红素的结合,一方面增加了胆红素的水溶性,提高了血浆对胆红素的运输能力;另一方面限制了它自由通透各种细胞膜,避免了其对组织细胞造成的毒性作用。研究证明,每个清蛋白分子有一个高亲和力结合部位和一个低亲和力结合部位,可结合两分子胆红素。正常人血浆胆红素浓度参考区间为 0~23.0μmol/L,而每 100ml 血浆清蛋白可结合 25mg 胆红素,故在正常情况下血浆清蛋白结合胆红素的潜力很大,不与清蛋白结合的胆红素甚微。但必须提及的是,胆红素与清蛋白的结合是非特异性、非共价可逆性的。若清蛋白含量明显降低、结合部位被其他物质占据或降低胆红素对结合部位的亲和力,均可促使胆红素从血浆向组织细胞转移。

某些有机阴离子(如磺胺药、水杨酸、胆汁酸、脂肪酸等)可与胆红素竞争性地结合清蛋白,使胆红素游离。过多的游离胆红素因脂溶性质易穿透细胞膜进入细胞,尤其是富含脂质的脑部基底核的神经细胞,干扰脑的正常功能,称为胆红素脑病(bilirubin encephalopathy)或核黄疸(kernicterus)。有黄疸倾向的病人或新生儿生理性黄疸期,应慎用上述药物。因此,血浆清蛋白与胆红素的结合仅起到暂时性的解毒作用,其根本性的解毒依赖于在肝内胆红素与葡萄糖醛酸结合的生物转化作用。把这种未经肝结合转化的,在血浆中与清蛋白结合运输的胆红素称为未结合胆红素(unconjugated bilirubin)或血胆红素或游离胆红素。未结合胆红素因分子内氢键存在,不能直接与重氮试剂反应,只有在加入乙醇或尿素等破坏氢键后才能与重氮试剂反应,生成紫红色偶氮化合物,故未结合胆红素又称为间接胆红素(indirect bilirubin)。

(二) 胆红素在肝细胞中转变为结合胆红素并泌入胆小管

肝细胞对胆红素的处理,包括摄取、结合、分泌三个过程。

1. 摄取 血中游离胆红素以胆红素 - 清蛋白复合体的形式运输到肝,随即与清蛋白分离,未结合的胆红素以其亲脂性质,可以自由通过肝血窦细胞膜而进入肝细胞;也可经有机阴离子多肽转运体(organic anion transporting peptide,OATP)1B1、B3 摄取进入肝细胞。胆红素进入肝细胞后,与细胞质配体蛋白(ligandin)Y 蛋白和 Z 蛋白相结合,运输至肝细胞滑面内质网,其中,以 Y 蛋白为主。Y 蛋白是谷胱甘肽 S- 转移酶(GST)家族成员,含量丰富,占肝细胞质总蛋白质的 3%~4%,对胆红素有高亲和力。新生儿出生后,肝内 Y 蛋白含量低下,7 周后才达到成人水平。

2. 结合 Y 蛋白 - 胆红素和 Z 蛋白 - 胆红素在滑面内质网内,通过胆红素 - 葡萄糖醛酸基转移酶(BUGT)的作用,由 UDPGA 提供葡萄糖醛酸基,转变为结合胆红素,即葡萄糖醛酸胆红素(bilirubin glucuronide)。由于胆红素分子中含有 2 个羧基,每分子胆红素可至多结合 2 分子葡萄糖醛酸,结果主要生成胆红素二葡萄糖醛酸酯(70%~80%)和胆红素一葡萄糖醛酸酯(20%~30%)(图 25-18),两者均可被分泌入胆汁。此外,尚有少量胆红素与硫酸结合生成硫酸酯。肝内的结合反应消除了游离胆红素的毒性,增加了水溶性,能从肾脏排出。

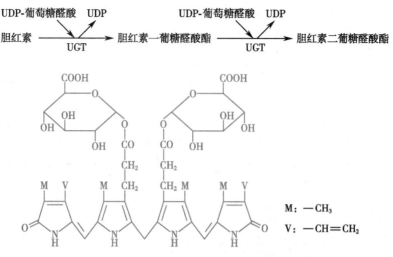

图 25-18　胆红素双葡萄糖醛酸酯的生成及结构

　　葡萄糖醛酸结合后,胆红素因分子内氢键被破坏,埋藏于分子内部的亚甲桥暴露,可以迅速、直接与重氮试剂发生凡登白反应(Van den Bergh reaction),故结合胆红素又称为直接反应胆红素或直接胆红素(direct bilirubin)。结合胆红素与未结合胆红素不同理化性质的比较见表 25-7。

表 25-7　两种胆红素理化性质的比较

理化性质	未结合胆红素	结合胆红素
同义名称	间接胆红素、游离胆红素	直接胆红素、肝胆红素
凡登白反应	间接反应	直接反应
与葡萄糖醛酸结合	未结合	结合
溶解性	脂溶性	水溶性
形成场所	单核 - 巨噬细胞系	肝脏
直接穿透膜能力及毒性	大	小
尿内	无	有

　　3. 分泌　结合胆红素水溶性强,被肝细胞分泌进入胆管系统,随胆汁排入小肠。分泌是肝脏代谢胆红素的限速步骤,亦是肝脏处理胆红素的薄弱环节。分泌过程是一个逆浓度梯度的主动转运过程,定位于毛细胆管膜的多耐药相关蛋白 2(multidrug resistance like protein 2,MRP2)是肝细胞向胆小管分泌结合胆红素的外排转运体。胆红素排泄一旦发生障碍,结合胆红素就可反流入血。对 UDP-葡萄糖醛酸基转移酶具有诱导作用的苯巴比妥对结合胆红素的逆浓度分泌同样具有诱导作用,可见胆红素的结合转化与分泌构成相互协调的功能体系。

　　胆红素在血液和肝中的运输、结合和分泌过程如图 25-19 所示。

(三) 胆红素在肠道内转化为胆素原和胆素

　　葡萄糖醛酸胆红素随胆汁进入肠道,在回肠下段和结肠的肠菌作用下,脱去葡萄糖醛酸基,并被还原生成 d- 尿胆素原(d-urobilinogen)和中胆素原(mesobilirubinogen)。后者又可进一步还原生成粪胆素原(stercobilinogen),这些物质统称为胆素原。大部分胆素原随粪便排出体外,在肠道下段,这些无色的胆素原接触空气后分别被氧化为相应的 d- 尿胆素(d-urobilin)、i- 尿胆素(i-urobilin)和粪胆素(stercobilin,l-urobilin),三者合称胆素(图 25-20)。胆素呈黄褐色,成为粪便的主要颜色。正常人每日排出总量为 40～280mg。胆道完全梗阻时,胆红素不能排入肠道形成粪胆素,因此粪便呈灰白色或白陶土色。婴儿肠道细菌稀少,未被细菌作用的胆红素随粪便排出,可使粪便呈现橘黄色。

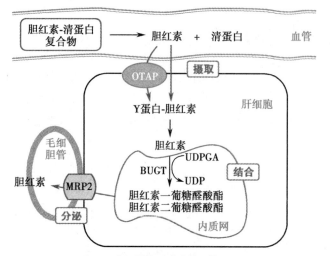

胆红素-清蛋白
复合物
胆红素
+
清蛋白
血管
OTAP
摄取
肝细胞
Y蛋白-胆红素
胆红素
UDPGA
BUGT
UDP
结合
毛细
胆管
胆红素
MRP2
胆红素一葡糖醛酸酯
胆红素二葡糖醛酸酯
分泌
内质网
OTAP：有机阴离子多肽转运体
BUGT：胆红素-葡萄糖醛酸基转移酶
MRP2：多耐药相关蛋白

图 25-19 胆红素在血液和肝中的运输、结合和分泌过程

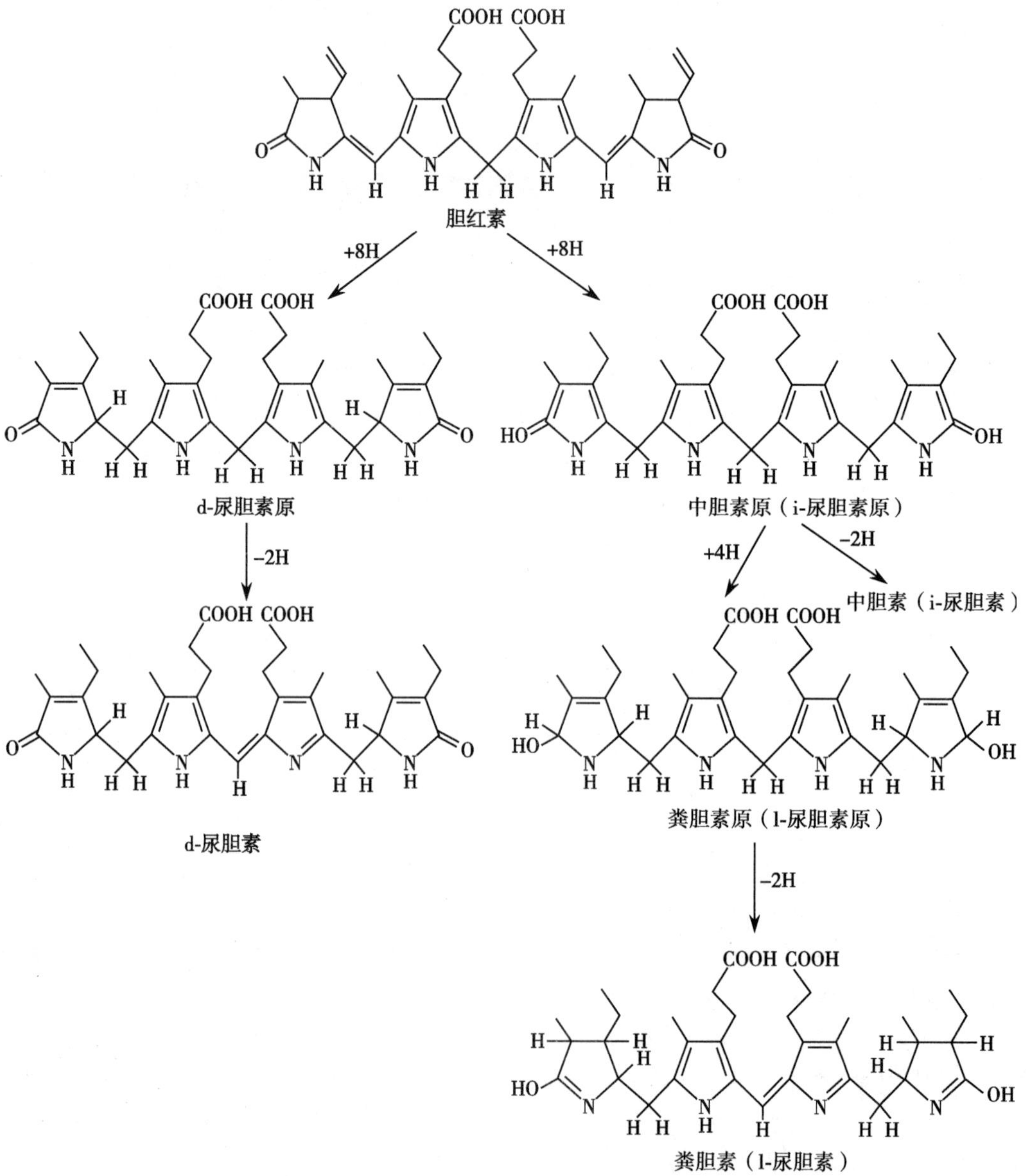

胆红素
+8H
+8H
d-尿胆素原
中胆素原（i-尿胆素原）
-2H
+4H
-2H
中胆素（i-尿胆素）
d-尿胆素
粪胆素原（l-尿胆素原）
-2H
粪胆素（l-尿胆素）

图 25-20 粪胆素和尿胆素的生成

(四) 少量胆素原经肠肝循环回收入肝

肠道中生成的胆素原有10%~20%可被肠黏膜细胞重吸收,其余随粪便排出。重吸收的胆素原经门静脉入肝,大部分以原形随胆汁再次排入肠腔,形成胆素原的肠肝循环(bilinogen enterohepatic cycle)。

只有小部分(10%)胆素原可以进入体循环经肾小球滤出随尿排出,称为尿胆素原(图25-21)。正常人每日随尿排出尿胆素原约0.5~4.0mg。尿胆素原与空气接触后被氧化成尿胆素,成为尿的主要色素。临床上将尿胆素原、尿胆素及尿胆红素合称为尿三胆,是黄疸类型鉴别诊断的常用指标。正常人尿中检测不到尿胆红素。

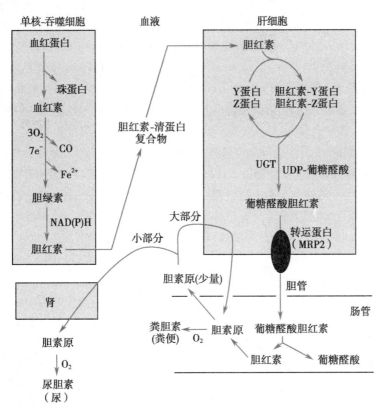

图 25-21 胆红素的生成与胆素原的肠肝循环

三、胆红素升高可导致高胆红素血症与黄疸

(一) 血清胆红素水平升高可引起黄疸

正常成人空腹血清总胆红素(total bilirubin,TBIL)参考区间为0~23.0μmol/L,其中男性≤26.0μmol/L,女性≤21.0μmol/L,其中未结合胆红素约占80%,其余为结合胆红素(0~8μmol/L)。未结合胆红素是有毒的脂溶性物质,易透过细胞膜尤其对富含脂质的神经细胞可造成不可逆损伤。胆红素与血浆清蛋白的结合(未结合胆红素)仅起到暂时性的解毒作用,在肝细胞内与葡萄糖醛酸结合(结合胆红素)是对胆红素的根本性解毒方式。肝细胞对胆红素有强大的处理能力,正常人每天产生250~350mg胆红素,肝每天可清除3 000mg以上的胆红素,因此正常人血清中胆红素的含量甚微。

(二) 黄疸依据病因有溶血性、肝细胞性和阻塞性之分

体内胆红素生成过多,或肝细胞对胆红素的摄取、转化及排泄能力下降等均可引起血浆胆红素含量增多。当血清胆红素含量超过23.0μmol/L称为高胆红素血症(hyperbilirubinemia)。胆红素为橙黄色物质,过量的胆红素可扩散进入组织造成黄染现象,这一体征称为黄疸(jaundice)。由于皮肤、巩膜、指甲床下和上颚等含有较多弹性蛋白,对胆红素有较强的亲和力,故易被黄染。

黄疸形成原因包括:①胆红素形成过多,如红细胞溶解过多;②肝细胞处理胆红素能力下降,如肝

细胞受损,对胆红素摄取、转化和排泄发生障碍;③胆红素肝外排泄障碍:因胆道梗死等原因导致胆红素无法正常排泄到肠道,胆红素逆流入血,造成黄疸。另外,还有一些药物也容易导致高胆红素血症,如抗菌药物两性霉素 B、异烟肼、利福平、乙胺丁醇、利托那韦等;降脂药物阿托伐他汀,抗肿瘤药物如克唑替尼、瑞格非尼等。临床上常根据黄疸发病的原因不同,将黄疸分为三类。

1. **溶血性黄疸** 溶血性黄疸(hemolytic jaundice)又称为肝前性黄疸(prehepatic jaundice)。系各种原因所致红细胞的大量破坏,单核吞噬系统产生胆红素过多,超过了肝细胞摄取、转化和排泄胆红素的能力,造成血液中未结合胆红素浓度显著增高所致。其特征为:①血浆总胆红素、未结合胆红素含量增高;②结合胆红素的浓度改变不大,尿胆红素呈阴性;③因肝对胆红素的摄取、转化和排泄增多,过多的胆红素进入胆道系统,肠肝循环增多,使得尿胆原和尿胆素含量增多,粪胆原与粪胆素亦增加;④伴有其他特征如贫血、脾大及末梢血液网织红细胞增多等。某些药物、某些疾病(如恶性疟疾、过敏、镰状细胞贫血、蚕豆病等)及输血不当等多种因素均有可能引起大量红细胞破坏,导致溶血性黄疸。

2. **肝细胞性黄疸** 肝细胞性黄疸(hepatocellular jaundice),又称为肝原性黄疸(hepatic jaundice)。由于肝细胞功能受损,造成其摄取、转化和排泄胆红素的能力降低所致的黄疸。一方面肝摄取胆红素障碍,造成血中未结合胆红素升高;另一方面肝细胞受损肿胀,压迫毛细胆管,造成肝内毛细胆管阻塞,而后者与肝血窦直接相通,使肝内部分结合胆红素反流入血,造成血清结合胆红素亦增高。此外,经肠肝循环入肝的胆素原可经损伤的肝细胞进入体循环,并从尿中排出,使尿胆素原升高。其特征为:①血清未结合胆红素和结合胆红素均升高。②尿胆红素呈阳性。③尿胆素原升高,但若胆小管堵塞严重,则尿胆素原反而降低。④粪胆素原含量正常或降低。由于肝功能障碍,结合胆红素在肝内生成减少,粪便颜色可变浅。⑤其他特征如血清谷丙转氨酶(ALT)及谷草转氨酶(AST)活性明显升高。肝细胞性黄疸常见于肝实质性疾病如各种肝炎、肝硬化、肝肿瘤及中毒(如氯仿、四氯化碳)等引发的肝损伤。

3. **阻塞性黄疸** 阻塞性黄疸(obstructive jaundice)又称为肝后性黄疸(post-hepatic jaundice)。由各种原因引起的胆管系统阻塞,胆汁排泄通道受阻,使胆小管和毛细胆管内压力增高而破裂,导致结合胆红素反流入血,使得血清结合胆红素明显升高。其特征为:①结合胆红素明显升高,未结合胆红素升高不明显;②大量结合胆红素可从肾小球滤出,所以尿胆红素呈强阳性,尿的颜色加深,可呈茶叶水色;③由于胆管阻塞排入肠道的结合胆红素减少,导致肠菌生成胆素原减少,粪便中胆素原及胆素含量降低,完全阻塞的病人粪便可变成灰白色或白陶土色;④其他特征如血清胆固醇和碱性磷酸酶(ALP)活性明显升高等。阻塞性黄疸常见于胆管炎、肿瘤(尤其胰头癌)、胆结石或先天性胆管闭锁等疾病。各种黄疸血、尿、粪胆色素的实验室检查变化见表 25-8。

表 25-8　各种黄疸血、尿、粪胆色素的实验室鉴别诊断

指标	正常	溶血性黄疸	肝细胞性黄疸	阻塞性黄疸
血清胆红素				
总量	<10mg/L	>10mg/L	>10mg/L	>10mg/L
结合胆红素	无或极少	正常或微增	↑	↑↑
未结合胆红素	0～8mg/L	↑↑	↑	不变或微增
尿三胆				
尿胆红素	-	-	++	++
尿胆素原	少量	↑	不定	↓
尿胆素	少量	↑	不定	↓
粪便				
粪胆素原	40～280mg/24h	↑	↓或正常	↓或 -
粪便颜色	棕黄色	加深	变浅或正常	完全阻塞时白陶土色

注:"-"代表阴性,"++"代表强阳性。

小　结

肝是多种物质代谢之中枢,而且还具有生物转化、分泌和排泄等功能。

肝通过肝糖原合成与分解、糖异生维持血糖的相对稳定。肝在脂质代谢中占据中心地位。肝将胆固醇转化为胆汁酸,协助脂质的消化与吸收。肝是体内合成甘油三酯、磷脂与胆固醇的重要器官。肝能合成 VLDL 及 HDL,参与甘油三酯与胆固醇的转运。肝是氧化脂肪酸并产生酮体的重要器官。肝的蛋白质合成与分解代谢均非常活跃。除 γ 球蛋白外,几乎所有的血浆蛋白质均来自肝。肝是除支链氨基酸外所有氨基酸分解代谢的重要器官,也是处理氨基酸分解代谢产物的重要场所。氨主要在肝内经鸟氨酸循环合成尿素而解毒。肝在维生素的吸收、储存、运输和代谢转化方面起重要作用。肝也是许多激素灭活的场所。

除了各种代谢,肝还可以通过生物转化反应提高某些内源性代谢产物或异源物水溶性和极性,易于从尿或胆汁排出。生物转化分两相反应,第一相反应包括氧化、还原和水解;第二相反应是结合反应,主要与葡萄糖醛酸、硫酸和乙酰基等结合。生物转化反应具有连续性、多样性和解毒与致毒的双重性特点。

胆汁是肝细胞分泌的兼具消化液和排泄液的液体。胆汁的主要成分是胆汁酸,是肝清除胆固醇的主要形式。胆固醇 7α- 羟化酶是胆汁酸合成的关键调节酶。胆汁酸有初级胆汁酸与次级胆汁酸之分。初级胆汁酸合成于肝,包括胆酸与鹅脱氧胆酸。初级胆汁酸经肠菌作用生成次级胆汁酸,包括脱氧胆酸与石胆酸。胆汁酸还有游离型胆汁酸与结合型胆汁酸之分。胆汁酸的肠肝循环使有限的胆汁酸库存反复利用以满足脂质消化吸收之需。

胆色素是铁卟啉类化合物的分解代谢产物。胆红素主要源于衰老红细胞血红蛋白释放的血红素的降解。血红素加氧酶和胆绿素还原酶催化血红素经胆绿素生成胆红素。胆红素为亲脂疏水性,在血浆中与清蛋白结合而运输,称为未结合胆红素。胆红素在肝与葡萄糖醛酸结合生成水溶性的结合胆红素,由肝细胞分泌随胆汁排入肠道。少量的胆素原则被肠黏膜重吸收入肝,其中的大部分又以原形重新排入肠道,构成胆素原的肠肝循环,有小部分重吸收的胆素原经体循环入肾随尿排出,称为尿胆素原,其被空气氧化后生成尿胆素。尿胆素原、尿胆素和尿胆红素在临床上合称为尿三胆,是黄疸类型鉴别的常用指标。多种原因可致高胆红素血症并引发黄疸体征。黄疸可根据发生原因分为溶血性黄疸、肝细胞性黄疸和阻塞性黄疸三类。各种黄疸均有其独特的血、尿、粪胆色素实验室检查改变。

思考题:

1. 如何理解肝是多种物质代谢的中枢?
2. 何谓生物转化作用? 生物转化有哪些反应类型? 其生理意义及特点是什么?
3. 何谓初级、次级胆汁酸及游离、结合胆汁酸? 简述胆汁酸的生理功能及胆汁酸的肠肝循环的生理意义。
4. 请思考如何预防胆红素升高? 怎样降低体内胆红素水平?

思考题解题思路

本章目标测试

本章思维导图

(黄春洪)

第二十六章 | 血液的生物化学

血液（blood）是流动于心血管系统内的液体组织，主要发挥运输物质的作用。正常人体的血液总量约占体重的 8%，由血浆（plasma）、血细胞和血小板组成。血浆占全血容积的 55%～60%。血液凝固后析出淡黄色透明液体，称作血清（serum）。

正常人血液的含水量约为 77%～81%，比重为 1.050～1.060，它主要取决于血液内的血细胞数和蛋白质的浓度。血液的 pH 为 7.40 ± 0.05，血浆渗透压在 37℃时接近 $7.70 \times 10^2 kPa$，即 300mOsm/kg·H_2O。

血浆的固体成分可分为无机物和有机物两大类。无机物主要以电解质为主，重要的阳离子有 Na^+、K^+、Ca^{2+}、Mg^{2+}，重要的阴离子有 Cl^-、HCO_3^-、HPO_4^{2-} 等，它们在维持血浆晶体渗透压、酸碱平衡以及神经肌肉的正常兴奋性等方面起重要作用。有机物包括蛋白质、非蛋白质类含氮化合物、糖类和脂质等。非蛋白质类含氮化合物主要有尿素、肌酸、肌酸酐、尿酸、胆红素和氨等，它们中的氮总量称为非蛋白质氮（non-protein nitrogen，NPN）。正常人血中 NPN 含量为 14.28～24.99mmol/L。其中血尿素氮（blood urea nitrogen，BUN）约占 NPN 的 1/2。

第一节 | 血浆蛋白质

一、血浆蛋白质是血浆的主要固体成分

人血浆中蛋白质总浓度为 60～80g/L，它们是血浆主要的固体成分。血浆蛋白质种类很多，目前已知的血浆蛋白质有 200 多种，其中既有单纯蛋白质又有结合蛋白质，如糖蛋白和脂蛋白，血浆中还有几千种抗体。血浆内各种蛋白质的含量差异很大，多者每升达数十克，少的仅为毫克水平。

（一）血浆蛋白质种类繁多

目前尚有多种血浆中的蛋白质的结构和功能尚不明确，故难以对血浆的全部蛋白质作出十分恰当的分类。通常按来源、分离方法和生理功能将血浆蛋白质进行分类。

血浆蛋白质依据功能，可分为以下 8 类：①凝血系统蛋白质，包括 12 种凝血因子（除 Ca^{2+} 外）；②纤溶系统蛋白质，包括纤溶酶原、纤溶酶、激活剂及抑制剂等；③补体系统蛋白质；④免疫球蛋白；⑤脂蛋白；⑥血浆蛋白酶抑制剂，包括酶原激活抑制剂、血液凝固抑制剂、纤溶酶抑制剂、激肽释放抑制剂、内源性蛋白酶及其他蛋白酶抑制剂；⑦载体蛋白；⑧未知功能的血浆蛋白质。

电泳是最常用的分离蛋白质的方法。以 pH8.6 的巴比妥溶液作缓冲液，可将血浆蛋白质分成 5 条区带：清蛋白（albumin，又称白蛋白）、α_1 球蛋白、α_2 球蛋白、β 球蛋白和 γ 球蛋白（图 26-1、表 26-1）。清蛋白是人体血浆中最主要的蛋白质，浓度达 40～55g/L，约占血浆总蛋白的 60%。肝每天约合成 12g 清蛋白。清蛋白以前清蛋白（prealbumin）的形式合成，成熟的清蛋白是含 585 个氨基酸残基的单一多肽链，分子形状呈椭圆形。球蛋白（globulin）的浓度为 20～30g/L。正常的清蛋白与球蛋白的比例（A/G）为 1.5～2.5。血浆蛋白质电泳是临床常用的辅助诊断方法。

聚丙烯酰胺凝胶电泳是分辨率更高的电泳方法，可将血清中的蛋白质分成数十条区带。

超速离心法则是根据蛋白质的密度将其分离，例如血浆脂蛋白的分离。

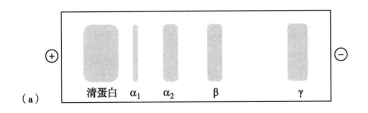

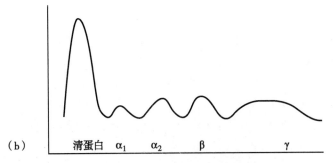

图 26-1 血浆蛋白质的醋酸纤维素薄膜电泳图谱
（a）染色后的图谱;（b）光密度扫描后的电泳峰。

表 26-1 血浆蛋白质的种类、生成部位、主要功能和正常含量

血浆蛋白质种类	生成部位	主要功能	含量参考区间 /%*
清蛋白	肝	维持血浆渗透压、运输	62～71
α 球蛋白	主要在肝	营养运输	
α₁ 球蛋白			3～4
α₂ 球蛋白			6～10
β 球蛋白	大部分在肝	运输	7～11
γ 球蛋白	主要在肝外	免疫	9～18

*醋酸纤维素薄膜电泳时血浆蛋白质的百分含量参考区间。

（二）血浆蛋白质是由不同种类细胞产生的分泌蛋白质

尽管血浆蛋白质的种类繁多，但由于血浆蛋白质较易获得，且许多编码血浆蛋白质的基因序列已知，故对这些蛋白质的结构、功能、合成和更新等已有较深入的了解，现将血浆蛋白质的性质归纳如下：

1. **绝大多数血浆蛋白质在肝合成** 如清蛋白、纤维蛋白原和纤维粘连蛋白等血浆蛋白质都是在肝合成，还有少量的蛋白质是由其他组织细胞合成，如 γ 球蛋白是由浆细胞合成。

2. **血浆蛋白质的合成场所一般位于膜结合的多核糖体上** 血浆蛋白质在进入血浆前，在肝细胞内经历了从粗面内质网到高尔基复合体再抵达质膜而分泌入血液的途径。即合成的蛋白质转移入内质网池，然后被酶切去信号肽，蛋白质前体成为成熟蛋白质。血浆蛋白质自肝细胞内合成部位到血浆的时间为 30 分钟至数小时不等。

3. **除清蛋白外，几乎所有的血浆蛋白质均为糖蛋白** 血浆蛋白质的糖链部分包含许多生物信息。例如，血浆蛋白质合成后需要定向输送，此过程需要 N- 或 O- 连接的糖链。此外，红细胞的血型物质含糖达 80%～90%，ABO 系统中血型物质 A、B 均是在血型物质 O 的糖链非还原端各加上 N- 乙酰半乳糖胺（N-acetylgalactosamine，GalNAc）或半乳糖（galactose，Gal）。正是一个糖基的差别，使红细胞能分别识别不同的抗体。某些血浆蛋白质糖链末端的唾液酸残基如被唾液酸酶（neuraminidase）切除，常可使这些血浆蛋白质的半衰期缩短。

4. **血浆蛋白质呈现多态性** 多态性是孟德尔式或单基因遗传的性状。在人群中，如果某一蛋白质具有多态性说明它至少有两种表型，每一种表型的发生率不少于 1%～2%。ABO 血型抗原是广为人知的多态性，ABO 血型基因位于人类染色体 9q34，有三个最主要的等位基因：$I^A(A)$、$I^B(B)$ 和 $i(O)$，

这些等位基因的原初产物是糖基转移酶。*A* 基因编码 N- 乙酰半乳糖胺转移酶,*B* 基因编码半乳糖转移酶,*O* 基因由于碱基缺失形成移码突变,表达产物无酶活性。*ABO* 基因单核苷酸多态性使糖基转移酶的催化结构域改变,其血型抗原呈多样性。另外 $α_1$- 抗胰蛋白酶、结合珠蛋白、运铁蛋白、铜蓝蛋白和免疫球蛋白等均具有多态性。研究血浆蛋白质的多态性对遗传学、人类学和临床医学均有重要意义。

5. 每种血浆蛋白质均有自己特异的半衰期 各种血浆蛋白质具有差异较大的半衰期,如正常成人的清蛋白和结合珠蛋白的半衰期分别为 20 天和 5 天左右。

6. 血浆蛋白质水平的改变往往与疾病紧密相关 在急性炎症或组织损伤(如广泛性心肌梗死)等情况下,某些血浆蛋白质的水平会增高,它们被称为急性期蛋白(acute phase protein,APP)。增高的蛋白质包括 C 反应蛋白(C-reactive protein,CRP)、$α_1$- 抗胰蛋白酶、结合珠蛋白、$α_1$- 酸性糖蛋白和纤维蛋白原等。这些蛋白质水平的增高,少则增加 50%,多则可增加上千倍。患慢性炎症或肿瘤时,也会出现这种升高,提示急性期蛋白在人体炎症反应中起一定作用。例如,$α_1$- 抗胰蛋白酶能使急性炎症期释放的某些蛋白酶失效;白细胞介素 1(IL-1)是单核巨噬细胞释放的一种多肽,它能刺激肝细胞合成许多急性期反应物(acute phase reactant,APR)。急性期亦有些蛋白质浓度出现降低,如清蛋白和运铁蛋白等。

二、血浆蛋白质具有重要功能

血浆蛋白质种类繁多,虽然其中不少蛋白质的功能尚未完全阐明,但对血浆蛋白质的一些重要功能已有较深入的了解,现概述如下。

(一)血浆蛋白质维持血浆胶体渗透压

虽然血浆胶体渗透压仅占血浆总渗透压的极小部分(1/230),但它对水在血管内外的分布具有决定性的作用。正常人血浆胶体渗透压的大小,取决于血浆蛋白质的摩尔浓度。由于清蛋白的分子量小(66kDa),在血浆内的总含量大、摩尔浓度高,加之在生理 pH 条件下,其电负性高,能使水分子聚集其分子表面,故清蛋白能最有效地维持胶体渗透压。清蛋白所产生的胶体渗透压占血浆胶体总渗透压的 75%~80%。当血浆蛋白质浓度,尤其是清蛋白浓度过低时,血浆胶体渗透压下降,导致水分在组织间隙潴留,出现水肿。

(二)血浆蛋白质维持血浆正常的 pH

正常血浆的 pH 为 7.40 ± 0.05。蛋白质是两性电解质,血浆蛋白质的等电点大部分在 pH 4.0~7.3 之间,血浆蛋白盐与相应蛋白质形成缓冲对,参与维持血浆正常的 pH,如蛋白质钠盐 / 蛋白质是血浆中的主要缓冲对之一。

(三)血浆蛋白质具有运输作用

血浆蛋白质分子的表面上分布有众多的亲脂性结合位点,脂溶性物质可与其结合而被运输。血浆蛋白质还能与易被细胞摄取和易随尿液排出的一些小分子物质结合,防止它们从肾丢失。例如,脂溶性维生素 A 以视黄醇形式存在于血浆中,它先与视黄醇结合蛋白形成复合物,再与前清蛋白以非共价键缔合成视黄醇 - 视黄醇结合蛋白 - 前清蛋白复合物。这种复合物一方面可防止视黄醇的氧化,另一方面防止小分子量的视黄醇 - 视黄醇结合蛋白复合物从肾丢失。血浆中的清蛋白能与脂肪酸、Ca^{2+}、胆红素、磺胺等多种物质结合。此外血浆中还有皮质激素传递蛋白、运铁蛋白、铜蓝蛋白、载脂蛋白等。这些载体蛋白除结合运输血浆中某种物质外,还具有调节被运输物质代谢的作用。

(四)抗体和补体具有免疫作用

血浆中的免疫球蛋白,IgG、IgA、IgM、IgD 和 IgE,又称为抗体,在体液免疫中起至关重要的作用。此外,血浆中还有一组协助抗体完成免疫功能的蛋白酶——补体。免疫球蛋白能识别特异性抗原并与之结合,形成的抗原抗体复合物能激活补体系统,产生溶菌和溶细胞现象。

(五)血清酶具有催化作用

血浆中的酶称作血清酶。根据血清酶的来源和功能,可分为以下三类。

1. 血浆功能酶 这类酶主要在血浆发挥催化功能,如凝血及纤溶系统的多种蛋白水解酶,它们都以酶原的形式存在于血浆内,在一定条件下被激活后发挥作用。此外血浆中还有生理性抗凝物质、假性胆碱酯酶、卵磷脂:胆固醇酰基转移酶、脂蛋白脂肪酶和肾素等。血浆功能酶绝大多数由肝合成后分泌入血,并在血浆中发挥催化作用。

2. **外分泌酶**　外分泌腺分泌的酶类包括胃蛋白酶、胰蛋白酶、胰淀粉酶、胰脂肪酶和唾液淀粉酶等。在生理条件下这些酶少量逸入血浆,它们的催化活性与血浆的正常生理功能无直接的关系。但当这些脏器受损时,逸入血浆的酶量增加,血浆内相关酶的活性增高,在临床上有诊断价值。

3. **细胞酶**　细胞酶存在于细胞和组织内,参与物质代谢。随着细胞的不断更新,这些酶可释放至血。正常时它们在血浆中含量甚微。这类酶大部分无器官特异性;小部分来源于特定的组织,表现为器官特异性。当特定的器官有病变时,血浆内相应的酶活性增高,可用于临床酶学检验。如肝功能严重受损时,血浆中谷丙转氨酶与谷草转氨酶的活性会显著升高。

(六) 血浆蛋白质为组织提供营养

每个成人 3L 左右的血浆中约有 200g 蛋白质。体内的某些细胞,如单核 - 吞噬细胞系统,吞噬血浆蛋白质,然后由细胞内的酶类将吞入细胞的蛋白质分解为氨基酸进入氨基酸池,用于组织蛋白质的合成,或转变成其他含氮化合物。此外,蛋白质还能分解供能。

(七) 血浆蛋白质具有凝血、抗凝血和纤溶作用

血浆中存在众多的凝血因子、抗凝血及纤溶物质,它们在血液中相互作用、相互制约,保持循环血流通畅。但当血管损伤、血液流出血管时,即发生凝血反应,封堵损伤部位,以防止血液的大量流失。

(八) 多种疾病可导致血浆蛋白质异常

血浆蛋白质在维持人体正常代谢中有重要功能,血浆蛋白质异常可见于多种临床疾病,如风湿病、肝疾病和多发性骨髓瘤等。

1. **风湿病**　风湿病血浆蛋白质的异常改变主要包括急性炎症反应和由于抗原刺激引起的免疫系统增强的反应。其特征为:①免疫球蛋白升高,特别是 IgA,并可有 IgG 及 IgM 的升高;②炎症活动期可有 α_1- 酸性糖蛋白、触珠蛋白、补体 C3 蛋白成分升高。

2. **肝疾病**　急性肝炎时,出现非典型的急性时相反应,前清蛋白是肝功能损害的敏感指标。肝硬化时,血浆蛋白质含量呈现特征性改变,如清蛋白减少、球蛋白增加、清蛋白 / 球蛋白 (A/G) 倒置等。

3. **多发性骨髓瘤**　多发性骨髓瘤是由浆细胞恶性增生所致的一种肿瘤。总的蛋白质电泳图谱表现为:①在原 γ 区带外出现一特征性的 M 蛋白峰;②清蛋白区带下降。

第二节　｜　血红素的合成

血红蛋白 (hemoglobin, Hb) 是红细胞中最主要的成分,由珠蛋白和血红素 (heme) 组成。血红素不但是 Hb 的辅基,也是肌红蛋白、细胞色素、过氧化物酶等的辅基。血红素可在机体多种细胞内合成,参与血红蛋白组成的血红素主要在骨髓的幼红细胞和网织红细胞中合成。

一、合成血红素的基本原料是甘氨酸、琥珀酰 CoA 和 Fe^{2+}

合成血红素的基本原料是甘氨酸、琥珀酰 CoA 和 Fe^{2+} 等。合成的起始和终末阶段均在线粒体内进行,而中间阶段在胞质内进行。血红素的生物合成可分为四个步骤。

(一) 血红素合成的第一步是在线粒体内合成 δ- 氨基 -γ- 酮戊酸

在线粒体内,由琥珀酰 CoA 与甘氨酸缩合生成 δ- 氨基 -γ- 酮戊酸 (δ-aminolevulinic acid, ALA)(图 26-2)。催化此反应的酶是 ALA 合酶 (ALA synthase),其辅酶是磷酸吡哆醛。此酶是血红素合成的限速酶,受血红素的反馈调节。

(二) ALA 在胞质内脱水缩合生成胆色素原

ALA 生成后从线粒体进入胞质,在 ALA 脱水酶 (ALA dehydrase) 催化下,2 分子 ALA 脱水缩合生成 1 分子胆色素原 (porphobilinogen, PBG)(图 26-3)。ALA 脱水酶含有巯基,对铅等重金属的抑制作用十分敏感。

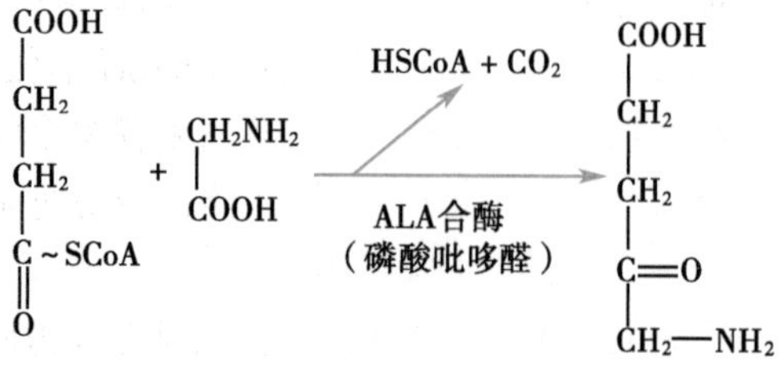

图 26-2 δ- 氨基 -γ- 酮戊酸的合成

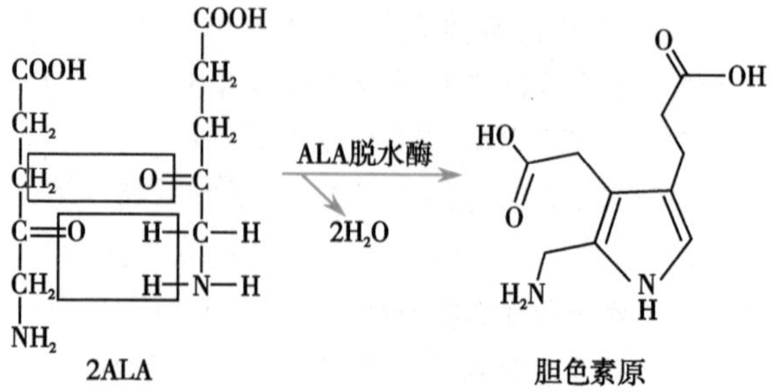

图 26-3 胆色素原的合成

(三) 胆色素原脱氨缩合转变为尿卟啉原与粪卟啉原

在胞质中,由尿卟啉原Ⅰ合酶(uroporphyrinogen Ⅰ synthase,UPG Ⅰ synthase,又称胆色素原脱氨酶)催化,使 4 分子胆色素原脱氨缩合生成 1 分子线状四吡咯,后者再由 UPG Ⅲ合酶催化生成尿卟啉原Ⅲ(UPG Ⅲ)。UPG Ⅲ进一步经尿卟啉原Ⅲ脱羧酶催化,使其 4 个乙酸基(A)侧链脱羧基变为甲基(M),从而生成粪卟啉原Ⅲ(coproporphyrinogen Ⅲ,CPG Ⅲ),反应如图 26-4 所示。

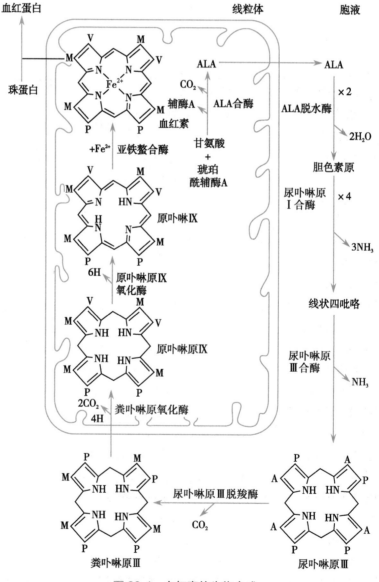

图 26-4 血红素的生物合成

A:—CH_2COOH;P:—CH_2CH_2COOH;M:—CH_3;V:—$CHCH_2$。

(四) 粪卟啉原Ⅲ在线粒体内转变为血红素

胞质中生成的粪卟啉原Ⅲ再进入线粒体,经粪卟啉原Ⅲ氧化酶作用,使其 2,4 位两个丙酸基(P)氧化脱羧变成乙烯基(V),从而生成原卟啉原Ⅸ(protoporphyrinogen Ⅸ),再由原卟啉原Ⅸ氧化酶催化,使其 4 个连接吡咯环的亚甲基氧化成次甲基,则成为原卟啉Ⅸ(protoporphyrin Ⅸ)。通过亚铁螯合酶(ferrochelatase,又称血红素合成酶)的催化,原卟啉Ⅸ和 Fe^{2+} 结合,生成血红素(图 26-4)。铅等重金属对亚铁螯合酶也有抑制作用。

血红素生成后从线粒体转运到胞质,在骨髓的有核红细胞及网织红细胞中,与珠蛋白结合成为血红蛋白。

血红素合成的全过程总结于图 26-4。血红素合成的特点可归结如下:①体内大多数组织均具有合成血红素的能力,但合成的主要部位是骨髓与肝,成熟红细胞不含线粒体,故不能合成血红素。②血红素合成的原料是琥珀酰 CoA、甘氨酸及 Fe^{2+} 等简单小分子物质。其中间产物的转变主要是吡咯环侧链的脱羧和脱氢反应。各种卟啉原化合物的吡咯环之间无共轭结构,均无色,性质不稳定,易被氧化,对光尤为敏感。③血红素合成的起始和最终过程均在线粒体中进行,而其他中间步骤则在胞质中进行。这种定位对终产物血红素的反馈调节作用具有重要意义。关于中间产物进出线粒体的机制,目前尚不清楚。

二、血红素合成的最主要调节步骤是 ALA 的合成

血红素的合成受多种因素的调节,其中最主要的调节步骤是 ALA 的合成。

(一) ALA 合酶是血红素合成体系的限速酶

ALA 合酶是血红素合成体系的限速酶,受血红素的反馈抑制。此外,血红素还可以阻抑 ALA 合酶的合成。由于磷酸吡哆醛是该酶的辅酶,维生素 B_6 缺乏将影响血红素的合成。ALA 合酶本身的代谢较快,半衰期约为 1 小时。正常情况下,血红素合成后迅速与珠蛋白结合成血红蛋白,不致有过多的血红素堆积。血红素结合成血红蛋白后,对 ALA 合酶不再有反馈抑制作用。如果血红素的合成速度大于珠蛋白的合成速度,过多的血红素可以氧化成高铁血红素,后者对 ALA 合酶也具有强烈抑制作用。某些固醇类激素,例如睾酮在体内的 5-β 还原物,能诱导 ALA 合酶的合成,从而促进血红素的生成。许多在肝中进行生物转化的物质,例如致癌物质、药物、杀虫剂等,均可导致肝 ALA 合酶显著增加,因为这些物质的生物转化作用需要细胞色素 P450,后者的辅基正是铁卟啉化合物。由此,通过肝 ALA 合酶的增加,以适应生物转化的需求。

(二) 重金属抑制 ALA 脱水酶与亚铁螯合酶活性

ALA 脱水酶虽然也可被血红素抑制,但并不引起明显的生理效应,因为此酶的活性较 ALA 合酶强 80 倍,故血红素的抑制基本上是通过 ALA 合酶起作用。ALA 脱水酶和亚铁螯合酶对重金属(例如铅)的抑制均非常敏感,因此血红素合成的抑制是铅中毒的重要体征。此外,亚铁螯合酶还需要还原剂(如谷胱甘肽),任何还原条件的中断也会抑制血红素的合成。

(三) 促红细胞生成素促进红细胞成熟以及血红素和血红蛋白合成

促红细胞生成素(erythropoietin,EPO)是一种集落刺激因子,由 166 个氨基酸组成的糖蛋白,分子量为 34kDa。主要在肾合成,缺氧时即释放入血,运至骨髓,结合并激活原始红细胞表面的 EPO 受体,促进红系爆式集落形成单位(burst forming unit-erythroid,BFU-E)和红系集落形成单位(colony forming unit-erythroid,CFU-E)的繁殖和分化,加速有核红细胞的成熟以及血红素和 Hb 的合成。因此,EPO 是红细胞生成的主要调节剂。

铁卟啉合成代谢异常而导致卟啉或其中间代谢物浓度异常升高,并在组织中蓄积,造成细胞损伤而引起的一类代谢性疾病称为卟啉症(porphyria)。卟啉症有先天性和后天性两大类。先天性卟啉症是由某种血红素合成酶系的遗传性缺陷所致;后天性卟啉症则主要指重金属中毒或某些药物中毒引起的铁卟啉合成障碍。例如铅中毒抑制 ALA 脱水酶、亚铁螯合酶和粪卟啉原氧化酶而导致卟啉症。

第三节 | 血细胞物质代谢

血液中存在有多种血细胞:红细胞,主要的功能是运送氧;白细胞,在机体免疫反应中发挥重要作用;血小板,在凝血过程中起重要作用。血小板由骨髓造血组织中的巨核细胞脱落的胞质被细胞膜包裹而形成,本节重点介绍红细胞和白细胞的主要代谢特点。

一、糖无氧氧化是成熟红细胞获得能量的唯一途径

红细胞是血液中最主要的细胞,它是在骨髓中由造血干细胞定向分化而成的红系细胞。在红系细胞发育过程中,经历了原始红细胞、早幼红细胞、中幼红细胞、晚幼红细胞、网状红细胞等阶段,最后才成为成熟红细胞。在成熟过程中,红细胞发生一系列形态和代谢的改变(表 26-2)。

表 26-2 红细胞成熟过程中的代谢变化

代谢能力	有核红细胞	网织红细胞	成熟红细胞
分裂增殖能力	+	−	−
DNA 合成	+[*]	−	−
RNA 合成	+	−	−
蛋白质合成	+	+	−
血红素合成	+	+	−
脂质合成	+	+	−
三羧酸循环	+	+	−
氧化磷酸化	+	+	−
糖无氧氧化	+	+	+
戊糖磷酸途径	+	+	+

注:"+""−"分别表示该途径有或无。
* 晚幼红细胞为"−"。

哺乳动物的成熟红细胞除质膜和胞质外,无细胞核和线粒体等细胞器,其代谢比一般细胞简单。葡萄糖是成熟红细胞的主要能量物质。血液循环中的红细胞每天大约从血浆摄取 30g 葡萄糖,其中 90%～95% 经糖无氧氧化和甘油酸 -2,3- 二磷酸(2,3-bisphosphoglycerate,2,3-BPG)支路进行代谢,5%～10% 通过戊糖磷酸途径进行代谢。

(一)糖无氧氧化产生的 ATP 维持红细胞生理活动

红细胞中存在催化糖无氧氧化所需要的所有的酶和中间代谢物(表 26-3),糖无氧氧化的基本反应和其他组织相同。糖无氧氧化是红细胞获得能量的唯一途径,1mol 葡萄糖经无氧氧化生成 2mol 乳酸的过程中,产生 2mol ATP,通过这一途径可使红细胞内 ATP 的浓度维持在 1～2mmol/L 水平。

表 26-3 红细胞中糖无氧氧化中间产物的浓度　　　　　　　单位:μmol/L

糖无氧氧化中间产物	动脉血	静脉血
葡萄糖 -6- 磷酸	30.0	24.8
果糖 -6- 磷酸	9.3	3.3
果糖 -1,6- 二磷酸	0.8	1.3
磷酸丙糖	4.5	5.0
甘油酸 -3- 磷酸	19.2	16.5
甘油酸 -2- 磷酸	5.0	1.0
磷酸烯醇式丙酮酸	10.8	6.6
丙酮酸	87.5	143.2
甘油酸 -2,3- 二磷酸	3 400	4 940

红细胞中的 ATP 主要用于维持以下几方面的生理活动。

1. **维持红细胞膜上钠泵（Na⁺,K⁺-ATP 酶）的运转**　Na⁺ 和 K⁺ 一般不易通过细胞膜,钠泵通过消耗 ATP 将 Na⁺ 泵出、K⁺ 泵入红细胞以维持红细胞的离子平衡以及细胞容积和双凹盘状形态。

2. **维持红细胞膜上钙泵（Ca²⁺-ATP 酶）的运行**　将红细胞内的 Ca²⁺ 泵入血浆以维持红细胞内的低钙状态。正常情况下,红细胞内的 Ca²⁺ 浓度很低（20μmol/L）,而血浆的 Ca²⁺ 浓度为 2～3mmol/L。血浆内的 Ca²⁺ 会被动扩散进入红细胞。缺乏 ATP 时,钙泵不能正常运行,钙将聚集并沉积于红细胞膜,使膜失去柔韧性而趋于僵硬,红细胞流经狭窄的脾窦时易被破坏。

3. **维持红细胞膜上脂质与血浆脂蛋白中的脂质进行交换**　红细胞膜的脂质处于不断地更新中,此过程需消耗 ATP。缺乏 ATP 时,脂质更新受阻,红细胞的可塑性降低,易于破坏。

4. **用于谷胱甘肽、NAD⁺ 和 NADP⁺ 的生物合成**　谷胱甘肽是由谷氨酸、半胱氨酸和甘氨酸结合而成的三肽化合物,是机体中重要的抗氧化物质。合成谷胱甘肽需要 ATP 参与,烟酰胺在体内与 ATP 反应生成辅酶 NAD⁺ 和 NADP⁺,这两种辅酶在生物氧化还原反应中起电子载体或递氢体作用。

5. **ATP 用于葡萄糖的活化,启动糖无氧氧化过程**　葡萄糖分解的第一步反应就是发生磷酸化而活化,此过程需由 ATP 供能。

（二）红细胞的糖无氧氧化存在甘油酸 -2,3- 二磷酸支路

红细胞内的糖无氧氧化还存在一个特殊途径——甘油酸 -2,3- 二磷酸支路（2,3-bisphosphoglycerate shunt）（图 26-5）。2,3-BPG 支路的分支点是甘油酸 -1,3- 二磷酸（1,3-bisphosphoglycerate,1,3-BPG）。正常情况下,2,3-BPG 对甘油酸二磷酸变位酶的负反馈作用大于对磷酸甘油酸激酶的抑制作用,所以 2,3-BPG 支路占糖酵解的 15%～50%;但是由于 2,3-BPG 磷酸酶的活性较低,2,3-BPG 的生成大于分解,造成红细胞内 2,3-BPG 升高。红细胞内 2,3-BPG 虽然也能供能,但主要功能是调节血红蛋白的运氧功能。

2,3-BPG 是调节 Hb 运氧功能的重要因素,它是一个电负性很高的分子,可与血红蛋白结合,结合部位在 Hb 分子 4 个亚基的对称中心孔穴内。2,3-BPG 的负电基团与组成孔穴侧壁的 2 个 β 亚基的带正电基团形成盐键（图 26-6）,从而使血红蛋白分子的 T 构象更趋稳定,降低 Hb 与 O₂ 的亲和力。当血流经过 PO₂ 较高的肺部时,2,3-BPG 的影响不大,而当血液流过 PO₂ 较低的组织时,红细胞中 2,3-BPG 的存在则显著增加 O₂ 释放,以供组织需要。在 PO₂ 相同条件下,随 2,3-BPG 浓度增大,HbO₂ 释放的 O₂ 增多。人体能通过改变红细胞内 2,3-BPG 的浓度来调节对组织的供氧。

动画

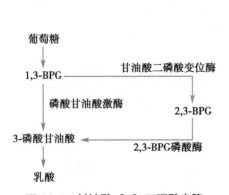

图 26-5　甘油酸 -2,3- 二磷酸支路

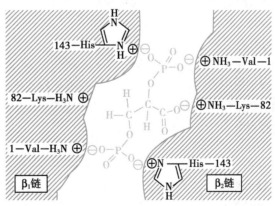

图 26-6　甘油酸 -2,3- 二磷酸与血红蛋白的结合

（三）戊糖磷酸途径提供 NADPH 维持红细胞的完整性

红细胞内戊糖磷酸途径的代谢过程与其他细胞相同,主要功能是产生 NADPH+H⁺。NADH 和 NADPH 是红细胞内重要的还原当量,它们能够对抗氧化剂,保护细胞膜蛋白质、血红蛋白和酶蛋白的巯基等不被氧化,从而维持红细胞的正常功能。戊糖磷酸途径是红细胞产生 NADPH 的唯一途径。红细胞中的 NADPH 能维持细胞内还原型谷胱甘肽（GSH）的含量（图 26-7）,使红细胞免遭外源性和内源性氧化剂的损害。某些疾病状态,如葡萄糖 -6 磷酸脱氢酶缺乏症（俗称蚕豆病）病人因红细胞中戊糖磷酸途径关键酶缺乏而导致 NADPH 量不足,无法维持谷胱甘肽的还原状态,因此在接触强氧化

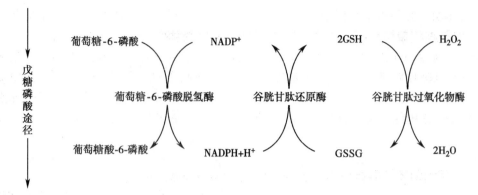

图 26-7 谷胱甘肽的氧化与还原及其有关代谢

因子时,红细胞细胞膜破裂导致溶血。

由于氧化作用,红细胞内经常产生少量高铁血红蛋白(methemoglobin,MHb),MHb 中的铁为三价,不能携带氧。但红细胞内有 NADH- 高铁血红蛋白还原酶和 NADPH- 高铁血红蛋白还原酶催化 MHb 还原成 Hb。另外,GSH 和抗坏血酸也能直接还原 MHb。在上述高铁血红蛋白还原系统中,以 NADH- 高铁血红蛋白还原酶最重要。由于有 MHb 还原系统的存在,使红细胞内 MHb 只占 Hb 总量的 $1\% \sim 2\%$。

(四) 红细胞不能合成脂肪酸

成熟红细胞的脂质几乎都存在于细胞膜。成熟红细胞由于没有线粒体,因此无法从头合成脂肪酸,但膜脂的不断更新却是红细胞生存的必要条件。红细胞通过主动参入和被动交换不断地与血浆进行脂质交换,维持其正常的脂质组成、结构和功能。

(五) 高铁血红素促进珠蛋白的合成

血红蛋白由珠蛋白与血红素构成。珠蛋白的合成与一般蛋白质相同,其合成受血红素的调控。血红素的氧化产物高铁血红素能促进珠蛋白的生物合成,其机制见图 26-8。cAMP 激活蛋白激酶 A 后,蛋白激酶 A 能使无活性的 eIF-2 激酶磷酸化。后者再催化 eIF-2 磷酸化而使之失活。高铁血红素有抑制 cAMP 激活蛋白激酶 A 的作用,从而使 eIF-2 保持于去磷酸化的活性状态,有利于珠蛋白的合成,进而影响血红蛋白的合成。

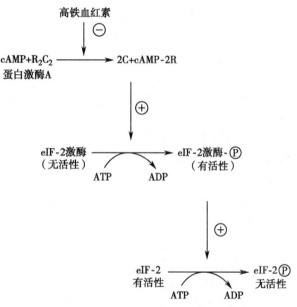

图 26-8 高铁血红素对起始因子 2 的调节
R:蛋白激酶 A 调节亚基;C:蛋白激酶 A 催化亚基。

二、白细胞的代谢与白细胞功能密切相关

人体白细胞由粒细胞、淋巴细胞和单核巨噬细胞三大系统组成。主要功能是对外来入侵起抵抗作用,白细胞的代谢与白细胞的功能密切相关。白细胞的功能将在免疫学详细介绍,故在此只扼要介绍白细胞的代谢特点。

(一) 糖无氧氧化是白细胞主要的获能途径

由于粒细胞的线粒体很少,故糖无氧氧化是主要的糖代谢途径。中性粒细胞能利用外源性的糖和内源性的糖原进行糖无氧氧化,为细胞的吞噬作用提供能量。单核巨噬细胞虽能进行有氧氧化,但糖无氧氧化仍占很大比重。在免疫反应中,T 淋巴细胞接受复杂的信号后激活、增殖和分化成不同的细胞亚型。研究表明,不同状态和阶段的 T 淋巴细胞其葡萄糖代谢的特点有所不同,例如,免疫反应

中 T 淋巴细胞激活前主要通过葡萄糖的有氧氧化获能,而激活后则主要通过糖无氧氧化获能。

(二)粒细胞和单核巨噬细胞通过产生活性氧发挥杀菌作用

中性粒细胞和单核巨噬细胞被趋化因子激活后,细胞内戊糖磷酸途径被激活,产生大量的 NADPH。经 NADPH 氧化酶递电子体系可使 O_2 接受单电子还原,产生大量的超氧阴离子(O_2^-)。超氧阴离子再进一步转变成 H_2O_2、$\cdot OH$ 等活性氧,起杀菌作用。NADPH 氧化酶递电子体系的成分包括 NADPH 氧化酶、细胞色素 b_{558} 和两种胞质多肽等。

$$2O_2+NADPH \longrightarrow 2O_2^-.+NADP^++H^+$$

(三)粒细胞和单核巨噬细胞能合成多种物质参与超敏反应

速发型超敏反应(Ⅰ型超敏反应)中,在多种刺激因子作用下,单核巨噬细胞可将花生四烯酸转变成血栓烷和前列腺素;而在脂氧化酶的作用下,粒细胞和单核巨噬细胞可将花生四烯酸转变成白三烯;同时,粒细胞中的大量组氨酸代谢生成组胺。组胺、白三烯和前列腺素都是速发型超敏反应中重要的生物活性物质。

(四)单核巨噬细胞和淋巴细胞能合成多种活性蛋白质

由于成熟粒细胞缺乏内质网,故蛋白质合成量很少。而单核/巨噬细胞的蛋白质代谢很活跃,能合成多种酶、补体和各种细胞因子。在免疫反应中,B 淋巴细胞分化为浆细胞,产生并分泌多种抗体蛋白,参与体液免疫。

小 结

血液由红细胞、白细胞和血小板以及血浆组成。血浆的主要成分是水、无机盐、有机小分子和蛋白质等。

血浆中的蛋白质浓度为 60 ~ 80g/L,多在肝合成。其中含量最多的是清蛋白,其浓度为 40 ~ 55g/L,它能结合并转运许多物质,在血浆胶体渗透压形成中起重要作用。血浆中的蛋白质具有多种重要的生理功能。

未成熟红细胞能利用琥珀酰 CoA、甘氨酸和 Fe^{2+} 合成血红素。血红素合成的关键酶是 ALA 合酶,受到多种因素的调控。

成熟红细胞代谢的特点是丧失了合成核酸和蛋白质的能力,并且不能进行有氧氧化,红细胞主要依赖糖无氧氧化、戊糖磷酸途径和 2,3-BPG 支路维持其功能。

有吞噬功能的白细胞的戊糖磷酸途径和糖无氧氧化代谢也很活跃。NADPH 氧化酶递电子体系产生活性氧,发挥杀菌作用。

思考题:
1. 试述红细胞的氧化还原系统。
2. 试述重金属通过哪些环节抑制血红素合成。

思考题解题思路

本章目标测试

本章思维导图

(潘东宁)

第二十七章 | 其他重要器官和组织的生物化学

　　肝作为机体物质代谢的中枢,在第二十五章已有详细介绍,但肝外各器官组织高度分化且功能各异,其代谢模式又各具独特性。本章重点介绍脑、心肌、肾以及骨骼肌、脂肪组织等肝外器官和组织的代谢特点,并结合其功能关联和代谢调节讨论这些重要器官组织相关的代谢性疾病。

第一节 | 脑的生物化学

　　人类脑需要计划复杂行为、作出决定以及处理应对情绪和社会环境的变化,有巨大的能量需求,是主要耗能器官之一。脑主要利用葡萄糖和酮体供能,神经元消耗了脑能量的 70%~80%,胶质细胞与神经元进行了广泛的代谢互动。此外,脑还存在谷氨酸等神经递质特异代谢途径。糖脂代谢紊乱参与了阿尔茨海默病等神经退行性疾病的发生发展。

一、脑主要利用葡萄糖和酮体供能且耗氧量大

(一)葡萄糖是脑主要的能量来源

　　脑的功能主要依靠葡萄糖的分解产生 ATP 和中间代谢物,葡萄糖或氧气供应不足会降低脑功能,最终导致死亡。人脑仅占体重的 2%,但每天消耗约 100g 葡萄糖,约占总葡萄糖的 25%,并消耗约 20% 的总耗氧量。

　　脑约 70% 的能量消耗主要应用于神经元信号转导,包括静息电位、动作电位、突触后受体、谷氨酸循环以及突触后 Ca^{2+} 信号。其余能量用于非信号生理功能,如蛋白质、磷脂和寡核苷酸的合成、轴突运输、线粒体质子外排、肌动蛋白细胞骨架重塑等。其中,Na^+-K^+-ATPase 等离子泵在神经元和胶质细胞中表达,消耗 ATP 来维持质膜离子梯度来调控细胞的兴奋性,占到约 50% 葡萄糖氧化所产生的能量,其中兴奋性神经元消耗约 80%~85% 的 ATP,抑制性神经元和神经胶质细胞利用 15%~20% 的 ATP。此外,脑的不同区域消耗能量也不同,灰质包含更多神经元,能量消耗远高于白质,而白质的非信号能量需求高于灰质。

　　葡萄糖转运蛋白(glucose transporters,GLUT)转运葡萄糖进入细胞,GLUT1 和 3 是脑主要的葡萄糖转运蛋白。由于糖基化程度不同,GLUT1 有 45kDa 和 55kDa 两种不同的分子量形式。55kDa 形式的 GLUT1 主要定位于脑微血管、脉络丛和室管膜细胞中,转运循环中的葡萄糖到脑实质。45kDa 的 GLUT1 主要定位在星形胶质细胞和其他神经胶质细胞中。GLUT3 和胰岛素敏感的 GLUT4 是神经元的特异性葡萄糖转运蛋白。GLUT2 在下丘脑和脑干神经核等区域的神经元和星形胶质细胞中表达,可以 "感知" 葡萄糖水平并参与进食行为的调节和胰岛素释放。GLUT5 定位于小胶质细胞,参与神经系统的免疫和炎症反应。

　　葡萄糖进入细胞后通过糖酵解和三羧酸循环进行分解并产生 ATP。糖酵解产生的胞质 NADH 通过苹果酸 - 天冬氨酸穿梭转移到线粒体,NAD^+ 也通过苹果酸 - 天冬氨酸穿梭或乳酸脱氢酶催化再生。在缺氧或线粒体受损情况下,糖酵解速率超过苹果酸 - 天冬氨酸穿梭能力或三羧酸循环速率时会产生乳酸。乳酸胞内积累导致低水平 NAD^+,最终抑制糖酵解途径。乳酸可通过单羧酸转运蛋白(monocarboxylate transporters,MCTs)释放到胞外。

（二）脑的葡萄糖代谢存在能量供给外的功能

葡萄糖的分解不仅为脑提供能量支持,同时其中间代谢产物可用于合成生糖氨基酸(丝氨酸、甘氨酸、丙氨酸和谷氨酰胺)、神经递质和神经调节剂(谷氨酸、γ-氨基丁酸、天冬氨酸、D-丝氨酸、甘氨酸和乙酰胆碱),糖脂和糖蛋白中的糖组分,细胞膜和磷脂的脂肪酸组分、胆固醇等其他脂质以及核酸等,为脑结构、功能和可塑性提供物质基础。葡萄糖的戊糖磷酸途径等分支代谢途径还参与防御氧化应激和有毒物的损伤。

戊糖磷酸途径的产物 NADPH 以及还原型的谷胱甘肽(GSH)可对抗 ROS 产生的氧化应激损伤。呼吸链的电子传递等生理活动产生超氧阴离子,单胺氧化酶(monoamine oxidase,MAO)在 5-羟色胺、多巴胺和去甲肾上腺素(norepinephrine,NE)等生物胺类神经递质代谢过程中产生 H_2O_2。超氧化物歧化酶(superoxide dismutase,SOD)转化超氧阴离子为 H_2O_2 后,谷胱甘肽过氧化物酶(glutathione peroxidase,GSH-Px)催化 H_2O_2 生成 H_2O 和 O_2。和星形胶质细胞比较,神经元的谷胱甘肽水平和戊糖磷酸途径活性较低,更容易受到氧化应激的损伤。星形胶质细胞协同调控神经元谷胱甘肽的合成代谢,抵抗氧化应激损伤(图 27-1)。这种协同作用受损参与神经退行性疾病进展,例如家族性肌萎缩侧索硬化症是由 SOD 突变引起的,帕金森病患者的黑质神经元中的谷胱甘肽含量减少。

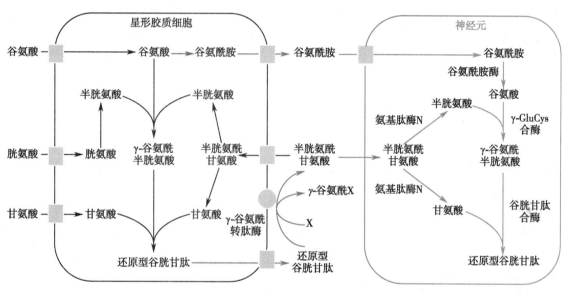

图 27-1 星形胶质细胞协同神经元的谷胱甘肽合成

NADPH 和 GSH 也参与代谢过程中生成的甲基乙二醛、乙二醛和甲醛等有毒物的清除。甲基乙二醛和乙二醛是糖酵解的副产物,由甘油醛-3-磷酸和磷酸二羟丙酮自发生成,丙糖磷酸异构酶(triose phosphate isomerase,TIM)加速这个过程。甲基乙二醛也可由丝氨酸和苏氨酸的分解以及脂质过氧化产生。高糖膳食、高血糖和摄入大量果糖后,增加组织甲基乙二醛的水平,并与蛋白质中的氨基酸残基形成亚胺化合物,通过缓慢的非酶催化的糖基化修饰,形成糖和蛋白质结合物即晚期糖基化终末产物(advanced glycation end products,AGEs)。AGEs 与相邻蛋白质的氨基酸残基发生共价键交联,AGEs 及其蛋白质交联产物抵抗蛋白酶水解,非常稳定且不可逆转,加速衰老并参与糖尿病、阿尔茨海默病(Alzheimer disease,AD)、动脉粥样硬化等慢性退化性疾病。神经元和星形胶质细胞中具有活跃的乙二醛酶系统可利用 GSH 清除甲基乙二醛和乙二醛的毒性。

在星形胶质细胞中,GSH 由半胱氨酸、甘氨酸和谷氨酸合成,星形胶质细胞释放合成的 GSH 到胞外,但神经元不能直接摄取 GSH。星形胶质细胞膜结合的 γ-谷氨酰转肽酶(γ-GT)可裂解胞外的 GSH 并释放二肽 CysGly。神经元摄取该二肽后经氨基肽酶 N(aminopeptidase N,APN)裂解成为半胱氨酸和甘氨酸。星形胶质细胞还转运 GSH 合成的第三个前体谷氨酰胺给神经元。在神经元中谷氨酰胺通过谷氨酰胺酶作用产生谷氨酸,γ-GluCys 合酶将谷氨酸和半胱氨酸缩合成二肽 γ-GluCys,谷胱甘肽合酶再将甘氨酸添加到二肽中生成 GSH。实心黑框代表转运体。

此外，NADPH 还用于参与一氧化氮合酶、细胞色素 P450 还原酶、醛还原酶（aldehyde reductase）和醛糖还原酶（aldose reductase）催化的反应。由于醛糖还原酶对葡萄糖的 Km 高（70～200mmol/L），正常脑中的山梨醇合成水平非常低。在糖尿病引起葡萄糖水平升高时，NADPH 参与醛糖还原酶催化葡萄糖生成山梨醇的过程，促进白内障和糖尿病并发症的进展。

（三）特殊情况下脑可以利用酮体、乳酸供能

在特殊情况下脑也可以利用使用酮体、乳酸、丙酮酸、谷氨酸和谷氨酰胺等作为葡萄糖的补充能源。母乳喂养的新生儿除葡萄糖外，还能利用酮体包括乙酰乙酸和 β- 羟丁酸。新生儿断奶前后脑能量利用的差异与能量物质供给差异有关，能量物质转运和代谢酶水平也相应发生变化。母乳富含脂质有助于合成髓鞘和细胞膜的磷脂、胆固醇等组分。脂质约占母乳总热量的 55%，而断乳后的膳食脂质只占总热量的 30%～35%。母乳喂养时脑脉管系统中单羧酸转运蛋白的水平以及脑 β- 羟丁酸脱氢酶活性显著增加，而断乳后这些酶活性下降的同时丙酮酸脱氢酶复合体活性增加。在成人，长时间禁食或饥饿以及未受控制的糖尿病情况下，葡萄糖来源和利用度不足，脂质分解代谢增强而导致血浆酮体升高。此时上述母乳喂养新生儿的适应性机制开始发挥作用，脑重新利用酮体供能。

乳酸和丙酮酸也是脑中的替代能量来源，通过专门的单羧酸盐转运蛋白进入神经细胞，并通过三羧酸循环和氧化磷酸化在线粒体中产生 ATP。在基础条件下（血浆乳酸约 1.0mM），乳酸可被脑吸收并完全氧化，占其能量需求的 8%～10%。而在中度至剧烈运动期间，血乳酸浓度可上升至 10mM，脑部乳酸供能可达脑总能量需求的 20%～25%。

此外，脑也可以分解脂肪酸和氨基酸作为能量来源，但是与葡萄糖相比，对整体脑能量代谢的贡献很小。在人的脑组织中，存在有限的糖原储备，与肝和骨骼肌的糖原含量相比，脑中的糖原浓度非常低，主要存储在星形胶质细胞中。

二、脑存在特殊的神经递质代谢途径

神经递质是神经元之间或神经元与效应器细胞之间传递信息的化学物质。神经递质主要有胆碱类（乙酰胆碱）、单胺类（去甲肾上腺素、多巴胺和 5- 羟色胺）、氨基酸类（兴奋性递质如谷氨酸和天冬氨酸，抑制性递质如 GABA、甘氨酸和牛磺酸）和神经肽类等。不同于其他组织，脑存在高水平的神经递质代谢途径。

（一）谷氨酸 - 谷氨酰胺循环参与脑谷氨酸的清除和再生过程

突触释放神经递质及其随后的递质清除是神经元之间信号传递的关键步骤。以兴奋性神经递质谷氨酸为例，细胞外间隙的谷氨酸水平很低（<3μmol/L），谷氨酸释放突触局部浓度可达 1～10mmol/L，星形胶质细胞等通过兴奋性氨基酸转运蛋白（excitatory amino acid transporter，EAAT）可迅速摄取清除胞外的谷氨酸。EAAT 至少有五种亚型参与兴奋性神经递质的摄取，EAAT-1 和 EAAT-2 亚型仅表达于星形胶质细胞，EAAT-3 和 4 主要定位于神经元，而 EAAT-5 在视杆细胞和视网膜双极细胞中表达。

神经元和星形胶质细胞之间的谷氨酸 - 谷氨酰胺循环（glutamate-glutamine cycle）（图 27-2）参与了神经递质谷氨酸的清除和再生过程。神经元释放的谷氨酸完成其生理功能后，星形胶质细胞通过 EAAT 摄取突触间隙的谷氨酸，由星形胶质细胞特异的谷氨酰胺合成酶（glutamine synthetase，GS）消耗 ATP 并生成谷氨酰胺。此后，谷氨酰胺由星形胶质细胞释放并被神经元重新摄取。在神经元谷氨酰胺酶作用下，谷氨酰胺水解重新生成谷氨酸，循环再生神经元代谢池中的谷氨酸。

谷氨酸 - 谷氨酰胺循环及时清除突触间隙中的谷氨酸，防止突触后神经元过度激活所产生的神经毒性，同时转运回神经元的谷氨酰胺可以进一步氧化分解生成 ATP 为神经元提供能量。循环同时

也是缓冲脑氨过高的机制。在肝病患者中,肝对肠道细菌产生的氨的清除受到严重损害,血氨升高引起的肝性脑病的一个特征是脑内谷氨酰胺水平升高。

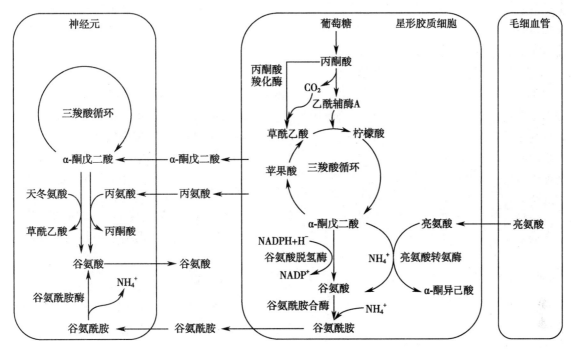

图 27-2　星形胶质细胞和神经元之间的谷氨酸 - 谷氨酰胺循环

并非所有谷氨酸都可以通过谷氨酸 - 谷氨酰胺循环再生,被摄取进入星形胶质细胞的谷氨酸在转氨酶的作用下生成 α- 酮戊二酸,或者通过谷氨酸脱氢酶(glutamate dehydrogenase,GDH)的氧化脱氨转化为 α- 酮戊二酸。部分 α- 酮戊二酸进一步彻底氧化分解为星形胶质细胞提供能量,因此星形胶质细胞需要补充作为能量物质消耗所带来的谷氨酸代谢池损失。星形胶质细胞可利用葡萄糖通过从头合成途径来补充脑谷氨酸代谢池(图 27-2)。星形胶质细胞消耗 NADPH,在谷氨酸脱氢酶催化下通过 α- 酮戊二酸氨化从头合成谷氨酸。其中谷氨酸合成所需氨来自血中的亮氨酸,星形胶质细胞从循环血液中摄取亮氨酸后,在亮氨酸转氨酶(leucine transaminase,LT)催化下将氨基转移给 α- 酮戊二酸生成谷氨酸和 α- 酮异己酸(α-ketoisocaproate,α-KIC)。同时,由于 α- 酮戊二酸进行氧化分解和谷氨酸合成,必须补充 α- 酮戊二酸以维持三羧酸循环的通量。星形胶质细胞特异性表达丙酮酸羧化酶,催化糖酵解产物丙酮酸生成草酰乙酸,草酰乙酸与乙酰辅酶 A 缩合生成柠檬酸,通过三羧酸循环补充 α- 酮戊二酸。

通过星形胶质细胞的谷氨酸从头合成途径以及谷氨酸 - 谷氨酰胺循环机制,星形胶质细胞和神经元协同调控神经递质谷氨酸和脑组织氮的代谢。

脑内抑制性神经递质 GABA 不能穿过血脑屏障,必须在神经元内合成(图 27-3)。谷氨酸在谷氨酸脱羧酶(glutamate decarboxylase,GAD)作用下脱羧生成 GABA,该酶仅在释放 GABA 的神经元中表达。原料谷氨酸可由 GABA 在 GABA 转氨酶(GABA aminotransferase,GABA-T)作用下转移氨基给 α- 酮戊二酸生成,或由谷氨酰胺脱氨生成。GABA 在突触的作用通过 GABA 转运蛋白(GABA transporter,GAT)重新摄取到突触前神经末梢和周围的神经胶质细胞中而终止,在回收到神经末梢的 GABA 可重新利用。在神经胶质细胞中的 GABA 在 GABA-T 作用下,GABA 将氨基转移给丙酮酸生成丙氨酸,GABA 转变为琥珀酸半醛,此后琥珀酸半醛在琥珀酸半醛脱氢酶(succinic semialdehyde dehydrogenase,SSADH)催化下生成琥珀酸,进入三羧酸循环,并重新生成谷氨酰胺转运回神经元。GAD 和 GABA-T 均需要磷酸吡哆醛作为辅助因子,调节中枢兴奋性和抑制性神经递质的平衡,其功能紊乱参与癫痫和成瘾等疾病过程。

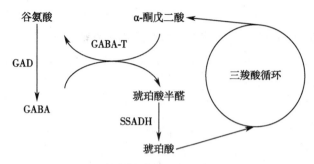

图 27-3 抑制性递质 GABA 的代谢途径

GAD:谷氨酸脱羧酶;GABA-T:GABA 转氨酶;SSADH:琥珀酸半醛脱氢酶。

(二) 神经递质的代谢受到糖和氧水平的调节

神经递质合成和降解需要葡萄糖的分解和提供羟基化的氧。

乙酰胆碱存在于神经肌肉接头处,主要在脊髓和脑干的运动神经元中合成。乙酰胆碱在胞质中由胆碱和乙酰辅酶 A 在胆碱乙酰转移酶(choline acetyltransferase,ChAT)的催化下合成,被乙酰胆碱酯酶(acetylcholinesterase,AChE)水解为胆碱和乙酸而清除。乙酰胆碱的乙酰基团来源于葡萄糖,占葡萄糖利用率的 1%,其合成对缺氧极为敏感,其异常导致认知功能障碍。

儿茶酚胺类神经递质包括多巴胺、去甲肾上腺素和肾上腺素。肾上腺髓质细胞与交感神经元均受中枢神经系统的胆碱能轴突支配,受刺激时释放儿茶酚胺。儿茶酚胺类神经递质的代谢如图 27-4 所示。酪氨酸由酪氨酸羟化酶转变为多巴,是儿茶酚胺类物质合成的限速步骤,去甲肾上腺素反馈抑制酪氨酸羟化酶。多巴经芳香族 L- 氨基酸脱羧酶(aromatic L-amino acid decarboxylase,AAAD)催化而形成多巴胺,在儿茶酚胺能神经元中含量丰富,因此多巴胺的合成量主要取决于可利用的多巴数量。多巴胺随后转运进突触囊泡,由结合在囊泡膜上的多巴胺 -β- 羟化酶转变为去甲肾上腺素,利血平可阻遏多巴胺和去甲肾上腺素转运进入囊泡过程。释放多巴胺的神经元含有酪氨酸羟化酶和芳香族 L- 氨基酸脱羧酶,但缺乏多巴胺 -β- 羟化酶。肾上腺素能神经元中含有苯乙醇胺 -N- 甲基转移酶

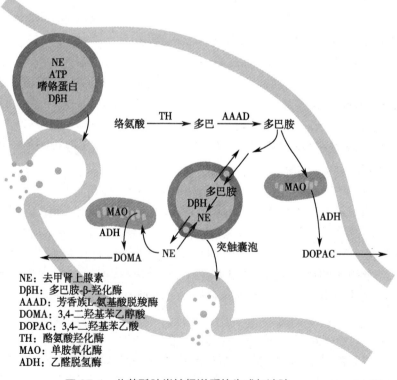

NE:去甲肾上腺素
DβH:多巴胺-β-羟化酶
AAAD:芳香族L-氨基酸脱羧酶
DOMA:3,4-二羟基苯乙醇酸
DOPAC:3,4-二羟基苯乙酸
TH:酪氨酸羟化酶
MAO:单胺氧化酶
ADH:乙醛脱氢酶

图 27-4 儿茶酚胺类神经递质的生成与清除

（PNMT），催化去甲肾上腺素生成肾上腺素。一旦合成，多巴胺、去甲肾上腺素和肾上腺素被包装在颗粒状囊泡中，以响应神经冲动时分泌。儿茶酚胺的清除首先是钠离子依赖的转运体将儿茶酚胺类递质重新摄入神经末梢，从而终止其在突触间隙的作用，安非他明和可卡因可以阻断该过程。重摄取至轴突末梢后，儿茶酚胺类物质可重新装载入突触囊泡再利用。此外单胺氧化酶（MAO）和乙醛脱氢酶（acetaldehyde dehydrogenase，ADH）可将去甲肾上腺素降解为 3,4- 二羟基苯乙醇酸（DOMA），而将多巴胺降解为 3,4- 二羟基苯乙酸（DOPAC）。

合成多巴胺的主要脑区域是黑质，帕金森病患者的脑内多巴胺能神经元缓慢退变直至死亡，而给予多巴可增加存活的神经元内多巴胺的合成，是治疗帕金森病的有效策略。除了作为神经递质的作用外，去甲肾上腺素和肾上腺素还可以调节内分泌功能（如胰岛素分泌）和增加糖原分解和脂肪酸动员，影响新陈代谢率。

5- 羟色胺（serotonin，5-HT）是一种单胺类神经递质，以色氨酸为前体合成。由于神经元不能合成色氨酸，外周血中色氨酸转运入脑脊液是决定 5-HT 能神经元 5-HT 水平的重要初始环节。与 5-HT 功能相关的行为特别容易受到饮食的影响，例如给予实验动物一天的低蛋白质饮食，然后给予不含色氨酸的氨基酸混合物后，攻击性行为增加并且导致睡眠周期改变。

葡萄糖和氧都是神经递质合成以及降解所必需，其中多巴胺 -β- 羟化酶、酪氨酸羟化酶和色氨酸羟化酶催化的羟基化反应需要氧气。

三、代谢紊乱参与阿尔茨海默病进展

阿尔茨海默病是一种进行性的中枢神经系统退行性疾病，其特征表现是记忆和认知退化，是世界范围内主要公共卫生问题之一。其病理学特征包括 β 淀粉样蛋白（Aβ）细胞外聚集形成的老年斑块、微管相关蛋白 tau 过度磷酸化形成的神经元胞内神经原纤维缠结（neurofibrillary tangles，NFTs）以及海马和新皮层等脑区域中神经元及其突触的丢失。阿尔茨海默病发病机制复杂，除上述经典病理特征外，常伴有全身性和脑糖代谢、脂代谢、氨基酸代谢等代谢异常。

（一）阿尔茨海默病存在糖代谢速率下降和胰岛素抵抗

阿尔茨海默病脑的糖代谢逐步下降，其下降程度与症状严重程度相关。糖代谢障碍发生在阿尔茨海默病脑的特定区域，在顶叶、颞叶、后扣带回和额叶等皮质区域表现明显。代谢功能改变早于脑的结构变化，内侧颞叶等区域糖代谢的下降可被 PET、MRI 等成像技术显示，是识别轻度认知功能障碍（mild cognitive impairment，MCI）患者相对特异、敏感的标志物，也是阿尔茨海默病的早期指标。

阿尔茨海默病脑的葡萄糖代谢下降涉及葡萄糖转运蛋白的异常、代谢酶活性下降、氧化应激产生、神经递质代谢紊乱以及线粒体功能紊乱等。阿尔茨海默病患者脑的葡萄糖摄取能力受损，其大脑皮层和海马齿状回等区域的葡萄糖转运体 GLUTs 水平降低。糖代谢的下降进一步引起的 UDP-N- 乙酰葡萄糖胺合成减少和氧 - 连接的蛋白质糖基化修饰下降，降低了 GLUTs 的蛋白稳定性。涉及糖代谢的酶在阿尔茨海默病患者的外周和脑中的活性显著降低，包括丙酮酸脱氢酶复合物、三羧酸循环中的 α- 酮戊二酸脱氢酶复合物和戊糖磷酸途径中的转酮醇酶，这些酶依赖硫胺素作为辅助因子，补充硫胺素及其衍生物可改善阿尔茨海默病症状。

阿尔茨海默病脑乙酰胆碱传递和代谢减少也是其典型特征之一，糖代谢下降影响乙酰胆碱的合成前体乙酰辅酶 A 和琥珀酰辅酶 A 的生成，而乙酰胆碱酯酶抑制剂多奈哌齐是常见的对症治疗阿尔茨海默病的药物。此外，线粒体功能障碍导致氧化磷酸化受损、ATP 合成减少并增加 ROS 产生。

胰岛素抵抗也参与阿尔茨海默病的进展过程。阿尔茨海默病和 2 型糖尿病表现出相似的临床症状和体征，包括认知障碍、空腹血糖受损、慢性高血糖以及海马萎缩，而大多数阿尔茨海默病患者也表现出空腹血糖和胰岛素抵抗异常。临床前和临床研究已经证实，治疗糖尿病、动脉粥样硬化和其他代谢紊乱的常规药物可改善阿尔茨海默病患者的整体状态、行为和细胞功能。

胰岛素信号通路障碍导致胰岛素抵抗,是脑糖代谢紊乱和病理进展的重要原因。胰岛素、胰岛素样生长因子介导的 PI3K/Akt 信号通路异常引起 GLUTs 表达和功能降低,促进 tau 过度磷酸化。此外,参与胰岛素抵抗的其他信号分子也参与了阿尔茨海默病病理生理的改变。

(二) 脂代谢紊乱参与阿尔茨海默病病理进展

脂质代谢紊乱与阿尔茨海默病发病机制和进展亦密切相关。脑的 10%～12% 的湿重和超过 50% 的干重由脂质组成,其中磷脂占总脂质含量的约 50%。这些脂质是突触、髓鞘、细胞膜等关键神经系统结构的组成成分,参与并调节信号转导过程。

在阿尔茨海默病的早期阶段就出现各种脂质水平的改变。阿尔茨海默病患者脑脊液中总游离脂肪酸水平较高,偶数链饱和脂肪酸增加,但 ω-3 多不饱和脂肪酸、单不饱和脂肪酸(油酸)和二十二碳六烯酸(DHA)降低,其中 DHA 水平与认知能力呈正相关。海马和皮层的磷脂酰胆碱、磷脂酰肌醇和磷脂酰乙醇胺等甘油磷脂水平降低。在额叶和颞叶皮质等区域神经酰胺水平升高,同时鞘磷脂水平降低,神经酰胺水平升高可促进脂质过氧化、氧化应激、线粒体功能障碍和神经元死亡。阿尔茨海默病脑中的甘油三酯水平没有改变,但轻度认知功能障碍和 AD 脑的额叶皮层中的单酰基甘油和二酰甘油均升高。脑富含胆固醇,占总胆固醇的 25%,由于血脑屏障原因,脑的胆固醇大部分是在中枢神经系统中从头合成。阿尔茨海默病患者的脑胆固醇水平高,同时胆固醇堆集于老年斑块的核心,脑胆固醇水平与疾病严重程度呈正相关。

全基因组关联分析(genome wide association study,GWAS)等研究进一步支持脂质代谢紊乱在阿尔茨海默病中的潜在启动作用。在散发性阿尔茨海默病的高风险基因中,ApoE、髓系细胞触发受体 2(triggering receptor expressed on myeloid cells 2,TREM2)、ApoJ、磷脂酰肌醇结合网格蛋白组装蛋白(phosphatidylinositol binding clathrin assembly protein,PICALM)、ATP 结合盒转运蛋白 A1(ATP-binding cassette transporter A1,ABCA1)和 ABCA7 都直接参与脂质运输或代谢。载脂蛋白 ApoE 是散发性阿尔茨海默病相关的最强遗传危险因素。ApoE 有三个等位基因 ε2、ε3 和 ε4,一个 ApoEε4 等位基因携带者患阿尔茨海默病的风险增加约 3.7 倍,ApoEε4 纯合子会使风险增加多达 12 倍,而携带单个 ApoEε2 等位基因可将风险降低约 40%,ApoEε2 纯合子进一步降低了风险。此外,ApoEε4 携带者发病年龄较早。固醇调节元件结合蛋白 2(Sterol-regulatory element-binding protein-2,SREBP-2)是胆固醇代谢的关键调节因子,在遗传上也与 AD 风险改变有关。家族性阿尔茨海默病的致病基因 APP、早老素 1 和 2(Presenilin 1/2,PSEN1/2)也调节脂质代谢。

第二节 │ 心肌的生物化学

心肌的主要能源是葡萄糖和脂肪酸。胎儿心肌很大程度上依赖于葡萄糖分解供能,而成人心肌代谢则具备代谢灵活性,能够根据血糖供应的程度在糖和脂肪酸之间切换首选能量物质。心肌还能利用乳酸和酮体供能。心力衰竭时会出现心肌代谢的重编程。

一、心肌以有氧氧化为主供能

心肌以有氧氧化为主产生能量。心脏只占全身质量的 0.5%,但消耗了全身氧气的 10%。心肌细胞富含线粒体,95% 的 ATP 生成是通过氧化磷酸化进行,糖酵解产生剩余部分的 ATP。约 60%～70% 的 ATP 被用于产生驱动循环的机械力,其余的部分用于收缩过程的离子泵(主要是肌浆/内质网 Ca^{2+}-ATPase)运行、Ca^{2+} 的周期性释放和再摄取。

冠状动脉灌注是满足心脏氧需求的主要途径。高耗氧率使心肌保持相对较低的氧分压,有利于血红蛋白的氧释放。在高负荷下心肌氧需求量增加,其中约 20% 通过增加氧摄取来满足,其余通过增加冠状动脉流量（可高达 5 倍）来保障供氧。心肌还通过释放 NO 和腺苷调节冠状动脉血管张力和心脏收缩力发挥短暂的局部调节。

二、心肌可利用多种物质供能

成人心肌主要消耗脂肪酸而不是葡萄糖，也能利用乳酸和酮体，因此成年人的心肌经常被命名为"代谢杂食者"。

脂肪酸占成人心肌总能量供应的 40%～60%，葡萄糖占约 20%～40%，而酮体和氨基酸的贡献较小（分别为 10%～15% 和 1%～2%）。胰岛素或者 AMPK 的激活都可以刺激心肌胞内葡萄糖转运蛋白 GLUT4 向细胞膜的转移，增加葡萄糖的摄取。摄取的葡萄糖可被用来合成糖原，作为能量储存，而当能量耗竭时激活 AMPK，迅速分解糖原产生葡萄糖。无论其来源如何，大多数葡萄糖在心肌细胞中都进入糖酵解途径，生成丙酮酸。脂肪酸主要由脂肪酸转运体白细胞分化抗原 36（cluster of differentiation 36，CD36）介导摄取进入细胞。CD36 部分定位于心肌细胞的储存囊泡，心脏工作负荷的增加和胰岛素均刺激 CD36 向细胞膜转移，增加脂肪酸的摄取。

心肌也可利用酮体和支链氨基酸获取能量。在禁食期间和心脏疾病（例如糖尿病心肌病和心力衰竭）发生时，酮体可以成为心肌的重要能量来源，其中 β-羟丁酸是主要的供能酮体。在线粒体中，亮氨酸等支链氨基酸首先被线粒体支链氨基酸转移酶分解代谢为支链 α-酮酸，然后被支链 α-酮酸脱氢酶氧化为琥珀酰辅酶 A 或乙酰辅酶 A，再进入三羧酸循环分解。

乳酸也可用于心肌细胞内 ATP 的生成。乳酸被单羧酸转运蛋白摄取，并通过乳酸脱氢酶转化为丙酮酸，产生 NADH+H+，随后被氧化生成乙酰 CoA 进入三羧酸循环。在运动等心脏负荷增加的情况下，乳酸主要来源于骨骼肌糖的无氧氧化而不是心肌自身产生的乳酸。

三、优势效应调节心肌利用葡萄糖和脂肪酸的比例

心肌代谢的特点是能够在葡萄糖和脂肪酸之间切换首选能量物质，表现为代谢灵活性。优势效应（advantage effect）是指一种物质代谢途径中的代谢物可以反馈抑制其他代谢途径流量的现象。脂肪酸和葡萄糖氧化分解存在相互反馈抑制，脂肪酸氧化代谢的增强抑制葡萄糖的氧化分解，而膳食后或缺氧等情况下，心肌利用更多的葡萄糖并减少脂肪酸的分解。AMP、ATP、丙酮酸、乙酰 CoA、丙二酸单酰 CoA 和柠檬酸等代谢物具有调节能量物质利用和切换的功能（图 27-5）。

在生理或空腹状态下，心肌主要利用脂肪酸供能。在生理血浆葡萄糖水平心肌 GLUT4 的转运能力饱和，限制心肌对葡萄糖的进一步利用和糖酵解流量。在空腹或饥饿等葡萄糖供应不足的情况下，ATP/ADP 比率降低，激活 AMP 激活的蛋白质激酶（AMP-activated protein kinase，AMPK），诱导 CD36 和 GLUT4 向细胞膜易位，促进脂肪酸和葡萄糖的摄取。激活的 AMPK 通过抑制乙酰 CoA 羧化酶活性等机制减少丙二酸单酰辅酶 A 产生，抑制脂肪酸的合成，并且解除丙二酸单酰辅酶 A 对线粒体肉碱穿梭系统的抑制，增加线粒体脂酰 CoA 的摄取并促进 β-氧化。增加的脂肪酸 β-氧化升高线粒体乙酰 CoA/CoA 和 NADH/NAD+ 的比值，激活丙酮酸脱氢酶激酶（PDK），通过磷酸化丙酮酸脱氢酶（PDH）而抑制其活性，抑制丙酮酸生成乙酰 CoA。同时含量增加的柠檬酸通过柠檬酸转运体进入胞质，抑制磷酸果糖激酶（PFK）活性，抑制糖酵解，减少葡萄糖的利用。

在进食、心脏负荷增加或缺氧等情况下，心肌从利用脂肪转向分解葡萄糖。上述情况导致血中葡萄糖或乳酸浓度增加，胰岛素通过 AKT 信号增加 GLUT4 细胞膜定位，提高葡萄糖的摄取和糖酵解通量。同时，心肌细胞中丙酮酸水平增加，激活丙酮酸脱氢酶磷酸酶（PDP），通过去除丙酮酸脱氢酶（PDH）的磷酸化修饰而激活 PDH，从而增加乙酰辅酶 A 和柠檬酸水平。此外，心脏负荷增加，β-肾上腺素升高胞质的 Ca2+ 浓度，也激活 PDP 并刺激葡萄糖氧化利用。细胞质柠檬酸在柠檬酸裂解酶作用下裂解产生乙酰 CoA 和草酰乙酸，胞质乙酰 CoA 可进一步羧化转变为丙二酸单酰 CoA 促进脂肪酸合成，同时抑制肉碱穿梭系统从而抑制线粒体对脂肪酸的转运和氧化分解。

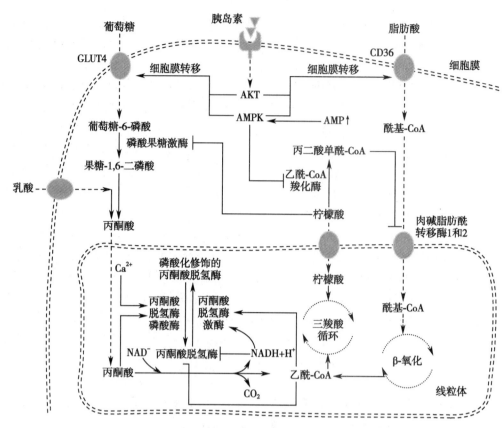

图 27-5　心肌中葡萄糖和脂肪酸代谢途径和转换

四、心力衰竭可致心肌细胞发生代谢重编程

心力衰竭是指各种病因导致心收缩和/或舒张功能发生障碍,心泵血功能降低,心排出量绝对或者相对减少,以致不能满足机体代谢需要。心衰发生时心肌对能量的需求增加并超过供应,包括线粒体功能障碍,不同底物氧化速率和相对偏好的改变。缺氧、代偿性心率增加、血氧饱和度下降进一步加重了心肌细胞能量危机。交感神经系统、肾素-血管紧张素-醛固酮系统、血管紧张素转换酶和血管紧张素 II 受体激活等作用参与心力衰竭后适应性病理改变。

病理性肥大或扩张型心肌病等所致心力衰竭发生时,心肌代谢重编程的标志是底物偏好转向,即减少脂肪酸的氧化,同时增加葡萄糖的利用。在心力衰竭初期,心肌细胞中葡萄糖分解代谢增加,脂肪酸的代谢不受影响。当重度心力衰竭时,肉碱棕榈酰基转移酶(carnitine palmitoyltransferase 1,CPT-1)及 β-氧化的脂酰基辅酶 A 脱氢酶活性降低,导致脂肪酸氧化明显降低。另外,在心力衰竭发展过程中,心肌细胞的糖摄取增加,但糖摄取的增加并没有增加糖的有氧氧化而是大量生成乳酸,使葡萄糖的转化率和利用率进一步降低。

肌酸磷酸(phosphocreatine,PCr)是心肌的能量储备,通过高能磷酸基转移,可快速生成 ATP。心力衰竭时线粒体结构和功能异常,呼吸链的功能受损,ATP 合成减少。由于肌酸转运体功能下调,肌酸磷酸和总肌酸水平在心衰早期阶段就下降,同时肌酸激酶活性下降,肌酸磷酸减少 50%～70%。而 ATP 含量很大程度上保持不变,仅在心力衰竭终末期时下降 30%。因此,肌酸磷酸与 ATP 比率是能量储备、供需平衡的指标,其下降是心衰的代谢特征。

支链氨基酸和酮体在心肌信号转导中也发挥重要作用。支链氨基酸分解供能只占心肌 ATP 生成的 2%,但心衰过程中支链氨基酸氧化分解受阻可引起支链氨基酸以及支链 α 酮酸的堆积,持续激活哺乳动物雷帕霉素靶蛋白(Mammalian target of rapamycin,mTOR)信号,通过胰岛素受体底物(insulin receptor substrate,IRS)损害胰岛素信号转导,最终导致胰岛素抵抗。酮体还可以起信号分子的作用,例如,β-羟丁酸是组蛋白脱乙酰酶的抑制剂,从而抑制促心肌肥大相关基因的转录。

第三节 ｜肾的生物化学

肾属于泌尿系统,是重要的排泄器官。肾通过过滤和重吸收维持机体的水电解质平衡、酸碱平衡并产生尿液。肾还调节全身的物质代谢平衡,一些外源毒物和内源代谢物经肾排出,肾小球滤出的葡萄糖和其他可利用代谢物可被重吸收;空腹条件下肾可生成葡萄糖和酮体等供能物质。肾也是活跃的内分泌器官,通过分泌激素来调节自身和其他器官的功能。

一、肾利用脂肪酸和葡萄糖供能

肾可利用葡萄糖和脂肪酸作为自身能量来源。生理条件下,皮质近端小管细胞不表达己糖激酶、磷酸果糖激酶和丙酮酸激酶,而髓质的肾单位远端细胞缺乏线粒体,并表达这些糖酵解等糖代谢的关键酶。同时,从肾皮质到髓质的氧供应逐渐减少,因此此皮层的近端小管主要利用脂肪酸(饥饿状态下利用酮体)氧化和氧化磷酸化生成 ATP。肾单位远端部分更多地通过糖无氧氧化生成 ATP,导致乳酸生成。

二、肾具有糖异生和酮体生成的功能

除肝外,肾是糖异生的器官之一。一般情况下肾的糖异生作用较弱,仅占肝糖异生葡萄糖产量的10%。在应激压力、酸中毒或长期禁食情况下,肾负责约 40%～50% 的糖异生。例如饥饿 5～6 周后,肾的糖异生作用大大加强,每天产生葡萄糖约 40g,几乎与肝糖异生的量相等。肾糖异生发生在皮质近端小管,糖异生关键酶仅在其 S3～S11 段表达。生理条件下肾糖异生的主要前体是乳酸(50%)、谷氨酰胺(20%)和甘油(10%)。乳酸可以来自肾自身所产生,还可来自近端小管重吸收清除的血液乳酸。在代谢性酸中毒期间,谷氨酰胺成为糖异生的最重要前体。

肾也可进行酮体合成。在禁食、饥饿或不受控制的糖尿病情况下,肾酮体合成的关键酶线粒体 β-羟基-β-甲基戊二酰 CoA 合成酶 2（3-hydroxy-3-methylglutaryl-CoA synthase 2,HMGCS2）可被诱导表达,生成酮体。

三、肾可重吸收与排出代谢物

肾可以重吸收部分代谢物,包括葡萄糖和氨基酸。近端小管小管液中的葡萄糖是通过其上皮细胞顶端侧质膜中的 Na^+-葡萄糖同向转运体（sodium-glucose transport protein,SGLT）重吸收(图 27-6）,其中近端小管 S1 和 S2 节段的 SGLT2 负责约 90% 的葡萄糖重吸收,S3 节段的 SGLT1 负责 10% 的重吸收。随后细胞内葡萄糖依赖细胞内外浓度梯度差异以易化扩散的方式,通过基底侧质膜中的葡萄糖转运蛋白 GLUT1 和 GLUT2 转运进入细胞间液或血液中。近端小管每天共吸收 160～180g 过滤后的葡萄糖。

和葡萄糖类似,由肾小球滤过的氨基酸和维生素也主要在近端小管被重吸收,利用 Na^+ 的电化学梯度差异通过继发性主动方式重吸收,需要多种类型氨基酸转运体等的参与。此外,在低血浆浓度下,滤过后的酮体在近端小管通过 Na^+ 偶联单羧酸转运蛋白 1 和 2（SMCT）完全重吸收,如果超过其转运能力会发生酮尿症。在长期饥饿中,肾对酮体的重吸收能力增强,可节省约 225kcal/d 的热量。

肾还可以滤过并重吸收体内产生的一些其他代谢物,包括碳酸氢盐（HCO_3^-）、NH_3、尿素、乳酸、尿酸。肌酐可通过肾小球滤过,少量被肾小管和集合管分泌和重吸收。一些药物或代谢物如青霉素、酚红、部分利尿剂、有机碱、胆碱和组胺等不能被肾小球滤过,但可在近端小管被主动分泌进入小管液中而被排出体外。

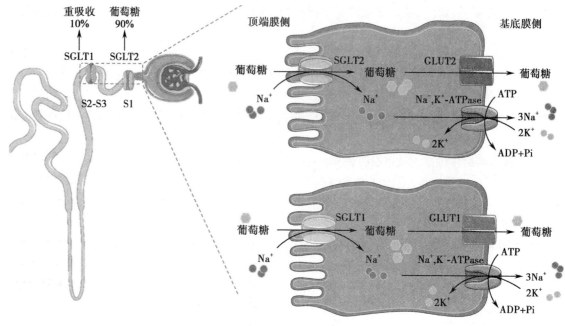

图 27-6　近端小管葡萄糖的重吸收过程

四、肾代谢物对其他器官的功能具有广泛影响

肾通过分泌肾素、前列腺素、激肽调节血压和体液，通过分泌红细胞生成素调节红细胞生成，通过生成 1,25- 二羟维生素 D_3 调节矿物代谢（图 27-7）。

（一）肾素、激肽、前列腺素调节体液和血压

肾素的合成由三种机制诱导：①传入小动脉中的压力感受器感知到动脉血压下降；②致密斑感知原尿中氯化钠浓度降低；以及③增加的儿茶酚胺激活肾小球旁细胞上的 β- 肾上腺素能受体。受到刺激后，

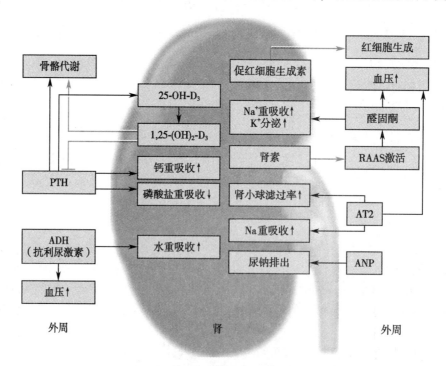

图 27-7　肾代谢物与影响肾的身体代谢物间的相互作用示意图

PTH：甲状旁腺激素；RAAS：肾素 - 血管紧张素 - 醛固酮系统；AT2：血管紧张素Ⅱ受体 2 型；ANP：心房利尿钠肽。

肾小球旁细胞首先合成肾素的前体肾素原,含 406 个氨基酸残基的肾素原可在肾中被神经内分泌转化酶 1(neuroendocrine convertase 1)或组织蛋白酶 B 水解激活,生成含有 340 个氨基酸残基活性形式的肾素。

肾素(renin)是肾素 - 血管紧张素 - 醛固酮系统(renin-angiotensin-aldosterone system,RAAS)的关键激活剂。肾素将血管紧张素原切割为血管紧张素Ⅰ,然后血管紧张素Ⅰ在血管紧张素转换酶作用下转化为血管紧张素Ⅱ。血管紧张素Ⅱ是一种多功能效应分子,具有内分泌/自分泌/旁分泌作用,调节几乎所有系统,是盐、细胞外液容量和血压的基本控制器。血管紧张素Ⅱ引起小动脉血管收缩,促进肾上腺皮质合成和分泌醛固酮,导致抗利尿激素(ADH)生成,增加钠的重吸收和水潴留,从而升高血压。

肾存在活跃的激肽释放酶 - 激肽系统(kallikrein-kinin system,KKS)。激肽释放酶是丝氨酸蛋白酶,可将激肽原(kininogen)水解为激肽(Kinin)。肾的激肽释放酶具备活性,而其他组织的激肽释放酶需要激活才能发挥作用。激肽原是血浆中的一种 α_2 球蛋白,主要由肝和肾产生。激肽是一组多肽,是在缓激肽(bradykinin,BK)的 9 肽结构基础上的系列修饰物,包括缓激肽(BK)、赖氨酸缓激肽(Lys-BK)和蛋氨酰赖氨酰缓激肽(Met-Lys-BK)。激肽通过结合靶细胞上的激肽受体(bradykinin receptor,BR)发挥作用,结合激肽 B1 受体后促进靶细胞合成释放前列环素(PGI$_2$),引起血管平滑肌细胞舒张,激活激肽 B2 受体刺激 PGI$_2$ 和 NO 释放,引起血管强烈舒张,参与局部组织血流的调节。此外,激肽还与凝血系统、纤维蛋白溶解系统和补体系统等相互作用,参与炎症和疼痛的产生。

(二)促红细胞生成素调节红细胞生成

促红细胞生成素(EPO)是一种 34kDa 大小的多肽激素,肾是合成 EPO 的主要器官,缺氧诱导 EPO 合成。EPO 作用于骨髓中的干细胞并增加血红蛋白和红细胞的生成。慢性肾衰竭时 EPO 生成减少,导致正常红细胞数量减少。注射人工合成的 EPO 可纠正慢性肾病患者的贫血并减少输血。

(三)活化维生素 D$_3$ 调节钙磷代谢

维生素 D$_3$ 是一种激素原,由皮肤中的 7- 脱氢胆固醇经阳光中的紫外线照射后合成。维生素 D$_3$ 经羟化修饰后活化,首先在肝中被羟化产生 25- 羟维生素 D$_3$(25-OH-D$_3$),25- 羟维生素 D$_3$ 进一步在肾近端小管被 1α- 羟化酶羟化修饰生成 1,25- 二羟维生素 D$_3$(1,25-(OH)$_2$-D$_3$)。活化的维生素 D$_3$ 在肠、甲状旁腺、骨骼和肾等器官调节钙磷代谢稳态。甲状旁腺激素(PTH)可激活 1α- 羟化酶产生活性 1,25- 二羟维生素 D$_3$,同时 1,25- 二羟维生素 D$_3$ 与甲状旁腺中的特定受体结合抑制 PTH 释放,形成负反馈调节。在慢性肾病患者中,肾羟化 25- 羟维生素 D$_3$ 的活性降低,导致继发性甲状旁腺功能亢进,通过刺激甲状旁腺激素分泌促进肾远曲小管和集合管对钙的重吸收,活化肾 1α- 羟化酶,来维持钙磷代谢稳态。

此外,肾也受到身体其他器官产生的代谢物或激素的调控(图 27-7)。例如,心房利尿钠肽(atrial natriuretic peptide,ANP)由心房肌细胞合成并释放,使血管平滑肌舒张和促进肾排钠、排水。抗利尿激素(antidiuretic hormone,ADH)又称升压素(vasopressin),是下丘脑 - 垂体控制释放的 9 肽激素,其主要作用是提高肾集合管对水的通透性,促进水的吸收,是尿液浓缩和稀释的关键调节激素。肾素 - 血管紧张素 - 醛固酮系统激活产生的醛固酮(aldosterone)主要作用于肾,促进水和 Na$^+$ 的重吸收,同时排出 K$^+$,调节水盐平衡。

第四节 | 骨骼肌的生物化学

骨骼肌是正常成人含量最多的器官,约占身体总质量的 40%。生理学上骨骼肌纤维可分为慢肌纤维和快肌纤维两种,不同类型的骨骼肌具有不同代谢特征。骨骼肌组织的主要能量物质来源于细胞内储存的肌糖原、血糖、骨骼肌和脂肪组织储存的甘油三酯。静息状态下主要从肌糖原有氧氧化、脂肪酸氧化和酮体氧化获取能量;人体运动状态下肌组织对能量的不同需求是通过改变分解代谢途径实现的,剧烈运动时糖无氧氧化供能则大大增加,长时间运动时脂肪酸氧化供能增多。运动可以通过调节代谢预防肥胖和糖尿病。

一、骨骼肌利用多种能量来源产生 ATP 供能

骨骼肌收缩所需能量的直接来源是 ATP,但其细胞中 ATP 含量有限,不足以维持持续剧烈的收

缩。骨骼肌有一定糖原储备,静息状态下肌组织获取能量通常以有氧氧化肌糖原、脂肪酸、酮体为主。短暂的骨骼肌收缩后,储存于肌内的高能物质肌酸磷酸在肌酸激酶催化下开始分解,生成ATP。在不同运动状态下,骨骼肌的不同能量物质的供能比例会发生转变。

(一)不同类型的骨骼肌具有不同代谢特征

生理学上肌纤维可分为红色或慢肌纤维和白色或快肌纤维两种。慢肌纤维适应长时间的工作,非常耐受疲劳,富含氧亲和力高的肌红蛋白,并有大量血管的分布,使红色肌有特征性的红色。快肌纤维适应低氧工作,含有相对较少的线粒体和血管分布,收缩快速而有力,但会迅速发生疲劳。

不同骨骼肌的肌球蛋白重链亚型不同,慢肌纤维主要表达Ⅰ型肌球蛋白重链,也称为Ⅰ型肌纤维,而快肌纤维主要表达Ⅱa型和Ⅱb等型肌球蛋白重链而被称为Ⅱ型肌纤维。Ⅰ型和Ⅱ型肌纤维的收缩速度不同,Ⅱ型肌纤维分解ATP的速度较Ⅰ型肌纤维速度快,有发达的肌质网,在受到刺激时钙离子更容易进入肌细胞,收缩速度是Ⅰ型肌纤维的5～6倍,功率为Ⅰ型肌纤维的3～5倍。运动单位是指一个运动神经元及其所支配的所有肌纤维。Ⅰ型肌纤维内的运动神经元胞体较小,支配的肌纤维数不多于300条,而Ⅱ型肌纤维内的运动神经元胞体较大,支配的肌纤维数不少于300条。运动单位的大小不同,导致Ⅱ型肌纤维达到最大收缩力的速度快于Ⅰ型肌纤维,且产生的力量也较大。

不同肌纤维通过不同的途径获得ATP。在Ⅰ型肌纤维中,氧化磷酸化是ATP合成的主要机制,脂肪酸是主要的代谢底物,也可以使用酮体、肌糖原和葡萄糖。在Ⅱ型肌纤维中,大部分合成的ATP来自糖酵解中的底物水平磷酸化,肌糖原是葡萄糖-6-磷酸的主要来源,并且乳酸是主要终产物。

(二)骨骼肌中有多个ATP合成途径来供能

ATP主要用于骨骼肌收缩过程中所需要的神经冲动传递、离子稳态维持以及机械能的消耗。其中,①肌球蛋白ATP酶活性提供机械能,直接参与收缩;②Na^+/K^+-ATP酶维持Na^+和K^+梯度,使神经冲动传递停止后膜电位得以恢复;③肌质网Ca^{2+}-ATP酶负责将Ca^{2+}逆浓度梯度从肌浆泵入肌质网内腔。

骨骼肌中ATP的生成主要有3个来源。①磷酸原系统,其中肌酸激酶降解肌酸磷酸,催化ADP快速生成ATP。此外,腺苷酸激酶催化两个ADP分子生成ATP和AMP,AMP再脱氨生成次黄嘌呤核苷酸IMP;②葡萄糖的无氧氧化,由糖原磷酸化酶分解肌糖原或己糖激酶催化循环血糖产生葡萄糖-6-磷酸后,进一步被氧化为丙酮酸,丙酮酸通过乳酸脱氢酶还原为乳酸,并通过底物水平磷酸化产生ATP;③有氧氧化,包括葡萄糖经糖酵解途径和脂肪酸通过β-氧化产生乙酰辅酶A,经三羧酸循环氧化分解,通过氧化磷酸化产生ATP。

二、运动状态下骨骼肌收缩对能量需求的差异通过调节分解代谢实现

在不同运动状态下,骨骼肌的不同能量物质的供能比例会发生转变。在运动过程中,所有ATP的生成途径都处于活跃状态。

(一)不同运动类型具有不同的能量物质分解比例

从休息到剧烈活动,骨骼肌细胞的ATP消耗可增加100倍,必须同时激活氧化脂肪和葡萄糖的分解代谢途径。骨骼肌收缩时能量需求和供给之间建立"稳态",需要调节葡萄糖和脂肪分解供能的比例,由细胞外能量物质的可用性、运动持续时间以及强度调控。

如图27-8所示,随着运动时间的延长,骨骼肌主要ATP生成途径从磷酸原系统、葡萄糖的无氧氧化、葡萄糖的有氧氧化到脂肪酸的有氧氧化逐步转变。运动初期,ATP供给来自储存的ATP和肌酸磷酸。随着运动时间的延长,例如投掷、跳跃、100～400m冲刺或间歇性活动,大多数ATP来自肌酸磷酸和肌糖原的分解,并且葡萄糖通过无氧氧化产生乳酸。运动持续时间超过1分钟后(例如在800m的田径比赛中),线粒体内的氧化磷酸化是主要的ATP生成途径,肌糖原成为有氧氧化的主要能量物质。随着运动时间的进一步延长,例如在持续2小时以上的马拉松和铁人三项比赛中,肌糖原分解的同时也逐步增加从血液循环中摄取葡萄糖,同时脂肪酸的有氧氧化比例上升。和肌糖原分解比较,血糖的利用比例相对较少,后者受到胰岛素水平的调控,保证脑细胞或红细胞等优先利用。长时间运动通过不依赖于胰岛素的途径,例如激活AMPK信号增加骨骼肌细胞的葡萄糖摄取,同时肝葡萄糖输出量和糖异生增加。

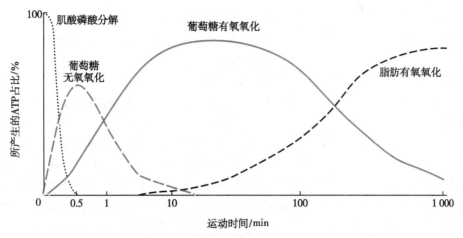

图 27-8　不同时长的运动中不同供能系统对 ATP 合成的贡献

此外,不同能量物质供能比例随运动强度发生变化(图 27-9)。随运动强度的增加葡萄糖氧化特别是肌糖原的无氧氧化增加,而脂肪酸的有氧氧化下降。在较低运动强度时脂肪酸有氧氧化供应较多的骨骼肌能量,当运动强度达到个体最大摄氧量的 60%～65% 时其贡献最大。

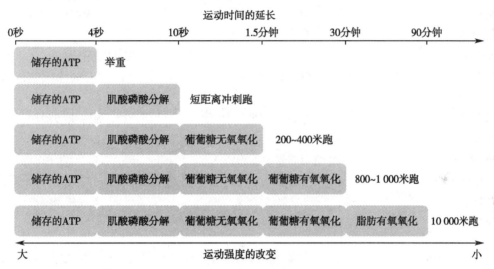

图 27-9　不同强度运动中各供能系统对 ATP 合成的贡献

在葡萄糖利用受限(如糖原耗竭等)或者长时间运动(超过 30 分钟)情况下,会增加骨骼肌蛋白质分解提供能量(占比 5%～15%)。亮氨酸、缬氨酸和异亮氨酸等支链氨基酸可用于供能,减少糖原消耗,抑制蛋白质降解,且可抑制自由基和乳酸的产生并加快其清除,减缓抑制性神经递质的生成与集聚,可对抗运动性疲劳、提高运动能力和削弱延迟性肌肉酸痛,但也可能增加血氨的水平。

运动过程中骨骼肌产生的乳酸,可用作红肌纤维、心肌、肝和脑的能量物质,是糖异生和肌糖原合成的底物,也是运动适应以及器官之间交流的信号分子。此外,肌肉中释放的甘油、丙氨酸也是肝糖异生的原料。

(二) AMP 等关键调节分子和激素调节骨骼肌的能量代谢

骨骼肌的代谢受到细胞水平以及激素的多重调节。

静止时骨骼肌的能量消耗主要是由底物的可用性和血中葡萄糖、胰岛素、脂肪酸和胰高血糖素等分子的浓度驱动调控。在收缩过程中 AMP 浓度可能上升超过 100 倍,ADP 浓度变化幅度仅为 10 倍左右,而 ATP 含量变化在 20%～30% 幅度内,因此 AMP 或 ADP 是代谢状态的一个非常敏感的指标。AMP 是骨骼肌细胞中 ATP 合成途径的重要激活剂,变构激活糖原磷酸化酶 b 和磷酸果糖激酶,并抑制果糖 -1,6- 二磷酸酶,分别增强糖原分解和糖酵解途径。在受到神经冲动的刺激后,肌质网释放

Ca^{2+} 至肌浆,可激活糖原磷酸化酶激酶和 AMPK。除受到 Ca^{2+} 的调节,浓度上升的 AMP 或 ADP 结合 AMPK 的 γ 调节亚基后,促进 AMPK 磷酸化并抑制其去磷酸化,从而激活 AMPK,而 ATP 拮抗这种效应。骨骼肌细胞 AMPK 的激活促进脂肪酸的 β 氧化,并且即使在没有胰岛素信号情况下促进 GLUT4 细胞膜的迁移,在剧烈运动期间增加从血液中摄取葡萄糖。

骨骼肌收缩期间脂肪的消耗来自脂肪、骨骼肌细胞中的甘油三酯(intramuscular fat,IMTG)和血中的脂蛋白,其中脂蛋白中的脂肪分解供能作用较小,在长时间有氧运动过程中占总脂肪氧化的 10% 以下。运动最初的 30 分钟,骨骼肌氧化的脂肪酸总量约 48% 来自骨骼肌细胞内甘油三酯的分解。运动 30 分钟后脂肪组织的脂肪动员迅速增加,甘油部分释放进入血液进行糖异生,所产生的脂肪酸只有一部分释放进入血液,约三分之二会被重新酯化储存起来,可减轻运动期间血浆升高的游离脂肪酸对机体的毒性作用。超过 30 分钟的长时间中等强度(达到个体最大携氧量的 60%~70%)运动期间,血中脂肪酸浓度缓慢上升,肌细胞摄取血浆脂肪酸占供能比例约一半。肌肉收缩过程中,升高的 ADP、AMP 和钙离子水平激活 AMPK,后者磷酸化乙酰辅酶 A 羧化酶,抑制乙酰辅酶 A 羧化为丙二酰辅酶 A,从而抑制脂肪酸的合成并促进脂肪酸氧化。此外,血中游离脂肪酸的增加,加速骨骼肌细胞中的脂肪酸氧化,使得乙酰辅酶 A、柠檬酸盐和葡萄糖 -6- 磷酸的含量增加,抑制葡萄糖的有氧氧化,节约葡萄糖保障脑等重要器官的供应。

肾上腺素等激素参与运动期间的代谢调控。肾上腺素对脂肪组织的主要作用是促进脂肪分解,激活的 PKA 磷酸化脂周蛋白(Perilipin-1)和激素敏感性脂肪酶(HSL),在血液中释放脂肪酸。同时肾上腺素还会抑制脂肪细胞的脂蛋白脂肪酶(LPL)的活性,抑制脂肪细胞对乳糜微粒和极低密度脂蛋白的储存,从而增加它们对骨骼肌的可用性。此外 PKA 还抑制乙酰辅酶 A 羧化酶,导致丙二酸单酰辅酶 A 浓度降低,从而抑制脂肪酸合成并促进其 β- 氧化。

肾上腺素还通过 PKA 的磷酸化修饰作用调节糖代谢。PKA 磷酸化修饰磷酸化酶激酶,磷酸化酶激酶进一步磷酸化并激活磷酸化酶 b,并使得糖原合酶磷酸化失活,抑制肝糖原和肌糖原的合成并促进其降解。PKA 还通过抑制肝 6- 磷酸果糖 -2- 激酶 / 果糖 -2,6- 二磷酸酶这个双功能酶促进糖异生。但在骨骼肌有不同于肝的 6- 磷酸果糖 -2- 激酶 / 果糖 -2,6- 二磷酸酶亚型,同时骨骼肌缺乏葡萄糖 -6- 磷酸酶,肾上腺素介导的 PKA 激活促进了骨骼肌糖酵解,而不是进行糖异生。肾上腺素在骨骼肌细胞中的作用导致糖原降解和糖酵解的强烈激活,这种适应对于 Ⅱ 型纤维的无氧代谢尤其重要。

三、运动可以预防肥胖和糖尿病

肥胖定义为体重指数(BMI)≥30kg/m²,是一种体内脂肪或脂肪组织过度堆积引起的复杂的慢性疾病,极大增加了 2 型糖尿病(T2D)、心血管疾病、高血压、非酒精性脂肪性肝、痛风和癌症等疾病的风险。糖尿病是以慢性高血糖为特征的代谢性疾病,其发生发展与遗传、环境及行为三大因素密切相关。肥胖和糖尿病紧密关联,已经成为重要的公共卫生问题。

运动可以增加能量消耗,降低肥胖和糖尿病的发病风险,对身体有多重益处。活跃的生活方式能维持健康的体重,超重的成人每天进行 45~60 分钟中等强度的运动能有效预防由超重进展为肥胖。降低并维持 BMI 可以降低糖尿病发病的危险,而运动能显著改善空腹血糖水平的控制和降低糖尿病的发病率。

(一)运动通过调节糖代谢产生效应

运动对糖代谢有重要调节作用,显著降低 2 型糖尿病患者空腹血糖、餐后血糖和糖化血红蛋白与血糖波动。

运动可改善 2 型糖尿病个体胰岛素敏感性。在整体水平上,运动可以通过增加机体能量的消耗,减少脂质在骨骼肌细胞、胰腺细胞及肝细胞中的堆积,减少脂质的毒性作用。运动激活 AMPK,增加骨骼肌细胞膜上 GLUT4 的数量,增加骨骼肌细胞的葡萄糖摄取。

运动还可改善 2 型糖尿病患者的骨骼肌功能。糖尿病患者骨骼肌功能下降,严重者会出现糖尿病肌病,表现为骨骼肌的机械收缩功能和代谢功能下降,运动能够明显改善这些病变。长期运动能诱导在糖尿病患者骨骼肌中显著下调的过氧化物酶体增殖物激活受体γ共激活剂 -1α（peroxisome proliferator-activated receptor γ coactivator-1α，PGC-1α）和热休克蛋白表达，从而增加线粒体生物合成；同时运动能使糖尿病患者的骨骼肌线粒体中 UCP3 表达上升，能够诱导骨骼肌细胞线粒体适应，从而修复糖尿病骨骼肌线粒体损伤。

（二）运动通过调节脂代谢产生效应

运动对血脂也有重要影响。运动对血浆甘油三酯的影响取决于运动强度、运动量和时长，强度较高的运动可降低血浆甘油三酯的水平并维持较长时间。长期有氧运动显著降低血浆总胆固醇和甘油三酯。运动提高脂蛋白脂肪酶活性，促进甘油三酯的分解；有氧运动刺激肌细胞线粒体体积增大数目增加，有利于脂肪酸的有氧氧化；此外，运动增加骨骼肌毛细血管数量与密度，增加血管内皮表面积从而增加氧气与血浆脂肪酸的摄取和利用。

单次运动对血浆胆固醇影响不大，长期耐力训练后升高血浆 HDL-C 约 12%～20%，但是停止运动并不能保持升高，需要长期坚持。长期有氧运动升高 LPL 以及卵磷脂 - 胆固醇酰基转移酶（LCAT）的活性，加速乳糜微粒和 VLDL 中甘油三酯的分解，促使其残存的胆固醇、磷脂和载脂蛋白转移进入肝，并与新生的 HDL$_3$ 生成 HDL$_2$。此外，上升的 LCAT 活性促进 HDL$_3$ 不断酯化生成富含胆固醇酯的 HDL$_2$，利于胆固醇逆向转运。

（三）运动通过调节内分泌激素和肌肉因子产生效应

运动对内分泌激素有不同影响。应激激素水平在急性运动过程中升高，且升高幅度与运动强度和运动持续时间相关。例如，交感神经系统通过节前神经纤维将刺激传播到肾上腺释放肾上腺素，血液中的肾上腺素浓度可增加 50 倍以上，但其半衰期仅约 2 分钟，引起应激性短期反应。肾上腺素的分泌取决于运动的持续时间或强度。肾上腺素作用于身体的很多组织，促进小支气管的扩张增加 O$_2$ 的摄取，增加心率和血压，收缩血管，减弱胃肠道蠕动，这些作用保证 O$_2$ 输送到脑等不同的器官。此外，肾上腺素促进糖原分解、脂肪动员以及蛋白质降解，促进 ATP 的生成。

骨骼肌还是一种分泌器官，骨骼肌收缩诱导肌肉因子（myokine）的分泌（图 27-10）。肌肉因子是

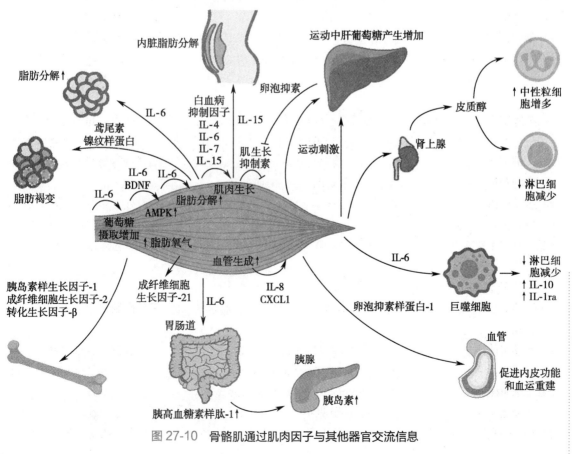

图 27-10　骨骼肌通过肌肉因子与其他器官交流信息

由肌纤维表达、产生和释放的蛋白质或多肽,通过自分泌、旁分泌或内分泌方式发挥作用。肌肉因子参与骨骼肌生长或脂质代谢等生理调节,适应运动训练。通过肌肉因子的内分泌作用,骨骼肌与脑、脂肪组织、骨骼、肝、肠道、胰腺、血管和皮肤等其他组织器官进行信息交流。目前已经发现650多种肌肉因子,影响认知、脂质和葡萄糖代谢、白色脂肪褐变、骨形成、内皮细胞功能、皮肤结构和肿瘤生长等生理病理过程。

白细胞介素 -6(IL-6)是第一个被发现的肌肉因子。运动时血液中 IL-6 浓度以指数形式增加,与运动时间长短以及参与运动的骨骼肌量成正比,并且在 I 型肌纤维中高表达。IL-6 促进胰岛 β 细胞的增殖,刺激肠道 L 细胞分泌胰高血糖素样肽 1(glucagon-like peptide-1,GLP-1),同时通过 AMPK 和 PI3K/Akt 信号通路增强胰岛素的分泌,提高葡萄糖的摄取和脂肪酸的氧化。与常见的 IL-6 促炎作用不同,骨骼肌分泌的 IL-6 减少 TNF 和 IL-1 等炎性因子的产生,同时诱导抗炎细胞因子(如 IL-10、IL-1 受体拮抗剂和可溶性 TNF 受体)的释放,减少全身性炎症反应。IL-6 还诱导皮质醇的产生,从而刺激中性粒细胞增多和淋巴细胞的减少。

一些肌肉因子参与骨骼肌组织的生长,包括白血病抑制因子(leukemia inhibitory factor,LIF)、IL-4、6、7 和 IL-15。肌生长抑制素(myostatin)抑制骨骼肌的生长,而运动可诱导肝释放卵泡抑素(follistatin),后者是肌生长抑制素的抑制剂。

除对炎症和骨骼肌生长的调节,肌肉因子还调节多个组织器官代谢等生理过程。脑源性神经营养因子(BDNF)和 IL-6 参与 AMPK 介导的脂肪氧化,IL-6 刺激脂肪分解,而 IL-15 特异性诱导内脏脂肪的分解。IL-8 和 CXCL1 促进血管生成。胰岛素样生长因子 1(IGF1)、成纤维细胞生长因子 2(FGF2)和转化生长因子 -β(TGF-β)与骨形成有关。卵泡菌素相关蛋白 1(follistatin-related protein 1)可促进缺血血管的内皮功能和血运重建。鸢尾素(irisin)和镍纹样蛋白(meteorin-like,METRNL)参与白色脂肪组织向棕色或米色脂肪组织的转变,以热量的形式消耗能量。

第五节 | 脂肪组织的生物化学

脂肪组织的主要功能是储存和动员甘油三酯。白色脂肪组织是主要的甘油三酯储存和动员的部位,而棕色脂肪组织的主要功能是氧化脂肪酸产热。脂肪组织作为内分泌器官还产生许多脂肪分泌因子,参与自身及其他器官的信息交流。热量限制具有减重和调节代谢等多种功能。

一、脂肪组织是储存和动员甘油三酯的重要组织

生理情况下,餐后吸收的脂肪和葡萄糖除部分氧化供能外,其余部分主要以脂肪形式储存于脂肪组织。饥饿时抗脂解激素胰岛素水平降低、脂解激素胰高血糖素等分泌增加,激活脂肪组织甘油三酯脂肪酶(adipose triglyceride lipase,ATGL)和激素敏感脂肪酶(hormone-sensitive lipase,HSL),将储存于脂肪组织的能量以脂肪酸和甘油的形式释放入血,是其他组织的能量来源。

二、脂肪组织具有不同的类型和代谢特征

脂肪组织由多种细胞类型组成,包括脂肪细胞、血管内皮细胞、成纤维细胞和巨噬细胞。脂肪组织分为白色和棕色两种类型。

人体的白色脂肪组织主要分布于皮下组织、网膜和肠系膜等处,其中的脂肪细胞有大而单一的脂滴、较少的线粒体和低含量的解偶联蛋白 1(UCP1),具有特征性的白色外观,在白色脂肪组织中脂解的脂肪酸主要释放到外周循环系统中。棕色脂肪组织的棕色脂肪细胞有小而多的脂滴,有大量富含铁的线粒体,并分布有丰富的毛细血管,具有特有的棕色外观。棕色脂肪组织主要存在于哺乳动物出生后和冬眠期间,以及人类的婴幼儿期间。棕色脂肪组织特异地分解脂肪释放脂肪酸进入线粒体氧化分解产生热量,这种无颤动产热可维持体温。棕色脂肪组织在新生儿的肩胛间、颈部、脊柱旁有较多的分布,在成人的椎旁交界处、颈部 / 腋窝区域、气管和血管以及肾周、肾上腺位置也有数量不定但

代谢活跃的棕色脂肪组织分布。尽管数量较少,人体棕色脂肪组织代谢活跃时全身能量消耗可增加40%~80%。

此外,米色脂肪细胞具有二者的混合特征,可由祖细胞分化或在寒冷刺激下由白色脂肪细胞转变而来。

三、脂肪组织及其产生的分泌因子是影响体重的关键因素

脂肪组织作为内分泌器官还产生许多脂肪分泌因子,参与自身及其他组织和器官间的信息交流。脂肪组织表达并释放许多蛋白质性质的脂肪因子(adipokine)、脂质和 microRNA 等分子,这些分子以自分泌、旁分泌或内分泌方式作用于附近或远处的其他组织器官,调节脂质和葡萄糖稳态、能量平衡、炎症和组织修复。

(一)脂肪组织分泌多种脂肪因子调控自身和整体代谢

具备促炎作用的脂肪因子包括瘦素(leptin)、抵抗素(resistin)、趋化素(chemerin)、前粒蛋白(progranulin,PGRN)、Wnt1-诱导的信号通路蛋白 1(WNT1 inducible signaling pathway protein 1,WISP1)、视黄醇结合蛋白 -4(retinol binding protein 4,RBP4)、脂肪酸结合蛋白 4(fatty acid binding protein 4,FABP4)、纤溶酶原激活剂抑制剂 1(plasminogen activator inhibitor-1,PAI-1)、卵泡抑素样蛋白 1(follistatin-like protein 1,FSTL1)、MCP-1、TNF-α、IL-6 和 IL-1β 等。除在能量平衡中的作用外,高水平瘦素在肥胖的个体中发挥促炎作用。抵抗素与脂连蛋白具有相似结构,却是一种促炎脂肪因子,并有抵抗胰岛素的作用。脂肪组织固有巨噬细胞、外周血单核细胞、巨噬细胞和骨髓细胞是抵抗素的主要来源,通过 NF-κB 活化诱导 TNF-α、IL-6、IL-12 和 MCP-1 过表达。趋化素是一种 14kDa 的趋化蛋白,在白色脂肪组织中高度表达。肥胖和代谢综合征患者的趋化素水平在全身和脂肪细胞中升高,通过与其 G 蛋白偶联受体趋化因子样受体 -1(chemerin chemokine-like receptor 1,CMKLR1)结合,调节脂肪细胞分化并招募循环浆细胞样树突状细胞到内脏脂肪组织,启动先天免疫反应并导致肥胖个体脂肪组织炎症。脂肪细胞分泌的 WISP1 直接激活巨噬细胞,释放 TNF-α 和 IL-6 等促炎细胞因子。

具备抗炎作用的脂肪因子包括脂连蛋白(adiponectin)、网膜蛋白 -1(omentin-1)、锌 α2 糖蛋白(zinc-alpha 2-glycoprotein,ZAG)、Secreted frizzled-related protein 5(Sfrp5)、C1q/TNF-related proteins(CTRPs)、脂质运载蛋白 -2(lipocalin-2,LCN-2)、腹腔脂肪型丝氨酸蛋白酶抑制剂(vaspin)和 IL-10 等。脂连蛋白抑制巨噬细胞促炎细胞因子 TNF-α 表达并诱导抗炎细胞因子 IL-10 表达,诱导 M1 至 M2 巨噬细胞的极化,从而减轻慢性炎症。网膜蛋白 -1 可抑制氧化应激和炎症小体信号通路,减轻炎症反应。在肥胖个体的脂肪组织中脂连蛋白和网膜蛋白 -1 表达降低。

脂肪组织慢性低度炎症是肥胖的标志,并导致各种代谢紊乱。脂肪组织的炎症特征是巨噬细胞浸润和由 NF-κB、JNK 和 NLRP3 炎症小体等炎症途径的激活。从脂肪组织、肝和骨骼肌分别产生分泌的脂肪因子、肝分泌因子(hepatic factors)和肌肉因子参与了脂肪组织的慢性炎症调节。肥胖发生时,促炎脂肪分泌因子或趋化因子水平升高,抗炎脂肪分泌因子的水平降低。

脂肪细胞不仅受到自身脂分泌因子的调控,也受来自其他器官产生的细胞因子影响,共同调控其代谢和发育、血管生成、炎症等多个过程。脂肪组织功能和代谢的失衡,以及由此产生的脂肪分泌因子和脂代谢变化影响全身整体代谢,并参与胰岛素抵抗和代谢综合征的发生发展。

(二)瘦素直接或间接地减少脂肪组织

瘦素是由肥胖基因编码、白色脂肪组织合成的肽激素,由 146 个氨基酸残基组成。血浆中的瘦素浓度通常与脂肪量成正比,肥胖升高瘦素水平。瘦素受体在结合瘦素后形成二聚体而活化,激活 JAK-STAT 信号通路,主要通过转录因子信号转导及转录激活蛋白 3(signal transducer and activator of transcription 3,STAT3)发挥效应。瘦素受体在神经元、肝、胰腺、心肌和血管周围组织中表达。

瘦素通过中枢间接调节脂肪组织脂质的存储(图 27-11)。瘦素通过作用于下丘脑弓状核(arcuate nucleus,ARC)的神经元的受体调节食欲和代谢。弓状核有神经肽 Y/ 刺鼠相关蛋白(neuropeptide Y/agouti-related peptide,NPY/AgRP)和阿黑皮素原(pro-opiomelanocortin,POMC)两种类型的神经元。瘦素促进神经元 POMC 基因的转录,POMC 的转录产物 α- 黑色素细胞刺激素(α-MSH)结合室旁核(paraventricular nucleus of hypothalamus,PVN)神经元的黑皮质素受体(melanocortin receptors,MCR),激活神经元导致食欲抑制。NPY/AgRP 神经元产生和释放神经肽 Y 和 AgRP,可促进食欲并减少新陈代谢和能量消耗。其中,AgRP 肽与 α-MSH 竞争性结合 MCR,而瘦素抑制 NPY/AgRP 的合成,进而取消 AgRP 对 MCR 的抑制作用。

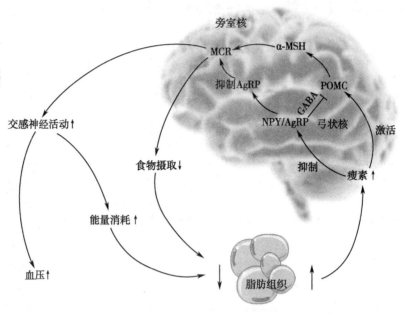

图 27-11 瘦素的作用机制

此外,瘦素还可刺激交感神经系统,增加血压、心率和产热,间接调节脂肪组织数量。例如,瘦素调节弓状核神经元,通过交感神经系统向脂肪和其他组织增加去甲肾上腺素的释放,通过 β_3- 肾上腺素受体刺激 UCP1 的转录,增加棕色和米色脂肪细胞中线粒体的合成。去甲肾上腺素激活 PKA,引发甘油三酯的分解,所产生的脂肪酸在线粒体中进行氧化,由于 UCP1 表达增加导致 ATP 生成与呼吸链电子传递解偶联,增加储备能量的消耗和产热。

瘦素也直接调节脂肪组织。脂肪组织存在瘦素受体,抑制脂肪细胞的胰岛素反应,导致胰岛素诱导的葡萄糖摄取和白色脂肪细胞脂肪生成减少。

瘦素携带着脂肪储备充足的信息,减少能量物质的摄入并增加能量的消耗,调节了脂肪组织的平衡。类似于胰岛素抵抗,肥胖也会引起瘦素抵抗。

(三) 脂连蛋白调节骨骼肌和心血管功能

脂连蛋白是脂肪细胞特异性表达的脂肪分泌因子,是分子量为 30kD 的单分子糖蛋白,以三聚体、六聚体和多聚体形式存在,其中高分子量多聚体脂连蛋白活性最强。与瘦素相反,脂连蛋白的循环水平与总脂肪量成反比,肥胖、T2D 患者的脂连蛋白血浆浓度急剧降低。脂连蛋白以高浓度存在于外周血中(3~30μg/ml),占血清总蛋白的 0.05%,其循环浓度与胰岛素、代谢综合征、肥胖、T2D、心血管疾病负相关。

脂连蛋白具有胰岛素增敏和抗炎作用,通过结合靶细胞上的脂连蛋白受体 1(adiponectin receptor 1,Adipo R1)和 2(Adipo R2)发挥其效应。在血管内皮和平滑肌细胞中表达的 T- 钙黏蛋白(T-cadherin)可以促进脂连蛋白与受体的结合。Adipo R1 在骨骼肌、心肌等组织和内皮细胞中表达,而 Adipo R2 主要在肝中表达。脂连蛋白与其受体结合激活骨骼肌、肝、心肌和腺体等组织的一系列下游信号,包括肝糖异生减少、肝和骨骼肌中的脂肪酸氧化增加、骨骼肌和白色脂肪组织中的葡萄糖摄取增加以及减轻炎症等。

骨骼肌是脂连蛋白重要的作用组织之一。脂连蛋白促进骨骼肌 GLUT4 细胞膜转运定位,增加骨骼肌的葡萄糖摄取。脂连蛋白激活骨骼肌细胞 LKB1-AMPK 信号通路,增强骨骼肌对胰岛素的敏感性。脂连蛋白还可以增加胰岛素向骨骼肌的输送而增强胰岛素的作用。脂连蛋白同时通过激活骨骼肌细胞的 AMPK 以促进脂肪酸氧化,减少肝脏和骨骼肌的脂肪沉积,增加甘油三酯在白色脂肪组织的储存。

脂连蛋白还是心血管系统关键调节者,低水平的脂连蛋白血症与不良心血管事件正相关。通过依赖于 AMPK 和非 AMPK 途径,脂连蛋白阻断多个动脉粥样硬化过程中的进展环节,可刺激血管生成以修复受损血管,抑制氧化 / 硝化应激、心脏肥大和间质纤维化,拮抗血栓形成,抑制心血管系统炎症,加上胰岛素增敏和代谢调控作用,发挥心血管保护作用。

四、热量限制具有减重和增加胰岛素敏感性等多种作用

热量限制(calorie restriction,CR)是指在不造成营养不良的情况下长期减少总热量摄入。热量限制导致摄入的热量小于消耗实现减重。热量限制不仅可以减重,还是目前已知的能够延缓衰老和延长寿命的策略,推迟和降低多种与老龄相关疾病(如衰老、T2D、肿瘤、心血管疾病)的发病。热量限制通过关键信号通路传递信息调节机体代谢、生物钟、激素、胃肠道菌群及炎症等。

(一)热量限制调控基因表达和表观遗传过程

热量限制参与基因表达的调控过程。饮食限制导致大多数常量营养素的摄入减少,包括葡萄糖、特定氨基酸和蛋白质。AMPK 和哺乳动物雷帕霉素靶蛋白复合物 1(mammalian target of rapamycin complex 1,mTORC1)可感受到葡萄糖及其分解代谢物磷酸二羟丙酮的水平降低,导致 AMPK 活性增加和 mTORC1 信号转导降低。AMPK 影响转录因子肌细胞增强因子 2(myocyte enhancer factor 2,MEF2)、过氧化物酶体增殖物激活受体 δ(peroxisome proliferator-activated receptor δ,PPARδ)和 PGC-1α,参与线粒体生物发生和脂质氧化等调节。葡萄糖和热量限制导致胰岛素和胰岛素样生长因子 1(insulin-like growth factor 1,IGF-1)信号转导降低,从而导致 PI3K/mTORC2/AKT 信号级联反应的活性降低,抑制叉头盒蛋白 O(forkhead box O,FOXO)依赖性基因转录,涉及脂质代谢、蛋白质结构保护、自噬、抗氧化应激和 DNA 修复。

热量限制还参与表观遗传调控过程。甲硫氨酸、支链氨基酸或蛋白质水平的降低同样会抑制 mTORC1 信号转导,mTORC1 受到抑制后核糖体的生物发生和蛋白质合成被下调,并且增加自噬。甲硫氨酸水平降低导致代谢物 S- 腺苷甲硫氨酸(SAM)水平降低,改变 DNA 和组蛋白甲基化。AMPK 的活化也涉及沉默信息调节因子 2 相关酶 1(sirtuin 1,SIRT1)和 3(sirtuin 3,SIRT3),这些酶有蛋白质去乙酰化酶活性,通过表观遗传调节自噬、氧化应激等过程。

(二)热量限制增加胰岛素敏感性

胰岛素诱导胰岛素敏感组织(如骨骼肌、脂肪和心肌)的葡萄糖摄取,抑制肝、肾和小肠中的葡萄糖产生,控制血糖。当胰岛素敏感组织对胰岛素的反应性降低,就会发生胰岛素抵抗。肥胖、炎症、线粒体功能障碍、高胰岛素血症、脂毒性 / 高脂血症、遗传因素、内质网应激和衰老参与胰岛素抵抗。热量限制通过调节激素水平、胰岛素信号通路以及慢性炎症等机制提高胰岛素敏感性。

热量限制调节激素水平。热量限制能降低循环血中胰岛素、IGF-1 和葡萄糖的水平,从而改善胰岛素的敏感性。热量限制也能减少氧自由基的生成和非酶糖基化修饰,进一步减少葡萄糖增加对蛋白质的破坏。此外,热量限制提高循环系统中脂连蛋白的水平,增强胰岛素敏感性并降低炎症引起的胰岛素抵抗。脂连蛋白受体被激活后,激活下游的代谢调节因子 AMPK,促进 NAD^+ 补救通路的重要酶烟酰胺磷酸核糖转移酶(nicotinamide phosphoribosyltransferase,NAMPT)的表达,激活 NAD^+ 依赖的去乙酰化酶 SIRT1,正调节 PGC-1α。这四种代谢调节因子的表达水平均上调共同增强了胰岛素信号。热量限制还可降低血清瘦素水平,从而抑制性腺轴、生长轴和甲状腺轴,激活肾上腺轴,增加能量消耗。

热量限制调节胰岛素受体信号通路增加胰岛素敏感性。热量限制通过增加 SIRT1 介导的 STAT3 的去乙酰化修饰,增强了骨骼肌 PI3K 信号转导效率和胰岛素作用。此外热量限制还能降低胰岛素激活的硫氧还蛋白相互作用蛋白(thioredoxin interacting protein,TXNIP)水平,加强葡萄糖利用过程,从而增加外周组织对胰岛素的敏感性。

热量限制改善炎症指标,减轻胰岛素抵抗。热量限制降低了总白细胞数目、IL-1β、IL-6、TNF-α 和血清 C 反应蛋白(C-reactive protein,CRP)的水平,还可以抑制肝促炎蛋白血清胎球蛋白 -A 的分泌。

小 结

　　肝以外的重要器官、组织由于可获得的能量物质不同,特异性表达不同代谢物转运体和代谢酶,显现出鲜明的代谢特征以适应各自功能。这些器官、组织还可通过产生多种分泌因子,调节自身功能并进行器官组织间的信息交流。

　　脑主要利用葡萄糖作为主要的能量来源,特定情况下也可以利用酮体、乳酸、丙酮酸、谷氨酸和谷氨酰胺等作为补充。脑中存在特殊的神经递质合成与清除代谢途径,星形胶质细胞和神经元之间通过谷氨酸 - 谷氨酰胺循环协调谷氨酸和氮代谢,并参与谷胱甘肽的合成对抗氧化应激等损伤。糖脂代谢紊乱参与了阿尔茨海默病等神经退行性疾病的发生发展。

　　心肌 ATP 主要由氧化磷酸化生成,并可利用多种能量物质。心肌主要利用脂肪酸和葡萄糖,其中成人心脏主要消耗脂肪酸,胎儿依赖于葡萄糖的分解,运动时可利用乳酸,在禁食等情况下心脏可利用酮体和支链氨基酸。优势效应调节心肌对葡萄糖和脂肪酸的利用比例。心力衰竭时发生代谢重编程,肌酸磷酸与 ATP 比率下降,减少脂肪酸的氧化,同时增加葡萄糖和酮体的利用。

　　肾利用葡萄糖和脂肪酸作为自身能量来源,其中皮层利用脂肪酸或酮体,肾单位远端部分更多地使用糖酵解生成 ATP,导致乳酸生成。肾还是糖异生的器官之一。肾重吸收部分代谢物,包括葡萄糖和氨基酸。肾参与肾素、前列腺素、激肽、促红细胞生成素的生成以及维生素 D_3 活化,对其他器官代谢具有广泛影响。

　　骨骼肌可分为红色或慢肌纤维和白色或快肌纤维两种,具备不同代谢特征。骨骼肌中有多个 ATP 合成途径来供能,骨骼肌主要能量来源是肌糖原、血糖、骨骼肌的脂肪酸和脂肪组织的甘油三酯。运动能量供给受细胞外能量物质的可用性、运动强度以及持续时间影响,受到 AMP 等关键分子和激素的调节。运动可以预防肥胖和糖尿病。

　　脂肪组织分为白色和棕色两种类型,有不同的代谢特征,是储存和动员甘油三酯的重要组织。脂肪组织及其产生的分泌因子是影响体重的关键因素,其中瘦素抑制食欲、调控糖脂代谢控制脂肪组织重量,脂连蛋白增敏胰岛素信号并具备抗炎作用,参与骨骼肌和心血管稳态的维持。热量限制通过调控基因表达和代谢减重并增敏胰岛素信号。

思考题:
1. 请描述脑糖代谢的生理意义。
2. 请描述星形胶质细胞和神经元在谷氨酸代谢中的相互作用。
3. 请叙述不同状态下心肌如何调节对葡萄糖和脂肪酸利用。
4. 请叙述长时程运动期间能量供给如何变化及其调控机制。
5. 请叙述脂肪组织产生的 IL-6、瘦素以及脂连蛋白等分泌因子对自身和其他组织器官的影响。
6. 请分析瘦素在治疗肥胖的临床试验中失败的可能原因。
7. 请叙述肾的代谢特点。

思考题解题思路

本章目标测试

本章思维导图

（高国全）

名词释义

1. 5'- 帽子结构（5'-cap structure）：真核生物 mRNA 5'- 端的特殊结构，是 7'- 甲基鸟苷 -5'- 三磷酸通过 5'-5' 方式与 mRNA 的 5'- 端连接。具有保护 mRNA、调控翻译起始等多种功能。

2. CpG 岛（CpG island）：基因组中长度为 300～3 000bp、GC 含量可达 60% 的区段，主要存在于基因的 5'- 端启动子区。CpG 序列中的胞嘧啶（C）甲基化可导致基因转录被抑制，故 CpG 岛的未甲基化状态为基因转录所必需。

3. CRISPR/Cas 系统（CRISPR/Cas system）：原核生物的一种获得性免疫或适应性免疫系统，用于抵抗存在于噬菌体或质粒的外源遗传元件的入侵。

4. DNA 变性（DNA denaturation）：某些极端的理化条件（温度、pH、离子强度等）可以断裂 DNA 双链互补碱基对之间的氢键以及破坏碱基堆积力，使一条 DNA 双链解离成为两条单链。

5. DNA- 蛋白质交联：DNA 分子与蛋白质以共价键的形式结合在一起，称为 DNA- 蛋白质交联。

6. DNA 复制（DNA replication）：亲代 DNA 作为合成模板，按照碱基配对原则合成子代分子，其化学本质是酶促脱氧核糖核苷酸的聚合反应。

7. DNA 损伤：DNA 损伤是指各种体内外因素导致的 DNA 组成与结构上的变化，主要有碱基或戊糖基的破坏、碱基错配、DNA 单链或双链断裂、DNA 链共价交联等多种表现形式。

8. DNA 损伤链间交联：DNA 损伤链间交联是指 DNA 双螺旋链中的一条链上的碱基与另一条链上的碱基以共价键的形式结合在一起。

9. DNA 损伤链内交联：DNA 双螺旋链中的同一条链内的两个碱基以共价键结合，称为 DNA 损伤链内交联。紫外线照射后形成的嘧啶二聚体就是 DNA 损伤链内交联的典型例子。

10. DNA 损伤切除修复：一种重要的 DNA 损伤的修复方式，普遍存在于各种类型的生物中。其过程主要包括，首先，由一个酶系统识别 DNA 损伤部位；其次，在损伤两侧切开 DNA 链，去除两个切口之间的一段受损的寡核苷酸；再次，在 DNA 聚合酶作用下，以另一条链为模板，合成一段新的 DNA，填补缺损区；最后，由连接酶连接，完成损伤修复。

11. DNA 印迹法（Southern blotting）：又称 Southern 印迹法。将经过凝胶电泳分离的 DNA 转移到适当的膜（如硝酸纤维素膜、尼龙膜等）上的技术。可以采用毛细管作用或电泳法转移，转移到膜上的 DNA 再与标记的特异核酸探针杂交等进行分析。

12. DNA 重组（DNA recombination）：指 DNA 分子内或分子间发生的遗传信息的共价重排过程。

13. G 蛋白偶联受体（G protein-coupled receptor，GPCR）：具有 7 个跨膜 α- 螺旋，直接与异源三聚体 G 蛋白偶联结合的一类重要的细胞表面受体，依靠活化 G 蛋白转导细胞外信号，亦称七次跨膜受体。

14. G 蛋白循环（G protein cycle）：在 G 蛋白偶联受体介导的信号通路中，G 蛋白在有活性和无活性状态之间的连续转换。其关键机制是受体不断促进 G 蛋白释放 GDP，结合 GTP，而使其激活；而 G 蛋白的效应分子又不断激活其 GTP 酶活性，促进 GTP 水解成为 GDP，而使其恢复到无活性状态。

15. HMG-CoA 还原酶（HMG-CoA reductase）：在胆固醇生物合成过程中，催化 HMG-CoA 还原成羟甲戊酸，是细胞胆固醇合成的限速酶。

16. Hognest 盒 /TATA 盒（TATA box）：起始点上游多数具有的共同 TATA 序列。

17. K_m 值（K_m value）：等于酶促反应速率为最大反应速率一半时的底物浓度。

18. MAPK 途径（MAPK pathway）：以促分裂原活化蛋白质激酶（mitogen-activated protein kinase，MAPK）为代表的信号转导途径，其主要特点是具有 MAPK 级联反应。

19. P/O 比值（phosphate/oxygen ratio）：氧化磷酸化过程中，每消耗 1/2 摩尔 O_2 所需磷酸的摩尔数，即所能合成 ATP 的摩尔数（或一对电子通过呼吸链传递给氧所生成 ATP 的分子数）。

20. piRNA：一类最早发现于生殖细胞中的长度约为 24～31nt 的小分子非编码 RNA，其作用依赖于 PIWI 蛋白。

21. RNA 编辑（RNA editing）：在初级转录物上增加、删除或取代某些核苷酸而改变遗传信息的过程，可使 RNA 序列不同于所对应的基因组模板 DNA 序列。

22. RNA 复制（RNA replication）：RNA 指导的 RNA 合成。

23. RNA 干扰（RNA interference，RNAi）：与靶基因同源的双链 RNA 诱导的特异性转录后基因沉默现象。siRNA、miRNA 均可介导 RNA 干扰。

24. RNA 剪接（RNA splicing）：从 DNA 模板链转录出的前体 RNA 分子中除去内含子，并将外显子连接起来而形成一个成熟的 RNA 分子的过程。

25. RNA 印迹法（Northern blotting）：又称 Northern 印迹法。将经过凝胶电泳分离的 RNA 转移到适当的微孔膜（如硝酸纤维素膜、尼龙膜等）上的技术。膜上的 RNA 可再与标记的特异核酸探针杂交以分析特异性 RNA。主要用于检测目的基因的转录水平。

26. SH2 结构域（SH2 domain）：可与某些蛋白质（如受体酪氨酸激酶）的磷酸化酪氨酸残基紧密结合的蛋白质结构域，可启动信号转导通路中的多蛋白质复合物的形成。

27. V_{max}（maximum-velocity）：酶被底物完全饱和时的反应速率。

28. α- 螺旋（α-helix）：是蛋白质二级结构的主要形式之一。指多肽链主链围绕中心轴呈有规律的螺旋式上升，每 3.6 个氨基酸残基螺旋上升一圈，螺距为 0.54nm，每个氨基酸残基沿着螺旋的长轴上升 0.15nm。螺旋的方向为右手螺旋。氨基酸侧链 R 基团伸向螺旋外侧，每个肽键的 N—H 和第四个肽键的羰基氧形成氢键，氢键的方向与螺旋长轴基本平行。

29. 癌基因（oncogene）：能导致细胞发生恶性转化和诱发癌症的基因。绝大多数癌基因是细胞内正常的原癌基因突变或表达水平异常升高转变而来，某些病毒也携带癌基因。

30. 氨基酸代谢库（aminoacid metabolic pool）：通过消化食物蛋白质而吸收的氨基酸（外源性氨基酸）、体内组织蛋白质降解产生的氨基酸以及少量合成氨基酸（内源性氨基酸）混合在一起，分布于体内各处参与代谢，称为氨基酸代谢库。

31. 巴斯德效应（Pasteur effect）：糖有氧氧化抑制无氧氧化的现象。有氧时肌组织通过此效应实现产能最大化。

32. 半不连续复制（semi-discontinuous replication）：前导链连续复制而后随链不连续复制的方式，这种复制方式叫半不连续复制。

33. 报告基因（reporter gene）：又称报道基因。一种标记基因。在细胞中表达后不产生对毒物或药物的抗性，而是产生容易被检测的荧光等信号，用以指示与其融合的调控序列或元件（如启动子）的活性。常用的报告基因有荧光素酶基因、绿色荧光蛋白基因、β- 葡萄糖苷酶基因等。

34. 比较基因组学（comparative genomics）：在基因组图谱和序列的基础上，通过与已知基因和基因组结构的比较来了解基因的功能、表达机制和物种进化的学科领域。

35. 必需脂肪酸（essential fatty acid）：人体自身不能合成、必须由食物提供的脂肪酸。

36. 编码链（coding strand）：相对应模板链的另一股单链。

37. 表达序列标签（expressed sequence tag）：是指从不同组织构建的 cDNA 文库中，随机挑选不同的克隆，进行克隆部分测序所产生的 cDNA 序列，在新基因资源中扩展最为迅速。在人类 EST 数据库中，应用同源比较，识别和拼接与已知基因高度同源的人类新基因。

38. 表达载体（expression vector）：用来在宿主细胞中表达外源基因，具有调控表达克隆基因所需的转录和翻译信号的载体。

39. 丙氨酸 - 葡萄糖循环（alanine glucose cycle）：骨骼肌主要以丙酮酸作为氨基受体，经转氨基作用生成丙氨酸，丙氨酸进入血液后被运往肝。在肝中，丙氨酸通过联合脱氨基作用生成丙酮酸，并释放氨。氨用于合成尿素，丙酮酸经糖异生途径生成葡萄糖。葡萄糖经血液运往肌肉，沿糖酵解转变成丙酮酸，后者再接受氨基生成丙氨酸。丙氨酸和葡萄糖周而复始的转变，完成骨骼肌和肝之间氨的转运，这一途径称为丙氨酸 - 葡萄糖循环。

40. 卟啉症（porphyria）：是由于血红素生物合成途径中的酶活性缺乏，引起卟啉或其中间代谢物浓度异常升高，并在组织中蓄积，造成细胞损伤而引起的一类代谢性疾病，有先天性和后天性两大类。

41. 补救合成途径（salvage pathway）：利用生物分子分解途径的中间代谢产物如游离的嘌呤、嘧啶或核苷等经过简单的反应合成核苷酸的过程。是从头合成途径的补充。

42. 操纵子（operon）：每一转录区段可视为一个转录单位，包括了若干个基因的编码区及其调控序列。

43. 插入序列（insertion sequence，IS）：是指能在基因（组）内部或基因（组）间改变自身位置的一段 DNA 序列。

44. 长非编码 RNA（long non-coding RNA，lncRNA）：一类转录本长度超过 200 个核苷酸的 RNA 分子，不直接参与基因编码和蛋白质合成，但是可在表观遗传水平、转录水平和转录后水平调控基因的表达。

45. 长散在核元件（long interspersed nuclear elements，LINEs）：以散在方式分布于基因组中的较长的重复序列，重复序列长度约为 6 000~7 000bp，常具有转座活性，又称为长散在重复序列（long interspersed repeat sequence）。

46. 超螺旋结构(superhelix 或 supercoil):双螺旋 DNA 通过弯曲、盘绕等进一步折叠所形成的一种 DNA 三级结构。DNA 超螺旋有两种:当 DNA 分子沿轴扭转的方向与通常双螺旋的方向相反时,造成双螺旋的欠旋而形成负超螺旋;反之则为正超螺旋。在生物体内,DNA 一般呈现负超螺旋构象。

47. 沉默子(silencer):可抑制基因转录的特定 DNA 序列,当其结合一些反式作用因子时对基因的转录起阻遏作用,使基因沉默。

48. 重组 DNA 技术(recombinant DNA technology):指通过体外操作将不同来源的两个或两个以上 DNA 分子重新组合,并在适当细胞中扩增形成新的功能分子的技术。

49. 初级胆汁酸(primary bile acids):由肝细胞以胆固醇为原料合成的胆汁酸及其与甘氨酸或牛磺酸的结合产物。包括胆酸、鹅脱氧胆酸、甘氨胆酸、牛磺胆酸、甘氨鹅脱氧胆酸和牛磺鹅脱氧胆酸。

50. 次级胆汁酸(secondary bile acids):初级胆汁酸经肠菌作用产生的胆汁酸及其结合产物,包括脱氧胆酸、石胆酸、甘氨脱氧胆酸、牛磺脱氧胆酸、熊去氧胆酸等。

51. 从头合成途径(de novo pathway):利用简单前体分子合成如核苷酸一类生物分子的完整代谢途径。

52. 促红细胞生成素(erythropoietin,EPO):在肾和肝等组织产生的一种分子量为 34kDa 的糖蛋白细胞因子。能刺激骨髓中红细胞的产生。

53. 代谢(metabolism):即新陈代谢,是机体内所有的化学反应,是生命活动的物质基础。代谢主要包括物质消化、吸收、合成、分解、转化,能量的生成与利用等,以及将自身原有组成转变为废物排出到环境中的不断更新的过程。

54. 代谢库(metabolic pool):也称代谢池,人体内的代谢物质在进行中间代谢时,机体不分彼此,无论自身合成的内源性物质和食物中摄取的外源性物质,均组成为共同的代谢池,根据机体的营养状态和需要,这些物质不分彼此,均可进入各种代谢途径进行代谢。

55. 代谢综合征(metabolic syndrome):一组以肥胖、高血糖(糖调节受损或糖尿病)、高血压以及血脂异常[高 TG(甘油三酯)血症和/或低 HDL-C(高密度脂蛋白胆固醇)血症]集结发病的临床综合征,特点是相互联系的代谢危险因素在同一个体的组合。

56. 代谢组学(metabonomics):测定一个生物/细胞中所有的中间代谢物(小分子)组成,描绘其动态变化规律,建立系统代谢图谱,并确定这些变化与生物过程联系的学科领域。

57. 单纯酶(simple enzyme):水解后仅有蛋白质的酶称为单纯酶。

58. 单分子实时测序(single molecule real time sequencing,SMRT):基于边合成边测序策略的一种高通量单分子测序技术。以零模波导孔金属片为载体进行测序反应。合成反应局限在纳米小孔的底部,检测配对合成的脱氧核苷酸发出的荧光信号,依据 4 种不同荧光标记信号读出 DNA 模板序列。无须进行 PCR 扩增而直接读取目标序列,具有高通量、快速度、长读长、低成本、假阳性率低等多种优点。

59. 单核苷酸多态性(single nucleotide polymorphism,SNP):是在基因组中由于单个核苷酸改变(颠换/置换)而引起的多态性。SNPs 在基因组中广泛分布,平均每 300bp 就有 1 个 SNPs,人类基因组大约 90% 的多态性是以 SNPs 形式出现,因此它被认为是第三代遗传标志。

60. 单链构象多态性(single-strand conformation polymorphism,SSCP):在非变性条件下,单链 DNA 分子内碱基之间存在相互作用,形成一定的空间构象。DNA 分子中的特定碱基发生变异可导致空间构象的改变。SSCP 常与 PCR 联用,检测基因突变。

61. 单顺反子(monocistron):真核生物一个结构基因转录生成一条 mRNA,编码一条多肽链的初级转录物。

62. 单体酶(monomeric enzyme):由一条多肽链组成的酶称为单体酶。

63. 单细胞测序(single cell sequencing):利用微量基因组扩增和高通量测序技术,在单个细胞水平上对基因序列、结构及表达状态进行分析的技术。技术流程包括:单个细胞的分离、基因组的提取、全基因组或转录物组扩增、测序文库的构建及测序。能够以高分辨率显示单个细胞的基因组结构和基因表达差异信息,在单细胞尺度研究个体细胞、相关环境细胞及其相互作用的机制。可以应用于细胞类型鉴定、细胞分化及组织发育轨迹分析、基因表达调控机制研究等。

64. 胆固醇逆向转运(reverse cholesterol transport,RCT):新生 HDL 从肝外组织细胞获取胆固醇并在血浆 LCAT、apo A、apo D 及 CETP 和 PTP 共同作用下,胆固醇被酯化、转移至内核与 VLDL 甘油三酯交换,新生双脂层盘状 HDL 逐步膨胀为单脂层球状 HDL,颗粒逐步增大、密度逐渐减小,形成 HDL₃,最终转变为成熟的富含胆固醇的 HDL₂。VLDL 在转变为 LDL 后,与成熟 HDL 一起经血液运输至肝,与肝细胞膜表面 HDL 受体、LDL 受体结合,被肝细胞摄取降解,其中的胆固醇酯可被分解转化成胆汁酸排出体外,这种将肝外组织多余胆固醇运输至肝分解转化排出体外的过程就是胆固醇逆向转运途径。

65. 胆汁酸的肠肝循环(enterohepatic circulation of bile acid):在肝细胞合成的初级胆汁酸,随胆汁进入肠道并转变为次级胆汁酸。肠道中约 95% 胆汁酸可经门静脉被重吸收入肝,并与肝新合成的胆汁酸一起再次被排入肠道,构成胆汁酸的肠肝循环。

66. 蛋白聚糖（proteoglycan）：以聚糖含量为主，由糖胺聚糖共价连接于不同核心蛋白形成的糖复合体。

67. 蛋白质靶向输送（protein targeting）：蛋白质合成后在细胞内被定向输送到其发挥作用部位的过程，也称蛋白质分拣（protein sorting）。

68. 蛋白质变性（protein denaturation）：在某些物理和化学因素作用下，蛋白质的特定的空间构象被破坏，从而导致其理化性质的改变和生物活性的丧失，称为蛋白质的变性。一般认为蛋白质的变性主要发生二硫键和非共价键的破坏，不涉及一级结构中氨基酸序列的改变。

69. 蛋白质 - 蛋白质相互作用（protein-protein interaction，PPI）：是指两个或两个以上的蛋白质分子通过非共价键相互作用并发挥功能的过程。

70. 蛋白质的腐败作用（putrefaction）：在消化过程中，有一小部分蛋白质未被消化或虽经消化、但未被吸收，肠道细菌对这部分蛋白质及其消化产物进一步代谢，称为腐败作用。

71. 蛋白质的三级结构（tertiary structure）：是指整条肽链中全部氨基酸残基的相对空间位置，也就是整条肽链所有原子在三维空间的排布位置。

72. 蛋白质等电点（protein isoelectric point，pI）：在某一 pH 的溶液中，蛋白质解离成阳离子和阴离子的趋势或程度相等，成为兼性离子，呈电中性，此时溶液的 pH 称为该蛋白质的等电点。

73. 蛋白质激酶（protein kinase）：将 ATP 或其他核苷三磷酸的 γ- 磷酸基转移给靶蛋白质的 Ser、Thr、Tyr、Asp 或 His 的侧链的一类酶。可以调节被磷酸化的蛋白质分子的功能。

74. 蛋白质相互作用结构域（protein interaction domain）：蛋白质分子中能识别并结合其他蛋白质分子的一段特定氨基酸序列。其结合位点可通过蛋白质磷酸化而产生，也可以是具有特定氨基酸序列的肽段。

75. 蛋白质组（proteome）：一个基因组所表达的全部蛋白质的总和，或在一定条件下，存在于一个体系（包括细胞、亚细胞器、体液等）中的所有蛋白质。

76. 蛋白质组学（proteomics）：阐明机体在细胞中表达的全部蛋白质的组成、定位、结构、表达模式及功能模式的学科领域。包括鉴定蛋白质的表达、存在方式（修饰形式）或部位、结构、功能和相互作用等。

77. 氮平衡（nitrogen balance）：是指每日氮的摄入量与排出量之间的代谢状态，反映体内氮的"收支"平衡状况。人体氮平衡有三种情况，即氮的总平衡、氮的正平衡及氮的负平衡。

78. 低密度脂蛋白受体（LDL receptor）：广泛分布于体内各组织细胞表面，能特异地识别和结合 LDL，主要生理功能是摄取降解 LDL 并参与维持细胞内胆固醇平衡。

79. 底物水平磷酸化（substrate level phosphorylation）：ADP 或其他核苷二磷酸的磷酸化作用，与高能化合物的高能键水解直接相偶联的产能方式。

80. 第二信使（second messenger）：细胞内受配体与受体结合后激活的可扩散、并调节信号转导蛋白质活性的小分子或离子，又称细胞内小分子信使。如钙离子、环腺苷酸（cAMP）、环鸟苷酸（cGMP）、环鸟苷一磷酸—腺苷一磷酸（cGAMP）、环腺苷二磷酸核糖、甘油二酯（diglyceride，DAG）、肌醇 -1，4，5- 三磷酸（inositol triphosphate，IP₃）、花生四烯酸、神经酰胺、一氧化氮和一氧化碳等。

81. 电泳（electrophoresis）：依据分子或颗粒所带的电荷、形状和大小等不同，因而在电场介质中移动的速度不同，从而达到将蛋白质、核酸或其他带电的颗粒混合物进行分离的技术。

82. 电泳迁移率变动分析（electrophoretic mobility shift assay，EMSA）：又称凝胶阻滞分析（gel retardation assay）、凝胶移位结合分析（gel-shift binding assay）或 DNA 结合分析（DNA binding assay）。一种利用电泳迁移率的变化来分析核酸片段和蛋白质相互结合的技术。当特定的核酸序列与某种蛋白质特异性结合后，它在电泳带中的位置就发生了变化，由此可以分析核酸同蛋白质间的相互作用。最初用于研究转录因子与启动子相互作用，也可应用蛋白质 -DNA、蛋白质 -RNA 相互作用研究。

83. 电子克隆（in silico cloning）：人们通过已获得的序列与数据库中核酸序列及蛋白质序列进行同源性比较，或对数据库中不同物种间的序列比较分析、拼接，预测新的全长基因等，进而通过实验证实，从组织细胞中克隆该基因，即电子克隆。

84. 调控性非编码 RNA：具有调控基因表达作用的非编码 RNA，主要包括长链非编码 RNA（lncRNA）、微 RNA（miRNA）、干扰小 RNA（siRNA）、与 Piwi 蛋白相互作用的 RNA（piRNA）、环状 RNA（circRNA）等，它们在细胞中的含量往往随外界环境和细胞性状发生改变。

85. 定位克隆（positional cloning）：仅根据疾病基因在染色体上的大体位置，鉴定克隆疾病相关基因，称之为定位克隆。

86. 定向克隆（directed cloning）：使目的基因按特定方向插入载体的克隆方法称为定向克隆。

87. 端粒（telomere）：真核生物染色体线性 DNA 的末端有一特殊的膨大成粒状的结构，因而得名。端粒结构的共同特点是富含 T-G 短序列的多次重复。

88. 端粒酶（telomerase）：端粒酶有三部分组成，约 150nt 的端粒酶 RNA（human telomerase RNA，hTR）、端粒酶协同蛋白 1（human telomerase associated protein 1，hTP1）和端粒酶逆转录酶（human telomerase reverse transcriptase，hTRT）。该酶兼有提供 RNA 模板和催化逆转录的功能。

89. 短串联重复序列（short tandem repeat，STR）：正常人群中有一类约 2～6bp 的较短核心序列，常以 10～50 次重复串联的方式存在于相应结构基因的侧翼区或非编码区，被称为短串联重复序列。STR 是 RFLP 之后的第二代遗传标记，可有效地进行生物个体认定，用于亲缘关系鉴定、法医物证等。

90. 短散在核元件（short interspersed nuclear elements，SINEs）：以散在方式分布于基因组中的较短的重复序列，重复序列平均长度约为 70～300bp，与平均长度约为 1 000bp 的单拷贝序列间隔排列，拷贝数可达数十万。又称为短散在重复序列（short interspersed repeat sequence）。

91. 断裂基因（split gene 或 interrupted gene）：由若干个编码区（外显子）和非编码区（内含子）互相间隔开但又连续镶嵌而成，去除非编码区再连接后，可翻译出一条完整多肽链，该基因又称为割裂基因。

92. 多功能酶（multifunctional enzyme）：在一条肽链上同时具有多种不同的催化功能及 / 或结合功能的酶称为多功能酶或串联酶（tandem enzyme）。

93. 多聚（A）尾［poly（A）-tail]：真核生物 mRNA3′-端的一段几十个到几百个腺苷酸残基。具有保护 mRNA、调控翻译起始等多种功能。

94. 多聚核糖体（polyribosome 或 polysome）：蛋白质合成过程中，多个核糖体结合在同一条 mRNA 链上所形成的聚合物。这些核糖体依次结合起始密码子并沿 mRNA 的 5′→3′ 方向移动，共同进行同一条肽链的合成，使肽链合成以高速度、高效率进行。

95. 多酶复合物（multienzyme complex）：几种具有不同催化功能的酶可彼此聚合形成多酶复合物或称多酶体系（multienzyme system）。

96. 多顺反子（polycistron）：携带了几条多肽链的编码信息，受同一个控制区调控的 mRNA 分子，多见于原核生物。一个多顺反子通常包括数个功能上有关联的基因，它们串联排列，共同构成编码区，共用一个启动子和一个转录终止信号序列，几个编码基因在转录合成时仅产生一条 mRNA 长链，为几种不同的蛋白质编码。

97. 翻译（translation）：在多种因子辅助下，核糖体与 mRNA 模板结合，tRNA 识别模板 mRNA 序列中的密码子及转运相应氨基酸，进而按照模板 mRNA 信息合成蛋白质肽链的过程。

98. 翻译后加工（post-translational processing）：新生肽链转变成为有特定空间构象和生物学功能的蛋白质的过程，包括肽链的折叠和二硫键的形成、肽链的剪切、肽链中某些氨基酸残基侧链的修饰、肽链聚合及连接辅基等。

99. 反式作用因子（*trans* acting factor）：起反式作用的调控元件。有些调节序列远离被调控的编码序列，通过其产物（mRNA 或蛋白质）间接调节基因的表达。这种调节基因产物又称为调节因子，它们不仅能对处于同一条 DNA 链上的结构基因的表达进行调控，而且还能对不在一条 DNA 链上的结构基因的表达起到同样的作用。因此，这些分子被称为反式作用因子。反式作用因子以特定的方式识别和结合在顺式作用元件上，实施精确的基因表达调控。

100. 反向重复序列（inverted repeat sequence）：由两个相同顺序的互补拷贝在同一 DNA 链上反向排列而成，反向重复的单位长度约为 300bp 或略短，其总长度约占人基因组的 5%，多数是散在，而非群集于基因组中。

101. 反义 RNA（antisense RNA）：与特定 mRNA 互补的单链 RNA 分子，通过与 mRNA 杂交阻断 30S 小亚基对起始密码子的识别及与 SD 序列的结合，抑制翻译起始。

102. 非蛋白质氮（non-protein nitrogen，NPN）：血液中除蛋白质外其他含氮化合物中的氮总量，这些化合物主要有尿素、肌酸、肌酸酐、尿酸、胆红素和氨等。

103. 非加工假基因（non-processed pseudogene）：在基因复制时基因组 DNA 重复或染色体发生交叉互换过程产生的假基因，是基因组进化过程中功能基因发生突变产生的失活产物。常位于相同基因有功能拷贝附近，与其具有类似的结构，含有内含子。

104. 分化加工（differential RNA processing）：基因的编码序列经过转录后加工，是可有多用途分化的。

105. 分子伴侣（molecular chaperone）：与部分折叠或错误折叠的肽链以非共价形式特异结合，促使其正确折叠或提供折叠微环境的一类辅助性蛋白质，在生物界广泛存在。目前研究得较为清楚的是热激蛋白 70（heat shock protein 70，Hsp70）家族和伴侣蛋白（chaperonin）。

106. 分子病（molecular disease）：由于基因上 DNA 分子的缺陷，致使细胞内 RNA 及蛋白质合成出现异常、结构与功能随之发生变异的疾病。DNA 分子的此种异常，有些可随个体繁殖而传给后代。例如镰状细胞贫血。

107. 分子医学（molecular medicine）：就是从分子水平阐述疾病状态下基因组、基因、基因表达（转录与翻译）及其调控规律等,发展现代高效预测、预防、诊断和治疗手段。

108. 复合糖类(complex carbohydrate):糖基分子与蛋白质或脂以共价键连接而形成的化合物,即糖蛋白、蛋白聚糖、肽聚糖、糖脂及脂多糖等含有糖类的复合生物大分子的统称。

109. 复制叉(replication fork):正在进行复制的双链 DNA 分子所形成的 Y 形区域,即模板 DNA 形成 2 个延伸方向相反的开链区。

110. 复制基因(replicator):指 DNA 复制起始所必需的全部 DNA 序列。

111. 复制许可因子(replication licensing factor,RLF):真核细胞复制基因的选择出现于 G1 期,在这一阶段,基因组的每个复制基因位点均组装前复制复合物(pre-replicative complex,pre-RC),pre-RC 即复制许可因子。

112. 复制子(replicon):指从一个 DNA 复制起点起始的 DNA 复制区域称为。复制子是含有一个复制起点的独立完成复制的功能单位。

113. 甘油酸 -2,3- 二磷酸支路(2,3-bisphosphoglycerate shunt):红细胞糖酵解途径中,在甘油酸 -1,3- 二磷酸处形成分支,生成中间产物甘油酸 -2,3- 二磷酸,再转变为甘油酸 -3- 磷酸而返回糖酵解的过程。红细胞内此支路占糖酵解的 15%～50%,主要生理功能是甘油酸 -2,3- 二磷酸调节血红蛋白运氧。

114. 干扰小 RNA(small interfering RNA,siRNA):受内源或外源双链 RNA 诱导后,细胞内产生的一类双链 RNA。在特定情况下通过一定酶切机制,这些 RNA 可转变为具有特定长度(21～23 个碱基)和特定序列的小片段 RNA。siRNA 参与 RISC 组成,与特异的靶 mRNA 完全互补结合,导致靶 mRNA 降解,阻断翻译过程。

115. 冈崎片段(Okazaki fragment):指沿着后随链的模板链合成的新 DNA 片段,真核生物的冈崎片段长度约 100～200 核苷酸,而原核生物约 1 000～2 000 核苷酸。

116. 高氨血症(hyperammonemia):当某种原因,例如肝功能严重损伤或尿素合成相关酶遗传性缺陷时,都可导致尿素合成发生障碍,血氨浓度升高,称高氨血症。

117. 高度重复序列(highly repetitive sequence):真核基因组中存在的有数千到几百万个拷贝的 DNA 重复序列。这些重复序列的长度为 5～500bp,不编码蛋白质或 RNA。

118. 高通量测序(high-throughput sequencing):可同时对数十万至数百万 DNA 分子进行序列测定,实现对物种和个体全基因组和转录物组的微量、快速和低成本化的 DNA 测序技术。其共同特点是采用大规模矩阵结构的微阵列分析技术,在一次反应中同时分析多个 DNA 片段,因而可快速获得所有序列,再经生物信息学整合分析,得出个体的基因组序列。

119. 功能基因组学(functional genomics):主要研究内容包括基因组的表达、基因组功能注释、基因组表达调控网络及机制等。它同时对多个表达基因或蛋白质进行研究,使得生物学研究从以往的单一基因或单一蛋白质分子研究转向多个基因或蛋白质的系统研究。

120. 谷氨酸 - 谷氨酰胺循环(glutamate-glutamine cycle):神经元释放谷氨酸完成神经信号传递后,星形胶质细胞通过 EAAT 摄取谷氨酸并生成谷氨酰胺,然后星形胶质细胞释放的谷氨酰胺被神经元重新摄取的过程,循环参与神经元谷氨酸代谢库的再生。

121. 寡聚酶(oligomeric enzyme):由多个相同或不同的亚基以非共价键连接组成的酶称为寡聚酶。

122. 关键酶(key enzymes):在代谢过程中具有调节作用的酶,并影响代谢途径整体的反应速率和方向。

123. 还原当量(reducing equivalent):衡量物质的还原能力,通常将 1 摩尔的氢原子(含 1 个质子和 1 个电子)称为 1 个还原当量。

124. 罕见变异(rare variant)通常是指频率在 1/1 000 以下,新发或者存在于人口中某些特定族群的变异,这些变异是单基因疾病的原因。可以通过家系连锁分析或外显子测序等发现。

125. 核苷(nucleoside):由碱基和五碳糖(核糖或脱氧核糖)连接而成,即嘌呤的 N-9 或嘧啶的 N-1 原子与核糖或脱氧核糖 C-1′通过 β 糖苷键连接而成的化合物,包括核糖核苷和脱氧核糖核苷两种。

126. 核苷酸(nucleotide):核苷的磷酸酯,是构成核酸的基本单位。根据连接部位不同,有 2′- 核苷酸(核苷 2′- 磷酸)、3′- 核苷酸(核苷 3′- 磷酸)、5′- 核苷酸(核苷 5′- 磷酸)三种。体内通常是 5′- 核苷酸。

127. 核酶(ribozyme):具有催化功能的 RNA 分子。它的发现打破了酶都是蛋白质的传统观念。

128. 核仁小 RNA(small nucleolar RNA,snoRNA):snoRNA 定位于核仁,主要参与 rRNA 的加工。rRNA 的核糖 C-2′的甲基化过程和假尿嘧啶化修饰都需要 snoRNA 的参与。

129. 核仁小核糖核蛋白(small nucleolar RNA,snoRNA):核仁小 RNA 与相关蛋白质构成的复合体,参与前体 rRNA 的加工、某些 RNA 的甲基化修饰和 tRNA 的稀有碱基修饰等过程。

130. 核酸（nucleic acid）：由核苷酸或脱氧核苷酸通过 3′,5′- 磷酸二酯键连接而成的生物大分子，有核糖核酸（RNA）和脱氧核糖核酸（DNA）两种。

131. 核酸的二级结构（nucleic acid secondary structure）：核酸分子的空间构象，指多聚核苷酸链中碱基对之间的相互作用。

132. 核酸的一级结构（nucleic acid primary structure）：构成核酸的核苷酸或脱氧核苷酸从 5′- 端到 3′- 端的排列顺序，也就是碱基的排列顺序。

133. 核酸分子杂交（nucleic acid hybridization）：如果将不同种类的 DNA 单链或 RNA 单链混合在同一溶液中，只要这两种核酸单链之间存在着一定程度的碱基互补关系，它们就有可能形成杂化双链。这种双链可以在两条不同的 DNA 单链之间形成，也可以在两条 RNA 单链之间形成，甚至还可以在一条 DNA 单链和一条 RNA 单链之间形成。这种现象称为核酸分子杂交。核酸分子杂交是一项被广泛地应用在分子生物学和医学中的技术，Southern 印迹、Northern 印迹、斑点印迹、原位杂交、PCR 扩增、基因芯片等核酸检测方法都利用了核酸分子杂交的原理。

134. 核酸杂交（nucleic acid hybridization）：两条核酸单链通过互补碱基对形成核酸双链的过程。有 DNA-DNA、DNA-RNA、RNA-RNA 三种杂交类型。

135. 核糖核酸（ribonucleic acid, RNA）：是核酸的一类，是 DNA 的转录产物。由 4 种主要的核苷酸（AMP, GMP, CMP 和 UMP）通过 3′,5′- 磷酸二酯键连接聚合而成的生物大分子。不同种类的 RNA 链长度不同，行使不同的生物功能。

136. 核糖体 RNA（ribosomal RNA, rRNA）：核糖体中的 RNA。真核生物通常分子量为 28S、18S、5.8S 和 5S 四种；原核生物则有 23S、16S 和 5S 三种。

137. 核小 RNA（small nuclear RNA, snRNA）：细胞核内的短片段 RNA，长度 100～215 个核苷酸，研究较多的为 7 类，由于含 U 丰富，故编号为 U1～U7。其中 U3 存在于核仁中，其他 6 种存在于非核仁区的核液里。U3 snRNA 与核仁内 28S rRNA 的成熟有关。U7 与组蛋白前体 mRNA 的茎环结构的加工有关。其他 5 种小核 RNA 是真核生物转录后加工过程中 RNA 剪接体（spliceosome）的主要成分，参与前体 mRNA 的加工过程。

138. 核小核糖核蛋白（small nuclear ribonucleoprotein, snRNP）：由核小 RNA 与一些蛋白质构成的复合体，参与 RNA 剪接等重要生物学过程。比如 5 种核小核糖核蛋白是剪接体的主要组成部分；U7 snRNP 则参与组蛋白前体 mRNA 的茎环结构的加工。

139. 核小体（nucleosome）：由约 200bp 的 DNA 区段和多个组蛋白组成的复合体，是染色质基本组成单位。其中 146bp 的 DNA 区段与八聚体（H2A、H2B、H3 和 H4 各两分子）的组蛋白组成核小体核心颗粒，核心颗粒之间通过一个组蛋白 H1 分子以及 0～50bp 的 DNA 连接区彼此相连，构成真核染色质重复的串珠状结构。

140. 核心酶（core enzyme）：不含 σ 因子的原核 RNA 聚合酶，由 $α_2ββ'ω$ 五个亚基组成。核心酶能够催化 NTP 按模板的指引合成 RNA。

141. 后随链（lagging strand）：因为复制方向与解链方向相反，不能连续延长，只能随着模板链的解开，逐段地从 5′→3′ 生成引物并复制子链。模板被打开一段，起始合成一段子链；再打开一段，再起始合成另一段子链，这一不连续复制的链称为后随链。

142. 呼吸链（respiratory chain）：又称电子传递链（electron transfer chain），指线粒体内膜中按一定顺序排列的一系列具有电子传递功能的酶复合体，形成一个传递电子 / 氢的体系，可通过连续的氧化还原反应将电子最终传递给氧生成水，并释放能量。

143. 化学降解法（chemical degradation method）：又称 DNA 化学测序法（chemical method of DNA sequencing）、碱基特异性裂解法（base-specific cleavage method）、马克萨姆 - 吉尔伯特法（Maxam-Gilbert method）。马克萨姆（Maxam A）和吉尔伯特（Gilbert W）于 1977 年发明的 DNA 碱基序列测定方法。将放射性标记的单链 DNA 用几组专一性化学试剂进行碱基修饰，在修饰部位随机断裂 DNA 链，凝胶电泳分离、放射自显影显示 DNA 片段的电泳区带，直接读出核苷酸序列。此法也适用于 RNA 的测序。

144. 化学渗透假说（chemiosmotic hypothesis）：线粒体呼吸链进行电子传递时，通过呼吸链复合体 I、III、IV 将基质侧的质子泵至线粒体内外膜之间的膜间腔，形成跨内膜的质子电化学梯度（质子浓度和跨膜电位差）而储存能量，当质子顺浓度梯度回流至基质时促进 ATP 合酶利用 ADP 合成 ATP。

145. 环状 RNA（circular RNA, circRNA）：circRNA 分子呈封闭环状结构，没有 5′- 端和 3′- 端，因此不受 RNA 外切酶的影响，表达更稳定，不易降解。

146. 黄疸（jaundice）：血浆胆红素高于正常水平时扩散进入组织造成黄染的体征。

147. 活化能（activation energy）：是指在一定温度下，1mol 反应物从基态转变成过渡态所需要的自由能。

148. 活性染色质（active chromatin）：相对松弛、具有转录活性的染色质。当基因被激活时，可观察到染色质相应区域发生某些结构和性质变化，使其易于被转录因子等识别结合，起始转录。

149. 肌肉因子（myokines）：肌肉因子是由肌纤维表达、产生和释放的蛋白质分子，通过自分泌、旁分泌或内分泌方式发挥作用。

150. 基因(gene):一段含有特定遗传信息的核苷酸序列(大多数生物中是 DNA 序列,少数是 RNA 序列),能够编码蛋白质或 RNA 等具有特定功能产物、负载遗传信息的基本单位。

151. 基因表达(gene expression):基因转录及翻译的过程,也是基因所携带的遗传信息表现为表型的过程。在一定调节机制控制下,大多数基因经历转录和翻译过程,产生具有特异生物学功能的蛋白质分子,赋予细胞或个体一定的功能或形态表型。但并非所有基因表达过程都产生蛋白质,rRNA、tRNA 编码基因转录产生 RNA 的过程也属于基因表达。

152. 基因表达调控(regulation of gene expression):细胞或生物体在接受内、外环境信号刺激时或适应环境变化的过程中,在基因表达水平上作出应答的分子机制。

153. 基因超家族(gene superfamily):一些 DNA 序列相似,但功能不一定相关的若干个单拷贝基因或若干组基因家族总称。

154. 基因定位(gene location)是基因分离和克隆的基础,目的是确定基因在染色体的位置以及基因在染色体上的线性排列顺序和距离。

155. 基因家族(gene family):基因组中存在的许多来源于同一个祖先,结构和功能相似的一组基因。同一家族的这些基因的外显子具有相关性,可在基因组内集中或分散分布。

156. 基因芯片(gene chip):又称 DNA 微阵列(DNA microarray)。固定有寡核苷酸、基因组 DNA 或 cDNA 等生物分子的芯片。高密度的 DNA 阵列在有限面积中可固定数万个不同序列的寡核苷酸探针,基于核酸分子杂交原理,可对样品的基因表达谱进行快速定性和定量分析。

157. 基因修正(gene correction):对患者体内致病基因的突变碱基直接进行纠正的方法。

158. 基因增强(gene augmentation):不删除缺陷基因,而将正常基因导入细胞内,表达出功能正常的蛋白质,补偿缺陷基因功能,为目前临床上使用的主要基因治疗策略。

159. 基因诊断(gene diagnosis):是针对 DNA 和 RNA,通过检测内源性基因结构、功能以及表达是否正常,是否存在外源基因及表达产物等,从而对人体状态和疾病作出诊断的方法。

160. 基因治疗(gene therapy):是以改变人遗传物质为基础,通过基因转移的方式将正常基因或有治疗作用的基因导入人体靶细胞,以修正、替代或补偿缺陷基因的功能,或干扰致病基因的异常表达,从而在基因水平上治疗疾病的方法。基本策略包括基因修正、基因置换、基因增强、基因干扰、自杀基因治疗等。

161. 基因置换(gene replacement):是指通过基因操作,以正常基因置换基因组内原有的缺陷基因,使基因功能得以恢复,是基因治疗的策略之一。

162. 基因组(genome):是指生物体或细胞中一套完整单体具有的遗传信息的总和。

163. 基因组构(gene organization):单个基因的组成结构及一个完整的生物体内基因的组织排列方式统称为基因组构。

164. 基因组学(genomics):阐明整个基因组结构、结构与功能的关系以及基因之间相互作用的科学。根据研究目的不同而分为结构基因组学、功能基因组学和比较基因组学。

165. 激素敏感性脂肪酶(hormone sensitive lipase,HSL):主要催化脂肪动员第二步,水解甘油二酯,生成甘油一酯和脂肪酸。

166. 极低密度脂蛋白(very low density lipoprotein,VLDL):肝细胞合成的甘油三酯在肝细胞内质网与载脂蛋白 B100、C 等载脂蛋白及磷脂、胆固醇组装成的一种脂蛋白,由肝细胞分泌入血,主要功能是运输内源性甘油三酯。

167. 急性期蛋白质(acute phase protein,APP):在感染、炎症、组织损伤等应激原作用于机体后的短时间内血清中发生改变的蛋白质成分。分为两类:①增多的正性急性期反应蛋白,如 C 反应蛋白、血清淀粉样 A 蛋白、触珠蛋白等;②减少的负性急性期反应蛋白,如清蛋白、前清蛋白及运铁蛋白。

168. 疾病相关基因(disease related gene):人类几乎所有的疾病都是遗传因素和环境因素相互作用的结果,都与基因或基因组异常直接或间接相关,人们将影响疾病发生发展的基因统称为疾病相关基因,分为致病基因和疾病易感基因。

169. 疾病易感基因(disease susceptibility genes):在肿瘤、心血管疾病、代谢性疾病、自身免疫性疾病等复杂疾病中,遗传因素和环境因素均起一定作用,表现为 2 个以上基因的"微效作用"相加,或多个基因间的相互作用,单一基因变异仅增加对疾病的易感性,故此类基因称为疾病易感基因。

170. 甲硫氨酸循环(methionine cycle):S- 腺苷甲硫氨酸经甲基转移酶催化,将甲基转移至另一种物质,使其发生甲基化反应,而 S- 腺苷甲硫氨酸失去甲基后生成 S- 腺苷同型半胱氨酸,后者脱去腺苷生成同型半胱氨酸。同型半胱氨酸若再接受 N^5-CH_3-FH_4 提供的甲基,则可重新生成甲硫氨酸。由此形成一个循环过程,称为甲硫氨酸循环。

171. 假基因(pseudogene):是基因组中存在的一段与正常基因非常相似但不能表达的 DNA 序列。假基因根据其来源分为已加工假基因和非加工假基因 2 种类型。

172. 假神经递质(false neurotransmitter):某些物质(如苯乙醇胺、β- 羟酪胺)结构与神经递质(如儿茶酚胺)结构相似,可取代正常神经递质从而影响脑功能,称为假神经递质。

173. 剪接体(spliceosome):在前体 mRNA 剪接过程中形成的剪接复合物。剪接体的主要组成是蛋白质和小核 RNA（snRNA）。前体 mRNA 的剪接在剪接体完成。

174. 碱基(base):是构成核苷酸的基本组分之一。碱基是含氮的杂环化合物,可分为嘌呤和嘧啶两类。常见的嘌呤包括腺嘌呤和鸟嘌呤,常见的嘧啶包括尿嘧啶、胸腺嘧啶和胞嘧啶。

175. 碱基错配修复:碱基错配修复是 DNA 损伤修复的一种形式,是维持细胞中 DNA 结构完整稳定的重要方式,主要负责纠正:①复制与重组中出现的碱基配对错误;②因碱基损伤所致的碱基配对错误;③碱基插入;④碱基缺失。从低等生物到高等生物,均拥有保守的碱基错配修复系统。

176. 碱基堆积力(base stacking force):核酸分子双螺旋结构中的相邻两个碱基对在旋转过程中由于彼此重叠而产生的疏水性相互作用。

177. 焦磷酸测序(pyrosequencing):一种基于发光法测定 DNA 合成中释放的焦磷酸的高通量 DNA 测序技术。反应体系中加入的脱氧核苷酸与 DNA 模板的下一碱基配对,则在 DNA 聚合酶作用下完成聚合,同时释放出 1 分子焦磷酸。焦磷酸在三磷酸腺苷硫酸化酶的作用下生成 ATP,再与荧光素结合形成氧化荧光素而发光。测定序贯加入的不同脱氧核苷酸后的荧光信号强度,就可实时读取模板 DNA 的准确核苷酸序列。

178. 结构基因组学(structural genomics):主要解析 DNA 的序列和结构。研究内容就是通过基因组作图和大规模序列测定等方法,构建人类基因组图谱,即遗传图谱、物理图谱、序列图谱和转录图谱。

179. 结构域(domain):是蛋白质分子结构中紧密球状的折叠区,可被特定分子识别和具有特定功能的三级结构元件。

180. 结合胆红素(conjugated bilirubin):胆红素在肝细胞内与葡萄糖醛酸结合生成的胆红素,为水溶性,可从尿中排出。

181. 结合水(bound water):体内一部分水与蛋白质、核酸和蛋白多糖等物质结合,以结合水的形式存在。结合水参与构成细胞的原生质,维持组织器官的特殊形态、硬度和弹性,是某些特殊生理功能正常发挥的物质基础。

182. 解链曲线(melting curve):亦称熔解曲线。以核酸溶液的吸光度(一般在 260nm 处)相对于温度作图,所得到的曲线。此曲线描述随着温度的增高,双链 DNA 或 RNA 分子解离成为单链的特征。

183. 解链温度(melting temperature):双链 DNA 分子或双链 RNA 分子丧失半数双螺旋结构时的温度,用符号 Tm 表示。一般由解链曲线所确定。每种 DNA 或 RNA 都有其特征性的 Tm 值。

184. 精准医学(precision medicine)是指在基因测序技术快速进步以及生物信息与大数据科学交叉应用背景下发展起来的新型医学概念和医疗模式,是一种将个人基因、环境与生活习惯差异考虑在内的新兴的疾病预防与治疗方法。

185. 竞争性抑制作用(competitive inhibition):一种常见的酶活性的抑制作用,抑制剂与底物结构类似并与底物竞争结合酶活性中心造成的可逆性抑制称为竞争性抑制作用。其动力学特点是:酶促反应的表观 K_m 值增大,最大反应速率(V_{max})不变。可以通过增加底物浓度解除这种抑制。

186. 聚合酶链反应(polymerase chain reaction,PCR):一种在体外扩增 DNA 片段的重要技术。是在试管中模拟 DNA 复制过程,采用一对引物和耐热的 DNA 聚合酶复制出特定的基因片段,包括模板热变性、引物与模板退火、引物延伸三个步骤。经过 20～30 个循环后,可将模板 DNA 数量增加百万倍以上。用于获得目的基因片段、DNA 和 RNA 的微量分析、DNA 序列分析、基因突变分析等。

187. 聚合酶转换(polymerase switching):在真核 DNA 复制过程中,DNA polα 合成引物,然后迅速被具有连续合成能力的 DNA polδ 和 DNA polε 所替换,这一过程称为聚合酶转换。DNA polδ 负责合成后随链,DNA polε 负责合成前导链。

188. 聚糖(glycan):由单糖通过糖苷键聚合而成的寡糖或多糖。

189. 绝缘子(insulator):是基因组上对转录调控起重要作用的一种元件,可以阻碍增强子对启动子的作用,或者保护基因不受附近染色质环境(如异染色质)的影响。

190. 拷贝数目变异(copy number variation,CNV):是一种大小介于 1KB 至 3MB 的 DNA 片段的变异,在人类基因组中广泛分布,其覆盖的核苷酸总数大大超过单核苷酸多态性,极大地丰富了基因组遗传变异的多样性。

191. 可变剪接(alternative splicing):有些前体 mRNA 被剪切或 / 和剪接加工成结构有所不同的成熟 mRNA,最终产生不同的蛋白质分子的 RNA 剪切方式的现象,又称选择性剪接。即这些真核生物前体 mRNA 分子的加工可能具有 2 个以上的加多聚腺苷酸的断裂和多聚腺苷酸化的位点,因而一个前体 mRNA 分子可经剪切或 / 和可变剪接形成不同的 mRNA。

192. 可读框(open reading frame,ORF):从 mRNA 的 5'-端起始密码子 AUG 开始,至 3'-端终止密码子的一段能编码并翻译出氨基酸序列的核苷酸序列。可读框通常代表某个基因的编码序列。

193. 克隆载体(cloning vector):指用于外源 DNA 片段的克隆和在受体细胞中扩增的 DNA 分子。

194. 空间转录物组分析技术（spatial transcriptomic technology）：高效解析组织空间原位的细胞基因表达模式的技术。联合使用组织切片的细胞原位鉴定技术和单细胞测序技术，可检测出单个组织切片中的所有 mRNA，且能够定位和区分功能基因在特定组织区域内的转录数据。

195. 类精子干细胞（孤雄单倍体胚胎干细胞）：是一种来源于小鼠孤雄囊胚、仅含有父源遗传物质、性染色体为 X 染色体的新型单倍体胚胎干细胞。它不但能在体外长期自我更新、增殖或诱导分化，还能替代精子使卵母细胞受精产生半克隆小鼠。

196. 连锁分析（linkage analysis）：是根据基因在染色体上呈直线排列，不同基因相互连锁成连锁群的原理，即应用被定位的基因与同一染色体上另一基因或遗传标记相连锁的特点进行定位。如果待定基因与标记基因呈连锁遗传，即可推断待定基因与标记基因处于同一染色体上，并且依据和多个标记基因连锁的程度（用两者间的重组率度量），可确定待定基因在染色体的排列顺序以及和标记基因间的遗传距离（用 cM 表示）。

197. 两用代谢途径（amphibolic pathway）：机体内存在着既可用于代谢物分解又可用于合成的代谢途径，发挥着连通合成与分解代谢的核心桥梁作用。

198. 亮氨酸拉链（leucine zipper）：出现在 DNA 结合蛋白和其他蛋白质中的一种结构模体。当来自同一个或不同多肽链的两个双性 α- 螺旋的疏水面（常常含有亮氨酸残基）相互作用形成一个圈对圈的二聚体结构，亮氨酸有规律地每隔 7 个氨基酸就出现一次，亮氨酸拉链常出现在真核生物 DNA 结合蛋白的 C- 端，往往与癌基因表达调控功能有关。

199. 磷酸二酯键（phosphodiester bond）：两个核苷酸分子核苷酸残基的两个羟基分别与同一个磷酸基团形成共价连接键，即一分子磷酸与两个羟基形成的两个酯键。

200. 流产式起始（abortive initiation）：结合在启动子上的 RNA 聚合酶在完全进入延伸阶段前不从启动子上脱离，而是合成长度小于 10 个核苷酸的 RNA 分子，并将这些短片段 RNA 从聚合酶上释放而终止转录。这个过程可在进入转录延长阶段前重复多次，被称为流产式起始。流产式起始被认为是启动子校对（promoter proofreading）的过程，其发生可能与 RNA 聚合酶和启动子的结合强度有关。

201. 流式细胞术（flow cytometry）：一种对悬液中细胞、微生物或细胞器等进行单个快速识别、分析和分离的技术。用以分析细胞大小、细胞周期、DNA 含量、细胞表面分子以及进行细胞分选等。

202. 卵磷脂：胆固醇脂肪酰转移酶（lecithin：cholesterol acyl transferase，LCAT）：催化 HDL 中卵磷脂 2 位上的脂肪酰基转移至游离胆固醇的 3 位羟基上，使位于 HDL 表面的胆固醇酯化，促成 HDL 成熟及胆固醇逆向转运。

203. 螺旋 - 环 - 螺旋（helix-loop-helix）：存在于钙离子结合蛋白和真核转录调节因子中的一种模体。其钙离子结合位点由 E、F 螺旋和其之间的一个环组成。

204. 酶（enzyme）：酶是自然界存在的或人工合成的、具有催化特定化学反应的生物分子，如催化性的蛋白质和 RNA 等。

205. 酶促反应动力学（kinetics of enzyme-catalyzed reaction）：是探讨酶催化反应机制，研究酶催化反应的速度及影响反应速度因素的学科领域。影响酶促反应速率的因素有酶浓度、底物浓度、pH、温度、抑制剂及激活剂等。

206. 酶的别构调节（allosteric regulation）：酶分子的非催化部位与某些化合物可逆地非共价结合后发生构象改变，进而改变酶活性状态的现象，称为酶的别构调节，亦曾称变构调节。

207. 酶的化学修饰（chemical modification）：酶蛋白肽链上的某些小分子基团可以共价结合到被修饰酶的特定氨基酸残基上，引起酶分子构象变化，从而调节酶活性变化，这种调节方式称为酶的化学修饰或称酶的共价修饰。

208. 酶的活性中心（active center）：酶分子中能与底物特异地结合并催化底物转变为产物的区域称为酶的活性中心或活性部位（active site）。

209. 酶的特异性或专一性（specificity）：即一种酶只作用于一种或一类化合物，或一定的化学键，催化特定的化学反应生成特定的产物，称为酶的特异性或专一性。根据酶对底物选择的严格程度，酶特异性可分为绝对特异性和相对特异性。

210. 酶学（enzymology）：即是研究酶的化学本质、结构、作用机制、分类、辅因子及酶促反应动力学的学科领域。

211. 酶原（zymogen）：酶在细胞内合成或初分泌，或在其发挥催化功能前处于无活性状态，这种无活性的酶的前体称作酶原。在一定条件下，酶原向有催化活性的酶的转变过程称为酶原的激活。酶原的激活大多是经过蛋白酶的水解作用，去除一个或几个肽段后，导致分子构象改变，从而表现出催化活性。

212. 密码子（codon）：由三个相邻的核苷酸组成的 mRNA 基本编码单位，又称编码三联体，或三联体密码子。常用密码子共有 64 种，包括 61 种氨基酸密码子（包括起始密码子）和三个终止密码子。

213. 免疫印迹法（immunoblotting）：将要检测的抗原吸印转移到膜上，再用能与其特异结合的抗体检测其存在的技术。是一种分析和鉴定特定蛋白质的技术。即将混杂的蛋白质经聚丙烯酰胺凝胶电泳分离后，转移至固相膜上，再用标记的抗体或二抗与之反应，以显示膜上特定的蛋白质条带。

214. 模板链（template strand）：作为一个基因载体的一段 DNA 双链片段，转录时作为 mRNA 合成的单链。

215. 模体（motif）：蛋白质二级结构和三级结构之间的一个过渡性结构层次，在肽链折叠过程中，一些二级结构的构象单位彼此相互作用组合而成。

216. 纳米孔测序（nanopore sequencing）：利用核酸分子穿过纳米孔所引起的电流变化来识别碱基序列的新一代高通量单分子测序方法。通过测定单分子 DNA（RNA）通过生物纳米孔的电流变化推测碱基组成而进行测序。消除 PCR 扩增带来的偏差，保留重要的碱基修饰信息，并且读长不受限制，从而能够检测大型的结构变异和解析含有高度重复 DNA 片段的区域。

217. 内含子（intron）：位于外显子之间，可以被转录在前体 RNA 中，但经过剪接被去除，最终不存在于成熟 RNA 分子中的核苷酸序列，又被称为间插序列。

218. 逆转录聚合酶链反应（reverse transcription PCR，RT-PCR）：简称逆转录 PCR，又称反转录 PCR。先将 RNA 通过逆转录酶的作用合成与之互补的 DNA 链，再以该链作模板进行聚合酶链反应扩增特定 RNA 序列的方法。

219. 逆转录酶（reverse transcriptase）：全称是依赖 RNA 的 DNA 聚合酶基因重组（gene recombination）。

220. 葡萄糖耐量（glucose tolerance）：人体对摄入的葡萄糖具有很大耐受能力，表现为一次性食入大量葡萄糖后，血糖水平不会持续升高，也不会出现大的波动。

221. 启动子（promoter）：启动子是依赖 DNA 的 RNA 聚合酶（简称 RNA pol）识别、结合和启动转录的一段 DNA 序列。启动子一般位于转录起始位点的上游。原核细胞的启动子含有 RNA pol 特异性结合和转录起始所需的保守序列。在真核细胞，RNA pol 一般不直接结合启动子，而是通过通用转录因子结合到启动子的 DNA 双链上。

222. 启动子（promoter）：是 DNA 分子上与 RNA 聚合酶及其辅因子结合形成转录起始复合物并起始 mRNA 合成所必需的保守序列。

223. 启动子解脱（promoter escape）：真核生物基因转录起始后，合成的 RNA 片段超过 10 个核苷酸时，形成一个稳定的包含有 DNA 模板、RNA 聚合酶和 RNA 片段的转录起始复合体，此时复合体中 RNA 聚合酶从启动子上脱离的现象称为启动子解脱。

224. 牵拉沉淀实验（pull-down experiment）：又称牵出实验、共沉淀实验。利用分子间结合来分离鉴定特定分子的技术。如，将一种蛋白质沉淀分离时，与其特异结合的另一种蛋白质也随之沉淀下来，因此可达到分离后者或证明两种蛋白质存在特异性结合的目的。该技术包括免疫共沉淀、标签蛋白质沉淀等，常用于体内和体外蛋白质的分离和分析，尤其是蛋白质之间相互作用的筛选、分析和鉴定。

225. 前导链（leading strand）：指在 DNA 复制过程中，沿着解链方向生成的子链 DNA 的合成是连续进行的，这股链称为前导链。

226. 全基因组测序（whole genome sequencing，WGS）：是通过运用新一代高通量 DNA 测序仪，进行 10～20 倍覆盖率的个体全基因组测序，然后与人类基因组精确图谱比较，其目的是准确检测出个人基因组中的变异集合，也就是人与人之间存在差异的那些 DNA 序列。

227. 全基因组关联研究（genome-wide association study，GWAS）：是一种在无假说驱动的条件下，通过扫描整个基因组观察基因与疾病表型之间关联的研究手段。GWAS 是对大规模人群在全基因组范围的遗传标记 SNP 进行检测，获得基因型，进而将基因型与可观测的性状（即表型），进行群体水平的统计学分析，根据统计量或显著性 p 值筛选出最有可能影响该性状的遗传标记（SNP），挖掘与性状变异相关的基因。

228. 全基因组重测序（whole genome re-sequencing，WGRS）：是指对已知参考基因组和注释的物种进行不同个体间（如家系中的所有成员）的 WGS，并在此基础上对个体或群体进行差异性分析，鉴定出与某类表型相关的 SNP。

229. 全酶（holoenzyme）：由核心酶加上 σ 亚基的原核 RNA 聚合酶。σ 亚基的功能是辨认转录起始点，RNA 聚合酶全酶能在特定的起始点上开始转录。细胞的转录起始是需要全酶的，转录延长阶段则仅需核心酶。

230. 染色体（chromosome）：在细胞发生有丝分裂时期，细胞核中携带遗传信息的物质深度压缩形成的聚合体，易于被碱性染料染成深色。主要由 DNA 和蛋白质组成。

231. 染色体原位杂交（chromosome in situ hybridization）：是核酸分子杂交技术在基因定位中的应用，也是一种直接进行基因定位的方法。其主要步骤是获得组织培养的分裂中期细胞，将染色体 DNA 变性，与带有标记的互补 DNA 探针杂交，显影后可将基因定位于某染色体及染色体的某一区段。如果用荧光染料标记探针，即为荧光原位杂交（fluorescence in situ hybridization，FISH）。

232. 染色质（chromatin）：细胞内具有遗传性质的物质在细胞分裂间期的存在形式，结构较松散，形态不规则，弥散在细胞核内。

233. 染色质构象捕获（chromatin conformation capture，3C）：一种染色质空间构象分析技术。将染色质中的 DNA-蛋白质、蛋白质-蛋白质相互作用复合物用化学交联予以固定，经酶切、连接、纯化，即可获得在染色质中空间位置接近的 DNA 序列片段，通过对这些片段的聚合酶链反应产物的定性和定量分析，可以推测出染色质的局部空间结构。

234. 染色质免疫沉淀（chromatin immunoprecipitation，ChIP）：一种用于研究蛋白质与 DNA 在体内相互作用的技术。在活细胞状态下交联固定蛋白质 -DNA 复合物,并将其随机切断为一定长度范围内的染色质小片段,利用特异性抗体沉淀目标蛋白质,可获得在细胞内与之相结合的 DNA 片段,经序列分析确定该蛋白质分子所结合的 DNA 序列。

235. **热量限制(calorie restriction,CR)**:是指在不造成营养不良的情况下长期减少总热量摄入。热量限制不仅可以减重,还是唯一目前已知的能够延缓衰老和延长寿命的策略,可推迟和降低多种与老龄相关的疾病发生(如衰老、2 型糖尿病、肿瘤、心血管疾病)。

236. **肉碱穿梭途径(carnitine shuttle)**:长链脂肪酰 CoA 不能直接透过线粒体内膜,需要肉碱协助其转运。存在于线粒体外膜的肉碱脂肪酰转移酶 I 催化长链脂肪酰 CoA 与肉碱合成脂肪酰肉碱,后者通过线粒体内膜肉碱 - 脂肪酰肉碱转位酶进入线粒体基质,然后在线粒体内膜的肉碱脂肪酰转移酶 II 作用下,转变为脂肪酰 CoA 并释出肉碱。

237. **乳糜微粒(chylomicron,CM)**:由小肠黏膜细胞利用从消化道摄取的食物脂肪酸再合成甘油三酯后组装形成的一种脂蛋白,经淋巴系统吸收入血,功能是运输外源性甘油三酯和胆固醇。

238. **乳酸循环(Cori cycle)**:肌收缩通过糖的无氧氧化生成乳酸,乳酸经血液运入肝,在肝内异生为葡萄糖。葡萄糖释入血液后又可被肌摄取,由此构成循环。此过程既能回收乳酸中的能量,又可避免乳酸堆积而引起酸中毒。

239. **三羧酸循环(tricarboxylic acid cycle)**:线粒体内彻底氧化乙酰 CoA 的循环反应系统,由 8 步酶促反应构成。1 分子乙酰 CoA 经过 4 次脱氢、2 次脱羧,生成 4 分子还原当量和 2 分子 CO_2,循环的各中间产物没有量的变化。它是三大营养物质共用的分解产能途径和合成转变枢纽。

240. **桑格 - 库森法(Sanger-Coulson method)**:又称双脱氧法(dideoxy termination method)、链终止法(chain termination method)。桑格(Sanger F)和库森(Coulson A)等人发明的 DNA 测序法。在反应底物中加入 4 种双脱氧核苷三磷酸(ddNTP),使得合成的 DNA 互补链在不同位置终止,获得的长短不一反应产物经电可实时读取模板 DNA 的准确核苷酸序列。

241. **上游因子(upstream factor)**:与启动子上游元件如 GC 盒、CAAT 盒等顺式作用元件结合的转录因子。

242. **生物芯片(biochip)**:广义的生物芯片指一切采用生物技术制备或应用于生物技术的微处理器。包括用于研制生物计算机的生物芯片、将健康细胞与电子集成电路结合起来的仿生芯片、缩微化的实验室即芯片实验室,以及利用生物分子相互间的特异识别作用进行生物信号处理的各种微阵列芯片,如基因芯片、蛋白质芯片、细胞芯片和组织芯片等。狭义的生物芯片特指微阵列芯片。

243. **生物氧化(biological oxidation)**:有机物质在生物体内的氧化过程。生物氧化本质是机体进行有氧呼吸时,细胞内发生的一系列氧化还原反应。糖、脂肪、蛋白质等营养物质产生的 NADH 和 $FADH_2$ 在线粒体内氧化后产生 CO_2、H_2O,并释放能量驱动 ADP 磷酸化生成 ATP,是生物氧化的核心内容。另外,氧化酶等可在过氧化物酶体、细胞胞浆等部位对底物进行氧化修饰等,但不产生能量。

244. **生物转化(biotransformation)**:是指某些代谢过程的产物、生物活性物质、外界进入体内的各种异物、毒物或从肠道吸收的腐败产物等在肝经代谢转变,使其生物学活性或毒性降低或消除、水溶性增强,易于从胆汁或尿中排出的过程。

245. **生长因子(growth factor)**:一类由细胞分泌的类似于激素的信号分子,多数为肽类(含蛋白类)物质,具有调节细胞生长与分化的作用。

246. **实时聚合酶链反应(real-time PCR)**:简称实时 PCR,又称实时荧光 PCR(real-time fluorescence PCR)。一种定量测定样品中特定 DNA 序列的聚合酶链反应技术。即使用能够结合双链 DNA 的荧光染料(如 SYBR Green),或荧光标记的、能够特异性结合链反应产物的寡核苷酸探针,监测每一次 PCR 循环后扩增所得 DNA 产物的量,从连续监控下获得的反应动力学曲线,推导出样品中被扩增模板 DNA 的初始含量的方法。

247. **受体(receptor)**:细胞膜上或细胞内能特异识别生物活性分子并与之结合,进而引起生物学效应的特殊蛋白质(少数为糖脂分子)。

248. **受体型酪氨酸激酶(receptor tyrosine kinase,RTK)**:具有细胞外受体结构域的酪氨酸激酶,当膜外信号物质结合受体后,激活其细胞内的激酶活性域,从而对底物的酪氨酸残基进行磷酸化。

249. **瘦素(leptin)**:瘦素是由肥胖基因编码的脂肪因子,是白色脂肪组织合成的肽激素,与总脂肪量成正比,具有直接或间接减少脂肪组织的作用,在控制脂肪总含量中起重要作用。

250. **双核中心(binuclear center)**:呼吸链中复合体 IV 用于传递电子的功能单元。主要由 Cu 离子和血红素中的 Fe 离子组成,其功能是将电子传递给氧生成水。

251. **双螺旋结构(the double helix structure)**:通常指美国科学家 Watson J.D. 和英国科学家 Crick F.H. 于 1953 年提出的 DNA 结构。DNA 由两条反向平行的多聚核苷酸链以右手螺旋方式围绕同一轴心缠绕成为的双螺旋结构。其中脱氧核糖和磷酸组成的骨架位于双螺旋的外侧,嘌呤和嘧啶则位于双螺旋的内侧,两条多聚核苷酸链的碱基之间形成了特定的碱基互补配对关系。RNA 中也存在局部的双螺旋结构。

252. 水溶性维生素（water-soluble vitamin）：水溶性维生素是一类溶于水而不溶于脂肪和有机溶剂的有机分子，在体内主要构成酶的辅因子，包括 B 族维生素（B_1、B_2、PP、泛酸、生物素、B_6、叶酸与 B_{12}）和维生素 C。

253. 顺式作用元件（cis-acting element）：DNA 分子中与被调控基因临近的一些调控序列，包括启动子、上游调控元件、增强子和一些细胞信号反应元件等，这些调控序列与被调控的编码序列位于同一条 DNA 链上，故被称为顺式作用元件，又被称为顺式调节元件（cis-regulator element，CRE）。

254. 羧基末端结构域（carboxyl-terminal domain，CTD）：RNA pol II 最大亚基的羧基末端有一段共有序列，为 Tyr-Ser-Pro-Thr-Ser-Pro-Ser 样的七肽重复序列片段。羧基末端结构域被磷酸化后，转录开始。

255. 肽键（peptide bond）：一个氨基酸的 α- 氨基与另一个氨基酸的 α- 羧基脱水而形成的酰胺键连接。肽键具有部分双键的性质而有一定的刚性。

256. 肽质量指纹图（peptide mapping fingerprinting，PMF）：又称肽质量指纹谱。一种用于纯蛋白质样品的鉴定方法。是将纯蛋白质酶解成肽段，然后利用质谱精确测定每个肽段的质荷比，再与理论酶切肽段的质荷比进行对比分析，匹配分值最高的蛋白质即为目标蛋白质。

257. 探针（probe）：分子生物学和生物化学实验中用于指示特定物质（如核酸、蛋白质、细胞结构等）的性质或物理状态的一类标记分子。核酸探针是最常见的一类探针，另外还有有机小分子探针和金属离子探针等。

258. 糖胺聚糖（glycosaminoglycan）：由二糖单位重复连接而成的杂多糖，不分支。二糖单位中一个是糖胺（N- 乙酰葡萄糖胺或 N- 乙酰半乳糖胺），另一个是糖醛酸（葡萄糖醛酸或艾杜糖醛酸）。

259. 糖蛋白（glycoprotein）：糖类分子与蛋白质分子共价结合形成的蛋白质，即含糖基的蛋白质。

260. 糖的无氧氧化（anaerobic oxidation of glucose）：不利用氧时，1 分子葡萄糖先经糖酵解生成 2 分子丙酮酸，然后在细胞质中还原成 2 分子乳酸，这一过程净生成 2 分子 ATP，可为机体快速供能。

261. 糖的有氧氧化（aerobic oxidation of glucose）：有氧时 1 分子葡萄糖先经糖酵解生成 2 分子丙酮酸，接着进入线粒体氧化脱羧生成 2 分子乙酰 CoA，再进入三羧酸循环并偶联发生氧化磷酸化，彻底生成 CO_2 和 H_2O。此过程净生成 30 或 32 分子 ATP，是人体利用葡萄糖产能的主要途径。

262. 糖基化（glycosylation）：非糖生物分子与糖形成共价结合的反应过程。

263. 糖基化位点（glycosylation site）：糖蛋白分子中与糖形成共价结合的特定氨基酸序列，即 Asn-X-Ser/Thr（X 为脯氨酸以外的任何氨基酸）3 个氨基酸残基组成的序列。

264. 糖酵解（glycolysis）：1 分子葡萄糖在细胞质中生成 2 分子丙酮酸的过程，净生成 2 分子 ATP 和 2 分子 NADH，是糖有氧氧化和无氧氧化的共同起始阶段。

265. 糖密码（sugar code）：每一聚糖都有一个独特的能被单一蛋白质阅读，并与其相结合的特定空间构象（语言），即糖密码。

266. 糖生物学（glycobiology）：研究糖类及其衍生物的结构、代谢以及生物学功能，探索糖链的生物信息机制与生命现象关系的学科领域。

267. 糖形（glycoform）：不同种属、组织的同一种糖蛋白的 N 连接型聚糖的结合位置、糖基数目、糖基序列不同，可以产生不同的糖蛋白分子形式，这种糖蛋白聚糖结构的不均一性称为糖形。

268. 糖异生（gluconeogenesis）：非糖化合物（乳酸、甘油、生糖氨基酸等）在肝和肾转变为葡萄糖或糖原的过程，对于饥饿引起肝糖原耗尽后的血糖补给具有重要意义。

269. 糖原（glycogen）：葡萄糖的多聚体，是体内糖的储存形式，主要储存在肝和肌组织。肝糖原可补充血糖，肌糖原则主要为肌收缩提供能量。

270. 糖脂（glycolipid）：携有一个或多个以共价键连接糖基的复合脂质，泛指糖基甘油酯、鞘糖脂、类固醇衍生糖脂等。

271. 糖组（glycome）：在特定状态下一种细胞或组织中包含的全部糖类和含糖分子。

272. 糖组学（glycomics）：研究生物体所有聚糖或聚糖复合物的组成、结构、功能、表达调控及其与疾病关系的学科领域，包括糖与糖之间、糖与蛋白质之间、糖与核酸之间的联系和相互作用，旨在阐明聚糖的生物学功能以及与细胞、生物个体表型的联系。

273. 提前终止密码子（premature translational-termination codon，PTC）：细胞在对前体 mRNA 进行剪接加工时，异常的剪接反应会在可读框架内产生无义的终止密码子。

274. 铁蛋白（ferritin）：由 24 个亚基组成的中空蛋白质分子，可结合 450 个铁离子，是体内铁的储存形式。

275. 通用转录因子（general transcription factor）：一类直接或间接结合 RNA 聚合酶的转录因子，又称基本转录因子（basal transcription factor）。通用转录因子、中介子（mediator）和 RNA 聚合酶是真核生物启动转录的蛋白质复合体的基本和主要组分。

276. 同工酶（isoenzyme 或 isozyme）：是指催化相同的化学反应，但酶蛋白的分子结构、理化性质和免疫学特性各不相同的一组酶。

277. 同切点酶（isoschizomer）：来源不同，但能识别同一序列（切割位点可相同或不同），这两种限制性核酸内切酶称同切点酶或异源同工酶。

278. 同尾酶（isocaudarner）：有些限制性核酸内切酶所识别的序列虽然不完全相同，但切割 DNA 双链后可产生相同的单链末端（黏端），这样的限制性核酸内切酶彼此互称同尾酶，所产生的相同黏端称为配伍末端（compatible end）。

279. 同源重组（homologous recombination）：指发生在两个相似或相同 DNA 分子之间核苷酸序列互换的过程，又称基本重组（general recombination）。

280. 酮体（ketone body）：脂肪酸在肝经有限氧化分解后转化形成的中间产物，包括乙酰乙酸、β- 羟基丁酸和丙酮。酮体经血液运输至肝外组织氧化利用，是肝向肝外输出能量的一种方式。

281. 退火（annealing）：变性的双链 DNA 经缓慢冷却后，两条互补链可以重新恢复天然的双螺旋构象的过程。

282. 脱氧核糖核酸（deoxyribonucleic acid, DNA）：一类带有遗传信息的生物大分子。由 4 种主要的脱氧核苷酸（dAMP、dGMP、dCMP 和 dTMP）通过 3′,5′- 磷酸二酯键连接聚合而成的生物大分子。DNA 携带遗传信息，并通过复制的方式将遗传信息进行传代。组成 DNA 的脱氧核苷酸的比例和排列不同，显示不同的生物功能，如编码功能、复制和转录的调控功能等。

283. 瓦尔堡效应（Warburg effect）：有氧时，葡萄糖不彻底氧化而是分解生成乳酸的现象，有利于增殖活跃的组织细胞进行生物合成并减少活性氧自由基的产生。

284. 外显子（exon）：基因组 DNA 中出现在成熟 RNA 分子上的核苷酸序列。外显子被内含子隔开，转录后经加工被连接在一起，生成成熟的 RNA 分子。信使核糖核酸（mRNA）所携带的信息指导多肽链的生物合成。

285. 微 RNA（miRNA）：小分子非编码单链 RNA，长度约 22 个碱基，由一段具有发夹环结构的前体加工后形成。成熟的 miRNA 与其他蛋白质一起组成 RNA 诱导的沉默复合体（RNA-induced silencing complex, RISC），通过与其靶 mRNA 分子的 3′- 非翻译区（3′-UTR）互补匹配，抑制该 mRNA 分子的翻译。

286. 微量元素（microelement）：微量元素是指人体每日需要量小于 100mg 的化学元素，主要包括铁、碘、铜、锌、锰、硒、氟、钼、钴、铬等。微量元素的主要功能是作为酶的辅因子发挥其生理作用。

287. 维生素（vitamin）：生物体内不能合成或合成量甚少、不能满足机体需要，必须由食物供给的一类低分子量有机化合物，是人体的重要营养素之一，按其溶解特性的不同，分为脂溶性维生素和水溶性维生素两大类。

288. 卫星 DNA（satellite DNA）：真核细胞染色体具有的高度重复核苷酸序列，主要存在于染色体的着丝粒区，通常不被转录，在人基因组中可占 10% 以上。由于其碱基组成中 GC 含量少，具有不同的浮力密度，在氯化铯密度梯度离心后呈现出与大多数 DNA 有差别的"卫星"条带而得名。

289. 位点特异性重组（site specific recombination）：是指发生在特定的序列之间，至少拥有一定程度序列同源性片段间 DNA 链的互换过程，也称保守的位点特异性重组（conservative site-specific recombination）。

290. 无碱基位点：所谓的无碱基位点是指，DNA 上受损伤的碱基被一种特异的 DNA- 糖苷酶除去，形成的无嘌呤或无嘧啶位点（apurinic/apyrimidinic site, AP 位点），这些位点在内切酶的作用下可形成 DNA 链断裂。

291. 无义介导的 mRNA 降解（nonsense mediated mRNA decay, NMD）：细胞在对前体 mRNA 进行剪接加工时，异常的剪接反应会在可读框内产生无义的终止密码子。无义介导的 mRNA 降解是一种广泛存在于真核生物细胞中的 mRNA 质量监控机制。该机制通过识别和降解含无义的终止密码子的转录产物来防止有潜在毒性的截短蛋白质的产生。

292. 戊糖（pentose）：由 5 个碳原子组成的单糖，其中最主要的一种形式是以 D 形式存在的核糖和脱氧核糖，是核糖核酸和脱氧核糖核酸的主要成分。

293. 戊糖磷酸途径（pentose phosphate pathway）：从糖酵解的中间产物葡萄糖 -6- 磷酸开始形成旁路，通过氧化和基团转移生成果糖 -6- 磷酸和甘油醛 -3- 磷酸，从而返回糖酵解的代谢途径。此途径不产能，但可提供 NADPH 和核糖磷酸。

294. 细胞色素（cytochrome）：一类以铁 - 卟啉复合体为辅基的细胞色素蛋白质，主要有细胞色素 a、细胞色素 b、细胞色素 c 和细胞色素 d 四类。因其铁 - 卟啉侧链的不同，以及与酶蛋白的结合方式不同，细胞色素蛋白的辅基分别称为血红素 a、b 和 c。辅基的铁离子通过 Fe^{3+} 和 Fe^{2+} 两种状态的变化而传递单个电子，在氧化还原反应中发挥作用。

295. 细胞色素 P450 单加氧酶（cytochrome P450 monooxygenase）：又称羟化酶、混合功能氧化酶，种类多、组成复杂。可由细胞色素 P450、NADPH-P450 还原酶等组成,主要催化底物的羟化反应:可将一个氧原子加至底物、使底物羟基化,而另一个氧原子被还原为水。

296. 细胞通信(cell communication):在多细胞生物中,细胞间或细胞内高度精确和高效地发送与接收信息的通信机制,并通过放大机制引起快速的细胞生理反应。

297. 酰基载体蛋白(acyl carrier protein,ACP):是脂肪酸生物合成过程中脂肪酰基的载体,脂肪酸生物合成的所有反应均在该载体蛋白上进行。

298. 衔接蛋白质(adaptor protein):在细胞内信号传递途径中,凡是在不同蛋白质间起连接作用的蛋白质的通称。大部分衔接体蛋白质含有 2 个或 2 个以上的蛋白质相互作用结构域。

299. 限制性核酸内切酶(restriction endonuclease):识别 DNA 中的特定序列,催化特定位点磷酸二酯键水解的酶。

300. 限制性片段长度多态性(restriction fragment length polymorphism,RFLP):不同个体的基因组 DNA 经过同样一种或几种限制性核酸内切酶消化后所产生的 DNA 片段的长度数量各不相同,各自有其独特的电泳图谱,反映出不同个体基因组 DNA 序列的差异性。

301. 消减杂交(subtractive hybridization):曾称扣除杂交。利用不同组织、细胞或不同状态下组织、细胞基因表达的差异性,并结合核酸杂交建立的克隆差异表达基因的技术。基本做法是将一种细胞的互补 DNA(cDNA)或信使核糖核酸(mRNA)与第二种细胞 cDNA 或 mRNA 相互杂交,其不被杂交的部分就代表了两种细胞基因表达的差异,可用于差异表达基因的克隆。差示筛选、消减探针、消减文库的建立等都是该技术的具体实施。

302. 锌指(zinc finger):一些蛋白质中存在的一类具有指状结构的模体。主要存在于作为转录因子的 DNA 结合结构域模体中,锌指结构由一个 α- 螺旋和两个反平行的 β- 折叠三个肽段组成。其中 2 个半胱氨酸残基和 2 个组氨酸(或 4 个半胱氨酸)残基螯合锌离子。

303. 信号肽(signal peptide):细胞内分泌蛋白质的合成与靶向输送同时发生,其 N- 端存在由数十个氨基酸残基组成的信号序列。

304. 信号序列(signal sequence):决定蛋白质靶向输送的特征性序列,存在于新生肽链的 N- 端或其他部位,可被细胞转运系统识别并引导蛋白质转移到细胞内或细胞外的特定部位。

305. 信号转导(signal transduction):细胞对来自外界的刺激或信号发生反应,通过细胞内多种分子相互作用引发一系列有序反应,将细胞外信息传递到细胞内,并据以调节细胞代谢、增殖、分化、功能活动和凋亡的过程。

306. 信号转导复合物(signaling complex):衔接蛋白质和支架蛋白质通过蛋白质相互作用结构域将一些信号转导分子结合在一起形成的复合物,既可使信号转导分子有序相互作用,又可使相关的信号转导分子容纳于一个隔离而稳定的信号转导通路内,避免信号途径之间的交叉反应,维持信号转导通路的高效和专一性。

307. 信号转导途径(signal transduction pathway):信号分子与其在细胞的受体结合以后所引起的一系列有序的酶促级联反应过程。

308. 信使 RNA(messenger RNA,mRNA):携带从 DNA 编码链得到的遗传信息,并以三联体读码方式指导蛋白质生物合成的 RNA,由编码区、上游的 5′- 非编码区和下游的 3′- 非编码区组成。约占细胞 RNA 总量的 3%~5%。真核生物 mRNA 的 5′- 端有帽子结构,3′- 端含多腺苷酸的尾巴结构。

309. 血红素(heme):原卟啉IX的 Fe^{2+} 络合物。为血红蛋白、肌红蛋白等的辅基。

310. 血脂(plasma lipid):血浆中脂类物质的总称,它包括甘油三酯、胆固醇、胆固醇酯、磷脂和游离脂肪酸等。临床上常用的血脂指标是空腹的血脂水平,主要包括甘油三酯和胆固醇。

311. 循环芯片测序(cyclic-array sequencing):一种高通量 DNA 序列测定策略。使用 DNA 聚合酶或连接酶以及引物在 DNA 样品芯片上对模板重复进行延伸反应和荧光序列读取,通过显微设备观察并记录连续测序循环中的光学信号。该类测序方法采用了大规模矩阵结构的微阵列分析技术,阵列上的 DNA 样本可以被同时并行分析。

312. 亚基(subunit):组成蛋白质四级结构最小的共价单位,是指四级结构的蛋白质中由一条多肽链折叠成的具有三级结构的球蛋白。

313. 氧化磷酸化(oxidative phosphorylation):物质在体内氧化时释放的能量供给 ADP 与磷酸合成 ATP 的偶联反应。主要在线粒体中进行。

314. 夜盲症(nyctalopia):由于视网膜杆状细胞缺乏合成视紫红质的原料或杆状细胞本身的病变导致的暗适应视力障碍。维生素 A 缺乏导致的视紫红质合成减少是夜盲症发生的主要原因之一。

315. 一碳单位(one carbon unit):某些氨基酸代谢过程中产生的只含一个碳原子的基团,称为一碳单位,包括甲基、甲烯基、甲炔基、甲酰基和亚胺甲基。

316. 胰脂酶（pancreatic lipase）:由胰腺合成并分泌至小肠腔、消化食物脂肪的一种脂酶,能特异水解甘油三酯 1、3 位酯键,生成 2- 甘油一酯及 2 分子脂肪酸。

317. 移码（frame shift）:因密码子具有连续性,若可读框中插入或缺失了非 3 倍数的核苷酸,将会引起 mRNA 可读框发生移动。

318. 移码突变（frameshift mutation）:因 mRNA 可读框中插入或缺失了非 3 的倍数的核苷酸,使得后续密码子阅读方式改变的一种突变。

319. 遗传标记（genetic marker）:结构异常可能发生在基因组 DNA 的所有区段,其中分布广泛且不引起异常表型的变异包括拷贝数目变异、短串联重复序列和单核苷酸多态性等,它们可用作遗传标记,在疾病相关基因的发现和鉴定中发挥重要作用。

320. 已加工假基因（processed pseudogene）:可能是基因转录生成的成熟 mRNA 经逆转录生成 cDNA,再整合到染色体DNA 中去所产生的有缺陷的功能基因。

321. 引发酶（primase）:催化合成的短链 RNA 分子的酶。

322. 引发体（primosome）:在 DNA 双链解链基础上,解旋酶 DnaB、DnaC、引发酶和 DNA 的复制起始区域共同构成的起始复合物结构。

323. 印迹法（blotting）:通过接触吸附的方式,将 DNA、RNA 或蛋白质等大分子从一种介质转移至另一种介质的过程。转移常用毛细管作用或电泳等技术。

324. 应激（stress）:是机体对特殊内外环境刺激作出一系列反应的“紧张状态”,这些刺激包括中毒、感染、发热、创伤、疼痛、大剂量运动或恐惧等。

325. 营养必需氨基酸（essential amino acid）:体内需要而又不能自身合成,必须由食物供给的氨基酸,共有 9 种:缬氨酸、异亮氨酸、亮氨酸、苏氨酸、甲硫氨酸、赖氨酸、苯丙氨酸、色氨酸和组氨酸。

326. 优势效应（advantage effect）:是指一种物质的代谢途径的代谢产物可以反馈抑制其他代谢途径通量的现象。

327. 原位杂交（in situ hybridization）:用单链 RNA 或 DNA 探针通过杂交法对细胞或组织中的基因或 mRNA 分子在细胞涂片或组织切片上进行定位的方法。

328. 运铁蛋白（transferrin,TRF）:能与金属结合的一类分子质量为 76～81kD 的糖蛋白,又称转铁蛋白,是血浆中主要的含铁蛋白质,负责运载由消化道吸收的铁和由红细胞降解释放的铁。

329. 载体（vector）:可以携带目的外源 DNA 片段、实现外源 DNA 在受体细胞中无性繁殖或表达蛋白质的能够自主复制的 DNA 分子。

330. 载脂蛋白（apolipoprotein）:脂蛋白中的主要蛋白质,主要分为 A、B、C、D、E、J、(a) 等几大类,在血浆中起运载脂质的作用,还能识别脂蛋白受体、调节血浆脂蛋白代谢酶的活性。

331. 增强子（enhancer）:增强子是存在于基因组中对基因表达有增强作用的 DNA 调控元件。

332. 增色效应（hyperchromic effect）:双链 DNA 分子或双链 RNA 分子解链变性后,其核酸溶液的紫外吸收(一般在260nm 处)增强的现象。

333. 增殖细胞核抗原（proliferation cell nuclear antigen,PCNA）:与 E.coli DNA pol Ⅲ 的 β 亚基相同的功能和相似的构象,能形成闭合环形的可滑动的 DNA 夹子,在 RFC 的作用下 PCNA 结合于引物 - 模板链;并且 PCNA 使 pol δ 获得持续合成的能力。在复制起始和延长中发挥关键作用。

334. 着色性干皮病:着色性干皮病是一种遗传病,是由于 DNA 损伤切除修复系统缺陷所致。着色性干皮病患者的皮肤对阳光极度敏感,易受照射损伤,可在幼年时罹患皮肤癌,同时伴有智力发育迟缓,神经系统功能紊乱等症状。

335. 支架蛋白质（scaffold protein）:带有多个蛋白质结合域可将同一信号转导途径中相关蛋白质组织成群的蛋白质,一般是分子量较大的蛋白质。

336. 脂蛋白（lipoprotein）:血浆中的脂蛋白是脂质与蛋白质结合形成的复合体。其中,蛋白质主要是载脂蛋白。脂蛋白一般呈球形,表面为载脂蛋白、磷脂、胆固醇的亲水基团,这些化合物的疏水基团朝向球内,内核为甘油三酯、胆固醇酯等疏水脂质。血浆脂蛋白是血浆脂质的运输和代谢形式。

337. 脂蛋白脂肪酶（lipoprotein lipase,LPL）:分布于骨骼肌、心肌及脂肪等组织毛细血管内皮细胞表面的一种脂肪酶,能水解 CM 和 VLDL 中的甘油三酯,释放出甘油和游离脂肪酸供组织细胞摄取利用。

338. 脂肪动员（fat mobilization）:指储存在白色脂肪细胞内的脂肪在脂肪酶作用下,逐步水解,释放游离脂肪酸和甘油供其他组织细胞氧化利用的过程。

339. 脂肪酰 -CoA：胆固醇脂肪酰转移酶（acyl-CoA：cholesterol acyltransferase，ACAT）：分布于细胞内质网，能将脂肪酰 CoA 上的脂肪酰基转移至游离胆固醇的 3 位羟基上，使胆固醇酯化储存在胞质中。

340. 脂肪因子（adipokine）：脂肪细胞表达和释放的蛋白质分子，通过自分泌、旁分泌或内分泌方式作用于附近或远处的其他组织器官，调节脂质和糖稳态、能量平衡、炎症和组织修复。

341. 脂连蛋白（adiponectin）：脂连蛋白是一种脂肪细胞特异性表达的脂肪因子，与瘦素相反，脂连蛋白的循环水平与总脂肪量成反比，肥胖、2 型糖尿病患者的脂连蛋白血浆浓度急剧降低。脂连蛋白有胰岛素增敏和抗炎作用。

342. 脂溶性维生素（fat-soluble vitamin）：是疏水性化合物，易溶于脂质和有机溶剂，常随脂质被吸收，包括维生素 A、维生素 D、维生素 E 和维生素 K。

343. 质粒（plasmid）：是细菌染色体外的、能自主复制和稳定遗传的双链环状 DNA 分子。

344. 致病基因（causative gene）：如果一种疾病的表型和某个基因型呈直接对应的因果关系，即该基因异常是导致该疾病发生的直接原因，那么该基因就属于致病基因。

345. 中度重复序列（moderately repetitive sequence）：真核基因组中重复数十至数千次的核苷酸序列，通常占整个单倍体基因组的 1%～30%。少数在基因组中成串排列在一个区域，大多数与单拷贝基因间隔排列。

346. 中介子（mediator）：是在反式作用因子和 RNA pol 之间的蛋白质复合体，它与某些反式作用因子相互作用，同时能够促进 TF Ⅱ H 对 RNA pol 羧基端结构域的磷酸化。

347. 肿瘤抑制基因（tumor suppressor gene）：也称抑癌基因，防止或阻止癌症发生的基因，其部分或全部失活可显著增加癌症的发生风险。抑癌基因对细胞增殖起负性调控作用，包括抑制细胞增殖、调控细胞周期检查点、促进凋亡和参与 DNA 损伤修复等。

348. 转氨基作用（transamination）：是指在转氨酶的作用下，某一氨基酸去掉 α- 氨基生成相应的 α- 酮酸，而另一种 α- 酮酸得到此氨基生成相应的氨基酸的过程。

349. 转氨脱氨作用（transdeamination）：转氨基作用和谷氨酸氧化脱氨的结合被称为转氨脱氨作用，又称联合脱氨作用。

350. 转导作用（transduction）：指由病毒或病毒载体介导外源 DNA 进入靶细胞的过程。

351. 转化医学（translational medicine）：强调以临床问题为导向，开展基础 - 临床联合攻关，将基因组学等各种分子生物学研究成果迅速有效地转化为可在临床实际应用的理论、方法、技术和药物。

352. 转化作用（transformation）：指受体菌通过细胞膜直接从周围环境中摄取并掺入外源遗传物质引起自身遗传改变的过程。

353. 转录（transcription）：生物体以 DNA 为模板合成 RNA 的过程，意指将 DNA 的碱基序列转抄为 RNA 序列。

354. 转录偶联修复：核苷酸切除修复不仅能够修复整个基因组中的损伤，而且能够修复那些正在转录基因的模板链上的损伤，后者又称为转录偶联修复。在转录偶联修复中，所不同的是由 RNA 聚合酶承担起识别损伤部位的任务。

355. 转录泡（transcription bubble）：RNA 链延长过程中的解链和再聚合可视为这一 17bp 左右的开链区在 DNA 上的动态移动，其外观类似泡状。

356. 转录衰减（transcription attenuation）：新生成的 mRNA 链与 RNA 聚合酶相互作用使转录水平降低并提前终止的转录调节方式，为原核生物操纵子调节机制之一。

357. 转录物组（transcriptome）：曾称转录本组。细胞内的所有 RNA 转录产物。包括信使 RNA、核糖体 RNA、转运 RNA 及其他非编码 RNA。

358. 转录物组学（transcriptomics）：曾称转录本组学。通过分析细胞内全部 RNA 转录产物，研究细胞中所有基因转录及转录调控规律的学科领域。

359. 转录因子（transcription factor，TF）：直接结合或间接作用于基因启动子、增强子等特定顺式作用元件，形成具有 RNA 聚合酶活性的动态转录复合体的蛋白质因子。绝大多数转录因子由其编码基因表达后进入细胞核，通过识别、结合特异的顺式作用元件而增强或降低相应基因的表达。转录因子也被称为反式作用蛋白或反式作用因子。

360. 转移 RNA（transfer RNA，tRNA）：由 75～90 个核苷酸组成的小分子 RNA。每种 tRNA 可在氨酰 tRNA 合成酶催化下与特定的氨基酸共价连接生成氨酰 tRNA。在核糖体中通过 tRNA 的反密码子和 mRNA 的密码子相互作用，参与蛋白质生物合成。

361. 转座子（transposon，Tn）：指能将自身或其拷贝插入基因组新位置的 DNA 序列，一般属于复合型转座子（composite Tn），即有一个中心区域，两边侧翼序列是插入序列（IS），除有与转座有关的编码基因外，还携带其他基因如抗生素抗性基因等。

362. 缀合酶（conjugated enzyme）：是除了蛋白质部分外还含有非蛋白质部分的酶称为缀合酶，亦称结合酶。其中蛋白质部分称为酶蛋白，非蛋白质部分称为辅因子。酶蛋白主要决定酶促反应的特异性及其催化机制；辅因子主要决定酶促反应的类型。

363. 自剪接（self-splicing）：由 RNA 分子催化自身内含子剪接的反应。

364. 组成性非编码 RNA：指主要功能为实现细胞基本生物学功能的非编码 RNA，主要包括 rRNA、tRNA、催化小 RNA（又称核酶）、核仁小 RNA（snoRNA）、snRNA、胞质小 RNA（scRNA）等，它们在细胞中的含量相对稳定。

推荐阅读

［1］ 周春燕,药立波. 生物化学与分子生物学. 9 版. 北京:人民卫生出版社,2018.

［2］ 方定志,焦炳华. 生物化学与分子生物学. 4 版. 北京:人民卫生出版社,2023.

［3］ 冯作化,药立波. 生物化学与分子生物学. 3 版. 北京:人民卫生出版社,2018.

［4］ 冯作化,药立波. 医学分子生物学. 3 版. 北京:人民卫生出版社,2005.

［5］ 李刚,贺俊崎. 生物化学. 5 版. 北京:北京大学医学出版社,2024.

［6］ 田余祥. 生物化学. 4 版. 北京:高等教育出版社,2020.

［7］ 朱圣庚,徐长法. 生物化学. 4 版. 北京:高等教育出版社,2016.

［8］ 许国旺. 代谢组学——方法与应用. 北京:科学出版社,2022.

［9］ 中国营养学会. 中国居民膳食营养素参考摄入量. 北京:中国标准出版社,2023.

［10］ 全国科学技术名词审定委员会. 生物化学与分子生物学名词. 北京:科学出版社,2008.

［11］ 张晓伟,史岸冰. 医学分子生物学. 3 版. 北京:人民卫生出版社,2020.

［12］ 韩骅,高国全. 医学分子生物学技术. 4 版. 北京:人民卫生出版社,2020.

［13］ NELSON DL,COX MM,HOSKINS AA. Lehninger Principles of Biochemistry. 8th ed. New York:W. H. Freeman and Company,2021.

［14］ KENNELLY PJ,BOTHAM KM,MCGUINNESS OP,et al. Harper' Illustrated Biochemistry. 32nd ed. New York:McGraw-Hill Companies,2023.

［15］ VANCE DE,VANCE JE. Biochemistry of lipids,lipoproteins and membranes. 5th ed. Elsevier B. V.,Amsterdam,2008.

［16］ BERG JM,TYMOCZKO JL,GATTO JR. GJ,et al. Biochemistry. 9th ed. New York:W. H. Freeman and Company,2019.

［17］ DEVLIN TM. Textbook of Biochemistry with clinical correlations. 7th ed. New York:John Wiley and Sons,2011.

［18］ LUO J,YANG H,SONG B. Mechanisms and regulation of cholesterol homeostasis. Nat Rev Mol Cell Biol 2020,21:225-245.

［19］ ZECHNER R,KIENESBERGER PC,HAEMMERLE G,et al. Adipose triglyceride lipase and the lipolytic catabolism of cellular fat stores. Journal of Lipid Research 2009,50:3-21.

［20］ COUDREUSE D,NURSE P. Driving the cell cycle with a minimal CDK control network. Nature. 2010;468（7327）:1074-1079.

［21］ LUMIBAO JC,TREMBLAY JR,HSU J,et al. Altered glycosylation in pancreatic cancer and beyond. J Exp Med,2022;219（6）:e20211505.

［22］ ZHOU X,MOTTA F,SELMI C,et al. Antibody glycosylation in autoimmune diseases. Autoimmun Rev,2021;20（5）:102804.

［23］ THOMAS D,RATHINAVEL AK,RADHAKRISHNAN P. Altered glycosylation in cancer:A promising target for biomarkers and therapeutics. Biochim Biophys Acta Rev Cancer,2021;1875（1）:188464.

［24］ SERAPHIN G,RIREGER S,HEWISON M,et al. The impact of vitamin D on cancer:A mini review.J Steroid Biochem Mol Biol.2023 231:106308-106317.

［25］ ZHAO RZ,JIANG S,ZHANG L,et al. Mitochondrial electron transport chain,ROS generation and uncoupling（Review）. Int J Mol Med. 2019;44（1）:3-15.

［26］ ZOROV DB,JUHASZOZA M,SOLLOTT SJ. Mitochondrial reactive oxygen species（ROS）and ROS-induced ROS release. Physiol Rev. 2014;94（3）:909-950.

［27］ KREBS J,GOLDSTEIN E,KILPATRICK S. Lewin' s Gene XII. Boston:Jones & Bartlett Learning,2018.

［28］ LODISH H,BERK A,KAISER CA,et al. Molecular cell Biology. 9th ed. New York:W. H. Freeman & Company,2021.

［29］ HU Y,STILLMAN B.Origins of DNA replication in eukaryotes. Mol Cell. 2023;83（3）:352-372. doi:10.1016/j.molcel.2022.12.024.

［30］ WILLIAM SK,MICHAEL RC,CHARLOTTE AS,et al. Concepts of genetics. 20th ed. New York:Pearson Education,2019.

［31］ FU X,SUN L,DONG R,CHEN JY,et al. Polony gels enable amplifiable DNA stamping and spatial transcriptomics of chronic pain. Cell,2022,185（24）:4621-4633.

A

K